1 1A	2 2A	3 3B	4 4B	5 5B	6 6B	7 7B	8 8B	9 8B	10 8B	11 1B	12 2B	13 3A	14 4A	15 5A	16 6A	17 7A	18 8A
1 **H** Hydrogen 1.008																	2 **He** Helium 4.003
3 **Li** Lithium 6.941	4 **Be** Beryllium 9.012											5 **B** Boron 10.81	6 **C** Carbon 12.01	7 **N** Nitrogen 14.01	8 **O** Oxygen 16.00	9 **F** Fluorine 19.00	10 **Ne** Neon 20.18
11 **Na** Sodium 22.99	12 **Mg** Magnesium 24.31											13 **Al** Aluminum 26.98	14 **Si** Silicon 28.09	15 **P** Phosphorus 30.97	16 **S** Sulfur 32.07	17 **Cl** Chlorine 35.45	18 **Ar** Argon 39.95
19 **K** Potassium 39.10	20 **Ca** Calcium 40.08	21 **Sc** Scandium 44.96	22 **Ti** Titanium 47.88	23 **V** Vanadium 50.94	24 **Cr** Chromium 52.00	25 **Mn** Manganese 54.94	26 **Fe** Iron 55.85	27 **Co** Cobalt 58.93	28 **Ni** Nickel 58.69	29 **Cu** Copper 63.55	30 **Zn** Zinc 65.39	31 **Ga** Gallium 69.72	32 **Ge** Germanium 72.59	33 **As** Arsenic 74.92	34 **Se** Selenium 78.96	35 **Br** Bromine 79.90	36 **Kr** Krypton 83.80
37 **Rb** Rubidium 85.47	38 **Sr** Strontium 87.62	39 **Y** Yttrium 88.91	40 **Zr** Zirconium 91.22	41 **Nb** Niobium 92.91	42 **Mo** Molybdenum 95.94	43 **Tc** Technetium (98)	44 **Ru** Ruthenium 101.1	45 **Rh** Rhodium 102.9	46 **Pd** Palladium 106.4	47 **Ag** Silver 107.9	48 **Cd** Cadmium 112.4	49 **In** Indium 114.8	50 **Sn** Tin 118.7	51 **Sb** Antimony 121.8	52 **Te** Tellurium 127.6	53 **I** Iodine 126.9	54 **Xe** Xenon 131.3
55 **Cs** Cesium 132.9	56 **Ba** Barium 137.3	57 **La** Lanthanum 138.9	72 **Hf** Hafnium 178.5	73 **Ta** Tantalum 180.9	74 **W** Tungsten 183.9	75 **Re** Rhenium 186.2	76 **Os** Osmium 190.2	77 **Ir** Iridium 192.2	78 **Pt** Platinum 195.1	79 **Au** Gold 197.0	80 **Hg** Mercury 200.6	81 **Tl** Thallium 204.4	82 **Pb** Lead 207.2	83 **Bi** Bismuth 209.0	84 **Po** Polonium (210)	85 **At** Astatine (210)	86 **Rn** Radon (222)
87 **Fr** Francium (223)	88 **Ra** Radium (226)	89 **Ac** Actinium (227)	104 **Rf** Rutherfordium (257)	105 **Db** Dubnium (260)	106 **Sg** Seaborgium (263)	107 **Bh** Bohrium (262)	108 **Hs** Hassium (265)	109 **Mt** Meitnerium (266)	110 **Ds** Darmstadtium (269)	111 **Rg** Roentgenium (272)	112 **Cn** Copernicium (285)	113 **Nh** Nihonium (286)	114 **Fl** Flerovium (289)	115 **Mc** Moscovium (290)	116 **Lv** Livermorium (293)	117 **Ts** Tennessine (294)	118 **Og** Oganesson (294)

58 **Ce** Cerium 140.1	59 **Pr** Praseodymium 140.9	60 **Nd** Neodymium 144.2	61 **Pm** Promethium (147)	62 **Sm** Samarium 150.4	63 **Eu** Europium 152.0	64 **Gd** Gadolinium 157.3	65 **Tb** Terbium 158.9	66 **Dy** Dysprosium 162.5	67 **Ho** Holmium 164.9	68 **Er** Erbium 167.3	69 **Tm** Thulium 168.9	70 **Yb** Ytterbium 173.0	71 **Lu** Lutetium 175.0
90 **Th** Thorium 232.0	91 **Pa** Protactinium (231)	92 **U** Uranium 238.0	93 **Np** Neptunium (237)	94 **Pu** Plutonium (242)	95 **Am** Americium (243)	96 **Cm** Curium (247)	97 **Bk** Berkelium (247)	98 **Cf** Californium (249)	99 **Es** Einsteinium (254)	100 **Fm** Fermium (253)	101 **Md** Mendelevium (256)	102 **No** Nobelium (254)	103 **Lr** Lawrencium (257)

11 **Na** Sodium 22.99 — 원자 번호 (11), 원자 질량 (22.99)

금속
준금속
비금속

1~18족 지정은 IUPAC(International Union of Pure and Applied Chemistry)에서 권장했지만 아직 널리 사용되지는 않고 있다. 이 책에서는 족의 번호(1A~8A 및 1B~8B)에 대해 표준 미국 표기법을 사용한다. 2011년 IUPAC에서 일부 원소의 원자량을 수정했다.
변경 사항은 미미하며 이 책의 현재 판에서는 채택하지 않았다.

원소와 원자 기호 및 원자 번호, 원자 질량

원소	기호	원자 번호	원자 질량†
Actinium	Ac	89	(227)
Aluminum	Al	13	26.98
Americium	Am	95	(243)
Antimony	Sb	51	121.8
Argon	Ar	18	39.95
Arsenic	As	33	74.92
Astatine	At	85	(210)
Barium	Ba	56	137.3
Berkelium	Bk	97	(247)
Beryllium	Be	4	9.012
Bismuth	Bi	83	209.0
Bohrium	Bh	107	(262)
Boron	B	5	10.81
Bromine	Br	35	79.90
Cadmium	Cd	48	112.4
Calcium	Ca	20	40.08
Californium	Cf	98	(249)
Carbon	C	6	12.01
Cerium	Ce	58	140.1
Cesium	Cs	55	132.9
Chlorine	Cl	17	35.45
Chromium	Cr	24	52.00
Cobalt	Co	27	58.93
Copernicium	Cn	112	(285)
Copper	Cu	29	63.55
Curium	Cm	96	(247)
Darmstadtium	Ds	110	(269)
Dubnium	Db	105	(260)
Dysprosium	Dy	66	162.5
Einsteinium	Es	99	(254)
Erbium	Er	68	167.3
Europium	Eu	63	152.0
Fermium	Fm	100	(253)
Flerovium	Fl	114	(289)
Fluorine	F	9	19.00
Francium	Fr	87	(223)
Gadolinium	Gd	64	157.3
Gallium	Ga	31	69.72
Germanium	Ge	32	72.59
Gold	Au	79	197.0
Hafnium	Hf	72	178.5
Hassium	Hs	108	(265)
Helium	He	2	4.003
Holmium	Ho	67	164.9
Hydrogen	H	1	1.008
Indium	In	49	114.8
Iodine	I	53	126.9
Iridium	Ir	77	192.2
Iron	Fe	26	55.85
Krypton	Kr	36	83.80
Lanthanum	La	57	138.9
Lawrencium	Lr	103	(257)
Lead	Pb	82	207.2
Lithium	Li	3	6.941
Livermorium	Lv	116	(293)
Lutetium	Lu	71	175.0
Magnesium	Mg	12	24.31
Manganese	Mn	25	54.94
Meitnerium	Mt	109	(266)
Mendelevium	Md	101	(256)
Mercury	Hg	80	200.6
Molybdenum	Mo	42	95.94
Moscovium	Mc	115	(288)
Neodymium	Nd	60	144.2
Neon	Ne	10	20.18
Neptunium	Np	93	(237)
Nickel	Ni	28	58.69
Nihonium	Nh	113	(284)
Niobium	Nb	41	92.91
Nitrogen	N	7	14.01
Nobelium	No	102	(253)
Oganesson	Og	118	(294)
Osmium	Os	76	190.2
Oxygen	O	8	16.00
Palladium	Pd	46	106.4
Phosphorus	P	15	30.97
Platinum	Pt	78	195.1
Plutonium	Pu	94	(242)
Polonium	Po	84	(210)
Potassium	K	19	39.10
Praseodymium	Pr	59	140.9
Promethium	Pm	61	(147)
Protactinium	Pa	91	(231)
Radium	Ra	88	(226)
Radon	Rn	86	(222)
Rhenium	Re	75	186.2
Rhodium	Rh	45	102.9
Roentgenium	Rg	111	(272)
Rubidium	Rb	37	85.47
Ruthenium	Ru	44	101.1
Rutherfordium	Rf	104	(257)
Samarium	Sm	62	150.4
Scandium	Sc	21	44.96
Seaborgium	Sg	106	(263)
Selenium	Se	34	78.96
Silicon	Si	14	28.09
Silver	Ag	47	107.9
Sodium	Na	11	22.99
Strontium	Sr	38	87.62
Sulfur	S	16	32.07
Tantalum	Ta	73	180.9
Technetium	Tc	43	(99)
Tellurium	Te	52	127.6
Tennessine	Ts	117	(294)
Terbium	Tb	65	158.9
Thallium	Tl	81	204.4
Thorium	Th	90	232.0
Thulium	Tm	69	168.9
Tin	Sn	50	118.7
Titanium	Ti	22	47.88
Tungsten	W	74	183.9
Uranium	U	92	238.0
Vanadium	V	23	50.94
Xenon	Xe	54	131.3
Ytterbium	Yb	70	173.0
Yttrium	Y	39	88.91
Zinc	Zn	30	65.39
Zirconium	Zr	40	91.22

*모든 원자 질량에는 4개의 유효 숫자가 있다. 이 값은 국제 순수 및 응용 화학 연합의 화학 교육 위원회에서 권장하고 있다.

†방사성 원소의 대략적인 원자 질량 값은 괄호 안에 표시해 놓았다.

Chemistry
14th Edition

Jason Overby
Raymond Chang

레이먼드 창의

제14판

기본일반화학

| 화학교재연구회 옮김 |

McGraw Hill

사이플러스
Science plus

Chemistry, 14th Edition (Brief)

4 5 6 7 8 9 10 SP 20 26

Original: Chemistry, 14th Edition. © 2022
By Jason Overby, Raymond Chang
ISBN 978-1-26-078447-3

This authorized Korean translation edition is published by Sciplus Publishing Co., Ltd. in arrangement with McGraw-Hill Education Korea, Ltd. This edition is authorized for sale in the Republic of Korea.

This book is exclusively distributed by Sciplus Publishing Co., Ltd.

When ordering this title, please use 979-11-88731-35-0

Printed in Korea

옮긴이 머리말

Preface

최근 과학은 인류가 경험한 어느 시대보다 훨씬 더 빠르게 발전하고 있다. 자연과학 중에서 화학은 중심 과학으로서 중요한 위치를 차지하고 있다. 화학의 가치는 우리 생활주변의 의식주와 관련된 외재적인 가치와 호기심을 충족시켜주는 내재적인 가치로 나눌 수 있다. 이러한 두 가지 가치를 소개하고 안내하는 일반화학 책이 많이 출간되어 학생들에게 제공되고 있다. 이 책은 Raymond Chang 교수와 Jason Overby 교수가 함께 쓴 "Chemistry 14판"을 우리말로 번역한 것이다.

이 책은 제1장부터 제21장으로 구성되어 있고, 화학의 과학적인 접근 방법을 시작으로 원자, 분자, 이온, 화학량론, 수용액 반응, 기체, 에너지, 원자의 구조, 주기율표, 화학결합, 액체, 고체, 용액의 성질, 화학 반응 속도론, 화학 평형, 산과 염기, 산-염기 평형, 전기화학, 배위 화학, 유기 화학, 핵 화학까지 다양하게 설명하고 있다. 따라서 이 책에 실은 내용은 대학에서 한 학기 혹은 두 학기에 공부하기에 적합한 범위라고 판단된다.

여러 전공 분야의 옮긴이가 번역에 참여하여 영역별로 표현이 잘 이루어졌다는 장점도 있지만, 원저자가 의도하는 바를 놓친 부분도 있으리라 판단된다. 이와 같은 부분은 대학 강의를 통해 확인하고, 다음 판에서 보강할 기회가 있을 것으로 생각된다.

이 책에서는 되도록 우리말 용어를 살려 표현하였고, 학술용어는 대한화학회에서 발간한 화학술어집에 수록된 내용을 기준으로 삼았다. 인명과 화합물명은 우리말로 나타내었고, 괄호 안에 원어로 표기하였다.

끝으로, 이 책을 출판함에 있어 많은 조언과 협조를 해주신 분들께 깊은 감사를 드리며 사이플러스 박종성 대표와 편집부 직원 여러분께도 감사를 드린다.

2023년 1월 25일
옮긴이 적음

지은이 소개

About the Authors

제이슨 오버비

©McGraw-Hill Education

제이슨 오버비(Jason Overby)는 켄터키주 볼링그린에서 태어나 테네시주 클락스빌에서 자랐다. 그는 마틴에 있는 테네시 대학교에서 화학과 정치학에서 학사 학위를 받았다. 밴더빌트 대학교에서 무기화학 박사 학위를 받은 후, 제이슨은 다트머스 대학에서 박사 후 연구를 수행했다.

사우스캐롤라이나 찰스턴 대학의 화학 및 생화학과의 교수진으로 합류한 이후 제이슨은 일반 화학에서 고급 무기 화학에 이르는 다양한 과정을 가르쳤다. 그는 또한 적응형 학습에 특히 초점을 맞춘 교실에 기술을 통합하는 데 관심을 가지고 있다. 또한 무기 및 유기 합성 화학뿐만 아니라 학부생들과 함께 컴퓨터를 이용하는 유기금속 화학에 대한 연구를 수행한다.

여가 시간에 그는 보트타기, 볼링, 그리고 요리를 즐긴다. 도한 국가 공인 공무원으로서 미국 수영 관련 일을 수행한다. 그는 아내 로빈과 두 딸인 엠마와 사라와 함께 사우스캐롤라이나에 살고 있다.

레이먼드 창

©Margaret Chang

레이먼드 창(Raymond Chang)은 홍콩에서 태어나 상하이와 홍콩에서 자랐다. 영국 런던 대학교에서 화학 학사 학위를 받았으며, 예일 대학교에서 박사 학위를 받았다. 워싱턴 대학교에서 박사 후 과정을 마치고 뉴욕 시립대학교 헌터 대학에서 1년 동안 강의하였으며, 윌리엄스 대학 화학과에서 가르치고 있다.

미국화학회 시험 위원회, 미국 화학올림피아드 시험 위원, GRE 위원으로 활동하였다. 물리화학, 공업화학, 자연과학에 대한 여러 권의 책을 저술하였다. 또한 중국어로 된 책과 어린이 그림책, 젊은 독자를 위한 소설을 공동 집필하였다.

학생들을 위한 안내

A Note to the Student

일반화학은 일반적으로 다른 과목에 비해 어려운 과목으로 인식되고 있다. 여기에는 몇 가지 이유가 있다. 그 중 하나는 화학이 매우 전문적인 용어를 사용한다는 것이다. 처음으로 화학을 공부하는 것은 새로운 언어를 배우는 것과 같다. 더욱이, 어떤 개념은 추상적이다. 그럼에도 불구하고 열심히 하면 이 과정을 성공적으로 마칠 수 있고, 심지어는 즐기기까지 할 수도 있다. 다음은 좋은 학습 습관을 형성하고 이 책의 내용을 숙달하는 데 도움이 되는 몇 가지 제안을 하고자 한다.

- 규칙적으로 수업에 출석하고, 주의 깊게 필기하라.
- 가능하면, 항상 수업 시간에 배운 주제들을 그 날 복습하고, 이 책을 이용하여 필기한 것을 보충하라.
- 비판적으로 사고하라. 용어의 의미나 반응식의 사용을 정말로 이해하고 있는지 스스로 물어보라. 자신이 이해하고 있는지 시험하는 좋은 방법은 급우나 다른 사람에게 개념을 설명해 보는 것이다.
- 망설이지 말고 지도 교수나 조교에게 도움을 청하라.

레이먼드 창의 *기본 일반화학* 제14판은 일반화학 과정을 잘 이수할 수 있도록 고안되어 있다. 다음 안내는 본문, 기타 도구를 최대한 활용하는 방법을 설명한다.

- 각 장을 공부하기 전에 *이 장의 차례*를 읽어 중요한 주제를 파악한다.
- 각 장의 끝에 '사실과 개념 요약하기', '주요 식', '주요 용어'가 있다. 모두 시험 준비에 도움이 될 것이다.
- 본문 각 장에 있는 '예제'를 주의 깊게 공부하면, 문제를 분석하고 그것을 풀 때 필요한 계산을 바르게 하는 도움을 받을 것이다. 또한 시간을 내어 예제 속의 '실전 연습'을 통하여 예제에 있는 유형의 문제를 푸는 방법을 이해하고 있는지 확인해야 한다. 실전 연습의 답은 각 장 끝에 있는 연습 문제 다음에 있다. 더 공부하려면 예제 아래에 있는 비슷한 문제를 풀어 보자.
- 각 장의 끝에 있는 연습 문제는 절별로 정리되어 있다.
- 부록은 페이지 표시와 함께 중요한 그림과 표의 목록을 보여준다. 이 색인을 사용하면 문제를 풀거나 다른 장의 관련 주제를 공부할 때 정보를 빠르게 찾을 수 있다.

이 제안을 따라 열심히 한다면 화학은 도전할 만한 것이며, 예상한 것보다 덜 어렵고 더 흥미 있는 것임을 알게 될 것이다.

— Raymond Chang and Jason Overby

간추린 차례

Contents in Brief

제*1*장 ▸ 측정과 물질의 성질 • *15*

제*2*장 ▸ 원자, 이온 및 분자 • *49*

제*3*장 ▸ 화학 반응에서의 질량 관계 • *85*

제*4*장 ▸ 수용액에서의 반응 • *121*

제*5*장 ▸ 기체 • *159*

제*6*장 ▸ 열화학 • *205*

제*7*장 ▸ 양자론과 원자의 전자구조 • *237*

제*8*장 ▸ 원소의 주기성 • *283*

제*9*장 ▸ 화합물과 결합 • *319*

제*10*장 ▸ 구조와 결합 이론들 • *359*

제*11*장 ▸ 분자간 힘과 액체 및 고체 • *395*

제*12*장 ▸ 용액의 물리적 성질 • *441*

제*13*장 ▸ 화학 반응속도론 • *471*

제*14*장 ▸ 화학 평형 • *523*

제*15*장 ▸ 산과 염기 • *557*

제*16*장 ▸ 산-염기 용해도 평형 • *603*

제*17*장 ▸ 엔트로피, 깁스 에너지 및 평형 • *645*

제*18*장 ▸ 전기화학 • *675*

제*19*장 ▸ 배위 화학 • *715* 사이플러스 홈페이지(www.sciplus.co.kr)에서 다운로드

제*20*장 ▸ 유기 화학 • *741* 사이플러스 홈페이지(www.sciplus.co.kr)에서 다운로드

제*21*장 ▸ 핵 화학 • *767* 사이플러스 홈페이지(www.sciplus.co.kr)에서 다운로드

부록 *1* ▸ 기체 상수의 단위 • *i*

부록 *2* ▸ 1기압, 25°C에서 몇 가지 열역학적 자료 • *iii*

부록 *3* ▸ 25°C에서 약산과 약염기의 해리 상수 • *viii*

부록 *4* ▸ 25°C에서 용해도곱 상수 • *ix*

부록 *5* ▸ 수학적 연산 • *xi*

부록 *6* ▸ 기본 상수, 유용한 환산 인자 및 SI 접두사 • *xiii*

부록 *7* ▸ 분자 모형에서 사용되는 원자의 색상 • *xv*

차례

Contents

옮긴이 머리말 · *3*
지은이 소개 · *4*
학생들을 위한 안내 · *5*

제1장 측정과 물질의 성질 · *15*

Measurement and the Properties of Matter

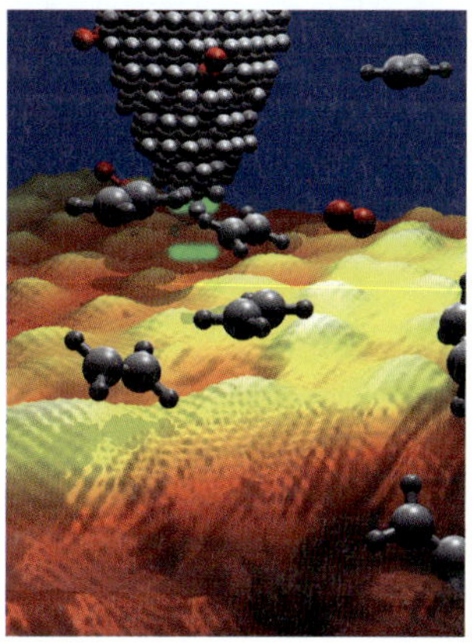

©Science Source

1.1 화학: 21세기의 과학 연구 · *16*
1.2 과학적 방법 · *17*
1.3 측정 · *20*
1.4 숫자 다루기 · *26*
1.5 차원 해석을 이용한 문제 풀이 · *32*
1.6 현장 문제 풀이: 정보, 가정 및 단순화 · *36*
1.7 물질의 분류 · *37*
1.8 물질의 세 가지 일반적인 상태 · *40*
1.9 물질의 물리적 성질과 화학적 성질 · *42*
요약 · *44*
주요 식 · *44*
주요 용어 · *44*
연습 문제 · *44*

제2장 원자, 이온 및 분자 · *49*

Atoms, Ions, and Molecules

©zoom-zoom/iStock/Getty Images

2.1 원자론 · *50*
2.2 원자의 구조 · *52*
2.3 원자 번호, 질량수 및 동위원소 · *58*
2.4 주기율표 · *60*
2.5 분자와 이온 · *62*
2.6 화학식 · *63*
2.7 화합물의 명명 · *68*
2.8 유기 화합물의 소개 · *78*
요약 · *80*
주요 식 · *80*
주요 용어 · *80*
연습 문제 · *81*

제 3 장

NASA

화학 반응에서의 질량 관계 · 85

Mass Relationships in Chemical Reactions

3.1 원자 질량 · 86
3.2 아보가드로 수와 원소의 몰질량 · 87
3.3 분자 질량 · 91
3.4 질량 분석기 · 94
3.5 화합물의 조성 백분율 · 95
3.6 실험식 결정법 · 98
3.7 화학 반응과 화학 반응식 · 100
3.8 반응물과 생성물의 양 · 105
3.9 한계 시약 · 109
3.10 반응 수득율과 원자 경제 · 112
요약 · 114
주요 식 · 115
주요 용어 · 115
연습 문제 · 115

제 4 장

©SPL/Science Source

수용액에서의 반응 · 121

Reactions in Aqueous Solutions

4.1 수용액의 일반적 성질 · 122
4.2 침전 반응 · 124
4.3 산-염기 반응 · 129
4.4 산화-환원 반응 · 135
4.5 용액의 농도 · 145
4.6 무게 분석 · 150
요약 · 152
주요 식 · 152
주요 용어 · 153
연습 문제 · 153

제 5 장

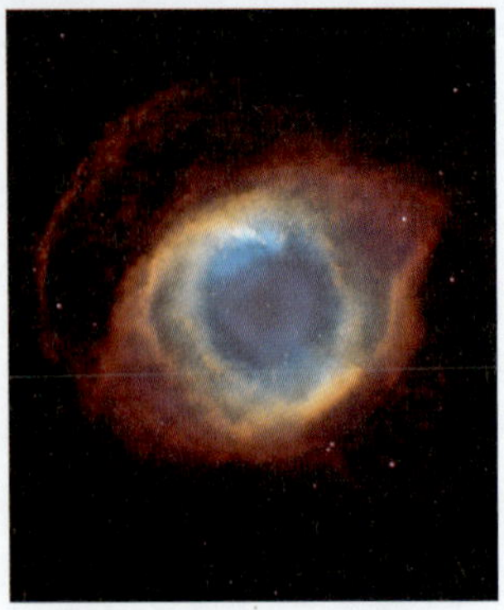

Source: NASA

기체 · 159

Gases

5.1 기체로 존재하는 물질 · 160
5.2 기체의 압력 · 162
5.3 기체 법칙 · 165
5.4 이상 기체 방정식 · 172
5.5 기체의 화학량론 · 180
5.6 돌턴 부분 압력 법칙 · 182
5.7 기체의 분자 운동론 · 187
5.8 이상적 거동에서 벗어남 · 194
요약 · 197
주요 식 · 197
주요 용어 · 198
연습 문제 · 198

제6장

©Ian Cumming/Getty Images

열화학 · 205

Thermochemistry

6.1 에너지의 본질과 에너지의 종류 · 206
6.2 화학 반응에서의 에너지 변화 · 207
6.3 열역학 서론 · 209
6.4 화학 반응의 엔탈피 · 215
6.5 열계량법 · 221
6.6 표준 생성 엔탈피와 표준 반응 엔탈피 · 226
요약 · 231
주요 식 · 232
주요 용어 · 232
연습 문제 · 232

제7장

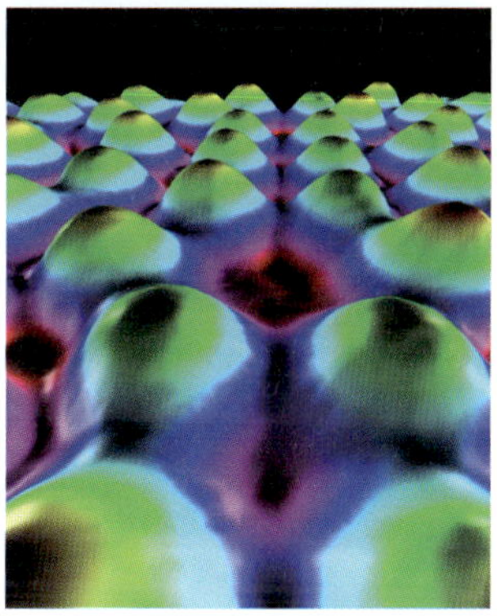

©Lawrence Berkeley National Laboratory/SPL/Science Source

양자론과 원자의 전자구조 · 237

Quantum Theory and the Electronic Structure of Atoms

7.1 고전 물리학에서 양자론으로 · 238
7.2 광전 효과 · 244
7.3 보어의 수소 원자 이론 · 246
7.4 전자의 이중성 · 252
7.5 양자 역학 · 255
7.6 양자수 · 259
7.7 원자 오비탈 · 261
7.8 전자 배치 · 266
7.9 축조 원리 · 273
요약 · 277
주요 식 · 278
주요 용어 · 278
연습 문제 · 278

제8장

©SPL/Science Source

원소의 주기성 · 283

Periodic Relationships Among the Elements

8.1 주기율표의 발전 · 284
8.2 원소의 주기적 분류 · 286
8.3 물리적 성질의 주기적 변화 · 290
8.4 이온화 에너지 · 297
8.5 전자 친화도 · 301
8.6 주족 원소의 화학적 성질 변화 · 304
요약 · 314
주요 식 · 314
주요 용어 · 314
연습 문제 · 314

제 9 장

©J.S. Overby

화합물과 결합 · 319

Compounds and Bonding

9.1 루이스 점 기호 · 320
9.2 이온 결합 · 321
9.3 이온 결합 화합물의 격자 에너지 · 323
9.4 공유 결합 · 328
9.5 전기음성도 · 331
9.6 루이스 구조 그리기 · 335
9.7 형식 전하와 루이스 구조 · 338
9.8 공명의 개념 · 341
9.9 팔전자 규칙의 예외 · 344
9.10 결합 엔탈피 · 349
요약 · 354
주요 식 · 354
주요 용어 · 354
연습 문제 · 354

제 10 장

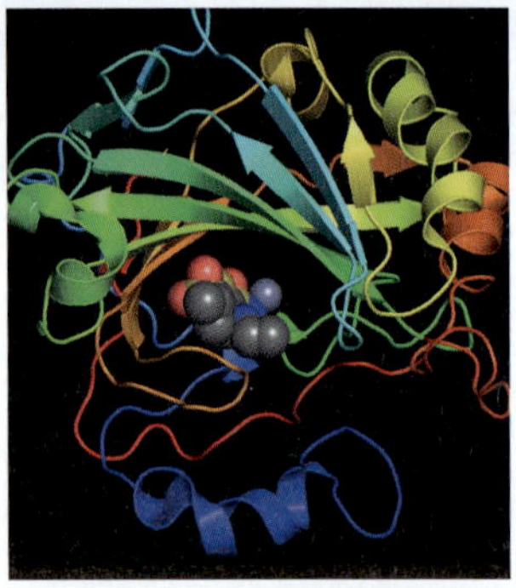

©Dr. Tim Evans/Science Source

구조와 결합 이론들 · 359

Structure and Bonding Theories

10.1 분자의 기하 구조 · 360
10.2 쌍극자 모멘트 · 369
10.3 원자가 결합 이론 · 373
10.4 원자 오비탈의 혼성화 · 376
10.5 이중 결합, 삼중 결합을 포함하는 분자의 혼성화 · 384
10.6 분자 오비탈 이론 · 387
요약 · 391
주요 식 · 391
주요 용어 · 391
연습 문제 · 391

제 11 장

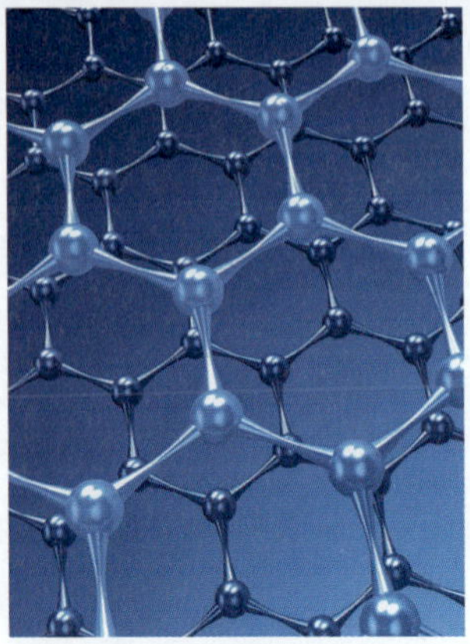

©Anna Kireieva/Shutterstock

분자간 힘과 액체 및 고체 · 395

Intermolecular Forces and Liquids and Solids

11.1 액체와 고체의 분자 운동론 · 396
11.2 분자간 힘 · 397
11.3 액체의 특성 · 404
11.4 결정 구조 · 408
11.5 결정에 의한 X-선 회절 · 415
11.6 결정의 형태 · 417
11.7 비결정질 고체 · 422
11.8 상 변화 · 423
11.9 상 평형 그림 · 433
요약 · 435
주요 식 · 435
주요 용어 · 436
연습 문제 · 436

제12장 용액의 물리적 성질 · 441

Physical Properties of Solutions

©MADDRAT/Shutterstock

12.1 용액의 종류 · 442
12.2 용해 과정의 분자적 관찰 · 443
12.3 농도 단위 · 446
12.4 용해도에 미치는 온도의 영향 · 450
12.5 기체 용해도에 미치는 압력의 영향 · 452
12.6 비전해질 용액의 총괄성 · 454
요약 · 465
주요 식 · 465
주요 용어 · 466
연습 문제 · 466

제13장 화학 반응속도론 · 471

Chemical Kinetics

©Per-Andre Hoffmann/LOOK-foto/Getty Images

13.1 반응 속도 · 472
13.2 속도 법칙 · 479
13.3 반응물의 농도와 반응 시간 사이의 관계 · 484
13.4 활성화 에너지와 속도 상수의 온도 의존성 · 494
13.5 반응 메커니즘 · 502
13.6 촉매 작용 · 508
요약 · 515
주요 식 · 516
주요 용어 · 516
연습 문제 · 516

제14장 화학 평형 · 523

Chemical Equilibrium

©yodiyim/Shutterstock

14.1 평형과 평형 상수의 개념 · 524
14.2 평형 상수 표기법 · 527
14.3 화학 반응속도론과 화학 평형과의 관계 · 537
14.4 평형 상수는 무엇을 뜻하는가? · 539
14.5 화학 평형에 영향을 주는 인자들 · 545
요약 · 552
주요 식 · 552
주요 용어 · 552
연습 문제 · 552

제15장 산과 염기 · 557

Acids and Bases

©stevemendenhall/Getty Images

15.1 브뢴스테드 산과 염기 · 558
15.2 물의 산-염기 성질 · 559
15.3 pH—산도의 척도 · 561
15.4 산-염기의 세기 · 565
15.5 약산과 산 이온화 상수 · 569
15.6 약염기와 염기 이온화 상수 · 576
15.7 산과 그 짝염기의 이온화 상수 사이의 관계 · 578
15.8 이양성자산과 다양성자산 · 579
15.9 분자 구조와 산의 세기 · 583
15.10 염의 산-염기 성질 · 587
15.11 산화물과 수산화물의 산-염기 성질 · 592
15.12 루이스 산과 염기 · 595
요약 · 597
주요 식 · 598
주요 용어 · 598
연습 문제 · 598

제16장 산-염기 용해도 평형 · 603

Acid-Base Equilibria and Solubility Equilibria

©Robert Hoetink/Alamy Stock Photo

16.1 공통 이온 효과 · 604
16.2 완충 용액 · 607
16.3 산-염기 적정 · 612
16.4 산-염기 지시약 · 619
16.5 용해도 평형 · 622
16.6 분별 침전에 의한 이온의 분리 · 628
16.7 용해도에 영향을 미치는 요인 · 630
요약 · 639
주요 식 · 639
주요 용어 · 639
연습 문제 · 639

제17장 엔트로피, 깁스 에너지 및 평형 · 645

Entropy, Gibbs Energy, and Equilibrium

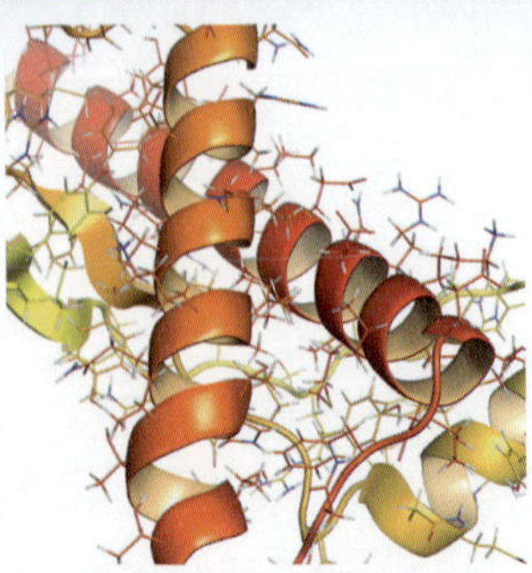

©Feng Wei Photography/Getty Images

17.1 자발적 과정 · 646
17.2 엔트로피 · 647
17.3 열역학 제2법칙과 제3법칙 · 654
17.4 깁스 에너지 · 659
17.5 깁스 에너지와 화학 평형 · 666
17.6 생명계에서의 열역학 · 670
요약 · 671
주요 식 · 672
주요 용어 · 672
연습 문제 · 672

제 18 장 전기화학 · 675

electrochemistry

©GeneChutka/Getty Images

18.1 산화-환원 반응 · *676*
18.2 갈바니 전지 · *679*
18.3 표준 환원 전위 · *682*
18.4 산화-환원 반응의 열역학 · *687*
18.5 전지의 Emf에 대한 농도 효과 · *691*
18.6 배터리와 연료 전지 · *695*
18.7 부식 · *700*
18.8 전기분해 · *704*
요약 · *710*
주요 식 · *710*
주요 용어 · *711*
연습 문제 · *711*

제 19 장 배위 화학 · 715

Coordination Chemistry

사이플러스 홈페이지(www.sciplus.co.kr) 공지사항 게시판에서 다운로드가 가능합니다!

©J. D. Barrie and C. H. Barrie, Jr.

19.1 전이 금속의 성질 · *716*
19.2 배위 화합물 · *719*
19.3 배위화합물의 구조 · *724*
19.4 배위 화합물의 결합: 결정장 이론 · *728*
19.5 배위 화합물의 반응 · *734*
19.6 배위 화합물의 응용 · *735*
요약 · *736*
주요 식 · *737*
주요 용어 · *737*
연습 문제 · *737*

제 20 장 유기 화학 · 741

Organic Chemistry

사이플러스 홈페이지(www.sciplus.co.kr) 공지사항 게시판에서 다운로드가 가능합니다!

©Jeff Gilbert/Alamy Stock Photo

20.1 유기 화합물의 분류 · *742*
20.2 지방족 탄화수소 · *742*
20.3 방향족 탄화수소 · *754*
20.4 작용기의 화학 · *757*
요약 · *763*
주요 용어 · *763*
연습 문제 · *764*

제21장 핵 화학 · 767

Nuclear Chemistry

사이플러스 홈페이지(www.sciplus.co.kr) 공지사항 게시판에서 다운로드가 가능합니다!

21.1 핵반응의 본질 · *768*

21.2 핵의 안정성 · *770*

21.3 천연 방사능 · *777*

21.4 핵 변환 · *780*

21.5 핵 분열 · *784*

21.6 핵 융합 · *789*

21.7 동위원소의 이용 · *792*

21.8 방사선의 생물학적 영향 · *795*

요약 · *796*

주요 식 · *797*

주요 용어 · *797*

연습 문제 · *797*

©Johannes Simon/Getty Images

부록 1 기체 상수의 단위 · *i*

부록 2 1기압, 25°C에서 몇 가지 열역학적 자료 · *iii*

부록 3 25°C에서 약산과 약염기의 해리 상수 · *viii*

부록 4 25°C에서 용해도곱 상수 · *ix*

부록 5 수학적 연산 · *xi*

부록 6 기본 상수, 유용한 환산 인자 및 SI 접두사 · *xiii*

부록 7 분자 모형에서 사용되는 원자의 색상 · *xv*

찾아보기 · *xvi*

연습 문제의 해답은 사이플러스의 홈페이지 고객센터에서 다운로드가 가능합니다.

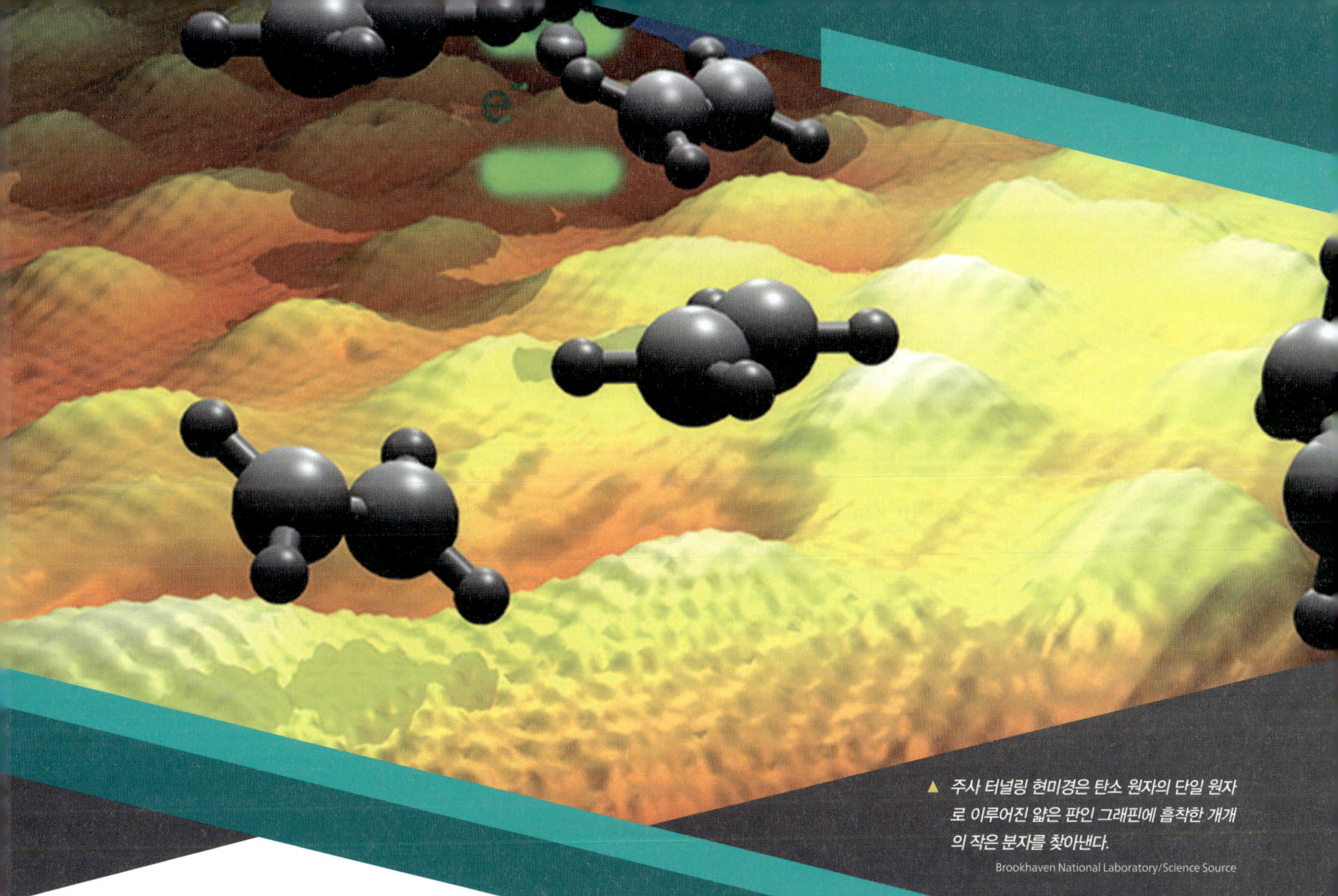

▲ 주사 터널링 현미경은 탄소 원자의 단일 원자로 이루어진 얇은 판인 그래핀에 흡착한 개개의 작은 분자를 찾아낸다.

Brookhaven National Laboratory/Science Source

제 1 장

측정과 물질의 성질

Measurement and the Properties of Matter

차 례

1.1 화학: 21세기의 과학 연구

1.2 과학적 방법

1.3 측정

1.4 숫자 다루기

1.5 차원 해석을 이용한 문제 풀이

1.6 현장 문제 풀이: 정보, 가정 및 단순화

1.7 물질의 분류

1.8 물질의 세 가지 일반적인 상태

1.9 물질의 물리적 성질과 화학적 성질

화학은 자연과 인간 사회에서 모두 절대적으로 중요하며, 끊임없이 발전하고 있는 과학이다. 화학의 기원은 고대에서 출발하지만, 모든 면에서 화학은 첨단 과학이다.

세상을 구성하는 물질들을 보고 측정할 수 있는 거시적인 수준에서 화학 공부를 시작하기로 한다. 이 장에서는 화학뿐만 아니라 모든 과학의 토대를 이루는 과학적 방법에 대해 다룰 것이다. 그런 다음 과학자들이 물질을 어떻게 정의하고, 그 특성을 어떻게 기술하는지에 대해 다룬다. 그리고 화학 측정의 수치들을 어떻게 다루고, 수치 문제를 어떻게 푸는지에 대해 공부할 것이다. 제2장에서는 원자와 분자에 관한 미시 세계를 공부할 것이다.

1.1 화학: 21세기의 과학 연구

화학(Chemistry)은 *물질과 그들의 변화에 대해 연구하는 학문*이다. 화학은 종종 모든 과학의 중심 과학(central science)이라고 부른다. 그것은 생물학, 물리학, 지질학, 생태학 등 대부분의 과학에서 화학의 기초 지식이 반드시 필요하기 때문이다. 실제로, 화학은 우리 삶에서 매우 중요하다. 화학이 없다면 자동차, 전기, 컴퓨터 등 일상생활에서 꼭 필요한 것들이 없는 원시 상태에서 더 짧은 수명의 삶을 살고 있을 것이다.

화학은 고대로부터 있었던 과학이지만 현대적인 토대는 19세기에 와서야 이루어졌다. 이 시대의 지적 발달과 기술적 발달에 힘입어 과학자들은 물질을 좀 더 세밀하게 나눌 수 있게 되었고, 그들의 많은 물리적, 화학적 특성들을 설명할 수 있었다. 20세기 동안 극히 정교해진 기술의 발달은 눈으로 볼 수 없는 미시 세계의 연구를 가능케 하였다. 예를 들면, 컴퓨터와 특별한 현미경을 이용하여 화학자들은 화학의 근간을 이루는 원자와 분자들의 구조를 해석할 수 있었고, 의약품과 친환경 제품 같은 특성을 지닌 신물질들을 개발할 수 있었다.

▲ 화학의 한자는 "변화에 대한 연구"를 의미한다.

21세기에 중심 과학이 어떤 역할을 할 것인가를 질문하는 것은 적절한 일이다. 화학이 과학 기술의 모든 영역에서 중추적 역할을 할 것이 거의 확실하다. 물질과 그 변화에 대해 공부하기 전에 먼저 화학자들이 연구하고 있는 첨단 과학에 대해 살펴보기로 하자(그림 1.1). 화학을 공부하는 이유가 무엇이든 화학에 대한 깊은 지식은 화학이 사회와 우리에게 미친 영향을 깨닫게 해 줄 것이다.

적어도 입문 단계에서는 다른 교과목에 비해 화학이 더 어려운 것으로 보통 알고 있다. 이러한 생각을 가지게 하는 몇 가지 원인을 생각할 수 있는데, 그 하나는 화학에서 사용하는 전문 용어 때문일 것이다. 아마도 화학에서 사용하는 생소한 용어들이 이러한 결과를 초래한 하나의 원인일 것이다. 하지만 이번 수업이 화학의 첫 시간이라 하더라도 여러분은 이미 자신이 생각하는 것보다도 훨씬 더 화학에 친숙해져 있다. 과학적으로 올바른 의미는 모르지만, 우리는 매일 화학과 관련된 단어들을 접하고 있다. "전자", "양자 도약", "평형", "촉매", "연쇄 반응", "임계 질량" 등을 예로 들 수 있다. 또한 요리를 한다는 것 자체가 숙련된 화학자임을 보여주는 것이다. 주방에서 얻은 경험으로부터 기름과 물은 서로 섞이지 않으며, 물을 끓이면 증발함을 알고 있다. 빵을 부풀리기 위해 베이킹 소다를 넣고, 밥을 빨리 하기 위해 압력 밥솥을 쓰며, 고기를 부드럽게 하기 위해 첨가제를 넣거나, 잘라 놓은 배에 레몬주스를 부어 갈변하지 않게 하며, 생선 냄새를 없애거나 달걀을 삶을 때 물에다 식초를 넣는 것들은 화학적 원리와 물리적 원리를 이용하는 것이다. 매일 우리는 이들의 화학적 특성은 생각하지 않고 이러한 변화들을 관찰하고 있다. 이 강의의 목적은 화학자처럼 생각하게 만들고, *거시적 세계*(macroscopic world), 즉 우리가 직접 보고 만지고 측정할 수 있는 것들을 바라보게 하고, 현대 기술과 상상력 없이는 경험할 수 없는 *미시적 세계*(microscopic world)의 입자와 사건들을 시각화하는 것이다.

(a) (b) (c) (d)

◀ **그림 1.1** (a) 연료용 에탄올은 산업 시설의 옥수수에서 생산된다. (b) 빛을 전류로 변환하는 데 사용되는 광전지의 생산. (c) 컴퓨터 메모리 저장 칩은 나노 규모에서 데이터를 반복적으로 쓰고 지울 수 있는 능력을 이용한다. (d) 단백질 서열 분석의 자동화는 중요한 생체 분자의 구조에 대한 중요한 통찰력을 제공해준다.

(a): Nicolas/E+/Getty Images; (b): Nor Gal/Shutterstock; (c): MS Mikel/Shutterstock; (d): Julie Kendall/E+/Getty Images

처음에는 일부 학생들에게 이 책에서 기술된 내용이 거시적 세계와 미시적 세계 사이를 계속 반복적으로 오가는 것처럼 보여 혼란스러움을 느낄 수도 있다. 화학 연구를 위한 자료는 대부분 거시적 현상의 관찰에서 얻지만 그에 대한 설명은 원자와 분자의 보이지 않고 부분적으로 상상되는 미시 세계에 있는 경우가 많다. 다시 말하면, 화학자들은 거시적 세계를 *보고* 미시적 세계를 *생각한다*. 예를 들어 그림 1.2에 있는 녹슨 못을 볼 때에 화학자들은 철 원자의 기본 특성들을 생각하고, 이들이 다른 원자나 분자들과 어떻게 반응하여 그러한 변화가 일어났는지를 생각한다.

1.2 과학적 방법

학습 목표

- 과학적 방법의 단계를 요약할 수 있다.
- 정성적 데이터와 정량적 데이터를 구별할 수 있다.

사회 과학을 포함한 모든 과학은 *연구에 대한 체계적 접근법*인 **과학적 방법**(scientific method)을 사용한다. 예를 들면, 소음이 화학을 배우는 능력에 어떤 영향을 미치는지를 알고자 하는 심리학자와 수소 기체가 공기 중에서 탈 때 방출되는 열을 측정하는 데 관심이 있는 화학자는 그들의 탐구를 수행하는 데 대체로 같은 방법을 따른다. 첫 번째 단계는 문제를 신중하게 정의하는 것이다. 그 다음 단계는 실험을 수행하여 조심스러운 관찰을 하고, 관찰 대상인 계(system)에 대한 정보, 즉 자료(data)를 수집한다. 여기서 계는 탐구 중에 있는 우주의 한 부분을 뜻한다. (위의 예에서 계는 심리학자가 연구할 사람들의 집단이나 수소와 공기의 혼합물이다.)

이러한 연구에서 얻어진 정보는 *계에 관한 일반적인 관찰로 이루어진* **정성적**(quali-

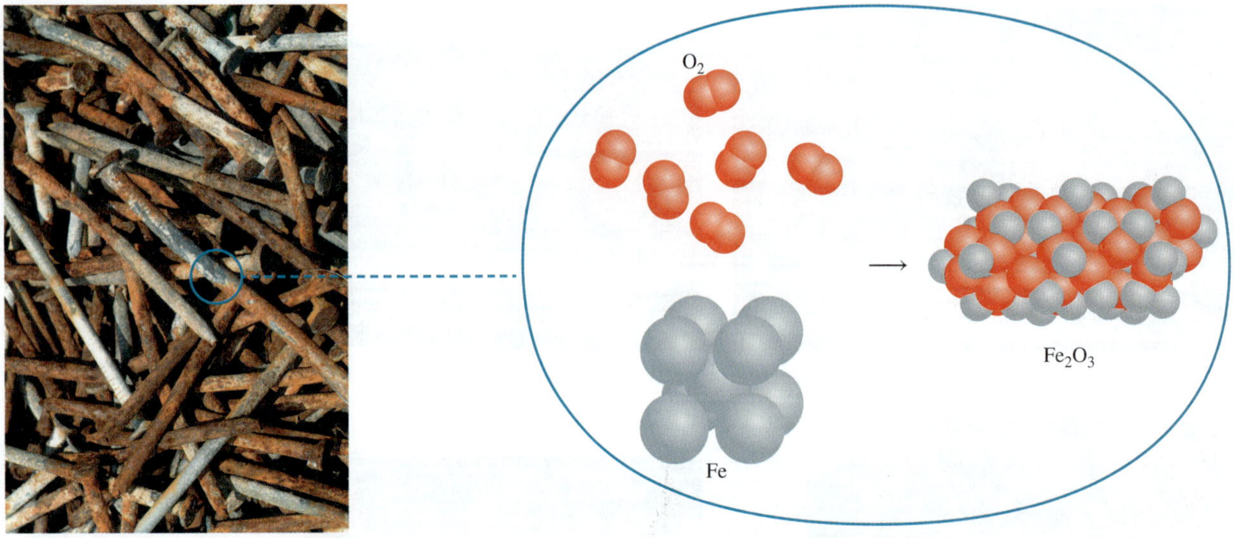

▲ **그림 1.2** 철 원자(Fe)와 산소 분자(O_2)에 의해 형성된 녹(Fe_2O_3)의 간단한 분자 수준의 모습. 실제로는 이 과정에서 물 분자가 필요하며, 녹에는 물 분자도 포함되어 있다.
B.A.E. Inc./Alamy Stock Photo

tative)인 것이거나 *계에 대한 다양한 측정에서 얻어진 숫자로 이루어진* **정량적**(quantitative)인 것이다. 화학자들은 일반적으로 표준화된 기호나 식을 이용하여 그들이 측정하거나 관찰한 것을 기록한다. 그러한 표현의 형태는 단순히 기록을 간편하게 할 뿐만 아니라 다른 화학자들과의 교류를 원활히 하는 공통된 토대를 마련해 준다.

실험이 완료되어 자료들이 축적되면 다음 단계는 그러한 현상을 설명하기 위한 해석이다. 수집된 자료에 근거하여 연구자들은 *일련의 관측 자료에 대한 임시적 설명*인 **가설**(hypothesis)을 만든다. 그러면 그러한 가설을 뒷받침하기 위해 가능한 한 많은 방법으로 추가 실험들을 수행하여 계속해서 가설을 보완해 나간다. 그림 1.3은 이러한 연구 과정의 주요 단계들을 요약한 것이다.

아주 많은 자료들이 모아지면 법칙과 같은 방법으로 자료들을 간결하게 표현하는 것이 바람직하다. 과학에서 **법칙**(law)이란 *동일한 조건에서는 항상 일정하게 일어나는 현상들의 관계를 함축된 말*이나 수학적 표현으로 나타내는 것을 말한다. 예를 들어, 고등학교 과학에서 배운 아이작 뉴턴 경(Sir Isaac Newton)의 운동의 제2법칙은 힘은 질량과 가속도의 곱($F = ma$)이라는 것을 말하고 있다. 이 법칙이 의미하는 것은 물체의 질량이나 가속도의 증가에 비례하여 힘이 증가하며 질량이나 가속도가 감소하면 힘도 항상 감소한다는 것이다.

많은 실험에 의해 검증된 가설은 하나의 이론으로 정립되기도 한다. **이론**(theory)이란 *모든 실험적 사실들과 이에 바탕을 둔 법칙들을 설명할 수 있는 총괄적인 원리*이다. 이러한 이론 역시 지속적인 검증을 거치게 된다. 만약 어떤 실험에 의해 이론의 잘못된 점이 발견될 때는 그 이론을 버리거나 새로운 실험 결과에 맞게 이론을 수정해야 한다. 이론의

▲ **그림 1.3** 화학을 연구하는 세 단계와 이들의 관계. 관찰은 거시 세계에서 일어나는 것들을 다룬다. 원자나 분자는 미시 세계를 이룬다. 표현은 실험을 서술하기 위해 기호나 화학 반응식으로 하는 과학적 단순 표현법이다. 화학자들은 그들이 가지고 있는 원자나 분자들에 관한 지식을 사용하여 관찰된 현상을 해석한다.

검증은 검증할 수 있는 기술의 한계 때문에 수년 또는 수세기가 걸릴 수도 있다. 제2장에서 학습하게 될 원자론이 그 예이다. 고대 그리스 철학자인 데모크리토스(Democritus)에 의해 제안된 화학의 근본 원리인 이 이론은 2000년의 세월을 거치면서 이루어지게 되었다. 최근의 예는 "힉스 입자의 연구"를 들 수 있다.

이런 단계를 엄격하게 순차적으로 하나씩 거치는 과학적 발전은 드물다. 때로는 법칙이 이론을 우선할 수도 있고 그 반대일 수도 있다. 똑같은 목적으로 같은 일을 시작한 두 과학자라고 할지라도 완전히 다른 접근 방법을 택할 수 있다. 과학자들도 결국 인간이기 때문에 그들이 생각하는 것이나 일하는 형태는 그들이 자란 환경, 교육, 개개인의 성격에 많은 영향을 받는다.

과학의 발전은 불규칙적이고, 때로는 비논리적이기도 했다. 비록 그 이론의 발견이나 법칙의 정립은 한 개인의 명예로 돌아가지만, 실제 이와 같은 위대한 발견들은 많은 연구자들의 축적된 공헌과 경험에 의한 결과이다. 물론 과학의 발견에서도 행운이란 것이 있지만, 이 또한 열심히 연구하는 연구자에게 그러한 행운도 따른다고 할 수 있다. 빈틈없고 잘 훈련된 사람만이 우연한 발견의 중요성을 인식할 수 있고, 그것을 최대한 활용할 수 있다. 일반인들은 대부분 거창하고 위대한 과학적 발견만 보게 된다. 그러나 성공한 모든 이야기 뒤에는 많은 경우 수년 동안의 연구가 결국 아무 소용이 없거나, 수많은 시행착오 끝에 올바른 결과를 얻는 것과 같은 발견의 지루한 과정 등은 알려지지 않는 경우가 많다. 그러한 쓸모없는 결과조차도 우주에 관한 지식을 넓히는 데 공헌하고 있다. 이러한 미지에 대한 탐구의 정열이 많은 과학자들을 실험실에 붙어 있게 한다.

개념과 사실 요약하기

- 화학 연구는 관찰, 표현, 해석의 세 가지 기본 단계를 포함한다. 관찰은 거시적 세계에서의 측정을 의미한다. 표현은 의사소통을 위한 속기 표기 기호와 방정식의 사용을 포함한다. 해석은 미시 세계에 속하는 원자와 분자를 기반으로 한다.
- 과학적 방법은 관찰과 측정을 통해 정보를 수집하는 것으로 시작하는 체계적인 연구 접근 방식이다. 그 과정에서 가설, 법칙, 이론이 고안되고 검증된다.

개념과 사실 복습하기

1.2.1 다음 설명 중 옳은 것은?

(a) 가설은 언제나 법칙의 공식으로 이어진다.
(b) 과학적 방법은 문제를 해결하는 일련의 엄격한 단계들이다.
(c) 법칙은 일련의 실험적 관찰을 요약한 것이며, 이론은 관찰에 대한 설명을 제공한다.

1.2.2 한 학생이 미지의 액체 시료에 대해 다음 데이터를 수집하였다. 이 데이터 중 어떤 것이 정성적 측정이고 어떤 것이 정량적 측정인가?

(a) 시료의 부피는 15.4 mL이다.
(b) 시료는 밝은 노란색 액체이다.
(c) 시료가 기름진 느낌이다.
(d) 시료의 질량
은 13.2 g이다.

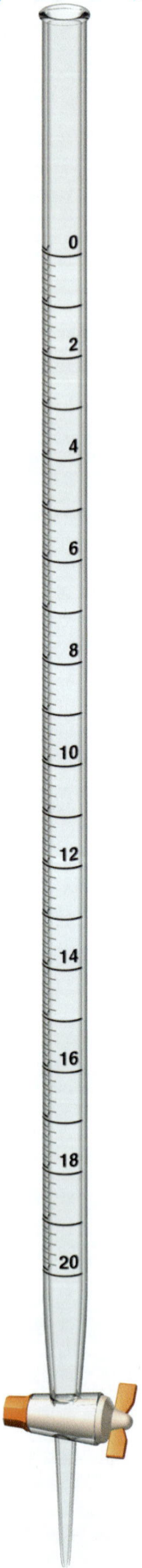

뷰렛

1.3 측정

학습 목표

- SI 단위 접두사를 사용할 수 있다.
- 질량, 부피, 밀도 등의 측정치를 계산에 사용할 수 있다.
- 다른 온도 척도를 서로 환산할 수 있다.

화학 연구는 측정에 크게 의존한다. 예를 들어, 화학자들은 측정을 사용하여 다양한 물질의 특성을 비교하고 실험으로 인한 변화를 평가한다. 화학자들이 행하는 측정은 다른 관련된 양을 얻기 위한 계산에 종종 사용한다. 여러 측정 기구로 물질의 성질을 측정할 수 있다. 길이를 잴 때는 자를 사용한다. 뷰렛, 피펫, 눈금 실린더, 용량 플라스크는 부피를 측정하는 데 사용한다(그림 1.4 참조). 저울로는 질량을 측정하고, 온도계로는 온도를 측정한다. 이러한 측정 기구들은 *직접 측정할 수 있는* **거시적 성질**(macroscopic property)의 측정을 가능하게 한다. 제2장에서 볼 수 있듯이 *원자나 분자 크기인* **미시적 성질**(microscopic property)은 *간접적인 방법으로 측정해야 한다.*

측정한 양은 보통 적절한 단위가 있는 숫자로 나타낸다. 특정 도로를 따라 자동차로 간 뉴욕과 샌프란시스코 간의 거리가 5166이라는 것은 무의미하다. 이 거리는 5166 km라고 명시되어야 한다. 화학에서도 똑같은 논리가 적용된다. 측정값을 올바르게 표시하려면 단위가 필수적이다.

국제 단위계(SI Units)

오랫동안 과학자들은 측정값을 10의 거듭제곱과 관련된 10진법의 *미터 단위*(metric unit)로 기록하였다. 그러나 단위에 관한 국제 기구인 국제 도량형 총연

피펫

눈금 실린더

부피 플라스크

그림 1.4 화학 실험실에서 볼 수 있는 일반적인 측정 기구이다. 이 기구는 서로 비례하여 그리지 않았다. 제4장에서 이러한 측정 기구의 사용에 대해 논의할 것이다.

표 1.1 SI 기본 단위

기본량	단위 이름	기호
길이(length)	미터(meter)	m
질량(mass)	킬로그램(kilogram)	kg
시간(time)	초(second)	s
전류(electrical current)	암페어(ampere)	A
온도(temperature)	켈빈(kelvin)	K
물질의 양(amount of substance)	몰(mole)	mol
빛의 세기(luminous intensity)	칸델라(candela)	cd

표 1.2 SI 단위에서 사용되는 접두사

접두어	기호	의미	예
엑사(exa-)	E	1,000,000,000,000,000,000, 또는 10^{18}	1 엑사미터(Em) = 1×10^{18} m
페타(peta-)	P	1,000,000,000,000,000, 또는 10^{15}	1 페타미터(Pm) = 1×10^{15} m
테라(tera-)	T	1,000,000,000,000, 또는 10^{12}	1 테라미터(Tm) = 1×10^{12} m
기가(giga-)	G	1,000,000,000, 또는 10^{9}	1 기가미터(Gm) = 1×10^{9} m
메가(mega-)	M	1,000,000, 또는 10^{6}	1 메가미터(Mm) = 1×10^{6} m
킬로(kilo-)	k	1,000, 또는 10^{3}	1 킬로미터(km) = 1×10^{3} m
데시(deci-)	d	1/10, 또는 10^{-1}	1 데시미터(dm) = 0.1 m
센티(centi-)	c	1/100, 또는 10^{-2}	1 센티미터(cm) = 0.01 m
밀리(milli-)	m	1/1,000, 또는 10^{-3}	1 밀리미터(mm) = 0.001 m
마이크로(micro-)	μ	1/1,000,000, 또는 10^{-6}	1 마이크로미터(μm) = 1×10^{-6} m
나노(nano-)	n	1/1,000,000,000, 또는 10^{-9}	1 나노미터(nm) = 1×10^{-9} m
피코(pico-)	p	1/1,000,000,000,000, 또는 10^{-12}	1 피코미터(pm) = 1×10^{-12} m
펨토(femto-)	f	1/1,000,000,000,000,000, 또는 10^{-15}	1 펨토미터(fm) = 1×10^{-15} m
아토(atto-)	a	1/1,000,000,000,000,000,000, 또는 10^{-18}	1 아토미터(am) = 1×10^{-18} m

맹(General Conference of Weights and Measures)은 1960년에 **국제 단위계**(International System of Unit, 프랑스어 *Système Internationale d'Unites*로부터 약자 SI로 표기)라고 하는 개량형의 미터법을 제안하였다. 표 1.1에 7개의 SI 기본 단위들을 나타내었다. 이들 기본 단위로부터 측정에 사용되는 모든 다른 단위를 유도할 수 있다. 미터 단위와 같이 SI 단위는 표 1.2에 제시된 일련의 접두사를 사용하여 10진법 방식으로 변형할 수 있다. 이 책에서는 미터 단위와 SI 단위를 모두 사용할 것이다.

우리가 화학 공부에서 자주 사용할 측정은 시간, 질량, 부피, 밀도, 온도이다.

▶ 길이

길이는 SI 단위 미터(m)로 측정된다. 미터는 1799년에 원형 금속 막대의 길이로 정의되었으며, 1983년에는 빛이 진공 상태에서 1/299,792,485초 동안 이동한 거리로 재정의되었다. 이 정의는 빛의 속도 상수에 따라 고정되어 측정의 불확실성을 줄인다.

화학에서 마주치는 대부분의 길이는 일반적으로 나노미터(10^{-9} m)에서 피코미터(10^{-12} pm) 범위이다. 단백질의 지름은 일반적으로 1~3 nm이고, 원자 지름은 50~250 pm(0.05~0.25 nm)이다. 오늘날에도 사용 중인 옹스트롬은 SI 길이 단위가 아니다(1 Å = 10^{-10} m = 0.1 nm = 100 pm). 비교를 위해 세포와 박테리아와 같은 생물학적 물질은 종종 마이크로미터(10^{-6} m = 1 μm)로 측정된다.

▲ 달 표면에서 뛰어오르는 우주인.
출처: NASA

▲ **그림 1.5** 킬로그램 원기(prototype kilogram)는 백금-이리듐 합금으로 만들어졌다. 이 원기는 프랑스 세브르(Sèvres)에 있는 국제도량형국의 금고에 보관되어 있다. 2007년에 신기하게도 이 합금의 무게가 50 μg 줄어들었다는 것을 알게 되었다!
Jacques Brinon/AP Images

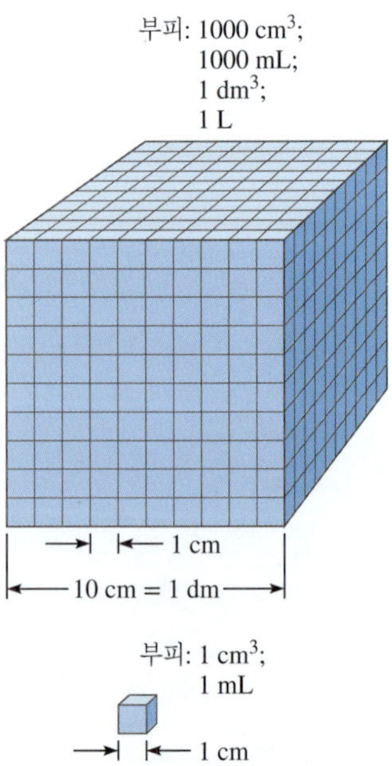

▲ **그림 1.6** 1 mL와 1000 mL의 부피 비교.

질량과 무게

"질량"과 "무게"라는 용어는 엄밀하게 말하면 다른 양이지만 종종 혼용된다. 질량은 물체 내 물질의 양에 대한 척도인 반면, **무게**(weight)는 전문적으로 말하면 *물체에 중력이 가하는 힘*을 의미한다. 나무로부터 떨어지는 사과는 지구의 중력에 의해 아래로 끌어당겨진다. 사과의 질량은 일정하며 위치에 무관하지만, 그 무게는 위치에 따라 다르다. 예를 들어, 달의 중력은 지구 중력의 6분의 1이기 때문에 달 표면에서 사과의 무게는 지구에서 무게의 6분의 1에 불과하다. 우주 비행사들이 덩치가 큰 옷과 장비에도 불구하고 달 표면에서 지구보다 자유롭게 뛰어 다닐 수 있는 것은 이 때문이다. 화학자들은 주로 저울로 쉽게 측정할 수 있는 질량에 관심이 있으며, "질량"을 측정하는 과정을 *무게를 단다*(weighing)고 말한다.

질량의 SI 기본 단위는 *킬로그램*(kilogram, kg)이지만 화학에서는 더 작은 단위인 그램(gram, g)이 더 편리하다.

$$1 \text{ kg} = 1000 \text{ g} = 1 \times 10^3 \text{ g}$$

이전에는 킬로그램이 백금과 이리듐으로 만들어진 실린더인 특정 물체(그림 1.5)로 정의되었었다. 2019년 현재 킬로그램은 보편적인 물리적 상수(플랑크 상수, 7.2절 참조)와 관련된 값으로 재정의되었다.

부피

부피는 유도된 단위로 측정된 양의 한 가지 예이다. 길이의 SI 단위로부터 유도된 부피에 대한 SI 단위는 *입방 미터*(cubic meter, m^3)이다. 그러나 일반적으로 화학자는 입방 센티미터(cm^3) 및 입방 데시미터(dm)와 같은 훨씬 작은 부피 단위를 다룬다.

$$1 \text{ cm}^3 = (1 \times 10^{-2} \text{ m})^3 = 1 \times 10^{-6} \text{ m}^3$$
$$1 \text{ dm}^3 = (1 \times 10^{-1} \text{ m})^3 = 1 \times 10^{-3} \text{ m}^3$$

부피의 주로 쓰는 또 다른 단위(SI 단위가 아님)는 리터(L)이다. 1 **리터**(liter)는 *1 입방데시미터가 차지하는 부피*이다. 1 리터의 부피는 1000밀리리터(mL) 또는 1000 cm^3와 같다.

$$\begin{aligned} 1 \text{ L} &= 1000 \text{ mL} \\ &= 1000 \text{ cm}^3 \\ &= 1 \text{ dm}^3 \end{aligned}$$

1 밀리리터는 1 입방센티미터와 같다.

$$1 \text{ mL} = 1 \text{ cm}^3$$

그림 1.6은 두 부피의 상대적인 크기를 비교한 것이다. 리터는 SI 단위가 아니지만 액체의 부피는 보통 리터와 밀리리터로 나타낸다.

밀도

밀도의 식은 다음과 같다.

$$\text{밀도} = \frac{\text{질량}}{\text{부피}}$$

즉,

$$d = \frac{m}{V} \tag{1.1}$$

여기서 d, m, V는 각각 밀도, 질량, 부피를 나타낸다. 밀도는 존재하는 질량의 양에 의존하

표 1.3 25°C에서 몇 가지 물질의 밀도

물질	밀도(g/cm^3)	물질	밀도(g/cm^3)
수소*	0.0000899	알루미늄	2.70
그래핀 에어로젤†	0.00016	다이아몬드	3.5
공기*	0.001	철	7.9
에탄올	0.79	납	11.3
물	1.00	수은	13.6
흑연	2.2	금	19.3
식용 소금	2.2	오스뮴†	22.6

*1 atm에서 측정한 값.
†그래핀 에어로젤은 알려진 가장 밀도가 낮은 고체이다.
†오스뮴(Os)은 알려진 가장 밀도가 높은 원소이다.

지 않는 속성을 가지고 있어서 주어진 물질에 대해 질량 대 부피의 비율은 항상 일정하게 유지된다. 즉, 주어진 물질에 대해 m이 증가함에 따라 V도 증가하므로 이들 두 양의 비는 항상 일정하다. 밀도는 일반적으로 온도에 따라 감소한다.

밀도에 대한 SI 유도 단위는 입방미터당 킬로그램(kg/m^3)이다. 이 단위는 대부분의 화학적 응용에는 너무 크다. 따라서 입방센티미터당 그램(g/cm^3)이나 밀리리터당 그램(g/mL)을 고체와 액체 밀도에 더 자주 사용하고 있다. 기체 밀도는 대개 매우 낮기 때문에 리터당 그램(g/L) 단위로 나타낸다.

$$1\ \text{g/cm}^3 = 1\ \text{g/mL} = 1000\ \text{kg/m}^3$$
$$1\ \text{g/L} = 0.001\ \text{g/mL}$$

표 1.3은 몇 가지 물질의 밀도를 나열한 것이다.

예제 1.1과 1.2는 밀도 계산에 관한 것이다.

예제 1.1

금은 화학적으로 반응성이 없는 귀금속으로 보석, 치과, 전자 부품에 주로 사용된다. 금괴 301 g의 부피는 15.6 cm^{3}이다. 금의 밀도를 계산하라.

풀이 질량과 부피가 주어진 상태에서 밀도를 계산하는 것이다. 그러므로 식 (1.1)에 따라 다음과 같이 쓸 수 있다.

$$d = \frac{m}{V}$$
$$= \frac{301\ \text{g}}{15.6\ \text{cm}^3}$$
$$= 19.3\ \text{g/cm}^3$$

실전 연습 밀도가 21.5 g/cm^{3}인 백금 조각의 부피가 4.49 cm^{3}이다. 이 백금의 질량은 얼마인가?

비슷한 문제: 1.9, 1.10

▲ *금괴와 금 원자의 고체 배열.*
Tetra Images/Getty Images

예제 1.2

금속으로 상온에서 유일하게 액체인 수은의 밀도는 13.6 g/mL이다. 이 액체 5.50 mL의 질량을 계산하라.

(계속)

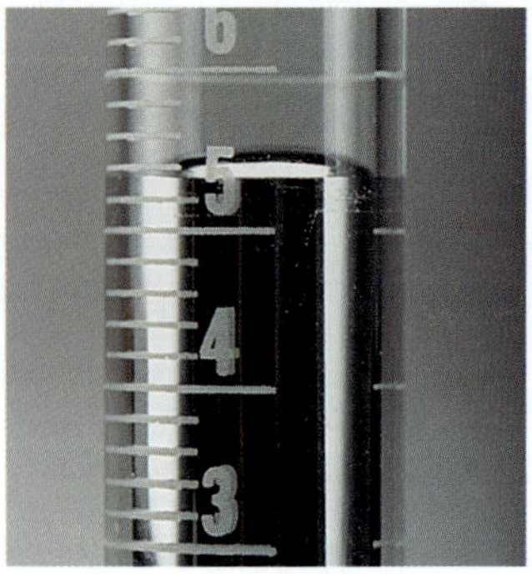

▲ 수은
Stephen Frisch/McGraw-Hill

풀이 액체의 밀도와 부피가 주어지고 질량을 계산하는 것이다. 식 (1.1)을 변형시키면 다음과 같이 쓸 수 있다.

$$m = d \times V$$
$$= 13.6\,\frac{\text{g}}{\cancel{\text{mL}}} \times 5.50\,\cancel{\text{mL}}$$
$$= 74.8\text{ g}$$

실전 연습 자동차 축전지에 있는 황산의 밀도는 1.41 g/mL이다. 이 액체 242 mL의 질량을 계산하라.

비슷한 문제: 1.9, 1.10

온도 척도

현재 세 가지 온도 척도가 사용되고 있다. 이들의 단위는 °C(섭씨 온도), °F(화씨 온도), K(켈빈 온도)이다. (켈빈 척도는 도 기호가 없다.) 화씨 척도(Fahrenheit scale)는 물의 정상 어는점과 끓는점을 각각 32°F와 212°F로 정의한다. 섭씨 척도(Celsius scale)는 물의 어는점(0°C)과 끓는점(100°C)을 100등분한다.

표 1.2에 나타낸 바와 같이 **켈빈**(kelvin)은 *온도의 SI 기본 단위*이다. 이것은 *절대* 온도 척도이다. 여기서 절대 온도의 의미는 0 K로 표기되는 켈빈 척도 0이 이론적으로 얻을 수 있는 가장 낮은 온도임을 의미한다. 이것은 켈빈으로 나타낸 온도가 결코 음수가 될 수 없음을 의미한다. 반면에 0°C나 0°F는 임의로 선택된 물질인 물(water)의 거동에 기초한 온도인 것이다. 그림 1.7은 세 가지의 온도 척도를 비교하여 보여준다.

켈빈의 더 오래된 정의는 물의 삼중점 온도(정확히 0.01°C 또는 32.018°F)의 1/273.16이다(11.9절 참조). 2019년의 미터와 마찬가지로 켈빈은 이제 보편적인 물리적 상수로 정의된다(볼츠만 상수, 17.2절 참조).

화씨 눈금의 1도 크기는 섭씨 눈금의 100/180, 즉 5/9에 불과하다. 화씨 온도를 섭씨 온도로 변환하려면 다음 식을 이용한다.

$$?°\text{C} = (°\text{F} - 32°\text{F}) \times \frac{5°\text{C}}{9°\text{F}} \tag{1.2}$$

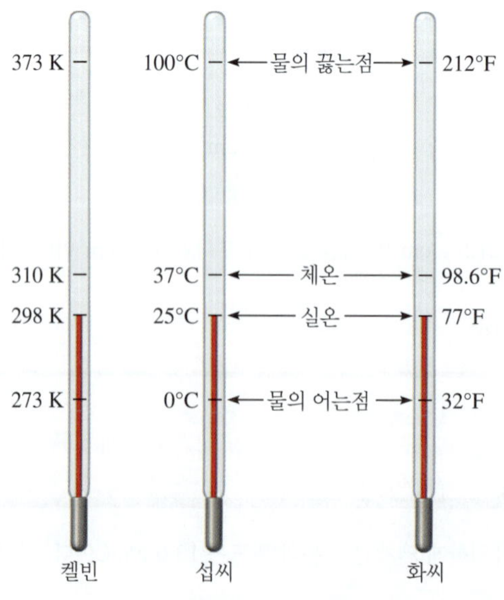

▶ **그림 1.7** 세 종류의 온도 척도 비교: 섭씨, 화씨, 절대(켈빈) 척도. 섭씨 온도 척도에서는 물의 어는점과 끓는점을 100등분하였고, 화씨 온도 척도에서는 180등분하였다.

섭씨 온도를 화씨 온도로 변환하기 위해서는 다음 식을 사용한다.

$$?°F = \frac{9°F}{5°C} \times (°C) + 32°F \qquad (1.3)$$

섭씨 척도와 켈빈 척도는 단위가 같은 크기이다. 다시 말하면 섭씨 온도의 한 눈금은 켈빈 온도의 한 눈금과 같다. 실험을 통해 켈빈 척도로 0도는 섭씨 척도에서 −273.15°C와 같음을 알게 되었다. 따라서 다음 식을 사용하면 섭씨 온도를 켈빈 온도로 바꿀 수 있다.

$$?\ K = (°C + 273.15°C)\frac{1\ K}{1°C} \qquad (1.4)$$

종종 섭씨에서 화씨로 또는 섭씨에서 켈빈 온도로 변환해야 할 일이 자주 생긴다. 예제 1.3은 이런 변환에 대한 것이다.

예제 1.3

(a) −141°C의 전이 온도 아래에서 어떤 물질은 저항이 없이 전기를 통할 수 있는 초전도체가 된다. 이 전이 온도를 화씨로 표시하면 얼마가 되는가?
(b) 헬륨은 모든 원소 중에서 끓는점이 가장 낮아 −452°F이다. 이 값을 섭씨로 나타내라.
(c) 수은은 상온에서 액체로 존재하는 유일한 금속으로 녹는점은 −38.9°C이다. 이 값을 절대 온도 단위로 표시하라.

풀이 온도 변환을 위해 식 (1.2), (1.3), (1.4)를 이용한다. 켈빈 척도에서 가장 낮은 온도는 0 K이므로 절대 온도는 음의 값을 가질 수 없다.

(a) 이 변환은 다음과 같이 할 수 있다.

$$\frac{9°F}{5°C} \times (-141°C) + 32°F = -222°F$$

(b) 또한

$$(-452°F - 32°F) \times \frac{5°C}{9°F} = -269°C$$

(c) 수은의 녹는점을 절대 온도로 표시하면

$$(-38.9°C + 273.15°C)\frac{1\ K}{1°C} = 234.3\ K$$

실전 연습 (a) 327.5°C(납의 녹는점)를 화씨로, (b) 172.9°F(에탄올의 끓는점)을 섭씨로, (c) 77 K(액체 질소의 끓는점)를 섭씨로 표시하라.

비슷한 문제: 1.12, 1.13, 1.14.

▲ *액체 질소에 의해 전이 온도 이하로 냉각되는 초전도체 위에 매달린 자석.*
ktsimage/iStock/Getty Images

개념과 사실 요약하기

• SI 단위는 화학을 포함한 모든 과학에서 물리량을 나타내는 데 사용된다.

개념과 사실 복습하기

1.3.1 백금의 밀도는 21.45 g/cm^{3}이다. 질량이 11.2 g인 백금 시료의 부피는 얼마인가?

1.3.2 아다만테인(adamantane)의 녹는점은 518°F이다. 이 녹는점은 켈빈 온도 척도로 얼마인가?

1.3.3 구리의 밀도는 20°C에서 8.94 g/cm^{3}이고 60°C에서 8.91 g/cm^{3}이다. 이 밀도 감소는 다음 중 어느 것의 결과인가?

(a) 금속의 팽창
(b) 금속의 수축
(c) 금속의 질량 증가
(d) 금속의 질량 감소

1.4 숫자 다루기

학습 목표

- 매우 크거나 작은 숫자를 다룰 때는 과학적 표기법을 사용할 수 있다.
- 계산에 유효숫자 규칙을 적용할 수 있다.
- 정확도와 정밀도를 구별할 수 있다.
- 계통 오차와 우연 오차를 구분할 수 있다.

화학에서 사용하는 단위들에 대해 알아보았으니, 이제 측정과 관련된 숫자를 다루는 기술인 과학적 표기법과 유효 숫자에 대해 살펴보기로 하자.

과학적 표기법

화학에서는 종종 매우 크거나 매우 작은 수를 다룬다. 예를 들면, 수소 원소 1 g에는 대략 602,200,000,000,000,000,000,000개의 수소 원자가 있다. 각 수소 원자는 질량이 불과 0.00000000000000000000000166 g이다. 이 수들은 다루기 힘들며, 이들을 수치 계산에 사용할 때 실수하기 쉽다. 다음 곱셈을 생각해 보자.

$$0.0000000056 \times 0.00000000048 = 0.000000000000000002688$$

소수점 이하의 0 하나를 생략하거나 0 하나를 더하는 실수가 많다. 따라서 이러한 매우 크거나 작은 수를 처리하기 위해서 *과학적 표기법*(scientific notation)이라는 방법을 사용한다. 수의 크기에 관계없이 모든 수들은

$$N \times 10^n$$

으로 표현할 수 있는데, 여기서 N은 1과 10 사이의 수이며, n은 지수로서 양이나 음의 정수이다. 이러한 식의 표시된 수는 과학적 표기법으로 쓰였다고 한다.

어떤 수를 과학적 표기법으로 표현한다고 가정해 보자. 기본적으로 이는 n을 찾아내는 것이다. 10 미만의 자연수 N을 얻기 위해서 소수점을 이동해야 하는 수를 센다. 소수점을 왼쪽으로 움직여야 한다면 n은 양의 정수이다. 소수점을 오른쪽으로 움직여야 한다면 n은 음의 정수이다. 다음은 과학적 표기법의 예를 보여준다.

(1) 568.762를 과학적 표기법으로 나타내라.

$$568.762 = 5.68762 \times 10^2$$

소수점이 왼쪽으로 두 자리 옮겨졌으므로, $n = 2$이다.

(2) 0.00000772를 과학적 표기법으로 나타내라.

$$0.00000772 = 7.72 \times 10^{-6}$$

소수점이 오른쪽을 여섯 자리 이동하였으므로, $n = -6$이다.

다음 두 가지 사항을 명심하라. 첫째, $n = 0$은 과학적 표기법으로 표기되지 않은 수에 사용한다. 예를 들면, 74.6×10^0 ($n = 0$)은 74.6과 같다. 둘째로, $n = 1$일 때 위첨자 1은 대개 표시하지 않는다. 즉, 74.6은 과학적 표기법으로 7.46×10으로 쓰며, 7.46×10^1로는 표기하지 않는다.

다음으로, 이러한 과학적 표기법들이 산술 연산 시에는 어떻게 다루어지는지를 생각해 보자.

덧셈과 뺄셈

과학적 표기법을 사용하여 덧셈과 뺄셈을 하기 위해서는 먼저 두 수 N_1과 N_2의 지수가 같은 지수 n이 되도록 표기해야 한다. 그 다음, N_1과 N_2를 더하거나 뺀다. 지수 부분은 그대로 남는다. 다음 예를 보자.

$$(7.4 \times 10^3) + (2.1 \times 10^3) = 9.5 \times 10^3$$

$$\begin{aligned}(4.31 \times 10^4) + (3.9 \times 10^3) &= (4.31 \times 10^4) + (0.39 \times 10^4)\\ &= 4.70 \times 10^4\end{aligned}$$

$$\begin{aligned}(2.22 \times 10^{-2}) - (4.10 \times 10^{-3}) &= (2.22 \times 10^{-2}) - (0.41 \times 10^{-2})\\ &= 1.81 \times 10^{-2}\end{aligned}$$

곱셈과 나눗셈

과학적 표기법으로 표현한 수들을 곱하기 위해서는 수의 N_1과 N_2를 보통처럼 곱하지만 지수 n은 함께 *더한다*. 과학적 표기법을 사용한 나눗셈을 하기 위해서는 수들의 N_1과 N_2를 보통처럼 나누고 지수 n은 뺀다. 다음 예들은 이들 연산이 어떻게 수행되는가를 잘 보여준다.

$$\begin{aligned}(8.0 \times 10^4) \times (5.0 \times 10^2) &= (8.0 \times 5.0)\ (10^{4+2})\\ &= 40 \times 10^6\\ &= 4.0 \times 10^7\end{aligned}$$

$$\begin{aligned}(4.0 \times 10^{-5}) \times (7.0 \times 10^3) &= (4.0 \times 7.0)\ (10^{-5+3})\\ &= 28 \times 10^{-2}\\ &= 2.8 \times 10^{-1}\end{aligned}$$

$$\begin{aligned}\frac{6.9 \times 10^7}{3.0 \times 10^{-5}} &= \frac{6.9}{3.0} \times 10^{7-(-5)}\\ &= 2.3 \times 10^{12}\end{aligned}$$

$$\begin{aligned}\frac{8.5 \times 10^4}{5.0 \times 10^9} &= \frac{8.5}{5.0} \times 10^{4-9}\\ &= 1.7 \times 10^{-5}\end{aligned}$$

유효 숫자

계산에 포함된 모든 숫자가 정수일 때(예를 들어, 한 학급의 학생 수를 셀 때)를 제외하고는 측정 중인 양을 완벽하고 정확하게 얻는 것이 대개 불가능하다. 이러한 이유로 *측정값이나 계산 값의 의미 있는 자릿수*인 **유효 숫자**(significant figure)로 측정값을 나타내어 오차의 범위를 정확히 표시하는 것이 중요하다. 유효 숫자들을 이용할 때 마지막 자릿수는 불확실한 수임을 알아야 한다. 예를 들어, 눈금 실린더를 써서 액체 일정량의 부피를 1 mL의 오차 범위로 측정할 때가 있을 것이다. 만약 부피가 6 mL로 표시된다면 실제 부피

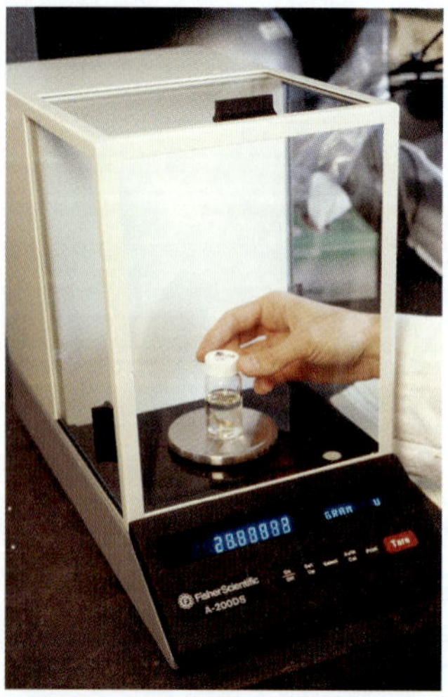

▲ **그림 1.8** 피셔 과학(Fisher Scientific) A-200DS 디지털 기록 정밀 저울.
James A. Prince/Science Source

는 5~7 mL의 범위에 있게 된다. 따라서 이 액체의 부피를 (6 ± 1) mL로 나타낸다. 이 경우 유효 숫자(6)는 단 하나로 플러스 또는 마이너스 1 mL의 오차 범위를 가진다. 좀 더 큰 정확도를 위해서는 측정 부피가 0.1 mL의 오차 범위를 갖는 더 정교한 눈금 실린더를 사용해야 한다. 이 정교한 실린더를 이용하면 측정값이 6.0 mL로 표시된다. 이 양은 (6.0 ± 0.1) mL로 나타낼 수 있으며 실제 값은 5.9~6.1 mL 사이의 값이 될 것이다. 이런 식으로 측정 장비를 좀 더 개선시키면 더 많은 유효 숫자를 얻을 수 있지만, 모든 경우에서 마지막 자리는 항상 불확실함을 명심해야 된다. 이 불확실성의 정도는 사용하는 특정 측정 장비에 의해 결정된다.

그림 1.8은 최신 저울을 보여주고 있다. 이러한 저울은 일반 화학 실험실에서 사용할 수 있다. 이 저울은 물체의 질량을 소수점 아래 넷째 자리까지 측정할 수 있다. 이는 측정된 질량이 일반적으로 4개의 유효 숫자(예를 들어, 0.8642 g), 또는 더 많은 값(예를 들어, 3.9745 g)을 가짐을 의미한다. 질량의 측정과 같은 정밀한 측정에서 얻어진 많은 유효 숫자를 이용하면 그 값을 이용한 다른 계산 정밀도도 역시 높아질 것이다.

유효 숫자 사용 지침

과학적 조작에서 적절한 개수의 유효 숫자를 사용하도록 항상 주의해야 한다. 일반적으로 다음 규칙을 따르면 어떤 수에 유효 숫자가 몇 개 존재하는가를 결정짓는 것은 매우 쉽다.

1. 0이 아닌 모든 숫자는 유효하다. 따라서 845 cm는 유효 숫자가 3개이고, 1.234 kg은 유효 숫자가 4개이다.
2. 0이 아닌 숫자 사이의 0은 유효하다. 따라서 606 m는 유효 숫자가 3개이며, 40,501 kg은 유효 숫자가 5개이다.
3. 0이 아닌 처음 숫자 왼쪽에 있는 0은 모두 유효하지 않다. 이 0의 목적은 소수점 위치를 표시하는 것이다. 따라서 0.08 L는 유효 숫자가 1개이며, 0.0000349 g은 유효 숫자가 3개이다.
4. 어떤 수가 1보다 크면 소수점 오른쪽에 쓰인 모든 0은 유효 숫자로 간주된다. 따라서 2.0 mg은 유효 숫자가 2개이고, 40.062 mL는 유효 숫자가 5개이며, 3.040 dm는 유효 숫자가 4개이다. 어떤 수가 1보다 작다면 그 수 다음에 있는 모든 0과 0이 아닌 수 사이의 모든 0만이 유효하다. 따라서 0.090 kg은 유효 숫자가 2개이며, 0.3005 L은 유효 숫자가 4개이고, 0.00420 min은 유효 숫자가 3개이다.
5. 소수점이 없는 수에 대해서는 마지막 0이 아닌 숫자 다음의 0은 유효할 수도 있고, 아닐 수도 있다. 따라서 400 cm는 유효 숫자가 하나(4), 2개(40) 또는 3개(400)일 수 있다. 다른 정보 없이는 어느 것이 정확한지 알 수 없다. 그러나 과학적 표기법을 사용하면 이러한 모호함을 피할 수 있다. 이 경우 400을 유효 숫자가 1개이면 4×10^2, 2개이면 4.0×10^2, 3개이면 4.00×10^2과 같이 표현하면 된다.

예제 1.4는 유효 숫자를 결정하는 문제이다.

인터넷 핫스팟

학생들의 학습 경험에 대해 축적된 자료에 따르면 유효 숫자를 이해하는 데 어려움을 겪을 수 있다. 이런 경우 eBook에 접속해서 이 주제에 대한 추가 학습 자료를 보면 도움이 될 수 있다.

예제 1.4

다음 측정값들의 유효 숫자 개수를 결정하라: (a) 394 cm, (b) 5.03 g, (c) 0.714 m, (d) 0.052 kg, (e) 원자 2.720×10^{22}개, (f) 3000 mL.

풀이 (a) 3개, 모든 수가 0이 아니므로, (b) 3개, 0이 아닌 숫자 사이의 0은 유효하므로, (c) 3개, 0이 아닌 처음 숫자 왼쪽에 있는 0들은 유효하지 않으므로, (d) 2개, (c)와 같은 이유, (e) 4개, 1보

(계속)

다 큰 수인 경우에 소수점 오른쪽에 있는 모든 0들은 유효하므로, (f) 모호한 경우이다. 유효 숫자는 4개(3.000×10^3), 3개(3.00×10^3), 2개(3.0×10^3), 1개(3×10^3)일 수 있다. 이 예는 유효 숫자의 적절한 수를 표시하기 위해 과학적 표기법을 사용해야 하는 이유를 보여준다.

실전 연습 다음 측정값들의 유효 숫자 개수를 결정하라: (a) 35 mL, (b) 2008 g, (c) 0.0580 m^3 (d) 분자 7.2×10^4개, (e) 830 kg.

비슷한 문제: 1.21, 1.22.

다음 규칙들은 계산할 때 유효 숫자를 다루는 방법을 나타낸다.

1. 덧셈과 뺄셈에서 마지막 합이나 차의 소수점 오른쪽 유효 숫자의 개수는 덧셈이나 뺄셈에 사용한 원래 숫자 중 가장 왼쪽에 위치한 유효 숫자의 자리로 결정한다. 다음 예를 보자.

$$\begin{array}{r l} 89.332 & \\ \underline{+\ 1.1} & \longleftarrow \text{소수점 다음에 한 자리} \\ 90.432 & \longleftarrow \text{반올림하여 } 90.4 \end{array}$$

$$\begin{array}{r l} 2.097 & \\ \underline{-\ 0.12} & \longleftarrow \text{소수점 다음에 두 자리} \\ 1.977 & \longleftarrow \text{반올림하여 } 1.98 \end{array}$$

반올림 방법은 다음과 같다. 특정 위치에서 수를 반올림하기 위해서 그 다음 첫 번째 수가 5 미만이면 버린다. 따라서 8.724가 소수점 둘째 자리까지만 필요하면 8.72로 반올림한다. 반올림하는 수가 5 이상이면 앞자리 수에 1을 더한다. 따라서 8.727은 8.73으로, 0.425는 0.43으로 반올림한다.

2. 곱셈과 나눗셈에서 최종 곱과 몫의 유효 숫자의 개수는 *가장 적은* 원래의 개수에 의해 결정된다. 다음 예들은 이 규칙을 잘 보여 주고 있다.

$$2.8 \times 4.5039 = 12.61092 \longleftarrow \text{반올림하여 } 13$$

$$\frac{6.85}{112.04} = 0.0611388789 \longleftarrow \text{반올림하여 } 0.0611$$

3. 로그의 경우 답의 유효 숫자 개수는 소수점 이하 유효 숫자 개수로 결정된다. 이 규칙은 자연 로그(ln)와 밑이 10인 로그(log) 모두에 적용된다. 다음 예는 이 규칙을 보여준다.

$$\ln(29.23) = 3.3751956 \longleftarrow \text{반올림하여 } 3.3752$$

$$-\log(0.0593) = 1.2269453 \longleftarrow \text{반올림하여 } 1.227$$

4. 어떤 수에 대하여 자연 대수(natural antilogarithm) 또는 10을 밑으로 하는 역대수를 취할 때 답의 유효 숫자의 수는 원래 측정에서 소수점 오른쪽의 유효 숫자의 수와 같다. 다음 예는 이 규칙을 보여준다.

$$e^{4.876} = 1.311051929 \times 10^2 \longleftarrow \text{반올림하여 } 1.31 \times 10^2$$

$$10^{-3.32} = 4.7863009 \times 10^{-4} \longleftarrow \text{반올림하여 } 4.79 \times 10^{-4}$$

5. 정의(definition)나 물체를 세어서 얻은 *정확한 수*는 유효 숫자를 무한 개수로 고려한다는 것을 명심하라. 예를 들어, 1인치는 2.54 cm로 정의된다. 즉,

$$1 \text{ in} = 2.54 \text{ cm}$$

따라서 이 식에 있는 "2.54"는 유효 숫자 3개인 측정값이 아니다. 인치와 센티미터를 상호변환 할 때 "1"과 "2.54"는 유효 숫자가 무한의 개수를 가진다. 마찬가지로 한 개의 질량이 5.0 g인 물체 9개의 질량은 다음과 같다.

인터넷 핫스팟
학생들의 학습 경험에 대해 축적된 자료에 따르면 유효 숫자를 처리하는 데 어려움을 겪을 수 있다. 이런 경우 eBook에 접속해서 이 주제에 대한 추가 학습 자료를 보면 도움이 될 수 있다.

$$5.0\ \text{g} \times 9 = 45\ \text{g}$$

여기서 답은 2개의 유효 숫자를 가진다. 5.0 g은 유효 숫자가 2개이며, 9는 정확한 수이므로 유효 숫자를 정할 수 없기 때문이다.

예제 1.5는 산술 연산에서 유효 숫자를 어떻게 다루는지 설명하고 있다.

예제 1.5

올바른 유효 숫자를 이용하여 다음 계산을 하라. (a) 12,343.2 g + 0.1893 g, (b) 55.67 L − 2.386 L, (c) 7.52 m × 6.9232, (d) 0.0239 kg ÷ 46.5 mL, (e) 5.21×10^3 cm + 2.92×10^2 cm, (f) ln (6.43), (g) $10^{-8.92}$.

풀이 덧셈과 뺄셈에서 답의 소수점 이하 유효 숫자는 가장 작은 소수점 이하에서 개수가 가장 작은 수에 의해 결정한다. 곱셈과 나눗셈에서 답의 유효 숫자 개수는 가장 적은 유효 숫자 개수를 가지는 수에 의해 결정된다.

(a)
$$\begin{array}{r} 12{,}343.2\ \text{g} \\ +\quad 0.1893\ \text{g} \\ \hline 12{,}343.3893\ \text{g} \end{array} \longleftarrow \text{반올림하여 } 12{,}343.4\ \text{g}$$

(b)
$$\begin{array}{r} 55.67\ \text{L} \\ -\ 2.386\ \text{L} \\ \hline 53.284\ \text{L} \end{array} \longleftarrow \text{반올림하여 } 53.28\ \text{L}$$

(c) $7.52\ \text{m} \times 6.9232 = 52.06246\ \text{m} \longleftarrow$ 반올림하여 52.1 m

(d) $\dfrac{0.0239\ \text{kg}}{46.5\ \text{ml}} = 0.0005139784946\ \text{kg/mL} \longleftarrow$ 반올림하여 0.000514 kg/mL
또는 5.14×10^{-4} kg/mL

(e) 우선 2.92×10^2 cm를 0.292×10^3 cm로 바꾼 다음 (5.21 cm + 0.292 cm) $\times 10^3$으로 덧셈을 한다. (a)에서와 같이 값은 5.50×10^3 cm가 된다.

(f) $\ln (6.43) = 1.8609745 \longleftarrow$ 반올림하여 1.861

(g) $10^{-8.92} = 1.2022644 \times 10^{-9} \longleftarrow$ 반올림하여 1.2×10^{-9}

실전 연습 다음 산술 연산을 수행하고 반올림하여 적절한 수의 유효 숫자를 결정하라: (a) 26.5862 L + 0.17 L, (b) 9.1 g − 4.682 g, (c) 7.1×10^4 dm × 2.2654×10^2 dm, (d) 6.54 g ÷ 86.5542 mL, (e) (7.55×10^4 m) − (8.62×10^3 m), (f) log (109.3), (g) $10^{17.234}$

비슷한 문제: 1.23, 1.24.

앞에서의 반올림 방법은 한 단계 계산에 적용하는 것이다. 두 단계 이상을 포함하는 계산인 *연속 계산*(chain calculation)에서는 어떻게 반올림하는가에 따라 다른 값이 나오게 된다. 다음 두 단계 계산을 생각해 보자.

$$\text{첫째 단계: } A \times B = C$$
$$\text{둘째 단계: } C \times D = E$$

A = 3.66, B = 8.45, D = 2.11이라고 하자. C를 유효 숫자 3개 또는 4개로 반올림하는 여부에 따라 E 값이 다르게 얻어진다.

(a) (b) (c)

그림 1.9 과녁판의 다트의 분포가 정확도와 정밀도의 차이를 보여준다. (a) 좋은 정확도와 좋은 정밀도. (b) 나쁜 정확도와 좋은 정밀도. (c) 나쁜 정확도와 나쁜 정밀도.

방법 1	방법 5
$3.66 \times 8.45 = 30.9$	$3.66 \times 8.45 = 30.93$
$30.9 \times 2.11 = 65.2$	$30.93 \times 2.11 = 65.3$

그러나 이 계산을 중간 결과의 반올림 없이 계산기로 $3.66 \times 8.45 \times 2.11$을 계산했다면, E의 값으로 65.3을 얻었을 것이다. 중간 단계에서 유효 숫자의 개수보다 더 많이 자리수를 유지하는 것이 반올림에서 오는 오차를 줄일 수는 있지만 대부분의 경우 그 차이가 크지 않기 때문에 그렇게 할 필요가 없다. 따라서 중간 결과가 있는 대부분의 예제와 연습문제에서는 모든 중간 단계와 마지막 답을 반올림하기로 한다.

정확도와 정밀도

측정과 유효 숫자를 논의할 때 정확도와 정밀도를 구분하는 것이 유용하다. **정확도**(accuracy)는 *측정값이 측정된 양의 실제 값에 얼마나 근접한가를 말해 준다.* 과학자는 정확도와 정밀도를 구분한다. **정밀도**(precision)는 같은 양을 두 번 이상 측정할 때 그 *측정값이 서로 얼마나 가까운가를 말한다*(그림 1.9).

정확도와 정밀도의 차이는 미묘하지만 중요한 것이다. 예를 들어, 세 명의 학생이 구리선의 질량을 측정한다고 하자. 각 학생이 두 번 연속 측정한 결과는 다음과 같다.

	학생 A	학생 B	학생 C
	1.964 g	1.970 g	2.000 g
	1.971 g	1.972 g	2.002 g
	1.978 g	1.968 g	2.001 g
평균값	1.971 g	1.970 g	2.001 g

구리선의 실제 질량은 2.000 g이다. 따라서 학생 B의 결과가 학생 A의 결과보다 더 *정밀하다*(학생 B가 측정한 1.970 g, 1.972 g, 1.968 g의 세 실험값이 평균값인 1.970 g과의 편차가 적은 반면에 학생 A가 측정한 1.964 g, 1.971 g, 1.978 g의 세 실험값은 평균값인 1.971에 대한 편차가 더 크다). 그러나 어느 결과도 *정확하지*는 않다. 학생 C의 결과는 가장 *정밀*할 뿐만 아니라 평균값이 실제 값에 아주 근접하기 때문에 가장 *정확*하기도 하다. 매우 정확하게 측정을 하면 일반적으로 정밀하다. 반면 매우 정밀한 측정이라고 해서 항상 정확한 결과를 준다고는 할 수 없다. 예를 들어, 눈금이 잘못된 자를 이용하거나 고장이 난 저울을 이용한다면 측정이 정밀할 수는 있으나, 정확할 수는 없다.

정확도(accuracy)와 *정밀도*(precision)라는 용어는 측정 과정에서 발생하는 두 가지 유형의 오차와 관련이 있다. **계통 오차**(systematic error)는 *예측 가능한 방식으로 발생하여 측정값이 항상 참값(true value)에서 벗어난다.* 계통 오차는 일반적으로 불완전한 기기 설정이나 잘못된 실험 방법으로 인해 발생하며 반복 측정으로 수정할 수 있다. 정확하게 측정을 하면 관련된 계통 오차가 낮아진다.

우연 오차(random error)는 *예측할 수 없으므로 참값과 크게 다른 측정값이 발생한다*. 우연 오차는 모든 실험에 존재하며 모든 실험에 다양한 방식으로 영향을 미친다. 그러한 오차는 기기 측정의 변동 또는 기기 판독값의 잘못된 해석으로 인해 발생할 수 있다. 정확한 측정은 관련된 낮은 우연 오차를 가지고 있다. 그러나 높은 우연 오차를 갖고도 여전히 정확한 평균 결과를 결정할 수 있다.

개념과 사실 요약하기

- 과학적 표기법으로 표현된 숫자는 $N \times 10^n$ 형식을 가지며, 여기서 N은 1에서 10 사이이고 n은 양수 또는 음의 정수이다. 과학적 표기법은 매우 크거나 아주 작은 양을 표시하는 데 도움이 된다.
- 유효 숫자는 측정값 또는 계산값에 대한 의미 있는 정보를 알려준다. 측정 오차 범위를 결정하는 데 유용하다. 정확도와 정밀도는 실험값을 평가하는 데 유용하다.
- 정확도는 실험값이 참값에 가까운 정도를 반영하는 반면, 정밀도는 개별 측정값이 서로 근접한 정도를 나타낸다. 이 두 용어는 계통 오차(예측 가능한 방식으로 발생하는 오차) 및 우연 오차(예측할 수 없는 오차)와 관련이 있다.

개념과 사실 복습하기

1.4.1 측정에 사용하는 두 개의 자를 따라 적절한 유효 숫자로 연필의 길이를 말하라.

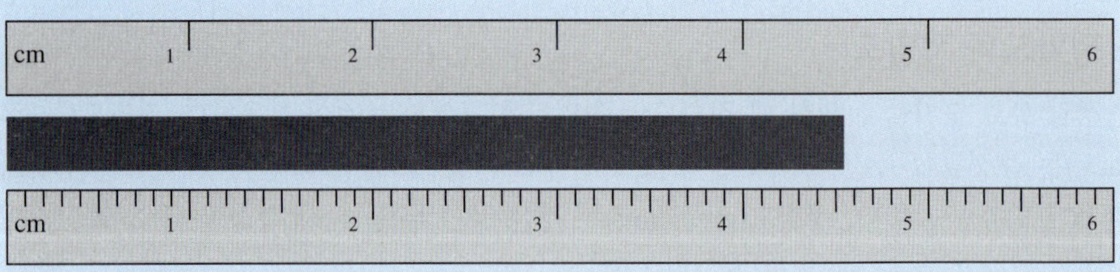

1.4.2 한 학생이 합금의 밀도를 측정하였더니 10.28 g/cm^3, 9.97 g/cm^3, 10.22 g/cm^3, 10.15 g/cm^3, 9.94 g/cm^{3}으로 나타났다. 밀도의 평균값은 어떻게 보고해야 하는가?

1.4.3 실험실 저울을 사용하여 4가지의 금속 입방체의 4가지 질량을 측정하였다. 측정한 결과는 다음과 같다. 24.02 g, 23.99 g, 23.98 g, 23.97 g. 금속 입방체의 실제 질량은 25.00 g이다. 질량 측정이 정확한가? 질량 측정이 정밀한가?

1.5 차원 해석을 이용한 문제 풀이

학습 목표

- 차원 분석 문제에서 변환 계수를 다룰 줄 안다.
- 차원 해석을 활용하여 문제를 해결할 수 있다.

세심한 측정과 적절한 유효 숫자의 사용으로 올바른 계산을 통해 정확한 실험 수치를 결정할 수 있다. 그러나 결과가 의미를 가지려면 그 값이 올바른 단위로 표시되어야 한다. 화학에서 여러 문제들을 풀 때 사용하는 단위 변환법을 *차원 해석*[dimensional analysis, 또는 *인자 표시법*(factor-label method)]이라 한다. 차원 해석은 같은 물리량을 표시하는 서로 다른 단위들 간의 관계를 말한다. 예를 들면, 정의에 의해 1 in = 2.54 cm(정확히)이다. 이러한 관계로부터 다음과 같은 변환 인자로 나타낼 수 있다.

$$\frac{1\ \text{in}}{2.54\ \text{cm}}$$

분모와 분자 모두 같은 길이의 단위이므로 그 비는 1이다. 이 변환 인자를 다음과 같이 나타낼 수도 있다.

$$\frac{2.54\ \text{cm}}{1\ \text{in}}$$

이것도 그 비는 1이다. 변환 인자는 단위를 바꾸는 데 유용하다. 따라서 길이를 인치에서 센티미터로 변환시키려면 적절한 변환 인자를 곱해 주면 된다.

$$12.00\ \cancel{\text{in}} \times \frac{2.54\ \text{cm}}{1\ \cancel{\text{in}}} = 30.48\ \text{cm}$$

이처럼 인치를 지우고 센티미터로 나타낼 수 있는 변환 인자를 선택하면 된다. 여기서 2.54는 정확한 값이므로 유효 숫자 4개로 나타낸다.

다음으로 57.8미터를 센티미터로 변환하는 것을 생각해 보자. 이 문제는 다음과 같이 표시할 수 있다.

$$?\ \text{cm} = 57.8\ \text{m}$$

정의에 의해

$$1\ \text{cm} = 1 \times 10^{-2}\ \text{m}$$

"m"에서 "cm"로 바꾸는 것이므로 변환 인자 중 미터가 분모로 가는 것을 선택한다.

$$\frac{1\ \text{cm}}{1 \times 10^{-2}\ \text{m}}$$

그리고 다음과 같이 변환한다.

$$\begin{aligned} ?\ \text{cm} &= 57.8\ \cancel{\text{m}} \times \frac{1\ \text{cm}}{1 \times 10^{-2}\ \cancel{\text{m}}} \\ &= 5780\ \text{cm} \\ &= 5.78 \times 10^{3}\ \text{cm} \end{aligned}$$

유효 숫자가 세 개라는 것을 나타내기 위해 과학적 표시법으로 표기했음을 주목하라. 변환 인자 1 cm/1 × 10^{-2} m는 정확한 수이므로 유효 숫자에는 영향을 주지 않는다.

일반적으로 차원 해석을 적용하기 위해 다음 관계를 사용한다.

$$\text{주어진 양} \times \text{변환 인자} = \text{구하는 양}$$

그리고 단위는 다음과 같이 상쇄된다.

$$\cancel{\text{주어진 단위}} \times \frac{\text{구하는 단위}}{\cancel{\text{주어진 단위}}} = \text{구하는 단위}$$

차원 해석에서는 전체 계산 과정에서 단위를 계속 표시해야 한다. 따라서 식이 올바로 쓰였으면 결과적으로 구하는 단위를 제외한 모든 단위는 상쇄된다. 만약 그렇지 않으면 어딘가에 잘못이 있을 것이므로 풀이 과정을 다시 한 번 확인해야 한다.

▶ 문제 풀이 과정에서의 유의 사항

지금까지 수와 관계된 문제를 푸는 데 도움이 되는 과학적 표기법, 유효 숫자, 차원 해석을 소개하였다. 화학은 실험 과학이며, 많은 문제들이 양과 관계가 있다. 문제를 성공적으로 푸는 열쇠는 연습이다. 마라톤 선수가 달리기에 관한 책만 읽는다든지, 피아노 연주자가 악보만 암기해서는 성공할 수 없듯이 문제를 풀어보지 않고는 화학을 제대로 이해할 수 없다. 다음 몇 단계가 수에 관한 문제를 해결하는 기술을 향상시켜 줄 것이다.

1. 문제를 주의 깊게 읽는다. 주어진 정보와 풀어야 할 것이 무엇인지를 이해하라. 상황을 시각화하기 위해 그림을 그리는 것도 종종 도움이 된다.
2. 주어진 정보와 미지의 양에 관련된 적절한 방정식을 찾는다. 때로는 문제 풀이 과정이 두 단계 이상이며, 문제에서 주어지지 않은 값을 표에서 찾아내야 할 때도 있을 것이다. 변환을 위해서 차원 해석이 종종 필요하다.
3. 답의 정확한 부호, 단위, 유효 숫자 등을 확인한다.
4. 문제 풀이 과정에서 매우 중요한 것은 그 답이 적절한지를 확인하는 것이다. 부호나 단위가 잘못된 것은 비교적 쉽게 찾아낼 수 있다. 그러나 어떤 수가 분모나 분자에 잘못 들어가면 부호도 맞고 계산된 값의 단위도 맞더라도 그 답이 맞을 가능성은 거의 없다.
5. 답을 빠르게 확인하는 방법은 반올림한 수치를 이용하여 간략한 계산을 해 보는 것이다. 얻어진 답은 정확하지는 않지만 대략 근사한 값이 얻어진다.

인터넷 핫스팟
학생들의 학습 경험에 대해 축적된 자료에 따르면 변환 인자의 사용에 대해 어려움을 겪을 수 있다. 이런 경우 eBook에 접속해서 이 주제에 대한 추가 학습 자료를 보면 도움이 될 수 있다.

예제 1.6

성인 1인의 하루 당분 섭취량은 0.0833파운드(lb)이다. 이 값을 밀리그램(mg)으로 나타내면 얼마가 되겠는가? (1 lb = 453.6 g)

전략 이 문제는 다음과 같이 나타낼 수 있다.

$$? \text{ mg} = 0.0833 \text{ lb}$$

파운드와 그램의 관계는 문제에 주어졌다. 이 관계를 이용하여 파운드를 그램으로 바꿀 수 있다. 그 다음 그램을 밀리그램으로 환산해야 한다(1 mg = 1×10^{-3} g). 변환 인자를 적절하게 사용하여 파운드와 그램을 지우고 밀리그램 단위를 얻으면 된다.

풀이 변환 순서를 그림으로 나타내면 다음과 같다.

파운드 → 그램 → 밀리그램

사용되는 변환 인자는 다음과 같다.

$$\frac{453.6 \text{ g}}{1 \text{ lb}} \quad \text{와} \quad \frac{1 \text{ mg}}{1 \times 10^{-3} \text{ g}}$$

답은 다음과 같이 한 단계로 얻을 수 있다.

$$? \text{ mg} = 0.0833 \cancel{\text{lb}} \times \frac{453.6 \cancel{\text{g}}}{1 \cancel{\text{lb}}} \times \frac{1 \text{ mg}}{1 \times 10^{-3} \cancel{\text{g}}} = 3.78 \times 10^4 \text{ mg}$$

검산 대략 추정해 보면 1 lb는 약 500 g이고, 1 g은 1000 mg이므로 1 lb는 약 5×10^5 mg이다. 0.0833 lb를 반올림하여 0.1 lb라고 하면 5×10^4 mg이 되는데, 이것은 위의 답에 가깝다.

실전 연습 알루미늄 포일 한 두루마리는 1.07 kg이다. 이 값을 파운드로 표시하라.

비슷한 문제: 1.33.

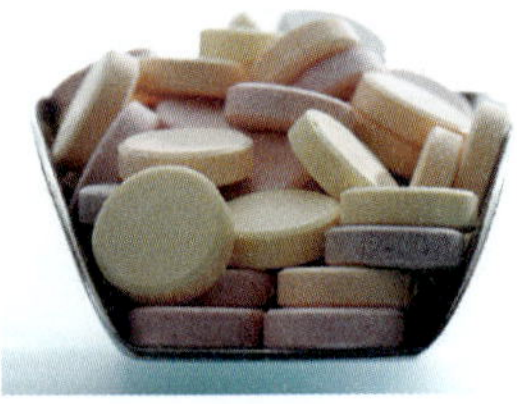

▲ *포도당(글루코스) 정제는 당뇨병 환자들에게 혈당 수치를 올리는 빠른 방법이 될 수 있다.*
Foodcollection/Getty Imgages

예제 1.7과 1.8에 나타난 바와 같이 차원 해석에서 변환 인자는 제곱하거나 세제곱할 수 있다.

예제 1.7

액체 헬륨 저장 탱크의 부피가 275 L이다. 이 부피를 m^3로 나타내면 얼마가 되겠는가?

전략 이 문제는 다음과 같이 나타낼 수 있다.

$$? \text{ m}^3 = 275 \text{ L}$$

몇 개의 변환 인자가 필요할까? $1 \text{ L} = 1000 \text{ cm}^3$와 $1 \text{ cm} = 1 \times 10^{-2}$ m임을 기억하자.

풀이 여기서 두 개의 변환 인자가 필요하다. 하나는 L를 cm^3로, 다른 하나는 cm를 m로 변환해야 한다.

$$\frac{1000 \text{ cm}^3}{1 \text{ L}} \quad \text{와} \quad \frac{1 \times 10^{-2} \text{ m}}{1 \text{ cm}}$$

두 번째 인자는 길이의 단위(cm와 m)이고, 여기서 원하는 것은 부피이므로 다음과 같이 세제곱해야 한다.

$$\frac{1 \times 10^{-2} \text{ m}}{1 \text{ cm}} \times \frac{1 \times 10^{-2} \text{ m}}{1 \text{ cm}} \times \frac{1 \times 10^{-2} \text{ m}}{1 \text{ cm}} = \left(\frac{1 \times 10^{-2} \text{ m}}{1 \text{ cm}}\right)^3$$

이것은 $1 \text{ cm}^3 = 1 \times 10^{-6} \text{ m}^3$임을 의미한다. 이제 다음과 같이 쓸 수 있다.

$$? \text{ m}^3 = 275 \cancel{\text{L}} \times \frac{1000 \text{ cm}^3}{1 \cancel{\text{L}}} \times \left(\frac{1 \times 10^{-2} \text{ m}}{1 \text{ cm}}\right)^3 = 0.275 \text{ m}^3$$

검산 위의 변환 인자로부터 $1 \text{ L} = 1 \times 10^{-3} \text{ m}^3$임을 볼 수 있다. 따라서 275 L의 저장 탱크는 $275 \times 10^{-3} \text{ m}^3$, 즉 0.275 m^3과 같으며, 이것은 위의 답에 가깝다.

실전 연습 어떤 방의 부피는 $1.08 \times 10^8 \text{ dm}^3$이다. 이 부피를 m^3로 나타내면 얼마가 되겠는가?

비슷한 문제: 1.38(d).

▲ 헬륨은 풍선을 부풀릴 때 일반적으로 사용되는 기체이다.
Dmitry Lobanov/123RF

예제 1.8

액체 질소는 액화 공기에서 얻어지며, 냉동 물품 준비나 저온 실험에 이용된다. 액체 질소는 끓는점(−196°C 또는 77 K)에서 밀도가 0.808 g/cm^3이다. 이 밀도 값을 kg/m^3 단위로 나타내라.

전략 이 문제는 다음과 같이 나타낼 수 있다.

$$? \text{ kg/m}^3 = 0.808 \text{ g/cm}^3$$

두 번의 변환이 필요한데, g → kg과 cm^3 → m^3이다. 1 kg = 1000 g이고 $1 \text{ cm} = 1 \times 10^{-2}$ m임을 상기하자.

풀이 예제 1.7에서 $1 \text{ cm}^3 = 1 \times 10^{-6} \text{ m}^3$임을 보았다. 변환 인자는 다음과 같다.

$$\frac{1 \text{ kg}}{1000 \text{ g}} \quad \text{와} \quad \frac{1 \text{ cm}^3}{1 \times 10^{-6} \text{ m}^3}$$

따라서

$$? \text{ kg/m}^3 = \frac{0.808 \cancel{\text{g}}}{1 \cancel{\text{cm}^3}} \times \frac{1 \text{ kg}}{1000 \cancel{\text{g}}} \times \frac{1 \cancel{\text{cm}^3}}{1 \times 10^{-6} \text{ m}^3} = 808 \text{ kg/m}^3$$

검산 $1 \text{ m}^3 = 1 \times 10^6 \text{ cm}^3$이므로 1 m^3의 질량이 1 cm^3의 질량보다 더 큰 값이 될 것임을 예측할 수 있다. 따라서 이 답은 타당하다.

실전 연습 가장 가벼운 금속인 리튬의 밀도는 $5.34 \times 10^2 \text{ kg/m}^3$이다. 이 값을 g/$cm^3$ 단위로 나타내라.

비슷한 문제: 1.39.

▲ 액체 질소는 냉동 식품 및 저온 연구에 사용된다.
Charles D. Winters/Science Source

개념과 사실 요약하기

- 차원 해석은 계산을 수행하는 효과적인 방법이다. 이 방법에서 단위는 연결 조각으로 사용되며, 최종 답에 필요한 최종 단위를 제외하고 모든 단위는 상쇄된다.

개념과 사실 복습하기

1.5.1 다음 에너지 변환 계산에 대한 유효 숫자와 단위의 적절한 수에 대한 정답은 무엇인가?

$$3.54 \times 10^{12}\ \text{erg} \times \frac{1.000\ \text{J}}{1.000 \times 10^{7}\ \text{erg}} \times \frac{1.000\ \text{cal}}{4.184\ \text{J}} \times \frac{1\ \text{kcal}}{1000\ \text{cal}} =$$

1.5.2 벤젠 시료 1.24 kg의 부피(L)는 얼마인가(밀도 = 0.876 g/mL)?

1.5.3 TNT의 연소열은 14.5 MJ/kg이다. 이 연소열은 J/g 단위로 얼마인가?

1.6 현장 문제풀이: 정보, 가정 및 단순화

학습 목표

- 정확한 수치 풀이 없이도 문제에 대한 대략적인 답을 추정할 수 있다.

다른 과학 교과에서와 마찬가지로 화학에서도 숫자로 된 문제를 정확하게 푸는 것이 항상 가능한 것은 아니다. 왜 그러한가에 대해서는 많은 이유가 있다. 예를 들어, 어떤 상황에 대한 이해가 부족하거나 자료가 충분하지 않아서일 수도 있다. 이러한 경우에 현명하게 예측하기를 배워야 한다. 이러한 접근법을 때로 "추정하기(ball-park estimate)"라고 하는데, 이는 쉽게 산출할 수 있는 간단하고 빠른 계산법이다. 상상할 수 있는 것처럼 많은 경우에 해결책은 자릿수 추정이다.†

이 장과 이어지는 장 끝에 있는 문제뿐만 아니라 지금까지 보아온 예제 문제의 대부분에서 필요한 정보가 제공되어 있다. 하지만 의약, 에너지, 농업과 관련된 중요한 현장 문제를 풀기 위해서는 필요한 정보가 어떤 것이며 어디서 그것을 찾을 수 있는지를 결정할 줄 알아야 한다. 필요한 많은 정보들은 이 책에 있는 여러 표에서 찾을 수 있으며, 표와 중요한 그림에 대한 목록이 뒷표지 안쪽에 있다. 그러나 많은 경우 필요한 정보를 얻기 위해 외부 자료를 찾아야 할 것이다. 인터넷은 자료를 찾는 빠른 방법이지만 그 출처가 믿을 만하며 잘 인용되어 있는지 주의를 기울여야 한다. 좋은 정보원 중 하나는 미국 국립 표준기술연구소(National Institute of Standards and Technology, NIST)이다.

필요한 정보가 무엇인가를 알기 위해서는 먼저 문제 해결을 위한 계획을 수립해야 한다. 과학에서 사용되는 이론의 한계뿐만 아니라 이들 이론을 기초로 문제를 설정하고 일반적인 가정을 세워 문제를 푼다. 그러나 이러한 가정은 예제 1.9에서 보인 바와 같이 문제를 단순화할수록 답의 정확도를 감소되는 부담이 있다.

예제 1.9

연필심은 탄소의 한 형태인 흑연으로 이루어져 있다. 깎기 전 표준 2호 연필의 흑연심의 질량을 추정하라.

(계속)

†자릿수 하나는 10배이다.

전략 연필에 있는 흑연이 원통형이라고 가정하자. 일반적으로 깎지 않은 연필의 길이는 약 18 cm이고(지우개 부분의 길이 제외) 연필심의 지름은 약 2 mm이다. 원통의 부피는 $V = \pi r^2 l$로 주어지는데, 여기서 r은 반지름, l은 길이이다. 연필심이 순수한 흑연이라고 가정하면 표 1.3에 주어진 흑연의 밀도를 이용하여 부피로부터 연필심의 질량을 계산할 수 있다

풀이 연필심의 반지름을 cm 단위로 전환하면 다음과 같이 쓸 수 있다.

$$2\text{ mm} \times \frac{1\text{ cm}}{10\text{ mm}} = 0.2\text{ cm}$$

연필심의 길이를 가지고 계산하면

$$\begin{aligned} V &= \pi\left(\frac{0.2\text{ cm}}{2}\right)^2 \times 18\text{ cm} \\ &= 0.57\text{ cm}^3 \end{aligned}$$

식 (1.1)을 재배열하면

$$\begin{aligned} m &= d \times V \\ &= 2.2\,\frac{\text{g}}{\text{cm}^3} \times 0.57^3 \\ &= 1\text{ g} \end{aligned}$$

검산 연필심의 부피를 계산하는 데 사용된 값들을 반올림하면 $3 \times (0.1\text{ cm})^2 \times 20\text{ cm} = 0.6\text{ cm}^3$이 된다. 이 부피에 대략 2 g/$\text{cm}^3$을 곱하면 약 1 g이 되며, 이는 계산된 값과 일치한다.

실전 연습 탁구공 안에 들어 있는 공기의 질량을 추정하라.

비슷한 문제: 1.41, 1.42.

예제 1.9를 보면 연필심의 치수를 더 정밀하게 측정한다고 하더라도 최종 답의 정확도는 이 문제를 설계할 때 만든 가정에 의해 제한될 것이다. 이 연필심은 실제로는 흑연과 점토의 혼합물로, 이 두 물질의 상대적 양에 따라 연필심의 무르기가 결정되는 것이다. 따라서 이 물질의 밀도는 2.2 g/cm^3와는 다를 것이다. 2호 연필을 만드는 데 사용되는 물질의 밀도에 대한 더 좋은 값을 얻을 수 있겠지만 이 경우에는 그렇게 할 필요가 없다.

개념과 사실 요약하기

- 많은 문제는 문제를 해결할 때 단순화 또는 가정을 사용하여 근사화할 수 있다. 그러나 문제의 단순화가 증가함에 따라 예상 답의 정확도가 감소한다.

개념과 사실 복습하기

1.6.1 빛이 1 나노초 동안 이동하는 거리(피트 단위로)를 추정하라.

1.7 물질의 분류

학습 목표

- 물질을 순물질 또는 혼합물로 분류할 수 있다.
- 균일 혼합물과 불균일 혼합물을 구별할 수 있다.
- 물질을 원소 또는 화합물로 분류할 수 있다.

1.1절에서 화학을 물질과 물질의 변화에 대한 연구로 정의하였다. **물질**(matter)은 *공간을*

*차지하며 질량을 가지는 모든 것*을 말한다. 물질에는 우리가 보고 만질 수 있는 것(물, 토양, 나무 등)뿐만 아니라 만질 수 없는 것(공기 등)이 있다. 그러므로 이 우주에 있는 모든 것들이 화학과 관련이 있다.

화학자들은 조성과 성질에 따라 물질을 여러 범주로 나눈다. 물질은 제2장에서 다룰 원자와 분자뿐만 아니라 순물질, 혼합물, 원소, 화합물로 분류한다.

순물질과 혼합물

순물질(substance)은 *일정한 조성과 독특한 성질을 갖는 물질의 한 형태*이다. 예로 물, 암모니아, 설탕, 금, 산소 등이 있다. 순물질들은 조성이 서로 다르며 각각 독특한 외관, 냄새, 맛, 여러 가지 성질 등에 의해 구분된다.

혼합물(mixture)은 *둘 이상의 순물질이 각각의 고유한 성질을 유지하면서 서로 섞여 있는 것*이다. 몇 가지 친근한 예로 공기, 음료수, 우유, 시멘트 등이 있다. 혼합물은 균일한 조성을 가지지 않는다. 따라서 서로 다른 도시에서 채취된 공기 시료들은 고도와 대기 오염 등의 차이 때문에 그 조성이 다를 것이다.

혼합물은 균일할 수도 있고 불균일할 수도 있다. 설탕 한 숟가락을 물에 녹이면 *혼합물의 조성이 전체에 일정한* **균일 혼합물**(homogeneous mixture)을 얻는다. 그러나 모래와 철가루를 섞으면 모래알과 철가루는 분리된 채로 남아 있다(그림 1.10). 이러한 혼합물은 *조성이 일정하지 않기 때문에* **불균일 혼합물**(heterogeneous mixture)이라 한다.

균일 혼합물이든 불균일 혼합물이든 그 성분의 본질적 변화 없이 물리적 방법을 통해 순물질로 분리할 수 있다. 따라서 설탕물을 가열하여 물을 증발시키면 물에서 설탕을 분리할 수 있다. 수증기를 응축시키면 물을 다시 얻을 수 있다. 모래와 철의 혼합물을 분리하려면 모래는 자석에 끌리지 않으므로 자석을 사용하여 모래로부터 철가루를 제거할 수 있다[그림 1.10(b) 참조]. 분리된 후 혼합물의 각 성분들은 원래와 같은 조성과 성질을 갖는다.

원소와 화합물

순물질은 원소일 수도 있고 화합물일 수도 있다. **원소**(element)는 *화학적 방법으로 더 간단한 순물질로 분리할 수 없는 물질*이다. 지금까지 118개 원소가 확인되었다. 그 중 대부분은 지구에서 천연적으로 존재한다. 나머지 원소들은 이 책의 제21장에서 배울 핵 변환을 통해 과학자들이 만들어낸 것이다.

(a) (b)

▶ **그림 1.10** (a) 철가루와 모래의 혼합물. (b) 자석이 혼합물로부터 철가루를 분리한다. 이러한 기술은 알루미늄, 유리, 플라스틱과 같은 비자기성 물질에서 철이나 강철을 대량으로 분리하는 데 이용된다.
(a와 b): Ken Karp/McGraw-Hill

표 1.4 몇 가지 일반적인 원소와 기호

이름	기호	이름	기호	이름	기호
구리(copper)	Cu	비스무트(bismuth)	Bi	주석(tin)	Sn
규소(silicon)	Si	산소(oxygen)	O	질소(nitrogen)	N
금(gold)	Au	소듐(sodium)	Na	철(iron)	Fe
납(lead)	Pb	수소(hydrogen)	H	칼슘(calcium)	Ca
니켈(nickel)	Ni	수은(mercury)	Hg	코발트(cobalt)	Co
마그네슘(magnesium)	Mg	아연(zinc)	Zn	크로뮴(chromium)	Cr
망가니즈(manganese)	Mn	아이오딘(iodine)	I	탄소(carbon)	C
바륨(barium)	Ba	알루미늄(aluminum)	Al	텅스텐(tungsten)	W
백금(platinum)	Pt	염소(chlorine)	Cl	포타슘(potassium)	K
브로민(bromine)	Br	은(silver)	Ag	플루오린(fluorine)	F
비소(arsenic)	As	인(phosphorus)	P	황(sulfur)	S

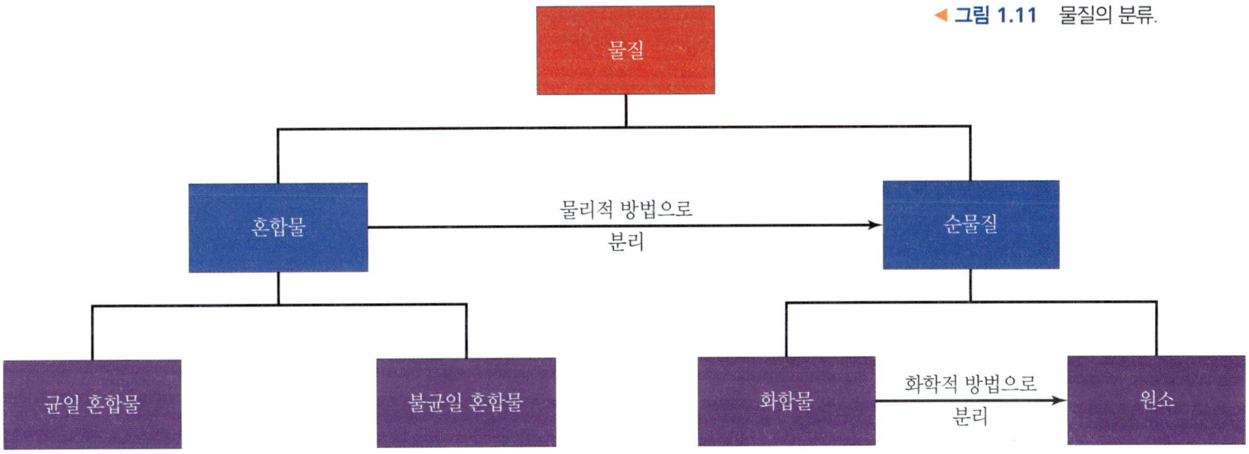

◀ **그림 1.11** 물질의 분류.

편의상 화학자들은 원소를 표시하기 위해 1개 또는 2개의 문자로 이루어진 기호를 사용한다. 그 중 첫 글자는 *항상* 대문자를 사용하고, 다음 글자는 소문자를 이용한다. 예를 들면, Co는 원소 코발트의 기호인 반면 CO는 일산화 탄소 분자의 화학식이다. 표 1.4에는 일반적으로 많이 알려진 원소들의 이름과 기호들을 나열하였다. 어떤 원소 기호는 라틴어에서 유래하였다. *Aurum*(금)에서 Au, *ferrum*(철)에서 Fe, *natrium*(소듐)에서 Na 등을 예로 들 수 있다. 대부분의 이름은 영어명에서 유래하였다.

대부분 원소의 원자는 서로 반응하여 화합물을 만든다. 예를 들어, 수소 기체는 산소 기체 중에서 연소하여 물을 형성하는데, 이 물은 반응 물질과는 전혀 다른 성질을 가진다. 물은 수소 2개와 산소 1개로 이루어져 있다. 이 조성은 미국의 수도꼭지에서 나온 물이든, 외몽고의 호수에서 나온 물이든, 화성의 만년설에서 온 물이든 변하지 않는다. 따라서 물은 *둘 이상의 원소의 원자들이 화학적으로 항상 일정한 비율로 결합하여 이루어진 순물질*인 **화합물**(compound)이다. 혼합물과는 달리 화합물은 화학적 방법에 의해서만 순물질들로 분리할 수 있다.

원소, 화합물, 물질의 다른 몇 가지 범주 사이의 관계를 그림 1.11에 요약해 놓았다.

개념과 사실 요약하기

- 화학자들은 물질과 물질의 변화를 연구한다. 순물질은 본질적 변화 없이 관찰할 수 있는 물리적 성

질과 본질적 특성의 변화가 일어나는 화학적 성질을 갖는다. 혼합물은 균일하든지 불균일하든지 물리적 방법에 의해 순수한 성분으로 나눌 수 있다.

- 화학에서 가장 간단한 순물질은 원소이다. 화합물은 다른 원소의 원자들이 일정 비율로 화학적으로 결합하여 생성된다.

개념과 사실 복습하기

1.7.1 다음 그림 중 원소를 나타내는 것은 무엇이며 화합물을 나타내는 것은 무엇인가? 각 색상 구(또는 잘린 구)는 원자를 나타낸다. 다른 색상의 원자는 다른 요소를 나타낸다.

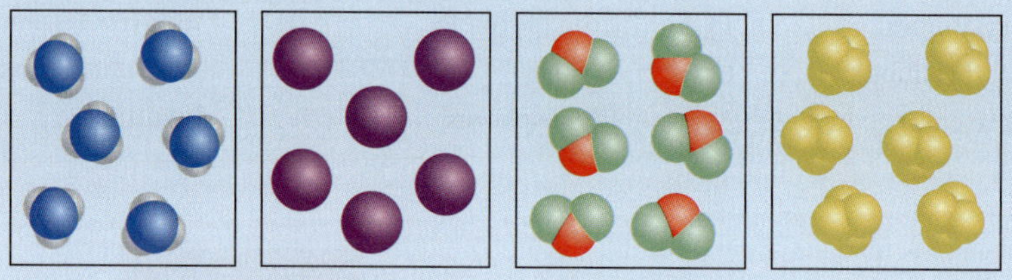

(a) (b) (c) (d)

1.8 물질의 세 가지 일반적인 상태

학습 목표

- 물질의 세 가지 일반적인 상태를 비교하여 설명할 수 있다.

모든 순물질들은 적어도 이론상으로는 고체, 액체, 기체의 세 가지 상태로 존재할 수 있다. 그림 1.12에서 보는 것과 같이 기체에서 분자들 간의 거리는 액체나 고체에서와 다르다. 고체 상태에서 원자(또는 분자)들은 거의 움직이지 못하는 정렬된 상태로 서로 가까이 붙어 있다. 액체 상태의 원자(또는 분자)들은 서로 가깝게 있지만 강하게 붙잡혀 있지 않아서 서로 움직일 수 있다. 기체 상태의 원자(또는 분자)들은 원자(또는 분자)의 크기보다 훨씬 멀리 서로 떨어져 있다.

물질의 세 가지 상태는 물질 조성의 변화 없이 상호 변환이 가능하다. 열을 가하면 고체(예, 얼음)는 녹아 액체(물)로 변환된다. [이러한 변환이 일어나는 온도를 *녹는점*(melting point)이라 한다.] 열을 더 가하면 액체는 기체로 변한다. [이 변환은 액체의 *끓는점*(boiling point)에서 일어난다.] 반면에 기체를 냉각하면 액체로 응축된다. 액체의 온도를 더욱 낮추면 고체 형태로 얼게 된다. 그림 1.13은 물의 세 가지 상태를 보여준다. 물의 특성은 다른 일반적인 물질과는 다르게 분자들이 고체에서보다 액체 상태에서 더 조밀한 독특한 분자임을 주목하라.

대부분의 물질은 세 가지 일반적인 상태 중 하나로 존재하지만 플라즈마 및 BEC(보스-아인슈타인 응축물, Bose-Einstein condensate)를 비롯한 많은 추가 형태의 물질들이 있다. 플라즈마는 기체와 매우 유사하게 작용하며 무한정 팽창할 수 있지만 중성 원자, 전자 및 이온(원자에서 파생된 하전 입자)을 포함한 고에너지 입자로 구성된다. 플라즈마는 전체 전하가 0이더라도 전기장과 자기장의 영향을 크게 받는다. 실험실 환경 밖의 플라즈마의 예로는 플라즈마 스크린 텔레비전, 형광등 및 번개가 있다. 태양과 같은 별은 플라스마로 이루어져 있기 때문에 우주에서 가장 흔한 물질 형태로 설명되고 있다. 기체, 액체, 고체의 세 가지 일반적인 상태는 플라즈마와 함께 쉽게 관찰할 수 있는 기본 상태로 간주

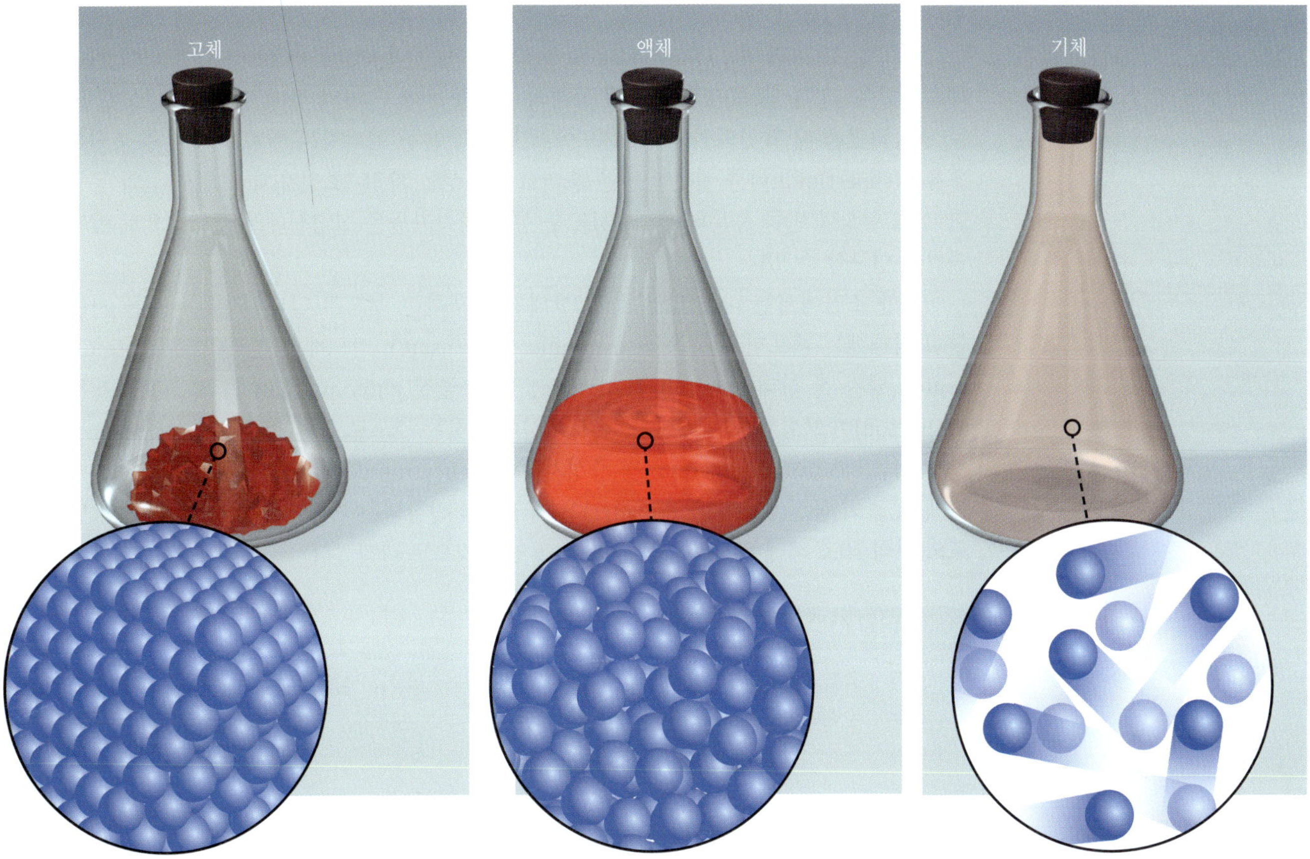

▲ **그림 1.12** 미시적 관점에서 본 고체, 액체, 기체.

◀ **그림 1.13** 물질의 세 가지 상태. 분젠 버너에 의해 얼음이 물과 증기로 변한다.

Charles D. Winters/Timeframe Photography/McGraw-Hill

된다.

BEC는 1924년 보스(Satyendra Bose)와 아인슈타인(Albert Einstein)에 의해 처음 예측되었다. 그 존재는 1995년 기체 상태의 루비듐 원자가 거의 절대 영도(170나노켈빈)로 냉각되었을 때 확인되었다. 이 온도에서 원자의 운동 에너지는 원자가 함께 응축되어 초유체(superfluidity)를 비롯한 많은 흥미로운 특성을 가진 "초원자(superatom)"와 동등한 것을 형성할 만큼 충분히 낮다. BEC를 통해 과학자들은 실험실에서 실험적으로 양자역학을 연구할 수 있다.

극한 조건에서는 다른 많은 물질 상태가 존재하는 것으로 알려져 있다. 다른 저온 물질 상태에는 페르미온 응축물(fermionic condensate), 리드베리 분자(Rydberg molecule), 양자 홀 상태(quantum Hall state), 광자 물질(photonic matter) 및 드로플레톤(dropleton)이 포함된다. 매우 높은 온도에서 존재하는 것으로 알려진 물질의 상태에는 전자 축퇴물(electron-degenerate) 및 중성자 축퇴물(neutron-degenerate)이 포함된다. 흥미롭게도, 축퇴 물질(degenerate matter)은 지구에서 관찰되는 가장 밀도가 높은 물질의 밀도의 거의 10조 배에 달하는 밀도를 가지고 있는 것으로 나타났다.

개념과 사실 요약하기

- 모든 순물질들은 적어도 이론상으로는 고체, 액체, 기체의 세 가지 상태로 존재할 수 있다. 이러한 상태 간의 상호 변환은 온도 변화의 영향을 받는다.

개념과 사실 복습하기

1.8.1 밀폐된 용기 안에 얼음이 있다. 열을 가하면 처음에는 녹고, 그런 다음 물이 끓어서 수증기가 된다. 다음 설명 중 옳은 것은?

(a) 물의 물리적인 모습은 각 변화의 단계마다 다르다.

(b) 물의 질량은 얼음 상태에서 가장 크고 수증기 상태에서 가장 작다.

1.9 물질의 물리적 성질과 화학적 성질

학습 목표

- 물질의 성질을 화학적 성질과 물리적인 성질로 구별할 수 있다.
- 물질의 성질을 크기성질과 세기성질로 구분할 수 있다.

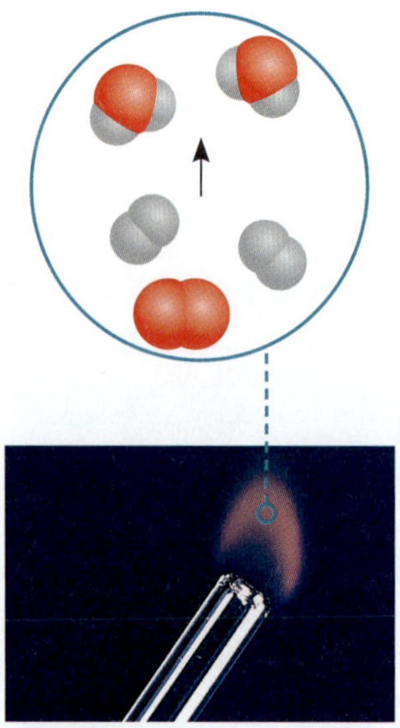

▲ *공기 중에서 수소가 연소되면 물이 형성된다.*
Ken Karp/McGraw-Hill

순물질은 조성뿐만 아니라 그들의 성질에 의해서도 구분된다. 색깔, 녹는점, 끓는점 등은 성질이다. **물리적 성질**(physical property)은 *순물질의 조성이나 본질은 변화시키지 않고 측정하고 관측될 수 있다.* 예를 들어, 얼음 조각을 가열하면서 얼음이 물로 변하는 온도를 측정하면 얼음의 녹는점을 측정할 수 있다. 물이 얼음과 다른 점은 그 외관이지 조성이 아니다. 따라서 이것은 물리적 변화이며, 물을 얼리면 다시 얼음을 얻을 수 있다. 그러므로 녹는점은 물리적 성질이다. 마찬가지로 헬륨이 공기보다 가볍다는 말은 그 물리적 성질을 일컫는 것이다.

반면에 "수소 기체가 산소 기체 중에서 연소해서 물을 형성한다"는 말은 수소의 **화학적 성질**(chemical property)을 일컫는데, *이 성질을 관측하기 위해서는 화학적 변화(이 경우에는 연소)를 수반하기 때문이다.* 이러한 변화 후에 수소 기체의 화학적 성질은 없어지고, 물이라는 새로운 물질이 생성된다. 끓임이나 응고와 같은 물리적 변화로 물로부터 수소를 다시 얻어낼 수는 *없다*.

달걀을 삶을 때는 화학적 변화가 일어난다. 약 100°C 정도로 온도를 높이면 달걀의 흰자와 노른자는 단순히 물리적 외관만 변하는 것이 아니라 화학적 조성도 변한다. 계란을 먹으면 우리 몸 속에 있는 *효소*(enzyme)에 의해 다시 한 번 변화하게 된다. 이러한 소화 과정은 화학적 변화의 또 다른 예이다. 소화 과정에서 일어나는 변화는 효소와 음식의 종류에 따라 달라진다.

모든 물질의 측정 가능한 성질들은 크기 성질과 세기 성질로 다시 구분한다. **크기 성질**(extensive property)의 측정값은 *고려되는 물질의 양에 따라 달라진다*. **질량**(mass)은 *주어진 시료 안에 있는 물질의 양*을 의미하는 크기 성질이다. 더 많은 양의 물질은 더 많은 질량을 의미한다. 크기 성질의 값들은 서로 더할 수 있다. 즉, 십 원짜리 동전 두 개의 질량은 각 동전 질량의 합과 같고, 테니스장 두 개의 길이는 각 테니스장의 길이의 합과 같다. *길이의 세제곱*으로 정의되는 **부피**(volume)도 크기 성질이다. 크기 성질의 값은 물질의 양에 의존한다.

세기 성질(intensive property)의 측정값은 *고려되는 물질의 양에는 상관이 없는 값*이다. *질량 나누기 부피*로 정의되는 **밀도**(density)는 세기 성질이다. 온도 역시 세기 성질이다. 각각 25°C의 물 100 mL가 들어 있는 두 개의 비커가 있다고 가정하자. 각각의 100 mL의 물을 더 큰 비커에 모두 쏟아 부으면 최종 물의 부피는 200 mL가 되지만 물의 온도는 두 개의 개별 비커에 있는 것과 동일하게 여전히 25°C이다. 합쳐진 물의 밀도도 원래와 동일하다. 온도와 물의 밀도는 존재하는 물의 양과는 무관하다. 질량, 길이, 부피와 달리 온도 및 기타 세기 성질은 더해지지 않는다.

개념과 사실 요약하기

- 어떤 물질을 특성화하기 위해서는 그 물질의 본성을 바꾸지 않고 관찰할 수 있는 물리적 성질과 화학적 변화로만 증명할 수 있는 있는 화학적 성질을 알아야 한다.
- 측정 가능한 어떤 성질은 세기 성질과 크기 성질로도 구별할 수 있다. 세기 성질은 물질의 양에 무관하지만, 크기 성질은 물질의 양에 의해 직접적으로 영향을 받는다.

개념과 사실 복습하기

1.9.1 다음 그림 (a)는 두 종류의 원소로 이루어진 액체 상태의 화합물이다(녹색과 빨간색 공으로 원소를 나타내었다). (b)~(d)의 그림 중 어떤 것이 물리적 변화를 나타내며, 어떤 것이 화학적 변화를 나타내는가?

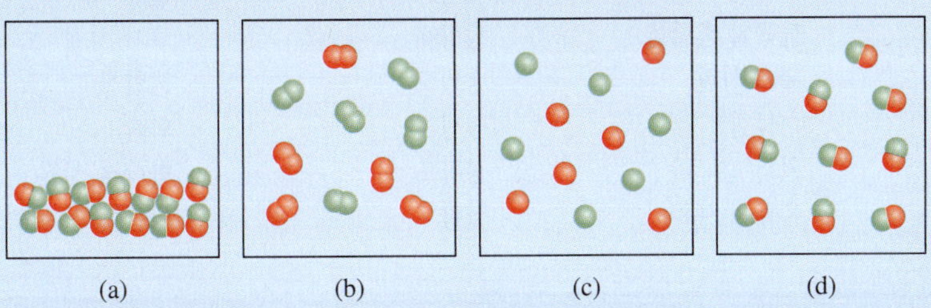

1.9.2 다음 속성 중 어떤 것이 세기 성질이며 어떤 것이 크기 성질인지를 말하라.

(a) 다이아몬드의 경도는 모스 척도(Mohs scale)로 10이다.
(b) 물의 녹는점은 0°C이다.
(c) 납 정육면체의 모서리 길이가 2.5 cm이다.

요약 _Chapter Summary

화학 연구 화학은 물질의 특성과 물질이 겪는 변화에 대한 연구이다. 원소와 화합물은 화학적 변화에 참여하는 물질이다. (1.1, 1.2절)

측정 및 단위 화학은 정량 과학이며 측정이 필요하다. 측정된 양(예: 질량, 부피, 밀도, 온도)에는 일반적으로 관련된 단위가 있다. 화학에서 사용되는 단위는 국제 단위계(SI)를 기반으로 한다. (1.3절)

숫자 다루기 크고 작은 숫자를 표현하는 데는 과학적 표기법을 사용하며 측정의 각 숫자는 유효 숫자라고 하는 의미 있는 숫자로 나타내야 한다. (1.4절)

차원 해석 화학적 계산을 수행하는 간단하고 효과적인 방법이 차원 해석이다. 이 과정에서는 최종 답에 대한 단위를 제외한 모든 단위가 상쇄되는 방식으로 방정식을 만든다. (1.5절)

현장 문제 풀이 현장의 문제를 푸는 것은 종종 가정과 단순화가 수반된다. (1.6절)

물질의 일반적인 상태 화학자는 조성과 성질에 따라 물질을 분류한다. 여기에는 물질과 혼합물이 포함된다. 혼합물은 불균일하거나 균일할 수 있다. 물질은 원소 또는 화합물일 수 있다. 물질의 세 가지 일반적인 상태는 고체, 액체 및 기체이다. 그러나 다른 많은 물질의 상태는 극한 온도 범위(매우 차갑고 매우 뜨거운)에서 알려져 있다. (1.7, 1.8절)

물리 및 화학적 성질 어떤 물질을 특성화하기 위해서는 그 본성을 바꾸지 않고 관찰할 수 있는 물리적 성질과 화학적 변화로만 증명할 수 있는 있는 화학적 성질을 알아야 한다. (1.9절)

주요 식 _Key Equations

$d = \frac{m}{V}$ (1.1)	밀도 식
$?°C = (°F - 32°F) \times \frac{5°C}{9°F}$ (1.2)	°F를 °C로 변환
$?°F = \frac{9°F}{5°C} \times (°C) + 32°F$ (1.3)	°C를 °F로 변환
$?\ K = (°C + 273.15°C)\frac{1\ K}{1°C}$ (1.4)	°C를 K로 변환

주요 용어 _Key Words

가설	무게	부피	이론	켈빈
거시적 성질	물리적 성질	불균일 혼합물	정량적	크기 성질
과학적 방법	물질	세기 성질	정밀도	혼합물
국제 단위 체계(SI)	미시적 성질	순물질	정성적	화학
균일 혼합물	밀도	원소	정확도	화학적 성질
리터	법칙	유효 숫자	질량	화합물

연습 문제 _Questions and Problems

붉은색 번호의 문제는 학생용 문제풀이집에 풀어 놓았다.

1.2 과학적 방법

복습 질문

1.1 과학적 방법의 의미를 설명하라.

1.2 정량적 자료와 정성적 자료의 차이는 무엇인가?

문제

1.3 다음 진술들을 정량적 진술과 정성적 진술로 분류하고, 그 이유를 말하라. (a) 태양은 지구로부터 약 9천

3백만 마일 떨어져 있다. (b) 미켈란젤로보다 레오나르도 다빈치가 더 나은 화가였다. (c) 얼음이 물보다 밀도가 낮다. (d) 버터가 마가린보다 더 맛있다. (e) 제때의 한 바늘이 뒤의 아홉 바늘을 던다(문제가 있거든 그 때 해결하라는 속담).

1.4 다음 각 진술들을 가설, 법칙, 이론으로 구분하라. (a) 베토벤이 결혼을 했더라면 음악에 대한 그의 공헌이 더 컸을 것이다. (b) 낙엽과 지구 사이의 인력이 작용하여 땅으로 떨어진다. (c) 모든 물질은 원자라고 하는 아주 작은 입자들로 이루어져 있다.

1.3 측정

복습 질문

1.5 화학에서 중요한 SI 기본 단위들을 말하라. 다음이 나타내는 SI 단위를 써라. (a) 길이, (b) 부피, (c) 질량, (d) 시간, (e) 에너지, (f) 온도.

1.6 다음 접두사가 나타내는 수를 써라. (a) 메가(mega-), (b) 킬로(kilo-), (c) 데시(deci-), (d) 센티(centi-), (c) 밀리(milli-), (f) 마이크로(micro-), (g) 나노(nano-), (h) 피코(pico-).

1.7 화학자들이 액체와 고체의 밀도에 주로 사용하는 단위는 무엇인가? 기체의 밀도에 사용하는 단위는 무엇인가? 그 차이를 설명하라.

1.8 실험실과 일상생활에서 사용되는 온도 척도인 화씨, 섭씨, 켈빈 척도를 설명하라.

문제

1.9 브로민은 적갈색 액체이다. 브로민 586 g의 부피를 측정하였더니 188 mL이었다. 브로민의 밀도를 g/mL 단위로 계산하라.

1.10 무색 액체인 에탄올의 밀도는 0.7918 g/mL이다. 이 액체 89.9 mL의 질량을 계산하라.

1.11 다음 온도를 섭씨 또는 화씨 단위로 변환하라. (a) 무더운 여름날의 기온인 95°F, (b) 추운 겨울날의 기온인 12°F, (c) 102°F의 고열, (d) 1852°F에서 작동하는 로(furnace), (e) 이론적으로 얻을 수 있는 가장 낮은 온도인 −273.15°C.

1.12 (a) 일반적으로 인체는 105°F 온도에서 뇌나 필수 신체 장기에 영구적인 손상 없이는 아주 짧은 시간 밖에 견딜 수 없다. 이 온도를 섭씨로 나타내면 얼마가 되는가? (b) 에틸렌 글라이콜은 자동차 부동액에 사용되는 액체 유기 물질이다. 이 물질은 −11.5°C에서 언다. 이 어는점을 화씨로 표시하라. (c) 태양 표면 온도는 약 6300°C이다. 이 값을 화씨로 나타내면 얼마가 되겠는가? (d) 종이가 타는 온도는 451°F이다. 섭씨로는 얼마인가?

1.13 다음 온도를 켈빈 온도로 변환하라. (a) 황의 녹는점인 113°C, (b) 정상 체온인 37°C, (c) 수은의 끓는점인 357°C.

1.14 다음 온도를 섭씨 온도로 변환하라. (a) 액체 질소의 끓는점인 77 K, (b) 액체 헬륨의 끓는점인 4.2 K, (c) 납의 녹는점인 601 K.

1.4 숫자 다루기

복습 질문

1.15 소수점 표시법에 비해 과학적 표기법의 장점이 무엇인가?

1.16 유효 숫자를 정의하라. 측정이나 계산에서 적절한 유효 숫자를 사용해야 하는 이유를 논하라.

문제

1.17 다음 수를 화학적 표기법으로 나타내라.
(a) 0.000000027, (b) 356, (c) 47,764, (d) 0.096.

1.18 다음 수를 소수점을 이용하여 나타내라. (a) 1.52×10^{-2}, (b) 7.78×10^{-8}

1.19 다음 연산 결과를 과학적 표기법으로 나타내라.
(a) $145.75 + (2.3 \times 10^{-1})$
(b) $79{,}500 \div (2.5 \times 10^{2})$
(c) $(7.0 \times 10^{-3}) - (8.0 \times 10^{-4})$
(d) $(1.0 \times 10^{4}) \times (9.9 \times 10^{6})$

1.20 다음 연산 결과를 과학적 표기법으로 나타내라.
(a) $0.0095 + (8.5 \times 10^{-3})$
(b) $653 \div (5.75 \times 10^{-8})$
(c) $850{,}000 - (9.0 \times 10^{5})$
(d) $(3.6 \times 10^{-4}) \times (3.6 \times 10^{6})$

1.21 다음 숫자에서 유효 숫자는 각각 몇 개인가?
(a) 4867 mi
(b) 56 mL
(c) 60,104 ton
(d) 2900 g
(e) 40.2 g/cm^3
(f) 0.0000003 cm
(g) 0.7 min
(h) 4.6×10^{19} 원자

1.22 다음 숫자에서 유효 숫자는 각각 몇 개인가? (a) 0.006 L, (b) 0.0605 dm, (c) 60.5 mg, (d) 605.5 cm^2, (e) 960×10^{-3} g, (f) 6 kg, (g) 60 m.

1.23 실험 결과의 계산이라고 생각하고, 다음 연산을 하여 적절한 유효 숫자와 단위를 표시하라.
(a) 5.6792 m + 0.6 m + 4.33 m
(b) 3.70 g − 2.9133 g
(c) 4.51 cm × 3.6666 cm
(d) $(3 \times 10^{4}$ g + 6.827 g)/(0.043 cm^3 − 0.021 cm^3)

1.24 실험 결과의 계산이라 생각하고 다음 연산을 하여 적절한 유효 숫자와 단위를 표시하라.
(a) 7.310 km ÷ 5.70 km
(b) $(3.26 \times 10^{-3}$ mg) − $(7.88 \times 10^{-5}$ mg)
(c) $(4.02 \times 10^{6}$ dm) + $(7.74 \times 10^{7}$ dm)
(d) (7.8 m − 0.34 m)/(1.15 s + 0.82 s)

1.25 세 학생 A, B, C에게 에탄올 시료의 부피를 결정하라는 질문이 주어졌다. 각 학생들은 눈금 실린더로 세 번씩 부피를 측정하였다. 그 결과는 다음과 같다(단위: mm). A(87.1, 88.2, 87.6); B(86.9, 87.1, 87.2); C(87.6, 87.8, 87.9). 이 시료의 정확한 부피는 87.0 mL이다. 각 학생들의 결과에 대해서 정밀도와 정확도를 설명하라.

1.26 수습 재단사 세 명(X, Y, Z)에게 바지의 봉합선을 측정하는 일이 주어졌다. 각각 세 번씩 측정하였다. 그 결과는 다음과 같다(단위: in). X(31.5, 31.6, 31.4); Y(32.8, 32.3, 32.7), Z(31.9, 32.2, 32.1). 실제 길이는 32.0인치이다. 각 재단사들의 결과에 대해서 정밀도와 정확도를 설명하라.

1.5 차원 해석을 이용한 문제 풀이

➡ 문제

1.27 다음 변환을 하라. (a) 22.6 m를 dm로, (b) 25.4 mg를 kg으로, (c) 556 mL를 L로, (d) 10.6 kg/m^{3}을 g/cm^{3}로.

1.28 다음 변환을 하라. (a) 242 lb를 mg으로, (b) 68.3 cm^{3}를 m^{3}로, (c) 7.2 m^{3}를 L로, (d) 28.3 μg을 lb로.

1.29 25°C에서 헬륨의 평균 속도는 1255 m/s이다. 이 속도를 시간당 마일(mile per hour, mph)로 변환하라.

1.30 태양력 1년을 초로 바꾸면 얼마가 되는가(1년은 365.24일)?

1.31 빛이 태양에서 지구까지 도달하는 데 몇 분 걸리는가? (태양에서 지구까지의 거리는 9천 3백만 마일이고, 빛의 속도는 3.00×10^8 m/s이다.)

1.32 어떤 사람이 8.92분에 1마일을 달린다. 이 속도를 다음 단위로 나타내라. (a) in/s, (b) m/min, (c) km/h (1 mi = 1609 m; 1 in = 2.54 cm. mi는 mile의 약자.)

1.33 키가 6.0피트이고, 몸무게는 168파운드인 사람이 있다. 이 사람의 키와 몸무게를 각각 미터와 킬로그램으로 나타내라. (1 lb = 453.6 g; 1 m = 3.28 ft.)

1.34 독일 아우토반 일부에서는 자동차의 제한 속도가 시속 286 km(286 km/h)이다. 이 제한 속도를 시간당 마일(mile per hour, mph)로 계산하라.

1.35 전투기가 이륙하기 위해서는 62 m/s의 속도에 이르러야 한다. 이 속도를 시간당 마일(mile per hour, mph)로 계산하라.

1.36 사람의 혈액 속 "정상" 납 함량은 0.40 ppm이다(혈액 백만 그램 속에 납 0.40 g 존재). 이것이 0.80 ppm이 되면 위험 수치이다. 만약 0.62 ppm의 납이 존재한다면 혈액 6.0×10^3 g(성인의 평균 혈액량)에는 몇 그램의 납이 존재하는가?

1.37 다음 단위 변환을 하라. (a) 1.42광년을 마일로(1광년은 빛이 1년, 즉 365일 동안 여행하는 거리, 빛의 속도는 3.00×10^8 m/s), (b) 32.4야드를 센티미터로, (c) 3.0×10^{10} cm/s를 ft/s로.

1.38 다음 단위 변환을 하라. (a) 성인 남성의 평균 체중인 70 kg을 파운드로, (b) 140억 년(대략 우주의 나이)을 초로(1년은 365일로 계산), (c) 농구 선수 야오 밍의 키인 7피트 6인치를 미터로, (d) 88.6 m^{3}를 L로.

1.39 비행기 제작, 고압 전선, 음료수 캔, 포일에 사용되는 알루미늄은 경금속(밀도 2.70 g/cm^3)이다. 이 밀도는 kg/m^3 단위로 얼마인가?

1.40 암모니아는 대형 냉각 시스템에 냉매로 사용된다. 어떤 조건에서 암모니아 기체의 밀도는 0.625 g/L이다. 이 밀도를 g/cm^{3}로 계산하라.

1.6 현장 문제풀이: 정보, 가정 및 단순화

➡ 문제

1.41 개미 1 mol의 질량은 얼마인가? (*유용한 정보*: mol은 원자나 아원자 입자에 사용되는 단위로 약 6×10^{23}이다. 길이 1 cm인 개미는 무게가 약 3 mg이다.)

1.42 80세인 사람이 일생 동안 잠자는 데 소모한 시간은 몇 년이나 될까?

1.43 미국에서 4인 가족이 실내에서 사용하는 일일 물의 양(갤런 단위)을 추정하라. 미국에서 4인 가족이 실내에서 하루에 쓰는 물의 양(갤런으로)을 추정하라.

1.44 공용 볼링장에는 질량이 정수로 표기된 8~16파운드의 볼링공이 있다. 규격 볼링공의 지름이 8.6인치라면 이들 볼링공 중 물에 뜨는 것은(있는 경우) 어느 것이라 예상되는가?

1.7 물질의 분류

➡ 복습 질문

1.45 다음 각 용어에 해당되는 예를 들어라. (a) 물질, (b) 순물질, (c) 혼합물.

1.46 균일 혼합물과 불균일 혼합물의 예를 각각 들어라.

1.47 원소와 화합물의 예를 들어라. 원소와 화합물은 어떻게 다른가?

1.48 알려진 원소의 개수는 몇 개인가?

➡ 문제

1.49 다음 화학 기호로 나타내는 원소의 이름을 써라. Li, F, P, Cu, As, Zn, Cl, Pt, Mg, U, Al, Si, Ne. (표 1.4

및 앞표지 안쪽 참조.)

1.50 다음 원소의 화학 기호를 써라. (a) 세슘, (b) 저마늄, (c) 갈륨, (d) 스트론튬, (e) 우라늄, (f) 셀레늄, (g) 네온, (h) 카드뮴 원소에 대한 화학 기호를 써라. (표 1.4 및 기호 및 원자 질량이 있는 원소 목록 참조)

1.51 다음 물질을 각각 원소 또는 화합물로 분류하라: (a) 수소, (b) 물, (c) 금, (d) 설탕.

1.52 다음을 각각 원소, 화합물, 균질 혼합물 또는 불균일 혼합물로 분류하라. (a) 우물의 물, (b) 아르곤 기체, (c) 수크로스(설탕), (d) 레드와인 한 병, (e) 치킨 누들 수프, (f) 모세관 속에 든 혈액, (g) 오존.

1.8 물질의 세 가지 일반적인 상태

복습 질문

1.53 아래에 표시된 각 도표를 기체, 액체 또는 고체로 식별하라.

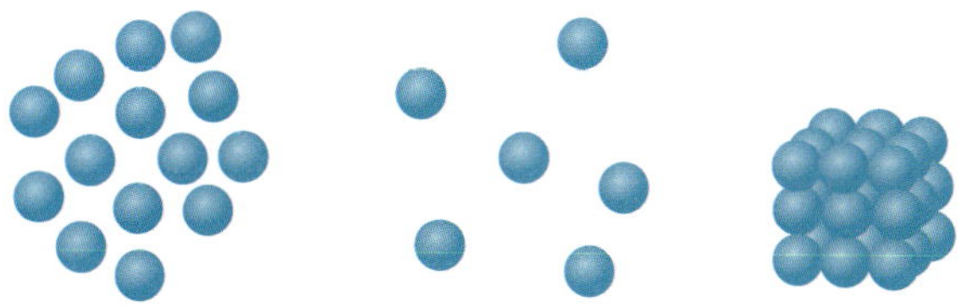

(a) (b) (c)

1.54 일반적으로 입자 사이의 거리가 물질의 다른 상태에 따라 어떻게 변하는지 설명하라.

1.9 물질의 물리적 성질과 화학적 성질

복습 질문

1.55 물리적 성질과 화학적 성질의 차이를 예를 들어 설명하라.

1.56 세기 성질이 크기 성질과 어떻게 다른가? 다음 중 어떤 것이 세기 성질이고, 또 어떤 것이 크기 성질인가? (a) 길이, (b) 부피, (c) 온도, (d) 질량.

문제

1.57 다음 각각은 화학적 성질을 기술한 것인가, 물리적 성질을 기술한 것인가? (a) 산소 기체는 연소를 돕는다. (b) 비료는 농산물 수확을 증가시키는데 도움을 준다. (c) 산 정상에서 물은 100°C 아래에서 끓는다. (d) 납은 알루미늄보다 밀도가 더 크다. (e) 우라늄은 방사성 원소이다.

1.58 다음 각각은 물리적 변화를 기술한 것인가, 화학적 변화를 기술한 것인가? (a) 풍선 내부의 헬륨 기체는 여러 시간이 지나면 풍선 밖으로 누출된다. (b) 손전등은 서서히 어두워지고 마침내 꺼진다. (c) 냉동 오렌지 주스에 물을 첨가하면 원상태로 복원된다. (d) 식물은 태양 에너지에 의해 광합성을 통해 성장한다. (e) 국 한 그릇에 한 숟가락의 식염을 녹인다.

실전 연습의 답 _Answers to Practice Exercises_

1.1 96.5 g. **1.2** 341 g. **1.3** (a) 621.5°F, (b) **78.3**°C, (c) −196°C. **1.4** (a) 2, (b) 4, (c) 3, (d) 2, (e) 3 또는 2. **1.5** (a) 26.76 L, (b) 4.4 g, (c) 1.6×10^7 dm^2, (d) 0.0756 g/mL, (e) 6.69×10^4 m, (f) 2.0386, (g) 1.71×10^{17}. **1.6** 2.36 lb. **1.7** 1.08×10^5 m^3. **1.8** 0.534 g/cm^3. **1.9** 대략 0.03 g.

개념과 사실 복습하기의 답 _Answers to Review of Concepts & Facts_

1.2.1 (c). **1.2.2** 정성적: (b), (c). 정량적: (a), (d). **1.3.1** 0.522 cm^3. **1.3.2** 543 K. **1.3.3** (a). **1.4.1** 위의 자 = 4.6 in. 아래의 자 = 4.57 in. **1.4.2** 10.1 g/cm^3. **1.4.3** 정확하지 않고, 정밀함. **1.5.1** 84.6 kcal. **1.5.2** 1.42 L. **1.5.3** 1.45×10^4 J/g. **1.6.1** 1 ft. **1.7.1** 원소: (b), (d). 화합물: (a), (c). **1.8.1** (a). **1.9.1** 화학적 변화: (b), (c). 물리적 변화: (d). **1.9.2** 세기 성질: (a), (b). 크기 성질: (c).

레이먼드 창의
기본일반화학 제14판 Chemistry

▲ 핵과 그 주위의 궤도를 도는 전자가 있는 원자의 핵 모형은 어니스트 러더퍼드(Ernest Rutherford)의 업적으로부터 고안되었다.
©zoom-zoom/iStock/Getty Images

제 2 장

원자, 이온 및 분자

Atoms, Ions, and Molecules

◆ 차 례

2.1 원자론
2.2 원자의 구조
2.3 원자 번호, 질량수 및 동위원소
2.4 주기율표
2.5 분자와 이온
2.6 화학식
2.7 화합물의 명명
2.8 유기 화합물의 소개

고대로부터 인류는 물질의 본질을 생각해 왔다. 그러나 물질의 구조에 대한 현대적 생각은 19세기 초 돌턴의 원자론으로부터 시작되었다. 지금 우리는 모든 물질은 원자, 분자, 이온으로 이루어졌음을 안다. 모든 화학은 어떻게든 이들과 관련이 있다.

2.1 원자론

⊳ 학습 목표

- 물질의 본성에 대한 돌턴(Dalton)의 가설을 간략히 설명할 수 있다.
- 일정 성분비 법칙, 배수 비례 법칙, 그리고 질량 보존 법칙을 구별할 수 있다.

기원 전 5세기에 그리스의 철학자 데모크리토스(Democritus)는 모든 물질은 나누어지지 않는 매우 작은 입자로 구성되어 있다고 믿었고, 이 입자를 *atomos*(쪼개거나 나눌 수 없다는 의미)라 하였다. 이러한 데모크리토스의 생각은 당시 많은 사람들(특히 플라톤과 아리스토텔레스)로부터 받아들여지지 않았지만, 어느 정도는 인정되었다. 과학적 연구에서 얻은 실험적 증거로부터 "원자론(atomism)"의 개념이 뒷받침되었으며, 원소와 화합물을 점점 근대적으로 정의하게 되었다. 그리고 마침내 1808년 영국의 과학자이자 교사였던 돌턴(John Dalton)[†]은 원자라고 부르는, 나누어지지 않는 물질의 구성 단위를 명확히 정의하였다.

현대 화학의 시대는 돌턴의 연구로부터 시작되었다. 돌턴 원자론의 바탕이 되는 물질의 본질에 대한 가설은 다음과 같이 요약할 수 있다.

1. 원소는 원자라고 하는 매우 작은 입자로 구성되어 있다.
2. 한 원소의 원자들은 모두 동일하며, 크기, 질량, 화학적 성질이 모두 같다. 한 원소의 원자들은 다른 모든 원소의 원자와는 서로 다르다.
3. 화합물은 한 가지 이상 원소의 원자들로 이루어져 있다. 어떤 주어진 화합물에서 존재하는 원자는 항상 같은 비율로 존재한다.
4. 화학 반응은 원자의 분리, 결합, 재배열만을 포함한다. 다시 말해, 원자의 생성이나 파괴를 초래하지 않는다.

그림 2.1은 가설 2~4를 도식적으로 표현한 것이다.

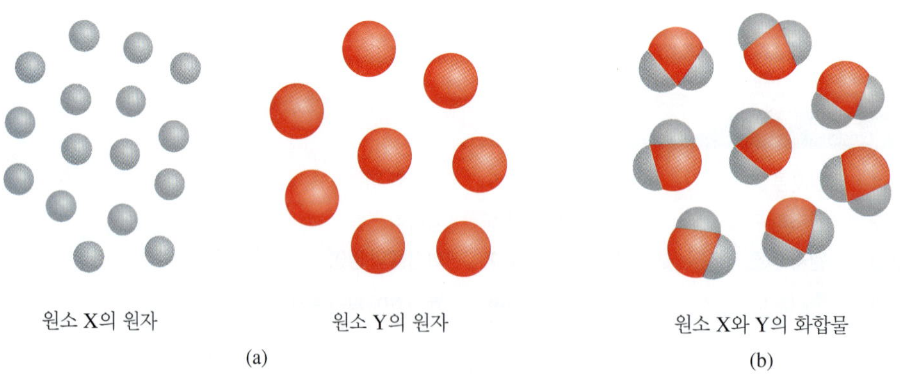

▶ **그림 2.1** (a) 돌턴의 원자론에 따르면 같은 원소의 원자들끼리는 동일하지만, 다른 원소의 원자와는 서로 다르다. (b) 원소 X와 Y의 원자로부터 만들어진 화합물. 이 경우 원소 X의 원자와 원소 Y의 원자의 비는 2:1이다. 화학 반응에서는 원자의 재배열만 일어나지 원자가 사라지거나 새로 만들어지지는 않는다.

[†]돌턴(John Dalton, 1766~1844)은 영국의 화학자, 수학자 및 철학자로, 원자설 외에 그가 경험한 것으로부터 몇 가지 기체 법칙과 색맹에 대해 자세히 기술하였다. 돌턴은 평범한 실험학자로, 예증에 대한 언어나 힘이 특히 부족한 것으로 알려져 있다. 그의 유일한 오락은 화요일 오후에 즐기는 잔디 위에서 하는 볼링이었다. 아마 나무로 된 그 볼링공이 원자설의 아이디어를 제공했을 것이다.

원자에 대한 돌턴의 개념은 데모크리토스의 개념보다 훨씬 더 자세하고 구체적이다. 두 번째 가설에서 한 원소의 원자들은 다른 모든 원소의 원자들과 다르다고 하였다. 돌턴은 원자의 구조 또는 조성을 기술하기 위한 시도를 하지 않았으며, 실제로 원자가 어떻게 생겼는지 알지 못했다. 그러나 수소와 산소 원소의 서로 다른 성질이 수소 원자가 산소 원자와 같지 않다고 하는 가정을 함으로써 설명될 수 있다는 것을 그는 깨달았다.

돌턴의 세 번째 가설은 어떤 화합물을 만들기 위해서는 원소의 원자가 맞는 종류일 뿐만 아니라 이들 원자의 일정한 개수가 필요하다는 것을 제시하고 있다. 이러한 생각은 1799년 프랑스의 화학자 프루스트(Joseph Proust)†가 발표한 법칙을 확장한 것이었다. 프루스트의 **일정 성분비 법칙**(law of definite proportions)에 따르면 *같은 화합물에서는 시료가 다를지라도 포함하고 있는 구성 원소의 질량비가 항상 똑같다*. 그러므로 만일 다른 출처에서 얻은 이산화 탄소 시료를 분석하면 각 시료에서 탄소 대 산소의 질량비가 같음을 발견할 것이다. 따라서 주어진 화합물에 들어 있는 서로 다른 원소의 질량비가 일정하다면 그 화합물에 있는 원소의 원자 비 또한 일정하다는 것은 이치에 맞는다.

돌턴의 세 번째 가설은 또한 다른 중요한 법칙인 **배수 비례 법칙**(law of multiple proportions)을 뒷받침해 준다. 이 법칙에 따르면 두 원소가 결합하여 둘 이상의 화합물을 만들 때 한 원소의 일정한 질량과 결합하는 다른 원소의 질량 사이에는 간단한 정수비가 성립한다. 돌턴의 이론은 배수 비례 법칙을 매우 간단히 설명하고 있다. 즉, 화합물에서 결합하고 있는 각 원소의 원자의 수가 다르다. 예를 들어, 탄소는 산소와 함께 두 가지 안정한 화합물, 즉 일산화 탄소와 이산화 탄소를 형성한다. 현대적인 측정 기술에 의하면 일산화 탄소는 탄소 원자 한 개와 산소 원자 한 개가 결합하고, 이산화탄소는 탄소 원자 한 개에 산소 원자 두 개가 결합하여 만들어진다. 따라서 일산화 탄소에 있는 산소와 이산화 탄소에 있는 산소의 비율은 1 : 2이다. 이 결과는 화합물에서 한 원소의 질량은 그 원소의 원자 수에 비례하기 때문에 배수 비례 법칙과 일치한다(그림 2.2).

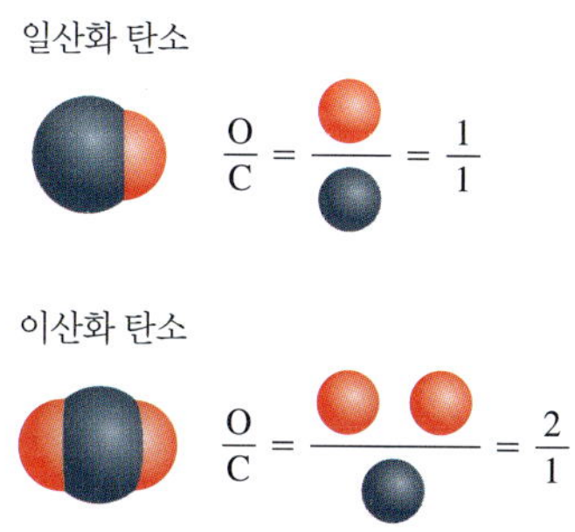

▲ 그림 2.2 배수 비례 법칙의 예.

돌턴의 네 번째 가설은 *물질은 생성되거나 없어지지 않는다*는 **질량 보존 법칙**(law of conservation of mass)을 달리 표현하고 있는 것이다. 물질은 화학 반응에서 변하지 않는 원자로 되어 있기 때문에 질량은 잘 보존되어야 한다. 물질의 본질에 대한 돌턴의 뛰어난 통찰력은 19세기 화학의 급속한 발전에 주요한 자극제가 되었다. [참고로 알베르트 아인슈타인(Albert Einstein)에 따르면 질량과 에너지는 *질량-에너지*라고 불리는 단일 실체에 대한 다른 양상들이다. 화학 반응은 일반적으로 열 또는 다른 형태의 에너지의 획득 또는 손실을 수반한다. 예를 들면, 반응에서 에너지가 손실되면 질량도 잃어버리게 된다. 하지만 핵반응을 제외한(제21장 참조) 통상적인 화학 반응의 경우, 반응에 따른 질량 변화는 감지되기에는 매우 작다. 그러므로 실질적인 측면에서 질량은 보존된다고 할 수 있다.]

개념과 사실 요약하기

- 현대 화학은 모든 물질이 원자라고 부르는 작고 더 이상 쪼갤 수 없는 입자로 구성되어 있다는 돌턴의 원자 이론으로부터 시작되었다. 같은 원소의 모든 원자는 동일하며, 다른 원소의 원자를 포함한 화합물은 정수 비율로 결합하고, 화학 반응에서 원자는 생성되지도 않고 파괴되지도 않는다(질량 보존 법칙).
- 특정 화합물에 있는 구성 원소의 원자는 항상 동일한 질량 비율로 결합한다(일정 성분비의 법칙). 두 원소가 결합하여 두 가지 유형 이상의 화합물을 형성할 수 있을 때, 한 원소의 질량과 그 원소와 결합하는 다른 원소의 질량 사이에는 간단한 정수비가 성립한다(배수 비례 법칙).

†프루스트(Joseph Louis Proust, 1754~1826)는 프랑스 화학자로서 포도에서 당을 처음 분리하였다.

개념과 사실 복습하기

2.1.1 원소 A(푸른색)과 B(주황색)가 두 가지 화합물을 형성한다. 이들 화합물이 배수 비례 법칙을 따르고 있는가?

2.1.2 아래에 나타낸 화학 과정은 어떤 질량 법칙(질량 보존, 일정 성분비 및 배수 비례)을 묘사하고 있는가?

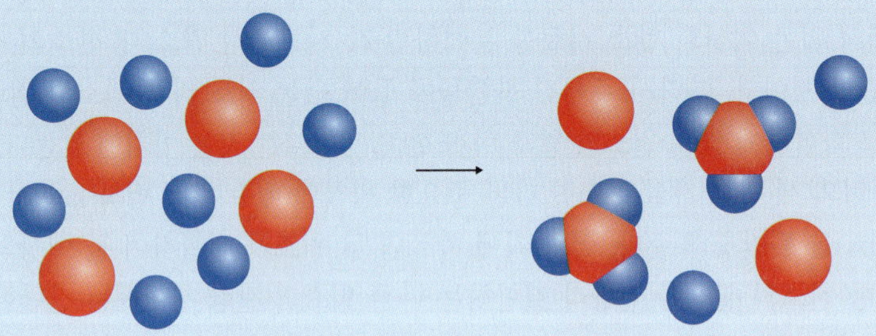

2.2 원자의 구조

학습 목표

- 원자의 개념과 원소의 성질을 이해할 수 있다.
- 톰슨(Thomson), 밀리컨(Millikan), 뢴트겐(Röntgen), 러더퍼드(Rutherford)가 수행한 실험의 중요성을 평가하고, 그들이 원자의 성질과 구조에 대한 우리의 이해에 어떤 영향을 미쳤는지 알 수 있다.
- 방사성 물질이 생성할 수 있는 다양한 유형의 방사선을 요약할 수 있다.

돌턴의 원자론에 근거하여, **원자**(atom)는 *화학 결합을 할 수 있는 원소의 기본 단위*로 정의할 수 있다. 돌턴은 원자를 매우 작고 더 이상 나누어지지 않는 것으로 생각했다. 그러나 1850년대부터 20세기까지 계속된 일련의 연구를 통해 원자가 실제로는 내부 구조를 가짐이 밝혀졌다. 다시 말해, 원자는 *아원자 입자*(subatomic particle)라는 훨씬 더 작은 입자로 이루어져 있으며, 이 연구를 통해서 전자, 양성자, 중성자의 세 가지 입자가 발견되었다.

전자

동영상 자료
음극선관

1890년대 많은 과학자들은 *파장의 형태로 공간을 통해 에너지를 방출하고 전달하는* **방사선**(radiation)을 연구하기 시작하였다. 이러한 연구를 통해 얻어낸 정보는 원자의 구조를 이해하는 데 많은 도움이 되었으며, 이와 같은 현상을 조사하기 위해 이용된 장치가 텔레비전관의 전신인 음극선관(그림 2.3)이다. 이것은 공기를 대부분 빼어버린 진공 유리관으로, 두 개의 금속판을 높은 전압에 연결시키면 음으로 하전된 판인 *음극*(cathode)에서 보이지 않는 복사선을 방출하며, 이 음극선은 양으로 하전된 판인 *양극*(anode)에 이끌리게 된다. 음극선은 구멍을 통과하여 관의 반대쪽 끝까지 계속 이동한다. 음극선은 특수하게 코팅된 표면에 부딪칠 때 강한 형광, 즉 밝은 빛을 낸다.

다른 실험에서는 전하를 띤 두 개의 판과 자석을 음극선관의 *외부*(outside)에 부착하

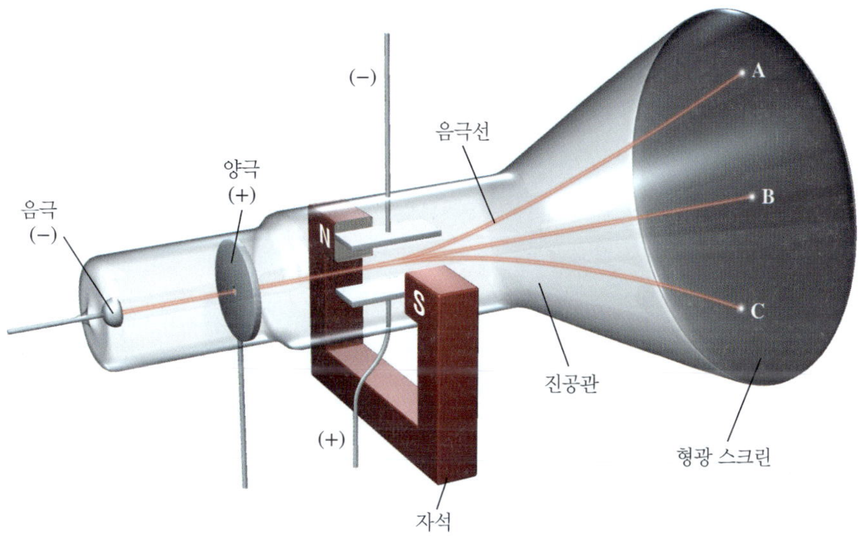

◀ **그림 2.3** 음극선의 방향에 수직인 전기장과 외부 자기장이 있는 음극선관. 기호 N과 S는 각각 자석의 북극과 남극을 나타낸다. 음극선은 자기장이 있으면 관 끝의 점 A에, 전기장이 있으면 점 C에, 그리고 전기장과 자기장이 없거나 그 효과가 서로 상쇄되었을 때 점 B에 도달한다.

였다(그림 2.3 참조). 자기장을 켜고 전기장을 끄면 음극선은 점 A에, 전기장만이 켜졌을 때는 점 C에 도달한다. 자기장과 전기장이 모두 꺼졌거나 모두 켜졌을 때는 서로의 영향력이 상쇄되어 균형을 이루며, 음극선은 점 B에 도달한다. 전자기 이론에 의하면 움직이는 하전체는 자석처럼 작용하며, 그것이 통과하는 전기장 및 자기장과 상호작용을 할 수 있다. 음극선은 양전하를 띠는 판에 이끌리고, 음전하를 띤 판에는 밀려나기 때문에 음으로 하전된 입자임이 틀림없다. 이 *음으로 하전된 입자*를 **전자**(electron)라 한다. 그림 2.4는 음극선에 대한 막대자석의 영향을 보여주고 있다.

영국의 물리학자 톰슨(J. J. Thomson)[†]은 음극선관과 그가 알고 있는 전자기 이론을 이용하여 전자 1개의 질량 대 전하 비를 결정하였다. 그가 알아낸 수치는 -1.76×10^8 C/g으로, 여기서 C는 전하의 단위인 *쿨롱*(coulomb)을 뜻한다. 그 후, 1908~1917년에 걸쳐 수행된 일련의 실험에서 미국의 물리학자 밀리컨(R. A. Millikan)[‡]은 전자의 전하를 정밀하게 측정하는 데 성공하였다. 그는 각 전자의 전하가 정확히 같다는 것을 증명하였다. 실

▶▶ 동영상 자료
밀리컨의 기름 방울

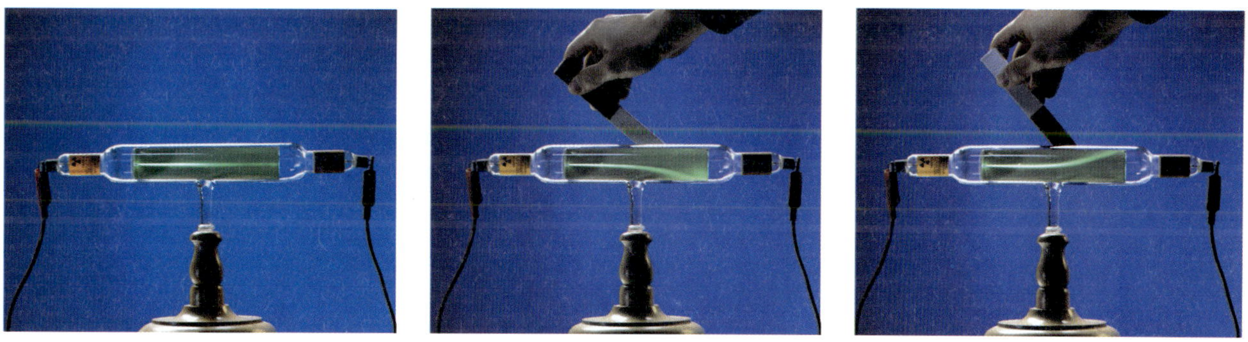

▲ **그림 2.4** (a) 방전관의 음극(왼쪽)에서 양극(오른쪽)으로 이동하는 음극선. 음극선 자체는 보이지 않지만 유리에 코팅된 황화 아연의 형광이 녹색을 띠게 한다. (b) 막대 자석의 N극이 다가오면 음극선은 아래로 휘어진다. (c) 자석의 극이 바뀌면 음극선도 반대 방향으로 휜다.
Charles D. Winters/McGraw-Hill

[†]톰슨(Joseph John Thomson, 1856~1940)은 영국 물리학자로, 전자의 발견으로 1906년 노벨 물리학상을 수상하였다.

[‡]밀리컨(Robert Andrews Millikan, 1868~1953)은 미국 물리학자로, 전자의 전하를 결정하여 1923년 노벨 물리학상을 수상하였다.

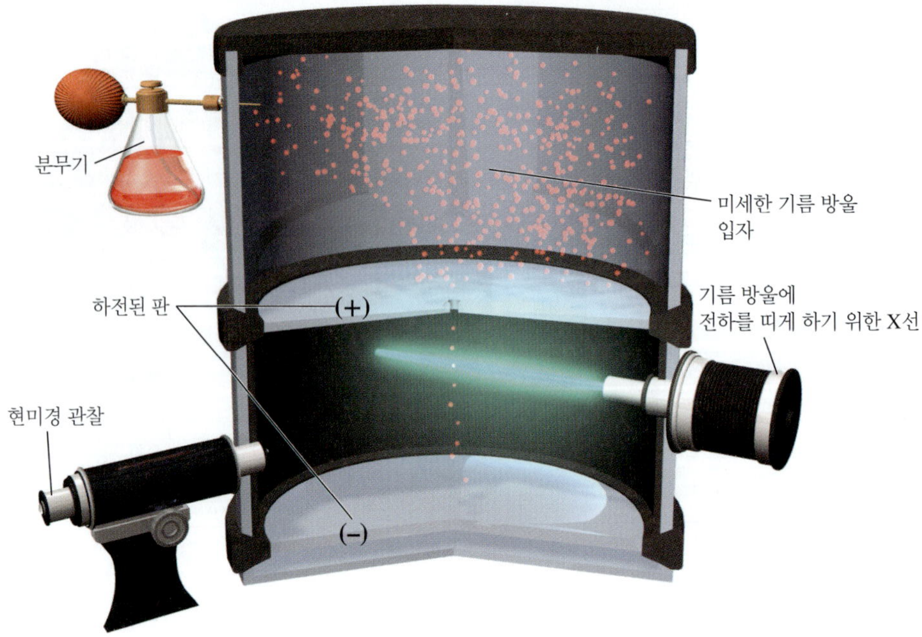

▶ **그림 2.5** 밀리컨의 기름 방울 실험 장치도.

험에서 밀리컨은 공기 중에서 이온으로부터 정전하를 얻은 작은 기름 방울 하나의 움직임을 조사하였다. 그는 공기 중에서 그 전하를 띠고 있는 기름 방울에 전기장을 가하여 띄운 다음 현미경으로 이들의 움직임을 관찰하였다(그림 2.5). 정전기학의 지식을 기반하여 밀리컨은 전자 한 개의 전하가 -1.6022×10^{-19} C임을 알아냈다. 이 자료로부터 전자 한 개의 질량을 다음과 같이 계산하였다.

$$\begin{aligned}\text{전자의 질량} &= \frac{\text{전하}}{\text{전하/질량}} \\ &= \frac{-1.6022 \times 10^{-19}\ \text{C}}{-1.76 \times 10^{8}\ \text{C/g}} \\ &= 9.10 \times 10^{-28}\ \text{g}\end{aligned}$$

이로부터 전자의 질량이 매우 작음을 알 수 있다.

방사능

1895년 독일 물리학자인 뢴트겐(Wilhelm Röntgen)[†]은 음극선으로 인해 유리와 금속이 매우 특이한 빛을 방출한다는 것을 알았다. 이 활동성이 큰 방사선은 물질을 통과하고, 가려진 사진판을 검게 만들었으며, 여러 물질이 형광을 발하게 하였다. 이 방사선은 자석에 의해 휘어지지 않기 때문에 음극선과는 달리 하전된 입자를 포함하지 않았다. 뢴트겐은 당시에 이 빛에 대해 잘 알지 못했기 때문에 이 빛을 X선이라 하였다.

뢴트겐의 발견 후 얼마 되지 않아 파리의 물리학 교수인 베크렐(Antoine Becquerel)[‡]은 물질의 형광성에 관한 연구를 시작하였는데, 아주 우연히, 두껍게 덮은 사진판을 어떤 우라늄 화합물에 노출시키면 음극선의 자극 없이도 사진판이 검게 된다는 사실을 발견했다. 우라늄 화합물에서 나오는 이 복사선은 X선처럼 매우 활동적이며, 자석에 의해 휘어

[†]뢴트겐(Wilhelm Konrad Röntgen, 1845~1923)은 독일 물리학자로, X선을 발견하여 1901년 노벨 물리학상을 수상하였다.

[‡]베크렐(Antoine Henri Becquerel, 1852~1908)은 프랑스 물리학자로, 우라늄의 방사성을 발견하여 1903년 노벨 물리학상을 수상하였다.

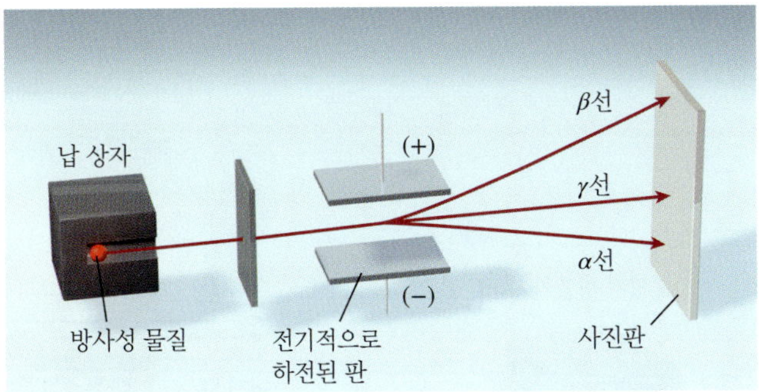

◀ **그림 2.6** 방사성 원소에 의해 방출된 세 종류의 방사선. β선은 음으로 하전된 입자(전자)들로 구성되어 있고, 양으로 하전된 판에 끌린다. 반대로 α선은 양으로 하전되어 있고, 음으로 하전된 판에 이끌린다. γ선은 전하가 없기 때문에 그들의 진행 경로는 외부 전기장에 의해 영향을 받지 않는다.

지지 않지만, 자발적으로 발생하기 때문에 X선과는 달랐다. 베크렐의 제자 중의 한 사람이었던 마리 퀴리(Marie Curie)†는 이와 같이 *자발적으로 입자나 복사선을 방출*하는 것을 나타내기 위해 **방사능**(radioactivity)이란 말을 제안하였다. 따라서 자발적으로 방사선을 방출하는 모든 원소를 *방사성* 원소(radioactive element)라고 한다.

우라늄과 같은 방사성 물질은 붕괴(decay) 과정을 통해 세 종류의 방사선이 발생된다는 것을 알게 되었다. 그 중 두 가지의 방사선은 반대로 하전된 금속판 사이를 통과할 때 휘어진다(그림 2.6). **알파(α)선**(alpha ray)은 **α입자**(α particle)라고 하는 *양전하를 띤 입자*로 구성되어 있어 양전하를 띠고 있는 판에 의해 휘어진다. **베타(β)선**(beta ray), 즉 **β 입자**(β particle)는 전자이며, 음전하를 띠는 판에 의해 휘어진다. 방사선의 세 번째 형태는 **감마(γ)선**(gamma ray)이라고 하는 높은 에너지의 복사선으로 이루어져 있다. X 선과 같이 γ선은 전하를 갖지 않으며, 외부 자기장이나 전기장의 영향을 받지 않는다.

▶▶▶ 동영상 자료
알파, 베타, 감마선

▶ 양성자와 핵

1900년대 초까지 원자에 대한 두 가지 특성이 분명하게 드러났는데, 원자는 전자를 포함하고 있다는 것이며, 전기적으로는 중성이라는 것이다. 전기적으로 중성을 유지하기 위해 원자는 같은 수의 양전하와 음전하를 포함해야 한다. 이와 같은 사실을 바탕으로 톰슨은 원자는 균일하게 양전하를 띤 구에 전자가 박혀 있는 것과 같은 물질로 생각할 수 있다고 제안했다(그림 2.7). 이러한 톰슨의 소위 "건포도 푸딩" 모형은 여러 해 동안 인정을 받았다.

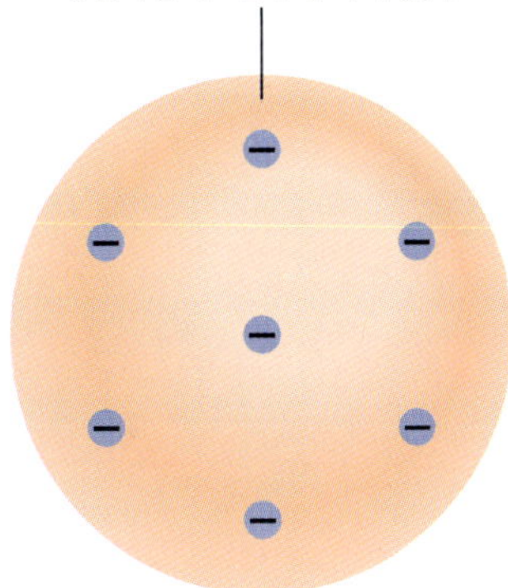

▲ **그림 2.7** 톰슨의 원자 모형. 때때로 건포도를 함유한 영국의 전통 후식에서 유래되어 "건포도 푸딩" 모형이라고도 한다. 전자들은 양으로 하전된 구에 균일하게 박혀 있다.

케임브리지 대학교에서 톰슨과 함께 공부했던 뉴질랜드의 물리학자 러더퍼드(Ernest Rutherford)‡는 1910년 α 입자를 이용하여 원자의 구조를 밝히고자 하였다. 러더퍼드는 그의 조수인 가이거(Hans Geiger)§와 학부생인 마스덴(Ernest Marsden)**과 함께 방사성 원(radioactive resource)에서 나오는 입사의 표적을 내우 얇은 금박과 다른 금속박을 이용하여 일련의 실험을 수행하였다(그림 2.8). 이 실험에서 그들은 대부분의 입자가 휘어지

▶▶▶ 동영상 자료
α-입자 산란

▶▶▶ 동영상 자료
러더퍼드의 실험

† 퀴리[Marie (Marya Sklodowska) Curie, 1867~1934]는 폴란드 태생의 화학자이자 물리학자이다. 방사능에 관한 연구로 1903년 프랑스인 남편인 피에르 퀴리(Pierre Curie)와 함께 노벨 물리학상을 수상하였다. 1911년에는 방사성 원소인 라듐과 폴로늄에 대한 연구로 이번에는 노벨 화학상을 수상하였다. 과학 분야에서 노벨상을 두 번 받은 사람은 세 사람뿐이다. 과학에 대한 그녀의 위대한 공헌에도 불구하고 프랑스 과학 아카데미는 1911년 한 표 차로 그녀의 지명을 거부하였는데 그녀가 여자이었기 때문이었다. 그녀의 딸인 이렌(Irene)과 사위 프레드릭(Frederic Joliot-Curie)은 1935년에 노벨 화학상을 공동 수상하였다.

‡ 러더퍼드(Ernest Rutherford, 1871~1937)는 뉴질랜드의 물리학자로, 대부분의 연구를 영국에서 하였다(맨체스터 대학과 케임브리지 대학). 원자핵에 대한 연구 공로로 1908년에 노벨 화학상을 수상하였다. 그는 학생들에게 자주 다음과 같은 말을 하였다. "모든 과학은 물리 아니면 우표 수집이다."

§ 가이거(Johannes Hans Wilhelm Geiger, 1882~1945)는 독일의 물리학자로, 주로 원자핵의 구조와 방사능에 관한 연구를 하였다. 가이거 계측기라고 하는 방사선 측정 장치를 발명하였다.

** 마스덴(Ernest Marsden, 1889~1970)은 영국의 물리학자로, 뉴질랜드의 과학 발전에 지대한 공헌을 하였다. 노벨상을 수상하게 한 연구에 대학생도 도움을 줄 수 있다는 사실은 매우 반가운 일이다.

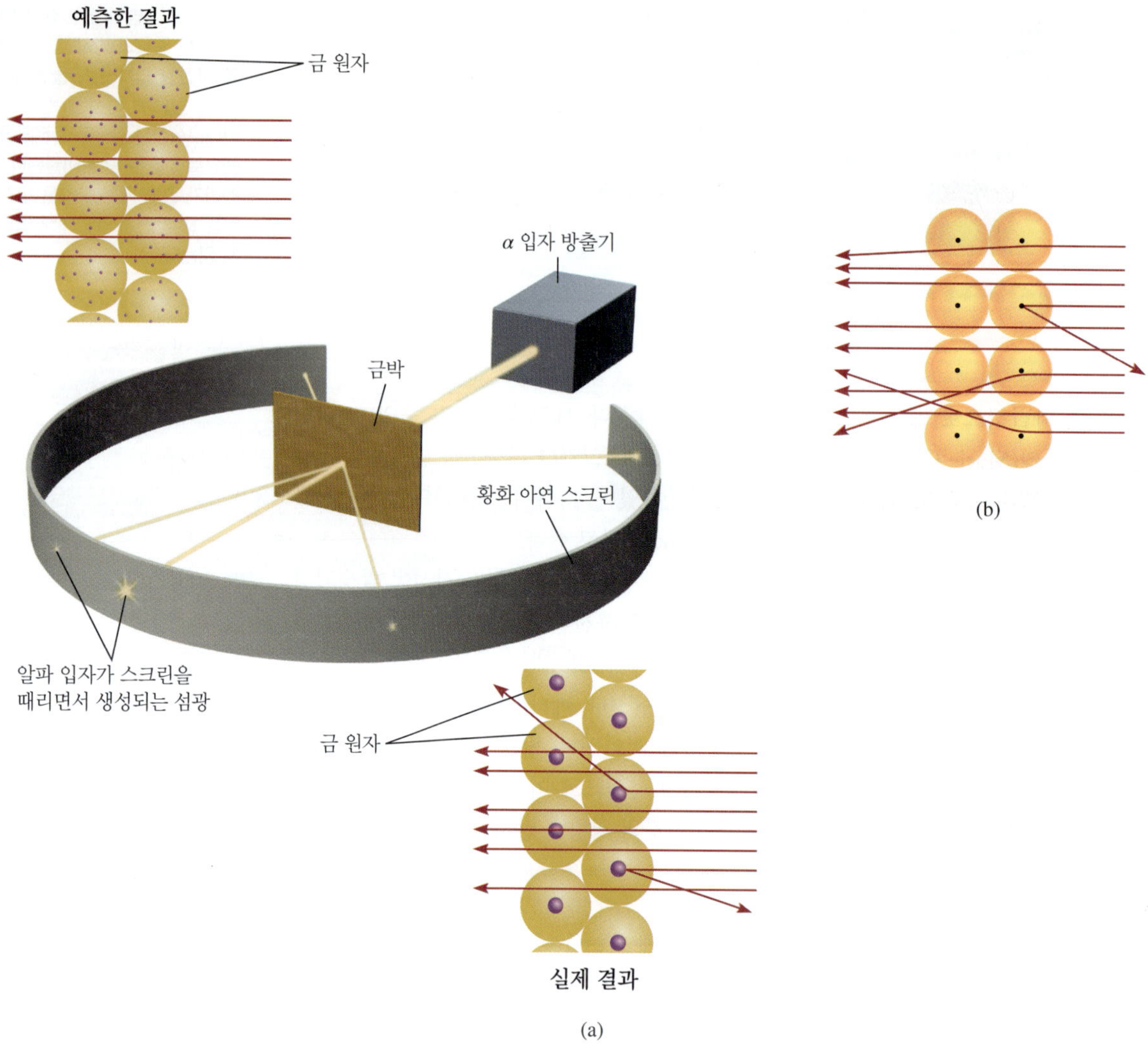

▲ **그림 2.8** (a) 금박에 의한 α 입자의 산란을 측정하기 위한 러더퍼드의 실험 장치. 대부분의 입자는 거의 또는 전혀 휘어지지 않고 금박을 통과했다. 이따금 하나의 α 입자가 되돌아왔다. (b) 핵을 통과하거나 핵에 의해 휘어지는 α 입자의 확대된 그림.

지 않거나 약간 휘어지면서 금박을 통과하는 것을 관찰했다. 때로는 α 입자가 큰 각도로 산란되는(또는 휘어지는) 경우도 알았다. 몇몇 경우에는 α 입자가 진행하던 방향으로부터 다시 되튕겨 돌아오는 경우마저도 있었다. 이것은 매우 놀라운 발견이었다. 왜냐하면 톰슨의 모형에 의하면 원자의 양전하가 매우 넓게 퍼져 있기 때문에 양전하를 가진 α 입자는 거의 휘어지지 않고 통과할 것으로 예측했기 때문이었다. 이러한 발견에 대해 언급할 때 러더퍼드의 첫 반응을 인용하면 다음과 같다. "이는 화장지 한 조각에 15인치 포탄을 쏘았을 때 그 포탄이 되돌아와 당신을 맞추는 것처럼 믿을 수 없는 것이었다."

러더퍼드(Rutherford)는 원자의 새로운 모형을 도입하여 α-산란 실험의 결과를 설명했다. 러더퍼드에 따르면, 원자의 대부분은 빈 공간으로 되어 있어야 한다. 이것은 대부분의 입자가 거의 또는 전혀 휘어지지 않고 금박을 통과한 사실을 설명할 수 있다. 원자의 *양전하는 원자 내의 조밀한 중심부*인 **핵**(nucleus)에 모두 집중되어 있다고 러더퍼드는 제안하였다. 산란 실험에서 α 입자는 핵에 가까이 갈 때마다 큰 반발력을 받아 크게 휘어진다. 더욱이 핵을 향해 정면으로 이동하는 α 입자는 움직이는 입자의 방향을 완전히 반대로 바꿀 수 있는 막대한 반발 작용을 겪게 된다.

*핵에서 양으로 하전된 입자*를 **양성자**(proton)라 한다. 별도의 실험을 통해 양성자 한

개의 전하량은 전자 한 개의 전하와 크기가 같으며, 양성자의 질량은 1.67262×10^{-24} g으로, 이는 반대로 하전된 전자 질량의 약 1840배에 달한다는 것을 발견하였다.

이 조사 단계에서 과학자들은 원자를 다음과 같이 인식하였다. 원자핵의 질량은 전체 원자의 질량의 대부분을 차지하지만, 원자 부피의 약 $1/10^{13}$ 정도만을 차지한다. 원자(그리고 분자)의 크기는 *피코미터*(picometer, *pm*)라고 하는 SI 단위로 나타낸다. 여기서

$$1 \text{ pm} = 1 \times 10^{-12} \text{ m}$$

이다. 일반적으로 원자의 반지름은 약 100 pm인 반면 원자핵의 반지름은 겨우 5×10^{-3} pm 정도이다. 원자를 스포츠 경기장이라 했을 때 그 원자핵의 크기를 작은 구슬에 비유하면 원자와 핵의 상대적인 크기를 짐작할 수 있다. 양성자는 원자의 핵에 국한되어 있지만, 전자는 핵으로부터 어느 정도의 거리만큼 떨어져 핵 주위에 퍼져 있는 것으로 생각된다.

원자 반지름의 개념은 실험적으로는 유용하지만 원자는 잘 정의된 경계나 표면을 가지지 않는다. 원자의 바깥 영역은 상대적으로 "분명하지 않다"는 것을 뒤에서(제7장) 배울 것이다.

▲ *원자 크기를 이 운동장 크기로 확장하면 핵의 크기는 구슬 크기 정도이다.*

Kanuman/Shutterstock

중성자

원자의 구조에 대한 러더퍼드의 모형은 한 가지 해결되지 않은 주요한 문제를 남겼다. 가장 간단한 원자인 수소는 양성자 1개만을 가지며, 헬륨 원자는 양성자 두 개를 가진다. 따라서 헬륨 원자 질량과 수소 원자 질량의 비율은 2 : 1이어야 한다(전자는 양성자보다 훨씬 가벼우므로 원자 질량에 대한 전자의 기여는 무시할 수 있다). 그런데 실제 그 비율은 4 : 1이다. 러더퍼드와 다른 사람들은 원자핵 속에 다른 형태의 아원자 입자(subatomic particle)가 있어야 한다고 가정하였다. 그것에 대한 증명은 1932년 영국 물리학자인 채드윅(James Chadwick)†에 의해 이루어졌다. 채드윅이 한 장의 얇은 베릴륨 판에 α 입자로 충격을 주었을 때 γ선과 비슷한 매우 높은 에너지를 가지는 방사선이 금속에서 방출되었다. 후에 실험을 통해서 그 방사선이 양성자나 전자가 아닌 아원자 입자로 되어 있음을 알았다. 이 입자는 *양성자의 질량보다 약간 큰 질량을 가지며 전기적으로 중성인 입자로 되어 있음*이 밝혀졌기 때문에 채드윅은 이 아원자 입자를 **중성자**(neutron)라 하였다. 이제 질량비에 대한 의문을 설명할 수 있게 되었다. 헬륨의 핵에는 양성자 두 개와 중성자 두 개가 있으나 수소의 핵에는 중성자는 없고, 양성자 한 개만 있으므로 그 비율은 4 : 1이 된다.

그림 2.9는 원자 내 기본 입자들(양성자, 중성자, 전자)의 위치를 나타낸다. 다른 아원자 입자들도 있지만, 전자, 양성자, 중성자는 화학에서 가장 중요한 세 가지 원자의 기본 구성 요소이다. 표 2.1은 이 세 가지 기본 입자의 질량과 전하의 값을 나타낸 것이다.

표 2.1 아원자 입자의 질량과 전하

입자	질량(g)	전하: 전하량	전하: 전하 단위
전자*	9.10938×10^{-28}	-1.6022×10^{-19}	-1
양성자	1.67262×10^{-24}	$+1.6022 \times 10^{-19}$	$+1$
중성자	1.67493×10^{-24}	0	0

*보다 정교한 실험을 통해 밀리컨의 값보다 더 정확한 전자의 질량 값을 나타내었다.

---

†채드윅(James Chadwick, 1891∼1972)은 영국 물리학자로, 중성자의 존재를 증명하여 1935년 노벨 물리학상을 수상하였다.

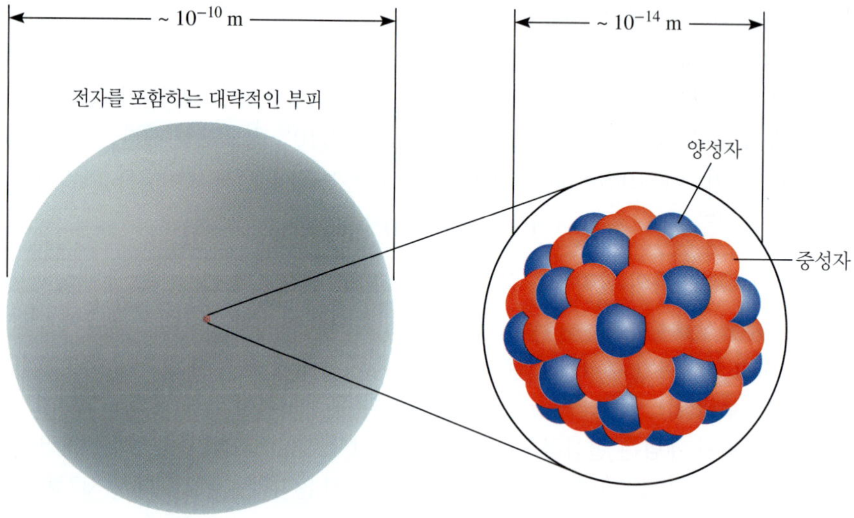

▶ **그림 2.9** 한 원자의 양성자와 중성자들이 극히 작은 핵 속에 채워져 있다. 전자들은 핵 주위에 "구름"처럼 나타내었다.

개념과 사실 요약하기

- 원자는 양성자와 중성자를 포함하는 매우 조밀한 중심 핵으로 구성되어 있으며 전자는 핵 주위에서 상대적으로 먼 거리에서 이동한다.
- 양성자는 양전하를 띠고 중성자는 전하를 띠지 않으며 전자는 음전하를 띤다.
- 양성자와 중성자는 거의 같은 질량을 가지는데 전자 질량의 약 1840배이다.

2.3 원자 번호, 질량수 및 동위원소

학습 목표

- 동위원소의 성질과 중요성을 설명할 수 있다.
- 동위원소의 질량수를 계산할 수 있다.

모든 원자는 그 원자에 포함된 양성자와 중성자의 수로 확인할 수 있다. *한 원소의 각 원자핵에 있는 양성자수*를 **원자 번호**(atomic number, *Z*)라고 한다. 중성 원자에서 양성자수는 전자의 수와 같기 때문에 원자 번호는 원자에 있는 전자수를 가리키기도 한다. 원자의 화학적 본성(identity)은 거의 원자 번호에 의해 결정된다. 예를 들면, 플루오린의 원자 번호는 9이며, 이는 각 플루오린 원자는 양성자 9개와 전자 9개가 있다는 뜻이다. 달리 말하면, 우주에서 양성자 9개를 포함하는 모든 원자는 "플루오린"이라고 명명한다.

질량수(mass number, *A*)는 *한 원소의 원자핵에 있는 중성자수와 양성자수를 합한 수*이다. 중성자 없이 1개의 양성자만 있는 일반적인 수소를 제외하고 모든 원자핵은 양성자와 중성자를 포함하며, 일반적으로 질량수는 다음과 같이 주어진다.

$$\begin{aligned} \text{질량수} &= \text{양성자수} + \text{중성자수} \\ &= \text{원자 번호} + \text{중성자수} \end{aligned} \tag{2.1}$$

원자에 있는 중성자수는 질량수와 원자 번호와의 차이인 ($A - Z$)와 같다. 예를 들어, 붕소-12(boron-12)의 질량수는 12이고, 원자 번호는 5(핵에 있는 5개의 양성자)이다. 따라서 붕소 원자 하나에 있는 중성자수는 $12 - 5 = 7$이다. 여기서 세 가지 양(원자 번호, 중성자수, 질량수)은 모두 양의 정수, 즉 자연수이어야 한다.

주어진 원소의 원자는 돌턴의 첫 번째 원자 이론 가설의 주장에도 불구하고 모두 같은 질량을 가지고 있는 것은 아니다. 대부분의 *원소는 원자 번호(Z)는 같지만 질량수(A)가 다른* **동위원소**(isotope)를 가진다. 예를 들면, 수소에는 세 가지 동위원소가 있다. 중성자가 없이 양성자 한 개만을 가지는 단순히 수소로 알려져 있는 것이 그 하나이다. *중수소*(deuterium)는 양성자 한 개와 중성자 한 개를 가지며, *삼중수소*(tritium)는 양성자 한 개와 두 개의 중성자를 가지고 있다. 원소 X의 원자에 대하여 원자 번호와 질량수는 다음과 같이 나타낸다.

질량수 → $^{A}_{Z}X$ ← 원자 번호

따라서 수소의 동위원소는 다음과 같이 나타낼 수 있다.

$^{1}_{1}H$	$^{2}_{1}H$	$^{3}_{1}H$
수소	중수소	삼중수소

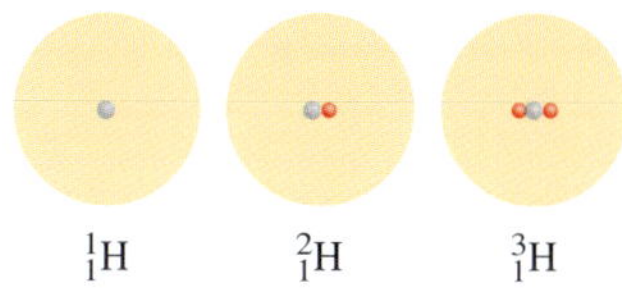

다른 예로, 질량수 235와 238인 두 개의 우라늄 동위원소를 각각 살펴보기로 하자.

$$^{235}_{92}U \quad ^{238}_{92}U$$

첫 번째 동위원소는 핵 반응기와 원자 폭탄에 이용되는 반면, 두 번째 동위원소는 이런 목적으로 사용되기에 적합하지 않은 성질을 갖는다. 수소를 제외하고 원소들의 동위원소는 그들의 질량수로 확인할 수 있다. 따라서 위의 두 동위원소는 우라늄-235(영어로는 "uranium two thirty-five"라고 읽음)와 우라늄-238(영어로는 "uranium two thirty-eight"이라고 읽음)이라고 한다.

한 원소의 화학적 성질은 원자에 있는 양성자와 전자에 의해 우선 결정되며, 중성자는 일반적인 조건에서는 화학적 변화에 관여하지 않는다. 따라서 같은 원소의 동위원소들은 비슷한 화학적 성질을 가지게 되고, 같은 형태의 화합물을 형성하며 유사한 반응성을 나타낸다.

예제 2.1은 원자 번호와 질량수로부터 양성자, 중성자 및 전자의 수를 계산하는 방법을 보여준다.

예제 2.1

다음 각 화학종의 양성자수, 중성자수, 전자수를 구하라.
(a) $^{20}_{11}Na$, (b) $^{22}_{11}Na$, (c) ^{17}O, (d) 탄소-14.

전략 위첨자는 질량수(*A*), 아래첨자는 원자 번호(*Z*)를 표시한다. 질량수는 언제나 원자 번호보다 크다. (단 하나의 예외는 질량수와 원자 번호가 같은 $^{1}_{1}H$이다.) (c)나 (d)처럼 아래첨자가 없는 경우에는 원소 기호나 이름으로부터 원자 번호를 추론할 수 있다. 전자수를 결정하려면 원자는 전기적으로 중성이므로 전자수는 양성자수와 같다는 것을 기억하라.

풀이

(a) 원자 번호가 11이므로 양성자수는 11이다. 질량수가 20이므로 중성자수는 20 − 11 = 9이며, 전자수는 양성자수와 같으므로 11이다.

(b) (a)에서와 같이 원자 번호는 11이다. 질량수가 22이므로 중성자수는 22 − 11 = 11이다. (a)와 (b)의 종들은 화학적으로 비슷한 소듐의 동위원소들이다.

(c) O(산소)의 원자 번호는 8이므로 양성자가 8개 있다. 질량수가 17이므로 중성자수는 17 − 8 = 9이다. 전자는 8개이다.

(계속)

(d) 탄소-14는 ^{14}C로도 쓸 수 있다. 탄소의 원자 번호는 6이므로 중성자수는 14 − 6 = 8이다. 전자수는 6이다.

실전 연습 구리의 동위원소 중 하나인 ^{63}Cu의 양성자수, 중성자수, 전자수를 구하라.

비슷한 문제: 2.15, 2.16.

개념과 사실 요약하기

- 원소의 원자번호는 해당 원소 원자핵의 양성자 수를 가리키며, 이 수에 따라 원소의 화학적 성질이 좌우된다. 질량수는 핵을 구성하는 양성자 수와 중성자 수의 합이다.
- 동위원소는 같은 원소의 원자로 양성자 수는 같지만 중성자 수는 서로 다른 원소를 가리킨다.

개념과 사실 복습하기

2.3.1 동위 원소 중 하나가 중성자 117개가 있고 질량수 195인 원소의 원자 번호는 얼마인가?

2.3.2 ^{114}Cd 원자에는 몇 개의 중성자가 있는가?

2.3.3 ^{17}O와 $_{8}O$ 중 더 많은 정보를 제공하는 것은 어느 것인가?

2.4 주기율표

학습 목표

- 금속, 준금속, 비금속, 족, 주기에 대한 주기율표의 일반적인 구성도를 이해할 수 있다.

오늘날 알려진 원소의 절반 이상이 1800~1900년에 걸쳐 발견되었다. 이 기간 동안 화학자들은 많은 원소들이 서로 매우 강한 유사성을 보인다는 것을 알았다. 물리적, 화학적 거동에서 주기적 규칙성을 인식하고, 기본적인 물질의 구조와 성질에 대한 많은 유용한 정보를 조직화할 필요성이 있어 *화학적 성질과 물리적 성질이 비슷한 원소를 하나의 무리로 배열한 도표*인 **주기율표**(periodic table)를 개발하게 되었다. 그림 2.10은 현대적 주기율표로, 모든 원소가 화학적 성질의 유사성에 따라 **주기**(period)라고 부르는 *가로줄인 행*과 **족**(group 또는 family)이라고 부르는 *세로줄인 열*에 맞춰서 원자 번호(Z)(원소 기호 위에 나타나 있음) 순서로 배열되어 있다. 1~18 족으로 나눈 주기율표가 순수 및 응용 화학 국제연합(IUPAC)에서 권장되었으며, 이 책에서는 이 주기율표를 사용한다. 전에 사용하던 1~8족으로 구분한 주기율표에서는 족(1A족, 2A족 등)을 지정하기 위해 1에서 8까지의 숫자 다음에 A 또는 B를 붙여 사용하였다.

원소는 금속, 비금속, 준금속의 세 부류로 나눌 수 있다. **금속**(metal)은 *열과 전기를 잘 전달하는 도체*인 반면, **비금속**(nonmetal)은 일반적으로 *열과 전기를 잘 전달하지 못하는 부도체*이며, **준금속**(metalloid)은 *금속과 비금속의 중간 성질*을 갖는다. 그림 2.10을 보면 알려진 대부분의 원소들이 금속이고, 17개 원소만이 비금속이며, 8개의 원소가 준금속이다. 어느 주기든지 왼쪽에서 오른쪽으로 갈수록 원소들의 물리적, 화학적 성질은 점점 금속에서 비금속으로 변한다.

원소들은 대개 주기율표에 있는 족 번호(1족, 2족 등)에 의해 분류되는데 어떤 원소족은 편의상 특별한 이름을 갖는다. *1족 원소(Li, Na, K, Rb, Cs, Fr)*는 **알칼리 금속**(alkali metal)이라 하고, *2족 원소(Be, Mg, Ca, Sr, Ba, Ra)*는 **알칼리 토금속**(alkaline earth met-

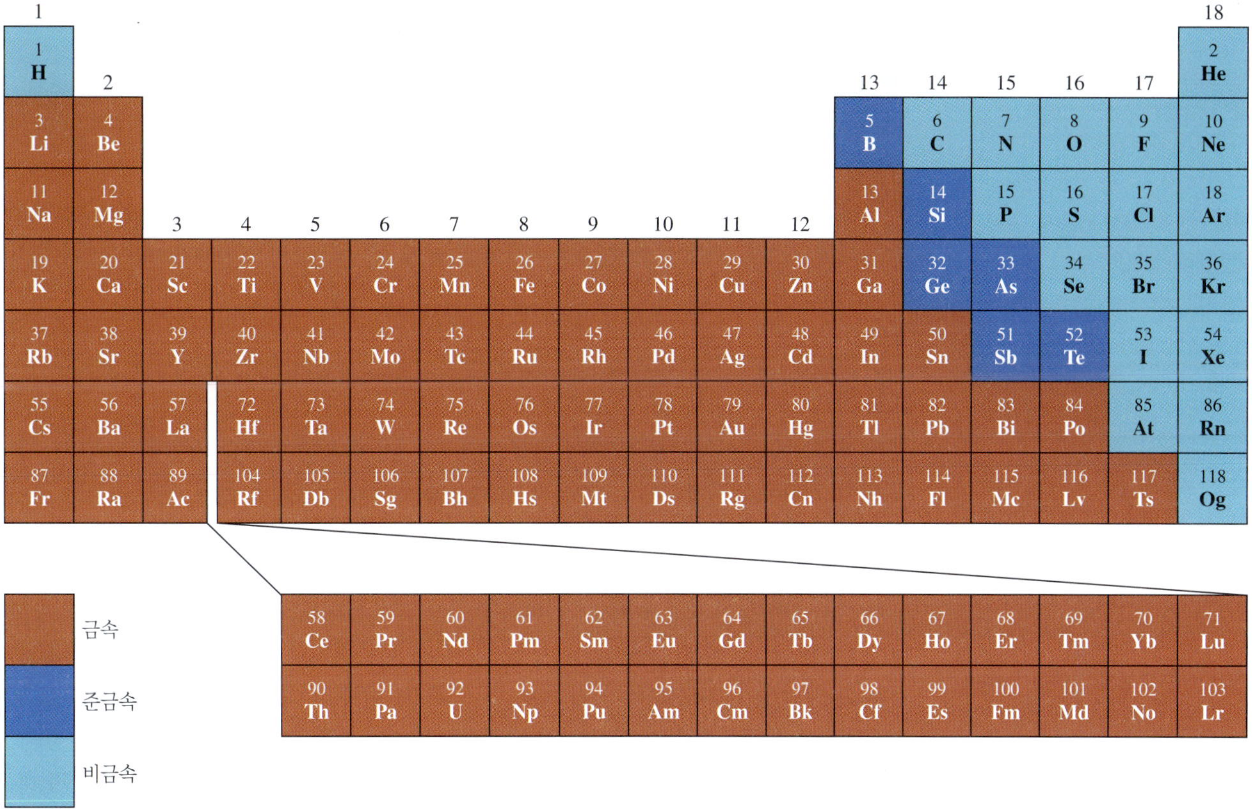

▲ **그림 2.10** 현대 주기율표. 원소들이 원소 기호 위에 있는 원자 번호에 따라 배열되어 있다. 수소(H)를 제외하고 비금속은 주기율표의 맨 오른쪽에 위치한다. 주기율표 본체 밑에 있는 두 줄의 금속은 주기율표가 너무 넓어지지 않도록 편리하게 떼어 놓은 것이다. 실제로, 세륨(Ce)은 란타넘(La) 다음에 있어야 하고, 토륨(Th)은 악티늄(Ac) 바로 뒤에 나와야 한다.

al)이라 부른다. *17족 원소(F, Cl, Br, I, At)*는 **할로젠**(halogen)으로 알려져 있고, *18족 원소(He, Ne, Ar, Kr, Xe, Rn)*는 **영족 기체**(noble gas) 또는 *희유 기체*(rare gas)라고 한다.

주기율표는 원소들의 성질을 체계적인 방법으로 서로 연관시키는 편리한 도구이며, 화학적 거동을 예측할 수 있도록 해준다. 제8장에서 이 부분에 대해서 좀 더 자세히 살펴볼 것이다.

개념과 사실 요약하기

- 원소는 주기율표에서 화학적, 물리적 특성에 따라 체계적인 방식으로 분류된다. 세로 열은 족인 반면에 수평 행은 주기이다. IUPAC 시스템에서는 1족부터 18족까지로 분류한다.
- 일반적으로 원소는 금속, 비금속, 준금속으로 분류된다.
- 주기율표의 많은 족들은 다음과 같은 역사적 이름으로 알려져 있다: 1족(알칼리 금속), 2족(알칼리 토금속), 17족(할로젠), 18족(비활성 기체)

개념과 사실 복습하기

2.4.1 주기율표에서 주기의 오른쪽으로 갈 때와 족의 아래로 갈 때 중에서 화학적 성질이 더 크게 변화하는 것은?

2.4.2 다음의 원소들을 금속, 준금속 또는 비금속으로 구분하라.
(a) K, (b) Se, (c) Sb, (d) W

2.5 분자와 이온

학습 목표

- 분자와 이온 사이의 차이점을 말할 수 있다.

모든 원소 중에서 주기율표의 18족에 있는 6개의 비활성 기체(He, Ne, Ar, Kr, Xe, Rn)만이 단일 원자로 천연에 존재한다. 이러한 이유로 그들을 *단원자*(monatomic, 단일 원자를 의미함) 기체라 한다. 대부분의 물질은 원자에 의해 형성된 분자 또는 이온으로 되어 있다.

분자

분자(molecule)는 *화학적 힘(화학 결합이라고도 함)에 의해 일정한 배열을 유지하는 두 개 이상 원자의 집합체*이다. (제9장과 제10장에서 화학 결합의 성질에 대해 논의할 것이다.) 한 분자는 같은 원소의 원자를 포함하고 있거나, 2.1절에서 언급한 일정 성분비 법칙에 따라 일정한 비율로 결합된 두 가지 이상의 원소의 원자를 포함하고 있다. 따라서 분자는 반드시 화합물일 필요는 없으며, 화합물은 두 가지 이상의 원소로 구성된 것으로 정의한다(1.7절 참조). 예를 들어, 수소 기체는 순수한 원소이지만, 기체를 이루고 있는 각 분자는 두 개의 H 원자로 되어 있다. 반면에, 물은 H 원자 두 개와 O 원자 한 개의 비율로 수소와 산소를 포함한 분자 화합물이다. 원자와 마찬가지로 분자도 전기적으로 중성이다.

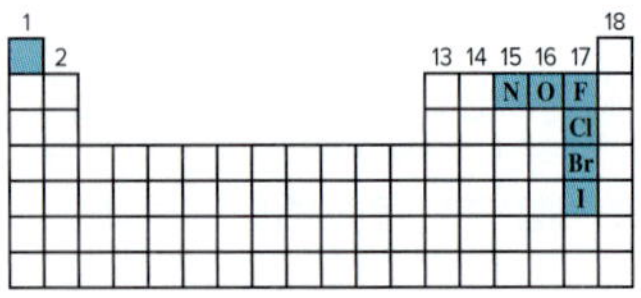

▲ 이원자 분자로 존재하는 원소들

H_2로 표시되는 수소 분자는 두 개의 원자만을 포함하고 있기 때문에 **이원자 분자**(diatomic molecule)라고 한다. 보통 이원자 분자로 존재하는 또 다른 원소로는 17족 원소인 플루오린(F_2), 염소(Cl_2), 브로민(Br_2), 아이오딘(I_2)뿐만 아니라 질소(N_2)와 산소(O_2)가 있다. 물론 어떤 이원자 분자는 다른 원소의 원자를 포함할 수 있다. 예로 들면 염화 수소(HCl)와 일산화 탄소(CO)가 있다.

대부분의 분자는 세 개 이상의 원자를 포함한다. 세 개의 산소 원자로 이루어진 오존(O_3)처럼 같은 원소의 원자로 이루어지거나 두 가지 이상의 다른 원소의 결합으로 이루어질 수도 있다. *세 개 이상의 원자를 포함하는 분자*를 **다원자 분자**(polyatomic molecule)라고 한다. 오존처럼 물(H_2O)과 암모니아(NH_3)는 다원자 분자이다.

이온

이온(ion)은 *알짜 양전하나 알짜 음전하를 가진 원자 또는 원자단*이다. 원자핵에 양으로 하전된 양성자수는 보통 화학 변화(화학 반응)가 일어나는 동안 똑같이 유지된다. 그러나 음으로 하전된 전자는 잃을 수도 있고, 얻을 수도 있다. 중성 원자가 하나 이상의 전자를 잃으면 *알짜 양전하를 갖는 이온*이 생기는데, 이를 **양이온**(cation)이라고 한다. 예를 들면, 소듐 원자(Na)는 전자 한 개를 쉽게 잃어 Na^+로 표시되는 소듐 양이온이 된다.

Na 원자	**Na^+ 이온**
양성자 11개	양성자 11개
전자 11개	전자 10개

한편, 전자수가 증가됨으로써 *알짜 전하가 음이 되는 이온*을 **음이온**(anion)이라고 한다. 예를 들면, 염소 원자(Cl)는 전자 한 개를 얻어 염화 이온(Cl^-)이 된다.

Cl 원자	**Cl^- 이온**
양성자 17개	양성자 17개
전자 17개	전자 18개

보통 식용 소금인 염화 소듐(NaCl)은 *양이온과 음이온으로부터 형성*되므로 **이온 결합 화**

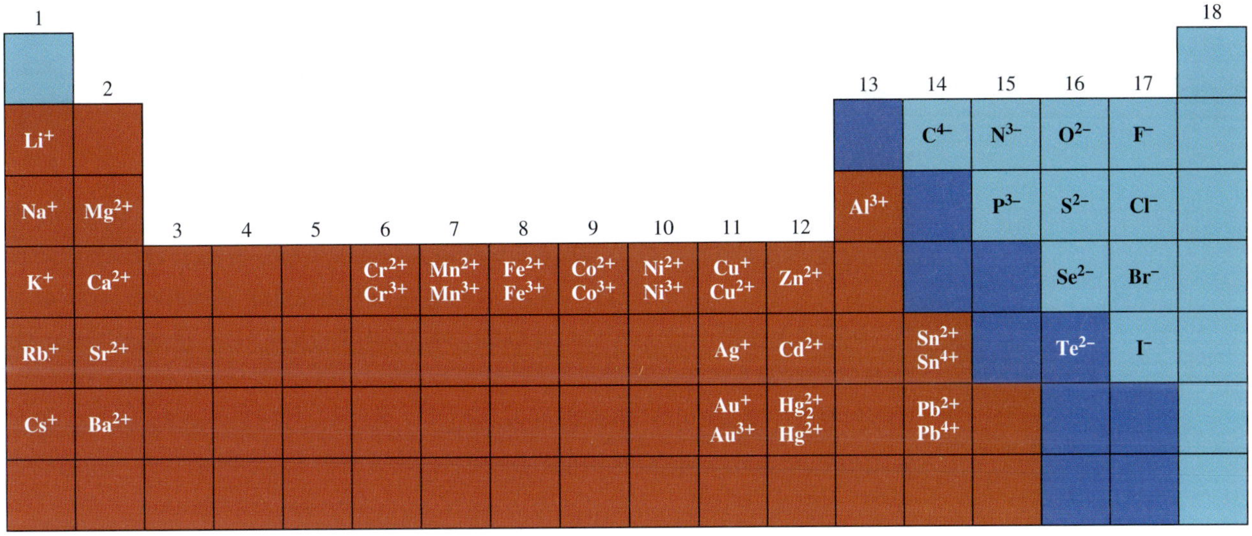

▲ **그림 2.11** 주기율표의 원소 위치에 따라 배열된 일반적인 단원자 이온. Hg_2^{2+} 이온은 두 개의 원자를 포함한다.

합물(ionic compound)이라고 한다.

한 원자가 두 개 이상의 전자를 잃거나 얻을 수 있다. 둘 이상의 전자를 잃거나 얻어서 만들어진 이온의 예는 Mg^{2+}, Fe^{3+}, S^{2-}, N^{3-} 등이 있다. Na^+과 Cl^-뿐만 아니라 이 이온들은 *단 하나의 원자만을 포함*하고 있기 때문에 **단원자 이온**(monatomic ion)이라고 한다. 몇 가지 단원자 이온의 전하를 그림 2.11에 나타내었다. 거의 예외 없이 금속은 양이온을, 비금속은 음이온을 만드는 경향이 있다.

또한 두 개 이상의 원자가 결합하여 알짜 양전하나 알짜 음전하를 가진 이온을 만들기도 한다. OH^-(수산화 이온), CN^-(사이안화 이온), NH_4^+(암모늄 이온)과 같은 **다원자 이온**(polyatomic ion)은 *둘 이상의 원자에 의해 만들어진 이온*이다.

개념과 사실 요약하기

- **분자**는 화학적 힘(화학 결합이라고도 함)에 의해 일정한 배열을 유지하는 두 개 이상 원자의 집합체이다.
- 이온은 알짜 양전하나 알짜 음전하를 가진 원자 또는 원자단이다.

개념과 사실 복습하기

2.5.1 S_8은 무엇을 의미하는가? 8S와 어떻게 다른가?

2.5.2 다음 이온에 대한 양성자와 전자의 수를 결정하라:
(a) P^{3-}, (b) Ti^{4+}, (c) Ge^{2+}.

2.5.3 24개의 양성자와 22개의 전자를 포함하는 이온의 기호와 전하는 무엇인가?

2.6 화학식

학습 목표

- 화학식을 분자식 또는 실험식으로 분류할 수 있다.
- 이온 결합 화합물의 화학식을 결정할 수 있다.

화학자들은 **화학식**(chemical formula)을 사용하여 *분자와 이온 결합 화합물의 조성을 화학 기호로 나타낸다*. 조성이라는 것은 존재하는 원소뿐만 아니라 집합된 원자의 비율을 말한다. 여기서는 분자식과 실험식의 두 가지 형태의 화학식에 대해 살펴보고자 한다.

분자식

분자식(molecular formula)은 *한 물질의 가장 작은 단위에 있는 각 원소의 원자 개수를 정확히 나타낸다*. 분자를 논할 때, 각 예에 대해 괄호 안에 분자식을 적었다. 따라서 H_2는 수소의 분자식이며, O_2는 산소, O_3는 오존, H_2O는 물의 분자식이다. 아래첨자는 해당 원소의 원자들의 개수를 나타낸다. H_2O의 O에는 아래첨자가 없는데, 이는 물 한 분자에는 단 한 개의 산소 원자가 있으며, 숫자 "1"은 분자식에서 생략하기 때문이다. 산소(O_2)와 오존(O_3)은 산소의 동소체이다. **동소체**(allotrope)란 *두 가지 이상의 다른 형태를 가지는 원소*를 말한다. 탄소 원소의 두 동소체인 다이아몬드와 흑연은 성질뿐만 아니라 가격에서도 현격한 차이가 난다.

분자 모형

분자는 우리가 직접 관찰하기에는 너무 작다. 이들을 볼 수 있게 하는 효과적인 방법으로 분자 모형을 사용한다. 현재 사용되고 있는 분자 모형의 두 가지 표준 형태는 *공-막대 모형*(ball-and-stick model)과 *공간-채움 모형*(space-filling model)이다(그림 2.12). (분자 모형에 사용되는 원자의 색상은 부록 7 참조.) 공-막대 모형에서 원자는 구멍이 뚫린 나무나 플라스틱 공이다. 막대나 스프링은 화학 결합을 나타내는 데 사용된다. 원자들 사이에서 막대나 스프링이 이루는 각도는 실제 분자의 결합각에 가깝다. 수소 원자를 제외하고 모든 공은 같은 크기이며, 각종 원자는 특정 색으로 나타낸다. 공간-채움 모형에서 원자는 끝이 잘린 공으로 표시되고, 이들은 서로 똑딱단추로 연결되며, 따라서 결합은 보이지 않는다. 공은 원자의 크기에 비례한다. 분자 모형을 꾸미기 위한 첫 번째 단계는 *분자 내에서 각 원자들이 서로 어떻게 결합하고 있는가를 나타내는* **구조식**(structural formula)을 쓰는 것이다. 예를 들어, 물 분자에서 두 개의 H 원자 각각은 하나의 O 원자와 결합한다. 그러므로 물의 구조식은 H–O–H이다. 두 원자 기호를 연결한 선은 화학 결합을 나타낸다.

공-막대 모형은 원자들의 삼차원 배열을 분명하게 보여주며, 만들기도 매우 간단하다.

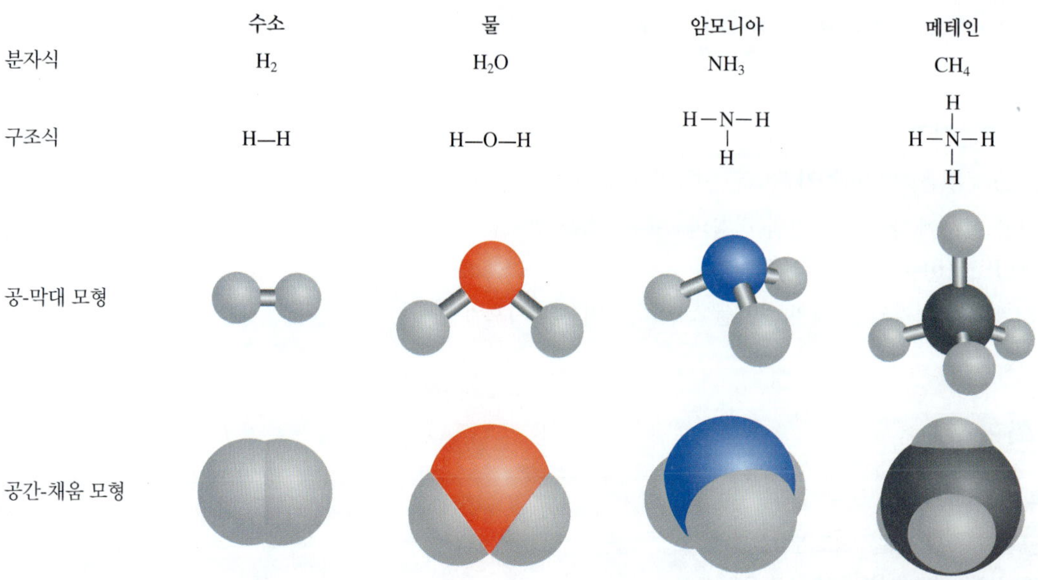

▲ **그림 2.12** 네 가지 분자의 분자식, 구조식 및 분자 모형.

그러나 공은 실제 원자 크기에 비례하지 않는다. 더구나 막대는 분자 내 원자들의 공간을 지나치게 과장하고 있다. 공간-채움 모형은 다양한 원자 크기를 표현한다는 측면에서 공-막대 모형보다 정확하다. 이것의 결점은 조립하는 데 많은 시간이 걸린다는 점과 원자의 삼차원 위치가 썩 잘 나타나지 못한다는 것이다. 공-막대 모형이나 공간-채움 모형을 만들기 위해 분자 모형 소프트웨어도 사용된다. 이 책에서는 이 두 모형을 함께 사용할 것이다.

실험식

소독제 및 직물이나 머리카락의 탈색제로 이용되는 과산화 수소(hydrogen peroxide)의 분자식은 H_2O_2이다. 이 화학식은 각 과산화 수소 분자가 수소 원자 두 개와 산소 원자 두 개로 되어 있음을 나타낸다. 이 분자에서 수소 대 산소의 비는 2 : 2, 즉 1 : 1이다. 과산화 수소의 실험식은 HO이다. 따라서 **실험식**(empirical formula)은 *존재하는 원소들의 종류와 그 원자들의 가장 간단한 정수비*를 나타낸다. 따라서 실험식은 분자를 구성하는 원자의 실제 개수를 나타낼 필요는 없다. 다른 예로, 로켓의 연료로 이용되는 화합물 하이드라진(hydrazine, N_2H_4)을 보자. 하이드라진의 실험식은 NH_2이다. 분자식(N_2H_4)이나 실험식(NH_2) 모두 질소 대 수소의 비가 1 : 2이지만, 분자식만이 하이드라진 한 분자에 있는 N 원자의 실제 개수(2)와 H 원자의 실제 개수(4)를 알려 준다.

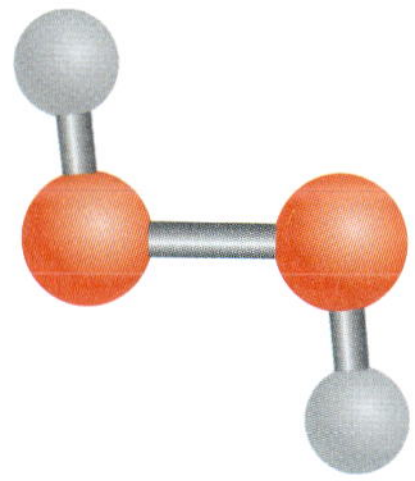

H_2O_2

실험식은 *가장 간단한* 화학식이다. 분자식의 아래에 쓴 숫자를 가능한 한 가장 작은 정수가 되도록 적는다. 분자식은 분자의 실질적인 화학식이다. 분자식을 알면 실험식도 알게 되지만, 그 역은 성립하지 않는다. 그렇다면 왜 화학자들은 실험식을 구하려고 애를 쓰는가? 'empirical'이라는 단어는 "실험으로부터 나온다"라는 뜻이다. 제3장에서 설명했듯이, 화학자들은 모르는 화합물을 분석할 때, 첫 단계는 보통 그 화합물의 실험식을 결정하는 것이다. 추가 정보가 주어짐에 따라 분자식 유도가 가능해진다.

분자식과 실험식이 같은 분자들이 많이 있는데, 몇 가지 예로 물(H_2O), 암모니아(NH_3), 이산화탄소(CO_2), 메테인(CH_4)을 들 수 있다.

예제 2.2와 2.3은 분자 모형으로부터 분자식을 쓰고 분자식으로부터 실험식을 쓰는 것이다.

예제 2.2

의약품과 살충제의 합성에 사용되는 무색 기체인 메틸아민의 분자식을 써라. 옆 여백에 메틸아민의 공-막대 모형을 나타내었다.

풀이 뒷표지의 안쪽 표시를 참고하라. H 원자 다섯 개, C 원자 한 개, N 원자 한 개가 있다. 그러므로 분자식은 CH_5N이다. 하지만 메틸아민의 분자식을 적는 표준 방법은 CH_3NH_2이다. 이는 분자에서 원자들이 어떻게 결합하고 있는지를 보여주고 있기 때문이다.

실전 연습 용매와 세제로 쓰이는 클로로폼의 분자식을 써라. 옆 여백에 클로로폼의 공-막대 모형이 있다.

비슷한 문제: 2.49.

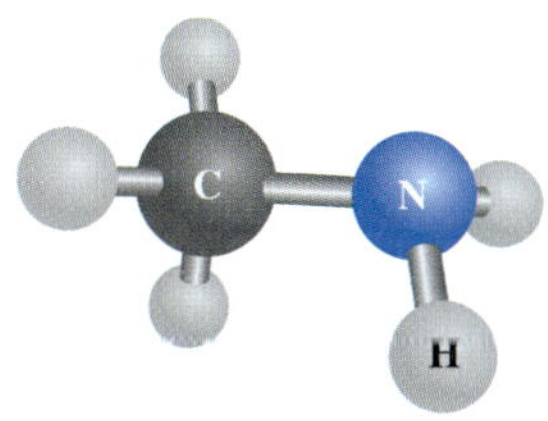

메틸아민

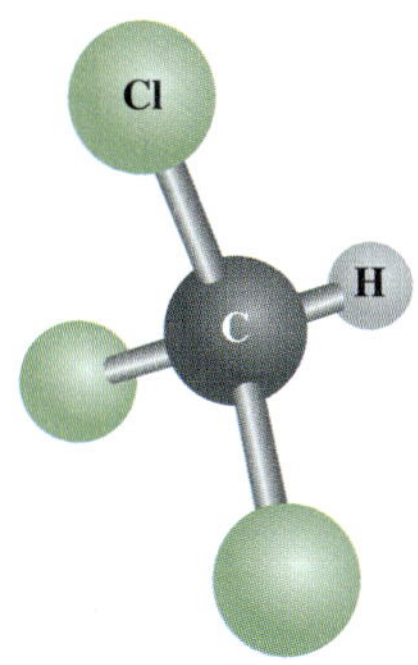

클로로폼

예제 2.3

다음 분자들의 실험식을 써라. (a) 로켓 추진제로 이용되는 다이보레인(B_2H_6), (b) 피부병인 건선 치료에 사용되는 푸마르산 다이메틸($C_6H_{12}O_4$), (c) 식품과 음료에 사용되는 향료인 바닐린($C_8H_8O_3$).

(계속)

전략 실험식을 쓸 때 분자식의 아래첨자로 쓴 숫자를 가능한 한 최소의 정수로 변환시켜야 함을 상기하라.

풀이

(a) 다이보레인에는 붕소 원자 2개와 수소 원자 6개가 있다. 아래첨자를 2로 나누면 실험식은 BH_3가 된다.

(b) 푸마르산 다이메틸에는 탄소 원자 8개, 수소 원자 12개, 산소 원자 4개가 들어 있다. 아래 첨자를 4로 나누면 실험식은 C_2H_3O가 된다. 만일 아래첨자를 2로 나누면 화학식은 $C_4H_6O_2$가 된다. $C_4H_6O_2$에서 탄소 대 수소 대 산소 원자의 비는 2 : 3 : 1로 C_2H_3O에서와 같지만, $C_4H_6O_2$는 아래 첨자들이 가장 작은 정수비로 되어 있지 않으므로 가장 간단한 화학식이 아니다.

(c) $C_8H_8O_3$에서 아래 첨자가 이미 가장 작은 정수로 되어 있기 때문에, 바닐린의 실험식은 분자식과 같다.

실전 연습 차와 커피에 들어 있는 흥분제인 카페인($C_8H_{10}N_4O_2$)의 실험식을 써라.

비슷한 문제: 2.47.

이온 결합 화합물의 화학식

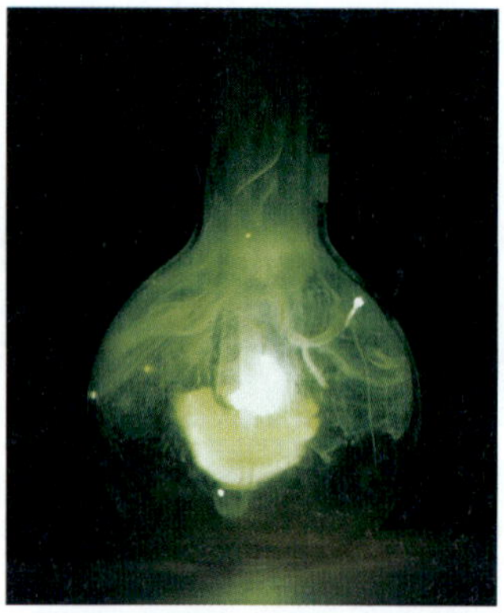

▲ *소듐 금속이 염소 기체와 반응하여 염화 소듐을 형성한다.*
Andrew Lambert Photography/Science Source

이온 결합 화합물은 개별 분자 단위로 되어 있지 않기 때문에 이온 결합 화합물의 화학식은 일반적으로 그 화합물의 실험식과 같다. 예를 들어, 염화 소듐(NaCl)의 고체 시료는 **격자**(lattice)라고 불리는 삼차원 구조로 배열된 같은 수의 Na^+과 Cl^- 이온으로 이루어져 있다(그림 2.13). 이러한 화합물에서 화합물이 전기적으로 중성이기 위해 양이온과 음이온의 비는 1:1이다. 그림 2.13에서 보듯이 NaCl에 있는 어느 Na^+ 이온도 특정 Cl^-과 결합되어 있지 않다. 실제로, 각 Na^+ 이온은 이를 둘러싸고 있는 Cl^- 이온 6개에 균등하게 연결되어 있고, Cl^- 이온도 Na^+ 이온 6개에 연결되어 있다. 따라서 NaCl은 염화 소듐의 실험식이다. 다른 이온 결합 화합물에 있어서 실제 구조는 다를 수도 있지만, 양이온과 음이온의 배열은 위와 같이 격자 구조로 되어 있으며 이온 결합 화합물은 모두 전기적으로 중성이다. 이온 결합 화합물의 화학식에는 양이온과 음이온에 대한 전하를 나타내지 않는다는 것에 주의하라.

이온 결합 화합물이 전기적으로 중성을 유지하기 위해 화학식에 있는 양이온과 음이온의 전하의 총합은 0이어야 한다. 만일 양이온과 음이온의 전하가 수치적으로 다르다면, 다음 규칙을 적용하여 화학식을 전기적으로 중성이 되게 한다. *양이온의 아래에 쓴 숫자*

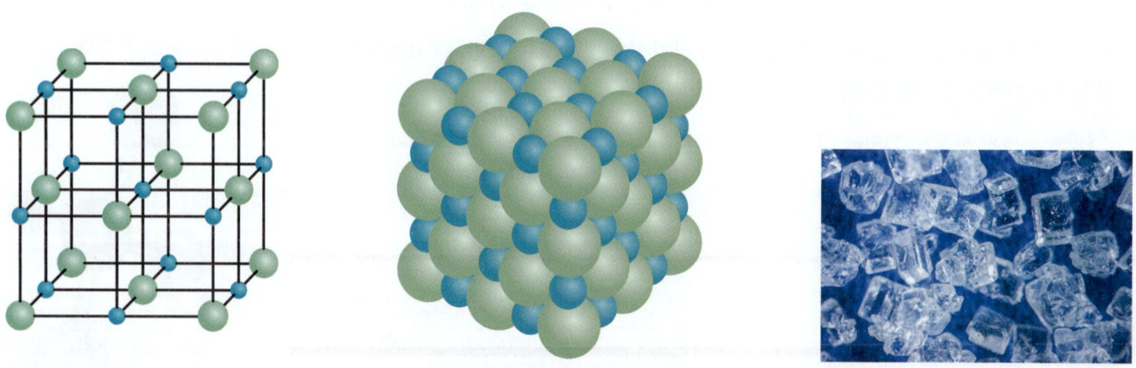

(a) (b) (c)

▲ **그림 2.13** (a) 고체 NaCl의 구조. (b) 실제로 양이온과 음이온이 접촉되어 있다. (a)와 (b)에서 작은 공은 Na^+ 이온을 나타내며, 큰 공은 Cl^- 이온을 나타낸다. (c) NaCl 결정.
(c): oBebee/Shutterstock

는 *음이온의 전하와 같고, 음이온의 아래에 쓴 숫자는 양이온의 전하와 같다*. 만일 전하가 수치적으로 같다면 아래첨자는 필요하지 않다. 이 규칙은 이온 결합 화합물의 화학식이 실험식이기 때문에 아래첨자는 항상 가장 작은 정수비가 되어야 한다는 사실로부터 온다. 몇 가지 예를 살펴보자.

- **브로민화 포타슘**. 포타슘 양이온(K^+)과 브로민 음이온(Br^-)이 결합하여 이온 결합 화합물 브로민화 포타슘을 형성한다. 전하의 합은 $+1 + (-1) = 0$. 따라서 아래첨자는 필요하지 않다. 화학식은 KBr이다.
- **아이오딘화 아연.** 아연 양이온(Zn^{2+})과 아이오딘 음이온(I^-)이 결합하여 아이오딘화 아연을 만든다. 전하의 합은 $+2 + (-1) = +1$이고, 전하의 합이 0이 되기 위해서 음이온의 전하 −1에 2를 곱하며, 아이오딘 기호의 아래에 숫자 “2”를 쓴다. 따라서 아이오딘화 아연의 화학식은 ZnI_2가 된다.
- **산화 알루미늄.** 양이온은 Al^{3+}이며, 산소 음이온은 O^{2-}이다. 다음 도식은 양이온과 음이온에 의해 만들어진 화합물의 아래에 쓴 숫자를 결정하는 데 도움을 준다.

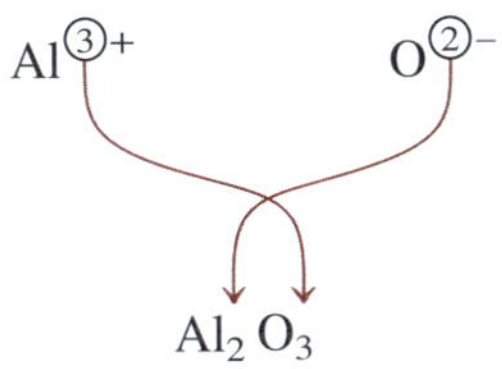

전하의 합은 $2(+3) + 3(-2) = 0$이다. 따라서 산화 알루미늄의 화학식은 Al_2O_3이다.

인터넷 핫스팟

학생들의 학습 경험에 대해 축적된 자료에 따르면 이온 결합 화합물의 화학식을 적는 데 어려움을 겪을 수 있다. 이런 경우 eBook에 접속해서 이 주제에 대한 추가 학습 자료를 보면 도움이 될 수 있다.

예제 2.4

질소화 마그네슘(magnesium nitride)은 절삭 공구와 기계 부품으로 사용되는 매우 단단한 화합물인 보라존(Borazon)을 만드는 데 사용된다. Mg^{2+}와 N^{3-} 이온을 포함하는 질소화 마그네슘의 식을 써라.

전략 이온 결합 화합물에서 화학식을 쓰는 방법은 전기적 중성을 유지해야 한다는 것이다. 즉, 양이온의 전체 전하가 음이온의 전체 전하와 같아야 한다. Mg^{2+}와 N^{3-} 이온의 전하가 같지 않기 때문에 식이 MgN이라고 할 수 없다. 대신에 x와 y가 결정된 아래첨자일 때 Mg_xN_y로 쓴다.

풀이 전기적 중성을 만족하기 위해 다음 식을 따른다.

$$(+2)x + (-3)y = 0$$

이 식을 풀면 $x/y = 3/2$이다. $x = 3$과 $y = 2$를 넣으면 다음과 같이 쓸 수 있다.

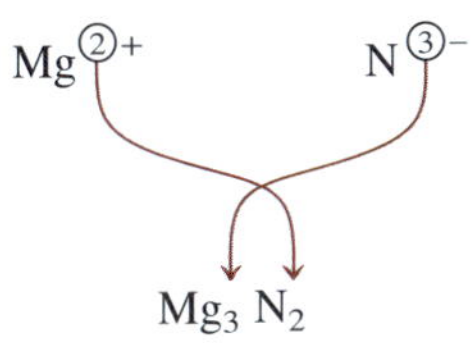

검산 이온 화합물의 화학식은 대개 실험식이므로 원자의 가장 작은 정수비로 아래첨자를 써야 한다.

실전 연습 다음 이온 화합물의 식을 써라.
(a) 황산 크로뮴(Cr^{3+}와 SO_4^{2-} 이온 포함), (b) 산화 타이타늄(Ti^{4+}와 O^{2-} 이온 포함).

비슷한 문제: 2.45, 2.46.

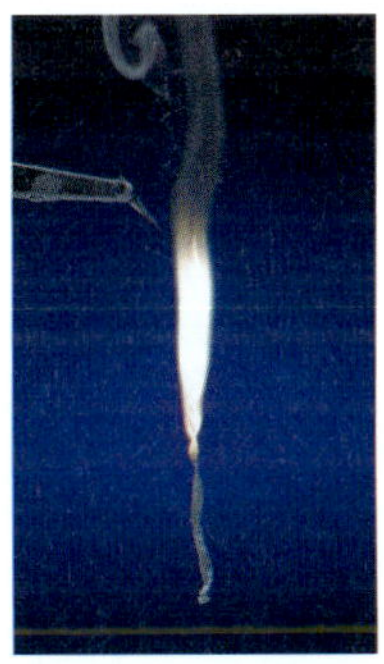

▲ *마그네슘이 공기 중에서 연소되면 산화 마그네슘과 질소화 마그네슘을 모두 형성한다.*
Charles D. Winters/Science Source

개념과 사실 요약하기

- 화학식은 구성 원소의 기호와 아래 첨자로 표기되는 정수를 사용하여 화합물의 가장 작은 단위에 포함된 원자의 유형과 수를 나타낸다.
- 분자식은 화합물의 각 분자에 결합된 원자의 개수와 유형을 나타낸다. 실험식은 분자에 결합된 원자의 가장 단순한 비율을 보여준다.

개념과 사실 복습하기

2.6.1 아래에 나타낸 각 그림을 다음 이온 화합물과 일치시켜라: Al_2O_3, LiH, Na_2S, $Mg(NO_3)_2$. (녹색 구는 양이온을 빨간색 구는 음이온을 나타낸다.)

(a) (b) (c) (d)

2.6.2 다음 이온 화합물의 화학식을 써라: (a) 아이오딘화 칼슘(Ca^{2+}과 I^- 이온 함유), (b) 황화 갈륨 (Ga^{3+}과 S^{2-} 이온 함유)

2.7 화합물의 명명

학습 목표

- 명명법을 사용하여 이온 결합 화합물, 분자 화합물, 산, 염기, 산소산 및 수화물을 포함한 다양한 유형의 화합물을 명명할 수 있다.
- 일반적인 다원자 이온을 화학식 및 전하와 함께 나타낼 수 있다.

화학의 역사가 오래되지 않았을 때는 알려진 화합물의 수가 적었고 그 이름을 기억하는 것이 가능했다. 많은 이름이 물리적 형상, 성질, 출처, 사용처 등으로부터 붙여졌다. 예를 들어, 마그네시아유, 웃음가스, 석회석, 가성 소다, 잿물, 세탁용 소다, 베이킹 소다 등이 있다.

오늘날 알려진 화합물의 수는 6천6백만 개 이상이다. 다행히도 이들의 이름을 모두 기억할 필요는 없다. 수년 간 화학자들은 화학 물질을 명명하는 명쾌한 방법을 고안하였다. 이 규칙은 전 세계적으로 받아들여져 화학자들 간의 교류가 촉진되고 다양한 물질을 나타내는 유용한 방법을 제공하였다. 이 규칙들을 지금 공부해두면 앞으로의 학습에 매우 유익할 것이다.

화합물 *명명법*에 대한 논의를 시작하기 전에 먼저 유기 화합물과 무기 화합물을 구분할 필요가 있다. **유기 화합물**(organic compound)은 *탄소를 포함하며, 주로 수소, 산소, 질소, 황 등의 원소와 결합한다.* 다른 화합물은 모두 **무기 화합물**(inorganic compound)로 분류한다. 편의상 일산화 탄소(CO), 이산화 탄소(CO_2), 이황화 탄소(CS_2)와 사이안화기(CN^-), 탄산기(CO_3^{2-}), 중탄산기(HCO_3^-)를 포함하는 화합물은 모두 무기 화합물로 간주한다. 2.8절에 유기 화합물에 대한 간단한 소개를 하였다.

화합물 명명법을 체계화하고 단순화하기 위해 무기 화합물을 이온 결합 화합물, 분자 화합물, 산과 염기, 수화물의 네 영역으로 나눌 수 있다.

이온 결합 화합물

2.5절에서 이온 결합 화합물이 양이온과 음이온으로 되어 있다는 것을 알았다. 특히 암모

표 2.2 주기율표의 위치에 따라 "-화"로 명명하는 몇 가지 단원자 음이온

14족	15족	16족	17족
C 탄소화 이온(C^{4-})*	N 질소화 이온(N^{3-})	O 산화 이온(O^{2-})	F 플루오린화 이온(F^-)
Si 규소화 이온(Si^{4-})	P 인화 이온(P^{3-})	S 황화 이온(S^{2-})	Cl 염화 이온(Cl^-)
		Se 셀레늄화 이온(Se^{2-})	Br 브로민화 이온(Br^-)
		Te 텔루륨화 이온(Te^{2-})	I 아이오딘화 이온(I^-)

*C_2^{2-}에 대해서는 "이탄소화 이온"이라고 한다.

늄 이온(NH_4^+)과 같은 경우를 제외한 대부분의 양이온은 금속 원자로부터 만들어진다. 금속의 양이온의 이름은 그 원소의 이름과 같다. 다음 예를 보자.

원소		양이온의 이름	
Na	소듐	Na^+	소듐 이온(또는 소듐 양이온)
K	포타슘	K^+	포타슘(또는 포타슘 양이온)
Mg	마그네슘	Mg^{2+}	마그네슘(또는 마그네슘 양이온)
Al	알루미늄	Al^{3+}	알루미늄(또는 알루미늄 양이온)

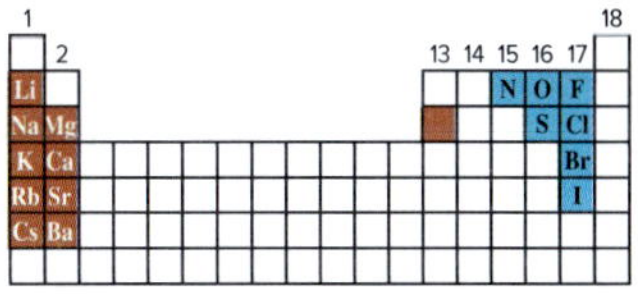

▲ 가장 반응성이 큰 금속(주황색)과 가장 반응성이 큰 비금속(푸른색)이 결합하여 이온 결합 화합물을 형성한다.

▶▶▶ 동영상 자료
이온 결합 화합물의 형성

많은 이온 결합 화합물은 *두 가지 원소로만 이루어진 화합물*인 **이성분 화합물**(binary compound)이다. 이성분 이온 결합 화합물에서 비금속 음이온의 이름을 먼저 쓰고 금속 양이온의 이름을 나중에 쓴다(영문 표기에서는 금속 양이온을 먼저 쓰고 비금속 음이온을 나중에 쓴다). 따라서 NaCl은 염화 소듐(sodium chloride)이 된다. 음이온은 그 원소 이름(염소, chlorine)의 첫 부분(어간)에 "-화(-ide)"를 붙여 염화(chloride)라 부른다. 브로민화 포타슘(KBr), 아이오딘화 아연(ZnI_2), 산화 알루미늄(Al_2O_3)도 이성분 화합물이다. 표 2.2는 주기율표의 각자 위치에 따라 "-화(-ide)"로 명명하는 몇몇 단원자 음이온들을 나타낸 것이다.

"-화(-ide)"를 붙이는 명명법은 수산화 이온(OH^-), 사이안화 이온(CN^-)처럼 다른 원소를 포함하는 몇몇 음이온에도 사용된다. 따라서 화합물 LiOH와 KCN은 각각 수산화 리튬과 사이안화 포타슘으로 부른다. 이와 같은 이온 결합 화합물은 *세 가지 원소로 이루어진 화합물*이라는 뜻으로 **삼성분 화합물**(ternary compound)이라고 한다. 표 2.3은 몇 가지 일반적인 양이온과 음이온의 이름을 한글 자모에 따라 나열한 것이다.

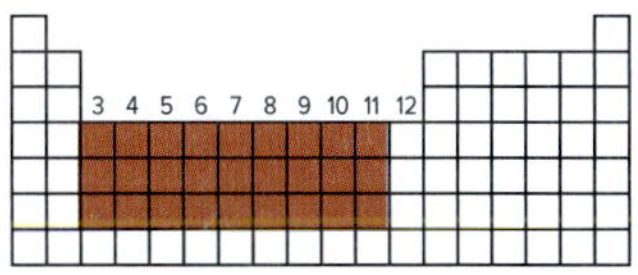

▲ 전이 금속은 3~11족에 있는 원소들이다(그림 2.10 참조).

몇 가지 금속, 특히 *전이 금속*(transition metal)은 두 가지 형태 이상의 양이온을 만들 수 있다. 한 가지 예로 철을 살펴보자. 철은 두 가지 양이온 Fe^{2+}와 Fe^{3+}을 만들 수 있다. 지금도 제한적으로 사용되는 이전의 명명법에서는 양전하가 더 적은 양이온에는 "제일-", 양전하가 더 많은 양이온에는 "제이-"라는 접두사를 사용한다(영어명에서는 양전하가 더 적은 양이온에는 "-ous", 양전하가 더 많은 양이온에는 "-ic"라는 접미사를 사용한다).

Fe^{2+}	제일철 이온(ferrous ion)
Fe^{3+}	제이철 이온(ferric ion)

따라서 이들 철 이온이 염소와 형성하는 화합물의 이름은 다음과 같다.

$FeCl_2$	염화 제일철(ferrous chloride)
$FeCl_3$	염화 제이철(ferric chloride)

▲ $FeCl_2$(왼쪽)와 $FeCl_3$(오른쪽).
Ken Karp/McGraw-Hill

이 방법에 의한 이온의 명명은 약간 한계가 있다. 첫째로 "제일(영어로 -ous)"이나 "제이(영어로 -ic)"는 두 양이온의 실제 전하에 대한 아무런 정보도 주지 않는다. 제이철(ferric) 이온은 Fe^{3+}이며, 제이구리(cupric) 이온은 Cu^{2+}이다. 뿐만 아니라 이 명명법은 두 가지

표 2.3 몇 가지 자주 쓰이는 무기 양이온과 음이온의 이름과 화학식

양이온	음이온
구리(I) 이온 또는 제일구리 이온(Cu^+)	과망가니즈산 이온(MnO_4^-)
구리(II) 이온 또는 제이구리 이온(Cu^{2+})	과산화 이온(O_2^{2-})
소듐 이온(Na^+)	다이크로뮴산 이온($Cr_2O_7^{2-}$)
납(II) 이온 또는 제일납 이온(Pb^{2+})	브로민화 이온(Br^-)
루비듐(Rb^+)	사이안화 이온(CN^-)
리튬 이온(Li^+)	산화 이온(O^{2-})
마그네슘 이온(Mg^{2+})	수산화 이온(OH^-)
망가니즈(II) 이온 또는 제일망가니즈 이온(Mn^{2+})	수소화 이온(H^-)
바륨 이온(Ba^{2+})	싸이오사이안산 이온(SCN^-)
세슘 이온(Cs^+)	아이오딘화 이온(I^-)
수소 이온(H^+)	아질산 이온(NO_2^-)
수은(I) 이온 또는 제일수은 이온(Hg_2^{2+})*	아황산 이온(SO_3^{2-})
수은(II) 이온 또는 제이수은 이온(Hg^{2+})	염소산 이온(ClO_3^-)
스트로튬 이온(Sr^{2+})	염화 이온(Cl^-)
아연 이온(Zn^{2+})	인산 수소 이온(HPO_4^{2-})
알루미늄 이온(Al^{3+})	인산 이수소 이온($H_2PO_4^-$)
암모늄 이온(NH_4^+)	인산 이온(PO_4^{3-})
은 이온(Ag^+)	질산 이온(NO_3^-)
주석(II) 이온 또는 제일주석 이온(Sn^{2+})	질소화 이온(N^{3-})
철(II) 이온 또는 제일철 이온(Fe^{2+})	크로뮴산 이온(CrO_4^{2-})
철(III) 이온 또는 제이철 이온(Fe^{3+})	탄산 수소 이온 또는 중탄산 이온(HCO_3^-)
카드뮴 이온(Cd^{2+})	탄산 이온(CO_3^{2-})
포타슘 이온(K^+)	플루오린화 이온(F^-)
칼슘 이온(Ca^{2+})	황산 수소 이온(HSO_4^-)
코발트(II) 이온 또는 제일코발트 이온(Co^{2+})	황산 이온(SO_4^{2-})
크로뮴(III) 이온 또는 제이크로뮴 이온(Cr^{3+})	황화 이온(S^{2-})

*수은(I)은 표시된 대로 한 쌍으로 존재한다.

양이온에 대해서만 이름 붙일 수 있다.

어떤 금속 원소들은 화합물에서 3개 이상의 양전하를 가질 수 있다. 따라서 로마 숫자로 다른 양이온을 나타내는 것이 점차 일반화되고 있다. 이를 슈토크[†] 체계(Stock system)라고 한다. 이 체계에서는 로마 숫자 I은 금속 양이온에 하나의 양전하, 로마 숫자 II는 금속 양이온에 두 개의 양전하를 나타낸다. 예를 들어, 망가니즈(Mn) 원자에 대하여 여러 개의 다른 양전하를 생각해 볼 수 있다.

Mn^{2+}: MnO 산화 망가니즈(II) [manganese(II) oxide]
Mn^{3+}: Mn_2O_3 산화 망가니즈(III) [manganese(III) oxide]
Mn^{4+}: MnO_2 산화 망가니즈(IV) [manganese(IV) oxide]

이들 화합물의 이름은 각각 "산화 망가니즈-이", "산화 망가니즈-삼", "산화 망가니즈-사"로 읽는다. 슈토크 체계를 이용하여 제일철 이온과 제이철 이온을 각각 철(II) 이온과 철(III) 이온으로 쓸 수 있다. 염화 제일철은 염화철(II), 염화 제이철은 염화철(III)이 된다. 현대적인 방식으로 이 책에서는 화합물 명명에 슈토크 체계를 주로 사용할 것이다. 주석

[†]슈토크(Alfred E. Stock, 1876~1946)는 독일 화학자로, 그의 주 연구는 붕소, 베릴륨, 규소 화합물의 합성과 특성에 대한 것이었다. 그는 수은의 독성에 대해 연구한 최초의 과학자였다.

(Sn) 및 납(Pb)과 같은 일부 비 전이 금속도 한 가지 유형 이상의 양이온을 형성할 수 있다는 것에 주목하라.

예제 2.5와 2.6은 그림 2.11과 표 2.2, 2.3에서 주어진 정보를 기초로 하여 이온 결합 화합물의 명명과 식 표기를 설명한다.

인터넷 핫스팟

학생들의 학습 경험에 대해 축적된 자료에 따르면 이온 결합 화합물의 화학식으로부터 화합물의 이름을 명명하는 데 어려움을 겪을 수 있다. 이런 경우 eBook에 접속해서 이 주제에 대한 추가 학습 자료를 보면 도움이 될 수 있다.

예제 2.5

다음 화합물을 명명하라. (a) $Fe(NO_3)_2$, (b) Na_2HPO_4, (c) $(NH_4)_2SO_3$.

전략 양이온과 음이온의 이름은 표 2.3을 참고한다. 금속이 다른 전하의 양이온을 형성할 수 있다면(그림 2.11) 슈토크 체계를 사용해야 한다.

풀이

(a) 질산 이온(NO_3^-)은 한 개의 음전하를 가지고 있으므로 철 이온은 두 개의 양전하를 가져야 한다. 철은 Fe^{2+}와 Fe^{3+}의 두 이온을 형성하므로 슈토크 체계를 이용하여 이 화합물을 질산 철(II)[iron(II) nitrate]라 부른다.

(b) 양이온은 Na^+이고, 음이온은 HPO_4^{2-} (인산 수소 이온)이다. 소듐은 한 가지 형태의 이온(Na^+)만을 만들기 때문에 이름에 소듐(I)이라는 표현은 필요하지 않다. 화합물은 인산 수소 소듐(sodium hydrogen phosphate)이다.

(c) 양이온은 NH_4^+(암모늄 이온)이고, 음이온은 SO_3^{2-}(아황산 이온)이다. 화합물은 아황산 암모늄(ammonium sulfite)이다.

실전 연습 다음 화합물을 명명하라. (a) PbO, (b) $LiClO_3$.

비슷한 문제: 2.59(b), (e), (f).

예제 2.6

다음 화합물의 화학식을 써라. (a) 질산 수은(I) [mercury(I) nitrate], (b) 산화 세슘(cesium oxide), (c) 질소화 스트론튬(strontium nitride)

전략 양이온과 음이온의 이름에 대해 표 2.3을 참고한다. 슈토크 체계에서 로마 숫자는 양이온의 전하에 대한 중요한 정보를 제공한다는 것을 상기하라.

풀이

(a) 로마 숫자로부터 수은 이온의 전하가 +1임을 알 수 있다. 그러나 표 2.3에 따라 수은(I) 이온은 이원자 이온(즉, Hg_2^{2+})이고, 질산 이온은 NO_3^-이다. 따라서 화학식은 $Hg_2(NO_3)_2$이다.

(b) 산화 이온은 −2의 음전하를 갖고, 세슘 이온은 +1의 양전하를 갖는다(세슘은 소듐처럼 1족 원소이다). 따라서 화학식은 Cs_2O이다.

(c) 스트론튬 이온(Sr^{2+})은 +2의 양전하를 가지고 있으며, 질소화 이온(N^{3-})은 −3의 음전하를 가지고 있다. 전하의 합이 0이 되도록 하기 위해서는 양이온과 음이온의 수를 조절해야 한다.

$$3(+2) + 2(-3) = 0$$

따라서 화학식은 Sr_3N_2이다.

실전 연습 다음 이온 결합 화합물의 화학식을 써라. (a) 황산 루비듐(rubidium sulfate), (b) 수소화 바륨(barium hydride).

비슷한 문제: 2.60(a), (b), (d), (h), (i).

분자 화합물

이온 결합 화합물과는 달리 분자 화합물은 각각의 분자 단위를 갖고 있으며, 주로 비금속 원소들로 구성되어 있다(그림 2.10 참조). 많은 분자 화합물은 이성분 화합물이다. 이성분 분자 화합물에 대한 명명법은 이성분 이온 결합 화합물 명명법과 유사하다. 먼저 두 번째 원소 이름의 어간에 "-화"를 붙이고 난 후, 첫 번째 원소 이름을 더해서 부른다(영문 표기에서는 화합물의 첫 번째 원소 이름을 먼저 쓰고 두 번째 원소 이름의 어간에 "-ide"를 붙인다). 몇 가지 예를 들면 다음과 같다.

HCl 염화 수소(hydrogen chloride)
HBr 브로민화 수소(hydrogen bromide)
SiC 탄화 규소(silicon carbide)

한 쌍의 원소로 여러 가지 다른 화합물을 만들 수 있는 경우는 매우 흔하다. 이러한 경우 화합물을 명명할 때 혼동을 피하기 위해 화합물을 구성하고 있는 각 원소의 원자의 수를 나타내는 접두사를 사용한다(표 2.4 참조). 다음 예를 생각해 보자.

CO 일산화 탄소(carbon monoxide)
CO_2 이산화 탄소(carbon dioxide)
SO_2 이산화 황(sulfur dioxide)
SO_3 삼산화 황(sulfur trioxide)
NO_2 이산화 질소(nitrogen dioxide)
N_2O_4 사산화 이질소(dinitrogen tetroxide)

표 2.4

분자 화합물 명명에 사용되는 접두사

그리스어 접두사	의미하는 숫자	우리말 접두사
모노(mono-)	1	일
다이(di-)	2	이
트라이(tri-)	3	삼
테트라(tetra-)	4	사
펜타(penta-)	5	오
헥사(hexa-)	6	육
헵타(hepta-)	7	칠
옥타(octa-)	8	팔
노나(nona-)	9	구
데카(deca-)	10	십

다음 지침은 접두사를 가지는 화합물 명명에 도움이 될 것이다.

- 접두사 "일(mono)-"은 화학식의 첫 번째 원소에 대해서는 생략한다. 예를 들면, PCl_3는 삼염화 인(phosphorus trichloride)이라 명명하며, 삼염화 일인이라고 하지 않는다. 따라서 화학식의 첫 번째 원소에 대해 접두사가 없는 것은 일반적으로 그 분자에는 그 원소의 원자가 한 개만 있음을 뜻한다.
- 산화물의 영문 표기에서 접두사 끝의 "a"는 때로 생략된다. 예를 들어, N_2O_4는 사산화 이질소로 부르며, 영어로는 dinitrogen tetraoxide가 아니라 dinitrogen tetroxide로 부른다.

예외로, 수소를 포함하는 분자 화합물의 명명에는 그리스어 접두사를 쓰지 않는다. 이들 중 많은 화합물들이 전통적으로 비체계적인 관용명으로 부르거나, 존재하고 있는 H 원자의 수를 명확히 나타내지 않는 이름으로 부른다.

B_2H_6 다이보레인(diborane)
CH_4 메테인(methane)
SiH_4 실레인(silane)
NH_3 암모니아(ammonia)
PH_3 포스핀(phosphine)
H_2O 물(water)
H_2S 황화 수소(hydrogen sulfide)

인터넷 핫스팟

학생들의 학습 경험에 대해 축적된 자료에 따르면 분자 화합물을 명명하는 데 어려움을 겪을 수 있다. 이런 경우 eBook에 접속해서 이 주제에 대한 추가 학습 자료를 보면 도움이 될 수 있다.

화학식에서 원소를 쓰는 순서도 비규칙적임을 알아야 한다. 위의 예로부터 물과 황화 수소는 H를 처음에 쓰는 반면에, 다른 화합물에서는 마지막에 쓰고 있음을 볼 수 있다. 그러나 메테인 및 탄소와 수소를 포함하는 기타 이성분 유기 화합물에서는 C를 먼저 쓴다.

분자 화합물의 화학식은 보통 간단하다. 삼플루오린화 비소(arsenic trifluoride)는 각 분자 내에 한 개의 As 원자와 세 개의 F 원자가 들어 있으며, 분자식은 AsF_3가 된다. 화학식에서 원소의 순서는 이름에 있어서는 반대가 되는 것에 주의하라(영문 표기에서 화학식에서의 원소의 순서는 이름에서의 원소의 순서와 같다).

예제 2.7

다음 분자 화합물을 명명하라. (a) PBr_5, (b) As_2O_5.

전략 분자 화합물의 명명에 사용하는 접두사는 표 2.4를 참조한다.

풀이

(a) 브로민 원자가 5개 있으므로 화합물은 오브로민화 인(phosphorus pentabromide)이다.
(b) 비소 원자 2개와 산소 원자 5개가 있으므로 화합물은 오산화 이비소(diarsenic pentoxide)이다. 영문 표기에서 penta의 "a"가 생략된다.

실전 연습 다음 분자 화합물을 명명하라. (a) NF_3, (b) Cl_2O_7.

비슷한 문제: 2.59(c), (i), (j).

예제 2.8

다음 분자 화합물의 화학식을 써라. (a) 삼플루오린화 브로민(bromine trifluoride), (b) 삼산화 이붕소(diboron trioxide).

전략 분자 화합물의 명명에 사용하는 접두사는 표 2.4를 참조한다.

풀이

(a) 플루오린 원자 세 개와 브로민 원자 한 개가 있으므로 화학식은 BrF_3이다.
(b) 붕소 원자 두 개와 산소 원자 세 개가 있으므로 화학식은 B_2O_3이다.

실전 연습 다음 분자 화합물의 화학식을 써라. (a) 사플루오린화 황(sulfur tetrafluoride), (b) 오산화 이질소(dinitrogen pentoxide).

비슷한 문제: 2.61(g), (j).

그림 2.14는 이온 결합 화합물과 분자 화합물을 명명하는 단계를 요약한 것이다.

신과 염기

산의 명명

산(acid)은 *물에 용해되었을 때 수소 이온(H^+)을 내어놓는 물질*이다(H^+는 양성자 하나와 같으며 종종 이와 같이 부른다). 산의 화학식은 음이온 군뿐만 아니라 하나 이상의 수소 원자를 포함하고 있다. 이름이 "-화(-ide)"로 끝나는 음이온은 표 2.5에 나타낸 바와 같이 "-수소산"(영문 표시에서는 접두사 "hydro-"와 끝이 "-ic"인 산)을 형성한다. 어떤 경우에는 같은 화학식에 두 가지 이름으로 명명하는 경우가 있다.

HCl 염화 수소(hydrogen chloride)
HCl 염화 수소산(염산: hydrochloric acid)

▲ *HCl 분자가 물에 용해되면 H^+와 Cl^-로 전환된다. H^+ 이온은 하나 이상의 물 분자와 결합하며 보통 H_3O^+로 표시한다.*

이 화합물은 그 물리적 상태에 따라 이름을 달리 사용한다. 기체나 순수한 액체 상태에서 HCl은 분자 화합물이며, 염화 수소(hydrogen chloride)라 부른다. 물에 용해되었을 때는 분자가 H^+ 이온과 Cl^- 이온으로 분리되며, 이 상태에서는 염화 수소산(염산, hydrochlo-

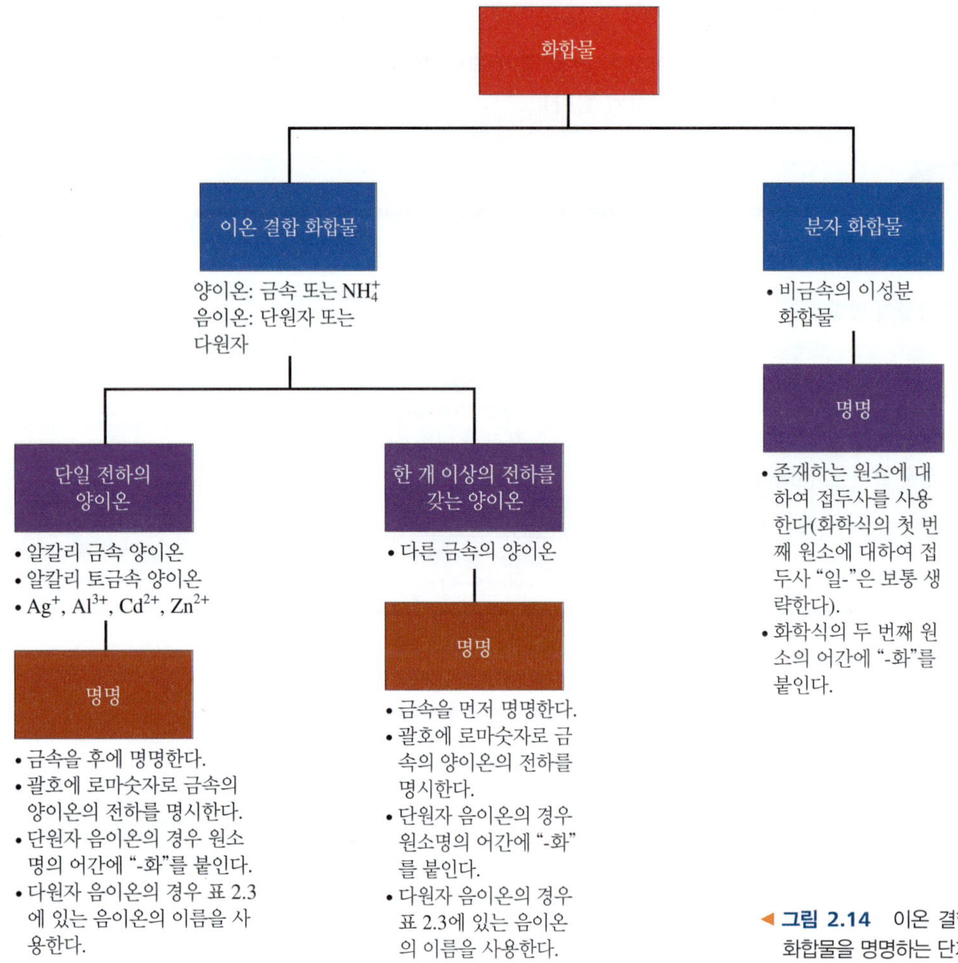

◀ **그림 2.14** 이온 결합 화합물과 분자 화합물을 명명하는 단계.

ric acid)이라 부른다.

수소, 산소 및 다른 원소(중심 원소)를 포함하는 산을 **산소산**(oxoacid)이라 한다. 산소산의 화학식은 보통 처음에 H를, 다음에 중심 원소를, 끝에 O를 써서 나타낸다.

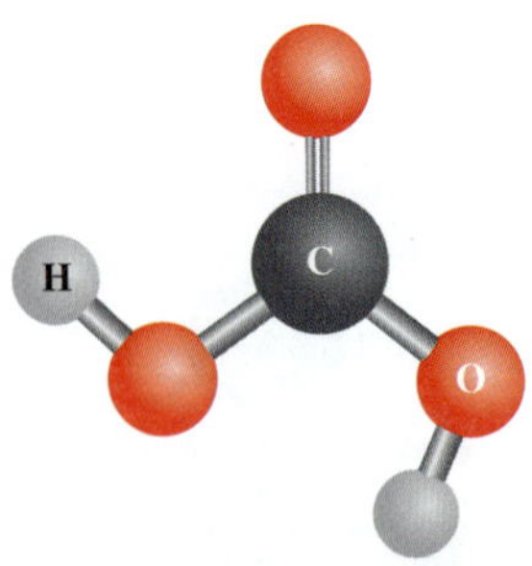

H_2CO_3

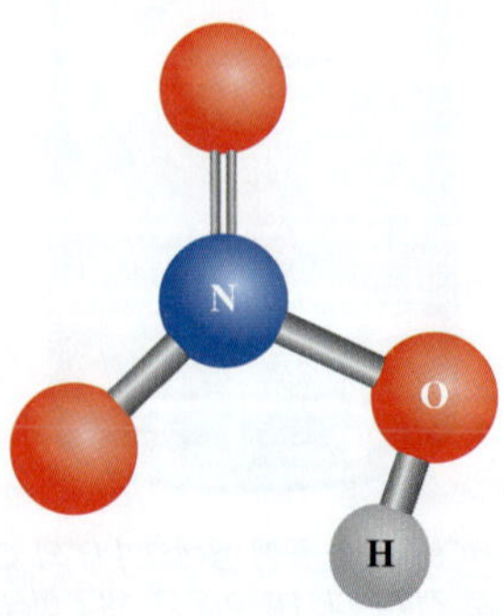

HNO_3

H_2CO_3	탄산(carbonic acid)
$HClO_3$	염소산(chloric acid)
HNO_3	질산(nitric acid)
H_3PO_4	인산(phosphoric acid)
H_2SO_4	황산(sulfuric acid)

중심 원자는 같지만 산소 원자의 수가 다른 두 개 이상의 산소산이 종종 존재한다. "-산(-ic acid)"으로 끝나는 산소산부터 다음 규칙을 사용하여 명명한다.

1. "-산(-ic acid)"에 산소 원자 한 개를 첨가할 때: 그 산을 "과...산(per... -ic acid)"이라 부른다. 따라서 염소산(chloric acid, $HClO_3$)에 산소 원자 한 개를 첨가하면 과염소산(perchloric acid, $HClO_4$)이 된다.
2. "-산(-ic acid)"으로부터 산소 원자 한 개를 제거할 때: 그 산을 "아...산(-ous acid)"이라 부른다. 따라서 질산(nitric acid, HNO_3)은 아질산(nitrous acid, HNO_2)이 된다.
3. "-산(-ic acid)"으로부터 산소 원자 두 개를 제거할 때: 그 산을 "하이포...산(hypo...-ous acid)"이라 부른다. $HBrO_3$이 HBrO로 될 때 이 산을 하이포브로민산(hypo-

표 2.5 몇 가지 간단한 산

분자 화합물	산	대응되는 음이온
HF (플루오린화 수소, hydrogen fluoride)	HF (플루오린화 수소산, hydrofluoric acid)	F^- (플루오린화 이온, fluoride)
HCl (염화 수소, hydrogen chloride)	HCl (염화 수소산 또는 염산, hydrochloric acid)	Cl^- (염화 이온, chloride)
HBr (브로민화 수소, hydrogen bromide)	HBr (브로민화 수소산, hydrobromic acid)	Br^- (브로민화 이온, bromide)
HI (아이오딘화 수소, hydrogen iodide)	HI (아이오딘화 수소산, hydroiodic acid)	I^- (아이오딘화 이온, iodide)
HCN (사이안화 수소, hydrogen cyanide)	HCN (사이안화 수소산, hydrocyanic acid)	CN^- (사이안화 이온, cyanide)
H_2S (황화 수소, hydrogen sulfide)	H_2S (황화 수소산, hydrosulfuric acid)	S^{2-} (황화 이온, sulfide)

bromous acid)이라 한다.

산소산 음이온(oxoanion)이라 부르는, 산소산의 음이온을 명명하는 규칙은 다음과 같다.

1. "-산(-ic acid)"에서 모든 수소 이온을 제거하면, 음이온의 끝은 "-산 이온(-ate)"이 된다. 예를 들면, H_2CO_3에서 파생한 음이온 CO_3^{2-}은 탄산 이온(carbonate)이라 부른다.
2. "아...산(-ous acid)"에서 모든 수소 이온을 제거하면, 음이온의 끝은 "아...산 이온(-ite)"이 된다. 따라서 $HClO_2$에서 파생한 음이온 ClO_2^-은 아염소산 이온(chlorite)이라 부른다.
3. 음이온에서 전부가 아닌 일부 수소 이온이 제거되었다면 남아 있는 수소 이온의 수를 그 음이온의 이름에 나타내야 한다. 예를 들어, 인산에서 파생된 음이온들을 살펴보자.

H_3PO_4	인산(phosphoric acid)
$H_2PO_4^-$	인산 이수소 이온(dihydrogen phosphate)
HPO_4^{2-}	인산 수소 이온(hydrogen phosphate)
PO_4^{3-}	인산 이온(phosphate)

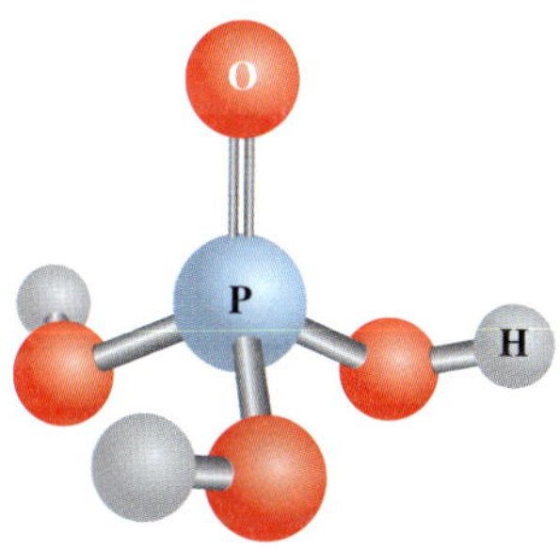

H_3PO_4

음이온에 H가 한 개만 있을 때 접두사 "일-(mono-)"은 일반적으로 생략된다. 그림 2.15에 산소산과 산소산 음이온의 명명법을 요약하였으며, 표 2.6에 염소를 포함하는 산소산과 산소산 음이온들의 이름을 나타내었다.

예제 2.9는 산소산과 산소산 음이온의 명명법을 다룬다.

인터넷 핫스팟

학생들의 학습 경험에 대해 축적된 자료에 따르면 산소산 및 산소산 음이온 화합물을 명명하는 데 어려움을 겪을 수 있다. 이런 경우 eBook에 접속해서 이 주제에 대한 추가 학습 자료를 보면 도움이 될 수 있다.

예제 2.9

다음 산소산과 산소산 음이온을 명명하라. (a) $SO_2(g)$가 물과 반응할 때 형성되는 매우 불안정한 산인 H_2SO_3, (b) 가축에 있는 진드기와 이 구제에 사용된 적이 있는 $H_2AsO_4^-$, (c) 무색 유리 제조에 사용되는 SeO_3^{2-}. H_3AsO_4는 비산(arsenic acid)이고 H_2SeO_4는 셀레늄산(selenic acid)이다.

전략 산소산과 산소산 이온을 명명하기 위해 그림 2.15와 표 2.6을 참고한다.

풀이

(a) 황산(H_2SO_4)을 기준이 되는 산으로 한다. H_2SO_3는 기준 산인 황산보다 O 원자를 하나 적게 가지고 있으므로, 아황산(sulfurous acid)이라고 한다.

(b) H_3AsO_4는 비산(arsenic acid)이므로 AsO_4^{3-}는 비산 이온(arsenate)이라고 명명한다.

(계속)

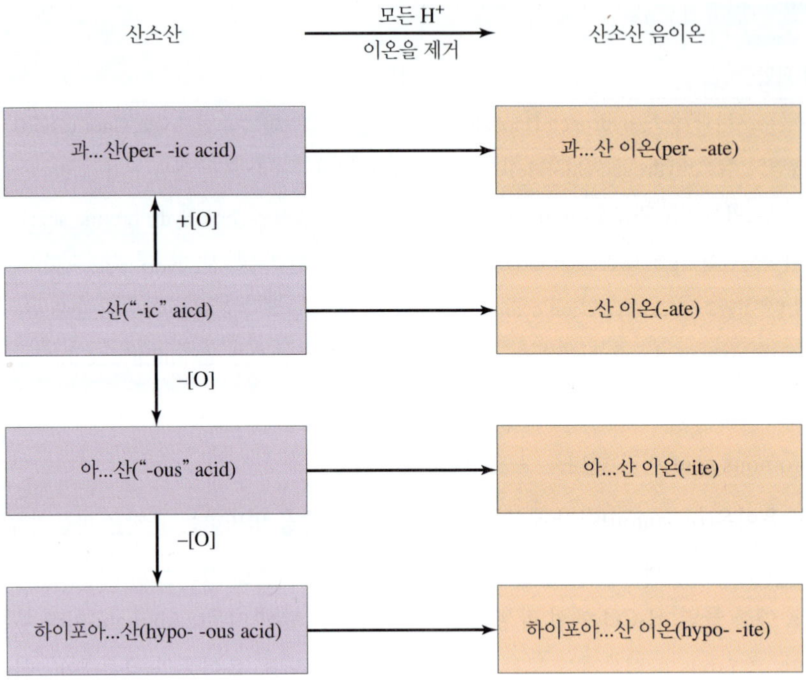

▶ **그림 2.15** 산소산과 산소산 음이온의 명명.

표 2.6 염소를 함유하는 산소산과 산소산 음이온의 명명

산	음이온
$HClO_4$(과염소산, perchloric acid)	ClO_4^- (과염소산 이온, perchlorate)
$HClO_3$(염소산, chloric acid)	ClO_3^- (염소산 이온, chlorate)
$HClO_2$(아염소산, chlorous acid)	ClO_2^- (아염소산 이온, chlorite)
HClO(하이포염소산, hypochlorous acid)	ClO^- (하이포염소산 이온, hypochlorite)

$H_2AsO_4^-$ 음이온은 AsO_4^{3-}에 H^+ 이온 두 개를 더해 형성되므로 $H_2AsO_4^-$는 비산 이수소 이온(dihydrogen arsenate)이라고 부른다.

(c) 모체가 되는 산은 H_2SeO_3이다. 산이 셀레늄산(H_2SeO_4)보다 O 원자 하나가 적으므로 아셀레늄산(selenous acid)라고 부른다. 따라서 H_2SeO_3에서 파생된 SeO_3^{2-} 음이온은 아셀레늄산 이온(selenite)이라고 부른다.

실전 연습 다음 산소산과 산소산 음이온을 명명하라. (a) HBrO, (b) HSO_4^-.

비슷한 문제: 2.60(f).

염기의 명명

염기(base)는 *물에 용해되었을 때 수산화 이온(OH^-)을 내놓는 물질*이다. 몇 가지 예를 들면 다음과 같다.

NaOH	수산화 소듐(sodium hydroxide)
KOH	수산화 포타슘(potassium hydroxide)
$Ba(OH)_2$	수산화 바륨(barium hydroxide)

암모니아(NH_3)는 기체나 순수한 액체 상태에서 분자 화합물인데, 보통 염기로 분류한다. 언뜻 보아서 NH_3는 염기의 정의에 대하여 예외인 것처럼 보인다. 하지만 어떤 물질을 물에 녹였을 때 수산화 이온을 *내어놓는* 한, 그 물질을 염기로 간주하기 위해 화학 구조에

수산화 이온이 반드시 들어 있을 필요는 없다는 것에 주의하라. 사실, 암모니아를 물에 녹이면 NH_3가 부분적으로 물과 반응하여 NH_4^+ 이온과 OH^- 이온을 내어 놓는다. 따라서 암모니아를 염기로 분류하는 것은 적절하다.

수화물

수화물(hydrate)은 *특정 개수의 물 분자가 결합되어 있는 화합물*을 가리킨다. 예를 들어, 황산 구리(II)의 단위체에는 통상적으로 물 분자 다섯 개가 결합되어 있다. 이 화합물에 대한 체계적인 이름은 황산 구리(II) 오수화물이고, 화학식은 $CuSO_4 \cdot 5H_2O$로 쓴다. 물 분자는 가열함으로써 떼어낼 수 있으며, 이때 얻어지는 화합물은 종종 무수 황산 구리(II)라고 하는 $CuSO_4$이다. "무수(anhydrous)"란 화합물에 물 분자가 더 이상 결합되어 있지 않다는 것을 의미한다(그림 2.16). 몇 가지 다른 수화물은 다음과 같다.

$BaCl_2 \cdot 2H_2O$	염화 바륨 이수화물(barium chloride dihydrate)
$LiCl \cdot H_2O$	염화 리튬 일수화물(lithium chloride monohydrate)
$MgSO_4 \cdot 7H_2O$	황산 마그네슘 칠수화물(magnesium sulfate heptahydrate)
$Sr(NO_3)_2 \cdot 4H_2O$	질산 스트론튬 사수화물(strontium nitrate tetrahydrate)

많이 알려진 무기 화합물

어떤 화합물들은 체계적인 화학명보다 관용명으로 더 많이 알려져 있다. 표 2.7은 많이 알려진 예이다.

그림 2.16 $CuSO_4 \cdot 5H_2O$(*왼쪽*)는 파란색이고, $CuSO_4$(*오른쪽*)는 흰색이다.
Ken Karp/McGraw-Hill

표 2.7 몇몇 화합물의 일반명과 체계적 이름

식	관용명	체계적 이름
H_2O	물	일산화 이수소(dihydrogen monoxide)
NH_3	암모니아	질소화 삼수소(trihydrogen nitride)
CO_2	드라이아이스	고체 이산화 탄소(solid carbon dioxide)
NaCl	소금	염화 소듐(sodium chloride)
N_2O	웃음가스	일산화 이질소(dinitrogen monoxide)
$CaCO_3$	대리석, 분필, 석회암	탄산 칼슘(calcium carbonate)
CaO	생석회	산화 칼슘(calcium oxide)
$Ca(OH)_2$	소석회	수산화 칼슘(calcium hydroxide)
$NaHCO_3$	베이킹 소다	탄산 수소 소듐(sodium hydrogen carbonate)
$Na_2CO_3 \cdot 10H_2O$	세탁용 소다	탄산 소듐 십수화물(sodium carbonate decahydrate)
$MgSO_4 \cdot 7H_2O$	사리 염	황산 마그네슘 칠수화물(magnesium sulfate heptahydrate)
$Mg(OH)_2$	마그네시아 유	수산화 마그네슘(magnesium hydroxide)
$CaSO_4 \cdot 2H_2O$	석고(깁스)	황산 칼슘 이수화물(calcium sulfate dihydrate)

개념과 사실 요약하기

- 화합물은 분자 화합물(가장 작은 단위가 개별 분자인 경우) 또는 양이온과 음이온으로 이루어진 이온 결합 화합물로 분류할 수 있다.
- 많은 무기 화합물의 이름은 일련의 간단한 규칙에서 추론할 수 있다. 화학식은 화합물의 이름을 통해 알 수 있다.

개념과 사실 복습하기

2.7.1 $SeCl_2$의 이름인 이염화 셀레늄(selenium dichloride)에는 접두어가 포함되어 있지만 $SrCl_2$의 이름인 염화 스트론튬에는 접두어가 없는 이유는 무엇인가?

2.7.2 다음 질문이 모호한 이유를 말하라: HF의 이름은 무엇인가? 이 질문에 답하려면 어떤 추가 정보가 필요한가?

2.7.3 다음 화합물을 명명하라: (a) Cs_2SO_3, (b) $Cu(NO_2)_2$.

2.7.4 다음 화합물에 대한 화학식을 써라: (a) 황산 수소 코발트(II), (b) 사이안화 크로뮴(III).

2.7.5 다음 화합물의 올바른 이름은 무엇인가? (a) BrF_5, (b) HIO_4.

2.8 유기 화합물의 소개

학습 목표

- 알케인을 포함한 간단한 유기 화합물의 이름을 명명할 수 있다.

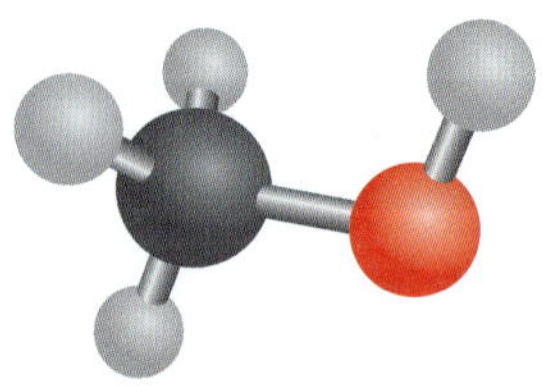

CH_3OH

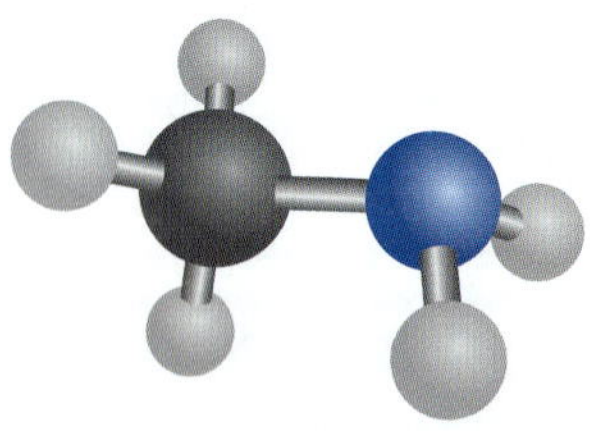

CH_3NH_2

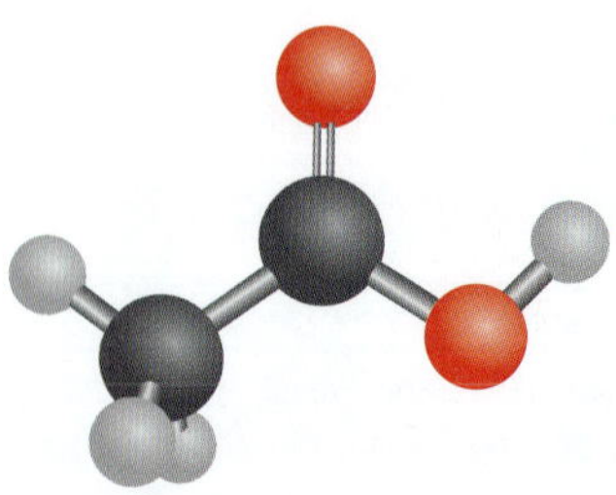

CH_3COOH

가장 간단한 형태의 유기 화합물은 탄소와 수소만을 함유하는 *탄화수소*(hydrocarbon)이다. 탄화수소는 가정과 산업체에서 쓰이는 가열 연료로, 내연 기관 엔진의 동력과 전기를 발생시키는 연료로, 그리고 화학 산업의 출발 물질로 사용된다. 탄화수소의 한 부류를 *알케인*(alkane)이라고 부른다. 표 2.8은 탄소에 가지가 붙지 않은 처음 열 개의 *곧은 사슬*(straight-chain) 알케인의 이름과 구조 및 분자 모형을 나타낸다. 알케인의 이름은 분자의 탄소 원자 수에 따라 달라지며 모든 이름은 "-에인(-ane)"으로 끝난다. C_5H_{12}부터는 표 2.4의 그리스 접두어가 탄소의 숫자를 나타낸다.

유기 화합물을 다루는 화학은 하나 또는 몇 개의 원자가 특별한 방식으로 결합된 여러 *작용기*(functional group)를 밝혀내었다. 예를 들어, 메테인의 수소 하나를 하이드록실기(—OH), 아미노 기(—NH_2), 카복실 기(—COOH)로 치환하면 다음 분자들이 생성된다.

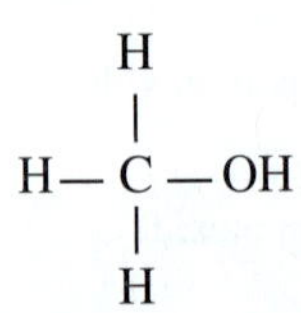

메탄올(methanol)

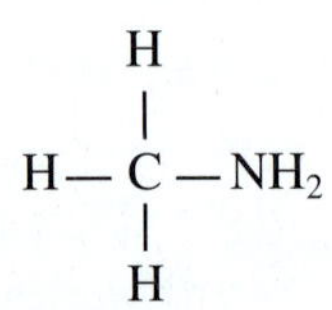

메틸아민(methylamine)

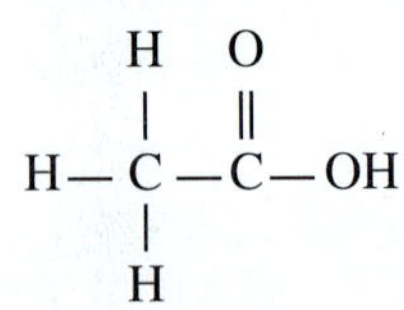

아세트산(acetic acid)

이들 분자들의 화학적 성질은 작용기의 반응성으로부터 예측할 수 있다. 유기 화합물의 주요 부류의 명명법과 작용기에 따르는 성질은 제20장에서 논의하겠지만, 이 책 전체에서 화학 결합, 산-염기 반응 및 다른 성질들을 설명하는 예로 유기 화합물을 흔히 사용할 것이다.

표 2.8 처음 열 개의 곧은 사슬 알케인

이름	구조	분자 모형
메테인(Methane)	CH_4	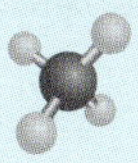
에테인(Ethane)	C_2H_6	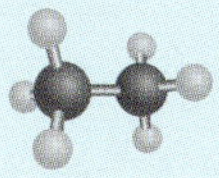
프로페인(Propane)	C_3H_8	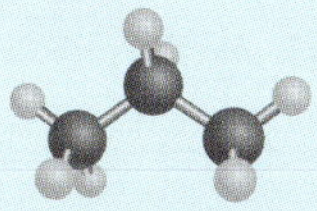
뷰테인(Butane)	C_4H_{10}	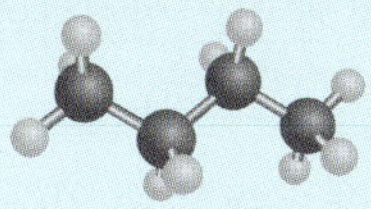
펜테인(Pentane)	C_5H_{12}	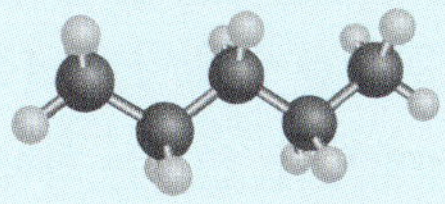
헥세인(Hexane)	C_6H_{14}	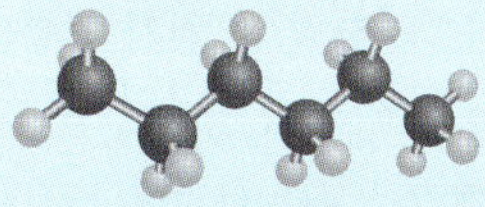
헵테인(Heptane)	C_7H_{16}	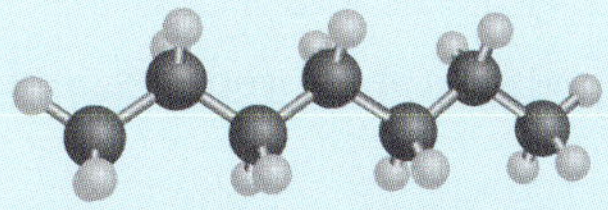
옥테인(Octane)	C_8H_{18}	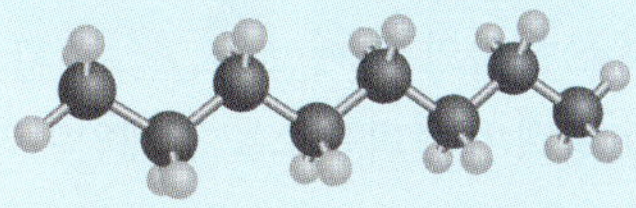
노네인(Nonane)	C_9H_{20}	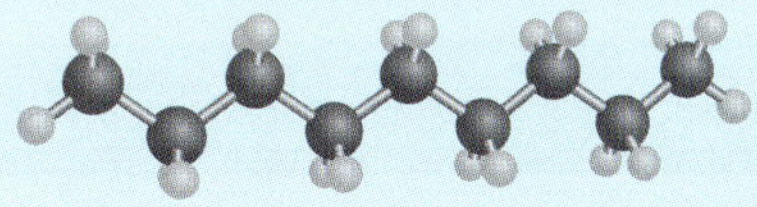
데케인(Decane)	$C_{10}H_{22}$	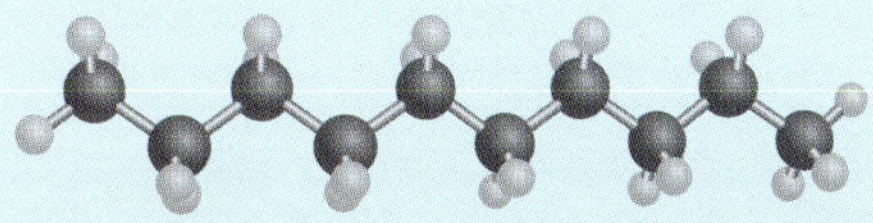

개념과 사실 요약하기

- 유기 화합물은 탄소와 수소, 산소, 질소 등의 원소를 포함하고 있다. 탄화수소는 가장 단순한 유형의 유기 화합물이다.

개념과 사실 복습하기

2.8.1 뷰테인에 있는 H 원자 하나를 하이드록실 기(—OH)로 치환하면 몇 가지 다른 분자를 만들 수 있을까(표 2.8 참조)?

요약_Chapter Summary

원자론 물질의 기본 단위에 대한 탐색은 고대부터 시작되었다. 현대의 원자론은 원소가 원자라는 극도로 작은 입자로 구성되어 있으며 주어진 원소의 모든 원자는 동일하지만 다른 모든 원소의 원자와 다르다고 가정한 존 돌턴(John Dalton)에 의해 제시되었다. (2.1절)

원자의 구조 원자는 양성자, 전자, 중성자의 세 가지 기본 입자로 구성되어 있다. 양성자는 양전하를 띠고, 전자는 음전하를 띠며, 중성자는 전하를 띠지 않는다. 양성자와 중성자는 원자핵이라고 하는 원자 중심의 작은 영역에 위치하고 있으며, 전자는 원자핵으로부터 일정 거리 떨어진 원자핵 주위에 퍼져 있다. (2.2절)

원자 번호, 질량수 및 동위 원소 원자 번호는 핵에 있는 양성자의 수이다. 다른 원소의 원자는 원자 번호가 다르다. 동위 원소는 중성자 수가 다른 동일한 원소의 원자이다. 질량수는 원자에 있는 양성자와 중성자의 수를 합한 것이다. 원자는 전기적으로 중성이므로 양성자의 수는 그 안에 있는 전자의 수와 같다. (2.3절)

주기율표 원소는 주기율표에서 화학적 및 물리적 특성에 따라 분류할 수 있다. 주기율표를 사용하면 원소(금속, 준금속 및 비금속)를 분류하고 체계적인 방식으로 원소의 특성과 연관시킬 수 있다. (2.4절)

분자와 이온 대부분의 물질은 분자 또는 이온으로 구성되어 있다. 분자는 화학 결합으로 결합된 적어도 두 개 이상의 원자 그룹이다. 이온은 전체적으로 양전하 또는 음전하를 띠는 원자 또는 원자 그룹이다. (2.5절)

화학식 대부분의 원소의 원자는 상호 작용하여 화합물을 형성하며, 화합물은 분자 화합물과 양이온 및 음이온으로 이루어진 이온 결합 화합물로 분류된다. 화학식은 분자 또는 화합물을 구성하는 원자의 유형과 수에 대한 정보를 나타낸다. (2.6절)

화합물 명명 많은 무기 화합물의 이름은 간단한 규칙에 따라서 명명할 수 있다. 이온 결합 화합물 및 분자 화합물을 명명하는 특정 규칙이 있다. (2.7절)

유기 화합물 소개 유기 화합물은 주로 탄소와 수소 원자와 함께 질소, 산소, 황 및 기타 원소의 원자를 포함한다. 모든 유기 화합물의 모화합물은 탄화수소이며 가장 단순한 형태의 탄화수소를 알케인이라고 부른다. (2.8절)

주요 식_Key Equations

질량수 = 양성자수 + 중성자수
= 원자 번호 + 중성자수 (2.1)

주요 용어_Key Words

감마(γ) 선	배수 비례 법칙	수화물	원자	족
구조식	베타(β) 선	실험식	원자 번호(Z)	주기
금속	베타(β) 입자	알칼리 금속	유기 화합물	주기율표
다원자 분자	분자	알칼리 토금속	음이온	준금속
다원자 이온	분자식	알파(α) 선	이성분 화합물	중성자
단원자 이온	비금속	알파(α) 입자	이온	질량 보존 법칙
동소체	산	양성자	이온 결합 화합물	질량수(A)
동위원소	산소산	양이온	이원자 분자	할로젠
방사능	산소산 음이온	염기	일정 성분비 법칙	핵
방사선	삼성분 화합물	영족 기체	전자	화학식

연습 문제 _Questions and Problems

붉은색 번호의 문제는 학생용 문제풀이집에 풀어 놓았다.

2.2 원자의 구조

복습 질문

2.1 다음 용어를 정의하라. (a) α 입자, (b) β 입자, (c) γ 선, (d) X 선.

2.2 방사능 원소에 의해 방출된 것으로 알려진 방사선의 형태를 열거하라.

2.3 다음 성질을 서로 비교하라. α 입자, 음극선, 양성자, 중성자, 전자.

2.4 용어 "기본 입자"란 무엇을 뜻하는가?

2.5 다음에 열거된 과학자들이 우리가 알고 있는 원자의 구조에 각자 공헌한 바를 써라. 톰슨(J. J. Thomson), 밀리컨(R. A. Millikan), 러더퍼드(Ernest Rutherford), 채드윅(James Chadwick).

2.6 핵은 원자의 부피의 매우 작은 부분을 차지하고 있다는 것을 믿도록 하는 실험적 기초를 서술하라.

문제

2.7 중성 헬륨 원자의 지름은 약 1×10^2 pm이다. 만일 헬륨 원자를 서로 닿게 하여 나란히 일렬로 세울 때, 한쪽 끝에서 다른 쪽 끝까지의 거리가 1 cm가 되려면 대략 몇 개의 원자가 필요하겠는가?

2.8 대략적으로 원자의 반지름은 그 원자핵의 반지름의 약 10,000배 더 크다. 핵의 반지름이 2.0 cm인 원자의 반지름은 몇 마일(mile)이 되겠는가? (1 mile = 1609 m)

2.3 원자 번호, 질량 및 동위원소

복습 질문

2.9 헬륨-4 동위원소를 이용하여 원자 번호와 질량수를 정의하라. 원자 번호를 알면 원자 내에 존재하는 전자수를 추정할 수 있는 이유는 무엇인가?

2.10 원소의 모든 원자는 질량수는 다를 수 있지만, 원자 번호가 같은 이유는 무엇인가?

2.11 질량수가 다른 같은 원소의 원자를 무엇이라고 하는가?

2.12 표현 $^{A}_{Z}X$에서 각 기호가 나타내는 의미를 설명하라.

문제

2.13 중성자가 28개인 철 원자의 질량수를 구하라.

2.14 ^{239}Pu의 중성자수를 계산하라.

2.15 다음 각 화학종의 핵에 있는 양성자수와 중성자수를 각각 결정하라.

$$^{3}_{2}He,\ ^{4}_{2}He,\ ^{24}_{12}Mg,\ ^{25}_{12}Mg,\ ^{48}_{22}Ti,\ ^{79}_{35}Br,\ ^{195}_{78}Pt$$

2.16 다음 각 화학종에 대하여 양성자수, 중성자수, 전자수를 나타내라.

$$^{15}_{7}N,\ ^{33}_{16}S,\ ^{63}_{29}Cu,\ ^{84}_{38}Sr,\ ^{130}_{56}Ba,\ ^{186}_{74}W,\ ^{202}_{80}Hg$$

2.17 다음 각 동위원소에 대하여 적절한 기호를 써라. (a) $Z = 11, A = 23$, (b) $Z = 28, A = 64$.

2.18 다음 각 동위원소에 대하여 적절한 기호를 써라. (a) $Z = 74, A = 186$, (b) $Z = 80, A = 201$.

2.4 주기율표

복습 질문

2.19 주기율표란 무엇이며, 화학을 공부할 때 주기율표가 왜 중요한가?

2.20 금속과 비금속의 차이점 두 가지를 써라.

2.21 다음 범주에 속하는 원소의 이름과 기호를 4개씩 써라. (a) 비금속, (b) 금속, (c) 준금속.

2.22 다음 용어를 설명하고, 예를 각각 두 가지씩 들어라. (a) 알칼리 금속, (b) 알칼리 토금속, (c) 할로젠, (d) 비활성 기체.

문제

2.23 Sodium(소듐)의 경우처럼 영문 이름 끝에 "-ium"이 있는 원소는 일반적으로 금속이다. 이름이 "-ium"으로 끝나는 비금속을 써라.

2.24 다음과 같이 움직일 때 나타나는 성질의 변화(금속에서 비금속으로 또는 비금속에서 금속으로)를 설명하라. (a) 주기율표의 족을 따라 아래로 내려갈 때, (b) 주기율표를 왼쪽에서 오른쪽으로 횡단해 갈 때.

2.25 화학과 물리 자료 핸드북(handbook of chemical and physical data)을 이용하여 다음을 알아보자. (a) 물보다 밀도가 낮은 두 가지 금속, (b) 수은보다 밀도가 큰 두 가지 금속, (c) 가장 밀도가 큰 것으로 알려진 고체 금속 원소, (d) 가장 밀도가 큰 것으로 알려진 고체 비금속 원소.

2.26 다음 원소 중 비슷한 화학적 성질을 나타낼 것으로 예상되는 것끼리 쌍으로 묶어라: K, F, P, Na, Cl, N.

2.5 분자와 이온

복습 질문

2.27 원자와 분자의 차이는 무엇인가?

2.28 동소체는 무엇인가? 예를 들어라. 동소체와 동위원소는 어떻게 다른가?

2.29 흔히 사용되는 두 가지 분자 모형을 설명하라.

2.30 다음 각각의 예를 들어라. (a) 단원자 양이온, (b) 단원자 음이온, (c) 다원자 양이온, (d) 다원자 음이온.

⇛ 문제

2.31 다음 그림 중 어느 것이 이원자 분자, 다원자 분자, 화합물이 아닌 분자, 화합물인 분자 또는 원소 형태의 순물질을 나타내겠는가?

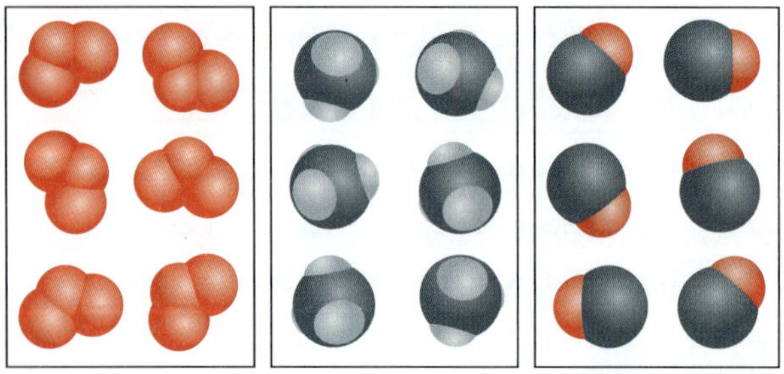

(a) (b) (c)

2.32 다음 그림 중 어느 것이 이원자 분자, 다원자 분자, 화합물이 아닌 분자, 화합물인 분자 또는 원소 형태의 순물질을 나타내겠는가?

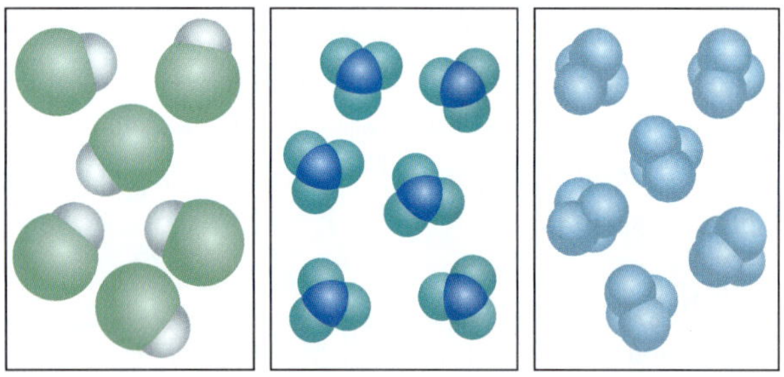

(a) (b) (c)

2.33 다음을 원소와 화합물로 구분하라. NH_3, N_2, S_8, NO, CO, CO_2, H_2, SO_2.

2.34 다음 각 경우에 대해 두 가지씩 예를 들어라. (a) 같은 원소의 원자를 포함하는 이원자 분자. (b) 다른 원소의 원자를 포함하는 이원자 분자. (c) 같은 원소의 원자를 포함하는 다원자 분자. (d) 다른 원소의 원자를 포함하는 다원자 분자.

2.35 다음 각 이온에 대하여 양성자수와 전자수를 써라. Na^+, Ca^{2+}, Al^{3+}, Fe^{2+}, I^-, F^-, S^{2-}, O^{2-}, N^{3-}.

2.36 다음 각 이온에 대하여 양성자수와 전자수를 써라. K^+, Mg^{2+}, Fe^{3+}, Br^-, Mn^{2+}, C^{4-}, Cu^{2+}.

2.37 같은 수의 전자를 포함하는 화학종들끼리 연결하라. Ar, Sn^{4+}, F^-, Fe^{3+}, P^{3-}, V, Ag^+, N^{3-}.

2.38 다음에 해당하는 각 원자에 대한 올바른 기호를 써라. (a) 양성자 25개, 전자 25개, 중성자 27개; (b) 양성자 10개, 전자 10개, 중성자 12개; (c) 양성자 47개, 전자 47개, 중성자 60개; (d) 양성자 53개, 전자 53개, 중성자 74개; (e) 양성자 94개, 전자 94개, 중성자 145개.

2.6 화학식

⇛ 복습 질문

2.39 화학식은 무엇을 나타내는가? 다음 각 분자식에서 원자의 비를 구하라. (a) NO, (b) NCl_3, (c) N_2O_4, (d) P_4O_6.

2.40 분자식과 실험식을 정의하라. 한 화합물에서 실험식과 분자식 사이에서 유사점과 차이점은 무엇인가?

2.41 두 분자가 분자식은 다르지만 실험식이 같은 경우의 예를 하나 들어라.

2.42 P_4는 무엇을 의미하는가? 4P와 어떻게 다른 지 설명하라.

2.43 이온 결합 화합물은 무엇인가? 이온 결합 화합물에서 전기적 중성을 어떻게 유지하는가?

2.44 이온 결합 화합물의 화학식은 보통 그들의 실험식과 같다. 그 이유를 써라.

⇛ 문제

2.45 다음 이온 결합 화합물의 식을 써라. (a) 산화 소듐(sodium oxide), (b) 황화 철(iron sulfide, Fe^{2+} 이온 포함), (c) 황산 코발트(cobalt sulfate, Co^{3+}와 SO_4^{2-} 이온 포함), (d) 플루오린화 바륨(barium fluoride). (*힌트*: 그림 2.11 참조.)

2.46 다음 이온 결합 화합물의 식을 써라. (a) 브로민화 구리(copper bromide, Cu^+ 이온 포함), (b) 산화 망가니즈(manganese oxide, Mn^{3+} 포함), (c) 아이오딘화 수은(mercury iodide, Hg_2^{2+} 이온 포함), (d) 인산 마그네슘(magnesium phosphate, PO_4^{3-} 이온 포함). (*힌트*: 그림 2.11 참조.)

2.47 다음 화합물의 실험식을 써라. (a) C_2N_2, (b) C_6H_6, (c) C_9H_{20}, (d) P_4O_{10}, (e) B_2H_6.

2.48 다음 화합물의 실험식을 써라.
(a) Al_2Br_6, (b) $Na_2S_2O_4$, (c) N_2O_5, (d) $K_2Cr_2O_7$.

2.49 단백질을 구성하는 아미노산 중 하나인 글라이신(glycine)의 분자식을 써라. 각 원자들은 검은색(탄소), 파란색(질소), 빨간색(산소), 회색(수소)으로 구분하였다.

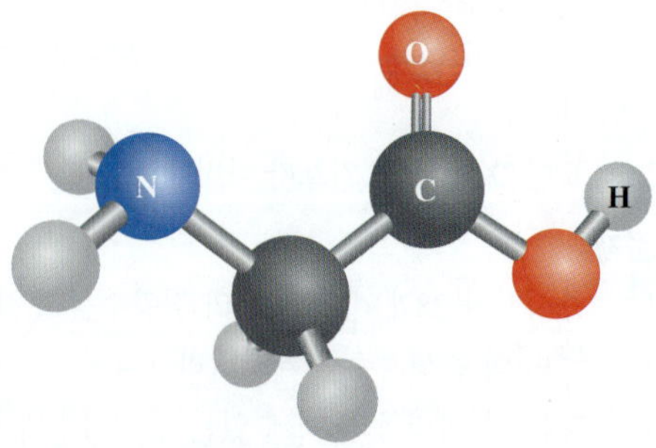

2.50 에탄올의 분자식을 써라. 각 원자들은 검은색(탄소), 빨간색(산소), 회색(수소)으로 구분하였다.

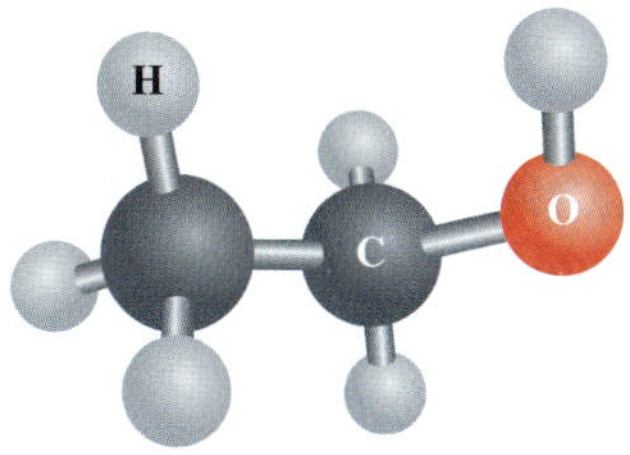

2.51 다음 화합물 중 어느 것이 이온 결합 화합물이고 어느 것이 분자 화합물인가? $SiCl_4$, LiF, $BaCl_2$, B_2H_6, KCl, C_2H_4.

2.52 다음 화합물 중 어느 것이 이온 결합 화합물이고 어느 것이 분자 화합물인가? CH_4, NaBr, BaF_2, CCl_4, ICl, CsCl, NF_3.

2.7 화합물의 명명

복습 질문

2.53 무기 화합물과 유기 화합물의 차이는 무엇인가?

2.54 무기 화합물의 네 가지 주요 분류는 무엇인가?

2.55 이성분 화합물과 삼성분 화합물의 예를 각각 하나씩 들어라.

2.56 슈토크 체계란 무엇인가? 양이온 명명에서 이전 체계보다 나은 점은 무엇인가?

2.57 왜 HCl이라는 식은 두 다른 화학계를 나타낼 수 있는가?

2.58 다음 용어를 정의하라. 산, 염기, 산소산, 산소산 음이온, 수화물.

문제

2.59 다음 화합물을 명명하라. (a) Na_2CrO_4, (b) K_2HPO_4, (c) HBr(기체), (d) HBr(수용액), (e) Li_2CO_3, (f) $K_2Cr_2O_7$, (g) NH_4NO_2, (h) PF_3, (i) PF_5, (j) P_4O_6, (k) CdI_2, (l) $SrSO_4$, (m) $Al(OH)_3$, (n) $Na_2CO_3 \cdot 10H_2O$.

2.60 다음 화합물을 명명하라. (a) KClO, (b) Ag_2CO_3, (c) $FeCl_2$, (d) $KMnO_4$, (e) $CsClO_3$, (f) HIO, (g) FeO, (h) Fe_2O_3, (i) $TiCl_4$, (j) NaH, (k) Li_3N, (l) Na_2O, (m) Na_2O_2, (n) $FeCl_3 \cdot 6H_2O$.

2.61 다음 화합물의 화학식을 써라. (a) 아질산 루비듐, (b) 황화 포타슘, (c) 황화 수소 소듐, (d) 인산 마그네슘, (e) 인산 수소 칼슘, (f) 인산 이수소 포타슘, (g) 칠플루오린화 아이오딘, (h) 황산 암모늄, (i) 과염소산 은, (j) 삼염화 붕소.

2.62 다음 화합물의 화학식을 써라. (a) 사이안화 구리(I), (b) 아염소산 스트론튬, (c) 과브로민산, (d) 아이오딘화 수소산, (e) 인산 암모늄 이소듐, (f) 탄산 납(II), (g) 플루오린화 주석(II), (h) 십황화 사인, (i) 산화 수은(II), (j) 아이오딘화 수은(I), (k) 육플루오린화 셀레늄.

2.63 황(S)과 플루오린(F)은 여러 다른 화합물을 형성한다. 그 중 하나인 SF_6는 S 1 g당 F 3.55 g을 포함한다. 배수 비례 법칙을 이용하여 S 1 g당 F 2.37 g을 포함하는 화합물 SF_n의 F 원자수를 나타내는 n을 결정하라.

2.64 다음 화합물을 명명하라.

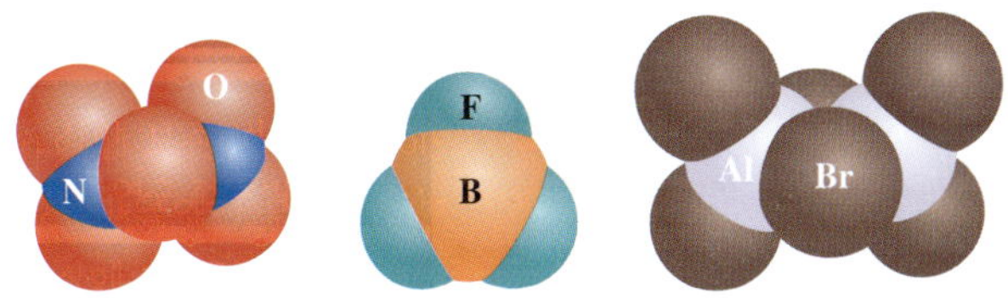

(a) (b) (c)

실전 연습의 답 _Answers to Practice Exercises_

2.1 양성자 29개, 중성자 34개, 전자 29개. **2.2** $CHCl_3$. **2.3** $C_4H_5N_2O$. **2.4** (a) $Cr_2(SO_4)_3$, (b) TiO_2. **2.5** (a) 산화 납(II) [lead(II) oxide], (b) 염소산 리튬(lithium chlorate). **2.6** (a) Rb_2SO_4, (b) BaH_2. **2.7** (a) 삼플루오린화 질소(nitrogen trifluoride), (b) 칠산화 이염소(dichlorine heptoxide). **2.8** (a) SF_4, (b) N_2O_5. **2.9** (a) 하이포브로민산(hypobromous acid), (b) 황산 수소 이온(hydrogen sulfate ion).

개념과 사실 복습하기의 답 _Answers to Review of Concepts & Facts_

2.1.1 이들 화합물은 배수 비례 법칙이 준수된다. 이 두 화합물에서 A와 결합하는 B로 표시되는 원자의 비율은 (2/1):(5/2) 또는 4:5이다. **2.1.2** 화살표의 양쪽에 4개의 빨간색 원자와 8개의 파란색 원자가 있다. 따라서 질량 보존 법칙이 준수된다. 화살표 오른쪽에 형성된 화학종은 빨간색 원자 1개와 파란색 원자 3개로 일정한 조성을 가지며, 일정 성분비 법칙이 준수된다. 이 과정에서 오직 하나의 화학종만이 형성되는데, 이는 배수 비례 법칙을 나타내지 않음을 의미한다. **2.3.1** 78. **2.3.2** 66. **2.3.3** ^{17}O. **2.4.1** 화학적 성질은 주기에 따라 더 현저하게 변한다. **2.4.2** (a) 금속. (b) 비금속. (c) 준금속. (d) 금속. **2.5.1** S_8은 8개의 S 원자로 구성된 한 분자의 황을 의미한다. 8S는 8개의 개별 황 원자를 나타낸다. **2.5.2** (a)

양성자 15개, 전자 18개. (b) 양성자 22개, 전자 18개. (c) 양성자 32개, 전자 30개. **2.5.3** Cr^{2+} **2.6.1** (a) $Mg(NO_3)_2$. (b) Al_2O_3. (c) LiH. (d) Na_2S. **2.6.2** (a) CaI_2. (b) Ga_2S_3. **2.7.1** Se와 Cl은 모두 비금속이므로 $SeCl_2$는 분자이며, 화합물을 명명할 때 접두사가 사용된다. Sr은 금속이므로 $SrCl_2$는 이온 결합 화합물이며, 접두사는 필요 없다. **2.7.2** HF는 분자(플루오린화 수소, hydrogen fluoride) 또는 산(플루오린화 수소산, hydrofluoric acid)으로 명명할 수 있다. 화합물이 물에 용해되는지 알아야 한다. **2.7.3** (a) 아황산 세슘(cesium sulfite). (b) 아질산 구리(II) (copper (II) nitrite). **2.7.4** (a) $Co(HSO_4)_2$. (b) $Cr(CN)_3$. **2.7.5** (a) 오플루오린화 브로민(bromine pentafluoride). (b) 과아이오딘산(periodic acid). **2.8.1** 2개의 분자.

▲ 알루미늄과 과염소산 암모늄 사이의 반응은 로켓을 우주공간으로 쏘아 올리기 위한 고체 로켓 부스터의 추진력으로 사용된다.
NASA

제3장

화학 반응에서의 질량 관계

Mass Relationships in Chemical Reactions

차 례

3.1 원자 질량
3.2 아보가드로 수와 원소의 몰질량
3.3 분자 질량
3.4 질량 분석기
3.5 화합물의 조성 백분율
3.6 실험식 결정법
3.7 화학 반응과 화학 반응식
3.8 반응물과 생성물의 양
3.9 한계 시약
3.10 반응 수득율과 원자 경제

이 장에서는 원자 및 분자의 질량과 화학 변화가 일어날 때 이들이 어떻게 변하는지 알아본다. 이 논의를 위해 질량 보존 법칙을 살펴보자.

3.1 원자 질량

학습 목표

- 원자 질량 척도의 성질을 설명할 수 있다.
- 동위원소와 상대적 존재비로부터 원소의 평균 원자량을 결정할 수 있다.

이 장에서 원자와 분자의 질량 관계를 공부하기 위해 앞서 배운 화학 구조와 식을 이용한다. 이들 관계는 화합물의 조성과 그 조성 변화 양상을 설명하는 데 도움을 줄 것이다.

한 원자의 질량은 그 원자에 포함된 전자, 양성자, 중성자에 의해 결정된다. 실험에서 원자의 질량을 아는 일은 중요하다. 그러나 원자는 매우 작은 입자로 되어 있다(육안으로 볼 수 있는 가장 작은 먼지 입자도 1×10^{16}개나 되는 원자들을 포함하고 있다). 따라서 원자 하나의 질량을 측정하는 일은 분명 불가능하지만, 한 원자의 다른 원자에 대한 *상대적인* 질량을 실험적으로 정하는 일은 가능하다. 즉, 어떤 정해진 원소의 한 원자의 질량을 특정 값으로 지정함으로써 이 값을 표준으로 사용할 수 있다.

국제 협약에 의해 **원자 질량**(atomic mass, 또는 *원자량*)이란 *원자 질량 단위로 나타낸 원자의 질량*이다. **원자 질량 단위**(atomic mass unit, amu)는 *탄소-12 원자 한 개의 질량의 12분의 1과 정확히 같은 질량*으로 정의한다. 1 원자 질량 단위(amu)를 존 돌턴(John Dalton)의 이름을 따서 1 돌턴(Dalton)이라고도 한다. 탄소-12는 양성자 여섯 개와 중성자 여섯 개를 갖는 탄소의 동위원소이다. 탄소-12의 원자 질량을 12 amu로 정의함으로써 다른 원소의 원자 질량을 측정하는 표준을 제시하였다. 예를 들어, 실험 결과 수소 원자 하나는 탄소 원자 질량의 8.400%에 해당하는 질량을 갖는 것으로 알려졌다. 그러므로 탄소-12 원자 하나가 정확히 12 amu라면, 수소 원자의 원자 질량은 0.08400×12 amu, 즉 1.008 amu일 것이다. 마찬가지로 계산하면 산소의 원자 질량은 16.00 amu, 철의 원자 질량은 55.85 amu이다. 따라서 철 원자의 평균 질량이 대략적으로 수소 원자의 56배쯤 된다는 것을 알 수 있다.

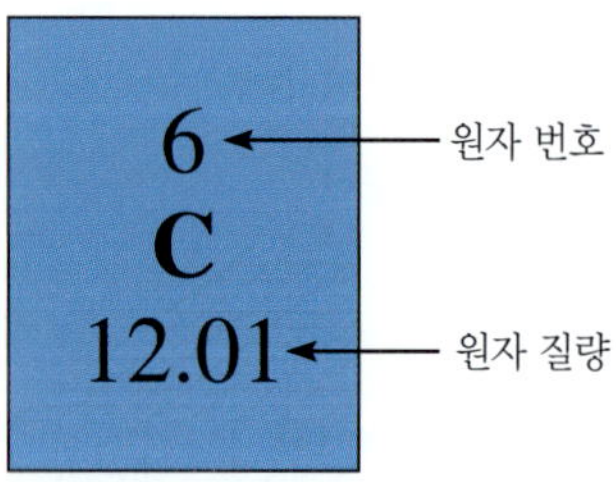

평균 원자 질량

탄소의 원자 질량을 주기율표에서 찾아보면, 그 값은 12.00 amu가 아니라 12.01 amu라는 것을 발견하게 된다. 그 이유는 자연계에 주로 존재하는 원소(탄소를 포함하여)에는 둘 이상의 동위원소가 있기 때문이다. 즉, 어떤 원소의 원자 질량을 측정할 때, 반드시 자연계에 존재하는 동위원소 혼합물의 *평균* 질량으로 계산해야 한다. 예를 들어, 자연계에는 탄소-12 98.90%와 탄소-13 1.10%가 각각 존재한다. 탄소-13의 원자 질량은 13.00335 amu이므로 탄소의 평균 원자 질량은 다음과 같이 계산된다.

$$\text{탄소의 평균 원자 질량} = (0.9890)(12 \text{ amu}) + (0.0110)(13.00335 \text{ amu})$$
$$= 12.01 \text{ amu}$$

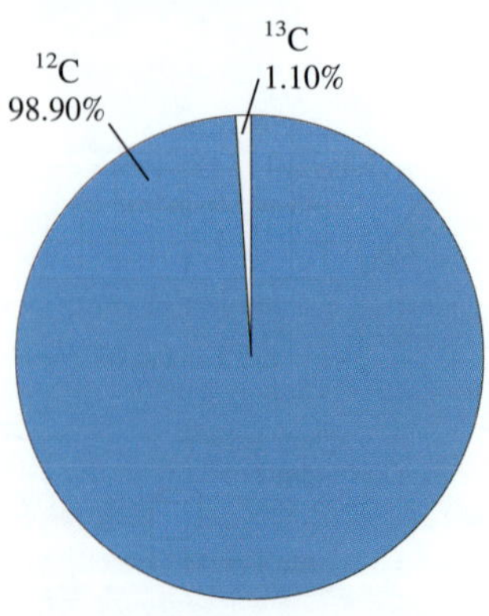

▲ C-12와 C-13 동위원소의 천연 존재비.

계산에 백분율 값이 사용됨을 주목하라. 따라서 백분율을 분수로 전환해서 사용해야 한다. 예를 들어, 98.90%는 98.90/100, 즉 0.9890이 된다. 천연에는 탄소-13에 비해 훨씬 더 많은 양의 탄소-12가 존재하므로 평균 원자 질량은 13 amu보다 12 amu에 훨씬 가깝다.

탄소의 원자 질량이 12.01 amu라고 할 때, 이 값이 *평균* 값을 의미한다는 사실을 아는 것이 중요하다. 탄소 원자 하나하나의 원자 질량을 개별적으로 측정하면, 정확히 12 amu나 13.00335 amu가 될 수 있지만, 12.01 amu는 절대 아니라는 사실을 알게 될 것이다. 원소의 평균 원자 질량을 계산하는 방법을 예제 3.1을 통해서 알아보도록 하자.

예제 3.1

붕소(B)는 세라믹이나 방탄유리와 같은 고분자 제조에 사용된다. 안정한 붕소의 두 동위원소 $^{10}_{5}\text{B}$ (19.80%)와 $^{11}_{5}\text{B}$ (80.20%)의 원자 질량은 각각 10.0129 amu와 11.0093 amu이다. 붕소-10 동위원소는 핵 반응로에서 중성자 포획제로서도 중요하다. 붕소의 평균 원자 질량을 계산하라.

전략 각 동위원소는 각각의 상대 존재 비만큼 평균 원자 질량에 기여한다. 한 동위원소의 질량에 존재 비율(%가 아닌)을 곱하면 그 동위원소의 평균 질량에 대한 기여도를 계산할 수 있다.

풀이 우선 백분율을 분수로 바꾼다. 19.80%를 19.80/100 = 0.1980, 80.20%를 80.20/100 = 0.8020으로 바꾼다. 각 동위원소의 평균 질량에 대한 기여도를 계산하고, 각 기여도를 합하여 평균 원자 질량을 계산한다.

$$(0.1980)(10.0129\ \text{amu}) + (0.8020)(11.0093\ \text{amu}) = 10.8129\ \text{amu}$$

검산 평균 원자 질량은 두 동위원소의 질량 사이의 값이어야 하며, 따라서 답은 타당하다. $^{11}_{5}\text{B}$이 $^{10}_{5}\text{B}$보다 더 많이 존재하므로 평균 원자 질량은 10.0129 amu보다 11.0093 amu에 더 가깝다는 것을 주목하라.

실전 연습 구리의 두 안정한 동위원소인 $^{63}_{29}\text{Cu}$ (69.17%)와 $^{65}_{29}\text{Cu}$ (30.83%)의 원자 질량은 각각 62.9296 amu와 64.9278 amu이다. 구리의 평균 원자 질량을 구하라.

비슷한 문제: 3.5, 3.6.

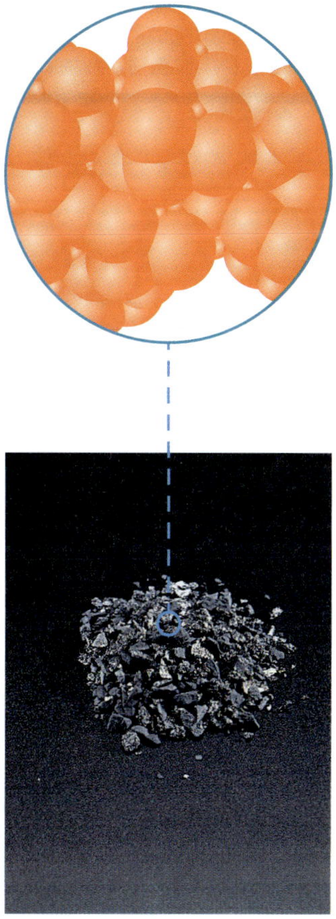

▲ 붕소와 붕소의 고체 구조.
Stephen Frisch/McGraw-Hill

대부분 원소의 원자 질량은 5~6자리 유효 숫자까지 정확히 계산되었다. 그러나 일반적으로 네 자리 유효 숫자를 사용한다(앞표지 안쪽의 원자 질량 표 참조). 편의상 원소의 원자 질량을 논의할 때 "평균"이라는 단어는 생략하기로 한다.

개념과 사실 요약하기

- 원자 질량은 원자 질량 단위(amu)로 측정된다. 이것은 탄소-12 동위원소에 대해 정확히 12의 값을 기초로 하여 나타낸 상대적 단위이다. 특정 원소의 원자에 대해 주어진 원자 질량은 그 원소의 동위원소 자연 존재비의 평균값이다.

개념과 사실 복습하기

3.1.1 이리듐은 안정한 두 동위원소, 즉 ^{191}Ir (190.96 amu)과 ^{193}Ir (192.96 amu)가 있다. 이리듐 원자 더미에서 이리듐 원자 하나를 무작위로 선택한다면 어떤 동위원소가 선택될 가능성이 더 크겠는가?

3.1.2 가상의 원소 Q는 37.50% ^{47}Q (47.054 amu)와 62.50% ^{51}Q (50.924 amu)의 혼합물로 존재한다. Q의 평균 원자 질량을 계산하라.

3.2 아보가드로 수와 원소의 몰질량

학습 목표

- 몰 개념을 설명하고 응용할 수 있다.

원자 질량 단위는 원소의 질량에 대한 상대적 척도를 제시한다. 하지만 원자는 질량이 대단히 작으므로 원자 질량 단위를 측정할 수 있을 만한 계측기는 실제로 존재하지 않는다. 실제 상황에서는 많은 수의 원자를 포함하고 있는 거시적인 시료를 사용한다. 따라서 이렇게 큰 수의 원자를 나타낼 만한 어떤 특정 단위를 사용하는 것이 편리하다. 물체의 특정한 수를 나타내는 단위는 그렇게 새로운 아이디어가 아니다. 예를 들어, 쌍(2개), 다스(12개), 그로스(gross, 144개)와 같은 단위들은 흔히 쓰이고 있다. 화학자들은 원자와 분자를 몰 단위로 측정한다.

SI 계에서 **몰**(mole, mol)이란 *정확히 6.0221413 × 10^{23}개의 원소 구성물(원자, 분자 또는 다른 입자)을 포함하는 물질의 양*을 의미한다. 몰에 대한 옛날 정의는 특정한 질량과 연관시킨 것이었다: 정확히 탄소-12 동위원소 12 g (0.012 kg)에 해당하는 원자수와 동일한 양의 원소 구성물을 포함하는 물질의 양. 탄소-12의 12 g에 들어 있는 원자의 실제 수는 실험적으로 측정되었다. 이 수를 이탈리아 과학자 아보가드로(Amedeo Avogadro)[†]의 이름을 따서 **아보가드로 수**(N_A)라 부르며, 이 값은 다음과 같다.

$$N_A = 6.0221413 \times 10^{23}$$

일반적으로 아보가드로 수는 6.022 × 10^{23}로 간단히 나타낸다. 따라서 오렌지 한 다스가 12개를 말하는 것과 마찬가지로, 수소 원자 1 mol은 수소 원자 6.022 × 10^{23}개를 포함한다. 그림 3.1은 몇 가지 일반적인 원소 각 1 mol을 포함하는 시료를 보여준다.

아보가드로 수의 크기는 쉽게 상상하기 어려운데, 예를 들어 오렌지 6.022 × 10^{23}개가 있다면 이는 지구 전체를 덮고도 우주로 약 9마일 정도의 높이로 쌓여 있는 숫자이다. 지금까지 관측된 우주에 있는 별의 총 수는 기껏해야 1 × 10^{21} 정도인데, 이는 아보가드로 수의 600분의 일밖에 되지 않는다. 원자(그리고 분자)가 매우 작기 때문에 그것을 다루기 쉽게 이만큼의 큰 숫자가 필요한 것이다.

▶ **그림 3.1** 여러 가지 일반적인 원소 1 mol. 탄소(검정색 숯가루), 황(노란색 가루), 철(못 형태), 구리선, 수은(반짝이는 액체 금속).
Stephen Frisch/McGraw-Hill

[†]아보가드로(Lorenzo Romano Amedeo Carlo Avogadro di Quaregua e di Cerreto, 1776~1856)는 이탈리아의 수학자 겸 물리학자로, 과학에 흥미를 갖기 전에 여러 해 동안 법률을 공부하였다. 아보가드로 법칙(제5장 참조)으로 알려진 그의 가장 유명한 업적은 19세기에 원자 질량을 측정하는 기초가 되었음에도 불구하고, 그의 일생동안 거의 무시되었다.

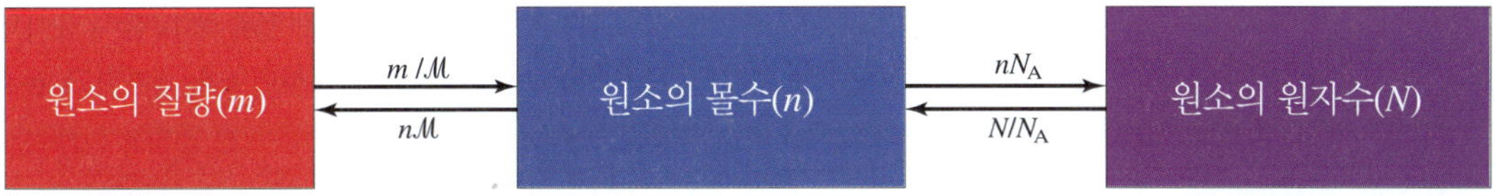

▲ **그림 3.2** 한 원소의 질량(m, g 단위)과 몰수(n) 사이의 관계와 원소의 몰수와 원자수(N) 사이의 관계. $\mathcal{M}$은 원소의 몰질량(g/mol)이며 N_A는 아보가드로 수이다.

탄소-12 원자 1 mol은 정확히 12 g이며, 6.022×10^{23}개의 원자로 이루어져 있다는 것을 알았다. 이 때 탄소-12의 질량을 **몰질량**(molar mass, $\mathcal{M}$)이라 하며, *단위 물질(원자나 분자 같은) 1 mol의 질량(그램 또는 킬로그램)*으로 정의한다. 탄소-12의 몰질량(g 단위)이 amu로 나타낸 원자 질량과 숫자가 정확히 같음을 주목하라. 마찬가지로 소듐(Na)의 원자 질량은 22.99 amu이며, 몰질량은 22.99 g이다. 인(P)의 원자 질량은 30.97 amu이고, 몰질량은 30.97 g이다. 한 원소의 원자 질량을 알면 그 몰질량도 알 수 있다. 일반적인 계산에서 몰질량의 단위는 g/mol이나 kg/mol이다.

몰질량과 아보가드로 수를 알면, 탄소-12 원자 하나의 질량을 g 단위로 계산할 수 있다. 탄소-12의 몰질량은 12 g이고, 이 물질 1 mol은 6.022×10^{23}개의 탄소-12 원자를 포함하고 있으므로 다음 계산을 통해 탄소-12 원자 한 개의 질량을 구할 수 있다.

$$\frac{\text{탄소-12 원자 12 g}}{\text{탄소-12 원자 } 6.022 \times 10^{23}\text{개}} = 1.993 \times 10^{-23}\text{ g}$$

이 결과를 사용하여 원자 질량 단위(amu)와 그램 사이의 관계를 정의할 수 있다. 모든 탄소-12 원자의 질량은 정확히 12 amu이므로, 1 g에 대한 amu 단위의 수는 다음과 같다.

$$\frac{\text{amu}}{\text{그램}} = \frac{12\text{ amu}}{\cancel{\text{탄소-12 원자 1개}}} \times \frac{\cancel{\text{탄소-12 원자 1개}}}{1.993 \times 10^{-23}\text{ g}}$$
$$= 6.022 \times 10^{23}\text{ amu/g}$$

따라서

$$1\text{ g} = 6.022 \times 10^{23}\text{ amu}$$ 이며,

$$1\text{ amu} = 1.661 \times 10^{-24}\text{ g}$$

이다. 이 예는 아보가드로 수가 원자 질량 단위를 g 단위 질량으로 또는 그 반대로 변환시키는 데 사용할 수 있음을 보여준다.

아보가드로 수와 몰질량의 개념을 이용하여 원자의 질량과 몰 사이의 전환, 원자수와 질량 사이의 전환과 원자의 질량 계산이 가능하다(그림 3.2). 다음 변한 인자를 계산에 적용할 수 있다.

$$\frac{1\text{ mol X}}{\text{X의 몰질량}} \quad \text{그리고} \quad \frac{1\text{ mol X}}{\text{X 원자 } 6.022 \times 10^{23}\text{개}}$$

여기서 X는 원소 기호이다. 예제 3.2~3.4에서 보는 바와 같이 적절한 변환 인자를 사용하여 어느 하나의 양을 다른 단위의 양으로 전환할 수 있다.

인터넷 핫스팟

학생들의 학습 경험에 대해 축적된 자료에 따르면 원소의 질량을 몰과 원자수로 변환하는 데 어려움을 겪을 수 있다. 이런 경우 eBook에 접속해서 이 주제에 대한 추가 학습 자료를 보면 도움이 될 수 있다.

예제 3.2

헬륨(He)은 공업, 저온 연구, 심해 잠수용 탱크, 풍선 등에 이용되는 중요한 기체이다. He 6.46 g에는 He 원자 몇 mol이 존재하는가?

(계속)

▲ 과학 연구용 헬륨 풍선.
Source: National Scientific Balloon Facility/ Palestine, Texas

전략 헬륨의 그램수를 주고 헬륨의 몰수를 구하는 문제이다. 몰수와 그램수 사이의 변환을 위해 필요한 변환 인자는 무엇인가? 적당한 변환 인자를 이용하여 g을 소거하고, mol 단위로 하는 답을 구한다.

풀이 몰수와 그램수 사이의 변환에 필요한 변환 인자는 몰질량이다. 주기율표(앞표지 안쪽 참조)에서 He의 몰질량이 4.003 g임을 알 수 있다. 이것은 다음과 같이 표현된다.

$$1 \text{ mol He} = 4.003 \text{ g He}$$

이 관계식으로부터 다음 두 변환 인자를 구할 수 있다. 그리고

$$\frac{1 \text{ mol He}}{4.003 \text{ g He}} \quad \text{그리고} \quad \frac{4.003 \text{ g He}}{1 \text{ mol He}}$$

왼쪽 변환 인자를 사용하면, g 단위가 소거되고, mol 단위만 남는다.

$$6.46 \text{ g He} \times \frac{1 \text{ mol He}}{4.003 \text{ g He}} = 1.61 \text{ mol He}$$

따라서 He 6.46 g에는 He 1.61 mol이 존재한다.

검산 주어진 질량(6.46 g)이 He의 몰질량보다 크므로, 1 mol He보다 더 많은 양이어야 한다.

실전 연습 마그네슘(Mg) 87.3 g에는 마그네슘 몇 mol이 존재하는가?

비슷한 문제: 3.15.

예제 3.3

▲ 아연.
Charles D. Winters/Science Source

아연(Zn)은 구리와 함께 황동을 만들고 철의 부식을 방지하는 데 사용되는 은색 금속이다. Zn 0.356 mol에는 Zn 몇 g이 존재하는가?

전략 Zn의 그램수를 구하는 문제이다. 몰수와 그램수 사이의 변환을 위해 필요한 변환 인자는 무엇인가? 적당한 변환 인자를 이용하여 몰수를 소거하고 g을 단위로 하는 답을 구한다.

풀이 몰수와 그램수 사이의 변환에 필요한 변환 인자는 몰질량이다. 주기율표(앞표지 안쪽 참조)에서 Zn의 몰질량이 65.39 g임을 알 수 있다. 이것은 다음과 같이 표현된다.

$$1 \text{ mol Zn} = 65.39 \text{ g Zn}$$

이 관계식으로부터 다음 두 변환 인자를 구할 수 있다.

$$\frac{1 \text{ mol Zn}}{65.39 \text{ g Zn}} \quad \text{그리고} \quad \frac{65.39 \text{ g Zn}}{1 \text{ mol Zn}}$$

오른쪽 변환 인자가 옳은 것이다. mol 단위가 소거되고 g 단위만 남는다. Zn의 그램수는 다음과 같다.

$$0.356 \text{ mol Zn} \times \frac{65.39 \text{ g Zn}}{1 \text{ mol Zn}} = 23.3 \text{ g Zn}$$

따라서 Zn 0.356 mol에는 Zn 23.3 g이 존재한다.

검산 Zn 0.356 mol에 대한 23.3 g의 질량은 적당한가? Zn 1 mol의 질량은 얼마인가?

실전 연습 납(Pb) 12.4 mol에 들어 있는 납의 그램수를 구하라.

비슷한 문제: 3.16.

예제 3.4

C_{60} 분자는 예지력 있는 건축가인 버크민스터 풀러(R. Buckminster Fuller)가 설계한 지오데식 돔(geodesic dome)과 그 모양이 닮았다고 해서 버크민스터풀러렌(buckminsterfullerene)

(계속)

이라고 부른다. C_{60} 분자 하나의 질량은 몇 그램인가?

전략 C_{60} 분자의 질량을 구하는 문제이다. C_{60} 분자 하나에 있는 탄소 원자의 몰수를 결정하고 C의 몰질량을 사용하여 분자 하나의 질량을 그램 단위로 계산한다.

풀이 C_{60} 분자 하나에는 C 원자 60개가 있고, C 1 mol은 6.022×10^{23}개의 C 원자를 포함하며, 그 질량이 12.011 g이므로 C60 분자 하나의 질량을 다음과 같이 계산할 수 있다.

$$\cancel{C_{60}\text{ 분자 1개}} \times \frac{60\ \cancel{\text{C 원자}}}{\cancel{C_{60}\text{ 분자 1개}}} \times \frac{1\ \cancel{\text{mol C}}}{6.022 \times 10^{23}\ \cancel{\text{C 원자}}} \times \frac{12.01\text{ g}}{1\ \cancel{\text{mol C}}} = 1.197 \times 10^{-21}\text{ g}$$

검산 C 원자 6.022×10^{23}개의 질량이 12.01 g이므로 탄소 원자 60개만을 포함하는 분자 하나는 이보다 질량이 훨씬 작아야 한다.

실전 연습 금(Au) 원자들은 일정한 수의 원자를 포함하는 작은 클러스터를 형성한다. Au_{31} 클러스터 하나의 질량은 몇 그램인가?

비슷한 문제: 3.20, 3.21.

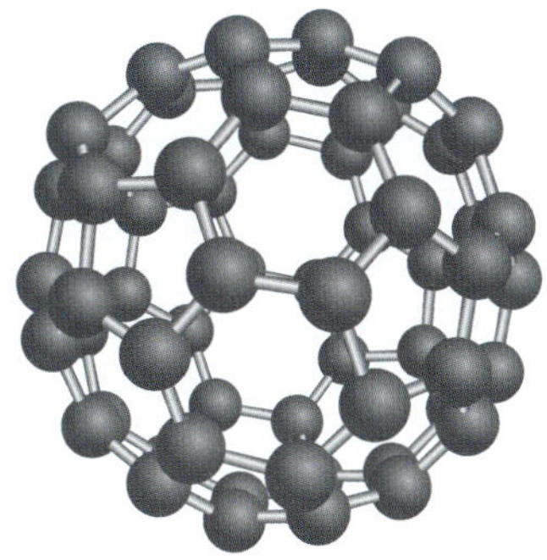

▲ 버크민스터풀러렌(C_{60}) 또는 "버키볼"이라고 부른다.

개념과 사실 요약하기

- 몰은 원자, 분자 및 기타 입자의 아보가드로 수(6.022×10^{23})의 개수를 의미한다.

개념과 사실 복습하기

3.2.1 다음 중 가장 많은 수의 원자를 갖는 것은 어느 것인가? (a) 7.68 g의 He, (b) 112 g의 Fe, (c) 389 g의 Hg.

3.2.2 3.75×10^{24} 개의 루비듐(Rb) 원자는 몇 몰의 루비듐(Rb)인가?

3.2.3 바나듐(V) 1.68 mol은 몇 그램인가?

3.3 분자 질량

학습 목표

- 화합물의 분자량과 몰질량을 계산할 수 있다.
- 질량, 몰, 원자나 분자의 수 사이의 변환을 할 수 있다.

구성 원자의 원자 질량을 알면 분자의 질량도 구할 수 있다. **분자 질량**(molecular mass, 또는 *분자량*)은 *분자에 있는 원자 질량(amu 단위)의 합*이다. 예를 들어, H_2O의 분자 질량은 다음과 같이 나타낼 수 있다.

$$2(\text{H의 원자 질량}) + \text{O의 원자 질량}$$

즉,

$$2(1.008\text{ amu}) + 16.00\text{ amu} = 18.02\text{ amu}$$

일반적으로, 분자 내에 존재하는 해당 원소의 원자 개수와 각 원소의 원자 질량을 곱하여 이들을 전부 합하면 분자 질량이 된다. 이 방법이 예제 3.5에 나타나 있다.

예제 3.5

다음 화합물의 분자 질량(amu 단위)을 구하라. (a) 산성 비의 원인이 되는 기체인 이산화 황

(계속)

SO_2

(sulfur dioxide, SO_2), (b) 홍차, 커피, 음료에 들어 있는 각성제인 카페인(caffeine, $C_8H_{10}N_4O_2$)

전략 어떤 방법으로 서로 다른 원소들의 원자 질량을 합하여 화합물의 분자 질량을 얻는가?

풀이 분자 질량을 계산하기 위해 분자 내 모든 원자 질량을 구해야 한다. 각 원소에 대하여 그 원소의 원자 질량과 분자 내에 존재하는 그 원소의 원자수를 곱한다. 원자 질량은 주기율표(앞표지 안쪽)에서 구할 수 있다.

(a) SO_2에는 O 원자 두 개와 S 원자 한 개가 있다. 따라서

$$\begin{aligned} SO_2\text{의 분자 질량} &= 32.07\text{ amu} + 2(16.00\text{ amu}) \\ &= 64.07\text{ amu} \end{aligned}$$

(b) 카페인에는 C 원자 여덟 개, H 원자 열 개, N 원자 네 개, O 원자 두 개가 있다. 따라서 $C_8H_{10}N_4O_2$의 분자 질량은 다음과 같다.

$$8(12.01\text{ amu}) + 10(1.008\text{ amu}) + 4(14.01\text{ amu}) + 2(16.00\text{ amu}) = 194.20\text{ amu}$$

실전 연습 메탄올(CH_4O)의 분자 질량은 얼마인가?

비슷한 문제: 3.23, 3.24.

인터넷 핫스팟
학생들의 학습 경험에 대해 축적된 자료에 따르면 주어진 질량으로부터 몰수를 구하는 데 어려움을 겪을 수 있다. 이런 경우 eBook에 접속해서 이 주제에 대한 추가 학습 자료를 보면 도움이 될 수 있다.

분자 질량으로부터 분자나 화합물의 몰질량을 얻을 수 있다. 화합물의 몰질량(그램 단위)은 그 화합물의 분자 질량(amu 단위)과 숫자상으로 같은 값이다. 예를 들어, 물의 분자 질량은 18.02 amu이고, 몰질량은 18.02 g이다. 물 1 mol은 18.02 g이며, 물 *분자* 6.022×10^{23}개를 포함하고 있음을 주의하라. 이는 탄소 1 mol이 탄소 *원자* 6.022×10^{23}개를 포함하고 있는 것과 같다.

다음 예제 3.6과 3.7에서 보는 바와 같이 어떤 화합물의 몰질량을 알면 주어진 양의 화합물의 몰수와 각 원자의 개수를 계산할 수 있다.

예제 3.6

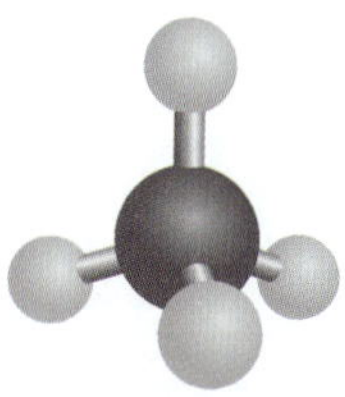

CH_4

▲ 주방용 렌지에서 사용되는 메테인 기체.
Steve Allen/Stockbyte/Getty Images

메테인(CH_4)은 천연 가스의 주성분이다. CH_4 6.07 g 중에는 CH_4 몇 mol이 있는가?

전략 CH_4의 질량으로부터 몰수를 구하는 문제이다. 질량과 몰수 사이의 변환을 위해 필요한 변환 인자는 무엇인가? g 단위가 소거되고 답에 mol 단위가 남는 적당한 변환 인자를 이용한다.

풀이 그램수와 몰수 사이의 계산을 위해 필요한 변환 인자는 몰질량이다. 우선 CH_4의 몰질량을 계산하고, 예제 3.5에서와 같은 방법을 이용한다.

$$\begin{aligned} CH_4\text{의 몰질량} &= 12.01\text{ g} + 4(1.008\text{ g}) \\ &= 16.04\text{ g} \end{aligned}$$

$$CH_4\ 1\text{ mol} = 16.04\text{ g }CH_4$$

필요한 변환 인자는 분모에 g 단위가 포함되어 g 단위를 소거하고 분자에 mol 단위를 남게 해야 한다.

$$\frac{1\text{ mol }CH_4}{16.04\text{ g }CH_4}$$

계산하면,

$$6.07\ \cancel{\text{g }CH_4} \times \frac{1\text{ mol }CH_4}{16.04\ \cancel{\text{g }CH_4}} = 0.378\text{ mol }CH_4$$

따라서 CH_4 6.07 g에는 CH_4 0.378 mol이 포함되어 있다.

검산 CH_4 6.07 g은 1 mol보다 적은 것이 맞는가? CH_4 1 mol의 질량은 얼마인가?

(계속)

실전 연습 클로로폼($CHCl_3$) 198 g에 포함된 클로로폼의 몰수를 계산하라.

비슷한 문제: 3.26.

예제 3.7

동물 사료, 비료나 고분자 제조에 사용되는 요소[$(NH_2)_2CO$] 25.6 g에 포함된 수소 원자의 수를 구하라. 요소의 몰질량은 60.06 g이다.

전략 요소 25.6 g에 포함된 수소 원자의 수를 구하는 문제이다. 요소의 그램수를 수소 원자수로 직접 변환하는 것은 불가능하다. 원자수를 구하기 전에 먼저 얻어야 하는 단위는 무엇인가? 아보가드로 수가 어떻게 이용되는가? 요소 분자 한 개에는 H 원자 몇 개가 존재하는가?

풀이 H 원자의 개수를 계산하기 위해 요소의 질량을 분자수로 변환해야 한다. 이것은 예제 3.2와 비슷하다. 요소의 분자식에서 요소 한 분자에 H 원자 네 개가 포함되어 있음을 안다. 따라서 몰비는 4:1이다. 마지막으로 H 원자의 몰수를 알면 아보가드로 수를 이용하여 H 원자의 수를 계산할 수 있다. 요소의 몰질량, 아보가드로 수의 두 가지 변환 인자가 필요하다.

$$\text{요소의 그램수} \rightarrow \text{요소의 몰수} \rightarrow \text{H의 몰수} \rightarrow \text{H 원자수}$$

이들 변환 인자를 결합하면 다음과 같다.

$$25.6\ \cancel{\text{g }(NH_2)_2CO} \times \frac{1\ \cancel{\text{mol }(NH_2)_2CO}}{60.06\ \cancel{\text{g }(NH_2)_2CO}} \times \frac{4\ \cancel{\text{mol H}}}{1\ \cancel{\text{mol }(NH_2)_2CO}} \times \frac{6.022 \times 10^{23}\ \text{H 원자}}{1\ \cancel{\text{mol H}}}$$

$$= 1.03 \times 10^{24}\ \text{H 원자}$$

검산 답이 합리적이라고 생각되는가? 요소 60.06 g에는 H 원자 몇 개가 포함되어 있는가?

실전 연습 소독용 알코올인 아이소프로판올(C_3H_8O) 72.5 g에는 H 원자 몇 개가 포함되어 있는가?

비슷한 문제: 3.27, 3.28.

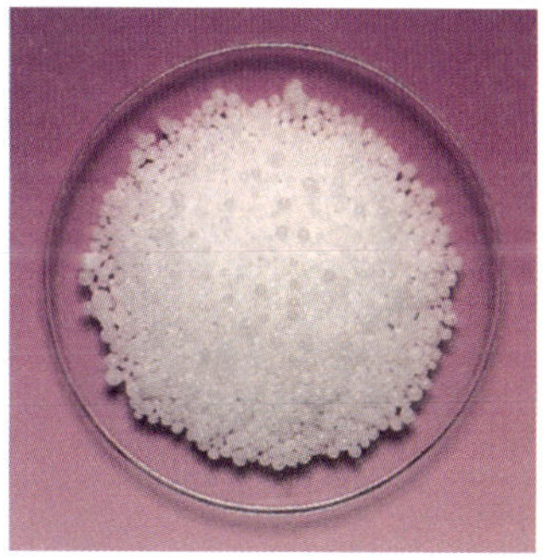

▲ 요소.
Ken Karp/McGraw-Hill

끝으로 NaCl과 MgO와 같은 이온 화합물은 분자 단위로 각각 분리하여 얻을 수 없기 때문에 *화학식 질량*(formula mass)을 쓴다는 점을 기억하라. NaCl을 구성하는 단위는 Na^+ 이온과 Cl^- 이온이다. 이와 같은 NaCl의 화학식 질량은 화학식 한 단위의 질량이다.

$$\text{NaCl의 화학식 질량} = 22.99\ \text{amu} + 35.45\ \text{amu}$$
$$= 58.44\ \text{amu}$$

NaCl 화학식의 몰질량은 58.44 g이다. Na^+ 이온과 Cl^- 이온의 결합 질량은 Na 원자와 Cl 원자가 결합된 화학식의 질량과 같다.

개념과 사실 요약하기

- 화합물의 몰질량(그램 단위)은 원자 질량 단위(amu)의 질량과 수치적으로 동일하며 아보가드로 수 만큼의 분자수(분자성 화합물인 경우)나 가장 간단한 화학적 단위(이온성 화합물인 경우)를 가지고 있다.

개념과 사실 복습하기

3.3.1 시트르산(구연산, $H_3C_6H_5O_7$)의 분자 질량과 몰질량은 얼마인가?

3.3.2 0.382몰의 카페인($C_8H_{10}O_2N_4$)의 질량은 몇 그램인가?

3.3.3 인산 칼슘($Ca_3(PO_4)_2$, 몰질량 = 310.2 g) 124 g에는 산소 원자 몇 개가 들어 있는가?

3.4 질량 분석기

학습 목표

- 질량 분석기가 원자량과 분자량에 대한 정보를 알려주는 원리를 이해할 수 있다.

원자나 분자의 질량을 측정하는 가장 직접적이면서 정확한 방법은 그림 3.3과 같은 질량 분석기를 이용하는 방법이다. *질량 분석기*(mass spectrometer)에서는 높은 에너지를 가진 전자를 기체 상태의 시료에 쪼여 충격을 가한다. 전자와 기체 상태의 원자(또는 분자)가 충돌할 때 각 원자나 분자로부터 전자 하나가 떨어져 나가 양이온이 형성된다. 이 양이온들(질량 m, 전하 e를 가짐)은 반대 전하로 하전된 두 판 사이를 통과하면서 가속된다. 판을 통과한 이온들은 자석에 의해 편향되어 원을 그리며 돌게 된다. 이 경로의 반경은 이온의 전하 대 질량비(e/m)에 의존한다. e/m 값이 작은 이온들은 큰 e/m 값을 갖는 이온들보다 훨씬 넓은 원을 그리면서 돌고, 같은 전하를 가진 이온일지라도 질량이 다르면 다른 경로를 따라 돌게 된다. 각 이온의 질량(원래 원자 또는 분자의 질량)은 편향 정도로부터 결정한다. 결국 이온이 측정기에 도달하게 되면 각 이온이 갖는 전류를 기록하게 된다. 이때 발생하는 전류의 양은 이온의 개수에 정확히 비례하며, 그로부터 동위원소의 상대적 존재 비를 측정할 수 있다.

1920년대 영국의 물리학자 애스턴(F. W. Astone)[†]에 의해 처음으로 만들어진 질량 분석기는 오늘날 발전된 기기와 비교하면 매우 조잡한 것이었다. 그럼에도 불구하고 네온-20(원자 질량 19.9924 amu, 천연 존재비 90.92%)과 네온-22(원자 질량 21.9914 amu, 천연 존재비 8.82%)와 같은 동위원소의 존재를 명백하게 증명해 낼 수 있었다. 보다 정교

▶ **그림 3.3** 질량 분석기의 모형도.

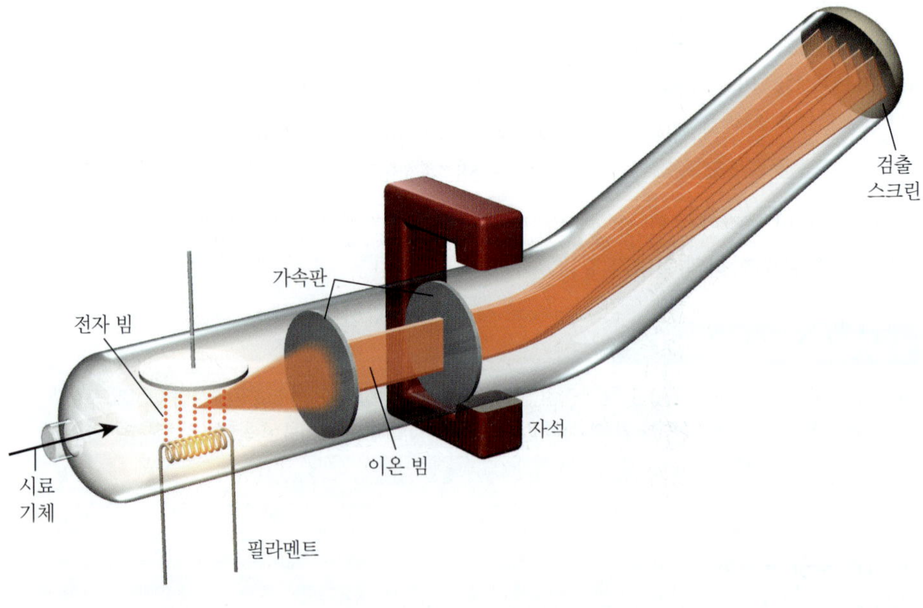

[†]애스턴(Francis William Astone, 1877~1945)은 영국의 화학자이며 물리학자로, 질량 분석기를 개발한 공로로 1922년 노벨 화학상을 수상하였다.

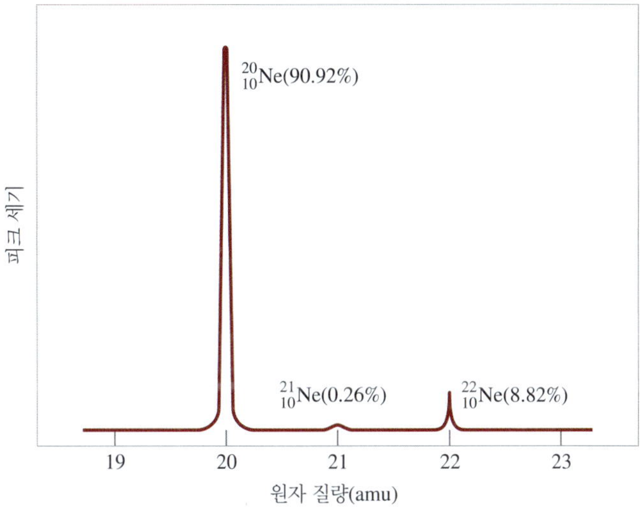

◀ **그림 3.4** 네온의 세 동위원소의 질량 스펙트럼.

하고 감도가 높은 질량 분석기가 개발되고 나서, 과학자들은 놀랍게도 원자 질량 20.9940 amu, 천연 존재비 0.257%인 네온의 세 번째 안정한 동위원소를 발견하게 되었다(그림 3.4). 이 예는 화학과 같은 정량적인 과학 분야에 있어서 실험적 정확성이 얼마나 중요한지를 보여준다. 초기 실험에서는 네온-21의 천연 존재비가 겨우 0.257%밖에 되지 않았기 때문에 이 원소를 측정하는 데 실패했던 것이다. 다시 말하면, 10,000개의 Ne 원자 중 26개만이 Ne-21이다. 질량 분석기를 이용하여 분자의 질량을 측정할 수 있다.

개념과 사실 요약하기

- 질량 분석기를 이용하면 시료에 존재하는 동위 원소의 상대적 존재비를 결정하여 원자량과 분자량을 정확하게 결정할 수 있다.

개념과 사실 복습하기

3.4.1 화학자들이 어떻게 두 안정한 동위원소(^{35}Cl과 ^{37}Cl)를 가지는 염소의 평균 원자 질량을 질량 분석기로 결정할 수 있는지 설명하라.

3.5 화합물의 조성 백분율

학습 목표

- 화합물에서 원소의 질량 조성 백분율을 계산할 수 있다.

이제까지 본 바와 같이 화합물의 화학식은 화합물 단위당 들어 있는 각 원소의 원자수를 알려준다. 하지만 실험실에서 어떤 화합물을 사용하기 위해 실험을 통해 순도를 측정해야 한다고 가정해 보자. 화학식으로부터 각 원소가 전체 화합물의 질량에 몇 %씩 포함되어 있는지를 계산할 수 있다. 그리고 이 결과를 실험을 통해 얻은 결과와 비교함으로써 주어진 시료의 순도를 측정할 수 있다.

질량 조성 백분율(percent composition by mass)이란 *한 화합물 내 각 원소의 질량을 백분율로 나타낸 것*이다. 조성 백분율은 각 원소의 질량을 화합물의 몰질량으로 나누어 100을 곱하여 얻는다. 수학적으로 화합물 속 원소의 조성 백분율은 다음과 같이 표현된다.

$$\text{원소의 조성 백분율} = \frac{n \times \text{원소의 몰질량}}{\text{화합물의 몰질량}} \times 100\% \quad (3.1)$$

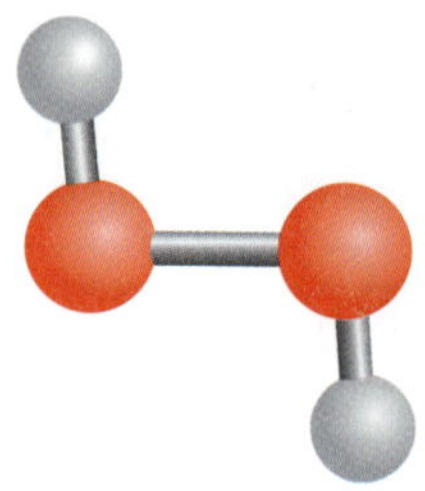

H_2O_2

여기서 n은 화합물 1 mol에 함유되어 있는 원소의 몰수이다. 예를 들어, 과산화 수소(H_2O_2) 1 mol에는 수소 원자 2 mol과 산소 원자 2 mol이 포함되어 있다. H_2O_2와 수소, 산소의 몰질량은 각각 34.02 g, 1.008 g, 16.00 g이다. 따라서 H_2O_2의 조성 백분율은 다음과 같이 계산할 수 있다.

$$\%H = \frac{2 \times 1.008 \text{ g H}}{34.02 \text{ g } H_2O_2} \times 100\% = 5.926\%$$

$$\%O = \frac{2 \times 16.00 \text{ g O}}{34.02 \text{ g } H_2O_2} \times 100\% = 94.06\%$$

인터넷 핫스팟

학생들의 학습 경험에 대해 축적된 자료에 따르면 질량 조성 백분율을 계산하는 데 어려움을 겪을 수 있다. 이런 경우 eBook에 접속해서 이 주제에 대한 추가 학습 자료를 보면 도움이 될 수 있다.

조성 백분율의 합은 5.926% + 94.06% = 99.99%이다. 합이 100%에서 약간 모자라는 이유는 각 원소의 몰질량에 근사값을 사용했기 때문이다. 만약 계산에 실험식인 HO를 사용했을 경우에도 분자식과 실험식 모두로부터 화합물의 조성을 알 수 있기 때문에 같은 조성 백분율이 얻어진다. 따라서 분자식이나 실험식 모두 화합물의 조성 백분율을 나타낼 수 있다.

예제 3.8

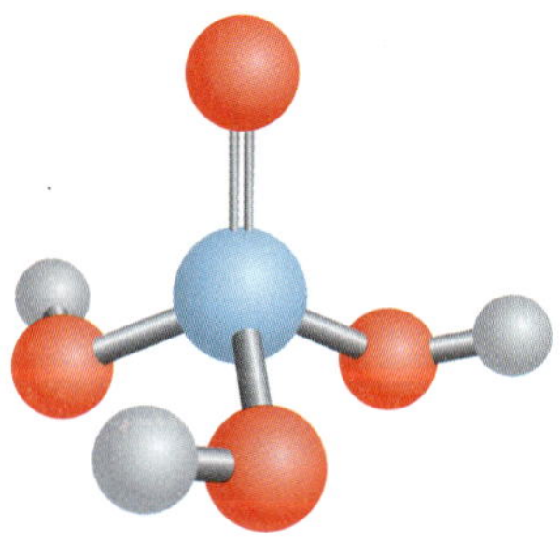

H_3PO_4

인산(H_3PO_4)은 무색의 끈적끈적한 액체로 세제, 비료, 치약과 탄산음료의 "톡 쏘는" 맛을 내는 데 사용된다. 화합물 중 H, P, O의 질량 백분율을 구하라.

전략 백분율을 구하는 과정을 다시 생각해 보자. H_3PO_4 1 mol이 있다고 가정하고, 각 원소(H, P, O)의 질량 백분율은 H_3PO_4 1 mol에 들어 있는 각 원소의 원자 질량의 합을 H_3PO_4의 몰질량으로 나누고 100%를 곱해서 구한다.

풀이 H_3PO_4의 몰질량은 97.99 g이다. H_3PO_4에 들어 있는 각 원소의 질량 백분율은 다음과 같이 계산된다.

$$\%H = \frac{3(1.008 \text{ g) H}}{97.99 \text{ g } H_3PO_4} \times 100\% = 3.086\%$$

$$\%P = \frac{30.97 \text{ g P}}{97.99 \text{ g } H_3PO_4} \times 100\% = 31.61\%$$

$$\%O = \frac{4(16.00 \text{ g) O}}{97.99 \text{ g } H_3PO_4} \times 100\% = 65.31\%$$

검산 백분율의 합이 100%가 되는가? 백분율의 합은 (3.086% + 31.61% + 65.31%) = 100.01%이다. 100%에서 약간 차이가 나는 것은 반올림을 했기 때문이다.

실전 연습 황산(H_2SO_4)에 포함된 각 원소의 조성 백분율을 구하라.

비슷한 문제: 3.38.

인터넷 핫스팟

학생들의 학습 경험에 대해 축적된 자료에 따르면 실험식을 구하는 데 어려움을 겪을 수 있다. 이런 경우 eBook에 접속해서 이 주제에 대한 추가 학습 자료를 보면 도움이 될 수 있다.

필요할 경우 이 예제의 계산법을 역으로 이용할 수도 있다. 조성 백분율을 알면 그 화합물의 실험식을 구할 수 있다(그림 3.5). 계산에 백분율이 쓰이고, 전체 조성의 합은 100%이므로 예제 3.9처럼 화합물 100 g을 가정하고 계산을 시작하면 편리하다.

예제 3.9

아스코르브산(비타민 C)은 괴혈병 치료제이다. 이 화합물은 질량으로 탄소(C) 40.92%, 수소(H)

(계속)

4.58%, 산소(O) 54.50%로 구성되어 있다. 실험식을 구하라.

전략 화학식에서 아래첨자는 화합물 1 mol 형성을 위해 결합하는 각 원소의 몰비이다. 질량 백분율을 어떻게 몰수로 바꿀 수 있는가? 정확히 화합물 시료 100 g이 있다고 가정하면, 화합물중 각 원소의 질량을 구할 수 있는가? 질량을 몰수로 바꾸는 방법은 무엇인가?

풀이 아스코브산 100 g이 있다고 가정하면, 각 백분율을 간단히 그램수로 바꿀 수 있다. 이 시료 중에는 C 40.92 g, H 4.58 g, O 54.50 g이 존재한다. 화학식 중 아래첨자는 몰비를 나타내므로 질량을 각 원소의 몰수로 변환해야 한다. 이 때 필요한 인자는 각 원소의 몰질량이다. 각 원소의 몰수를 n으로 표시하면 다음과 같이 계산할 수 있다.

$$n_C = 40.92\ \text{g C} \times \frac{1\ \text{mol C}}{12.01\ \text{g C}} = 3.407\ \text{mol C}$$

$$n_H = 4.58\ \text{g H} \times \frac{1\ \text{mol H}}{1.008\ \text{g H}} = 4.54\ \text{mol H}$$

$$n_O = 54.50\ \text{g O} \times \frac{1\ \text{mol O}}{16.00\ \text{g O}} = 3.406\ \text{mol O}$$

따라서 $C_{3.407}H_{4.54}O_{3.406}$이라는 화학식을 얻게 되는데, 이는 존재하는 원자의 몰비와 화학적 정체를 알려준다. 그러나 화학식은 정수로 나타내므로 이때 필요한 정수는 가장 작은 아래첨자로 각각의 아래첨자를 나누어 얻는다.

$$\text{C: } \frac{3.407}{3.406} \approx 1 \qquad \text{H: } \frac{4.54}{3.406} = 1.33 \qquad \text{O: } \frac{3.406}{3.406} = 1$$

≈ 표시는 "거의 같다"는 의미이다. 이제 아스코브산의 화학식은 $CH_{1.33}O$가 된다. H의 아래첨자 1.33을 정수로 만들기 위해 다음의 시행착오 과정을 이용한다.

$$1.33 \times 1 = 1.33$$
$$1.33 \times 2 = 2.66$$
$$1.33 \times 3 = 3.99 \approx 4$$

1.33 × 3이 정수(4)가 되므로 모든 아래첨자에 3을 곱하면 아스코브산의 실험식으로 $C_3H_4O_3$을 얻게 된다.

검산 $C_3H_4O_3$의 아래첨자는 가장 작은 정수비인가?

실전 연습 질량 조성 백분율이 K 24.75%, Mn 34.77%, O 40.51%인 화합물의 실험식을 구하라.

비슷한 문제: 3.43, 3.44.

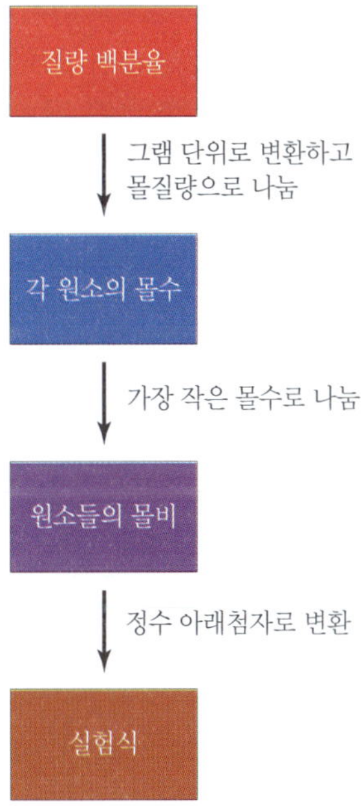

▲ **그림 3.5** 조성 백분율로부터 화합물의 실험식을 구하는 과정.

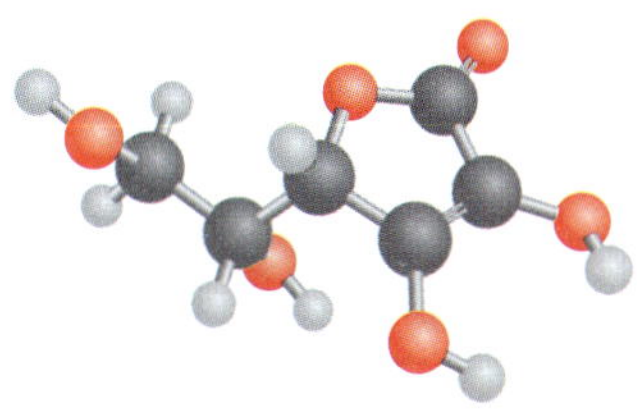

▲ *아스코브산의 분자식은 $C_6H_8O_6$이다.*

화학자들은 종종 어떤 질량을 갖는 특정 화합물에서 한 원소의 실제 질량만을 알고자 할 때가 있다. 예를 들어, 채광 산업에서는 이 정보를 통해 원광석의 품질을 알 수 있다. 물질에 함유된 원소의 질량 조성 백분율은 쉽게 계산할 수 있으므로 이런 문제는 오히려 직접적인 방법으로 풀 수 있다.

예제 3.10

황동광(chalcopyrite, $CuFeS_2$)은 가장 중요한 구리 광석이다. 황동광 3.71×10^3 kg에서 얻을 수 있는 구리는 몇 kg인가?

전략 황동광은 Cu, Fe, S로 이루어져 있다. Cu의 질량은 화합물 중 Cu의 질량 백분율로 구할 수 있다. 한 원소의 질량 백분율은 어떻게 구하는가?

풀이 Cu와 $CuFeS_2$의 몰질량은 각각 63.55 g과 183.5 g이다. Cu의 질량 백분율은 다음과 같다.

(계속)

▲ *황동광*
The Natural History Museum/Alamy Stock Photo

$$\%Cu = \frac{\text{Cu 몰질량}}{CuFeS_2\text{의 몰질량}} \times 100\%$$
$$= \frac{63.55\ g}{183.5\ g} \times 100\% = 34.63\%$$

$CuFeS_2$ 시료 3.71×10^3 kg 중 Cu의 질량을 계산하기 위해 백분율을 분수로 바꾸고(34.63%를 34.63/100, 즉 0.3463) 계산한다.

$$CuFeS_2\text{ 중 Cu의 질량} = 0.3463 \times (3.71 \times 10^3\ kg) = 1.28 \times 10^3\ kg$$

검산 대략적인 계산으로 Cu의 질량 백분율이 대략 33% 정도이므로 전체 질량의 $\frac{1}{3}$이 Cu의 질량이다. 즉, $\frac{1}{3} \times 3.71 \times 10^3\ kg \approx 1.24 \times 10^3\ kg$이다. 이 양은 답과 매우 비슷하다.

실전 연습 371 g의 Al_2O_3에서 Al의 그램수를 구하라.

비슷한 문제: 3.41.

개념과 사실 요약하기

- 화합물의 조성 백분율은 존재하는 각 원소의 질량의 백분율이다.

개념과 사실 복습하기

3.5.1 자세한 계산을 하지 말고 질산 스트론튬[strontium nitrate, $Sr(NO_3)_2$]에서 Sr과 O의 질량 조성 백분율 중 어느 것이 큰지 추정해 보라.

3.5.2 푸마르산(fumaric acid, $C_4H_4O_4$)에 존재하는 각 원소의 조성 백분율을 구하라.

3.5.3 P 43.64%, O 56.36% 조성 백분율을 갖는 화합물의 실험식을 결정하라.

3.6 실험식 결정법

학습 목표

- 조성 백분율이나 연소 분석으로부터 화합물의 실험식을 구할 수 있다.

어떤 화합물의 조성 백분율로부터 실험식을 구할 수 있다는 사실은 실험으로 어떤 화합물을 확인할 수 있음을 뜻한다. 그 과정은 다음과 같다. 첫째 화학적 분석을 통해 주어진 화합물 내에 존재하는 각 원소의 그램수를 알 수 있다. 그 다음 각 원소의 그램수를 몰수로 변환한다. 마지막으로 예제 3.9와 같은 방법을 통해 화합물의 실험식을 구할 수 있다.

구체적으로 에탄올을 예로 들어 살펴보도록 하자. 그림 3.6과 같은 장치 내에서 에탄올을 연소할 때 이산화 탄소(CO_2)와 물(H_2O)이 생성된다. 이 장치 내로 탄소나 수소가 들어갈 수 없으므로 생성된 탄소 (C)와 수소 (H)는 에탄올에 함유되어 있으며, 산소 (O) 또한 함유되어 있을 것으로 추측할 수 있다(산소 분자가 연소 과정 중에 첨가되기는 하지만 산소의 일부는 원래 에탄올 시료로부터 생길 수도 있다).

CO_2와 H_2O 흡수체의 질량 증가분을 측정하면 생성된 CO_2와 H_2O의 질량을 알 수 있다. 에탄올 11.5 g을 연소해서 22.0 g의 CO_2와 13.5 g의 H_2O가 생성되었다고 하자. 에탄올 11.5 g에 포함된 탄소와 수소의 질량은 다음과 같이 계산할 수 있다.

$$\text{C의 질량} = 22.0\ \cancel{g\ CO_2} \times \frac{1\ \cancel{mol\ CO_2}}{44.01\ \cancel{g\ CO_2}} \times \frac{1\ \cancel{mol\ C}}{1\ \cancel{mol\ CO_2}} \times \frac{12.01\ g\ C}{1\ \cancel{mol\ C}}$$
$$= 6.00\ g\ C$$

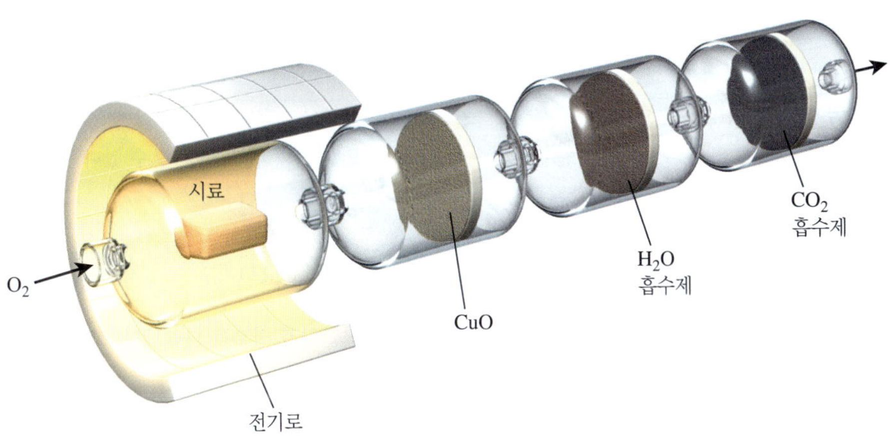

◀ **그림 3.6** 에탄올의 실험식을 결정하는 장치. 흡수체는 연소에서 발생되는 이산화 탄소와 물을 흡수할 수 있는 물질이다. CuO는 모든 탄소를 CO_2로 완전히 연소시키는 데 사용된다.

$$\text{H의 질량} = 13.5\ \text{g H}_2\text{O} \times \frac{1\ \text{mol H}_2\text{O}}{18.02\ \text{g H}_2\text{O}} \times \frac{2\ \text{mol H}}{1\ \text{mol H}_2\text{O}} \times \frac{1.008\ \text{g H}}{1\ \text{mol H}} = 1.51\ \text{g H}$$

따라서 에탄올 11.5 g은 탄소 6.00 g과 수소 1.51 g을 함유하고 있다. 나머지 원소인 산소의 질량은 다음과 같다.

$$\begin{aligned}\text{O의 질량} &= \text{시료의 질량} - (\text{C의 질량} + \text{H의 질량})\\ &= 11.5\ \text{g} - (6.00\ \text{g} + 1.51\ \text{g})\\ &= 4.0\ \text{g}\end{aligned}$$

에탄올 11.5 g에 함유되어 있는 각 원소의 몰수는 다음과 같다.

$$\text{C의 몰수} = 6.00\ \text{g C} \times \frac{1\ \text{mol C}}{12.01\ \text{g C}} = 0.500\ \text{mol C}$$

$$\text{H의 몰수} = 1.51\ \text{g H} \times \frac{1\ \text{mol H}}{1.008\ \text{g H}} = 1.50\ \text{mol H}$$

$$\text{O의 몰수} = 4.00\ \text{g O} \times \frac{1\ \text{mol O}}{16.00\ \text{g O}} = 0.25\ \text{mol O}$$

따라서 에탄올의 식은 $C_{0.50}H_{1.5}O_{0.25}$이다(몰수를 유효 숫자 두 자리까지 계산한다). 원자의 수는 반드시 정수여야 하므로 각 첨자를 0.25로 나누면 실험식 C_2H_6O를 얻을 수 있다.

이제 "*실험*(empirical)"이라는 단어가 말 그대로 "관찰과 측정에 입각한"이라는 의미를 가진다는 것을 확실히 알 수 있다. 에탄올의 실험식은 화합물의 구성 원소를 분석함으로써 구할 수 있다. 여기서 화합물 내 원자들이 어떻게 결합하는지는 알 필요가 없다.

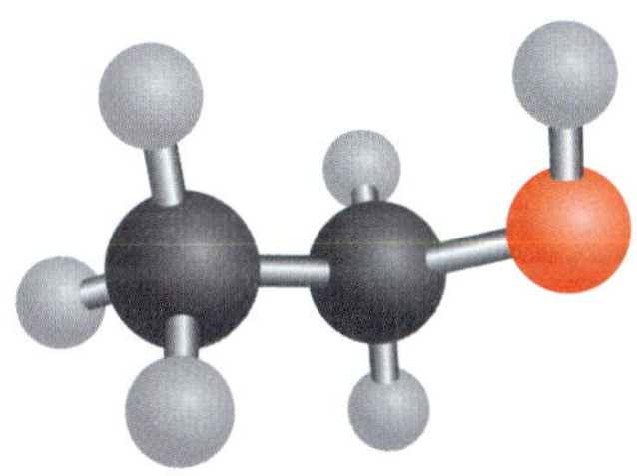

▲ *에탄올의 분자식은 실험식과 동일하다.*

분자식 결정

질량 조성 백분율로부터 계산한 각 원자의 수(아래첨자로 나타낸 수)는 언제나 가장 작은 수로 약분하여 표현되므로 이렇게 얻은 식은 실험식일 수밖에 없다. 실제 분자식을 구하기 위해서는 실험식뿐만 아니라 화합물의 *대략적인* 분자 질량을 알아야 한다. 화합물의 몰질량은 언제나 그 실험식의 몰질량의 정수배이다. 따라서 예제 3.11과 같이 몰질량을 이용하여 분자식을 구할 수 있다.

인터넷 핫스팟

학생들의 학습 경험에 대해 축적된 자료에 따르면 연소 분석 방법과 분자식을 결정하는 데 어려움을 겪을 수 있다. 이런 경우 eBook에 접속해서 이 주제에 대한 추가 학습 자료를 보면 도움이 될 수 있다.

예제 3.11

어떤 화합물 시료를 질량 분석기로 측정한 결과 질량으로 질소 30.46%와 산소 69.54%가 포함되어 있었다. 다른 실험을 통해 이 화합물의 몰질량이 90~95 g인 것을 알았다. 이 화합물의 분자식과 정확한 몰질량을 구하라.

(계속)

전략 분자식을 구하려면 먼저 실험식을 얻어야 한다. 실험식의 몰질량과 실험으로 결정된 몰질량을 비교하여 화학식과 분자식 사이의 관계를 얻는다.

풀이 화합물 100 g이 있다는 가정으로 출발한다. 각각의 %는 직접 g으로 바꿀 수 있다. 즉, N 30.46 g과 O 69.54 g이다. 각 원소의 몰수를 *n*으로 쓰면 다음과 같이 계산할 수 있다.

$$n_N = 30.46 \text{ g N} \times \frac{1 \text{ mol N}}{14.01 \text{ g N}} = 2.174 \text{ mol N}$$

$$n_O = 69.54 \text{ g O} \times \frac{1 \text{ mol O}}{16.00 \text{ g O}} = 4.346 \text{ mol O}$$

따라서 $N_{2.174}O_{4.346}$의 식을 얻는데, 이는 원자의 존재비와 화학적 성분을 나타낸다. 그러나 화학식은 정수비로 표시해야 하므로 아래첨자 중 가장 작은 아래첨자(2.174)로 나누어 정수비를 얻는다. 반올림하면 화학식 NO_2를 얻게 된다.

분자식은 실험식과 같을 수도 있고 실험식의 정수배(실험식의 2, 3, 4 등)일 수도 있다. 실험식 몰질량과 몰질량의 비를 계산하면 실험식과 분자식 사이의 정수 관계를 얻을 수 있다. 실험식 NO_2인 물질의 몰질량은 다음과 같다.

$$\text{실험식 질량} = 14.01 \text{ g} + 2(16.00) = 46.01 \text{ g}$$

이제, 실험식 몰질량과 몰질량 사이의 비를 계산해보자.

$$\frac{\text{몰질량}}{\text{실험식 몰질량}} = \frac{90 \text{ g}}{46.01 \text{ g}} \approx 2$$

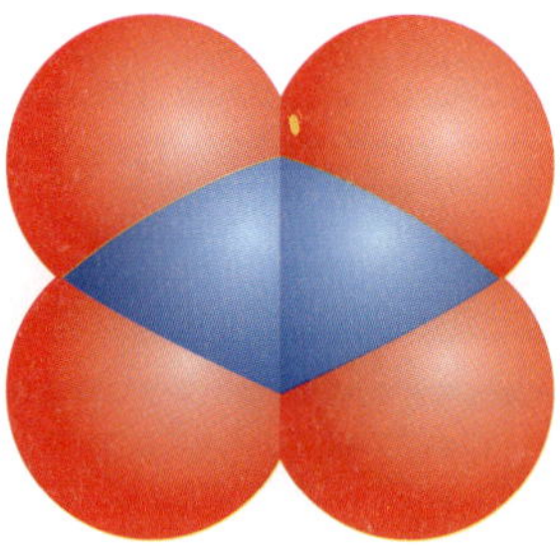

N_2O_4

몰질량은 실험식 몰질량의 약 두 배이다. 이는 화합물 한 분자에는 두 개의 NO_2 단위가 존재함을 의미한다. 따라서 분자식은 $(NO_2)_2$, 즉 N_2O_4이다.

화합물의 실제 몰질량은 실험식 몰질량의 두 배인 92.02 g으로 90~95 g 사이의 값이다.

검산 실험식으로부터 분자식을 얻을 때 화합물의 *대략적인* 몰질량만 알면 된다. 그 이유는 실제의 몰질량은 실험식 몰질량의 정수배(1 ×, 2 ×, 3 ×, ...)이기 때문이다. 따라서 계산된 비율(몰질량/실험식 몰질량)은 항상 정수에 거의 가까운 값이다.

실전 연습 어떤 화합물 시료가 B 6.444 g과 H 1.803 g을 포함하고 있다. 이 화합물의 몰질량은 약 30 g이다. 분자식을 계산하라.

비슷한 문제: 3.48, 3.49, 3.52.

개념과 사실 요약하기

- 화합물의 조성 백분율을 알면 화합물의 실험식을 추론할 수 있다. 그리고 대략적인 몰질량을 알면 화합물의 분자식도 구할 수 있다.

개념과 사실 복습하기

3.6.1 어떤 화합물 1.05 g을 연소하여 CO_2 3.30 g과 H_2O 1.35 g을 얻었다. 이 화합물의 몰질량은 대략 70 g이다. 탄소와 수소만을 포함하는 이 화합물의 분자식은 무엇인가?

3.7 화학 반응과 화학 반응식

학습 목표

- 화학량론적 계수를 사용하여 화학 반응식의 균형을 맞출 수 있다.

이제 원자와 분자의 질량에 관한 내용은 정리하고 **화학 반응**(chemical reaction), 즉 *한 물*

*질(또는 여러 물질)이 하나 이상의 새로운 물질로 변하는 과정*에서 원자와 분자는 어떻게 변하는지에 대해 알아보도록 하자. 화학 반응을 표현하고 널리 이해하기 위해서 화학자들은 화학 반응식을 사용하여 나타내는 것을 표준으로 정하였다. **화학 반응식**(chemical equation)은 *화학 기호들을 사용하여 화학 반응 동안 어떤 일이 일어나는지를 보여준다.* 이 절에서는 화학 반응식을 쓰고, 화학 반응식의 균형을 맞추는 방법에 대해 배워보도록 한다.

화학 반응식 표기

수소 기체(H_2)가 공기(산소, O_2를 포함) 중에서 연소되어 물(H_2O)을 생성할 때 어떤 일이 일어나는지 생각해 보자. 이 반응은 다음과 같은 화학 반응식으로 나타낼 수 있다.

$$H_2 + O_2 \longrightarrow H_2O \qquad (3.2)$$

"더하기" 기호는 "함께 반응함"을 의미하며, 화살표는 "반응 결과 생성됨"을 의미한다. 그러므로 이 기호의 의미는 다음과 같다. "수소 분자와 산소 분자가 반응하여 물이 생성된다." 화살표의 방향과 같이 이 반응은 왼쪽에서 오른쪽으로 진행된다.

화살표의 오른쪽보다 왼쪽에 산소가 두 배 더 많이 존재하기 때문에 반응식 (3.2)는 아직 불완전하다. 질량 보존 법칙을 만족하기 위해서는 반응 전후의 원자수가 정확히 일치해야 한다. 수소 기체와 물 앞에 적절한 반응 계수(이 경우에는 2)를 붙여줌으로써 식 (3.2)의 반응이 *균형*을 맞출 수 있다.

$$2H_2 + O_2 \longrightarrow 2H_2O$$

이 *균형 맞춘 화학 반응식*(balanced chemical equation)은 "수소 분자 두 개와 산소 분자 한 개가 반응하여 물 분자 두 개가 생성된다"는 사실을 보여준다(그림 3.7). O_2의 경우와 같이 계수가 1인 경우 표시하지 않는다. 분자 수의 비는 몰수의 비와 같으므로, 이 반응식은 다음과 같이 해석될 수 있다. "수소 분자 2 mol이 산소 분자 1 mol과 반응하여 물 분자 2 mol을 생성한다." 각 물질의 물질량을 알면 위 반응식을 다음과 같이 해석할 수도 있다. "수소 기체 4.04 g이 산소 기체 32.00 g과 반응하여 물 36.04 g을 얻는다." 이와 같은 세 가지 해석 방법을 그림 3.7에 정리하였다.

식 (3.2)에서 수소와 산소를 **반응물**(reactant)이라 하는데, 이는 *화학 반응의 출발 물질*을 말한다. 물은 *화학 반응의 결과로 생성된 물질*인 **생성물**(product)이다. 이렇게 함으로써 화학자들은 화학 반응식 하나로 간단하게 반응을 나타낼 수 있다. 화학 반응식에서 반응물은 화살표 왼쪽에 생성물은 화살표 오른쪽에 표시한다.

$$\text{반응물} \rightarrow \text{생성물}$$

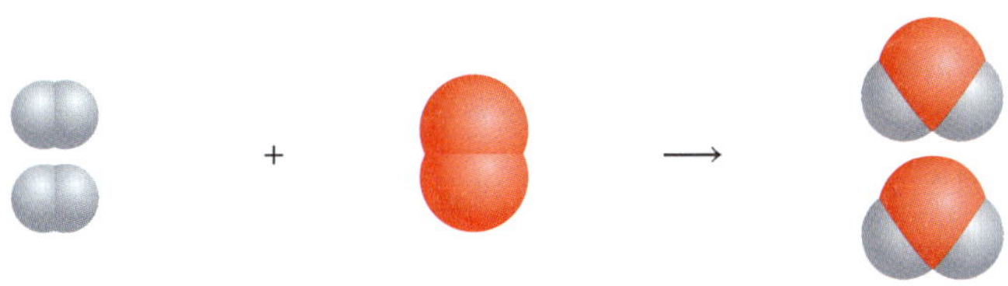

수소 분자 두 개	+	산소 분자 한 개	$\longrightarrow$	물 분자 두 개
$2H_2$	+	O_2	$\longrightarrow$	$2H_2O$
2 mol H_2	+	1 mol O_2	$\longrightarrow$	2 mol H_2O
2(2.02 g) = 4.04 g H_2	+	32.00 g O_2	$\longrightarrow$	2(18.02 g) = 36.04 g H_2O
36.04 g 반응물			$\longrightarrow$	36.04 g 생성물

그림 3.7 수소의 연소를 표현하는 세 가지 방법. 질량 보존 법칙에 따라 각 원자수는 반응식의 양변에서 같아야 한다.

기체, 액체, 고체를 의미하는 *g*, *l*, *s*와 같은 문자를 덧붙임으로써 반응물과 생성물의 물리적 상태를 나타내어 더 많은 정보를 알릴 수도 있다. 다음 예와 같이 나타낼 수 있다.

$$2CO(g) + O_2(g) \longrightarrow 2CO_2(g)$$
$$2HgO(s) \longrightarrow 2Hg(l) + O_2(g)$$

염화 소듐(NaCl)을 물에 녹이면 어떻게 되는지는 다음과 같이 표현한다.

$$NaCl(s) \xrightarrow{H_2O} NaCl(aq)$$

이 식에서 *aq*는 수용액(aqueous, 물) 환경을 뜻한다. 종종 생략하기도 하지만, 화살표 위에 H_2O를 표시하여 물질이 물속에 녹는 과정을 나타낼 수 있다.

실험실에서 반응물과 생성물의 상태를 아는 것이 특히 매우 유용하다. 예를 들어, 브로민화 포타슘(KBr)과 질산 은($AgNO_3$)이 용액 중에서 반응하면 브로민화 은(AgBr)이 생성된다. 이 반응은 다음 반응식으로 나타낼 수 있다.

$$KBr(aq) + AgNO_3(aq) \longrightarrow KNO_3(aq) + AgBr(s)$$

인터넷 핫스팟
학생들의 학습 경험에 대해 축적된 자료에 따르면 화학 반응식을 해석하는 데 어려움을 겪을 수 있다. 이런 경우 eBook에 접속해서 이 주제에 대한 추가 학습 자료를 보면 도움이 될 수 있다.

반응물과 생성물의 물리적 상태를 나타내지 않으면, 이 반응에 대해 잘 모르는 사람은 고체 KBr과 고체 $AgNO_3$을 섞기만 하면 반응이 일어날 것이라고 생각할 수 있다. 이들 고체는 매우 느리거나 전혀 반응이 일어나지 않는다. 미시적 관점에서 반응 과정을 생각하면, 브로민화 은이 생성되기 위해서는 Ag^+와 Br^- 이온이 서로 접촉해야 한다. 그러나 이들 이온은 고체 화합물에 붙잡혀 있고 활동도가 매우 작다. (이 예를 통해 1.1절에서 논의한 것처럼 어떤 현상에 있어서 무엇이 일어나는가를 분자 수준에서 설명할 수 있다는 것을 알 수 있다.)

화학 반응식의 반응 계수 맞추기

실험실에서 직접 반응을 수행하여 화학 반응을 나타내는 식을 생각해 보자. 어떻게 해야 할까? 반응물이 무엇인지 알고 있으므로 화학식을 쓸 수 있다. 생성물을 알아내는 것은 좀 더 어렵다. 단순한 반응에서는 생성물을 추측할 수 있지만, 세 종류 이상의 반응물이 반응하는 복잡한 반응에서는 어떤 화합물이 생성되는지를 밝혀내기 위해 더 많은 실험을 해야 한다.

일단 모든 반응물과 생성물을 밝혀낸 다음, 각각의 화학식을 쓰고 일반적인 방법을 통해 조합한다. 화살표 왼쪽에 반응물, 오른쪽에 생성물을 적는다. 이렇게 얻은 반응식은 아직 *균형이 맞춰지지 않은* 상태이다. 화살표의 한 쪽에 있는 각 원자의 수가 다른 쪽에 있는 원자의 수와 일치하지 않는다. 일반적으로 다음 과정을 따라 화학식의 계수를 맞춘다.

1. 모든 반응물과 생성물을 확인하여 각각의 정확한 화학식을 반응식의 왼쪽과 오른쪽에 적는다.
2. 서로 다른 반응 계수를 붙여가면서 반응식 양쪽에 있는 각 원소의 개수를 같게 맞춘다. 반응 계수(각 식 앞에 오는 숫자)를 바꿀 수는 있지만 첨자(화학식 내에 있는 숫자)를 바꾸어서는 안 된다. 그렇게 하면 화합물 자체가 달라지기 때문이다. 예를 들어, $2NO_2$는 "산화 질소(nitrogen oxide) 두 분자"를 뜻하지만, 계수를 두 배한 N_2O_4는 NO_2와는 완전히 다른 화합물인 사산화 이질소(dinitrogen tetroxide)가 된다.
3. 먼저 반응식 양쪽에서 각각 같은 수이며 한 번씩만 나오는 원소를 찾는다. 이 원소를 포함한 식은 반드시 같은 반응 계수를 가져야 하므로 이런 원소들은 반응 계수를 맞출 필요가 없다. 다음 양쪽에서 각각 한 번씩 등장하지만 개수가 다른 원소를 찾는다.

이 원소들의 반응 계수를 맞춘다. 마지막으로 양쪽에 두 번 이상 나오는 화학식의 반응 계수를 맞춘다.

4. 화살표 양쪽에 있는 각 원소들의 전체 개수가 같은지 확인한다.

한 예를 살펴보자. 실험실에서 염소산 포타슘($KClO_3$)에 열을 가하여 소량의 산소 기체(O_2)를 발생시킨다. 이 때 생성물은 산소 기체(O_2)와 염화 포타슘(KCl)이다. 따라서 다음과 같은 반응식을 쓸 수 있다.

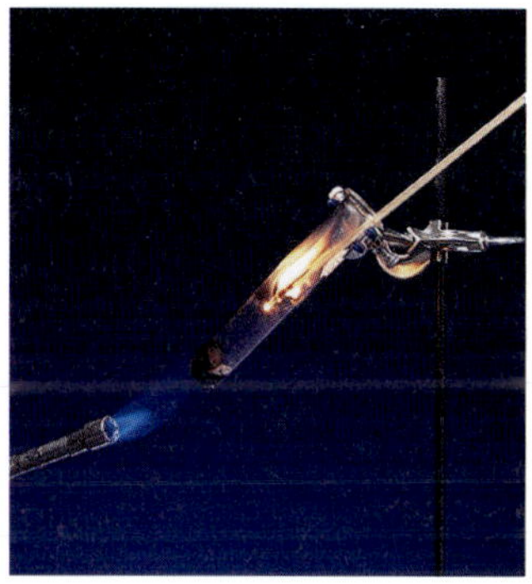

▲ 염소산 포타슘을 가열하면 나무 조각의 연소를 도와주는 산소가 생성된다.
Ken Karp/McGraw-Hill

$$KClO_3 \longrightarrow KCl + O_2$$

(반응식을 간단히 나타내기 위해 반응물과 생성물의 물리적 상태는 생략하였다.) 이 세 원소(K, Cl, O)는 반응식 양쪽에서 각각 한 번씩만 등장하지만 K와 Cl만 양쪽에 같은 숫자만큼 존재한다. 따라서 $KClO_3$와 KCl은 반응 계수가 같아야 한다. 다음 단계는 반응식 양쪽의 산소 원자의 개수를 같게 해야 한다. 왼쪽에는 산소 세 개, 오른쪽에는 산소 두 개가 존재하므로 $KClO_3$ 앞에는 2, O_2 앞에는 3을 붙여 준다.

$$2KClO_3 \longrightarrow KCl + 3O_2$$

끝으로 KCl 앞에 2를 붙여 주면 K와 Cl의 반응 계수를 맞출 수 있다.

$$2KClO_3 \longrightarrow 2KCl + 3O_2 \qquad (3.3)$$

반응물과 생성물의 원소들에 대해 아래와 같은 표를 만들어 마지막으로 확인할 수 있다. 괄호 안은 각 원소의 원자수를 뜻한다.

반응물	생성물
K(2)	K(2)
Cl(2)	Cl(2)
O(6)	O(6)

이 반응식의 반응 계수에 모두 두 배를 해도 양쪽 계수를 맞출 수는 있다.

$$4KClO_3 \longrightarrow 4KCl + 6O_2$$

그러나 전체 반응식에는 식 (3.3)과 같이 가능한 *가장 간단한* 조합을 사용하도록 하는 것이 일반적이다.

이제 천연 가스의 구성 물질 중 하나인 에테인(C_2H_6)을 산소 또는 공기 중에서 연소하여 이산화 탄소와 물을 생성하는 과정에 대해 생각해보자. 반응의 균형을 맞추기 전 반응식은 다음과 같다.

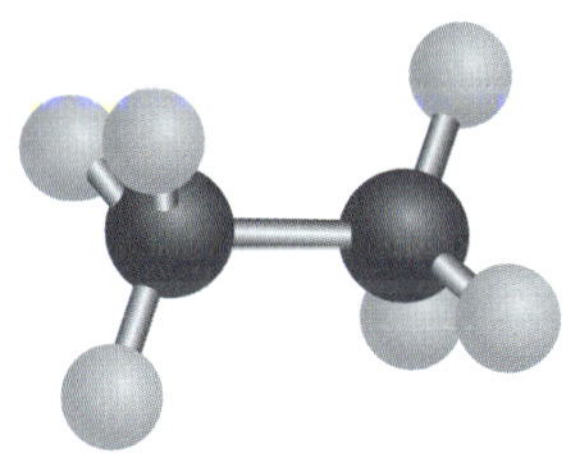

C_2H_6

$$C_2H_6 + O_2 \longrightarrow CO_2 + H_2O$$

반응시 양변에 있는 각 원소들(C, H, O)의 원자수가 서로 다르며, C와 H는 양변에서 각각 한 번씩만 나온다. O는 오른쪽 두 물질(CO_2와 H_2O)에 있다. CO_2 앞에 숫자 2를 붙여 C 원자의 반응 계수를 맞춘다.

$$C_2H_6 + O_2 \longrightarrow 2CO_2 + H_2O$$

H_2O 앞에 3을 붙여 H 원자의 반응 계수를 맞춘다.

$$C_2H_6 + O_2 \longrightarrow 2CO_2 + 3H_2O$$

이제 C와 H의 반응 계수를 맞추었다. 그러나 O 원자는 반응식의 오른쪽에 일곱 개가 있지만 왼쪽에는 두 개밖에 없다. 왼쪽에 있는 O_2 앞에 $\frac{7}{2}$을 붙여 주면 O 원자의 반응 계수도 맞출 수 있다.

$$C_2H_6 + \tfrac{7}{2}O_2 \longrightarrow 2CO_2 + 3H_2O$$

계수로 $\frac{7}{2}$을 사용한 이유는 반응식의 오른쪽에는 일곱 개의 산소 원자, 반응식의 왼쪽에는 2개의 O 원자가 있기 때문에 얻어진 값이다. 일곱 개의 산소 원자를 얻기 위해 몇 *쌍*의 산소 원자가 필요한지 생각해 보라. 신발 일곱 짝은 3.5켤레와 같은 것과 마찬가지로 $\frac{7}{2}O_2$는 산소 원자 일곱 개와 같다. 아래 표를 보면 반응식의 반응 계수가 완전히 맞추어졌음을 알 수 있다.

반응물	생성물
C(2)	C(2)
H(6)	H(6)
O(7)	O(7)

그러나 반응식을 나타낼 때는 분수보다는 정수로 표시하는 것이 좋다. 그러므로 전체 반응식에 2를 곱하여 $\frac{7}{2}$을 7로 바꾸어 준다.

$$2C_2H_6 + 7O_2 \longrightarrow 4CO_2 + 6H_2O$$

최종 계산 결과는 다음과 같다.

반응물	생성물
C(4)	C(4)
H(12)	H(12)
O(14)	O(14)

반응 계수는 가능한 가장 작은 수로 나타내는 것에 주의하라.

예제 3.12를 통해 계수 맞추기 연습을 계속하도록 하자.

예제 3.12

알루미늄 금속이 공기에 노출되면 표면에 산화 알루미늄(Al_2O_3) 층이 생성된다. 이 층은 알루미늄과 산소와의 반응을 방지하며, 캔 음료로 사용되는 알루미늄의 부식을 방지한다. [철의 경우 산화 철(III)으로 알려진 녹이 너무 다공질이어서 그 밑에 있는 철을 보호하지 못하고 부식이 진행된다.] Al_2O_3가 생성되는 균형 반응식을 써라.

전략 화학 반응식의 균형을 맞출 때 원소나 화합물의 화학식이 변하지 않는다는 것을 명심하라. 반응식은 화학식 앞에 적당한 계수를 맞추어서 완성한다. 앞에서 설명한 내용에 따라 진행한다.

풀이 균형 맞추지 않은 반응식은 다음과 같다.

$$Al + O_2 \longrightarrow Al_2O_3$$

균형 맞춘 반응식에는 양변의 각 원자의 종류와 수가 일치해야 한다. 주어진 식에서 반응물 쪽 Al 원자는 한 개이고, 생성물 쪽은 두 개이다. 따라서 반응물 쪽 Al의 계수를 2로 맞추어 Al의 균형을 맞출 수 있다.

$$2Al + O_2 \longrightarrow Al_2O_3$$

반응물 쪽 O는 두 개이고, 생성물 쪽 O는 세 개이다. 따라서 반응물 쪽 O_2의 계수를 $\frac{3}{2}$으로 맞추어 O의 균형을 맞출 수 있다.

$$2Al + \frac{3}{2}O_2 \longrightarrow Al_2O_3$$

이 식은 균형 반응식이다. 그러나 반응식은 가장 작은 정수들로 균형을 맞춰야 하므로 양변에 2를 곱하여 계수를 정수로 만들어 준다.

$$2(2Al + \frac{3}{2}O_2 \longrightarrow Al_2O_3)$$

또는

(계속)

$$4Al + 3O_2 \longrightarrow 2Al_2O_3$$

검산 균형 반응식에는 양쪽의 원자의 종류와 수가 일치한다. 검산해 보면 다음과 같다.

반응물	생성물
Al(4)	Al(4)
O(6)	O(6)

이 식은 균형이 맞춰져 있다. 또한 계수는 모두 가장 간단한 정수들로 되어 있다.

실전 연습 산화 철(III)(Fe_2O_3)과 일산화 탄소(CO)가 반응하여 철(Fe)과 이산화 탄소(CO_2)를 생성하는 반응의 균형 화학 반응식을 완성하라.

비슷한 문제: 3.57, 3.58.

개념과 사실 요약하기

- 화학 반응이라 일컫는 화학 변화는 화학 반응식으로 나타낸다. 변화되는 물질(반응물)은 화살표의 왼쪽에 생성되는 물질(생성물)은 화살표의 오른쪽에 쓴다. 화학 반응식은 질량 보존의 법칙에 따라 균형이 맞아야 한다. 반응물에서 각 원소의 원자수는 생성물에서 원자수와 같아야 한다.

개념과 사실 복습하기

3.7.1 다음에 나타낸 반응식의 어느 부분이 반응 계수 맞추는 데 중요하고 어느 부분이 실험실에서 실험할 경우 도움이 되는가?

$$BaH_2(s) + 2H_2O(l) \longrightarrow Ba(OH)_2(aq) + 2H_2(g)$$

3.7.2 싸이오황산 포타슘($K_2S_2O_3$)과 아이오딘(I_2)이 반응하여 테트라싸이오황산 포타슘($K_2S_4O_6$)과 아이오딘화 포타슘(KI)을 생성하는 반응의 균형 반응식을 써라.

3.8 반응물과 생성물의 양

학습 목표

- 화학량론적 관계를 이용하여 필요한 반응물의 양과 생성되는 생성물의 양을 결정할 수 있다.

화학 실험실에서 기본적인 질문은 당연히 "정해진 양의 출발 물질(반응물)을 사용하여 얼마나 많은 생성물을 얻을 수 있겠는가?"라는 것이다. 또 어떤 경우에는 그 반대의 질문을 던질 수가 있다. "정해진 양의 생성물을 얻기 위해서는 얼마만큼의 출발 물질을 사용해야 하는가?" 어떤 반응을 정량적으로 해석하기 위해서는 몰질량과 몰에 관한 개념을 적용시켜야 할 필요가 있다. **화학량론**(stoichiometry)이란 *화학 반응에서의 반응물과 생성물에 대한 정량적 연구*를 뜻한다.

반응물이나 생성물 단위가 몰이든, 그램이든, 리터(기체인 경우)든 아니면 다른 어떤 단위든지 반응에서 생성되는 생성물의 양은 몰수로 나타낼 수 있다. 이와 같은 접근 방법을 **몰 방법**(mole method)이라 하며, 간단히 말해 화학 반응에서의 화학량론적 계수들은 각 물질의 몰수로 해석한다는 의미이다. 예를 들어, 공장에서 수소와 질소를 가지고 공업적으로 암모니아를 만드는 반응식은 다음과 같다.

$$N_2(g) + 3H_2(g) \longrightarrow 2NH_3(g)$$

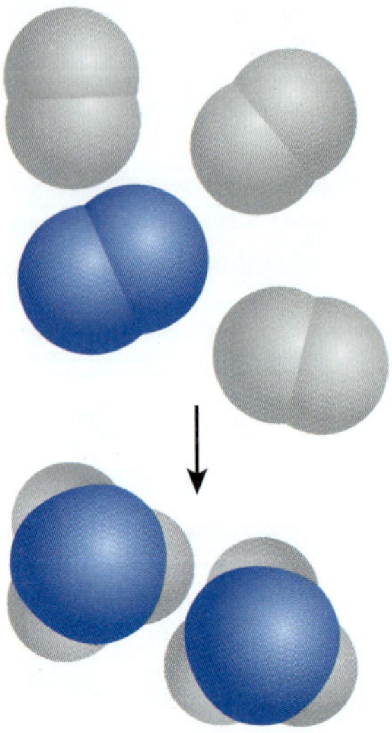

▲ H_2와 N_2로부터 NH_3의 합성.

화학량론적 계수에 의하면 N_2 한 분자가 H_2 세 분자와 반응하여 NH_3 두 분자를 생성한다. 상대적 몰비는 상대적 분자비와 일치한다.

$$\begin{array}{ccccc} N_2(g) & + & 3H_2(g) & \longrightarrow & 2NH_3(g) \\ \text{1분자} & & \text{3분자} & & \text{2분자} \\ 6.022 \times 10^{23}\ \text{분자} & & 3(6.022 \times 10^{23}\ \text{분자}) & & 2(6.022 \times 10^{23}\ \text{분자}) \\ 1\ \text{mol} & & 3\ \text{mol} & & 2\ \text{mol} \end{array}$$

따라서 위 반응식은 "질소 기체 1 mol과 수소 기체 3 mol이 반응하여 암모니아 기체 2 mol이 생성되었다."라고 해석할 수 있다. 화학량론적 계산에서 H_2 3 mol은 NH_3 2 mol과 동등하다. 즉,

$$3\ \text{mol}\ H_2 \simeq 2\ \text{mol}\ NH_3$$

화학량론에서 기호 ≏는 "화학량론적으로 동등" 또는 그냥 간단히 "동등"하다는 의미이다. 이 관계로부터 다음 변환 인자를 얻을 수 있다.

$$\frac{3\ \text{mol}\ H_2}{2\ \text{mol}\ NH_3} \quad \text{그리고} \quad \frac{2\ \text{mol}\ NH_3}{3\ \text{mol}\ H_2}$$

그러므로 1 mol N_2 ≏ 2 mol NH_3이고, 1 mol N_2 ≏ 3 mol H_2의 관계를 얻을 수 있다.

H_2 6.0 mol이 N_2와 완전히 반응하여 NH_3를 생성하는 간단한 예를 생각해 보자. 생성되는 NH_3의 몰수를 계산하기 위해 H_2가 분모에 있는 변환 인자를 사용하면, 다음과 같이 계산할 수 있다.

$$\begin{aligned} \text{생성되는 } NH_3\text{의 몰수} &= 6.0\ \cancel{\text{mol}\ H_2} \times \frac{2\ \text{mol}\ NH_3}{3\ \cancel{\text{mol}\ H_2}} \\ &= 4.0\ \text{mol}\ NH_3 \end{aligned}$$

이제 H_2 16.0 g이 N_2와 완전히 반응하여 NH_3를 생성하는 반응을 생각해보자. NH_3 몇 g이 생성되는가? 이 계산을 위해 균형 반응식으로부터 얻는 H_2와 NH_3의 몰비를 이용한다. 따라서 NH_3의 그램수를 계산한다. 변환 단계는 다음과 같다.

$$H_2\text{의 그램수} \longrightarrow H_2\text{의 몰수} \longrightarrow NH_3\text{의 몰수} \longrightarrow NH_3\text{의 그램수}$$

우선 H_2 16.0 g의 몰질량을 변환 인자로 사용하여 H_2의 몰수로 바꾸어 보자.

$$\begin{aligned} H_2\text{의 몰수} &= 16.0\ \cancel{\text{g}\ H_2} \times \frac{1\ \text{mol}\ H_2}{2.016\ \cancel{\text{g}\ H_2}} \\ &= 7.94\ \text{mol}\ H_2 \end{aligned}$$

이제 생성되는 NH_3의 몰수를 계산해 보자.

$$\begin{aligned} NH_3\text{의 몰수} &= 7.94\ \cancel{\text{mol}\ H_2} \times \frac{2\ \text{mol}\ NH_3}{3\ \cancel{\text{mol}\ H_2}} \\ &= 5.29\ \text{mol}\ NH_3 \end{aligned}$$

마지막으로 NH_3의 몰질량을 이용하여 생성되는 NH_3의 그램수를 계산한다.

$$\begin{aligned} NH_3\text{의 그램수} &= 5.29\ \cancel{\text{mol}\ NH_3} \times \frac{17.03\ \text{g}\ NH_3}{1\ \cancel{\text{mol}\ NH_3}} \\ &= 90.1\ \text{g}\ NH_3 \end{aligned}$$

이 세 단계의 계산을 모두 결합하면, 다음과 같은 한 단계의 식으로 나타낼 수 있다.

$$\begin{aligned} NH_3\text{의 그램수} &= 16.0\ \cancel{\text{g}\ H_2} \times \frac{1\ \cancel{\text{mol}\ H_2}}{2.016\ \cancel{\text{g}\ H_2}} \times \frac{2\ \cancel{\text{mol}\ NH_3}}{3\ \cancel{\text{mol}\ H_2}} \times \frac{17.03\ \text{g}\ NH_3}{1\ \cancel{\text{mol}\ NH_3}} \\ &= 90.1\ \text{g}\ NH_3 \end{aligned}$$

비슷한 방법으로 이 반응에서 사용되는 N_2의 질량을 계산할 수 있다. 그 전환 과정은 다음과 같다.

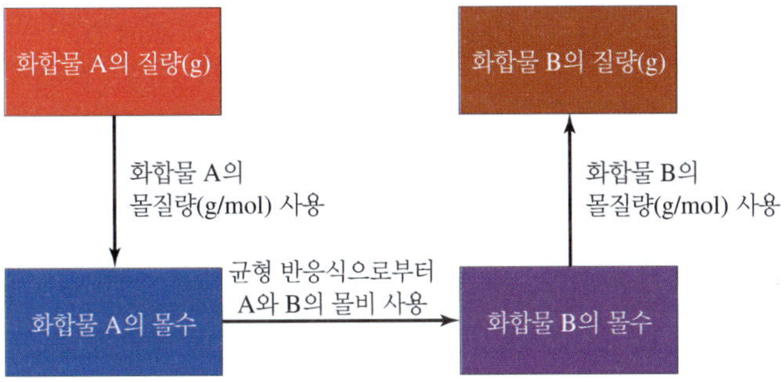

그림 3.8 몰 방법을 이용하여 화학 반응에서 반응물이나 생성물의 양을 계산하는 과정.

$$H_2\text{의 그램수} \longrightarrow H_2\text{의 몰수} \longrightarrow N_2\text{의 몰수} \longrightarrow N_2\text{의 그램수}$$

1 mol N_2 ≏ 3 mol H_2의 관계를 이용하여 다음과 같이 계산할 수 있다.

$$N_2\text{의 그램수} = 16.0\ \cancel{g\ H_2} \times \frac{1\ \cancel{mol\ H_2}}{2.016\ \cancel{g\ H_2}} \times \frac{1\ \cancel{mol\ N_2}}{3\ \cancel{mol\ H_2}} \times \frac{28.02\ g\ N_2}{1\ \cancel{mol\ N_2}}$$
$$= 74.1\ g\ N_2$$

화학량론 문제를 풀기 위한 일반적인 과정은 다음과 같이 요약할 수 있다.

1. 먼저 반응에 대한 균형 화학 반응식을 적는다.
2. 반응물의 주어진 양을 몰수로 전환한다.
3. 균형 화학 반응식에서 주어진 몰비를 이용하여 생성물의 몰수를 계산한다.
4. 이 생성물의 몰수를 생성물의 그램수(또는 다른 단위)로 전환한다.

인터넷 핫스팟
학생들의 학습 경험에 대해 축적된 자료에 따르면 화학량론적 변환을 하는 데 어려움을 겪을 수 있다. 이런 경우 eBook에 접속해서 이 주제에 대한 추가 학습 자료를 보면 도움이 될 수 있다.

그림 3.8은 위의 화학량론적 계산 과정을 보여준다. 때로 생성물의 양으로부터 필요한 반응물의 양을 구하는 경우도 있다. 이런 경우는 그림 3.8의 과정을 역으로 수행하면 된다.

예제 3.13과 3.14는 이와 같은 계산 과정을 보여주고 있다.

예제 3.13

우리가 먹는 음식은 몸 안에서 잘게 분쇄되고 분해되어 성장과 활동을 하는 에너지를 공급한다. 이 매우 복잡한 과정을 대표하는 반응은 포도당(글루코스, $C_6H_{12}O_6$)이 이산화 탄소(CO_2)와 물(H_2O)로 분해되는 반응이다.

$$C_6H_{12}O_6 + 6O_2 \longrightarrow 6CO_2 + 6H_2O$$

일정 시간 동안 어떤 사람이 856 g의 $C_6H_{12}O_6$을 소모한다면, 생성되는 CO_2의 질량은 얼마인가?

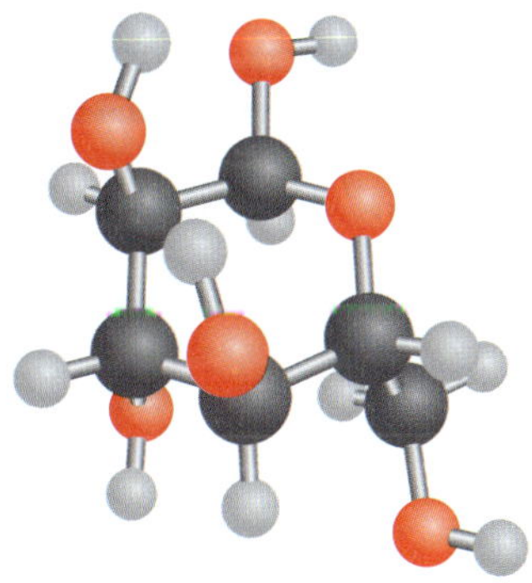

$C_6H_{12}O_6$

전략 균형 반응식에서 $C_6H_{12}O_6$와 CO_2의 양을 어떻게 비교할 수 있을까? 균형 반응식의 *몰비*를 기준으로 두 물질의 양을 비교할 수 있다. $C_6H_{12}O_6$의 그램으로 시작하여 $C_6H_{12}O_6$의 몰로 어떻게 변환할 수 있는가? 균형 반응식의 몰비를 이용하여 CO_2의 몰수를 결정한 후, 어떻게 CO_2의 그램수로 변환할 수 있는가?

풀이 그림 3.8에 주어진 과정을 따라 푼다.

단계 1: 균형 반응식은 문제에 주어졌다.

단계 2: $C_6H_{12}O_6$의 질량을 몰수로 바꾼다.

$$856\ \cancel{g\ C_6H_{12}O_6} \times \frac{1\ mol\ C_6H_{12}O_6}{180.2\ \cancel{g\ C_6H_{12}O_6}} = 4.750\ mol\ C_6H_{12}O_6$$

단계 3: 몰비로부터 1 mol $C_6H_{12}O_6$ ≏ 6 mol CO_2임을 알고 있다. 그러므로 CO_2의 생성 몰수는 다음과 같다.

(계속)

$$4.750\ \cancel{\text{mol } C_6H_{12}O_6} \times \frac{6\ \text{mol } CO_2}{1\ \cancel{\text{mol } C_6H_{12}O_6}} = 28.50\ \text{mol } CO_2$$

단계 4: 마지막으로 생성되는 CO_2의 그램수를 계산한다.

$$28.50\ \cancel{\text{mol } CO_2} \times \frac{44.01\ \text{g } CO_2}{1\ \cancel{\text{mol } CO_2}} = 1.25 \times 10^3\ \text{g } CO_2$$

이 과정을 요약하면 다음과 같다.

$$C_6H_{12}O_6\text{의 그램수} \longrightarrow C_6H_{12}O_6\text{의 몰수} \longrightarrow CO_2\text{의 몰수} \longrightarrow CO_2\text{의 그램수}$$

전 과정을 요약하여 하나의 식으로 나타내면 다음과 같다.

$$CO_2\text{의 질량} = 856\ \cancel{\text{g } C_6H_{12}O_6} \times \frac{1\ \cancel{\text{mol } C_6H_{12}O_6}}{180.2\ \cancel{\text{g } C_6H_{12}O_6}} \times \frac{6\ \cancel{\text{mol } CO_2}}{1\ \cancel{\text{mol } C_6H_{12}O_6}} \times \frac{44.01\ \text{g } CO_2}{1\ \cancel{\text{mol } CO_2}}$$
$$= 1.25 \times 10^3\ \text{g } CO_2$$

검산 답은 타당한가? CO_2의 몰질량이 $C_6H_{12}O_6$의 몰질량보다 매우 작음에도 불구하고 생성되는 CO_2의 질량이 반응하는 $C_6H_{12}O_6$보다 커야 하는가? $C_6H_{12}O_6$와 CO_2의 몰비는 얼마인가?

실전 연습 메탄올(CH_3OH)은 다음 반응식에 따라 공기 중에서 연소한다.

$$2CH_3OH + 3O_2 \longrightarrow 2CO_2 + 4H_2O$$

209 g의 메탄올이 모두 연소된다면, 생성되는 H_2O의 질량은 얼마인가?

비슷한 문제: 3.72.

예제 3.14

▲ *리튬이 물과 반응하여 수소 기체를 생성한다.*
Ken Karp/McGraw-Hill

모든 알칼리 금속은 물과 반응하여 수소 기체와 알칼리 금속의 수산화물을 만든다. 리튬과 물 사이의 전형적인 반응은 다음과 같다.

$$2Li(s) + 2H_2O(l) \longrightarrow 2LiOH(aq) + H_2(g)$$

H_2 9.89 g을 얻기 위해 Li 몇 그램이 필요한가?

전략 일정량의 생성물(H_2)을 만드는 데 필요한 반응물(Li)의 양을 구하는 문제이다. 그러므로 그림 3.8의 과정을 역으로 하면 된다. 균형 반응식에서 2 mol Li ≏ 1 mol H_2이다.

풀이 변환 과정은 아래와 같다.

$$H_2\text{의 그램수} \longrightarrow H_2\text{의 몰수} \longrightarrow \text{Li의 몰수} \longrightarrow \text{Li의 그램수}$$

이 과정을 하나로 정리하면 아래와 같이 쓸 수 있다.

$$9.89\ \cancel{\text{g } H_2} \times \frac{1\ \cancel{\text{mol } H_2}}{2.016\ \cancel{\text{g } H_2}} \times \frac{2\ \cancel{\text{mol Li}}}{1\ \cancel{\text{mol } H_2}} \times \frac{6.941\ \text{g Li}}{1\ \cancel{\text{mol Li}}} = 68.1\ \text{g Li}$$

검산 대략적으로 H_2 9.89 g은 H_2 5 mol에 해당되므로 Li 10 mol이 필요하다. Li의 몰질량을 대략 7 g으로 생각하면 답은 타당한가?

실전 연습 일산화 질소(NO)와 산소가 반응하여 이산화 질소(NO_2)를 만드는 반응은 광화학적 스모그를 형성하는 데 있어서 중요한 단계이다.

$$2NO(g) + O_2(g) \longrightarrow 2NO_2(g)$$

NO_2 2.21 g을 생성하는 데 O_2 몇 그램이 필요한가?

비슷한 문제: 3.64.

개념과 사실 요약하기

- 화학량론은 화학 반응에서 생성물과 반응물의 양적 관계를 나타내는 연구이다. 화학량론적 계산은 알려진 양과 알려지지 않은 양을 몰수로 나타낸 다음 필요한 경우 다른 단위로 변환하면 가장 잘 수행된다.

개념과 사실 복습하기

3.8.1 다음 반응식에 대한 서술 중 맞는 것은 어느 것인가?

$$4NH_3(g) + 5O_2(g) \longrightarrow 4NO(g) + 6H_2O(g)$$

(a) 4 g의 NH_3이 반응하면 6 g의 H_2O이 생성됨.
(b) 1 mol의 NH_3가 반응하면 1 mol의 NO가 생성됨.
(c) 3 mol의 O_2가 반응하면 2 mol의 NO가 생성됨.

3.8.2 규소(Si)는 크로뮴(III)과 다음 식과 같이 반응한다.

$$3Si(s) + 2Cr_2O_3(s) \longrightarrow 3SiO_2(s) + 4Cr(s)$$

반응에서 실리콘 59.4 g이 소모된다면, 생성되는 SiO_2의 질량은 얼마인가?

3.8.3 높은 온도에서 마그네슘은 다음 식과 같이 질소와 반응한다.

$$3Mg(s) + N_2(g) \longrightarrow Mg_3N_2(s)$$

반응에서 Mg_3N_2 25.0 g이 생성되려면 마그네슘 몇 그램이 필요한가?

3.9 한계 시약

학습 목표

- 화학 반응에서 한계 시약을 확인할 수 있다.
- 화학 반응에서 한계 시약에 따라 생성물의 양을 계산할 수 있다.

화학자가 반응을 수행할 때 반응물들이 정확히 **화학량론적 양**(stoichiometric amount), 즉 균형 반응식에 나타난 비율대로 존재하지 않는다. 반응의 목적은 출발 물질로부터 유용한 물질을 최대한 얻는 것이기 때문에, 일반적으로 고가의 반응물이 원하는 생성물로 완전히 바뀌도록 한 반응물을 과량으로 가한다. 결과적으로 어떤 반응물은 반응이 완결되어도 남아 있게 된다. *반응에서 먼저 소모되는 반응물*을 **한계 시약**(limiting reagent)이라 하는데, 이는 이 물질의 양이 처음에 얼마나 있었는지가 생성물의 양을 결정짓기 때문이다. 이 반응물이 완전히 소모되면 생성물은 더 이상 만들어지지 않는다. **초과 시약**(excess reagent)이란 *한계 시약과 반응할 때 필요한 양보다 훨씬 더 많은 양이 존재하는 반응물*을 뜻한다.

▶▶ 동영상 자료
한계 시약

한계 시약의 개념은 클럽에서 남자와 여자가 댄스 경연 대회를 할 때의 관계와 비슷하다. 남자가 14명 있고 여자가 9명 있다면 남녀 아홉 쌍만이 대회에 참여할 수 있다. 남자 다섯 명은 파트너 없이 남아 있을 것이다. 따라서 여자의 숫자가 경연 대회에 참여할 수 있는 남자의 숫자를 *제한*하게 되고, 남자 중 일부는 그냥 남아 있어야 하는 것이다.

인터넷 핫스팟
학생들의 학습 경험에 대해 축적된 자료에 따르면 한계 반응물을 찾는 데 어려움을 겪을 수 있다. 이런 경우 eBook에 접속해서 이 주제에 대한 추가 학습 자료를 보면 도움이 될 수 있다.

고온에서 일산화 탄소와 수소로부터 메탄올(CH_3OH)을 형성하는 반응을 생각해 보자.

$$CO(g) + 2H_2(g) \longrightarrow CH_3OH(g)$$

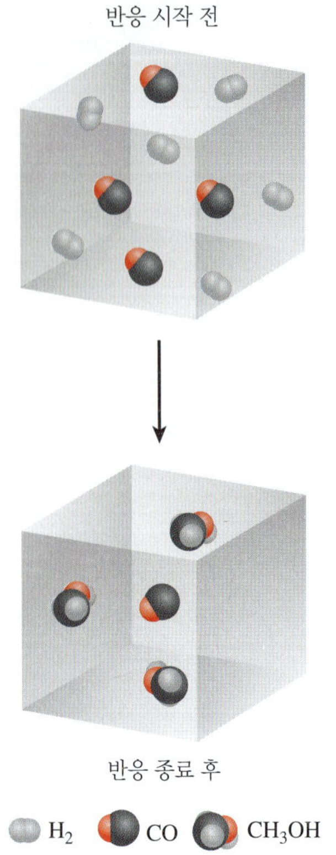

▲ **그림 3.9** 반응이 시작될 때 H_2 분자 6개와 CO 분자 4개가 있었다. 반응이 완결되면 H_2 분자는 모두 사라지고 CO 분자 하나만이 남는다. 따라서 H_2 분자가 한계 시약이고 CO는 초과 시약이다. 이 반응에서 각 분자를 1 mol로 취급할 수도 있다.

처음에 CO 4 mol과 H_2 6 mol이 있는 경우를 가정해 보자(그림 3.9). 두 반응물 중 한계 시약을 가려내는 방법은 초기 CO와 H_2의 양을 기준으로 생성되는 CH_3OH의 양을 계산하는 것이다. 앞에서의 정의에 따라 *더 적은* 양의 생성물을 만드는 것이 한계 시약이다. CO 4 mol을 초기 값으로 하여 생성되는 CH_3OH의 몰수를 계산하면 다음과 같다.

$$4\ \cancel{\text{mol CO}} \times \frac{1\ \text{mol CH}_3\text{OH}}{1\ \cancel{\text{mol CO}}} = 4\ \text{mol CH}_3\text{OH}$$

H_2 6 mol을 이용하여 계산하면, 다음과 같다.

$$6\ \cancel{\text{mol H}_2} \times \frac{1\ \text{mol CH}_3\text{OH}}{2\ \cancel{\text{mol H}_2}} = 3\ \text{mol CH}_3\text{OH}$$

따라서 H_2가 더 적은 양의 CH_3OH를 형성하므로 한계 시약이고, CO는 초과 시약이다.

한계 시약이 포함된 화학량론적 양을 계산할 때 첫 단계는 한계 시약을 결정하는 것이다. 한계 시약이 결정되면 나머지는 3.8절에 요약된 순서대로 풀면 된다. 예제 3.15에서 이를 확인해 보자.

예제 3.15

요소[$(NH_2)_2CO$]의 합성은 비생물학적 반응물로부터 생물학적 화합물을 제조한 최초의 예로 알려져 있다. 오늘날 요소는 공업적으로 암모니아와 이산화 탄소로부터 만든다.

$$2NH_3(g) + CO_2(g) \longrightarrow (NH_2)_2CO(aq) + H_2O(l)$$

어떤 반응에서 NH_3 637.2 g과 CO_2 1142 g을 반응시켰다. (a) 두 반응물 중 한계 시약은 어느 것인가? (b) 생성되는 $(NH_2)_2CO$의 질량을 계산하라. (c) 반응이 완결되면 초과 시약이 몇 그램 남아 있겠는가?

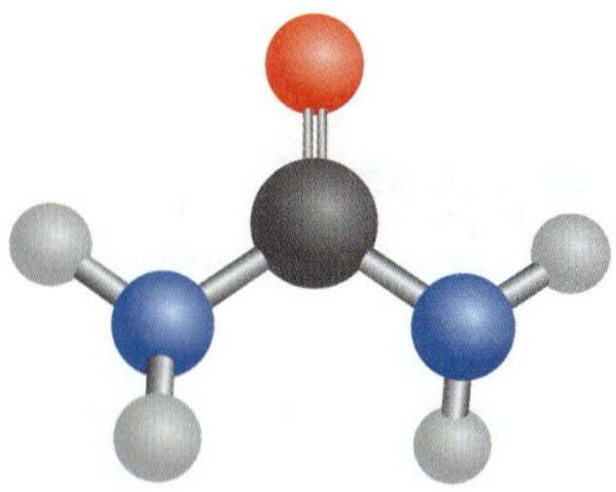

$(NH_2)_2CO$

(a) 전략 만들 수 있는 생성물의 양을 제한하므로 더 적은 몰수의 생성물을 만드는 반응물이 한계 시약이다. 어떻게 반응물의 양을 생성물의 양으로 변환할 수 있는가? 주어진 각 반응물(NH_3, CO_2)의 양을 이용하여 이 계산을 수행하고, 생성물 $(NH_2)_2CO$의 양을 비교하라.

풀이 두 계산을 수행한다. 먼저, NH_3 637.2 g을 이용하여 생성되는 $(NH_2)_2CO$의 몰수를 계산한다. 모든 NH_3가 반응한다고 가정하고 다음 순서를 이용한다.

$$NH_3\text{의 그램수} \longrightarrow NH_3\text{의 몰수} \longrightarrow (NH_2)_2CO\text{의 몰수}$$

이 모든 과정을 하나로 묶으면 다음과 같다.

$$(NH_2)_2CO\text{의 몰수} = 637.2\ \cancel{\text{g NH}_3} \times \frac{1\ \cancel{\text{mol NH}_3}}{17.03\ \cancel{\text{g NH}_3}} \times \frac{1\ \text{mol (NH}_2)_2\text{CO}}{2\ \cancel{\text{mol NH}_3}}$$
$$= 18.71\ \text{mol (NH}_2)_2\text{CO}$$

이제, CO_2 1142 g을 이용하여 다음 순서대로 푼다.

$$CO_2\text{의 그램수} \longrightarrow CO_2\text{의 몰수} \longrightarrow (NH_2)_2CO\text{의 몰수}$$

모든 CO_2가 반응한다는 가정 하에 생성되는 $(NH_2)_2CO$의 몰수를 구하면 다음과 같다.

$$(NH_2)_2CO\text{의 몰수} = 1142\ \cancel{\text{g CO}_2} \times \frac{1\ \cancel{\text{mol CO}_2}}{44.01\ \cancel{\text{g CO}_2}} \times \frac{1\ \text{mol (NH}_2)_2\text{CO}}{1\ \cancel{\text{mol CO}_2}}$$
$$= 25.95\ \text{mol (NH}_2)_2\text{CO}$$

따라서 NH_3가 더 적은 양의 $(NH_2)_2CO$을 생산하므로 NH_3가 한계 시약이다.

(b) 전략 위에서 NH_3를 한계 시약으로 하여 생성되는 $(NH_2)_2CO$의 몰수를 결정하였다. 이제 몰수를 그램수로 변환해 보자.

풀이 $(NH_2)_2CO$의 몰질량은 60.06 g이다. 이것을 변환 인자로 이용하여 $(NH_2)_2CO$의 몰수를 그램수로 변환해 보자.

(계속)

$$(NH_2)_2CO\text{의 질량} = 18.71 \cancel{\text{mol } (NH_2)_2CO} \times \frac{60.06 \text{ g } (NH_2)_2CO}{1 \cancel{\text{mol } (NH_2)_2CO}}$$

$$= 1124 \text{ g } (NH_2)_2CO$$

검산 답이 타당해 보이는가? 생성물 18.71 mol이 만들어졌다. $(NH_2)_2CO$의 몰질량은 얼마인가?

(c) 전략 $(NH_2)_2CO$ 18.71 mol을 생성하기 위해 필요한 CO_2의 양을 계산할 수 있다. 남은 CO_2의 양은 초기의 양과 반응한 양의 차이다.

풀이 18.71 mol로 시작해서 균형 반응식의 몰비와 CO_2의 몰질량을 이용하여 반응한 CO_2의 질량을 계산할 수 있다. 요약하면 다음과 같다.

$$(NH_2)_2CO\text{의 몰수} \longrightarrow CO_2\text{의 몰수} \longrightarrow CO_2\text{의 그램수}$$

따라서

$$\text{반응한 } CO_2\text{의 질량} = 18.71 \cancel{\text{mol } (NH_2)_2CO} \times \frac{1 \cancel{\text{mol } CO_2}}{1 \cancel{\text{mol } (NH_2)_2CO}} \times \frac{44.01 \text{ g } CO_2}{1 \text{ mol } CO_2}$$

$$= 823.4 \text{ g } CO_2$$

남은 CO_2의 양(초과)은 처음의 양(1142 g)과 반응한 양(823.4 g)의 차이다.

$$\text{남은 } CO_2\text{의 질량} = 1142 \text{ g} - 823.4 \text{ g} = 318.6 \text{ g}$$

실전 연습 알루미늄이 산화 철(III)과 반응하면 고열이 발생하여 온도가 3000°C에 이르러 이 반응을 용접에 이용할 수 있다.

$$2Al + Fe_2O_3 \longrightarrow Al_2O_3 + 2Fe$$

어떤 반응에서 Al 124 g과 Fe_2O_3 601 g이 반응하였다. (a) 생성되는 Al_2O_3의 그램수를 구하라. (b) 반응이 완결되면 초과 시약이 몇 g 남는가?

비슷한 문제: 3.86.

예제 3.15는 중요한 점을 하나 알려주고 있다. 실제로 화학자들은 값비싼 시약을 한계 시약으로 하여 남김없이 반응에 쓰일 수 있도록 한다. 요소를 합성하는 과정의 경우 NH_3는 CO_2보다 훨씬 비싸기 때문에 NH_3가 언제나 한계 시약으로 쓰인다. 어떤 때에는 한 시약을 과량 사용하여 반응이 완결되도록 하거나 그 시약을 소모하는 부반응을 보상하도록 한다. 합성 화학자들은 예제 3.16에 나타낸 것처럼 이러한 필요에 기초하여 종종 하나 이상의 성분을 초과로 사용되도록 사용할 시약의 양을 계산해야 한다.

예제 3.16

알코올과 할로젠 화합물을 반응하여 에터를 만드는 것이 유기 화학에서는 중요하다. 아래에 메탄올(CH_3OH)과 브로민화 메틸(CH_3Br)이 반응하여 다른 유기 화합물의 유용한 선구체나 에어로솔 추진제로 사용되는 다이메틸 에터(CH_3OCH_3)를 형성하는 것을 나타내었다.

$$CH_3OH + CH_3Br + LiC_4H_9 \longrightarrow CH_3OCH_3 + LiBr + C_4H_{10}$$

이 반응은 건조한(물기가 없는) 유기 용매 중에서 이루어지는데, 뷰틸 리튬(LiC_4H_9)이 CH_3OH로부터 수소 이온을 제거하게 된다. 또한 뷰틸 리튬은 용매 중에 남아 있는 물과도 반응하므로 이 시약은 일반적으로 반응에서 2.5당량 사용된다. CH_3OH 10.0 g으로 위 반응을 진행시키는데 필요한 CH_3Br과 LiC_4H_9은 각각 몇 g인가?

풀이 CH_3OH와 CH_3Br이 화학량론적 양만큼 존재하고 LiC_4H_9이 초과 시약이라고 하는 정보에서 시작한다. 필요한 CH_3Br과 LiC_4H_9의 양을 계산하기 위해 예제 3.14에서 보인 것과 같은 방식으로 진행한다.

(계속)

$$CH_3Br\text{의 g수} = 10.0\ \cancel{g\ CH_3OH} \times \frac{1\ \cancel{mol\ CH_3OH}}{32.04\ \cancel{g\ CH_3OH}} \times \frac{1\ \cancel{mol\ CH_3Br}}{1\ \cancel{mol\ CH_3OH}} \times \frac{94.93\ g\ CH_3Br}{1\ \cancel{mol\ CH_3Br}}$$
$$= 29.6\ g\ CH_3Br$$

$$LiC_4H_9\text{의 g수} = 10.0\ \cancel{g\ CH_3OH} \times \frac{1\ \cancel{mol\ CH_3OH}}{32.04\ \cancel{g\ CH_3OH}} \times \frac{2.5\ \cancel{mol\ LiC_4H_9}}{1\ \cancel{mol\ CH_3OH}} \times \frac{64.05\ g\ LiC_4H_9}{1\ \cancel{mol\ LiC_4H_9}}$$
$$= 50.0\ g\ LiC_4H_9$$

실전 연습 벤조산(C_6H_5COOH)과 옥탄올($C_8H_{17}OH$)이 반응하면 벤조산 옥틸($C_6H_5COOC_8H_{17}$)과 물이 얻어진다.

$$C_6H_5COOH + C_8H_{17}OH \longrightarrow C_6H_5COOC_8H_{17} + H_2O$$

이 반응을 과량의 $C_8H_{17}OH$을 넣어 반응이 완결되고 생성물이 최대의 수득률을 내도록 하였다. 한 유기 화학자가 $C_8H_{17}OH$ 1.5당량을 사용하려 한다면 C_6H_5COOH 15.7 g과 반응하기 위해 $C_8H_{17}OH$ 몇 그램이 필요할까?

개념과 사실 요약하기

- 한계 시약은 화학량론적 양에서 가장 적게 존재하는 반응물이다. 이는 생성될 수 있는 생성물의 양을 제한한다.

개념과 사실 복습하기

3.9.1 알루미늄과 브로민은 다음 반응식과 같이 격렬하게 반응한다.

$$2Al(s) + 3Br_2(l) \longrightarrow 2AlBr_3(s)$$

(a) 알루미늄 5.00 g과 브로민 22.2 g이 반응하면, $AlBr_3$ 몇 그램이 얻어지는가?
(b) 반응 후 남아 있는 초과 반응물의 질량은 얼마인가?

3.9.1 다음 반응을 생각해 보자.

$$2NO(g) + O_2(g) \longrightarrow 2NO_2(g)$$

(a)에 나타낸 반응물에서 시작하여 한계 시약이 완전히 반응한 다음 상황을 가장 잘 나타낸 것은 (b)~(d) 중 어느 것인가?

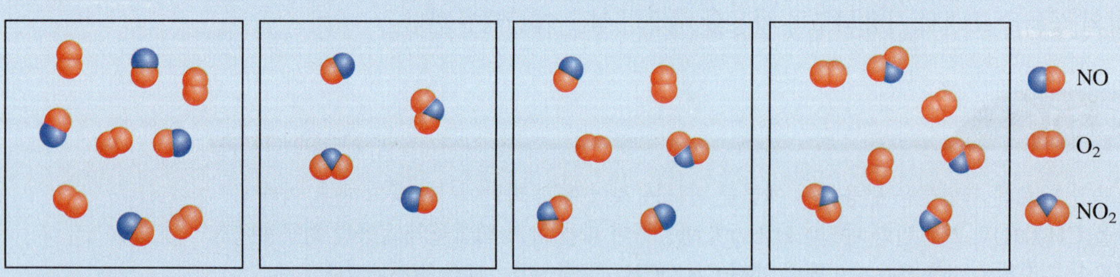

(a) (b) (c) (d)

3.10 반응 수득율

학습 목표

- 화학 반응의 이론적 수득량, 실제 수득량 및 수득 백분율을 계산할 수 있다.

반응 초기에 존재하는 한계 시약의 양이 *모든 한계 시약이 완전히 반응했을 때 얻을 수 있*

는 *생성물의 양*인 **이론적 수득량**(theoretical yield)을 결정한다. 그러므로 이론적 수득량은 반응식을 통해 예측할 수 있는 최대 수득량이 되는 것이다. *실제 반응을 통해서 얻은 생성물의 양*인 **실제 수득량**(actual yield)은 언제나 이론적 수득량보다 작다. 실제 수득량과 이론적 수득량 간의 차이가 생기는 이유는 여러 가지가 있다. 예를 들어, 많은 반응이 가역적으로 일어난다. 그러므로 이 반응은 왼쪽에서 오른쪽으로 100% 반응이 진행되지 않는다. 반응이 100% 진행된 경우라 하더라도 생성물을 완전히 반응 매질(예를 들면, 수용액)로부터 회수하는 것도 어렵다. 어떤 반응의 경우 생성물들끼리 반응을 하거나 생성물이 반응물과 계속 반응을 하기 때문에 더 복잡해지기도 한다. 이런 반응들 때문에 첫 번째 반응의 수득률이 낮아지게 된다.

화학자들은 반응이 얼마나 효율적인지 판단하기 위해서 **수득 백분율**(percent yield)을 사용한다. 수득 백분율은 *이론적 수득량에 대한 실제 수득량의 비*를 나타내며 아래와 같이 계산한다.

$$\text{수득백분율} = \frac{\text{실제 수득량}}{\text{이론적 수득량}} \times 100\% \qquad (3.4)$$

수득 백분율은 1~100% 범위의 값을 가질 수 있다. 화학자들은 반응에서 최고의 수득률을 얻기 위해 노력한다. 온도나 압력도 반응에 영향을 미칠 수 있다. 여기에 대해서는 나중에 공부하도록 하자.

예제 3.17에서 산업 공정 반응에서의 수득률을 계산해 보자.

예제 3.17

타이타늄은 강하고 가벼우며 부식에 강해서 로켓이나 항공기, 제트 엔진, 자전거의 몸체 등에 사용되는 금속이다. 이 금속은 950~1150°C의 온도에서 염화 타이타늄(IV)와 용융 마그네슘과의 반응을 통해서 얻는다.

$$TiCl_4(g) + 2Mg(l) \longrightarrow Ti(s) + 2MgCl_2(l)$$

어떤 산업 공정에서 $TiCl_4$ 3.54×10^7 g이 Mg 1.13×10^7 g과 반응하였다. (a) Ti의 이론적 수득량을 g 단위로 계산하라. (b) 실제로 얻은 Ti가 7.91×10^6 g일 때 수득 백분율은 얼마인가?

(a) 전략 두 종류의 반응물이 있으므로 한계 시약 문제이다. 더 적은 양의 생성물을 만드는 반응물이 한계 시약이다. 반응물의 양으로부터 생성물의 양을 어떻게 계산하는가? 이 계산을 두 종류의 반응물에 대하여 수행하고, 생성되는 Ti의 양을 비교한다.

풀이 두 반응물 중 어느 것이 한계 시약인지 결정하기 위해 두 번의 계산을 수행하자. 우선 $TiCl_4$ 3.54×10^7 g이 모두 반응했을 때 생성되는 Ti의 몰수를 계산한다.

$$TiCl_4\text{의 그램수} \longrightarrow TiCl_4\text{의 몰수} \longrightarrow \text{Ti의 몰수}$$

따라서

$$\text{Ti의 몰수} = 3.54 \times 10^7 \, \cancel{\text{g TiCl}_4} \times \frac{1 \, \cancel{\text{mol TiCl}_4}}{189.7 \, \cancel{\text{g TiCl}_4}} \times \frac{1 \text{ mol Ti}}{1 \, \cancel{\text{mol TiCl}_4}}$$

$$= 1.87 \times 10^5 \text{ mol Ti}$$

다음으로, Mg 1.13×10^7 g으로부터 생성되는 Ti의 몰수를 계산해 보자. 변환 단계는 다음과 같다.

$$\text{Mg의 그램수} \longrightarrow \text{Mg의 몰수} \longrightarrow \text{Ti의 몰수}$$

계산을 하면

(계속)

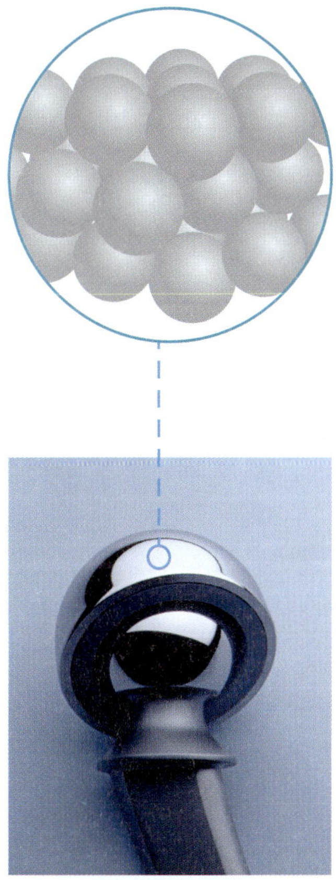

▲ *타이타늄으로 만든 인공 고관절과 고체 타이타늄의 구조.*
Super Stock/age fotostock

$$\text{Ti의 몰수} = 1.13 \times 10^7 \text{ g Mg} \times \frac{1 \text{ mol Mg}}{24.31 \text{ g Mg}} \times \frac{1 \text{ mol Ti}}{2 \text{ mol Mg}}$$
$$= 2.32 \times 10^5 \text{ mol Ti}$$

따라서 $TiCl_4$가 더 적은 양의 Ti를 생성하므로 $TiCl_4$가 한계 시약이다. 생성되는 Ti의 질량은 다음과 같다.

$$1.87 \times 10^5 \text{ mol Ti} \times \frac{47.88 \text{ g Ti}}{1 \text{ mol Ti}} = 8.95 \times 10^6 \text{ g Ti}$$

(b) 전략 (a)에서 결정된 Ti의 질량은 이론적 수득량이다. (b)에서 주어진 양이 반응의 실제 수득량이다.

풀이 수득 백분율은 다음과 같이 계산된다.

$$\text{수득백분율} = \frac{\text{실제 수득량}}{\text{이론적 수득량}} \times 100\%$$
$$= \frac{7.91 \times 10^6 \text{ g}}{8.95 \times 10^6 \text{ g}} \times 100\%$$
$$= 88.4\%$$

검산 수득 백분율은 100%보다 작게 얻어졌는가?

실전 연습 합금강을 만드는 데 사용되는 바나듐은 산업적으로 산화 바나듐(V)를 고온에서 칼슘과 반응시켜 얻는다.

$$5Ca + V_2O_5 \longrightarrow 5CaO + 2V$$

어떤 공정에서 V_2O_5 1.54×10^3 g을 Ca 1.96×10^3 g과 반응시켰다. (a) V의 이론적 수득량을 구하라. (b) 803 g의 V를 얻었다면 수득 백분율은 얼마인가?

비슷한 문제: 3.89, 3.90.

산업 공정에서는 대개 엄청난 양(수천~수백만 톤)의 생성물을 처리하고 있다. 그러므로 아주 조금이라도 수득률을 높이게 되면 생산 비용을 크게 절감할 수 있게 된다. 이와 같은 실례가 바로 화학 비료이다.

개념과 사실 요약하기

- 반응에서 얻어진 생성물의 양(실제 수득율)은 가능한 최대량(이론적 수득율)보다 더 적다. 수득 백분율은 실제 수득량과 이론적 수득량의 비에 100%를 곱하면 구할 수 있다.

개념과 사실 복습하기

3.10.1 수득 백분율이 어떤 반응의 이론적 수득량을 초과할 수 있는가?

3.10.2 삼산화 황(SO_3)은 이산화 황(SO_2)을 산화시켜서 얻게 된다.

$$2SO_2(g) + O_2(g) \longrightarrow 2SO_3(g)$$

SO_2 16.4 g으로부터 SO_3 18.1 g을 얻었다면 반응의 수득 백분율은 얼마인가?

요약_Chapter Summary

원자량과 몰질량 원자 질량은 극히 작으며 C-12동위원소를 바탕으로 하여 정한다. C-12 동위 원소의 원자는 질량이 정확히

12 원자 질량 단위(amu)이다. g 단위로 더 편하게 쓰기 위해 화학자들은 몰질량을 사용한다. C-12 동위원소의 몰질량은 정확히 12 g이며, 아보가드로 수(6.022×10^{23})만큼의 원자를 포함하고 있다. 다른 원소의 몰질량도 g 단위로 쓸 수 있으며 같은 수의 원자를 포함하고 있다. 분자의 몰질량은 구성 원자들의 몰질량의 합이다. (3.1, 3.2, 3.3절)

화합물의 조성 백분율 화합물의 구성은 조성 백분율을 이용하여 가장 편리하게 쓸 수 있는데, 화합물의 질량 조성 백분율이란 각 원소가 화합물 내에 존재하는 질량의 백분율을 뜻한다. 화학식을 알면 조성 백분율을 계산할 수 있다. 조성 백분율을 실험적으로 결정하고 화합물의 몰질량을 알면, 화학식을 결정할 수 있다. (3.4, 3.5, 3.6절)

화학 반응식 쓰기 화학 반응의 결과를 표현하는 가장 좋은 방법은 무엇이 일어났는지 화학식을 이용하여 화학 반응식을 쓰는 것이다. 화학 반응식은 균형이 맞아야하기 때문에, 반응물 내 각 원소의 원자수는 생성물의 원자수와 같아야 한다. (3.7절)

화학 반응에서 질량 관계 화학 반응식을 이용하면, 사용된 반응물의 양으로부터 얻어질 수 있는 생성물의 양(효율)을 예측할 수 있다. 이 값은 실험실이나 공정 스케일에서 반응을 진행할 때 대단히 중요하다. 실제로 실제 수득율은 여러 요인으로 인해 반응식으로부터 예측한 값보다 항상 더 적다. 원자 경제는 화학 반응을 통해 반응물로부터 생성물 중 원하는 원자가 얼마나 많이 얻어지는지 결정함으로써 화학 반응의 효율성을 평가한다. (3.8, 3.9, 3.10절)

주요 식 _Key Equations

$$\text{화합물 중 특정 원소의 조성 백분율} = \frac{n \times \text{원소의 몰질량}}{\text{화합물의 몰질량}} \times 100\% \quad (3.1)$$

$$\text{수득 백분율} = \frac{\text{실제 수득량}}{\text{이론적 수득량}} \times 100\% \quad (3.4)$$

주요 용어 _Key Words

몰(mol)	분자 질량	아보가드로 수(N_A)	질량 조성 백분율	화학 반응식
몰 방법	생성물	원자 질량	초과 시약	화학량론
몰질량($\mathscr{M}$)	수득 백분율	원자 질량 단위	한계 시약	화학량론적 양
반응물	실제 수득량	이론적 수득량	화학 반응	

연습 문제 _Questions and Problems

붉은색 번호의 문제는 학생용 문제 풀이집에 풀어 놓았다.

3.1 원자 질량

복습 질문

3.1 원자 질량 단위란 무엇이며, 왜 필요한가?

3.2 탄소-12 원자의 질량은 얼마인가(amu 단위로)? 이 책 표지 안쪽 표에 탄소의 원자 질량이 12.01 amu로 되어 있는 이유는 무엇인가?

3.3 "금의 원자 질량은 197.0 amu이다"의 정확한 의미를 설명하라.

3.4 원소의 평균 원자 질량을 계산하기 위해 필요한 정보는 무엇인가?

문제

3.5 염소 동위원소 $^{35}_{17}Cl$ (75.53%)와 $^{37}_{17}Cl$ 24.47%)의 원자 질량은 각각 34.968 amu와 36.956 amu이다. 염소의 평균 원자 질량을 구하라. 괄호 안의 백분율은 상대 존재 비이다.

3.6 $^{6}_{3}Li$와 $^{7}_{3}Li$의 원자 질량은 각각 6.0151 amu와 7.0160 amu이다. Li의 평균 원자 질량이 6.941 amu일 때, Li의 두 동위원소의 자연 존재 비를 구하라.

3.7 13.2 amu는 몇 g인가?

3.8 8.4 g은 몇 amu인가?

3.2 아보가드로 수와 몰질량

복습 질문

3.9 "몰(mole)"을 정의하라. 계산에서 몰의 단위는 무엇인가? 몰과 쌍, 다스, 집합 등의 유사점은 무엇인가? 아보가드로 수가 나타내는 것은 무엇인가?

3.10 원자의 몰질량이란 무엇인가? 몰질량의 단위로 보통 무엇이 사용되는가?

➡ 문제

3.11 지구상의 총 인구수는 약 72억 명이다. 이 모든 사람이 초당 2개씩 세는 속도로 입자를 세는 과정을 가정해 보자. 입자 6.0×10^{23}개를 세는 데 몇 년이 걸리겠는가? 일 년은 365일로 가정한다.

3.12 종이의 두께가 0.0036인치라고 하자. 어떤 책의 쪽수가 아보가드로 수라고 할 때, 이 책의 두께는 광년 단위로 얼마인가? (*힌트*: 연습 문제 1.51에서 광년의 정의 참조)

3.13 황(S) 5.10 mol은 몇 개의 원자에 해당하는가?

3.14 코발트(Co) 원자 6.00×10^9 (60억) 개는 Co 원자 몇 mol에 해당하는가?

3.15 칼슘(Ca) 77.4 g에는 몇 몰의 칼슘 원자가 들어 있는가?

3.16 금(Au) 15.3 mol은 금(Au) 몇 그램인가?

3.17 다음 각 원소의 한 원자의 g 단위 질량은 얼마인가? (a) Hg, (b) Ne.

3.18 다음 원소에서 원자 하나의 질량은 몇 그램인가? (a) As, (b) Ni.

3.19 납(Pb) 원자 1.00×10^{12}개의 질량은 얼마인가(g 단위로)?

3.20 미국 페니 동전은 2.5 g이지만 구리(Cu)는 0.063 g만을 포함하고 있다. 페니 동전 하나에는 구리 원자 몇 개가 있을까?

3.21 수소(H) 원자 1.10 g과 크로뮴(Cr) 원자 14.7 g 중 어느 것이 더 많은 원자를 포함하고 있는가?

3.22 납 원자 두 개와 He 5.1×10^{-23} mol 중 질량이 더 큰 것은 무엇인가?

3.3 분자 질량

➡ 문제

3.23 다음 각 물질의 몰질량 또는 화학식 질량을 amu 단위로 구하라. (a) CH_4, (b) NO_2, (c) SO_3, (d) C_6H_6, (e) NaI, (f) K_2SO_4, (g) $Ca_3(PO_4)_2$.

3.24 다음 물질의 몰질량을 계산하라. (a) Li_2CO_3, (b) CS_2, (c) $CHCl_3$(클로로폼), (d) $C_6H_8O_6$(아스코브산, 비타민 C), (e) KNO_3, (f) Mg_3N_2.

3.25 어떤 물질 0.372 mol의 질량이 152 g이라면 이 물질의 몰질량은 얼마인가?

3.26 에테인(C_2H_6) 0.344 g에는 C_2H_6 분자 몇 개가 있는가?

3.27 포도당(글루코스, $C_6H_{12}O_6$) 1.50 g에 포함된 C, H, O의 개수를 구하라.

3.28 다이메틸 설폭사이드[$(CH_3)_2SO$, dimethylsulfoxide (DMSO)]는 피부를 관통하는 중요한 용매이며, 국부 약물전달제로 사용될 수 있다. DMSO 7.14×10^3 g에 존재하는 C, S, H, O의 원자의 개수를 계산하라.

3.29 페로몬은 많은 종류의 곤충에서 암컷이 짝짓기 상대인 수컷을 유혹할 때 분비되는 화합물이다. 어떤 페로몬의 분자식이 $C_{19}H_{38}O$이다. 일반적으로 암컷 한 마리가 분비하는 페로몬은 약 1.0×10^{-12} g이다. 이 양에 포함된 페로몬 분자는 몇 개인가?

3.30 4°C 물의 밀도는 1.00 g/mL이다. 이 온도에서 물 2.56 mL에는 물 분자 몇 개가 존재하는가?

3.4 질량 분석기

➡ 복습 질문

3.31 질량 분석기의 작동 원리를 설명하라.

3.32 질량 분석 스펙트럼으로부터 어떻게 동위원소의 존재비를 구할 수 있는지 써라.

➡ 문제

3.33 탄소는 $^{12}_{6}C$와 $^{13}_{6}C$의 두 가지 안정한 동위원소가 있으며, 플루오린에는 $^{19}_{9}F$ 하나의 안정한 동위원소가 있다. 양이온 CF_4^+의 질량 스펙트럼에서 몇 개의 피크를 관찰할 수 있는가? 이 이온은 더 작은 조각으로 분해되지 않는다고 가정한다.

3.34 수소에는 두 개의 안정한 동위원소 $^{1}_{1}H$와 $^{2}_{1}H$가 있고, 황에는 네 개의 안정한 동위원소 $^{32}_{16}S$, $^{33}_{16}S$, $^{34}_{16}S$, $^{36}_{16}S$가 있다. H_2S^+의 질량 분석 스펙트럼에는 몇 개의 피크가 있을지 예측하라. 이온이 더 이상 쪼개어지지 않는다고 가정한다.

3.5 조성 백분율과 화학식

➡ 복습 질문

3.35 암모니아(NH_3)를 이용하여 화합물의 질량 조성 백분율이 무엇인지 설명하라.

3.36 미지 시료의 질량 조성 백분율로부터 시료가 무엇인지 알아낼 수 있는 방법을 기술하라.

➡ 문제

3.37 주석(Sn)은 지각에서 SnO_2 형태로 존재한다. SnO_2 중 Sn과 O의 질량 조성 백분율을 구하라.

3.38 클로로폼($CHCl_3$)은 간, 신장, 심장에 심각한 손상을 입힐 수 있는 독성 물질임에도 불구하고 오랫동안 흡입 마취제로 사용되어 왔다. 이 물질의 질량 조성 백분율을 구하라.

3.39 신남산 알코올(cinnamic alcohol)은 주로 비누나 화장품의 향료로 사용되며, 분자식은 $C_9H_{10}O$이다. (a) C, H, O의 질량 조성 백분율을 구하라. (b) 시료 0.469 g에 포함된 신남산 알코올 분자는 몇 개인가?

3.40 다음에 기술한 물질들은 토양에 질소를 공급하는 비료들이다. 이 중 질량 백분율로 보아서 질소의 가장

풍부한 공급원은 어느 것인가?

(a) 요소[urea, $(NH_2)_2CO$]
(b) 질산 암모늄(ammonium nitrate, NH_4NO_3)
(c) 구아니딘[guanidine, $HNC(NH_2)_2$]
(d) 암모니아(ammonia, NH_3)

3.41 녹의 화학식은 Fe_2O_3로 표시할 수 있다. 이 화합물 24.6 g에는 Fe가 몇 mol 존재하는가?

3.42 SnF_2는 충치 예방을 위해 치약의 성분으로 쓰인다. SnF_2 24.6 g에는 몇 g의 F가 있는가?

3.43 다음 조성을 가지는 물질의 실험식을 구하라. (a) H 2.1%, O 65.3%, S 32.6%, (b) Al 20.2%, Cl 79.8%.

3.44 다음 조성을 가지는 화합물의 실험식은 무엇인가? (a) C 40.1%, H 6.6%, O 53.3%, (b) C 18.4%, N 21.5%, K 60.1%

3.45 $CaSiO_3$는 질량의 2.5배까지의 물을 흡수하고, 유동성을 유지할 수 있는 분말 화합물이다. $CaSiO_3$의 조성 백분율을 구하라.

3.6 실험식의 실험적 결정

복습 질문

3.46 실험식(empirical formula)에서 "*실험*(empirical)"이라는 단어의 의미는 무엇인가?

3.47 어떤 시료의 실험식을 알고 있을 때, 분자식을 구하기 위해 어떤 추가적인 정보가 더 필요한가?

문제

3.48 어떤 화합물의 실험식이 CH이다. 이 화합물의 몰질량이 78 g이면 분자식은 무엇인가?

3.49 카페인의 몰질량은 194.19 g이다. 카페인의 분자식은 $C_4H_5N_2O$와 $C_8H_{10}N_4O_2$ 중 어느 것인가?

3.50 질산 과산화아실(peroxyacyl nitrate, PAN)은 C, H, N, O로 이루어진 화합물로 스모그의 한 성분이다. C, N, H의 질량 조성 백분율이 C 19.8%, H 2.50%, N 11.6%일 때 O의 질량 백분율과 실험식을 구하라. 몰질량이 120 g일 때 분자식은 무엇인가?

3.51 알리신(allicin)은 마늘의 특이한 냄새의 원인 물질이다. 이 화합물을 분석한 결과 질량 백분율은 C 44.4%, H 6.24%, S 39.5%, O 9.86%이었다. 실험식을 구하라. 몰질량이 162 g이라면 분자식은 무엇인가?

3.52 글루탐산 소듐(monosodium glutamate, MSG)은 조미료의 주성분으로 두통과 가슴 통증을 유발하는 것으로 알려져 있다. MSG의 질량 조성 백분율은 C 35.51%, H 4.77%, O 37.85%, N 8.29%, Na 13.60%이다. 몰질량이 169 g이라고 할 때 분자식은 무엇인가?

3.7 화학 반응과 화학 반응식

복습 질문

3.53 수소와 산소로부터 물이 형성되는 과정을 이용하여 *화학 반응*과 *반응물*, *생성물*을 설명하라.

3.54 화학 반응과 화학 반응식의 차이는 무엇인가?

3.55 화학식의 균형을 맞추어야 하는 이유가 무엇인가? 균형 반응식에 적용되는 법칙은 무엇인가?

3.56 화학 반응식에서 기체, 액체, 고체 및 수용액 상태를 나타내는 기호를 써라.

문제

3.57 3.7절에 요약된 방법을 이용하여 다음 식의 균형을 맞춰라.

(a) $C + O_2 \longrightarrow CO$
(b) $CO + O_2 \longrightarrow CO_2$
(c) $H_2 + Br_2 \longrightarrow HBr$
(d) $K + H_2O \longrightarrow KOH + H_2$
(e) $Mg + O_2 \longrightarrow MgO$
(f) $O_3 \longrightarrow O_2$
(g) $H_2O_2 \longrightarrow H_2O + O_2$
(h) $N_2 + H_2 \longrightarrow NH_3$
(i) $Zn + AgCl \longrightarrow ZnCl_2 + Ag$
(j) $S_8 + O_2 \longrightarrow SO_2$
(k) $NaOH + H_2SO_4 \longrightarrow Na_2SO_4 + H_2O$
(l) $Cl_2 + NaI \longrightarrow NaCl + I_2$
(m) $KOH + H_3PO_4 \longrightarrow K_3PO_4 + H_2O$
(n) $CH_4 + Br_2 \longrightarrow CBr_4 + HBr$

3.58 3.7절에 요약된 방법을 이용하여 다음 식의 균형을 맞춰라.

(a) $N_2O_5 \longrightarrow N_2O_4 + O_2$
(b) $KNO_3 \longrightarrow KNO_2 + O_2$
(c) $NH_4NO_3 \longrightarrow N_2O + H_2O$
(d) $NH_4NO_2 \longrightarrow N_2 + H_2O$
(e) $NaHCO_3 \longrightarrow Na_2CO_3 + H_2O + CO_2$
(f) $P_3O_{10} + H_2O \longrightarrow H_3PO_4$
(g) $HCl + CaCO_3 \longrightarrow CaCl_2 + H_2O + CO_2$
(h) $Al + H_2SO_4 \longrightarrow Al_2(SO_5)_3 + H_2$
(i) $CO_2 + KOH \longrightarrow K_2CO_3 + H_2O$
(j) $CH_4 + O_2 \longrightarrow CO_2 + H_2O$
(k) $Be_2C + H_2O \longrightarrow Be(OH)_2 + CH_4$
(l) $Cu + HNO_3 \longrightarrow Cu(NO_3)_2 + NO + H_2O$
(m) $S + HNO_3 \longrightarrow H_2SO_4 + NO_2 + H_2O$
(n) $NH_3 + CuO \longrightarrow Cu + N_2 + H_2O$

3.8 반응물과 생성물의 양

복습 질문

3.59 화학량론의 기초가 되는 법칙은 무엇인가? 화학량론

에 관한 문제를 푸는 데 균형 반응식을 이용해야 하는 이유는 무엇인가?

3.60 몰 방법(mole method)에 포함된 각 단계를 서술하라.

⇛ 문제

3.61 다음 중 그림의 반응을 가장 잘 표현하는 반응식은 무엇인가?

(a) $8A + 4B \longrightarrow C + D$
(b) $4A + 8B \longrightarrow 4C + 4D$
(c) $2A + B \longrightarrow C + D$
(d) $4A + 2B \longrightarrow 4C + 4D$
(e) $2A + 4B \longrightarrow C + D$

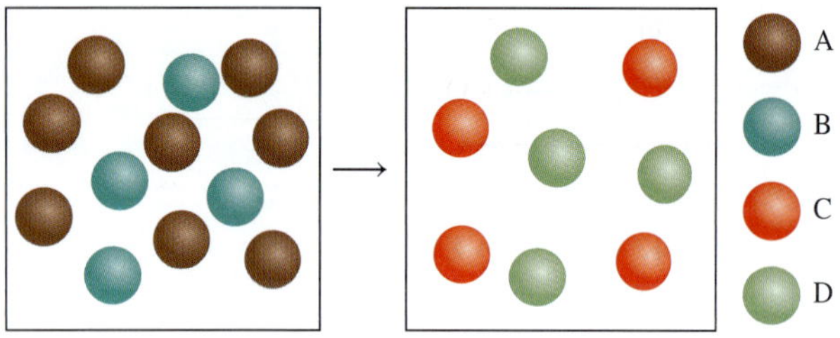

3.62 다음 중 그림의 반응을 가장 잘 표현하는 반응식은 무엇인가?

(a) $A + B \longrightarrow C + D$
(b) $6A + 4B \longrightarrow C + D$
(c) $A + 2B \longrightarrow 2C + D$
(d) $3A + 2B \longrightarrow 2C + 4D$
(e) $3A + 2B \longrightarrow 4C + 2D$

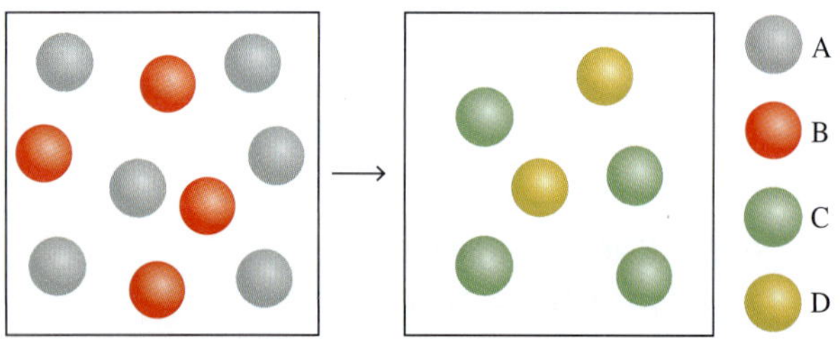

3.63 산소 조건 하에서 일산화 탄소(CO)의 연소 과정을 생각해보자.

$$2CO(g) + O_2(g) \longrightarrow 2CO_2(g)$$

전체의 CO와 반응할 수 있는 충분한 산소 기체가 존재한다면 CO 3.60 mol을 연소시켜 얻을 수 있는 CO_2의 몰수를 구하라.

3.64 사염화 규소($SiCl_4$)는 염소 기체 중에서 Si를 가열하여 만들 수 있다.

$$Si(s) + 2Cl_2(g) \longrightarrow SiCl_4(l)$$

이 반응에서 $SiCl_4$ 0.507 mol이 생겼다고 할 때, 염소 몇 mol이 사용되었을까?

3.65 암모니아는 질소 비료의 주성분으로 수소와 질소의 반응을 이용하여 만든다.

$$3H_2(g) + N_2(g) \longrightarrow 2NH_3(g)$$

어떤 반응에서 NH_3 6.0 mol이 생성되었다. 이 양의 NH_3를 생성하기 위해 필요한 H_2와 N_2의 몰수를 각각 구하라.

3.66 어떤 경주용 자동차는 연료로 메탄올(CH_3OH, 목정이라고도 함)을 사용한다. 메탄올의 연소는 다음과 같이 쓸 수 있다.

$$2CH_3OH(l) + 3O_2(g) \longrightarrow 2CO_2(g) + 4H_2O(l)$$

어떤 특정 반응에서 CH_3OH 9.8 mol이 과량의 산소와 반응하였다. 생성되는 H_2O의 몰수를 계산하라.

3.67 알루미늄(Al) 20.4 g과 완전히 반응하여 아이오딘화 알루미늄(AlI_3)을 형성하는 아이오딘(I_2)의 질량을 구하라(g 단위로).

3.68 황(S)은 수은(Hg)과 반응하여 HgS를 만든다. 수은(Hg) 246 g과 반응하기 위해 S 몇 g이 필요한가?

3.69 석탄이나 화석 연료, 자동차 배기가스, 기타 공정을 통해 연간 약 2600만 톤의 이산화 황이 만들어진다. 반응식은 다음과 같다.

$$S(s) + O_2(g) \longrightarrow SO_2(g)$$

이 양의 SO_2를 만드는 데 필요한 원 물질에 포함된 황의 양(톤)은 얼마인가?

3.70 베이킹 소다(sodium bicarbonate 또는 sodium hydrogen carbonate, $NaHCO_3$)를 가열하면 이산화 탄소가 방출되어 과자, 도넛, 빵 등을 부풀게 한다. (a) $NaHCO_3$는 분해하여 Na_2CO_3를 만든다. 균형 반응식을 써라. (b) CO_2 20.5 g을 생성하는 데 필요한 $NaHCO_3$의 질량은 얼마인가?

3.71 염소 표백제를 암모니아가 들어 있는 다른 세정제와 혼합하면 다음 반응식에 따라 독성 기체인 $NCl_3(g)$을 형성할 수 있다.

$$3NaClO(aq) + NH_3(aq) \longrightarrow 3NaOH(aq) + NCl_3(g)$$

위의 반응에 따라 NH_3 2.94 g이 과량의 NaClO와 반응할 때 NCl_3 몇 g이 형성되겠는가?

3.72 발효는 술의 제조 과정에서 일어나는 복잡한 화학 반응이다. 이 과정 중에 글루코스가 에탄올로 전환된다.

$$\underset{\text{글루코스}}{C_6H_{12}O_6} \longrightarrow \underset{\text{에탄올}}{2C_2H_5OH} + 2CO_2$$

이 과정을 통해 포도당 500.4 g으로부터 만들 수 있는 에탄올의 최대 양은 g과 L로 얼마인가? (에탄올의 밀도 = 0.789 g/mL)

3.73 황산 구리(II) 오수화물 결정($CuSO_4 \cdot 5H_2O$)에는 황산 구리(II) 단위체 하나당 물 분자 5개가 포함되어 있다. 이 화합물을 대기 중에서 100°C 이상으로 가열하면 물 분자를 잃고 특유의 푸른색도 사라진다.

$$CuSO_4 \cdot 5H_2O \longrightarrow CuSO_4 + 5H_2O$$

푸른 화합물 15.01 g을 가열하여 $CuSO_4$ 9.60 g이 남았다면, 원래 화합물에 들어 있던 H_2O의 몰수를 계산하라.

3.74 오랜 기간 동안 금을 추출(금을 다른 물질과 분리)하기 위해 KCN을 사용해 왔다.

$$4Au + 8KCN + O_2 + 2H_2O \longrightarrow 4KAu(CN)_2 + 4KOH$$

금 29.0 g(약 1온스)을 추출하기 위해 필요한 KCN의 최소 몰수는 얼마인가?

3.75 석회석($CaCO_3$)을 가열하면 생석회(CaO)와 이산화탄소가 생성된다. 석회석 1.0 kg으로부터 생성되는 생석회는 몇 g인가?

3.76 아산화 질소(nitrous oxide, N_2O)는 "웃음가스"라고도 하는데, 질산 암모늄(NH_4NO_3)을 열분해하여 얻을 수 있다. NH_4NO_3를 열분해하면 N_2O 이외에 H_2O도 생성된다. (a) 균형 반응식을 써라. (b) NH_4NO_3 0.46 mol을 사용하였을 때 N_2O 몇 g이 생성되는가?

3.77 비료 성분인 황산 암모늄[$(NH_4)_2SO_4$]은 암모니아(NH_3)와 황산의 반응으로 생산한다.

$$2NH_3(g) + H_2SO_4(aq) \longrightarrow (NH_4)_2SO_4(aq)$$

$(NH_4)_2SO_4$ 1.00×10^5 kg을 생산하려면 NH_3는 몇 kg이 필요한가?

3.78 산소 기체를 실험실에서 일반적으로 얻는 방법은 $KClO_3$를 열분해하는 것이다. $KClO_3$ 46.0 g이 완전히 분해될 때 생성되는 O_2 기체는 몇 g인가? (생성물은 KCl과 O_2이다.)

3.9 한계 시약

⇛ 복습 질문

3.79 한계 시약과 초과 시약을 정의하라. 반응에서 얻어지는 생성물의 양을 예측할 때, 한계 시약의 중요성은 무엇인가? 반응물이 한 가지인 경우 한계 시약은 존재하는가?

3.80 일상생활에서 한계 시약의 개념을 설명할 수 있는 예를 들어라.

⇛ 문제

3.81 다음 반응을 생각해 보자.

$$2A + B \longrightarrow C$$

(a) 다음 모형이 위의 반응을 나타낸다면 A와 B 중 어느 것이 한계 시약인가?

(b) 반응 후에 남은 반응물과 생성물의 양을 나타내는 분자 모형을 그려라. C의 원자 배열은 ABA이다.

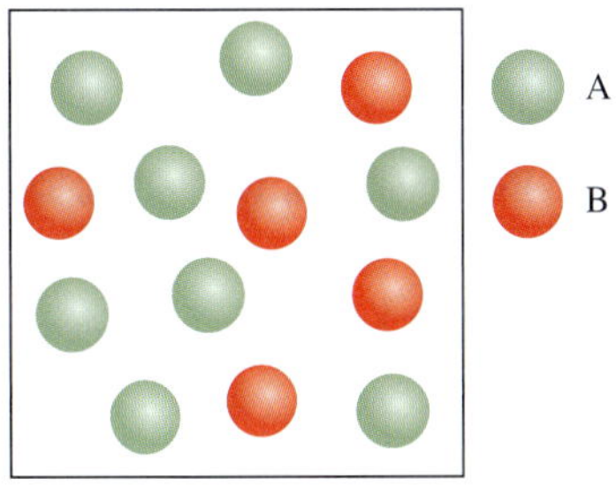

3.82 다음 반응을 생각해 보자.

$$N_2 + 3H_2 \longrightarrow 2NH_3$$

각 모형이 물질 1 mol을 나타낸다고 가정하고, 반응이 완결된 후 생성물과 남은 초과 시약의 몰수를 각각 구하라.

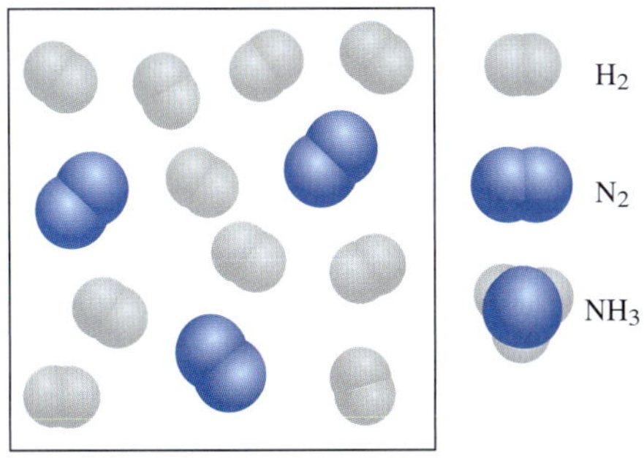

3.83 산화 질소(NO)는 산소 기체와 반응하여 진한 갈색 기체인 이산화 질소(NO_2)를 만든다.

$$2NO(g) + O_2(g) \longrightarrow 2NO_2(g)$$

어떤 실험에서 NO 0.886 mol을 O_2 0.503 mol과 혼합하였다. 두 반응물 중 한계 시약은 어느 것인가? 생성되는 NO_2의 몰수를 또한 계산하라.

3.84 암모니아와 황산이 반응하면 황산 암모늄을 형성한다. (a) 반응식을 써라. (b) 황산 암모늄 20.3 g을 합성하고 황산 5.89 g이 반응하지 않고 남아 있다면 각 반응물의 처음 질량을 g 단위로 결정하라.

3.85 프로페인(C_3H_8) 기체는 집에서 요리할 때나 난방용으로 사용되는 천연 가스의 성분이다. (a) 프로페인이 대기 중에서 연소하는 반응에 대한 다음 식의 균형을 맞춰라.

$$C_3H_8 + O_2 \longrightarrow CO_2 + H_2O$$

(b) 프로페인 3.65 mol을 연소시켜 얻을 수 있는 이산화 탄소는 몇 g인가? 이 반응에서 산소가 초과 시약이라고 가정한다.

3.86 다음 반응을 생각해보자.

$$MnO_2 + 4HCl \longrightarrow MnCl_2 + Cl_2 + 2H_2O$$

MnO_2 0.86 mol과 HCl 48.2 g이 반응할 때 어느 시약이 먼저 없어지겠는가? Cl_2는 몇 g이 생성되는가?

3.10 반응 수득률

복습 질문

3.87 수득률을 계산할 때 한계 시약을 이용하는 이유는 무엇인가?

3.88 실제 수득량은 이론적 수득량에 비해 항상 적다. 그 이유는 무엇인가?

문제

3.89 플루오린화 수소는 프레온(성층권에서 오존을 파괴) 제조와 알루미늄 금속 생산에 사용되며, 다음 반응으로 만든다.

$$CaF_2 + H_2SO_4 \longrightarrow CaSO_4 + 2HF$$

CaF_2 6.00 kg을 과량의 H_2SO_4과 반응시켜서 HF 2.86 kg을 얻었다. HF의 수득 백분율을 계산하라

3.90 나이트로글리세린($C_3H_5N_3O_9$)은 강력한 폭발물이다. 그 분해 과정은 다음과 같다.

$$4C_3H_5N_3O_9 \longrightarrow 6N_2 + 12CO_2 + 10H_2O + O_2$$

이 반응은 많은 열과 기체를 발생시킨다. 갑작스러운 기체의 형성과 열에 의한 기체의 팽창으로 인해 폭발을 야기한다. (a) 나이트로글리세린 2.00×10^2 g으로부터 얻을 수 있는 최대 O_2는 몇 g인가? (b) 이 반응에서 발생한 O_2의 양이 6.55 g이라면 수득 백분율을 계산하라.

3.91 산화 타이타늄(IV)(TiO_2)는 흰색 물질로서 다음 반응식과 같이 타이타늄철석(ilmenite)을 황산과 반응시켜 얻는다.

$$FeTiO_3 + H_2SO_4 \longrightarrow TiO_2 + FeSO_4 + H_2O$$

산화 타이타늄(IV)는 독성이 없고 불투명해서 플라스틱이나 페인트의 안료로 사용된다. 어떤 공정에서 $FeTiO_3$ 8.00×10^3 kg을 반응시켜 TiO_2 3.67×10^3 kg을 얻었다. 이 반응의 수득 백분율은 얼마인가?

3.92 중요한 공업 유기 화합물인 에틸렌(C_2H_4)은 헥세인(C_6H_{14})을 800°C로 가열하여 얻는다.

$$C_6H_{14} \longrightarrow C_2H_4 + \text{다른 생성물}$$

이 반응에서 에틸렌의 수득률이 42.5%라면 에틸렌 481 g을 생산하기 위해 필요한 헥세인의 질량은 얼마인가?

3.93 리튬은 질소와 반응하여 질화 리튬을 만든다.

$$6Li(s) + N_2(g) \longrightarrow 2Li_3N(s)$$

Li 12.3 g과 N_2 33.6 g이 반응할 때, Li_3N의 이론적 수득량은 몇 g인가? 실제로 얻은 Li_3N 이 5.89 g이라면 이 반응의 수득 백분율은 얼마인가?

3.94 이염화 이황(S_2Cl_2)은 고무를 당겼을 때 한 고무 분자가 다른 고무 분자를 뛰어넘는 것을 방지하는 가황 고무를 만드는 데 사용된다. 이 화합물은 황과 Cl_2의 반응으로 만든다.

$$S_8(l) + 4Cl_2(g) \longrightarrow 4S_2Cl_2(l)$$

S_8 4.06 g과 Cl_2 6.24 g을 가열하여 반응시켰을 때, S_2Cl_2의 이론적 수득량(g 단위)은 얼마인가? 만일 S_2Cl_2의 실제 수득량이 6.55 g이면, 수득 백분율은 얼마인가?

실전 연습의 답 Answers to Practice Exercises

3.1 63.55 amu. **3.2** 3.59 mol. **3.3** 2.57×10^3 g. **3.4** 1.0×10^{-20} g. **3.5** 32.04 amu. **3.6** 1.66 mol. **3.7** 5.81×10^{24} H 원자. **3.8** H: 2.055%; S: 32.69%; O: 65.25%. **3.9** $KMnO_4$(과망가니즈산 포타슘). **3.10** 196 g. **3.11** B_2H_6. **3.12** $Fe_2O_3 + 3CO \rightarrow 2Fe + 3CO_2$. **3.13** 235 g. **3.14** 0.769 g. **3.15** (a) 234 g, (b) 234 g. **3.16** 25.1 g. **3.17** (a) 863 g, (b) 93.0%. **3.18** 44.38%.

개념과 사실 복습하기의 답 Answers to Review of Concepts & Facts

3.1.1 ^{193}Ir. **3.1.2** 49.473 amu. **3.2.1** (b). **3.2.2** 6.23몰. **3.2.3** 85.6 g. **3.3.1** 분자량 = 192.12 amu, 몰질량 = 192.12 g. **3.3.2** 74.2 g. **3.3.3** 1.93×10^{24} O 원자. **3.4.1** 염소 원자의 두 동위원소가 질량 분석기의 검출기에 도달하면, 이온의 각 형태에 따라 전류가 기록된다. 기록된 전류의 양은 이온의 숫자와 비례한다. 따라서 이를 통해 동위원소의 상대적 존재비를 결정할 수 있다. 상대적 존재비에 따른 두 동위원소의 가중 평균을 통해 염소의 평균 질량을 구한다. **3.5.1** Sr의 질량 조성 백분율은 O보다 작다. 단지 한 개의 Sr 원자와 여섯 개의 O 원자의 상대적 질량만 비교하면 된다. **3.5.2** C: 41.39%; H: 3.47%; O: 55.14%. **3.5.3** P_2O_5. **3.6.1** C_5H_{10}. **3.7.1** 필수 요소: 반응 화살표의 양쪽에 있는 각 원자 수. 보조 요소: 반응물과 생성물의 물리적 상태 **3.7.2** $2K_2S_2O_3 + I_2 \rightarrow K_2S_4O_6 + 2KI$. **3.8.1** (b). **3.8.2** 127 g. **3.8.3** 18.1 g. **3.9.1** (a) 24.7 g, (b) 2.50 g Al. **3.9.2** 도표 (d) NO가 한계 시약임을 보여준다. **3.10.1** No. **3.10.2** 88.3%. **3.10.3** 45.83%.

▲ 화학자들은 용액에서 양자점의 크기와 농도를 달리해서 다른 색깔의 빛 방출을 조절할 수 있다.

SPL/Science Source

제 4 장

수용액에서의 반응

Reactions in Aqueous Solutions

차 례

4.1 수용액의 일반적 성질

4.2 침전 반응

4.3 산-염기 반응

4.4 산화-환원 반응

4.5 용액의 농도

4.6 무게 분석

많은 화학 반응과 대부분의 생물학적 과정이 물 속에서 일어난다. 이 장에서는 수용액에서 일어나는 세 가지 중요한 반응인 침전 반응, 산-염기 반응, 산화-환원 반응에 대하여 공부한다. 이후의 여러 장에서는 소위 *만능 용매*(universal solvent)라고 하는 물의 구조적 특성과 성질과 그 용액에 대해 공부할 것이다.

4.1 수용액의 일반적 성질

학습 목표

- 수용액에 들어 있는 물질을 비전해질, 약전해질, 또는 강전해질로 구별할 수 있다.

용액(solution)이란 *두 가지 이상 물질의 균일 혼합물*이다. **용질**(solute)은 *더 적은 양이 들어 있는 물질*이며, **용매**(solvent)는 더 많이 포함된 물질을 말한다. 용액은 기체상(공기), 고체상(합금), 액체상(바닷물)으로 존재할 수 있다. 이 절에서는 *물이 용매이며 초기에 액체 또는 고체가 용질*인 **수용액**(aqueous solution)에 대해서만 논하기로 한다.

전해질의 성질

물에 녹는 용질은 모두 전해질과 비전해질 중 하나에 해당된다. **전해질**(electrolyte)이란 *물에 용해됐을 때 전기를 전도하는 물질*이며, **비전해질**(nonelectrolyte)은 *전기를 전도하지 않는 물질*이다. 전해질과 비전해질을 직접 쉽게 구별하는 방법이 그림 4.1에 나타나 있다. 한 쌍의 비활성 전극(구리 또는 백금)을 비커 속의 물에 담근다. 전구가 켜지기 위해서는 전류가 한쪽 전극에서 다른 쪽 전극으로 흐르는 완전한 회로가 형성되어야 한다. 순수한 물은 전기 전도도가 매우 나쁘다. 염화 소듐(NaCl)을 소량 넣으면 염이 물에 녹자마자 전구가 켜지게 될 것이다. 이온 결합 화합물인 고체 NaCl이 물에 녹으면 Na^+와 Cl^-로 해리되기 때문이다. Na^+ 이온은 음극으로 끌리고 Cl^- 이온은 양극으로 끌린다. 이 움직임이 금속선을 따라 흐르는 전자의 흐름과 전류를 만든다. NaCl 용액이 전기를 전도하기 때문에 NaCl은 전해질이다. 순수한 물은 매우 적은 양의 이온을 가지고 있으므로 전기를 전도할 수 없다.

동영상 자료
강전해질, 약전해질, 비전해질

같은 양의 용질이 용해된 수용액에 대한 전구 밝기의 비교로 강전해질과 약전해질을 구별할 수 있다. 강전해질은 용질이 용액에 있어서 100% 해리(dissociation)될 것으로 가정한다. (*해리*란 화합물이 양이온과 음이온으로 분리된다는 의미이다.) 따라서 물에 용해하는 염화 소듐은 다음과 같이 나타낼 수 있다.

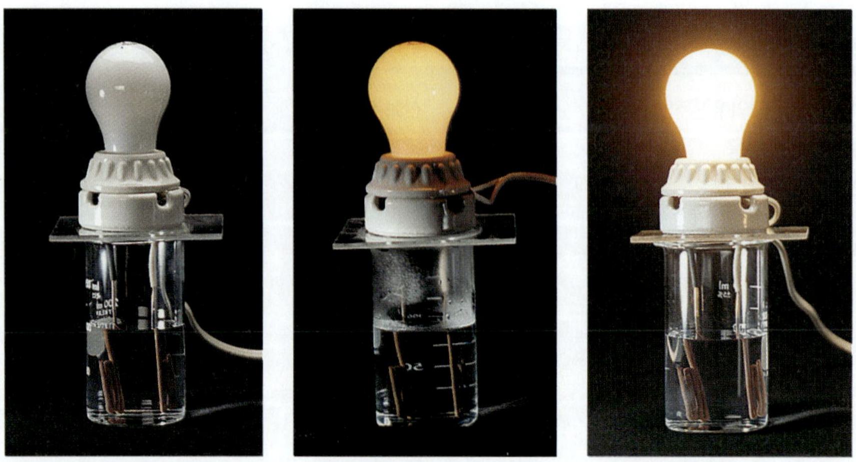

(a) (b) (c)

그림 4.1 전해질과 비전해질 구분 장치. 용액의 전기 전도 능력은 용액 안에 존재하는 이온의 수에 의존한다. (a) 비전해질 용액은 이온을 포함하지 않으므로 전구에 불이 들어오지 않는다. (b) 약전해질 용액은 이온을 적게 포함하므로 약한 불이 들어온다. (c) 강전해질 용액에는 이온이 많이 존재하므로 환한 불이 들어온다. 세 용액에 녹은 용질의 몰수는 모두 같다.
(a, b, c): Stephen Frisch/McGraw-Hill

표 4.1 수용액에서의 용질의 구분

강전해질	약전해질	비전해질
HCl	CH_3COOH	$(NH_2)_2CO$ (요소)
HNO_3	HF	CH_3OH (메탄올)
$HClO_4$	HNO_2	C_2H_5OH (에탄올)
H_2SO_4*	NH_3	$C_6H_{12}O_6$ (글루코스)
NaOH	H_2O†	$C_{12}H_{22}O_{11}$ (수크로스)
$Ba(OH)_2$		
이온 결합 화합물		

*H_2SO_4에는 이온화될 수 있는 H^+ 이온이 두 개 있지만, 하나만이 완전히 이온화한다.
†순수한 물은 매우 약한 전해질이다.

$$NaCl(s) \xrightarrow{H_2O} Na^+(aq) + Cl^-(aq)$$

이 식은 용액에서 모든 염화 소듐이 Na^+와 Cl^- 이온으로 된다는 의미이다. 그러므로 이 용액에는 해리되지 않은 NaCl이 존재하지 않는다.

강전해질, 약전해질, 비전해질의 예를 표 4.1에 실었다. 염화 소듐, 아이오딘화 포타슘(KI), 질산 칼슘[$Ca(NO_3)_2$]과 같은 이온 결합 화합물은 강전해질이다. 흥미롭게도 사람의 체액은 여러 종류의 강전해질과 약전해질을 포함하고 있다.

물은 이온 결합 화합물을 매우 효과적으로 녹이는 용매이다. 물은 전기적으로 중성 분자이지만, 양의 영역(H 원자)과 음의 영역(O 원자), 다른 말로 양과 음의 "극"을 가진다고 표현할 수 있다. 이 때문에 물은 *극성* 용매이다. 염화 소듐과 같은 이온 결합 화합물이 물에 용해될 때, 고체에 있는 이온들의 3차원 구조는 깨진다. Na^+와 Cl^- 이온들이 서로로부터 분리되고 *이온들이 물 분자에 의해 특별한 배열로 둘러싸이는 과정*인 **수화**(hydration)가 일어난다. 물 분자의 음극이 양이온인 Na^+ 이온을 향하는 방향으로 여러 개의 물 분자가 둘러싼다. 그리고 물 분자의 양극이 음이온인 Cl^- 이온을 향하는 방향으로 여러 개의 물분자가 둘러싼다(그림 4.2). 수화는 용액에서 이온의 안정화를 도우면서, 양이온과 음이온이 결합하는 것을 방해한다.

▶▶▶ 동영상 자료
수화

산과 염기 역시 전해질이다. 강전해질의 예로는 염산(HCl)과 질산(HNO_3)을 들 수 있다. 이 산들은 물에 완전히 이온화될 것이다. 예를 들면, 염화 수소 기체가 물에 용해될 때는 수화된 H^+와 Cl^- 이온을 형성한다.

$$HCl(g) \xrightarrow{H_2O} H^+(aq) + Cl^-(aq)$$

달리 말하면, 모든 용해된 HCl 분자들이 수화된 H^+와 Cl^- 이온들로 분리된다. 따라서 $HCl(aq)$로 쓸 때에는 $H^+(aq)$와 $Cl^-(aq)$만의 용액이며 수화된 HCl 분자는 존재하지 않는다고 이해해야 한다.

반면에 시큼한 향이 나는 식초인 아세트산(CH_3COOH)과 같은 산들은 완전히 이온화되지 않는 약전해질이다. 아세트산의 이온화는 다음과 같다.

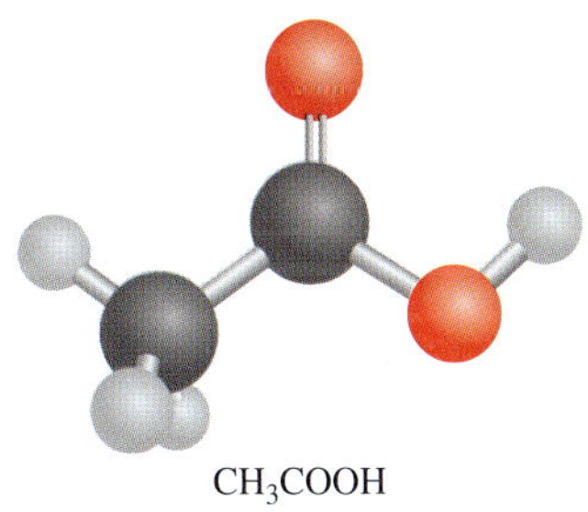

CH_3COOH

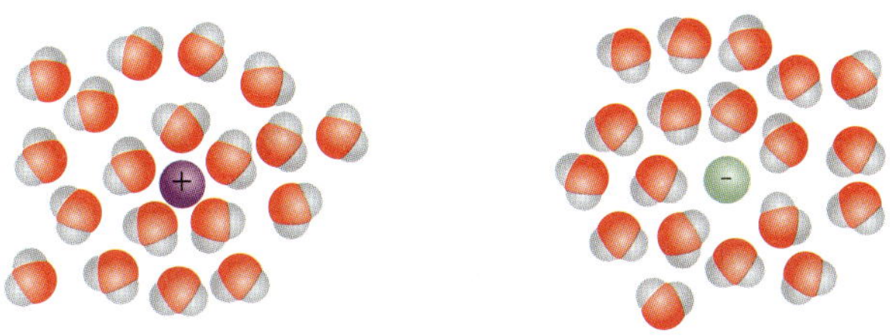

◀ 그림 4.2 Na^+와 Cl^-의 수화.

$$CH_3COOH(aq) \rightleftharpoons CH_3COO^-(aq) + H^+(aq)$$

여기서 CH_3COO^-는 아세트산(acetate) 이온이다. 산과 염기가 이온으로 분리하는 것을 설명할 때 *이온화*(ionization)라는 말을 사용한다. 아세트산의 분자식은 CH_3COOH로 쓰며, 이온화할 수 있는 양성자가 COOH 기에 있다는 것을 나타내고 있다.

아세트산의 이온화는 **가역 반응**(reversible reaction)을 나타내는 이중 화살표로 쓴다. 즉, *이 반응은 양쪽 방향으로 일어날 수 있다.* 처음에 많은 CH_3COOH 분자가 CH_3COO^-와 H^+ 이온으로 해리된다. 시간이 지나감에 따라 약간의 CH_3COO^-와 H^+ 이온이 CH_3COOH 분자로 재결합한다. 일정 시간이 지난 후 이온들이 재결합하는 속도와 산 분자가 이온화하는 속도가 같아지는 상태에 도달한다. 즉, 전체의 변화가 관측되지 않는 (분자 수준에서는 그 변화가 계속되지만) 화학 상태에 도달하는데, 이를 *화학 평형*(chemical equilibrium)이라 부른다. 반면 염산 용액에서는 H^+ 와 Cl^- 이온이 재결합하지 않아 HCl 분자가 다시 형성되지 않는다. 그러므로 이 경우에 완전한 이온화를 표현하기 위해 하나의 화살표를 사용한다.

개념과 사실 요약하기

- 수용액은 용질이 전해질이면 전기를 전도하지만, 용질이 비전해질이면 전기를 전도하지 않는다.

개념과 사실 복습하기

4.1.1 다음 (a)~(c) 그림은 물에 녹아 있는 세 종류의 화합물 (a) AB_2, (b) AC_2, (c) AD_2를 나타낸다. 가장 강한 전해질은 어느 것이고, 가장 약한 전해질은 어느 것인가? (단순하게 하기 위해 물 분자는 표시하지 않았다.)

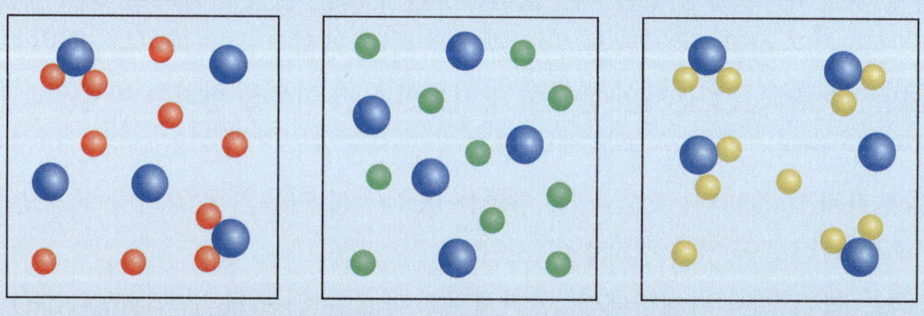
(a) (b) (c)

4.1.2 (a) KBr, (b) NaI, (c) C_3H_7OH의 세 화합물이 있다. 어느 것이 강한 전해질인지, 약한 전해질인지, 아니면 비전해질인지 예측하라.

4.2 침전 반응

학습 목표

- 반응이 침전물을 생성할지 여부를 결정하기 위해 용해도 규칙을 적용할 수 있다.
- 반응에 대한 분자 반응식, 이온 반응식, 알짜 이온 반응식을 쓸 수 있다.
- 반응에서 구경꾼 이온을 식별할 수 있다.

수용액에서 일어나는 일반적인 반응 형태의 하나로 **침전 반응**(precipitation reaction)이 있다. 이 반응은 *불용성 생성물, 즉 침전을 형성하는 반응*이다. **침전**(precipitate)은 *용액에 녹지 않는 불용성 고체*이다. 침전 반응은 항상 이온 결합 화합물에서 일어난다. 예를 들어, 질산 납(II) $[Pb(NO_3)_2]$을 아이오딘화 포타슘(KI) 수용액에 넣으면 노란색의 아이오딘화 납(II)(PbI_2) 침전이 생긴다.

$$Pb(NO_3)_2(aq) + 2KI(aq) \longrightarrow PbI_2(s) + 2KNO_3(aq)$$

질산 포타슘은 용액에 남아 있다. 그림 4.3에 이 반응을 나타내고 있다.

이러한 반응은 *두 화합물 간에 일부분을 서로 바꾸는 반응*인 **상호 교환 반응**(metathesis reaction, 또는 복분해 반응이라고도 함)의 예이다. (위 반응에서 반응물의 Pb^{2+}와 K^+ 양이온은 각자의 음이온을 바꾸어 Pb^{2+}는 I^-와 결합하여 PbI_2를 형성하고 K^+는 NO_3^-와 결합하여 KNO_3를 형성한다.) 이 장에서 공부하는 침전 반응들은 상호 교환 반응의 예들에 해당된다.

용해도

화합물을 용액에 넣었을 때 또는 두 용액을 혼합했을 때 침전이 일어날 것인가를 어떻게 예측할 수 있을까? 그것은 용질의 **용해도**(solubility)로부터 알 수 있다. 용해도란 *특정 온도에서 주어진 용매에 녹을 수 있는 용질의 최대 양*으로 정의된다. 화학자들은 물질을 정성적인 기준에 의하여 가용성(soluble), 약간 가용성(slightly soluble), 불용성(insoluble)으로 분류한다. 적당량의 물질을 물에 넣었을 때 매우 잘 녹으면 가용성이라고 말한다. 만약 그렇지 않으면, 물질은 약간 가용성 또는 불용성으로 분류한다. 모든 이온 결합 화합물은 강전해질이나 그 용해도가 같은 것은 아니다.

표 4.2에 흔히 보는 여러 이온 결합 화합물을 가용성 또는 불용성으로 분류하는 규칙을 제시하였다. 불용성 화합물이라도 어느 정도는 녹는다는 점을 기억하기 바란다. 그림 4.4에 여러 침전물들에 대하여 나타내었다.

다음 예제 4.1은 표 4.2에 있는 용해도 규칙을 적용한 것이다.

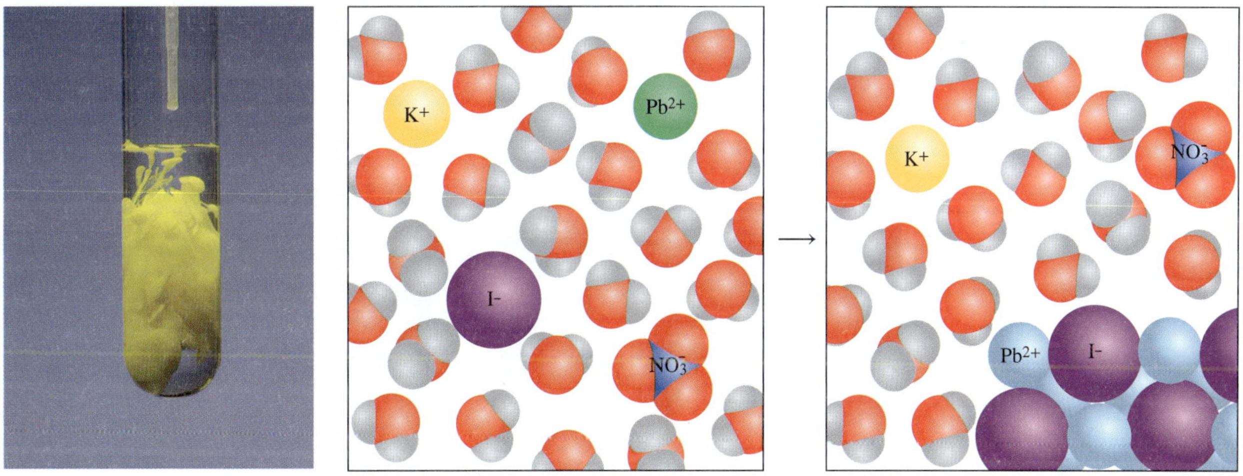

▲ **그림 4.3** KI 용액에 $Pb(NO_3)_2$를 가하면 노란 PbI_2 침전이 형성된다.
(왼쪽): Charles D. Winters/McGraw-Hill

예제 4.1

다음 이온 결합 화합물을 가용성과 불용성으로 분류하라. (a) 황산 은(Ag_2SO_4), (b) 탄산 칼슘($CaCO_3$), (c) 인산 소듐(Na_3PO_4).

전략 화합물의 용해도를 외울 필요는 없으나 다음의 유용한 규칙을 따라야 한다. 알칼리 금속 양이온, 암모늄 이온, 질산 이온, 중탄산 이온, 염소산 이온을 포함하는 이온 결합 화합물은 가용성이다. 그 밖의 화합물은 표 4.2를 이용한다.

(계속)

풀이 (a) 표 4.2에 의하면 Ag_2SO_4는 불용성이다. (b) 이 화합물은 탄산염이며, 2족 금속이다. 따라서 $CaCO_3$는 불용성이다. (c) 소듐은 알칼리 금속(1족)이므로 Na_3PO_4는 가용성이다.

실전 연습 다음 이온 결합 화합물을 가용성과 불용성으로 분류하라. (a) CuS, (b) $Ca(OH)_2$, (c) $Zn(NO_3)_2$.

비슷한 문제: 4.19, 4.20.

표 4.2 수용액에서 이온 결합 화합물의 용해도 규칙

가용성 화합물	예외적 불용성
알칼리 금속 이온(Li^+, Na^+, K^+, Rb^+, Cs^+)과 암모늄 이온(NH_4^+)을 포함하는 화합물	
질산염(NO_3^-), 아세트산염(CH_3COO^-), 중탄산염(HCO_3^-), 염소산염(ClO_3^-), 과염소산염(ClO_4^-)	
할로젠화물(Cl^-, Br^-, I^-)	Ag^+, Hg_2^{2+}, Pb^{2+}의 할로젠화물
황산염(SO_4^{2-})	Ag^+, Ca^{2+}, Sr^{2+}, Ba^{2+}, Hg_2^{2+}, Pb^{2+}의 황산염
불용성 화합물	**예외적 가용성**
탄산염(CO_3^{2-}), 인산염(PO_4^{3-}), 크로뮴산염(CrO_4^{2-}), 황화물(S^{2-})	알칼리 금속 이온과 암모늄 이온을 포함하는 화합물
수산화물(OH^-)	알칼리 금속 이온과 Ba^{2+}을 포함하는 화합물

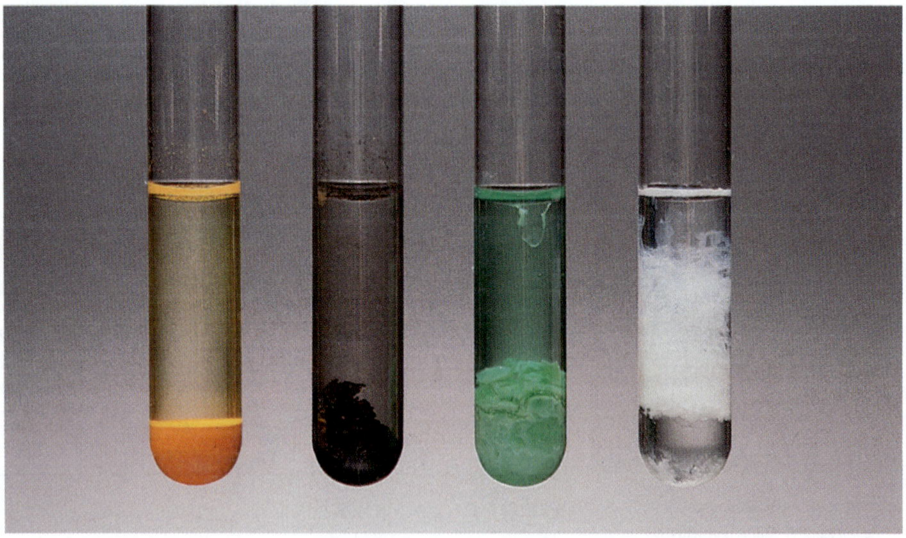

▶ **그림 4.4** 몇 가지 침전물의 형태. 왼쪽부터 오른쪽으로: CdS, PbS, $Ni(OH)_2$, $Al(OH)_3$.
Ken Karp/McGraw-Hill

분자 반응식, 이온 반응식, 알짜 이온 반응식

앞에서 아이오딘화 납(II) 침전을 형성하는 반응을 나타낸 반응식을 **분자 반응식**(molecular equation)이라 부른다. 이는 *모든 화합물의 화학식을 분자로 존재하는 것처럼 쓰는 반응식*이기 때문이다. 분자 반응식은 반응물[질산 납(II)와 아이오딘화 포타슘]을 확인할 수 있기 때문에 유용하다. 만약, 실험실에서 이 반응을 실험하려면 분자 반응식을 사용하여야 할 것이다. 그러나 분자 반응식은 용액 안에서 실제로 일어나는 것을 정확히 표현할 수 없다.

앞에서 지적하였듯이 이온 결합 화합물이 물에 녹을 때는 양이온과 음이온으로 해리된다. 따라서 더 실제적인 반응식은 이온 결합 화합물을 이온으로 용해된 해리 상태로 나타내야 한다. 즉, 아이오딘화 포타슘과 질산 납(II) 사이의 반응은 다음과 같이 쓸 수 있다.

$$Pb^{2+}(aq) + 2NO_3^-(aq) + 2K^+(aq) + 2I^-(aq) \longrightarrow PbI_2(s) + 2K^+(aq) + 2NO_3^-(aq)$$

앞의 반응식은 **이온 반응식**(ionic equation)의 한 예로서, *용해된 화학종을 자유 이온인 수화된(hydrated ion) 이온으로 나타낸다*. 이 용액에서 침전물이 형성되는지를 보기 위하여 먼저 두 화합물에서 양이온과 음이온을 교환한 화합물인 PbI_2와 KNO_3에 대해 살펴보자. 표 4.2의 규칙에 따르면 PbI_2는 불용성이고 KNO_3은 가용성이다. 그러므로 가용성인 KNO_3은 분리된 K^+와 NO_3^- 이온으로 용액에 남아 있게 된다. 이때 전체 반응에 관여하지 않는 이온인 K^+와 NO_3^- 이온을 **구경꾼 이온**(spectator ion)이라고 한다. 구경꾼 이온은 식의 양쪽에 나타나고 화학 반응에서 관여되지 않으므로 이들을 삭제할 수 있다.

$$Pb^{2+}(aq) + \cancel{2NO_3^-(aq)} + \cancel{2K^+(aq)} + 2I^-(aq) \longrightarrow PbI_2(s) + \cancel{2K^+(aq)} + \cancel{2NO_3^-(aq)}$$

마침내 **알짜 이온 반응식**(net ionic equation)에 이른다. 이것은 반응에 *실제로 참여하는 화학종만을 나타낸 것*이다.

$$Pb^{2+}(aq) + 2I^-(aq) \longrightarrow PbI_2(s)$$

다른 예를 보면, 염화 바륨($BaCl_2$) 수용액과 황산 소듐(Na_2SO_4) 수용액을 섞으면 흰색의 침전을 형성한다(그림 4.5). 이 상호 교환 반응에서는 $BaSO_4$와 NaCl이 형성된다. 표 4.2의 규칙에 따르면 $BaSO_4$는 불용성이므로 침전이 형성된다. 이 반응에 대한 분자 반응식은 다음과 같다.

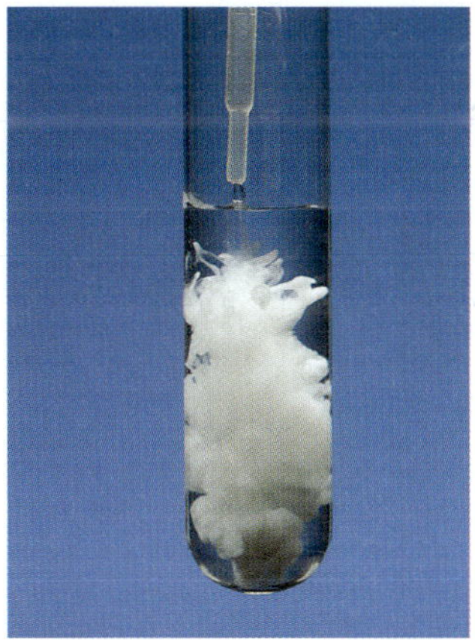

▲ **그림 4.5** $BaSO_4$ 침전 형성.
Charles D. Winters/McGraw-Hill

$$BaCl_2(aq) + Na_2SO_4(aq) \longrightarrow BaSO_4(s) + 2NaCl(aq)$$

이 반응에 대한 이온 반응식은 다음과 같다.

$$Ba^{2+}(aq) + 2Cl^-(aq) + 2Na^+(aq) + SO_4^{2-}(aq) \longrightarrow BaSO_4(s) + 2Na^+(aq) + 2Cl^-(aq)$$

이 반응식에서 양쪽 구경꾼 이온(Na^+와 Cl^-)을 삭제하면 알짜 이온 반응식은 다음과 같다.

$$Ba^{2+}(aq) + SO_4^{2-}(aq) \longrightarrow BaSO_4(s)$$

다음은 이온 반응식과 알짜 이온 반응식을 만드는 절차를 4단계로 요약한 것이다.

1. 반응물과 생성물의 이온 결합 화합물에 대한 정확한 분자식을 이용하여 반응에 대한 균형 분자 반응식을 쓴다. 표 4.2의 규칙에 따라 생성물 중 어떤 것이 불용성인지 판단하고 이를 침전으로 표기한다.
2. 용액에서 형성되는 이온들이 나타나도록 이온 반응식을 쓴다. 침전이 형성되지 않는 이온은 자유 이온으로 표시한다.
3. 이온 반응식의 양쪽에서 구경꾼 이온을 찾아 모두 삭제하여 알짜 이온 반응식을 적는다.
4. 이 알짜 이온 반응식에서 전하와 원자수에 대한 균형을 확인한다.

예제 4.2에서 이 과정을 연습한다.

인터넷 핫스팟

학생들의 학습 경험에 대해 축적된 자료에 따르면 침전 반응에 대하여 어려움을 겪을 수 있다. 이런 경우 eBook에 접속해서 이 주제에 대한 추가 학습 자료를 보면 도움이 될 수 있다.

예제 4.2

인산 포타슘(K_3PO_4) 용액을 질산 칼슘[$Ca(NO_3)_2$] 용액과 혼합할 때의 반응에 대한 결과를 예측하고 알짜 이온 반응식을 써라.

전략 주어진 정보를 이용하여 다음과 같이 완결되지 않는 반응식을 쓴다.

(계속)

$$K_3PO_4(aq) + Ca(NO_3)_2(aq) \longrightarrow ?$$

위 이온 결합 화합물이 물에 녹으면 어떻게 되는가? K_3PO_4와 $Ca(NO_3)_2$가 해리될 때 생성되는 이온은 무엇인가? 용액에서 양이온과 음이온이 만나면 무엇을 형성하는가?

풀이 용액에서 K_3PO_4는 K^+와 PO_4^{3-} 이온으로, $Ca(NO_3)_2$는 Ca^{2+}와 NO_3^- 이온으로 해리한다. 표 4.2에 의하면 칼슘(Ca^{2+}) 이온과 인산(PO_4^{3-}) 이온은 불용성 화합물인 인산 칼슘[$Ca_3(PO_4)_2$]을 형성한다. 반면 다른 생성물인 KNO_3은 가용성이므로 용액에 남는다. 따라서 이 반응은 침전반응이다. 이에 앞의 절차에 따라 문제를 풀면,

단계 1: 균형 분자 반응식은 다음과 같다.

$$2K_3PO_4(aq) + 3Ca(NO_3)_2(aq) \longrightarrow Ca_3(PO_4)_2(s) + 6KNO_3(aq)$$

단계 2: 이온 반응식을 얻기 위하여 가용성 화합물은 모두 해리된 이온으로 표기한다.

$$6K^+(aq) + 2PO_4^{3-}(aq) + 3Ca^{2+}(aq) + 6NO_3^-(aq) \longrightarrow 6K^+(aq) + 6NO_3^-(aq) + Ca_3(PO_4)_2(s)$$

단계 3: 반응의 양쪽에서 구경꾼 이온인 K^+와 NO_3^- 이온을 제거한 후 알짜 이온 반응식을 얻는다.

$$3Ca^{2+}(aq) + 2PO_4^{3-}(aq) \longrightarrow Ca_3(PO_4)_2(s)$$

단계 4: 처음에 균형 반응식으로 시작하였으므로 알짜 이온 반응식 또한 균형 반응식으로 양변의 각 원자의 숫자는 같으며 양전하 (+6)와 음전하 (−6)의 숫자도 일치한다.

▲ $K_3PO_4(aq)$와 $Ca(NO_3)_2(aq)$의 반응으로 생성된 침전.
Ken Karp/McGraw-Hill

실전 연습 $Al(NO_3)_3$ 용액과 NaOH 용액을 혼합할 때 생성되는 침전을 예측하라.

비슷한 문제: 4.21, 4.22.

개념과 사실 요약하기

- 이온 결합 화합물의 용해도에 대한 일반적인 규칙에서 우리는 반응에서 침전물이 형성되는지 여부를 예측할 수 있다.

개념과 사실 복습하기

4.2.1 다음 (a)~(c)의 도식 중 $Ca(NO_3)_2(aq)$와 $Na_2CO_3(aq)$의 반응을 정확히 설명하는 그림은 어느 것인가? 단순하게 하기 위해 Ca^{2+}(검은색)와 CO_3^{2-}(붉은색)만 나타내었다.

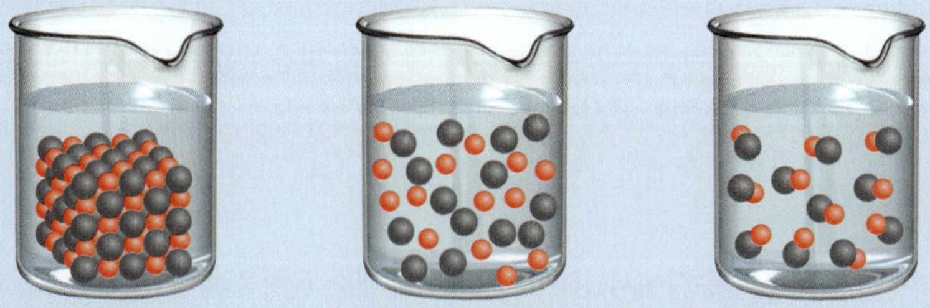

(a) (b) (c)

4.2.2 다음 각 화합물을 물에 가용성인 것과 불용성인 것으로 분류하라.

(a) $Fe(NO_3)_3$, (b) AgBr, (C) NH_4Cl.

4.2.3 $Cu(NO_3)_2$와 $(NH_4)_2S$ 사이의 침전 반응에 대한 알짜 이온 반응식을 써라.

4.3 산-염기 반응

학습 목표

- 브뢴스테드 산과 염기의 정의를 비교할 수 있다.
- 산과 염기가 약한 것인지 강한 것인지를 구별할 수 있다.
- 산을 일양성자산, 이양성자산, 삼양성자산으로 분류할 수 있다.
- 산과 염기 사이의 중화반응을 요약할 수 있다.

많은 사람들이 아세틸살리실산(acetylsalicylic acid, 아스피린)이나 수산화 마그네슘(magnesium hydroxide, 마그네시아유) 같은 화학명은 잘 모르지만 아스피린이나 마그네시아 유액처럼 산과 염기는 우리에게 매우 친숙하다. 산-염기 화학은 많은 의약품이나 가정용품과 산업 공정에 중요하며, 생물계의 유지에 있어 필수적이다. 산-염기 반응에 대해 공부하기 전에 산과 염기 그 자체에 대해 알아보도록 하자.

산과 염기의 일반적 성질

앞서 2.7절에서 산은 물에서 이온화하여 H^+를 생성하는 물질이고, 염기는 물에서 이온화하여 OH^-를 생성하는 물질로 정의했다. 이 정의는 수용액에서의 성질이 잘 알려져 있던 물질을 분류하기 위해서 스웨덴 화학자 아레니우스(Svante Arrhenius)[†]가 19세기 말에 공식화한 것이다.

산

- 산은 신맛을 낸다. 예를 들어, 식초의 신맛은 아세트산 때문이고, 레몬과 다른 감귤류 과일들은 구연산을 함유하고 있다.
- 산은 식물 염료의 색을 변화시킨다. 예를 들어, 리트머스의 색을 푸른색에서 붉은색으로 변화시킨다.
- 산은 아연, 마그네슘, 철과 같은 금속들과 반응하여 수소 기체를 생성한다. 전형적인 반응은 염산과 마그네슘의 반응이다.

$$2HCl(aq) + Mg(s) \longrightarrow MgCl_2(aq) + H_2(g)$$

- 산은 Na_2CO_3, $CaCO_3$, $NaHCO_3$와 같은 탄산염이나 중탄산염과 반응하여 이산화 탄소 기체를 생성한다(그림 4.6). 예를 들어,

$$2HCl(aq) + CaCO_3(s) \longrightarrow CaCl_2(aq) + H_2O(l) + CO_2(g)$$
$$HCl(aq) + NaHCO_3(s) \longrightarrow NaCl(aq) + H_2O(l) + CO_2(g)$$

- 수용성 산 용액은 전기가 통한다.

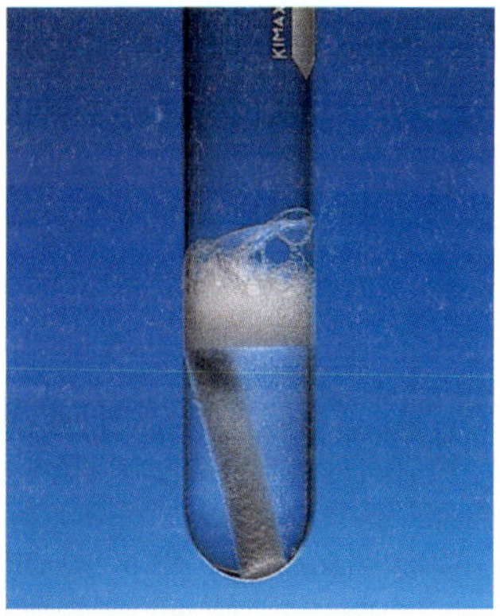

▲ **그림 4.6** $CaCO_3$가 주성분인 분필 조각이 염산과 반응하고 있다.
Ken Karp/McGraw-Hill

염기

- 염기는 쓴맛을 낸다.
- 염기는 미끈거리는 성질을 갖는다. 예를 들어, 염기를 가지고 있는 비누가 이러한 성질을 보인다.
- 염기는 식물 염료의 색을 변화시킨다. 예를 들어, 리트머스의 색을 붉은색에서 푸른색으로 변화시킨다.

[†]아레니우스(Svante August Arrhenius, 1859~1927)는 스웨덴의 화학자로 전해질 용액과 화학 반응 속도론에 중요한 기여를 하였다. 그는 또한 생명체의 *외계 기원설*(panspermia)을 주장하기도 하였다. 아레니우스는 1903년에 노벨 화학상을 수상하였다

- 수용성 염기 용액은 전기를 통한다.

브뢴스테드 산과 염기

산과 염기의 아레니우스 정의는 수용액에만 한정되는 제한이 있다. 1932년 덴마크 화학자 브뢴스테드(Johannes Brønsted)[‡]는 **브뢴스테드 산**은 *양성자 주개*(proton donor)이고 **브뢴스테드 염기**는 *양성자 받개*(proton acceptor)라고 하는 좀 더 넓은 범위의 정의를 제안하였다. 브뢴스테드 정의는 수용액에서뿐만 아니라 비수용액에서도 적용할 수 있는 산과 염기의 정의이다.

염산은 물에서 $H^+(aq)$라는 기호로 표시하는 양성자를 주기 때문에 브뢴스테드 산이다.

$$HCl(aq) \longrightarrow H^+(aq) + Cl^-(aq)$$

H^+ 이온은 전자를 잃은 수소 원자라는 것을 기억하라. 즉, H^+ 이온은 순수한 양성자이다. 평균적으로 원자나 이온의 지름은 10^{-10} m이며, 양성자는 약 10^{-15} m이다. 그렇게 아주 작은 전하 입자는 H_2O에서 음의 극성(O 원자)에 대한 강한 인력 때문에 수용액에서 독립된 개체로 존재할 수 없다. 결과적으로 그림 4.7과 같이 양성자는 수화된 형태로 존재한다. 따라서 염산의 이온화는 다음과 같이 쓸 수 있다.

$$HCl(aq) + H_2O(l) \longrightarrow H_3O^+(aq) + Cl^-(aq)$$

▲ *H_3O^+ 이온의 정전기 퍼텐셜 전위에 관한 모형. 무지개 색으로 표시된 부분 중 전자가 가장 풍부한 부분이 붉은색이고, 전자가 가장 적은 부분이 파란색이다.*

*수화된 양성자*인 H_3O^+를 **하이드로늄 이온**(hydronium ion)이라 부른다. 이 반응식은 브뢴스테드 산(HCl)이 브뢴스테드 염기(H_2O)에 양성자를 주는 반응을 나타낸다.

실험에 의하면, 하이드로늄 이온은 더 수화되어 보다 많은 물 분자와 연결되어 있는 것이 알려졌다. 양성자의 산 성질이 수화의 정도에 영향을 받지 않기 때문에, 여기서는 일반적으로 수화된 양성자를 $H^+(aq)$로 간단하게 나타낸다. 그러나 H_3O^+가 실제에 더 가깝다. 두 가지 표기는 수용액에서 같은 종류라는 것을 명심하라.

실험실에서 사용하는 일반적인 산은 염산(HCl), 질산(HNO_3), 아세트산(CH_3COOH), 황산(H_2SO_4), 인산(H_3PO_4) 등이다. 처음 세 개는 **일양성자산**(monoprotic acid)이다. 즉, *산이 이온화하면서 수소 이온 하나를 내놓는다.*

$$HCl(aq) \longrightarrow H^+(aq) + Cl^-(aq)$$
$$HNO_3(aq) \longrightarrow H^+(aq) + NO_3^-(aq)$$
$$CH_3COOH(aq) \rightleftharpoons CH_3COO^-(aq) + H^+(aq)$$

인터넷 핫스팟
학생들의 학습 경험에 대해 축적된 자료에 따르면 산의 이온화에 대하여 어려움을 겪을 수 있다. 이런 경우 eBook에 접속해서 이 주제에 대한 추가 학습 자료를 보면 도움이 될 수 있다.

앞에서 서술한 것과 같이 아세트산의 이온화는 불완전하기 때문에(이중 화살표로 표시), 약전해질이다. 그러므로 아세트산을 약산이라 부른다(표 4.1 참조). 반면, HCl과 HNO_3는 용액에서 완전히 이온화하는(단일 화살표) 강전해질이기 때문에 강산이다.

황산(H_2SO_4)은 산이 이온화하면서 다음과 같이 두 단계로 H^+ 이온 두 개를 내는 **이**

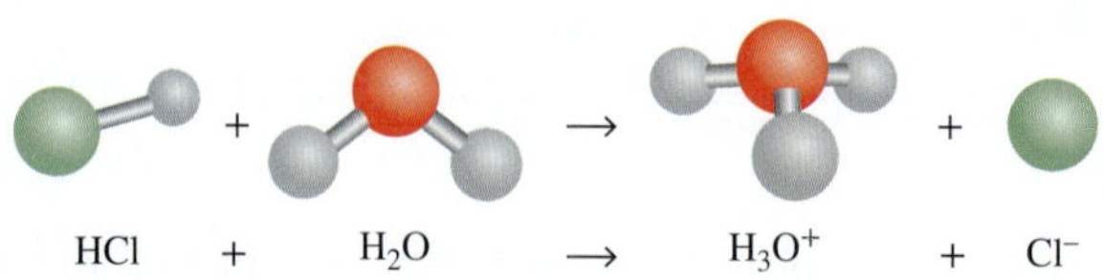

▶ **그림 4.7** 물에서 HCl이 이온화하면 하이드로늄 이온과 염화 이온을 만든다.

[‡]브뢴스테드(Johannes Nicolaus Brønsted, 1879～1947)는 덴마크 화학자로 산과 염기에 대한 이론과 더불어 열역학과 수은 동위원소의 분리에 관한 일을 하였다. 어떤 교재에는 브뢴스테드 산과 염기를 브뢴스테드-로리(Brønsted-Lowry) 산과 염기로 표시한다. 로리(Thomas Martin Lowry, 1874～1936)는 영국 화학자로, 브뢴스테드와 로리는 1923년도에 각자 독립적으로 같은 산-염기 이론을 전개하였다.

양성자산(diprotic acid)이다.

$$H_2SO_4(aq) \longrightarrow H^+(aq) + HSO_4^-(aq)$$
$$HSO_4^-(aq) \rightleftharpoons H^+(aq) + SO_4^{2-}(aq)$$

H_2SO_4는 강전해질이며 강산이다(이온화의 첫 단계는 완전하다). 그러나 HSO_4^-는 약산이며 약전해질이고, 이온화가 불완전하기 때문에 이중 화살표로 표시한다.

H^+ 이온 세 개를 내는 **삼양성자산**(triprotic acid)은 상대적으로 드물다. 가장 잘 알려진 삼양성자산은 인산으로, 이온화 과정은 다음과 같다.

$$H_3PO_4(aq) \rightleftharpoons H^+(aq) + H_2PO_4^-(aq)$$
$$H_2PO_4^-(aq) \rightleftharpoons H^+(aq) + HPO_4^{2-}(aq)$$
$$HPO_4^{2-}(aq) \rightleftharpoons H^+(aq) + PO_4^{3-}(aq)$$

이 경우 세 가지 화학종(H_3PO_4, $H_2PO_4^-$, HPO_4^{2-})은 모두 약산이고, 각 이온화 단계를 이중 화살표를 사용한다. $H_2PO_4^-$, HPO_4^{2-}와 같은 음이온은 NaH_2PO_4, Na_2HPO_4와 같은 인산염의 수용액에서도 볼 수 있다. 표 4.3에는 몇 가지 일반적인 강산과 약산의 예를 제시하였다.

표 4.1에서 보는 바와 같이 수산화 소듐(NaOH)과 수산화 바륨[$Ba(OH)_2$]은 강전해질이다. 이것은 용액에서 완전히 이온화된다는 것을 의미한다.

$$NaOH(s) \xrightarrow{H_2O} Na^+(aq) + OH^-(aq)$$
$$Ba(OH)_2(s) \xrightarrow{H_2O} Ba^{2+}(aq) + 2OH^-(aq)$$

위의 OH^- 이온은 다음과 같이 양성자를 받을 수 있다.

$$H^+(aq) + OH^-(aq) \longrightarrow H_2O(l)$$

따라서 OH^-는 브뢴스테드 염기이다.

암모니아(NH_3)는 H^+ 이온을 받을 수 있기 때문에 브뢴스테드 염기로 분류한다(그림 4.8 참조).

$$NH_3(aq) + H_2O(l) \rightleftharpoons NH_4^+(aq) + OH^-(aq)$$

용해된 NH_3 분자가 물과 반응하여 아주 소량의 NH_4^+와 OH^- 이온을 생성하기 때문에 암모니아는 약전해질(따라서 약염기)이다.

실험실에서 가장 일반적으로 사용하는 강염기는 수산화 소듐이다. 이것은 값이 싸고 가용성이다(사실 알칼리 금속의 수산화물은 모두 가용성이다). 가장 일반적인 약염기는 암모니아 수용액으로 종종 수산화 암모늄이라고 잘못 부르고 있다. NH_4OH가 실제로 존재한다는 증거는 없으며 수용액에서 NH_4^+와 OH^- 이온 형태로 존재한다. 모든 2족 원소는 $M(OH)_2$ 형태의 수산화물을 생성한다. 여기서 M은 알칼리 토금속을 말한다. 이 중에서 $Ba(OH)_2$만이 가용성이다. 수산화 마그네슘과 수산화 칼슘은 의학 및 산업에 많이 사용한다. $Al(OH)_3$와 $Zn(OH)_2$와 같은 다른 금속의 수산화물은 불용성이며, 염기로 사용되지 않

표 4.3

산과 약산의 몇 가지 예

강산	
염산 (염화 수소산)	HCl
브로민화 수소산	HBr
아이오딘화 수소산	HI
질산	HNO_3
황산	H_2SO_4
과염소산	$HClO_4$
약산	
플루오린화 수소산	HF
아질산	HNO_2
인산	H_3PO_4
아세트산	CH_3COOH

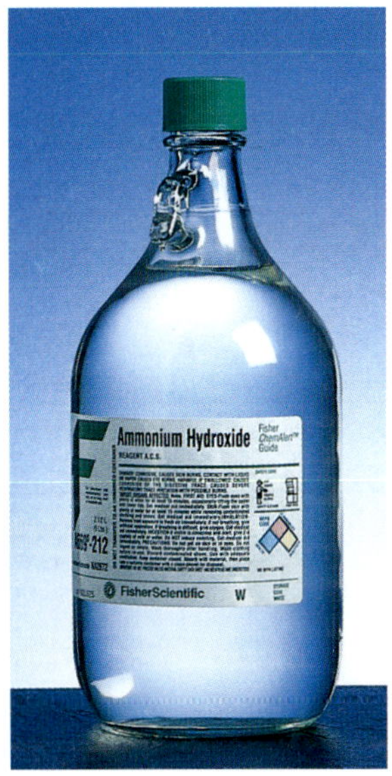

▲ *이 암모니아 수용액 병에는 수산화 암모늄(ammonium hydroxide)으로 잘못 표시되어 있다.*
Ken Karp/McGraw-Hill

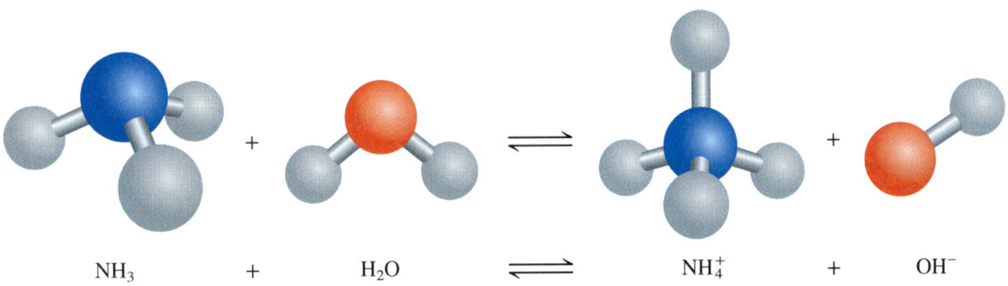

◀ **그림 4.8** 물에서 암모니아가 이온화하여 암모늄 이온과 수산화 이온을 형성한다.

인터넷 핫스팟

학생들의 학습 경험에 대해 축적된 자료에 따르면 염기의 이온화 반응을 이해하는 데 어려움을 겪을 수 있다. 이런 경우 eBook에 접속해서 이 주제에 대한 추가 학습 자료를 보면 도움이 될 수 있다.

는다.

예제 4.3은 물질을 브뢴스테드 산 또는 브뢴스테드 염기로 분류하는 법을 보여준다.

예제 4.3

수용액에서 다음 화학종을 브뢴스테드 산 또는 염기로 분류하라.
(a) HBr, (b) NO_2^-, (c) HCO_3^-.

전략 브뢴스테드 산의 특성은 무엇인가? H 원자를 적어도 한 개 포함하는가? 암모니아를 제외한 대부분의 브뢴스테드 염기는 음이온이다.

풀이

(a) HCl이 산이라는 것을 알고 있다. Br이나 Cl은 둘 다 할로젠(17족)이므로, HCl과 마찬가지로 HBr도 물에서 다음과 같이 이온화한다.

$$HBr(aq) \longrightarrow H^+(aq) + Br^-(aq)$$

따라서 HBr은 브뢴스테드 산이다.

(b) 용액에서 아질산 이온은 물로부터 양성자를 받아 아질산이 된다.

$$NO_2^-(aq) + H^+(aq) \longrightarrow HNO_2(aq)$$

이 성질로 인하여 NO_2^- 이온은 브뢴스테드 염기이다.

(c) 중탄산 이온은 용액에서 다음과 같이 해리하므로 브뢴스테드 산이다.

$$HCO_3^-(aq) \rightleftharpoons H^+(aq) + CO_3^{2-}(aq)$$

이 이온은 양성자를 받아서 탄산을 형성할 수 있으므로 브뢴스테드 염기도 된다.

$$HCO_3^-(aq) + H^+(aq) \rightleftharpoons H_2CO_3(aq)$$

해설 HCO_3^-와 같은 화학종은 산성과 염기성을 동시에 가지고 있으므로 *양쪽성*(amphoteric)이라 한다. 이중 화살표는 이 반응이 가역적임을 나타낸다.

실전 연습 다음 화학종이 브뢴스테드 산인지 염기인지 분류하라.
(a) SO_4^{2-}, (b) HI.

비슷한 문제: 4.31, 4.32.

산-염기 중화

▶▶▶ 동영상 자료
중화 반응

중화 반응(neutralization reaction)은 *산과 염기 사이의 반응*이다. 일반적으로 수용액의 산-염기 반응은 **염**(salt)과 물을 만든다. 염은 *염기의 양이온과 산의 음이온으로 구성된 이온 결합 화합물*이다.

$$산 + 염기 \longrightarrow 염 + 물$$

소금으로 알려진 물질인 NaCl은 산-염기 반응의 생성물이다.

$$HCl(aq) + NaOH(aq) \longrightarrow NaCl(aq) + H_2O(l)$$

그러나 위의 산과 염기가 모두 강전해질이기 때문에 용액에서 완전히 이온화한다. 그 이온 반응식은 다음과 같다.

$$H^+(aq) + Cl^-(aq) + Na^+(aq) + OH^-(aq) \longrightarrow Na^+(aq) + Cl^-(aq) + H_2O(l)$$

따라서 이 반응은 다음 알짜 이온 반응식으로 나타낼 수 있다.

$$H^+(aq) + OH^-(aq) \longrightarrow H_2O(l)$$

Na^+와 Cl^-은 모두 구경꾼 이온이다.

위의 반응이 산과 염기가 같은 몰수로 시작한다면, 반응 마지막에는 염만 남고 산과 염기는 남지 않는다. 이것이 산-염기 중화 반응의 특징이다.

약산인 사이안화 수소산(HCN)과 강염기 사이의 반응을 살펴보자.

$$HCN(aq) + NaOH(aq) \longrightarrow NaCN(aq) + H_2O(l)$$

HCN이 약산이므로 용액에서 많이 이온화되지 않아 그 이온 반응식은 다음과 같이 나타낼 수 있다.

$$HCN(aq) + Na^+(aq) + OH^-(aq) \longrightarrow Na^+(aq) + CN^-(aq) + H_2O(l)$$

그리고 알짜 이온 반응식은 다음과 같다.

$$HCN(aq) + OH^-(aq) \longrightarrow CN^-(aq) + H_2O(l)$$

여기서 Na^+는 구경꾼 이온이지만 OH^-와 CN^-는 구경꾼 이온이 아니다.

다음은 분자 반응식으로 나타낸 산-염기 중화 반응의 예이다.

$$HF(aq) + KOH(aq) \longrightarrow KF(aq) + H_2O(l)$$
$$H_2SO_4(aq) + 2NaOH(aq) \longrightarrow Na_2SO_4(aq) + 2H_2O(l)$$
$$HNO_3(aq) + NH_3(aq) \longrightarrow NH_4NO_3(aq)$$

마지막 반응식은 생성물에 물이 보이지 않기 때문에 다른 식과는 다르게 보인다. 그러나 앞에서 서술한 것과 같이 $NH_3(aq)$을 $NH_4^+(aq)$와 $OH^-(aq)$로 나타낸다면 반응은 다음과 같이 된다.

$$HNO_3(aq) + NH_4^+(aq) + OH^-(aq) \longrightarrow NH_4NO_3(aq) + H_2O(l)$$

인터넷 핫스팟
학생들의 학습 경험에 대해 축적된 자료에 따르면 강산-강염기 반응의 생성물을 예측하는 데 어려움을 겪을 수 있다. 이런 경우 eBook에 접속해서 이 주제에 대한 추가 학습 자료를 보면 도움이 될 수 있다.

예제 4.4

다음 각 산-염기 반응의 분자 반응식, 이온 반응식, 알짜 이온 반응식을 써라.

(a) 브로민화 수소산(*aq*) + 수산화 바륨(*aq*) ⟶

(b) 황산(*aq*) + 수산화 포타슘(*aq*) ⟶

전략 첫 단계는 산과 염기를 강한 것과 약한 것으로 구분하는 것이다. HBr은 강산이고, H_2SO_4는 이온화의 첫 단계에서는 강산이며 두 번째 단계에서는 약산이다. $Ba(OH)_2$와 KOH는 모두 강염기이다.

풀이

(a) 분자 반응식:

$$2HBr(aq) + Ba(OH)_2(aq) \longrightarrow BaBr_2(aq) + 2H_2O(l)$$

이온 반응식:

$$2H^+(aq) + 2Br^-(aq) + Ba^{2+}(aq) + 2OH^-(aq) \longrightarrow Ba^{2+}(aq) + 2Br^-(aq) + 2H_2O(l)$$

알짜 이온 반응식:

$$2H^+(aq) + 2OH^-(aq) \longrightarrow 2H_2O(l)$$

또는

$$H^+(aq) + OH^-(aq) \longrightarrow H_2O(l)$$

Ba^{2+}와 Br^-는 모두 구경꾼 이온이다.

(b) 분자 반응식 :

$$H_2SO_4(aq) + 2KOH(aq) \longrightarrow K_2SO_4(aq) + 2H_2O(l)$$

이온 반응식 :

(계속)

$$H^+(aq) + HSO_4^-(aq) + 2K^+(aq) + 2OH^-(aq) \longrightarrow 2K^+(aq) + SO_4^{2-}(aq) + 2H_2O(l)$$

알짜 이온 반응식 :

$$H^+(aq) + HSO_4^-(aq) + 2OH^-(aq) \longrightarrow SO_4^{2-}(aq) + 2H_2O(l)$$

HSO_4^-가 약산이어서 물에서 잘 이온화하지 않으므로 유일한 구경꾼 이온은 K^+뿐이다.

실전 연습 인산과 수산화 소듐 수용액 사이의 분자 반응식, 이온 반응식, 알짜 이온 반응식을 써라.

비슷한 문제 : 4.33(b). $HCO_3^-(aq) + H^+(aq) \rightleftharpoons H_2CO_3(aq)$

해설 HCO_3^-와 같은 화학종은 산성과 염기성을 동시에 가지고 있으므로 *양쪽성*(amphoteric)이라 한다. 이중 화살표는 이 반응이 가역적임을 나타낸다.

실전 연습 다음 화학종이 브뢴스테드 산인지 염기인지 분류하라.
(a) SO_4^{2-}, (b) HI.

비슷한 문제: 4.31, 4.32.

기체를 형성하는 산-염기 반응

탄산염(CO_3^{2-} 이온 함유), 중탄산염(HCO_3^- 이온 함유), 아황산염(SO_3^{2-} 이온 함유), 황화물(S^{2-} 이온 함유)과 같은 염들은 산과 반응하여 기체를 생성한다. 예를 들어, 탄산 소듐(Na_2CO_3)과 HCl(aq)의 반응의 분자 반응식은 다음과 같다(그림 4.6 참조).

$$Na_2CO_3(aq) + 2HCl(aq) \longrightarrow 2NaCl(aq) + H_2CO_3(aq)$$

탄산은 불안정하므로 적당한 농도 이상으로 용액에 존재하면 다음과 같은 분해가 일어난다.

$$H_2CO_3(aq) \longrightarrow H_2O(l) + CO_2(g)$$

다른 염들이 관여하는 비슷한 반응들은 다음과 같다.

$$NaHCO_3(aq) + HCl(aq) \longrightarrow NaCl(aq) + H_2O(l) + CO_2(g)$$
$$Na_2SO_3(aq) + 2HCl(aq) \longrightarrow 2NaCl(aq) + H_2O(l) + SO_2(g)$$
$$K_2S(aq) + 2HCl(aq) \longrightarrow 2KCl(aq) + H_2S(g)$$

개념과 사실 요약하기

- 아레니우스의 산은 물에서 이온화하여 H^+ 이온을 내놓고, 아레니우스 염기는 물에서 이온화하여 OH^- 이온을 내놓는다. 브뢴스테드 산은 양성자를 주고, 브뢴스테드 염기는 양성자를 받는다.
- 산과 염기의 반응을 중화반응이라고 한다.

개념과 사실 복습하기

4.3.1 다음 (a)~(c)의 도식 중에서 약산을 가장 잘 나타낸 것은 어느 것인가? 매우 약한 산을 나타낸 것은 어느 것인가? 강산을 나타낸 것은 어느 것인가? 물에서 양성자는 하이드로늄 이온으로 존재한다. 모든 산은 일양성자산이다(단순하게 하기 위해 물 분자는 표시하지 않았다).

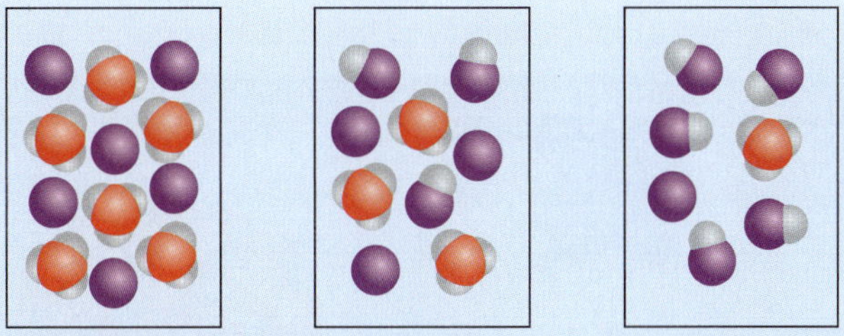

(a) (b) (c)

4.3.2 다음 반응식에서 브뢴스테드 산과 브뢴스테드 염기는 어느 것인가?

$$HBr(aq) + NH_3(aq) \longrightarrow NH_4^+(aq) + Br^-(aq)$$

4.3.3 다음 산-염기 반응에서 알짜 이온 반응식을 써라.

$$HNO_3(aq) + KOH(aq) \longrightarrow$$

4.4 산화-환원 반응

학습 목표

- 산화-환원 반응에서 반쪽 반응을 포함하여 다양한 화합물을 환원제와 산화제로 구별할 수 있다.
- 산화수 규칙을 적용하여 화합물 또는 다원자 이온에서 각 원소의 산화수를 결정할 수 있다.
- 산화-환원 반응을 분해, 연소, 치환, 불균등화 반응으로 분류할 수 있다.
- 활동도 계열을 이용하여 금속 치환 반응이 일어날지 결정할 수 있다.

산-염기 반응의 특징이 양성자 전달 과정이라면, **산화-환원 반응**(oxidation-reduction reaction 또는 redox reaction)은 *전자 이동 반응*이다. 산화-환원 반응은 우리 주위 여러 분야에서 볼 수 있다. 그 범위는 화석 연료의 연소로부터 가정용 표백제에 이른다. 뿐만 아니라 대부분의 금속과 비금속 원소는 산화 또는 환원 과정에 의해 광석으로부터 얻어진다.

▶▶▶ 동영상 자료 산화-환원 반응

많은 중요한 산화-환원 반응이 물 속에서 일어나지만 모든 산화-환원 반응이 수용액에서 일어나는 것은 아니다. 마그네슘과 산소로부터 산화 마그네슘(MgO)이 형성되는 반응을 생각해 보자(그림 4.9).

$$2Mg(s) + O_2(g) \longrightarrow 2MgO(s)$$

산화 마그네슘(MgO)은 Mg^{2+} 이온과 O^{2-} 이온으로 만들어진 이온 결합 화합물이다. 이 반응에서 Mg 원자 두 개에서 전자 네 개가 O 원자 두 개(O_2)로 이동한다. 쉽게 이해하기 위하여 이 과정을 별도의 두 단계로 생각할 수 있다. 하나는 Mg 원자 두 개가 전자 네 개를 잃는 것이고, 다른 하나는 O_2 분자가 전자 네 개를 얻는 것이다.

$$2Mg \longrightarrow 2Mg^{2+} + 4e^-$$
$$O_2 + 4e^- \longrightarrow 2O^{2-}$$

이들 각각의 단계를 **반쪽 반응**(half-reaction)이라 하는데, 이는 *산화-환원 반응에 포함되는 전자를 분명하게 나타낸 것*이다. 반쪽 반응의 합은 전체 반응이 된다.

$$2Mg + O_2 + 4e^- \longrightarrow 2Mg^{2+} + 2O^{2-} + 4e^-$$

양변에서 전자를 지우면

$$2Mg + O_2 \longrightarrow 2Mg^{2+} + 2O^{2-}$$

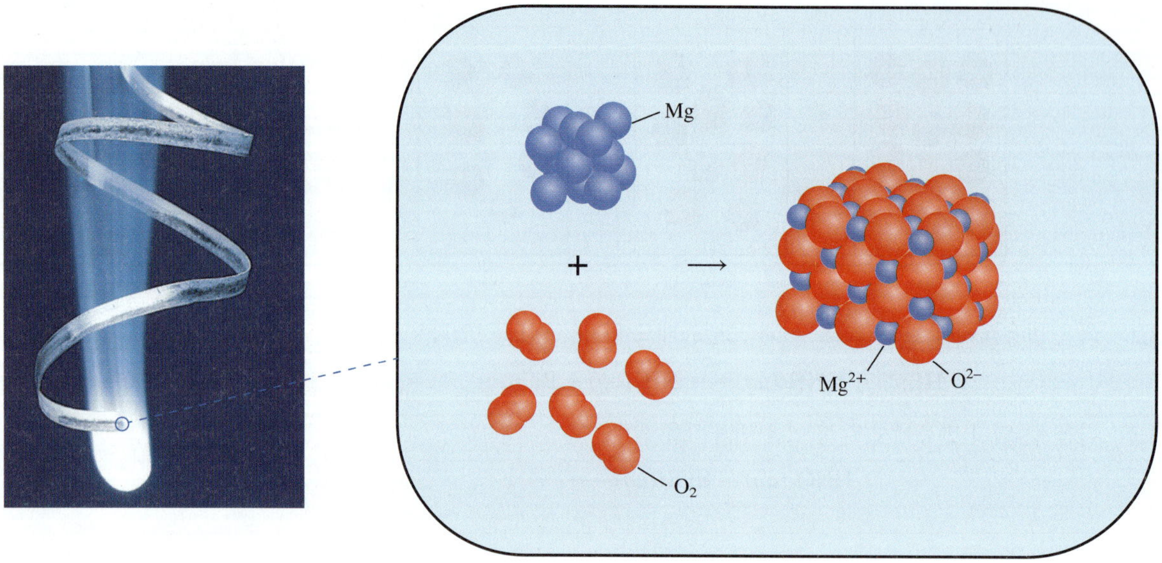

▲ **그림 4.9** 마그네슘이 산소 중에서 연소하여 산화 마그네슘을 형성한다.
(왼쪽): Ken Karp/McGraw-Hill

결과적으로 Mg^{2+}와 O^{2-} 이온이 결합하여 MgO를 형성한다.

$$2Mg^{2+} + 2O^{2-} \longrightarrow 2MgO$$

산화 반응(oxidation reaction)은 *전자를 잃는 과정이 일어나는 반쪽 반응*을 말한다. 화학자들은 원래 "산화"를 특정 원소와 산소가 결합하는 의미로 사용하였다. 그러나 지금은 산소가 관여하지 않는 반응도 포함하는 넓은 의미를 가지고 있다. **환원 반응**(reduction reaction)은 *전자를 얻는 과정이 일어나는 반쪽 반응*이다. 산화-환원을 쉽게 기억하려면 OIL RIG를 연상하라. **O**xidation **I**s **L**oss (of electrons) and **R**eduction **I**s **G**ain (of electrons)(산화는 전자를 잃고, 환원은 전자를 얻는다).

산화 마그네슘의 생성 과정에서 마그네슘이 산화한다. 마그네슘은 *산소에 전자를 주기* 때문에 **환원제**(reducing agent) 역할을 하며, 이 때 산소는 환원된다. 산소는 마그네슘의 산화에 의하여 마그네슘으로부터 *전자를 받기* 때문에 환원되며, **산화제**(oxidizing agent) 역할을 한다. 산화-환원 반응에 있어 산화 범위는 환원 범위만큼이어야 한다. 즉, 환원제에 의해 잃은 전자의 수는 산화제에 의해 얻는 전자의 수와 같아야 한다. 더욱이 산화제는 항상 환원되며, 환원제는 항상 산화된다.

어떤 산화-환원 반응에서는 전자 이동 현상이 다른 반응에서 보다 더 분명하게 나타난다. 금속 아연을 황산 구리(II) ($CuSO_4$)를 포함하는 용액에 넣으면, 아연은 전자 두 개를 주고 산화되며, Cu^{2+}는 두 개의 전자를 받아 환원된다.

$$Zn(s) + CuSO_4(aq) \longrightarrow ZnSO_4(aq) + Cu(s)$$

이 과정에서 수화된 Cu^{2+} 이온의 존재를 나타내는 특징적인 푸른색이 사라진다(그림 4.10).

$$Zn(s) + Cu^{2+}(aq) \longrightarrow Zn^{2+}(aq) + Cu(s)$$

산화와 환원의 반쪽 반응은 다음과 같다.

$$Zn \longrightarrow Zn^{2+} + 2e^-$$
$$Cu^{2+} + 2e^- \longrightarrow Cu$$

▲ **그림 4.10** 용액에서의 금속 치환 반응 (a) 첫 번째 비커: 아연 막대가 푸른색의 $CuSO_4$ 용액에 놓여 있다. Cu^{2+} 이온이 즉시 금속 Cu로 환원되어 검은색 층을 형성한다. 두 번째 비커: 시간이 지나면서 Cu^{2+} 이온들이 환원되어 용액의 색깔이 사라진다. (b) 첫 번째 비커: 구리선 조각이 무색의 $AgNO_3$ 용액에 놓여 있다. Ag^+ 이온은 금속 Ag로 환원된다. 두 번째 비커: 시간이 지남에 따라 Ag^+ 이온은 환원되고 용액은 점차 수화된 Cu^{2+} 이온에 의해 푸른색을 띠게 된다.
(a와 b): Ken Karp/McGraw-Hill

이와 비슷하게 금속 구리는 질산 은($AgNO_3$) 용액에서 은 이온을 환원시킨다.

▶▶▶ 동영상 자료
$AgNO_3$과 Cu의 반응

$$Cu(s) + 2AgNO_3(aq) \longrightarrow Cu(NO_3)_2(aq) + 2Ag(s)$$

또는

$$Cu(s) + 2Ag^+(aq) \longrightarrow Cu^{2+}(aq) + 2Ag(s)$$

산화수

전자를 잃거나 얻는 산화와 환원의 정의를 MgO와 같은 이온 결합 화합물의 생성과 Zn에 의한 Cu^{2+} 이온의 환원에 적용하였다. 그러나 이 정의는 염화 수소(HCl)와 이산화 황(SO_2)의 생성에서는 정확하게 적용되지 않는다.

$$H_2(g) + Cl_2(g) \longrightarrow 2HCl(g)$$
$$S(s) + O_2(g) \longrightarrow SO_2(g)$$

HCl과 SO_2는 이온 결합 화합물이 아니라 분자 화합물이기 때문에 MgO의 경우처럼 이 화합물의 생성 과정에서는 실제로 전자가 이동하지 않는다. 그럼에도 불구하고, 일부 전자가 이동(HCl는 H에서 Cl로, SO_2는 S에서 O로)하는 것을 실험으로부터 알 수 있기 때문에, 화학자들은 이들 반응을 산화-환원 반응으로 취급하는 것이 편리하다고 생각한다.

산화-환원 반응에서 전자의 흐름을 확인하기 위하여 반응물과 생성물에 산화수를 표시한다. 원자의 **산화수**(oxidation number)를 **산화 상태**(oxidation state)라고도 부르며 *전자의 이동이 완전히 일어났다고 가정할 때 한 분자(또는 한 이온 화합물) 내에서 특정 원자가 갖게 되는 전하수*를 의미한다. 예를 들면, 위에서 언급한 HCl과 SO_2의 형성 반응을 다음과 같이 다시 나타낼 수 있다.

$$\overset{0}{H_2}(g) + \overset{0}{Cl_2}(g) \longrightarrow 2\overset{+1}{H}\overset{-1}{Cl}(g)$$

$$\overset{0}{S}(s) + \overset{0}{O_2}(g) \longrightarrow \overset{+4}{S}\overset{-2}{O_2}(g)$$

원소 기호 위의 숫자는 산화수이다. 이 반응을 보면 반응물 분자 내의 원자에는 전하가 없다. 따라서 이들의 산화수는 0이다. 그러나 생성물 분자에서는 완전한 전자 이동이 일어나고, 포함된 원자들은 전자를 잃거나 얻는 것으로 가정한다. 산화수는 "이동된" 전자수를 반영한다.

원소가 산화되었는지 환원되었는지를 산화수로부터 바로 확인할 수 있다. 위의 예에서, 수소와 황은 산화수가 증가하므로 그 원소는 산화된 것이다. 염소와 산소는 산화수가 처음 값보다 감소하므로 환원이다. HCl(+1과 −1)의 H와 Cl의 산화수의 합이 0이라는 것에 주의하라. 이와 같이 S(+4)와 O[2 × (−2)]의 전하를 더하면 합이 0이 된다. 그 반응에서 HCl과 SO_2 분자가 중성으로 전하는 상쇄되어야 한다.

다음 규칙을 사용하여 산화수를 정한다.

1. 자유 원소(화합물이 아닌 상태)에서 각 원자의 산화수는 0이다. H_2, Br_2, Na, Be, K, O_2, P_4의 각 원자는 같은 산화수를 가지므로 산화수가 0이다.
2. 한 원자만을 포함하는 이온(단원자 이온)에서 산화수는 이온의 전하수와 같다. Li^+ 이온은 산화수가 +1, Ba^{2+} 이온은 +2, Fe^{3+} 이온은 +3, I^- 이온은 −1, O^{2-} 이온은 −2이다. 화합물에서 모든 알칼리 금속은 산화수가 +1이고, 모든 알칼리 토금속의 산화수는 +2이다. 알루미늄은 모든 화합물에서 산화수가 +3이다.
3. 대부분 화합물에서 산소의 산화수는 −2이다(예를 들어, MgO와 H_2O). 그러나 과산화 수소(H_2O_2)와 과산화 이온(O_2^{2-})에서 산소의 산화수는 −1이다.
4. 수소가 이성분 화합물에서 금속과 결합하는 것을 제외하고 수소의 산화수는 +1이다. 금속 화합물인 경우(예를 들어, LiH, NaH, CaH_2), 수소의 산화수는 −1이다.
5. 플루오린은 모든 화합물에서 산화수가 −1이다. 다른 할로젠(Cl, Br, I)은 화합물에서 할로젠화 이온의 경우 산화수는 음(−)이나, 산소산(oxoacid)이나 산소산 음이온(oxoanion, 2.7절 참조)과 같이 산소와 결합할 때의 산화수는 양(+)이다.
6. 중성 분자에서 모든 원자들의 산화수의 합은 0이어야 한다. 다원자 이온에서 이온에 대한 모든 원소의 산화수의 합은 이온의 알짜 전하와 같아야 한다. 예를 들어, 암모늄 이온(NH_4^+)에서 N의 산화수는 −3이고, H는 +1이다. 따라서 산화수의 합은 −3 + 4(+1) = +1로 이온의 알짜 전하와 같다.
7. 산화수는 정수 값만 갖는 것이 아니다. 예를 들어, 초과산화 이온(O_2^-)의 O의 산화수는 $-\frac{1}{2}$이다.

예제 4.5는 위의 규칙을 적용해 산화수를 정하는 것이다.

인터넷 핫스팟

학생들의 학습 경험에 대해 축적된 자료에 따르면 산화수를 구하는 데 어려움을 겪을 수 있다. 이런 경우 eBook에 접속해서 이 주제에 대한 추가 학습 자료를 보면 도움이 될 수 있다.

예제 4.5

다음 화합물이나 이온에서 각 원소의 산화수를 결정하라.
(a) Li_2O, (b) HNO_3, (c) $Cr_2O_7^{2-}$

전략 일반적으로 산화수를 정의하는 일반 규칙을 따른다. 화합물에서 모든 알칼리 금속의 산화수는 +1이며, 수소의 산화수는 대부분 +1이고, 산소의 산화수는 −2임을 기억하라.

풀이

(a) 규칙 2에 의거하여 리튬의 산화수는 +1(Li^+)이고 산소의 산화수는 −2(O^{2-})임을 알 수 있다.

(b) 이것은 질산의 화학식으로 용액에서 H^+ 이온과 NO_3^- 이온을 형성한다. 규칙 4에 의거하여 H의 산화수는 +1이다. 따라서 질산 이온의 알짜 산화수는 −1이다. 산소의 산화수는 −2이므로 질소의 산화수를 x로 표기하면, 질산 이온을 다음과 같이 나타낼 수 있다.

$$[N^{(x)}O_3^{(2-)}]^-$$

따라서

$$x = +5$$

(c) 규칙 6에 의거하여 다이크로뮴산(dichromate, $Cr_2O_7^{2-}$) 이온의 산화수의 합은 −2이다. 산소의 산화수가 −2이므로 y로 표기한 Cr의 산화수를 알아내면 된다. 다이크로뮴산 이온을 다음과 같이 나타낼 수 있다.

$$[Cr_2^{(y)}O_7^{(2-)}]^{2-}$$

그러므로

$$y = +6$$

검산 각 경우에 모든 원자의 산화수의 합은 화학종의 알짜 전하수와 일치하는가?

실전 연습 다음 화합물이나 이온에서 모든 원소의 산화수를 결정하라. (a) PF_3, (b) MnO_4^-.

비슷한 문제: 4.47, 4.49.

그림 4.11은 주기율표에서 그들의 위치에 따라 정리한 원소의 산화수를 나타내고 있다. 다음과 같이 그림의 내용을 요약할 수 있다.

- 금속 원소의 산화수는 양의 값이지만, 비금속 원소의 산화수는 양 또는 음일 수 있다.
- 1, 2족 원소의 최대 산화수는 그 족의 수와 같다. 예를 들어 13~17족의 최대 산화수는 족수에서 10을 뺀 것과 같다. 예를 들어, 17족의 할로젠 Cl, Br, I의 가능한 최대 산화수는 +7 (17~10)이다.
- 전이금속(3~11족)은 일반적으로 여러 가지의 산화수를 가질 수 있다.

산화-환원 반응의 형태

대부분의 일반적인 산화-환원 반응은 결합 반응, 분해 반응, 연소 반응, 치환 반응으로 나누어 볼 수 있다. 더 복잡한 형태인 불균등화 반응 또한 이 절에서 논의할 것이다.

결합 반응

결합 반응(combination reaction)은 *둘 이상의 물질이 결합하여 하나의 생성물을 만드는 반응*이다. 그림 4.12에 대표적인 결합 반응을 나타냈다. 예를 들면, 다음과 같다.

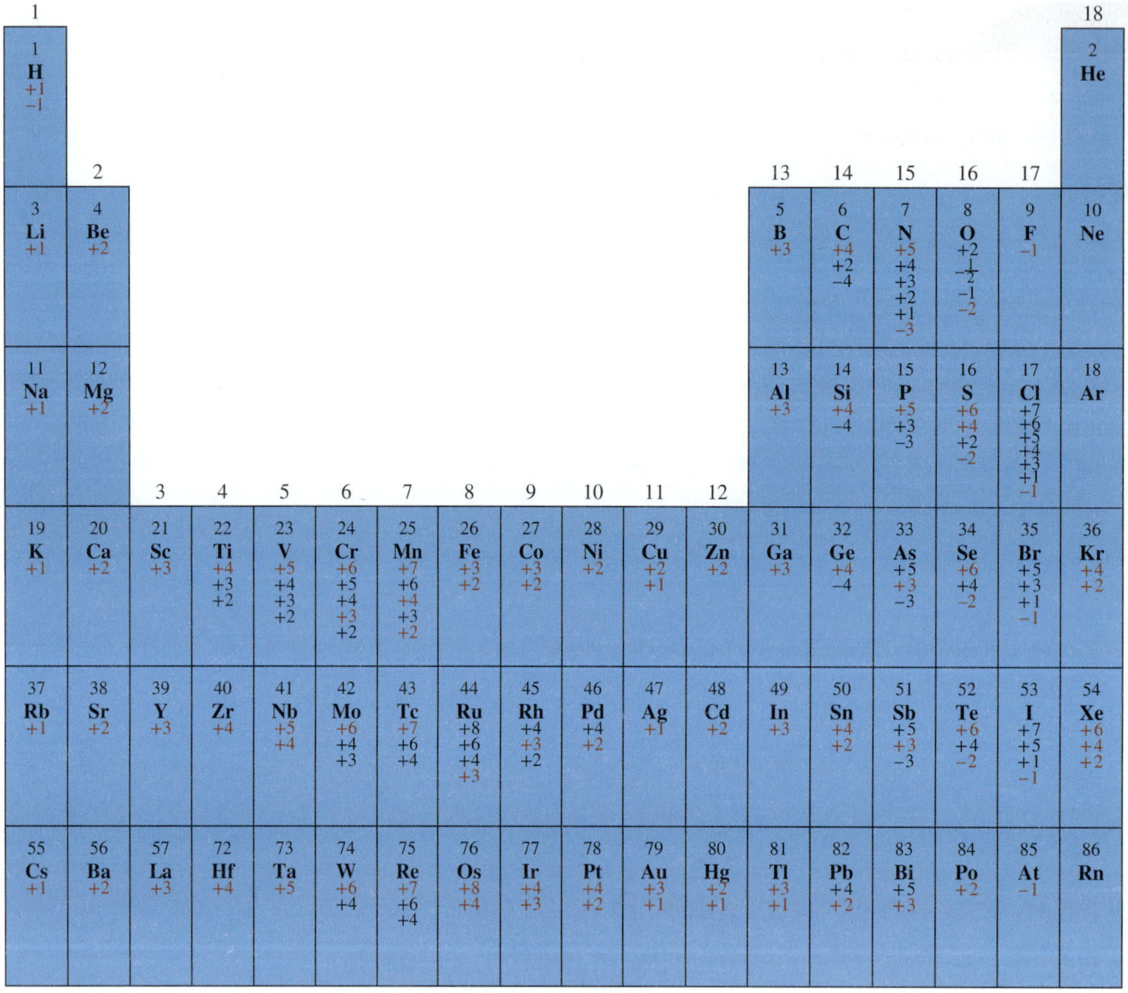

▲ **그림 4.11** 화합물 내에서 원소의 산화수. 더 일반적인 산화수는 색으로 표기하였다.

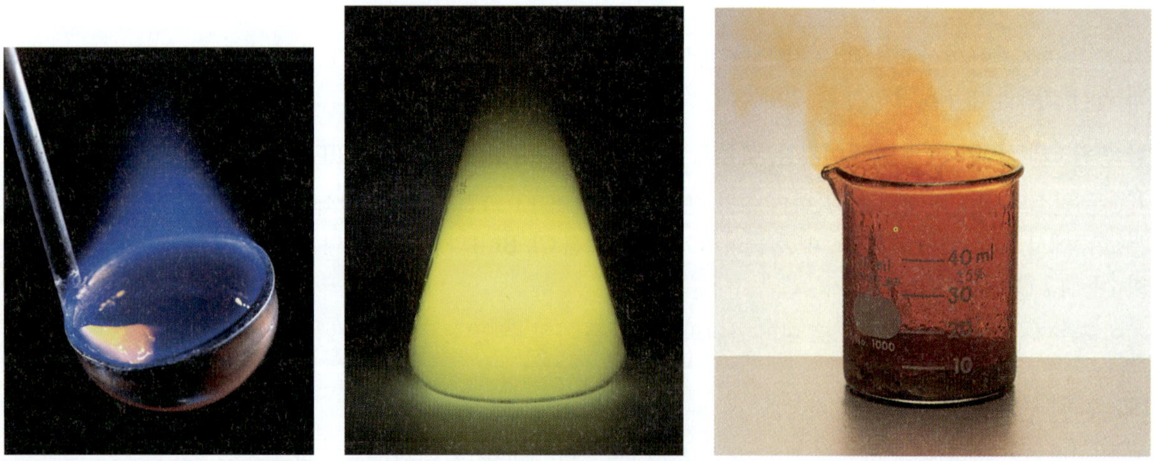

(a) (b) (c)

▲ **그림 4.12** 몇 가지 간단한 결합 산화-환원의 예. (a) 대기 중에서 황이 연소하여 이산화 황을 형성한다. (b) 염소 기체 속에서 소듐이 연소하여 염화 소듐을 형성한다. (c) 알루미늄이 브로민과 반응하여 브로민화 알루미늄을 형성한다.

(a, c): Ken Karp/McGraw-Hill; (b): Charles D. Winters/Science Source.

$$\overset{0}{S}(s) + \overset{0}{O_2}(g) \longrightarrow \overset{+4\,-2}{SO_2}(g)$$

$$2\overset{0}{Al}(s) + 3\overset{0}{Br}(l) \longrightarrow 2\overset{+3\,-1}{AlBr_3}(s)$$

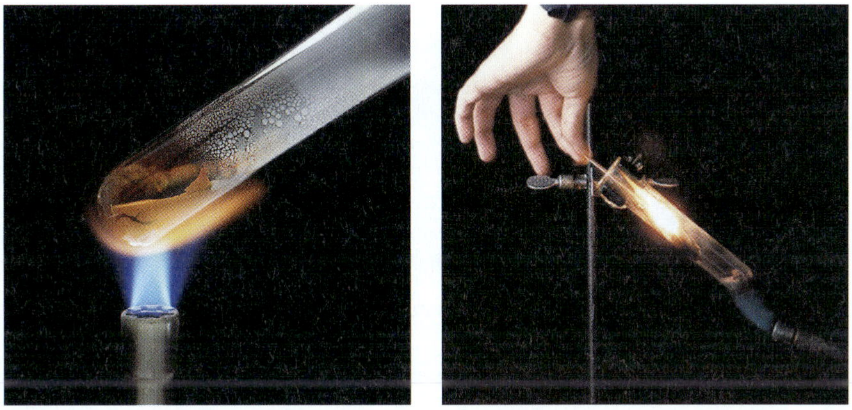

(a) (b)

◀ **그림 4.13** (a) 산화 수은(II)(HgO)를 가열하면 분해하여 수은과 산소를 형성한다. (b) 염소산 포타슘($KClO_3$)을 가열하면 나무 조각의 연소를 돕는 산소를 생성한다.
(a): Charles D. Winters/McGraw-Hill; (b): Ken Karp/McGraw-Hill

▶ 분해 반응

분해 반응은 결합 반응의 반대이다. 즉, **분해 반응**(decomposition reaction)은 *한 화합물이 둘 이상의 성분으로 나누어지는 반응*이다(그림 4.13). 예를 들면, 다음과 같다.

$$2\overset{+2}{\text{Hg}}\overset{-2}{\text{O}}(s) \longrightarrow 2\overset{0}{\text{Hg}}(l) + \overset{0}{\text{O}}_2(g)$$

$$2\text{K}\overset{+5}{\text{Cl}}\overset{-2}{\text{O}}_3(s) \longrightarrow 2\text{K}\overset{-1}{\text{Cl}}(s) + 3\overset{0}{\text{O}}_2(g)$$

$$2\overset{+1}{\text{Na}}\overset{-1}{\text{H}}(s) \longrightarrow 2\overset{0}{\text{Na}}(s) + \overset{0}{\text{H}}_2(g)$$

산화 또는 환원된 원소에 대해서만 산화수를 표시하였다.

▶ 연소 반응

연소 반응(combustion reaction)은 *물질이 산소와 반응하여 열과 빛을 가진 불꽃을 만드는 반응*이다. 앞서 설명한 마그네슘과 황의 산소와의 반응이 바로 연소 반응이다. 다른 예로 가정 난방이나 주방용으로 사용되는 프로페인(C_3H_8) 기체의 연소를 살펴보면 다음과 같다.

$$C_3H_8(g) + 5O_2(g) \longrightarrow 3CO_2(g) + 4H_2O(l)$$

유기 화합물에서 C 원자들의 산화수를 나타내는 것은 좀 더 복잡하다. 여기서 O 원자의 산화수 변화만 살펴보면 0에서 −2로 변한다.

▶ 치환 반응

치환 반응(displacement reaction)은 *화합물의 한 이온(또는 원자)이 다른 원소의 이온(또는 원자)에 의해 치환되는 반응*이다. 대부분의 치환 반응은 수소 치환, 금속 치환, 할로젠 치환의 세 가지 중 하나이다.

1. 수소 치환(hydrogen displacement). 금속 원소 중 반응성이 가장 큰 알칼리 금속과 몇 가지 알칼리 토금속(Ca, Sr, Ba)은 찬물에서도 수소를 치환할 수 있다(그림 4.14).

$$2\overset{0}{\text{Na}}(s) + 2\overset{+1}{\text{H}}_2\text{O}(l) \longrightarrow 2\overset{+1}{\text{Na}}\text{O}\overset{+1}{\text{H}}(aq) + \overset{0}{\text{H}}_2(g)$$

$$\overset{0}{\text{Ca}}(s) + 2\overset{+1}{\text{H}}_2\text{O}(l) \longrightarrow \overset{+2}{\text{Ca}}(\text{O}\overset{+1}{\text{H}})_2 + \overset{0}{\text{H}}_2(g)$$

물과 반응하지 않는 금속을 포함해 많은 금속들이 산으로부터 수소를 치환할 수 있다. 예를 들어, 아연(Zn)과 마그네슘(Mg)은 찬물과는 반응하지 않지만, 다음과 같이 염산과 반응한다.

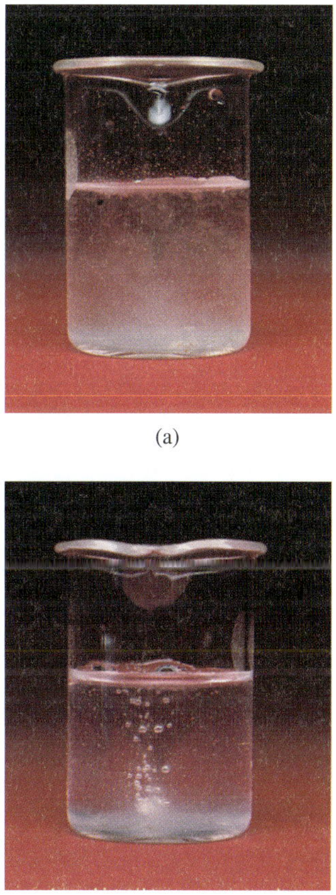

(b)

▲ **그림 4.14** 찬물과 반응하는 (a) 소듐(Na), (b) 칼슘(Ca). Na의 반응이 Ca의 반응보다 더 격렬하다.
(a, b): Ken Karp/McGraw-Hill

(a) (b) (c)

▲ **그림 4.15** 염산이 (a) 철(Fe), (b) 아연(Zn), (c) 마그네슘(Mg)과 반응하여 수소 기체와 금속의 염화물($FeCl_2$, $ZnCl_2$, $MgCl_2$)을 형성한다. 이들 금속의 반응성은 수소 기체의 생성 속도와 관계가 있는데, Fe의 경우가 가장 느리며, 반응성이 가장 큰 Mg의 경우가 가장 빠르다.
(a, b, c): Stephen Frisch/McGraw-Hill

$$\overset{0}{\mathrm{Zn}}(s) + 2\overset{+1}{\mathrm{H}}\mathrm{Cl}(aq) \longrightarrow \overset{+2}{\mathrm{Zn}}\mathrm{Cl_2}(aq) + \overset{0}{\mathrm{H_2}}(g)$$
$$\overset{0}{\mathrm{Mg}}(s) + 2\overset{+1}{\mathrm{H}}\mathrm{Cl}(aq) \longrightarrow \overset{+2}{\mathrm{Mg}}\mathrm{Cl_2}(aq) + \overset{0}{\mathrm{H_2}}(g)$$

그림 4.15는 염산(HCl)과 철(Fe), 아연(Zn), 마그네슘(Mg)의 반응을 나타낸다. 이 반응은 실험실에서 수소 기체를 생성하기 위하여 사용되는 반응이다.

2. 금속 치환(metal displacement). 화합물에서 금속은 원소 상태의 다른 금속에 의해 치환될 수 있다. 앞 절에서 아연이 구리 이온을, 구리가 은 이온을 치환하는 예를 이미 보았다(그림 4.10). 반대 방향으로 치환 반응이 일어나지는 않는다. 구리 금속은 황산 아연에서 아연 이온을 치환하지 못하고, 은 금속은 질산 구리에서 구리 이온을 치환할 수 없다.

금속이나 수소 치환 반응이 실제로 일어나는가를 예상하는 방법은 그림 4.16에 나타

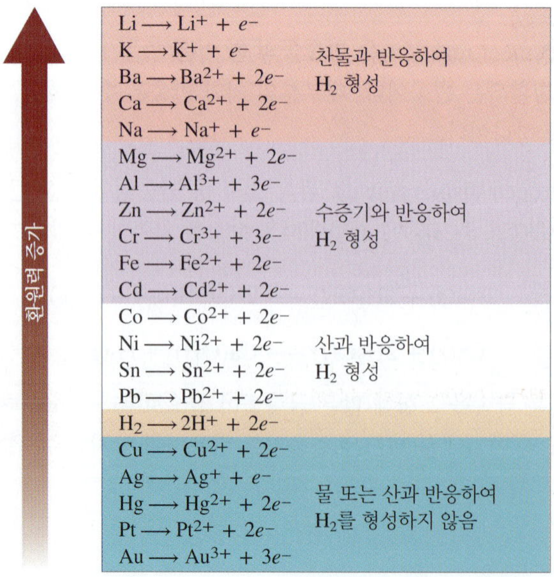

▶ **그림 4.16** 금속의 활동도 계열. 산이나 물에서 수소를 치환하는 능력 순으로 금속을 배열하였다. 리튬(Li)의 반응성이 가장 크고, 금(Au)의 반응성이 가장 작다.

낸 **활동도 계열**(activity series, *전기화학적 계열*이라고도 부름)을 참조하면 된다. 기본적으로 활동도 계열은 언급한 것과 같이 *많은 치환 반응의 결과를 편리하게 요약한 것이다*. 이 계열에 따라 수소 위쪽에 있는 금속은 물이나 산에 의하여 치환되지만, 수소 아래 금속은 물 또는 산과 반응하지 않는다. 사실, 이 계열에 나와 있는 금속은 그 아래의 어느 금속이든지(화합물에 있는)와 반응할 것이다. 예를 들어, Zn은 Cu 위에 있으므로 금속 아연은 황산 구리로부터 구리 이온을 치환할 수 없다.

금속 치환 반응은 광석으로부터 순수한 금속을 분리하는 야금 과정에서 많이 응용되고 있다. 예를 들어, 바나듐은 산화 바나듐(V)를 금속 칼슘으로 처리하여 얻을 수 있다.

$$V_2O_5(s) + 5Ca(l) \longrightarrow 2V(l) + 5CaO(s)$$

비슷하게, 타이타늄은 아래의 반응에 따라 염화 타이타늄(IV)로부터 얻을 수 있다.

$$TiCl_4(g) + 2Mg(l) \longrightarrow Ti(s) + 2MgCl_2(l)$$

각각의 경우 환원제로 작용하는 금속은 활동도 계열에서 환원하는 금속 위에(즉, Ca는 V 위에, Mg는 Ti 위에) 있다. 제18장에서 이러한 반응의 예를 많이 공부할 것이다.

3. 할로젠 치환(halogen displacement). 할로젠의 치환 반응에서 할로젠의 활동도 계열은 다음과 같이 나타낼 수 있다.

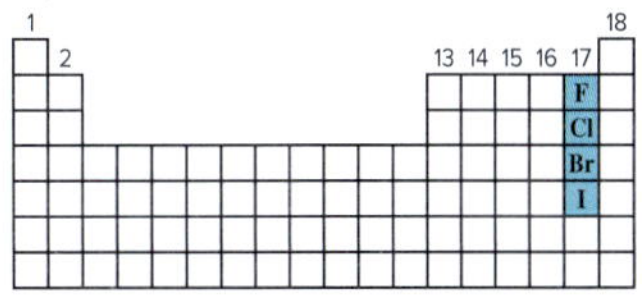

▲ *할로젠 원소*

$$F_2 > Cl_2 > Br_2 > I_2$$

플루오린에서 아이오딘으로 가면서 17족 원소의 산화제로서의 능력은 감소한다. 따라서 플루오린 분자는 용액에서 염화, 브로민화, 아이오딘화 이온을 치환할 수 있다. 실제로 플루오린 분자는 반응성이 커서 물을 공격할 수도 있으므로 이 반응은 수용액에서 일어날 수 없다. 반면에, 염소 분자는 수용액에서 브로민화 이온과 아이오딘화 이온을 치환할 수 있다. 그 치환 반응은 다음과 같다.

$$\overset{0}{Cl_2}(g) + 2K\overset{-1}{Br}(aq) \longrightarrow 2K\overset{-1}{Cl}(aq) + \overset{0}{Br_2}(l)$$

$$\overset{0}{Cl_2}(g) + 2Na\overset{-1}{I}(aq) \longrightarrow 2Na\overset{-1}{Cl}(aq) + \overset{0}{I_2}(s)$$

그 이온 반응식은 다음과 같다.

$$\overset{0}{Cl_2}(g) + 2\overset{-1}{Br}(aq) \longrightarrow 2\overset{-1}{Cl^-}(aq) + \overset{0}{Br_2}(l)$$

$$\overset{0}{Cl_2}(g) + 2\overset{-1}{I^-}(aq) \longrightarrow 2\overset{-1}{Cl^-}(aq) + \overset{0}{I_2}(s)$$

한편 브로민 분자는 용액 안에 존재하는 아이오딘화 이온을 치환하여 아이오딘을 형성한다.

$$\overset{0}{Br_2}(l) + 2\overset{-1}{I^-}(aq) \longrightarrow 2\overset{-1}{Br^-}(aq) + \overset{0}{I_2}(s)$$

위 반응들의 역반응은 일어나지 않는다. 그래서 브로민은 염화 이온을 치환할 수 없고, 아이오딘은 브로민화 이온이나 염화 이온을 치환할 수 없다.

할로젠 치환 반응은 산업에 직접적으로 이용하고 있다. 모두 강산화제인 할로젠족 원소는 비금속 원소들 중에서 반응성이 가장 크다. 따라서 천연에서 이들 원소는 금속과의 할로젠화물로 발견되며 자유 원소로 결코 발견되지는 않는다. 네 원소 중 산업용 화합물로서 가장 중요한 것은 염소이다. 2010년 미국에서 생산한 염소의 양은 250억 파운드로 산업용 화합물의 생산량으로는 10위이다. 브로민의 연간 생산량은 염소의 100분의 1이고, 플루오린 및 아이오딘의 생산량은 훨씬 더 적다.

할로젠화물에서 다음과 같은 산화 과정을 이용하여 할로젠 원소를 회수한다.

$$2X^- \longrightarrow X_2 + 2e^-$$

▲ **그림 4.17** 염소 기체로 수용액 중 Br^- 이온을 산화하여 액체 브로민을 만드는 공장.
Stephen Frisch/McGraw-Hill

여기서 X는 할로젠 원소를 나타낸다. 바닷물과 천연 소금물(예를 들어, 소금 암반과 접하고 있는 지하수)은 Cl^-, Br^-, I^- 이온이 풍부한 공급원이다. 형석(CaF_2)과 빙정석(Na_3AlF_6)은 플루오린을 만드는 데 사용한다. 플루오린은 알려진 가장 강한 산화제이므로, 화학적 방법으로 F^- 이온을 F_2로 만들 수 없다. 플루오린을 산화시키는 유일한 방법은 전기분해법으로 제18장에서 자세히 논할 것이다. 공업용 염소 또한 플루오린과 같이 전기분해법으로 생산한다.

브로민은 공업적으로 염소로 Br^- 이온을 산화시켜 만들며, 염소는 Br^- 이온을 산화하지만 물은 산화하지 못하는 정도의 강한 산화제이다.

$$2Br^-(aq) \longrightarrow Br_2(l) + 2e^-$$

Br^- 이온의 가장 풍부한 공급원은 사해이다. 사해에는 질량으로 약 4000 ppm의 Br^-가 녹아 있다. Br^- 이온을 산화하여 생성한 브로민은 용액에 공기를 불어넣어 분리한다. 분리된 공기와 브로민 혼합물을 냉각하여 브로민을 농축한다(그림 4.17).

아이오딘도 바닷물과 천연 소금물로부터 염소로 I^-를 산화하여 만든다. Br^-와 I^- 이온은 항상 같은 공급원에 존재하기 때문에 둘 다 염소에 의해 산화된다. 그러나 아이오딘은 물에 일부만 녹는 고체이므로 비교적 쉽게 Br_2와 I_2를 분리한다. 공기를 불어넣으면 생성된 대부분의 브로민은 분리되지만, 아이오딘에는 영향을 주지 않는다.

▶ 불균등화 반응

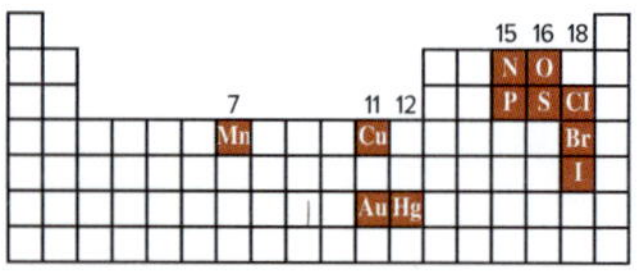

▲ *불균등화 반응을 일으키는 원소들.*

불균등화 반응은 산화-환원 반응의 특별한 형태이다. **불균등화 반응**(disproportionation reaction)에서는 *한 가지 산화 상태로 있는 원소가 동시에 산화 및 환원된다.* 불균등화 반응에서 한 반응물은 적어도 세 개의 산화 상태를 가질 수 있는 원소를 항상 포함한다. 반응물에서 그 원소 자체는 중간 산화 상태에 있다. 생성물에 있는 그 원소는 더 높은 산화 상태와 더 낮은 산화 상태에 있다. 과산화 수소의 분해는 불균등화 반응의 예이다.

$$2H_2\overset{-1}{O_2}(aq) \longrightarrow 2H_2\overset{-2}{O}(l) + \overset{0}{O_2}(g)$$

여기서 반응물 중 산소의 산화수(−1)는 O_2에서는 0으로 증가하고 H_2O에서는 −2로 감소한다. 반면 H의 산화수는 +1로 변화가 없다. 다른 예로 염소 분자와 NaOH 용액 사이의 반응을 보자.

$$\overset{0}{Cl_2}(g) + 2OH^-(aq) \longrightarrow \overset{+1}{Cl}O^-(aq) + \overset{-1}{Cl^-}(aq) + H_2O(l)$$

이 반응은 가정용 표백제의 생성을 나타낸 것이다. 하이포아염소산 이온(ClO^-)은 색이 있는 얼룩을 산화하여 색이 없는 화합물로 변화시킨다.

마지막으로, 산화-환원 반응과 산-염기 반응을 비교해 보자. 산-염기 반응은 양성자의 이동이며 산화-환원 반응은 전자 이동인 것이 두 반응의 유사점이다. 그러나 산-염기 반응은 (산과 염기를 항상 포함하고 있기 때문에) 쉽게 알 수 있지만, 산화-환원 과정을 확인하기 위해서는 절차가 단순하지 않다. 단지 확실한 유일한 방법은 반응물과 생성물에서 모든 원소의 산화수를 비교하는 것이다. 산화수의 변화가 있다면 그 반응이 산화-환원 반응이라는 것이 *확실하다.*

산화-환원 반응의 유형에 따른 분류를 예제 4.6에서 살펴본다.

예제 4.6

다음 산화-환원 반응을 분류하고, 각 원소의 산화수 변화를 지적하라.

(a) $2N_2O(g) \longrightarrow 2N_2(g) + O_2(g)$

(계속)

(b) $6Li(s) + N_2(g) \longrightarrow 2Li_3N(s)$
(c) $Ni(s) + Pb(NO_3)_2(aq) \longrightarrow Pb(s) + Ni(NO_3)_2(aq)$
(d) $2NO_2(g) + H_2O(l) \longrightarrow HNO_2(aq) + HNO_3(aq)$

전략 결합 반응, 분해 반응, 치환 반응, 불균등화 반응의 정의를 복습하라.

풀이

(a) 한 반응물이 두 가지 서로 다른 생성물이 되므로 이 반응은 분해 반응이다. N의 산화수가 +1에서 0이 되고, O의 산화수는 −2에서 0이 된다.
(b) 이 반응은 결합 반응이다(두 반응물이 하나의 생성물을 만든다). Li의 산화수는 0에서 +1이 되고, N의 산화수는 0에서 −3으로 변한다.
(c) 이 반응은 금속 치환 반응이다. 금속 Ni가 Pb^{2+}를 치환(환원)한다. Ni의 산화수는 0에서 +2로 증가하고, Pb의 산화수는 +2에서 0으로 감소한다.
(d) NO_2에 포함된 N의 산화수는 +4이고, HNO_2의 N의 산화수는 +3, HNO_3에 포함된 N의 산화수는 +5이다. 한 원소의 산화수의 증가와 감소가 동시에 일어나므로, 이 반응은 불균등화 반응이다.

실전 연습 다음 산화-환원 반응을 분류하라.

(a) $Fe + H_2SO_4 \longrightarrow FeSO_4 + H_2$
(b) $S + 3F_2 \longrightarrow SF_6$
(c) $2CuCl \longrightarrow Cu + CuCl_2$
(d) $2Ag + PtCl_2 \longrightarrow 2AgCl + Pt$

비슷한 문제: 4.55, 4.56.

개념과 사실 요약하기

- 산화-환원 반응에서 산화와 환원은 항상 동시에 일어난다. 산화는 전자를 잃고, 환원은 전자를 얻는 것이 특징이다.
- 산화수를 통해 전하의 분포를 알 수 있으며, 정해진 규칙에 따라 이온이나 화합물에 있는 모든 원자에 할당된다. 산화수가 증가하면 산화, 산화수가 감소하면 환원으로 정의한다.
- 많은 산화-환원 반응은 결합, 분해, 연소, 치환, 불균등화 반응으로 세분화될 수 있다.

개념과 사실 복습하기

4.4.1 다음 결합 반응 중 산화-환원 반응이 아닌 것은?

(a) $2Mg(s) + O_2(g) \longrightarrow 2MgO(s)$
(b) $H_2(g) + F_2(g) \longrightarrow 2HF(g)$
(c) $NH_3(g) + HCl(g) \longrightarrow NH_4Cl(s)$
(d) $2Na(s) + S(s) \longrightarrow Na_2S(s)$

4.4.2 다음 화합물과 이온의 밑줄 친 원자의 산화수를 결정하라.

(a) $\underline{Mn}O_2$, (b) $\underline{N_2}F_4$, (c) $\underline{Cr}O_2^-$

4.5 용액의 농도

학습 목표

- 용액의 몰농도를 계산할 수 있다.
- 용액을 묽혔을 때 용액의 농도를 결정할 수 있다.

용액에 대한 화학량론을 공부하기 위해서는 용액에 얼마만큼의 반응이 존재하는지 알아야 할 뿐만 아니라 반응물의 양을 조절하는 방법도 알아야 한다.

용액의 농도(concentration of solution)는 *주어진 용액 또는 용매의 양에 대한 용질의 양*이다(여기서 용질은 액체 또는 고체이며, 용매는 액체라 가정한다). 용액의 농도는 여러 가지로 표현되는데, 이에 대해서는 제12장에서 자세히 배울 것이다. 여기서는 화학에서 가장 일반적으로 사용하는 **몰농도**(M, molarity 또는 molar concentration)에 대해 알아본다. 몰농도는 *용액 1 L 중에 녹아 있는 용질의 몰수*이며, 다음 식으로 정의한다.

$$\text{몰농도} = \frac{\text{용질의 몰수}}{\text{용액의 리터수}} \tag{4.1}$$

이 식은 또한 아래와 같이 간략히 표현할 수 있다.

$$M = \frac{n}{V} \tag{4.2}$$

여기서 V는 용액의 부피를 의미하고, n은 용질의 몰수이다.

1.46 몰농도의 포도당($C_6H_{12}O_6$) 용액은 1.46 M으로 표시하고, 이것은 용액 1 L 속에 용질 포도당($C_6H_{12}O_6$) 1.46 mol을 포함한다는 것을 의미한다. 물론, 항상 정확히 1 L 용액으로 실험을 할 필요는 없다. 즉 $C_6H_{12}O_6$ 0.730 mol을 포함하는 500 mL 용액은 1.46 M과 같다는 의미이다.

$$\text{몰농도} = \frac{0.730\text{ mol } C_6H_{12}O_6}{500\ \cancel{\text{mL 용액}}} \times \frac{1000\ \cancel{\text{mL 용액}}}{1\text{ L 용액}} = 1.46\ M\ C_6H_{12}O_6$$

밀도와 마찬가지로 농도는 세기 성질이므로 용액의 양에 따라 변하지는 않는다.

몰농도는 물에 녹인 용질의 양에만 관계되며 산의 이온화나 염의 해리와 같은 다음 과정은 고려하지 않는다는 점을 명심하는 것이 중요하다. 충분한 양의 물에 강전해질인 염화 포타슘(KCl) 시료를 녹여 1 M 용액을 만들 때 어떤 반응이 일어나는지 살펴보자.

$$KCl(s) \xrightarrow{H_2O} K^+(aq) + Cl^-(aq)$$

KCl은 강전해질이기 때문에 용액 중에서 완전히 이온화한다. 따라서 1 M KCl 용액 중에는 K^+ 이온 1 mol과 Cl^- 이온 1 mol만이 존재하며, KCl은 존재하지 않는다. 이온의 농도는 $[K^+] = 1\ M$, $[Cl^-] = 1\ M$로 표시할 수 있으며, 여기서 대괄호 [ ]는 몰농도를 의미한다. 이와 비슷하게 질산 바륨[$Ba(NO_3)_2$] 1 M 용액 중에는 $[Ba^{2+}] = 1\ M$, $[NO_3^-] = 2\ M$이며, $Ba(NO_3)_2$는 존재하지 않는다.

$$Ba(NO_3)_2(s) \xrightarrow{H_2O} Ba^{2+}(aq) + 2NO_3^-(aq)$$

특정 몰농도의 용액을 제조하는 과정은 다음과 같다. 먼저 용질의 무게를 정확하게 달아서 부피 플라스크에 넣은 다음, 용질이 잘 용해되도록 조심스럽게 교반하면서 물을 첨가한다(그림 4.18). 고체가 모두 녹으면 용액이 플라스크 눈금에 이를 때까지 천천히 물을 가한다. 플라스크에 들어 있는 용액의 부피와 녹은 용질의 양(용질의 몰수)을 알고 있으면 식 (4.1)을 이용하여 용액의 몰농도를 계산할 수 있다. 이 때, 첨가된 물의 양은 알 필요가 없고, 용액의 최종 부피만 알면 된다.

예제 4.7과 4.8은 앞의 식 (4.1)과 식 (4.2)를 응용하는 문제이다.

예제 4.7

농도가 2.16 M인 용액 250 mL를 만드는 데 필요한 $K_2Cr_2O_7$의 그램수를 계산하라.

(계속)

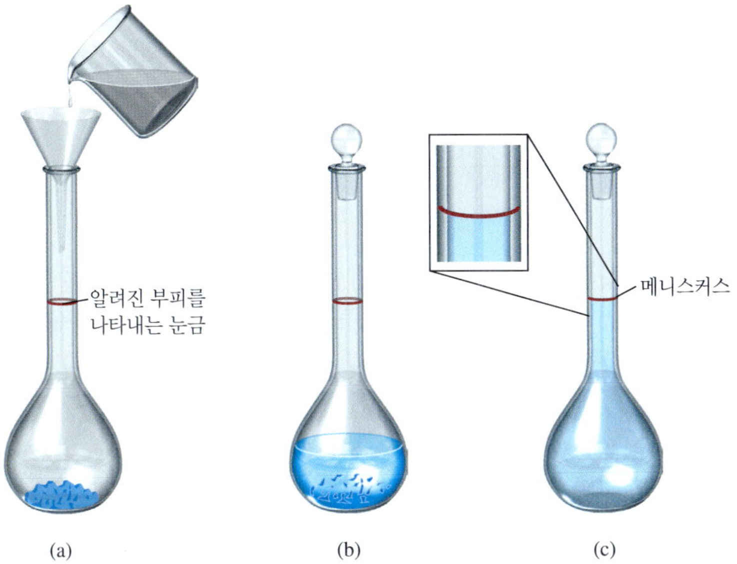

◀ **그림 4.18** 특정 몰농도의 용액을 제조하는 과정. (a) 정확한 양의 고체 용질을 부피 플라스크에 넣고, 깔때기를 이용하여 물을 가한다. (b) 플라스크를 가볍게 흔들어서 고체를 서서히 녹인다. (c) 고체가 모두 녹은 후, 물을 눈금까지 채운다. 녹아 있는 용질의 양과 용액의 부피로부터 용액의 몰농도를 계산할 수 있다.

전략 $K_2Cr_2O_7$ 2.16 *M* 용액 1 L(1000 mL)에 들어 있는 $K_2Cr_2O_7$의 몰수는 얼마인가? 250 mL 용액에는? 몰수를 그램수로 어떻게 바꾸는가?

풀이 먼저 2.16 *M* 용액 250 mL, 즉 0.250 L에 들어 있는 $K_2Cr_2O_7$의 몰수를 계산하자. 식 (4.1)을 재배열하면

$$\text{용질의 몰수} = \text{몰농도} \times \text{용액의 리터수}$$

따라서,

$$K_2Cr_2O_7\text{의 몰수} = \frac{2.16 \text{ mol } K_2Cr_2O_7}{1 \text{ L 용액}} \times 0.25 \text{ L 용액}$$
$$= 0.540 \text{ mol } K_2Cr_2O_7$$

$K_2Cr_2O_7$ 몰질량은 294.2 g이므로

$$\text{필요한 } K_2Cr_2O_7\text{의 그램수} = 0.540 \text{ mol } K_2Cr_2O_7 \times \frac{294.2 \text{ g } K_2Cr_2O_7}{1 \text{ mol } K_2Cr_2O_7}$$
$$= 159 \text{ g } K_2Cr_2O_7$$

검산 어림잡아 [몰농도(mol/L) × 부피(L) × 몰질량(g/mol)], 즉 [2 mol/L × 0.25 L × 300 g/mol)]을 계산해 보면, 질량은 약 150 g이다. 따라서 얻은 답은 타당하다.

실전 연습 연습 에탄올(C_2H_5OH) 1.77 g을 포함하는 에탄올 용액 85.0 mL의 몰농도는 얼마인가?

비슷한 문제: 4.65, 4.68.

▲ $K_2Cr_2O_7$ 용액
Ken Karp/McGraw-Hill

예제 4.8

한 화학자가 반응 혼합물에 포도당 3.81 g을 첨가할 필요가 있다. 2.53 *M* 포도당 용액 몇 밀리리터(mL)를 첨가해야 되는지 계산하라.

전략 포도당 3.81 g의 몰수를 먼저 계산하고 식 (4.2)를 이용하여 그 부피를 계산한다.

풀이 포도당의 몰질량으로부터 다음과 같이 계산한다.

$$3.81 \text{ g } C_6H_{12}O_6 \times \frac{1 \text{ mol } C_6H_{12}O_6}{180.2 \text{ g } C_6H_{12}O_6} = 2.114 \times 10^{-2} \text{ mol } C_6H_{12}O_6$$

(계속)

다음으로 용질 2.114×10^{-2} mol에 해당하는 용액의 부피를 계산한다. (중간 단계의 유효 숫자 뒤에 추가 숫자가 있음을 유의하라.) 식 (4.2)를 다음과 같이 재배열한다.

$$V = \frac{n}{M}$$

$$= \frac{2.114 \times 10^{-2}\ \text{mol}\ C_6H_{12}O_6}{2.53\ \text{mol}\ C_6H_{12}O_6/\text{L 용액}} \times \frac{1000\ \text{mL 용액}}{1\ \text{L 용액}}$$

$$= 8.36\ \text{mL 용액}$$

검산 용액 1 L 안에는 $C_6H_{12}O_6$ 2.53 mol이 있다. 따라서 용액 8.36 mL, 즉 8.36×10^{-3} L 중의 몰수는 2.53 mol × 8.36×10^{-3}, 즉 2.12×10^{-2} mol이다. 여기서 약간의 차이는 반올림하는 순서의 차이 때문이다.

실전 연습 NaOH 6.22 g이 들어 있는 0.315 *M* NaOH 용액의 부피는 얼마인가?

비슷한 문제: 4.67.

용액의 묽힘

▲ *서로 다른 농도의 두 $KMnO_4$ 용액*
Ken Karp/McGraw-Hill

실험실에서는 가끔 진한 용액을 저장해 두고 필요에 따라 사용한다. 실험하기 전에 이 "원액(진한 용액)"을 희석시켜 사용하며, *진한 용액을 가지고 묽은 용액을 제조하는 과정*을 **묽힘**(dilution, 희석)이라고 한다.

1.00 *M* $KMnO_4$ 용액으로부터 0.400 *M* 용액 1 L를 제조한다고 하자. 이 용액을 제조하기 위해 $KMnO_4$ 0.400 mol이 필요하다. 1.00 *M* $KMnO_4$ 용액 1 L, 즉 1000 mL 중에 $KMnO_4$ 1.00 mol이 있으므로 같은 용액 0.400 L에는 $KMnO_4$ 0.400 mol이 있다.

$$\frac{1.00\ \text{mol}}{1\ \text{L 용액}} = \frac{0.400\ \text{mol}}{0.400\ \text{L 용액}}$$

따라서 1.00 *M* $KMnO_4$ 용액 400 mL를 취하여 1000-mL 들이 용량 플라스크에 용액이 1000 mL가 될 때까지 물을 첨가하여 희석시켜야 한다. 이러한 방법으로 0.400 *M* $KMnO_4$ 용액 1 L를 만들 수 있다.

묽힐 때 일정량의 원액 용액에 용매를 첨가함으로써 용액 속에 존재하는 용질의 몰수를 변화시키지 않고 용액의 농도를 감소시킬 수 있다는 사실을 기억하면 매우 유용하다(그림 4.19). 다른 말로 표현하면 묽히기 전후 용질의 몰수는 같다.

묽히기 전 용질의 몰수 = 묽힌 후 용질의 몰수

몰농도는 용액 1 L당 용질의 몰수로 정의되므로 용질의 몰수는 다음과 같이 계산할 수 있다[식 (4.2) 참조].

$$\underbrace{\frac{\text{용액의 몰수}}{\text{용액의 리터수}}}_{M} \times \underbrace{\text{용액의 부피(리터)}}_{V} = \underbrace{\text{용질의 몰수}}_{n}$$

▶ **그림 4.19** 더 진한 용액 (a)를 더 묽은 용액 (b)로 묽혀도 용질의 전체 입자수(18개)는 변하지 않는다.

즉,

$$MV = n$$

모든 용질은 처음 원액으로부터 오기 때문에 n은 희석 전후에 변화가 없으므로 다음과 같이 나타낼 수 있다.

$$\underset{\text{묽히기 전 용질의 몰수}}{M_iV_i} = \underset{\text{묽힌 후 용질의 몰수}}{M_fV_f} \quad (4.3)$$

여기서 M_i와 M_f는 각각 용액의 초기 몰농도와 최종 몰농도이며, V_i와 V_f는 용액의 초기 부피와 최종 부피이다. 물론 계산에서 V_i와 V_f의 단위는 같아야 한다(mL 또는 L). 그 결과가 정확한지를 확인한지를 위해서는 항상 $M_i > M_f$이고, $V_f > V_i$이어야 한다.

식 (4.3)을 이용하여 예제 4.9을 풀어 보자.

인터넷 핫스팟
학생들의 학습 경험에 대해 축적된 자료에 따르면 용액의 묽힘에 대한 농도 계산에 어려움을 겪을 수 있다. 이런 경우 eBook에 접속해서 이 주제에 대한 추가 학습 자료를 보면 도움이 될 수 있다.

예제 4.9

8.61 M H_2SO_4 저장 용액을 이용하여 1.75 M H_2SO_4 용액 5.00×10^2 mL를 제조하는 과정을 설명하라.

전략 최종 용액의 농도가 초기 용액의 농도보다 작으므로 이는 묽히는 과정이다. 묽힘에서는 용액의 농도는 줄어들지만 용질의 몰수는 일정하다.

풀이 계산을 위해 다음 도표를 만들어보자.

$$M_i = 8.61\ M \qquad M_f = 1.75\ M$$
$$V_i = ? \qquad V_f = 5.00 \times 10^2\ \text{mL}$$

식 (4.3)에 대입하면,

$$(8.61\ M)(V_i) = (1.75\ M)(5.00 \times 10^2\ \text{mL})$$
$$V_i = \frac{(1.75\ M)(5.00 \times 10^2\ \text{mL})}{8.61\ M}$$
$$= 102\ \text{mL}$$

따라서 원하는 농도를 얻기 위해서는 8.61 M H_2SO_4 용액 102 mL에 충분한 물을 가하여 최종 부피가 5.00×10^2 mL가 되도록 묽혀야 한다.

검산 초기 부피가 최종 부피보다 적으므로 답은 정확하다.

실전 연습 5.07 M NaOH 저장 용액을 이용하여 0.866 M 용액 2.00×10^2 mL를 얻는 방법을 설명하라.

비슷한 문제: 4.75, 4.76.

용액의 농도와 묽힘에 대하여 논의했으므로 이제 수용액에서의 반응의 정량적 측면인 용액의 화학량론에 대해서 생각해보자. 4.6~4.7절은 용액의 화학량론을 공부하기 위한 두 가지 방법으로 무게 분석과 적정에 초점을 맞춘다. 이러한 두 방법은 *시료 중 물질의 농도나 양을 결정*하는 **정량 분석**(quantitative analysis)의 중요한 방법이다.

개념과 사실 요약하기

- 용액의 농도는 주어진 일정량의 용액 중 용질의 양이다. 몰농도는 용액 1 L 중에 녹아 있는 용질의 몰수이다.

• 용액에 용매를 가하여 묽히면, 용액 속에 존재하는 용질의 전체 몰수는 변화가 없고 용액의 농도(몰농도)만 감소한다.

개념과 사실 복습하기

4.5.1 0.6 *M* NaCl 용액의 부피를 두 배로 하거나 용질의 몰수를 세 배로 바꾸면 농도는 어떻게 되는가?

4.5.2 0.250 *M* LiOH 용액 27.5 mL에 존재하는 LiOH 몰수는 얼마인가?

4.5.3 1.25 *M* 용액 375 mL를 만들려면 몇 그램의 $Ca(NO_3)_2$이 필요한가?

4.6 무게 분석

학습 목표

• 용액 화학량론을 이용하여 무게 분석 문제를 풀 수 있다.

무게 분석(gravimetric analysis)은 *질량 측정에 기초를 두고 있는 분석 기술*이다. 무게 분석 실험에서는 침전의 생성, 분리, 질량 결정의 단계가 포함되며, 이온 결합 화합물에 많이 사용된다. 미지의 물질을 물에 녹여 다른 화합물과 반응시켜 침전을 형성한다. 그리고 이 침전을 거르고 건조시켜 무게를 잰다. 생성된 침전의 질량과 화학식을 알면, 처음 물질의 화학성분(양이온과 음이온)의 질량을 계산할 수 있다. 원래 시료의 질량과 구성 성분의 질량을 알면 구성 성분의 조성 백분율 또한 알 수 있다.

비교적 순수한 반응물을 얻을 수 있기 때문에 무게 분석에서 자주 다루는 반응은 다음과 같다.

$$AgNO_3(aq) + NaCl(aq) \longrightarrow NaNO_3(aq) + AgCl(s)$$

알짜 이온 반응식은 다음과 같다.

$$Ag^+(aq) + Cl^-(aq) \longrightarrow AgCl(s)$$

침전은 염화 은이다(표 4.2 참조). 예를 들어, *실험을 통하여* NaCl 중 Cl의 질량 백분율을 알고자 하면, 먼저 NaCl의 무게를 정확하게 달아 물에 녹여 NaCl 용액을 만든다. 그리고 NaCl 용액에 충분한 $AgNO_3$ 용액을 가하여 이 용액 중에 존재하는 모든 Cl^- 이온을 AgCl로 침전시킨다. 이 과정에서 NaCl이 한계 반응물이며, $AgNO_3$가 초과 반응물이다. AgCl 침전물을 여과하여 용액으로부터 분리하고 건조시킨 다음 무게를 측정한다. AgCl의 측정된 질량으로부터 AgCl 중 Cl의 질량 백분율을 이용하여 Cl의 질량을 계산할 수 있다. 처음 NaCl 시료 중에 같은 양의 Cl이 존재하였기 때문에 NaCl 중 Cl의 질량 백분율을 계산할 수 있다. 그림 4.20은 이 실험 과정을 보여준다.

무게 분석은 시료의 질량을 비교적 정확히 측정할 수 있기 때문에 매우 정교한 방법이다. 그러나 이 과정은 완결 즉, 100% 진행하는 반응에 대해서만 적용할 수 있다. 앞서 제시한 예에서 만일 AgCl이 불용성이 아니고 조금이라도 녹는다면, NaCl 용액으로부터 Cl^- 이온을 전부 제거한다는 것은 불가능하며 이후 계산에서도 오차가 발생할 것이다.

예제 4.10은 무게 분석 실험에서의 계산 과정을 보여준다.

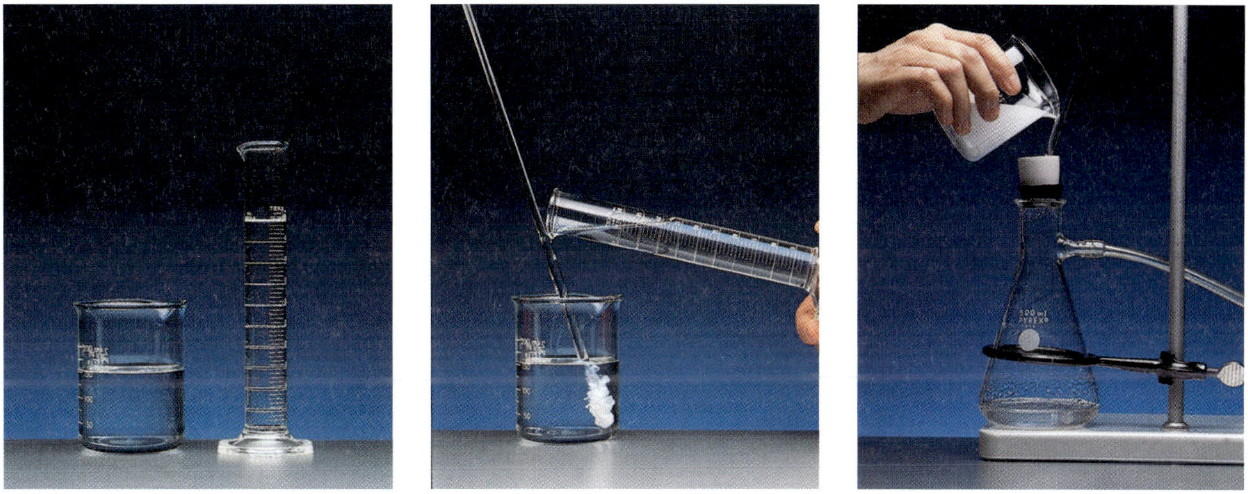

(a) (b) (c)

▲ 그림 4.20 무게 분석의 기본 절차. (a) 알려진 양의 NaCl을 포함하는 용액. (b) 눈금 실린더로부터 $AgNO_3$ 용액을 가하면 AgCl 침전이 형성된다. 이 반응에서 $AgNO_3$는 초과 반응물이며 NaCl은 한계 시약이다. (c) 생성된 AgCl을 포함하는 용액은 미리 무게를 측정한 소결 도가니를 이용하여 거른다. 도가니를 기구로부터 제거하여 건조기에 말린 후, 다시 무게를 측정한다. 사용 전후의 질량 차이가 AgCl 침전의 질량이다.

(a, b, c): Ken Karp/McGraw-Hill

예제 4.10

염화 이온과 미지의 금속을 포함하는 이온 결합 화합물 시료 0.5662 g을 물에 녹이고 과량의 $AgNO_3$를 가했다. AgCl 침전 1.0882 g을 얻었다면, 원래 시료에 포함된 Cl의 질량 백분율은 얼마인가?

전략 미지 시료에 포함된 Cl의 질량 백분율은 다음 식으로 구할 수 있다.

$$\%\text{Cl} = \frac{\text{Cl의 질량}}{0.5662\text{ g 시료}} \times 100\%$$

원래 시료가 Cl^- 이온의 유일한 공급원으로, 이 Cl^- 이온은 모두 AgCl 침전으로 된다. AgCl에 들어 있는 Cl의 질량 백분율을 안다면 Cl^- 이온의 질량을 계산할 수 있는가?

풀이 Cl과 AgCl의 몰질량은 각각 35.45 g과 143.4 g이다. AgCl에 포함된 Cl의 질량 백분율은 다음과 같이 계산할 수 있다.

$$\begin{aligned}\%\text{Cl} &= \frac{35.45\text{ g Cl}}{143.4\text{ g AgCl}} \times 100\% \\ &= 24.72\%\end{aligned}$$

다음으로 AgCl 1.0882 g에 포함된 Cl의 질량을 계산해 보자. 그러기 위해서 24.72%를 0.2472로 바꾸어 쓴다.

$$\begin{aligned}\text{Cl의 질량} &= 0.2472 \times 1.0882\text{ g} \\ &= 0.2690\text{ g}\end{aligned}$$

원래 시료가 Cl^- 이온을 이만큼 포함하고 있으므로, 화합물에 포함된 Cl의 질량 백분율은 다음과 같다.

$$\begin{aligned}\%\text{Cl} &= \frac{0.2690\text{ g}}{0.5662\text{ g}} \times 100\% \\ &= 47.51\%\end{aligned}$$

검산 AgCl에서 질량으로 약 25%가 염화 이온이므로 형성된 AgCl 침전물 1 g은 염화 이온 약 0.25 g에 해당되는데, 이는 원래 시료 질량의 절반보다 약간 더 적은 값이다. 따라서 계산된

(계속)

47.51%의 염화물 백분율이 타당하다.

실전 연습 브로민화 이온(Br^-)을 포함하는 이온 화합물 시료 0.3220 g을 물에 녹인 후, 과량의 $AgNO_3$를 가했다. AgBr 침전 0.6964 g이 형성되었다면, 원래 시료에 포함된 Br의 질량 백분율은 얼마인가?

비슷한 문제: 4.82.

무게 분석법을 이용하여 미지 시료를 완벽하게 알아내기는 힘들다. 따라서 예제 4.10에서 양이온이 어떤 것인지는 알지 못한다. 하지만 Cl의 질량 백분율을 알면 가능한 화합물의 종류를 줄일 수 있다. 같은 음이온(또는 양이온)을 포함하는 두 화합물이 같은 질량 백분율을 갖지 않기 때문에 무게 분석을 통해 얻은 질량 백분율과 알려진 화합물의 계산 결과를 비교해 보면 미지 화합물의 실체를 알 수 있다.

개념과 사실 요약하기

- 무게 분석은 질량을 측정하여 화합물의 실체나 용액의 농도를 결정하는 방법이다. 무게 분석 측정 실험에는 흔히 침전 반응을 이용한다.

개념과 사실 복습하기

4.6.1 6.00 g의 KBr이 들어 있는 용액에 과량의 $AgNO_3$를 가하였을 때 형성된 AgBr의 질량을 계산하라.

요약_Chapter Summary

수용액에서의 반응 많은 화학적 및 거의 모든 생물학적 반응은 수용액 상에서 일어난다. 물(용매)에 녹는 물질(용질)은 전기를 전도하는 능력에 따라 전해질과 비전해질의 두 가지 범주로 나눌 수 있다. (4.1절)

세 가지 주요 반응 유형 침전 반응에서는 불용성 물질인 생성물이 용액에서 분리된다. 산-염기 반응은 산에서 염기로 양성자(H^+)의 이동을 포함한다. 산화-환원 반응에서 전자는 환원제에서 산화제로 이동한다. 이 세 가지 유형의 반응은 화학 및 생물학적 계에서 대부분의 반응을 나타낸다. (4.2, 4.3, 4.4절)

용액 화학량론 용액 내 반응에 대한 정량적 연구는 일반적으로 몰농도 단위로 표시되는 용액의 농도를 알아야 한다. 각 농도 단위에는 장점과 한계가 있다. 이러한 연구에는 질량의 측정을 포함하는 무게 분석과 알려진 농도의 용액과의 반응에 의해 용액의 미지의 농도를 결정하는 적정이 포함된다. (4.5, 4.6절)

주요 식_Key Equations

식	용도
$\text{몰농도} = \dfrac{\text{용질의 몰수}}{\text{용액의 리터수}}$ (4.1)	몰농도 계산하기
$M = \dfrac{n}{V}$ (4.2)	몰농도 계산하기
$M_iV_i = M_fV_f$ (4.3)	용액 묽히기

주요 용어_Key Words

가역 반응
결합 반응
구경꾼 이온
당량점
몰농도
무게 분석
묽힘
복분해 반응
반쪽 반응
분자 반응식
분해 반응
불균등화 반응
브뢴스테드 산
브뢴스테드 염기
비전해질
산화-환원 반응
산화 반응
산화 상태
산화수
산화제
삼양성자산
상호 교환 반응
수용액
수화 반응
알짜 이온 반응식
연소 반응
염
용매
용액
용액의 농도
용질
용해도
이온 반응식
이양성자산
일양성자산
전해질
정량 분석
중화 반응
치환 반응
침전물
침전 반응
하이드로늄 이온
환원 반응
환원제
활동도 계열

연습 문제_Questions and Problems

붉은색 번호의 문제는 학생용 문제풀이집에 풀어 놓았다.

4.1 수용액의 일반적인 성질

복습 질문

4.1 고체를 액체에 녹이는 과정을 이용하여 *용질*, *용매*, *용액*을 정의하라.

4.2 비전해질과 전해질 간의 차이점과 약전해질과 강전해질 간의 차이점은 무엇인가?

4.3 수화를 설명하라. 물의 어떤 성질이 물 분자가 용액에서의 이온과 상호작용을 할 수 있게 하는가?

4.4 화학 반응식에서 기호 ⟶와 ⇌의 차이는 무엇인가?

4.5 물은 매우 약한 전해질이기 때문에 전기를 통하지 않는다. 젖은 손으로 전기 기구를 작동하지 않도록 주의해야 하는 이유는 무엇인가?

4.6 황산 소듐(Na_2SO_4)은 강전해질이다. $Na_2SO_4(aq)$에는 어떤 화학종이 존재하는가?

문제

4.7 다음 그림에 세 가지 화합물의 수용액을 나타내었다. 각 화합물을 비전해질, 약전해질, 강전해질로 구분하라.

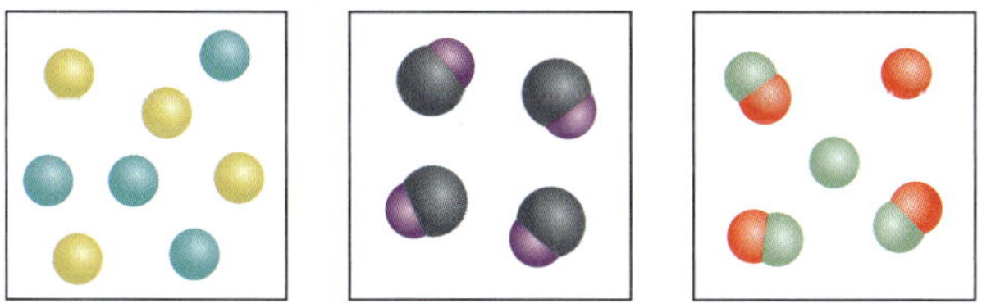

(a) (b) (c)

4.8 NaCl이 물에 녹을 때의 수화를 가장 잘 설명하는 그림은 어느 것인가? Cl^- 이온은 Na^+ 이온보다 크기가 크다.

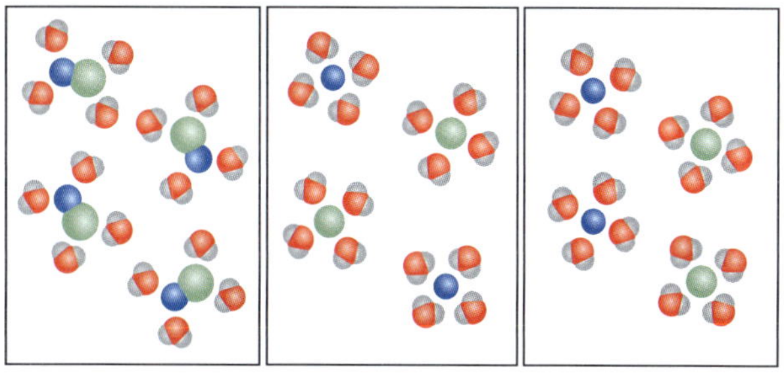

(a) (b) (c)

4.9 다음 각 물질을 강전해질, 약전해질, 비전해질로 구분하라. (a) H_2O, (b) KCl, (c) HNO_3, (d) CH_3COOH, (e) $C_{12}H_{22}O_{11}$.

4.10 다음 각 물질을 강전해질, 약전해질, 비전해질로 구분하라. (a) $Ba(NO_3)_2$, (b) Ne, (c) NH_3, (d) NaOH.

4.11 전해질 용액이 전기를 통하는 것은 다음 중 어느 것의 움직임 때문인가? (a) 전자 혼자, (b) 양이온 혼자, (c) 음이온 혼자, (d) 양이온과 음이온 모두.

4.12 다음 물질에서 전기 전도성이 있는 것을 선택하고 설명하라. (a) 고체 NaCl, (b) 용융 NaCl, (c) 수용액 NaCl.

4.13 물에 녹는 화합물 X가 주어졌다. 이것이 전해질인지 비전해질인지 어떻게 구분할 수 있는지 설명하라. 전해질이라면, 강전해질인지 약전해질인지 어떻게 구분할 수 있는가?

4.14 벤젠 용매 중에서 HCl은 전기를 통하지 않지만 물에서는 전기를 통한다. 왜 그런지 설명하라.

4.2 침전 반응

복습 질문

4.15 이온 반응식과 분자 반응식의 차이점은 무엇인가?

4.16 알짜 이온 반응식을 사용함으로써 얻을 수 있는 장점은 무엇인가?

➾ 문제

4.17 $AgNO_3$와 NaCl 두 수용액을 섞었다. 다음 그림 중 어느 것이 이 혼합 용액을 가장 잘 설명하는가? 단순하게 하기 위해 물 분자는 표시하지 않았다. (색상 코드는 Ag^+ = 회색, Cl^- = 주황색, Na^+ = 녹색, NO_3^- = 파란색.)

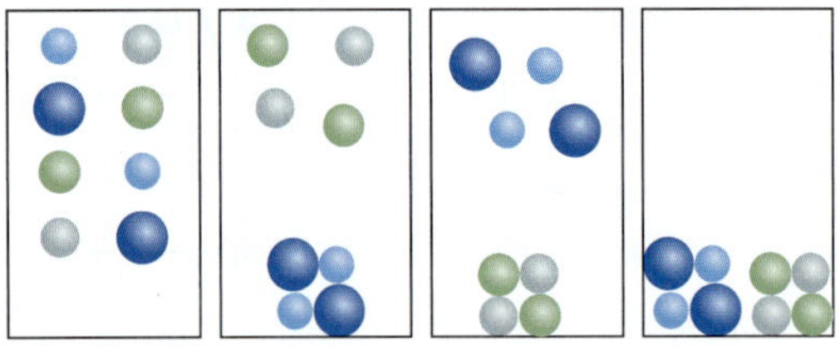

(a) (b) (c) (d)

4.18 KOH과 $MgCl_2$ 두 수용액을 섞었다. 다음 그림 중 어느 것이 이 혼합 용액을 가장 잘 설명하는가? 단순하게 하기 위해 물 분자는 표시하지 않았다. (색상 코드는 K^+ = 보라색, OH^- = 빨간색, Mg^{2+} = 녹색, Cl^- = 주황색)

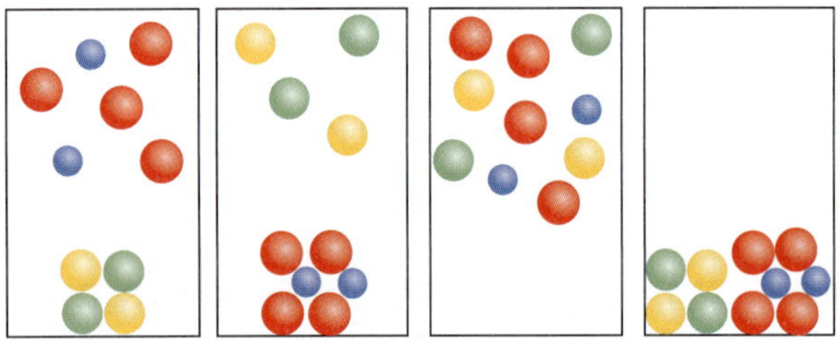

(a) (b) (c) (d)

4.19 다음 화합물이 물에 녹을지, 녹지 않을지 예측하라. (a) $Ca_3(PO_4)_2$, (b) $Mn(OH)_2$, (c) $AgClO_3$, (d) K_2S.

4.20 다음 화합물이 물에 녹을지, 녹지 않을지 예측하라. (a) $CaCO_3$, (b) $ZnSO_4$, (c) $Hg(NO_3)_2$, (d) $HgSO_4$, (e) NH_4ClO_4.

4.21 다음 반응의 이온 반응식과 알짜 이온 반응식을 써라.

(a) $AgNO_3(aq) + Na_2SO_4(aq) \longrightarrow$

(b) $BaCl_2(aq) + ZnSO_4(aq) \longrightarrow$

(c) $(NH_4)_2CO_3(aq) + CaCl_2(aq) \longrightarrow$

4.22 다음 반응의 이온 반응식과 알짜 이온 반응식을 써라.

(a) $Na_2S(aq) + ZnCl_2(aq) \longrightarrow$

(b) $K_3PO_4(aq) + 3Sr(NO_3)_2(aq) \longrightarrow$

(c) $Mg(NO_3)_2(aq) + 2NaOH(aq) \longrightarrow$

4.23 다음 중 어느 것이 침전을 형성할 가능성이 있는가? (a) $NaNO_3$ 용액과 $CuSO_4$ 용액의 혼합, (b) $BaCl_2$ 용액과 K_2SO_4 용액의 혼합. 침전을 형성하는 반응의 경우 알짜 이온 반응식을 써라.

4.24 표 4.2를 참고하여 다음 주어진 이온을 어떻게 분리할 것인가를 제안하라. (a) Ag^+로부터 K^+, (b) Pb^{2+}로부터 Ba^{2+}, (c) Ca^{2+}로부터 NH_4^+, (d) Cu^{2+}로부터 Ba^{2+}. 모든 양이온은 수용액 중에 있으며, 공통 음이온은 질산 이온으로 가정한다.

4.3 산-염기 반응

➾ 복습 질문

4.25 산과 염기의 일반적인 성질을 설명하라.

4.26 산과 염기를 아레니우스 및 브뢴스테드 정의로 설명하라. 산-염기의 성질을 설명하는 데 브뢴스테드 정의가 더 유용한 이유는 무엇인가?

4.27 일양성자산, 이양성자산, 삼양성자산의 예를 하나씩 들어라.

4.28 산-염기 중화 반응의 특성은 무엇인가?

4.29 어떤 화합물을 염이라고 할 수 있게 하는 인자는 무엇인가? 다음 화합물 중 어느 것이 염인지 밝혀라. CH_4, NaF, NaOH, CaO, $BaSO_4$, HNO_3, NH_3, KBr.

4.30 다음 화합물을 약산, 강산, 약염기, 강염기로 구분하라. (a) NH_3, (b) H_3PO_4, (c) LiOH, (d) HCOOH(폼산), (e) H_2SO_4, (f) HF, (g) $Ba(OH)_2$.

➾ 문제

4.31 다음 화학종을 브뢴스테드 산, 염기, 양쪽성 물질로 구분하라. (a) HI, (b) CH_3COO^-, (c) $H_2PO_4^-$, (d) HSO_4^-.

4.32 다음 화학종을 브뢴스테드 산, 염기, 양쪽성 물질로 구분하라. (a) PO_4^{3-}, (b) ClO_2^-, (c) NH_4^+, (d) HCO_3^-.

4.33 다음 반응에 대한 균형 반응식을 완성하고, 가능하다면 이온 반응식, 알짜 이온 반응식을 써라.

(a) $HBr(aq) + NH_3(aq) \longrightarrow$

(b) $Ba(OH)_2(aq) + H_3PO_4(aq) \longrightarrow$

(c) $HClO_4(aq) + Mg(OH)_2(s) \longrightarrow$

4.34 다음 반응식을 이온 반응식과 알짜 이온 반응식으로 적고, 양쪽 반응식의 균형을 맞춰라.

(a) $CH_3COOH(aq) + KOH(aq) \longrightarrow$

(b) $H_2CO_3(aq) + NaOH(aq) \longrightarrow$

(c) $HNO_3(aq) + Ba(OH)_2(aq) \longrightarrow$

4.4 산화-환원 반응

➾ 복습 질문

4.35 결합 산화-환원 반응, 분해 산화-환원, 치환 산화-환원 반응의 예를 들어라.

4.36 모든 연소 반응은 산화-환원 반응이다. 이 말이 사실인가, 거짓인가? 설명하라.

4.37 산화수란 무엇인가? 이것이 산화-환원 반응을 확인하는 데 어떻게 이용되는가? 산화수가 이온 결합 화합물 이외의 화합물에서는 아무런 물리적 의미가 없는 이유를 설명하라.

4.38 (a) 그림 4.11을 참조하지 말고, 알칼리 금속과 알칼

리 토금속 화합물들의 그 산화수를 써라. (b) 13∼17족 원소들의 가능한 가장 높은 산화수는 무엇인가?

4.39 활동도 계열은 어떻게 만들어졌는가? 이것이 산화-환원 반응 연구에 어떻게 이용되는가?

4.40 다음 반응을 사용하여 *산화-환원 반응*, *반쪽 반응*, *산화제*, *환원제*를 설명하라.

$$4Na(s) + O_2(g) \longrightarrow 2Na_2O(s)$$

4.41 산화는 일어나고 환원은 일어나지 않는 반응은 가능한가? 설명하라.

4.42 불균등화 반응을 만들 수 있는 원소들의 필요 사항은 무엇인가? 이러한 반응이 가능한 일반적인 원소 다섯 개를 적어라.

➡ 문제

4.43 다음 산화-환원 반응에 대하여 (i) 각 반응을 반쪽 반응으로 나누고, (ii) 산화제와 (iii) 환원제를 밝혀라.

(a) $2Sr + O_2 \longrightarrow 2SrO$
(b) $2Li + H_2 \longrightarrow 2LiH$
(c) $2Cs + Br_2 \longrightarrow 2CsBr$
(d) $3Mg + N_2 \longrightarrow Mg_3N_2$

4.44 다음 산화-환원 반응식에서 반쪽 반응을 적고, 산화제와 환원제를 지적하라.

(a) $4Fe + 3O_2 \longrightarrow 2Fe_2O_3$
(b) $Cl_2 + 2NaBr \longrightarrow 2NaCl + Br_2$
(c) $Si + 2F_2 \longrightarrow SiF_2$
(d) $H_2 + Cl_2 \longrightarrow 2HCl$

4.45 다음 화학종을 황의 산화수가 증가하는 순으로 나열하라. (a) H_2S, (b) S_8, (c) H_2SO_4, (d) S^{2-}, (e) HS^-, (f) SO_2, (g) SO_3.

4.46 인은 여러 가지 산소산을 형성한다. 다음 화합물에서 인의 산화수를 써라. (a) HPO_3, (b) H_3PO_2, (c) H_3PO_3, (d) H_3PO_4, (e) $H_4P_2O_7$, (f) $H_5P_3O_{10}$.

4.47 다음 분자 또는 이온에서 밑줄 친 원자의 산화수를 써라. (a) $\underline{Cl}F$, (b) $\underline{I}F_7$, (c) $\underline{C}H_4$ (d) $\underline{C}_2H_2$, (e) $\underline{C}_2H_4$, (f) $K_2\underline{Cr}O_4$, (g) $K_2\underline{Cr}_2O_7$, (h) $K\underline{Mn}O_4$, (i) $NaH\underline{C}O_3$, (j) $\underline{Li}_2$, (k) $Na\underline{I}O_3$, (l) $K\underline{O}_2$, (m) $\underline{P}F_6^-$, (n) $K\underline{Au}Cl_4$.

4.48 다음 화학종의 산화수를 써라. H_2, Se_8, P_4, O, U, As_4, B_{12}.

4.49 다음 분자와 이온에서 밑줄 친 원자의 산화수를 써라. (a) $\underline{Cs}_2O$, (b) $Ca\underline{I}_2$, (c) $\underline{Al}_2O_3$, (d) $H_3\underline{As}O_3$, (e) $\underline{Ti}O_2$, (f) $\underline{Mo}O_4^{2-}$, (g) $\underline{Pt}Cl_4^{2-}$, (h) $\underline{Pt}Cl_6^{2-}$, (i) $\underline{Sn}F_2$, (j) $\underline{Cl}F_3$, (k) $\underline{Sb}F_6^-$.

4.50 다음 분자와 이온에서 밑줄 친 원자의 산화수를 써라. (a) $Mg_3\underline{N}_2$, (b) $Cs\underline{O}_2$, (c) $Ca\underline{C}_2$, (d) $\underline{C}O_3^{2-}$, (e) $\underline{C}_2O_4^{2-}$, (f) $Zn\underline{O}_2^{2-}$, (g) $Na\underline{B}H_4$, (h) $\underline{W}O_4^{2-}$.

4.51 질산은 강한 산화제이다. 질산이 아연 금속과 같은 강한 환원제와 반응할 때, 다음 화학종 중 생성될 가능성이 *가장 낮은* 화학종은 어느 것인지 그 이유를 설명하라. N_2O, NO, NO_2, N_2O_4, N_2O_5, NH_4^+.

4.52 다음 중 물과 반응하는 금속은? (a) Au, (b) Li, (c) Hg, (d) Ca, (e) Pt.

4.53 산화수에 관한 이론에 의하면 다음 중 산소 분자와 반응하지 않는 산화물은 어느 것인지 그 이유를 밝혀라. NO, N_2O, SO_2, SO_3, P_4O_6.

4.54 활동도 계열을 이용하여 다음 결과를 예측하고, 반응식의 균형을 맞춰라.

(a) $Cu(s) + HCl(aq) \longrightarrow$
(b) $I_2(s) + NaBr(aq) \longrightarrow$
(c) $Mg(s) + CuSO_4(aq) \longrightarrow$
(d) $Cl_2(g) + KBr(aq) \longrightarrow$

4.55 다음 산화-환원 반응을 분류하라.

(a) $2H_2O_2 \longrightarrow 2H_2O + O_2$
(b) $Mg + 2AgNO_3 \longrightarrow Mg(NO_3)_2 + 2Ag$
(c) $NH_4NO_2 \longrightarrow N_2 + 2H_2O$
(d) $H_2 + Br_2 \longrightarrow 2HBr$

4.56 다음 산화-환원 반응을 분류하라.

(a) $P_4 + 10Cl_2 \longrightarrow 4PCl_5$
(b) $2NO \longrightarrow N_2 + O_2$
(c) $Cl_2 + 2KI \longrightarrow 2KCl + I_2$
(d) $3HNO_2 \longrightarrow HNO_3 + H_2O + 2NO$

4.57 다음 중 어느 것이 산화-환원 과정인가

(a) $CO_2 \longrightarrow CO_3^{2-}$
(b) $VO_3 \longrightarrow VO_2$
(c) $SO_3 \longrightarrow SO_4^{2-}$
(d) $NO_2^- \longrightarrow NO_3^-$
(e) $Cr^{3+} \longrightarrow CrO_4^{2-}$

4.58 다음 중 어느 것이 가장 강한 산화제인 것으로 생각되는가? O_2, O_2^+, O_2^-, O_2^{2-}.

4.5 용액의 농도

➡ 복습 질문

4.59 몰농도를 계산하는 식을 써라. 몰농도가 화학에서 편리한 농도 단위로 사용되는 이유는 무엇인가?

4.60 부피 플라스크를 이용하여 특정 몰농도의 용액을 제조하는 단계를 설명하라.

4.61 알려진 농도로 용액을 묽히는 기본적인 단계를 설명하라.

4.62 묽힌 용액의 농도를 계산할 수 있는 식을 쓰고 각 항목의 단위를 정의하라.

➡ 문제

4.63 2.80 *M* KI 용액 5.00×10^2 mL를 만들기 위해 필요

한 KI의 질량을 그램 단위로 계산하라.

4.64 0.707 *M* $NaNO_3$ 용액 250 mL를 제조하는 방법을 설명하라.

4.65 0.100 *M* $MgCl_2$ 용액 60.0 mL에 포함된 $MgCl_2$의 몰수는 얼마인가?

4.66 5.50 *M* KOH 용액 35.0 mL 중에는 KOH가 몇 g 녹아 있는가?

4.67 다음 각 용액의 몰농도를 계산하라. (a) 용액 545 mL 중에 에탄올(C_2H_5OH) 29.0 g이 포함된 용액, (b) 용액 74.0 mL 중에 수크로스($C_{12}H_{22}O_{11}$) 15.4 g이 포함된 용액, (c) 용액 86.4 mL 중에 염화 소듐(NaCl) 9.00 g이 포함된 용액.

4.68 다음 각 용액의 몰농도를 계산하라. (a) 용액 1.50×10^2 mL 중에 메탄올(CH_3OH) 6.57 g, (b) 용액 2.20×10^2 mL 중에 염화 칼슘($CaCl_2$) 10.4 g, (c) 벤젠 용액 85.2 mL 중에 나프탈렌($C_{10}H_8$) 7.82 g.

4.69 다음 각 경우에 필요한 부피(mL)를 계산하라. (a) 0.270 *M* 용액으로부터 염화 소듐 2.14 g, (b) 1.50 *M* 용액으로부터 에탄올 4.30 g, (c) 0.30 *M* 용액으로부터 아세트산(CH_3COOH) 0.85 g.

4.70 0.100 *M* 용액 2.50×10^2 mL를 만들기 위해서는 다음 각 용질 몇 g이 필요한가? (a) 아이오딘화 세슘(CsI), (b) 황산(H_2SO_4), (c) 탄산 소듐(Na_2CO_3), (d) 다이크로뮴산 포타슘($K_2Cr_2O_7$), (e) 과망가니즈산 포타슘($KMnO_4$).

4.71 0.278 *M* NO_3^- 용액을 만들려면, 0.102 *M* KNO_3 용액 255 mL에 0.416 *M* $Mg(NO_3)_2$ 용액 몇 mL를 가하여야 하는가?

4.72 약한 유기산의 적정에 종종 사용되는 수산화 바륨은 팔수화물인 $Ba(OH)_2 \cdot 8H_2O$로 얻어진다. 수산화 이온 0.1500 *M* 용액 500.0 mL를 만들려면 $Ba(OH)_2 \cdot 8H_2O$ 몇 그램이 필요한가?

4.73 2.00 *M* HCl 용액으로부터 0.646 *M* 용액 1.00 L를 만드는 방법을 설명하라.

4.74 0.866 *M* KNO_3 용액 25.0 mL에 물을 가해 정확하게 500 mL가 되었다. 이때, 최종 용액의 농도는 얼마인가?

4.75 4.00 *M* HNO_3 저장 용액으로부터 0.200 *M* 용액 60.0 mL를 만드는 방법을 설명하라.

4.76 0.125 *M* HCl 용액 505 mL를 묽혀서 0.100 *M* 용액으로 만들려고 한다. 이 때, 물은 얼마나 가하여야 하는가? 최종 부피는 두 부피의 합이 된다고 가정하자.

4.77 1.66 *M* $KMnO_4$ 용액 35.2 mL와 0.892 *M* $KMnO_4$ 용액 16.7 mL를 섞었다. 최종 용액 농도를 계산하라.

4.78 0.568 *M* 질산 칼슘[$Ca(NO_3)_2$] 용액 46.2 mL를 1.396 *M* 질산 칼슘 용액 80.5 mL와 섞었다. 이 최종 혼합 용액의 농도는 얼마인가?

4.6 무게 분석

복습 질문

4.79 무게 분석법에 대한 기본적인 단계를 설명하라. 화학식이 알려진 화합물의 종류 또는 순도를 결정할 때, 이 무게 분석법이 어떻게 이용되는가?

4.80 염화물의 무게 분석에 증류수를 사용해야만 한다. 그 이유는 무엇인가?

문제

4.81 0.150 *M* $CaCl_2$ 30.0 mL과 0.100 *M* $AgNO_3$ 15.0 mL를 혼합할 때, 생성되는 AgCl 침전의 질량(g)은 얼마인가?

4.82 바륨 이온(Ba^{2+})을 포함하는 미지 화합물 0.6760 g을 물에 녹인 후, 과량의 Na_2SO_4로 처리하였다. 만일 생성한 침전물의 양이 0.4105 g이라면 초기 미지 화합물 중 Ba의 질량 백분율은 얼마인가?

4.83 0.0113 *M* $AgNO_3$ 용액 2.50×10^2 mL에 포함된 Ag^+ 이온을 모두 침전시키기 위해 필요한 NaCl은 몇 g인가? 이 반응에 대한 알짜 이온 반응식을 써라.

4.84 물에 있는 황산 이온의 농도는 염화 바륨 용액을 가하여 황산 이온을 침전으로 만들어 결정할 수 있다. 이 반응의 알짜 이온 반응식을 써라. 물 시료 145 mL를 과량의 $BaCl_2(aq)$로 처리하여 $BaSO_4$ 침전 0.330 g을 얻었다. 원래 물 시료 중 황산 이온의 농도를 결정하라.

실전 연습의 답 _Answers to Practice Exercises

4.1 (a) 불용성, (b) 불용성, (c) 가용성. **4.2** $Al^{3+}(aq) + 3OH^-(aq) \rightarrow Al(OH)_3(s)$. **4.3** (a) 브뢴스테드 염기, (b) 브뢴스테드 산. **4.4** 분자 반응식: $H_3PO_4(aq) + 3NaOH(aq) \longrightarrow Na_3PO_4(aq) + 3H_2O(l)$; 이온 반응식: $H_3PO_4(aq) + 3Na^+(aq) + 3OH^-(aq) \longrightarrow 3Na^+(aq) + PO_4^{3-}(aq) + 3H_2O(l)$; 알짜 이온 반응식: $H_3PO_4(aq) + 3OH^-(aq) \longrightarrow PO_4^{3-}(aq) + 3H_2O(l)$. **4.5** (a) P: +3, F: −1, (b) Mn: +7, O: −2. **4.6** (a) 수소 치환 반응, (b) 결합 반응, (c) 불균등화 반응, (d) 금속 치환 반응. **4.7** 0.452 *M*. **4.8** 494 mL. **4.9** 저장 용액 34.2 mL를 200 mL로 묽힘. **4.10** 92.02%.

개념과 사실 복습하기의 답_Answers to Review of Concepts & Facts

4.1.1 가장 강한 것 (b), 가장 약한 것 (c). **4.1.2** (a) 강전해질, (b) 강전해질, (c) 비전해질. **4.2.1** (a). **4.2.2** (a) 가용성, (b) 불용성, (c) 가용성. **4.2.3** $Cu^{2+}(aq) + S^{2-}(aq) \longrightarrow CuS(s)$. **4.3.1** 약산 (b). 매우 약산 (c), 강산 (a). **4.3.2** 브뢴스테드 산: HBr, 브뢴스테드 염기: NH_3. **4.3.3** $H^+(aq) + OH^-(aq) \longrightarrow H_2O(l)$. **4.4.1** (c). **4.4.2** (a) +4, (b) +2, (c) +3. **4.5.1** 0.9 *M*. **4.5.2** 6.88×10^{-3} mol. **4.5.3** 76.9 g. **4.6.1** 9.47 g.

레이먼드 창의
기본일반화학 제14판 Chemistry

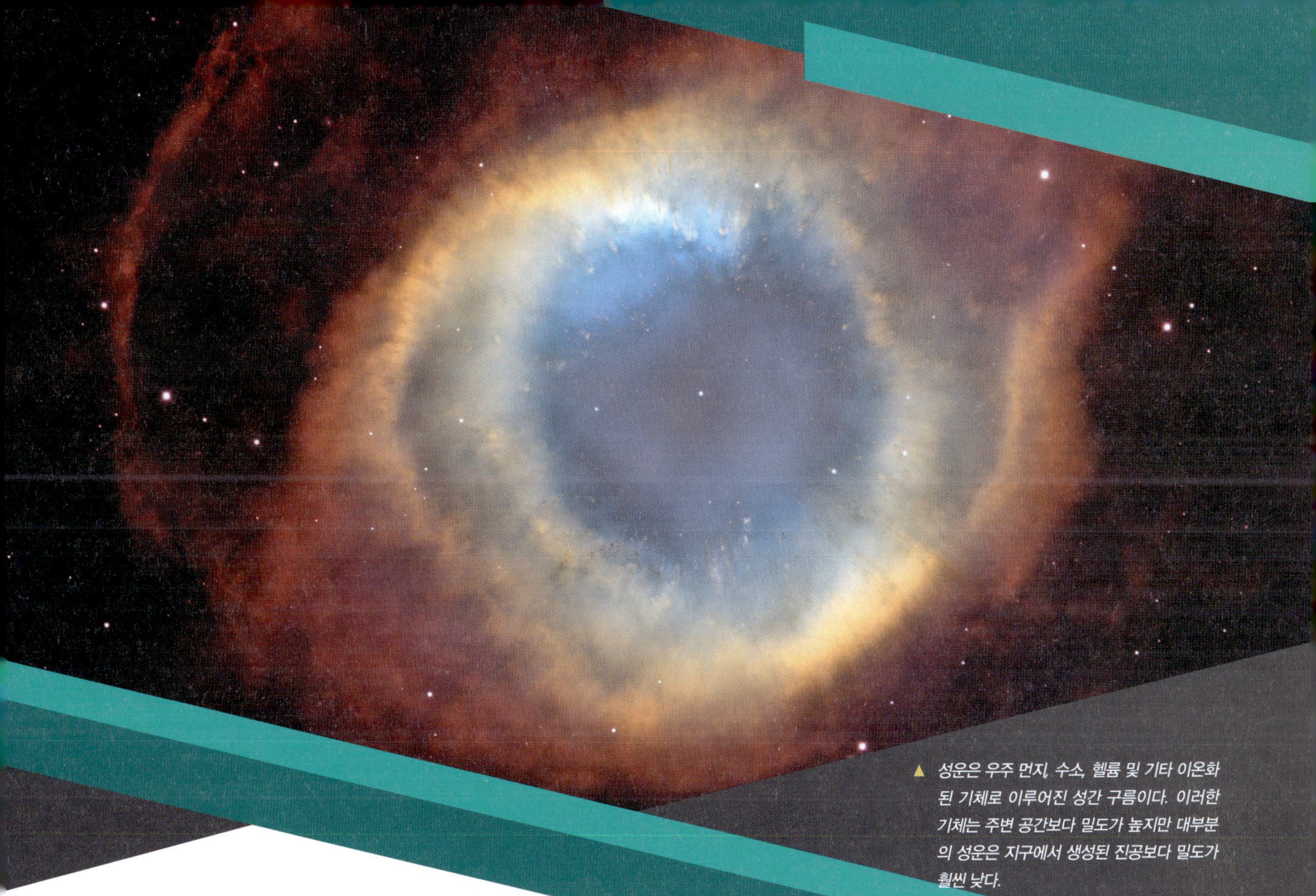

▲ 성운은 우주 먼지, 수소, 헬륨 및 기타 이온화된 기체로 이루어진 성간 구름이다. 이러한 기체는 주변 공간보다 밀도가 높지만 대부분의 성운은 지구에서 생성된 진공보다 밀도가 훨씬 낮다.
출처: STSci/NASA

제 5 장

기체

Gases

차 례

5.1 기체로 존재하는 물질
5.2 기체의 압력
5.3 기체 법칙
5.4 이상 기체 방정식
5.5 기체의 화학량론
5.6 돌턴 부분 압력 법칙
5.7 기체의 분자 운동론
5.8 이상적 거동에서 벗어남

특정 온도와 압력 조건에서 대부분의 물질은 세 가지 상태(고체, 액체, 기체) 중 하나로 존재한다. 예를 들어, 물은 고체인 얼음, 액체인 물, 기체인 수증기로 존재한다. 물질의 물리적 성질은 일반적으로 물질의 상태에 따라 결정된다.

이 장의 주제인 기체는 여러 면에서 액체나 고체에 비해 단순하다. 기체의 분자 운동은 매우 무질서하며, 분자들 사이의 인력이 아주 미약하여 각 분자는 자유롭게 움직이며 본질적으로 다른 분자와 무관하게 운동한다. 온도와 압력의 변화에 의한 기체의 거동을 예측하는 것은 매우 쉽다. 이러한 거동을 다루는 법칙들은 물질의 원자론 및 기체의 분자 운동론을 발전시키는 데 중요한 역할을 해왔다.

5.1 기체로 존재하는 물질

학습 목표

- 고체 및 액체와 구별되는 기체의 특성을 요약할 수 있다.

우리는 부피 조성비로 대략 N_2 78%, O_2 21%, CO_2를 포함한 다른 기체 1%로 이루어져 있는 공기의 바다 속에서 살고 있다. 오늘날 환경오염의 해로운 영향 때문에 모든 사람들은 생명 유지에 꼭 필요한 기체 혼합물의 화학에 대해 큰 관심을 가진다. 이 장에서는 일반적으로 25°C 및 1기압(atm)으로 정의되는 정상적인 대기 조건에서 기체로 존재하는 물질의 거동에 초점을 맞출 것이다. 대조적으로, 증기는 상온 및 압력에서 액체 또는 고체인 물질의 기체 형태이다.

그림 5.1에 정상 대기 조건에서 기체로 존재하는 원소들을 나타내었다. 수소, 질소, 산소, 플루오린, 염소는 이원자 분자(H_2, N_2, O_2, F_2, Cl_2) 기체이며, 산소의 동소체인 오존(O_3) 또한 상온에서 기체이다. 모든 18족 원소인 비활성 기체(He, Ne, Ar, Kr, Xe, Rn)는 단원자 기체이다.

이온성 화합물은 25°C, 1 atm에서 기체로 존재하지 않는데, 그 이유는 이온성 고체의 양이온과 음이온 사이에 매우 강한 정전기적 힘에 의해 서로 결합되어 있기 때문이다. 이러한 인력을 극복하기 위해서는 많은 양의 에너지가 필요하며 실제로 고체를 강하게 가열해야 한다. 정상 조건에서 일어날 수 있는 일은 고체가 녹는 것뿐이다. 예를 들어, NaCl은

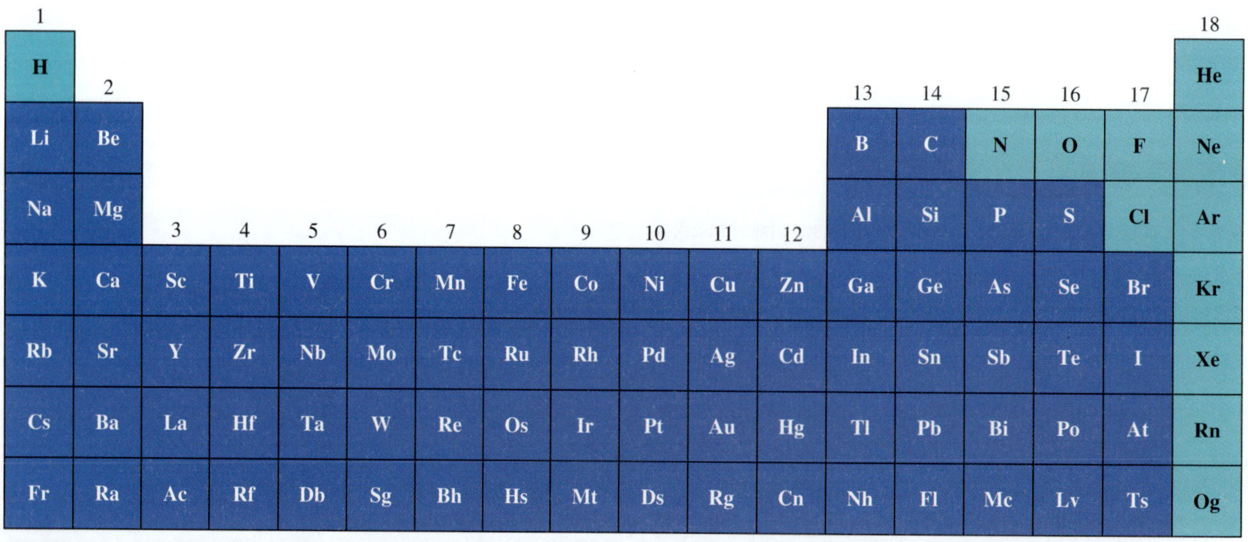

▲ **그림 5.1** 25°C 및 1기압에서 기체로 존재하는 원소. 비활성 기체(18족 원소)는 단원자 화학종이다. 다른 원소는 이원자 분자로 존재한다. 오존(O_3)도 기체이다.

표 5.1 25°C, 1 atm에서 기체로 존재하는 물질

원소	
H_2 (수소 분자)	N_2 (질소 분자)
O_2 (산소 분자)	O_3 (오존)
F_2 (플루오린 분자)	Cl_2 (염소 분자)
He (헬륨)	Ne (네온)
Ar (아르곤)	Kr (크립톤)
Xe (제논)	Rn (라돈)
화합물	
HF (플루오린화 수소)	HCl (염화 수소)
HBr (브로민화 수소)	HI (아이오딘화 수소)
CO (일산화 탄소)	CO_2 (이산화 탄소)
CH_4 (메테인)	C_2H_2 (아세틸렌)
NH_3 (암모니아)	NO (일산화 질소)
NO_2 (이산화 질소)	N_2O (아산화 질소)*

* HCN의 끓는점은 26°C지만 일반 대기 조건에서 충분히 기체로 존재한다고 볼 수 있다.

801°C나 되는 높은 온도에서 녹는다. NaCl을 끓이기 위해서는 온도를 1000°C 이상으로 높여야 한다.

분자 화합물은 보다 다양한 거동을 한다. 예를 들어, CO, CO_2, HCl, NH_3, CH_4(메테인) 등 일부 화합물들은 상온에서 기체이지만, 대부분의 분자 화합물은 액체 또는 고체이다. 분자 화합물은 가열하면 이온 결합 화합물보다 훨씬 쉽게 기체로 변환된다. 다시 말해 분자 화합물은 일반적으로 이온 결합 화합물보다 훨씬 낮은 온도에서 끓는다. 정상 대기 조건에서 어떤 분자 화합물이 기체인지 아닌지를 판단할 수 있는 간단한 법칙은 없다. 그러한 판단을 하기 위해서는 *분자간 힘*(intermolecular forces, 제11장에서 논의됨)이라는 분자들 사이의 인력에 대한 특성과 크기를 이해할 필요가 있다. 일반적으로 이러한 인력이 강할수록 화합물은 상온에서 기체로 존재하기가 더 어렵다.

표 5.1에 나열된 기체 중에서 O_2만이 생명 활동에 필요한 원소이다. 황화 수소(H_2S)와 사이안화 수소(HCN)는 치명적인 독극물이다. CO, NO_2, O_3, SO_2 등은 다소 독성이 낮은 물질들이다. He, Ne, Ar은 화학적으로 비활성이다. 즉, 다른 어떤 물질과도 반응하지 않는다. 대부분의 기체는 무색이며, F_2, Cl_2, NO_2는 예외이다. NO_2의 짙은 갈색은 가끔 오염된 공기에서 볼 수 있다. 모든 기체는 다음과 같은 물리적 특성을 갖는다.

▲ *NO_2 기체*
Ken Karp/McGraw-Hill

- 기체는 담겨 있는 용기의 부피와 모양으로 가정한다.
- 기체는 가장 잘 압축될 수 있는 물질의 상태이다.
- 기체들은 같은 용기에 담겨 있을 때 균일하고 완전하게 혼합된다.
- 기체는 액체와 고체보다 밀도가 훨씬 작다.

개념과 사실 요약하기

- 25°C 및 1 atm에서는 많은 원소와 분자 화합물이 기체로 존재한다. 대기압 조건에서 이온 결합 화합물은 기체보다는 고체로 존재한다.

5.2 기체의 압력

학습 목표

- 기체의 압력 단위를 설명할 수 있으며, 각 단위를 서로 변환할 수 있다.
- 대기압을 측정하는 방법을 설명할 수 있다.

기체 분자들은 끊임없이 운동하고 있기 때문에 기체는 충돌하는 표면에 압력을 가한다. 우리 인간들은 우리 주변 공기의 압력에 생리적으로 잘 적응하고 있어서 보통 그 존재를 느끼지 못한다. 아마도 물고기가 그들에게 작용하는 수압을 인식하지 못하는 것과 같은 것이다.

대기압은 쉽게 증명할 수 있다. 일상의 예로 빨대를 이용해 물을 마시는 것을 생각해 보자. 빨대의 공기를 빨아내면 빨대 내부의 압력이 감소된다. 액체 위에 가해지는 더 큰 대기압이 빨아낸 공기를 대신하여 빨대 속으로 물을 밀어 올린다.

압력의 SI 단위

압력은 가장 쉽게 측정할 수 있는 기체의 성질이다. 기체의 압력을 측정하는 방법을 이해하려면 측정 단위가 어떻게 유도되었는지를 알면 도움이 된다. 속도와 가속도로부터 시작해 보자.

속도(velocity)는 경과된 시간에 대한 거리의 변화로 정의된다. 즉, 다음과 같이 나타낼 수 있다.

$$\text{속도} = \frac{\text{움직인 거리}}{\text{걸린 시간}}$$

속도의 SI 단위는 m/s이며 cm/s도 사용 가능하다.

가속도(acceleration)는 경과된 시간에 대한 속도의 변화로, 다음과 같이 나타낼 수 있다.

$$\text{가속도} = \frac{\text{속도의 변화}}{\text{걸린 시간}}$$

가속도 m/s^2 (또는 cm/s^2)의 단위로 측정된다.

17세기 말 뉴턴 경(Sir Isaac Newton)[†]에 의해 공식화된 운동의 제2법칙은 *힘*(force)이라는 또 다른 용어를 정의하는데, 이것으로부터 압력의 단위가 유도된다. 이 법칙에 따라 힘은 다음과 같이 나타낼 수 있다.

$$\text{힘} = \text{질량} \times \text{가속도}$$

힘의 SI 단위는 **뉴턴**(newton, N)이다.

$$1\text{ N} = 1\text{ kg m/s}^2$$

결론적으로 **압력**(pressure)은 *단위 면적당 작용하는 힘*으로 정의된다.

$$\text{압력} = \frac{\text{힘}}{\text{면적}}$$

압력의 SI 단위는 **파스칼**(pascal, Pa)[‡]이며, *제곱미터당 뉴턴으로 정의*된다.

[†]뉴턴(Isaac Newton, 1642~1726) 경은 영국의 수학자이자 물리학자이며 천문학자로, 세계적인 물리학자 두 명 중 한 사람으로 꼽힌다(다른 한 사람은 아인슈타인). 뉴턴은 물리학 전반에 중대한 공헌을 하였다. 1687년에 출판된 그의 저서 *Principia*는 과학사에 큰 이정표를 남겼다.

[‡]파스칼(Blaise Pascal, 1623~1662)은 프랑스의 수학자이자 물리학자로, 수학과 물리학에 걸쳐 광범위한 업적을 남겼다. 그의 전문 분야는 유체역학(유체의 운동에 관한 연구)이었으며 계산기를 발명하였다.

$$1\ \text{Pa} = 1\ \text{N/m}^2$$

파스칼을 기반으로 하는 또 다른 단위는 바(bar)이다.

$$1\ \text{bar} = 10^5\ \text{Pa} = 0.1\ \text{MPa}$$

대기압

대기 중 기체 원자와 분자는 다른 모든 물질과 마찬가지로 지구의 중력에 의한 인력을 받는다. 그 결과 지표 근처에서 공기의 밀도가 고지에서보다 훨씬 크다. (9 km 상공에 있는 비행기의 객실 외부 공기는 너무 희박해서 숨을 쉴 수가 없다.) 사실 지구로부터 멀어짐에 따라 공기의 밀도는 급격하게 감소된다. 지표면으로부터 6.4 km 내에 대기의 약 50%, 16 km 내에 90%, 32 km 내에 99%가 존재한다. 공기의 밀도가 커지면 당연히 압력도 커진다. 지구의 대기에 노출된 어떤 면적이 받는 힘은 그 면적 위에 있는 공기 기둥의 무게와 같다. *지구의 대기에 의해 가해진 압력*을 **대기압**(atmospheric pressure)이라고 한다(그림 5.2). 대기압의 실제 값은 위치, 온도, 날씨에 따라 달라진다.

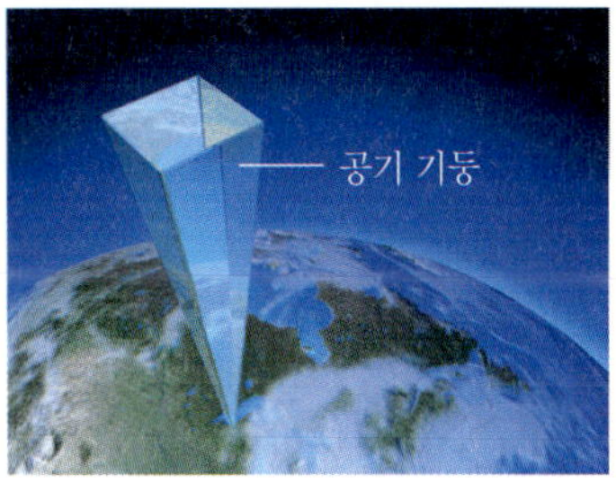

▲ **그림 5.2** 해수면에서 대기권 상층부까지 뻗친 공기 기둥.

정의로부터 추측할 때 대기압은 아래 방향으로만 압력을 가할까? 그렇다면 머리 위에 종이 한 장을 양손으로 꼭 쥐고 있다면 어떤 일이 일어나게 되는지 상상해보자. 공기의 압력 때문에 종이가 휠 것이라 예상되지만 실제로는 그렇지 않다. 그 이유는 공기도 물처럼 유체(fluid)이기 때문이다. 유체 내에 있는 어떤 물체에 가해지는 압력은 모든 방향(왼쪽, 오른쪽은 물론 아래쪽, 위쪽)으로부터 온다. 분자 수준에서 공기압은 공기 분자와 그것이 접촉하는 표면과의 충돌로 인한 결과이다. 압력의 크기는 분자가 얼마나 빈번하게, 얼마나 강하게 표면에 충돌하느냐에 따라 좌우된다. 위에서 종이와 충돌하는 분자만큼 아래에서 충돌하는 분자가 있기 때문에 종이는 평평하게 유지된다.

대기압은 어떻게 측정할까? 가장 친숙한 *대기압 측정 장치*는 **기압계**(barometer)이다. 간단한 기압계는 한쪽 끝이 막혀 있고 수은으로 채워진 긴 유리관으로 되어 있다. 공기가 유리관 속으로 들어가지 않도록 주의하면서 수은이 담겨 있는 용기에 유리관을 조심스럽게 거꾸로 세우면, 약간의 수은이 관으로부터 빠져나오고 꼭대기는 진공이 된다(그림 5.3). 관에 남아 있는 수은의 무게는 용기에 있는 수은 표면에 가해진 대기압에 의해 지탱된다.

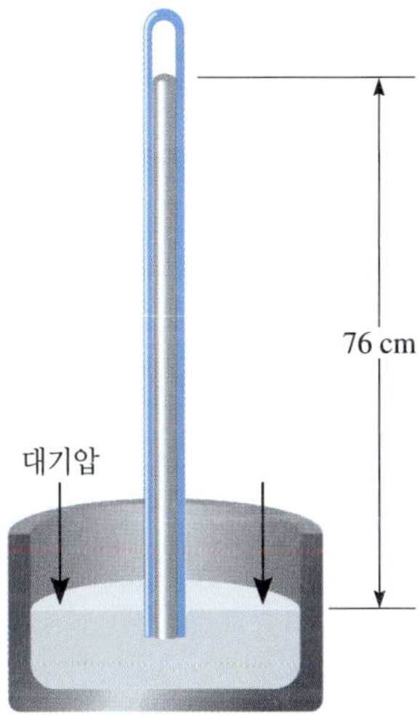

▲ **그림 5.3** 대기압을 측정하는 기압계. 유리관 내 수은 위쪽은 진공 상태이다. 수은 기둥은 대기압에 의해 지탱된다.

표준 대기압(standard atmospheric pressure, 1 atm)은 *0°C의 해수면에서 정확히 760 mm(76 cm)의 수은 기둥을 지탱하는 압력*과 같다. 다시 말하면 표준 대기압은 760 mmHg의 압력과 같은데 여기서 mmHg는 1 mm 높이의 수은 기둥에 의한 압력을 나타낸다. mmHg 단위는 기압계를 발명한 이탈리아의 과학자 토리첼리(Evangelista Torricelli)[†]의 이름을 따서 토르(torr)라고도 한다. 따라서

$$1\ \text{torr} = 1\ \text{mmHg}$$

그리고

$$1\ \text{atm} = 760\ \text{mmHg}\ \text{(정확히)}$$

기압(atm)과 파스칼(Pa) 사이의 관계(부록 1 참조)는 다음과 같다.

$$\begin{aligned} 1\ \text{atm} &= 101{,}325\ \text{Pa} \\ &= 1.01325 \times 10^5\ \text{Pa} \end{aligned}$$

1000 Pa = 1 kPa (kilopascal)이므로 다음과 같이 쓸 수 있다.

[†]토리첼리(Evangleista Torricelli, 1608~1674)는 이탈리아의 수학자로 처음으로 대기압이 존재한다는 것을 인식하였다.

$$1\ \text{atm} = 1.01325 \times 10^2\ \text{kPa}$$

예제 5.1과 5.2는 mmHg을 atm과 kPa로 변환하는 것이다.

예제 5.1

높은 고도에서 비행하는 제트 비행기의 외부 압력은 표준 대기압보다 상당히 낮다. 따라서 승객들을 보호하기 위해 객실 내부의 공기를 가압해야 한다. 기압계의 눈금이 688 mmHg를 가리키고 있다면 객실 내의 압력은 몇 atm인가?

전략 1 atm = 760 mmHg이므로 대기의 압력을 얻기 위해서는 다음 변환 인자를 이용한다.

$$\frac{1\ \text{atm}}{760\ \text{mmHg}}$$

풀이 객실 안의 압력은 다음과 같다.

$$\begin{aligned}\text{압력} &= 688\ \cancel{\text{mmHg}} \times \frac{1\ \text{atm}}{760\ \cancel{\text{mmHg}}}\\ &= 0.905\ \text{atm}\end{aligned}$$

실전 연습 749 mmHg를 atm으로 환산하라.

비슷한 문제: 5.13.

예제 5.2

2017년 허리케인 어마(Irma)는 최근 몇 년 동안 가장 강력한 허리케인 중 하나였는데, 특히 카리브 해, 쿠바, 미국령 버진 아일랜드 및 플로리다에 영향을 미쳤다. 허리케인 어마의 최저 기압은 691 mmHg로 기록되었다. 이 압력은 kPa 단위로 얼마인가?

전략 1 atm = 760 mmHg이므로 대기의 압력을 얻기 위해서는 다음 변환 인자를 이용한다.

$$1\ \text{atm} = 1.01325 \times 10^5\ \text{Pa} = 760\ \text{mmHg}$$

이므로, 필요한 환산 인자는 다음과 같다.

$$\frac{1.01325 \times 10^5\ \text{Pa}}{760\ \text{mmHg}}$$

풀이 mmHg를 kPa로 환산한 압력은 다음과 같다.

$$\begin{aligned}\text{압력} &= 691\ \cancel{\text{mmHg}} \times \frac{1.01325 \times 10^5\ \text{Pa}}{760\ \cancel{\text{mmHg}}}\\ &= 9.21 \times 10^4\ \text{Pa}\\ &= 92.1\ \text{kPa}\end{aligned}$$

실전 연습 295 mmHg를 kPa로 환산하라.

비슷한 문제: 5.14.

압력계(manometer)는 *대기 이외 다른 기체의 압력을 측정하는 장치*로 작동 원리는 기압계와 비슷하다. 그림 5.4에서 나타낸 것처럼 두 가지 형태의 압력계가 있다. *막힌 관 압력계*(closed-tube manometer)는 보통 대기압보다 낮은 압력을 측정하는 데 사용되며 [그림 5.4(a)], *열린 관 압력계*(open-tube manometer)는 대기압과 같거나 큰 압력을 측정

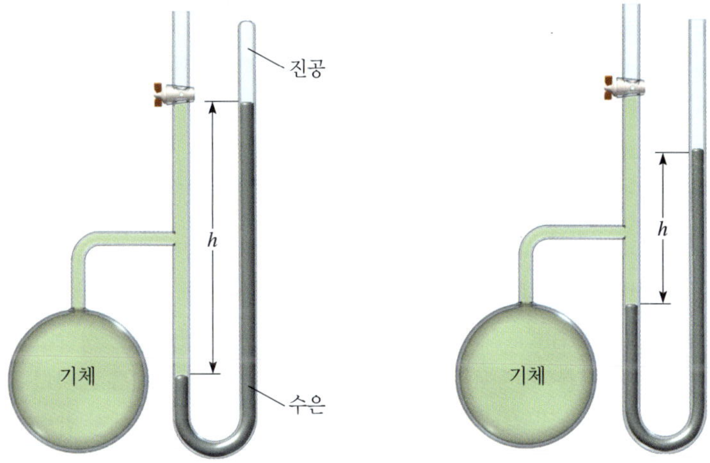

$P_{기체} = P_h$

(a)

$P_{기체} = P_h + P_{atm}$

(b)

◀ **그림 5.4** 기체 압력의 측정에 사용되는 두 가지 형태의 압력계. (a) 기체 압력이 대기압보다 낮은 경우. (b) 기체 압력이 대기압보다 높은 경우.

하는 데 더 적합하다[그림 5.4(b)].

수은이 해로운 증기를 가진 독성 물질이지만 거의 모든 기압계와 압력계는 작동 유체로 수은을 사용한다. 그 이유는 다른 대부분의 액체에 비해 수은의 밀도(13.6 g/mL)가 매우 크기 때문이다. 액체 기둥의 높이는 액체의 밀도에 반비례하기 때문에 수은을 사용하면 다루기 쉬운 소형의 기압계와 압력계를 만들 수 있다.

개념과 사실 요약하기

- 기체 분자는 자유롭게 운동하며, 접하는 표면과 충돌하기 때문에 기체의 압력이 생긴다. 기체의 압력 단위는 mmHg, torr, pascal, atm 등이다. 1 atm은 760 mmHg 또는 760 torr이다.

개념과 사실 복습하기

5.2.1 1184 torr를 mmHg, atm 및 kPa 단위로 나타내라.

5.2.2 다음 압력을 가장 낮은 것에서 가장 높은 것 순으로 순위를 매겨라: (a) 736 mmHg, (b) 0.928 atm, (c) 728 torr, (d) 1.12×10^5 Pa.

5.2.3 에베레스트 산 정상과 에베레스트산 아래에서 빨대가 있는 물을 마시려고 할 때 어느 것이 더 쉬울까?

5.3 기체 법칙

학습 목표

- Boyle, Charles, Avogadro의 법칙을 사용하여 압력, 부피 및 온도 측정값을 상호 변환할 수 있다.

이 장에서 공부할 기체 법칙들은 기체의 물리적 성질에 관해 수세기 동안 진행되어 온 무수한 실험 결과의 산물이다. 기체 물질의 거시적 거동에 관한 일반화된 각 법칙은 모두 과학사에서 중요한 이정표가 되어 왔고, 화학에 있어서 많은 개념들을 발전시키는 데 중요한 역할을 해왔다.

표 5.2 보일이 실험에서 얻은 전형적인 압력-부피 관계

P (mmHg)	724	869	951	998	1230	1893	2250
V(임의 단위)	1.50	1.33	1.22	1.18	0.94	0.61	0.58
PV	1.09×10^3	1.16×10^3	1.16×10^3	1.18×10^3	1.2×10^3	1.2×10^3	1.3×10^3

압력-부피 관계 : 보일 법칙

동영상 자료
기체 법칙

17세기에 보일(Robert Boyle)[†]은 기체의 거동에 대하여 체계적이고 정량적인 연구를 수행하였다. 일련의 연구를 통해 보일은 기체 시료의 압력-부피 관계를 조사하였다. 보일에 의해 얻어진 전형적인 측정 결과를 표 5.2에 나타내었다. 일정 온도에서 압력(P)이 증가하면 일정한 양의 기체가 차지하는 부피(V)는 감소한다는 것에 주목하라. 압력이 724 mmHg일 때 부피가 1.50(임의 단위)인 첫 번째 자료와 압력이 2250 mmHg일 때 부피가 0.58인 마지막 자료를 비교해 보자. 일정 온도에서 기체의 압력과 부피 사이에는 확실하게 반비례 관계가 있음을 알 수 있다. 압력이 증가하면 기체가 차지하는 부피는 감소한다. 반대로 가해진 압력이 감소하면 기체가 차지하는 부피는 증가한다. 오늘날 **보일 법칙**(Boyle's law)으로 알려진 이러한 관계는 *일정 온도에서 일정한 양의 기체에 가해진 압력은 기체의 부피에 반비례한다*는 것을 나타낸다.

이 실험에서 보일이 사용한 장치는 매우 간단하다(그림 5.5). 그림 5.5(a)에서 기체에 작용하는 압력은 대기압과 같고, 기체의 부피는 100 mL이다. (관의 끝이 열려 있어 대기압에 노출되어 있음에 유의하라.) 그림 5.5(b)에서 관에 수은을 첨가하여 기체에 작용하는 압력을 두 배로 증가시키면, 기체의 부피는 50 mL로 감소하였다. 기체에 작용하는 압력

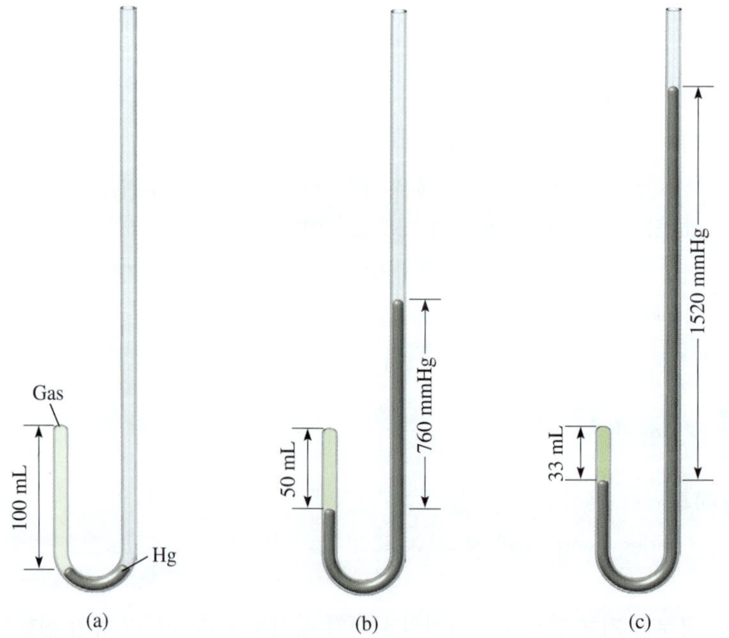

▶ **그림 5.5** 기체의 압력과 부피의 관계를 연구하기 위한 장치. (a) 수은의 높이가 같기 때문에 기압은 대기압(760 mmHg)과 같다. 기체의 부피는100 mL이다. (b) 수은을 첨가하여 기체에 작용하는 압력을 두 배로 증가시키면, 기체의 부피는 50 mL로 감소한다. (c) 기체에 작용하는 압력을 세 배로 증가시키면, 기체의 부피는 1/3로 감소한다. 기체의 온도와 기체의 양은 일정하게 유지된다.

[†]보일(Robert Boyle, 1627~1691)은 영국의 화학자이자 자연 철학자이다. 그의 명성은 일반적으로 기체 법칙으로 인한 것으로 알려져 있지만, 그는 화학과 물리의 많은 분야에 중대한 공헌을 하였다. 같은 시대의 다른 과학자들과 사이가 좋지 않았던 것이 사실이지만, 그의 저서 *The Skeptical Chymist* (1661)는 같은 시대의 화학자들에게 영향을 끼쳤다.

을 세 배로 증가시키면 기체의 부피는 처음의 1/3로 감소하였다[그림 5.5(c)].

압력과 부피 사이의 반비례 관계는 다음과 같은 수학적 표현으로 쓸 수 있다.

$$P \propto \frac{1}{V}$$

여기서 기호 $\propto$는 비례한다는 뜻이다. $\propto$를 등호로 바꾸면 다음과 같이 쓸 수 있다.

$$P = k_1 \times \frac{1}{V} \tag{5.1a}$$

여기서 k_1은 *비례 상수*(proportionality constant)이다. 식 (5.1a)는 보일 법칙에 대한 수학적 표현이며, 이를 다시 정리하여 다음과 같이 나타낼 수 있다.

$$PV = k_1 \tag{5.1b}$$

보일 법칙에 대한 위의 식은 일정 온도에서 일정량의 기체의 압력과 부피의 곱은 상수임을 나타낸다. 그림 5.6에서 맨 위에 있는 도표는 보일 법칙에 대한 도식적인 설명이다. n은 기체의 몰수이고, R은 5.4절에서 정의하는 상수이다. 따라서 식 (5.1)의 비례 상수 k_1은 nRT와 같다는 것을 5.4절에서 다룰 것이다.

한 물리량이 다른 물리량에 비례한다는 것과 비례 상수 사용에 대한 개념은 다음과 같은 비슷한 예를 통해서 명확히 이해할 수 있다. 영화관의 당일 수입은 관람권의 가격(관람권 1장당 가격)과 판매된 관람권 수에 좌우된다. 극장의 모든 관람권을 균일가로 가정하면 수입은 다음과 같다.

수입 = (관람권 1장당 가격) × 판매된 관람권 수

판매된 관람권 수는 날마다 다르기 때문에 그 날의 수입은 판매된 관람권 수에 비례한다고 할 수 있다.

수입 $\propto$ 판매된 관람권 수 = C × 판매된 관람권 수

여기서 C는 비례 상수이며 관람권 1장당 가격이다.

보일 법칙을 그림으로 설명해 주는 일반적인 두 방법을 그림 5.7에 나타내었다. 그림 5.7(a)는 식 $PV = k_1$에 대한 그래프이며, 그림 5.7(b)는 식 $P = k_1 \times 1/V$에 대한 그래프이다. 두 번째 식은 일차 방정식 $y = mx + b$에서 $b = 0$, $m = k_1$인 직선식임을 유념하라.

주어진 기체 시료에 대한 압력과 부피가 각각 다를 수 있지만 온도가 일정하며 기체의 양이 변하지 않는 한 P와 V의 곱은 일정한 상수이다. 그러므로 일정 온도에서 다른 두 조건에 있는 주어진 기체 시료에 대해 다음과 같이 쓸 수 있다.

$$P_1V_1 = k_1 = P_2V_2$$

또는

$$P_1V_1 = P_2V_2 \tag{5.2}$$

여기서 V_1과 V_2는 각각 압력 P_1과 P_2에서의 부피이다.

온도-부피 관계: 샤를-게이뤼삭 법칙

보일 법칙에서 계의 온도는 일정하게 유지되었다. 그러나 온도가 변한다고 가정해 보자. 온도의 변화가 기체의 부피와 압력에 어떻게 영향을 미칠까? 우선 기체의 부피에 대한 온도의 영향을 알아보자. 프랑스의 과학자 샤를(Jacques Charles)[†]과 게이뤼삭(Joseph

[†]샤를(Jacques Alexandre Cesar Charles, 1746~1823)은 프랑스의 물리학자로, 천부적인 교육자이자 과학 도구 발명가였으며, 수소를 사용하여 기구를 띄운 최초의 사람이었다.

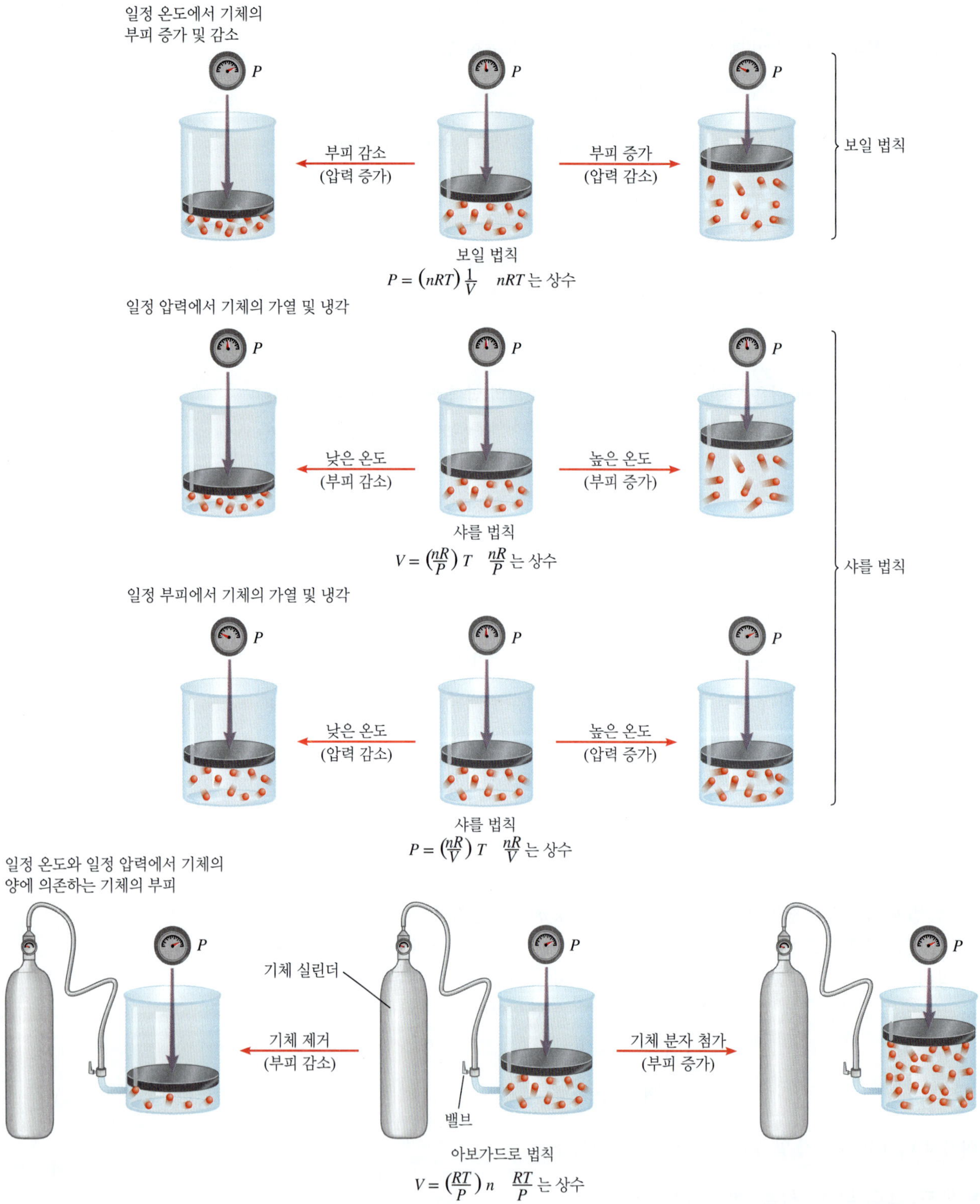

▲ **그림 5.6** 보일 법칙, 샤를 법칙, 아보가드로 법칙에 대한 도식적 설명.

Gay-Lussac)[†]이 최초로 이 관계를 연구하였다. 그들은 기체 시료의 부피는 일정한 압력에서 가열하면 팽창하고, 냉각되면 수축한다는 것을 알아내었다(그림 5.8). 기체의 온도와 부

[†]게이뤼삭(Joseph Louis Gay-Lussac, 1778~1850)은 프랑스의 화학자이자 물리학자로 샤를과 마찬가지로 기구에 집중하였다. 그는 분석하기 위한 공기 시료를 채취하고자 해발 6,000 m 높이까지 올라간 적도 있다.

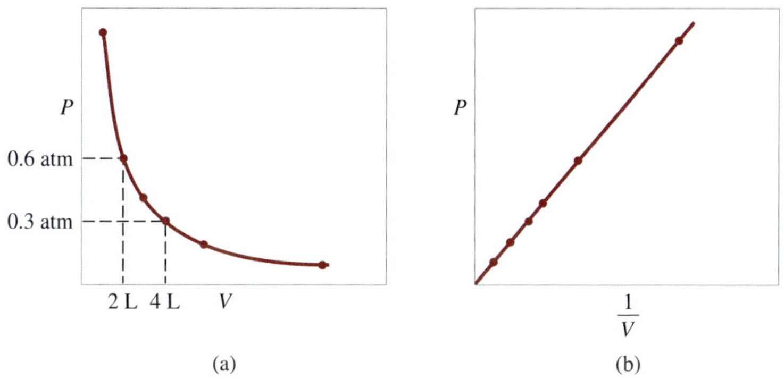

◀ **그림 5.7** 일정 온도에서 기체에 압력을 가하였을 때 기체의 부피 변화를 나타내는 그래프. (a) P 대 V 그래프. 압력이 반으로 줄었을 때 기체의 부피는 두 배가 된다. (b) P 대 $1/V$ 그래프. 직선의 기울기는 k_1과 같다.

피의 변화에 관해 매우 잘 정립된 정량적인 관계를 밝혀내었다. 예를 들어, 다양한 압력 조건에서 온도-부피 관계를 연구할 때 흥미로운 현상을 관찰하게 된다. 주어진 압력에서 부피 대 온도의 그래프는 직선으로 나타난다. 직선을 부피 0으로 외삽하면 온도 축의 절편은 −273.15°C이다. 압력을 다르게 하면 부피-온도 그래프는 또 다른 직선으로 나타나지만, 부피가 0인 온도 축의 절편은 *똑같이* −273.15°C이다(그림 5.9). (사실상 모든 기체는 낮은 온도에서 액체로 되기 때문에 제한된 온도 범위에서만 기체의 부피를 측정할 수 있다.)

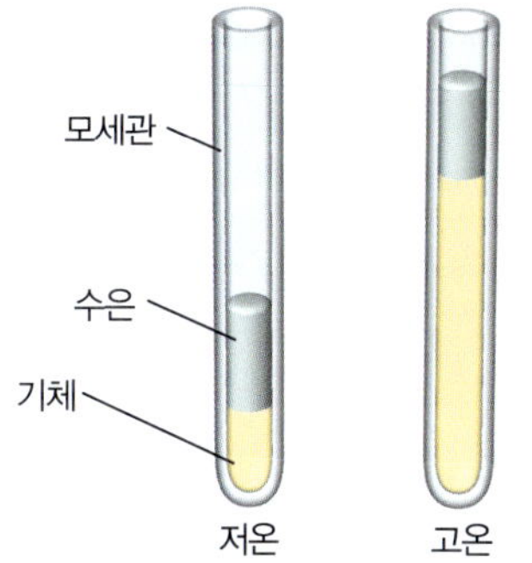

▲ **그림 5.8** 일정 압력에서 온도에 따른 기체 시료의 부피 변화. 기체에 가해지는 압력은 대기압과 수은의 무게로 인한 압력의 합이다.

1848년에 켈빈 경(Lord Kelvin)[†]은 이와 같은 현상의 중요성을 인식하였다. 그는 −273.15°C의 온도가 **절대 영도**(absolute zero), 즉 *이론적으로 도달할 수 있는 최저의 온도*임을 확인하였다. 그는 절대 영도를 *출발점*으로 **절대 온도 척도**(absolute temperature scale)를 설정하였으며, 지금은 이것을 **켈빈 온도 척도**(Kelvin temperature scale)라 부른다(1.3절 참조). 켈빈 척도에서 1켈빈(Kelvin, K)은 섭씨 온도의 1도와 같은 크기이다. 절대 온도 척도와 섭씨 온도 척도의 유일한 차이점은 서로 다른 영점을 사용하는 것이다. 다음과 같이 두 척도상의 중요한 점들을 비교하면 다음과 같다.

	켈빈 척도	섭씨 척도
절대 영도	0 K	−273.15°C
물의 어는점	273.15 K	0°C
물의 끓는점	373.15 K	100°C

°C와 K 사이의 변환은 1.3절에서 다루었다. K와 °C에 관련된 대부분의 계산에서 273.15 대신에 273을 사용할 것이다. 일반적으로 절대 온도(켈빈) 표시에는 T를 사용하며, 섭씨

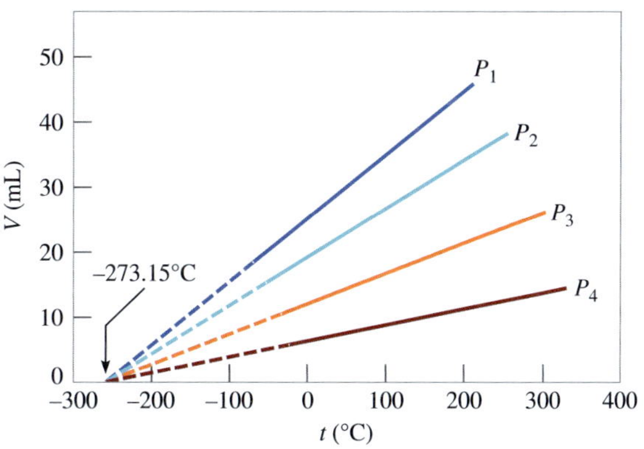

◀ **그림 5.9** 일정 압력에서 온도에 따른 기체 시료의 부피 변화. 각 직선은 주어진 압력에 따른 부피의 변화를 나타낸다. 압력은 P_1에서 P_4로 가면서 증가한다. 충분히 낮은 온도로 냉각되면 결국 모든 기체는 응축된다(액화). 직선의 실선 부분은 응축 온도 이상의 영역을 나타낸 것이다. 실선을 외삽하여 부피가 0인 곳까지 연장하면(점선 부분) 온도 축의 모든 절편은 −273.15°C에서 만난다.

[†]켈빈(William Thomson, Lord Kelvin, 1824∼1907)은 스코틀랜드의 수학자이자 물리학자로 물리학의 많은 분야에 중요한 업적을 남겼다.

온도 표시에는 t를 사용한다.

기체 부피의 온도에 대한 의존도는 다음과 같다.

$$V \propto T$$

$$V = k_2 T$$

또는

$$\frac{V}{T} = k_2 \tag{5.3}$$

여기에서 k_2는 비례 상수이다. 식 (5.3)은 **샤를-게이뤼삭 법칙**(Charles's and Gay-Lussac's law) 또는 간단히 **샤를 법칙**(Charles's law)으로 알려져 있다. 샤를 법칙에 의하면 *일정한 압력에서 일정한 양의 기체 부피는 기체의 절대온도에 정비례한다.* 샤를 법칙은 그림 5.6에 도식적으로 설명되어 있다. 식 (5.3)에 있는 비례 상수 k_2는 nR/P과 같음을 알 수 있다.

일정 온도에서 압력과 부피의 관계를 알아본 것과 같이 일정한 압력에서 부피-온도가 다른 두 조건의 기체를 비교해 볼 수 있다. 식 (5.3)에서와 마찬가지로 다음과 같이 나타낼 수 있다.

$$\frac{V_1}{T_1} = k_2 = \frac{V_2}{T_2}$$

또는

$$\frac{V_1}{T_1} = \frac{V_2}{T_2} \tag{5.4}$$

여기서 V_1과 V_2 각각 온도 T_1과 T_2 (켈빈 온도)에서 기체의 부피이다.

샤를 법칙을 다른 형태로 변형하면 기체의 양과 부피가 일정할 때 기체의 압력은 온도에 비례한다는 것을 알 수 있다.

$$P \propto T$$

$$P = k_3 T$$

또는

$$\frac{P}{T} = k_3 \tag{5.5}$$

그림 5.6에 나타낸 것과 같이 $k_3 = nR/V$이다. 식 (5.5)에서부터 시작하여 다음과 같은 식을 얻을 수 있다.

$$\frac{P_1}{T_1} = k_3 = \frac{P_2}{T_2}$$

또는

$$\frac{P_1}{T_1} = \frac{P_2}{T_2} \tag{5.6}$$

여기서 P_1과 P_2는 각각 온도 T_1과 T_2에서 기체의 압력이다.

부피-양 관계: 아보가드로 법칙

이탈리아의 과학자 아보가드로(Amedeo Avogadro)의 업적은 보일, 샤를, 게이뤼삭의 연구를 보완한 것이다. 1811년에 그는 같은 온도와 같은 압력에서 같은 부피를 갖는 기체들은 (기체의 종류에 상관없이) 같은 분자수(단원자 기체이면 원자수)를 갖는다는 가설을 발표하였다. 그의 가설에 따르면 기체의 부피는 존재하는 분자의 몰수에 비례한다. 즉, 다음과 같이 수학적인 표현으로 나타낼 수 있다.

$$V \propto n$$

$$V = k_4 n \tag{5.7}$$

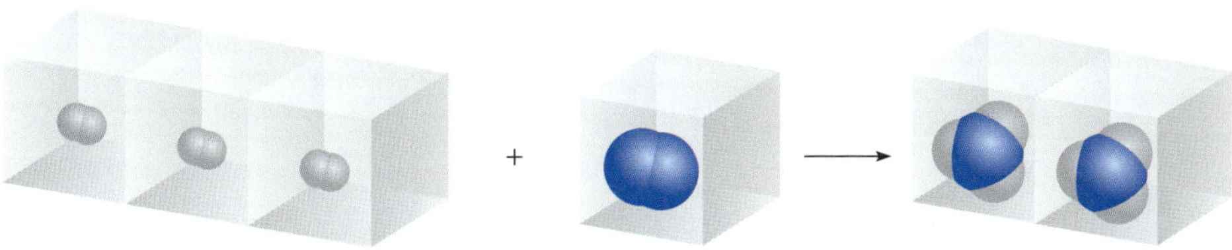

$3H_2(g)$	+	$N_2(g)$	⟶	$2NH_3(g)$
3분자	+	1분자	⟶	2분자
3 mol	+	1 mol	⟶	2 mol
3부피	+	1부피	⟶	2부피

◀ **그림 5.10** 화학 반응에서 기체의 부피 관계. 수소 분자와 질소 분자의 부피비는 3:1, 암모니아(생성물)와 수소 분자 및 질소 분자의합(반응물)의 부피비는 2:4, 즉 1:2이다.

여기서 n은 분자의 몰수를 나타내며 k_4는 비례 상수이다. 식 (5.7)은 *일정 압력과 일정 온도에서 기체의 부피는 존재하는 기체의 몰수에 정비례한다*는 **아보가드로 법칙**(Avogadro's law)의 수학적 표현이다. 그림 5.6에 나타낸 것과 같이 $k_4 = RT/P$이다.

아보가드로 법칙에 의하면 두 기체가 서로 반응할 때에 그들이 반응하는 부피는 서로 간단한 비를 갖는다는 것을 알 수 있다. 생성물이 기체이면 생성물의 부피와 반응물의 부피 사이에는 간단한 비가 성립된다(일찍이 게이뤼삭에 의해 증명된 사실: 부피 결합의 법칙). 예를 들어, 수소 분자와 질소 분자로부터 암모니아가 합성되는 과정을 살펴보자.

$$\underset{3\text{ mol}}{3H_2(g)} + \underset{1\text{ mol}}{N_2(g)} \longrightarrow \underset{2\text{ mol}}{2NH_3(g)}$$

같은 온도, 같은 압력에서 기체의 부피는 존재하는 기체들의 몰수에 정비례하므로 다음과 같이 나타낼 수 있다.

$$\underset{3\text{부피}}{3H_2(g)} + \underset{1\text{부피}}{N_2(g)} \longrightarrow \underset{2\text{부피}}{2NH_3(g)}$$

수소 분자와 질소 분자의 부피 비는 3:1이고, 암모니아(생성물)와 수소 분자 및 질소 분자의 합(반응물)의 부피 비는 2:4, 즉 1:2이다(그림 5.10).

기체 법칙을 설명하는 예제를 5.4절에서 기술할 것이다.

개념과 사실 요약하기

- 이상 기체의 압력-부피 관계는 보일의 법칙을 따른다: 부피는 압력에 반비례한다(일정한 T 및 n에서).
- 이상 기체의 온도-부피 관계는 샤를과 게이뤼삭의 법칙으로 설명된다: 부피는 온도에 정비례한다(일정한 P 및 n에서).
- 절대 영도(−273.15°C)는 이론적으로 도달할 수 있는 가장 낮은 온도이다. 켈빈 온도 눈금은 0 K를 절대 영도로 간주한다. 모든 기체 법칙 계산에서 온도는 켈빈으로 표시해야 한다.
- 이상 기체의 양-부피 관계는 아보가드로의 법칙에 의해 설명된다: 같은 부피의 기체는 같은 수의 분자를 포함한다(같은 T 및 P에서).

개념과 사실 복습하기

5.3.1 어떤 기체가 375 mmHg에서 2.50 L의 부피를 차지한다. 일정한 온도에서 압력을 725 mmHg로 증가시키면 기체의 부피는 얼마인가?

5.3.2 (a) 200 K에서 400 K, (b) 200°C에서 400°C까지 일정한 압력에서 기체의 온도를 증가시켰을 때의 부피 변화를 비교하라.

5.3.3 다음 평형식에 따라 75.0 mL의 F_2와 25.0 mL의 Cl_2가 반응할 때 생성되는 ClF_3의 부피는 얼마인가?

$$Cl_2(g) + 3F_2(g) \longrightarrow 2ClF_3(g)$$

압력과 온도는 일정하다고 가정한다.

5.4 이상 기체 방정식

▷ 학습 목표

- 다른 모든 값이 주어졌을 때 기체의 압력, 부피, 몰 또는 온도를 결정하기 위해 이상 기체 방정식을 적용할 수 있다.
- 기체의 표준 온도 및 압력 조건을 알 수 있다.
- 이상 기체 방정식을 사용하여 기체의 밀도와 몰질량을 결정할 수 있다.

지금까지 논의되었던 기체 법칙들을 요약하면 다음과 같다.

$$\text{보일 법칙: } V \propto \frac{1}{P} \quad (\text{일정한 } n\text{과 } T)$$

$$\text{샤를 법칙: } V \propto T \quad (\text{일정한 } n\text{과 } P)$$

$$\text{아보가드로 법칙: } V \propto n \quad (\text{일정한 } P\text{와 } T)$$

기체의 거동을 나타내기 위해 세 식을 종합하여 하나의 종합식으로 나타낼 수 있다.

$$V \propto \frac{nT}{P}$$

$$V = R\frac{nT}{P}$$

또는

$$PV = nRT \tag{5.8}$$

여기서 *비례 상수인* R을 **기체 상수**(gas constant)라 한다. 식 (5.8)은 *네 변수 P, V, T, n 사이의 관계를 나타내는 것으로* **이상 기체 방정식**(ideal gas equation)이라 한다. **이상 기체**(ideal gas)는 *압력-부피-온도에 따른 기체의 거동이 이상 기체 방정식에 의해 완벽하게 설명될 수 있는 가상의 기체*이다. 이상 기체의 분자들은 서로 끌어당기거나 밀치지 않으며, 그 부피는 용기의 부피에 비해 무시할 수 있을 정도로 작다. 사실상 자연계에는 이상 기체와 같은 기체는 없지만 적절한 온도와 압력 범위에서 이상 기체 근사법은 대체로 잘 들어맞는다. 따라서 기체와 관련된 많은 문제를 푸는 데 이상 기체 방정식을 무리없이 이용할 수 있다.

이상 기체 방정식을 실제에 응용하기 전에 기체 상수 R 값을 알아야 한다. 0°C (273.15 K), 1 atm에서 많은 실제 기체들은 이상 기체처럼 거동한다. 이 조건하에서 얻어진 실험결과 이상 기체 1 mol은 22.414 L를 차지하며 그림 5.11에 나타낸 것과 같이 농구공의 부피보다 약간 더 크다. *0°C, 1 atm의 조건*을 **표준 온도와 압력**(standard temperature and pressure)이라 하며 간단하게 약자로 **STP**라고 한다. 1982년부터 IUPAC는 STP를 0°C 및 10^5 Pa로 정의한다. 편의상 이 책에서는 0°C 및 1 atm을 STP로 사용한다. 식 (5.8)은 다음과 같이 나타낼 수 있다.

$$\begin{aligned} R &= \frac{PV}{nT} \\ &= \frac{(1\text{ atm})(22.414\text{ L})}{(1\text{ mol})(273.15\text{ K})} \\ &= 0.082057\,\frac{\text{L}\cdot\text{atm}}{\text{K}\cdot\text{mol}} \end{aligned}$$

◀ **그림 5.11** STP에서의 몰부피 22.4 L와 농구공의 비교.
Ken Karp/McGraw-Hill

$$= 0.082057 \text{ L} \cdot \text{atm/K} \cdot \text{mol}$$

L과 atm 사이, K와 mol 사이의 점은 분자에 L과 atm이 위치하고, 분모에 K와 mol이 위치함을 기억하자. 대부분의 계산에서 R 값은 반올림하여 유효 숫자 세 자리(0.0821 L·atm/K·mol)로 하고 STP에서 기체 1 mol의 부피로 22.41 L를 사용한다.

예제 5.3은 기체의 양, 부피, 온도를 알면 이상 기체 방정식을 이용하여 기체의 압력을 계산하는 문제이다. 별다른 언급이 없으면 계산할 때 °C로 주어진 온도는 정확하므로 온도는 유효 숫자의 자릿수에 영향을 주지 않는다고 가정한다.

인터넷 핫스팟
학생들의 학습 경험에 대해 축적된 자료에 따르면 이상 기체 방정식을 이해하는 데 어려움을 겪을 수 있다. 이런 경우 eBook에 접속해서 이 주제에 대한 추가 학습 자료를 보면 도움이 될 수 있다.

예제 5.3

육플루오린화 황(SF_6)은 무색 무취이며 반응성이 낮은 기체이다. 이 기체는 화학적으로 반응성이 낮아 전자 장치의 절연체로 사용된다. 69.5°C에서 5.43 L의 철제 용기에 들어 있는 1.82 mol 기체의 압력(atm)을 계산하라.

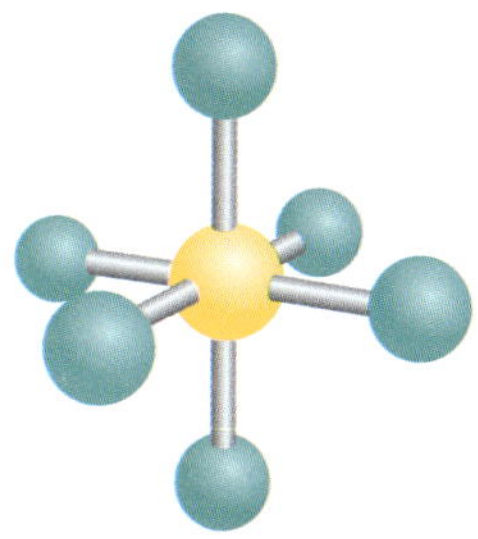

SF_6

전략 기체의 몰수, 부피, 온도에 관한 정보가 주어져 있다. 기체의 성질에 어떠한 변화가 있는가? 압력을 계산하기 위해 어떤 식을 이용해야 하는가? 어떤 온도 단위를 사용해야 하는가?

풀이 기체의 성질에 변화가 없기 때문에 압력을 계산하기 위해 이상 기체 방정식을 이용한다. 식 (5.8)을 다시 정리하면 다음과 같이 나타낼 수 있다.

$$P = \frac{nRT}{V}$$
$$= \frac{(1.82 \text{ mol})(0.0821 \text{ L} \cdot \text{atm/K} \cdot \text{mol})(69.5 + 273) \text{ K}}{5.43 \text{ L}}$$
$$= 9.42 \text{ atm}$$

실전 연습 6.54 atm, 76°C에서 산화 질소(NO) 2.12 mol이 차지하는 부피(L)를 계산하라.

비슷한 문제: 5.32.

STP에서 기체 1몰의 부피가 22.41 L를 차지한다는 사실을 이용하여 예제 5.4에서와 같이 이상 기체 방정식을 사용하지 않고 STP에서 기체의 부피를 계산할 수 있다.

예제 5.4

암모니아 기체는 식품 가공 및 저장 산업에서 냉매로 사용된다. STP에서 NH_3 7.40 g이 차지하는 부피(L)를 계산하라.

(계속)

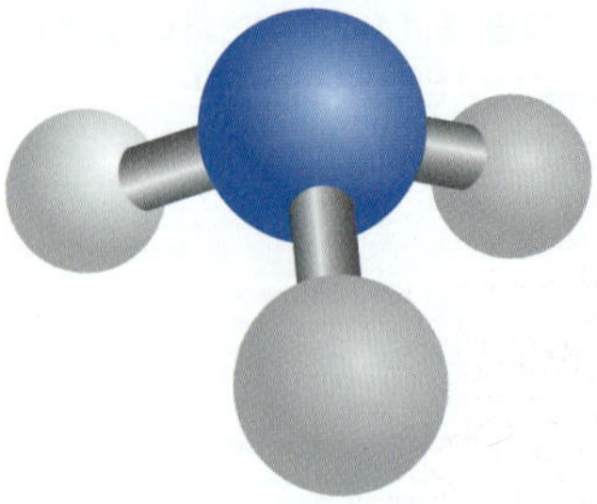

NH_3

▲ 산업용 암모니아 냉각 시스템.
Courtesy of Industrial Refrigeration Service, Inc

전략 STP에서 이상 기체 1 mol의 부피는 얼마인가? NH_3 7.40 g은 몇 mol인가?

풀이 STP에서 이상 기체 1 mol은 22.41 L를 차지한다는 것을 상기하고, NH_3의 몰질량 (17.03 g)을 이용하면 다음과 같이 차례대로 전환할 수 있다.

$$NH_3\text{의 그램수(g)} \longrightarrow NH_3\text{의 몰수(mol)} \longrightarrow \text{STP에서 } NH_3\text{의 리터수(L)}$$

따라서 NH_3의 부피는 다음과 같다.

$$V = 7.40 \text{ g } NH_3 \times \frac{1 \text{ mol } NH_3}{17.03 \text{ g } NH_3} \times \frac{22.41 \text{ L}}{1 \text{ mol } NH_3}$$

$$= 9.74 \text{ L}$$

화학에서, 특히 기체 법칙과 관련된 계산에서는 문제를 푸는 방법에 여러 가지가 있다. 이 문제도 먼저 NH_3 7.40 g을 몰수로 전환한 다음 이상 기체 방정식($V = nRT/P$)을 이용하여 풀 수가 있다. 시도해 보라.

검산 NH_3 7.40 g은 몰질량보다 작기 때문에 STP에서 NH_3의 부피는 22.41 L보다 작아야 한다. 따라서 답은 합리적이다.

실전 연습 STP에서 HCl 기체 49.8 g이 차지하는 부피(L)는 얼마인가?

비슷한 문제: 5.40.

이상 기체 방정식은 기체 시료에 대해 변수 P, V, T, n 사이에 변화가 없는 문제에 유용하다. 따라서 세 변수를 알면 방정식을 이용하여 나머지 한 변수를 계산할 수 있다. 그러나 가끔은 기체의 압력, 부피, 온도, 심지어는 기체의 양까지 변하는 것을 다룰 필요가 있다. 조건이 변할 때는 초기 조건과 최종 조건을 고려하여 수정된 방정식을 이용해야만 한다. 수정된 방정식은 다음과 같이 유도된다. 식 (5.8)로부터 다음을 얻을 수 있다.

$$R = \frac{P_1V_1}{n_1T_1}(\text{변화 전}) \quad \text{그리고} \quad R = \frac{P_2V_2}{n_2T_2}(\text{변화 후})$$

따라서

$$\frac{P_1V_1}{n_1T_1} = \frac{P_2V_2}{n_2T_2} \tag{5.9}$$

흥미롭게도 5.3절에서 논의한 모든 기체 법칙들이 식 (5.9)로부터 유도된다. $n_1 = n_2$이면 보통 기체의 양은 변하지 않기 때문에 식은 다음과 같이 된다.

$$\frac{P_1V_1}{T_1} = \frac{P_2V_2}{T_2} \tag{5.10}$$

예제 5.5~5.7은 식 (5.9)를 응용한 것이다.

예제 5.5

해수면(1.0 atm)에서 0.55 L의 부피를 갖는 헬륨 풍선을 압력이 약 0.40 atm인 6.5 km 높이까지 올려 보냈다. 온도가 일정하다고 가정하면 풍선의 최종 부피는 얼마인가?

전략 풍선에 존재하는 기체 몰수와 온도는 일정하지만 압력과 부피는 둘 다 변한다. 어떤 기체 법칙이 필요한가?

풀이 식 (5.9)에서 시작한다.

(계속)

$$\frac{P_1V_1}{n_1T_1} = \frac{P_2V_2}{n_2T_2}$$

$n_1 = n_2$이며, $T_1 = T_2$이므로 다음 식이 얻어진다.

$$P_1V_1 = P_2V_2$$

이것은 보일 법칙이다[식 (5.2) 참조]. 주어진 정보를 표로 만들면,

초기 조건	최종 조건
$P_1 = 1.0$ atm	$P_2 = 0.40$ atm
$V_1 = 0.55$ L	$V_2 = ?$

그러므로

$$V_2 = V_1 \times \frac{P_1}{P_2}$$
$$= 0.55\text{ L} \times \frac{1.0\text{ atm}}{0.40\text{ atm}}$$
$$= 1.4\text{ L}$$

검산 (일정 온도에서) 풍선에 가해지는 압력이 줄어들면 헬륨 기체가 팽창하면서 풍선의 부피는 증가한다. 최종 부피는 초기 부피보다 크므로 답은 합리적이다.

실전 연습 염소 기체는 726 mmHg에서 부피가 946 mL이다. 일정한 온도에서 부피가 154 mL로 감소될 때 기체의 압력(mmHg)을 계산하라.

비슷한 문제: 5.19.

▲ *헬륨 풍선의 과학적 연구.*
Source: National Scientific Balloon Facility/Palestine, Texas

예제 5.6

아르곤은 텅스텐 필라멘트의 증발을 억제하기 위해 전구에 사용되는 비활성 기체이다. 1.20 atm, 18°C에서 아르곤으로 채워진 전구가 일정 부피에서 85°C까지 가열되었을 때 최종 압력(atm)을 계산하라.

전략 아르곤의 온도와 압력은 변하지만 아르곤의 양과 부피는 변하지 않는다. 최종 압력을 계산하기 위해 어떤 식을 이용해야 하는가? 어떤 온도 단위를 사용해야 하는가?

풀이 $n_1 = n_2$이며, $V_1 = V_2$이므로 식 (5.9)은 다음과 같이 된다.

$$\frac{P_1}{T_1} = \frac{P_2}{T_2}$$

이것은 샤를 법칙이다[식 (5.6) 참조]. 다음과 같이 정리된다.

초기 조건	최종 조건
$P_1 = 1.20$ atm	$P_2 = ?$
$T_1 = (18 + 273)$ K $= 291$ K	$T_2 = (85 + 273)$ K $= 358$ K

최종 압력은 다음과 같다.

$$P_2 = P_1 \times \frac{T_2}{T_1}$$
$$= 1.20\text{ atm} \times \frac{358\text{ K}}{291\text{ K}}$$
$$= 1.48\text{ atm}$$

검산 일정한 부피에서 주어진 양의 기체 압력은 절대 온도에 정비례한다. 그러므로 압력의 증가는 합리적이다.

(계속)

▲ *전구는 보통 아르곤으로 채워져 있다.*
Buena Vista Images/Digital Vision/Getty Images

실전 연습 일정 부피에서 초기 0.97 atm인 산소 기체가 21°C에서 −68°C로 냉각되었다. 최종 압력(atm)은 얼마인가?

비슷한 문제: 5.36.

예제 5.7

작은 기포가 8°C, 6.4 atm인 호수 바닥에서 25°C, 1.0 atm인 물의 표면으로 떠오르고 있다. 초기 부피가 2.1 mL일 때, 기포의 최종 부피(mL)를 계산하라.

전략 이와 같이 많은 정보가 주어진 문제를 풀 때는 자료를 정리하는 것이 도움이 된다. 주어진 정보를 표로 정리하면 다음과 같다.

초기 조건	최종 조건
$P_1 = 6.4$ atm	$P_2 = 1.0$ atm
$V_1 = 2.1$ m	$V_2 = ?$
$T_1 = (8 + 273)$ K $= 281$ K	$T_2 = (25 + 273)$ K $= 298$ K

계산에 어떤 온도 단위를 사용해야 하는가?

풀이 식 (5.9)에 따르면 다음과 같다.

$$\frac{P_1V_1}{n_1T_1} = \frac{P_2V_2}{n_2T_2}$$

기포 속 공기의 양이 일정하다고 가정하면, $n_1 = n_2$이므로 다음과 같이 나타낼 수 있다.

$$\frac{P_1V_1}{T_1} = \frac{P_2V_2}{T_2}$$

이것은 식 (5.10)이다. 식 (5.10)을 다시 정리하면

$$\begin{aligned} V_2 &= V_1 \times \frac{P_1}{P_2} \times \frac{T_2}{T_1} \\ &= 2.1\text{ mL} \times \frac{6.4\text{ atm}}{1.0\text{ atm}} \times \frac{298\text{ K}}{281\text{ K}} \\ &= 14\text{ mL} \end{aligned}$$

검산 방정식의 양쪽에 동일한 단위를 사용하면 부피(또는 압력)의 적절한 단위를 구할 수 있다. 최종 부피는 초기 부피에 압력 비(P_1/P_2)와 온도 비(T_1/T_2)을 곱하여 얻는다. 부피는 압력에 반비례하고 부피는 온도에 정비례한다는 것을 기억하라. 기포가 떠오를 때 압력은 감소하고 온도가 증가하기 때문에 기포의 부피가 증가할 것으로 예측된다. 실제로 여기서 압력의 변화는 부피 변화에 더 큰 역할을 한다.

실전 연습 기체가 4.0 L, 1.2 atm, 66°C의 초기 상태에서 1.7 L, 42°C의 최종 상태로 변하였다. 최종 압력은 얼마인가? 몰수는 일정하다고 가정한다.

비슷한 문제: 5.35.

밀도 계산

이상 기체 방정식을 다시 정리하면 기체의 밀도를 계산할 수 있다.

$$\frac{n}{V} = \frac{P}{RT}$$

기체의 몰수 n은 다음과 같이 주어진다.

$$n = \frac{m}{\mathcal{M}}$$

여기서 m은 기체의 질량(g)이며 $\mathscr{M}$은 몰질량이다. 따라서 다음과 같이 나타낼 수 있다.

$$\frac{m}{\mathscr{M}V} = \frac{P}{RT}$$

밀도 d는 단위 부피당 질량이므로 다음과 같이 쓸 수 있다.

$$d = \frac{m}{V} = \frac{P\mathscr{M}}{RT} \quad (5.11)$$

응축된 물질(액체와 고체)의 분자와는 달리 기체 분자들은 크기에 비해 서로 멀리 떨어져 있다. 결과적으로 대기압의 조건에서 기체의 밀도는 대단히 작다. 따라서 예제 5.8에서와 같이 기체의 밀도는 보통 g/mL보다는 g/L로 표현된다.

예제 5.8

0.990 atm, 55°C에서 이산화 탄소(CO_2)의 밀도(g/L)를 계산하라.

CO_2

전략 기체의 밀도를 계산하기 위해 식 (5.11)을 이용한다. 문제에서 제공한 충분한 정보가 있는가? 어떤 온도 단위를 사용해야 하는가?

풀이 식 (5.11)을 사용하기 위해 온도를 켈빈 온도(T = 273 + 55 = 328 K)로 전환하고, CO_2의 몰질량 44.01 g을 사용하면 다음과 같이 나타낼 수 있다.

$$d = \frac{P\mathscr{M}}{RT}$$
$$= \frac{(0.990 \text{ atm})(44.01 \text{ g/mol})}{(0.0821 \text{ L} \cdot \text{atm/K} \cdot \text{mol})(328 \text{ K})} = 1.62 \text{ g/L}$$

이와 달리 다음과 같이 밀도를 계산할 수도 있다.

$$\text{밀도} = \frac{\text{질량}}{\text{부피}}$$

1몰의 CO_2가 있다고 가정하면 질량은 44.01g이다. 기체의 부피는 이상 기체 방정식에서 구할 수 있다.

$$V = \frac{nRT}{P}$$
$$= \frac{(1 \text{ mol})(0.0821 \text{ L} \cdot \text{atm/K} \cdot \text{mol})(328 \text{ K})}{0.990 \text{ atm}}$$
$$= 27.2 \text{ L}$$

따라서 이산화 탄소의 밀도는 다음과 같다.

$$d = \frac{44.01 \text{ g}}{27.2 \text{ L}} = 1.62 \text{ g/L}$$

해설 기체의 밀도는 1.62×10^{-3} g/mL로 물의 밀도 1.0 g/mL, 금의 밀도 19.3 g/cm^{3}와 비교해 매우 작은 값이다.

실전 연습 62°C, 779 mmHg에서 육플루오린화 우라늄(UF_6)의 밀도(g/L)는 얼마인가?

비슷한 문제: 5.48.

기체 물질의 몰질량

지금까지 논의한 바로는 물질의 몰질량은 화학식을 검토하여 각 성분 원자의 몰질량을 합산하여 구할 수 있었다. 하지만 이러한 계산 절차는 물질의 실제 화학식을 알고 있을 때에만 가능하다. 실제로 화학자들은 화학식이 알려져 있지 않거나 일부 조성만이 알려진 물

▲ **그림 5.12** 기체의 밀도를 측정하는 기구. 어떤 온도와 압력에서 부피를 알고 있는 용기에 연구하고자 하는 기체 시료를 채운다. 우선 용기의 질량을 재고 기체를 비운 후 다시 질량을 잰다. 질량의 차이가 바로 기체의 질량이다. 용기의 부피를 알고 있으므로 기체의 밀도를 계산할 수 있다. 대기 중 공기 100 mL는 약 0.12 g인데 이는 쉽게 측정할 수 있는 양이다.

질을 다루기도 한다. 미지 물질이 기체라면 이상 기체 방정식을 이용하여 몰질량을 구할 수 있다. 필요한 것은 이미 알고 있는 온도와 압력에서 실험을 통해 얻은 기체의 밀도 값(또는 질량과 부피 자료) 뿐이다. 식 (5.11)을 다시 정리하면 다음과 같다.

$$\mathscr{M} = \frac{dRT}{P} \tag{5.12}$$

일반적인 실험에서 부피가 알려진 용기에 연구하고자 하는 기체를 채운다. 기체 시료의 온도와 압력을 기록하고 용기와 기체 시료의 전체 질량을 측정한다(그림 5.12). 그런 다음 용기에 들어 있는 기체를 진공으로 제거한 후, 다시 (빈) 용기의 질량을 측정한다. 질량의 차이가 바로 기체의 질량이다. 기체의 밀도는 질량을 용기의 부피로 나눈 것과 같다. 일단 기체의 밀도를 알면 식 (5.12)를 이용하여 물질의 몰질량을 계산할 수 있다. 물론 물질의 몰질량을 결정하는 데는 질량 분석기가 가장 이상적인 기기이지만 모든 화학자가 그 기기를 보유할 수는 없다.

질량 분석기는 몰질량 결정에 좋은 기구이지만, 예제 5.9에 보인 것과 같은 밀도에 의한 몰질량 결정법은 아직도 유용하다.

예제 5.9

어떤 화학자가 염소와 산소로 이루어진 녹황색 기체 화합물을 합성한 후, 그 기체의 밀도가 36°C, 2.88 atm에서 7.71 g/L임을 알아냈다. 화합물의 몰질량을 계산하고 분자식을 결정하라.

전략 식 (5.11)과 (5.12)는 같은 식으로부터 얻어진 것이기 때문에 기체의 밀도, 온도, 압력을 알면 기체의 몰질량을 구할 수 있다. 화합물의 분자식이 얻어진 몰질량과 맞지 않으면 안 된다. 어떤 온도 단위를 사용해야 하는가?

풀이 식 (5.12)로부터

$$\begin{aligned}\mathscr{M} &= \frac{dRT}{P} \\ &= \frac{(7.71\ \text{g/L})(0.0821\ \text{L}\cdot\text{atm/K}\cdot\text{mol})(36+273)\ \text{K}}{2.88\ \text{atm}} \\ &= 67.9\ \text{g/mol}\end{aligned}$$

다음과 같은 방법으로도 몰질량을 계산할 수 있다.

$$\text{화합물의 몰질량} = \frac{\text{화합물의 질량}}{\text{화합물의 몰수}}$$

주어진 밀도로부터 기체 1 L의 질량은 7.71 g임을 알 수 있다. 이상 기체 방정식으로부터 이 부피 속에 존재하는 기체의 몰수를 계산할 수 있다.

$$\begin{aligned}n &= \frac{PV}{RT} \\ &= \frac{(2.88\ \text{atm})(1.00\ \text{L})}{(0.0821\ \text{L}\cdot\text{atm/K}\cdot\text{mol})(309\ \text{K})} \\ &= 0.1135\ \text{mol}\end{aligned}$$

따라서 몰질량은 다음과 같다.

$$\mathscr{M} = \frac{\text{질량}}{\text{몰수}} = \frac{7.71\ \text{g}}{0.1135\ \text{mol}} = 67.9\ \text{g/mol}$$

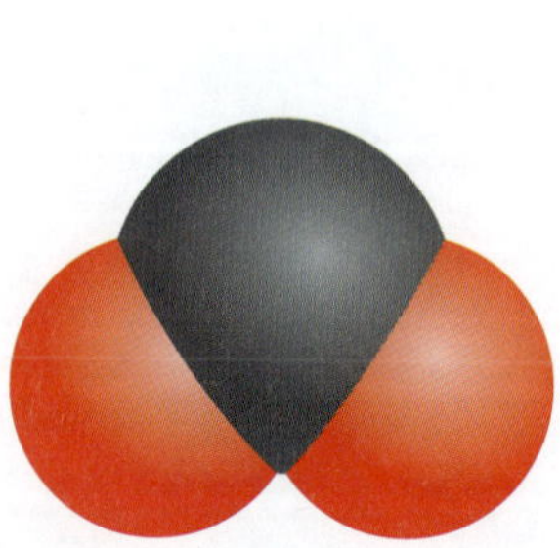

ClO_2

염소(35.45 g)와 산소(16.00 g)의 몰질량을 알고 있기 때문에 이를 사용하여 시행착오를 통해 화합물의 분자식을 결정한다. Cl 원자 하나와 O 원자 하나를 포함하는 화합물의 몰질량은 51.45 g으로 너무 작고, Cl 원자 두 개와 O 원자 하나로 이루어진 화합물의 몰질량은 86.90 g

(계속)

으로 너무 크다. 따라서 화합물은 Cl 원자 하나와 O 원자 두 개로 된 ClO_2로, 몰질량은 67.45 g이다.

실전 연습 어떤 기체 상태의 유기 화합물의 밀도가 40°C, 1.97 atm에서 3.38 g/L이다. 몰질량은 얼마인가?

비슷한 문제: 5.43, 5.47.

식 (5.12)는 이상 기체 방정식에서 유도되었기 때문에 예제 5.10에서와 같이 이상 기체 방정식을 이용하여 기체 물질의 몰질량을 계산할 수도 있다.

예제 5.10

어떤 기체 화합물의 화학 분석 결과 질량 백분율은 규소(Si) 33.0%와 플루오린(F) 67.0%로 되어 있음을 알았다. 35°C에서 화합물 0.210 L의 압력은 1.70 atm이었다. 화합물 0.210 L의 질량이 2.38 g일 때 화합물의 분자식을 구하라.

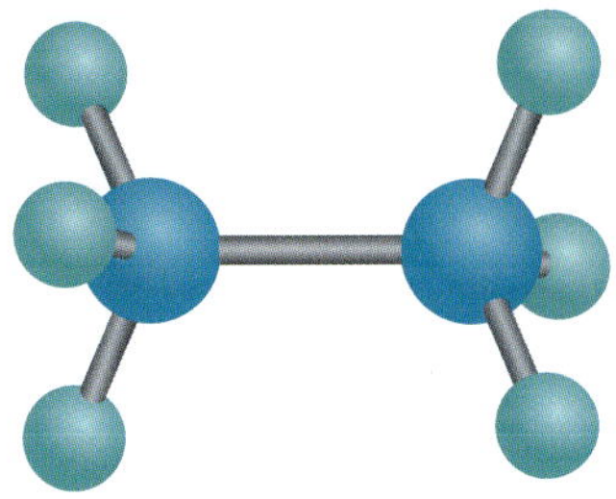

Si_2F_6

전략 이 문제는 두 부분으로 나누어서 풀어야 한다. 우선 Si와 F의 질량 백분율로부터 화합물의 실험식을 구한다. 그 다음 주어진 조건들로부터 화합물의 몰질량을 계산하여 분자식을 구할 수 있다. 실험식으로 결정된 몰질량과 분자식으로 계산된 몰질량 사이에는 어떠한 관계가 있는가?

풀이 예제 3.9(3.5절)와 같이 실험식을 구하기 위해 화합물 100 g이 있다고 가정하면, 질량 백분율은 질량(g)으로 전환된다. Si와 F의 몰수는 다음과 같다.

$$n_{Si} = 33.0\ \text{g}\ \cancel{\text{Si}} \times \frac{1\ \text{mol Si}}{28.09\ \text{g}\ \cancel{\text{Si}}} = 1.17\ \text{mol Si}$$

$$n_F = 67.0\ \text{g}\ \cancel{\text{F}} \times \frac{1\ \text{mol F}}{19.00\ \text{g}\ \cancel{\text{F}}} = 3.53\ \text{mol F}$$

따라서 실험식은 $Si_{1.17}F_{3.53}$이다. 아래첨자들을 가장 작은 숫자인 1.17로 나누면 얻어진 실험식은 SiF_3이다.

화합물의 몰질량을 계산하기 위해 화합물 2.38 g에 포함된 몰수를 계산한다. 이상 기체 방정식으로부터 얻어진 n은 다음과 같다.

$$n = \frac{PV}{RT} = \frac{(1.70\ \text{atm})(0.210\ \text{L})}{(0.0821\ \text{L} \cdot \text{atm/K} \cdot \text{mol})(308\ \text{K})} = 0.0141\ \text{mol}$$

화합물 0.0141 mol의 질량이 2.38 g이기 때문에 1 mol의 질량, 즉 몰질량은 다음과 같다.

$$\mathscr{M} = \frac{2.38\ \text{g}}{0.0141\ \text{mol}} = 169\ \text{g/mol}$$

실험식 SiF_3의 몰질량은 85.09 g이다. 분자식의 몰질량은 실험식의 몰질량에 정수를 곱해 준 것이라는 사실을 기억하라(169/85.09 ≈ 2). 따라서 화합물의 분자식은 $(SiF_3)_2$, 즉 Si_2F_6이다.

실전 연습 어떤 기체 화합물이 붕소 78.14%와 수소 21.86%로 구성되어 있다. 27°C에서 이 기체 74.3 mL의 압력은 1.12 atm이었다. 기체의 질량이 0.0934 g이라면 분자식은 무엇인가?

비슷한 문제: 5.49.

개념과 사실 요약하기

- 이상 기체 방정식, $PV = nRT$는 보일, 샤를 및 아보가드로의 법칙을 결합한 것이다. 이 방정식은 이상 기체의 거동을 설명해준다.

- 이상 기체 방정식을 사용하여 기체의 밀도 또는 몰질량을 계산할 수도 있다.

개념과 사실 복습하기

5.4.1 15.0°C 및 2.75 atm에서 어떤 기체의 부피는 52.0 mL이다. 기체의 압력이 3.50 atm이고, 부피는 65.0 mL인 온도는 얼마인가?

5.4.2 이상적인 기체라고 가정할 때, 다음 기체 중 어느 것이 STP에서 최대 부피를 갖겠는가? (a) He 0.82몰, (b) N_2 24 g, 또는 (c) 5.0×10^{23} 분자의 Cl_2. 그리고 밀도가 가장 큰 기체는 어느 것인가?

5.4.3 100°C와 0.976 atm에서 194 mL 시료의 질량이 0.477 g이었다. 이 화합물의 몰질량은 얼마인가?

5.5 기체의 화학량론

학습 목표

- 이상 기체 방정식을 이용하여 화학량론적 양을 계산할 수 있다.

제3장에서 화학량론에 관한 문제를 풀기 위해 반응물과 생성물의 양(mol)과 질량(g) 사이의 관계를 이용하였다. 반응물과 생성물 모두 또는 일부가 기체일 경우, 그러한 문제를 풀기 위해서도 양(mol, n)과 부피(V) 사이의 관계를 이용할 수 있다(그림 5.13). 예제 5.11, 5.12, 5.13은 이러한 계산에 기체 법칙을 어떻게 이용하는지를 보여 준다.

▲ 탄화 칼슘(CaC_2)을 물과 반응시키면 가연성 기체인 아세틸렌(C_2H_2)이 생성된다.
Charles D. Winters/McGraw-Hill

예제 5.11

순수한 산소로 아세틸렌을 연소시키면 매우 높은 온도의 불꽃이 생성되며, 이는 금속의 용접이나 절단에 이용된다. 같은 온도, 같은 압력에서 7.64 L의 아세틸렌(C_2H_2)을 완전히 연소시키는 데 필요한 산소(O_2)의 부피(L)를 계산하라.

$$2C_2H_2(g) + 5O_2(g) \longrightarrow 4CO_2(g) + 2H_2O(l)$$

전략 O_2와 C_2H_2의 온도와 압력은 같음을 유의하라. 기체의 부피와 몰수가 관련된 기체 방정식은 무엇인가?

풀이 아보가드로 법칙에 따르면 같은 온도와 압력에서 기체의 몰수는 기체의 부피와 정비례 관계에 있다. 화학 반응식으로부터 O_2 5 mol은 C_2H_2 2 mol과 반응하므로(5 mol $O_2 \simeq$ 2 mol C_2H_2) C_2H_2 2 L는 O_2 5 L와 반응한다(5 L $O_2 \simeq$ 2 L C_2H_2). 따라서 C_2H_2 7.64 L와 반응할 O_2의 부피는 다음과 같다.

$$O_2\text{의 부피} = 7.64\ \text{L}\ \cancel{C_2H_2} \times \frac{5\ \text{L}\ O_2}{2\ \text{L}\ \cancel{C_2H_2}}$$
$$= 19.1\ \text{L}$$

실전 연습 온도와 압력의 변화가 없을 때, 뷰테인(C_4H_{10}) 14.9 L를 완전 연소시키는 데 필요한 O_2의 부피(L)를 계산하라.

$$2C_4H_{10}(g) + 13O_2(g) \longrightarrow 8CO_2(g) + 10H_2O(l)$$

비슷한 문제: 5.26.

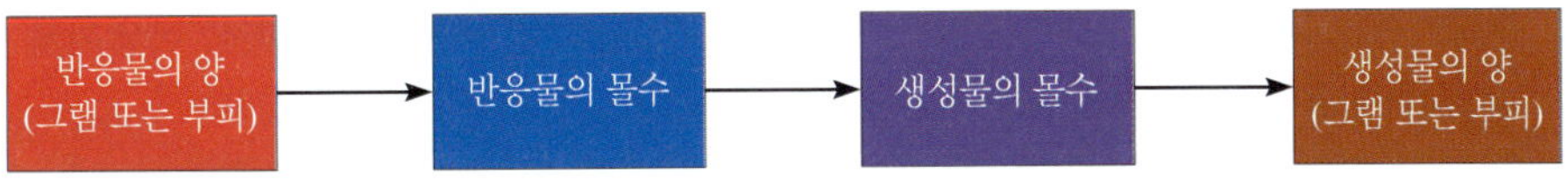

◀ **그림 5.13** 기체가 포함되는 반응의 화학량론적 계산.

예제 5.12

아자이드화 소듐(NaN_3)은 자동차 에어백에 사용된다. 충돌로 인하여 NaN_3는 다음과 같이 분해된다.

$$2NaN_3(s) \longrightarrow 2Na(s) + 3N_2(g)$$

생성된 질소 기체는 순간적으로 운전자와 앞 유리 사이에 있는 에어백을 팽창시킨다. NaN_3 60.0 g의 분해로 인해 80°C, 823 mmHg에서 생성된 N_2의 부피를 계산하라.

▲ *에어백은 자동차가 충돌할 때 운전자를 보호한다.*
Therry/iStock/Getty Images

전략 균형 맞춘 화학 반응식으로부터 2 mol의 NaN_3가 분해되면 3 mol의 N_2가 생성되기 때문에 (2 mol $NaN_3 \simeq$ 3 mol N_2)하기 때문에 NaN_3와 N_2 사이의 변환 인자는 다음과 같다.

$$\frac{3 \text{ mol } N_2}{2 \text{ mol } NaN_3}$$

NaN_3의 질량이 주어졌기 때문에 NaN_3의 몰수를 계산하고 생성된 N_2의 몰수를 계산한다. 마지막으로 이상 기체 방정식을 이용하여 N_2의 부피를 계산한다.

풀이 우선 다음과 같은 전환 과정을 이용하여 NaN_3 60.0 g의 분해로 생성된 N_2의 몰수를 계산한다.

$$NaN_3\text{의 그램수} \longrightarrow NaN_3\text{의 몰수} \longrightarrow N_2\text{의 몰수}$$

따라서

$$N_2\text{의 몰수} = 60.0 \cancel{\text{g } NaN_3} \times \frac{1 \cancel{\text{mol } NaN_3}}{65.02 \cancel{\text{g } NaN_3}} \times \frac{3 \text{ mol } N_2}{2 \cancel{\text{mol } NaN_3}}$$
$$= 1.38 \text{ mol } N_2$$

이상 기체 방정식을 이용하여 1.38 mol의 N_2의 부피를 구하면 다음과 같다.

$$V = \frac{nRT}{P} = \frac{(1.38 \text{ mol})(0.0821 \text{ L} \cdot \text{atm/K} \cdot \text{mol})(80 + 273 \text{ K})}{(823/760) \text{ atm}}$$
$$= 36.9 \text{ L}$$

실전 연습 대사에 의한 글루코스($C_6H_{12}O_6$)의 분해 반응식은 공기 중에서 글루코스를 연소시키는 반응식과 같다.

$$C_6H_{12}O_6(s) + 6O_2(g) \longrightarrow 6CO_2(g) + 6H_2O(l)$$

이 반응으로 글루코스 5.60 g이 소모될 때, 37°C, 1.00 atm에서 생성되는 CO_2의 부피를 계산하라.

비슷한 문제: 5.62.

예제 5.13

수산화 리튬 수용액은 다음 반응식과 같이 대사의 최종 산물인 이산화 탄소를 흡수하기 때문에 우주선이나 잠수함 속에 있는 공기를 정화하는 데 사용된다.

$$2LiOH(aq) + CO_2(g) \longrightarrow Li_2CO_3(aq) + H_2O(l)$$

부피가 2.4×10^5 L인 잠수함 선실에서 이산화 탄소의 압력은 312 K에서 7.9×10^{-3} atm이다. 무시해도 좋을 만한 부피의 수산화 리튬(LiOH) 용액을 선실에 넣었더니, 결과적으로 CO_2의 압력이 1.2×10^{-4} atm으로 감소되었다. 이 과정에 의해 몇 g의 탄산 리튬(Li_2CO_3)이 생성되겠는가?

(계속)

▲ 잠수 중인 잠수함이나 우주 항공기 안의 공기는 계속해서 정화시켜 주어야 한다.
StockTrek/SuperStock

전략 CO_2의 압력이 감소되면서 반응에 소모된 CO_2의 몰수를 어떻게 계산할까? 이상 기체 방정식을 이용하면 다음과 같이 나타낼 수 있다.

$$n = P \times \left(\frac{V}{RT}\right)$$

일정한 T와 V에서 CO_2 압력의 변화량(ΔP)은 CO_2 몰수의 변화량(Δn)에 상응한다. 따라서 Δn은 다음과 같다.

$$\Delta n = \Delta P \times \left(\frac{V}{RT}\right)$$

CO_2와 Li_2CO_3 사이의 변환 인자는 무엇인가?

풀이 CO_2 압력의 감소량은 $(7.9 \times 10^{-3}$ atm$) - (1.2 \times 10^{-4}$ atm$)$, 즉 7.8×10^{-3} atm이다. 그러므로 반응으로 소모된 CO_2의 몰수는 다음과 같이 주어진다.

$$\Delta n = 7.8 \times 10^{-3}\ \text{atm} \times \frac{2.4 \times 10^5\ \text{L}}{(0.0821\ \text{L} \cdot \text{atm/K} \cdot \text{mol})(312\ \text{K})}$$
$$= 73\ \text{mol}$$

화학 반응식으로부터 CO_2 1 mol은 Li_2CO_3 1 mol을 생성(1 mol CO_2 ≏ 1 mol Li_2CO_3)하므로 생성된 Li_2CO_3의 양도 73 mol이다. 따라서 Li_2CO_3의 몰질량(73.89 g)으로 탄산 리튬의 질량을 계산하면 다음과 같다.

$$\text{생성된 } Li_2CO_3\text{의 질량} = 73\ \cancel{\text{mol } Li_2CO_3} \times \frac{73.89\ \text{g } Li_2CO_3}{1\ \cancel{\text{mol } Li_2CO_3}}$$
$$= 5.4 \times 10^3\ \text{g } Li_2CO_3$$

실전 연습 2.14 L의 염화 수소(HCl) 기체 시료를 2.61 atm, 28°C에서 물 668 mL에 완전히 녹여 염산 용액을 만들었다. 부피의 변화가 없다고 가정했을 때, 산 용액의 몰농도를 계산하라.

개념과 사실 요약하기

- 이상 기체 방정식은 기체와 관련된 반응의 화학량론을 계산하는 데 이용할 수 있다.

개념과 사실 복습하기

5.5.1 아연 금속이 염산과 반응할 때의 반응식은 다음과 같다.

$$Zn(s) + 2HCl(aq) \longrightarrow ZnCl_2(aq) + H_2(g)$$

16.4 g의 아연을 염산과 반응시켰을 때, STP에서 생성되는 수소 기체의 부피는 얼마인가?

5.5.2 2.8절에서 알케인(C_nH_{2n+2})을 배웠다. 다음과 같은 기체상 연소 반응이 일어날 때 기체의 몰수가 일정하게 유지된다면 이 반응은 반응물에서 생성물 쪽으로 진행되겠는가?

$$\text{알케인}(g) + \text{산소}(g) \longrightarrow \text{이산화 탄소}(g) + \text{수증기}(g)$$

5.6 돌턴 부분 압력 법칙

학습 목표

- 혼합물에 들어 있는 각 기체의 몰분율과 분압을 구할 수 있다.

지금까지 순수한 기체 물질의 거동에 관해 집중적으로 살펴보았으나, 실험 연구에서는 종

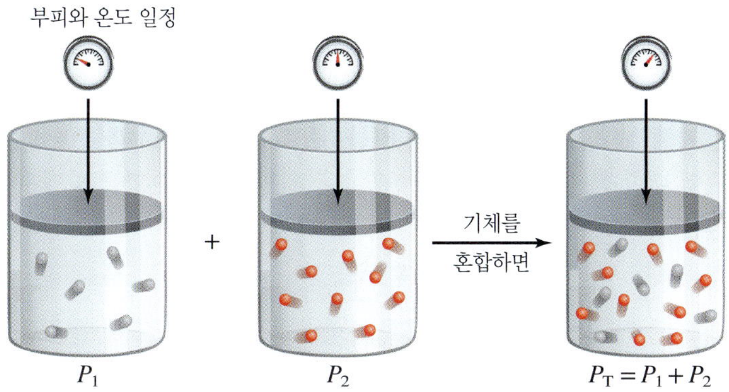

◀ **그림 5.14** 돌턴의 부분 압력 법칙에 대한 도식적 설명.

종 기체 혼합물을 다루게 된다. 예를 들어, 대기 오염을 연구할 때 여러 기체로 이루어진 공기의 압력-부피-온도 관계에 관심을 가지게 된다. 이와 같이 기체 혼합물을 포함하는 모든 경우에 기체의 전체 압력은 **부분 압력**(partial pressure), 즉 *혼합물 속 각 기체 성분의 압력*과 관계가 있다. 1801년 돌턴은 오늘날 **돌턴 부분 압력 법칙**(Dalton's law of partial pressures)이라고 알려진 법칙을 체계화하였는데, 이는 *기체 혼합물의 전체 압력은 각 기체가 그 자신만 존재할 때 나타내는 압력들의 합*이라는 것이다. 그림 5.14은 돌턴 법칙을 설명하고 있다.

두 기체 A와 B가 부피 V인 용기에 들어 있는 경우를 생각해 보자. 기체 A에 의한 압력은 이상 기체 방정식에 따라 다음과 같다.

$$P_A = \frac{n_A RT}{V}$$

여기서 n_A는 존재하는 A의 몰수이다. 비슷하게 기체 B에 의한 압력은 다음과 같다.

$$P_B = \frac{n_B RT}{V}$$

기체 A와 B의 혼합물에서 전체 압력 P_T는 두 유형의 분자 A와 B가 용기의 벽과 충돌할 때 생긴 결과이다. 따라서 돌턴 법칙에 따르면 전체 압력은 다음과 같다.

$$\begin{aligned} P_T &= P_A + P_B \\ &= \frac{n_A RT}{V} + \frac{n_B RT}{V} \\ &= \frac{RT}{V}(n_A + n_B) \\ &= \frac{n_T RT}{V} \end{aligned}$$

여기서 존재하는 기체의 전체 몰수 n_T는 $n = n_A + n_D$에 의해 얻어지며 P_A와 P_B는 각각 A와 B의 부분 압력이다. 혼합 기체에 있어서 P_T는 존재하는 기체의 전체 몰수에만 의존하고 기체 분자의 성질에는 의존하지 않는다.

일반적으로 기체 혼합물의 전체 압력은 다음과 같다.

$$P_T = P_1 + P_2 + P_3 + \cdots$$

여기서 $P_1, P_2, P_3, \ldots$은 각 성분 1, 2, 3, ...의 부분 압력이다. 각 부분 압력이 전체 압력과 어떤 관계가 있는지 살펴보기 위해 두 기체 A와 B의 혼합물의 경우를 다시 생각해 보자. P_A를 P_T로 나누면 다음과 같이 나타낼 수 있다.

$$\frac{P_A}{P_T} = \frac{n_A RT/V}{(n_A + n_B)\, RT/V}$$

$$= \frac{n_A}{n_A + n_B}$$
$$= X_A$$

여기서 X_A는 기체 A의 몰분율이라고 한다. **몰분율**(mole fraction)은 *존재하는 모든 성분의 전체 몰수에 대한 한 성분의 몰수의 비율*이다. 일반적으로 혼합물 중에서 성분 i의 몰분율은 다음과 같다.

$$X_i = \frac{n_i}{n_T} \tag{5.13}$$

여기서 n_i와 n_T는 각각 성분 i의 몰수와 존재하는 모든 성분의 전체 몰수이고 몰분율은 항상 1보다 작다. A의 부분 압력은 다음과 같이 나타낼 수 있다.

$$P_A = X_A P_T$$

이와 유사하게 B의 부분 압력도 다음과 같이 나타낼 수 있다.

$$P_B = X_B P_T$$

기체 혼합물에 대하여 (각 성분의) 몰분율의 합은 1이 되어야 함에 유의하라. 성분이 두 가지밖에 없다면,

$$X_A + X_B = \frac{n_A}{n_A + n_B} + \frac{n_B}{n_A + n_B} = 1$$

계에 두 가지 이상의 기체를 포함된 경우 i번째 성분의 부분 압력과 전체 압력 사이에는 다음과 같은 관계가 성립된다.

$$P_i = X_i P_T \tag{5.14}$$

인터넷 핫스팟

학생들의 학습 경험에 대해 축적된 자료에 따르면 몰분율을 이해하는 데 어려움을 겪을 수 있다. 이런 경우 eBook에 접속해서 이 주제에 대한 추가 학습 자료를 보면 도움이 될 수 있다.

부분 압력은 어떻게 측정될까? 압력계는 기체 혼합물의 전체 압력만을 측정할 수 있다. 부분 압력을 얻기 위해서는 각 성분의 몰분율을 알아야 하며 각 성분은 정밀한 화학 분석에 의해 알 수 있다. 부분 압력을 측정하는 가장 직접적인 방법은 질량 분석기를 이용하는 것이다. 질량 스펙트럼에서 각 피크의 상대적인 크기는 존재하는 기체의 몰분율에 정비례한다.

예제 5.14와 같이 몰분율과 전체 압력으로부터 각 성분의 부분 압력을 계산할 수 있다.

예제 5.14

네온(Ne) 4.46 mol, 아르곤(Ar) 0.74 mol, 제논(Xe) 2.15 mol을 포함하는 기체 혼합물이 있다. 어떤 온도에서 전체 압력이 2.00 atm일 때, 각 기체의 부분 압력을 구하라.

전략 기체의 부분 압력은 전체 압력과 어떤 관계가 있는가? 기체의 몰분율은 어떻게 구하는가?

풀이 식 (5.14)에 따르면, 네온의 부분 압력(P_{Ne})은 기체의 몰분율(X_{Ne})과 전체 압력(P_T)을 곱한 것과 같다.

구해야 할 것 → X_{Ne}

$$P_{Ne} = X_{Ne} P_T$$

계산하려는 것 → P_{Ne}, 주어진 것 → P_T

식 (5.13)을 이용하여 다음과 같이 네온의 몰분율을 계산한다.

$$X_{Ne} = \frac{n_{Ne}}{n_{Ne} + n_{Ar} + n_{Xe}} = \frac{4.46 \text{ mol}}{4.46 \text{ mol} + 0.74 \text{ mol} + 2.15 \text{ mol}}$$
$$= 0.607$$

(계속)

그러므로 P_{Ne}은 다음과 같다.

$$\begin{aligned} P_{Ne} &= X_{Ne}P_T \\ &= 0.607 \times 2.00 \text{ atm} \\ &= 1.21 \text{ atm} \end{aligned}$$

이와 유사하게 P_{Ar}은 다음과 같다.

$$\begin{aligned} P_{Ar} &= X_{Ar}P_T \\ &= 0.10 \times 2.00 \text{ atm} \\ &= 0.20 \text{ atm} \end{aligned}$$

그리고 P_{Xe}은 다음과 같다.

$$\begin{aligned} P_{Xe} &= X_{Xe}P_T \\ &= 0.293 \times 2.00 \text{ atm} \\ &= 0.586 \text{ atm} \end{aligned}$$

검산 부분 압력의 합이 전체 압력과 같은지 확인하라. 즉, (1.21 + 0.20 + 0.586) atm = 2.00 atm인지 확인하라.

실전 연습 메테인(CH_4) 8.24 mol, 에테인(C_2H_6) 0.421 mol, 프로페인(C_3H_8) 0.116 mol을 포함하는 천연 가스 시료에서 기체의 전체 압력이 1.37 atm이면 각 기체의 부분 압력은 얼마인가?

비슷한 문제: 5.67.

돌턴 부분 압력 법칙은 수상 포집된 기체의 부피를 계산하는 데 유용하다. 실험실에서 널리 사용되는 기체는 일반적으로 가압 기체 실린더에서 얻을 수 있지만 때로 특정 기체 소량이 필요할 때는 화학적으로 만드는 것이 더 편리할 수도 있다. 예를 들어, 염소산 포타슘($KClO_3$)을 가열하면 다음과 같이 KCl과 O_2로 분해된다.

동영상 자료
기체의 수상 포집

$$2KClO_3(s) \longrightarrow 2KCl(s) + 3O_2(g)$$

산소 기체는 그림 5.15에 나타낸 것과 같이 수상 포집할 수 있다. 먼저 병을 물로 가득 채우고 거꾸로 세운다. 산소 기체가 발생하면 기포는 병의 위쪽으로 올라가고 물은 아래로 빠져 나온다. 이와 같은 기체 포집 방법은 기체가 물과 반응하지 않는다는 것과 물에 거의 녹지 않는다는 가정 하에서만 가능하다. 이러한 가정은 산소 기체에 대해서는 유효하지만

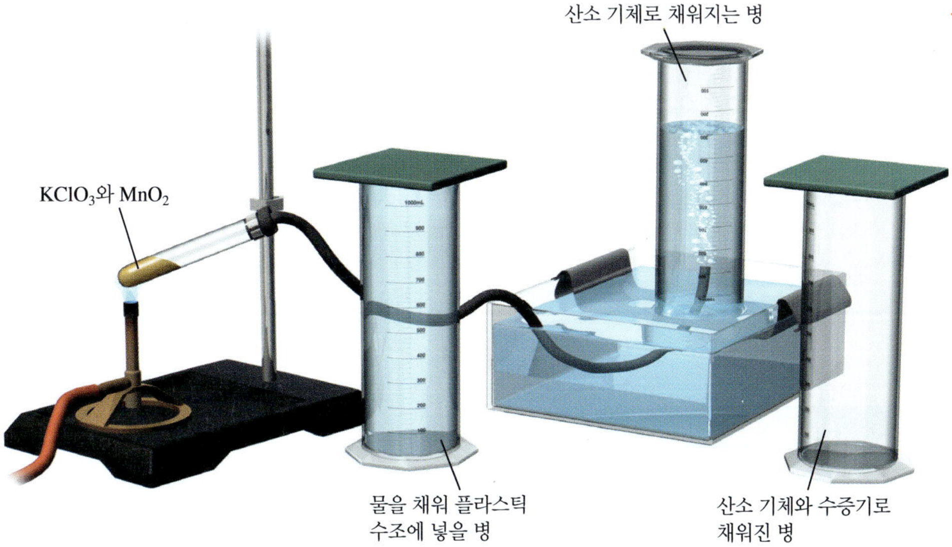

◀ **그림 5.15** 기체의 수상 포집 장치. 반응을 빠르게 하기 위해 소량의 이산화 망가니즈를 넣은 염소산 포타슘($KClO_3$)을 가열하여 얻어진 산소 기체가 그림에서와 같이 물속에서 포집된다. 병에 들어 있던 물은 산소 기체에 의해 밖으로 밀려나온다.

물에 잘 녹는 NH_3와 같은 기체들에 대해서는 적당하지 못하다. 하지만 이와 같은 방법으로 병 속에 포집된 산소는 수증기를 포함하고 있기 때문에 순수하지 못하다. 따라서 기체의 전체 압력은 산소와 수증기에 의해 나타난 부분 압력의 합과 같다.

$$P_T = P_{O_2} + P_{H_2O}$$

결과적으로 발생된 O_2의 양을 계산할 때 수증기 때문에 생긴 압력을 고려해야 한다. 표 5.3에 여러 온도에서의 수증기압을 나타내었으며 이 자료를 그림 5.16에 그래프로 나타내었다.

예제 5.15는 돌턴 법칙을 이용하여 수상 포집된 기체의 양을 계산하는 방법을 보여준다.

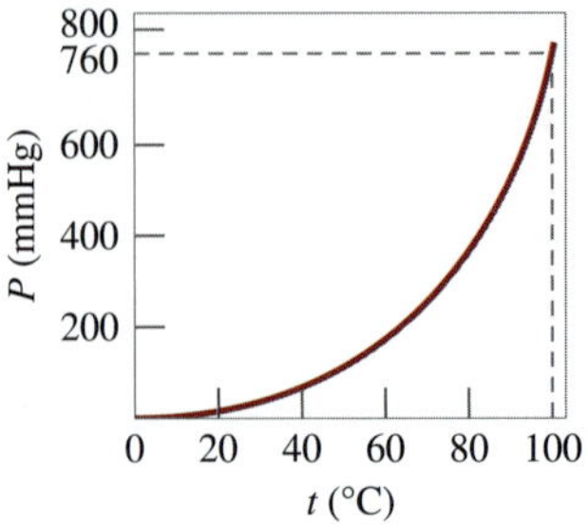

▲ **그림 5.16** 온도의 함수로 나타낸 수증기압. 물의 끓는점(100°C)에서 수증기압은 정확히 1 atm인 760 mmHg임에 주목하라.

표 5.3

여러 온도에서의 수증기압

온도 (°C)	수증기압 (mmHg)
0	4.58
5	6.54
10	9.21
15	12.79
20	17.54
25	23.76
30	31.82
35	42.18
40	55.32
45	71.88
50	92.51
55	118.04
60	149.38
65	187.54
70	233.7
75	289.1
80	355.1
85	433.6
90	525.76
95	633.90
100	760.00

예제 5.15

염소산 포타슘의 분해로 생성된 산소를 그림 5.15와 같이 포집하였다. 24°C와 762 mmHg의 대기압에서 포집된 기체의 부피는 128 mL이다. 생성된 산소의 질량(g)을 계산하라. 24°C에서 수증기압은 22.4 mmHg이다.

전략 생성된 산소의 질량을 구하기 위해 우선 혼합물에 있는 산소의 부분 압력을 계산해야 한다. 어떤 기체 법칙을 사용해야 할까? 산소 기체의 압력을 어떻게 산소의 질량으로 전환할까?

풀이 돌턴 부분 압력 법칙으로부터 전체 압력을 다음과 같이 표현할 수 있다.

$$P_T = P_{O_2} + P_{H_2O}$$

따라서

$$\begin{aligned} P_{O_2} &= P_T - P_{H_2O} \\ &= 762\text{ mmHg} - 22.4\text{ mmHg} \\ &= 740\text{ mmHg} \end{aligned}$$

이상 기체 방정식으로부터 다음과 같이 나타낼 수 있다.

$$PV = nRT = \frac{m}{\mathscr{M}}RT$$

여기서 m과 $\mathscr{M}$은 각각 포집된 O_2의 질량과 O_2의 몰질량이다. 식을 재정리하면 다음과 같다.

$$\begin{aligned} m = \frac{PV\mathscr{M}}{RT} &= \frac{(740/760)\text{atm}(0.128\text{ L})(32.00\text{ g/mol})}{(0.0821\text{ L}\cdot\text{atm/K}\cdot\text{mol})(273+24)\text{ K}} \\ &= 0.164\text{ g} \end{aligned}$$

검산 산소 기체의 밀도는 (0.164 g/0.128 L), 즉 1.28 g/L이다. 이 값은 대기 조건의 기체에 대해 합리적이다(5.4절의 예제 5.8 참조).

실전 연습 금속 칼슘을 물과 반응시켜 생성된 수소 기체를 그림 5.15에서와 같이 포집하였다. 30°C, 988 mmHg에서 포집된 기체의 부피는 641 mL이었다. 얻어진 수소의 질량(g)은 얼마인가? 30°C에서 수증기압은 31.82 mmHg이다.

비슷한 문제: 5.72.

개념과 사실 요약하기

- 돌톤의 부분 압력 법칙에 따르면 기체 혼합물에 들어 있는 각 기체는 자신만의 부피를 차지할 때와 같은 압력을 가한다.

개념과 사실 복습하기

5.6.1 각 색깔의 공은 서로 다른 기체 분자를 나타낸다. 전체 압력이 2.6 atm일 때 각 기체의 부분 압력을 구하라.

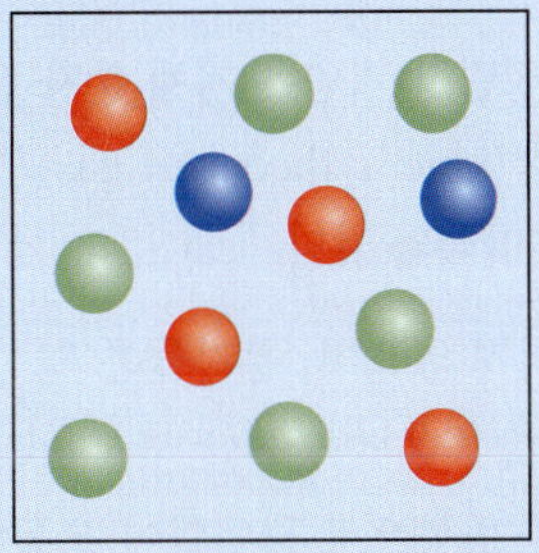

5.6.2 아르곤 0.234몰, 네온 0.176몰, 제논 0.209몰의 혼합물에서 제논의 몰분율은 얼마인가?

5.6.3 염소 1.45몰, 플루오린 1.38몰, 헬륨 4.23몰이 들어 있는 기체 혼합물에서 플루오린의 부분압력을 계산하라. 혼합물 기체의 전체 압력은 3.59 atm이다.

5.7 기체의 분자 운동론

학습 목표

- 분자 운동론의 기본적인 가정을 이해할 수 있다.
- 분출과 확산을 비교할 수 있다.

기체 법칙은 기체의 거동을 예측하는 데는 도움을 준다. 하지만 가열에 의해 기체가 팽창하는 이유와 같은 거시적 세계에서 관찰되는 변화에 대해 분자적 수준에서 어떤 일이 일어 났는지를 설명하지는 못한다. 예를 들어, 왜 기체는 가열하면 팽창하는가?

19세기의 많은 물리학자 가운데 특히 볼츠만(Ludwig Boltzmann)[†]과 맥스웰(James Clerk Maxwell)[‡]은 기체의 물리적 성질을 각 분자의 운동으로 설명할 수 있음을 밝혔다. 이와 같은 분자의 운동은 에너지의 형태인데, *에너지*(energy)란 일을 할 수 있는 능력 또는 변화를 일으킬 수 있는 능력으로 정의된다. 역학에서 *일*(work)은 힘에 거리를 곱한 것으로 나타낸다. 에너지는 일로 측정될 수 있기 때문에 다음과 같이 표현할 수 있다.

$$\begin{aligned}\text{에너지} &= \text{행해진 일}\\ &= \text{힘} \times \text{거리}\end{aligned}$$

줄(Joule, J)[§]은 *에너지의 SI 단위*이다.

$$\begin{aligned}1\ \mathrm{J} &= 1\ \mathrm{kg \cdot m^2/s^2}\\ &= 1\ \mathrm{N\ m}\end{aligned}$$

또한 에너지를 kJ(kilojoule)로도 나타낼 수 있다.

[†]볼츠만(Ludwig Edward Boltzmann, 1844~1906)은 오스트리아의 물리학자이다. 그는 (인류 역사상) 전무후무한 가장 위대한 이론 물리학자 중의 한 사람이었지만, 평생 그의 업적은 다른 과학자들에 의해 인정받지 못했다. 병약하고 심한 우울증으로 고통을 받다가 1906년에 스스로 목숨을 끊었다.

[‡]맥스웰(James Clerk Maxwell, 1831~1879)은 스코틀랜드의 물리학자로, 19세기 위대한 이론물리학자 중의 한 사람이었다. 그는 기체 운동론, 열역학, 전자기학 등 물리학의 많은 분야에 업적을 남겼다.

[§]줄(James Prescott Joule, 1818~1889)은 영국의 물리학자로, 젊었을 때 돌턴에게서 가르침을 받았다. 그는 열의 역학적 당량, 역학적 에너지와 열 에너지 사이의 변환을 구하는 데 있어서 가장 큰 공헌을 하였다.

$$1 \text{ kJ} = 1000 \text{ J}$$

제6장에서 보게 되겠지만 많은 종류의 에너지가 있다. **운동 에너지**(kinetic energy, E_k)는 움직이는 물체가 가지고 있는 에너지의 형태, 즉 *운동에 의한 에너지*(energy of motion)이다.

맥스웰과 볼츠만 등이 정립한 개념은 **기체 분자 운동론**(kinetic molecular theory of gas) 또는 간단히 *기체운동론*(kinetic theory of gas)으로 수많은 기체의 거동을 일반화시켰다. 운동론의 주요 가정은 아래와 같다.

1. 기체는 분자들로 이루어져 있으며, 분자들은 자신의 크기에 비해 서로 아주 멀리 떨어져 있다. 분자는 질량은 있으나 부피는 무시되는 "점(point)"으로 간주한다.
2. 기체 분자들은 무질서한 방향으로 끊임없이 운동하며 서로 빈번하게 충돌한다. 분자 간 충돌은 완전 탄성충돌이다. 즉, 분자들이 충돌할 때 한 분자에서 다른 분자로 에너지가 전달된다. 하지만 계의 전체 분자들이 갖는 총 에너지는 일정하게 유지된다.
3. 기체 분자들 사이에는 인력이나 척력이 작용하지 않는다.
4. 분자들의 평균 운동 에너지는 기체의 절대 온도에 비례한다. 같은 온도에 있는 두 기체는 평균 운동 에너지가 같다. 분자들의 평균 운동 에너지는 다음과 같다.

$$\overline{E_k} = \tfrac{1}{2}m\overline{u^2}$$

여기서 m은 분자의 질량이며, u는 분자의 속력이다. 기호 위의 선은 평균값을 뜻한다. $\overline{u^2}$는 평균 제곱 속력(mean square speed)이다. 즉, 모든 분자들의 속력을 제곱하여 평균한 값이다.

$$\overline{u^2} = \frac{u_1^2 + u_2^2 + \cdots + u_N^2}{N}$$

여기서 N은 존재하는 전체 분자수이다. 가정 4로부터 다음과 같이 쓸 수 있다.

$$\overline{E_k} \propto T$$

$$\tfrac{1}{2}m\overline{u^2} \propto T$$

따라서

$$\overline{E_k} = \tfrac{1}{2}m\overline{u^2} = CT \qquad (5.15)$$

여기서 C는 비례 상수이고, T는 절대 온도이다.

분자 운동론에 따르면 기체의 압력은 분자들과 용기 벽 사이의 충돌 때문에 생긴다. 기체의 압력은 단위 면적당 충돌하는 빈도와 부딪치는 "강도"에 의해서 좌우된다. 또한 이 이론은 온도에 대한 분자 수준의 설명을 가능하게 한다. 식 (5.15)에 따르면 분자의 평균 운동 에너지를 기체의 절대 온도로 계량할 수 있다. 다시 말해, 절대 온도는 분자들의 무질서한 운동에 대한 척도이며, 온도가 높을수록 분자들은 더 활발하게 운동한다. 무질서한 분자의 운동은 기체 시료의 온도와 관련되기 때문에 종종 열운동이라고도 한다.

기체 법칙에의 응용

기체 운동론은 다소 단순한 모형에 기초를 두고 있지만 그와 관련된 상세한 수학적인 기술은 대단히 복잡하다. 그러나 기체 상태에 있는 물질의 일반적인 성질을 설명하기 위해 이 이론을 정성적으로 이용할 수 있다. 다음 예들은 이 이론의 유용성의 범위를 잘 설명해 준다.

- **기체의 압축성.** 기체상 분자들은 서로 멀리 떨어져 있기 때문에(가정 1), 더 작은 부피로 쉽게 압축될 수 있다.
- **보일 법칙.** 기체의 압력은 분자와 용기 벽의 충돌에 의한 것이다. 충돌 속도(collision rate), 즉 분자가 초당 벽에 충돌하는 횟수는 기체의 수 밀도(number density, 단위 부피당 분자수)에 비례한다. 주어진 기체의 부피가 감소하면 수 밀도가 증가해서 충돌 속도도 증가한다. 따라서 기체의 압력은 기체가 차지하는 부피에 반비례한다. 결과적으로 부피가 감소하면 압력은 증가하고 부피가 증가하면 압력은 감소한다.
- **샤를 법칙.** 기체 분자의 평균 운동 에너지가 시료의 절대온도에 비례하기 때문에(가정 4), 온도가 증가하면 평균 운동 에너지가 증가한다. 결과적으로 기체가 가열되면 분자들은 용기 벽에 더욱 빈번하게 더욱 강하게 충돌할 것이다. 따라서 압력은 증가한다. 기체 압력이 일정한 외부 압력과 균형을 이룰 때까지 기체의 부피는 팽창할 것이다(그림 5.8 참조).
- **아보가드로 법칙.** 기체의 압력은 기체의 밀도와 온도에 정비례함을 알았다. 기체의 질량은 기체의 몰수(n)에 정비례하기 때문에 밀도를 n/V로 나타낼 수 있다. 그러므로 다음과 같이 나타낼 수 있다.

  $$P \propto \frac{n}{V}T$$

  두 기체 1과 2에 대해서 다음과 같이 나타낼 수 있다.

  $$P_1 \propto \frac{n_1T_1}{V_1} = C\frac{n_1T_1}{V_1} \quad P_2 \propto \frac{n_2T_2}{V_2} = C\frac{n_2T_2}{V_2}$$

  여기서 C는 비례 상수이다. 따라서 두 기체가 압력, 온도, 부피 조건이 같을 경우($P_1 = P_2$, $T_1 = T_2$, $V_1 = V_2$), 두 기체의 몰수는 같아지게 되는데($n_1 = n_2$), 이는 아보가드로 법칙의 수학적 표현이다.
- **돌턴의 부분 압력 법칙.** 분자 간에 인력이나 척력이 없다면(가정 3) 한 종류의 분자에 의한 압력은 다른 기체의 존재에 영향을 받지 않는다. 결과적으로 전체 압력은 각 기체의 부분 압력의 합으로 이루어진다.

분자의 속력 분포

기체 운동론 덕분에 분자의 운동을 보다 자세하게 연구할 수 있다. 용기 속에 1 mol 정도의 많은 수의 기체 분자가 있다고 가정하자. 온도가 일정하게 유지되는 한 평균 운동 에너지와 제곱 평균 속력은 시간이 지나도 변하지 않을 것이다. 예상한 바와 같이 분자의 운동은 완전히 무질서하고 예측 불가능하다. 주어진 순간에 얼마나 많은 분자들이 특정 속도로 움직이고 있는가? 이 질문에 대답하기 위해 맥스웰은 여러 온도에서 기체 분자의 거동을 분석하였다.

그림 5.17(a)는 세 가지 다른 온도에서 질소 기체에 대한 전형적인 *맥스웰 속력 분포 곡선*(Maxwell speed distribution curve)을 보여준다. 주어진 온도에서 분포 곡선은 특정한 속력으로 움직이는 분자의 수를 나타낸다. 각 곡선의 피크는 *최빈 속력*(most probable speed), 즉 가장 많은 분자들이 갖는 속력이다. 최빈 속력은 온도가 증가하면 증가한다(피크는 오른쪽으로 이동한다). 더욱이 온도가 증가할수록 (속력 분포가 넓어져) 곡선은 점차

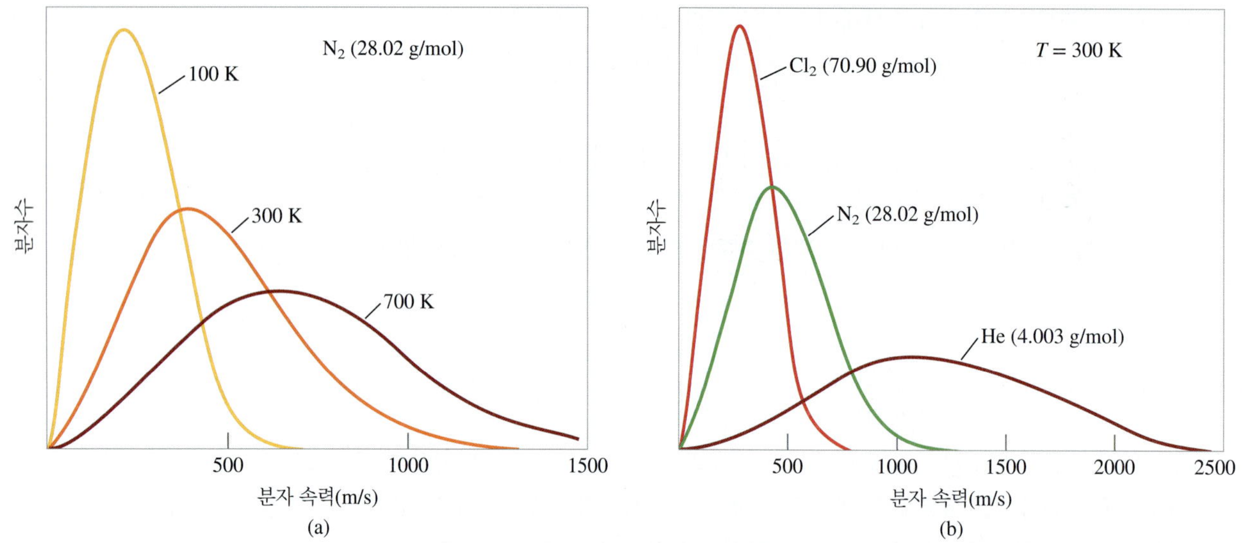

▲ **그림 5.17** (a) 세 가지 다른 온도에서 관찰한 질소 기체의 속력 분포. 온도가 높을수록 더 많은 분자들이 더 빠른 속력으로 운동한다. (b) 300 K에서 세 가지 다른 기체의 속력 분포. 주어진 온도에서 더 가벼운 분자들이 평균적으로 더 빠르게 움직인다.

평평해지기 시작하는데, 이는 더 많은 수의 분자들이 더 큰 속도로 움직이고 있음을 나타낸다. 5.17(b)는 동일한 온도에 있는 세 가지 기체의 속력 분포를 보여준다. 곡선으로부터 가벼운 분자가 무거운 분자보다 평균적으로 더 빨리 움직이고 있다는 것을 알 수 있다.

분자의 속력 분포는 그림 5.18에 보이는 장치를 이용하여 측정할 수 있다. 원자살(또는 분자살)이 일정 온도의 오븐으로부터 나와 (살을 평행하게 조절하기 위해) 바늘구멍(pinhole)을 통과한다. 같은 축에 끼워진 두 개의 원판이 모터에 의해 회전한다. 첫 번째 판은 살 자르개(chopper)이고, 두 번째 판은 검출기이다. 살 자르개의 역할은 언제든지 살이 슬릿과 맞추어질 때마다 원자살(또는 분자살)의 작은 다발이 슬릿을 통과하도록 하는 것이다. 각 다발 중에서 빠르게 움직이는 분자는 천천히 움직이는 분자보다 검출기에 먼저 도달할 것이다. 결국 검출기에 증착막(layer of deposit)이 쌓인다. 두 개의 판이 같은 속력으로 회전하고 있기 때문에 다음 다발의 분자들은 같은 속력을 갖는 이전 다발의 분자들과 검출기 판의 거의 같은 지점에 증착될 것이다. (*역자 주*: 같은 거리를 움직이기 때문에 속력이 빠른 분자가 검출기에 먼저 도달하며, 느린 분자가 도달할 때까지 검출기판은 반시계 방향으로 회전을 했기 때문에 느린 분자는 빠른 분자보다 시계 방향으로 돌아간 위치에 나타난다.) 결과적으로 분자 증착(molecular deposition)은 눈에 보이게 될 것

▶ **그림 5.18** (a) 특정 온도에서 분자의 속력 분포를 조사할 수 있는 장치. 그림에 나타낸 것과 같이 진공 펌프에 의해 분자들이 왼쪽에서 오른쪽으로 이동된다. (b) 검출기 위에 얻어진 증착막으로부터 분자의 속력 범위를 알 수 있으며 증착된 밀도는 특정 속력으로 움직이는 분자의 수에 정비례한다.

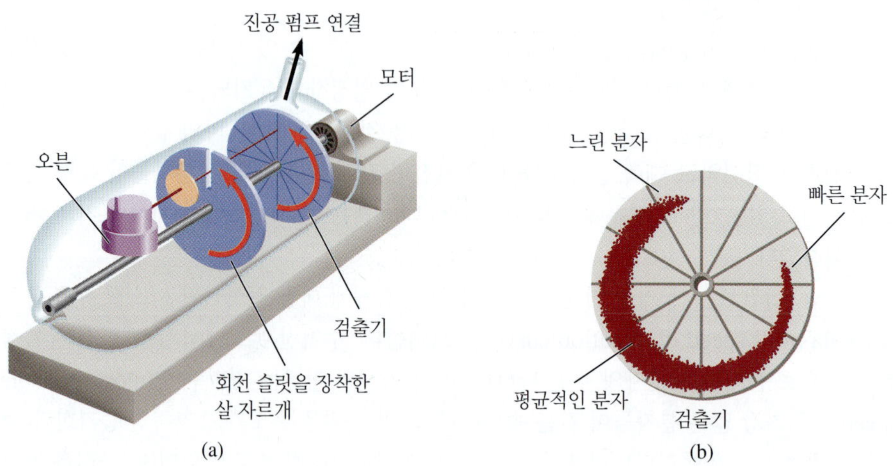

이며 증착된 밀도는 특정 온도에 있는 분자의 속력 분포를 의미한다.

제곱 평균근 속력

어떤 온도 T에서 분자는 평균적으로 얼마나 빨리 움직이는가? 분자의 속력을 측정하는 한 가지 방법은 *평균 분자 속력*인 **제곱 평균근 속력**(root-mean-square speed, rms, u_{rms})을 계산하는 것이다. 기체 운동론에서 어떤 기체 1 mol의 전체 운동 에너지는 $\frac{3}{2}RT$와 같다. 앞에서 한 분자의 평균 운동 에너지는 $\frac{1}{2}m\overline{u^2}$이라는 것을 알았으므로 다음과 같이 쓸 수 있다.

$$\overline{E_k} = \frac{3}{2}RT$$

$$N_A\left(\frac{1}{2}m\overline{u^2}\right) = \frac{3}{2}RT$$

여기서 N_A는 아보가드로 수이고, m은 분자 한 개의 질량이다. $N_Am = \mathscr{M}$이므로 위 식은 다음과 같이 바꾸어 쓸 수 있다.

$$\overline{u^2} = \frac{3RT}{\mathscr{M}}$$

양변에 제곱근을 취하면 u_{rms}는 다음과 같이 나타낼 수 있다.

$$\sqrt{\overline{u^2}} = u_{rms} = \sqrt{\frac{3RT}{\mathscr{M}}} \tag{5.16}$$

식 (5.16)은 기체의 제곱 평균근 속력은 절대 온도의 제곱근에 따라 증가함을 나타낸다. $\mathscr{M}$이 분모에 있기 때문에 무거운 기체 분자일수록 더 천천히 움직인다. R 값(부록 1 참조)으로 8.314 J/K · mol을 사용하고 몰질량은 kg/mol로 바꾸면 u_{rms}은 m/s로 계산된다. 예제 5.16에서 이 과정을 설명한다.

예제 5.16

25°C에서 헬륨 원자와 질소 분자의 제곱 평균근 속력(m/s)을 계산하라.

전략 식 (5.16)을 사용하여 제곱 평균근 속력을 계산한다. u_{rms}를 m/s로 나타내기 위해 R과 $\mathscr{M}$은 어떤 단위를 사용해야 하는가?

풀이 u_{rms}를 계산하기 위해 R의 단위는 8.314 J/K · mol을 사용하고, 1 J = 1 kg m^2/s^{2}이므로 몰질량은 kg/mol로 나타내야 한다. 헬륨의 몰질량은 4.003 g/mol 또는 4.003×10^{-3} kg/mol을 사용한다. 식 (5.16)으로부터 u_{rms}는 다음과 같다.

$$\begin{aligned} u_{rms} &= \sqrt{\frac{3RT}{\mathscr{M}}} \\ &= \sqrt{\frac{3(8.314\ \text{J/K}\cdot\text{mol})(298\ \text{K})}{4.003\times10^{-3}\ \text{kg/mol}}} \\ &= \sqrt{1.86\times10^6\ \text{J/kg}} \end{aligned}$$

환산 인자 1 J = 1 kg m^2/s^{2}를 사용하면 다음 식을 얻게 된다.

$$\begin{aligned} u_{rms} &= \sqrt{1.86\times10^6\ \text{kg m}^2/\text{kg}\cdot\text{s}^2} \\ &= \sqrt{1.86\times10^6\ \text{m}^2/\text{s}^2} \\ &= 1.36\times10^3\ \text{m/s} \end{aligned}$$

몰질량이 28.02 g/mol, 즉 2.802×10^{-2} kg/mol인 N_2에 대해서도 계산 과정은 같다. 따라서 다음과 같이 얻어진다.

$$u_{rms} = \sqrt{\frac{3(8.314\ \text{J/K}\cdot\text{mole})(298\ \text{K})}{2.802\times10^{-2}\ \text{kg/mol}}}$$

(계속)

$$= \sqrt{2.65 \times 10^5 \text{ m}^2/\text{s}^2}$$
$$= 515 \text{ m/s}$$

검산 헬륨은 가벼운 기체이기 때문에 평균적으로 질소보다 더 빠르게 움직일 것으로 예상할 수 있다. 신속하게 해답을 확인할 수 있는 방법으로 두 개의 u_{rms} 값의 비율($1.36 \times 10^3/515 \approx 2.6$)과 헬륨에 대한 질소의 몰질량비의 제곱근 $\sqrt{28/4} \approx 2.6$이 같은지를 확인하는 것이다.

실전 연습 20°C에서 염소 분자의 제곱 평균근 속력(m/s)을 계산하라.

비슷한 문제: 5.81, 5.82.

▲ *목성. 이 거대한 행성의 내부는 주로 수소로 이루어져 있다.*
출처: NASA-JPL

예제 5.16의 계산 결과는 지구 대기의 조성과 흥미로운 관계가 있다. 목성과 달리 지구는 대기 중에 수소나 헬륨을 다량 가지고 있지 않다. 왜 그럴까? 목성보다 작은 행성인 지구는 이와 같은 가벼운 분자들에 대해 목성보다 인력이 약하다. 단순 계산으로도 지구의 중력권을 벗어나기 위해서는 분자가 1.1×10^4 m/s 이상의 속도를 가져야만 한다. 헬륨의 평균 속력이 질소나 산소 분자의 속력보다 훨씬 크기 때문에 많은 헬륨 원자가 지구의 대 기권으로부터 바깥 우주로 빠져나간다. 결과적으로 미량의 헬륨만이 대기권에 존재한다. 반면 목성은 지구보다 질량이 약 320배 가량 크므로 목성의 대기 중에는 무거운 기체와 가벼운 기체 모두 존재할 수 있다.

기체의 확산과 분출

우리는 기체의 운동을 기반으로 하는 두 개의 현상을 논의할 것이다.

기체의 확산

동영상 자료
기체의 확산

분자의 무질서한 운동은 **확산**(diffusion)으로 증명된다. 즉, 확산은 *분자들의 운동특성에 의해 한 기체 분자들이 다른 기체 분자들과 점진적으로 혼합되는 것*이다. 분자 속력이 매우 빠름에도 불구하고 분자들이 완전히 확산되기까지는 꽤 오랜 시간이 걸린다. 예를 들어, 실험대 한쪽 끝에서 진한 암모니아 용액이 들어 있는 병의 뚜껑을 열면 다소 시간이 흐른 후에 다른 끝에 있는 사람이 그 냄새를 맡을 수 있다. 그 이유는 분자 하나가 실험대 한 쪽 끝에서 다른 쪽까지 움직이는 동안 그림 5.19에 나타낸 것과 같이 수많은 충돌을 하기 때문이다. 따라서 기체의 확산은 분자 속력으로 예측한 것처럼 순간적으로 일어나지 않고 항상 점진적으로 일어난다. 더욱이 가벼운 기체의 제곱 평균근 속력은 무거운 기체의 경우 보다 크기 때문에(예제 5.16 참조) 주어진 공간에서 가벼운 기체가 무거운 기체보다 빨리 확산된다. 기체의 확산에 대한 설명을 그림 5.20에 나타내었다.

▲ **그림 5.19** 기체 분자 하나의 이동 경로. 방향이 바뀌는 것은 다른 분자와 충돌하기 때문이다.

1832년 스코틀랜드의 화학자 그레이엄(Thomas Graham)[†]은 *같은 온도, 같은 압력에서 기체의 확산 속도는 몰질량의 제곱근에 반비례한다*는 사실을 발견하였다. 오늘날 **그레이엄 확산 법칙**(Graham's law of diffusion)으로 알려진 이 설명은 다음과 같이 수학적으로 표현된다.

$$\frac{r_1}{r_2} = \sqrt{\frac{\mathscr{M}_2}{\mathscr{M}_1}} \tag{5.17}$$

여기서 r_1과 r_2는 각각 기체 1과 2의 확산 속도를 나타내며, $\mathscr{M}_1$과 $\mathscr{M}_2$는 각각의 몰질량이다.

인터넷 핫스팟
학생들의 학습 경험에 대해 축적된 자료에 따르면 확산속도와 몰질량 사이의 관계를 이해하는 데 어려움을 겪을 수 있다. 이런 경우 eBook에 접속해서 이 주제에 대한 추가 학습 자료를 보면 도움이 될 수 있다.

[†]그레이엄(Thomas Graham, 1805~1869)은 스코틀랜드의 화학자로, 삼투압에 대해 매우 훌륭한 업적을 남겼으며 다양한 인산의 특성을 규명하였다.

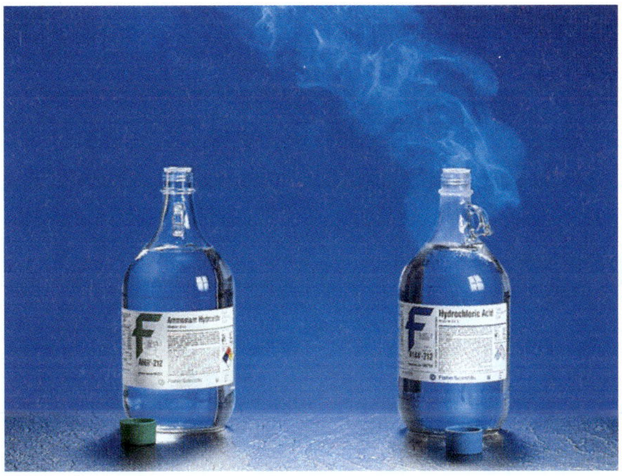

◀ **그림 5.20** 기체 확산의 예. 암모니아 기체(암모니아수 병, *왼쪽*)는 염화 수소(염산 병, *오른쪽*)와 결합하여 고체 NH_4Cl이 된다. 암모니아가 더 가볍기 때문에 더 빨리 확산하여 고체 NH_4Cl은 초기에 염산 병 근처에 나타난다.
Ken Karp/McGraw-Hill

▶ 기체의 분출

확산이 한 기체가 다른 기체와 점진적으로 혼합되는 과정인 반면 **분출**(effusion)은 *용기의 한쪽에서 가압된 기체가 조그만 구멍을 통해 다른 쪽으로 빠져나가는 과정*이다. 그림 5.21에 진공으로 분출되는 기체를 나타내었다. 분출이 본질적으로 확산과 다르지만 기체의 분출 속도는 그레이엄 확산 법칙과 같은 형태를 갖는다[식 (5.17) 참조]. 헬륨으로 채운 고무풍선이 공기로 채운 고무풍선보다 더 빨리 바람이 빠진다. 그 이유는 공기 분자보다 가벼운 헬륨 원자가 풍선의 주둥이를 통해 더 빨리 분출되기 때문이다. 산업적으로 기체의 분출을 이용하여 우라늄 동위원소인 기체 상태의 $^{235}UF_6$와 $^{238}UF_6$ 형태를 서로 분리할 수 있다. 여러 단계로 기체의 분출 단계를 거쳐 제2차 세계 대전에서 원자폭탄 제조에 사용되었던 고농축 ^{235}U 동위원소를 얻을 수 있었다.

예제 5.17에서 그레이엄 법칙의 응용 사례를 다루었다.

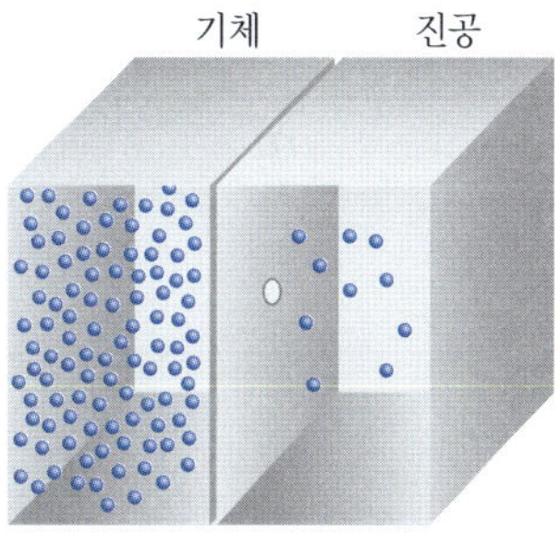

▲ **그림 5.21** 기체의 분출. 기체 분자는 작은 구멍을 통해 높은 압력 쪽(*왼쪽*)에서 낮은 압력 쪽으로 이동한다.

예제 5.17

탄소와 수소로만 이루어진 인화성 기체가 다공성 벽(porous barrier)을 통해 분출되는 데 1.50분이 걸린다. 같은 온도, 같은 압력 조건에서 같은 부피의 브로민 증기는 같은 벽을 통과하는 데 4.73분 걸린다. 미지 기체의 몰질량을 계산한 후, 이 기체가 무엇인지 제안해 보라.

전략 확산 속도는 주어진 시간에 다공성 벽을 통과하는 분자의 수이다. 긴 시간이 걸리면 속도 가 느린 것이다. 따라서 속도는 확산에 소요된 시간에 반비례하기 때문에, 식 (5.17)은 $r_1/r_2 = t_2/t_1 = \sqrt{\mathscr{M}_2/\mathscr{M}_1}$와 같이 다시 쓸 수 있다. 여기서 t_1과 t_1는 각각 기체 1과 2의 확산 시간이다.

풀이 Br_2의 몰질량으로부터 다음과 같이 쓸 수 있다.

$$\frac{1.50\text{분}}{4.73\text{분}} = \sqrt{\frac{\mathscr{M}}{159.8 \text{ g/mol}}}$$

여기서 $\mathscr{M}$은 미지 기체의 몰질량이다. 식을 $\mathscr{M}$에 대해 풀면 다음과 같다.

$$\mathscr{M} = \left(\frac{1.50\text{분}}{4.73\text{분}}\right)^2 \times 159.8 \text{ g/mol}$$

$$= 16.1 \text{ g/mol}$$

탄소의 몰질량은 12.01 g, 수소의 몰질량은 1.008 g이므로 이 기체는 메테인(CH_4)이다.

(계속)

실전 연습 미지 기체가 다공성 벽을 통과하는 데 192초가 걸리고, 같은 온도, 같은 압력 조건에서 같은 부피의 N_2 기체는 같은 벽을 통과하는 데 84초가 걸린다. 미지 기체의 몰질량은 얼마인가?

비슷한 문제: 5.87, 5.88.

개념과 사실 요약하기

- 기체 분자의 거동을 수학적으로 설명하는 분자 운동 이론은 다음과 같은 가정을 기초로 한다. 즉 기체 분자는 자체의 크기보다 훨씬 더 먼 거리로 떨어져 있으며 질량은 있지만 무시할 수 있는 부피를 가지며 일정한 운동을 하며 자주 서로 충돌한다. 기체 분자들은 서로 끌어당기거나 밀어내지 않는다.
- 맥스웰 속도 분포 곡선은 주어진 온도에서 다양한 속도로 움직이는 기체 분자의 수를 보여준다. 온도가 상승할수록 더 많은 분자들이 더 빠른 속도로 움직인다.
- 두 개의 기체는 확산 과정으로 점진적으로 서로 섞인다. 기체 분자는 압력에 의해 작은 구멍으로 분출된다. 확산과 분출의 두 과정 모두 그레이엄 확산과 분출이라는 동일한 수학적 법칙을 따른다.

개념과 사실 복습하기

5.7.1 STP에서 He와 Cl_2 기체 각 1 mol을 비교하였다. 다음 중 어느 것이 서로 같을까?

(a) 제곱 평균근 속력

(b) 확산 속도

(c) 평균 운동 에너지

(d) 부피

5.7.2 Ne과 Xe 중 어느 기체가 더 빨리 분출되고, 얼마나 더 빨리 분출되는가?

5.8 이상적 거동에서 벗어남

학습 목표

- 기체가 이상적인 거동을 벗어나게 하는 요인을 설명할 수 있다.
- 실제 기체의 압력을 결정하기 위해서 반 데르 발스 방정식을 사용하는 방법을 말할 수 있다.

기체 법칙과 분자 운동론에서 기체 상태에 있는 분자들은 서로 인력이나 척력 등 어떠한 힘도 작용하지 않는다고 가정한다. 또한 분자 부피는 용기의 부피에 비해 무시할 만큼 작다고 가정한다. 이런 두 조건을 만족하는 기체는 *이상적 거동*(ideal behavior)을 보인다고 말한다.

실제 기체가 이상 기체처럼 거동한다고 가정하더라도 모든 조건하에서 그렇게 거동할 것이라고 기대할 수는 없다. 예를 들어, 분자간 힘이 없는 기체는 액체로 전환하기 위한 응축이 일어날 수 없다. 중요한 점은 "어떤 조건에서 기체는 비이상적 거동을 나타낼 것인가?"이다.

주어진 온도에서 이상 기체와 함께 세 종류의 실제 기체에 대하여 PV/RT를 P의 함수로 나타낸 그래프를 그림 5.22에 나타내었다. 이 그래프를 이용하여 이상 기체의 거동을 시험해 볼 수 있다. 이상 기체 방정식에 따르면 기체의 실제 압력에 무관하게 기체 1 mol에 대해 PV/RT는 1이다. ($n = 1$이면, $PV = nRT$는 $PV = RT$ 또는 $PV/RT = 1$이 된다.) 실제 기체에 대해서 이것은 비교적 낮은 압력(≤ 5 atm)일 때는 사실이지만 압력이 증

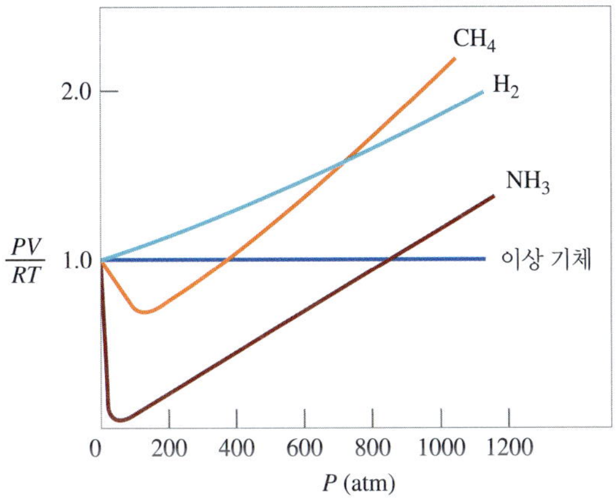

◀ **그림 5.22** 0°C에서 기체 1 mol에 대해 P의 함수로 나타낸 PV/RT의 그래프. 기체의 압력에 상관없이 이상 기체 1 mol에 대한 PV/RT는 1이다. 높은 압력일 때 실제 기체는 이상적 거동에서 크게 벗어난다. 매우 낮은 압력일 때 모든 기체는 이상적 거동을 나타낸다. 즉, P가 0으로 접근하면 모든 PV/RT 값은 모두 1로 수렴한다.

가함에 따라 그 값은 1에서 크게 벗어난다. 비교적 짧은 거리에 있는 분자 간에는 인력이 작용한다. 대기압에서 기체 분자들은 서로 멀리 떨어져 있기 때문에 인력은 매우 작다. 높은 압력에서 기체의 밀도는 증가하며 분자들은 서로 가까워진다. 분자간 힘은 분자 운동에 영향을 줄 만큼 충분히 커져서 기체는 이상적으로 거동하지 않게 된다.

기체의 비이상적 거동을 관찰하기 위한 또 다른 방법은 온도를 낮추는 것이다. 기체를 냉각하면 분자들이 상호작용하는 인력을 끊는 데 필요한 추진력인 분자들의 평균 운동 에너지가 감소된다.

실제 기체를 정확하게 연구하기 위해 분자간 힘과 분자의 정해진 부피를 고려하여 이상 기체 방정식을 보정할 필요가 있다. 이와 같은 연구가 1873년 네덜란드의 물리학자 반 데르 발스(J. D. van der Waals)[†]에 의해 처음 시도되었다. 수학적으로도 간단한 반 데 르 발스의 접근법을 이용하여 분자 수준에서 실제 기체의 거동을 설명할 수 있다.

용기의 벽을 향해 접근하고 있는 특정 분자를 생각해 보자(그림 5.23). 이웃 분자로부터 받는 분자 간 인력으로 인해 분자가 벽에 충돌하는 강도는 약화된다. 결과적으로 이상 기체로 예상했던 것보다 압력이 낮게 나타난다. 반 데르 발스는 이상 기체에 대한 압력 $P_{\text{이상}}$과 실험적으로 측정된 압력 $P_{\text{실제}}$ 사이에는 다음과 같은 관계가 있다고 제안하였다.

$$P_{\text{이상}} = \underset{\uparrow \atop \text{관찰된 압력}}{P_{\text{실제}}} + \underset{\uparrow \atop \text{보정 항}}{\frac{an^2}{V^2}}$$

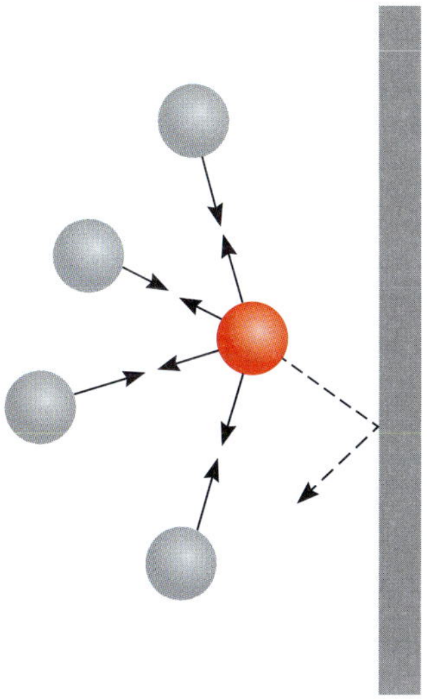

▲ **그림 5.23** 기체의 압력에 영향을 주는 분자 간 힘. 용기 벽을 향해 움직이는 분자(빨간색 공)의 속도는 이웃하는 분자(회색 공)의 인력에 의해 감소된다. 결과적으로 이 분자가 용기 벽에 충돌하는 충격의 정도는 분자 간 인력이 없을 때보다 작다. 측정된 실제 기체의 압력은 일반적으로 이상 기체로 가정했을 때의 기체의 압력보다 작다.

여기서 a는 상수이고 n과 V는 각각 기체의 몰수와 부피이다. 압력에 대한 보정 항(an^2/V^2)은 다음과 같이 해석될 수 있다. 비이상적인 거동을 일으키는 분자들 사이의 상호작용은 얼마나 빈번하게 두 분자가 서로 가깝게 접근하는가에 의해 좌우된다. 이러한 "부딪힘(encounter)"의 빈도는 단위 부피당 분자 수의 제곱(n^2/V^2)에 따라 증가한다. 왜냐하면 정해진 영역에서 두 분자 중 한 분자를 찾을 확률은 n/V에 비례하기 때문이다. 따라서 a는 단지 비례 상수이다.

또 다른 보정은 기체 분자가 차지하는 부피와 관련이 있다. 이상 기체 방정식에서 V는 용기의 부피를 나타낸다. 하지만 각각의 분자는 비록 작지만 정해진 본질적인 부피를 갖고 있기 때문에 기체의 유효 부피는 $(V - nb)$가 된다. 여기서 n은 기체의 몰수이고, b는 상수이다. 따라서 nb는 기체 n mol이 차지하는 부피를 나타낸다.

인터넷 핫스팟

학생들의 학습 경험에 대해 축적된 자료에 따르면 반 데르 발스 식을 이해하는 데 어려움을 겪을 수 있다. 이런 경우 eBook에 접속해서 이 주제에 대한 추가 학습 자료를 보면 도움이 될 수 있다.

[†]반 데르 발스(Johannes Diderck van der Waals, 1837~1923)는 네덜란드의 물리학자로, 기체와 액체의 성질에 관한 업적으로 1910년 노벨 물리학상을 받았다.

압력과 부피에 대한 보정을 고려하면 이상 기체 방정식은 다음과 같이 나타낼 수 있다.

$$\underbrace{\left(P + \frac{an^2}{V^2}\right)}_{\text{보정된 압력}}\underbrace{(V - nb)}_{\text{보정된 부피}} = nRT \tag{5.18}$$

*비이상 기체에 대한 P, V, T, n과 관련된 식*인 식 (5.18)은 **반 데르 발스 식**(van der Waals equation)으로 알려져 있다. 식 (5.18)과 특정 기체의 관찰된 거동이 가장 잘 들어맞도록 반 데르 발스 상수 a와 b는 정해진다.

표 5.4에 여러 기체에 대한 a와 b 값을 수록하였다. a 값은 기체 분자가 서로 얼마나 강하게 잡아당기는가를 나타낸다. 헬륨은 a 값이 가장 작기 때문에 헬륨 원자들 사이에는 가장 약한 인력이 작용함을 알 수 있다. 분자 크기와 b 사이에도 대략적인 상관관계가 있다. 일반적으로 분자(또는 원자)가 크면 클수록 b도 크지만 b와 분자(원자) 크기 사이의 상관관계는 그리 간단하지만은 않다.

예제 5.18에서 이상 기체 방정식과 반 데르 발스 식을 이용하여 계산한 기체의 압력을 비교해 보도록 하자.

표 5.4

몇 가지 기체들의 반 데르 발스 상수

기체	$a\left(\frac{\text{atm}\cdot\text{L}^2}{\text{mol}^2}\right)$	$b\left(\frac{\text{L}}{\text{mol}}\right)$
He	0.034	0.0237
Ne	0.211	0.0171
Ar	1.34	0.0322
Kr	2.32	0.0398
Xe	4.19	0.0266
H_2	0.244	0.0266
N_2	1.39	0.0391
O_2	1.36	0.0318
Cl_2	6.49	0.0562
CO_2	3.59	0.0427
CH_4	2.25	0.0428
CCl_4	20.4	0.138
NH_3	4.17	0.0371
H_2O	5.46	0.0305

예제 5.18

NH_3 3.50 mol은 47°C에서 5.20 L를 차지한다. (a) 이상 기체 방정식과 (b) 반 데르 발스 식을 이용하여 기체의 압력(atm)을 계산하라.

전략 이상 기체 방정식을 이용하여 NH_3의 압력을 계산하기 위해 예제 5.3 (5.4절)과 같은 과정으로 진행한다. 반 데르 발스 식의 압력 항과 부피 항에서 보정된 것은 무엇인가?

풀이 (a) 다음과 같은 값들이 주어졌다.

$$V = 5.20\text{ L}$$
$$T = (47 + 273)\text{ K} = 320\text{ K}$$
$$n = 3.50\text{ mol}$$
$$R = 0.0821\text{ L}\cdot\text{atm/K}\cdot\text{mol}$$

이 값들을 이상 기체 방정식에 대입하면 다음과 같이 얻어진다.

$$P = \frac{nRT}{V}$$
$$= \frac{(3.50\text{ mol})(0.0821\text{ L}\cdot\text{atm/K}\cdot\text{mol})(320\text{ K})}{5.20\text{ L}}$$
$$= 17.7\text{ atm}$$

(b) 식 (5.18)을 이용한다. 우선 식 (5.18)의 각 보정 항을 분리하여 계산하는 것이 편리하다. 표 5.4로부터 다음 정보를 얻는다.

$$a = 4.17\text{ atm}\cdot\text{L}^2/\text{mol}^2$$
$$b = 0.0371\text{ L/mol}$$

따라서 압력과 부피에 대한 보정 항은 다음과 같다.

$$\frac{an^2}{V^2} = \frac{(4.17\text{ atm}\cdot\text{L}^2/\text{mol}^2)(3.50\text{ mol})^2}{(5.20\text{ L})^2} = 1.89\text{ atm}$$

$$nb = (3.50\text{ mol})(0.0371\text{ L/mol}) = 0.130\text{ L}$$

마지막으로 이 값을 반 데르 발스 식에 대입하면 다음과 같이 얻어진다.

$$(P + 1.89\text{ atm})(5.20\text{ L} - 0.130\text{ L}) = (3.50\text{ mol})(0.0821\text{ L}\cdot\text{atm/K}\cdot\text{mol})(320\text{ K})$$
$$P = 16.2\text{ atm}$$

(계속)

검산 비이상 기체의 거동에 대한 이해를 근거로 반 데르 발스 식을 이용하여 얻은 압력은 이상 기체 방정식을 이용하여 얻은 압력보다 작은 것은 합리적인가? 이유는 무엇인가?

실전 연습 표 5.4의 자료를 이용하여 38°C에서 2.45 L의 부피를 갖는 염소 분자 4.37 mol의 압력을 계산하라. 이상 기체 방정식을 이용하여 계산한 값과 비교하라.

비슷한 문제: 5.93.

개념과 사실 요약하기

- 반데르 발스 방정식은 실제 기체의 비이상적인 거동을 고려한 이상 기체 방정식을 보정한 것이다. 이 식은 실제 기체 분자가 서로에게 힘을 미치고 있으며 일정한 부피를 가지고 있다는 사실을 보정한 것이다. 반 데르 발스 상수는 각 기체에 대해 실험적으로 결정된다.

개념과 사실 복습하기

5.8.1 이상 기체의 거동에서 가장 큰 편차를 일으키는 압력 및 온도 조건은 무엇인가?

5.8.2 반 데르 발스 방정식을 사용하여 25°C에서 5.25 L 용기에 2.25몰의 CH_4가 가하는 압력을 구하라.

요약_Chapter Summary

기체의 성질 기체는 담겨 있는 용기의 부피와 모양으로 가정할 때, 쉽게 압축될 수 있고, 균일하고 완전하게 혼합되며, 액체와 고체보다 밀도가 훨씬 작다. (5.1절)

기체 압력 압력은 가장 쉽게 측정할 수 있는 기체의 성질이다. 기압계(barometer)는 대기압을 측정하고, 압력계(manometer)는 실험실에서 대기 이외의 기체의 압력을 측정한다. (5.2절)

기체 법칙 수년에 걸쳐 기체의 물리적 거동을 설명하기 위해 여러 법칙이 연구되었다. 이런 법칙들은 기체의 압력, 온도, 부피, 양에 대한 관계로 표현된다. (5.3절)

이상 기체 방정식 이상 기체 분자들은 서로 끌어당기거나 밀치지 않으며, 그 부피는 무시할 수 있을 정도로 작다. 저압 고온에서 대부분의 기체는 이상 기체로 가정할 수 있으며, 이러한 기체의 물리적 거동은 이상 기체 방정식으로 표현된다. (5.4, 5.5, 5.6절)

기체의 분자 운동론 기체의 압력 및 온도와 같은 거시적인 특성은 분자의 운동과 관련이 있다. 기체의 분자 운동론은 분자가 이상적이며, 분자의 수가 매우 많고 완전한 무질서한 운동을 한다고 가정한다. 기체 확산과 분출 모두 분자의 무질서한 운동을 증명하고 같은 수학 법칙(그레이엄 확산 법칙 및 분출 법칙)을 따른다. (5.7절)

이상적 거동에서 벗어남 실제 기체를 정확하게 연구하기 위해, 분자간 힘과 분자의 정해진 부피를 고려하여 이상 기체 방정식을 보정할 필요가 있다. (5.8절)

주요 식_Key Equations

$P_1V_1 = P_2V_2$ (5.2)	보일 법칙. 압력 또는 부피의 변화 계산.
$\frac{V_1}{T_1} = \frac{V_2}{T_2}$ (5.4)	샤를 법칙. 온도 또는 부피의 변화 계산.

$\frac{P_1}{T_1} = \frac{P_2}{T_2}$ (5.6)	샤를 법칙. 온도 또는 압력의 변화 계산.
$V = k_4 n$ (5.7)	아보가드로 법칙. 일정 P, 일정 T.
$PV = nRT$ (5.8)	이상 기체 방정식.
$\frac{P_1V_1}{n_1T_1} = \frac{P_2V_2}{n_2T_2}$ (5.9)	압력, 온도, 부피 또는 기체의 양의 변화 계산.
$\frac{P_1V_1}{T_1} = \frac{P_2V_2}{T_2}$ (5.10)	n이 일정할 때 압력, 온도 또는 부피의 변화 계산.
$d = \frac{m}{V} = \frac{P\mathcal{M}}{RT}$ (5.11)	밀도 또는 몰질량 계산.
$X_i = \frac{n_i}{n_T}$ (5.13)	몰분율의 정의.
$P_i = X_i P_T$ (5.14)	돌턴 부분 압력 법칙. 부분 압력 계산.
$\overline{E_k} = \frac{1}{2} m\overline{u^2} = CT$ (5.15)	기체의 평균 운동 에너지와 절대 온도와의 관계.
$u_{rms} = \sqrt{\frac{3RT}{\mathcal{M}}}$ (5.16)	기체 분자의 제곱 평균근 속력 계산.
$\frac{r_1}{r_2} = \sqrt{\frac{\mathcal{M}_2}{\mathcal{M}_1}}$ (5.17)	그레이엄 확산 법칙 및 분출 법칙.
$\left(P + \frac{an^2}{V^2}\right)(V - nb) = nRT$ (5.18)	반 데르 발스 식. 비이상 기체의 압력 계산.

주요 용어 _Key Words

그레이엄 확산 법칙	돌턴 부분 압력 법칙	샤를-게이뤼삭 법칙	이상 기체	켈빈 온도 척도
기압계	몰분율	샤를 법칙	이상 기체 방정식	파스칼(Pascal, Pa)
기체 상수(R)	반 데르 발스 식	아보가드로 법칙	절대 영도	표준 대기압(1 atm)
기체의 분자 운동론	보일 법칙	압력	절대 온도 척도	표준 온도와 압력(STP)
뉴턴(Newton, N)	부분 압력	압력계	제곱 평균근 속력(u_{rms})	확산
대기압	분출	운동 에너지(E_k)	줄(J)	

연습 문제 _Questions and Problems

붉은색 번호의 문제는 학생용 문제풀이집에 풀어 놓았다.

5.1 기체로 존재하는 물질

복습 질문

5.1 상온에서 기체로 존재하는 원소 다섯 개와 화합물 다섯 개의 이름을 써라.

5.2 기체의 물리적 특성을 열거하라.

5.2 기체의 압력

복습 질문

5.3 압력을 정의하고 압력의 공통 단위를 말하라.

5.4 높은 고도로 나는 비행기를 탔을 때 귀에 통증을 느낀 적이 있었을 것이다. 이러한 때에 하품을 하거나 물을 약간 삼키면 불편함이 일시적으로 완화될 수 있다. 설명하라.

5.5 물보다 수은이 기압계에 더 적절한 물질인 이유를 설명하라.

5.6 기압계에서 수은의 높이는 관의 단면적에 무관한 이유를 설명하라. 예를 들어, 관이 15° 기울어도 기압계는 여전히 작동하는가(그림 5.3 참조)?

5.7 어떻게 길이 단위(mmHg)가 압력 단위로 사용될 수 있는지 설명하라.

5.8 다음 압력계에서 꼭지를 열면 수은 기둥에 어떤 일이 일어날지 설명하라.

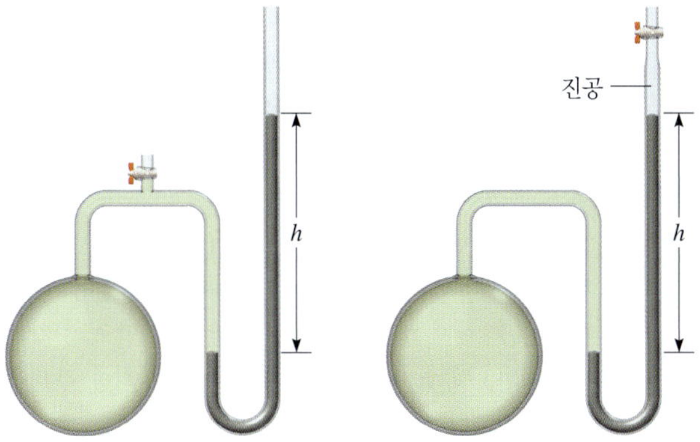

(a) (b)

5.9 기체와 증기의 차이는 무엇인가? 25°C에서 질소 분자(N_2)와 수은 중에서 어느 것을 기체라고 부르며 어느 것을 증기라고 불러야 옳을까?

5.10 감압 펌프를 사용하여 우물로부터 물을 퍼 올릴 수 있는 최대 깊이가 10.3 m라면, 지표 아래 수백 m로부터 물과 기름을 어떻게 얻을 수 있는지 설명하라.

5.11 세계의 어느 한 지역에서 압력이 내려간다면 다른 지역의 압력은 올라가야만 하는 이유는 무엇인가?

5.12 우주비행사가 달 표면에 서 있을 때 방호복을 입어야 하는 이유는 무엇인가?

문제

5.13 562 mmHg를 atm으로 전환하라.

5.14 어느 날 한라산 정상의 대기압이 606 mmHg이었다. 압력을 atm과 kPa 단위로 나타내라.

5.3 기체 법칙

복습 질문

5.15 다음 기체 법칙들을 말과 식으로 설명해 보라. 보일 법칙, 샤를 법칙, 아보가드로 법칙. 각 법칙마다 법칙이 적용되는 조건을 제시하고 식에 나타나 있는 각 양에 대한 단위를 제시하라.

5.16 다음에 나타낸 막힌 수은 압력계에 기체 일정량이 들어 있다. 다른 요소들의 변화가 없다고 가정하고 다음 조작을 할 때 h가 증가하겠는가, 감소하겠는가, 그대로 유지되겠는가? (a) 기체의 양 증가, (b) 기체의 몰질량을 두 배로 함, (c) 기체의 온도 증가, (d) 방 안의 대기압 증가, (e) 관 속의 수은을 밀도가 더 작은 유체로 바꿈, (f) 관의 오른쪽 윗부분에 있는 진공에 기체를 약간 첨가, (g) 관의 오른쪽 위에 구멍을 뚫음.

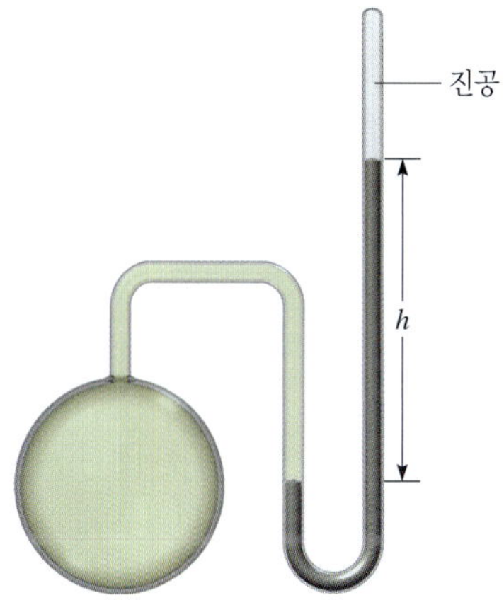

문제

5.17 어떤 물질의 기체 시료를 일정 압력에서 냉각한다. 최종 온도가 (i) 물질의 끓는점 이상일 때, 또는 (ii) 물질의 끓는점 이하 어는점 이상일 때 다음 그림 중에서 (i)와 (ii)의 상황을 가장 잘 나타낸 그림은 각각 어느 것인가?

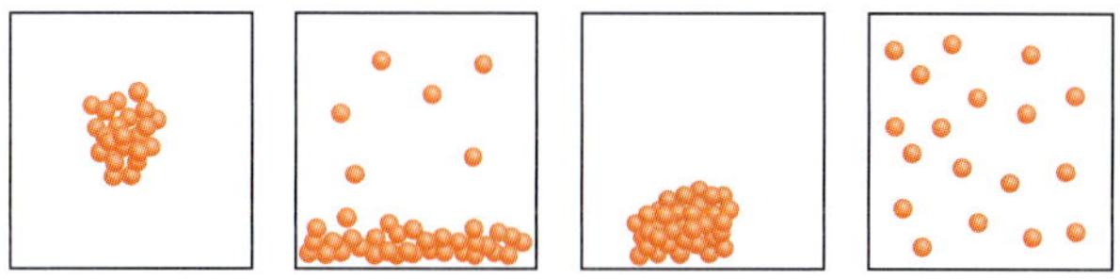

(a) (b) (c) (d)

5.18 기체 시료가 다음과 같이 움직이는 피스톤이 장착된 실린더에 들어 있다고 하자. 초기에 온도 T, 압력 P, 부피 V일 때, 기체 n mol이 있다.

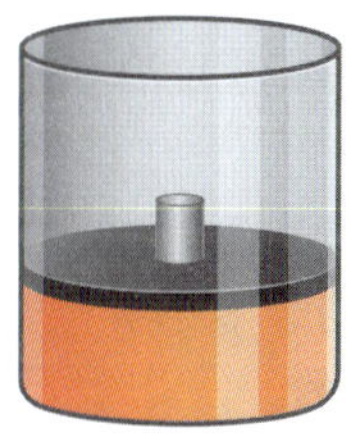

다음 각각의 변화 후 기체의 상태를 가장 잘 나타낸 실린더 (a)~(c)를 골라라. (1) 일정한 n과 일정한 T에서 피스톤의 압력을 세 배로 하였을 때, (2) 일정한 n과 일정한 P에서 온도를 두 배로 하였을 때, (3) 일정한 T와 일정한 P에서 다른 기체 n mol을 첨가하였을 때, (4) 온도를 1/2로 줄이고, 피스톤의 압력을 최초 압력의 1/4로 줄였을 때.

(a) (b) (c)

5.19 0.970 atm의 압력에서 725 mL를 차지하는 기체를 일정온도에서 압력이 0.541 atm이 될 때까지 팽창시켰다. 최종 부피는 얼마일까?

5.20 46°C에서 암모니아 기체의 압력이 5.3 atm이다. 같은 온도에서 기체의 부피가 원래 부피의 1/10 (0.10)로 감소될 때 압력은 얼마일까?

5.21 1.00 atm에서 측정한 기체의 부피가 5.80 L이다. 부피를 9.65 L로 되게 하면 기체의 압력은 몇 mmHg일까? (온도는 일정하게 유지한다.)

5.22 압력이 1.2 atm일 때 어떤 공기 시료의 부피가 3.8 L이다. (a) 6.6 atm일 때 차지하는 부피는 얼마일까? (b) 부피를 0.075 L로 압축하기 위해서 필요한 압력은 얼마일까? (온도는 일정하게 유지한다.)

5.23 일정 압력에서 메테인 기체 36.4 L를 25°C에서 88°C로 가열하였다. 기체의 최종 부피는 얼마일까?

5.24 일정 압력 조건에서 초기 88°C, 9.6 L인 수소 기체를 최종 부피 3.4 L가 될 때까지 냉각한다면 최종 온도는 얼마일까?

5.25 암모니아를 산소 속에서 연소하면 일산화 질소(NO)와 수증기가 생성된다. 같은 온도, 같은 압력에서 1부피의 암모니아로부터 생성되는 일산화 질소의 부피는 얼마일까?

5.26 염소 분자와 플루오린 분자가 결합하여 기체 생성물을 만든다. 같은 온도, 같은 압력에서 Cl_2 1부피가 F_2 3부피와 반응하여 생성물 2부피가 얻어진다. 생성물의 화학식은 무엇인가?

5.4 이상 기체 방정식

➡ 복습 질문

5.27 이상 기체의 특성을 열거하라. 이상 기체 방정식을 쓰고 각 항을 설명하라. 방정식의 각 항에 대한 단위를 제시하라.

5.28 식 (5.9)를 이용하여 모든 기체 법칙을 유도하라.

5.29 표준 온도와 압력(STP)은 무엇인가? 이상 기체 1 mol의 부피와 관련하여 STP의 중요성은 무엇인가?

5.30 대기압 조건에서 기체의 밀도가 액체와 고체의 경우보다 훨씬 작은 이유는 무엇인가? 기체의 밀도를 나타내기위해 일반적으로 사용되는 단위는 무엇인가?

➡ 문제

5.31 32°C에서 부피 2.3 L의 용기 속에 들어 있는 질소 기체 시료의 압력이 4.7 atm이다. 이 기체의 몰수를 계산하라.

5.32 일산화 탄소 6.9 mol이 30.4 L 부피의 용기 속에 들어 있다. 온도가 62°C라면 기체의 압력(atm)은 얼마일까?

5.33 온도가 128°C이고 압력이 9.4 atm일 때 육플루오린화 황(SF_6) 5.6 mol의 부피는 얼마일까?

5.34 25°C, 0.800 atm에서 일정량의 기체가 유리 용기에 담겨있다. 용기는 2.00 atm의 압력까지 견딜 수 있다고 가정하자. 이 용기를 깨뜨리지 않고 기체의 온도를 몇 도까지 올릴 수 있는가?

5.35 1.2 atm, 25°C에서 부피가 2.50 L인 기체로 채워진 풍선을 성층권(지구 표면으로부터 약 30 km 상공)까지 올라가게 하였다. 그 곳의 온도와 압력이 각각 −23°C, 3.00×10^{-3} atm일 때 풍선의 최종 부피를 계산하라.

5.36 초기 STP에서 기체 2.5 L의 온도를 일정 부피에서 250°C까지 가열하였다. 기체의 최종 압력(atm)을 계산하라.

5.37 유연한 용기에 들어 있는 이상 기체 6.0 L의 압력을 처음 압력의 1/3로 줄이고 절대 온도는 1/2로 줄였다. 이 기체의 최종 부피는 얼마일까?

5.38 (포도주 제조 과정에서) 글루코스를 발효시킬 때 발생하는 기체는 20.1°C, 1.00 atm에서 0.78 L의 부피를 갖는다. 발효 온도와 압력이 각각 36.5°C, 1.00 atm일 때 이 기체의 부피는 얼마일까?

5.39 초기에 0.85 atm, 66°C에 있던 이상 기체를 최종 부피, 압력, 온도가 각각 94 mL, 0.60 atm, 45°C까지 팽창되도록 하였다. 이 기체의 초기 부피는 얼마이었을까?

5.40 STP에서 이산화 탄소 88.4 g의 부피(L)를 계산하라.

5.41 772 mmHg, 35.0°C에 있는 기체의 부피가 6.85 L이다. STP에서 이 기체의 부피를 계산하라.

5.42 드라이 아이스는 고체 이산화 탄소이다. 30°C에서 기체를 제거한 4.6 L 용기에 드라이아이스 시료 0.050 g이 들어 있다. 드라이 아이스가 모두 CO_2 기체로 전환된 후 용기 내부의 압력을 계산하라.

5.43 STP에서 0.280 L인 기체의 질량이 0.400 g이다. 이 기체의 몰질량을 계산하라.

5.44 44°C, 741 torr에서 7.10 g의 기체는 5.40 L의 부피를 차지한다. 기체의 몰질량을 계산하라.

5.45 성층권에 있는 오존 분자들은 태양으로부터 유입되는 유해한 방사선을 많이 흡수한다. 보통 성층권에 있는 오존의 온도와 압력은 각각 250 K와 1.0×10^{-3} atm이다. 이 조건에서 공기 1.0 L에 들어 있는 오존 분자의 수는 얼마인가?

5.46 공기에 부피로 N_2 78%, O_2 21%, Ar 1%를 포함한다고 가정하면 STP에서 공기 1.0 L 속에 들어 있는 각 기체의 분자수는 얼마인가?

5.47 1.00 atm, 27.0°C에서 2.10 L 용기에 기체 4.65 g이 들어 있다. (a) 이 기체의 밀도(g/L 단위)로 계산하라. (b) 이 기체의 몰질량은 얼마인가?

5.48 733 mmHg, 46°C에서 브로민화 수소(HBr)의 밀도(g/L)를 계산하라.

5.49 어떤 마취제는 질량으로 C 64.9%, H 13.5%, O 21.6%로 구성되어 있다. 120°C, 750 mmHg에서 기체 화합물 1.00 L의 질량은 2.30 g이다. 이 화합물의 분자식은 무엇인가?

5.50 실험식이 SF_4인 화합물이 있다. 20°C에서 기체 화합물 0.100 g의 부피는 22.1 mL이며, 1.02 atm의 압력을 나타낸다. 기체의 분자식은 무엇인가?

5.51 30°C에서 네온을 20°C, 1.0 atm에서 질소와 밀도가 같도록 하기 위해 필요한 압력은 얼마일까?

5.52 플루오린과 염소 기체의 혼합물의 밀도가 14°C, 0.893 atm에서 1.77 g/L이다. 이 기체들의 질량 백분율을 계산하라.

5.5 기체의 화학량론

문제

5.53 일산화 질소와 산소의 반응으로부터 이산화 질소의 생성 과정을 살펴보자.

$$2NO(g) + O_2(g) \longrightarrow 2NO_2(g)$$

STP에서 NO 9.0 L가 과량의 O_2와 반응하였다면 생성된 NO_2의 부피는 몇 L일까?

5.54 천연 가스의 주성분인 메테인은 난방과 취사에 사용된다. 연소 과정은 다음과 같다.

$$CH_4(g) + 2O_2(g) \longrightarrow CO_2(g) + 2H_2O(l)$$

CH_4 15.0 mol이 반응하였다면 23.0°C, 0.985 atm에서 생성된 CO_2의 부피(L)는 얼마일까?

5.55 석탄이 탈 때 석탄에 포함된 황은 이산화 황(SO_2)으로 바뀌는데 이것은 산성비의 원인이 된다.

$$S(s) + O_2(g) \longrightarrow SO_2(g)$$

황 2.54 kg이 산소와 반응하였을 때 30.5°C, 1.12 atm에서 형성된 SO_2 기체의 부피(mL)를 계산하라.

5.56 알코올 발효에서 효모는 글루코스를 에탄올과 이산화 탄소로 전환시킨다.

$$C_6H_{12}O_6(s) \longrightarrow 2C_2H_5OH(l) + 2CO_2(g)$$

글루코스 5.97 g이 반응하여 293 K, 0.984 atm에서 CO_2 1.44 L가 얻어졌다면 반응의 수득률(%)은 얼마인가?

5.57 P와 F로 이루어진 화합물을 다음과 같이 분석하였다. 378 cm^3 용기에 들어 있는 화합물 0.2324 g을 가열하여 모두 기체로 전환하였더니 온도 77°C에서 압력이 97.3 mmHg이었다. 이 기체를 염화 칼슘 수용액과 혼합하자 모든 F가 반응하여 CaF_2 0.2631 g이 생성되었다. 이 화합물의 분자식을 결정하라.

5.58 금속 M(몰질량 = 27.0 g/mol) 0.225 g이 과량의 염산과 반응하여 (17°C, 741 mmHg에서) 수소 분자 0.303 L를 발생한다. 이에 상응하는 화학 반응식을 추정하고 M의 산화물과 황산염의 화학식을 써라.

5.59 NH_3 73.0 g을 같은 질량의 HCl과 혼합하였을 때 형성된 고체 NH_4Cl의 질량은 얼마일까? 14.0°C, 752 mmHg에서 반응하지 않고 남아 있는 기체의 부피는 얼마인가? 남아 있는 기체는 무엇인가?

5.60 불순물이 포함된 탄산 칼슘 시료 3.00 g을 염산에 용해 시켰더니 20.0°C, 792 mmHg에서 0.656 L의 이산화 탄소가 생성되었다. 시료에 들어 있는 탄산 칼슘의 질량 백분율(%)을 계산하라. 이때 사용한 가정을 기술하라.

5.61 STP에서 수소 분자 5.6 L가 과량의 염소 분자 기체와 반응하여 생성된 염화 수소의 질량(g)을 계산하라.

5.62 에탄올(C_2H_5OH)은 공기 중에서 다음과 같이 연소된다. 반응식의 균형을 맞추고, 35.0°C, 790 mmHg에서 에탄올 227 g을 연소하기 위해 필요한 공기의 부피(L)를 결정하라. O_2는 공기 부피의 21.0%이라고 가정한다.

$$C_2H_5OH(l) + O_2(g) \longrightarrow CO_2(g) + H_2O(l)$$

5.63 (a) 같은 온도와 압력에서 다음 반응식에 따라 산화 질소 12.8 L를 형성하기 위해 반응시켜야 할 암모니아와 산소의 부피(L)를 계산하라.

$$4NH_3(g) + 5O_2(g) \longrightarrow 4NO(g) + 6H_2O(g)$$

(b) 같은 온도와 압력에서 다음 반응식에 따라 수소 8.96 L를 형성하기 위해 반응시켜야 할 프로페인과 수증기의 부피(L)를 계산하라.

$$C_3H_8(g) + 3H_2O(g) \longrightarrow 3CO(g) + 7H_2(g)$$

5.64 황화물이 아닌 불순물을 포함하는 FeS 시료 4.00 g을 HCl과 반응시켜서 14°C, 782 mmHg에서 H_2S 896 mL를 얻었다. 시료 중 불순물의 질량 백분율을 계산하라.

5.6 돌턴 부분 압력 법칙

복습 질문

5.65 돌턴 부분 압력 법칙을 설명하고 몰분율에 대해 설명하라. 몰분율은 단위가 있는가?

5.66 부분 압력이 각각 0.80 atm과 0.20 atm인 질소와 산소만을 포함한 공기 시료가 있다. 기체들의 전체 압력과 몰분율을 계산하라.

문제

5.67 CH_4 0.31 mol, C_2H_6 0.25 mol, C_3H_8 0.29 mol을 포함한 기체 혼합물이 있다. 이 기체 혼합물의 전체 압력이 1.50 atm이라면 각 기체의 부분 압력은 얼마인가?

5.68 15°C에서 2.5 L 플라스크에 N_2, He, Ne의 기체 혼합물이 들어 있다. N_2, He, Ne의 부분 압력이 각각 0.32 atm, 0.15 atm, 0.42 atm이다. (a) 혼합물의 전체 압력을 계산하라. (b) 플라스크로부터 N_2를 선택적으로 제거하면 STP에서 He과 Ne이 차지하는 부피(L)를 계산하라.

5.69 해수면 근처에 있는 건조한 공기의 성분은 부피로 N_2 78.08%, O_2 20.94%, Ar 0.93%, CO_2 0.05%로 구성되어 있다. 대기압 1.00 atm에서 (a) 각 기체의 부분 압력 (atm), (b) 0°C에서 각 기체의 농도(mol/L)를 계산하라. (*힌트*: 부피는 몰수에 비례하기 때문에 같은 온도, 같은 압력에서 기체의 몰분율은 부피 비로 나타낼 수 있다.)

5.70 헬륨과 네온 기체의 혼합물을 28.0°C, 745 mmHg에서 수상 포집하였다. 헬륨의 부분 압력이 368 mmHg이면 네온의 부분 압력은 얼마인가? (28°C에서 수증기압은 28.3 mmHg이다.)

5.71 소듐 금속 조각은 다음과 같이 물과 완전히 반응한다.

$$2Na(s) + 2H_2O(l) \longrightarrow 2NaOH(aq) + H_2(g)$$

생성된 수소 기체를 25.0°C에서 수상 포집하였다. 1.00 atm에서 부피는 246 mL로 측정되었다. 반응에 사용된 소듐의 질량(g)을 계산하라. (25°C에서 수증기압은 0.0313 atm이다.)

5.72 아연 금속 시료는 다음과 같이 과량의 염산과 완전히 반응한다.

$$Zn(s) + 2HCl(aq) \longrightarrow ZnCl_2(aq) + H_2(g)$$

그림 5.15와 유사한 방법으로 생성된 수소 기체를 25.0°C에서 수상 포집하였다. 기체의 부피는 7.80 L이고 압력은 0.980 atm이다. 반응에 사용된 아연 금속의 질량(g)을 계산하라. (25°C에서 물의 수증기압은 23.8 mmHg이다.)

5.73 심해 잠수부들을 위해 산소에 헬륨을 혼합한다. 잠수부가 전체 압력이 4.2 atm인 깊이까지 잠수해야 한다면 기체 혼합물에 들어 있는 산소 기체의 부피 백분율(%)을 계산하라. 이 깊이에서 산소의 부분 압력은 0.20 atm으로 유지된다.

5.74 암모니아(NH_3) 기체 시료는 가열된 철망 위에서 질소와 수소 기체로 완전히 분해된다. 전체 압력이 866 mmHg이라면 N_2와 H_2의 부분 압력을 계산하라.

5.75 다음 세 종류의 기체 (i)~(iii)가 같은 용기 안에 들어 있다. 각 용기는 부피가 같으며 온도도 같다. (a) 기체 A(파란색 구)의 몰분율이 가장 작은 것은 어느 것인가? (b) 기체 B(녹색 구)의 부분 압력이 가장 큰 것은 어느 것인가?

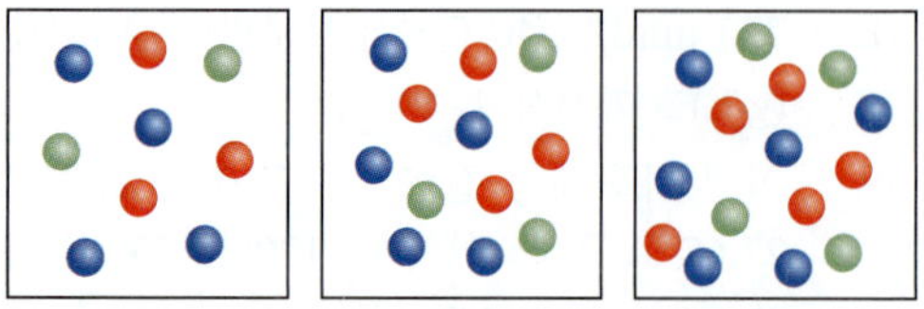

(i) (ii) (iii)

5.76 다음 그림에서 오른쪽 상자의 부피는 왼쪽 상자의 두 배이다. 두 상자는 같은 온도에서 헬륨 원자(빨간색 구)와 수소 분자(녹색 구)를 가지고 있다. (a) 전체 압력이 더 큰 상자는 어느 것인가? (b) 헬륨의 부분 압력이 낮은 상자는 어느 것인가?

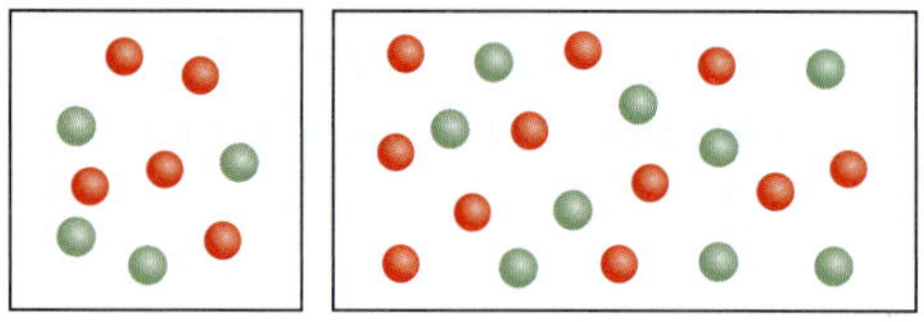

5.7 기체의 분자 운동론

➔ 복습 질문

5.77 기체의 분자 운동론의 기본 가정은 무엇인가? 분자 운동론으로 보일 법칙, 샤를 법칙, 아보가드로 법칙, 돌턴 부분 압력 법칙을 어떻게 설명하는가?

5.78 맥스웰의 속력 분포 곡선은 무엇을 의미하는가? 200개의 분자 시료에도 맥스웰의 이론을 적용할 수 있는지 설명하라.

5.79 다음 설명 중 옳은 것은 어느 것인가? (a) 기체 분자들이 서로 충돌하여 열이 발생된다. (b) 기체를 가열하면 분자들이 서로 더욱 빈번하게 충돌한다.

5.80 기체의 확산과 분출의 차이점은 무엇인가? 그레이엄 법칙을 설명하고 식 (5.17)의 각 항을 정의하라.

➔ 문제

5.81 65°C에서 O_2와 UF_6의 제곱 평균근 속력을 비교하라.

5.82 성층권의 온도는 −23°C이다. 이 지역에 있는 N_2, O_2, O_3 분자의 제곱 평균근 속력을 계산하라.

5.83 분자들이 충돌 후 그 다음 충돌까지 이동한 평균 거리를 평균 자유 행로(mean free path)라고 한다. 주어진 양의 기체가 있을 때 이 기체의 평균 자유 행로는 다음 중 어떤 것의 영향을 받겠는가? (a) 밀도, (b) 일정 부피에서 의 온도, (c) 일정 온도에서의 압력, (d) 일정 온도에서의 부피, (e) 원자의 크기.

5.84 어떤 온도에서 용기에 들어 있는 기체 분자 6개의 속력은 각각 2.0 m/s, 2.2 m/s, 2.6 m/s, 2.7 m/s, 3.3 m/s, 3.5 m/s이다. 분자들의 제곱 평균근 속력과 평균 속력을 계산하라. 두 평균 속력은 서로 비슷한 값을 가지지만 근평균 제곱 속력의 값이 평균 속력보다 항상 크다. 이유를 설명하라.

5.85 기체의 분자 운동론에 대한 지식을 바탕으로 그레이엄 법칙[식 (5.17)]을 유도하라.

5.86 ^{235}U 동위원소는 중성자 충격으로 붕괴한다. 그러나 ^{235}U의 천연 존재비는 0.72%에 불과하다. 존재비가 훨씬 큰 ^{238}U로부터 ^{235}U를 분리하기 위해 우선 우라늄을 상온에서 쉽게 기화되는 UF_6로 전환한다. 다음으로 $^{235}UF_6$ 기체와 $^{238}UF_6$ 기체는 많은 단계의 분출 과정을 거친다. 한 단계 분출 과정을 통해 얻을 수 있는 분리율(^{238}U에 대한 ^{235}U의 농축률)을 계산하라.

5.87 글루코스의 발효로 발생되는 기체는 다공성 벽을 통해 분출되는 데 15.0분이 걸린다. 같은 온도와 압력 조건에서 같은 부피의 질소는 같은 벽을 통해 분출되는 데 12.0분이 걸린다. 기체의 몰질량을 구하고 예상되는 기체를 제안하라.

5.88 니켈은 $Ni(CO)_x$ 식을 갖는 기체상 화합물을 형성한다. 같은 온도와 압력에서 메테인(CH_4)은 $Ni(CO)_x$보다 3.3배 빨리 분출한다. x 값은 얼마인가?

5.8 이상적 거동에서 벗어남

복습 질문

5.89 기체는 모든 조건에서 이상적으로 거동하지는 않는다는 것을 보여주는 증거 두 가지를 제시하라.

5.90 어떤 조건에서 실제 기체는 이상 기체에 가까운 거동을 할 것으로 예상되는가? (a) 고온, 저압 (b) 고온, 고압 (c) 저온, 고압 (d) 저온, 저압.

5.91 여기에 나타낸 것은 두 다른 온도에서 비이상 기체 1 mol에 대해서 PV/RT를 P에 대해 도시한 것이다. 어떤 곡선이 더 높은 온도에 대한 것인가?

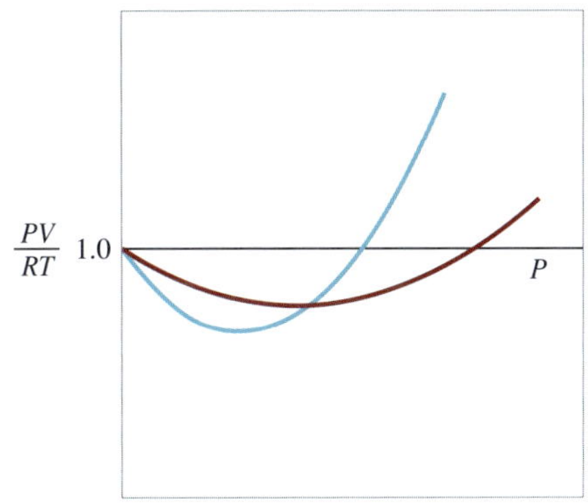

5.92 (a) 실제 기체를 부피 V인 플라스크에 넣었다. 기체의 보정된 부피는 V보다 클까, 아니면 작을까? (b) 암모니아는 네온보다 큰 a 값을 갖는다(표 5.4 참조). 이를 근거로 암모니아 분자 사이의 인력과 네온 원자 사이의 인력 중에서 상대적으로 강한 인력은 무엇인가?

문제

5.93 표 5.4에 나타낸 자료를 이용하여 450 K, 5.00 L에 들어 있는 CO_2 2.50 mol이 나타내는 압력을 계산하라. 이상 기체 방정식으로 예상한 압력과 비교하라.

5.94 27°C에서 1.50 L 용기에 담긴 10.0 mol의 기체가 130 atm의 압력을 나타낸다. 이 기체는 이상 기체인가?

실전 연습의 답 Answers to Practice Exercises

5.1 0.986 atm. **5.2** 39.3 kPa. **5.3** 9.29 L. **5.4** 30.6 L. **5.5** 4.46×10^3 mmHg. **5.6** 0.68 atm. **5.7** 2.6 atm. **5.8** 13.1 g/L. **5.9** 44.1 g/mol. **5.10** B_2H_6. **5.11** 96.9 L. **5.12** 4.75 L. **5.13** 0.338 M. **5.14** CH_4: 1.29 atm; C_2H_6: 0.0657 atm; C_3H_8: 0.0181 atm. **5.15** 0.0653 g. **5.16** 321 m/s. **5.17** 146 g/mol. **5.18** 30.0 atm; 이상 기체 방정식을 이용하여 45.5 atm.

개념과 사실 복습하기의 답 Answers to Review of Concepts & Facts

5.2.1 1184 mmHg, 1.558 atm, 157.9 kPa. **5.2.2** (b) $<$ (c) $<$ (a) $<$ (d). **5.2.3** 에베레스트 산 아래에서 빨대로 물을 마실 때가 더 쉽다. 산 아래에서 대기압이 더 높기 때문에 물을 빨대 위로 밀어 올리는 데 용이하다. **5.3.1** 1.29 L. **5.3.2** (a) 부피 2배 (b) 부피 1.4배 증가. **5.3.3** 50.0 mL. **5.4.1** 458 K 또는 185°C. **5.4.2** 최대 부피, (b); 최대 밀도, (c). **5.4.3** 77.1 g/mol. **5.5.1** 11.3 L. **5.5.2** 메테인 연소에만 해당, $CH_4(g) + 2O_2(g) \longrightarrow CO_2(l) + 2H_2O(g)$. **5.6.1** 파란색 공: 0.43 atm; 녹색 공: 1.3 atm; 빨간색 공: 0.87 atm. **5.6.2** $X_{Ne} = 0.338$. **5.6.3** 0.702 atm. **5.7.1** (c), (d). **5.7.2** Ne이 2.551배 빠르게 분출. **5.8.1** 고압 저온. **5.8.2** 10.3 atm.

레이먼드 창의

기본일반화학 제14판 Chemistry

▲ 옥수수와 콩과 같이 재생 가능한 자원으로부터 얻는 바이오 연료는 재생이 불가능한 화석 연료를 대체할 수 있다.

ThamKC/Getty Images

제 6 장

열화학

Thermochemistry

차 례

6.1 에너지의 본질과 에너지의 종류

6.2 화학 반응에서의 에너지 변화

6.3 열역학 서론

6.4 화학 반응의 엔탈피

6.5 열계량법

6.6 표준 생성 엔탈피와 표준 반응 엔탈피

모든 화학 반응은 질량 보존 법칙과 에너지 보존 법칙의 두 가지 기본 법칙을 따른다. 제3장에서는 반응물과 생성물 사이의 질량 관계를 다뤘다. 이 장에서는 화학 반응과 함께 발생하는 에너지 변화에 대하여 살펴보기로 한다.

6.1 에너지의 본질과 에너지의 종류

학습 목표

- 운동 에너지와 퍼텐셜 에너지를 구분하고 각각에 대해 구체적인 예를 들어본다.

"에너지"란 말은 많이 사용하는 용어이지만, 약간은 추상적인 개념이다. 예를 들면, 우리가 피로를 느낄 때 *에너지*가 없다고 말하기도 하고, 재생 불가능한 *에너지*원을 대신할 대체 에너지 개발의 필요성에 대한 글을 읽기도 한다. 물질과 달리 에너지는 그 효과로 알아내거나 인식되어야 한다. 에너지는 보이지도 만져지지도 않으며, 냄새를 맡거나 무게를 잴 수도 없다.

에너지(energy)는 보통 *일을 할 수 있는 능력*으로 정의된다. 제5장에서 일은 "힘 × 거리"로 정의하였지만, 다른 종류의 일도 있다는 것을 곧 알게 될 것이다. 모든 형태의 에너지는 일할 수 있는 능력(즉, 일정한 거리에 대해 힘을 가함)이 있지만, 모든 형태의 에너지가 같은 정도로 화학과 관련된 것은 아니다. 예를 들어, 조수의 파동에 포함된 에너지는 유용한 일을 할 수 있도록 동력화가 가능하지만, 조수의 파동과 화학은 관련성이 적다. 화학자들은 **일**(work)을 *어떤 변화 과정에서 야기되는 직접적인 에너지 변화*로 정의한다.

에너지의 형태

모든 에너지는 운동 에너지 또는 퍼텐셜 에너지로 분류된다. 물체의 움직임에 의해 생성되는 운동 에너지(kinetic energy)는 화학자들이 특별히 관심을 가지고 있는 에너지의 한 형태이다. 그 밖에 다른 형태의 운동 에너지로는 복사에너지와 열 에너지가 있다.
운동 에너지는 5.7절에서 소개하였다.

복사 에너지(radiant energy) 또는 *태양으로부터 오는 태양 에너지*는 지구상에서 가장 중요한 에너지원이다. 태양 에너지는 대기와 지표면을 가열시키고, 광합성 과정을 통하여 식물의 성장을 촉진시키는 한편, 지구의 기후 패턴에도 영향을 미친다.

열 에너지(thermal energy)는 *원자와 분자의 무질서한 운동과 관련된 에너지*이다. 일반적으로 열 에너지는 온도를 측정하여 계산할 수 있다. 어떤 물질의 시료 안에 있는 원자나 분자가 더 격렬하게 운동할수록 그 시료는 더 뜨거워지고, 열 에너지도 더 커진다. 그러나 열 에너지와 온도는 주의 깊게 구분할 필요가 있다. 70°C의 커피 한 잔은 40°C의 온수로 채워진 욕조보다 온도는 높지만 욕조의 온수가 커피보다 더 많은 열 에너지를 가지고 있다. 커피보다 온수의 부피와 질량이 더 크므로 더 많은 물 분자와 분자 운동을 포함하고 있기 때문이다. 1.9절에서 살펴보았듯이 온도는 세기의 성질(물질의 양과는 무관)이지만 열 에너지는 크기의 성질(물질의 양에 의존)이다.

▲ 댐에 고인 물이 아래로 떨어지면서 퍼텐셜 에너지가 운동 에너지로 전환된다. 이 에너지를 이용하여 수력 발전(hydroelectric power)이라고 일컫는 전기를 생산한다.
Jacques Jangoux/Science Source

운동 에너지와는 달리 **퍼텐셜 에너지**(potential energy)는 *물체의 위치 때문에 발생되는 에너지*이다. 예를 들면, 절벽 꼭대기에 있는 바위는 높은 곳에 있기 때문에 퍼텐셜 에너지가 크다. 따라서 더 아래쪽에 있는 바위가 물에 떨어졌을 때보다 더 큰 물보라를 낼 것이다. 화학자에게 가장 중요한 퍼텐셜 에너지의 예로는 화학 에너지와 정전기적 에너지를 들 수 있다.

화학 에너지(chemical energy)는 *화학 물질의 단위 구조 내에 저장되어 있는 에너지*이다. 화학 에너지의 크기는 구성 원자들의 종류와 배치 형태에 의해 결정된다. 물질이 화학 반응을 일으키면 화학 에너지는 방출되거나 저장되며, 또는 다른 형태의 에너지로 변환된다.

정전기적 에너지(electrostatic energy)는 *전하를 띤 입자들의 상호작용 때문에 발생하는 퍼텐셜 에너지*다. 반대 전하를 띤 입자들은 서로 잡아당기므로 정전기적 에너지는 음이 되며, 같은 전하를 띤 입자들은 서로 반발하므로 정전기적 에너지는 양의 값이 된다. 정전기적 에너지의 크기는 입자들이 띠는 전하의 곱에 비례하지만 두 입자 사이의 거리에는 반비례한다.

모든 에너지는 적어도 이론상으로 한 형태에서 다른 형태로 전환될 수 있다. 우리가 햇빛을 받고 서 있으면 따뜻함을 느끼게 되는데, 이것은 피부에서 복사 에너지가 열 에너지로 전환되기 때문이다. 운동을 하면 체내에 저장되어 있던 화학 에너지가 운동 에너지를 생성하는 데 사용된다. 언덕 아래로 공이 굴러가기 시작하면 퍼텐셜 에너지는 운동 에너지로 전환된다. 이 외에도 다른 많은 예를 생각할 수 있다. 에너지가 많은 다른 형태로 전환될 수 있다고는 하지만, 과학자들은 이들 에너지가 파괴되거나 새로 만들어질 수 없다고 결론지었다. 한 에너지 형태가 소멸되면 반드시 같은 크기의 다른 형태의 에너지가 생성되어야 하며, 그 역 또한 마찬가지이다. 결국 *우주의 에너지 총량은 항상 일정하다*는 것이다. 이를 **에너지 보존 법칙**(law of conservation of energy)이라고 한다.

개념과 사실 요약하기

- 에너지는 일할 수 있는 능력이다.
- 에너지에는 운동 에너지와 퍼텐셜 에너지의 두 가지 형태가 있다. 운동 에너지와 위치 에너지에는 여러 유형이 있다.
- 운동 에너지와 퍼텐셜 에너지는 에너지 보존 법칙에 따라 우주의 에너지 총량이 일정하기 때문에 상호 변환할 수 있다.

6.2 화학 반응에서의 에너지 변화

학습 목표

- 주어진 실험에 대해 계와 주위를 구별할 수 있다.
- 계를 열린계, 닫힌계, 고립계로 분류할 수 있다.
- 반응 과정을 흡열과정 또는 발열 과정으로 분류할 수 있다.

화학 반응이 일어나는 동안의 에너지 변화는 제3장에서 논의한 화학 반응과 질량과의 관련성만큼이나 실제적인 관심을 끌 때가 많다. 예를 들면, 일상생활에서 일어나는 천연 가스나 석유 같은 연료의 연소 반응은 열 에너지를 얻기 위한 것이지 생성물인 물과 이산화탄소를 얻으려는 것이 아니다.

거의 모든 화학 반응은 일반적으로 열의 형태로 에너지를 흡수 또는 방출한다. 열 에너지와 열의 차이를 이해하는 것이 중요하다. **열**(heat)은 *온도가 서로 다른 두 물체 사이의 열 에너지의 이동*이다. 이것을 더운 물체로부터 차가운 물체로 "열 흐름(heat flow)"이라고 말한다. "열" 자체가 에너지의 이동을 의미하지만, 관례상 이러한 과정이 일어나는 동안의 에너지 변화를 설명할 때 열의 흡수 또는 방출이라고 한다. **열화학**(thermochemistry)은 *화학 반응에서 열 변화에 대한 연구*이다.

화학 반응과 관련된 에너지 변화를 검토하기 위하여 먼저 **계**(system)를 정의해야 한다. *계는 우리가 관심을 갖는 우주의 특정한 부분*이다. 화학자들의 경우, 계에는 보통 물

동영상 자료
열 흐름

▲ *이 적외선 사진은 집에서 에너지(열)가 누출되는 위치를 보여준다. 붉은색이 많을수록 외부로 더 많은 에너지가 새어 나간다.*
Ivan Smuk/Alamy Stock Photo

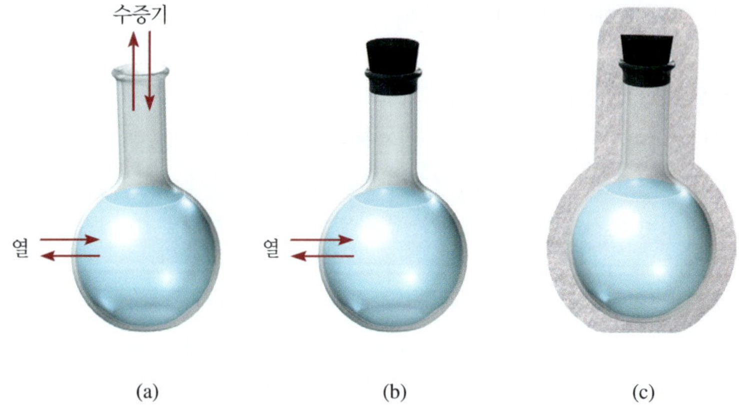

▶ **그림 6.1** 플라스크에 물이 존재하는 세 가지 형태의 계: (a) 계와 주위 사이에 에너지와 물질의 이동이 가능한 열린계; (b) 계와 주위사이에 에너지의 이동은 가능하나 물질의 이동은 불가능한 닫힌계; (c) 계와 주위 사이에 에너지와 물질의 이동이 불가능한 고립계(플라스크가 진공 재킷으로 에워싸여 있음).

리적 또는 화학적 변화와 관련된 물질이 포함된다. 예를 들면, 산-염기 중화반응 실험에서 계는 NaOH 50 mL를 가하는 HCl 50 mL가 들어 있는 비커라고 할 수 있다. *계 밖의 모든 우주*를 **주위**(surroundings)라고 한다. 반응 과정에서 열이 흡수되거나 방출되면, 에너지 보존 법칙(6.1절)에 따라 에너지는 보존되지만 계와 주위 사이에 열의 이동이 일어난다.

계에는 세 가지 형태가 있다. **열린계**(open system)는 *계와 주위 사이에 물질과 에너지가 열의 형태로 교환될 수 있다*. 예를 들면, 열린계는 그림 6.1(a)에 나타낸 것과 같이 열린 용기에 물이 들어 있는 것이다. 그림 6.1(b)와 같이 플라스크를 마개로 닫으면, 수증기는 밖으로 나가지도 못할 뿐만 아니라 주위에서 용기 내로 들어가 응축하지도 못하게 된다. 이러한 계를 **닫힌계**(closed system)라고 한다. 이 계에서 *에너지(열)는 이동할 수 있지만 물질은 이동할 수 없다*. 그림 6.1(c)와 같이 단열된 플라스크 용기에 물이 담겨 있으면 **고립계**(isolated system)를 만들 수 있는데, 이 계에서는 *물질이나 에너지 모두 이동이 허용되지 않는다*.

산소가 존재하는 조건에서 수소 기체의 연소 반응은 상당한 양의 에너지를 방출하는 화학 반응이다(그림 6.2):

$$2H_2(g) + O_2(g) \longrightarrow 2H_2O(l) + \text{에너지}$$

이 경우에 반응 혼합물(수소, 산소, 물 분자들)을 *계*라 하고, 우주의 나머지를 *주위*라 한다. 에너지는 창조되거나 소멸될 수 없으므로 계에서 감소한 모든 에너지는 주위에서 증가되어야 한다. 연소 과정에서 발생되는 열은 계에서 주위로 이동한다. *열을 방출하는 과*

▶ **그림 6.2** 힌덴부르크 참사. 수소 기체로 가득 찬 독일 비행선 힌덴부르크는 1937년 뉴저지 주 레이크허스트(Lakehurst)에서 엄청난 화재로 파괴되었다.
akg-images/Newscom

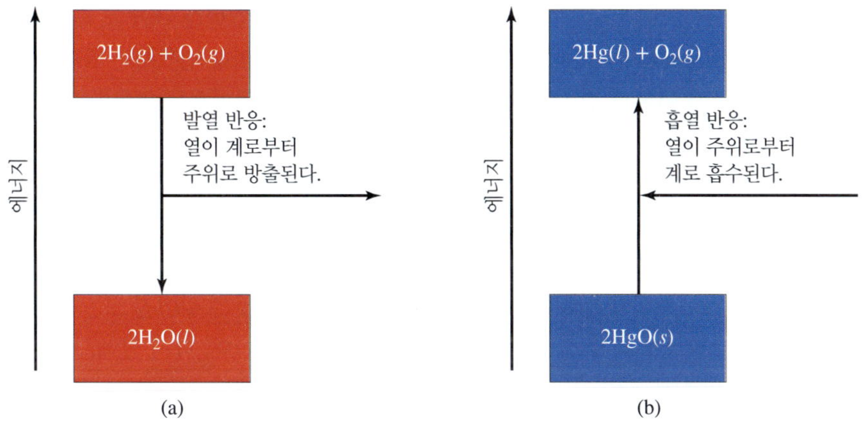

◀ **그림 6.3** (a) 발열 과정. (b) 흡열 과정. (a)와 (b)는 같은 척도으로 나타낸 것이 아니다. 즉, H_2와 O_2로부터 H_2O가 생성되면서 방출되는 열과 HgO의 분해과정에서 흡수한 열의 크기가 다르다.

*정(주위로 열 에너지가 이동)*을 **발열 과정**(exothermic process)이라 한다. 그림 6.3(a)는 수소 기체의 연소에 따른 에너지 변화를 보여준다.

또 다른 반응으로 고온에서 산화 수은(II) (HgO)의 분해 반응을 생각해 보자.

$$\text{에너지} + 2HgO(s) \longrightarrow 2Hg(l) + O_2(g)$$

이 반응은 *주위에서 계(HgO)로 열이 공급되는* **흡열 과정**(endothermic process)의 한 예이다[그림 6.3(b)].

그림 6.3에서 볼 수 있듯이 발열 반응에서 생성물의 전체 에너지는 반응물의 전체 에너지보다 작다. 이 차이는 계에서 주위로 공급되는 열이다. 흡열 반응에서는 정반대이다. 이때 생성물의 에너지와 반응물의 에너지 차이는 주위에서 계로 공급되는 열과 같다.

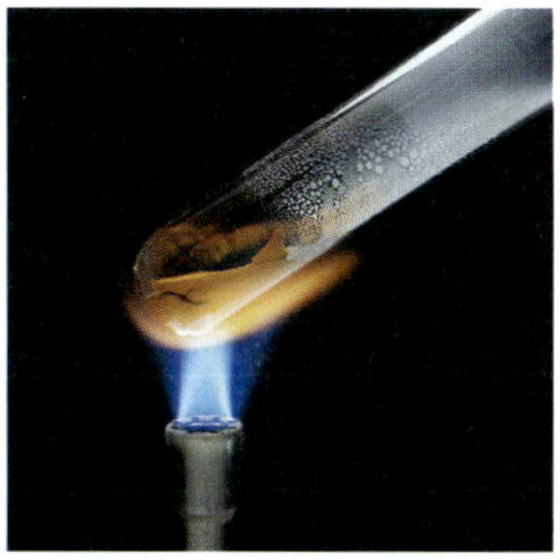

▲ *열을 가하면 HgO는 Hg와 O_2로 분해된다.*

Charles D. Winters/McGraw-Hill

개념과 사실 요약하기

- 주위에 열을 방출하는 과정을 발열 과정이라 하고, 주위로부터 열을 흡수하는 과정을 흡열 과정이라 고 한다.

개념과 사실 복습하기

6.2.1 아래의 예를 보고 열린계, 닫힌계, 고립계로 구분하라.

(a) 밀폐된 보온병에 들어 있는 우유

(b) 기숙사 방에서 책을 읽고 있는 학생

(c) 테니스 공 내부의 공기

6.2.2 아래의 과정이 흡열인지 아니면 발열인지 결정하라.

(a) $ZnS(s)$가 $Zn(s)$와 $S(s)$로 분해된다.

(b) 산소의 존재 하에서 프로판 가스가 연소된다.

(c) 얼음 조각이 유리 위에서 녹는다.

6.3 열역학 서론

학습 목표

- 상태 함수가 무엇인지 설명하고, 상태 함수인지 아닌지를 구분할 수 있다.
- 열역학 제1법칙을 요약할 수 있다.

열화학(thermochemistry)은 *열과 다른 종류의 에너지와의 상호변환 관계를 과학적으로 연구하는* **열역학**(thermodynamics)의 일부라고 할 수 있다. 열역학 법칙들은 물질의 변화 과정에 대한 에너지 이론과 변화 과정의 방향을 알려준다. 이 절에서는 열화학 연구와 특별히 관계가 많은 열역학 제1법칙에 대하여 집중적으로 설명할 것이다. 제17장에서 열역학에 대하여 계속 논의할 것이다.

열역학에서는 계의 상태 변화를 연구하는데, **계의 상태**(state of a system)는 *물질의 조성, 에너지, 온도, 압력, 부피와 같이 관련된 모든 거시적 성질의 값*으로 정의된다. 에너지, 압력, 부피, 온도를 **상태 함수**(state function)라고 하며, 이것은 *주어진 조건까지 도달하는 과정에는 상관없이 계의 상태에 의해서만 결정되는 성질*이다. 다시 말해, 계의 상태가 변할 때 임의의 상태 함수가 변화하는 크기는 계의 초기 상태와 최종 상태에만 관련이 있고, 그 변화가 일어나는 과정에는 무관하다는 것이다.

일정한 양의 기체에 대한 상태는 그 기체의 부피, 압력, 온도에 의해서 특징지어진다. 초기 상태가 2 atm, 300 K, 1 L인 기체를 생각해 보자. 일정한 온도에서 기체의 압력이 1 atm으로 감소하는 어떤 과정을 가정해 보자. 보일 법칙에 의하면 부피는 2 L로 증가해야 한다. 그 결과 최종 상태는 1 atm, 300 K, 2 L에 해당한다. 부피 변화(ΔV)는 다음과 같다.

$$
\begin{aligned}
\Delta V &= V_f - V_i \\
&= 2\ \text{L} - 1\ \text{L} \\
&= 1\ \text{L}
\end{aligned}
$$

여기서 V_i와 V_f는 각각 초기 상태와 최종 상태에서의 부피를 말한다. 어떤 과정을 거쳐서 최종 상태에 도달하든(즉, 기체의 압력이 처음에는 증가하다가 다음에 1 atm으로 줄어들 수도 있음) 부피 변화는 항상 1 L이다. 따라서 기체의 부피는 상태 함수이다. 마찬가지로 기체의 압력과 온도도 역시 상태 함수이다.

인터넷 핫스팟

학생들의 학습 경험에 대해 축적된 자료에 따르면 상태 함수를 이해하는 데 어려움을 겪을 수 있다. 이런 경우 eBook에 접속해서 이 주제에 대한 추가 학습 자료를 보면 도움이 될 수 있다.

에너지는 또 다른 상태 함수이다. 퍼텐셜 에너지를 예로 들면, 우리가 같은 출발점에서 산꼭대기까지 올라갈 때, 어떤 길로 가더라도 중력장에서 퍼텐셜 에너지가 알짜로 증가한 부분은 언제나 똑같다(그림 6.4).

열역학 제1법칙

열역학 제1법칙(the first law of thermodynamics)은 에너지 보존 법칙에 기초하며, *에너지는 한 형태에서 다른 형태의 에너지로 전환될 수 있지만 만들어지거나 파괴될 수 없다*는 것을 말한다.[†] 과연 어떻게 알 수 있을까? 만약 우주의 전체 에너지 양을 결정해야만 알 수 있다면, 열역학 제1법칙을 증명한다는 것을 불가능할 것이다. 철 1 g에 포함된 전체 에

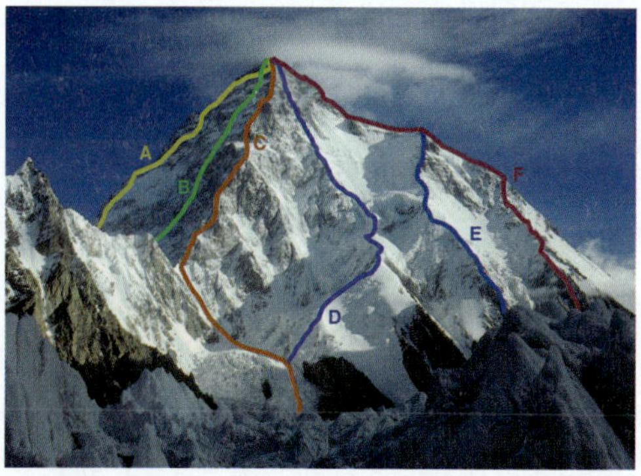

▶ **그림 6.4** 산 아래에서 정상까지 걸어 올라갈 때 얻는 중력장에서의 퍼텐셜 에너지는 이동 경로와는 무관하다.
Uwe Steffens/Ullstein Bild/Getty Images

[†]화학 반응에서 질량과 에너지의 관계는 2.1절을 참조하라.

너지를 결정하는 것조차도 매우 어려운 일이다. 다행히도 한 과정의 *초기 상태*와 *최종 상태*에서 계의 내부 에너지 *변화*만을 측정하여 열역학 제1법칙의 타당성을 시험할 수 있다. 내부 에너지 변화 ΔU는 다음과 같이 주어진다.

$$\Delta U = U_f - U_i$$

여기서 U_i와 U_f는 각각 초기 상태와 최종 상태에서 계의 내부 에너지이다.

계의 내부 에너지는 두 가지 구성 요소를 가진다. 운동 에너지와 퍼텐셜 에너지이다. 운동 에너지는 여러 형태의 분자 움직임과 분자 내 전자들의 운동으로 구성된다. 퍼텐셜 에너지는 각 분자에 있는 전자와 핵 사이의 인력, 전자들 사이의 반발력, 핵들 사이의 반발력, 분자들 사이의 상호작용에 의하여 결정된다. 이 모든 성분들이 에너지에 기여하는 정도를 정확하게 측정한다는 것은 불가능하므로 계의 전체 에너지를 정확하게 계산할 수 없다. 하지만, 에너지의 변화는 실험적으로 구할 수 있다.

황 1 mol과 산소 기체 1 mol이 반응하여 이산화 황 1 mol을 생성하는 반응을 생각해 보자.

▲ 황은 공기 중에서 타서 SO_2를 만든다.
Andrew Lambert Photography/Science Source

$$S(s) + O_2(g) \longrightarrow SO_2(g)$$

이 경우 계는 반응물 분자인 S와 O_2(초기 상태), 생성물 분자인 SO_2(최종 상태)로 구성된다. 이 계에서 반응물이나 생성물이 가진 내부 에너지는 알 수 없지만, 에너지 변화(ΔU)는 정확하게 측정할 수 있는데, 다음 식으로 주어진다.

$$\begin{aligned}\Delta U &= U(\text{생성물}) - U(\text{반응물}) \\ &= SO_2(g)\ 1\ \text{mol의 에너지 양} - [S(s)\ 1\ \text{mol} + O_2(g)\ 1\ \text{mol}]\text{의 에너지 양}\end{aligned}$$

우리는 이 반응이 열을 방출한다는 것을 관찰하였다. 따라서 생성물의 에너지는 반응물의 에너지보다 작으며, ΔU는 음의 값을 가진다.

위 반응에서 열을 방출한다는 것은 반응물에 포함된 화학 에너지의 일부가 열 에너지로 전환되었다는 것을 의미하며, 반응물로부터 주위로 에너지가 이동되어도 우주 전체의 에너지는 변함이 없다. 즉 에너지 변화의 합은 0이 되어야 한다.

$$\Delta U_{\text{계}} + \Delta U_{\text{주위}} = 0$$

또는

$$\Delta U_{\text{계}} = -\Delta U_{\text{주위}}$$

여기서 "계", "주위"라는 아래첨자는 각각 "계"와 "주위"를 나타낸다. 이와 같이 하나의 계가 에너지 변화 $\Delta U_{\text{계}}$를 수반하면, 우주의 나머지(주위)의 에너지 변화는 계의 에너지 변화와 크기는 같아야 하고, 부호는 반대($-\Delta U_{\text{주위}}$)라야 한다. 즉, 한 장소에서 얻은 에너지만큼 다른 어딘가에서 잃어야만 한다. 게다가 에너지는 한 형태에서 다른 형태로 전환할 수 있기 때문에, 어떤 계에서 잃은 에너지는 다른 계에서는 다른 형태로 얻을 수도 있다. 예를 들면, 발전소에서 연료가 타면서 잃은 에너지는 최종적으로 가정에서 사용하는 전기 에너지, 열, 빛과 같은 형태로 변하게 된다.

화학에서는 계(반응물과 생성물이 담긴 플라스크일 수도 있음)와 관련된 변화에는 관심이 있으나 주위에는 관심이 없다. 따라서 열역학 제1법칙의 더 유용한 형태는 다음과 같다.

$$\Delta U = q + w \tag{6.1}$$

(식을 간략하게 나타내기 위해 아래첨자 "계"는 생략했다.) 식 (6.1)은 계와 주위 사이의 열 교환 q와 계가 한 일의 양 w의 합이 계의 내부 에너지 변화 ΔU라는 것을 말한다. 상태 함수가 아닌 열역학적 양을 나타내기 위해 q 및 w는 소문자를 사용한다. q 및 w에 대한 부

표 6.1 열과 일에 대한 부호

과정	부호
계가 주위에 한 일	−
계에 대해서 주위가 한 일	+
주위로부터 계가 흡수한 열(흡열 과정)	+
계로부터 주위에 방출한 열(발열 과정)	−

호 규칙은 다음과 같다. q의 부호는 흡열 과정에 대하여 양의 부호, 발열 과정에 대하여 음의 부호를 쓴다. 또한, 일 w에 대한 부호는 주위에서 계에 일을 하면 양의 부호, 계에서 주위에 일을 하면 음의 부호를 붙인다. 우리는 열역학 제1법칙을 은행에서 사용하는 것과 같은 에너지의 대차대조표라고 생각할 수 있다. 우리는 다른 두 가지 화폐 중 어느 것으로든 저축하거나 인출할 수 있다(열 교환과 행해진 일에 의해서 에너지가 변하는 것처럼). 그러나 은행 잔고는 어떤 화폐를 사용했느냐에 상관없이 여러 번의 은행 거래를 하고 나서 최종적으로 남아 있는 금액에 따라 결정된다.

식 (6.1)은 추상적으로 보이지만 실제로는 매우 논리적이다. 계가 주위에 열을 잃거나 일을 하였다면 에너지를 비우는 과정이라 할 수 있으므로 계의 내부 에너지는 감소한다. 따라서 q와 w는 모두 음수이다. 반대로, 열이 계에 가해지거나 계에 대하여 일을 하였다면 계의 에너지는 처음보다 증가하게 된다. 이 경우 q와 w는 모두 양수이다. 표 6.1은 q와 w에 대한 부호를 요약한 것이다.

일과 열

이제 일과 열의 성질을 보다 자세히 살펴보자.

일

일은 힘 F에 움직인 거리 d를 곱해서 얻을 수 있다.

$$w = F \times d \tag{6.2}$$

열역학에서 일은 넓은 의미로 기계적 일(예를 들면, 크레인으로 강철 빔을 들어 올림), 전기적 일(배터리에서 전자를 공급하여 손전등을 켜는 것), 표면 일(비누 거품을 터뜨리는 것) 등을 말한다. 이 절에서는 기계적 일을 논의하고, 제18장에서 전기적 일의 성질을 논의할 것이다.

기계적 일의 대표적인 예는 기체의 팽창이나 압축이다. 화학 반응이나 생물학적 반응은 대개 기체의 부피 변화가 수반된다. 공기를 들이마시거나 내쉬는 것도 허파 속에 폐포라고 하는 작은 주머니가 늘어나거나 수축하는 것이다. 다른 예로 자동차의 내부 연소 엔진을 들 수 있다. 자동차의 동력은 휘발유와 공기의 혼합물이 연소되어 실린더가 연속적으로 팽창하거나 수축을 통해 얻는다. 그림 6.5는 특정 온도, 압력, 부피에서 무게가 없고 마찰 없이 움직이는 피스톤이 설치된 실린더에 기체가 채워져 있는 것을 보여준다. 기체가 팽창하면 일정한 외부 대기압 P을 향해 피스톤을 밀어 올리게 된다. 기체가 주위에 한 일은 다음과 같다.

$$w = -P\Delta V \tag{6.3}$$

여기서 ΔV는 부피 변화로서 $V_f - V_i$로 주어진다. 식 (6.3)에서 음의 부호는 w에 대한 관례(주위에서 계에 일을 하면 양의 부호)를 따른 것이다. 기체가 팽창하여(계가 주위에 일을 하는 경우) ΔV가 양이 되면 $-P\Delta V$는 음의 값이 된다. 기체가 압축되어(주위가 계에 일

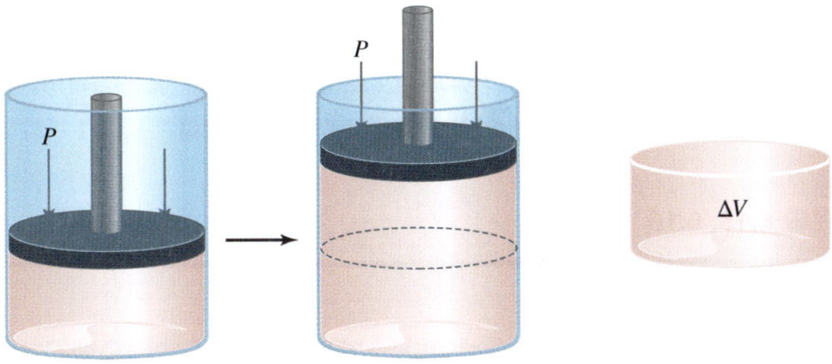

◀ 그림 6.5 일정한 외부 압력(예를 들면, 대기압)에 대해서 기체가 팽창한다. 기체는 무게가 없고, 움직일 수 있는 피스톤으로 막힌 실린더에 채워져 있다. 기체가 한 일은 $-P\Delta V$이다. $\Delta V > 0$이므로 기체가 한 일은 음의 값을 나타낸다.

을 하는 경우) ΔV가 음이 되면 $-P\Delta V$가 양의 값을 가진다.

압력과 부피의 곱은 (힘/면적)×부피로 나타낼 수 있으므로 식 (6.3)이 유도된다. 즉,

$$P \times V = \underbrace{\frac{F}{d^2}}_{\text{압력}} \times \underbrace{d^3}_{\text{부피}} = F \times d = w$$

여기서 F는 거스르는 힘이고, d는 길이, d^2은 면적, d^3은 부피의 차원을 가진다. 그러므로 압력과 부피의 곱은 힘과 거리의 곱과 같고, 이것은 결국 일과 같다. 부피 변화(ΔV)로 인한 일은 외부에서 거스르는 압력(P)의 크기에 따라 다르다. 만약 압력이 0이면(즉, 기체가 진공에 대해서 팽창한다면) 계가 행한 일도 0이어야 한다. P가 0이 아닌 양의 값을 가지면 계가 행한 일은 $-P\Delta V$로 주어진다.

식 (6.3)에 의하면 기체가 행하거나, 기체에 의해 행해진 일의 단위는 L · atm이 된다. 보다 친숙한 줄(J, Joule) 단위로 일을 표현하려면, 다음 변환 인자(conversion factor)를 사용한다(부록 1 참조).

$$1\ \text{L} \cdot \text{atm} = 101.3\ \text{J}$$

예제 6.1

어떤 기체가 일정한 온도에서 부피 2.0 L에서 6.0 L로 팽창한다. (a) 진공 상태에서와 (b) 1.2 atm의 일정한 압력에서 팽창할 때 행한 일을 계산하라.

전략 문제의 주어진 데이터를 요약하자.

초기 부피 = 2.0 L　　$\Delta V = (6.0 - 2.0)$ L　　*최종 부피* = 6.0 L

(a) 기체가 팽창할 때 행한 일은 외부 저항 압력에 부피 변화를 곱한 것과 같다. L · atm과 J 사이의 변환 인자는 무엇인가?

풀이

(a) 외부 압력이 0이므로 팽창하면서 일은 행해지지 않는다.

$$\begin{aligned} w &= -P\Delta V \\ &= -(0)(6.0 - 2.0)\ \text{L} \\ &= 0 \end{aligned}$$

(b) 외부 저항 압력이 1.2 atm이므로,

$$\begin{aligned} w &= -P\Delta V \\ &= -(1.2\ \text{atm})(6.0 - 2.0)\ \text{L} \\ &= -4.8\ \text{L} \cdot \text{atm} \end{aligned}$$

단위를 J로 바꾸면,

$$\begin{aligned} w &= -4.8\ \text{L} \cdot \text{atm} \times \frac{101.3\ \text{J}}{1\ \text{L} \cdot \text{atm}} \\ &= -4.9 \times 10^2\ \text{J} \end{aligned}$$

(계속)

검산 기체의 팽창 (계가 주위에 일을 함)이므로 행한 일은 음의 부호가 된다.

실전 연습 일정 온도에서 어떤 기체의 부피가 264 mL에서 971 mL로 팽창하였다. (a) 진공 상태에서와 (b) 4.00 atm의 일정 외부 압력에 대해서 팽창할 때 행해진 일을 J 단위로 계산하라.

비슷한 문제: 6.15, 6.16.

예제 6.1로부터 일은 상태 함수가 아니라는 것을 알았다. (a)와 (b)에서 초기 상태와 최종 상태는 같지만, 외부 저항 압력이 다르기 때문에 한 일의 양이 다르다. 그러므로 일의 변화에 대하여 $\Delta w = w_f - w_i$로 쓸 수 *없다*. 행한 일은 초기 상태와 최종 상태뿐만 아니라 어떻게 그 과정이 행해지는가(경로)에 따라서도 다르다.

열

내부 에너지의 다른 성분인 열 q도 일과 마찬가지로 상태 함수가 아니다. 예를 들면, 물 100 g의 온도를 20°C에서 30°C로 높이는 데 4184 J의 에너지가 든다. 이 에너지는 다음과 같은 방법으로 얻을 수 있다. (a) 물에는 일을 하지 않고 분젠 버너를 이용하여 열 에너지를 직접 얻거나, (b) 열 에너지를 가하지 않고 물에 일을 함으로써(막대자석으로 물을 저어줌), 또는 (c) (a)와 (b)의 방법을 병용함으로써 얻을 수 있다. 이 간단한 예를 통해 어떤 과정에서의 열 에너지 변화는 일 에너지처럼 그 과정이 어떻게 진행되는가에 따라 달라진다는 것을 알 수 있다. 그러나 그 과정이 어떤 순서로 일어나는가에 상관없이 계의 내부 에너지 변화인 ΔU는 $q + w$에 의존한다는 것이 중요하다. 초기 상태에서 최종 상태로 변화할 때 q 값이 증가한다면 w 값은 같은 양만큼 감소할 것이고 그 역도 마찬가지이며, 따라서 ΔU는 변하지 않는다.

요약하면, 열과 일은 계의 성질이 아니므로 상태 함수가 아니다. 열과 일은 과정(변화) 중에 의해서만 분명해진다. 이 값들은 과정의 경로에 의존하고, 이에 따라 다양해진다.

예제 6.2

그림 6.5에서 보여주는 것과 같이 기체가 실린더 속에서 압축될 때 행한 일은 462 J이다. 이 변화 과정에서 기체로부터 주위로 이동한 열은 128 J이다. 이 과정의 에너지 변화량을 계산하라.

전략 압축은 기체에 행한 일이다. w의 부호는 무엇인가? 열은 기체에서 주위로 방출된다. 이는 흡열과정인가, 발열과정인가? q의 부호는 무엇인가?

풀이 기체의 에너지 변화를 계산하기 위해 식 (6.1)을 이용한다. 압축될 때 행한 일의 경우 부호는 양이다. 그리고 기체로부터 열이 방출되었기 때문에 q는 음의 값을 가진다. 따라서

$$\begin{aligned}\Delta U &= q + w \\ &= -128\text{ J} + 462\text{ J} \\ &= 334\text{ J}\end{aligned}$$

결과적으로 기체의 에너지가 334 J만큼 증가한다.

실전 연습 기체가 팽창할 때 주위에 한 일(P-V 일)은 279 J이다. 이와 동시에 주위로부터 216 J의 열을 흡수하였다. 이때 계의 에너지 변화는 얼마인가?

비슷한 문제: 6.17, 6.18.

개념과 사실 요약하기

- 계의 상태는 조성, 부피, 온도, 압력의 성질로 정의되며 이러한 성질들을 상태 함수라고 한다.
- 계의 상태함수의 변화는 초기 상태와 최종 상태에만 의존하며, 변화가 일어난 경로와는 무관하다. 에너지는 상태 함수이지만, 일과 열은 상태 함수가 아니다.

개념과 사실 복습하기

6.3.1 온도와 압력이 같은 두 개의 이상 기체가 같은 부피의 두 용기에 담겨 있다. 하나의 용기는 부피가 고정되어 있지만 다른 용기는 그림 6.5와 같이 마찰 없이 움직이는 피스톤이 장착된 실린더이다. 초기에 기체 압력은 외부 대기압과 같다. 그런 다음 기체를 분젠 버너로 가열한다. 이러한 조건에서 기체에 대한 q와 w의 부호는 무엇인가?

6.3.2 일정한 온도에서 압력이 2.4 atm인 기체가 팽창하여 부피가 1.0 L에서 2.2 L로 되었을 때 행해진 일을 계산하라.

6.3.3 기체를 압축시키기 위해 58 J의 일을 가해주었더니 79 J의 열이 주위로 방출되었다. 이때 기체의 내부 에너지 변화를 계산하라.

6.4 화학 반응의 엔탈피

학습 목표

- 엔탈피와 엔탈피 변화에 대해 설명할 수 있다.
- 반응의 엔탈피 변화를 계산하고, 반응물과 생성물의 화학량론에 어떻게 의존하는지 설명할 수 있다.

다음 단계는 열역학 제1법칙이 다른 조건에서 일어나는 과정에 어떻게 적용될지 고찰하는 것이다. 특별히, 계의 부피가 일정하게 유지되는 경우와 계에 가해지는 압력이 일정하게 유지되는 경우의 두 가지 상황을 살펴볼 것이다.

화학 반응이 일정 부피에서 이루어진다면 $\Delta V = 0$이고, 이 변화로 행해진 P-V 일(즉, 일은 기체 팽창 또는 기체 압축)은 0일 것이다($-P\Delta V = 0$). 식 (6.1)로부터

$$\begin{aligned}\Delta U &= q - P\Delta V \\ &= q_v\end{aligned} \tag{6.4}$$

여기서 아래첨자 "v"는 일정 부피 조건을 나타낸다. 앞서 q가 상태 함수가 아니라는 것을 보았기 때문에 이 수식이 처음에는 이상하게 보일지도 모른다. 그러나 이 과정은 일정 부피에서 행해지기 때문에 열 변화는 특정한 값인 ΔU만을 가진다.

엔탈피

일정 부피 조건은 대개 불편하며, 때로는 이 조건을 얻는 것이 불가능하기도 하다. 대부분의 반응은 일정 압력(대기압)에서 일어난다. 이와 같은 반응이 진행되어 기체의 몰수가 증가하면, 계는 주위에 일을 한다(팽창). 이것은 생성된 기체가 대기로 들어가 주위 공기를 밀어내어야 한다는 것을 말한다. 반대로 생성된 것보다 소비된 기체의 몰수가 많다면 주위가 계에 일을 한 것이다(압축). 결국 반응물에서 생성물로 될 때 기체의 몰수가 변하지 않으면 일은 행해지지 않을 것이다.

일반적으로 일정 압력 과정에 대하여

$$\Delta U = q + w$$
$$= q_p - P\Delta V$$

또는
$$q_p = \Delta U + P\Delta V \tag{6.5}$$

여기서 아래첨자 "p"는 일정 압력 조건을 나타낸다.

이제 **엔탈피**(enthalpy, H)라는 계의 새로운 열역학적 함수를 도입하자. 엔탈피는 다음 식으로 정의한다.

$$H = U + PV \tag{6.6}$$

여기서 U는 계의 내부 에너지이고, P와 V는 각각 계의 압력과 부피이다. U와 PV는 에너지 단위를 가지기 때문에, 엔탈피도 에너지 단위를 가진다. 더욱이 U, P, V는 모두 상태 함수이기 때문에 $(U + PV)$의 변화는 초기 상태와 최종 상태에만 의존한다. 따라서 H의 변화, 즉 ΔH 또한 오직 초기 상태와 최종 상태에만 의존한다. 결국, H는 상태 함수이다.

어떤 과정에 대하여 식 (6.6)에 따른 엔탈피 변화는

$$\Delta H = \Delta U + \Delta(PV) \tag{6.7}$$

압력이 일정하게 유지된다면

$$\Delta H = \Delta U + P\Delta V \tag{6.8}$$

식 (6.8)과 식 (6.5)를 비교해 보면, 일정 압력 과정에서 $q_p = \Delta H$임을 알 수 있다. q가 상태 함수가 아니더라도 일정 압력에서 열 변화는 ΔH와 같다. 왜냐하면 "경로"가 정해져 있기 때문에 q가 특정한 값만을 가지기 때문이다.

이제 반응과 관련된 ΔU와 ΔH의 두 가지 양을 알고 있다. 일정 부피에서 반응이 일어나면 열 변화 q_v는 ΔU와 같다. 한편 반응이 일정 압력하에서 이루어지면 열 변화 q_p는 ΔH와 같다. 일정 부피와 일정 압력에서의 열 변화의 측정 방법은 6.5절에서 다룬다.

반응 엔탈피

대부분의 반응들은 일정 압력 과정이기 때문에 대부분의 경우에 열의 변화는 엔탈피의 변화로 나타낼 수 있다. 다음과 같은 종류의 모든 반응에 대해서

$$\text{반응물} \longrightarrow \text{생성물}$$

반응 엔탈피($\Delta H_{\text{반응}}$, enthalpy of reaction)라고 부르는 엔탈피 변화는 *생성물의 엔탈피와 반응물의 엔탈피의 차이*로 정의한다.

$$\Delta H = H\,(\text{생성물}) - H\,(\text{반응물}) \tag{6.9}$$

반응 엔탈피는 그 과정에 따라 양의 값 또는 음의 값이 될 수 있다. 흡열 과정(주위로부터 계가 열을 흡수)에 대한 ΔH는 양($\Delta H > 0$)이고, 발열 과정(계에서 주위로 열이 방출)에 대한 ΔH는 음($\Delta H < 0$)이다.

엔탈피 변화는 은행 계좌의 잔액 변화에 비유할 수 있다. 처음 잔액이 100만원이라고 하자. 은행 거래(입금이나 출금)를 한 뒤, 통장의 잔고 변화량 ΔX는 다음 식과 같다.

$$\Delta X = X_{\text{최종}} - X_{\text{초기}}$$

여기서 X는 은행 잔고를 나타낸다. 계좌에 80만원을 입금하면 ΔX = 180만원 − 100만원 = 80만원이다. 이것은 흡열 반응에 해당한다. (잔고가 증가하였고, 계의 엔탈피도 증가한다.) 반대로 60만원을 출금하면 ΔX = 40만원 − 100만원 = −60만원이다. ΔX가 음의 부호인 것은 잔고가 감소하였음을 의미한다. 마찬가지로 ΔH가 음의 값인 것은 발열 과정의

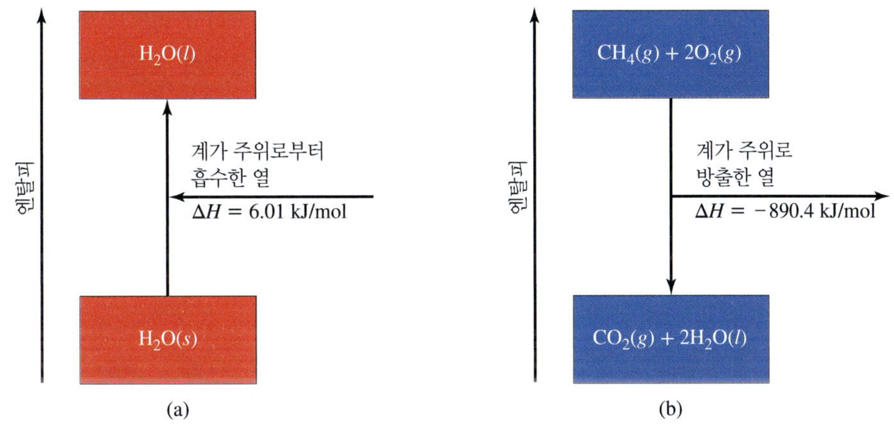

◀ **그림 6.6** (a) 0°C에서 얼음 1 mol의 융해(흡열 과정)는 계에 6.01 kJ의 엔탈피 증가를 가져온다. (b) 산소 기체 안에서 메테인 1 mol의 연소(발열 과정)는 계에 890.4 kJ의 엔탈피 감소를 가져온다. (a)와 (b)는 같은 비율로 그린 것이 아니다.

결과로 그 계의 엔탈피 감소를 나타낸다. 이 비유와 식 (6.9) 사이의 차이점은 통장의 잔고는 항상 정확히 알고 있지만, 반응물과 생성물 각각의 엔탈피는 알 수 있는 방법이 없다는 것이다. 실제로 그 값들의 *차이*만 측정할 수 있다. 이러한 비유에서 마이너스 인출은 할 수 없다고 가정하는 것처럼 물질의 엔탈피 값도 마이너스일 수는 없다.

이제 엔탈피 변화의 개념을 두 가지 일반적 과정인 물리적 변화와 화학적 변화에 적용해 보자.

열화학 반응식

0°C, 1 atm에서 얼음은 녹아서 액체인 물로 된다. 이 조건에서 액체인 물로 변하는 얼음 1 mol에 대해 얼음(계)이 흡수한 열 에너지는 6.01 kJ로 측정된다. 압력이 일정하기 때문에 열 변화는 엔탈피 변화(ΔH)와 같다. 게다가 얼음이 녹을 때는 에너지를 흡수하며 변화가 일어날 것이라고 예상할 수 있듯이[그림 6.6(a)] 이는 흡열 과정이다. 결국, ΔH가 양의 값이다. 이러한 물리적 변화를 식으로 쓰면

$$H_2O(s) \longrightarrow H_2O(l) \qquad \Delta H = 6.01 \text{ kJ/mol}$$

ΔH에 대한 단위에서 "몰당"이란 말은 엔탈피 변화가 반응식에 쓰인 대로 *반응(또는 과정)의 몰당 엔탈피 변화*라는 것을 의미한다. 이 경우, 얼음 1 mol이 액체인 물 1 mol로 전환될 때이다. 간단하게 하기 위해 열화학 반응식에서 ΔH를 나타낼 때 "반응 몰당" 대신에 "몰당"을 사용한다.

다른 예로, 천연 가스의 주성분인 메테인(CH_4)의 연소를 생각해 보자.

$$CH_4(g) + 2O_2(g) \longrightarrow CO_2(g) + 2H_2O(l) \qquad \Delta H = -890.4 \text{ kJ/mol}$$

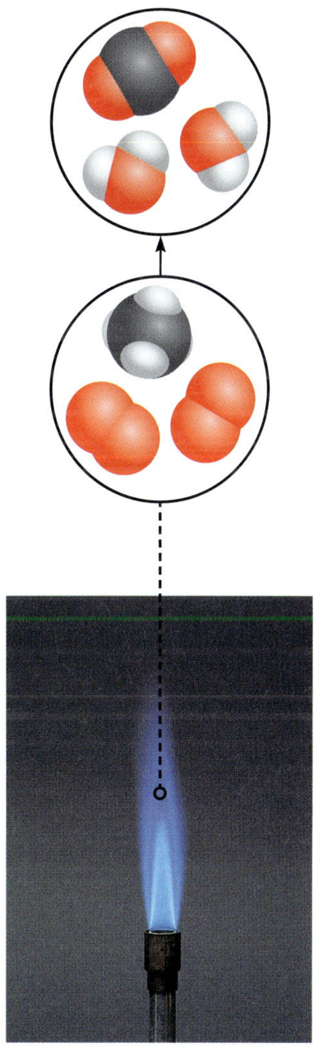

▲ *메테인 기체가 분젠 버너에서 타고 있다.*
Stephen Frisch/McGraw-Hill

경험적으로 천연 가스가 연소할 때 주위에 열을 방출하는 것을 알 수 있으므로 이는 발열 과정이다. 일정 압력 조건에서 이 열 변화는 엔탈피 변화와 같고 ΔH는 반드시 음의 값을 가져야 한다[그림 6.6(b)]. ΔH에 대한 몰당 반응 단위는 CH_4 1 mol이 O_2 2 mol과 반응하여 CO_2 1 mol과 액체 H_2O 2 mol을 생성할 때, 890.4 kJ의 열이 주위로 방출되는 것을 의미한다. ΔH 값은 특정한 반응물이나 생성물을 참조하는 것이 아니라 모든 반응물의 몰당 량을 참조하여 얻어진다는 점을 주목해야 한다. 따라서 다음과 같은 변환 인자를 만들 수 있다.

$$\frac{-890.4 \text{ kJ}}{1 \text{ mol } CH_4} \qquad \frac{-890.4 \text{ kJ}}{2 \text{ mol } O_2} \qquad \frac{-890.4 \text{ kJ}}{1 \text{ mol } CO_2} \qquad \frac{-890.4 \text{ kJ}}{2 \text{ mol } H_2O}$$

ΔH의 단위는 통상적으로 그냥 kJ이 아니라 kJ/mol로 쓰며, 이 단위를 쓰는 것의 장점은 제17장에서 열역학 공부를 계속할 때 분명해질 것이다.

얼음이 녹거나 메테인이 연소하는 반응식은 *질량 관계뿐만 아니라 엔탈피 변화도 보여 주는* **열화학 반응식**(thermochemical equation)이라 한다. 반응에서 엔탈피 변화를 말할 때, 균형 맞춘 반응식을 명시하는 것은 중요하다. 다음 지침은 열화학 반응식을 쓰거나 이해하는 데 도움을 준다.

1. 열화학 반응식을 쓸 때, 모든 반응물과 생성물에 대해서 물리적 상태를 표시해야 한다. 이렇게 함으로써 실제 엔탈피 변화를 결정하는 데 도움이 되기 때문이다. 예를 들어, 메테인의 연소 반응식에서 생성물로 액체 물이 아니라 수증기가 생성된다면 다음과 같이 쓸 수 있다.

$$CH_4(g) + 2O_2(g) \longrightarrow CO_2(g) + 2H_2O(l) \qquad \Delta H = -802.4\ \text{kJ/mol}$$

   엔탈피 변화는 −890.4 kJ가 아니라 −802.4 kJ이다. 액체 물 2 mol을 수증기로 바꾸는 데에 88.0 kJ이 더 필요하기 때문이다.

$$2H_2O(l) \longrightarrow 2H_2O(g) \qquad \Delta H = 88.0\ \text{kJ/mol}$$

2. 열화학 반응식의 각 변에 n을 곱하면, ΔH도 n배만큼 변해야 한다. 얼음이 녹는 반응으로 돌아가서

$$H_2O(s) \longrightarrow H_2O(l) \qquad \Delta H = 6.01\ \text{kJ/mol}$$

   반응식의 양변에 2를 곱하면 즉, $n = 2$이면

$$2H_2O(s) \longrightarrow 2H_2O(l) \qquad \Delta H = 2(6.01\ \text{kJ/mol}) = 12.0\ \text{kJ/mol}$$

3. 역반응으로 나타낼 때 반응물과 생성물의 역할이 변한다. 결과적으로, 이 식에 대한 ΔH의 크기는 같지만 그 부호가 바뀐다. 예를 들어, 반응이 주위로부터 열 에너지를 소비(흡열 반응)한다면 그 반응의 역반응은 열 에너지가 주위로 방출(발열 반응)되어야 하므로 엔탈피 변화식의 부호는 바뀌어야 한다. 얼음이 녹을 때와 메테인이 연소할 때의 역반응에 대한 열화학 반응식은 다음과 같이 흡열 과정은 발열 과정으로 되고, 발열 과정은 흡열 과정으로 된다.

$$H_2O(l) \longrightarrow H_2O(s) \qquad \Delta H = -6.01\ \text{kJ/mol}$$
$$CO_2(g) + 2H_2O(l) \longrightarrow CH_4(g) + 2O_2(g) \qquad \Delta H = 890.4\ \text{kJ/mol}$$

예제 6.3

다음 열화학 반응식을 이용하여 SO_2(몰질량 = 64.07 g/mol) 87.9 g이 SO_3로 전환될 때 발생하는 열을 계산하라.

$$2SO_2(g) + O_2(g) \longrightarrow 2SO_3(g) \qquad \Delta H = -198.2\ \text{kJ/mol}$$

전략 열화학 반응식은 SO_2 2 mol을 연소할 때 198.2 kJ의 열이 발생하는 것을 나타낸다(ΔH가 음의 부호임에 유의). 따라서 변환 인자는 다음과 같다.

$$\frac{-198.2\ \text{kJ}}{2\ \text{mol}\ SO_2}$$

SO_2 87.9 g은 몇 mol인가? 그램과 mol 사이의 변환 인자는 무엇인가?

풀이 먼저 SO_2 87.9 g이 몇 mol에 해당하는지를 계산하고 발열 반응에서 생성된 열이 몇 kJ인지를 구한다. 변환 순서는 다음과 같다.

$$SO_2\text{의 그램수} \longrightarrow SO_2\text{의 몰수} \longrightarrow \text{발생된 열(kJ)}$$

따라서 이 반응의 엔탈피 변화는 다음과 같다.

(계속)

$$\Delta H = 87.9\ \cancel{g\ SO_2} \times \frac{1\ \cancel{mol\ SO_2}}{64.07\ \cancel{g\ SO_2}} \times \frac{-198.2\ kJ}{2\ \cancel{mol\ SO_2}} = -136\ kJ$$

주위로 발생되는 열은 136 kJ이다. 반응에 대한 ΔH는 양수 또는 음수일 수 있지만 방출되거나 흡수된 열은 항상 양수이다. "방출된", "흡수된"이라는 단어는 열 전달의 방향을 나타내므로 기호가 필요하지 않다.

검산 SO_2 87.9 g은 몰질량의 2배(2 × 64.07 g)보다 작기 때문에 발생되는 열은 198.2 kJ보다 작을 것이다.

실전 연습 백린(P_4) 266 g이 다음 식과 같이 공기 중에서 연소될 때 발생하는 열을 계산하라.

$$P_4(s) + 5O_2(g) \longrightarrow P_4O_{10}(s) \qquad \Delta H = -3013\ kJ/mol$$

비슷한 문제: 6.26.

▶ ΔH와 ΔU의 비교

한 과정에서 ΔH와 ΔU는 어떤 관계인가? 이를 밝히기 위해 소듐 금속과 물의 반응을 살펴보자.

$$2Na(s) + 2H_2O(l) \longrightarrow 2NaOH(aq) + H_2(g) \qquad \Delta H = -367.5\ kJ/mol$$

이 열화학 반응식은 소듐 2 mol이 과량의 물과 반응할 때 367.5 kJ의 열이 발생함을 나타낸다. 생성물 중 하나가 수소 기체이며, 이것이 대기 속으로 들어가기 위해서 공기를 밀어내야 한다. 결과적으로, 반응 결과로 생성된 에너지의 일부는 대기압(P)에 대항하여 어느 정도 부피(ΔV)의 공기를 밖으로 밀어내는 일에 사용한다(그림 6.7). 내부 에너지의 변화를 계산하기 위하여 식 (6.8)을 재정리하면 다음과 같다.

▲ *소듐이 물과 반응하여 수소 기체를 발생한다.*
Charles D. Winters/Science Source

$$\Delta U = \Delta H - P\Delta V$$

온도가 25°C이고 용액의 작은 부피 변화를 무시한다고 가정하면, 1.0 atm, 298 K에서 수소 기체 1 mol의 부피는 24.5 L이므로 $-P\Delta V = -24.5\ L \cdot atm$, 즉 -2.5 kJ이 된다. 결국,

$$\begin{aligned}\Delta U &= -367.5\ kJ/mol - 2.5\ kJ/mol \\ &= -370.0\ kJ/mol\end{aligned}$$

이 계산은 ΔU와 ΔH가 거의 같음을 나타낸다. ΔH가 ΔU보다 크기(절대값)가 작은 이유는 방출되는 내부 에너지의 일부가 기체의 팽창 일에 사용되었기 때문이다. 기체가 포함되지 않은 반응에서는 ΔV가 매우 작아 ΔU는 실제적으로 ΔH와 거의 같다.

기체상 반응에서 내부 에너지를 계산하는 또 다른 방법은 일정한 온도에서 이상 기체라고 가정하는 것이다.

$$\begin{aligned}\Delta U &= \Delta H - \Delta(PV) \\ &= \Delta H - \Delta(nRT) \\ &= \Delta H - RT\Delta n \end{aligned} \qquad (6.10)$$

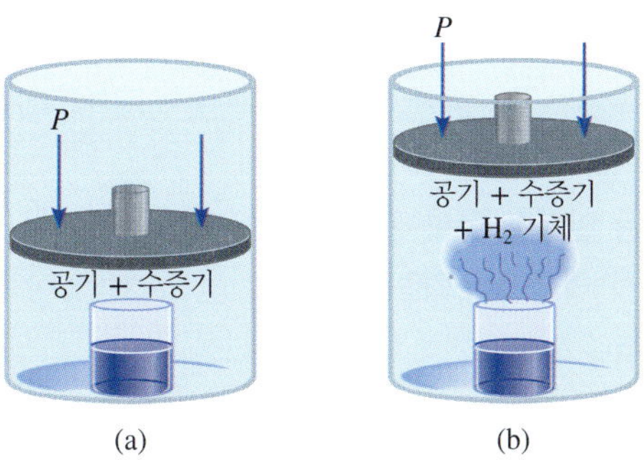

◀ **그림 6.7** (a) 움직일 수 있는 피스톤이 장착된 실린더 내부의 물이 담긴 비커. 내부 압력은 대기압과 같다. (b) 금속 소듐이 물과 반응할 때 생성된 수소 기체는 내부 압력이 다시 외부 압력과 같아질 때까지 피스톤을 위로 밀어 올린다(주변에 일을 함).

여기서 Δn은 다음과 같이 정의된다.

$$\Delta n = \text{생성물 기체의 몰수} - \text{반응물 기체의 몰수}$$

R은 기체 상수 8.314 J/K · mol이고 온도는 켈빈으로 표시해야 한다. 따라서 이 방정식은 아래의 반응에서와 같이 생성물(들)과 반응물(들)의 몰수가 동일한 경우를 의미한다.

$$H_2(g) + Cl_2(g) \longrightarrow 2HCl(g)$$

ΔU와 ΔH의 차이는 $\Delta n = 0$이기 때문에 무시할 수 있다.

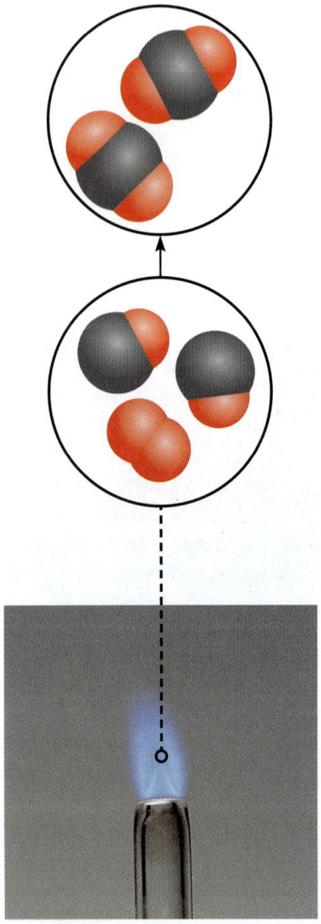

▲ 일산화 탄소가 공기 속에서 타면 이산화 탄소가 생성된다.
Stephen Frisch/McGraw-Hill

예제 6.4

1 atm, 25°C에서 일산화 탄소 2 mol이 다음과 같이 이산화 탄소 2 mol로 변환될 때 내부 에너지 변화를 계산하라.

$$2CO(g) + O_2(g) \longrightarrow 2CO_2(g) \qquad \Delta H = -566.0 \text{ kJ/mol}$$

전략 반응의 엔탈피 변화(ΔH)가 주어진 상태에서 내부 에너지 변화(ΔU)를 묻고 있다. 따라서 식 (6.10)을 이용한다. 기체의 몰수 변화는 얼마인가? ΔH는 kJ로 주어졌는데, 이때 R의 단위로는 무엇을 써야 할까?

풀이 화학 반응식으로부터 기체 3 mol이 기체 2 mol로 전환되었으므로

$$\begin{aligned}\Delta n &= \text{생성물 기체의 몰수} - \text{반응물 기체의 몰수}\\ &= 2 - 3\\ &= -1\end{aligned}$$

$R = 8.314$ J/K · mol, $T = 298$ K를 이용하면 식 (6.10)은 다음과 같이 쓸 수 있다.

$$\begin{aligned}\Delta U &= \Delta H - RT\Delta n\\ &= -566.0 \text{ kJ/mol} - (8.314 \text{ J/K·mol})\left(\frac{1 \text{ kJ}}{1000 \text{ J}}\right)(298 \text{ K})(-1)\\ &= -563.5 \text{ kJ/mol}\end{aligned}$$

검산 반응하는 기체의 계가 압축(3 mol에서 2 mol로)을 거친다는 것을 알면, 절대값에서 $\Delta H > \Delta U$가 성립하는 것이 적절한가?

실전 연습 1 atm, 25°C에서 CO 1 mol이 만들어질 때 ΔU를 계산하라.

$$C(\text{흑연}) + \frac{1}{2}O_2(g) \longrightarrow CO(g) \qquad \Delta H = -110.5 \text{ kJ/mol}$$

비슷한 문제: 6.27.

개념과 사실 요약하기

- 엔탈피는 상태 함수이다. 엔탈피 ΔH의 변화는 일정 압력 과정에서 $\Delta U + P\Delta V$와 같다.
- 엔탈피의 변화(ΔH, 일반적으로 kJ로 표시됨)는 일정한 압력에서 반응열(또는 다른 과정)의 측정값이다.

개념과 사실 복습하기

6.4.1 여기에 표시된 일정한 압력에서 일어나는 과정 중에서 ΔU와 ΔH의 차이가 가장 작은 것은 어느 것인가?

(a) 물 ⟶ 수증기
(b) 물 ⟶ 얼음

(c) 얼음 ⟶ 수증기

6.4.2 다음의 열화학 반응식을 살펴보자.

$$C_3H_8(g) + 5O_2(g) \longrightarrow 3CO_2(g) + 4H_2O(g)\Delta H = -2220 \text{ kJ/mol}$$

53.2 g의 C_3H_8(몰질량 = 44.10 g/mol)이 과량의 산소에서 연소될 때 방출되는 열을 계산하라.

6.4.3 1 atm 및 25°C에서 다음 반응에 대한 ΔU를 계산하라.

$$CH_4(g) + I_2(g) \longrightarrow CH_3I(g) + HI(g)\Delta H = +23.0 \text{ kJ/mol}$$

6.5 열계량법

학습 목표

- 비열 또는 열용량과 관련된 열량계산을 수행할 수 있다.
- 일정 압력 열량계에 대해 설명할 수 있다.

실험실에서 물리적, 화학적 과정에 나타나는 열 변화는 특별하게 고안한 밀폐된 용기인 *열량계*(calorimeter)로 측정할 수 있다. *열 변화를 측정하는 방법*을 **열계량법**(calorimetry)이라 하는데, 이에 대한 논의를 하기 전에 먼저 비열(specific heat)과 열용량(heat capacity)에 대한 이해가 필요하다.

비열과 열용량

비열(c, specific heat)은 *어떠한 물질 1 g의 온도를 1°C 올리는 데 필요한 열량*으로 단위는 J/g · °C이다. 어떤 물질의 **열용량**(heat capacity, C)이란 *일정한 양의 물질을 온도 1°C 올리는 데 필요한 열량*을 말하며 단위는 J/°C이다. 비열은 세기 성질(intensive property)인 반면에 열용량은 크기 성질(extensive property)이다. 어떤 물질의 비열과 열용량 사이의 관계는 다음과 같다.

$$C = mc \tag{6.11}$$

여기서 m은 물질의 질량을 그램 단위로 나타낸 것이다. 예를 들면, 물의 비열은 4.184 J/g · °C이며, 물 60.0 g의 열용량은 다음과 같다.

$$(60.0 \text{ g})(4.184 \text{ J/g} \cdot {}^\circ\text{C}) = 251 \text{ J/}{}^\circ\text{C}$$

여러 물질들의 비열을 표 6.2에 나타내었다.

어떤 물질의 비열과 양을 알면 시료의 온도 변화(Δt)로부터 그 과정에서 흡수 또는 방출하는 열량(q)을 구할 수 있다. 열량 변화에 대한 계산식은 다음과 같다.

$$q = mc\Delta t \tag{6.12}$$

$$q = C\Delta t \tag{6.13}$$

여기서 Δt는 온도 변화이다.

$$\Delta t = t_{최종} - t_{초기}$$

열량 q의 부호를 붙이는 방법은 엔탈피 변화에 대한 부호에 대해서와 같다. 즉, q가 양의 값이면 흡열 과정이고, 음의 값이면 발열 과정이다.

표 6.2
흔히 볼 수 있는 몇 가지 물질의 비열

물질	비열 (J/g · °C)
Al	0.900
Au	0.129
C(흑연)	0.720
C(다이아몬드)	0.502
Cu	0.385
Fe	0.444
Hg	0.139
Pb	0.158
H_2O	4.184
C_2H_5OH(에탄올)	2.46

인터넷 핫스팟

학생들의 학습 경험에 대해 축적된 자료에 따르면 학생들이 비열을 이해하는 데 어려움을 겪을 수 있다. 이런 경우 eBook에 접속해서 이 주제에 대한 추가 학습 자료를 보면 도움이 될 수 있다.

예제 6.5

물 시료 466 g을 8.50°C에서 74.60°C로 가열하였다. 물에 의해 흡수된 열량을 kJ로 계산하라.

전략 물의 양과 비열을 알고 있다. 이 정보와 온도 변화로부터 흡수된 열량(q)을 계산할 수 있다.

풀이 식 (6.12)를 이용하면

$$q = mc\Delta t$$
$$= (466\text{ g})(4.184\text{ J/g}\cdot°\text{C})(74.60°\text{C} - 8.50°\text{C})$$
$$= 1.29 \times 10^5\text{ J} \times \frac{1\text{ kJ}}{1000\text{ J}}$$
$$= 129\text{ kJ}$$

검산 단위 g과 °C가 없어지고, 원하는 단위인 kJ만 남는다. 열은 물에 의해서 주위로부터 흡수되기 때문에 양의 부호를 가진다.

실전 연습 질량 869 g인 쇠 막대기가 94°C에서 5°C로 식었다. 이 금속에서 방출된 열을 kJ로 계산하라.

비슷한 문제: 6.33.

일정 부피 열계량법

연소열은 대개 *일정 부피 통열량계*(constant-volume bomb calorimeter)라는 강철 용기에 질량을 알고 있는 시료를 넣고 약 30 atm의 산소로 채워 측정한다. "일정 부피"는 반응하는 동안 용기의 부피가 변하지 않는다는 것이다. 측정 후에 용기가 그대로 남아 있음을 유의하라. "통열량계(bomb calorimeter)"라는 용어는 과량의 산소 기체 존재 하에서 소규모의 폭발적인 반응 모양을 함축하고 있다. 밀폐된 통(bomb)은 그림 6.8에서처럼 부피를 알고 있는 물속에 잠겨 있다. 시료를 전기적으로 점화하는데, 물의 온도 변화를 측정함으로써 연소 반응에서 생성된 열을 정확하게 계산할 수 있다. 시료에서 방출된 열은 물과 통이

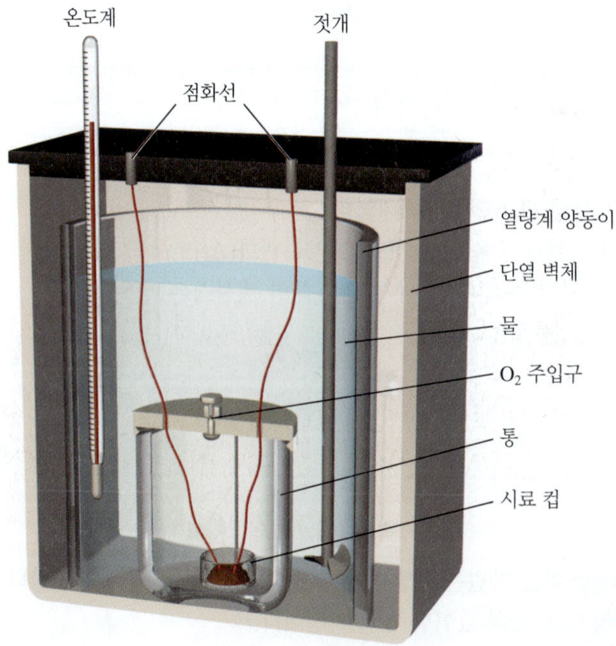

▶ **그림 6.8** 일정 부피 통열량계(bomb calorimeter). 통(bomb)은 산소 기체로 채우고 양동이 안에 놓는다. 시료는 전기적으로 연소되고, 반응에 의해서 생긴 열은 양을 알고 있는 주변 물의 온도 변화를 측정하여 정확하게 결정될 수 있다.

흡수한다. 통열량계는 열량을 측정하는 동안 주위에 열(또는 질량)을 잃지 않도록 특별하게 설계되어 있다. 그러므로 통열량계와 이 열량계가 잠겨 있는 물을 고립계라고 할 수 있다. 반응 과정에서 열의 출입이 없기 때문에 계의 열 변화($q_{계}$)는 0이어야 한다. 이것을 식으로 쓰면

$$\begin{aligned} q_{계} &= q_{열량계} + q_{반응} \\ &= 0 \end{aligned} \tag{6.14}$$

여기서 $q_{열량계}$와 $q_{반응}$은 각각 열량계와 반응에 대한 열 변화이다. 따라서

$$q_{반응} = -q_{열량계} \tag{6.15}$$

$q_{열량계}$를 계산하기 위해 열량계의 열용량($C_{열량계}$)과 온도 변화를 알아야 한다. $C_{열량계}$는 통과 주위의 물 모두로 구성되어 있다.

$$q_{열량계} = C_{열량계} + \Delta t \tag{6.16}$$

$C_{열량계}$는 연소열이 정확히 알려져 있는 물질을 태워서 보정한다. 예를 들면, 1 g의 벤조산(C_6H_5COOH)이 연소되면 26.42 kJ의 열이 방출된다고 알려져 있다. 연소 반응은 발열 반응이지만 열량계가 열을 흡수하기 때문에 $q_{열량계}$는 양의 값을 가짐을 유의하라. 온도가 4.673°C만큼 증가했다면, 그 열량계의 열용량은 다음과 같이 주어진다.

$$\begin{aligned} C_{열량계} &= \frac{q_{열량계}}{\Delta t} \\ &= \frac{26.42\ \text{kJ}}{4.673°\text{C}} = 5.654\ \text{kJ/°C} \end{aligned}$$

일단, $C_{열량계}$가 결정되면, 그 열량계는 다른 물질의 연소열을 측정하는 데 사용될 수 있다.

통열량계에서의 반응은 일정 압력 조건이 아니라 일정 부피 조건에서 일어나기 때문에 열 변화는 엔탈피 변화 ΔH(6.4절 참조)와 다르다. 식 (6.10)은 측정된 열 변화를 해당되는 ΔH 값으로 보정할 수 있지만, 대개 그 보정값은 매우 작기 때문에 여기서는 자세하게 다루지 않는다. 최종적으로, 음식이나 연료가 가지고 있는 에너지를 일정 부피 열량계로 측정한다는 사실이 흥미롭다(이들의 에너지는 대개 1 cal = 4.184 J인 칼로리로 표시됨).

예제 6.6

자극적 냄새를 가지며 방충제로 쓰이는 나프탈렌($C_{10}H_8$) 1.435 g을 일정 부피 통열량계에서 연소시켰다. 그 결과로서 물의 온도는 20.28°C에서 25.95°C로 증가하였다. 통과 물을 합한 것의 열용량이 10.17 kJ/°C라면, 나프탈렌의 연소열을 몰 단위 즉, 몰당 연소열을 구하라.

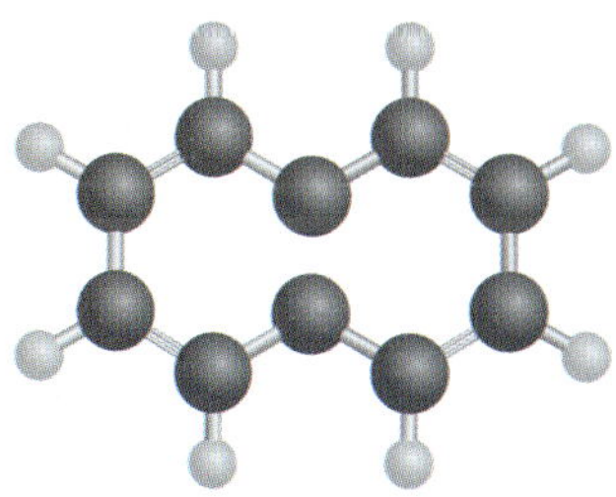

$C_{10}H_8$

전략 열용량과 온도 변화를 알고 있다면, 열량계가 흡수한 열을 어떻게 계산할까? 나프탈렌 1.435 g이 연소하면서 발생시키는 열은 얼마인가? 나프탈렌의 그램 수와 몰수 간의 변환 인자는 무엇인가?

풀이 통열량계와 물이 흡수한 열은 열량계의 열용량에 온도 변화를 곱한 것과 같다. 식 (6.16)를 이용하여 주위로 잃어버린 열이 없다고 가정하면

$$\begin{aligned} q_{열량계} &= C_{열량계}\Delta t \\ &= (10.17\ \text{kJ/°C})(25.95°\text{C} - 20.28°\text{C}) \\ &= 57.66\ \text{kJ} \end{aligned}$$

$q_{계} = q_{열량계} + q_{반응} = 0$이므로, $q_{열량계} = -q_{반응}$이다. 반응에 따른 열 변화는 −57.66 kJ이다. 이것은 $C_{10}H_8$ 1.435 g이 연소하면서 방출하는 열이다. 따라서 다음 변환 인자를 사용할 수 있다.

(계속)

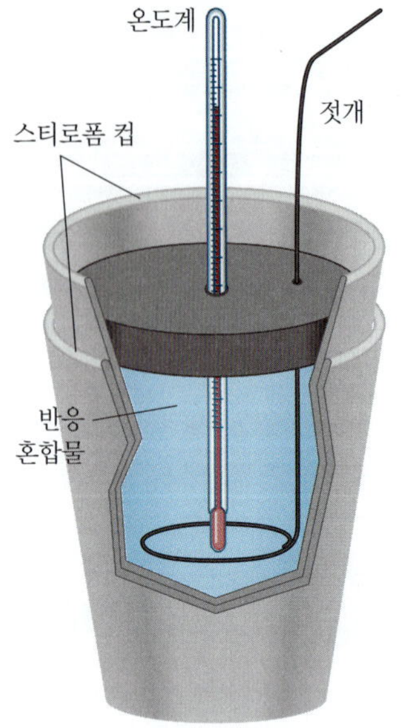

▲ 그림 6.9 두 개의 스티로폼 컵으로 만든 일정 압력 열량계. 외부 컵은 반응 혼합물을 주위로부터 단열시킨다. 온도가 같고 반응물을 포함하고 있으며, 부피를 정확히 아는 두 용액을 열량계에서 조심스럽게 섞는다. 반응에 의해서 발생하거나 흡수되는 열은 온도 변화를 측정하여 결정될 수 있다.

인터넷 핫스팟
학생들의 학습 경험에 대해 축적된 자료에 따르면 학생들이 일정 압력 열계량법을 이해하는 데 어려움을 겪을 수 있다. 이런 경우 eBook에 접속해서 이 주제에 대한 추가 학습 자료를 보면 도움이 될 수 있다.

$$\frac{-57.66\text{ kJ}}{1.435\text{ g }C_{10}H_8}$$

나프탈렌의 몰질량은 128.2 g이므로 나프탈렌 1 mol의 연소열은 다음과 같다.

$$\text{몰 연소열} = \frac{-57.66\text{ kJ}}{1.435\text{ g }C_{10}H_8} \times \frac{128.2\text{ g }C_{10}H_8}{1\text{ mol }C_{10}H_8}$$

$$= -5.151 \times 10^3\text{ kJ/mol}$$

검산 연소 반응이 발열 반응인 것을 알고 있고, 나프탈렌의 몰질량이 1.4 g보다 훨씬 크다는 것을 알고 있다면, 답은 적절한가? 이 반응 조건에서 열 변화(−57.66 kJ)가 반응의 엔탈피 변화와 같다고 할 수 있는가?

실전 연습 메탄올(CH_3OH) 1.922 g을 일정 부피 통열량계에서 연소시켰다. 그 결과로서 물의 온도는 4.20°C 올랐다. 만약 통열량계와 물을 합친 것의 열용량이 10.4 kJ/°C라면, 메탄올의 몰당 연소열을 계산하라.

비슷한 문제: 6.37.

일정 압력 열계량법

일정 부피 열량계보다 훨씬 더 간단한 장치인 일정 압력 열량계는 비연소 반응의 열량 변화를 측정하는 데 사용된다. 그림 6.9와 같이 스티로폼 컵 두 개로 간이 일정 압력 열량계를 만들 수 있다. 이러한 열량계는 용해열이나 묽힘열뿐만 아니라 산-염기 중화 반응과 같은 여러 반응에서의 열 효과를 측정하는 데 사용할 수 있다. 압력이 일정하므로, 이 과정에 대한 열 변화($q_{\text{반응}}$)는 엔탈피 변화(ΔH)와 동일하다. 일정 부피 열량계와 마찬가지로 열량계를 고립계로 간주한다. 또한, 컵의 작은 열용량은 무시하고 계산한다. 표 6.3은 일정 압력 열량계로 측정한 것들을 실어 놓았다.

표 6.3 일정 압력에서 측정한 여러 종류의 반응열

반응 형태	예	ΔH(kJ/mol)
중화열	$HCl(aq) + NaOH(aq) \longrightarrow NaCl(aq) + H_2O(l)$	−56.2
이온화 열	$H_2O(l) \longrightarrow H^+(aq) + OH^-(aq)$	56.2
융해열	$H_2O(s) \longrightarrow H_2O(l)$	6.01
기화열	$H_2O(l) \longrightarrow H_2O(g)$	44.0*
반응열	$MgCl_2(s) + 2Na(l) \longrightarrow 2NaCl(s) + Mg(s)$	−180.2

*25°C에서의 값이며, 100°C에서의 값은 40.79 kJ이다.

예제 6.7

질량이 26.47 g인 납(Pb) 덩어리를 89.98°C에서 열용량을 무시할 수 있는 일정 압력 열량계에 물100.0 mL와 함께 넣었다. 물의 온도가 22.50°C에서 23.17°C로 증가하였다. 납 덩어리의 비열은 얼마인가?

전략 물과 납 덩어리의 질량, 초기 온도와 최종 온도를 알고 있다. 주위에 잃어버리는 열이 없다고 가정하면, 납 덩어리가 잃어버린 열은 물이 얻는 열과 같다고 할 수 있다. 물의 비열을 알면, 납의 비열을 계산할 수 있다.

풀이 열량계를 고립계로 간주하면(주위로 잃어버리는 열이 없다고 가정하면),

$$q_{Pb} + q_{H_2O} = 0$$

(계속)

또는 $$q_{Pb} = -q_{H_2O}$$

물이 얻는 열은 다음과 같이 주어진다.

$$q_{H_2O} = ms\Delta t$$

여기서 m과 s는 각각 질량과 비열이고, $\Delta t = t_{최종} - t_{초기}$이다. 따라서

$$\begin{aligned} q_{H_2O} &= (100.0\text{ g})(4.184\text{ J/g}\cdot{}^\circ\text{C})(23.17^\circ\text{C} - 22.50^\circ\text{C}) \\ &= 280.3\text{ J} \end{aligned}$$

납 덩어리가 잃은 열은 물이 얻은 열과 같기 때문에 $q_{Pb} = -280.3$ J이다. Pb의 비열을 구하기 위해

$$\begin{aligned} q_{Pb} &= mc\Delta t \\ -280.3\text{ J} &= (26.47\text{ g})(s)(23.17^\circ\text{C} - 89.98^\circ\text{C}) \\ s &= 0.158\text{ J/g}\cdot{}^\circ\text{C} \end{aligned}$$

실전 연습 117.82°C의 30.14 g인 스테인리스 스틸 볼베어링을 18.44°C의 물 120.0 mL가 들어 있는 일정 압력 열량계에 넣었다. 볼베어링의 비열이 0.474 J/g · °C라면, 물의 최종 온도를 계산하라. 열량계의 열용량은 무시할 수 있다고 가정한다.

예제 6.8

열용량을 무시할 수 있는 일정 압력 열량계에서 0.500 *M* HCl 1.00×10^2 mL와 0.500 *M* NaOH 1.00×10^2 mL를 섞었다. HCl 용액과 NaOH 용액의 초기 온도는 똑같이 22.50°C였고, 혼합 용액의 최종 온도는 25.86°C였다. 중화 반응에 대한 몰당 열 변화를 계산하라.

$$NaOH(aq) + HCl(aq) \longrightarrow NaCl(aq) + H_2O(l)$$

용액의 밀도와 비열은 물에 대한 값과 같다고 가정한다(각각 1.00 g/mL, 4.184 J/g · °C).

전략 온도가 올랐기 때문에, 중화 반응은 발열 반응이다. 합쳐진 용액에 흡수되는 열은 어떻게 계산할 수 있는가? 반응열은 얼마인가? 몰당 반응열을 구하는 변환 인자는 얼마인가?

풀이 주위로 열을 잃어버리지 않는다면, $q_{계} = q_{용액} + q_{반응} = 0$이므로 $q_{반응} = -q_{용액}$이며, 여기서 $q_{용액}$은 합쳐진 용액이 흡수한 열이다. 용액의 밀도는 1.00 g/mL이므로 100 mL 용액의 질량은 100 g이다. 따라서

$$\begin{aligned} q_{용액} &= mc\Delta t \\ &= (1.00 \times 10^2\text{g} + 1.00 \times 10^2\text{g})(4.184\text{ J/g}\cdot{}^\circ\text{C})(25.86^\circ\text{C} - 22.50^\circ\text{C}) \\ &= 2.81 \times 10^3\text{ J} \\ &= 2.81\text{ kJ} \end{aligned}$$

$q_{반응} = -q_{용액}$이므로, $q_{반응} = -2.81$ kJ이다.
주어진 몰수 비에서 1.00×10^2 mL 용액 속의 HCl과 NaOH 몰수는 다음과 같다.

$$\frac{0.500\text{ mol}}{1\text{ L}} \times 0.100\text{ L} = 0.0500\text{ mol}$$

따라서 HCl 1.00 mol이 NaOH 1.00 mol과 반응할 때 중화열은 다음과 같다.

$$중화열 = \frac{-2.81\text{ kJ}}{0.0500\text{ mol}} = -56.2\text{ kJ/mol}$$

검산 계산 결과 부호는 반응의 성질과 일치하는가? 주어진 반응 조건에서 열 변화는 엔탈피 변화와 같다고 할 수 있는가?

실전 연습 열용량을 무시할 수 있는 일정 압력 열량계에서 0.600 *M* HNO_3 4.00×10^2 mL와 0.300 *M* $Ba(OH)_2$ 4.00×10^2 mL를 섞었다. 두 용액의 초기 온도는 똑같이 18.46°C였다. 혼합 용액의 최종 온도는? (예제 6.8의 결과를 사용하여 계산한다.)

비슷한 문제: 6.38.

개념과 사실 요약하기

- 일정 압력 열량계와 일정 부피 열량계는 물리적, 화학적 변화의 열량 변화를 측정하는 데 사용된다.

개념과 사실 복습하기

6.5.1 Al 시료 1 g과 Fe 시료 1 g을 40°C에서 100°C로 가열하였다. 어느 금속이 더 많은 양의 열을 흡수하는가?

6.5.2 1.252 g의 사이클로헥산올($C_6H_{12}O$) 시료를 연소시켰더니 물의 온도가 27.00°C에서 31.11°C로 상승하였다. 사이클로헥산올의 몰연소열은 얼마인가? 통열량계와 물의 열용량은 11.3 kJ/°C이다.

6.5.3 125°C에서 100.0 g의 미지의 금속 시료를 27.5°C의 물 500.0 g에 넣었다. 혼합물의 최종 온도는 30.0°C로 나타났다. 금속의 비열용량은 얼마인가?

6.6 표준 생성 엔탈피와 표준 반응 엔탈피

학습 목표

- 물질의 표준생성 엔탈피를 사용하여 반응의 엔탈피 변화를 결정할 수 있다.
- 헤스의 법칙을 사용하여 반응의 엔탈피 변화를 계산할 수 있다.

지금까지 반응 엔탈피 변화는 흡수 또는 방출되는 열(일정 압력에서)로부터 얻을 수 있다는 것을 배웠다. 식 (6.9)로부터는 모든 반응물과 생성물의 실제 엔탈피를 알면 ΔH도 계산할 수 있는 것을 알았다. 그러나 앞에서 언급한 바와 같이 어떤 물질에 대한 엔탈피의 *절대* 값을 측정하는 방법은 없다. 다만 임의의 기준에 대한 *상대적인* 값만을 구할 수 있다. 이것은 지리학자들이 어떤 산이나 계곡의 높이를 설명하려 할 때 마주치는 상황과 비슷하다. 모든 지리적 높이와 깊이를 "절대적인" 고도(지구 중심으로부터 거리)보다는 공통된 약속에 의해 임의로 0미터로 한 기준에 해당되는 해수면으로부터 상대적인 값으로 나타낸다. 마찬가지로 화학자들은 엔탈피에 대해서 임의의 기준점을 사용하고 있다.

▲ *흑연(위)과 다이아몬드(아래).*
(*위*): Ken Karp/McGraw-Hill; (*아래*): JewelryStock/Alamy Stock Photo

모든 엔탈피 표현식에 대한 "해수면" 기준점을 **표준 생성 엔탈피**(ΔH_f°, standard enthalpy of formation)라고 한다. 1 atm에 있는 원소들을 **표준 상태**(standard state)[†]에 있다고 하며, 표준 엔탈피란 용어를 사용한다. 위첨자 "°"는 표준 상태(1 atm)의 조건이라는 뜻이며, 아래첨자 "f"는 생성(formation)을 의미한다. 정의에 따라 *가장 안정한 상태에 있는 모든 원소들의 표준 생성 엔탈피는 0이다.* 산소 원소를 예로 들어 보자. 1 atm, 25°C에서 산소 분자(O_2)는 동소체인 오존(O_3)보다 더 안정하다. 따라서 $\Delta H_f^\circ(O_2) = 0$, $\Delta H_f^\circ(O_3) = 142.2$ kJ/mol이다. 마찬가지로 1 atm, 25°C에서 탄소의 동소체인 흑연은 다이아몬드보다 더 안정하다. 따라서 ΔH_f°(C, 흑연) = 0이고, ΔH_f°(C, 다이아몬드) = 1.90 kJ/mol이다. 화합물의 표준 생성 엔탈피는 *1 atm에서 해당 원소들로부터 화합물 1 mol이 생성되는 데 필요한 열 변화*로 정의된다. 표 6.4에 몇몇 원소와 화합물에 대한 표준 생성 엔탈피를 나타내었다. (보다 많은 물질의 ΔH_f° 값은 부록 2를 참고하라.) 표준 상태는 특정한 온도에서 정의되지 않지만, 대부분의 열역학 실험값은 25°C에서 측정되기 때문에 ΔH_f°는 항

[†]열역학에서 표준 압력은 1 bar로 정의되는데, 1 bar = 10^5 Pa = 0.987 atm이다. 1 bar와 1 atm의 차이는 1.3% 정도이기 때문에 표준 압력으로 1 atm을 계속 사용하기로 한다. 어떤 물질의 표준 녹는점과 끓는점은 1 atm에서 흑연(*위*)과 다이아몬드(*아래*). 정의된다는 것을 유의하라.

표 6.4 몇몇 무기 물질에 대한 25°C에서의 표준 생성 엔탈피

물질	ΔH_f°(kJ/mol)	물질	ΔH_f°(kJ/mol)
$Ag(s)$	0	$H_2O_2(l)$	−187.6
$AgCl(s)$	−127.0	$Hg(l)$	0
$Al(s)$	0	$I_2(s)$	0
$Al_2O_3(s)$	−1669.8	$HI(g)$	25.9
$Br_2(l)$	0	$Mg(s)$	0
$HBr(g)$	−36.2	$MgO(s)$	−601.8
C(흑연)	0	$MgCO_3(s)$	−1112.9
C(다이아몬드)	1.90	$N_2(g)$	0
$CO(g)$	−110.5	$NH_3(g)$	−46.3
$CO_2(g)$	−393.5	$NO(g)$	90.4
$Ca(s)$	0	$NO_2(g)$	33.85
$CaO(s)$	−635.6	$N_2O(g)$	81.56
$CaCO_3(s)$	−1206.9	$N_2O_4(g)$	9.66
$Cl_2(g)$	0	$O(g)$	249.4
$HCl(g)$	−92.3	$O_2(g)$	0
$Cu(s)$	0	$O_3(g)$	142.2
$CuO(s)$	−155.2	S(사방)	0
$F_2(g)$	0	S(단사)	0.30
$HF(g)$	−271.6	$SO_2(g)$	−296.1
$H(g)$	218.2	$SO_3(g)$	−395.2
$H_2(g)$	0	$H_2S(g)$	−20.15
$H_2O(g)$	−241.8	$Zn(s)$	0
$H_2O(l)$	−285.8	$ZnO(s)$	−348.0

상 25°C에서 측정된 값으로 사용한다.

표준 생성 엔탈피가 중요한 것은 이 값을 알면 *1 atm에서 진행되는 어떤 반응의 엔탈피인* **표준 반응 엔탈피**(standard enthalpy of reaction, $\Delta H^\circ_{반응}$)를 계산할 수 있기 때문이다. 예를 들어, 다음과 같은 가상적인 반응을 생각해 보자.

$$aA + bB \longrightarrow cC + dD$$

여기서 a, b, c, d는 화학량론 계수이다. 이 반응에 대한 $\Delta H^\circ_{반응}$은 다음과 같다.

$$\Delta H^\circ_{반응} = [c\Delta H_f^\circ(C) + d\Delta H_f^\circ(D)] - [a\Delta H_f^\circ(A) + b\Delta H_f^\circ(B)] \quad (6.17)$$

반응식 (6.17)을 일반화시키면,

$$\Delta H^\circ_{반응} = \Sigma n\Delta H_f^\circ(생성물) - \Sigma m\Delta H_f^\circ(반응물) \quad (6.18)$$

여기서 m과 n은 반응물과 생성물의 화학량론 계수이고, Σ(시그마)는 "합"을 의미한다. 이 계산에서 화학량론 계수들은 단위가 없는 숫자임에 주의한다.

식 (6.18)을 이용하여 화합물의 $\Delta H^\circ_{반응}$을 계산하려면 반응에 참여하는 화합물의 ΔH_f° 값을 알아야 한다. 이 값들을 구하기 위해서는 직접적인 방법과 간접적인 방법[헤스 법칙(Hess's law)]을 적용할 수 있다.

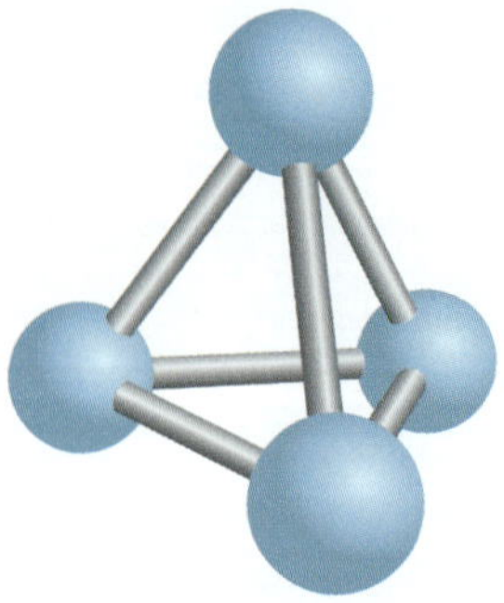

P_4

직접법

이 방법은 원소로부터 쉽게 합성할 수 있는 화합물의 ΔH°_f의 측정에 이용한다. 이산화 탄소의 생성 엔탈피를 알고 싶다고 가정하자. 표준 상태에서 탄소(흑연)와 산소 분자가 표준 상태에 있는 이산화 탄소로 될 때의 반응 엔탈피를 측정해야 한다.

$$\text{C(흑연)} + O_2(g) \longrightarrow CO_2(g) \qquad \Delta H^\circ_{\text{반응}} = -393.5 \text{ kJ/mol}$$

경험적으로 알고 있듯이 이 연소 반응은 쉽게 완결된다. 식 (6.18)로부터 다음과 같이 쓸 수 있다.

$$\begin{aligned}\Delta H^\circ_{\text{반응}} &= \Delta H^\circ_f(CO_2, g) - [\Delta H^\circ_f(\text{C, 흑연}) + \Delta H^\circ_f(O_2, g)] \\ &= -393.5 \text{ kJ/mol}\end{aligned}$$

흑연과 산소는 안정한 동소체이므로 ΔH°_f (C, 흑연)와 $\Delta H^\circ_f(O_2, g)$는 0이다. 따라서

$$\Delta H^\circ_{\text{반응}} = \Delta H^\circ_f(CO_2, g) = -393.5 \text{ kJ/mol}$$

즉, $$\Delta H^\circ_f(CO_2, g) = -393.5 \text{ kJ/mol}$$

표준 상태에서 각 원소의 가장 안정한 형태의 ΔH°_f를 임의로 0으로 정해도 계산 결과에는 영향을 주지 않음에 유의하라. 열화학에서 엔탈피의 절대 값은 실험적으로 구할 수 없으나 엔탈피 변화는 실험적으로 결정할 수 있으므로 엔탈피 *변화*에만 관심이 있는 것을 기억하라. "기준 값"으로 엔탈피를 0으로 선택하면 계산이 쉬워진다. 다시 지표면의 고도를 계산하는 방법을 예로 들면, 백두산은 한라산보다 500 m 더 높다. 이 차이는 해수면을 0 m로 하든 1000 m로 하든 상관없다.

비슷한 방법으로 생각할 수 있는 다른 화합물로 SF_6, P_4O_{10}, CS_2 등이 있다. 이들 화합물의 합성 반응을 식으로 나타내면 다음과 같다.

$$\text{S(사방)} + 3F_2(g) \longrightarrow SF_6(g)$$
$$P_4\text{(흰인)} + 5O_2(g) \longrightarrow P_4O_{10}(s)$$
$$\text{C(흑연)} + 2\text{S(사방)} \longrightarrow CS_2(l)$$

S(사방)과 P(흰인)은 1 atm, 25°C에서 황과 인의 가장 안정한 형태의 동소체이므로 ΔH°_f 값은 0임을 유의하라.

▲ *흰인은 공기 중에서 타면서 P_4O_{10}을 형성한다.*
Charles D. Winters/Science Source

인터넷 핫스팟
학생들의 학습 경험에 대해 축적된 자료에 따르면 학생들이 표준 생성 엔탈피를 이해하는 데 어려움을 겪을 수 있다. 이런 경우 eBook에 접속해서 이 주제에 대한 추가 학습 자료를 보면 도움이 될 수 있다.

간접법

많은 화합물은 원소로부터 직접 합성할 수 없다. 어떤 경우에는 반응 속도가 너무 느리거나, 부반응이 일어나 원하는 화합물이 아닌 다른 물질을 만든다. 이러한 경우에는 ΔH°_f을 간접적으로 결정할 수 있는데, 이것은 스위스 화학자 헤스(Germain Hess)[†]의 이름에서 유래한 헤스의 열량 총합 법칙(또는 단순히 헤스 법칙)을 토대로 하고 있다. **헤스 법칙**(Hess's law)은 다음과 같이 말할 수 있다. *화학 반응이 일어날 때 엔탈피 변화는 그 반응이 한 단계로 일어나든 상관없이 동일하다.* 다시 말하면, 어떤 반응을 $\Delta H^\circ_{\text{반응}}$을 측정할 수 있는 여러 개의 반응으로 나눌 수 있다면 전체 반응에 대한 $\Delta H^\circ_{\text{반응}}$을 계산할 수 있다는 것이다. 헤스 법칙은 엔탈피가 상태 함수이므로 ΔH는 초기 상태와 최종 상태에만 의존(즉, 반응물과 생성물의 종류에만 의존)한다는 사실에 기초를 두고 있다. 전체 반응에 대한 엔탈피 변화는 그것이 단일 단계로 일어나든, 여러 단계로 일어나든 동일할 것이다.

헤스 법칙은 다음과 같이 비유할 수 있다. 엘리베이터로 건물의 1층에서 6층까지 올

[†]헤스(Germain Henri Hess, 1802~1850)는 스위스계 러시아 화학자로, 스위스에서 태어났지만 일생의 대부분을 러시아에서 보냈다. 헤스 법칙을 만들어 열화학의 아버지라고 한다.

라간다고 생각해 보자. 중력장에서 얻은 퍼텐셜 에너지(전 과정에 대한 엔탈피 변화에 대응)는 곧바로 6층까지 가든, 층마다 쉬면서 가든(반응을 일련의 단계들로 나누거나) 같다. 일산화 탄소(CO)의 표준 생성 엔탈피를 생각해 보자. 반응식은 다음과 같이 쓸 수 있다.

$$C(\text{흑연}) + \tfrac{1}{2}O_2(g) \longrightarrow CO(g)$$

그러나 흑연을 연소시키면 이산화 탄소(CO_2)도 어느 정도 발생하므로 CO 생성 과정의 엔탈피 변화를 위 식처럼 직접 측정할 수는 없다. 대신 헤스 법칙을 이용하여 간접적으로 구해야 한다. 다음과 같은 두 개의 완결 반응을 각각 일으킬 수 있다.

(a) $C(\text{흑연}) + O_2(g) \longrightarrow CO_2(g) \quad \Delta H^\circ_{\text{반응}} = -393.5\ \text{kJ/mol}$

(b) $CO(g) + \frac{1}{2}O_2(g) \longrightarrow CO_2(g) \quad \Delta H^\circ_{\text{반응}} = -283.0\ \text{kJ/mol}$

먼저 식 (b)를 거꾸로 하면 다음 식을 얻는다.

(c) $CO_2(g) \longrightarrow CO(g) + \tfrac{1}{2}O_2(g) \quad \Delta H^\circ_{\text{반응}} = +283.0\ \text{kJ/mol}$

화학 반응식은 대수 방정식과 같이 더하거나 빼거나 할 수 있으므로 (a) + (c)를 하면 다음과 같다.

(a) $C(\text{흑연}) + O_2(g) \longrightarrow CO_2(g) \quad \Delta H^\circ_{\text{반응}} = -393.5\ \text{kJ/mol}$

(c) $CO_2(g) \longrightarrow CO(g) + \tfrac{1}{2}O_2(g) \quad \Delta H^\circ_{\text{반응}} = +283.0\ \text{kJ/mol}$

(d) $C(\text{흑연}) + \tfrac{1}{2}O_2(g) \longrightarrow CO(g) \quad \Delta H^\circ_{\text{반응}} = -110.5\ \text{kJ/mol}$

따라서 $\Delta H^\circ_f(CO) = -110.5$ kJ/mol이다. 다시 보면, 전체 반응식은 CO_2의 생성[식 (a)]에 대한 것이고, 이것은 다시 두 개의 반응식으로 나눌 수 있다[식 (d), (b)]. 그림 6.10은 이 과정의 전체 모식도이다.

헤스 법칙을 적용시키는 일반적인 방법은 전체 반응에 나타나는 반응물과 생성물에 대한 일련의 화학 반응을 더하여, 반응물과 생성물을 제외하고 모두 제거될 수 있도록 화학식들을 배열하는 것이다. 이것은 화살표의 왼쪽에는 원하는 원소를, 오른쪽에는 관심 있는 화합물을 두는 것을 뜻한다. 그리고 각 단계에 나타나는 모든 반응에 해당하는 계수는 서로 삭제할 수 있도록 하며, 필요하다면 어떤 값을 곱할 수도 있다.

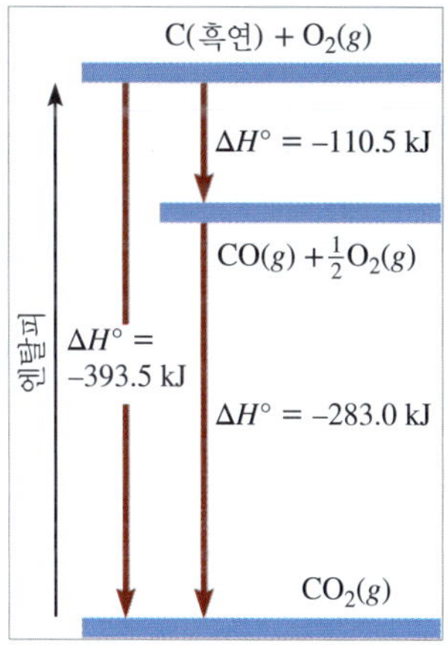

▲ **그림 6.10** 흑연과 O_2로부터 CO_2 1 mol이 생성되는 과정의 엔탈피 변화는 헤스 법칙에 따라 두 단계로 나눌 수 있다.

인터넷 핫스팟
학생들의 학습 경험에 대해 축적된 자료에 따르면 헤스의 법칙을 이해하는 데 어려움을 겪을 수 있다. 이런 경우 eBook에 접속해서 이 주제에 대한 추가 학습 자료를 보면 도움이 될 수 있다.

예제 6.9

원소로부터 아세틸렌(C_2H_2)이 만들어지는 반응의 표준 생성 엔탈피를 계산하라.

$$2C(\text{흑연}) + H_2(g) \longrightarrow C_2H_2(g)$$

C_2H_2

각 단계에 대한 반응식과 해당되는 엔탈피 변화는 다음과 같다.

(a) $C(\text{흑연}) + O_2(g) \longrightarrow CO_2(g) \quad \Delta H^\circ_{\text{반응}} = -393.5\ \text{kJ/mol}$

(b) $H_2(g) + \tfrac{1}{2}O_2(g) \longrightarrow H_2O(l) \quad \Delta H^\circ_{\text{반응}} = -285.8\ \text{kJ/mol}$

(c) $2C_2H_2(g) + 5O_2(g) \longrightarrow 4CO_2(g) + 2H_2O(l) \quad \Delta H^\circ_{\text{반응}} = -2598.8\ \text{kJ/mol}$

전략 여기서 목표는 구성 원소인 C와 H_2로부터 아세틸렌(C_2H_2)이 만들어지는 표준 생성 엔탈피를 계산하는 것이다. 그러나 이 반응은 직접 일어나지 않으므로 반응식 (a), (b), (c)에서 주어진 정보를 이용하여 간접적인 방법을 사용해야 한다.

풀이 C_2H_2의 합성을 살펴보면, 반응물로 흑연 2 mol이 필요하다. 따라서 반응식 (a)에 2를 곱해서 다음 식을 얻는다.

(d) $2C(\text{흑연}) + 2O_2(g) \longrightarrow 2CO_2(g) \quad \Delta H^\circ_{\text{반응}} = 2(-393.5\ \text{kJ/mol}) = -787.0\ \text{kJ/mol}$

(계속)

▲ 산소-아세틸렌 토치는 고온(3000°C)의 불꽃을 내므로 금속 용접에 사용된다.
Charles D. Winters/Science Source

다음에 H_2 1 mol이 반응물로 필요한데 이것은 반응식 (b)에 나와 있다. 마지막으로 C_2H_2 1 mol이 생성물로 필요하다. 반응식 (c)에서는 반응물로 C_2H_2 2 mol이 있으므로, 이 반응식을 거꾸로 하고, 2로 나눌 필요가 있다.

$$\text{(e)} \quad 2CO_2(g) + H_2O(l) \longrightarrow C_2H_2(g) + \tfrac{5}{2}O_2(g) \qquad \Delta H^\circ_{\text{반응}} = \tfrac{1}{2}(2598.8\text{ kJ/mol}) = 1299.4\text{ kJ/mol}$$

반응식 (d), (b), (e)를 모두 더하면, 다음과 같게 된다.

$$\begin{aligned}
2C(\text{흑연}) + 2O_2(g) &\longrightarrow 2CO_2(g) & \Delta H^\circ_{\text{반응}} &= -787.0\text{ kJ/mol}\\
H_2(g) + \tfrac{1}{2}O_2(g) &\longrightarrow H_2O(l) & \Delta H^\circ_{\text{반응}} &= -285.8\text{ kJ/mol}\\
2CO_2(g) + H_2O(l) &\longrightarrow C_2H_2(g) + \tfrac{5}{2}O_2(g) & \Delta H^\circ_{\text{반응}} &= 1299.4\text{ kJ/mol}\\
\hline
2C(\text{흑연}) + H_2(g) &\longrightarrow C_2H_2(g) & \Delta H^\circ_{\text{반응}} &= 226.6\text{ kJ/mol}
\end{aligned}$$

따라서 $\Delta H^\circ_f = \Delta H^\circ_{\text{반응}} =$ 226.6 kJ/mol 이다. ΔH°_f 값은 C_2H_2 1 mol이 C(흑연) 2 mol과 H_2 1 mol로부터 만들어질 때, 주위에서 반응계가 226.6 kJ의 열을 흡수한다는 뜻이다. 이 과정은 흡열 과정이다.

실전 연습 다음과 같이 반응열이 주어졌을 때, 원소로부터 이황화 탄소(CS_2)가 만들어지는 표준 생성 엔탈피를 계산하라.

$$\begin{aligned}
C(\text{흑연}) + O_2(g) &\longrightarrow CO_2(g) & \Delta H^\circ_{\text{반응}} &= -393.5\text{ kJ/mol}\\
S(\text{사방}) + O_2(g) &\longrightarrow SO_2(g) & \Delta H^\circ_{\text{반응}} &= -296.4\text{ kJ/mol}\\
CS_2(l) + 3O_2(g) &\longrightarrow CO_2(g) + 2SO_2(g) & \Delta H^\circ_{\text{반응}} &= -1073.6\text{ kJ/mol}
\end{aligned}$$

비슷한 문제: 6.62, 6.63.

예제 6.10에서처럼 ΔH°_f 값으로부터 반응 엔탈피를 구할 수 있다.

예제 6.10

▲ 테르밋 반응으로 형성된 용융 철을 두 철로 레일 말단 사이에 있는 주형에 넣는다. 식히면 레일들이 서로 용접된다.
Courtesy of Orgo-Thermit, Inc

테르밋 반응은 알루미늄과 산화 철(III)의 반응이다.

$$2Al(s) + Fe_2O_3(s) \longrightarrow Al_2O_3(s) + 2Fe(l)$$

이 반응은 발열량이 큰 반응이며 생성된 액체상의 철은 금속을 용접하는 데 쓰인다. Al이 Fe_2O_3와 반응할 때 방출되는 열을 kJ/g 단위로 계산하라. Fe(*l*)의 ΔH°_f는 12.40 kJ/mol이다.

전략 반응의 엔탈피는 생성물의 엔탈피 총합에서 반응물의 엔탈피 총합을 뺀 것이다. 각 화학종(반응물과 생성물)의 엔탈피 값은 각 화학종의 표준 생성 엔탈피에 화학량론 계수를 곱하면 얻어진다.

풀이 Fe(*l*)와 부록 2에 있는 ΔH°_f 값들과 식 (6.18)을 이용하면 다음과 같이 쓸 수 있다.

$$\begin{aligned}
\Delta H^\circ_{\text{반응}} &= [\Delta H^\circ_f(Al_2O_3) + 2\Delta H^\circ_f(Fe)] - [2\Delta H^\circ_f(Al) + \Delta H^\circ_f(Fe_2O_3)]\\
&= [(-1669.8\text{ kJ/mol}) + 2(12.40\text{ kJ/mol})] - [2(0) + (-822.2\text{ kJ/mol})]\\
&= -822.8\text{ kJ/mol}
\end{aligned}$$

이것은 Al 2 mol이 반응하여 발생하는 열의 양이다. 다음 비를 이용하여 kJ/g 단위로 바꾼다.

$$\frac{-822.8\text{ kJ}}{2\text{ mol Al}}$$

Al의 몰질량은 26.98 g이므로

$$\begin{aligned}
\text{Al 1 g당 발생한 열} &= \frac{-822.8\text{ kJ}}{2\text{ mol Al}} \times \frac{1\text{ mol Al}}{26.98\text{ g Al}}\\
&= -15.25\text{ kJ/g}
\end{aligned}$$

(계속)

검산 음의 부호가 반응이 발열 반응이라는 것과 일치하는가? 빠르게 확인할 수 있는 방법은, Al 2 mol은 약 54 g이며 Fe_2O_3와 반응하면 823 kJ의 열이 발생한다는 것이다. 따라서 Al 1 g 당 발생한 열은 약 −830 kJ/54 g, 즉 −15.4 kJ/g 이다.

실전 연습 벤젠(C_6H_6)은 공기 중에서 타서 이산화 탄소와 액체 물을 만든다. 이 화합물 1 g이 산소와 반응하여 내놓는 열을 kJ 단위로 계산하라. 벤젠의 표준 생성 엔탈피는 49.04 kJ/mol이다.

비슷한 문제: 6.54, 6.57.

개념과 사실 요약하기

- 반응의 표준 엔탈피는 반응물 및 생성물 형성의 표준 엔탈피로부터 계산할 수 있다.
- 헤스의 법칙에 따르면 반응의 전체 엔탈피 변화는 전체 반응의 개별 단계에 대한 엔탈피 변화의 합과 같다.

개념과 사실 복습하기

6.6.1 다음 중 25°C에서 $\Delta H_f° = 0$이 아닌 것은?

$N_2(g)$ $Cu(s)$ $Kr(g)$ $Hg(s)$ $H_2(g)$ $I_2(s)$

6.6.2 $\Delta H_f°$ 값이 양수인 반응물과 관련된 반응이 일반적으로 $\Delta H_f°$ 값이 음수인 반응보다 발열이 더 높은 이유를 설명하라.

6.6.3 부록 2의 데이터를 사용하여 $\Delta H°_{반응}$을 계산하라.

$$N_2O(g) + 3H_2(g) \longrightarrow N_2H_4(l) + H_2O(l)$$

6.6.4 다음 정보를 사용하여

$$Pb(s) + PbO_2(s) + 2H_2SO_4(l) \longrightarrow 2PbSO_4(s) + 2H_2O(l) \quad \Delta H°_{반응} = 509.2 \text{ kJ/mol}$$
$$SO_3(g) + H_2O(l) \longrightarrow H_2SO_4(l) \quad \Delta H°_{반응} = -130.3 \text{ kJ/mol}$$

다음 반응에 대한 $\Delta H°_{반응}$을 계산하라.

$$Pb(s) + PbO_2(s) + SO_3(g) \longrightarrow 2PbSO_4(s)$$

요약 Chapter Summary

에너지 서로 전환될 수 있는 많은 형태가 있다. (6.1절)

열역학 제1법칙 열역학 제1법칙은 에너지 보존의 법칙으로, 계의 내부 에너지 변화는 열과 일의 변화와 관련이 있다. 이것은 또한 내부 에너지 변화와 엔탈피 변과 과정으로도 설명할 수 있다. (6.2, 6.3, 6.4절)

열화학 대부분의 화학 반응은 열 방출 혹은 열 흡수와 연관이 되어 있다. 일정 압력에서 열 변화는 엔탈피의 변화와 같다. 열 변화는 열량계로 측정된다. 일정-압력 열량계와 일정-부피 열량계는 각 조건에서 열 변화를 측정하기 위한 장치이다. (6.5절)

표준 반응 엔탈피 표준 반응 엔탈피는 1 atm에서 반응이 실행이 되었을 때 엔탈피의 변화이다. 표준 반응 엔탈피는 반응물과 생성물의 표준 생성 엔탈피에 의해 계산된다. 헤스의 법칙은 간접적으로 화합물의 표준 생성 엔탈피를 측정하게 해준다. (6.6절)

주요 식_Key Equations

$\Delta U = q + w$ (6.1)	열역학 제1법칙의 수학적 표현.
$w = -P\Delta V$ (6.3)	기체의 팽창 또는 압축에 의한 일의 계산.
$H = U + PV$ (6.6)	엔탈피 정의.
$\Delta H = \Delta U + P\Delta V$ (6.8)	일정 압력 과정에 대한 엔탈피(에너지) 변화 계산.
$C = mc$ (6.11)	열용량 정의.
$q = mc\Delta t$ (6.12)	비열에 의한 열 변화 계산.
$q = C\Delta t$ (6.13)	열용량에 의한 열 변화 계산.
$\Delta H^\circ_{반응} = \Sigma n\Delta H^\circ_f(생성물) - \Sigma m\Delta H^\circ_f(반응물)$ (6.18)	표준 반응 엔탈피 계산.

주요 용어_Key Words

격자 에너지(U)	복사 에너지	열계량법	열화학 반응식	헤스 법칙
계	비열	열린계	일	화학 에너지
계의 상태	상태 함수	열 에너지	주위	흡열 과정
고립계	에너지	열역학	퍼텐셜 에너지	
닫힌 계	에너지 보존 법칙	열역학 제1법칙	표준 반응 엔탈피($\Delta H^\circ_{반응}$)	
반응 엔탈피($\Delta H_{반응}$)	엔탈피(H)	열용량(C)	표준 상태	
발열 과정	열	열화학	표준 생성 엔탈피(ΔH°_f)	

연습 문제_Questions and Problems

붉은색 번호의 문제는 학생용 문제풀이집에 풀어 놓았다.

6.1 에너지의 본질과 에너지의 종류

복습 질문

6.1 다음 용어들을 정의하라. *계, 주위, 열린계, 닫힌계, 고립계, 열 에너지, 화학 에너지, 퍼텐셜 에너지, 운동 에너지, 에너지 보존 법칙.*

6.2 열이란 무엇인가? 열과 열 에너지는 어떻게 다른가? 어떤 조건에서 열은 한 계에서 다른 계로 전달되는가?

6.3 화학에서 흔히 사용하는 에너지의 단위는 무엇인가?

6.4 시속 60 km로 달리는 트럭이 신호등에서 완전히 멈추었다. 이것은 에너지 보존 법칙에 위배되는 것인가? 설명하라.

6.5 다음은 여러 형태의 에너지이다. 화학 에너지, 열 에너지, 빛 에너지, 역학적 에너지, 전기 에너지. 이런 에너지 형태들이 서로 바뀌는 방법을 제시하라.

6.6 다음 과정에서 일어나는 에너지 전환에 대하여 설명하라. (a) 공기 중으로 야구공을 던지고 받을 때, (b) 전등을 켤 때, (c) 리프트를 타고 언덕에 올라가서 스키를 타고 내려올 때, (d) 성냥을 켜서 연소시킬 때.

6.2 화학 반응에서의 에너지 변화

복습 질문

6.7 다음 용어들을 정의하라. *열화학, 발열 과정, 흡열 과정.*

6.8 화학량론은 질량 보존 법칙에 근거를 두고 있다. 열화학은 어느 법칙에 기초를 두고 있는가?

6.9 발열 과정 두 개와 흡열 과정 두 개를 예를 들어 설명하라.

6.10 분해 반응은 대개 흡열 반응이지만, 중합 반응은 대개 발열 반응이다. 이런 경향에 대해서 정성적인 설명을 하라.

6.3 열역학 서론

복습 질문

6.11 열역학 제1법칙은 무슨 법칙에 근거를 두고 있는가? $\Delta U = q + w$ 식에서 부호들의 규칙에 대해서 설명하라.

6.12 상태 함수란 무엇을 의미하는지 설명하라. 상태 함수인 물리량 두 개와 그렇지 않은 것 두 개를 예로 들어라.

6.13 이상 기체의 내부 에너지는 그 온도에 의해서만 결정된다. 이 과정을 열역학 제1법칙에 따라 분석하라. 어떤 이상 기체의 시료가 일정한 온도에서 대기압에 대하여 팽창하였다. (a) 이 기체는 주위에 대해서 일을 하였는가? (b) 계와 주위 사이에 열 교환이 있는가? (c) 이 과정에서 기체의 ΔU는 얼마인가?

6.14 일정 압력 조건에서, 다음 반응 중, 계에서 주위로 일을 한 것은 어느 것이며, 주위에서 계로 일을 한 것은 어느 것인가? 또한 일을 하지 않은 것은 어느 것인가?

(a) $Hg(l) \longrightarrow Hg(g)$

(b) $3O_2(g) \longrightarrow 2O_3(g)$

(c) $CuSO_4 \cdot 5H_2O(s) \longrightarrow CuSO_4(s) + 5H_2O(g)$

(d) $H_2(g) + F_2(g) \longrightarrow 2HF(g)$

➾ 문제

6.15 일정 온도에서 질소 기체 시료의 부피가 1.6 L에서 5.4 L로 팽창하였다. (a) 진공 상태에서, (b) 0.80 atm의 일정 압력에서, (c) 3.7 atm의 일정 압력에서 팽창할 때 행한 일을 J 단위로 계산하라.

6.16 일정 온도에서 어떤 기체의 부피가 26.7 mL에서 89.3 mL로 팽창하였다. (a) 기체가 진공 상태에서, (b) 일정 압력 1.5 atm 상태에서, (c) 일정 압력 2.8 atm 상태에서 팽창하였다면, 각각에 대하여 행한 일을 J 단위로 계산하라.

6.17 어떤 기체가 팽창하여 주위에 325 J의 P-V 일을 하였다. 동시에 주위로부터 127 J의 열을 흡수하였다. 기체의 에너지 변화를 계산하라.

6.18 어떤 기체를 압축하는 데 한 일은 74 J이다. 그 결과 26 J의 열이 주위에 가해졌다. 이 기체의 에너지 변화를 계산하라.

6.19 1.00 atm, 25°C에서 주석 50.0 g이 과량의 산에 녹을 때 행한 일을 계산하라.

$$Sn(s) + 2H^+(aq) \longrightarrow Sn^{2+}(aq) + H_2(g)$$

H_2는 이상 기체라고 가정한다.

6.20 물 1.0 mol이 1.0 atm, 100°C에서 기화할 때 한 일을 J 단위로 계산하라. 액체 상태인 물의 부피는 100°C 수증기와 비교할 때 무시할 수 있을 정도로 작은 양이고, 수증기는 이상 기체라고 가정한다.

6.4 화학 반응 엔탈피

➾ 복습 질문

6.21 *엔탈피*와 *반응 엔탈피*를 정의하라. 그리고 어떤 조건에서 반응열이 그 반응의 엔탈피 변화와 같은가?

6.22 열화학 반응식을 쓸 때 각 물질의 물리적 상태(기체, 액체, 고체, 수용액)를 나타내는 것이 중요한 이유를 설명하라.

6.23 다음 열화학 반응식의 의미를 설명하라.

$$4NH_3(g) + 5O_2(g) \longrightarrow 4NO(g) + 6H_2O(g) \quad \Delta H = -904 \text{ kJ/mol}$$

6.24 다음 반응을 생각해 보자.

$$2CH_3OH(l) + 3O_2(g) \longrightarrow 4H_2O(l) + 2CO_2(g) \quad \Delta H = -1452.8 \text{ kJ/mol}$$

(a) 이 식의 좌우에 2를 곱했을 때, (b) 반응이 역으로 일어날 때 즉, 반응물과 생성물이 뒤바뀔 때, (c) 액체인 물 대신에 수증기가 생성물로 형성할 때, 각각의 ΔH 값은 무엇인가?

➾ 문제

6.25 공업적으로 황화 아연 광석을 태워서 아연을 재생하는 첫 단계는 ZnS을 가열하여 ZnO를 얻는 것이다.

$$2ZnS(s) + 3O_2(g) \longrightarrow 2ZnO(s) + 2SO_2(g) \quad \Delta H = -879 \text{ kJ/mol}$$

ZnS 1 g을 태울 때 발생하는 열(kJ)을 계산하라.

6.26 다음 반응에 따라 NO_2 1.26×10^4 g이 만들어질 때 발생하는 열의 양을 kJ로 계산하라.

$$2NO(g) + O_2(g) \longrightarrow 2NO_2(g) \quad \Delta H = -114.6 \text{ kJ/mol}$$

6.27 다음 반응을 생각해 보자.

$$2H_2O(g) \longrightarrow 2H_2(g) + O_2(g) \quad \Delta H = 483.6 \text{ kJ/mol}$$

1.0 atm, 125°C에서 $H_2O(g)$ 2.0 mol이 $H_2(g)$와 $O_2(g)$로 바뀐다면 이 반응에 대한 ΔU는 얼마인가?

6.28 다음 반응을 생각해 보자.

$$H_2(g) + Cl_2(g) \longrightarrow 2HCl(g) \quad \Delta H = -184.6 \text{ kJ/mol}$$

H_2 3 mol과 Cl_2 3 mol이 반응하여 HCl이 생성된다면, 25°C에서 1.0 atm 압력에 대하여 한 일을 J로 계산하라. 이 반응에 대한 ΔU는 얼마인가? 단 이 반응은 완전히 일어난다고 가정한다.

6.5 열계량법

➾ 복습 질문

6.29 비열과 열용량의 다른 점은 무엇인가? 두 값의 단위는 무엇인가? 어느 것이 세기 성질이고, 어느 것이 크기 성질인가?

6.30 열계량법을 정의하고, 일반적으로 많이 사용되는 열량계 두 가지를 설명하라. 열계량법에서 열량계의 열용량을 아는 것이 왜 중요한가? 어떻게 그 값을 결정하는가?

문제

6.31 다음 자료를 보자.

금속	Al	Cu
질량(g)	10	30
비열(J/g · °C)	0.900	0.385
온도(°C)	40	60

이들 두 금속이 접촉했을 때 다음 중 어떤 일이 일어나겠는가?

(a) Al의 비열이 더 크므로, 열이 Al에서 Cu로 흐른다.
(b) Cu의 질량이 더 크므로, 열이 Cu에서 Al로 흐른다.
(c) Cu의 비열이 더 크므로, 열이 Cu에서 Al로 흐른다.
(d) Cu의 온도가 더 높으므로, 열이 Cu에서 Al로 흐른다.
(e) 어느 쪽으로도 열이 흐르지 않는다.

6.32 질량 362 g인 은 조각의 열용량은 85.7 J/°C이다. 은의 비열은 얼마인가?

6.33 질량 6.22 kg인 구리 조각을 20.5°C에서 324.3°C로 가열하였다. 금속이 흡수한 열량(kJ)을 계산하라.

6.34 수은 366 g의 온도가 77.0°C에서 12.0°C로 내려갈 때 방출된 열량(kJ)을 구하라.

6.35 18.0°C의 금판 10.0 g을 55.6°C의 철판 20.0 g 위에 얹었다. 합쳐진 금속의 최종 온도는 얼마인가? 이때 주위에 열을 잃지 않았다고 가정한다. (*힌트*: 금은 열을 얻었고, 철은 열을 잃어서 같은 온도로 되었다. 금속의 비열은 표 6.2에서 알 수 있다.)

6.36 열용량을 무시할 수 있는 일정 압력 열량계에 담긴 23.4°C의 물에 81.7°C의 Al 금속 조각 12.1 g을 넣는다. 물의 최종 온도가 24.9°C가 되었다면 열량계에 담긴 물의 양은 얼마인지 계산하라. (*힌트*: 표 6.2 참조.)

6.37 마그네슘 고체 시료 0.1375 g을 열용량 3024 J/°C인 일정 부피 통열량계에서 가열하였다. 온도가 1.126°C 증가하였다. Mg가 가열됨에 따라 방출되는 열량을 kJ/g과 kJ/mol로 계산하라.

6.38 열용량이 325 J/°C인 일정 압력 열량계에서 0.900 *M* HCl 85.0 mL를 0.900 *M* KOH 85.0 mL와 섞었다. 두 용액의 초기 온도가 모두 18.24°C로 같았다면 혼합 용액의 최종 온도는 얼마인가? 중화열은 −56.2 kJ/mol이다. 용액들의 밀도와 비열은 물과 같다고 가정한다.

6.6 표준 생성 엔탈피와 표준 반응 엔탈피

복습 질문

6.39 표준 상태 조건이란 무엇을 뜻하는가?

6.40 원소나 화합물의 표준 엔탈피는 어떻게 결정되는가?

6.41 표준 반응 엔탈피란 무엇을 뜻하는가?

6.42 반응 엔탈피를 계산하는 식을 쓰고, 모든 용어를 정의하라.

6.43 헤스 법칙은 무엇인가? 열화학에서 헤스 법칙이 유용한 점을 예를 하나 들어 설명하라.

6.44 화학자들이 화합물의 연소열을 측정해서 ΔH_f°를 구할 때, 헤스 법칙을 어떻게 사용하는지 설명하라.

문제

6.45 다음 중 25°C에서 표준 생성 엔탈피 값이 0이 아닌 것은? $Na(s)$, $Ne(g)$, $CH_4(g)$, $S_8(s)$, $Hg(l)$, $H(g)$.

6.46 두 동소체인 O_2와 O_3의 ΔH_f° 값은 25°C에서 각각 0과 142.2 kJ/mol이다. 이 온도에서 어느 것이 더 안정한가?

6.47 25°C에서 그 값이 음으로 큰 것은 $H_2O(l)$의 ΔH_f°와 $H_2O(g)$의 ΔH_f° 중 어느 것인가?

6.48 25°C에서 다음 원소들에 대한 ΔH_f° 값을(0보다 큰지, 작은지, 같은지) 예측하라. (a) $Br_2(g)$, $Br_2(l)$, (b) $I_2(g)$, $I_2(s)$.

6.49 일반적으로 음의 ΔH_f° 값을 가지는 화합물들은 양의 ΔH_f° 값을 가지는 화합물들보다 더 안정하다. $H_2O_2(l)$은 음의 ΔH_f°를 가진다(표 6.4 참조). 그러나 $H_2O_2(l)$은 왜 $H_2O(l)$와 $O_2(g)$로 분해되는 경향을 띠는 것일까?

6.50 $Ag_2O(s)$와 $CaCl_2(s)$의 ΔH_f°를 (적절한 반응식을 이용하여) 두 물질의 각 구성 원소로부터 측정할 수 있는 방법을 설명하라(계산은 필요치 않음).

6.51 일정 압력과 25°C에서 이 과정의 분해열을 계산하라.

$$CaCO_3(s) \longrightarrow CaO(s) + CO_2(g)$$

(표 6.4에 있는 반응물과 생성물의 표준 생성 엔탈피 참조)

6.52 수용액에서 이온들의 표준 생성 엔탈피는 임의로 H^+ 이온에 대한 값을 0으로 정하여 구한다. 즉, $\Delta H_f^\circ[H^+(aq)] = 0$이다.

(a) 다음 반응에서 Cl^- 이온의 ΔH_f°를 계산하라.

$$HCl(g) \xrightarrow{H_2O} H^+(aq) + Cl^-(aq)$$
$$\Delta H^\circ = -74.9 \text{ kJ/mol}$$

(b) OH^- 이온의 ΔH_f°가 −229.6 kJ/mol라면, 25°C에서 강산(예, HCl) 1 mol을 KOH와 같은 강염기 1 mol로 적정할 때의 중화 엔탈피를 계산하라.

6.53 부록 2의 표준 생성 엔탈피로부터 다음 반응의 연소열을 계산하라.

(a) $2H_2(g) + O_2(g) \longrightarrow 2H_2O(l)$
(b) $2C_2H_2(g) + 5O_2(g) \longrightarrow 4CO_2(g) + 2H_2O(l)$

6.54 부록 2의 표준 생성 엔탈피로부터 다음 반응의 연소열을 계산하라.

(a) $C_2H_4(g) + 3O_2(g) \longrightarrow 2CO_2(g) + 2H_2O(l)$

(b) $2H_2S(g) + 3O_2(g) \longrightarrow 2H_2O(l) + 2SO_2(g)$

6.55 메탄올, 에탄올, n-프로판올은 세 가지 흔한 알코올이다. 각 알코올 1.00 g을 공기 중에서 가열할 때 다음과 같은 열량을 방출한다. (a) 메탄올(CH_3OH): −22.6 kJ, (b) 에탄올(C_2H_5OH): −29.7 kJ, (c) n-프로판올(C_3H_7OH): −33.4 kJ. 이들의 연소열을 kJ/mol 단위로 계산하라.

6.56 다음 반응의 표준 생성 엔탈피는 436.4 kJ/mol이다.

$$H_2(g) \longrightarrow H(g) + H(g)$$

수소 원자(H)의 표준 생성 엔탈피를 계산하라.

6.57 표준 생성 엔탈피로부터 다음 반응의 $\Delta H^\circ_{반응}$을 계산하라.

$$C_6H_{12}(l) + 9O_2(g) \longrightarrow 6CO_2(g) + 6H_2O(l)$$

$C_6H_{12}(l)$의 ΔH°_f는 −151.9 kJ/mol이다.

6.58 B_5H_9(펜타보레인-9, pentaborane-9)은 무색의 반응성이 큰 액체로 산소와 반응하여 불꽃을 발생시킨다. 반응식은 다음과 같다.

$$2B_5H_9(l) + 12O_2(g) \longrightarrow 5B_2O_3(s) + 9H_2O(l)$$

산소와 반응한 반응물의 반응열을 kJ/g 단위로 계산하라. B_5H_9의 표준 생성 엔탈피는 73.2 kJ/mol 이다.

6.59 다음 반응식에 의해 암모니아 1.26×10^4 g가 생성될 때 발생하는 열량을 계산하라.

$$N_2(g) + 3H_2(g) \longrightarrow 2NH_3(g) \qquad \Delta H^\circ_{반응} = -92.6 \text{ kJ/mol}$$

반응은 25°C의 표준 상태 조건에서 일어난다고 가정한다.

6.60 850°C에서 $CaCO_3$가 분해되어 CaO와 CO_2가 얻어진다. 850°C에서 반응물과 생성물의 ΔH°_f 값은 25°C에서의 값과 같다고 가정했을 때, CO_2 66.8 g이 이 반응에서 생성된다면 엔탈피 변화(kJ)를 계산하라.

6.61 다음 자료로부터

$$S(사방) + O_2(g) \longrightarrow SO_2(g) \qquad \Delta H^\circ_{반응} = -296.06 \text{ kJ/mol}$$

$$S(단사) + O_2(g) \longrightarrow SO_2(g) \qquad \Delta H^\circ_{반응} = -296.36 \text{ kJ/mol}$$

다음 변환의 엔탈피 변화를 계산하라.

$$S(사방) \longrightarrow S(단사)$$

(단사황과 사방황은 황 원소의 다른 동소체 형태이다.)

6.62 다음 자료로부터

$$C(흑연) + O_2(g) \longrightarrow CO_2(g) \qquad \Delta H^\circ_{반응} = -393.5 \text{ kJ/mol}$$

$$H_2(g) + \tfrac{1}{2}O_2(g) \longrightarrow H_2O(l) \qquad \Delta H^\circ_{반응} = -285.8 \text{ kJ/mol}$$

$$2C_2H_6(g) + 7O_2(g) \longrightarrow 4CO_2(g) + 6H_2O(l) \qquad \Delta H^\circ_{반응} = -3119.06 \text{ kJ/mol}$$

다음 반응의 엔탈피 변화를 계산하라.

$$2C(흑연) + 3H_2(g) \longrightarrow C_2H_6(g)$$

6.63 다음 연소열로부터

$$CH_3OH(l) + \tfrac{3}{2}O_2(g) \longrightarrow CO_2(g) + 2H_2O(l) \qquad \Delta H^\circ_{반응} = -726.4 \text{ kJ/mol}$$

$$C(흑연) + O_2(g) \longrightarrow CO_2(g) \qquad \Delta H^\circ_{반응} = -393.5 \text{ kJ/mol}$$

$$H_2(g) + \tfrac{1}{2}O_2(g) \longrightarrow H_2O(l) \qquad \Delta H^\circ_{반응} = -285.8 \text{ kJ/mol}$$

원소로부터 메탄올(CH_3OH)의 생성 엔탈피를 계산하라.

$$C(흑연) + 2H_2(g) + \tfrac{1}{2}O_2(g) \longrightarrow CH_3OH(l)$$

6.64 다음 반응의 표준 엔탈피 변화를 계산하라.

$$2Al(s) + Fe_2O_3(s) \longrightarrow 2Fe(s) + Al_2O_3(s)$$

사용할 자료는 다음과 같다.

$$2Al(s) + \tfrac{3}{2}O_2(g) \longrightarrow Al_2O_3(s) \qquad \Delta H^\circ_{반응} = -1669.8 \text{ kJ/mol}$$

$$2Fe(s) + \tfrac{3}{2}O_2(g) \longrightarrow Fe_2O_3(s) \qquad \Delta H^\circ_{반응} = -822.2 \text{ kJ/mol}$$

실전 연습의 답_Answers to Practice Exercises

6.1 (a) 0, (b) −286 J. **6.2** −63 J. **6.3** -6.47×10^3 kJ. **6.4** −111.7 kJ/mol. **6.5** −34.3 kJ. **6.6** −728 kJ/mol. **6.7** 21.19°C. **6.8** 22.49°C. **6.9** 87.3 kJ/mol **6.10** −41.83 kJ/g.

개념과 사실 복습하기의 답_Answers to Review of Concepts & Facts

6.2.1 (a) 고립계. (b) 열린계. (c) 닫힌계. **6.2.2** (a) 흡열. (b) 발열. (c) 흡열. **6.3.1** 부피가 고정된 용기 내부의 기체: $q > 0$, $w = 0$, 움직이는 피스톤이 장착된 실린더 내부의 기체: $q > 0$, $w < 0$. **6.3.2** 2.9×10^2 J. **6.3.3** −21 J. **6.4.1** (b). **6.4.2** 2.68×10^3 kJ. **6.4.3** 23.0 kJ/mol. **6.5.1** Al은 비열이 더 크기 때문이다. **6.5.2** 3720 kJ/mol. **6.5.3** 0.44 J/g·°C. **6.6.1** Hg(*s*). **6.6.2** 반응물에 대한 ΔH°_f 값 앞의 음의 기호는 양의 ΔH°_f을 가지는 반응물이 음의 $\Delta H^\circ_{반응}$(발열 반응)을 가질 수 있다는 것을 의미한다. 식 (6.18) 참조. **6.6.3** −269.3 kJ/mol. **6.6.4** −769.8 kJ/mol.

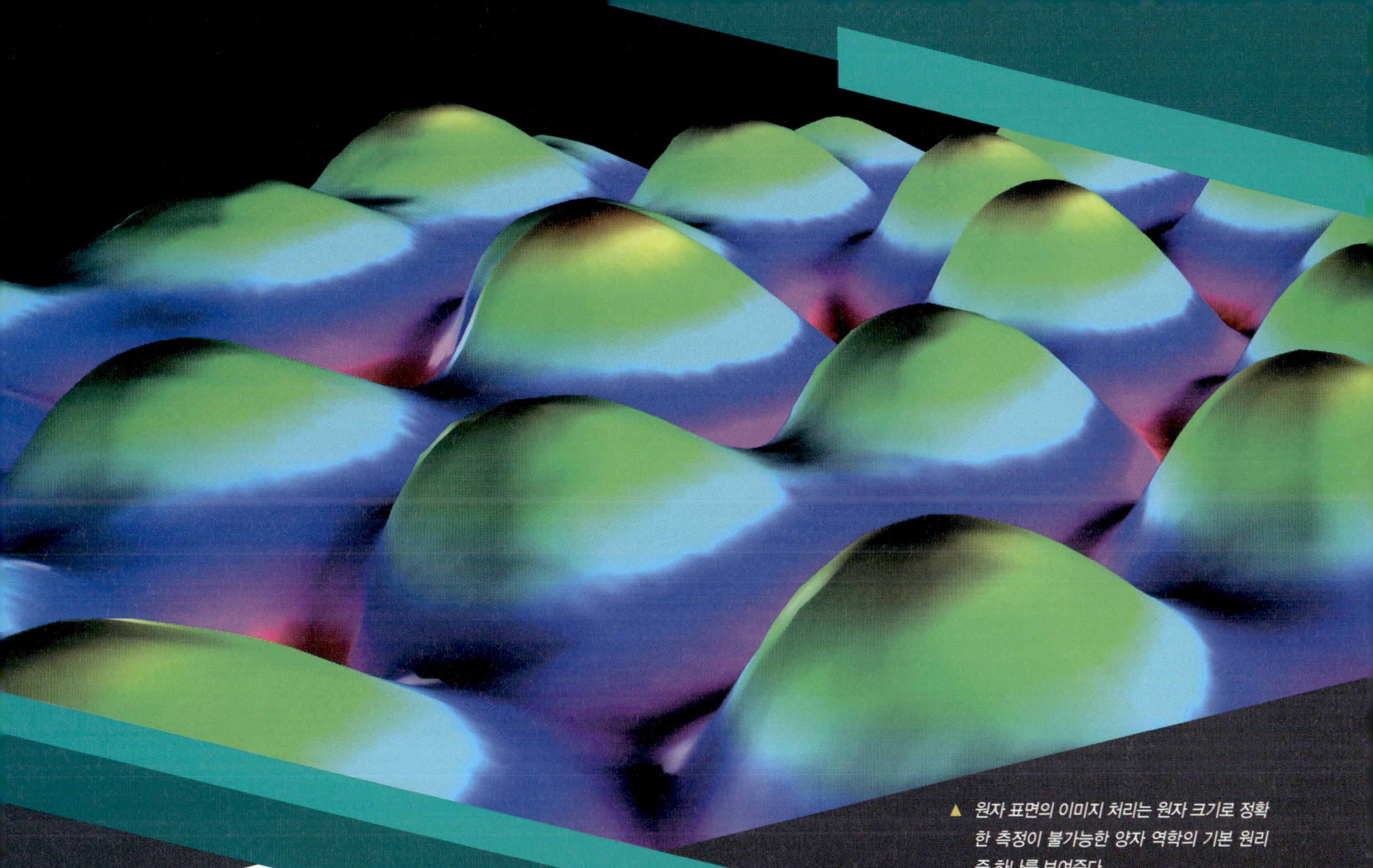

▲ 원자 표면의 이미지 처리는 원자 크기로 정확한 측정이 불가능한 양자 역학의 기본 원리 중 하나를 보여준다.

Andrew Dunn/Alamy Stock Photo

제 7 장

양자론과 원자의 전자구조

Quantum Theory and the Electronic Structure of Atoms

차 례

7.1 고전 물리학에서 양자론으로

7.2 광전 효과

7.3 보어의 수소 원자 이론

7.4 전자의 이중성

7.5 양자 역학

7.6 양자수

7.7 원자 오비탈

7.8 전자 배치

7.9 축조 원리

양자론은 화학에서 전자가 하는 중요한 역할을 예측하고 이해할 수 있도록 해준다. 어떤 의미로는, 원자를 연구한다는 것은 다음과 같은 질문을 하는 것이라고 할 수 있다.

1. 어쩐 특정 원자에는 몇 개의 전자가 존재하는가?
2. 각 전자가 갖는 에너지는 얼마인가?
3. 원자에서 전자들은 어디에서 발견할 수 있는가?

이들 질문에 대한 답은 화학 반응에서 모든 물질의 반응과 직접적인 관계가 있고, 그 대답을 찾아가는 이야기는 우리 논의에 흥미로운 배경이 된다.

7.1 고전 물리학에서 양자론으로

학습 목표

- 파장, 진동수 및 진폭을 포함한 파동의 특성을 요약할 수 있다.
- 빛의 속도가 일정함을 알고 파장과 진동수를 상호변환 할 수 있다.
- 전자기 스펙트럼의 예를 파장과 복사의 종류에 따라 분류할 수 있다.
- 프랑크의 연구에 근거하여 양자론의 기초를 논의할 수 있다.

19세기 물리학자들이 원자와 분자를 이해하려 시도한 것은 제한된 경우에 한해서만 성공할 수 있었다. 분자가 튀어 오르는 작은 공과 같이 운동한다고 가정함으로써, 물리학자들은 기체에 의해 가해진 압력과 같은 거시적인 현상을 예측하거나 설명하는 것이 가능하였다. 그러나 이 모형을 사용하여 분자의 안정성을 설명할 수 없었다. 즉, 그런 이론으로 원자를 결합하고 있는 힘을 설명할 수 없었다. 원자나 분자의 성질을 큰 물체에 적용하는 물리학 법칙으로 설명할 수 *없다*는 것을 인식하는 데는 오랜 시간이 걸렸으며, 그 사실을 받아들이는 데는 더욱 오랜 시간이 걸렸다.

물리학의 새로운 시대는 1900년 독일의 젊은 물리학자인 플랑크(Max Planck)[†]에 의해 시작되었다. 여러 온도로 가열된 고체가 방출한 빛을 분석하던 중, 플랑크는 원자나 분자가 어떤 불연속적인 양, 즉 *양자*(quantum)로만 에너지를 방출한다는 사실을 발견하였다. 물리학자들은 에너지는 연속적인 값을 가지며, 복사 과정에서 에너지는 어떠한 양으로도 방출하는 것이 가능하다고 가정해 왔었다. 플랑크의 *양자론*(quantum theory)은 물리학을 완전히 뒤바꾸어 놓았다. 실제로 잇달아 일어난 연구의 돌풍은 자연에 대해 우리가 가지고 있는 개념을 영원히 바꾸어 놓았다.

파동의 성질

▲ 그림 7.1 바닷물의 파도.
Joslin Stevens/Shutterstock

플랑크의 양자론을 이해하기 위해서는 파동의 본질에 대해 알아야 한다. **파동**(wave)은 *에너지를 전달하는 진동하는 변화*로 생각할 수 있다. 파동의 기본적 성질은 우리에게 친숙한 물결파로 설명할 수 있다(그림 7.1). 봉우리와 골짜기가 규칙적으로 변하면 파동이 진행되는 것처럼 느껴진다.

파동은 자신의 길이와 높이, 그리고 1초 동안 일정 지점을 통과하는 파동의 수로 특징지을 수 있다(그림 7.2). **파장**(wavelength) λ (lambda)는 *연속 파동에서 같은 위치 사이의 길이*에 해당한다. **진동수**(frequency) ν(nu)는 *1초 사이에 특정 지점을 지나가는 파동의 수*이다. **진폭**(amplitude)은 *파의 중간선에서 봉우리 또는 골짜기까지의 수직 길이*이다.

[†]플랑크(Max Karl Ernst Ludwig Plank, 1858~1947)는 독일의 물리학자로, 양자론으로 1918년 노벨 물리학상을 받았다. 그는 또한 열역학과 물리학의 다른 분야에서도 지대한 공헌을 했다.

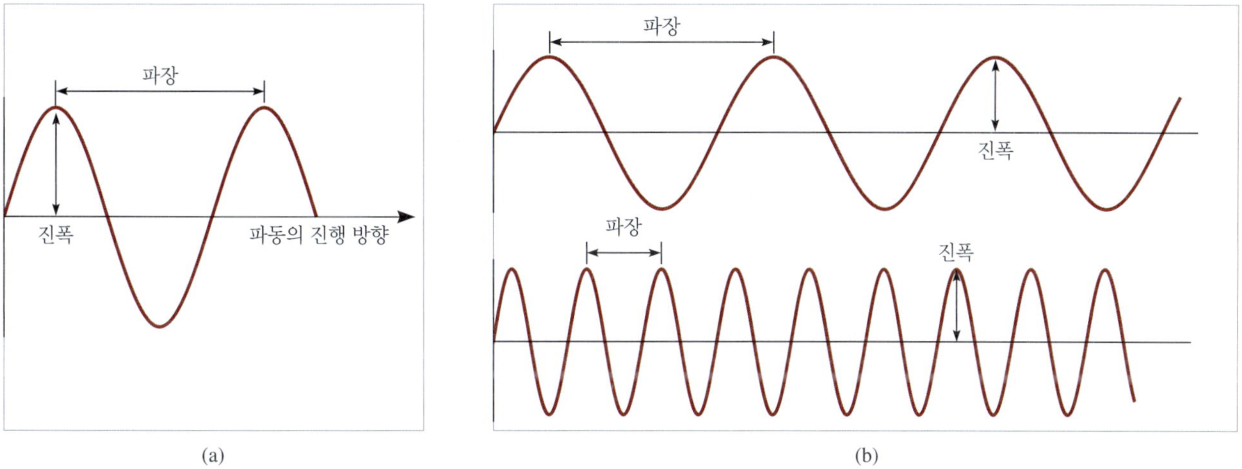

▲ 그림 7.2 (a) 파장 및 진폭. (b) 파장과 진동수가 다른 두 개의 파동. 위 파동의 파장은 아래 파동의 3배이지만, 진동수는 아래 파동의 1/3에 불과하다. 두 파동의 속도와 진폭은 동일하다.

파동의 진폭이 0인 지점을 **마디**(node)라고 한다. 그림 7.2(b)는 진폭이 같지만, 파장과 진동수가 다른 두 개의 파동을 보여준다.

파동의 다른 중요한 성질은 속력이다. 파동의 속력은 파동의 형태와 통과하는 매질(예를 들면 공기, 물, 또는 진공)의 성질에 의존한다. 파동의 속력(u)은 파장과 진동수의 곱으로 주어진다. 즉,

$$u = \lambda\nu \tag{7.1}$$

식 (7.1) 자체의 "적절성"은 세 가지 항에 포함된 물리적 단위를 분석하면 분명해진다. 파장(λ)은 파동의 거리 또는 거리/파동으로 나타낸다. 진동수(ν)는 단위 시간당 어느 기준점을 지나가는 파동의 수, 즉 파동의 (수/시간)으로 나타낸다. 따라서 이들 항의 곱은 거리/시간, 즉 속도의 단위를 갖는다.

$$\frac{\text{거리}}{\text{시간}} = \frac{\text{거리}}{\cancel{\text{파동의 수}}} \times \frac{\cancel{\text{파동의 수}}}{\text{시간}}$$

파장은 보통 m, cm 또는 nm 단위로 표시하고, 진동수는 헤르츠(herts, Hz) 단위로 측정한다. 여기서

$$1\ \text{Hz} = 1\ \text{cycle/s}$$

"주기(cycle)"라는 말은 진동수를 표시하는 단위에서 생략될 수 있다. 예를 들어 진동수는 25/s 또는 25 s^{-1} ("25 per second"로 읽음)로 나타낸다.

▶ 전자기 복사

파동에는 물결파, 음파, 광파와 같이 여러 종류가 있다. 1873년 맥스웰(James Clerk Maxwell)은 가시광선이 전자기파로 되어 있다고 제안하였다. 맥스웰의 이론에 의하면, **전자기파**(electromagnetic wave)는 *전기장 성분과 자기장 성분을 가지고 있다.* 이들 두 성분은 파장과 진동수가 똑같아서 속력도 같지만 서로 수직한 평면상에서 진행한다(그림 7.3). 맥스웰 이론의 중요한 점은 빛의 일반적인 거동을 수식으로 기술한 것이다. 특히 그의 모형은 진동하는 전기장과 자기장을 이용하여 에너지가 복사선 형태로 어떻게 공간을 통해 전파할 수 있는가를 정확하게 기술하고 있다. **전자기 복사**(electromagnetic radiation)는 *에너지가 전자기파의 형태로 방출되고 전달되는 것*이다.

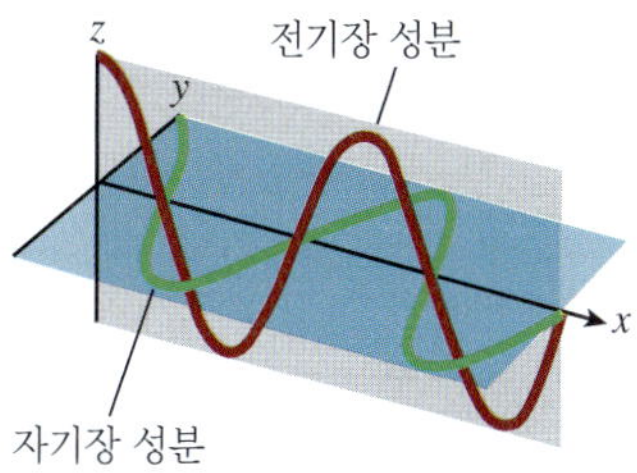

▲ 그림 7.3 전자기파의 전기장 성분과 자기장 성분. 이 두 성분은 파장, 진동수, 진폭이 같지만 서로 수직인 평면에서 진동한다.

전자기파는 진공에서 (반올림하여) 초당 2.99792458×10^8미터(m/s) 또는 초당 186,000 mile로 이동한다. 이 속도는 정확한 숫자이며 일반적으로 계산에서 유효 숫자의 수를 제한하지 않는다. 대부분의 계산에서 3.00×10^8 m/s의 반올림 값을 사용할 수 있다. 이 속도는 매질이 바뀌면 달라지나, 그 차이가 계산 결과를 크게 바꿀 정도는 되지 못하는 작은 값이다. 관습에 따라 전자파의 속도 또는 일반적으로 *빛의 속도*(speed of light)는 기호 c를 사용한다. 전자기파의 파장은 일반적으로 나노미터(nm)로 나타낸다.

예제 7.1

교통 신호등의 녹색 불빛의 중심 파장은 522 nm이다. 이 복사선의 진동수는 얼마인가?

전략 전자기파의 파장이 주어지고, 그 진동수를 계산하라는 문제이다. 식 (7.1)을 재배치하고 u를 c(빛의 속도)로 바꾸면,

$$\nu = \frac{c}{\lambda}$$

풀이 빛의 속도는 m/s로 주어지기 때문에, 파장을 미터로 먼저 변환시키는 것이 편리하다. 1 nm = 1×10^{-9} m(표 1.2 참조)이므로,

$$\lambda = 522 \cancel{\text{nm}} \times \frac{1 \times 10^{-9}\text{ m}}{1 \cancel{\text{nm}}} = 522 \times 10^{-9}\text{ m}$$
$$= 5.22 \times 10^{-7}\text{ m}$$

파장과 빛의 속도(3.00×10^8 m/s)를 치환하면, 진동수는 다음과 같다.

$$\nu = \frac{3.00 \times 10^8\text{ m/s}}{5.22 \times 10^{-7}\text{ m}}$$
$$= 5.75 \times 10^{14}/\text{s},\ \text{또는}\ 5.75 \times 10^{14}\text{ Hz}$$

검산 답은 고정된 한 지점을 1초에 5.75×10^{14} 개의 파동이 지나간다는 것을 보여준다. 매우 높은 이 진동수는 빛의 속도가 매우 빠른 것과 일치한다.

실전 연습 진동수가 3.64×10^7 Hz인 전자기파의 파장은 몇 미터인가?

비슷한 문제: 7.7.

그림 7.4는 파장과 진동수가 서로 다른 여러 가지 형태의 전자기 복사선을 보여준다. 파장이 긴 라디오파는 방송국에서 사용되는 것과 같은 커다란 안테나로부터 방출된다. 파장이 더 짧은 가시광선은 원자와 분자 내부의 전자 운동으로 생성된다. 가장 높은 진동수를 가진, 가장 짧은 파동은 γ(gamma)-선에 해당하는데 γ-선은 원자핵의 내부 변환으로부터 나온다(제2장 참조). 잠시 후에 배우게 되겠지만, 진동수가 크면 클수록 그 파동의 복사 에너지는 더욱 더 크게 된다. 따라서 자외선, X-선, γ-선은 고에너지 복사선이다.

이중 슬릿 실험

전자기파의 중요한 특성은 서로 다른 파동에 의해 간섭을 받는 것이다. 이 현상은 그림 7.5에서 보듯이 슬릿(slit)이라고 부르는 두 개의 작은 구멍을 통해 빛이 보이면 밝은 선과 어두운 선의 반복 무늬를 형성하는 이중 슬릿 실험으로 확실하게 입증되었다. 이러한 무늬를 간섭 무늬(interference pattern)라고 한다.

간섭 무늬는 두 파동의 상호작용 결과이다. 두 파동이 같은 위상(즉, 파동의 최고점과 최저점이 동일한 경우)인 경우, 그림 7.6(a)와 같이 두 파동이 더해지기 때문에 그 결과 밝은 무늬가 된다. 이러한 더해지는 것을 보강 간섭이라 부른다. 반대로, 그림 7.6(b)와 같이

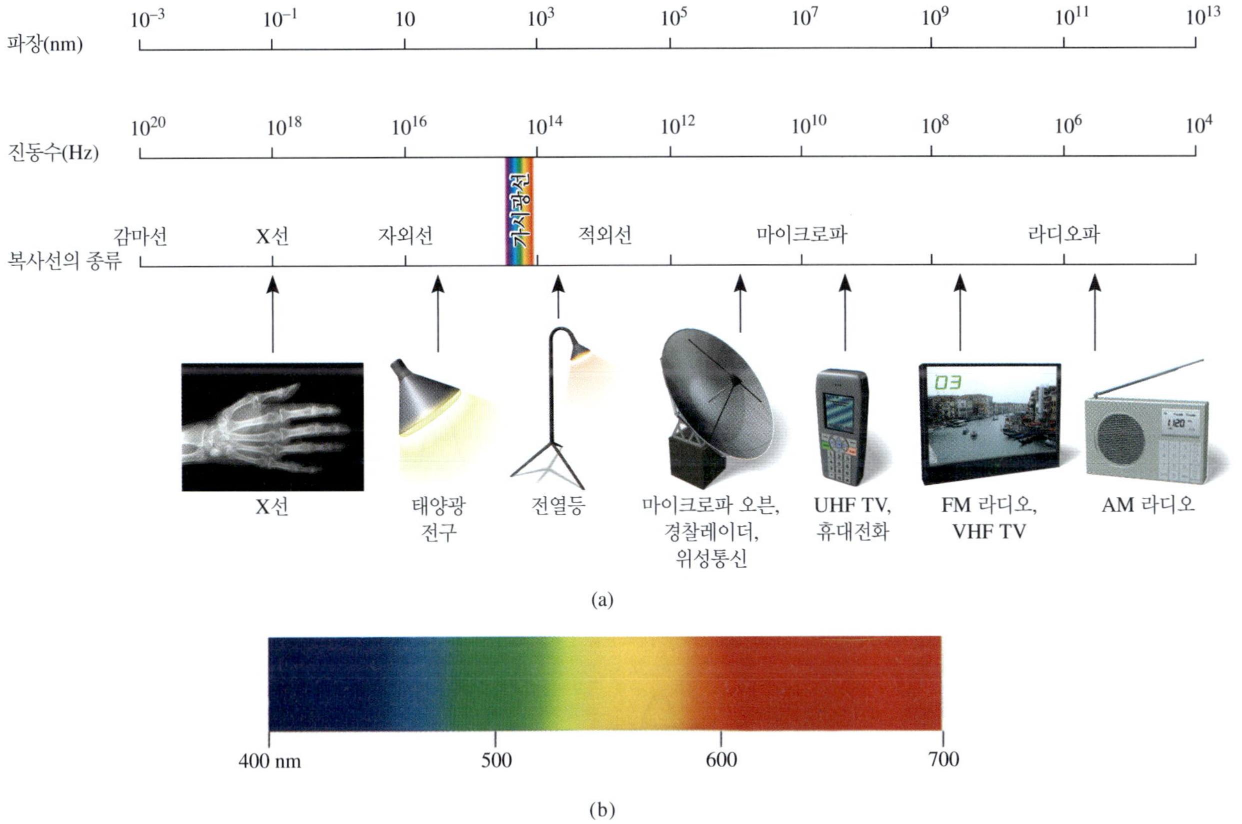

▲ **그림 7.4** (a) 전자기 복사의 종류. 감마선은 파장이 가장 짧고 진동수가 가장 높다. 라디오파는 파장이 가장 길고 진동수는 가장 낮다. 각 복사선은 특정한 파장 범위와 진동수 범위에 걸쳐 있다. (b) 가시광선은 400 nm(보라색)부터 700 nm(빨간색)에 걸쳐 있다.

a: (X-선): Ted Kinsman/Science Source

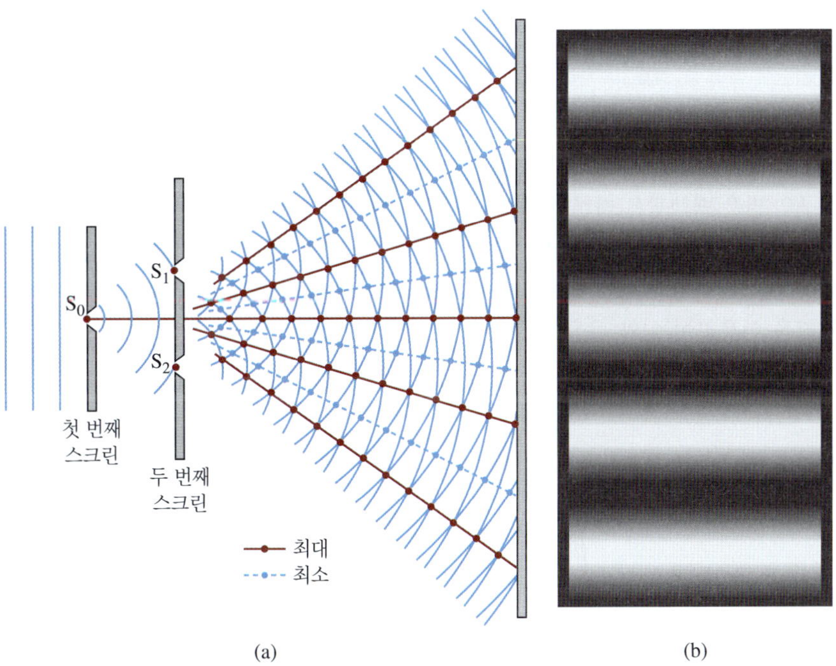

◀ **그림 7.5** 이중 슬릿 실험 (a) 빨간색 선은 파동의 최대 상호작용의 결과이다. 파란색 선은 상호작용하는 파동이 상쇄된 결과이다. (b) 밝고 어두운 영역이 교대로 나타나는 간섭 무늬.

두 파동이 한 파동의 최고점과 다른 파동의 최저점이 서로 정렬되는 반대 위상을 갖게 되면, 그 결과는 각 파동이 완벽하게 상쇄된다. 이를 상쇄 간섭이라고 한다. 상쇄 간섭은 간섭 무늬의 어두운 영역을 만든다. 그림 7.6(c)에서 보는 것과 같이 부분적으로 서로의 위

▶ **그림 7.6** 파동의 보강 간섭과 상쇄 간섭. (a) 두 파동은 위상이 같고, 보강 간섭을 한다. (b) 두 파동은 위상이 달라 상쇄 간섭을 한다. (c) 두 파동이 부분적으로 위상이 달라 다양한 진폭을 갖는 새로운 파동을 발생시킨다.

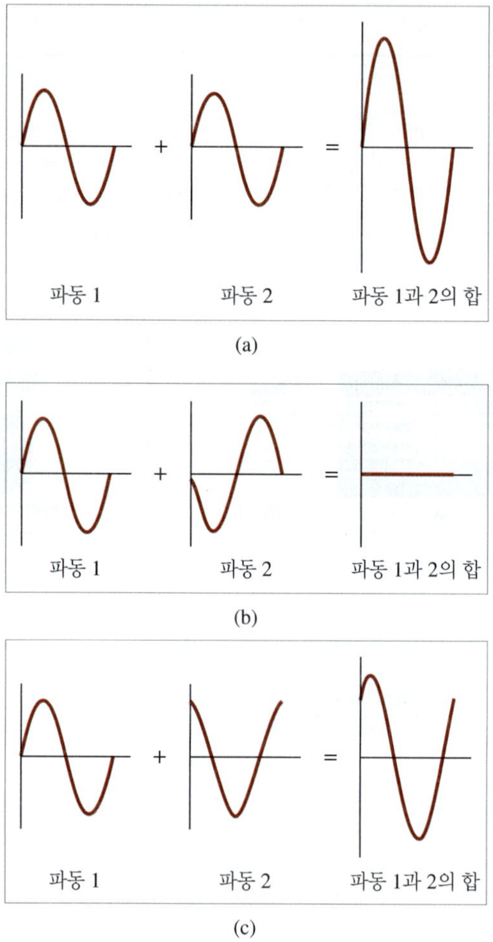

상이 다르면 파동은 다양한 진폭의 새로운 파동을 생성할 수 있다.

플랑크의 양자론

고체가 가열되면 넓은 파장 영역에서 복사선을 방출한다. 전열기의 흐린 붉은 빛과 텅스텐 전구의 밝은 백색광은 다른 온도로 가열된 고체에서 방출되는 복사선의 예이다.

19세기 후반에 측정된 결과에 따르면, 어떤 온도에서 물질로부터 방출하는 복사 에너지의 양은 복사선의 파장에 의존한다는 것이었다. 이미 정립되어 있던 파동 이론과 열역학 법칙을 이용하여 이와 같은 의존성을 설명하고자 하는 시도는 완전하게 성공할 수 없

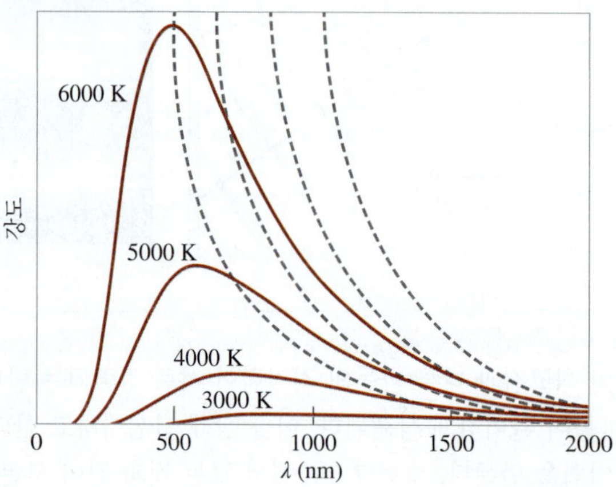

었다. 어떤 이론은 짧은 파장의 의존성은 설명하였으나, 긴 파장에 관해서는 설명할 수 없었다. 다른 이론은 긴 파장에 관해서는 설명하였으나 짧은 파장에 관해서는 설명에 실패하였다. 짧은 파장 영역에서 실패한 것을 *자외선 파국*(ultraviolet catastrophe)이라고 부른다. 이러한 사실로부터, 고전 물리학 법칙에는 어떤 근본적인 것이 빠져있는 것처럼 보이게 되었다.

플랑크는 기존의 개념과 완전히 동떨어진 가정을 함으로써 이 문제를 해결하였다. 고전 물리학에서는 원자나 분자가 임의의 복사 에너지를 흡수하거나 방출할 수 있다고 가정하였다. 그러나 플랑크는 원자나 분자는 마치 작은 꾸러미나 다발처럼, 불연속적인 에너지 양만을 흡수하거나 방출한다고 하였다. 플랑크는 *전자기 복사선의 형태로 방출되거나 흡수되는 가장 적은 에너지양*에 **양자**(quantum)라는 이름을 붙였다. 양자 한 개의 에너지는 다음 식으로 주어진다.

$$E = h\nu \tag{7.2}$$

여기서 h는 *플랑크 상수*(Planck's constant)이고, ν는 복사선의 진동수이다. 플랑크 상수의 값은 6.63×10^{-34} J · s이다. 플랑크 상수 h는 대단히 작은 크기이며, 양자 세계의 작은 척도를 강조하기 때문에 특히 중요하다. 식 (7.2)에서 상수의 존재는 양자 크기에서 무언가의 계산을 할 수 있게 해준다. 플랑크 상수 h의 값은 6.63×10^{-34} J · s이다. $\nu = c/\lambda$이므로 식 (7.2)는 또한 다음과 같이 쓸 수 있다.

$$E = h\frac{c}{\lambda} \tag{7.3}$$

예제 7.2

(a) 파장이 5.00×10^4 nm(적외선 영역)인 광자와 (b) 파장이 5.00×10^{-2} nm(X-선 영역)인 광자의 에너지를 J 단위로 계산하라.

전략 (a)와 (b) 모두 광자의 파장이 주어지고, 그 에너지를 계산하는 문제이다. 식 (7.3)을 이용해서 에너지를 계산한다. 플랑크 상수는 본문 및 부록 6에 나와 있다.

풀이

(a) 식 (7.3)에서,

$$\begin{aligned} E &= h\frac{c}{\lambda} \\ &= \frac{(6.63 \times 10^{-34}\ \text{J}\cdot\text{s})(3.00 \times 10^{8}\ \text{m/s})}{(5.00 \times 10^{4}\ \text{nm})\dfrac{1 \times 10^{-9}\ \text{m}}{1\ \text{nm}}} \\ &= 3.98 \times 10^{-21}\ \text{J} \end{aligned}$$

이것은 파장 5.00×10^4 nm인 광자 하나가 가지는 에너지이다.

(b) (a)에서와 같은 방법에 따라 파장이 5.00×10^{-2} nm인 광자의 에너지가 3.98×10^{-15} J 인 것을 알 수 있다.

검산 광자의 에너지는 파장이 줄어들수록 커지므로, "X-선"의 광자는 "적외선"의 광자보다 1×10^6 배, 즉 백만 배 더 크다.

실전 연습 어떤 광자의 에너지가 5.87×10^{-20} J이다. 파장은 몇 nm인가?

비슷한 문제: 7.15.

양자론에 따르면 에너지는 언제나 $h\nu$, $2h\nu$, $3h\nu$, ...와 같이 $h\nu$의 정수배로 방출되며, 1.67 $h\nu$나 4.98 $h\nu$처럼 방출되지는 않는다. 플랑크가 이 이론을 제시했을 당시, 그는 왜 에너지가 이렇게 양자화되어야 하는지를 설명하지 못했다. 그러나 이 가설로부터 출발하여 그는 고체의 복사선 방출 실험 자료를 전 파장 영역에 걸쳐 아무런 어려움 없이 기술할 수 있었다. 모든 결과는 양자론을 지지하고 있었다.

에너지가 양자화, 즉 "꾸러미"로 존재해야 한다는 생각은 이상하게 보일지 모르나, 양자화의 개념은 많은 비유를 찾을 수 있다. 예를 들면, 전하 역시 양자화되어 있다. 즉, 전하는 전자 하나의 전하인 e의 정수배만 존재한다. 어떤 시료의 물질 내에 있는 전자, 양자, 중성자, 원자의 수가 또한 정수이므로 물질 자체가 양자화되어 있다고 할 수 있다. 우리의 화폐 제도는 1원이라는 단위로 양자화되어 있다. 생물의 활동도 양자화된 현상을 보이고 있다. 닭이 낳는 달걀이 양자화되어 있고, 새끼를 밴 고양이가 정수배의 새끼를 낳지, 절반이나 3/4마리의 새끼를 낳지 않는다.

개념과 사실 요약하기

- 플랑크의 양자론은 가열한 고체에서 방출되는 복사선을 성공적으로 설명한다. 양자론에 의하면 원자나 분자로부터 방출되는 복사는 연속적인 에너지 값이 아닌 불연속적인 작은 양(양자)으로 방출된다. 이 거동은 $E = h\nu$라는 식으로 표현된다. 여기서 E는 복사선의 에너지이고, h는 플랑크 상수, ν는 복사선의 진동수이다. 에너지는 항상 $h\nu$의 정수배(1 $h\nu$, 2 $h\nu$, 3 $h\nu$, . . .)로 방출된다.

개념과 사실 복습하기

7.1.1 다음의 파동 (a)~(c) 중 (i) 가장 높은 진동수, (ii) 가장 긴 파장, (iii) 가장 큰 진폭을 갖는 것은 어느 것인가?

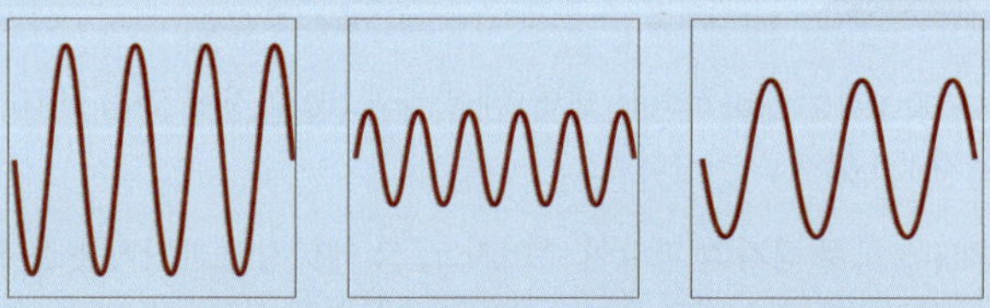

7.1.2 자외선에서 나오는 복사선만 햇빛 그을림을 일으키고 가시광선이나 적외선 영역은 햇빛 그을림에 영향을 주지 못하는 이유는 무엇인가?

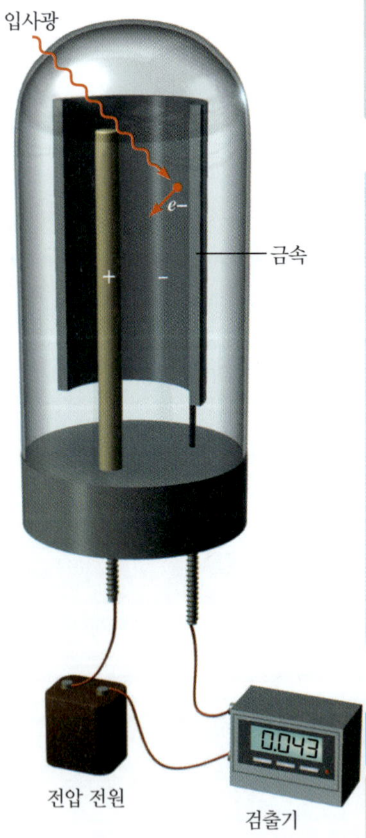

▲ **그림 7.7** 광전 효과 연구 장치. 진동수가 일정한 빛을 깨끗한 금속 표면에 쪼여준다. 방출된 전자들은 양극 쪽으로 끌려간다. 전자의 흐름을 검출기로 측정한다. 카메라의 노출계는 광전 효과를 이용한 것이다.

7.2 광전 효과

학습 목표

- 플랑크 식을 사용하여 광전 효과를 설명할 수 있다.

플랑크가 양자론을 발표한 지 5년이 지난 1905년에 아인슈타인(Albert Einstein)[†]은 양자론을 사용하여 물리학의 또 다른 수수께끼였던 **광전 효과**(photoelectric effect)를 설명하였다. 광전 효과는 *문턱 진동수(threshold frequency, 그림 7.7)라고 부르는 적당한 최소*

[†]아인슈타인(Albert Einstein, 1879~1955)은 독일 태생의 미국 물리학자, 많은 사람은 아이작 뉴턴과 더불어 세계의 가장 위대한 두 명의 물리학자 중 한 명으로 간주한다. 그가 1905년 베른에 있는 스위스 특허청에서 기술 조수로 일하면서 발표한 세 편의 논문(특수 상대성 이론, 브라운 운동, 광전 효과)은 물리학 발전에 지대한 영향을 미쳤다. 그는 광전 효과를 설명한 공로로 1921년 노벨 물리학상을 받았다.

*진동수 이상을 가진 빛을 특정한 금속 표면에 쪼이면 전자가 방출되는 현상*이다. 방출되는 전자의 수는 빛의 강도(또는 밝기)에 비례하였으나, 방출되는 전자의 에너지는 그렇지 않았다. 문턱 진동수 이하에서는 빛의 세기가 아무리 강하더라도 전자가 방출되지 않는다.

광전 효과는 빛의 파동 이론으로 설명될 수 없다. 그러나 아인슈타인은 색다른 가정을 하였다. 그는 빛살을 입자의 흐름으로 제안하였다. 이러한 *빛의 입자*는 지금은 **광자**(photon)라고 부른다. 아인슈타인은 복사선에 대한 플랑크의 양자론을 기초로 하여, 광자는 다음 식으로 주어지는 에너지 E를 가져야 한다고 추론하였다.

$$E = h\nu$$

여기서 ν는 빛의 진동수이다. 광자의 에너지에 대한 식은 식 (7.2)와 같다. 왜냐하면, 곧 알게 되는 것처럼 전자기 복사는 광자의 형태로 흡수될 뿐만 아니라 방출되기 때문이다.

전자들은 인력에 의해 금속 안에 잡혀 있으며, 이들을 금속으로부터 제거하여 자유롭게 떼어놓기 위해서는 충분히 높은 진동수[충분히 높은 에너지에 해당하며 이 진동수는 *문턱 진동수*(threshold frequency)임]의 빛이 필요하다(그림 7.8). 빛을 금속 표면에 쪼이는 것은 입자(광자)의 빛살을 금속 원자에 쏘는 것으로 생각할 수 있다. 광자의 진동수가 **일함수**(work function, Φ)로 알려진 *금속의 전자를 구속하는 에너지*, $h\nu$와 정확히 같을 경우, 그 빛은 전자를 떼어낼 만큼의 에너지를 갖게 된다. 만약 더 높은 진동수의 빛을 사용한다면, 전자들을 떼어낼 뿐만 아니라 약간의 운동 에너지를 얻게 된다(그림 7.9). 이러한 상황은 다음 식으로 요약된다.

$$h\nu = E_k + \Phi \tag{7.4}$$

여기서 E_k는 방출되는 전자의 운동 에너지이고, Φ는 일함수로 전자가 얼마나 강하게 금속에 잡혀 있는가를 나타낸다. 식 (7.4)를 다음과 같이 다시 쓰면

$$E_k = h\nu - \Phi$$

이 식은 광자의 에너지가 클수록(즉, 진동수가 클수록) 방출하는 전자의 운동 에너지는 더 커진다는 것을 보여준다.

이제 동일한 진동수(문턱 진동수보다 더 큰)를 갖지만 강도가 다른 두 빛살을 생각해 보자. 더 강한 빛살은 더 많은 수의 광자들로 구성되어 있다. 결과적으로 강한 빛살은 더 약한 빛살보다 금속 표면에서 더 많은 전자를 방출하게 한다. 따라서 빛의 강도가 클수록 목표 금속에서 더 많은 수의 전자가 방출된다. 빛의 진동수가 높을수록 방출된 전자의 운동 에너지는 더 커진다.

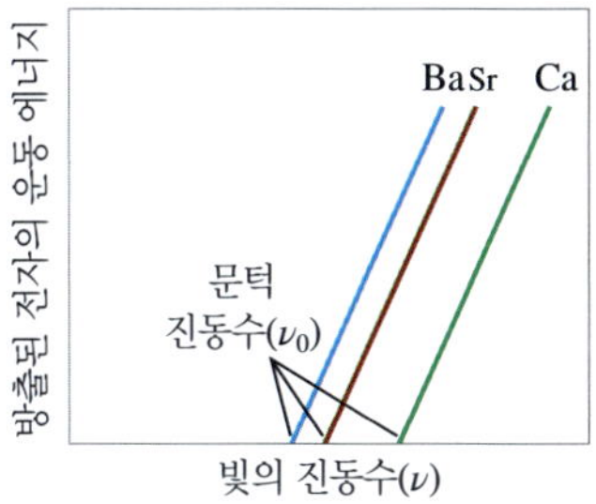

▲ **그림 7.8** 광전 효과에서 빛의 진동수가 금속의 문턱 주파수보다 낮을 때 전자는 방출되지 않는다. 빛의 진동수가 문턱 진동수보다 높으면, 빛의 진동수가 증가함에 따라 방출되는 전자의 운동 에너지도 증가한다.

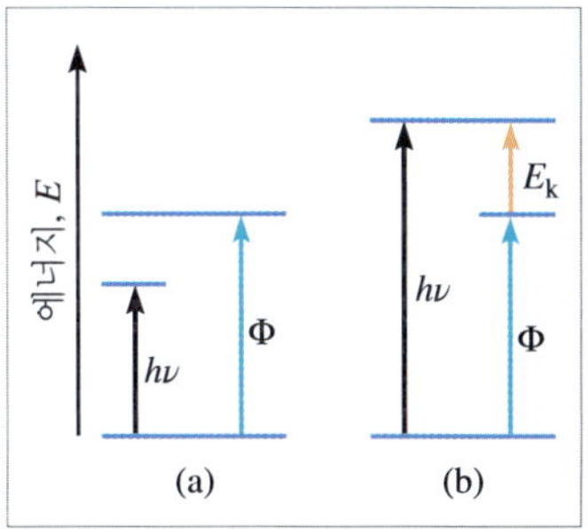

▲ **그림 7.9** 금속에 쪼여주는 빛의 에너지는 빛의 진동수에 비례한다. (a) 빛의 진동수가 너무 낮으면 빛의 에너지가 일함수보다 작기 때문에 금속에서 전자를 제거할 수 없다. (b) 빛의 진동수가 충분히 높으면 빛의 에너지가 일함수보다 커서 전자가 금속에서 방출된다. 빛의 에너지와 일함수의 차이는 방출된 전자의 운동 에너지이다.

인터넷 핫스팟

학생들의 학습 경험에 대해 축적된 자료에 따르면 광전 효과를 이해하는 데 어려움을 겪을 수 있다. 이런 경우 eBook에 접속해서 이 주제에 대한 추가 학습 자료를 보면 도움이 될 수 있다.

예제 7.3

세슘 금속의 일함수는 3.42×10^{-19} J이다. (a) 이 금속에서 전자를 방출하는 데 필요한 빛의 최소 진동수를 계산하라. (b) 진동수 $1.00 \times 10^{15}\ s^{-1}$인 빛을 금속에 조사할 때 방출되는 전자의 운동 에너지를 계산하라.

전략 (a) 원소의 일함수와 빛의 진동수 사이의 관계는 식 (7.4)로 주어진다. 전자를 내놓을 수 있는 빛의 최소 파장은 방출된 전자의 운동 에너지가 0인 경우이다. (b) 빛의 진동수와 일함수를 알면, 방출된 전자의 운동 에너지를 구할 수 있다.

풀이

(a) 식 (7.4)에서 $E_k = 0$으로 놓으면,

(계속)

$$h\nu = \Phi$$

따라서

$$\nu = \frac{\Phi}{h} = \frac{3.42 \times 10^{-19}\ \text{J}}{6.63 \times 10^{-34}\ \text{J}\cdot\text{s}}$$
$$= 5.16 \times 10^{14}\ \text{s}^{-1}$$

(b) 식 (7.4)를 변형시키면

$$\begin{aligned} E_k &= h\nu - \Phi \\ &= (6.63 \times 10^{-34}\ \text{J}\cdot\text{s})(1.00 \times 10^{15}\ \text{s}^{-1}) - 3.42 \times 10^{-19}\ \text{J} \\ &= 3.21 \times 10^{-19}\ \text{J} \end{aligned}$$

검산 방출된 전자의 운동 에너지(3.21×10^{-19} J)는 광자의 에너지(6.63×10^{-19} J)보다 작다. 따라서 답은 합리적이다.

실전 연습 타이타늄 금속의 일함수는 6.93×10^{-19} J이다. 금속에 조사된 빛의 진동수가 $2.50 \times 10^{15}\ \text{s}^{-1}$였다면 방출된 전자의 운동 에너지를 계산하라.

비슷한 문제: 7.21, 7.22.

빛에 대한 아인슈타인의 이론은 과학자들을 모순에 빠뜨렸다. 그의 이론은 광전 효과를 만족스럽게 설명하고 있지만, 빛의 입자설은 알려진 빛의 파동으로서의 거동과 일치하지 않았다. 이러한 모순을 해결하는 유일한 방법은 빛이 입자의 성질과 파동의 성질 양쪽 모두를 가지고 있다는 생각을 받아들이는 것이다. 실험에 따라서 빛은 파동으로 또는 입자의 흐름으로 행동한다. 이 개념은 물리학자들이 물질과 빛에 대해 생각했던 방법과는 완전히 달랐으며, 그들이 이 개념을 받아들이는 데까지 오랜 시간이 걸렸다. 7.4절에서 설명하는 것처럼 입자와 파동의 이중성은 빛에만 국한된 것이 아니라, 전자를 포함하는 모든 물질의 특성이다.

개념과 사실 요약하기

- 아인슈타인은 양자론을 이용하여 19세기 물리학의 또 다른 수수께끼였던 광전 효과를 만족스럽게 설명하였다. 아인슈타인은 빛이 입자(광자)의 흐름처럼 행동할 수 있다고 제안하였다.

개념과 사실 복습하기

7.2.1 광자는 $7.25 \times 10^{14}\ \text{s}^{-1}$의 진동수를 갖는다. 이 광자의 에너지를 줄 단위로 계산하라.

7.2.2 광자의 에너지는 6.69×10^{-19} J/광자이다. 광자의 파장(nm)은 얼마인가?

7.2.3 깨끗한 금속 표면에 3가지 파장 λ_1, λ_2, λ_3의 빛을 쪼여주었다. 방출된 전자의 운동 에너지는 다음과 같다. $\lambda_1 = 2.9 \times 10^{-20}$ J, λ_2 = 대략 0, $\lambda_3 = 4.2 \times 10^{-19}$ J. 파장이 가장 짧은 빛과 파장이 가장 긴 빛은 어느 것인가?

7.3 보어의 수소 원자 이론

학습 목표

- 수소 원자의 보어 모형과 그 모형을 사용하여 수소의 원자 방출 스펙트럼을 설명할 수 있다.

아인슈타인의 연구는 19세기 물리학에 남은 또 다른 "수수께끼"인 원자의 방출 스펙트럼을 푸는 방법을 제시하였다.

방출 스펙트럼

17세기에 뉴턴이 태양 광선은 여러 색의 성분이 모여 백색광을 생성한다는 사실을 보인 이후로, 많은 화학자와 물리학자들은 *물질에 의해 방출하는 연속 또는 선 스펙트럼*인 **방출 스펙트럼**(emission spectrum)의 특성에 관해 연구해 왔다. 물질의 방출 스펙트럼은 그 물질 시료에 열에너지나 고전압 전기방전과 같은 다른 형태의 에너지를 가함으로써 얻을 수 있다. 고온 상태에서 갓 끄집어낸 "적열(red-hot)" 또는 "백열(white-hot)" 상태의 철 막대는 독특한 빛을 생성한다. 맨눈으로 식별 가능한 이 빛은 방출 스펙트럼 중에서 눈으로 감지할 수 있는 일부분이다. 같은 철 막대의 따뜻함은 방출 스펙트럼의 또 다른 부분인 적외선 영역을 나타낸다. 태양이나 가열된 고체의 방출 스펙트럼에서 공통적인 특징은 둘 다 연속적인 모든 파장의 가시광선 스펙트럼이 나타난다는 것이다(그림 7.4에서 가시광선 영역 참조).

동영상 자료
선 스펙트라

▲ 포크 사이에 고전압이 가해지면 피클 안에 들어 있는 소듐 이온 중 일부가 들뜬 상태에서 소듐 원자로 바뀐다. 이 원자는 바닥 상태로 이완될 때 특징적인 노란색 빛을 방출한다.
Stephen Frisch/McGraw-Hill

반면에, 기체 상태의 원자 방출 스펙트럼은 빨간색에서 보라색까지 연속적으로 퍼진 파장들이 보이지 않는 대신, 가시광선 영역의 특정 부분에서 밝은 선 스펙트럼을 생성한다. 이와 같은 **선 스펙트럼**(line spectrum)은 *특정 파장에서만 방출되는 빛이다*. 그림 7.10은 방출 스펙트라를 연구하는 데 사용하는 방전관의 개략도이고, 그림 7.11은 방전관의 수소 원자가 방출하는 빛의 색을 보여주고 있다.

각 원소는 독특한 방출 스펙트럼을 갖는다. 지문으로 사람을 구별하는 것처럼, 원자 스펙트럼에서 특징적인 선들은 미지 원자들을 확인하는 화학 분석에 사용할 수 있다. 알려진 원소의 방출 선 스펙트럼이 미지 시료의 방출 스펙트럼의 선들과 정확하게 일치할 때, 그 시료를 확인할 수 있다. 이와 같은 절차의 유용성은 화학 분석에서 오래전에 인식

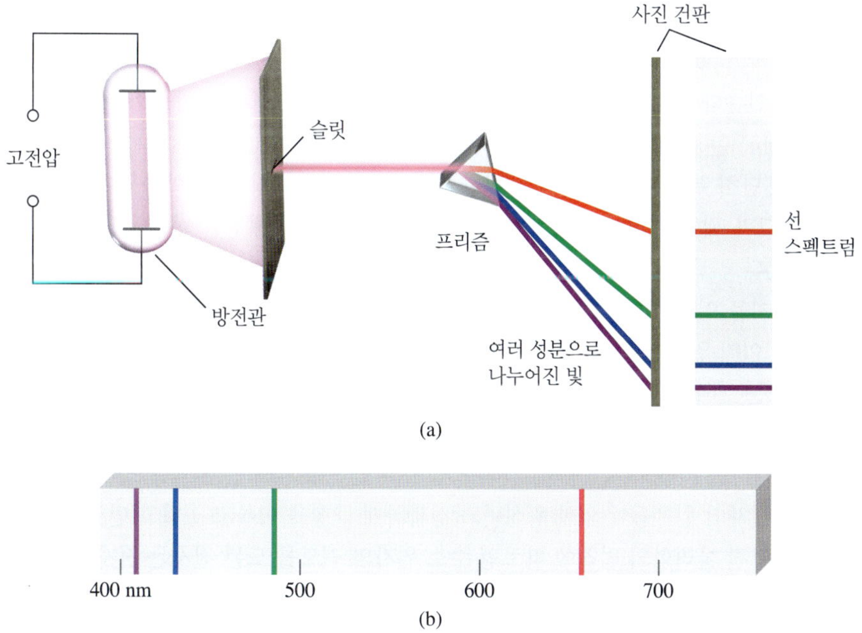

▲ **그림 7.10** (a) 원자와 분자의 방출 스펙트럼 연구 실험 장치. 연구 대상인 기체는 2개의 전극을 포함하는 방전관 속에 들어 있다. 전자가 음극에서 양극으로 흐르면서 기체와 충돌한다. 이 충돌 과정으로 원자(또는 분자)들이 빛을 방출한다. 방출된 빛은 프리즘에 의해 각 구성 성분 색들로 분리된다. 각 성분 색은 그 파장에 따라 특정한 위치에 초점을 맺게 되고, 사진 건판 위에 슬릿 모양으로 색을 띤 상을 형성한다. 이 색을 띤 상을 스펙트럼 선이라고 부른다. (b) 가시광선 영역에서 수소의 선 방출 스펙트럼.

▲ **그림 7.11** 방전관 속 수소 원자에 의해서 방출되는 색. 관찰되는 색은 가시광선 스펙트럼에서 방출되는 색들이 섞여 보이는 것이다.
SPL/Science Source

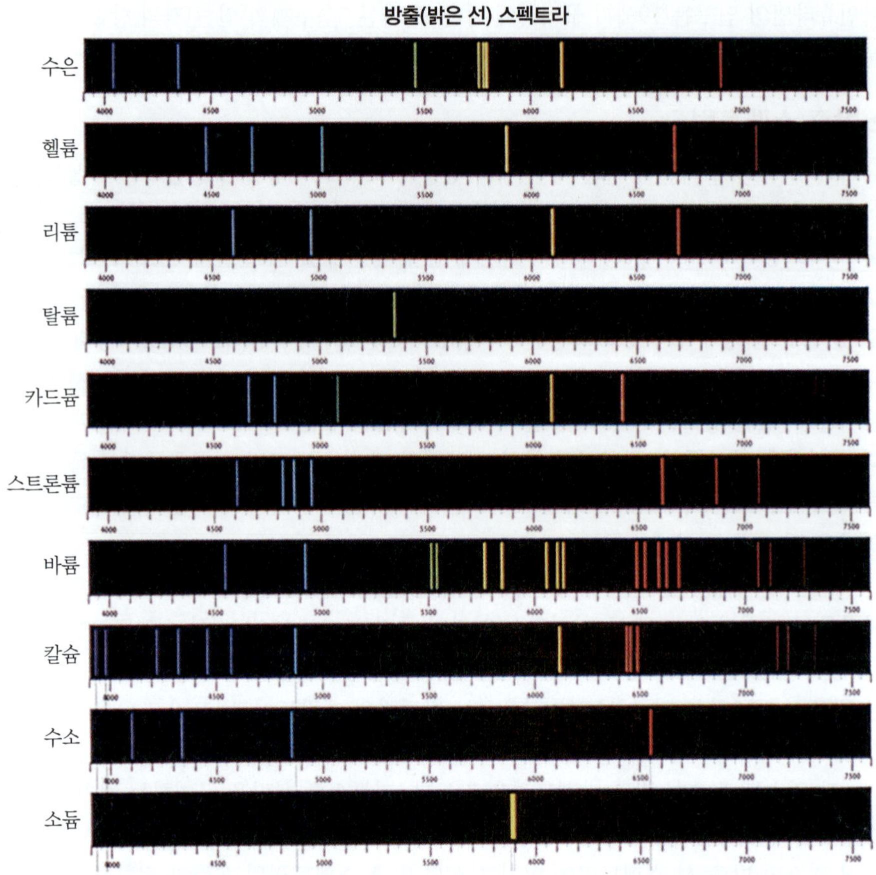

▶ **그림 7.12** 여러 원소의 방출 스펙트라. 스펙트럼 선의 단위는 옹스트롬(angstroms, Å)이다. 1Å = 1 × 10^{-10} m.
Courtesy of Wabash Instrument Corporation

되었지만, 이들 스펙트럼 선이 생기는 원인은 20세기 초까지 알려지지 않았다. 그림 7.12은 몇 가지 원소들의 방출 스펙트럼을 보여준다.

수소 원자의 방출 스펙트럼

동영상 자료
원자 선 스펙트럼

플랑크와 아인슈타인의 발견이 있은 지 얼마 되지 않은 1913년에 덴마크의 물리학자 보어(Niels Bohr)[†]는 수소 원자의 방출 스펙트럼에 대한 이론적인 설명을 제시하였다. 보어의 이론은 대단히 복잡하며, 이론의 세밀한 부분은 이제 더 이상 옳게 받아들여지지 않는다. 따라서 그가 세웠던 의미 있는 가정과 선 스펙트럼을 설명해주는 최종 결과에만 초점을 맞추어 본다.

보어가 처음 이 문제에 도전했을 때, 물리학자들은 원자에 전자와 양성자가 포함되어 있다는 것을 이미 알고 있었다. 그들은 원자를 핵 주위의 원형 궤도를 따라 전자들이 고속으로 회전하는 존재로 생각하였다. 이것은 태양을 중심으로 돌고 있는 행성들의 운동과 비슷하였기 때문에 매우 그럴듯한 모형이었다. 수소 원자 내부에 양전하를 띠는 양성자 "태양"과 음전하를 띠는 전자 "행성" 간의 정전기적 인력에 의해 전자가 안으로 끌리고 있고, 이 힘은 전자의 원운동에 의한 원심력과 정확하게 균형을 이루고 있다고 믿었다.

그러나 고전 물리학의 법칙에 따르면 수소 원자의 궤도를 도는 전자는 전자기파 형태로 에너지를 방출하여 핵에 가속도로 끌리게 된다. 따라서 그런 전자는 급격하게 핵 쪽으로 나선 궤도를 돌면서 다가가 양성자를 만나 스스로 소멸하게 될 것이다. 이런 일이 일어나지 않는 현상을 설명하기 위해, 보어는 전자가 특정한 에너지를 가지고 특정한 궤도에

[†]보어(Niels Henrik David Bohr, 1885~1962)는 덴마크 물리학자로, 현대 물리학의 창시자 중 한 명이며, 수소 원자의 스펙트럼을 설명하는 이론으로 1922년 노벨 물리학상을 받았다.

만 있을 수 있다고 가정하였다. 다시 말하면, 전자의 에너지는 양자화되어 있다. 이 가능한 궤도에 있는 전자는 핵 속으로 나선 궤도를 돌며 다가가지 않고, 복사 에너지도 내놓지도 않을 것이다. 보어는 에너지를 가진 수소 원자가 방출 스펙트럼을 내놓는 것을 전자가 높은 에너지의 궤도로부터 더 낮은 에너지를 가진 궤도로 떨어지면서 빛의 형태로 된 에너지 양자(광자)를 잃는 것으로 설명하였다(그림 7.13). 보어는 수소 원자의 전자가 가질 수 있는 에너지는 다음 식으로 주어진다고 하였다.

$$E_n = -R_{\mathrm{H}}\left(\frac{1}{n^2}\right) \tag{7.5}$$

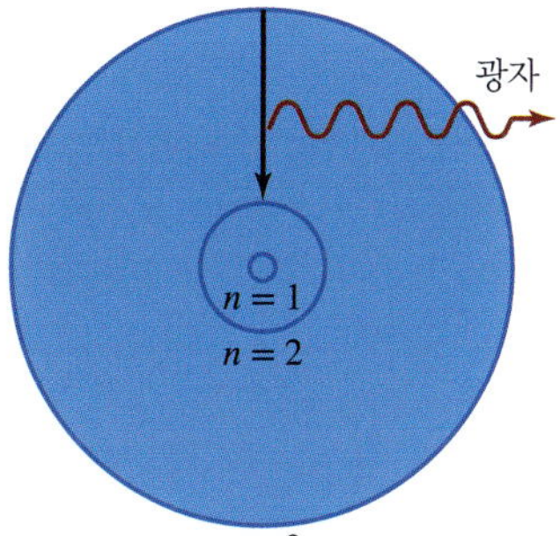

▲ **그림 7.13** 보어 이론에 따른 들뜬 수소 원자의 방출 과정. 원래 더 높은 에너지 궤도 $n = 3$에 있던 전자가 낮은 에너지 궤도 $n = 2$로 떨어진다. 그 결과 $h\nu$의 에너지를 갖는 광자가 방출된다. $h\nu$라는 값은 방출 과정에서 전자에 의해 채워진 두 궤도 사이의 에너지 차와 같다. 간단히 하기 위해 그림에는 3개의 궤도만 나타내었다.

여기서 R_{H}는 수소 원자의 리드베리(Rydberg)† 상수로서 2.18×10^{-18} J의 값을 갖는다. n은 1, 2, 3, . . . 의 정수로서 주양자수(principal quantum number)라고 부른다.

식 (7.5)에서 음의 부호는 임의의 규칙으로, 원자에 있는 전자의 에너지는 원자핵에서 무한히 멀리 떨어져 있는 전자인 *자유 전자*(free electron)의 에너지보다 더 *낮다*는 것을 의미한다. 자유 전자의 에너지는 임의로 0으로 할당한다. 수학적으로 이것은 식 (7.5)에서 n을 무한대로 놓으며, 따라서 $E_\infty = 0$이다. 전자가 핵에 가까워짐에 따라(n 값이 감소함에 따라), E_n의 절대값은 더욱 커지며 더욱 큰 음의 값을 가지게 된다. 가장 큰 음의 값은 $n = 1$일 때에 도달하는데, 이것은 가장 안정한 에너지 상태에 해당한다. 이것을 **바닥 상태**(ground state) 또는 **바닥 준위**(ground level)라고 부르는데, 이는 *어떤 계*(이 경우에는 원자)의 *가장 낮은 에너지 상태*를 언급하는 것이다. $n = 2, 3, \ldots$ 에 대하여 전자의 안정도는 감소하는데, 이들 각각의 에너지 준위는 *바닥 상태보다 높은 에너지*에 해당하는 **들뜬 상태**(excited state) 또는 **들뜬 준위**(excited level)라고 부른다. $n = 1$보다 큰 수소 원자의 전자는 들뜬 상태에 있다고 말한다. 보어 모형에서 각 원형 궤도의 반지름은 n^2에 의존한다. 이렇게 하여 n이 1에서 2와 3으로 증가함에 따라서 궤도의 반지름은 급격하게 증가한다. 들뜬 상태가 높으면 높을수록 전자는 핵으로부터 더욱 멀리 떨어진다(그리고 핵에 느슨하게 잡혀 있게 됨).

보어 이론으로 수소 원자핵의 선 스펙트럼을 설명할 수 있다. 원자에 의해 흡수된 복사 에너지는 전자를 더 낮은 에너지 상태(더 작은 n 값)로부터 더 높은 에너지 상태(더 큰 n 값)로 이동하게 한다. 반대의 경우, 전자가 더 높은 에너지 상태로부터 더 낮은 에너지 상태로 이동할 때 복사 에너지는 광자의 형태로 방출한다. 전자가 한 에너지 상태로부터 다른 에너지 상태로 양자화되어 움직이는 것은 테니스공이 계단을 오르거나 내려가는 운동과 비슷하다(그림 7.14). 이 공은 몇 개의 계단 중 어느 곳에나 놓일 수 있지만, 결코 계단 사이에는 놓일 수는 없다. 더 낮은 계단으로부터 더 높은 계단으로 이동하는 것은 에너지를 얻는 과정이다. 반면 더 높은 계단으로부터 더 낮은 계단으로 이동하는 것은 에너지를 잃는 과정이다. 이런 형태의 변화에 수반되는 에너지의 양은 시작하는 계단과 끝나는 계단 간의 거리에 의해 결정된다. 이와 비슷하게 보어 원자 내에 있는 전자를 움직이는 데 필요한 에너지의 양은 처음과 마지막 상태의 에너지 준위의 차로부터 계산할 수 있다.

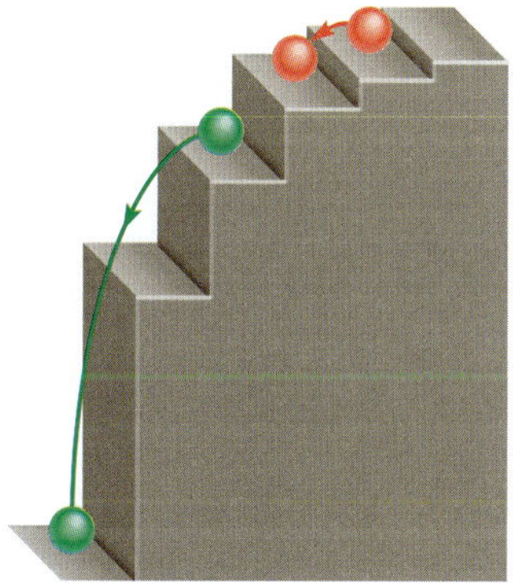

▲ **그림 7.14** 방출 과정과 비슷한 역학적 비유. 공은 아무 계단 위에서든 머물 수 있지만, 계단 사이에는 머물 수 없다.

전자가 처음에 주양자수 n_{i}인 들뜬 상태에 있다고 가정하고, 식 (7.5)를 수소 원자의 발광 과정을 설명하는 데 적용해 보자. 발광 과정 동안 전자는 주양자수 n_{f}인 더 낮은 에너지 상태로 떨어진다[아래첨자 i와 f는 각각 초기(initial)와 최종(final) 상태를 나타낸다]. 이와 같은 낮은 에너지 상태는 덜 들뜬 상태거나 바닥 상태일 수 있다. 초기와 최종 상태의 에너지 차는 다음과 같다.

†리드베리(Johannes Robert Rydberg, 1854~1919)는 스웨덴의 물리학자로, 여러 원소의 선 스펙트라를 연구하여 물리학에 중요한 공헌을 하였다.

$$\Delta E = E_f - E_i$$

식 (7.5)로부터

$$E_f = -R_H\left(\frac{1}{n_f^2}\right)$$

그리고

$$E_i = -R_H\left(\frac{1}{n_i^2}\right)$$

이다. 따라서

$$\Delta E = \left(\frac{-R_H}{n_f^2}\right)\left(\frac{-R_H}{n_i^2}\right)$$
$$= R_H\left(\frac{1}{n_i^2} - \frac{1}{n_f^2}\right)$$

이 전이는 진동수는 ν이고 에너지는 $h\nu$인 광자 방출의 결과이기 때문에, 두 궤도의 에너지 차(ΔE)를 다음 식으로 쓸 수 있다.

$$\Delta E = h\nu = R_H\left(\frac{1}{n_i^2} - \frac{1}{n_f^2}\right) \tag{7.6}$$

광자가 방출될 때 $n_i > n_f$이다. 그 결과 괄호 안의 항이 음이고, ΔE도 음이다 (에너지를 주위로 잃는다). 에너지가 흡수될 때는 $n_i < n_f$이고, 괄호 안의 항이 양이므로 ΔE도 양이다. 방출 스펙트럼에서 각 스펙트럼 선은 수소 원자에서 특정한 전이에 해당한다. 많은 수의 수소 원자들을 연구해 보면, 가능한 모든 전이와 그에 해당하는 방출 스펙트럼을 관측할 수 있다. 스펙트럼 선의 밝기는 동일한 파장의 광자들이 얼마나 많이 방출되는가에 달려 있다.

수소 원자의 방출 스펙트럼은 적외선부터 자외선까지의 넓은 영역의 파장을 포함하고 있다. 표 7.1은 수소 원자 스펙트럼에서 가능한 여러 전이들을 나타내고 있다. 각 계열의 스펙트럼은 발견자들의 이름을 붙였다. 발머(Balmer) 계열은 몇몇 선들이 가시광선 영역에 들기 때문에 특히 연구하기 쉬웠다.

그림 7.13는 한 가지 전이를 보인 것이다. 그러나, 그림 7.15와 같이 전이들을 표시하는 것이 더 많은 정보를 제공한다. 각 수평선은 수소 원자의 전자에 대한 허용된 에너지 준위를 나타낸다. 에너지 준위들은 해당하는 주양자수로 표시하였다.

예제 7.4는 식 (7.6)의 사용 방법을 설명하고 있다.

인터넷 핫스팟

학생들의 학습 경험에 대해 축적된 자료에 따르면 보어의 수소 원자의 에너지 준위를 계산하는 데 어려움을 겪을 수 있다. 이런 경우 eBook에 접속해서 이 주제에 대한 추가 학습 자료를 보면 도움이 될 수 있다.

예제 7.4

수소 원자에서 $n_i = 5$인 상태에서 $n_f = 2$인 상태로 전이할 때 방출되는 광자의 파장은 몇 나노미터인가?

전략 방출 과정에 대한 초기 상태와 최종 상태가 주어져 있다. 식 (7.6)을 이용하여 방출되는 광자의 에너지를 계산할 수 있다. 그런 다음 식 (7.2)와 (7.1)을 이용하여, 광자의 파장을 구할 수 있다. 리드베리(Rydberg) 상수 값은 본문 중에 있다

풀이 식 (7.6)으로부터 다음과 같이 쓸 수 있다.

$$\Delta E = R_H\left(\frac{1}{n_i^2} - \frac{1}{n_f^2}\right)$$
$$= 2.18 \times 10^{-18}\text{ J}\left(\frac{1}{5^2} - \frac{1}{2^2}\right)$$
$$= -4.58 \times 10^{-19}\text{ J}$$

(계속)

표 7.1 여러 계열의 수소 원자 방출 스펙트럼

계열	n_f	n_i	스펙트럼 영역
라이먼(Lyman)	1	2, 3, 4, ...	자외선
발머(Balmer)	2	3, 4, 5, ...	가시광선과 자외선
파셴(Paschen)	3	4, 5, 6, ...	적외선
브라켓(Brackett)	4	5, 6, 7, ...	적외선
푼트(Pfund)	5	6, 7, 8, ...	적외선
험프리스(Humphreys)	6	7, 8, 9, ...	적외선

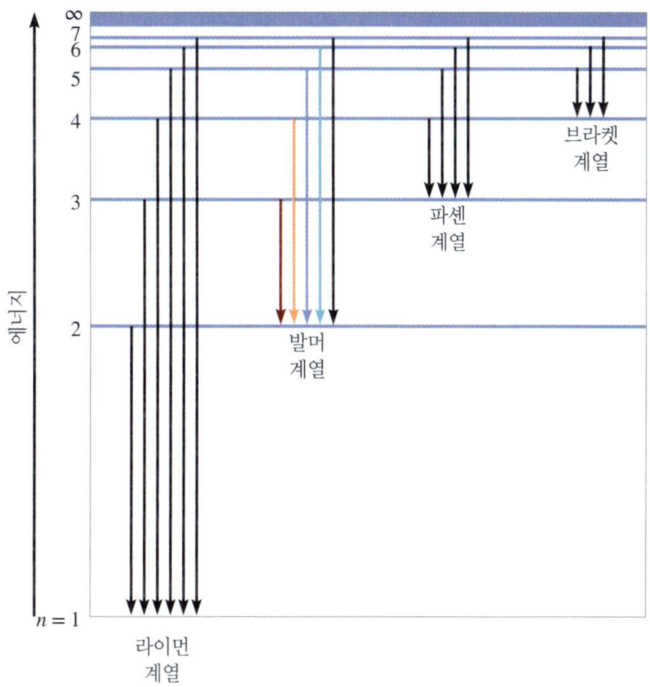

그림 7.15 수소 원자의 에너지 준위들과 여러 에너지 방출 계열. 각 에너지 준위는 보어가 제안하여 그림 7.13에 나타낸 궤도의 허용된 에너지 상태와 관련된 에너지에 해당한다. 방출 선은 표 7.1에 따라 표시하였다.

음의 부호는 이 에너지가 방출 과정과 연관되어 있다는 것을 나타낸다. 광자의 파장은 항상 양수이기 때문에 파장을 계산하기 위해, ΔE에서 음의 부호를 생략한다. $\Delta E = h\nu$ 또는 $\nu = \Delta E/h$이므로, 다음과 같이 광자의 파장을 계산할 수 있다.

$$\begin{aligned}\lambda &= \frac{c}{\nu}\\ &= \frac{ch}{\Delta E}\\ &= \frac{(3.00\times10^{8}\ \text{m/s})(6.63\times10^{-34}\ \text{J}\cdot\text{s})}{4.58\times10^{-19}\ \text{J}}\\ &= 4.34\times10^{-7}\ \text{m}\\ &= 4.34\times10^{-7}\ \text{m}\left(\frac{1\ \text{nm}}{1\times10^{-9}\ \text{m}}\right) = 434\ \text{nm}\end{aligned}$$

검산 파장은 전자기파의 가시광선 영역이다(그림 7.4 참조). 이것은 $n_f = 2$이므로 이 전이가 발머(Balmer) 계열의 선 스펙트럼을 만든다는 사실과 일치한다(그림 7.15 참조).

실전 연습 수소 원자에서 $n_i = 6$인 상태에서 $n_f = 4$인 상태로 전이할 때 방출되는 광자의 파장은 몇 나노미터인가?

비슷한 문제: 7.31, 7.32.

개념과 사실 요약하기

- 19세기 물리학자들에게 또 다른 수수께끼였던 수소의 선 스펙트럼은 양자론을 적용해 설명되었다. 보어는 단일 전자의 에너지가 주양자수인 정수로 결정되는 특정 에너지 값으로 제한되는 수소 원자 모형을 개발하였다.
- 가장 안정한 에너지 상태에 있는 전자를 바닥 상태에 있다고 하고, 가장 안정한 상태보다 높은 에너지 준위에 있는 전자를 들뜬 상태에 있다고 한다. 보어 모형에서 전자는 에너지가 더 높은 상태(들뜬 상태)에서 에너지가 낮은 상태(바닥 상태 또는 덜 들뜬 상태)로 떨어질 때 광자를 방출한다. 광자 형태의 특정 양의 에너지 방출은 수소 방출 스펙트럼의 선을 설명한다.

개념과 사실 복습하기

7.3.1 수소 원자에서 다음 중 어떤 전이가 더 짧은 파장의 빛을 방출하겠는가?
(a) $n_i = 5 \rightarrow n_f = 3$ 또는 (b) $n_i = 4 \rightarrow n_f = 2$

7.3.2 수소 원자에서 $n = 4$ 상태의 전자 에너지는 얼마인가?

7.3.3 수소 원자의 전자가 $n_i = 7$에서 $n_f = 2$로 전이할 때 방출되는 광자의 파장(nm)은 얼마인가?

7.4 전자의 이중성

학습 목표

- 전자의 이중성과 관련하여 드브로이 파동 방정식의 중요성을 평가할 수 있다.

물리학자들은 보어(Bohr) 이론에 어리둥절해 하면서도 흥미를 느끼게 되었다. 그들은 수소의 전자 에너지가 어떻게 양자화되는지, 좀 더 구체적으로는 표현하면, 왜 원자 안에 있는 전자가 일정 거리에서만 핵 주위를 회전해야 하는지에 대한 의문을 제기하였다. 그러나 10년 동안 보어 자신을 포함해서 아무도 이에 대한 논리적인 설명을 할 수 없었다. 1924년 드브로이(Louis de Broglie)[†]는 이 수수께끼에 대한 답을 제공하였다. 드브로이는 빛의 파동이 입자(광자)들의 흐름처럼 행동할 수 있다면, 전자와 같은 입자들은 파동의 성질을 가질 수 있다고 생각하였다.

드브로이 이론에 따르면, 핵에 예속된 전자는 *정상파*(standing wave)처럼 행동한다고 하였다. 정상파는 기타줄 따위를 튕겨서 발생시킬 수 있다(그림 7.16). 이런 파는 줄을 따라서 이동하지 않기 때문에 제자리에서 진동하는 파동, 정상파라고 불린다. **마디**(node)라고 부르는 줄 위에 있는 몇몇 점들은 전혀 움직이지 않아, *이 점에서 파의 진폭은 0이다*. 각 끝에 하나의 마디가 있고, 양 끝 사이에 마디가 더 있을 수 있다. 진동수가 클수록 정상파의 파장은 더욱 짧아지고, 마디의 수는 늘어난다. 그림 7.16에 보인 바와 같이 한 줄에서 허용되는 운동에 따라 특정한 파장만이 존재할 수 있다.

드브로이는 전자가 수소 원자 내에서 정상파처럼 행동한다면, 파장은 정확히 궤도의 원주와 일치해야 한다고 주장하였다(그림 7.17). 그렇지 않다면 그 파동은 연속적인 궤도상에서 자신의 일부를 상쇄시킬 것이다. 결국 파의 진폭은 점점 줄어들어 0이 될 것이고

[†]드브로이(Louis Victor Pierre Raymond Duc de Broglie, 1892~1987)는 프랑스의 물리학자로, 프랑스의 유서 깊은 상류 집안의 일원이며 공작의 지위를 가지고 있었다. 자신의 박사 학위 논문에서, 그는 물질과 복사가 파동과 입자의 두 가지 성질을 모두 가지고 있다고 제안하였는데, 이 업적으로 1929년 노벨 물리학상을 수상하였다.

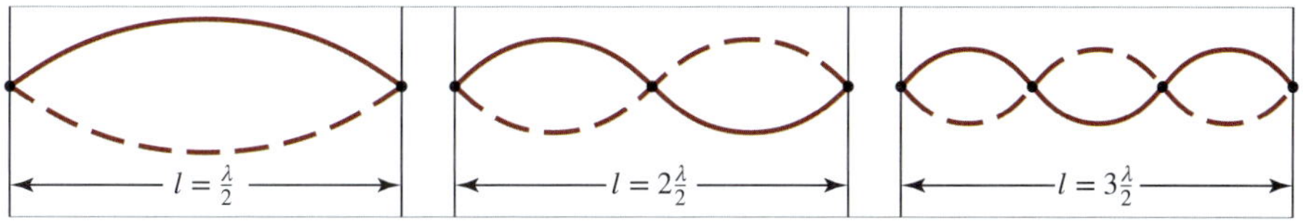

그림 7.16 기타 줄에 의해 만들어진 정상파. 각 점은 마디를 나타낸다. 줄의 길이(l)는 반파장($\lambda/2$)의 정수배와 같아야 한다.

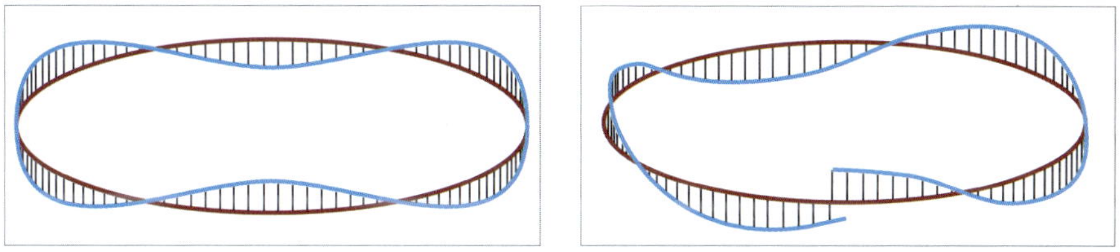

(a) (b)

그림 7.17 (a) 궤도의 둘레는 파장의 정수배와 같다. 이것은 허용된 궤도이다. (b) 궤도의 둘레가 파장의 정수배와 같지 않다. 결과적으로 전자의 파동은 그 자신과 겹쳐지지 못한다. 이는 허용되지 않는 궤도이다.

그 파는 존재하지 않게 될 것이다.

전자의 허용된 궤도의 원주($2\pi r$)와 파장(λ) 간의 관계는 다음 식으로 주어진다.

$$2\pi r = n\lambda \tag{7.7}$$

여기서 r은 궤도 반지름이고, λ는 전자 파동의 파장이며, n = 1, 2, 3, ...이다. n이 정수이기 때문에 n이 1로부터 2, 3 등으로 증가함에 따라 r은 특정한 값만을 갖게 된다. 전자의 에너지는 궤도의 크기(또는 r의 값)에 의존하기 때문에 이 또한 양자화되어야 한다.

드브로이의 생각은 파동은 입자처럼 행동할 수 있고, 입자는 파동의 성질을 나타낼 수 있다는 결론에 도달하게 되었다. 드브로이는 입자와 파동의 성질이 다음 식으로 표현될 수 있다고 추측하였다.

$$\lambda = \frac{h}{mu} \tag{7.8}$$

여기서 λ, m, u는 각각 움직이는 입자와 연관된 파장(m 단위), 입자의 질량(kg 단위), 속력(m/s 단위)이다. 식 (7.8)은 움직이는 입자는 파동으로 취급할 수 있고, 파동은 입자의 성질을 나타낸다는 것을 의미한다. 식 (7.8)에서 좌변의 파장은 파동의 성질을 포함하는 반면에, 우변은 질량에 기준을 두고 있는데, 질량은 분명한 입자의 성질이다. 식 (7.8)을 사용하여 계산된 모든 파장은 일반적으로 드브로이 파장으로 알려져 있다. 또한 식에서 플랑크 상수의 존재에 주목하라. 7.1절에서 언급했듯이 이것은 양자 수준의 양을 나타낸다.

인터넷 핫스팟

학생들의 학습 경험에 대해 축적된 자료에 따르면 드브로이 파장을 이해하는 데 어려움을 겪을 수 있다. 이런 경우 eBook에 접속해서 이 주제에 대한 추가 학습 자료를 보면 도움이 될 수 있다.

예제 7.5

다음 두 경우에 "입자"의 파장을 계산하라. (a) 테니스에서 가장 빠른 서브는 시간당 약 150마일, 즉 68 m/s이다. 이 속력으로 움직이는 6.0×10^{-2} kg의 테니스 공과 관련된 파장을 계산하라. (b) 68 m/s로 움직이는 전자(질량 9.1094×10^{-31} kg)와 관련된 파장을 계산하라.

전략 (a)와 (b)에서 입자의 질량과 속력이 주어지고, 파장을 계산하므로, 식 (7.8)을 필요로 한다. 플랑크 상수의 단위가 J·s이므로, m과 u의 단위는 각각 kg과 m/s이어야 한다(1 J = 1 kg m^2/s^2).

풀이

(a) 식 (7.8)을 이용하여,

$$\lambda = \frac{h}{mu}$$

(계속)

$$= \frac{6.63 \times 10^{-34}\ \text{J}\cdot\text{s}}{(6.0 \times 10^{-2}\ \text{kg}) \times 68\ \text{m/s}}$$
$$= 1.6 \times 10^{-34}\ \text{m}$$

해설 이 길이는 원자의 크기인 1×10^{-10} m를 생각하면 매우 짧은 파장이다. 이 이유로 테니스 공의 파동 성질은 현존하는 장치로는 측정할 수 없다.

(b) 이 경우,

$$\lambda = \frac{h}{mu}$$
$$= \frac{6.63 \times 10^{-34}\ \text{J}\cdot\text{s}}{(9.1094 \times 10^{-31}\ \text{kg}) \times 68\ \text{m/s}}$$
$$= 1.1 \times 10^{-5}\ \text{m}$$

해설 이 파장 (1.1×10^{-5} m, 즉 1.1×10^{4} nm)은 적외선 영역이다. 이 계산은 전자(그리고 다른 극미소 입자)만이 측정 가능한 파장을 가진다는 것을 보여준다.

실전 연습 H 원자(질량 = 1.674×10^{-27} kg)가 7.00×10^{2} cm/s의 속력으로 움직일 때 파장을 나노미터로 계산하라.

$$\lambda = \frac{h}{mu}$$

비슷한 문제 : 7.40, 7.41.

$$= \frac{6.63 \times 10^{-34}\ \text{J}\cdot\text{s}}{(6.0 \times 10^{-2}\ \text{kg}) \times 68\ \text{m/s}}$$
$$= 1.6 \times 10^{-34}\ \text{m}$$

해설 이 길이는 원자의 크기인 1×10^{-10} m를 생각하면 매우 짧은 파장이다. 이 이유로 테니스 공의 파동 성질은 현존하는 장치로는 측정할 수 없다.

(b) 이 경우,

$$\lambda = \frac{h}{mu}$$
$$= \frac{6.63 \times 10^{-34}\ \text{J}\cdot\text{s}}{(9.1094 \times 10^{-31}\ \text{kg}) \times 68\ \text{m/s}}$$
$$= 1.1 \times 10^{-5}\ \text{m}$$

해설 이 파장 (1.1×10^{-5} m, 즉 1.1×10^{4} nm)은 적외선 영역이다. 이 계산은 전자(그리고 다른 극미소 입자)만이 측정 가능한 파장을 가진다는 것을 보여준다.

실전 연습 H 원자(질량 = 1.674×10^{-27} kg)가 7.00×10^{2} cm/s의 속력으로 움직일 때 파장을 나노미터로 계산하라.

비슷한 문제: 7.40, 7.41.

예제 7.5는 드브로이 식이 다양한 계에 적용될 수 있지만, 파동의 성질은 극미소 물질에 대해서만 관측 가능하다는 사실을 보여주고 있다.

드브로이 식이 소개된 직후, 미국의 데이비슨(Clinton Davisson)[†], 저머(Lester Germer)[‡], 영국의 톰슨(G. P. Thomson)[§]은 전자가 파동성을 가진다는 사실을 증명하였다. 톰

[†]데이비슨(Clinton Joseph Davisson, 1881~1958)은 미국 물리학자로 전자의 파동성을 입증한 공로로 G. P. 톰슨과 함께 1937년 노벨 물리학상을 공동 수상하였다.

[‡]저머(Lester Halbert Germer, 1896~1972)는 미국 물리학자로 데이비슨과 함께 전자의 파동성을 발견하였다.

[§]톰슨(George Paget Thomson, 1892~1975)은 영국 물리학자로 J. J. 톰슨의 아들이며, 데이비슨과 함께 전자의 파동성을 입증한 공로로 1937년에 노벨 물리학상을 받았다.

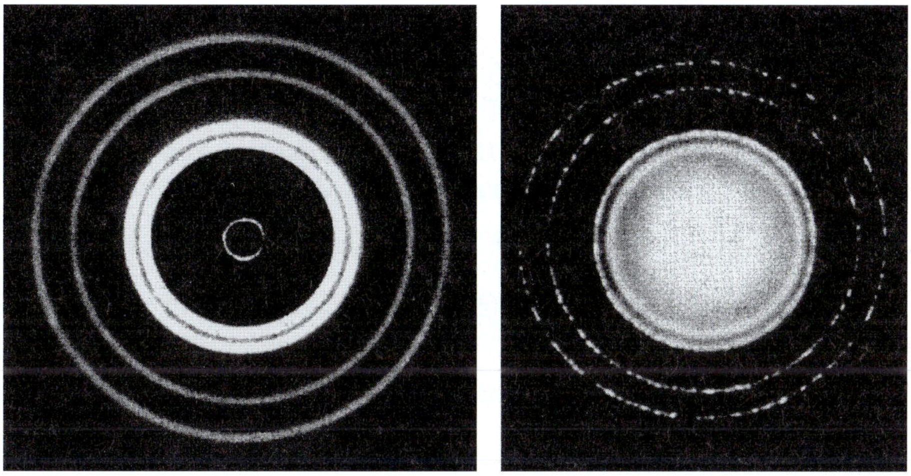

▶ **그림 7.18** (a) 알루미늄 박막의 X-선 회절. (b) 알루미늄 박막의 전자 회절. 이들 두 회절 패턴의 유사성은 전자가 X-선과 같이 행동하며 파동의 성질을 나타낸다는 것을 보여준다.
(a와 b): ©Education Development Center, Inc.

슨은 얇은 금박 조각에 전자살을 쪼였을 때, 파동인 X-선을 사용할 때와 같은 패턴인 동심원 고리들을 스크린에서 얻을 수 있었다. 그림 7.18은 알루미늄에 대해서 얻어지는 패턴을 보여준다.

물질의 파동적 특성은 전자 현미경과 중성자 회절과 같은 실험적인 기술을 낳는데, 이것은 액체와 고체의 구조와 동역학을 연구하는 데 사용될 수 있다.

개념과 사실 요약하기

- 드브로이는 아인슈타인이 빛에 대해서 제안한 파동-입자 이중성을 운동하는 모든 물질로 확장하였다. 질량이 m이고 속도가 u인 운동하는 입자의 파장은 드브로이 방정식인 $\lambda = h/mu$로 주어진다.

개념과 사실 복습하기

7.4.1 식 (7.8)에서 거시적인 물체가 관찰 가능한 파동 특성을 나타내지 않는다는 사실을 설명하는 양은 어느 것인가?

7.4.2 5.0 m/s로 이동하는 중성자(1.67493×10^{-27} kg)의 파장(nm)은 얼마인가?

7.5 양자 역학

학습 목표

- 하이젠베르크의 불확정성 원리의 관련성을 설명할 수 있다.
- 전자 밀도가 어떻게 원자 오비탈의 모양을 어떻게 정의하는지 설명할 수 있다.

보어 이론의 화려한 성공 뒤에 연속적인 실망이 뒤따르게 되었다. 보어의 접근 방식은 He^+와 Li^{2+}와 같은 수소 및 수소와 유사한 종의 관찰된 방출 스펙트럼을 설명했지만, 헬륨 및 리튬 원자와 같이 하나 이상의 전자를 포함하는 원자들의 방출 스펙트럼을 설명할 수 없었다. 게다가 자기장을 걸었을 때, 수소 원자 방출 스펙트럼에서 왜 여분의 선들이 나타나는가를 설명하지 못하였다. 전자가 파동과 같다는 것이 발견되자 또 다른 문제가 발생하였다. 즉, 어떻게 파동의 "위치"가 결정될 수 있는가? 파동은 공간에 퍼져 있기 때문에 파동의 정확한 위치를 정의할 수 없었다.

▶ 하이젠베르크의 불확정성 원리

전자의 이중성은 전자의 질량이 매우 작기 때문에 특히 골칫거리이었다. 파동처럼 행동하는 아원자 입자들의 위치를 설명하기 위해, 하이젠베르크(Werner Heisenberg)[†]는 오늘날 **하이젠베르크의 불확정성 원리**(Heisenberg uncertainty principle)로 알려진 *입자의 운동량(질량과 속도의 곱)과 위치를 동시에 정확하게 아는 것은 불가능하다*는 수식을 제안하였다. 이를 수학적으로 표시하면 다음과 같다.

$$\Delta x \Delta p \geq \frac{h}{4\pi} \tag{7.9}$$

여기서 Δx와 Δp는 각각 입자의 위치와 운동량을 측정할 때 나타나는 불확정성이다. 식 (7.9)를 사용해 운동량(p)를 계산하려면 m은 kg 단위, u는 m/s 단위를 사용해야만 한다. 부등호 ≥는 다음과 같은 의미가 있다. 위치와 운동량의 측정된 불확정성이 크면(예를 들어 실험을 대략적으로 진행한 경우), 그 곱은 $h/4\pi$보다 훨씬 더 커진다(즉, 부등호 >가 성립함). 식 (7.9)의 의미는 가장 좋은 조건에서 위치와 운동량을 측정했더라도, 그 불확정성의 곱은 $h/4\pi$보다 작아질 수 없다(즉, =이 성립함)는 것이다. 따라서 입자의 운동량을 *더* 정밀하게 측정한다면(즉, Δp를 *작게* 만든다면), 위치는 보다 *덜* 정밀하게 될 것이다(즉, Δx는 더 *크게* 됨). 마찬가지로 입자의 위치가 정확하게 알려진다면, 그 운동량 측정값은 덜 정확하게 된다. 하이젠베르크의 불확정성 원리는 우리가 양자 크기에서 물질의 본질에 대해 알 수 있는 것에 근본적인 한계를 알려준다.

하이젠베르크의 불확정성 원리를 수소 원자에 적용하면, 실제로는 전자가 보어가 생각했던 것 같은 잘 정의된 궤도를 따라서 핵 주위를 돌지 않는다는 것을 알게 된다. 따라서 잘 정의된 궤도에서 전자가 핵 주위를 도는 것을 상상하는 것은 적절하지 않다. 만약 잘 정의된 궤도에서 전자가 핵 주위를 돈다면 전자의 위치(특정 궤도상의 위치에서)와 운동량(운동 에너지에서)을 동시에 정확하게 결정할 수 있으며, 이는 불확정성 원리를 위반하는 것이다.

예제 7.6

(a) 한 전자가 8.0×10^6 m/s의 속력으로 움직이고 있다. 속력 측정에서 불확정성이 속력의 1.0%라면 전자 위치의 불확정성을 계산하라. 전자의 질량은 9.1094×10^{-31} kg이다. (b) 100 mph(시간당 마일)로 던진 질량 0.15 kg인 야구공의 운동량이 6.7 kg · m/s이다. 이 운동량 측정의 불확정성이 1.0×10^{-7}이라면 야구공 위치의 불확정성을 계산하라.

전략 (a)와 (b) 모두에서 *최소의* 불확정성을 계산하기 위해 식 (7.9)를 사용한다.

풀이

(a) 전자의 속력 u의 불확정성은 다음과 같다.

$$\begin{aligned}\Delta u &= 0.010 \times 8.0 \times 10^6 \text{ m/s} \\ &= 8.0 \times 10^4 \text{ m/s}\end{aligned}$$

운동량(p)은 $p = mu$이므로

$$\begin{aligned}\Delta p &= m\Delta u \\ &= 9.1094 \times 10^{-31} \text{ kg} \times 8.0 \times 10^4 \text{ m/s} \\ &= 7.3 \times 10^{-26} \text{ kg} \cdot \text{m/s}\end{aligned}$$

(계속)

[†]하이젠베르크(Werner Karl Heisenberg, 1901～1976)는 독일의 물리학자로, 현대 양자 이론의 창시자 중 한 사람이며 1932년 노벨 물리학상을 받았다.

식 (7.9)로부터 전자 위치의 불확정성은 다음과 같다.

$$\begin{aligned}\Delta x &= \frac{h}{4\pi\Delta p}\\ &= \frac{6.63 \times 10^{-34}\ \text{J}\cdot\text{s}}{4\pi(7.3 \times 10^{-26}\ \text{kg}\cdot\text{m/s})}\\ &= 7.24 \times 10^{-10}\ \text{m}\end{aligned}$$

이 불확정성은 전자 4개의 지름 정도에 해당한다.

(b) 야구공 위치의 불확정성은 다음과 같다.

$$\begin{aligned}\Delta x &= \frac{h}{4\pi\Delta p}\\ &= \frac{6.63 \times 10^{-34}\ \text{J}\cdot\text{s}}{4\pi \times 1.0 \times 10^{-7} \times 6.7\ \text{kg}\cdot\text{m/s}}\\ &= 7.9 \times 10^{-29}\ \text{m}\end{aligned}$$

이것은 매우 작은 숫자로 중요하지 않다. 즉, 거시적 세계에서 야구공의 위치를 정하는 데 불확정성은 실제로 없다.

실전 연습 산소 분자의 위치가 ±3 nm로 알려져 있다면 속력에서의 불확정성을 추정하라. 산소 분자의 질량은 5.31×10^{-26} kg이다.

슈뢰딩거 방정식

분명한 점은 보어는 원자를 이해하는 데 크게 이바지하였고, 원자 속 전자의 에너지가 양자화되었다는 그의 설명은 아무런 문제가 되지 않는다는 점이다. 그러나 그의 이론은 원자 안에 있는 전자의 거동을 완벽하게 설명하지는 못했다. 1926년 오스트리아의 물리학자 슈뢰딩거(Erwin Schrödinger)[†]는 복잡한 수학적 기법을 사용하여 소립자의 거동과 에너지를 기술하는 식을 만들었다. 일반적으로 이 방정식은 거시적 입자에 대한 뉴턴의 운동 방정식에 비유된다. *슈뢰딩거 방정식*(Schrödinger equation)을 풀기 위해서는 고급 대수학이 요구되나, 여기서는 더 이상 설명하지 않겠다. 그러나 이 식은 질량 m으로 나타낸 입자성과 계(예를 들면, 원자 내의 전자)의 공간상의 위치에 의존하는 *파동 함수*(wave function) Ψ(psi)로 나타낸 파동성이 통합되어 있다는 사실을 아는 것은 매우 중요하다.

파동 함수 그 자체는 직접적인 물리적 의미를 갖지 않는다. 그러나 공간상의 어느 지역에서 전자를 발견할 확률은 파동 함수의 제곱인 Ψ^2에 비례한다. Ψ^2을 확률에 관련시키는 생각은 파동 이론과 유사성에서 온 것이다. 파동 이론에 의하면, 빛의 세기는 파동 진폭의 제곱 또는 파동 함수의 제곱 Ψ^2에 비례한다. 광자를 발견할 가능성이 가장 높은 영역은 세기가 가장 큰, 즉 Ψ^2 값이 최대인 곳이다. 비슷한 논리로 Ψ^2을 핵 주변의 지역에서 전자를 발견할 가능성과 관련시키고 있다.

슈뢰딩거 방정식은 새로운 분야인 *양자 역학*[quantum mechanics, *파동 역학*(wave mechanics)이라고 부르기도 함]이 시작되었기 때문에 물리와 화학에서 새로운 시대를 열었다. 이 방정식은 양자 역학의 기본 가정이므로 다른 원리에서 유도될 수 없다. 이제 우리는 보어가 수소 원자에 대해 설명한 1913년부터 1926년까지 개발한 양자 역학을 "고전 양자론(old quantum theory)"이라고 부른다.

수소 원자의 양자 역학적 설명

슈뢰딩거 방정식은 전자가 수소 원자에서 가질 수 있는 가능한 에너지 상태와 그에 상응

[†]슈뢰딩거(Erwin Schrödinger, 1887～1961)는 오스트리아의 물리학자로 현대 양자론의 토대가 되는 파동역학을 만들었으며 1933년 노벨 물리학상을 받았다.

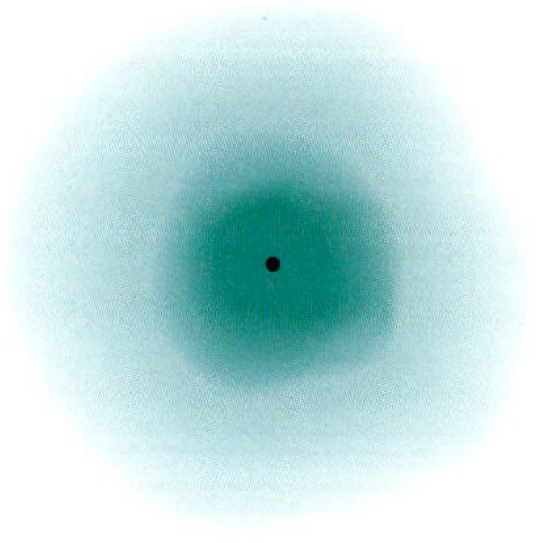

▲ **그림 7.19** 수소 원자 내의 핵 주위를 둘러싼 전자 밀도 분포. 핵에 가까울수록 전자를 발견할 확률이 높아짐을 알 수 있다.

하는 파동 함수(Ψ)를 정해 준다. 에너지 상태와 파동 함수는 일련의 양자수에 의해 결정되는데(양자수에 대해서는 곧 설명하기로 한다), 이를 이용하여 수소 원자를 잘 설명할 수 있는 모형을 세울 수 있다.

양자 역학이 원자 내에서 전자의 위치를 정확하게 지적해 줄 수 없지만, 주어진 시간에 전자가 있을 만한 영역을 정의할 수는 있다. **전자 밀도**(electron density)란 개념은 *원자의 어떤 특별한 영역에서 전자가 발견될 확률*을 말한다. 파동 함수의 제곱 Ψ^2은 핵 주위의 3차원 공간에서의 전자 밀도 분포를 정해 준다. 전자 밀도가 높은 영역은 전자가 위치하는 높은 확률을 나타내고, 반면에 전자 밀도가 낮은 영역에서는 그 반대를 뜻한다(그림 7.19).

원자에 대한 양자 역학적 설명을 보어 모형의 설명과 구별하기 위해 궤도(orbit)보다는 **원자 오비탈**(atomic orbital)로 설명하는 것이 더 효과적이다. 원자 오비탈은 *원자 내에서 전자의 파동 함수*로 생각할 수 있다. 전자가 어떤 오비탈 내에 있다고 말할 때, 전자 밀도의 분포, 즉 공간 내에서 전자를 발견할 확률은 그 오비탈과 관련된 파동 함수의 제곱으로 기술됨을 의미한다. 그러므로 원자 오비탈은 전자 밀도의 특징적 분포와 동시에 특정한 에너지를 갖게 되는 것을 설명해준다.

슈뢰딩거 방정식은 양성자 하나와 전자 하나를 가진 간단한 수소 원자에 대해서는 잘 설명하지만, 둘 이상의 전자를 가진 원자에 대해서는 정확한 해를 구할 수 없다는 사실이 밝혀졌다. 다행히 물리학자들과 화학자들은 근사법을 이용하여 이런 종류의 어려움을 피해 가는 방법을 알아내었다. 예를 들면, **다전자 원자**(many-electron atom, *2개 이상의 전자를 포함하고 있는 원자*) 내에 있는 전자의 거동이 수소 원자 내에서와 같지는 않더라도, 그 차이는 그렇게 크지 않으리라고 가정한다. 따라서 수소 원자로부터 얻은 에너지와 파동 함수를 더 복잡한 원자 내에 있는 전자들에 대한 거동을 설명하는 데 적당한 근사로 사용할 수 있다. 실제로 이와 같은 근사법은 다전자 원자 내 전자의 거동에 대해 상당히 신뢰할 수 있는 설명을 해준다.

개념과 사실 요약하기

- 하이젠베르크의 불확정성 원리는 양자 역학 계의 측정에 대한 한계를 정한다.
- 슈뢰딩거 방정식은 극미소 입자의 운동과 에너지를 설명한다. 이 방정식은 양자 역학과 물리학의 새로운 시대를 열었다.
- 슈뢰딩거 방정식은 수소 원자에 있는 전자의 가능한 에너지 상태와 핵을 둘러싼 특정 영역에서의 전자의 위치 확률을 알려준다. 이러한 결과는 다전자 원자에 합리적인 정확도로 적용될 수 있다.
- 원자 오비탈은 공간에서 전자 밀도(Ψ^2)의 분포를 정의하는 함수(Ψ)이다. 오비탈은 전자 밀도 도표 또는 경계 표면 도표로 나타낸다.

개념과 사실 복습하기

7.5.1 수소 원자에 있는 전자에서 Ψ와 Ψ^2의 차이는 무엇인가?

7.5.2 양성자는 6.0×10^6 m/s의 속도로 움직이고 있다. 속도 측정의 불확정성이 속도의 1.0%인 경우 양성자 위치의 불확정성을 계산하라. 양성자의 질량은 1.67262×10^{-27} kg이다.

7.6 양자수

학습 목표

- 원자의 전자를 설명하는 데 필요한 네 가지 양자수의 의미를 설명할 수 있다.
- 양자수 규칙을 사용하여 각 양자수에 허용되는 값을 결정할 수 있다.

양자 역학에서 *수소와 다른 원자들 안에 들어 있는 전자들의 분포를 설명*하는 데 세 개의 **양자수**(quantum number)가 필요하다. 이들 양자수는 수소 원자에 대한 슈뢰딩거 방정식의 수학적인 해로부터 유도된 것이다. 그들을 *주양자수*(principal quantum number), *각운동량 양자수*(angular momentum quantum number), *자기 양자수*(magnetic quantum number)라고 부른다. 이들 양자수는 원자 오비탈을 기술하고, 또한 원자 안에 있는 전자를 표시하는 데 사용한다. 네 번째 양자수인 *스핀 양자수*(spin quantum number)는 원자 안에 있는 특정 전자의 거동을 설명하고, 원자 안에 있는 전자를 완전하게 설명할 수 있게 해준다.

주양자수(n)

주양자수(n)는 1, 2, 3,... 등의 정수 값을 갖는다. 이 양자수는 식 (7.5)에 있는 양자수에 해당한다. [식 (7.5)는 수소 원자에 대해서만 적용된다.] 수소 원자에서 n 값은 오비탈의 에너지를 결정한다. 곧 알게 되겠지만, 다전자 원자의 경우에는 이것이 성립하지 않는다. 또한 주양자수는 특정 오비탈에서 핵과 전자 간의 평균 거리에 관계한다. n이 크면 클수록 오비탈 내에 있는 전자와 핵 사이의 거리는 더 멀어지고, 따라서 오비탈도 커진다.

각운동량 양자수(ℓ)

각운동량 양자수(ℓ)는 오비탈의 "모양"을 말한다(7.7절 참조). ℓ 값은 주양자수 n 값에 의존한다. 주어진 n 값에 대하여, ℓ은 0부터 $(n-1)$까지의 가능한 정수값을 갖는다. $n = 1$이라면, ℓ 값은 $\ell = n - 1 = 1 - 1 = 0$으로 하나만 가능하다. $n = 2$라면, ℓ 값은 0과 1로 주어진다. $n = 3$이라면, ℓ 값은 0, 1, 2로 주어진다. ℓ 값은 일반적으로 다음과 같이 s, p, d, ...로 나타낸다.

ℓ	0	1	2	3	4	5
오비탈의 이름	s	p	d	f	g	h

이 방식을 이용하여 $\ell = 0$이면 s 오비탈이며, $\ell = 1$이면 p 오비탈이라 한다.

s, p, d와 같은 영문자 순서는 역사적 근거가 있다. 원자의 방출 스펙트럼을 연구하던 물리학자들은 관측된 스펙트럼 선과 전이에 관련된 특정 에너지 상태를 연관시키려고 노력하였다. 어떤 스펙트럼의 선들은 대단히 날카롭고(**s**harp), 몇몇은 퍼져 있고(**d**iffuse), 또 어떤 것은 매우 강하여 주된(**p**rincipal) 스펙트럼 선이라고 불렀다. 그 후에 각 형용사의 첫 글자를 해당 에너지 상태에 이름 붙이는 데 사용하였다. 그러나 문자 d 이후에 문자 f(fundamental)를 사용하는데, j가 생략되었더라도 오비탈 이름의 지정은 알파벳 순서를 따른다.

동일한 n 값을 가진 오비탈들의 집합을 종종 껍질(shell)이라고 부른다. 같은 n과 값을 가진 하나 이상의 오비탈들의 집합을 부껍질(subshell)이라고 부른다. 예를 들면, $n = 2$인 껍질은 ($n = 2$에 대해서 가능한 값인) $\ell = 0$과 1인 부껍질로 구성되어 있다. 이 부껍질들을 각각 $2s$와 $2p$ 부껍질이라 부르는데, 여기서 2는 n 값을 나타내고, s와 p는 ℓ 값을 나타낸다.

자기 양자수(m_ℓ)

자기 양자수(m_ℓ)는 공간상에서 오비탈의 방향(7.7절 참조)을 기술한다. 부껍질 안에서 m_ℓ 값은 각운동량 양자수, ℓ 값에 의존한다. 어떤 ℓ 값에 대하여, 다음과 같이 m_ℓ의 $(2\ell + 1)$개의 정수값이 존재한다.

$$-\ell, (-\ell + 1), \ldots 0, \ldots (+\ell - 1), +\ell$$

만약 $\ell = 0$이면 $m_\ell = 0$이다. 만약 $\ell = 1$이면, $[(2 \times 1) + 1] = 3$개의 m_ℓ 값, 즉 $-1, 0, 1$이 존재한다. $\ell = 2$이면 $[(2 \times 2) + 1] = 5$ 개의 m_ℓ 값, 즉 $-2, -1, 0, 1, 2$가 존재한다. m_ℓ 값의 개수는 특정 ℓ 값을 가진 부껍질 내의 오비탈의 수를 나타낸다. ℓ과 m_ℓ의 다양한 조합은 전자의 서로 다른 양자 상태를 나타내지만 동일한 에너지를 가지며 **축퇴 오비탈**(degenerate orbital)라고 한다.

> **인터넷 핫스팟**
> 학생들의 학습 경험에 대해 축적된 자료에 따르면 양자수로 에너지 준위를 설명하는 데 어려움을 겪을 수 있다. 이런 경우 eBook에 접속해서 이 주제에 대한 추가 학습 자료를 보면 도움이 될 수 있다.

이러한 세 양자수에 대한 결론으로, $n = 2$, $\ell = 1$인 경우를 생각해 보자. n과 ℓ 값으로 볼 때 $2p$ 부껍질이고, 그 부껍질 안에는 *세 개의* $2p$ 오비탈이 있다(왜냐하면 3개 m_ℓ 값이 $-1, 0, 1$로 주어지기 때문임).

예제 7.7

$n = 4$ 이고 $\ell = 1$일 때, 허용되는 m_ℓ 값은 무엇인가?

전략 n, ℓ, m_ℓ 사이의 관계는 무엇인가?

풀이 m_ℓ 값은 n 값이 아닌 ℓ 값에만 의존한다. m_ℓ의 값은 $-\ell$에서 ℓ까지의 여러 개의 값을 가질 수 있다. 따라서 m_ℓ은 -1, 0 또는 1이 될 수 있다.

검산 n과 ℓ 값은 고정되어 있지만 m_ℓ는 세 개의 p 오비탈에 해당하는 세 가지 값 중 하나를 가질 수 있다.

실전 연습 $n = 5$ 이고 $\ell = 2$일 때, 허용되는 m_ℓ 값은 무엇인가?

비슷한 문제: 7.56.

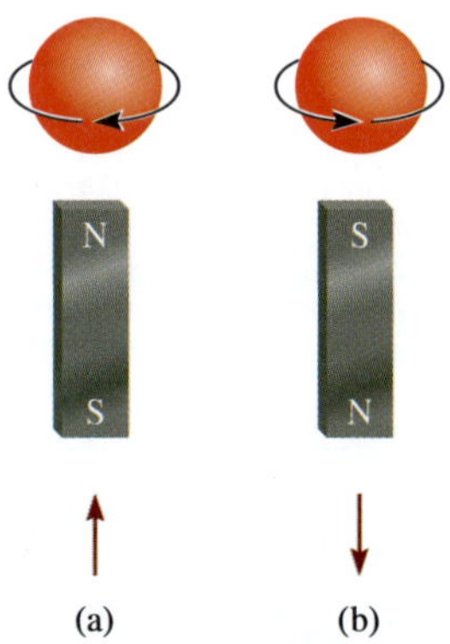

▲ **그림 7.20** 전자의 (a) 시계 방향, (b) 반시계 방향으로의 스핀. 이 두 회전 운동으로 발생하는 자기장은 두 막대자석으로부터 발생하는 것과 비슷하다. 위 방향과 아래 방향으로의 화살표는 스핀의 두 방향을 나타낸다.

전자 스핀 양자수(m_s)

수소와 소듐 원자의 방출 스펙트럼 실험에서 외부 자기장을 걸어 주면 방출 스펙트럼의 선들이 분리되는 것을 발견하였다. 물리학자들이 이와 같은 결과를 설명할 수 있는 유일한 방법은 전자가 조그마한 자석처럼 행동한다는 것이다. 지구가 지축을 중심으로 회전하듯이 전자가 자신의 축을 중심으로 회전한다면, 전자의 자기적 성질을 설명할 수 있다. 전자기 이론에 의하면, 자전하는 전하는 자기장을 생성하는데, 그것이 바로 전자가 자석처럼 행동하는 이유가 된다. 그림 7.20은 전자의 두 가지 가능한 스핀(자전) 운동을 보여주고 있다. 그중 하나는 시계 방향이고, 다른 하나는 반시계 방향이다. 전자의 스핀을 설명하기 위해, 전자 스핀 양자수(m_s)라고 하는 네 번째 양자수를 도입할 필요가 있다. 스핀 양자수는 $+\frac{1}{2}$ 또는 $-\frac{1}{2}$의 값을 갖는다.

전자 스핀에 대한 결정적인 증명은 1924년 슈테른(Otto Stern)[†]과 게를라흐(Walther Gerlach)[‡]에 의해 제공되었다. 그림 7.21은 실험 장치의 기본적 구조를 나타낸 것이다. 슈

[†]슈테른(Otto Stern, 1888~1969)은 독일의 물리학자로, 원자의 자기적 성질과 기체 운동론 연구에 중요한 공헌을 하여 1943년 노벨 물리학상을 받았다.

[‡]게를라흐(Walther Gerlach, 1889~1979)는 독일의 물리학자로, 그의 주된 연구 분야는 양자론이었다.

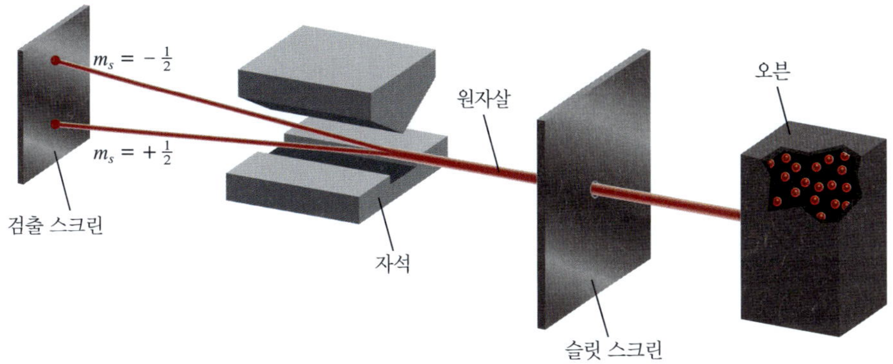

그림 7.21 전자의 스핀 운동을 보여주는 실험 장치. 원자살이 자기장을 통하여 진행한다. 전자 하나가 있는 수소 원자가 이곳을 지나면 수소 원자는 스핀의 방향에 따라서 둘 중의 한 방향으로 굽어지게 된다. 많은 원자가 지나가면, 두 종류의 스핀이 같게 분포할 것이므로 스크린에는 같은 세기의 두 점이 검출된다.

테른과 게를라흐의 실험에서 짝짓지 않은 원자가 하나 있는 은 원자를 사용하였다. 원리를 설명하기 위해서 수소 원자라고 가정할 수 있다. 고온의 전기로에서 생성된 기체 상태의 원자살이 불균일한 자기장을 통과한다. 이때, 전자와 자기장 간의 상호작용 때문에 원자는 자신의 직선 경로에서 벗어나게 된다. 스핀 운동은 완전히 무질서하기 때문에, 원자 안에 있는 절반의 전자는 한쪽 방향으로 스핀 운동을 하여 한 방향으로 회절하고, 나머지 절반은 반대 방향으로 스핀 운동을 하여 다른 방향으로 회절하게 될 것이다. 그 결과, 세기가 같은 두 점이 검출 스크린에 나타난다.

개념과 사실 요약하기

- 4개의 양자수는 원자의 각 전자를 특징짓는다. 주양자수 n은 오비탈의 주요 에너지 준위 또는 껍질을 식별한다. 각운동량 양자수 ℓ은 오비탈의 형태를 나타낸다. 자기 양자수 m_ℓ은 공간에서 오비탈의 방향을 지정한다. 전자 스핀 양자 수 m_s는 자체 축에서 전자의 스핀 방향을 나타낸다.

개념과 사실 복습하기

7.6.1 $n = 3$일 때 허용되는 ℓ 값은 얼마인가?

7.6.2 $6s$ 오비탈에 있는 두 개의 전자 각각에 대해서 네 개의 양자수를 제시하라.

7.7 원자 오비탈

학습 목표

- 원자 오비탈과 양자수의 관계를 설명할 수 있다.
- 다전자 원지의 에너지 준위에 의해 원자 오비딜을 배열할 수 있다.

표 7.2는 양자수와 원자 오비탈의 관계를 보여주고 있다. $\ell = 0$이면, $(2\ell + 1) = 1$이 되므로 단 하나의 m_ℓ 값이 존재하며 s 오비탈이 된다. $\ell = 1$일 때는 $(2\ell + 1) = 3$이 되어 세 개의 m_ℓ 값이 존재하며, p_x, p_y, p_z로 표시되는 세 개의 p 오비탈들을 얻는다. $\ell = 2$일 때 $(2\ell + 1) = 5$가 되어 다섯 개의 m_ℓ 값이 존재하여 더 정교한 첨자로 구분되는 다섯 개의 d 오비탈을 얻는다. 다음 절에서 s, p, d 오비탈을 각각 살펴보기로 한다.

원자 오비탈의 성질을 공부할 때 중요한 질문 중 하나는 오비탈의 모양이다. 엄밀하게 말하면 오비탈은 잘 정의된 모양을 갖지 않는다. 오비탈의 특성을 결정하는 파동 함수가 핵으로부터 무한대까지 퍼져 있기 때문이다. 이와 같은 의미에서 오비탈이 어떤 모양을 갖는다고 말하는 것은 어렵다. 그러나 제9장과 제10장을 배우면 알게 되겠지만, 원자

표 7.2 양자수와 원자 오비탈 사이의 관계

n	ℓ	m_ℓ	오비탈의 개수	원자 오비탈 표시
1	0	0	1	1s
2	0	0	1	2s
	1	−1, 0, 1	3	$2p_x$, $2p_y$, $2p_z$
3	0	0	1	3s
	1	−1, 0, 1	3	$3p_x$, $3p_y$, $3p_z$
	2	−2, −1, 0, 1, 2	5	$3d_{xy}$, $3d_{yz}$, $3d_{xz}$, $3d_{x^2-y^2}$, $3d_{z^2}$
⋮	⋮	⋮	⋮	⋮

간 화학 결합이 형성되는 것을 설명할 때 오비탈들이 특별한 모양을 갖는다고 생각하는 것이 확실히 편리하다.

s 오비탈

전자가 어느 곳에서나 발견될 수 있지만, 전자가 시간 대부분을 원자핵에 가까이 존재한다는 사실을 알고 있다. 그림 7.22(a)는 수소 원자의 1*s* 오비탈 내에서 핵으로부터 거리에 대한 전자 밀도의 분포를 그림으로 보여준다. 보는 바와 같이 핵으로부터 거리가 멀어짐에 따라 전자 밀도는 급격하게 떨어진다. 근사적으로 언급하면, 핵 주위의 반지름 100 pm (1 pm = 1 × 10^{-12} m)인 공을 생각하면 그 안에서 전자를 발견할 확률이 약 90%이다. 그러므로 그림 7.22(b)에 나타낸 바와 같이 1*s* 오비탈을 그 오비탈에 있는 전체 전자 밀도의 90%를 에워싸는 **경계면 도식**(boundary surface diagram)를 그려서 나타낸다. 이와 같은 방법으로 나타낸 1*s* 오비탈은 공 모양이다.

그림 7.23는 1*s*, 2*s*, 3*s* 수소 원자 오비탈에 대한 경계면 도식을 보여준다. 모든 *s* 오비탈들의 모양은 공 모양이고 주양자수가 증가함에 따라 크기만 달라진다. 각 경계면 속에서 전자 밀도가 어떻게 변화하는지를 나타낼 수는 없지만, 이것이 큰 문제가 되지는 않는다. 원자 오비탈들의 가장 중요한 특징은 경계면 도식으로 적절하게 나타낸 모양과 *상대적인* 크기이다.

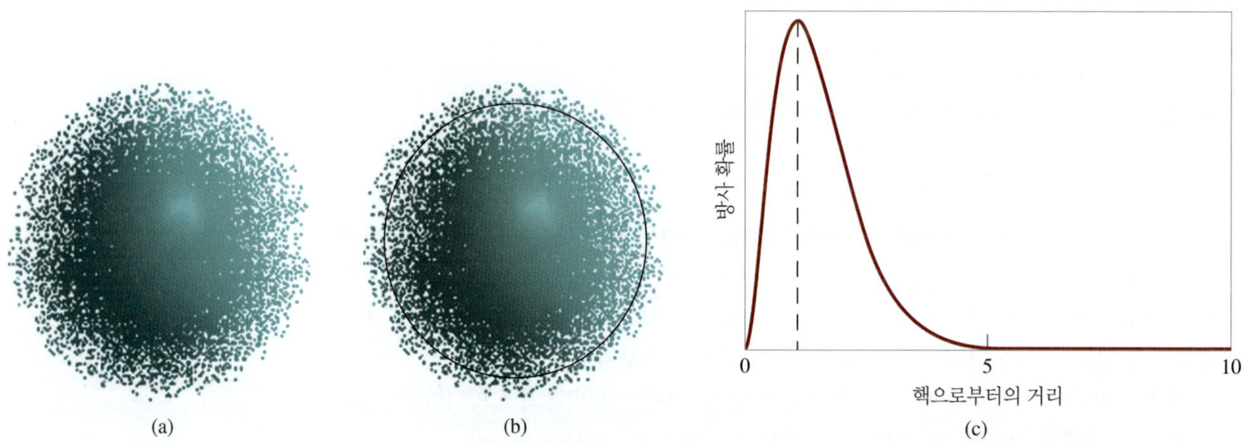

▲ **그림 7.22** (a) 수소의 1*s* 원자 오비탈에 대한 전자 밀도 분포. 핵으로부터 거리가 멀어지면 전자 밀도는 급격하게 떨어진다. (b) 수소 1*s* 오비탈의 경계 표면 도형. (c) 1*s* 오비탈은 연속적으로 포개어진 구형의 얇은 껍질로 나누어 생각할 수 있다. 각 껍질에서 전자를 발견할 확률(방사 확률, radial probability)을 거리의 함수로 그려보면 핵에서 52.9 pm일 때 최대치를 나타낸다. 흥미롭게도 이 반지름은 보어 모형에서 가장 안쪽 궤도의 반지름과 같다.

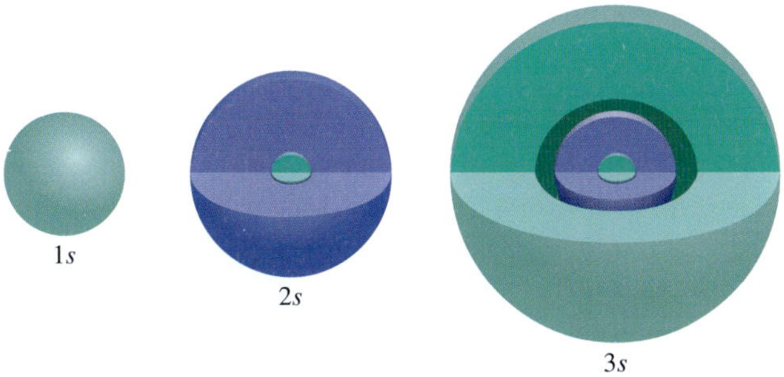

◀ 그림 7.23 수소의 1s, 2s, 3s 오비탈의 경계 표면 그림. 각 구는 전체 전자 밀도의 90%를 포함한다. 모든 s 오비탈은 구형이다. 대략 한 오비탈의 크기는 n^2에 비례하는데, 여기서 n은 주양자수이다.

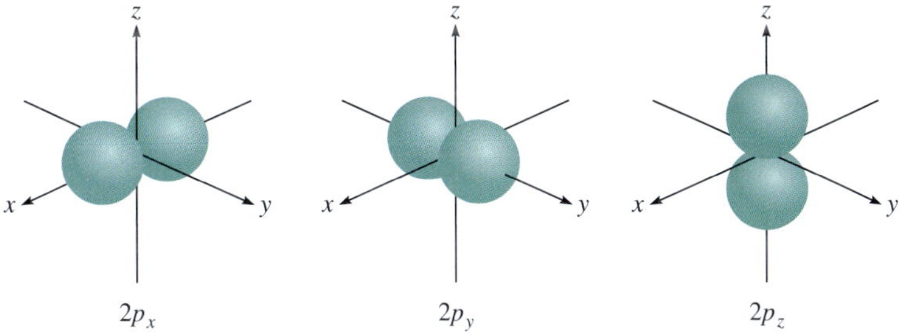

◀ 그림 7.24 3개의 2p 오비탈들의 경계면 도식. 방향이 다른 것을 제외하고는 이들 오비탈은 형태와 에너지가 모두 같다. 주양자수가 더 높은 p 오비탈들도 비슷한 형태를 갖는다.

p 오비탈

p 오비탈이 주양자수 $n = 2$부터 존재한다는 것은 당연한 사실이다. $n = 1$이면 각운동량 양자수는 0만을 가정할 수 있다. 그러므로 1s 오비탈만 존재한다. 앞에서 살펴본 바와 같이 $\ell = 1$일 때 자기 양자수 m_ℓ은 −1, 0, 1의 값을 가질 수 있다. 그러므로 $n = 2$와 $\ell = 1$로 시작하면 세 개의 2p 오비탈 $2p_x$, $2p_y$, $2p_z$를 얻는다(그림 7.24). 아래첨자는 오비탈이 향하는 좌표축을 나타낸다. 세 개의 p 오비탈들은 크기, 모양과 에너지는 동일하고, 그들의 방향만 다를 뿐이다. 그러나 m_ℓ 값과 x, y, z 방향 사이의 관계를 간단하게 설명할 수는 없다는 사실에 유의하라. 유용한 것은, 세 개의 가능한 m_ℓ 값이 존재하기 때문에 방향이 다른 세 개의 p 오비탈들이 존재한다는 사실만 기억하면 된다.

그림 7.24에 있는 p 오비탈의 경계면 도식은 각각의 p 오비탈이 원자핵의 반대쪽에 두 개의 둥근 로브(돌출부, lobe)가 있는 것으로 생각할 수 있음을 보여준다(그림 7.25). s 오비탈과 마찬가지로 p 오비탈도 2p, 3p, 4p 오비탈로 갈수록 크기가 증가한다.

▲ 그림 7.25 p 오비탈은 하나의 마디 평면을 갖는다.

인터넷 핫스팟

학생들의 학습 경험에 대해 축적된 자료에 따르면 p 오비탈의 특성을 이해하는 데 어려움을 겪을 수 있다. 이런 경우 eBook에 접속해서 이 주제에 대한 추가 학습 자료를 보면 도움이 될 수 있다.

d 오비탈과 더 높은 에너지 오비탈

$\ell = 2$일 때, 다섯 개의 d 오비탈에 해당하는 다섯 개의 m_ℓ 값이 존재한다. d 오비탈에 대한 n의 가장 낮은 값은 3이다. ℓ은 $n - 1$보다 클 수 없으므로, $n = 3$일 때 $\ell = 2$가 되어 그림 7.26에 나타낸 바와 같이 다섯 개의 3d 오비탈($3d_{xy}$, $3d_{yz}$, $3d_{xz}$, $3d_{x^2-y^2}$, $3d_{z^2}$)이 있다.

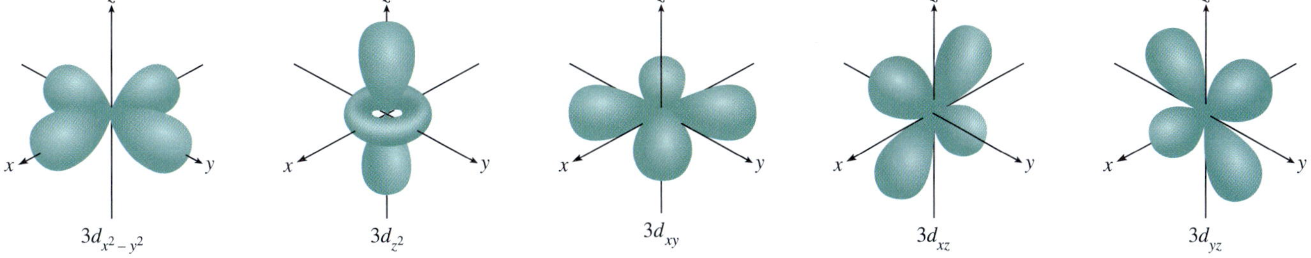

▲ 그림 7.26 5개의 3d 오비탈들의 경계면 도식. $3d_{z^2}$ 오비탈이 다른 모양으로 보이지만, 다른 모든 면에서 이들은 동등하다. 주양자수가 더 큰 d 오비탈도 비슷한 형태를 가진다.

▶ **그림 7.27** $d_{x^2-y^2}$ 오비탈의 경우, 각 마디(node)는 x축과 y축을 이등분하는 평면이다. d_{z^2} 오비탈의 경우, 각 마디는 평면 대신 원뿔 형태이다.

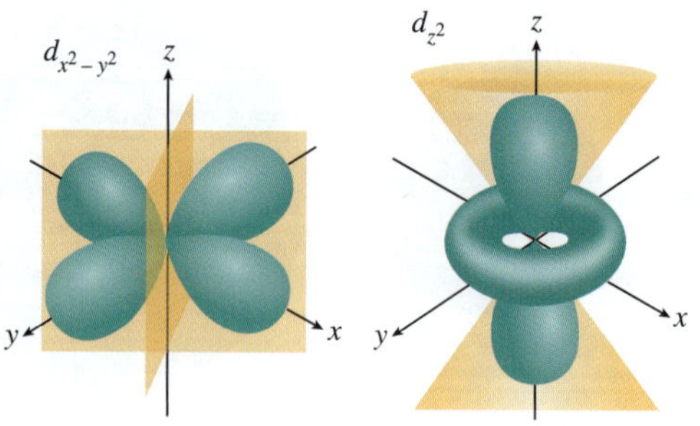

각각의 d 오비탈에는 $\ell = 2$로 예측되는 두 개의 각 마디(angular node)가 있다. 4개의 d 오비탈에 대해 각 마디는 축을 이등분한다. $3d_{z^2}$ 오비탈의 경우 두 개의 각 마디는 평면 대신 원뿔 형태이다(그림 7.27).

p 오비탈의 경우와 같이 여러 m_ℓ 값에 해당하는 서로 배향이 다른 d 오비탈이 존재하지만 주어진 배향과 특정 m_ℓ 값 사이에는 직접적인 관련은 없다. 그러나 원자 내에 있는 모든 $3d$ 오비탈의 에너지는 같다. n 값이 3보다 큰 경우, d 오비탈들($4d$, $5d$,...)은 비슷한 모양을 갖는다.

d 오비탈보다 높은 에너지를 가진 오비탈들은 f, g, h,... 등으로 표시한다. f 오비탈들은 원자 번호가 57보다 큰 원소들의 거동을 설명하는 데 중요하지만, 그 모양을 표현하기 어렵다. 일반화학에서 ℓ 값이 3보다 큰 오비탈(g 오비탈 이상)에는 관심을 두지 않는다.

예제 7.8과 7.9는 양자수로 오비탈을 표시하는 방법과 주어진 주양자수와 관계되는 오비탈의 전체 개수를 계산하는 방법을 설명하고 있다.

인터넷 핫스팟

학생들의 학습 경험에 대해 축적된 자료에 따르면 d 오비탈의 특성을 이해하는 데 어려움을 겪을 수 있다. 이런 경우 eBook에 접속해서 이 주제에 대한 추가 학습 자료를 보면 도움이 될 수 있다.

예제 7.8

$4d$ 부껍질에 있는 원자 오비탈들의 n, ℓ, m_ℓ 값을 써라.

전략 n, ℓ, m_ℓ 사이의 관계는 무엇인가? $4d$에서 "4"와 "d"가 무엇을 의미하는가?

풀이 앞에서 본 것처럼, 부껍질에 사용된 숫자는 주양자수이다. 따라서 이 경우 $n = 4$이다. 알파벳 글자는 원자 오비탈의 종류를 나타낸다. d 원자 오비탈을 다루고 있으므로, $\ell = 2$이다. m_ℓ 값은 $-\ell$부터 ℓ까지이다. 따라서 m_ℓ은 $-2, -1, 0, 1, 2$가 될 수 있다.

검산 $4d$에 대해서 n과 ℓ은 고정된 값을 가지지만, m_ℓ은 d 원자 오비탈에 해당하는 다섯 개 중 한 값을 가질 수 있다.

실전 연습 $3p$ 부껍질에 있는 모든 원자 오비탈들에 관계되는 양자수들의 값을 써라.

비슷한 문제: 7.53.

예제 7.9

주양자수 $n = 3$과 관련된 원자 오비탈의 수는 모두 몇 개인가?

전략 주어진 n 값에 대한 원자 오비탈의 총 개수를 계산하려면, 먼저 가능한 ℓ 값들을 모두 써야 한다. 그리고 각각의 ℓ 값에 대해서 관련된 m_ℓ 값이 몇 개인지 결정한다. 전체 원자 오비탈의 숫자는 모든 m_ℓ의 개수와 같다.

풀이 $n = 3$에 대해서, 가능한 ℓ 값은 0, 1, 2이다. 따라서 1개의 $3s$ 원자 오비탈($n = 3$, $\ell =$

(계속)

0, $m_\ell = 0$), 세 개의 $3p$ 원자 오비탈($n = 3$, $\ell = 1$, $m_\ell = -1, 0, 1$), 다섯 개의 $3d$ 원자 오비탈($n = 3$, $\ell = 2$, $m_\ell = -2, -1, 0, 1, 2$)이 있다. 전체 개수는 $1 + 3 + 5 = 9$이다.

검산 주어진 n 값에 대한 원자 오비탈의 전체 개수는 n^2이다. 이 경우 $3^2 = 9$이다. 이 관계식을 증명할 수 있는가?

실전 연습 주양자수 $n = 4$와 관련된 원자 오비탈의 수는 모두 몇 개인가?

비슷한 문제: 7.56.

오비탈의 에너지

이제 원자 오비탈의 모양과 크기에 관해 어느 정도 이해하였으므로, 그들의 상대적인 에너지를 알아보고 에너지 준위가 원자 내에 있는 전자 배치에 어떻게 영향을 미치는가를 알아 보자.

식 (7.5)에 의하면, 수소 원자 안에 있는 전자의 에너지는 주양자수에 의해서만 결정된다. 따라서 수소 오비탈의 에너지는 다음과 같이 증가한다(그림 7.28).

$$1s < 2s = 2p < 3s = 3p = 3d < 4s = 4p = 4d = 4f < \ldots$$

전자 밀도의 분포가 $2s$와 $2p$ 오비탈에서 다르지만, 수소 원자의 전자는 $2s$ 오비탈에 있든지 $2p$ 오비탈에 있든지 상관없이 에너지가 같다. 수소 원자에서 $1s$ 오비탈은 가장 안정한 조건인 바닥 상태에 해당한다. 이 오비탈 안에 머무는 전자는 핵에 가장 가까이 있기 때문에 원자핵에 가장 강하게 결합하고 있다. 수소 원자 내의 $2s$, $2p$ 또는 보다 높은 오비탈 안에 들어 있는 전자는 들뜬 상태에 있다고 한다.

다전자 원자에 대해서는 에너지 도표가 수소보다 더 복잡하게 된다. 그러한 원자 안에 들어 있는 전자의 에너지는 주양자수뿐만 아니라 각운동량 양자수에도 의존한다(그림 7.29). 다전자 원자에서, $3d$ 에너지 준위는 $4s$ 에너지 준위에 매우 가깝다. 그러나 한 원자의 총 에너지는 오비탈 에너지의 합에만 의존할 뿐만 아니라, 이들 오비탈에 들어 있는 전자들 간의 반발 에너지에도 의존한다(7.8절에서 알게 되겠지만, 각 오비탈은 2개까지 전자를 수용한다). 원자의 총 에너지는 $3d$ 부껍질 이전에 $4s$ 부껍질이 채워질 때에 더 낮다는 사실이 밝혀졌다. 그림 7.30는 다전자 원자에서 원자 오비탈에 전자가 채워지는 순서를 나타낸다. 7.8절에서 구체적인 예를 생각해 보자.

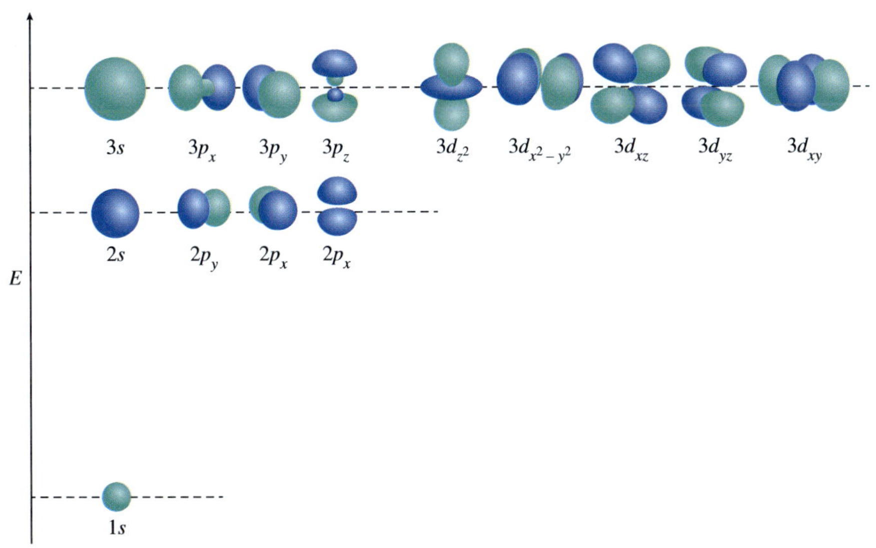

그림 7.28 수소 원자의 오비탈 에너지 준위. 짧은 수평선은 각각 하나의 오비탈을 나타낸다. 주양자수(n)가 같은 오비탈들은 모두 에너지가 같다.

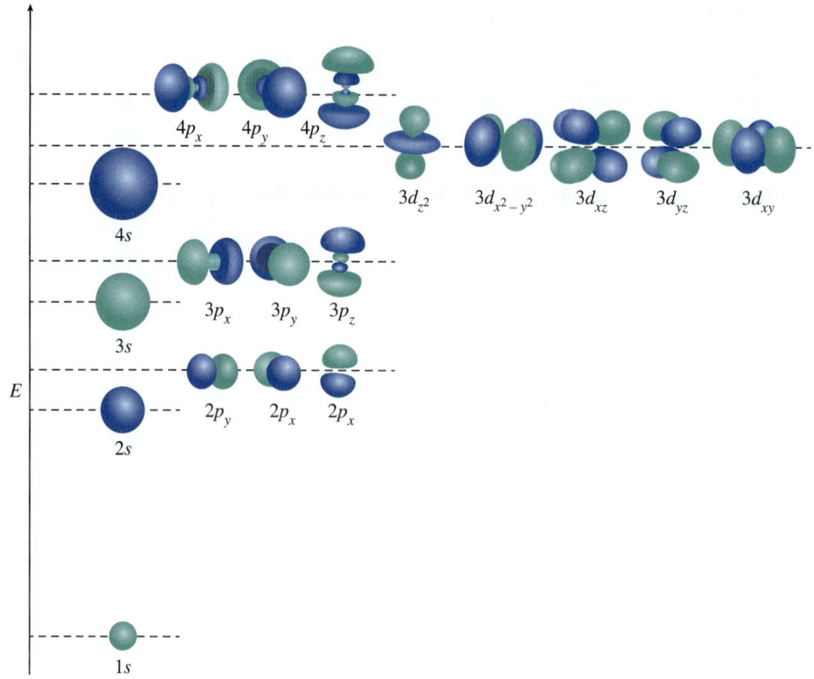

▶ **그림 7.29** 다전자 원자의 오비탈 에너지 준위. 에너지 준위는 n과 ℓ 값 모두에 의존한다는 것에 유의하라.

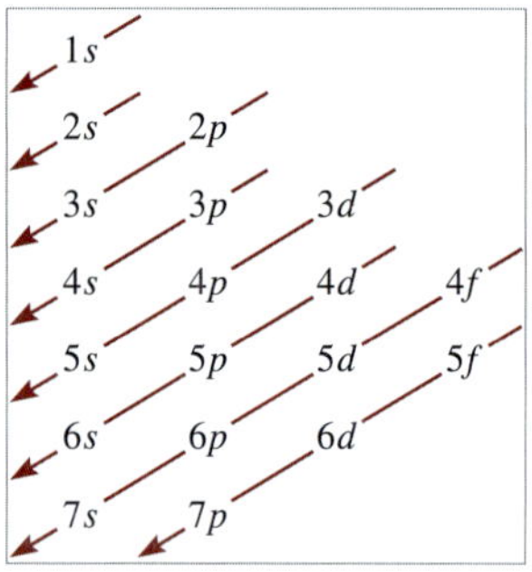

▲ **그림 7.30** 다전자 원자에서 원자의 부껍질이 채워지는 순서. 1s에서부터 화살표 방향을 따라 아래로 내려간다. 따라서 순서는 다음과 같다. 1s < 2s < 2p < 3s < 3p < 4s < 3d, < ...

개념과 사실 요약하기

- 각 에너지 준위에 대한 단일 s 오비탈은 구형이고 핵을 중심으로 한다. n = 2 이상에 존재하는 3개의 p 오비탈은 각각 2개의 로브가 있고 로브 쌍은 서로 직각으로 배열되어 있다. n = 3부터 시작하여 더 복잡한 모양과 배향을 가진 5개의 d 오비탈이 있다.
- 수소 원자에 있는 전자의 에너지는 주양자수에 의해서만 결정된다. 다전자 원자에서 주양자수와 각운동량 양자수는 함께 전자의 에너지를 결정한다.

개념과 사실 복습하기

7.7.1 2d 오비탈은 불가능하지만 3d 오비탈은 허용되는 이유는 무엇인가?

7.7.2 4p 부껍질의 오비탈에 대한 n, ℓ 및 m_ℓ 값은 무엇인가?

7.7.3 5f 부껍질에는 몇 개의 오비탈들이 있는가?

7.8 전자 배치

학습 목표

- 파울리 배타 원리와 훈트 규칙을 적용하여 전자 배치와 오비탈 도표를 그릴 수 있다.

네 개의 양자수 n, ℓ, m_ℓ, m_s로 한 원자 내에서 어떤 오비탈에 있는 하나의 전자를 완전히 나타낼 수 있다. 어떤 의미에서 우리가 시, 구, 동, 거리와 집 번호로 각 주소를 확인하듯이 네 양자수의 집합을 원자 내 전자의 "주소"로 취급할 수 있다. 예를 들면, 2s 오비탈 전자에 대한 네 개의 양자수는 $n = 2$, $\ell = 0$, $m_\ell = 0$, $m_s = +\frac{1}{2}$ 또는 $+\frac{1}{2}$이다. 모든 각 양자수를 이렇게 쓰는 것은 불편하다. 따라서 간략한 표기로 (n, ℓ, m_ℓ, m_s)를 사용한다. 위의 예를 들면, 양자수의 집합은 $(2, 0, 0, +\frac{1}{2})$ 또는 $(2, 0, 0, -\frac{1}{2})$로 표기한다. m_s 값은 오비탈의 에너지, 크기, 모양, 배향에는 영향을 끼치지 못하지만, 오비탈 내에서 전자의 배열 방법을 결정한다.

예제 7.10은 오비탈 내에서 전자의 양자수를 할당하는 방법을 보여준다.

예제 7.10

3*p* 오비탈에 있는 전자의 네 개의 양자수들을 써라.

전략 3*p*에서 "3"과 "*p*"가 나타내는 것은 무엇인가? 3*p* 부껍질에는 얼마나 많은 오비탈(m_ℓ 값)이 있는가? 가능한 전자 스핀 양자수는 무엇인가?

풀이 먼저 주양자수 $n = 3$이고, 각운동량 양자수 $\ell = 1$이어야 한다는 데서 시작한다(*p* 오비탈이기 때문).

$\ell = 1$에 대해서는 세 개의 m_ℓ 값이 $-1, 0, 1$로 주어진다. 전자 스핀 양자수 m_s는 $+\frac{1}{2}$ 또는 $-\frac{1}{2}$이기 때문에, (n, ℓ, m_ℓ, m_s) 방식으로 표현하면 다음과 같은 여섯 개가 가능하다고 결론을 내릴 수 있다.

$$(3, 1, -1, +\tfrac{1}{2}) \qquad (3, 1, -1, -\tfrac{1}{2})$$
$$(3, 1, 0, +\tfrac{1}{2}) \qquad (3, 1, 0, -\tfrac{1}{2})$$
$$(3, 1, 1, +\tfrac{1}{2}) \qquad (3, 1, 1, -\tfrac{1}{2})$$

검산 이 여섯 개의 표현식을 보면, n과 ℓ은 일정하지만, m_ℓ과 m_s은 바뀔 수 있다는 것을 알 수 있다.

실전 연습 4*d* 오비탈에 있는 전자의 네 양자수를 써라.

비슷한 문제: 7.54.

수소 원자는 한 개의 전자만을 포함하고 있으므로 특별히 간단한 계(system)이다. 전자는 1*s* 오비탈(바닥 상태)에 머무르거나 약간 더 높은 에너지 오비탈(들뜬 상태)에 존재할 수 있다. 그러나 다전자 원자에 대해서 전자의 거동을 이해하기 위해 원자의 **전자 배치**(electron configuration), 즉 *전자들이 여러 개의 원자 오비탈에 분포되는 방법*을 알아야 한다. 여기서 *바닥 상태*에서 전자 배치에 대한 규칙을 상세히 설명하기 위해 주기율표에서 처음 10개의 원자(수소에서 네온까지)를 예로 들 것이다. (7.9절에서는 이 규칙을 주기율표의 나머지 원소들에 적용할 수 있는 방법을 기술할 것이다.) 이 설명을 위해 원자 안에 들어 있는 전자의 수는 그 원소의 원자 번호 *Z*와 같다는 사실을 기억하라.

동영상 자료
전자 배치

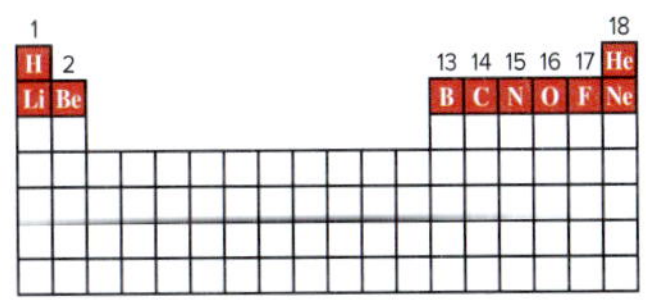

그림 7.28은 바닥 상태의 수소 원자의 전자는 1*s* 오비탈에 존재해야 한다는 것을 보여준다. 따라서 그 전자 배치는 $1s^1$으로 나타낸다.

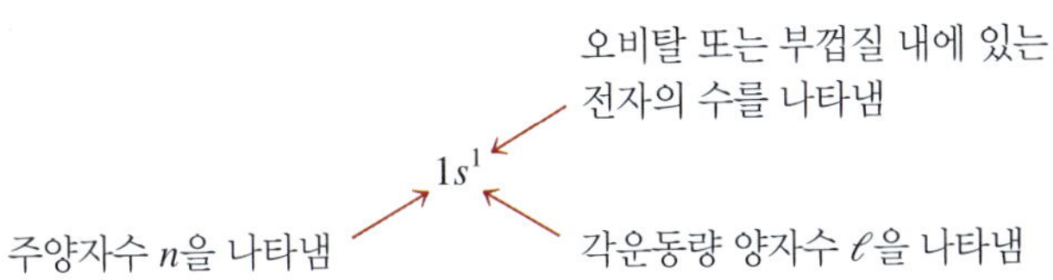

전자 배치는 또한 전자의 스핀을 보여주는 *오비탈 도표*(orbital diagram)로 나타낼 수 있다(그림 7.20 참조).

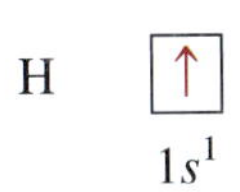

위로 향한 화살표는 2개의 가능한 전자의 스핀 운동 중 하나를 나타낸다. (전자의 또 다른 하나의 스핀 운동은 아래로 향하는 화살표로 나타낸다.) 전자 스핀의 방향은 전자의 에너지에 어떤 영향도 미치지 않음을 기억하라. 상자는 한 원자 오비탈을 나타낸다.

파울리 배타원리

다전자 원자의 전자 배치를 결정하기 위해 **파울리**[†] **배타원리**(Pauli exclusion principle)를 사용한다. 이 원리는 *한 원자 안에 들어 있는 어느 두 전자도 동일한 네 개의 양자수를 가질 수 없다*는 것이다. 만약 한 원자 안에 있는 두 전자가 동일한 n, ℓ, m_ℓ 값을 가진다면 (즉, 이들 두 전자가 동일한 원자 오비탈에 있게 된다면), 그들은 다른 m_s 값을 가져야 한다. 다시 말하면 두 전자는 동일한 원자 오비탈에 있을 수 있으나, 이들 전자는 반대 스핀을 가져야만 한다. 두 개의 전자를 가진 헬륨 원자를 생각해 보자. 1s 오비탈에 두 전자를 넣는 가능한 방법은 다음과 같은 세 가지가 있다.

He	[↑↑]	[↓↓]	[↑↓]
	$1s^2$	$1s^2$	$1s^2$
	(a)	(b)	(c)

도표 (a)와 (b)는 파울리 배타원리에 의하여 배제된다. (a)는 양쪽 전자가 동일한 위쪽 방향의 스핀을 가지므로 양자수는 둘 다 $(1, 0, 0, +\frac{1}{2})$이고, (b)는 양쪽 전자가 모두 아래쪽 방향의 스핀을 가지므로 양자수는 둘 다 $(1, 0, 0, -\frac{1}{2})$이다. (c) 배열만이 한 전자는 양자수 $(1, 0, 0, +\frac{1}{2})$를 갖고, 다른 한 전자는 양자수 $(1, 0, 0, -\frac{1}{2})$를 가지므로 물리적으로 받아들일 수 있다. 따라서 헬륨 원자는 다음과 같은 전자 배치를 갖는다.

He [↑↓]
$1s^2$

여기서 $1s^2$는 "일 에스 제곱(one s square)"이 아니라 "일 에스 두 개(one s two)"로 읽는다.

반자기성과 상자기성

파울리 배타원리는 양자 역학의 기본적인 원리 중 하나이다. 이것은 간단한 실험으로 증명할 수 있다. 헬륨 원자의 1s 오비탈에 있는 두 개의 전자가 동일한, 즉 평행 스핀(↑↑ 또는 ↓↓)을 가진다면, 그들의 알짜 자기장은 서로 강화될 것이고[그림 7.31(a)], 그러한 배열은 헬륨 원자를 상자기성으로 만들 것이다. **상자기성**(paramagnetic) 물질은 스핀이 짝을

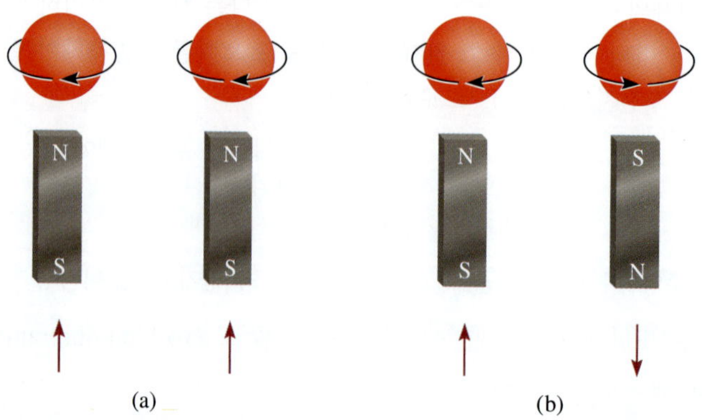

▶ **그림 7.31** 두 전자의 (a) 평행한 스핀과 (b) 역평행한 스핀. (a)에서 두 자기장은 서로를 강화시키며, (b)에서 두 자기장들은 서로를 소멸시킨다.

[†]파울리(Wolfgang Pauli, 1900~1958)는 오스트리아의 물리학자로 양자 역학의 창시자 중 한 사람이다. 그는 1945년 노벨 물리학상을 수상하였다.

이루지 않은 전자들을 포함하고 있어 자석에 끌리는 물질이다. 반면, 전자의 스핀이 짝을 이루어, 즉 서로 역평행(↑↓ 또는 ↓↑)이면, 자기 효과는 상쇄되어 사라진다[그림 7.31(b)]. **반자기성**(diamagnetic) 물질은 *짝을 이루지 않은 스핀이 없어서 자석에 의하여 약하게 밀린다.*

자성을 측정함으로써 원소의 특정 전자 배치에 대한 가장 직접적인 증거를 얻을 수 있다. 지난 30여 년간 측정 장비의 발달로 어떤 원자가 상자기성인가의 여부뿐만 아니라, 짝짓지 않는 전자들이 몇 개 존재하는가를 결정할 수 있게 되었다(그림 7.32). 실험에 의하면 헬륨 원자가 바닥 상태에 있을 때는 알짜 자기장이 없다. $1s$ 오비탈에 있는 두 전자는 파울리 배타원리와 일치하게 짝을 이루고 있으므로 헬륨 기체는 반자기성이다. 기억해야 할 유용한 규칙 하나는 전자가 완전한 짝을 이루기 위해서는 짝수 개의 전자가 필요하므로, 홀수 개의 전자를 가진 원자는 항상 한 개 이상의 짝을 이루지 않은 전자가 존재한다는 것이다. 반대로, 짝수 개의 전자를 가진 원자는 짝을 이루지 않은 전자가 존재할 수도 있고 그렇지 않을 수도 있다. 이와 같은 사실에 대한 이유는 곧 알게 될 것이다.

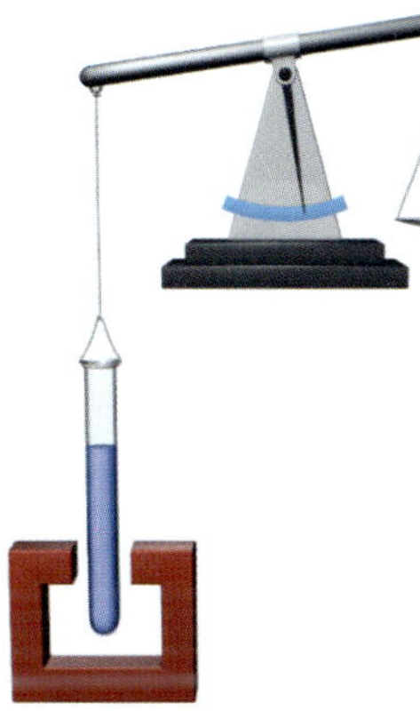

▲ **그림 7.32** 먼저 저울로 상자기성 물질의 무게를 잰다. 전자석이 켜지면 시료관이 자기장 안으로 들어가면서 저울의 눈금이 달라진다. 농도와 다시 저울의 평형을 맞추는 데 필요한 질량을 알면 시료 안에 짝을 이루지 않은 전자의 개수를 계산할 수 있다.

다른 한 예로서 3개의 전자를 가지는 리튬 원자($Z = 3$)를 생각해 보자. 세 번째 전자는 처음 두 전자와 동일한 네 개의 양자수를 가질 수 없으므로 $1s$ 오비탈에 들어갈 수 없다. 그러므로 이 전자는 에너지적으로 더 높은 다음 $2s$ 오비탈로 들어간다(그림 7.29 참조). 따라서 리튬의 전자 배치는 $1s^22s^1$이고 오비탈 도표는 다음과 같다.

Li [↑↓] [↑]
$1s^2$ $2s^1$

리튬 원자는 하나의 짝짓지 않은 전자를 갖고 있으므로 리튬 금속은 상자기성이다.

다전자 원자에서 가림 효과

실험적으로 다전자 원자에서는 $2s$ 오비탈이 $2p$ 오비탈보다 에너지 준위가 더 낮다는 것을 알게 되었다. 왜 그럴까? $1s^22s^1$과 $1s^22p^1$의 전자 배치를 비교해 보면 두 경우 모두 $1s$ 오비탈은 2개의 전자로 채워져 있음을 볼 수 있다. 그림 7.33은 $1s$, $2s$, $2p$ 오비탈에 대한 반지름 확률 그림을 보여준다. $2s$ 오비탈과 $2p$ 오비탈은 $1s$ 오비탈보다 더 크기 때문에 이들 오비탈 중 어느 쪽에 있는 전자도 평균적으로 $1s$ 오비탈에 있는 전자보다 핵으로부터 멀리 떨어져 있는 시간이 더 많다. 따라서 $2s$ 또는 $2p$ 전자가 핵의 인력으로부터 $1s$ 전자에 의하여 부분적으로 "가려져(shield)" 있다고 말할 수 있다. 이와 같은 가림 효과(shielding effect)의 중요한 결과는 핵에 있는 양성자와 $2s$ 또는 $2p$ 전자 사이의 정전기적인 인력을 *감소시킨다*는 것이다.

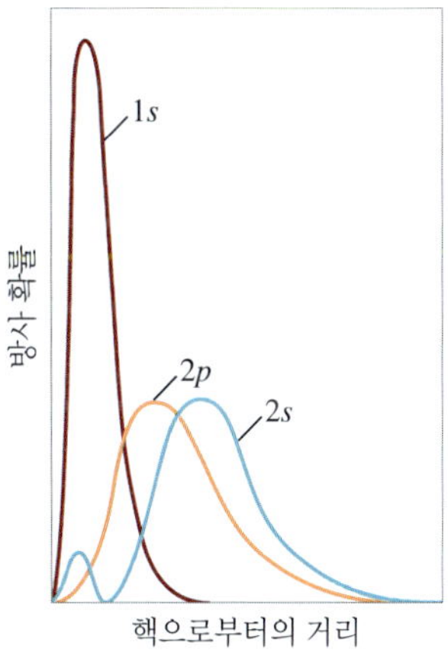

▲ **그림 7.33** $1s$, $2s$, $2p$ 오비탈에 대한 반지름 확률 그림(그림 7.22 참조). $1s$ 전자들은 효과적으로 $2s$, $2p$ 전자들을 핵으로부터 차폐시킨다. $2s$ 오비탈은 $2p$ 오비탈보다 침투성이 높다.

핵으로부터 멀어짐에 따라 전자 밀도가 어떻게 변하는지는 오비탈의 모양에 의존한다. $2s$ 전자가 평균적으로 $2p$ 전자보다 핵 가까이에서 보다 많은 시간을 보낸다고 할 수 있지만, 핵 가까이의 밀도는 $2p$ 전자보다 $2s$ 전자가 더 크다(그림 7.33에서 $2s$ 오비탈의 최대값이 작다). 이러한 이유로 $2s$ 오비탈은 $2p$ 오비탈보다 침투성(penetrating)이 크고, $1s$ 전자에 비해 덜 가려져 핵에 더 강하게 잡혀 있다. 실제로, 동일한 주양자수 n에 대하여 침투력은 각운동량 양자수 ℓ이 증가함에 따라 감소한다. 즉, 다음 식이 성립한다.

$$s > p > d > f > \ldots$$

전자의 안정도는 핵에 대한 인력의 강도에 의해 결정되기 때문에, 그것은 $2s$ 전자가 $2p$ 전자보다 에너지적으로 더욱 낮을 것이다. 이것을 다른 방법으로 설명하면, $2p$ 전자가 핵에 의해 상대적으로 덜 강하게 묶여 있으므로 $2p$ 전자를 제거하는 것이 $2s$ 전자를 제거하는 것보다 적은 에너지가 요구된다고 말할 수 있다. 수소 원자는 단 하나의 전자만을 갖기 때문에 이러한 가림 효과는 없다.

처음 10개 원소의 원자에 대한 논의를 계속하기 위해 베릴륨($Z = 4$)에 대해 생각해 보자. 베릴륨의 바닥 상태 전자 배치는 $1s^22s^2$로서, 다음과 같이 나타낼 수 있다.

베릴륨 원자는 예상한 바와 같이 반자기성이다.

붕소($Z = 5$)의 전자 배치는 $1s^22s^22p^1$로서, 다음과 같이 나타낼 수 있다.

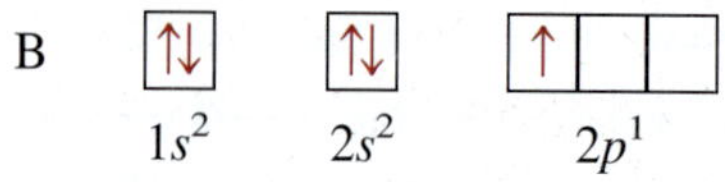

짝짓지 않은 전자는 $2p_x$, $2p_y$, $2p_z$ 오비탈 어느 곳에도 들어갈 수 있다는 사실에 유념하라. 세 개의 p 오비탈은 에너지적으로 동일하므로 선택은 완전히 임의적이다. 도표에서 보여 주는 바와 같이 붕소 원자는 상자기성이다.

➤ 훈트 규칙

탄소 원자($Z = 6$)의 전자 배치는 $1s^22s^22p^2$이다. 다음은 3개의 p 오비탈에 2개의 전자를 배치하는 여러 방법을 나타낸다.

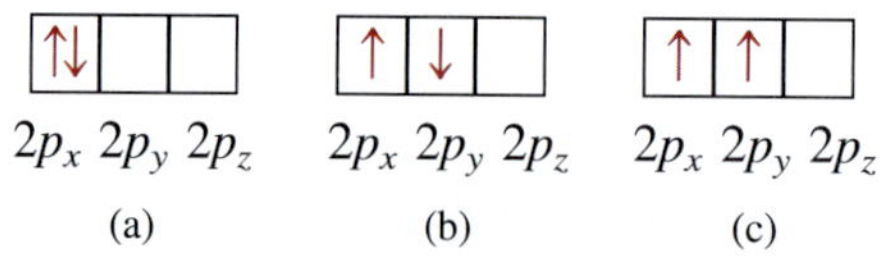

세 가지 전자 배치 중 어느 것도 파울리 배타원리를 위반하지 않는다. 따라서 어느 것이 최대의 안정도를 가질 것인가를 결정해야 한다. 그 답은 **훈트 규칙**(Hund's rule)†이 알려준다. 즉, *부껍질에 있는 전자의 가장 안정한 배열은 가장 큰 수의 평행 스핀을 가진 배열*이라는 것이다. (c)에 나타낸 배열이 이 조건을 만족한다. (a)와 (b)에서는 모두 두 스핀이 서로 상쇄된다. 따라서 탄소 원자의 오비탈 도표는 다음과 같다.

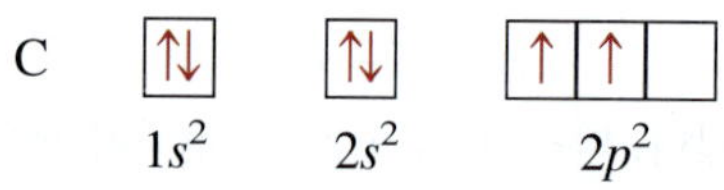

정성적으로, 왜 (c)가 (a)보다 바람직한 배열인지 그 이유를 이해할 수 있다. (a)의 경우 두 전자는 동일한 $2p_x$ 오비탈에 들어 있어서, 두 전자가 두 개의 다른 오비탈, 즉 $2p_x$와 $2p_y$를 점유할 때보다 더 큰 상호 반발을 유발하게 된다. (b)보다 (c)를 선택하는 것은 다소 설명하기 어렵지만, 이론적인 근거에서 정당화될 수 있다. 평행한 스핀을 가진 전자들이 다른 축퇴된 오비탈을 차지할 필요가 있는 것은 스핀 상호관계 때문이며, *평행한 스핀을 가진 전자들은 서로 멀리 떨어져 있으려는 경향이 있다*는 양자 역학적 효과이다. 탄소 원자가 2개의 짝짓지 않은 전자를 포함하고 있는 것이 훈트 규칙과 일치한다.

질소 원자($Z = 7$)의 전자 배치는 $1s^22s^22p^3$이다.

여기서도 훈트 규칙은 3개의 $2p$ 전자 모두 서로 평행한 스핀을 갖고 있음을 나타낸

---

†훈트(Frederick Hund, 1896~1997)는 독일의 물리학자로, 그의 업적은 주로 양자 역학 분야에서 이루어졌다. 그는 화학 결합의 분자 오비탈 이론을 개발하는 데 도움을 주었다.

다. 그러므로 질소 원자는 3개의 짝짓지 않은 전자를 포함하고 있다.

산소 원자($Z = 8$)의 전자 배치는 $1s^22s^22p^4$이다. 산소 원자는 2개의 짝짓지 않은 전자를 갖는다.

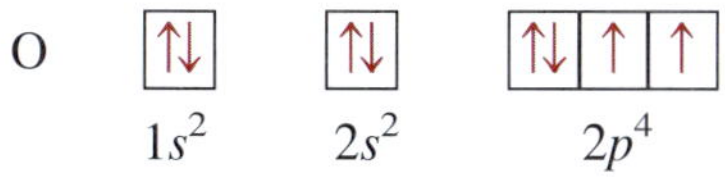

플루오린 원자($Z = 9$)의 전자 배치는 $1s^22s^22p^5$이다. 9개의 전자는 다음과 같이 배열된다.

따라서 플루오린 원자는 하나의 짝짓지 않은 전자를 갖고 있다.

네온 원자($Z = 10$)에서, $2p$ 부껍질은 완전히 채워져 있다. 네온 원자의 전자 배치는 $1s^22s^22p^6$이고, 모든 전자는 짝을 이루고 있다.

따라서 네온 기체는 반자기성이어야 할 것이다. 실험적인 관측은 이러한 예측을 뒷받침한다.

원자 오비탈에 전자를 할당하는 일반 규칙

앞 절의 예들을 근거로 하여, 주어진 n 값에 대해 여러 부껍질과 오비탈에 들어가는 최대 전자의 수를 결정하는 몇 가지 일반적인 규칙을 다음과 같이 공식화할 수 있다.

1. 주양자수 n의 각 껍질은 n개의 부껍질을 포함하고 있다. 예를 들어, $n = 2$이면, 각운동량 양자수(ℓ) 값이 0과 1인 2개의 부껍질이 존재한다.
2. 양자수 ℓ인 부껍질에는 $(2\ell + 1)$개의 오비탈이 있다. 예를 들어, $\ell = 1$이면, 3개의 p 오비탈이 존재한다.
3. 각 오비탈에 2개보다 많은 전자가 채워질 수 없다. 그러므로 최대 전자 수는 이용되는 오비탈 수의 2배이다.
4. 원자가 주양자수 n 준위 안에 채울 수 있는 최대 전자의 수를 결정하는 빠른 방법은 공식 $2n^2$을 이용하는 것이다.

예제 7.11과 7.12은 오비탈 안에 들어가는 전자의 수를 계산하여, 이들 전자를 4개의 양자수로 표시하는 절차를 상세히 설명하고 있다.

인터넷 핫스팟
학생들의 학습 경험에 대해 축적된 자료에 따르면 전자 배치를 이해하는 데 어려움을 겪을 수 있다. 이런 경우 eBook에 접속해서 이 주제에 대한 추가 학습 자료를 보면 도움이 될 수 있다.

예제 7.11

$n = 3$인 주준위에 있을 수 있는 전자의 최대 개수는?

전략 주양자수(n)가 주어졌기 때문에, 가능한 모든 각운동량 양자수(ℓ)를 알 수 있다. 위의 규칙을 보면 각 ℓ 값에 대해서 $(2\ell + 1)$개의 오비탈이 있다. 따라서 전체 오비탈을 결정할 수 있다. 각 오비탈에는 몇 개의 전자가 포함되는가?

풀이 $n = 3$, $\ell = 0, 1, 2$일 때 각 ℓ 값에 대한 오비탈의 수는 다음과 같다.

(계속)

ℓ 값	오비탈의 수 $(2\ell + 1)$
0	1
1	3
2	5

오비탈의 총 개수는 9개이다. 각 오비탈은 두 개의 전자를 수용할 수 있으므로, 전자의 최대 수는 $2 \times 9 = 18$이다.

검산 예제 7.9에서 사용한 공식(n^2)을 사용하면, 오비탈의 총수는 3^2이고, 전자의 전체 개수는 $2(3^2) = 18$개이다. 일반적으로 주어진 에너지 준위 n에 들어 있는 전자의 개수는 $2n^2$이다.

실전 연습 $n = 4$인 주준위에 있을 수 있는 전자의 최대 개수는?

비슷한 문제: 7.64, 7.65.

예제 7.12

산소 원자는 8개의 전자를 가지고 있다. 바닥 상태에 있는 8개 전자 각각에 대한 네 양자수를 써라.

전략 $n = 1$에서 시작하여, 그림 7.30에 나와 있는 순서로 오비탈을 채워나간다. 각 n 값에 대해서, 가능한 ℓ 값을 결정한다. 각각의 ℓ 값에 대해서, 가능한 m_ℓ 값을 배정한다. 파울리 배타원리와 훈트 규칙에 따라서 오비탈에 전자를 배치할 수 있다.

풀이 $n = 1$에서 시작하면, $\ell = 0$이므로 $1s$ 오비탈에 해당하는 부껍질이다. 이 오비탈은 모두 두 개의 전자를 수용할 수 있다. 다음으로, $n = 2$이면 $\ell = 0$ 또는 1이다. $\ell = 0$인 부껍질은 한 개의 $2s$ 오비탈을 가지며, 두 개의 전자를 포함할 수 있다. 나머지 네 개의 전자는 세 개의 $2p$ 오비탈을 가지는 $\ell = 1$인 부껍질에 놓인다. 오비탈 도표는 다음과 같다.

O 

$1s^2$ $2s^2$ $2p^4$

결과는 다음 표로 요약할 수 있다.

전자	n	ℓ	m_ℓ	m_s	오비탈
1	1	0	0	$+\frac{1}{2}$	$1s$
2	1	0	0	$-\frac{1}{2}$	
3	2	0	0	$+\frac{1}{2}$	$2s$
4	2	0	0	$-\frac{1}{2}$	
5	2	1	−1	$+\frac{1}{2}$	$2p_x$, $2p_y$, $2p_z$
6	2	1	0	$-\frac{1}{2}$	
7	2	1	1	$+\frac{1}{2}$	
8	2	1	1	$-\frac{1}{2}$	

물론, 8번째 전자를 $m_\ell = 1$인 오비탈에 넣는 것은 완전히 임의적이다. $m_\ell = 0$이나 $m_\ell = -1$에 배정해도 옳다.

실전 연습 붕소(B)에 있는 각 전자에 대해서 모든 양자수를 써라.

비슷한 문제: 7.91.

여기서 처음 열 개의 원소들을 조사하여 바닥 상태 전자 배치와 원자 속 전자의 성질에 대해서 알게 된 것을 정리해 보자.

1. 한 원자 내의 어떤 전자도 네 개의 양자수가 모두 같을 수 없다. 이것은 파울리 배타 원리이다.
2. 각 원자 오비탈은 최대 두 개의 전자에 의해서 점유될 수 있다. 그러나 그 둘은 스핀이 반대여야 한다. 다시 말하면 스핀 양자수가 달라야 한다.
3. 부껍질에 있는 전자들의 가장 안정한 배치는 평행한 스핀이 가장 많을 때이다. 이것은 훈트 규칙이다.
4. 한 개 이상의 전자들이 짝을 이루지 않은 원자는 상자기성이다. 모든 전자 스핀이 짝을 이룬 원자는 반자기성이다.
5. 수소 원자에서 전자의 에너지는 주양자수 n에만 의존한다. 다전자 원자에서는 전자의 에너지가 n과 각운동량 양자수 ℓ에 모두 의존한다.
6. 다전자 원자에서 부껍질은 그림 7.29에 나와 있는 순서로 채워진다.
7. 주양자수가 같은 전자들의 침투력, 즉 핵에 가까운 정도는 $s > p > d > f$ 순으로 감소한다. 가령 다전자 원자에서 3s 전자를 떼어내는 데 필요한 에너지는 3p 전자를 떼어낼 때 필요한 에너지보다 크다.

개념과 사실 요약하기

- 동일한 원자에 있는 두 개의 전자는 동일한 4개의 양자수를 가질 수 없다(파울리 배타 원리).
- 부껍질에서 가장 안정적인 전자 배열은 평행한 스핀 수가 가장 많은 배열이다(훈트 규칙). 하나 이상의 짝을 이루지 않은 전자 스핀을 가진 원자는 상자기성이다. 모든 전자가 쌍을 이루는 원자는 반자기성이다.

개념과 사실 복습하기

7.8.1 어떤 원자의 바닥 상태 전자 배치가 $1s^22s^22p^63s^23p^3$이다. 세 개의 3p 전자들에서 네 양자수 중 어느 것이 같은가?

7.8.2 5d 부껍질에서 찾을 수 있는 최대 전자 수를 결정하라.

7.8.3 다음 양자수 조합(n, ℓ, m_ℓ, m_s)에서 각각의 오류를 확인하라. (a) (2, 0, −1, $+\frac{1}{2}$); (b) (3, 3, 1, $-\frac{1}{2}$); (c) (2, 1, 1, 0).

7.9 축조 원리

학습 목표

- 축조 원리를 이용하여 원자의 전자를 배치할 수 있다.
- 주기율표를 사용하여 원자의 전자 배치를 작성할 수 있다.

여기서 처음 10개 원소에 대한 전자 배치를 적는 데 사용한 규칙을 나머지 원소들에까지 확장할 것이다. 이 과정은 축조 원리에 기초를 두고 있다. **축조 원리**(Aufbau principle)는 *핵에 양성자를 하나씩 더하여 원소를 만들어 가는 것처럼, 전자도 마찬가지 방법으로 원자 오비탈에 하나씩 채워진다*는 것이다. 이 과정을 통해 원소의 바닥 상태 전자 배치에 대한 상세한 지식을 얻는다[독일어 단어인 *Aufbau*는 "축조(쌓음)"을 의미함]. 나중에 알게 되겠지만, 전자 배치에 대한 지식은 우리가 원소의 성질을 이해하고 예측하는 데 도움을 주고, 주기율표가 왜 그렇게 잘 맞는지를 설명해준다.

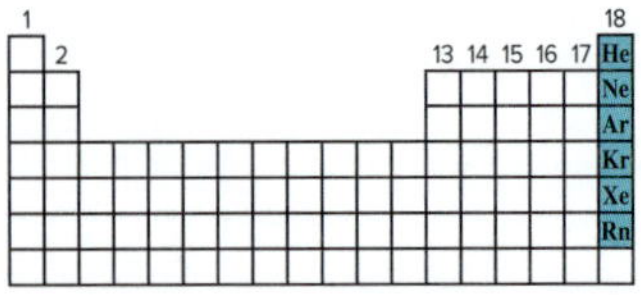

▲ 비활성 기체

표 7.3은 H(Z = 1)에서 Og(Z = 118)까지 원소의 바닥 상태 전자 배치를 나타내었다. 수소와 헬륨을 제외한 모든 원소의 전자 배치는 **비활성 기체 핵**(noble gas core)으로 나타내었다. 괄호로 표시한 비활성 기체 핵은 해당 원소 앞쪽으로 가장 가까운 비활성 기체 원소의 전자 배치를 표시하고, 이어서 해당 원소의 최외각 껍질에서 전자가 차 있는 부껍질을 나타내었다. 소듐(Z = 11)부터 아르곤(Z = 18)까지의 원소들에 대해서는 최외각에 있는 가장 높게 채워진 부껍질의 전자 배치는 리튬(Z = 3)부터 네온(Z = 10)까지의 전자 배치와 유사한 형태를 따른다는 사실에 유의하라.

7.7절에서 언급한 바와 같이, $4s$ 부껍질은 다전자 원자에서 $3d$ 부껍질보다 먼저 채워진다(그림 7.30 참조). 따라서 포타슘(Z = 19)의 전자 배치는 $1s^22s^22p^63s^23p^64s^1$이다. $1s^22s^22p^63s^23p^6$은 아르곤의 전자 배치이기 때문에 포타슘의 전자 배치는 [Ar]$4s^1$로 간단히 쓸 수 있다. 여기서 [Ar]은 "아르곤 핵"(argon core)을 나타낸다. 마찬가지로, 칼슘(Z = 20)의 전자 배치를 [Ar]$4s^2$로 쓸 수 있다. 최외각 전자가 ($3d$ 오비탈이 아닌) $4s$ 오비탈에 먼저 채워지는 것은 충분한 실험적 증거가 있다. 다음 비교 또한 이것이 정확한 배치임을 제시한다. 포타슘의 화학적 성질은 알칼리 금속의 처음 두 원소인 리튬과 소듐의 화학적 성질과 매우 유사하다. 리튬과 소듐의 최외각 전자는 s 오비탈에 있다(리튬과 소듐의 경우에 전자 배치에 애매함이 없음). 따라서 포타슘의 마지막 전자는 $3d$가 아닌 $4s$ 오비탈에 채워질 것으로 예측할 수 있다.

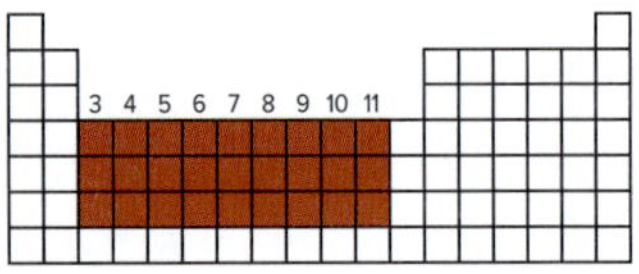

▲ 전이 금속

스칸듐(Z = 21)부터 구리(Z = 29)까지의 원소는 전이 금속이다. **전이 금속**(transition metal)은 *일부만 채워진 d 부껍질을 가지거나 일부만 채워진 d 부껍질을 갖는 양이온을 쉽게 형성*한다. 스칸듐에서 구리까지의 전이 금속을 생각해 보자. 이 계열에서 훈트 규칙에 따라 추가 전자가 $3d$ 오비탈에 채워진다. 그러나 이 중 두 원소는 불규칙성을 보인다. 크로뮴(Z = 24)의 전자 배치는 잘못 생각하기 쉬운 것처럼 [Ar]$4s^23d^4$이 아니라 [Ar]$4s^13d^5$이다. 구리의 경우에도 비슷한 불규칙성이 관찰되는데, 그 전자 배치는 [Ar]$4s^23d^9$이 아니라 [Ar]$4s^13d^{10}$을 갖는다. 이런 현상은 절반만 채워진 부껍질($3d^5$)과 완전히 채워진 부껍질($3d^{10}$)이 약간 더 안정하기 때문이다. 같은 부껍질에 있는 전자는(이 경우는 d 오비탈) 같은 에너지 값을 가지나 공간상에서의 분포가 다르다. 그러므로 그들끼리의 가리움 효과는 상대적으로 작으며, $3d^5$ 전자 배치를 가질 때 원자핵으로부터 더욱 강하게 끌리게 된다. 훈트 규칙에 의하면 Cr의 오비탈 도표는 다음과 같다.

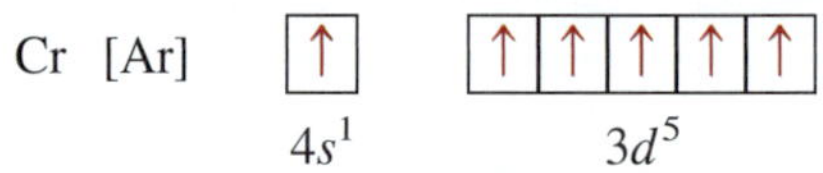

따라서 Cr은 전체적으로 6개의 쌍을 이루지 않은 전자가 있다. 구리에 대한 오비탈 도표는 다음과 같다.

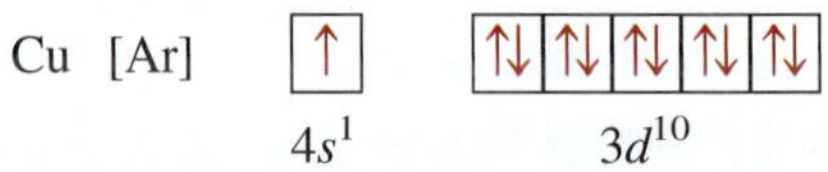

다시 말하지만 이 경우 $3d$ 부껍질이 완전히 채워지면 추가적인 안정성을 얻게 된다. 일반적으로 절반만 차거나 완전히 채워진 부껍질은 약간의 안정성이 더 높다.

Zn(Z = 30)에서 Kr(Z = 36)까지의 원소는 $4s$와 $4p$ 부껍질이 차례로 채워지며, 루비듐(Z = 37)부터 전자는 n = 5인 에너지 준위로 들어가기 시작한다.

두 번째 전이 금속 계열[이트륨(Z = 39)에서 은(Z = 47)까지]의 전자 배치 역시 불규칙적이지만 여기서는 자세한 부분까지 다루지 않겠다.

주기율표의 6주기는 세슘(Z = 55)과 바륨(Z = 56)으로 시작하며 이들의 전자 배치

표 7.3 원소의 바닥 상태 전자 배치*

원자 번호	원소 기호	전자 배치	원자 번호	원소 기호	전자 배치	원자 번호	원소 기호	전자 배치
1	H	$1s^1$	41	Nb	$[Kr]5s^14d^4$	81	Tl	$[Xe]6s^24f^{14}5d^{10}6p^1$
2	He	$1s^2$	42	Mo	$[Kr]5s^14d^5$	82	Pb	$[Xe]6s^24f^{14}5d^{10}6p^2$
3	Li	$[He]2s^1$	43	Tc	$[Kr]5s^24d^5$	83	Bi	$[Xe]6s^24f^{14}5d^{10}6p^3$
4	Be	$[He]2s^2$	44	Ru	$[Kr]5s^14d^7$	84	Po	$[Xe]6s^24f^{14}5d^{10}6p^4$
5	B	$[He]2s^22p^1$	45	Rh	$[Kr]5s^14d^8$	85	At	$[Xe]6s^24f^{14}5d^{10}6p^5$
6	C	$[He]2s^22p^2$	46	Pd	$[Kr]4d^{10}$	86	Rn	$[Xe]6s^24f^{14}5d^{10}6p^6$
7	N	$[He]2s^22p^3$	47	Ag	$[Kr]5s^14d^{10}$	87	Fr	$[Rn]7s^1$
8	O	$[He]2s^22p^4$	48	Cd	$[Kr]5s^24d^{10}$	88	Ra	$[Rn]7s^2$
9	F	$[He]2s^22p^5$	49	In	$[Kr]5s^24d^{10}5p^1$	89	Ac	$[Rn]7s^26d^1$
10	Ne	$[He]2s^22p^6$	50	Sn	$[Kr]5s^24d^{10}5p^2$	90	Th	$[Rn]7s^26d^2$
11	Na	$[Ne]3s^1$	51	Sb	$[Kr]5s^24d^{10}5p^3$	91	Pa	$[Rn]7s^25f^26d^1$
12	Mg	$[Ne]3s^2$	52	Te	$[Kr]5s^24d^{10}5p^4$	92	U	$[Rn]7s^25f^36d^1$
13	Al	$[Ne]3s^23p^1$	53	I	$[Kr]5s^24d^{10}5p^5$	93	Np	$[Rn]7s^25f^46d^1$
14	Si	$[Ne]3s^23p^2$	54	Xe	$[Kr]5s^24d^{10}5p^6$	94	Pu	$[Rn]7s^25f^6$
15	P	$[Ne]3s^23p^3$	55	Cs	$[Xe]6s^1$	95	Am	$[Rn]7s^25f^7$
16	S	$[Ne]3s^23p^4$	56	Ba	$[Xe]6s^2$	96	Cm	$[Rn]7s^25f^76d^1$
17	Cl	$[Ne]3s^23p^5$	57	La	$[Xe]6s^25d^1$	97	Bk	$[Rn]7s^25f^9$
18	Ar	$[Ne]3s^23p^6$	58	Ce	$[Xe]6s^24f^15d^1$	98	Cf	$[Rn]7s^25f^{10}$
19	K	$[Ar]4s^1$	59	Pr	$[Xe]6s^24f^3$	99	Es	$[Rn]7s^25f^{11}$
20	Ca	$[Ar]4s^2$	60	Nd	$[Xe]6s^24f^4$	100	Fm	$[Rn]7s^25f^{12}$
21	Sc	$[Ar]4s^23d^1$	61	Pm	$[Xe]6s^24f^5$	101	Md	$[Rn]7s^25f^{13}$
22	Ti	$[Ar]4s^23d^2$	62	Sm	$[Xe]6s^24f^6$	102	No	$[Rn]7s^25f^{14}$
23	V	$[Ar]4s^23d^3$	63	Eu	$[Xe]6s^24f^7$	103	Lr	$[Rn]7s^25f^{14}6d^1$
24	Cr	$[Ar]4s^13d^5$	64	Gd	$[Xe]6s^24f^75d^1$	104	Rf	$[Rn]7s^25f^{14}6d^2$
25	Mn	$[Ar]4s^23d^5$	65	Tb	$[Xe]6s^24f^9$	105	Db	$[Rn]7s^25f^{14}6d^3$
26	Fe	$[Ar]4s^23d^6$	66	Dy	$[Xe]6s^24f^{10}$	106	Sg	$[Rn]7s^25f^{14}6d^4$
27	Co	$[Ar]4s^23d^7$	67	Ho	$[Xe]6s^24f^{11}$	107	Bh	$[Rn]7s^25f^{14}6d^5$
28	Ni	$[Ar]4s^23d^8$	68	Er	$[Xe]6s^24f^{12}$	108	Hs	$[Rn]7s^25f^{14}6d^6$
29	Cu	$[Ar]4s^13d^{10}$	69	Tm	$[Xe]6s^24f^{13}$	109	Mt	$[Rn]7s^25f^{14}6d^7$
30	Zn	$[Ar]4s^23d^{10}$	70	Yb	$[Xe]6s^24f^{14}$	110	Ds	$[Rn]7s^25f^{14}6d^8$
31	Ga	$[Ar]4s^23d^{10}4p^1$	71	Lu	$[Xe]6s^24f^{14}5d^1$	111	Rg	$[Rn]7s^25f^{14}6d^9$
32	Ge	$[Ar]4s^23d^{10}4p^2$	72	Hf	$[Xe]6s^24f^{14}5d^2$	112	Cn	$[Rn]7s^25f^{14}6d^{10}$
33	As	$[Ar]4s^23d^{10}4p^3$	73	Ta	$[Xe]6s^24f^{14}5d^3$	113	Nh	$[Rn]7s^25f^{14}6d^{10}7p^1$
34	Se	$[Ar]4s^23d^{10}4p^4$	74	W	$[Xe]6s^24f^{14}5d^4$	114	Fl	$[Rn]7s^25f^{14}6d^{10}7p^2$
35	Br	$[Ar]4s^23d^{10}4p^5$	75	Re	$[Xe]6s^24f^{14}5d^5$	115	Mc	$[Rn]7s^25f^{14}6d^{10}7p^3$
36	Kr	$[Ar]4s^23d^{10}4p^6$	76	Os	$[Xe]6s^24f^{14}5d^6$	116	Lv	$[Rn]7s^25f^{14}6d^{10}7p^4$
37	Rb	$[Kr]5s^1$	77	Ir	$[Xe]6s^24f^{14}5d^7$	117	Ts	$[Rn]7s^25f^{14}6d^{10}7p^5$
38	Sr	$[Kr]5s^2$	78	Pt	$[Xe]6s^14f^{14}5d^9$	118	Og	$[Rn]7s^25f^{14}6d^{10}7p^6$
39	Y	$[Kr]5s^24d^1$	79	Au	$[Xe]6s^14f^{14}5d^{10}$			
40	Zr	$[Kr]5s^24d^2$	80	Hg	$[Xe]6s^24f^{14}5d^{10}$			

* 기호 [He]는 헬륨 핵이라고 하며 $1s^2$을 나타낸다. [Ne]는 네온 핵이라고 하며 $1s^22s^22p^6$을 나타낸다. [Ar]는 아르곤 핵이라고 하며 $[Ne]3s^23p^6$을 나타낸다. [Kr]는 크립톤 핵이라고 하며 $[Ar]4s^23d^{10}4p^6$을 나타낸다. [Xe]는 제논 핵이라고 하며 $[Kr]5s^24d^{10}5p^6$을 나타낸다. [Rn]는 라돈 핵이라고 하며 $[Xe]6s^24f^{14}5d^{10}6p^6$을 나타낸다.

는 각각 [Xe]$6s^1$과 [Xe]$6s^2$이다. 다음 원소는 란타넘(Z = 57)이다. 그림 7.30에서 6*s* 오비탈을 채우고 나면, 나머지 전자는 4*f* 오비탈을 채울 것으로 예측할 수 있다. 그러나 실제로 5*d* 오비탈과 4*f* 오비탈의 에너지는 대단히 비슷할 뿐 아니라 란타넘의 경우 4*f*의 에너지 준위가 5*d*의 에너지 준위보다 약간 높다. 따라서 란타넘의 전자 배치는 [Xe]$6s^24f^1$이 아니라 [Xe]$6s^25d^1$이다.

란타넘 원소 다음에는 **란타넘족**(lanthanoids) 또는 **희토류계**(rare earth series)라고 하는 14개의 원소[세륨(Z = 58)에서 루테튬(Z = 71)까지]가 있다. 이 계열은 이전에 란탄족(lanthanides)으로 알려져 있었다. 희토류 금속은 *완전히 채워지지 않은 4f 부껍질을 가지고 있으며, 이 4f 부껍질은 완전히 채워지지 않은 양이온을 쉽게 형성한다.* 이 계열에서 추가의 전자는 4*f* 부껍질에 배치된다. 4*f* 부껍질이 완전히 채워지면 더해진 전자가 루테늄의 5*d* 부껍질을 채우게 된다. 가돌리늄(Z = 64)의 전자 배치는 [Xe]$6s^24f^8$이 아니라 [Xe]$6s^24f^75d^1$이라는 것에 주목하라. 크로뮴의 경우와 마찬가지로 가돌리늄도 절반만 채워진 부껍질($4f^7$)에 의해 좀 더 안정화된다.

란타넘과 하프늄(Z = 72) 원소로부터 금(Z = 79)을 포함하는 세 번째 전이 금속 계열은 5*d* 부껍질을 채우는 것이 특징이다. Hg(Z = 80)에 이르러 6*s* 오비탈과 5*d* 오비탈이 모두 채워진다. 6*p* 부껍질이 그다음에 채워져 라돈(Z = 86)에 이른다.

마지막 원소 계열은 **악티늄족계**(actinoid series)인데 토륨(Z = 90)부터 시작된다. 이 계열은 이전에는 악티늄족(actinides)으로 불렀다. *이들 원소 대부분은 자연계에서 발견되지 않고 인공적으로 합성한 것들이다.*

이제 몇 가지를 제외하고, 그림 7.30을 지침으로 이용하여 어떠한 원소라도 그 원소의 전자 배치를 쓸 수 있을 것이다. 특별히 주의를 필요로 하는 원소는 전이 금속, 란타넘족, 악티늄족 원소이다. 앞에서 언급한 것과 같이 주양자수 *n* 값이 큰 경우에 부껍질에 전자가 채워지는 순서가 한 원소에서 다음 원소로 넘어가면서 바뀔 수 있다. 그림 7.34에 최외각 전자가 채워진 부껍질의 종류에 따라 원소를 묶어 놓았다.

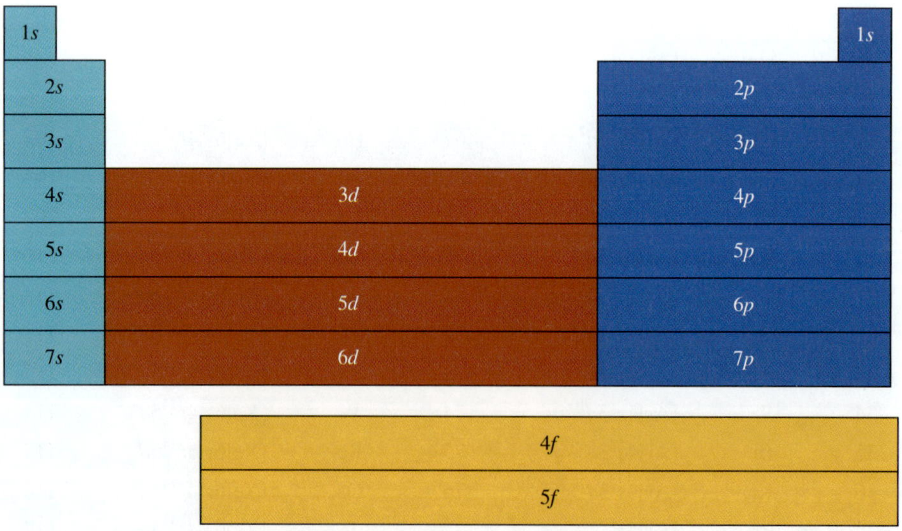

▶ **그림 7.34** 전자들로 채워지는 부껍질의 유형에 따른 주기율표 원소들의 족 분류.

예제 7.13

(a) 황(S)과 (b) 반자기성인 팔라듐(Pd)의 바닥 상태 전자 배치를 써라.

(a) 전략 황 원자(Z = 16)에는 얼마나 많은 전자가 있는가? 그림 7.30에 있는 순서를 이용

(계속)

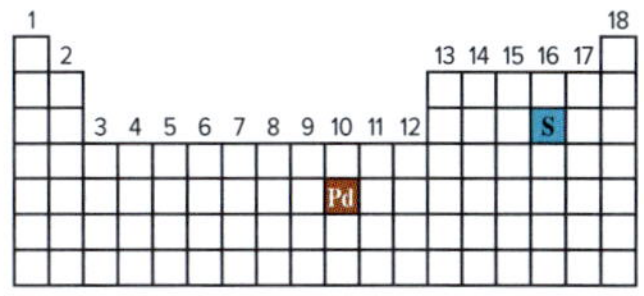

하여 $n = 1$에서 시작하여 오비탈을 채워나간다. 각각의 ℓ 값에 대해서 가능한 m_ℓ 값을 배정한다. 파울리 배타 원리와 훈트 규칙에 따라서 오비탈에 전자를 채우고 전자 배치를 쓸 수 있다. 이 작업은 S 원자보다 앞에 있는 비활성 기체 핵을 쓰면 간단하다.

풀이 황은 16개의 전자를 가진다. 이 경우 비활성 기체 핵은 [Ne]이다. (Ne는 황 앞 주기의 비활성 기체이다.) [Ne]는 $1s^22s^22p^6$로 표시된다. 따라서 6개의 전자를 3*s* 부껍질과 3*p* 부껍질 일부에 채워야 한다. 따라서 S의 전자 배치는 $1s^22s^22p^63s^23p^4$ 또는 $[Ne]3s^23p^4$이 된다.

(b) 전략 (a)에서와 같은 방식으로 접근한다. Pd가 반자기성이라는 뜻은 무엇인가?

풀이 팔라듐은 전자 46개를 가진다. 이 경우 비활성 기체 핵은 [Kr]이다. (Kr이 팔라듐 앞 주기의 비활성 기체이다.) [Kr]은 다음 전자 배치를 뜻한다.

$$1s^22s^22p^63s^23p^64s^23d^{10}4p^6$$

남는 10개의 전자들은 4*d*와 5*s* 오비탈에 분배된다. 세 개의 가능성은 (1) $4d^{10}$, (2) $4d^95s^1$, (3) $4d^85s^2$이다. 팔라듐은 반자기성이기 때문에, 모든 전자들이 쌍을 이루고 있는 전자 배치를 찾으면

$$1s^22s^22p^63s^23p^64s^23d^{10}4p^64d^{10}$$

또는 간단히 $[Kr]4d^{10}$이다. (2)와 (3)의 전자 배치는 상자기성 배치이다.

검산 답을 확인하기 위해 (1), (2), (3)의 오비탈 도표를 그려라.

실전 연습 인(P)의 바닥 상태 전자 배치를 써라.

비슷한 문제: 7.87, 7.88.

개념과 사실 요약하기

- 축조 원리(Aufbau principle)는 전자를 채워나가는 지침을 제공한다. 주기율표는 원소를 원자 번호에 따라 분류하며, 원자의 전자 배치에 따라서도 분류한다.

개념과 사실 복습하기

7.9.1 다음의 바닥 상태 전자 배치로 표현되는 원소는 무엇인가? $1s^22s^22p^63s^23p^5$

7.9.2 다음과 같은 바닥 상태 전자 배치를 갖는 원소는 무엇인가? $[Ar]4s^23d^6$.

7.9.3 Zr 원자의 전자 배치를 써라.

요약_Chapter Summary

플랑크의 양자론 물체에서 방출되는 복사선의 파장에 대한 의존성을 설명하기 위해, 플랑크는 원자와 분자가 양자라고 불리는 불연속적인 양으로 에너지를 방출(또는 흡수)할 수 있다고 제안하였다. 플랑크의 이론은 물리학을 혁신시켰다. (7.1절)

양자 역학의 출현 플랑크의 연구는 빛이 광자라고 불리는 입자로 구성되어 있다고 가정한 아인슈타인의 광전 효과와 보어의 수소 원자의 방출 스펙트럼에 대한 설명으로 이어졌다. 양자론의 추가적인 발전은 전자가 입자와 파동의 특성을 동시에 가지고 있다는 것을 증명한 드브로이와 미시계 측정에 내재된 한계를 도출한 하이젠베르크에 의해 이루어졌다. 이러한 발전은 전자, 원자, 분자의 행동과 에너지를 설명하는 슈뢰딩거 방정식으로 절정에 달했다. (7.2, 7.3, 7.4, 7.5절)

수소 원자 수소 원자에 대한 슈뢰딩거 방정식의 해는 전자에 대한 양자화된 에너지와 원자 오비탈라고 불리는 파동 함수 집합을 보여준다. 원자 오비탈은 특정한 양자 번호로 분류되어 있다. 오비탈은 우리에게 전자가 위치할 수 있는 영역을 알려

준다. 수소에 대해 얻은 결과는 약간의 수정으로 더 복잡한 원자에 적용될 수 있다. (7.6, 7.7절)

축조 원리 주기율표는 원자 번호를 증가시키고 단계적인 방법으로 전자를 더함으로써 구성될 수 있다. 특정 지침(파울리 배타원리와 훈트 규칙)은 원자 오비탈에서 전자가 어떻게 분포되는지를 알려주는 원소의 바닥 상태 전자 배치를 작성하는 데 도움을 준다. (7.8, 7.9절)

주요 식_Key Equations

$u = \lambda\nu$ (7.1)	파장 및 진동수와 파의 속력과의 관계.
$E = h\nu$ (7.2)	진동수와 양자(그리고 광자)의 에너지와의 관계.
$E = h\frac{c}{\lambda}$ (7.3)	파장과 양자(그리고 광자)의 에너지와의 관계.
$h\nu = E_k + \Phi$ (7.4)	광전 효과.
$E_n = -R_H\left(\frac{1}{n^2}\right)$ (7.5)	수소 원자에서 n번째 궤도에 있는 전자의 에너지.
$\Delta E = h\nu = R_H\left(\frac{1}{n_i^2} - \frac{1}{n_f^2}\right)$ (7.6)	전자가 n_i 준위에서 n_f 준위로 전이할 때 방출 또는 흡수하는 광자의 에너지.
$\lambda = \frac{h}{mu}$ (7.8)	질량 m인 입자가 u의 속도로 움직일 때의 파장.
$\Delta x\Delta p \geq \frac{h}{4\pi}$ (7.9)	입자의 운동량과 위치에 관한 불확정성 계산.

주요 용어_Key Words

경계면 도식	마디	상자기성	전자기 복사	파동
광자	바닥 상태	선 스펙트럼	전자기파	파울리 배타 원리
광전 효과	바닥 준위(또는 바닥 상태)	악티늄 계열	전자 밀도	파장(λ)
다전자 원자	반자기성	양자	전자 배치	하이젠베르크의 불확정성 원리
들뜬 준위(또는 들뜬 상태)	방출 스펙트럼	양자수	진동수(ν)	훈트 규칙
란타넘(희토류)계	비활성 기체 핵	원자 오비탈	진폭	희토류 계열
		전이 금속	축조 원리	

연습 문제_Questions and Problems

붉은색 번호의 문제는 학생용 문제 풀이집에 풀어 놓았다.

7.1 고전 물리학에서 양자론으로

복습 질문

7.1 파동이란 무엇인가? 다음 용어들을 파동과 관련하여 설명하라. *파장*, *진동수*, *진폭*.

7.2 전자기파에 대한 파장과 진동수의 단위는 무엇인가? 빛의 속도를 m/s와 mph(시간당 마일) 단위로 답하라.

7.3 가장 긴 파장의 복사선부터 가장 짧은 파장의 복사선의 순서로 전자기 복사의 종류를 나열하라.

7.4 전자기파 스펙트럼에서 가시광선 영역에 해당하는 파장의 범위를 써라.

7.5 플랑크의 양자론에 대해서 간단히 설명하고 양자가 무엇인지 설명하라. 플랑크 상수의 단위는 무엇인가?

7.6 일상생활에서 볼 수 있는 예를 두 가지 들어서 양자화의 개념을 설명하라.

문제

7.7 (a) 진동수 8.6×10^{13} Hz인 빛의 파장은 몇 nm인가? (b) 파장 566 nm인 빛의 진동수는 몇 Hz인가?

7.8 (a) 파장이 456 nm인 빛의 진동수를 계산하라. (b) 진동수가 2.45×10^{9} Hz인 복사선의 파장은 몇 nm인가? (이 종류의 복사가 마이크로파 오븐에서 사용

된다.)

7.9 화성과 지구 사이의 평균 거리는 약 1.3×10^8 마일이다. 화성 표면에 있는 *바이킹*(Viking) 우주선으로부터 보내는 TV 영상이 지구에 도착하기까지 얼마나 걸리는가? (1 mile = 1.61 km)

7.10 금성에서 지구까지 라디오파가 이동하는 데 걸리는 시간은 몇 분인가? (금성에서 지구까지의 평균 거리 = 28,000,000 mile)

7.11 시간의 SI 기본 단위는 초인데, 이것은 세슘 원자의 특징적 방출 과정에서 나오는 복사선이 9,192,631,770번 반복되는 것으로 정의된다. 이 복사선의 파장을 유효 숫자 세 자리로 계산하라. 이 파장은 전자기 스펙트럼의 어느 영역에 해당되는가?

7.12 길이의 SI 기본 단위는 미터인데, 이 길이는 크립톤 원자의 특성 방출 파장인 주황-적색 파장의 1,650,763.73배로 규정한다. 이 복사선의 진동수는 얼마인가? 유효 숫자 세 자리로 계산하라

7.2 광전 효과

복습 질문

7.13 광자란 무엇인가? 아인슈타인의 광전 효과에 대한 이론은 전자기파의 입자-파동의 이중성을 밝히는 데 어떠한 역할을 하였는가?

7.14 두 가지 다른 금속 A(파란색 선)와 B(빨간색 선)의 광전 효과를 나타낸 다음 그림을 생각해 보자. (a) 어떤 금속이 열 함수가 더 큰가? (b) 이 선의 기울기는 무엇을 말해주는가?

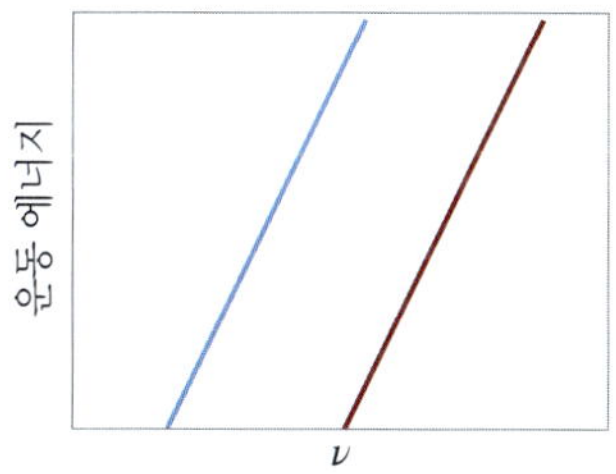

문제

7.15 파장이 624 nm인 광자의 에너지를 J 단위로 계산하라.

7.16 하늘의 파란색은 태양 빛이 공기 분자에 의해 산란된 결과이다. 파란 빛은 진동수가 약 7.5×10^{14} Hz이다. (a) 이 복사선 파장을 nm 단위로 계산하고, (b) 이 진동수를 가진 광자 한 개의 에너지를 J 단위로 계산하라.

7.17 어떤 광자가 6.0×10^4 Hz의 진동수를 가진다. (a) 이 진동수를 파장(nm 단위)으로 바꿔라. 이 진동수는 가시광선 영역에 속하는가? (b) 이 광자의 에너지(J 단위)를 계산하라. (c) 모두 이 진동수를 가지는 광자 1 mol이 지니는 에너지를 계산하라.

7.18 에너지가 1.0×10^3 kJ/mol인 복사선의 파장(nm 단위)은 얼마인가? 이 복사선은 전자기 스펙트럼의 어느 영역에서 발견되는가?

7.19 높은 에너지를 가진 전자로 구리에 충돌시키면 X-선이 방출된다. 이 X-선의 파장이 0.154 nm라 할 때, 이 광자에 대한 에너지(J 단위)를 계산하라.

7.20 어떤 전자기파의 진동수가 8.11×10^{14} Hz이다. (a) 파장은 nm와 m로 각각 얼마인가? (b) 그 빛은 전자기 스펙트럼의 어느 영역에 해당하는가? (c) 이 복사선 한 개의 양자에 해당하는 에너지(J 단위)는 얼마인가?

7.21 포타슘의 일함수는 3.68×10^{-19} J이다. (a) 이 금속에서 전자를 방출하는 데 필요한 빛의 최소 진동수는 얼마인가? (b) 진동수 $8.62 \times 10^{14}\ s^{-1}$인 빛을 쪼였을 때 방출된 전자의 운동 에너지를 계산하라.

7.22 진동수 $2.11 \times 10^{15}\ s^{-1}$인 빛을 금 표면에 쪼였을 때, 방출되는 전자의 운동 에너지는 5.83×10^{-19} J인 것이 관찰되었다. 금의 일함수는 얼마인가?

7.3 보어의 수소 원자 이론

복습 질문

7.23 (a) 에너지 준위란 무엇인가? 바닥 상태와 들뜬 상태의 차이점을 설명하라. (b) 방출 스펙트럼이란 무엇인가? 선 스펙트럼은 연속 스펙트럼과 어떻게 다른가?

7.24 (a) 수소 원자에 대한 보어 이론을 간단히 설명하고, 이 모형은 방출 스펙트럼의 모양을 어떻게 설명하는지 설명하라. (b) 식 (7.5)에서 음(−) 부호의 의미를 설명하라.

문제

7.25 원소가 광자를 방출할 때 독특한 색을 띠는 이유를 설명하라.

7.26 구리를 포함하는 화합물을 불꽃에서 가열하면 녹색 빛이 방출된다. 이 빛이 하나의 파장인지, 또는 둘 이상의 파장이 섞여 있는지 어떻게 알 수 있는가?

7.27 형광 물질이 가시광선 빛을 흡수한 뒤 자외선 영역에서 빛을 방출할 수 있는가? 왜 그렇게 대답했는지 설명하라.

7.28 별로부터 방출한 전자기파를 천문학자들이 분석함으로써 어떻게 멀리 떨어진 별에 존재하는 원소를 알 수 있는지 설명하라.

7.29 가상 원자가 다음과 같은 에너지 준위를 가지고 있다고 생각하자.

E_4 ———— -1.0×10^{-19} J
E_3 ———— -5.0×10^{-19} J
E_2 ———— -10×10^{-19} J
E_1 ———— -15×10^{-19} J

(a) 전자가 E_1에서 E_4까지 들뜨기 위해서 필요한 광자의 파장은 얼마인가? (b) 전자가 E_2에서 E_3까지 들

뜨기 위해 광자가 가져야 할 에너지는 몇 J인가? (c) 전자가 E_3에서 E_1로 떨어질 때 원자는 방출이 일어난다고 말한다. 이 과정에서 방출된 광자의 파장을 계산하라.

7.30 발머 계열의 첫 번째 선은 656.3 nm의 파장에서 나타난다. 이 선 스펙트럼을 생기게 하는 발광에 관여한 두 에너지 준위간의 에너지 차이는 얼마인가?

7.31 수소 원자에서 $n = 5$에서 $n = 3$ 준위로 전자가 전이할 때, 방출되는 광자의 파장(nm 단위)을 계산하라.

7.32 수소 원자에서 $n = 4$에서 $n = 2$ 준위로 전자가 전이할 때, 방출되는 광자의 파장(nm 단위)과 진동수를 계산하라.

7.33 정밀한 스펙트럼 분석에서 소듐 램프의 친숙한 노란 빛은 589.0 nm와 589.6 nm의 두 파장으로 되어 있는 것을 알았다. 이 두 파장에서 광자들의 에너지 차이는 몇 J인가?

7.34 수소 원자에서 주양자수가 n_i인 궤도에서 $n = 2$인 궤도로 전이되었다. 이 때, 방출한 광자의 파장이 434 nm이다. n_i를 계산하라.

7.4 전자의 이중성

➡ 복습 질문

7.35 물질과 복사선은 "이중성"을 지닌다는 말을 설명하라.

7.36 수소 원자에서 전자의 에너지가 양자화되어 있다는 사실을 드브로이의 가설이 어떻게 설명하는가?

7.37 식 (7.8)이 거시적 물체에는 중요하지 않고 전자나 원자와 같은 초미세 입자에만 의미가 있는 이유는 무엇인가?

7.38 (a) H 원자 하나와 He 원자 하나가 같은 속력으로 진행하고 있다면 두 원자의 상대 파장은 어떠할까? (b) H 원자 하나와 He 원자 하나가 운동 에너지가 같다면 두 원자의 상대 진동수는 어떠할까?

➡ 문제

7.39 열 중성자는 상온에서 공기 분자의 속도에 필적하는 속도를 가지는 중성자이다. 이런 중성자는 ^{235}U 동위원소의 핵 연쇄반응을 일으키는 데 매우 유용하다. 7.00×10^2 m/s로 움직이는 중성자살에 연관된 파장은 몇 nm인가? (중성자의 질량 = 1.675×10^{-27} kg)

7.40 양성자는 입자 가속기에서 빛의 속도 가까이까지 가속될 수 있다. 2.90×10^8 m/s로 움직이는 양성자의 파장을 nm 단위로 계산하라. (양성자의 질량 = 1.673×10^{-27} kg)

7.41 속도 1.20×10^2 mph로 날아가는 무게 12.4 g인 휘파람새의 드브로이 파장은 몇 cm인가? (1 마일 = 1.61 km)

7.42 35 mph로 움직이는 무게 2.5 g인 탁구공에 대한 드브로이 파장은 몇 nm인가?

7.5 양자 역학

➡ 복습 질문

7.43 보어 이론의 부족한 점은 무엇인가?

7.44 하이젠베르크의 불확정성 원리란 무엇인가? 슈뢰딩거 방정식은 무엇인가?

7.45 파동 함수의 물리적 중요성은 무엇인가?

7.46 원자를 양자 역학적으로 다룰 때, 전자의 위치를 설명하는 데 전자 밀도의 개념이 어떻게 사용되는가?

7.6 양자수

➡ 복습 질문

7.47 원자의 전자를 특징적으로 설명하는 데 사용하는 네 가지 양자수를 설명하라.

7.48 어떤 양자수가 껍질을 정의하는가? 어떤 양자수가 부껍질을 정의하는가?

7.49 다음 오비탈 중 존재하지 않는 것은 어느 것인가? 1*p*, 2*s*, 2*d*, 3*p*, 3*d*, 3*f*, 4*g*.

7.50 다음 네 양자수(n, ℓ, m_ℓ, m_s) 중 어떤 것이 (a) 수소 원자와 다전자 원자에서 전자의 에너지, (b) 오비탈의 크기, (c) 오비탈의 모양, (d) 공간에서 오비탈의 방향을 결정하는가?

➡ 문제

7.51 어떤 원자의 전자가 $n = 2$의 양자 준위에 있다. 그 전자가 가질 수 있는 가능한 ℓ과 m_ℓ 값을 나열하라.

7.52 어떤 원자의 전자가 $n = 3$의 양자 준위에 있다. 그 전자가 가질 수 있는 가능한 ℓ과 m_ℓ 값을 나열하라.

7.53 다음 오비탈에 있는 전자의 네 양자수를 써라. (a) 2*p*, (b) 3*s*, (c) 5*d*.

7.54 다음 오비탈에 있는 전자의 네 양자수를 써라. (a) 3*s*, (b) 4*p*, (c) 3*d*.

7.55 주양자수 $n = 5$에 관련된 모든 가능한 부껍질과 오비탈을 나열하라.

7.56 주양자수 $n = 6$에 관련된 모든 가능한 부껍질과 오비탈을 나열하라.

7.7 원자 오비탈

➡ 복습 질문

7.57 원자 오비탈이란 무엇인가? 원자 오비탈은 궤도와 어떻게 다른가?

7.58 *s*, *p*, *d* 오비탈의 모양을 설명하라. 이들 오비탈이 양자수 n, ℓ, m_ℓ과 어떻게 연관되는가?

7.59 수소 원자 오비탈을 에너지가 증가하는 순서로 나열하라.

7.60 왜 경계면 도식이 원자 오비탈을 나타내는 데 편리한가?

문제

7.61 1s와 2s 오비탈의 차이는 무엇인가?

7.62 2p_x와 2p_y 오비탈의 차이는 무엇인가?

7.63 다음 오비탈에 들어갈 수 있는 전자의 총수를 계산하라. (a) 한 개의 s 오비탈, (b) 세 개의 p 오비탈, (c) 다섯 개의 d 오비탈, (d) 일곱 개의 f 오비탈.

7.64 같은 주양자수 n을 갖는 모든 오비탈에 수용될 수 있는 전자의 총 수는 얼마인가?

7.65 다음 각 부껍질에서 발견될 수 있는 전자의 최대수를 결정하라. 3s, 3d, 4p, 4f, 5f.

7.66 (a) N(Z = 7)에 있는 p 전자의 총 수, (b) Si(Z = 14)에 있는 s 전자의 총 수, (c) S(Z = 16)에 있는 3d 전자의 총 수를 계산하라.

7.67 수소 원자의 첫 번째 네 개의 주에너지 준위에 허용 가능한 모든 오비탈의 표를 만들어라. 형태(예, s, p 등)에 따라 각각을 나타내고, 각 오비탈마다 몇 개의 오비탈이 가능한지 나타내라.

7.68 왜 수소 원자의 경우에서는 3s, 3p, 3d 오비탈이 에너지가 같지만, 다전자 원자에서는 에너지가 다른가?

7.69 수소 원자의 다음 오비탈 쌍 중 어느 것이 에너지가 더 높은가? (a) 1s, 2s; (b) 2p, 3p; (c) 3d_{xy}, 3d_{yz}; (d) 3s, 3d; (e) 4f, 5s.

7.70 다전자 원자의 다음 오비탈 쌍 중 어느 것이 에너지가 더 낮은가? (a) 2s, 2p; (b) 3p, 3d; (c) 3s, 4s; (d) 4d, 5f;

7.8 전자 배치

복습 질문

7.71 전자 배치란 무엇인가? 파울리 배타 원리와 훈트 규칙이 원소들의 전자 배치를 쓰는 데 하는 역할을 설명하라.

7.72 기호 4d^6의 의미를 설명하라.

7.73 *반자기성*과 *상자기성*을 설명하라. 반자기성인 원소의 예를 하나 들고, 상자기성인 원소의 예를 하나 들어라. 전자가 짝을 이루었다고 말하면 무엇을 뜻하는가?

7.74 원자에서 "전자의 가림"이란 무엇을 의미하는가? Li 원자를 예로 들어서, 가림 효과가 전자의 에너지에 끼치는 영향을 설명하라.

문제

7.75 다음 양자수들의 모음 중 어떤 원자에게도 적용될 수 없는 것을 고르고 그 이유를 설명하라. (a) $(1, 0, \frac{1}{2}, \frac{1}{2})$, (b) $(3, 0, 0, +\frac{1}{2})$, (c) $(2, 2, 1, +\frac{1}{2})$, (d) $(4, 3, -2, +\frac{1}{2})$, (e) (3, 2, 1, 1).

7.76 다음에 표시된 바닥 상태의 전자 배치는 무엇인가 틀렸다. 각각 어떠한 실수가 있는지 지적하고 올바른 전자 배치를 써라.

Al: $1s^22s^22p^43s^23p^3$

B: $1s^22s^22p^5$

F: $1s^22s^22p^6$

7.77 어떤 원소의 원자 번호는 73이다. 이 원소는 반자기성인가 상자기성인가?

7.78 다음 원자에서 짝을 이루지 않는 전자의 수는 각각 몇 개인가? B, Ne, P, Sc, Mn, Se, Kr, Fe, Cd, I, Pb.

7.9 축조 원리

복습 질문

7.79 축조 원리를 말하고 주기율표에서 원소들을 분류하는 데 어떤 역할을 하는지 설명하라.

7.80 다음 족에 속하는 원소들의 특성을 설명하라. 전이금속, 란타넘족, 악티늄족.

7.81 비활성 기체 핵은 무엇인가? 전자 배치를 쓸 때 어떻게 간편하게 해주는가?

7.82 원소 오스뮴이 속한 족과 주기는?

7.83 다음 용어들을 설명하고, 각각의 예를 들어라. *전이금속*, *란타넘족*, *악티늄족*.

7.84 왜 Cr과 Cu의 바닥 상태 전자 배치가 우리가 예측하는 것과 다른지 설명하라.

7.85 비활성 기체 핵(core)의 의미를 설명하라. 제논 핵의 전자 배치를 써라.

7.86 다음 기술이 맞는지 논하라. 한 원자 내에서 4개의 양자수가 모두 동일한 두 개의 전자를 발견할 확률은 0이다.

문제

7.87 축조 원리를 이용하여 셀레늄의 바닥 상태 전자 배치를 써라.

7.88 축조 원리를 이용하여 테크네튬의 바닥 상태 전자 배치를 써라.

7.89 다음 각 원소의 바닥 상태 전자 배치를 써라. B, V, Ni, As, I, Au

7.90 다음 각 원소의 바닥 상태 전자 배치를 써라. Ge, Fe, Zn, Ni, W, Tl.

7.91 어떤 중성 원자의 전자 배치는 $1s^22s^22p^63s^2$이다. 각 전자에 대한 양자수를 모두 써라. 이 원소의 이름은?

7.92 S^+, S, S^- 중 어느 것에 짝을 이루지 않은 전자가 가장 많은가? 왜 그런 결론을 내렸는지 설명하라.

실전 연습의 답_Answers to Practice Exercises

7.1 8.24 m. **7.2** 3.39×10^3 nm. **7.3** 9.65×10^{-19} J. **7.4** 2.63×10^3 nm. **7.5** 56.6 nm. **7.6** 0.2 m/s. **7.7** $n = 3$, $\ell = 1$, $m_\ell = -1, 0, 1$. **7.8** 16. **7.9** $(4, 2, -2, +\frac{1}{2})$, $(4, 2, -1, +\frac{1}{2})$, $(4, 2, 0, +\frac{1}{2})$, $(4, 2, 1, +\frac{1}{2})$, $(4, 2, 2, +\frac{1}{2})$, $(4, 2, -2, -\frac{1}{2})$, $(4, 2, -1, -\frac{1}{2})$, $(4, 2, 0, -\frac{1}{2})$, $(4, 2, 1, -\frac{1}{2})$, $(4, 2, 2, -\frac{1}{2})$. **7.10** 32. **7.11** $(1, 0, 0, +\frac{1}{2})$, $(1, 0, 0, -\frac{1}{2})$, $(2, 0, 0, +\frac{1}{2})$, $(2, 0, 0, -\frac{1}{2})$, $(2, 1, -1, -\frac{1}{2})$. 마지막 전자(2*p* 오비탈에서)에 대해서 양자수를 쓰는 5개의 다른 가능한 방법이 있다. **7.12** [Ne]$3s^23p^3$.

개념과 사실 복습하기의 답_Answers to Review of Concepts & Facts

7.1.1 가장 높은 진동수, (b). 가장 긴 파장, (c). 가장 큰 진폭, (a). **7.1.2** 가시광선과 적외선의 파장은 피부 아래의 어두운 색소를 생성하는 멜라닌 세포에 영향을 미칠 만큼 충분히 짧지 않다(따라서 에너지적으로 충분하지 않음). **7.2.1** 4.80×10^{-19} J. **7.2.2** 297 nm. **7.2.3** 가장 짧은 파장: λ_3. 가장 긴 파장: λ_2. **7.3.1** (b). **7.3.2** -1.36×10^{-19} J. **7.3.3** 397 nm. **7.4.1** 플랑크 상수, *h*. *h*는 매우 작은 수이기 때문에 극히 작은 질량을 가진 원자와 분자 계만이 측정 가능한 파동적 특성을 나타낸다. **7.4.2** 79 nm. **7.5.1** ψ는 전자의 파동 함수이고, ψ^2는 핵 주변의 특정 공간 영역에서 전자를 찾을 확률을 나타낸다. **7.5.2** 5.3×10^{13} m. **7.6.1** $n = 3$일 때 허용되는 ℓ 값은 0, 1, 2이다. **7.6.2** $(6, 0, 0, +\frac{1}{2})$와 $(6, 0, 0, -\frac{1}{2})$. **7.7.1** $n = 2$일 때 허용되는 ℓ 값은 0과 1이며 *s* 와 *p* 오비탈에 해당한다. $n = 3$일 때 허용되는 ℓ 값은 *s*, *p*, *d* 오비탈에 해당하는 0, 1, 2이다. **7.7.2** $n = 4$, $\ell = 1$, $m_\ell = -1, 0$, 또는 1. **7.7.3** 7. **7.8.1** n, ℓ, m_s. **7.8.2** 10. **7.8.3** (a) $\ell = 0$일 때, m_ℓ은 반드시 0이다. (b) $n = 3$일 때, ℓ은 최대 $n - 1$일 수 있다. (c) m_s는 $+\frac{1}{2}$ 또는 $-\frac{1}{2}$ 중 하나이다. **7.9.1** Cl. **7.9.2** Fe. **7.9.3** [Kr]$5s^24d^2$.

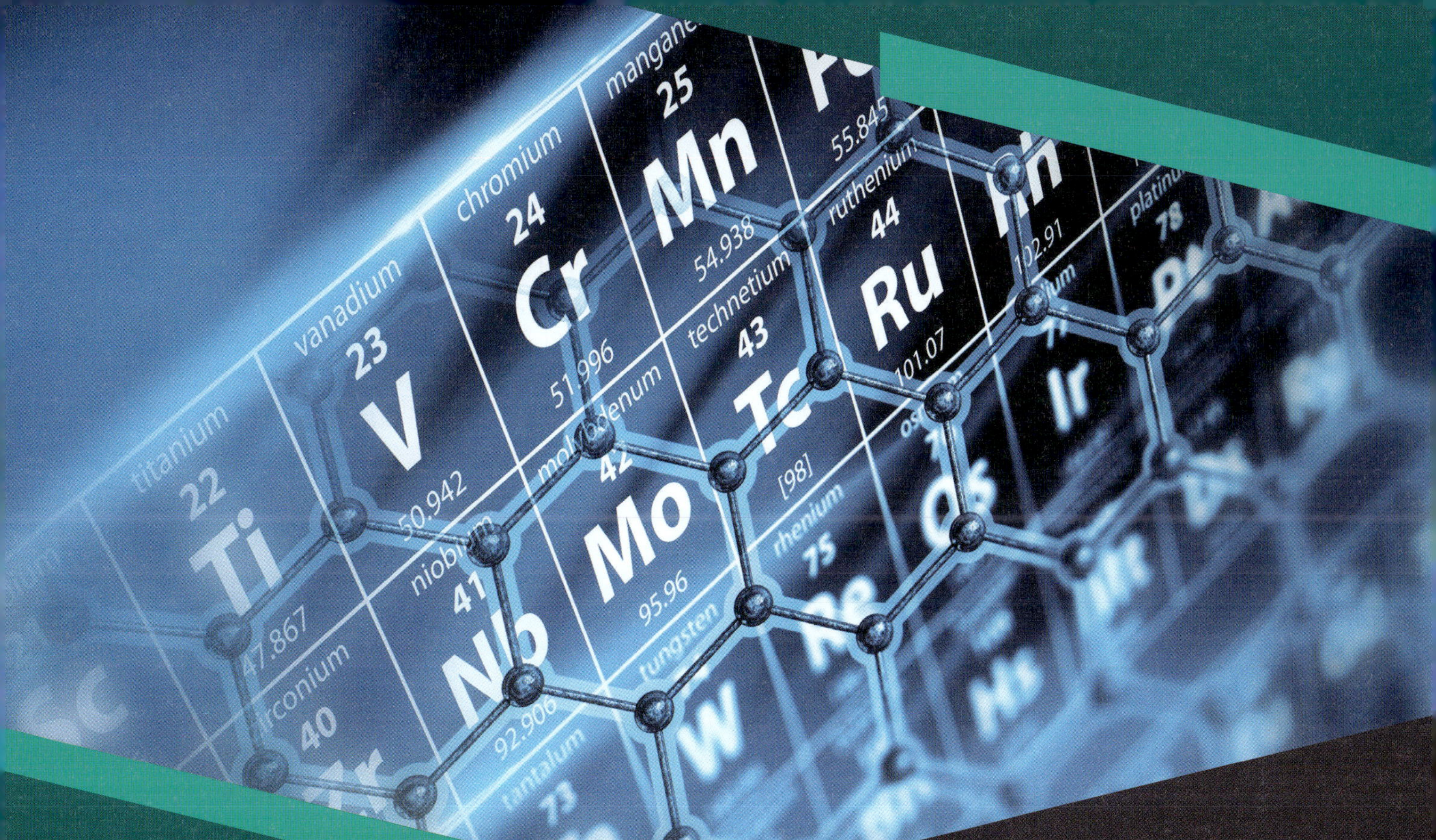

▲ 원소들의 성질에 관한 순환성 또는 "주기성"은 일반적으로 표의 형태로 도식화된다.

welcomia/Shutterstock

제 8 장

원소의 주기성

Periodic Relationships Among the Elements

차 례

8.1 주기율표의 발전

8.2 원소의 주기적 분류

8.3 물리적 성질의 주기적 변화

8.4 이온화 에너지

8.5 전자 친화도

8.6 주족 원소의 화학적 성질 변화

원소의 화학적 성질의 많은 부분은 원소의 전자 배치와 관련하여 이해될 수 있다. 전자가 원자 오비탈에 매우 규칙적인 방법으로 채워지기 때문에, 소듐이나 포타슘과 같이 전자 배치가 비슷한 원소들이 여러 면에서 유사하게 거동한다는 것과 일반적으로 원소의 성질들이 관찰 가능한 경향성을 보인다는 것은 결코 놀라운 일이 아니다. 양자론이 대두되기 훨씬 이전부터, 19세기 화학자들은 원소의 물리적 성질과 화학적 성질의 주기성을 인식하였다. 이들 화학자들은 전자와 양성자의 존재는 알지 못하였으나, 이러한 원소의 성질을 체계화하려는 노력은 매우 성공적이었다. 이들이 사용한 정보들의 주된 출처는 원소의 원자 질량과 알려져 있던 물리적, 화학적 성질이었다.

8.1 주기율표의 발전

학습 목표

- 주기율표에 원소들을 어떻게 배열하는지 설명할 수 있다.

원자와 분자에 대해 막연한 생각만이 있었을 뿐 전자와 양성자의 존재에 대해 전혀 알지 못하였던 19세기 화학자들은 원자 질량에 대한 지식을 이용하여 주기율표를 고안하였다. 많은 원소들의 정확한 원자 질량은 당시에 이미 측정이 완료된 상태였다. 원소를 원자 질량에 따라 주기율표에 나열하는 것은 그 당시 화학자들에게는 합리적인 것이었으며, 화학적 성질이 원자 질량과 어느 정도의 상관관계가 있을 것으로 생각하였다.

1864년 영국의 화학자 뉴랜즈(Newlands)†는 알려진 원소를 원자 질량 순으로 배열하면, 매번 8번째 원소가 비슷한 성질을 갖는다는 것을 알고 이런 독특한 관련성을 "*옥타브 법칙*(law of octaves)"이라 하였다. 그러나 이 "법칙"은 칼슘 이후의 원소에 대해서는 적절하지 못함이 밝혀져 뉴랜즈의 작업이 당시의 과학계에는 받아들여지지 않았다.

1869년 러시아의 화학자 멘델레예프(Mendeleev)‡와 독일의 화학자 마이어(Meyer)§는 원소의 규칙적이고 주기적인 성질 재현에 기초하여 보다 확장된 원소의 도표화를 독자적으로 제안하였다. 멘델레예프의 분류 체계는 두 가지 관점에서 뉴랜즈의 업적을 개선하였다. 첫째, 원소의 성질을 기초로 하여 보다 정확하게 분류한 것이며, 마찬가지로 중요한 것은 아직 발견되지 않은 몇몇 원소들의 성질을 예측할 수 있었다는 것이다. 예를 들어, 멘델레예프는 에카알루미늄(eka-aluminum)이라는 알려지지 않은 원소의 존재와 몇 가지 성질을 예측하였다. (*에카*는 "첫째"의 의미를 가진 산스크리트어이다. 따라서 에카알루미늄은 알루미늄이 속한 족에서 알루미늄 바로 아래에 위치한 원소를 의미한다.) 4년 후 갈륨이 발견되었을 때, 에카알루미늄으로 예견되었던 성질과 갈륨의 특성이 매우 잘 일치하였다.

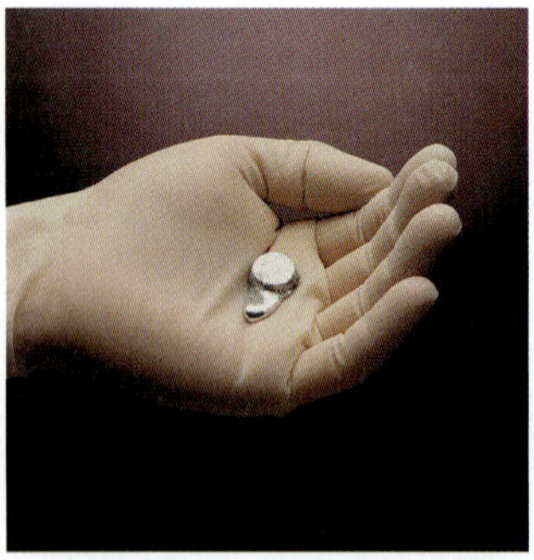

▲ *갈륨은 사람의 손에서도 녹는다(체온은 약 37°C).*
Stephen Frisch/McGraw-Hill

	에카알루미늄(Ea)	갈륨(Ga)
원자 질량	68 amu	69.9 amu
녹는점	낮음	29.78°C
밀도	5.9 g/cm^3	5.94 g/cm^3
산화물의 화학식	Ea_2O_3	Ga_2O_3

†뉴랜즈(John Alexander Reina Newlands, 1838～1898)는 영국 화학자로, 그의 업적은 원소의 분류에 대한 올바른 방향을 제시한 첫 단계였다. 불행히도 그 단점 때문에 그는 많은 비평에 시달렸으며, 심지어 조소를 받기도 하였다. 한 모임에서 그는 원소들의 첫 철자 순서로 조사해 본 적은 없는지에 대한 문의를 받았다. 그럼에도 불구하고 1887년 공헌을 인정받아 왕립학회(Royal Society of London) 회원이 되었다.

‡멘델레예프(Dmitri Ivanovich Mendeleev, 1836～1907)는 러시아 화학자로, 원소들의 주기적 분류에 대한 그의 업적은 19세기 화학 분야에서 이룩한 가장 중요한 업적으로 많은 이들에 의해 여겨진다.

§마이어(Julius Lothar Meyer, 1830～1895)는 독일 화학자로, 주기율표에 대한 공헌 외에도 산소에 대한 헤모글로빈의 화학적 친화성을 발견하였다.

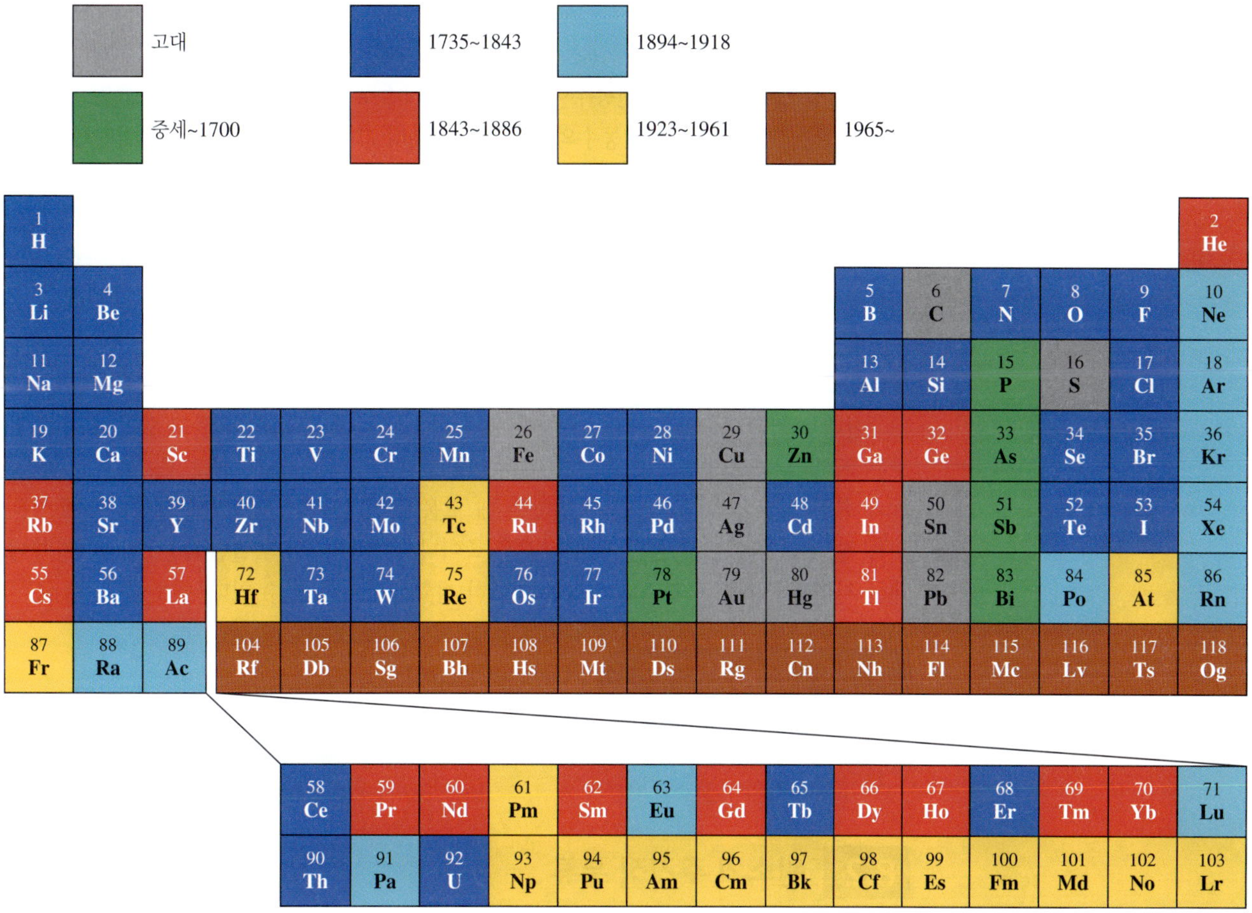

▲ **그림 8.1** 원소의 발견 연대 표. 오늘날까지 118개의 원소가 발견되었다.

멘델레예프의 주기율표는 66가지의 이미 알려진 원소가 포함되어 있었다. 1900년까지 30여개의 원소들이 주기율표의 빈 공간 일부를 채우며 목록에 더해졌다. 그림 8.1에 이러한 원소들의 발견을 연대순으로 도표화하여 나타내었다.

이 주기율표는 훌륭한 업적이었지만, 초기에는 명백한 모순을 가지고 있었다. 예를 들어, 아르곤(39.95 amu)의 원자 질량은 포타슘(39.10 amu)보다 더 크다. 원자 질량이 증가하는 순서로 원소들을 배열한다면, 아르곤은 현대의 주기율표(부록의 주기율표 참조)에서 포타슘이 차지하는 위치에 나타날 수 있을 것이다. 그러나 화학자들은 영족 기체(noble gas)인 아르곤을 반응성이 매우 큰 리튬이나 소듐과 같은 족의 위치에 두지 않는다. 이러한 불일치는 원자 질량 이외에 어떤 기본적 성질이 주기성의 기초가 되어야 함을 시사한다. 이 성질은 멘델레예프 당시 알려져 있지 않았던 개념인 원자 번호와 연관되어 있음이 밝혀졌다.

α-입자 산란 실험으로부터 얻은 결과(2.2절 참조)를 이용하여 러더퍼드는 몇몇 원소의 핵에 존재하는 양전하의 수를 예측하였으나, 이러한 수의 의미에 대해서는 몇 년 동안 간과되었다. 1913년 영국의 젊은 물리학자 모즐리(Moseley)[†]는 자신이 *원자 번호*라고 이름붙인 물리량과 그 원소로 만들어진 표적에 큰 에너지를 가진 전자를 부딪침에 따라 발생하는 X 선의 진동수 사이의 연관성을 발견하였다. 모즐리는 원소로부터 나오는 X 선의 진동수를 다음 식으로 나타낼 수 있음에 주목하였다.

[†]모즐리(Henry Gwyn-Jeffreys Moseley, 1887~1915)는 영국 물리학자로, X 선 스펙트럼과 원자 번호 사이의 관계를 발견하였다. 그는 왕립 엔지니어 소속 중위였으며 28세의 나이에 터키 갈리폴리에서 교전 중 사망했다.

$$\sqrt{\nu} = a(Z - b) \tag{8.1}$$

여기서 ν는 방출된 X 선의 진동수이며, a와 b는 상수로 모든 원소가 같은 값을 갖는다. 그러므로 관찰된 방출 X 선 진동수의 제곱근으로부터 그 원소의 원자 번호를 결정할 수 있었다.

몇몇 원소를 제외하고, 모즐리는 원자 번호 증가 순서가 원자 질량 증가 순서와 같음을 알게 되었다. 그 예로 칼슘은 원자 질량 증가 순서로 20번째 원소이고, 원자 번호도 20이다. 앞에서 언급된 불일치는 이로써 설명이 가능하게 되었다. 아르곤의 원자 번호는 18번이고, 포타슘의 원자 번호는 19번으로 포타슘은 주기율표에서 아르곤 다음에 위치해야 한다.

현대 주기율표는 원소 기호와 함께 원자 번호를 나타낸다. 이미 알고 있듯이 원자 번호는 또한 그 원소의 원자에 들어 있는 전자수를 나타낸다. 원소의 전자 배치는 물리적 성질과 화학적 성질의 주기성을 설명하는 데 도움이 된다. 주기율표의 중요성과 유용성은 비록 잘 알려져 있지 않은 원소라도 같은 족이나 주기 내에서의 일반적인 성질과 경향에 대한 지식을 사용하여 원소의 성질을 상당히 정확하게 예측할 수 있다는 데 있다.

개념과 사실 요약하기

- 19세기의 화학자들은 원소들의 원자 질량 증가 순서대로 원자들을 배열한 주기율표를 개발하였다. 초기 주기율표의 불일치성은 원소들을 원자 번호 순서대로 배열하여 해결하였다.

8.2 원소의 주기적 분류

학습 목표

- 주기율표상의 원소 위치를 이용하여 원소들의 성질을 예측할 수 있다.
- 주기율표상의 원소 위치를 이용하여 원소들의 전자 배치를 결정할 수 있다.
- 원자가 전자의 중요성을 서술할 수 있다.
- 주족과 전이 금속들의 양이온과 음이온의 전자 배치를 예측할 수 있다.
- 등전자 화학종을 설명할 수 있다.

그림 8.2는 주기율표와 더불어 바닥 상태의 원소가 가지는 최외각 전자 배치를 보여준다. (원소들의 전자 배치는 표 7.3에 나타내었다.) 수소부터 할 때 그림 7.30에 나타낸 순서대로 부껍질에 전자들이 채워진다. 부껍질에 채워진 유형에 따라 원소들을 주족 원소, 영족 기체, 전이 원소(또는 전이 금속), 란타넘족, 악티늄족으로 분류할 수 있다. **전형 원소**(representative element) 또는 **주족 원소**(main group element)는 *1~2족과 13~17족에 속해 있는 원소들로 이들은 모두 최대 주양자수의 s나 p 부껍질이 완전히 채워지지 않은 원소들이다.* 헬륨을 제외한 모든 비활성 기체(18족 원소)는 p 껍질이 완전히 채워져 있다. (헬륨의 전자 배치는 $1s^2$이고, 나머지 비활성 기체의 전자 배치는 ns^2np^6 이며, 여기서 n은 최외각의 주양자수이다.)

전이 금속은 3~11족 사이의 원소들로 d 부껍질이 완전히 채워지지 않았거나 완전히 채워지지 않은 d 부껍질을 가진 양이온을 잘 형성하는 원소들이다. (이 금속들은 간혹 d 구역 전이 원소라고 한다.) 아연(Zn), 카드뮴(Cd), 수은(Hg) 같은 12족 원소들은 주족 원소도 전이 금속도 아니다. 이 금속들이 속한 족에는 특별한 이름이 붙어 있지 않다. 란타넘족과 악티늄족은 완전히 채워지지 않은 f 부껍질을 가지기 때문에 f 구역 전이 원소라고

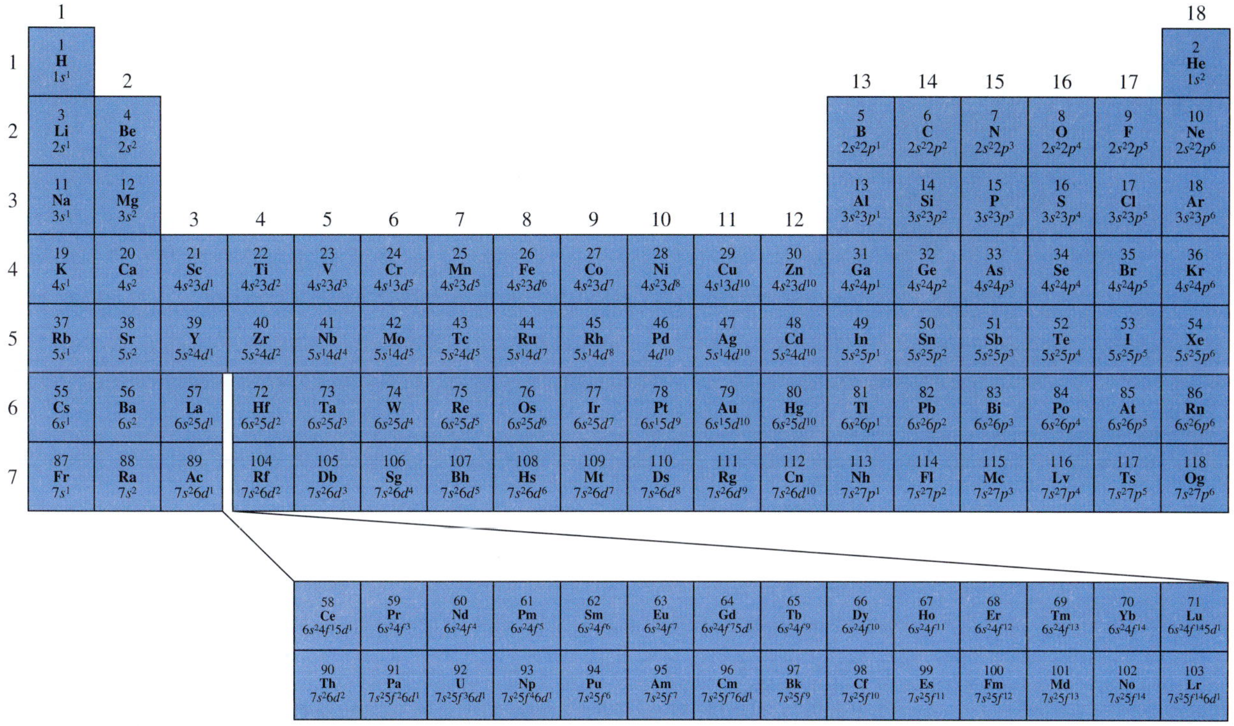

▲ **그림 8.2** 원소의 바닥 상태 전자 배치. 단순히 하기 위해 최외각 전자들의 배치만을 나타내었다.

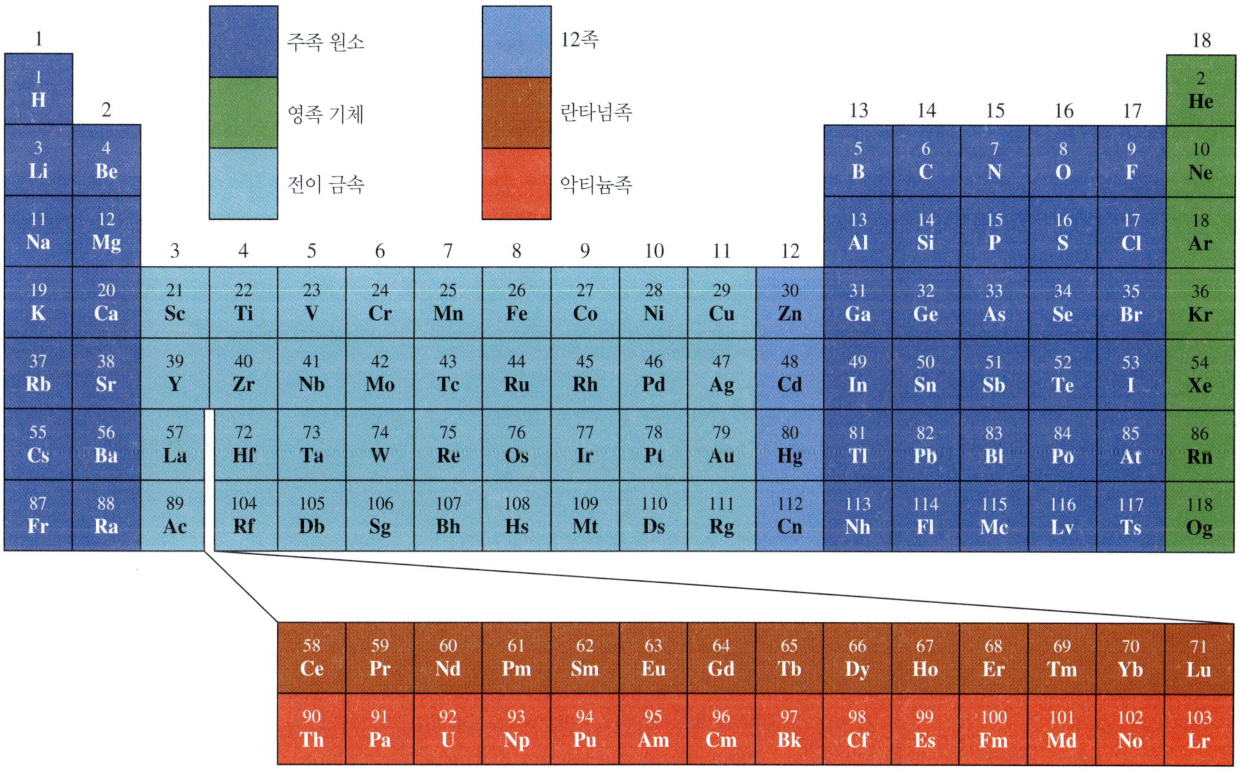

▲ **그림 8.3** 원소의 분류. 12족 원소는 전이 금속의 특성을 나타내지 않음에도 종종 전이 금속이라고 분류된다.

한다. 그림 8.3은 여기 언급한 원소들의 족에 대해 구분하여 나타내었다.

원소의 화학 반응성은 그들의 *최외각 전자*인 **원자가 전자**(valence electron)에 의해 주로 결정된다. 주족 원소의 경우, 원자가 전자는 최고 점유 n 껍질(highest occupied n

표 8.1

1족과 2족 원소들의 전자 배치

1족		2족	
Li	[He]$2s^1$	Be	[He]$2s^2$
Na	[Ne]$3s^1$	Mg	[Ne]$3s^2$
K	[Ar]$4s^1$	Ca	[Ar]$4s^2$
Rb	[Kr]$5s^1$	Sr	[Kr]$5s^2$
Cs	[Xe]$6s^1$	Ba	[Xe]$6s^2$
Fr	[Rn]$7s^1$	Ra	[Rn]$7s^2$

shell)에 존재한다. *원자 내 모든 비원자가 전자*(nonvalence electron)는 **핵심부 전자**(core electron)라고 한다. 주족 원소의 전자 배치를 다시 보면, 다음과 같은 분명한 패턴이 나타난다. 주어진 족의 모든 원소들은 원자가 전자의 개수와 형태가 같다. 원자가 전자 배치가 비슷하므로 같은 족에 속한 원소들이 비슷한 화학적 성질을 나타내게 된다. 예를 들어, 알칼리 금속(1족 원소) 모두는 ns^1의 최외각 전자 배치(표 8.1)를 가지며, 전자 하나를 잃어 1가 양이온을 형성하는 경향이 있다. 유사하게, 알칼리 토금속(2족 원소)은 모두 ns^2의 원자가 전자 배치를 가지며, 전자 두 개를 잃어 2가 양이온을 형성하는 경향이 있다. 하지만, 13족과 16족의 원소들을 "족의 일원"에 전적으로 기초하여 원소의 성질을 예측하는 것은 주의해야 한다. 예를 들어, 14족 원소는 모두 원자가 전자가 ns^2np^2로 같지만, 원소 사이의 화학적 성질은 두드러지게 다르다. 예를 들어, 탄소는 비금속이며, 규소, 저마늄은 준금속이고, 주석과 납은 금속이다.

영족 기체들은 매우 비슷하게 행동한다. 헬륨과 네온은 화학적으로 비활성이며, 다른 영족 기체에 의해 형성된 화합물은 거의 없다. 이러한 화학 반응성이 부족한 이유는 흔히 큰 안정성에 관련 있는 완전히 채워진 ns와 np 부껍질 때문이다. 전이 금속에서 원자가 전자 배치가 반드시 하나의 족 내에서 같지 않더라도, 그리고 한 주기 내에서 한 금속에서 다음의 전자 배치의 변화에 규칙적인 패턴이 없더라도, 모든 전이 금속들은 다른 원소와 구분되는 많은 특성들을 공유한다. 그 이유는 이 금속들 모두는 d 부껍질이 불완전하게 채워져 있다는 것이다. 마찬가지로 f 부껍질이 불완전하게 채워져 있기 때문에, 란타넘족(그리고 악티늄족) 원소들은 서로 닮아 있다.

예제 8.1

어떤 원소의 원자는 15개의 전자를 가지고 있다. 주기율표를 보지 않고 다음 질문에 답하라. (a) 이 원소의 바닥 상태 전자 배치는 무엇인가? (b) 이 원소를 어떻게 분류할 수 있는가? (c) 이 원소는 반자기성(diamagnetic)인가, 상자기성(paramagnetic)인가?

전략 7.9절에 논의한 축조 원리를 이용하고 주양자수 $n = 1$에 대해서부터 모든 전자에 대해서 전자 배치를 쓴다. (b) 주족 원소의 특징적 전자 배치는 무엇인가? (c) 최외각 전자의 짝을 지어주는 방법을 조사해 본다. 무엇 때문에 원소가 반자기성이 되기도 하고 상자기성이 되기도 하는가?

풀이

(a) $n = 1$에 대해서는 $1s$ 오비탈(전자 2개), $n = 2$에 대해서는 $2s$ 오비탈(전자 2개)과 세 개의 $2p$ 오비탈(전자 6개), $n = 3$에 대해서는 $3s$ 오비탈(전자 2개)이 있다. 남은 전자는 $15 - 12 = 3$개이고, 세 개의 전자가 $3p$ 오비탈에 들어간다. 따라서 전자 배치는 $1s^22s^22p^6 3s^23p^3$이다.

(b) $3p$ 부껍질이 완전히 채워지지 않았으므로 이 원소는 주족 원소이다. 주어진 정보를 활용하면 이것이 금속인지, 비금속인지, 준금속인지 알 수 없다.

(c) 훈트 규칙에 따르면 $3p$ 오비탈에 있는 세 개의 전자는 평행한 스핀(세 개의 쌍을 이루지 않은 전자들)을 가진다. 따라서 이 원소는 상자기성을 가진다.

검산 (b)에서 전이 금속은 d 부껍질이 완전하게 채워지지 않고, 영족 기체는 완전히 외각이 채워졌다는 것에 유의하라. (c)에서 원소의 원자에 있는 전자수가 홀수라면, 그 원소는 상자기성이다.

실전 연습 어떤 원소의 원자는 20개의 전자를 가지고 있다. 주기율표를 보지 않고 다음 질문에 답하라. (a) 이 원소의 바닥 상태 전자 배치는 무엇인가? (b) 이 원소를 분류하라. (c) 이 원소는 반자기성인가, 상자기성인가?

비슷한 문제: 8.20

화학 반응식에서 자유 원소 표기

원소를 바닥 상태 전자 배치와 관련하여 구분하였으므로, 이제 화학자들이 금속, 준금속, 비금속의 원소를 화학식에서 나타내는 방법을 살펴볼 수 있다. 금속은 분리된 분자 단위로 존재하지 않으므로 화학 반응식에서는 항상 실험식을 사용한다. 물론 실험식은 원소를 나타내는 원소 기호와 같다. 예를 들면, 철의 실험식은 원소 기호인 Fe를 사용한다.

비금속에 대해서는 단일 규칙이 없다. 예를 들어, 탄소는 원자들의 거대한 삼차원 그물 모양 구조로 존재하며 실험식 C를 화학 반응식에서 탄소를 나타내는 데 사용한다. 수소, 질소, 산소, 할로젠족 원소는 이원자 분자로 존재하며, 화학 반응식에 분자식(H_2, N_2, O_2, F_2, Cl_2, Br_2, I_2)을 사용한다. 인 분자의 안정한 형태는 분자 P_4이므로 P_4를 사용한다. 황은 S_8의 안정한 형태로 존재하지만, 흔히 실험식인 S를 화학 반응식에 사용한다. 따라서 황의 연소를 나타내는 반응식은

$$S_8(s) + 8O_2(g) \longrightarrow 8SO_2(g)$$

로 표기하는 대신 다음과 같이 나타낸다.

$$S(s) + O_2(g) \longrightarrow SO_2(g)$$

황의 연소를 나타내는 두 반응식이 동일한 화학량론을 가진다는 점에 주목하라. 이러한 일치는 두 식이 같은 화학계로 표시되기 때문에 놀랄 만한 것이 아니다. 두 경우 모두 황 원자는 두 배의 산소 원자와 반응한다.

모든 영족 기체는 단원자로 존재한다. 그러므로 이들의 원소 기호인 He, Ne, Ar, Kr, Xe, Rn을 그대로 사용한다. 준금속은 모두 금속과 유사하게 복잡한 삼차원 구조를 가지므로 이들 역시 실험식으로 나타내며, B, Si, Ge 등으로 표시한다.

양이온과 음이온의 전자 배치

많은 이온 결합 화합물은 단원자 양이온과 음이온으로 이루어져 있으므로, 이온의 전자 배치를 어떻게 표기하는가를 아는 것이 중요하다. 중성 원자에 대해서와 같이 파울리 배타 원리와 훈트 규칙을 사용하여 양이온과 음이온의 바닥 상태 전자 배치를 쓴다. 이온을 크게 두 영역으로 구분하여 이를 설명하기로 한다.

주족 원소에서 유래된 이온들

대부분의 주족 원소의 원자로 이루어진 이온들은 ns^2np^6 형태인 영족 기체의 최외각 전자 배치를 가진다. 주족 원소의 원자에서 만들어진 양이온은 최고 점유 n 껍질로부터 하나 이상의 전자를 제거하여 만들어진다. 몇몇 원자와 그 양이온의 전자 배치는 다음과 같다.

Na: $[Ne]3s^1$	Na^+: [Ne]
Ca: $[Ar]4s^2$	Ca^{2+}: [Ar]
Al: $[Ne]3s^23p^1$	Al^{3+}: [Ne]

각 이온은 안정한 영족 기체의 전자 배치를 가짐에 주목하라.

무거운 원소들의 경우 최외각 s 오비탈의 채워짐의 안정성에 따라 두 종류의 양이온이 가능하다. 주석($Z = 50$)과 탈륨($Z = 51$)을 고려해 보자. 주석의 전자 배치는 $[Kr]5s^24d^{10}5p^2$이며 4개의 원자가 전자($5s^2$와 $5p^2$)를 잃을 경우 Sn^{4+}($[Kr]4d^{10}$) 양이온을 형성하거나, $5p^2$의 전자 2개를 잃어 Sn^{2+}($[Kr]5s^24d^{10}$) 양이온을 형성할 수 있다. 이와 유사하게 탈륨도 Tl^{3+}($[Xe]4f^{14}5d^{10}$)와 Tl^+($[Xe]6s^24f^{14}5d^{10}$) 양이온을 형성할 수 있다. Sn^{2+}나 Tl^+ 내의 쌍을 이룬 최외각 s 오비탈의 전자쌍은 상대론적 효과에 의해 안정적으로 존재가 가능하다. 이런 상대론적 효과는 13족부터 16족 내의 무거운 원자들에 적용된다. 이와 같

이 *13~16족 내의 무거운 원자들이 이들의 정규 원자가보다 2만큼 작은 양이온을 형성하는 것*을 **비활성 전자쌍 효과**(inert pair effect)라 한다.

음이온 형성에서는 하나 이상의 전자가 최고 부분 점유 *n* 껍질에 더해진다. 다음 예를 살펴보자.

H: $1s^1$	H^-: $1s^2$ 또는 [He]
F: $1s^22s^22p^5$	F^-: $1s^22s^22p^6$ 또는 [Ne]
O: $s^22s^22p^4$	O^{2-}: $1s^22s^22p^6$ 또는 [Ne]
N: $s^22s^22p^3$	N^{3-}: $1s^22s^22p^6$ 또는 [Ne]

이러한 음이온들 또한 모두 안정한 영족 기체 배치를 가진다. F^-, Na^+, Ne (그리고 Al^{3+}, O^{2-}, N^{3-})은 동일한 전자 배치를 가진다. 이 원소들은 *전자수가 같으며, 동일한 바닥 상태 전자 배치를 가지므로* **등전자**(isoelectronic) 상태라고 한다. 따라서 H^-와 He도 등전자 상태이다.

전이 금속에서 유래된 양이온들

7.9절에서 첫째 줄 전이 금속(Sc에서 Cu)은 3*d* 오비탈이 채워지기 전에 4*s* 오비탈이 항상 채워지는 것을 배웠다. 전자 배치가 $[Ar]4s^23d^5$인 망가니즈를 보자. Mn^{2+} 이온이 형성될 때, 두 개의 전자가 3*d* 오비탈에서 제거되어 $[Ar]4s^23d^3$가 될 것으로 예상할 수 있다. 그러나 실제 Mn^{2+}의 전자 배치는 $[Ar]3d^5$이다! 그 이유는 중성 원자 내에서 전자-전자 및 전자-핵 상호작용은 이온 내에서의 상호작용과 상당히 다를 수 있기 때문이다. 따라서 망가니즈에서 3*d* 오비탈이 채워지기 전에 4*s* 오비탈이 항상 채워지는 반면, 전이 금속 이온에서는 3*d* 오비탈이 4*s* 오비탈보다 안정하기 때문에 Mn^{2+}을 형성할 때 4*s* 오비탈로부터 전자가 먼저 제거된다. 전이 금속 원자로부터 양이온이 형성될 때, 전자는 항상 *ns* 오비탈에서 먼저 제거되고 그 다음 (*n* − 1)*d* 오비탈의 것이 제거된다. 대부분의 전이 금속은 둘 이상의 양이온을 형성하며, 그 양이온은 주기율표에서 직전의 영족 기체와 비교하여 등전자 상태에서 빈번하게 벗어난다는 것을 명심하라.

개념과 사실 요약하기

- 전자 배치는 원소의 성질을 결정한다. 현대의 주기율표는 원소들을 이들의 원자 번호, 즉 전자 배치로 분류한 것이다. 원자가 전자의 배치는 전형 원소 원자의 성질에 직접적으로 영향을 준다.

개념과 사실 복습하기

8.2.1 다음 설명에 맞는 원소는 무엇인가? (a) Kr과 등전자성인 알칼리 토금속 이온. (b) K^+와 등전자성인 전하 −3을 띠는 음이온. (c) Co^{3+}와 등전자성인 전하 +2를 띠는 양이온.

8.2.2 Cr^{3+}의 바닥 상태 전자 배치를 써라.

8.2.3 $[Ar]3s^2$의 전자 배치를 갖는 +3 전하를 가진 이온은 무엇인가?

8.3 물리적 성질의 주기적 변화

학습 목표

- 유효 핵전하의 개념을 이해할 수 있다.
- 원소들의 원자와 이온 반지름의 경향을 예측할 수 있다.

살펴본 바와 같이 원소의 전자 배치는 원자 번호가 증가함에 따라 주기적 변화를 보인다. 결과적으로 물리적, 화학적 거동에서도 주기성을 나타낸다. 이 절과 8.4절과 8.5절에서는 같은 족 또는 주기에 있는 원소의 물리적 성질과 원소의 화학적 거동에 영향을 미치는 추가적인 성질에 대해 알아보기로 한다. 먼저, 많은 원자의 성질에 관련이 있는 유효 핵전하의 개념을 살펴보자.

유효 핵전하

제7장에서 다전자 원자에서는 핵에 근접한 전자들이 외각 전자에 가림 효과(shielding effect)를 미친다는 것을 배웠다. 원자 내 다른 전자의 존재는 양전하로 하전된 핵 내 양성자와 특정 전자간 정전기적 인력을 감소시킨다. **유효 핵전하**(effective nuclear charge, $Z_{유효}$)는 *실제 핵전하(Z)와 다른 전자의 반발 효과(가림) 모두를 고려할 때 하나의 전자에 의해 느끼는 핵전하*를 의미한다. 일반적으로 $Z_{유효}$는 다음 형태로 주어진다.

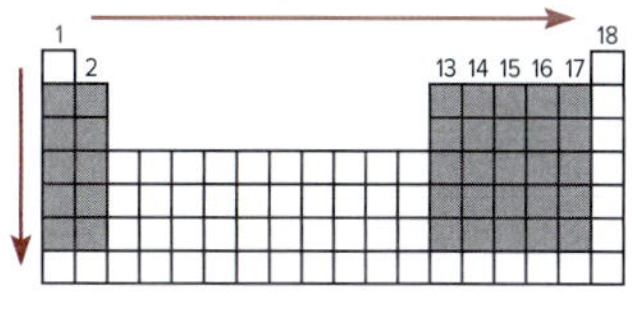

▲ *주기율표의 왼쪽부터 오른쪽으로 그리고 주족 원소에 대해 한 족 내에서 위로부터 아래로 갈수록 유효 핵전하가 증가한다.*

$$Z_{유효} = Z - \sigma \tag{8.2}$$

여기서 시그마(σ)는 *가림 상수*(shielding constant또는 screening constant)라고 한다. 가림 상수는 0보다 크나 Z보다는 작다.

한 전자 내에 전자들이 서로 얼마나 가리는지를 설명하는 방법 중 하나는 헬륨 원자로부터 전자 두 개를 제거하는 데 필요한 에너지 총량을 생각하는 것이다. 실험에 따르면 첫 번째 전자를 제거하는 데 3.94×10^{-18} J의 에너지가 필요하며, 두 번째 전자를 제거하는 데 8.72×10^{-18} J의 에너지가 필요하다. 첫 번째 전자가 제거되면 가림이 사라지므로, 두 번째 전자는 +2인 핵전하를 온전히 느끼게 된다.

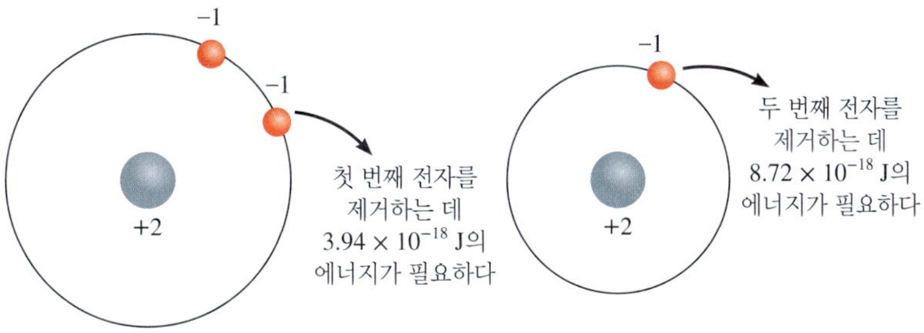

핵심부 전자(core electron)들은 대체로 원자가 전자보다 핵에 더 가깝기 때문에, 원자가 전자가 다른 전자를 가리는 정도보다 더 많은 정도로 원자가 전자들을 가리게 된다. Li에서 Ne까지의 2주기 원소들을 생각해보자. 왼쪽에서 오른쪽으로 갈수록 핵전하는 증가하는 반면 핵심부 전자($1s^2$)의 개수가 상수가 됨을 알 수 있다. 그러나 원자가 전자 하나가 더해지면 원자가 전자는 서로를 잘 가리지 못하기 때문에, 아래에서 보듯 주기의 오른쪽으로 갈수록 원자가 전자에 의해 느끼는 유효 핵전하는 더 크게 된다.

	Li	Be	B	C	N	O	F	Ne
Z	3	4	5	6	7	8	9	10
$Z_{유효}$	1.28	1.91	2.42	3.14	3.83	4.45	5.10	5.76

또한 유효 핵전하는 특정 족에서 주기율표의 아래로 내려갈수록 증가한다. 핵과 특정한 전자 사이의 인력은 유효 핵전하에 정비례하며, 떨어져 있는 거리의 제곱에 반비례한다. 그러나 n이 증가함에 따라 원자가 전자가 점진적으로 큰 껍질에 더해지기 때문에 핵과 원자가 전자간 정전기적 인력은 실제적으로 감소한다.

	Li	Na	K	Rb	Cs
Z	3	11	19	37	55
$Z_{유효}$	1.28	2.51	3.50	4.99	6.36

인터넷 핫스팟

학생들의 학습 경험에 대해 축적된 자료에 따르면 유효 핵전하를 이해하는 데 어려움을 겪을 수 있다. 이런 경우 eBook에 접속해서 이 주제에 대한 추가 학습 자료를 보면 도움이 될 수 있다.

▶ 원자 반지름

▶▶▶ 동영상 자료
원자와 이온 반지름

밀도, 녹는점, 끓는점을 포함한 많은 물리적 성질이 원자의 크기와 연관되어 있으나, 원자의 크기를 정의하기는 어렵다. 제7장에서 본 바와 같이 원자 내 전자 밀도는 핵을 넘어 멀리까지 확장되어 있으나, 실제 원자 크기는 핵 주위 전체 전자 밀도의 90%를 포함하는 부피로 간주한다. 보다 구체적으로는 *두 개의 이웃한 금속 원자 내 또는 이원자 분자 내 두 개의 핵간 거리의 절반*을 **원자 반지름**(atomic radius)이라는 용어로 원자의 크기를 정의한다.

거대한 3차원 그물 구조를 형성하며 서로 연결된 원자들에서 원자 반지름은 두 개의 이웃한 원자들의 핵 사이 거리의 절반이다[그림 8.4(a)]. 단순 이원자 분자로 존재하는 원소에서 원자 반지름은 특정 분자 내 두 원자핵 간 거리의 절반이다[그림 8.4(b)].

그림 8.5는 주기율표 내 위치에 따른 원소들의 원자 반지름을 나타내고 있으며 그림 8.6은 원자 번호에 대한 이들 원소의 원자 반지름을 도식화한 것이다. 주기적 경향은 매우 명확하다. 2주기 원소를 생각해보자. 유효 핵전하는 왼쪽에서 오른쪽으로 증가하기 때문에 각 단계에서 더해지는 원자가 전자는 앞 원소에서의 경우보다 핵에 더 강하게 이끌린다. 그러므로 Li로부터 Ne로 갈수록 원자 반지름이 작아지는 것을 알 수 있다. 같은 족 내에서 원자 반지름은 원자 번호에 따라 증가한다. 1족 내 알칼리 금속에서 원자가 전자는 *ns* 오비탈에 존재한다. 오비탈의 크기는 주양자수 *n*이 증가함에 따라 증가하기 때문에, 유효 핵전하가 Li로부터 Cs까지 증가하더라도 원자 반지름의 크기는 증가한다.

(a)

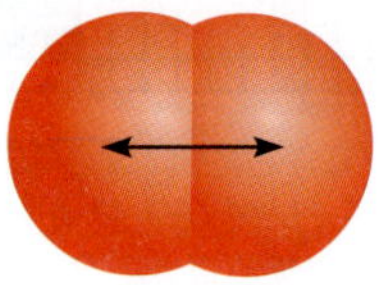

(b)

▲ **그림 8.4** (a) 베릴륨과 같은 금속에서 원자 반지름은 이웃한 두 원자 중심 간 거리의 절반으로 정의한다. (b) 아이오딘과 같은 이원자 분자로 존재하는 원소에서 원자 반지름은 분자 내 원자 중심 간 거리의 절반으로 정의한다.

인터넷 핫스팟
학생들의 학습 경험에 대해 축적된 자료에 따르면 원자 반지름을 이해하는 데 어려움을 겪을 수 있다. 이런 경우 eBook에 접속해서 이 주제에 대한 추가 학습 자료를 보면 도움이 될 수 있다.

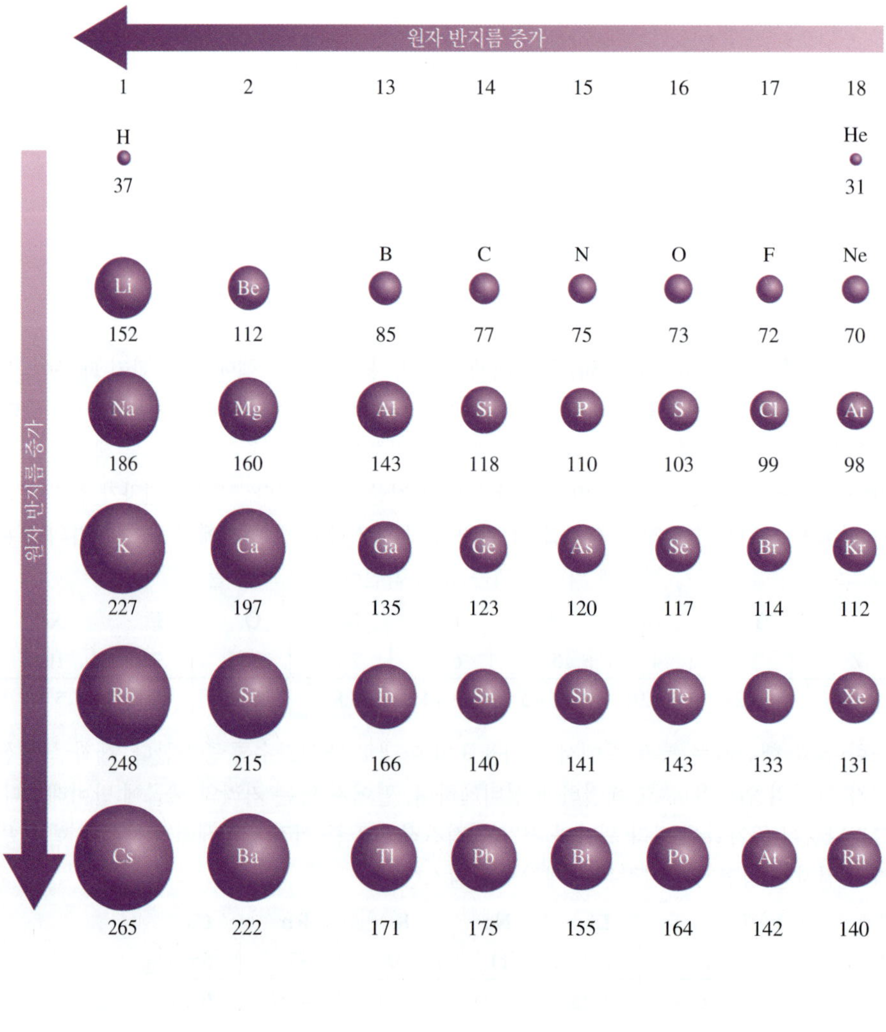

▶ **그림 8.5** 주기율표 내 위치에 따라 주족 원소의 피코미터 단위의 원자 반지름. 원자 반지름의 크기가 일정하지 않음에 유의하라. 정확한 값이 아닌 경향에 초점을 맞추었다.

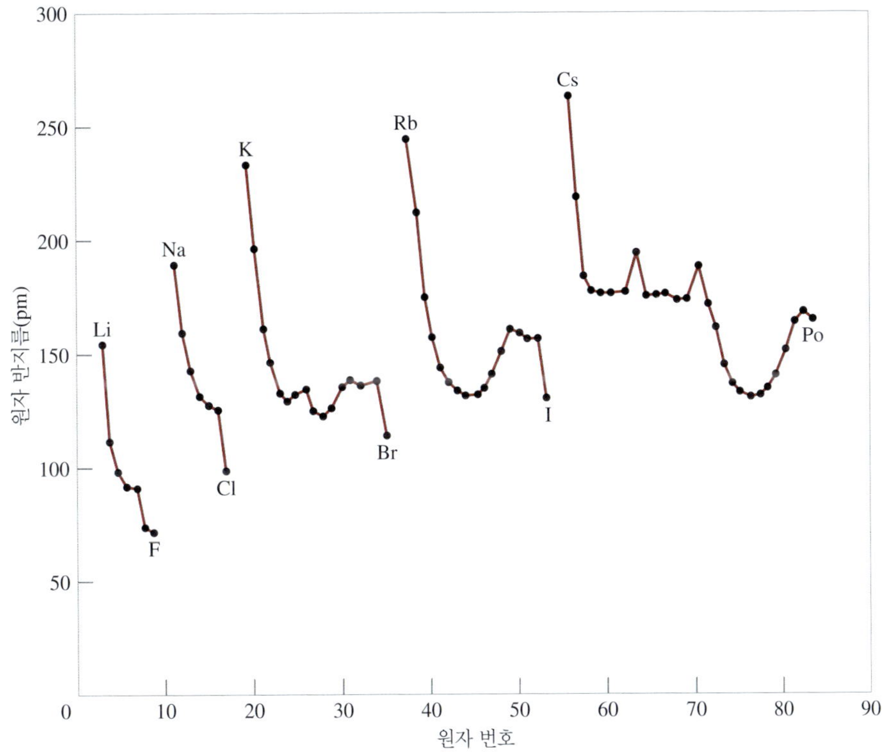

◀ **그림 8.6** 원자 번호에 대해 피코미터 단위로 표시한 원소들의 원자 반지름.

예제 8.2

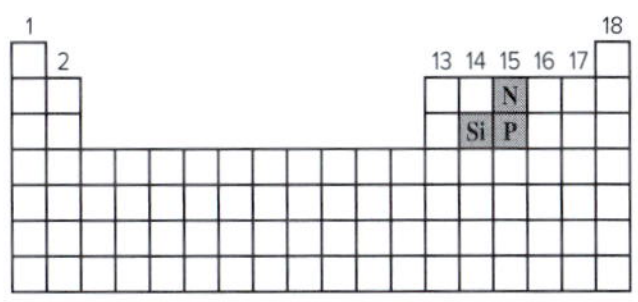

주기율표를 참조하여 다음 원자들을 원자 반지름이 증가하는 순서로 배열하라. P, Si, N.

전략 족과 특정 주기 내에서 원자 반지름의 경향은 어떠한가? 같은 족, 같은 주기에 있는 원소는 어느 것인가?

풀이 그림 8.1에서 N과 P는 같은 족(15족)임을 알 수 있다. 따라서 N의 반지름은 P의 반지름보다 작다(원자 반지름은 족의 아래쪽일수록 커짐). Si와 P는 3주기에 속하며 Si는 P의 왼쪽에 위치한다. 그러므로 P의 반지름은 Si의 반지름보다 작다(원자 반지름은 같은 주기에서 왼쪽으로부터 오른쪽으로 갈수록 작아짐). 그러므로 반지름이 증가하는 순서는 $N < P < Si$ 이다.

실전 연습 다음 원자들을 반지름이 감소하는 순서로 배열하라: C, Li, Be

비슷한 문제: 8.37, 8.38

이온 반지름

이온 반지름(ionic radius)은 *양이온 또는 음이온의 반지름*이다. 이는 X 선 회절을 이용하여 관찰할 수 있다(제11장 참조). 이온 반지름은 이온 결합 화합물의 물리적, 화학적 성질에 영향을 미친다. 예를 들어 이온 결합 화합물의 3차원 구조는 그 양이온과 음이온의 상대적인 크기에 의존한다.

중성 원자가 이온으로 변환될 때, 크기가 변할 것을 예상할 수 있다. 원자가 음이온을 형성하면, 핵전하는 같지만 증가된 전자 때문에 생긴 반발력은 전자 구름의 영역을 확장하기 때문에 그 음이온의 크기(즉, 반지름)는 증가한다. 반면에 어떤 원자로부터 하나 이상의 전자를 제거하면, 전자간 반발력은 감소하지만 핵전하는 동일하게 유지된다. 따라서 전자 구름이 축소되고 양이온은 원자보다 더 작은 크기가 된다. 그림 8.7은 알칼리 금속이

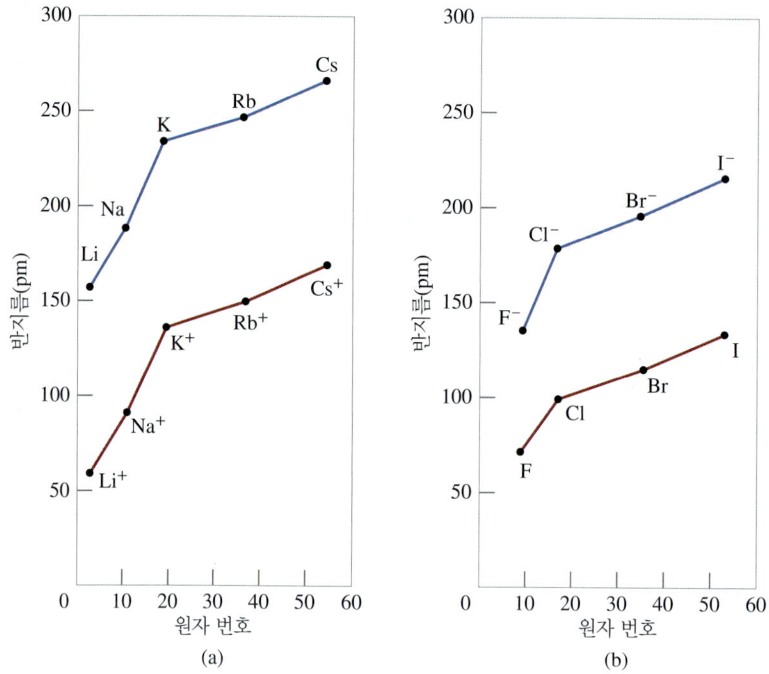

▶ **그림 8.7** 원자 반지름과 이온 반지름 비교. (a) 알칼리 금속과 알칼리 금속 양이온, (b) 할로젠과 할로젠화 이온.

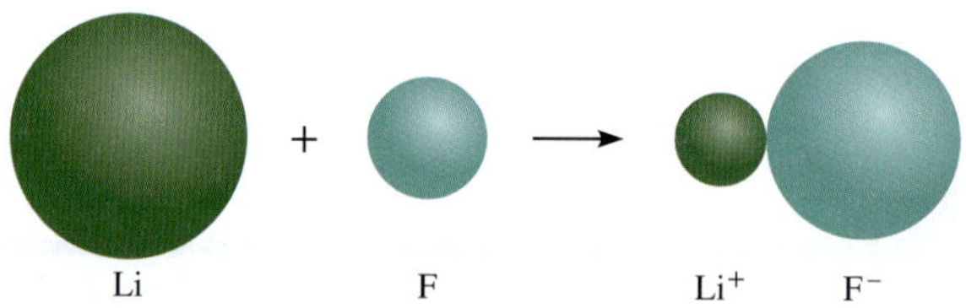

▶ **그림 8.8** Li와 F가 반응하여 LiF를 형성할 때 크기 변화.

양이온으로 변환될 때와 할로젠이 음이온으로 전환될 때 크기의 변화를 나타낸다. 그림 8.8은 리튬 원자 하나가 플루오린 원자 하나와 반응하여 LiF 단위 하나를 형성할 때의 크기 변화를 나타낸다.

그림 8.9는 주기율표 내 원소들의 위치에 따라 배열된 같은 족 원소에서 유래된 이온들의 반지름을 나타낸다. 원자 반지름과 이온 반지름 간의 비슷한 경향을 볼 수 있다. 서로 다른 족의 원소로부터 유래된 이온에 대한 크기 비교는 이온들이 등전자(isoelectronic)일 때에만 의미가 있다. 등전자 이온에서 양이온이 음이온보다 작음을 알 수 있다. 예를 들어, Na^+는 F^-보다 작다. 이 두 이온은 같은 수의 전자를 가진다. 그러나 Na(Z = 11)은 F(Z = 9)보다 양성자가 더 많다. Na^+는 더 큰 유효 핵전하를 가지므로 반지름이 더 작아진다.

등전자 양이온을 보면 *3가 양이온*(+3의 전하를 가진)의 반지름은 *2가 양이온*(+2의 전하를 가진)의 반지름보다 작으며, 2가 양이온은 *1가 양이온*(+1의 전하를 가진)보다 작다. 이러한 경향은 3주기에 있는 세 개의 등전자 이온인 Al^{3+}, Mg^{2+}, Na^+의 크기로 잘 설명할 수 있다(그림 8.9 참조). Al^{3+} 이온은 Mg^{2+}와 전자수는 같지만 양성자가 하나 더 많다. 따라서 Al^{3+}의 전자 구름은 Mg^{2+}의 전자 구름보다 더 많이 내부로 당겨진다. Na^+에 비해 Mg^{2+}의 반지름이 더 작은 이유도 비슷하게 설명할 수 있다. 등전자 음이온에서 − 전하를 가진 이온에서 2−가 전하 이상을 가진 이온 쪽으로 가면서 반지름이 증가함을 알 수 있다. 따라서 산소는 플루오린보다 양성자가 하나 적으므로 산소 음이온은 플루오린 음이온보다 더 크다. 전자 구름이 O^{2-}보다 더 많이 퍼져 있다.

인터넷 핫스팟
학생들의 학습 경험에 대해 축적된 자료에 따르면 이온 반지름을 이해하는 데 어려움을 겪을 수 있다. 이런 경우 eBook에 접속해서 이 주제에 대한 추가 학습 자료를 보면 도움이 될 수 있다.

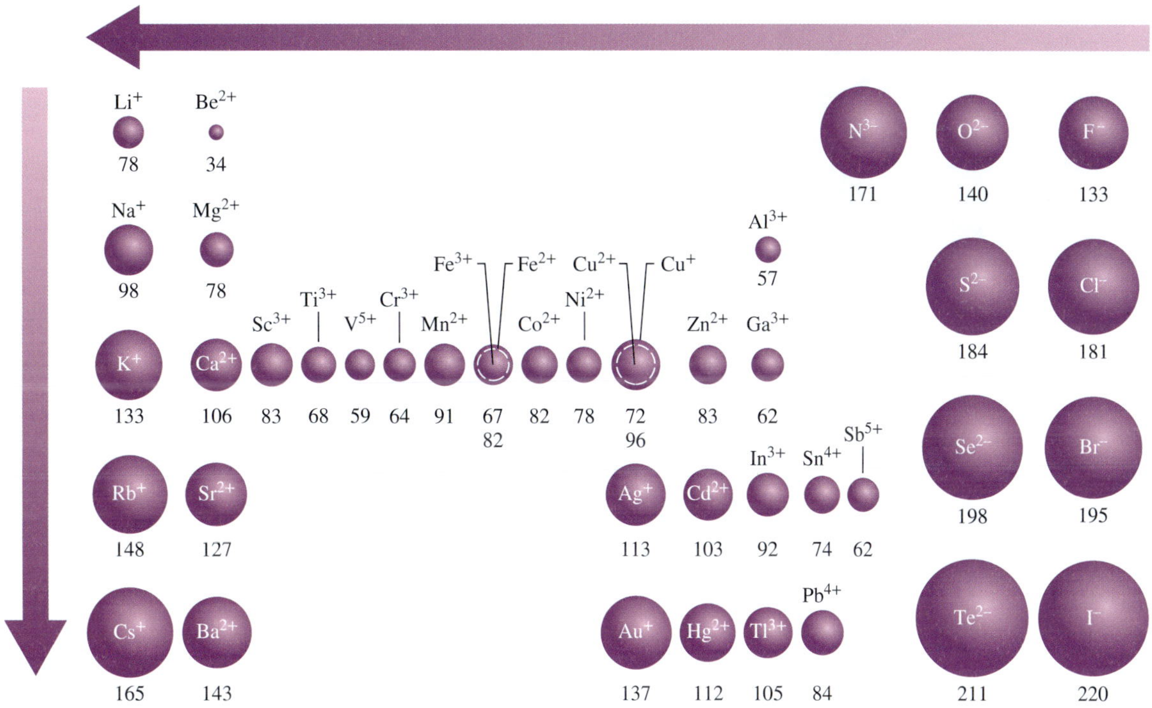

▲ **그림 8.9** 주기율표 내 원소 위치에 따라 배열된 원소들의 이온 반지름(피코미터 단위).

예제 8.3

다음 각 쌍에 대해 두 화학종 중 어떤 것이 더 큰지 표시하라. (a) N^{3-}와 F^-, (b) Mg^{2+}와 Ca^{2+}, (c) Fe^{2+}와 Fe^{3+}.

전략 이온 반지름을 비교할 때 이온들을 다음과 같은 세 종류로 분리하는 것이 유용하다. (1) 등전자 이온, (2) 같은 전하를 가지며, 같은 족 원자들로부터 생성된 이온, (3) 전하는 다르지만 동일 원자로부터 생성된 이온. (1)의 경우보다 음의 전하가 큰 이온이 항상 더 크다. (2)의 경우 원자번호가 더 큰 원자로부터 생성된 이온이 항상 더 크다. (3)의 경우보다 양전하가 작은 이온이 항상 더 크다.

풀이

(a) N^{3-}와 F^-는 등전자 음이온으로 둘 다 10개의 전자를 가지고 있다. N^{3-}에는 양성자 7개만 이 있고 F^-에는 양성자 9개가 있기 때문에 핵이 전자에 미치는 인력이 작게 되어 N^{3-} 이온이 더 크다.

(b) Mg와 Ca는 둘 다 2족(알칼리 토금속)에 속한다. 따라서 Ca(n = 4)의 최외각 전자들은 Mg(n = 3)보다 더 큰 껍질에 존재하기 때문에 Ca^{2+} 이온은 Mg^{2+}보다 더 크다.

(c) 두 이온은 핵전하가 같지만 Fe^{2+}은 Fe^{3+}보다 전자가 하나 더 많으므로(Fe^{3+}의 전자 23개에 비해 전자 24개), 전자-전자 반발이 더 크게 된다. Fe^{2+}의 반지름이 더 크다.

실전 연습 다음 각 쌍에서 더 작은 이온은 어느 것인가? (a) K^+와 Li^+, (b) Au^+와 Au^{3+}, (c) P^{3-}와 N^{3-}.

비슷한 문제: 8.43, 8.45

같은 주기와 같은 족에서 물리적 성질의 변화

같은 주기의 왼쪽에서 오른쪽으로 진행하면 금속에서 준금속 그리고 비금속으로 전이된다. 소듐에서 아르곤까지 3주기 원소(그림 8.10)를 생각해보자. 3주기의 첫 원소인 소듐은

소듐(Na)

마그네슘(Mg)

알루미늄(Al)

규소(Si)

인(P_4)

황(S_8)

염소(Cl_2)

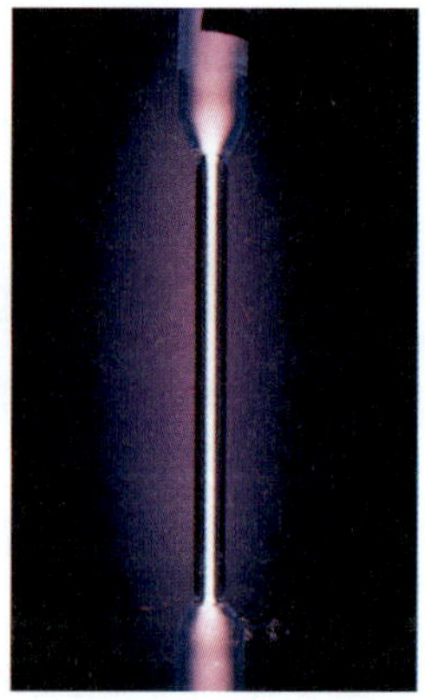

아르곤(Ar)

◀ **그림 8.10** 3주기 원소들. 무색, 무취인 기체 Ar에 대한 이 사진은 방전 관(discharge tube)으로부터 기체에 의해 방출되는 색깔을 보여 준다.

(Na, Cl_2, Ar): Ken Karp/McGraw-Hill; (Mg): David J. Green/Alamy Stock Photo; (Al): Kerstin Waurick/Getty Images; (Si): Charles D. Winters/McGraw-Hill; (P_4): Al Fenn/The LIFE Images Collection/Getty Images; (S8): Tom Grundy/Shutterstock

반응성이 매우 큰 금속이다. 반면 염소는 3주기의 끝에서 두 번째 원소로 반응성이 매우 큰 비금속이다. 그 사이에 있는 원소들은 금속성에서 비금속성으로 점진적인 전이를 나타낸다. 소듐, 마그네슘, 알루미늄은 모두 확장된 3차원 원자 그물 구조를 가진다. 그 구조는 금속 상태의 특징적 힘에 의해 서로 붙어 있다. 규소는 준금속이며 Si 원자가 서로 매우 강하게 결합되어 있는 거대한 3차원 구조를 갖는다. 인부터의 원소들은 녹는점이 낮고 끓는점이 높은 단순하고 명확한 분자 단위(P_4, S_8, Cl_2, Ar)로 존재한다.

같은 주기 내에서 물리적 성질은 예측 가능하게 변하며, 원소가 같은 물리적 상태에 있을 때 특히 그러하다. 예를 들어, 아르곤과 제논의 녹는점은 각각 −189.2°C와 −111.9°C이다. 다음과 같이 두 원소 녹는점의 평균을 취하여 중간에 위치한 원소인 크립톤의 녹는점을 예측할 수 있다.

$$\text{Kr의 녹는점} = \frac{[(-189.2°\text{C}) + (-111.9°\text{C})]}{2} = -150.6°\text{C}$$

이 수치는 실제 녹는점인 −156.6°C에 아주 근접한 값이다.

개념과 사실 요약하기

- 원자 반지름은 주기율표상의 원소 배열에 따라 주기적으로 변한다. 원자 반지름은 주기율표의 왼쪽에서 오른쪽으로 갈수록 감소하며 위에서 아래로 갈수록 증가한다.
- 원소의 물리적 성질의 주기적 변화는 원자 구조의 변화를 나타낸다. 원소의 금속성은 같은 주기에서 금속에서부터 반금속을 거쳐 비금속으로 갈수록 감소하며, 전형 원소의 경우 같은 족에서 위에서 아래로 갈수록 증가한다.

개념과 사실 복습하기

8.3.1 원자들간의 크기를 비교하라. (a) Be, Ba; (b) Al, S; (c) ^{12}C, ^{13}C.

8.3.2 다음 물질들을 크기 순서대로 배열하라: S^{2-}, Ca^{2+}, Cl^-, K^+, Ar.

8.3.3 다음 각각에 대해 여기 나타낸 구와 짝지어라. S^{2-}, Mg^{2+}, F^-, Na^+.

8.4 이온화 에너지

학습 목표

- 원소들의 이온화 에너지 경향을 예측할 수 있다.

전자 배치와 물리적 성질 간 관계뿐만 아니라 전자 배치(미시적 성질)와 화학적 거동(거시적 성질) 간에도 밀접한 관계가 또한 존재한다. 이 책을 통해 보듯이 어떤 원자의 화학적 성질은 원자의 최외각 전자 배치에 의해 결정된다. 이 최외각 전자의 안정성은 원자의 이온화 에너지에 직접 영향을 미친다. **이온화 에너지**(ionization energy, *IE*)는 *바닥 상태에 있는 기체 원자로부터 한 개의 전자를 제거하는 데 필요한 최소 에너지*(kJ/mol)이다. 달리 말하면, 이온화 에너지는 기체 원자 1 mol로부터 전자 1 mol을 제거하는 데 필요한 kJ 단위의 에너지 양이다. 기체 상태에 있는 원자는 주변 원자의 영향을 받지 않으며 이온화 에너지를 측정할 때 고려해야 할 분자간 힘도 없기 때문에 위의 정의에 기체 상태로 명기한다.

이온화 에너지의 크기는 전자가 원자 내에 얼마나 “단단히” 붙어 있는지에 대한 척도이다. 이온화 에너지가 클수록 전자를 제거하는 것이 보다 어려워진다. 다전자 원자에서 바닥 상태에 있는 원자로부터 첫 번째 전자를 제거하는 에너지의 양은 *1차 이온화 에너지* (IE_1)라 한다.

$$\text{에너지} + X(g) \longrightarrow X^+(g) + e^- \tag{8.3}$$

식 (8.3)에서 X는 어떤 원소의 원자를 나타내며, e^-는 전자이다. 2차 이온화 에너지(IE_2)와 3차 이온화 에너지(IE_3)를 다음 식에서 볼 수 있다.

$$\text{에너지} + X^+(g) \longrightarrow X^{2+}(g) + e^- \qquad \text{2차 이온화 에너지}$$

$$\text{에너지} + X^{2+}(g) \longrightarrow X^{3+}(g) + e^- \qquad \text{3차 이온화 에너지}$$

이러한 유형은 다음 전자의 제거에도 계속된다. 원자로부터 원자가 전자를 제거하기가 상대적으로 쉬운 반면, 핵심부 전자는 제거하기가 훨씬 어렵다는 점을 주목하자. 따라서 마지막 원자가 전자의 이온화 에너지에 비해 첫 핵심부 전자의 이온화 에너지는 크게 증가한다.

전자가 원자로부터 제거될 때 남아 있는 전자간의 반발력은 감소한다. 핵전하는 상수로 남아 있기 때문에 양전하 이온으로부터 또 다른 전자를 제거하는 데 더 많은 에너지가 필요하다. 이러한 이유로, 이온화 에너지는 다음 순서로 항상 증가한다.

$$IE_1 < IE_2 < IE_3 < \ldots$$

표 8.2는 처음 20개 원소에 대한 이온화 에너지이다. 이온화는 항상 흡열 과정이다. 관습적으로 이온화 과정에서 원자나 이온에 의해 흡수된 에너지는 양의 값을 갖는다. 따라서 이온화 에너지는 모두 양의 값이다. 그림 8.11은 원자 번호에 따른 이온화 에너지의 변화를 보여준다. 가장 느슨하게 붙들려 있는 전자의 안정성에서 주기성이 선명하게 나타난다. 작은 불규칙성을 제외하면, 한 주기 내에 원소의 첫 번째 이온화 에너지는 원자 번호가 증가함에 따라 증가한다. 이 경향은 (원자 반지름의 변화에서와 같이) 왼쪽에서 오른쪽까지 유효 핵전하의 증가 때문이다. 유효 핵전하가 더 크다는 것은 원자가 전자를 더 단단히 붙들고 있다는 것을 뜻하며, 1차 이온화 에너지가 더 크다는 의미이다. 그림 8.11에서 주목할 만한 형태는 정점으로 이는 영족 기체에 해당한다. 원자가 전자가 채워진 전자 배치와 화학적 안정성의 고유 정도를 관련짓곤 한다. 영족 기체의 높은 이온화 에너지는 이들의 높은 유효 핵전하에 의해 발생하며, 영족 기체들의 안정성을 설명하는 이유 중 하나다. 실제로 헬륨($1s^2$)은 모든 원소 중 1차 이온화 에너지가 가장 크다.

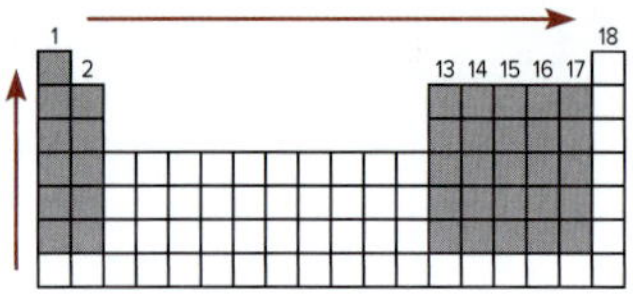

▲ *1차 이온화 에너지의 증가는 주기의 왼쪽에서 오른쪽으로, 주족 원소에 대해서는 족의 아래쪽에서 위쪽으로 갈수록 증가한다.*

표 8.2 처음 20개 원소의 이온화 에너지(kJ/mol)

Z	원소	1차	2차	3차	4차	5차	6차
1	H	1,312					
2	He	2,373	5,251				
3	Li	520	7,300	11,815			
4	Be	899	1,757	14,850	21,005		
5	B	801	2,430	3,660	25,000	32,820	
6	C	1,086	2,350	4,620	6,220	38,000	47,261
7	N	1,400	2,860	4,580	7,500	9,400	53,000
8	O	1,314	3,390	5,300	7,470	11,000	13,000
9	F	1,680	3,370	6,050	8,400	11,000	15,200
10	Ne	2,080	3,950	6,120	9,370	12,200	15,000
11	Na	495.9	4,560	6,900	9,540	13,400	16,600
12	Mg	738.1	1,450	7,730	10,500	13,600	18,000
13	Al	577.9	1,820	2,750	11,600	14,800	18,400
14	Si	786.3	1,580	3,230	4,360	16,000	20,000
15	P	1,012	1,904	2,910	4,960	6,240	21,000
16	S	999.5	2,250	3,360	4,660	6,990	8,500
17	Cl	1,251	2,297	3,820	5,160	6,540	9,300
18	Ar	1,521	2,666	3,900	5,770	7,240	8,800
19	K	418.7	3,052	4,410	5,900	8,000	9,600
20	Ca	589.5	1,145	4,900	6,500	8,100	11,000

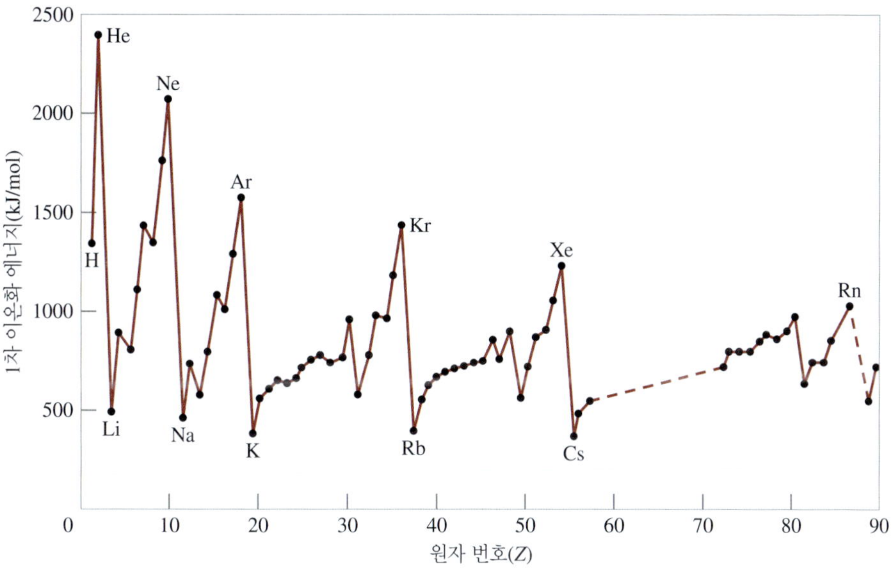

◀ **그림 8.11** 원자 번호에 따른 1차 이온화 에너지의 변화. 0족 기체는 이온화 에너지가 높은 반면 알칼리 금속과 알칼리 토금속은 이온화 에너지가 낮다.

그림 8.11의 그래프에서 바닥에 위치한 원소는 1족 원소(알칼리 금속)로 가장 낮은 이온화 에너지를 갖는다. 각 알칼리 금속 원소에는 하나의 원자가 전자가 있다(최외각 전자 배치는 ns^1). 이러한 원자가 전자는 완전히 채워진 내부 껍질에 의해 효과적으로 가려진다. 결과적으로 알칼리 금속 원자로부터 전자 하나를 제거하여 1가 양이온(Li^+, Na^+, K^+, . . .)을 형성하는 것은 에너지적으로 쉽다. 중요한 것은 이러한 양이온의 전자 배치가 주기율표에서 그 앞에 배치된 영족 기체와 등전자 상태라는 점이다.

2족 원소(알칼리 토금속)는 알칼리 금속보다 1차 이온화 에너지가 더 크며, 원자가 전자가 두 개 있다(최외각 전자 배치는 ns^2). 이 두 s 전자는 서로를 잘 가리지 못하기 때문에 알칼리 토금속 원자에서 유효 핵전하는 앞서 알칼리 금속의 값보다 더 크다. 대부분 알칼리 토금속은 2가 양이온(Mg^{2+}, Ca^{2+}, Sr^{2+}, Ba^{2+})을 포함한다. Be^{2+} 이온은 Li^+, He과 등전자 관계이며, Mg^{2+}는 Na^+, Ne과 등전자 관계다. 나머지 이온들에 있어서도 마찬가지지다.

그림 8.11에서 보듯이 금속은 비금속에 비해 상대적으로 이온화 에너지가 낮다. 일반적으로 준금속의 이온화 에너지는 금속과 비금속의 이온화 에너지 값 사이에 놓인다. 이온화 에너지의 이러한 차이는 왜 금속이 항상 양이온을 형성하며 비금속은 음이온 화합물을 형성하는지를 암시한다. (중요하면서 유일한 비금속 양이온은 암모늄 이온, NH_4^+이다.) 같은 족에서 이온화 에너지는 원자 번호가 증가함에 따라 감소한다. (즉, 족을 따라 아래로 내려감에 따라 감소한다.) 같은 족에서 원소의 최외각 전자 배치는 비슷하다. 그러나 주양자수 n이 증가함에 따라 핵으로부터 원자가 전자의 평균 거리도 증가한다. 전자와 핵 사이에 거리가 크다는 것은 인력이 더 약하다는 것을 의미한다. 따라서 같은 족에서 주기율표를 따라 내려가면 원소에서 원소로 이동함에 따라 유효 핵전하가 증가한다 할지라도 첫 번째 전자를 제거하기가 더 쉬워진다. 그런 이유로 같은 족 내에서 원소의 금속성은 위로부터 아래로 갈수록 증가한다. 이러한 경향은 13족과 17족 사이의 원소에서 특히 두드러진다. 예를 들어, 14족에서 탄소는 비금속, 규소와 저마늄은 준금속, 주석과 납은 금속이다.

주기율표에서 일반적 경향이 1차 이온화 에너지가 왼쪽에서 오른쪽으로 갈수록 증가할지라도 약간의 불규칙성이 존재한다. 같은 주기 내에서 첫 번째 예외가 2족과 13족 원소 간에 발생한다. (예를 들면, Be와 B, Mg와 Al) 13족 원소는 2족 원소보다 1차 이온화 에너지가 낮다. 그 이유는 13족 원소들 모두는 내부 전자 및 ns^2 전자들에 의해 잘 가려진 최외각 p 부껍질(ns^2np^1)에 전자 하나를 가지기 때문이다. 그러므로 동일한 주에너지 준위로부터 s 전자를 제거하는 것보다 p 전자 하나를 제거하는 데 더 적은 에너지가 필요하다. 두 번째 불규칙성은 15족과 16족 간(예를 들어, N과 O, P와 S)에 발생한다. 15족 원소(ns^2np^3)에서 p 전자는 훈트 규칙에 따라 3개의 구분된 오비탈에 존재한다. 16족 원소(ns^2np^4)에서 추가되는 전자는 3가지 p 전자 중 하나와 결합해야 한다. 동일 오비탈에서 두 전자의 유사성은 보다 큰 정전기적 반발력을 초래한다. 그러한 반발력은 핵전하가 한 단위만큼 증가한다 할지라도 16족 원자를 더 쉽게 이온화시킨다. 따라서 16족의 이온화 에너지는 같은 주기에서 15족에서의 값보다 더 낮다.

인터넷 핫스팟

학생들의 학습 경험에 대해 축적된 자료에 따르면 이온화 에너지를 이해하는 데 어려움을 겪을 수 있다. 이런 경우 eBook에 접속해서 이 주제에 대한 추가 학습 자료를 보면 도움이 될 수 있다.

예제 8.4에서 몇 가지 원소의 이온화 에너지를 비교하였다.

예제 8.4

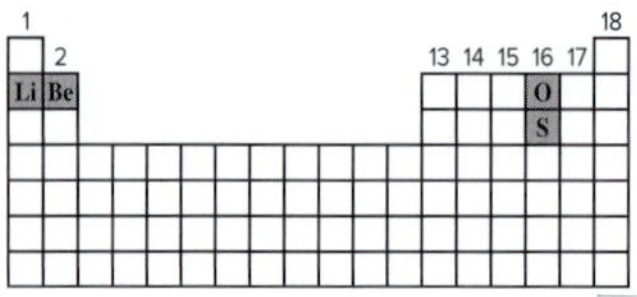

(a) 산소와 황 중에서 1차 이온화 에너지가 더 작은 원자는 어느 것인가?
(b) 리튬과 베릴륨 중 2차 이온화 에너지가 더 큰 원자는 어느 것인가?

전략 (a) 1차 이온화 에너지는 최외각 전자가 핵으로부터 더 멀어지고 보다 작은 인력을 느끼기 때문에 족의 아래로 갈수록 감소한다. (b) 최외각 전자를 제거할 때, 채워진 내부 껍질에 의해 가려질 때보다 적은 에너지가 필요해진다.

풀이

(a) 산소와 황은 16족 원소로 원자가 전자 배치가 같지만(ns^2np^4), 황의 $3p$ 전자는 핵으로부터 더 멀어서 산소의 $2p$ 전자보다 핵 인력이 더 작다. 따라서 황의 1차 이온화 에너지가 더 작을 것으로 예측할 수 있다.

(b) Li와 Be의 전자 배치는 각각 $1s^22s^1$과 $1s^22s^2$이다. 2차 이온화 에너지는 바닥 상태에 있는 기체 상태의 +1가 이온으로부터 전자 하나를 제거하는 데 필요한 최소 에너지이다. 2차 이온화 과정에 대해 다음과 같이 쓸 수 있다.

$$\begin{array}{lll} Li^+(g) & \longrightarrow & Li^{2+}(g) + e^- \\ 1s^2 & & 1s^1 \\ Be^+(g) & \longrightarrow & Be^{2+}(g) + e^- \\ 1s^22s^1 & & 1s^2 \end{array}$$

$1s$ 전자들은 서로를 가리는 것보다 $2s$ 전자를 보다 효율적으로 많이 가리기 때문에 Li^+로부터 $1s$ 전자를 제거하는 것보다 Be^+로부터 $2s$ 전자를 제거하는 것이 더 쉬울 것으로 예측할 수 있다.

검산 표 8.2에서 제시된 자료와 위 결과를 비교해 보라. (a)에서 해당 원소의 금속성이 족에서 아래로 이동함에 따라 증가한다는 사실과 예측이 일치하는가? (b)에서 알칼리 토금속이 +2가 이온을 형성하는 반면 알칼리 금속이 +1가 이온을 형성한다는 사실을 예측이 설명하고 있는가?

실전 연습 (a) N과 P 중 어떤 원자가 1차 이온화 에너지가 더 큰가? (b) Na와 Mg 중 어떤 원자가 2차 이온화 에너지가 더 작은가?

비슷한 문제: 8.55

개념과 사실 요약하기

- 이온화 에너지란 원자가 전자를 잃을 때 저항하는 경향을 측정한 것이다. 이온화 에너지가 높을수록, 핵과 전자간의 인력은 강해진다.
- 일반적으로 금속의 이온화 에너지는 낮다.

개념과 사실 복습하기

8.4.1 1차 이온화 에너지가 증가하는 순서대로 다음 원자들을 나열 하라. Al, Rb, F.

8.4.2 Mg, Al, K에 대해 1차, 2차, 3차 이온화 에너지를 다음 그래프에 나타내라.

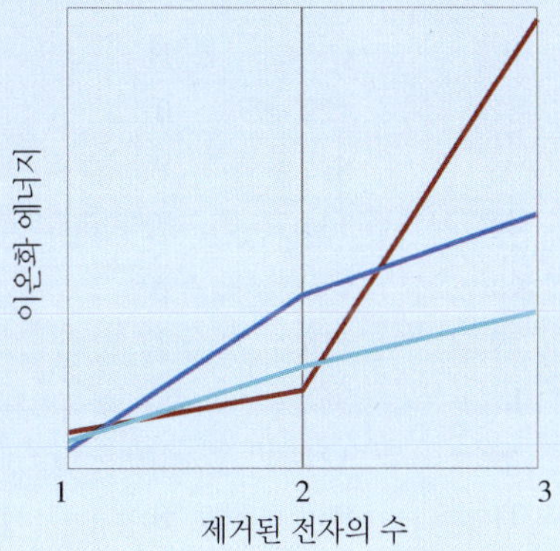

8.5 전자 친화도

▷ 학습 목표

- 원소들의 전자 친화도 경향을 예측할 수 있다.

원자의 화학적 거동에 큰 영향을 미치는 또 다른 성질은 하나 이상의 전자를 받아들이는 원자의 능력이다. 이러한 성질을 **전자 친화도**(electron affinity, EA)라 부르며, *기체 상태에 있는 원자가 전자 하나를 받아들여 음이온을 형성할 때 발생하는 음의 에너지 변화를* 의미한다.

$$\mathrm{X}(g) + e^- \longrightarrow \mathrm{X}^-(g) \qquad (8.4)$$

기체상 플루오린 원자가 전자 하나를 받아들이는 과정을 생각해 보자.

$$\mathrm{F}(g) + e^- \longrightarrow \mathrm{F}^-(g) \qquad \Delta H = -328 \text{ kJ/mol}$$

따라서 플루오린의 전자 친화도는 +328 kJ/mol로 정한다. 만역 전자를 받아들이는 반응이 발열 반응이면 전자 친화도가 양의 값이며, 흡열 반응이면 음의 값이다. 원소의 전자 친화도가 양의 값이 크면 클수록 전자를 받아들이는 원소 내 원자의 능력이 더 크게 된다. 전자 친화도를 살펴보는 다른 방법은 전자 친화도를 음이온으로부터 전자 하나를 제거하기 위해 제공되어야 하는 에너지로 간주하는 것이다. 플루오린에 대해 다음과 같이 쓴다.

$$\mathrm{F}^-(g) \longrightarrow \mathrm{F}(g) + e^- \qquad \Delta H = +328 \text{ kJ/mol}$$

전자의 높은 이온화 에너지는 원자 내 전자가 매우 안정함을 의미하는 것과 같이 큰 양의 값의 전자 친화도는 음이온이 매우 안정함(즉, 원자가 전자를 받아들이는 경향이 큼)을 의미한다.

실험적으로 전자 친화도는 음이온으로부터 전자를 추가적으로 제거함으로써 결정한다. 그러나 이온화 에너지에 비해 전자 친화도는 많은 원소들의 음이온이 불안정하므로 측정이 어렵다. 표 8.3에는 몇몇 주족 원소와 영족 기체의 전자 친화도를 나타내었으며 그림 8.12에는 원자 번호에 따른 56개 원소의 전자 친화도를 표시하였다. 전체적인 경향은 주기의 왼쪽에서 오른쪽으로 갈수록 전자를 받아들이는 경향이 증가한다(전자친화도가

표 8.3 몇 가지 주족 원소 및 영족 기체의 전자 친화도(kJ/mol)*

1	2	13	14	15	16	17	18
H							He
73							< 0
Li	Be	B	C	N	O	F	Ne
60	≤ 0	27	122	0	141	328	< 0
Na	Mg	Al	Si	P	S	Cl	Ar
53	≤ 0	44	134	72	200	349	< 0
K	Ca	Ga	Ge	As	Se	Br	Kr
48	2.4	29	118	77	195	325	< 0
Rb	Sr	In	Sn	Sb	Te	I	Xe
47	4.7	29	121	101	190	295	< 0
Cs	Ba	Tl	Pb	Bi	Po	At	Rn
45	14	30	110	110	?	?	< 0

*영족 기체, Be, Mg의 전자 친화도는 실험적으로 결정되지 않고 0에 가깝거나 음일 것으로 믿어진다.

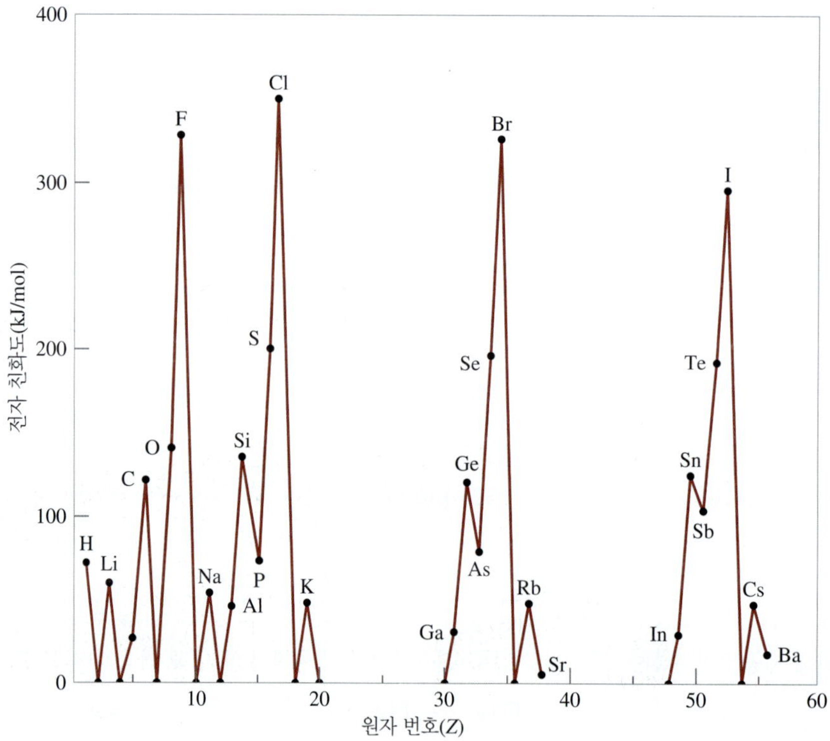

▶ **그림 8.12** 수소에서 바륨까지 원자 번호 대비 전자 친화도의 그래프.

더 큰 양의 값이 됨). 금속의 전자 친화도는 일반적으로 비금속의 값보다 더 낮다. 그 값들은 같은 족 내에서는 거의 변하지 않는다. 할로젠(17족)은 전자 친화도 값이 가장 높다.

전자 친화도와 유효 핵전하 간에는 같은 주기 내에서는 왼쪽에서 오른쪽으로 갈수록 증가한다는 일반적 상관관계가 있다(8.3절 참조). 그러나 이온화 에너지의 경우와 같이 몇몇 불규칙성이 존재한다. 예를 들어, 2족 원소의 전자 친화도는 상응하는 1족 원소의 값보다 더 낮다. 또한 15족 원소의 전자 친화도는 상응하는 14족 원소의 값보다 낮다. 이러한 예외는 해당 원소의 원자가 전자 배치에 따른 것이다. 2족 원소에 더해지는 전자는 보다 높은 에너지의 np 오비탈에 배치된다. 이 오비탈에서는 ns^2 전자에 의해 효과적으로 가려지며 핵에 대하여 더 약한 인력을 경험하게 된다. 그러므로 상응하는 1족 원소보다 전자 친화도가 더 낮게 된다. 비슷하게 15족 원소에 더해지는 전자는 이미 전자 하나가 들어 있는 np 오비탈에 놓여야 하고, 따라서 더 큰 정전기적 반발력을 겪기 때문에 상응하는 14족 원소(ns^2np^2)보다 15족 원소(ns^2np^3)에 전자를 더하는 것이 더 어렵다. 영족 기체는 높은 유효 핵전하를 가진다는 사실에도 불구하고, 전자 친화도가 극히 낮다(0 또는 음의 값). 그 이유는 ns^2np^6 배치를 가지는 원자에 더해지는 전자는 $(n + 1)s$ 오비탈에 들어가야 하는데, 그 오비탈은 핵심부 전자들에 의해 잘 가려져 있어서 핵과 매우 약한 인력 상태에 있기 때문이다. 이러한 분석은 완전한 최외각을 가진 원소 종이 화학적으로 안정한 이유를 또한 설명한다.

예제 8.5는 알칼리 토금속이 전자를 받아들이는 경향성이 크지 않은 이유를 보여준다.

예제 8.5

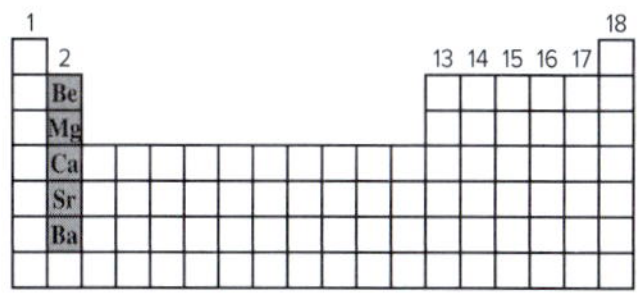

표 8.3에서 보듯이 알칼리 토금속의 전자 친화도는 음이나 작은 양의 값을 갖는 이유는 무엇인가?

전략 알칼리 토금속의 전자 배치는 무엇인가? 그런 원자에 더해지는 전자는 핵에 의해 강하게 붙들려 있는가?

풀이 알칼리 토금속의 원자가 전자 배치는 ns^2이다. 여기서 n은 가장 높은 주양자수이다.

$$\underset{ns^2}{\mathrm{M}(g)} + e^- \longrightarrow \underset{ns^2np^1}{\mathrm{M}^-(g)}$$

여기서 M은 일련의 2족 중 한 원소임을 나타내며, 여분의 전자는 np 부껍질에 들어가야만 한다. 해당 부껍질에서는 두 개의 ns 전자들(ns 전자는 np 전자보다 더 많이 침투함)과 내부 전자들에 의해 효과적으로 가려진다. 결과적으로 알칼리 토금속은 여분의 전자를 되찾는 경향이 거의 없다.

실전 연습 Ar이 음이온 Ar^-를 형성할 수 있을 것인가?

비슷한 문제: 8.63.

개념과 사실 요약하기

- 전자 친화도는 원자가 전자를 얻으려는 경향의 척도이다. 전자 친화도가 양수일수록 원자가 전자를 얻는 경향이 커진다.
- 비금속은 일반적으로 높은 전자 친화도를 갖는다.

개념과 사실 복습하기

8.5.1 전자 친화도가 증가하는 순서대로 다음 원자들을 나열하라. Cl, Na, Si.

8.5.2 모든 전자가 제거될 때까지 한 원자의 연속적 이온화 에너지를 측정하는 것이 가능한 이유는 무엇이며, 점차 제거가 어려워져서 종종 첫 번째 이상의 전자 친화도를 측정하는 것이 불가능한 이유는 무엇인가?

8.6 주족 원소의 화학적 성질 변화

학습 목표

- 주족 원소들의 화학적 성질과 반응성의 변화를 구별할 수 있다.

이온화 에너지와 전자 친화도로부터 화학자들은 원소가 반응하는 형태와 원소들로 구성된 화합물의 특성을 알게 된다. 개념적으로 이 두 측정치는 단순하게 연관되어 있다. 이온화 에너지는 원자 내의 전자에 대해 원자의 인력을 측정하는 것이며, 전자 친화도는 다른 곳으로부터 추가되는 전자에 대한 원자의 인력을 측정하는 것이다. 이온화 에너지와 전자 친화도는 전자에 대한 원자의 일반적인 인력에 대한 통찰력을 제공한다. 이러한 개념을 토대로 화학적 거동과 전자 배치 간 관계에 유의하여 원소의 화학적 거동을 체계적으로 살펴볼 수 있다.

원소의 금속성은 같은 주기에서 왼쪽에서 오른쪽으로 갈수록 *감소하며*, 같은 족에서는 위에서 아래로 갈수록 *증가함을* 살펴보았다. 이러한 경향 및 금속이 항상 이온화 에너지가 낮으며 비금속이 항상 전자 친화도가 높다는 지식을 토대로, 이 원소 일부가 참여하는 반응의 결과를 많은 경우 예측할 수 있다.

화학적 성질의 일반적 경향

각 족들의 원소를 공부하기 전에 전반적인 경향을 몇 가지 살펴보자. 같은 족에 있는 원소들은 원자가 전자 배치가 비슷하기 때문에 화학적 거동이 서로 닮는다고 언급하였다. 이러한 언급은 일반적으로 옳지만 주의해서 적용해야 한다. 화학자들은 각 족의 첫 원소(리튬에서 플루오린까지 2주기 원소)가 같은 족의 나머지 원소와 다르다는 것을 오래 전에 알고 있었다. 예를 들어, 리튬은 알칼리 금속의 특징적 성질을 많이 보여준다. 비슷하게 베릴륨은 2족의 원소로 다소 비전형적이라는 것 등이다. 그 차이는 각 족에서 첫 원소가 비정상적으로 크기가 작기 때문이다(그림 8.5 참조).

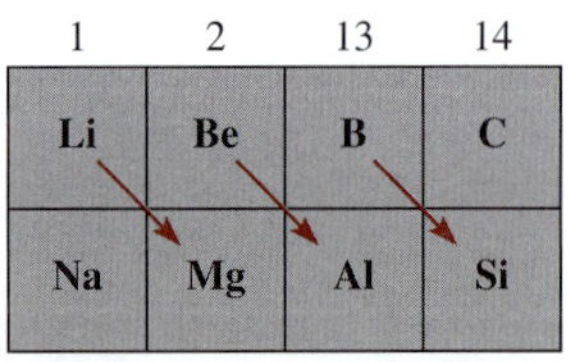

▲ **그림 8.13** 주기율표에서 대각선 관계.

주족 원소의 화학적 거동에서 또 다른 경향은 대각선 관계다. **대각선 관계**(diagonal relationship)는 *주기율표에서 서로 다른 족과 주기에 있는 원소 쌍 사이의 유사성*이다. 구체적으로 2주기의 첫 세 원소(Li, Be, B)는 주기율표에서 그 대각선으로 아래에 위치한 원소들과 유사성이 많다(그림 8.13). 이러한 현상의 이유는 그 양이온들의 *전하 밀도*(charge density)가 비슷하다는 것이다. (*전하 밀도*는 이온의 부피로 나눈 이온의 전하이다.) 전하 밀도가 유사한 양이온들은 음이온들과 비슷한 방식으로 반응하며, 같은 형태의 화합물을 형성한다. 그런 이유로 리튬의 화학은 몇 가지 점에서 마그네슘과 비슷하다. 베릴륨과 알루미늄, 그리고 붕소와 규소에서도 유효하다. 이러한 각 쌍은 대각선 관계를 보여준다고 말한다. 이러한 관계에 대한 많은 예를 후에 보게 될 것이다.

같은 족에서 원소들의 성질을 비교하는 것은 금속성이라는 면에서 동일한 형태의 원소들을 다룬다면 가장 유효하다. 이러한 지침은 모든 원소가 금속인 1족과 2족 그리고 모두 비금속인 17족과 18족 원소들에 적용된다. 비금속부터 금속 또는 비금속부터 준금속인 13~16족 원소들을 살펴보면, 같은 족 원소들이 비슷한 최외각 전자 배치를 가진다 하더라도 화학적 성질의 변화가 클 것임을 당연히 예측할 수 있다.

이제 주족 원소와 영족 기체의 화학적 거동을 보다 자세히 살펴보기로 하자. (제19장에서 전이 금속의 화학을 살펴볼 것이다.)

수소($1s^1$)

주기율표에서 수소에 대한 완전히 적절한 위치는 없다. 전통적으로 수소는 1족으로 보지만, 실제 그 자체를 하나로 분류할 수 있다. 알칼리 금속과 마찬가지로 *s* 원자가 전자 하나를 가지고 1가 양이온(H^+)을 형성하며, 용액에서 수화된다. 반면 수소는 NaH, CaH_2와 같은 이온 결합 화합물에서 수소화 음이온(H^-)을 형성하기도 한다. 이런 점에서 수소는 이온 화합물에서 1가 음이온(F^-, Cl^-, Br^-, I^-)을 형성하는 할로젠과 닮아 있다. 이온성 수소화물은 물과 반응하여 수소 기체와 금속 수산화물을 생성한다.

$$2NaH(s) + 2H_2O(l) \longrightarrow 2NaOH(aq) + H_2(g)$$
$$CaH_2(s) + 2H_2O(l) \longrightarrow Ca(OH)_2(s) + 2H_2(g)$$

물론, 가장 중요한 수소 화합물은 물로 수소가 공기 중에서 연소할 때 형성된다.

$$2H_2(g) + O_2(g) \longrightarrow 2H_2O(l)$$

▶ 1족 원소들(ns^1, $n \geq 2$)

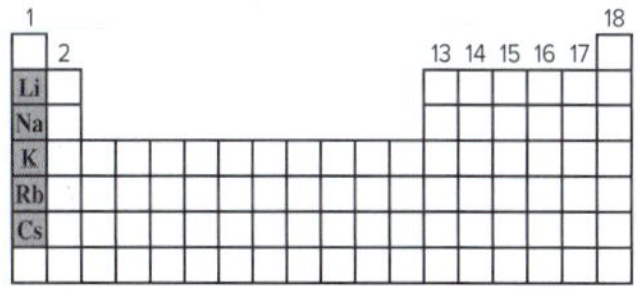

그림 8.14는 1족 원소들인 알칼리 금속을 나타낸 것이다. 이 원소들 모두는 이온화 에너지가 낮으며, 유일한 원자가 전자를 쉽게 잃어버린다. 사실 이 화합물의 대다수에서 이 원소들은 1가 양이온이다. 이 금속들은 반응성이 커서 자연계에서 순수한 상태로는 발견되지 않는다. 이 원소들은 물과 반응하여 수소 기체와 금속 수산화물을 생성한다.

$$2M(s) + 2H_2O(l) \longrightarrow 2MOH(aq) + H_2(g)$$

여기서 M은 알칼리 금속을 나타낸다. 이들 금속이 공기 중에 노출되었을 때, 산소 기체와 반응하여 산화물을 형성하며 서서히 금속 광택을 잃는다. 리튬은 산화 리튬(O^{2-} 이온 함유)을 형성한다.

$$4Li(s) + O_2(g) \longrightarrow 2Li_2O(s)$$

다른 알칼리 금속 모두는 산화물과 *과산화물*(O_2^{2-} 이온 함유)을 생성한다. 예를 들어

$$2Na(s) + O_2(g) \longrightarrow Na_2O_2(s)$$

포타슘, 루비듐, 세슘은 또한 *초과산화물*(O_2^- 이온 함유)을 형성한다.

$$K(s) + O_2(g) \longrightarrow KO_2(s)$$

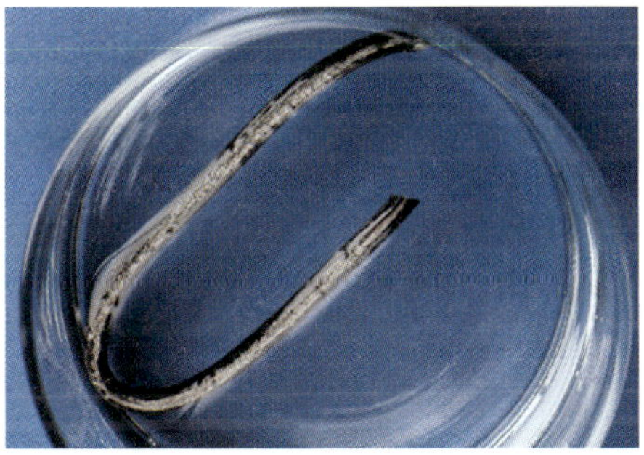
리튬(Li)

소듐(Na)

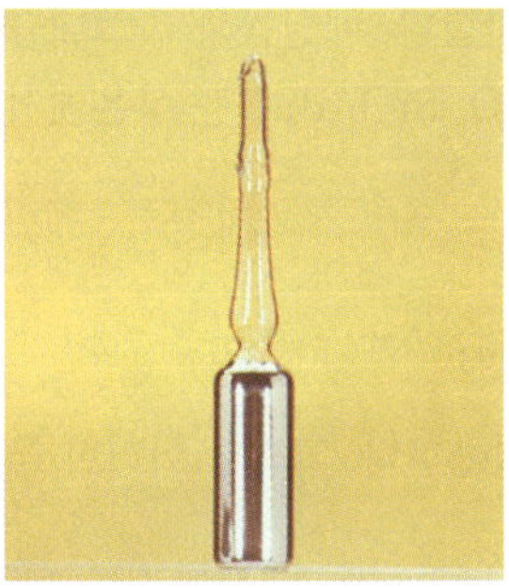
포타슘(K)

루비듐(Rb)

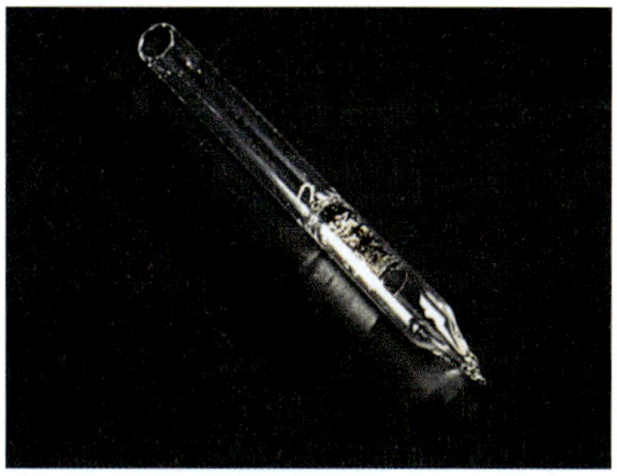
세슘(Cs)

◀ **그림 8.14** 1족 알칼리 금속 원소들. 여기에 보이지 않은 프랑슘은 방사성 물질이다.
(Li, Na): Ken Karp/McGraw-Hill; (K): Al Fenn/The LIFE Images Collection/Getty Images; (Rb, Cs): Stephen Frisch/McGraw-Hill

베릴륨(Be) 마그네슘(Mg) 칼슘(Ca)
스트론튬(Sr) 바륨(Ba) 라듐(Ra)

▲ **그림 8.15** 2족 알칼리 토금속 원소들.
(Be, Ca): Stephen Frisch/McGraw-Hill; (Mg, Sr, Ba): Charles D. Winters/McGraw-Hill; (Ra): Courtesy of Fred Bayer

알칼리 금속이 산소와 반응할 때 서로 다른 산화물이 형성되는 이유는 고체 상태에서 산화물의 안정성과 연관이 있다. 이 산화물들은 모두 이온 결합 화합물이기 때문에 음이온과 양이온이 서로 얼마나 강하게 끌어당기느냐에 그 안정성이 좌우된다. 리튬은 산화 리튬이 과산화 리튬보다 안정하므로 주로 산화 리튬을 형성하는 경향이 있다. 다른 알칼리 금속 산화물의 형성도 비슷하게 설명할 수 있다.

2족 원소들(ns^2, $n \geq 2$)

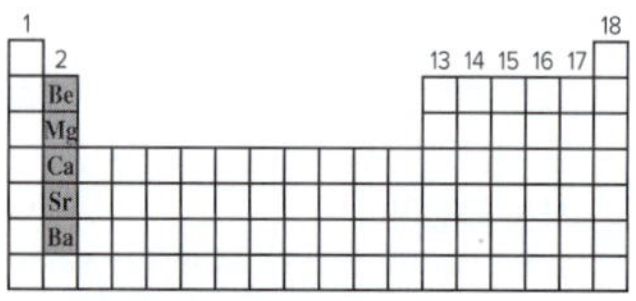

그림 8.15는 2족 원소를 나타낸 것이다. 하나의 족으로 볼 때, 알칼리 토금속은 알칼리 금속보다 반응성이 다소 작다. 1차 이온화 에너지와 2차 이온화 에너지 모두 베릴륨에서 바륨으로 갈수록 감소한다. 따라서 M^{2+} 이온(M은 알칼리 토금속 원자)을 형성하는 경향이 있으며, 금속성은 위에서 아래로 갈수록 증가한다. 대부분의 베릴륨 화합물(BeH_2 및 $BeCl_2$ 등)과 몇몇 마그네슘 화합물(예를 들어, MgH_2)은 자연계에서 이온 결합보다는 분자성 화합물로 존재한다.

알칼리 토금속과 물과의 반응성은 상당히 다양하다. 베릴륨은 물과 반응하지 않으며, 마그네슘은 수증기와 서서히 반응하며, 칼슘, 스트론튬, 바륨은 찬물과도 반응한다.

$$Ba(s) + 2H_2O(l) \longrightarrow Ba(OH)_2(aq) + H_2(g)$$

산소에 대한 알칼리 토금속의 반응성 역시 Be부터 Ba까지 증가한다. 베릴륨과 마그네슘은 높은 온도에서만 산화물(BeO, MgO)를 형성하는 반면, CaO, SrO, BaO는 상온에서 산화물을 형성한다.

마그네슘은 수용액에서 산과 반응하여 수소 기체를 방출한다.

$$Mg(s) + 2H^+(aq) \longrightarrow Mg^{2+}(aq) + H_2(g)$$

칼슘, 스트론튬, 바륨 또한 산 수용액과 반응하여 수소 기체를 발생한다. 그러나 이러한 금속들은 물도 공격하므로 두 가지 다른 반응이 동시에 일어난다.

칼슘과 스트론튬의 화학적 성질은 족의 유사성에 대한 흥미로운 사례를 제공한다. 방사성 동위원소인 스트론튬-90은 원자 폭탄 폭발시의 주생성물이다. 원자 폭탄이 대기 중에서 폭발할 때, 형성된 스트론튬-90은 결국 대지와 물에 가라앉고, 상대적으로 짧은 먹이사슬을 거쳐 우리 몸에 도달하게 된다. 예를 들어, 젖소가 오염된 풀과 물을 먹었다면, 그 우유를 통해 스트론튬-90을 다음으로 전가시킬 것이다. 칼슘과 스트론튬은 화학적으로 유사하기 때문에 Sr^{2+} 이온은 우리 몸의 뼈에서 Ca^{2+} 이온을 대체할 수 있다. 스트론튬-90 동위원소에 의한 고에너지 복사에 우리 몸이 지속적으로 노출되면 빈혈, 백혈병, 다른 만성 질환을 초래할 수 있다.

13족 원소들(ns^2np^1, $n \geq 2$)

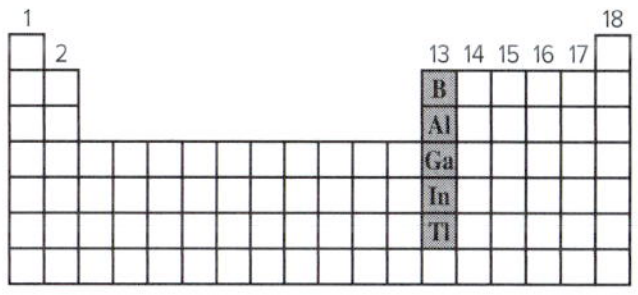

13족의 첫 번째 원소인 붕소는 준금속이며 나머지 원소들은 금속이다(그림 8.16). 붕소는 이성분 이온 결합 화합물을 형성하지 않으며 산소 기체, 물과 반응성이 없다. 그 다음 원소인 알루미늄은 공기 중에 노출되었을 때 쉽게 산화 알루미늄을 형성한다.

$$4Al(s) + 3O_2(g) \longrightarrow 2Al_2O_3(s)$$

산화 알루미늄 보호막으로 덮인 알루미늄은 원소 상태 알루미늄보다 반응성이 작다. 또한, 알루미늄은 +3가 이온만을 형성한다. 염산과 다음과 같이 반응한다.

$$2Al(s) + 6H^+(aq) \longrightarrow 2Al^{3+}(aq) + 3H_2(g)$$

다른 13족 금속 원소들은 1가와 3가 양이온을 형성한다. 족을 따라 아래로 내려갈수록, 1가 양이온이 3가 양이온보다 안정적이 된다는 것을 알 수 있다.

13족의 금속 원소는 많은 분자성 화합물을 형성한다. 예를 들어, 알루미늄은 수소와 반응하여 AlH_3을 형성하며, 이는 BeH_2와 유사한 성질을 갖는다. (이것은 대각선 관계의 한 예이다.) 따라서 주기율표를 따라 왼쪽에서 오른쪽으로 이동할 때 주족 원소들의 특성은 금속성에서 비금속성으로 서서히 바뀜을 알 수 있다.

◀ **그림 8.16** 13족 원소. 갈륨은 녹는점이 낮기 때문에(29.8°C) 손에 쥐면 녹는다.

(Ga, B, In): Stephen Frisch/McGraw-Hill; (Al): Kerstin Waurick/Getty Images

▶ 14족 원소들(ns^2np^2, $n \geq 2$)

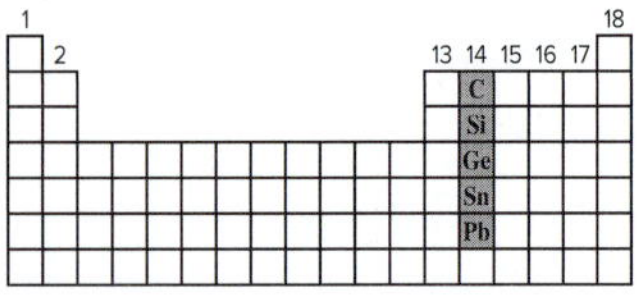

14족의 첫 번째 원소인 탄소는 비금속이며, 그 다음 두 원소 규소와 저마늄은 준금속이다(그림 8.17). 14족의 금속 원소인 주석과 납은 물과 반응하지 않으나 산(예를 들어, 염산)과 반응하여 수소 기체를 발생한다.

$$Sn(s) + 2H^+(aq) \longrightarrow Sn^{2+}(aq) + H_2(g)$$
$$Pb(s) + 2H^+(aq) \longrightarrow Pb^{2+}(aq) + H_2(g)$$

14족 원소들은 +2와 +4의 산화 상태에서 화합물을 형성한다(비활성 전자쌍 효과를 상기하라, 8.2절). 탄소와 규소는 +4의 산화 상태가 더 안정하다. 예를 들어, CO_2가 CO보다 안정하며, SiO_2는 안정한 화합물이지만 SiO는 보통의 상태에서 존재하지 않는다. 그러나 14족을 따라 아래로 내려가면, 안정성의 경향은 반대가 된다. 주석 화합물에서 +4의 산화 상태는 +2의 산화 상태보다 약간만 더 안정할 뿐이다. 납 화합물에서는 +2의 산화 상태가 의심할 여지없이 더 안정한 상태이다. 납의 최외각 전자 배치는 $6s^26p^2$이며, 6*p*와 6*s* 전자 모두를 잃기(Pb^{4+} 형성)보다는 6*p* 전자만을 잃는(Pb^{2+} 형성) 경향이 있다.

▶ 15족 원소들(ns^2np^3, $n \geq 2$)

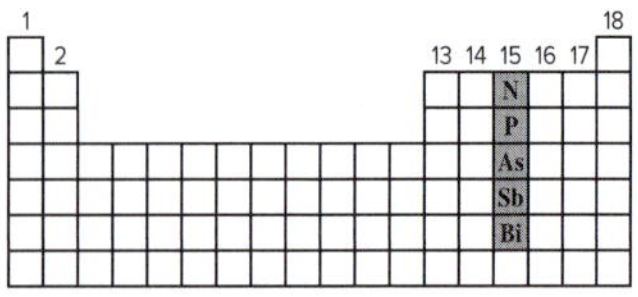

15족에서 질소와 인은 비금속이며, 비소와 안티모니는 준금속, 비스무트는 금속이다(그림 8.18). 따라서 15족은 족의 성질 변화가 크다는 것을 예견할 수 있다.

원소로서 질소는 이원자 기체(N_2)로 존재하며, 많은 산화물(NO, N_2O, NO_2, N_2O_4, N_2O_5)을 형성한다. 이들 중 N_2O_5는 고체이며 나머지는 기체이다. 질소는 3개의 전자를 받아들여 질소화 이온, N^{3-}(전자 배치는 $1s^22s^22p^6$를 이루어 네온과 등전자 상태)을 형성하려는 경향이 있다. 대부분의 금속 질소화물(예를 들어, Li_3N, Mg_3N_2)은 이온 결합 화합물이다. 인은 P_4 분자로 존재하며, 화학식 P_4O_6와 P_4O_{10}인 두 개의 고체 산화물을 형성한다. 중요한 산소산인 HNO_3와 H_3PO_4는 다음 산화물과 물과의 반응을 통해 생성된다.

$$N_2O_5(s) + H_2O(l) \longrightarrow 2HNO_3(aq)$$
$$P_4O_{10}(s) + 6H_2O(l) \longrightarrow 4H_3PO_4(aq)$$

비소, 안티모니, 비스무트는 확장된 3차원 구조를 가진다. 비스무트는 앞서 나왔던 족들에

탄소(흑연) 탄소(다이아몬드) 규소(Si)
저마늄(Ge) 주석(Sn) 납(Pb)

▲ **그림 8.17** 14족 원소들.
(Carbon, Ge, Pb): Ken Karp/McGraw-Hill; (Diamond): JewelryStock/Alamy Stock Photo; (Si): Charles D. Winters/McGraw-Hill; (Sn): Charles D. Winters/Timeframe Photography/McGraw-Hill

액체 질소(N_2)

백린과 적린(P)

▲ **그림 8.18** 15족 원소들. 질소 분자는 무색, 무취의 기체이다.
(N_2): Charles D. Winters/Science Source; (P): Al Fenn/The LIFE Images Collection/Getty Images; (As, Bi): Stephen Frisch/McGraw-Hill; (Sb): Charles D. Winters/Timeframe Photography/McGraw-Hill

비소(As)

안티모니(Sb)

비스무트(Bi)

있는 금속보다 훨씬 반응성이 낮다.

16족 원소들(ns^2np^4, $n \geq 2$)

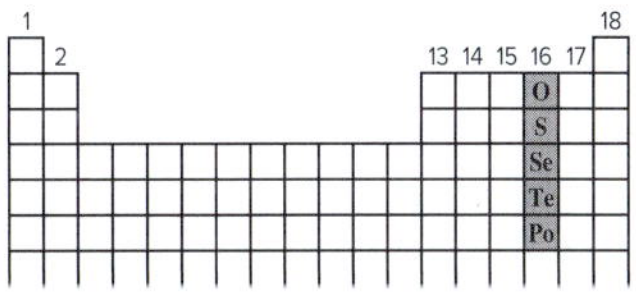

16족의 첫 세 원소(산소, 황, 셀레늄)는 비금속이며, 마지막 두 원소(텔루륨과 폴로늄)는 준금속이다(그림 8.19). 산소는 이원자 기체이며, 황과 셀레늄의 분자식은 S_8과 Se_8이다. 텔루륨과 폴로늄은 보다 거대한 3차원 구조를 가진다. (16족의 마지막 원소인 폴로늄은 실험실에서 연구하기 어려운 방사성 원소이다.) 산소는 많은 이온 결합 화합물에서 두 개

황(S_8)

셀레늄(Se_8)

텔루륨(Te)

▲ **그림 8.19** 16족 원소들. 황, 셀레늄, 텔루륨. 산소 분자는 무색, 무취 기체이며, 여기에 표시되지 않은 폴로늄은 방사성 원소이다.
(S_8): MarcelC/iStock/Getty Images; (Se_8): Charles D. Winters/Timeframe Photography/McGraw-Hill; (Te): Ken Karp/McGraw-Hill

의 전자를 받아들여 산화 이온(O^{2-})을 형성하는 경향이 있다. 황, 셀레늄, 텔루륨도 2가 음이온(S^{2-}, Se^{2-}, Te^{2-})을 형성한다. 16족 원소(특히 산소)들은 비금속과 반응하여 수많은 분자 화합물을 형성한다. 황의 중요한 화합물은 SO_2, SO_3, H_2S이다. 가장 중요한 상업적 황 화합물은 황산으로 삼산화 황이 물과 반응할 때 형성된다.

$$SO_3(g) + H_2O(l) \longrightarrow H_2SO_4(aq)$$

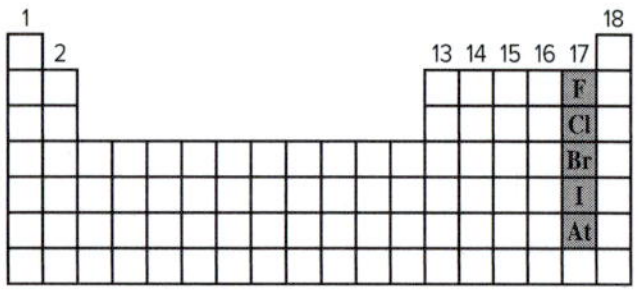

17족 원소들 (ns^2np^5, $n \geq 2$)

모든 할로젠 원소는 일반적으로 X_2의 화학식을 가진 비금속이다. 여기서 X는 할로젠 원소를 나타낸다(그림 8.20). 할로젠 족은 반응성이 크기 때문에 자연계에서 원소 형태로 발견되지 않는다. (17족의 마지막 원소인 아스타틴은 방사성 원소이며, 그 성질이 거의 알려져 있지 않다.) 플루오린은 반응성이 크며 물과 반응하여 산소를 발생시킨다.

$$2F_2(g) + 2H_2O(l) \longrightarrow 4HF(aq) + O_2(g)$$

실제 플루오린 분자와 물의 반응은 상당히 복잡하다. 형성되는 생성물은 반응 조건에 달려있다. 그림 8.20의 반응은 몇 가지 가능한 변화들 중 하나이다.

할로젠 족은 이온화 에너지가 높고 전기 음성도가 큰 양의 값이다. 할로젠 원소로부터 유래된 음이온(F^-, Cl^-, Br^-, I^-)은 *할로젠화*(halide) 이온이라 부르며, 주기율표에서 할로젠 원소 바로 오른쪽에 위치한 영족 기체와 등전자 상태다. 예를 들어 F^-는 Ne과 등전자이고, Cl^-은 Ar과 등전자 상태이며, 나머지도 이와 같다. 대다수의 알칼리 금속의 할로젠화물과 알칼리 토금속의 할로젠화물은 이온 결합 화합물이다. 할로젠 원소들은 상호간 분자 화합물(예를 들어, ICl, BrF_3) 및 다른 족 비금속 원소들과 많은 분자 화합물(예를 들어, NF_3, PCl_5, SF_6)을 형성한다. 할로젠 원소들은 수소와 반응하여 할로젠화 수소를 형성한다.

$$H_2(g) + X_2(g) \longrightarrow 2HX(g)$$

플루오린이 이 반응에 참여할 경우 폭발적으로 일어나지만 염소, 브로민, 아이오딘으로 치환됨에 따라 반응은 점점 덜 격렬해진다. 할로젠화 수소는 물에 용해되어 할로젠화 수소산을 형성한다. 플루오린화 수소(HF)는 약산, 즉 약전해질이지만 나머지 할로젠화 수소산(HCl, HBr, HI)은 모두 강산(강전해질)이다.

▶ **그림 8.20** 17족 원소들 염소, 브로민, 아이오딘. 플루오린은 황록색 기체로 유리 기구를 부식시킨다. 아스타틴은 방사성 물질이다.
SPL/Science Source

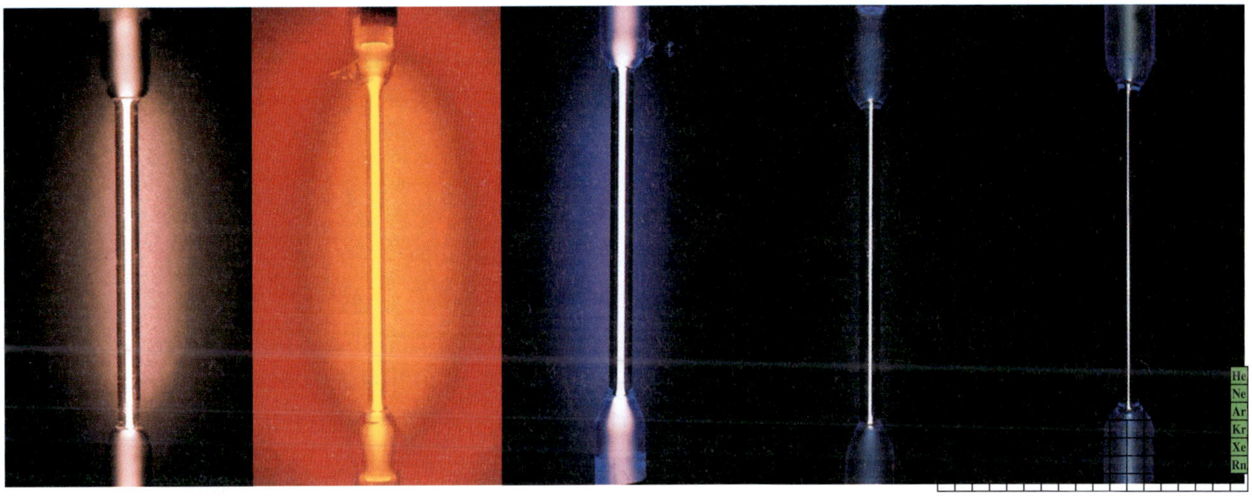

▲ **그림 8.21** 모든 영족 기체는 무색, 무취이다. 이 그림은 방전관에서 영족 기체에 의해 발생되는 색을 보여준다.
(모든 사진): Ken Karp/McGraw-Hill

18족 원소들(ns^2np^6, $n \geq 2$)

모든 영족 기체는 단원자 종으로 존재한다(그림 8.21). 영족 원자들은 완전히 채워진 외각 ns와 np 부껍질을 가지고 있기 때문에 영족 원자들은 매우 안정하다(헬륨은 $1s^2$). 18족 이온화 에너지는 모든 원소들 중 가장 크며 이러한 기체들은 여분의 전자를 받아들이는 경향이 전혀 없다. 수년간 이 원소들은 비활성 기체(inert gas)라 불렸고, 정확히 그러했다. 1963년까지 어느 누구도 이런 원소가 포함된 화합물을 찾을 수 없었다. 영국의 화학자 바틀렛(Neil Bartlett)[†]은 제논이 센 산화제(strong oxidizing agent)인 PtF_6에 노출되었을 때, 다음 반응을 일으킨다는 것을 제시하여 화학자들의 오랜 고정 관념을 깨뜨렸다.

$$Xe(g) + 2PtF_6(g) \longrightarrow XeF^+Pt_2F_{11}^-(s)$$

그 이후로 여러 개의 제논 화합물(XeF_4, XeO_3, XeO_4, $XeOF_4$)과 몇몇 크립톤 화합물(KrF_2)이 만들어졌다(그림 8.22). 2000년에 화학자들은 40 K 이하에서만 안정한 아르곤(HArF)을 함유한 화합물을 만들었다. 그러나 비활성 기체의 화학에 대한 많은 관심에도 불구하고 이들 화합물은 주요 상업적 용도가 없으며 자연의 생물학적 과정에도 관여하지 않는다. 헬륨과 네온의 화합물은 알려져 있지 않다.

▲ *2013년 천문학자들은 게 모양의 성운(Crab Nebula)에서 HAr^+ 이온이 방출되는 것을 발견하였다고 보고를 하였는데, 이것은 우주에서 발견된 최초의 비활성 기체 화학종이었다.*
출처: NASA, ESA, J. Hester and A. Loll (Arizona State University)

1족과 11족 원소들의 비교

1족 원소(알칼리 금속)와 11족 원소(구리, 은, 금)를 비교할 때, 우리는 흥미로운 결론에 다다른다. 이 두 족의 금속들은 최외각 s 오비탈에 전자 1개를 가지는 비슷한 외각 전자 배치를 가지지만, 그 화학적 성질은 상당히 다르다.

Cu, Ag, Au의 1차 이온화 에너지는 각각 745 kJ/mol, 731 kJ/mol, 890 kJ/mol이다. 이 값들은 알칼리 금속의 값보다 상당히 크기 때문에(표 8.2 참조), 11족 원소들은 반응성이 훨씬 낮다. 11족 원소들이 이온화 에너지가 더 높은 것은(완전히 채워진 영족 기체의 더 효과적인 가리움에 비해) 내부 d 전자들이 핵을 불완전하게 가리기 때문이다. 결과적으로 핵은 이 원소들의 외각 s 전자들을 더 강하게 끌게 된다. 사실, 구리, 은, 금은 반응성이 상당히 없어서 자연에서 결합되지 않은 상태에서 줄곧 발견된다. 이러한 금속들의 비

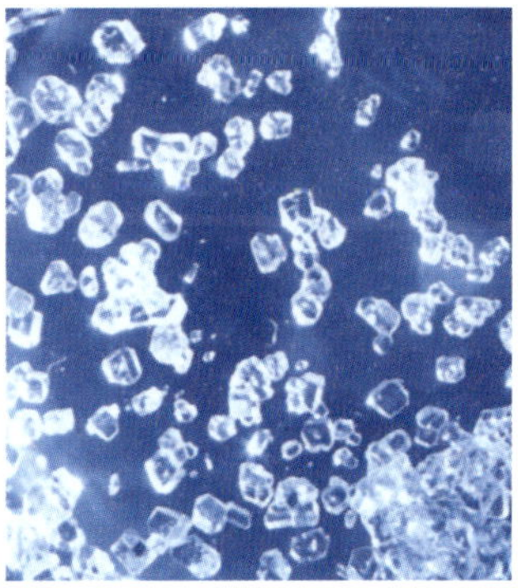

▲ **그림 8.22** 사플루오린화 제논(XeF_4)의 결정.
Ken Karp/McGraw-Hill

[†]바틀렛(Neil Bartlett, 1932~2008)은 영국 화학자로, 그는 주로 진귀한 산화 상태를 가진 화합물 제조 및 고체 상태 화학에 많은 연구를 하였다.

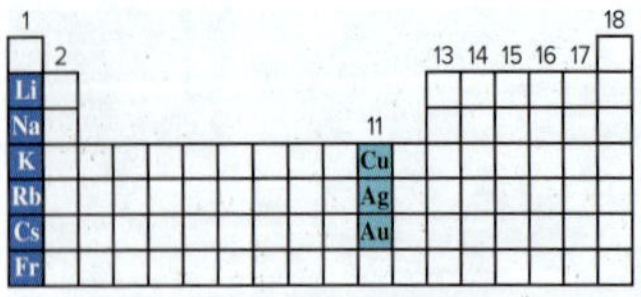

활성과 희귀성 때문에 주화 제조와 보석 분야에서 가치 있게 취급된다. 이러한 이유들로 이 금속들은 "화폐 주조 금속(coinage metal)"이라고도 부른다. 2족 원소들(알칼리 토금속)과 12족 원소들(아연, 카드뮴, 수은)간의 화학적 성질의 차이도 비슷한 방식으로 설명할 수 있다.

주기에 따른 산화물의 성질

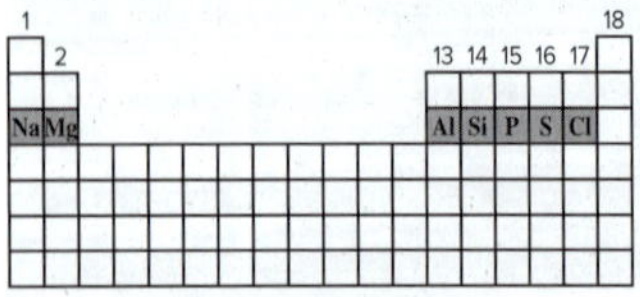

한 주기 내의 주족 원소들의 성질을 비교하는 방법 중 하나로 일련의 유사 화합물의 성질을 살펴보는 것이 있다. 산소는 거의 모든 원소들과 결합할 수 있기 때문에, 금속이 준금속, 비금속과 어떻게 다른지 살펴보기 위해 3주기 원소로 구성된 산화물들의 성질을 비교해 보자. 3주기의 몇몇 원소들(P, S, Cl)은 몇 가지 형태의 산화물을 형성하지만, 단순화하기 위해 가장 높은 산화수를 가지는 해당 산화물만을 고려하기로 한다. 표 8.4에 이러한 산화물의 몇 가지 일반적 특성을 표기하였다. 앞에서 산소는 산화 이온을 형성하려는 경향이 있음을 살펴보았다. 산소가 이온화 에너지가 낮은 1족, 2족, 알루미늄 등의 금속과 결합할 때 이러한 경향이 크게 나타난다. 이런 이유로 Na_2O, MgO, Al_2O_3는 녹는점과 끓는점이 높은 이온 결합 화합물이 된다. 이들은 각 양이온이 특정한 개수의 음이온에 둘러싸인 확장된 3차원 구조를 가지며, 반대의 경우도 존재한다. 해당 원소들의 이온화 에너지는 왼쪽에서 오른쪽으로 갈수록 증가하며, 산화물의 분자 특성도 증가한다. 규소는 준금속이며, 어떠한 이온도 존재하지 않지만 그 산화물(SiO_2) 또한 거대한 3차원 그물망을 가진다. 인, 황, 염소의 산화물은 작고 분리된 단위로 구성된 분자 화합물이다. 이 분자들 사이의 약한 인력 때문에 녹는점과 끓는점이 상대적으로 낮다.

대부분의 산화물은 물에 녹았을 때 산 또는 염기를 생성하는지의 여부 또는 어떤 과정 중에 산으로 또는 염기로 작용하느냐에 따라 산 또는 염기로 분류된다. 몇몇 산화물은 **양쪽성**(amphoteric)이라 하는데, 이는 *산성과 염기성 모두를 나타낸다*는 의미이다. 3주기의 첫 두 산화물은 Na_2O, MgO으로 염기성 산화물이다. 예를 들어 Na_2O는 물과 반응하여 염기인 수산화 소듐을 형성한다.

$$Na_2O(s) + H_2O(l) \longrightarrow 2NaOH(aq)$$

산화 마그네슘은 매우 불용성으로 뚜렷한 정도로 물과 반응하지 않는다. 그러나 산-염기 반응과 비슷하게 산과는 반응한다.

$$MgO(s) + 2HCl(aq) \longrightarrow MgCl_2(aq) + H_2O(l)$$

이 반응의 생성물이 산-염기 중화 반응의 통상적인 산물인 염($MgCl_2$)과 물임에 주목하라.

산화 알루미늄은 산화 마그네슘보다도 용해성이 떨어져 물과도 반응하지 않는다. 그러나 산과 반응하여 염기성을 나타낸다.

$$Al_2O_3(s) + 6HCl(aq) \longrightarrow 2AlCl_3(aq) + 3H_2O(l)$$

이는 또한 염기와 반응하여 산성을 나타내기도 한다.

표 8.4 3주기 원소의 몇 가지 산화물의 성질

	Na_2O	MgO	Al_2O_3	SiO_2	P_4O_{10}	SO_3	Cl_2O_7
화합물의 형태	← 이온 결합 →			← 분자 결합 →			
구조	← 거대한 3차원 →				← 불연속 분자 단위 →		
녹는점(°C)	1275	2800	2045	1610	580	16.8	−91.5
끓는점(°C)	?	3600	2980	2230	?	44.8	82
산-염기 성질	염기성	염기성	양쪽성	← 산성 →			

$$Al_2O_3(s) + 2NaOH(aq) + 3H_2O(l) \longrightarrow 2NaAl(OH)_4(aq)$$

Al_2O_3는 산과 염기의 성질을 모두 가지기 때문에 양쪽성 산화물로 분류된다. 다른 양쪽성 산화물로는 ZnO, BeO, Bi_2O_3이 있다.

이산화 규소는 불용성이며 물과 반응하지 않는다. 그러나 매우 진한 염기와 다음과 같이 반응하기 때문에 산성을 가진다.

$$SiO_2(s) + 2NaOH(aq) \longrightarrow Na_2SiO_3(aq) + H_2O(l)$$

이러한 이유로 NaOH(*aq*)와 같은 진한 강염기 수용액은 SiO_2로 이루어진 파이렉스(Pyrex) 유리 기구에 보관하지 않아야 한다.

나머지 3주기 산화물은 산성으로 물과 반응하여 인산(H_3PO_4), 황산(H_2SO_4), 과염소산($HClO_4$)을 각각 형성한다.

$$P_4O_{10}(s) + 6H_2O(l) \longrightarrow 4H_3PO_4(aq)$$
$$SO_3(g) + H_2O(l) \longrightarrow H_2SO_4(aq)$$
$$Cl_2O_7(l) + H_2O(l) \longrightarrow 2HClO_4(aq)$$

CO와 NO 같은 산화물은 중성으로 산, 염기 용액을 생성시키는 물과는 반응성이 없다. 일반적으로 비금속 원소를 함유하고 있는 산화물은 염기성이 아니다.

3주기 원소들의 산화물의 짧은 조사를 통해 원소들의 금속성은 주기 내에서 왼쪽에서 오른쪽으로 갈수록 감소하며 산화물은 염기성에서 양쪽성, 산성으로 변화됨을 볼 수 있다. 금속의 산화물은 일반적으로 염기성이고 비금속의 산화물 대부분은 산성이다. 양쪽성 산화물에서 볼 수 있듯이 산화물의 중간적 성질은 주기 내 중간에 위치한 원소에서 볼 수 있다. 원소의 금속성이 주족 원소의 한 족 내에서 위로부터 아래로 갈수록 증가하기 때문에 가벼운 원소보다 원자 번호가 더 큰 원소의 산화물이 더 염기성을 가지리라고 예상할 수 있다. 이는 실제로도 그렇다.

예제 8.6

다음 산화물을 산성, 염기성, 양쪽성으로 분류하라. (a) Rb_2O, (b) BeO, (c) As_2O_5.

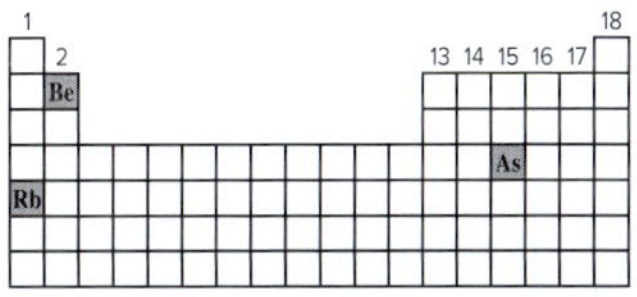

전략 어떤 형태의 원소가 산성 산화물과 염기성 산화물, 양쪽성 산화물을 형성하는가?

풀이

(a) 루비듐은 알칼리 금속이므로 Rb_2O은 염기성 산화물일 것으로 예측할 수 있다.

(b) 베릴륨은 알칼리 토금속이지만, 2족의 첫 원소이기 때문에 2족의 다른 원소들과는 나소 다를 것으로 예상된다. 본문에서 Al_2O_3이 양쪽성임을 보았다. 베릴륨과 알루미늄은 대각선 관계를 보이므로 BeO는 성질면에서 Al_2O_3을 닮았을 것이다. BeO는 또한 양쪽성 산화물로 판명되었다.

(c) 비소는 비금속이므로 As_2O_5은 산성 산화물일 것으로 예견된다.

실전 연습 다음 산화물을 산성, 염기성, 양쪽성으로 분류하라. (a) ZnO, (b) P_4O_{10}, (c) CaO.

비슷한 문제: 8.72.

개념과 사실 요약하기

- 영족 기체들은 그들의 최외각의 *ns*와 *np* 부껍질을 완전히 채우고 있기 때문에 매우 안정하다. 주족 원소 중 금속들(1, 2, 13족)은 주기율표상의 영족 기체와 같은 전자 배치를 가질 때까지 전자를 잃고 양이온이 되려는 경향이 있다. 15, 16, 17족의 비금속 원소들은 주기율표상의 영족 기체와 같은 전자 배치를 가질 때까지 전자를 얻어 음이온이 되려는 경향이 있다.

개념과 사실 복습하기

8.6.1 어떤 원소의 산화물이 염기성임이 밝혀졌다. 다음 중 그 원소에 해당하는 것은 무엇일까? (a) Ba, (b) Al, (c) Sb.

요약_Chapter Summary

주기율표의 발전 19세기에 화학자들은 일정하고 주기적인 원소들의 물리적 화학적 성질이 있음을 알아냈다. 특히 멘델레예프는 원소들의 주기율표를 실제로 작성하였으며, 이를 통해 아직까지 발견되지 않은 원소들의 성질을 예측할 수 있었다. (8.1절)

원소들의 주기적인 분류 원소들은 그들의 최외각 전자 배치에 따라 분류되며, 이를 통해 이들의 유사한 화학적 성질을 설명할 수 있다. 이러한 다양한 족에는 특별한 이름들이 부여 되었다. (8.2절)

물성의 주기적 변화 전반적으로 원자나 이온 반경 같은 원소의 물리적 성질은 일정하고 주기적인 방식으로 달라진다. 이들의 화학적 성질도 유사하게 변화한다. 원소 내 원자의 전자를 잃는 정도를 측정하는 이온화 에너지나, 원자가 전자를 수용하는 경향을 나타내는 전자 친화도는 특별한 중요도를 가진 화학적 성질이다. 이온화 에너지와 전자 친화도는 화학 결합의 형성을 이해하는 토대가 된다. (8.3, 8.4, 8.5, 8.6절)

주요 식_Key Equations

$Z_{유효} = Z - \sigma$ (8.2)	유효 핵전하의 정의.

주요 용어_Key Words

대각선 관계	양쪽성 산화물	유효핵전하($Z_{유효}$)	전자 친화도(*EA*)
등전자	원자가 전자	이온 반지름	주족 원소
비활성 전자쌍 효과	원자 반지름	이온화 에너지(*IE*)	핵심부 전자

연습 문제_Questions and Problems

붉은색 번호의 문제는 학생용 문제풀이집에 풀어 놓았다.

8.1 주기율표의 발전

복습 질문

8.1 멘델레예프의 주기율표의 의의를 짧게 서술하라.

8.2 모즐리는 현대 주기율표에 대해 어떤 공헌을 하였는가?

8.3 현대의 주기율표에 대한 일반적 배치를 서술하라.

8.4 주기율표에서 같은 족에 있는 원소들 중 가장 중요한 관계는 무엇인가?

8.2 원소의 주기적 분류

복습 질문

8.5 다음 원소들 중 어느 것이 금속, 비금속, 준금속인가? As, Xe, Fe, Li, B, Cl, Ba, P, I, Si.

8.6 금속과 비금속의 물리적, 화학적 성질을 비교하라.

8.7 주기율표를 대략적으로 그려라(자세한 서술은 불필요함). 금속, 비금속, 준금속이 위치한 지역을 표시하라.

8.8 주족 원소는 무엇인가? 4가지 주족 원소의 이름과 기호를 써라.

8.9 주기율표를 참조하지 말고, 다음 각 족에 해당되는 하나의 원소에 대해 이름을 쓰고, 기호를 나타내라. 1, 2, 13, 14, 15, 16, 17, 18, 전이 금속들

8.10 다음 중 어떤 원소가 25°C, 1기압에서 가장 안정한 형태로서 원자, 분자 또는 확장된 3차원 구조를 형성할 것인지 표기하고 각각에 대해 분자식 또는 실험식을 써라. 인, 아이오딘, 마그네슘, 네온, 탄소, 황, 세슘, 산소.

8.11 어두운 광택의 고체가 아이오딘인지 금속 원소인지를 결정하도록 요청받았다면, 올바른 답에 이르기 위한 비파괴 검사를 제시하라.

8.12 원자가 전자란 무엇인가? 주족 원소들에서 원소의 원자가 전자수는 그 족의 수와 같다. 다음 원소에 대해 이것이 사실임을 보여라. Al, Sr, K, Br, P, S, C.

8.13 (a) 알칼리 금속, (b) 알칼리 토금속, (c) 할로젠, (d) 영족 기체에 대하여 외각 전자 배치를 써라.

8.14 첫 번째 줄의 전이 금속(Sc에서 Cu)을 이용하여 전이 금속의 전자 배치 특성을 예를 들어 설명하라.

8.15 주족 원소로부터 유래된 이온의 전자 배치는 공통의 경향을 따른다. 그 경향은 무엇이며, 이러한 이온들의 안정성과 어떻게 연관되어 있는가?

8.16 두 이온들 또는 한 원자와 한 이온이 등전자라고 할 때, 이는 어떤 의미인가?

8.17 "원소 X의 원자들이 원소 Y의 원자들과 등전자 상태이다"라는 진술은 무엇이 잘못되었는가?

8.18 아르곤에 의해 대표되는 전자 배치를 가지는 첫 번째 줄의 전이 금속(Sc에서 Cu) 이온의 세 가지 예를 들어라.

문제

8.19 주기율표에서 수소 원소는 (이 책에서처럼) 알칼리 금속에 속하기도 하며, 종종 할로젠에 속하기도 한다. 왜 수소는 1족과 17족 원소들과 유사한지 설명하라.

8.20 어떤 원소의 중성 원자가 17개의 전자를 가지고 있다. 주기율표를 참고하지 말고, (a) 그 원소의 바닥 상태 전자 배치를 써라. (b) 원소를 분류하라. (c) 이 원소가 반자기성 또는 상자기성 여부를 결정하라.

8.21 다음 전자 배치에서 원자들의 화학적 성질이 비슷할 것으로 예상되는 쌍을 짝지어라.

(a) $1s^22s^22p^63s^2$
(b) $1s^22s^22p^3$
(c) $1s^22s^22p^63s^23p^64s^23d^{10}4p^6$
(d) $1s^22s^2$
(e) $1s^22s^22p^6$
(f) $1s^22s^22p^63s^23p^3$

8.22 다음 전자 배치에서 원자들의 화학적 성질이 비슷할 것으로 예상되는 쌍을 짝지어라.

(a) $1s^22s^22p^5$
(b) $1s^22s^1$
(c) $1s^22s^22p^6$
(d) $1s^22s^22p^63s^23p^5$
(e) $1s^22s^22p^63s^23p^64s^1$
(f) $1s^22s^22p^63s^23p^64s^23d^{10}4p^6$

8.23 주기율표를 참조하지 말고, 다음 원자 번호를 가진 원소의 전자 배치를 써라. (a) 9, (b) 20, (c) 26, (d) 33. 해당 원소들을 분류하라.

8.24 다음 각 원소는 주기율표의 어느 족에 속할지 구별하라. (a) $[Ne]3s^1$, (b) $[Ne]3s^23p^3$, (c) $[Ne]3s^23p^6$ (d) $[Ar]4s^23d^8$.

8.25 첫 번째 전이 금속 계열에서 어떤 금속으로부터 유래된 M^{2+} 이온이 $3d$ 부껍질에 4개의 전자가 있다. M은 어떤 원소이겠는가?

8.26 +3의 알짜 전하를 가지는 어떤 금속 이온이 $3d$ 부껍질에 5개의 전자가 있다. 그 금속은 무엇인가?

8.27 다음 이온의 바닥 상태 전자 배치를 써라. (a) Li^+, (b) H^-, (c) N^{3-}, (d) F^-, (e) S^{2-}, (f) Al^{3+}, (g) Se^{2-}, (h) Br^-, (i) Rb^+, (j) Sr^{2+}, (k) Sn^{2+}, (l) Te^{2-}, (m) Ba^{2+}, (n) Pb^{2+}, (o) In^{3+}, (p) Tl^+, (q) Tl^{3+}.

8.28 다음은 우리 몸의 생화학 반응에서 중요한 이온들이다. 바닥 상태 전자 배치를 써라. (a) Na^+, (b) Mg^{2+}, (c) Cl^-, (d) K^+, (e) Ca^{2+}, (f) Fe^{2+}, (g) Cu^{2+}, (h) Zn^{2+}.

8.29 다음 이온의 바닥 상태 전자 배치를 써라. (a) Sc^{3+}, (b) Ti^{4+}, (c) V^{5+}, (d) Cr^{3+}, (e) Mn^{2+}, (f) Fe^{2+}, (g) Fe^{3+}, (h) Co^{2+}, (i) Ni^{2+}, (j) Cu^+, (k) Cu^{2+}, (l) Ag^+, (m) Au^+, (n) Au^{3+}, (o) Pt^{2+}.

8.30 다음 전자 배치를 가지는 +3의 전하를 띤 이온들의 이름을 써라. (a) $[Ar]3d^3$, (b) [Ar], (c) $[Kr]4d^6$, (d) $[Xe]4f^{14}5d^6$.

8.31 다음 중 서로 등전자 상태인 것은 어느 것인가? C, Cl^-, Mn^{2+}, B^-, Ar, Zn, Fe^{3+}, Ge^{2+}.

8.32 등전자 상태인 것끼리 묶어라. Be^{2+}, F^-, Fe^{2+}, N^{3-}, He, S^{2-}, Co^{3+}, Ar.

8.3 물리적 성질의 주기적 변화

복습 질문

8.33 원자 반지름을 정의하라. 원자의 크기가 명확한 의미를 가지는가?

8.34 원자 반지름은 다음의 경우에 어떻게 변하는가? (a) 한 주기에서 왼쪽에서 오른쪽으로 갈 때, (b) 한 족 내에서 위에서 아래로 갈 때.

8.35 이온 반지름을 정의하라. (a) 음이온과 (b) 양이온으로 변환될 때 원자의 크기 변화는 어떻게 되겠는가?

8.36 등전자 이온에 대하여 음이온은 양이온보다 큰 이유에 대해 설명하라.

문제

8.37 주기율표에서 위치에 기초하여 다음 각 쌍에서 원자 반지름이 더 큰 원자를 골라라. (a) Na, Cs, (b) Be, Ba, (c) N, Sb, (d) F, Br, (e) Ne, Xe.

8.38 다음 원자를 원자 반지름이 감소하는 순으로 나열하라. Na, Al, P, Cl, Mg.

8.39 14족에서 가장 큰 원소는 어느 것인가?

8.40 17족에서 가장 큰 원소는 어느 것인가?

8.41 리튬 원자의 반지름이 수소 원자의 반지름보다 상당히 더 큰 이유는 무엇인가?

8.42 주기율표에서 2주기 원소를 예로 들어 왼쪽에서 오른쪽으로 갈수록 원자 반지름이 감소하는 것을 보이고 이러한 경향을 설명하라.

8.43 다음 각 쌍에서 둘 중 크기가 더 작은 쪽을 골라라. (a) Cl과 Cl^-, (b) Na와 Na^+, (c) O^{2-}와 S^{2-}, (d) Mg^{2+}와 Al^{3+}, (e) Au^+와 Au^{3+}.

8.44 이온 반지름이 증가하는 순으로 다음 이온을 나열하라. N^{3-}, Na^+, F^-, Mg^{2+}, O^{2-}.

8.45 양이온 Cu^+와 Cu^{2+} 중 어느 것이 더 크며, 그 이유는 무엇인지 설명하라.

8.46 음이온 Se^{2-}와 Te^{2-} 중 어느 것이 더 크며, 그 이유는 무엇인지 설명하라.

8.47 1 atm, 25°C에서 4주기 주족 원소(K, Ca, Ga, Ge, As, Se, Br)의 물리적 상태(기체, 액체, 고체)를 써라.

8.48 H^-와 He는 모두 두 개의 1*s* 전자를 가지고 있다. 어떤 것이 더 큰가? 그렇게 생각한 이유를 설명하라.

8.4 이온화 에너지

복습 질문

8.49 이온화 에너지를 정의하라. 이온화 에너지는 원자가 기체 상태에 있을 때 항상 측정한다. 이유는? 어떤 원소에 대하여 1차 이온화 에너지보다 2차 이온화 에너지가 항상 더 큰 이유는 무엇인가?

8.50 주기율표의 윤곽선을 그리고, 원소의 1차 이온화 에너지에서 족과 주기의 경향성을 보여라. 어떤 종류의 원소가 가장 높은 이온화 에너지와 가장 낮은 이온화 에너지를 가질 것인가?

문제

8.51 다음 원소를 1차 이온화 에너지가 증가하는 순으로 나열하라. Na, Cl, Al, S, Cs.

8.52 다음 원소를 1차 이온화 에너지가 증가하는 순으로 나열하라. F, K, P, Ca, Ne.

8.53 주기율표상의 3주기 원소를 예로 들어 왼쪽에서 오른쪽으로 갈수록 이온화 에너지가 감소하는 것을 보이고 이러한 경향을 설명하라.

8.54 이온화 에너지는 일반적으로 주기 내에서 왼쪽에서 오른쪽으로 갈수록 증가한다. 하지만 알루미늄은 마그네슘보다 이온화 에너지가 낮다. 이유를 설명하라.

8.55 K의 1차 이온화 에너지와 2차 이온화 에너지는 각각 419 kJ/mol과 3052 kJ/mol이다. Ca의 1차 이온화 에너지와 2차 이온화 에너지는 각각 590 kJ/mol과 1145 kJ/mol이다. 그 값을 비교하고 차이에 대해 설명하라.

8.56 두 원자의 전자 배치가 $1s^22s^22p^6$와 $1s^22s^22p^63s^1$이다. 어느 하나의 1차 이온화 에너지는 2080 kJ/mol이고 다른 것은 496 kJ/mol이다. 주어진 전자 배치의 원자와 각 이온화 에너지를 맞춰라. 그렇게 선택한 이유를 설명하라.

8.57 수소꼴 이온(hydrogen-like ion)은 한 개의 전자만을 포함하는 이온이다. 수소꼴 이온에서 전자의 에너지는 다음과 같이 주어진다.

$$E_n = -(2.18 \times 10^{-18}\ \text{J})\, Z^2 \left(\frac{1}{n^2}\right)$$

여기서 *n*은 주양자수이고, *Z*는 원소의 원자 번호이다. He^+ 이온의 이온화 에너지(kJ/mol 단위)를 계산하라.

8.58 플라스마는 양의 대전된 기체 상태의 이온과 전자들로 구성된 물질 상태이다. 플라스마 상태에서 수은 원자는 80개의 전자를 떼어낼 수 있어서 Hg^{80+}로 존재한다. 연습 문제 8.57의 식을 이용하여 마지막 이온화 단계에 필요한 에너지를 계산하라.

$$Hg^{79+}(g) \longrightarrow Hg^{80+}(g) + e^-$$

8.5 전자 친화도

복습 질문

8.59 (a) 전자 친화도를 정의하라. (b) 전자 친화도는 기체 원자들로부터 측정한다. 이유는? (c) 이온화 에너지는 항상 양의 값인 반면, 전자 친화도는 양 또는 음의 값이 될 수 있다. 이유를 설명하라.

8.60 알루미늄부터 염소까지 전자 친화도의 경향을 설명하라(표 8.3 참조).

문제

8.61 다음 각각에 대해 원소들을 양의 전자 친화도를 갖는 순서로 나열하라. (a) Li, Na, K, (b) F, Cl, Br, I, (c) O, Si, P, Ca, Ba.

8.62 다음 원소들 중 가장 큰 전기 음성도를 가지는 것과 가장 작은 전기 음성도를 가지는 것을 표시하라. He, K, Co, S, Cl.

8.63 전자 친화도를 고려할 때 알칼리 금속이 M^-와 같은 음이온을 형성할 것으로 생각되는가? 여기서 M은 알칼리 금속을 나타낸다.

8.64 알칼리 금속이 알칼리 토금속보다 전자에 대해 더 큰 전자 친화도를 갖는 이유를 설명하라.

8.6 주족 원소의 화학적 성질의 변화

복습 질문

8.65 대각선 관계란 무슨 뜻인가? 이 관계를 보이는 원소들 두 쌍의 이름을 써라.

8.66 어떤 원소들이 산성 산화물, 염기성 산화물, 양쪽성

산화물을 더 잘 형성하겠는가?

문제

8.67 알칼리 금속과 알칼리 토금속을 예로 들어 원소의 전자 배치로부터 간단히 원소의 화학적 성질을 어떻게 예견할 것인지를 보여라.

8.68 알칼리 금속의 화학적 지식에 기초하여 해당 족의 마지막 원소인 프랑슘의 화학적 성질 몇 가지를 예측하라.

8.69 영족 기체는 화학적으로 매우 안정한 족이다(Kr과 Xe만 화합물을 형성하는 것으로 알려져 있음). 가림과 유효 핵전하에 대한 개념을 이용하여 영족 기체가 전자를 내놓거나 추가적인 전자를 받아들이지 않는 경향에 대한 이유를 설명하라.

8.70 11족 원소는 동일한 외각 전자 배치 ns^1를 가져도 1족 원소들보다 안정한 이유는 무엇인가? 여기서 n은 최외각의 주양자수이다.

8.71 한 주기의 왼쪽에서 오른쪽으로 갈수록 산화물의 화학적 성질은 어떻게 달라지는가? 특정한 족 내에서 위에서 아래로 갈수록 어떻게 달라지는가?

8.72 다음 각 산화물과 물 사이의 반응에 대해 식의 균형을 맞추어 표기하라. (a) Li_2O, (b) CaO, (c) SO_3.

8.73 2주기 원소들(Li에서 F)과 수소, 2개의 원소로 구성된 수소 화합물에 대한 식과 이름을 써라. 이 화합물들의 물리적, 화학적 성질이 한 주기 내에서 왼쪽에서 오른쪽으로 갈수록 어떻게 변하는지 서술하라.

8.74 MgO와 BaO 중 어느 산화물이 더 염기성인가? 이유는 무엇인가?

실전 연습의 답_Answers to Practice Exercises

8.1 (a) $1s^22s^22p^63s^23p^64s^2$, (b) 주족 원소, (c) 반자기성. **8.2** Li > Be > C. **8.3** (a) Li^+, (b) Au^{3+}, (c) N^{3-}. **8.4** (a) N, (b) Mg. **8.5** 생성하지 못한다. **8.6** (a) 양쪽성, (b) 산성, (c) 염기성.

개념과 사실 복습하기의 답_Answers to Review of Concepts & Facts

8.2.1 (a) 스트론튬. (b) 인. (c) 철. **8.2.2** [Ar]$3d^3$. **8.2.3** P^{3+}. **8.3.1** (a) Ba > Be. (b) Al > S. (c) 같은 크기. 중성자의 개수는 원자 반지름에 영향을 주지 않는다. **8.3.2** $Ca^{2+} < K^+ < Ar < Cl^- < S^{2-}$. **8.3.3** 구의 크기가 감소하는 순서: $S^{2-} > F^- > Na^+ > Mg^{2+}$. **8.4.1** Rb < Al < F. **8.4.2** 파란색 곡선: K; 녹색 곡선: Al; 빨간색 곡선: Mg. **8.5.1** Na < Si < Cl. **8.5.2** 생성되는 양이온들이 안정하기 때문에 전자들은 원자에서 연속적으로 제거될 수 있다. (남아 있는 전자들은 핵에 의해 더 단단하게 묶여 있다.) 반면에, 원자에 더해지는 전자들은 음이온들의 정전기적 반발력을 증가시켜 불안정하게 된다. 이런 이유로, 대부분 첫 번째 단계 이후로 전자 친화도를 측정하는 것은 어렵거나 불가능하게 된다. **8.6.1** (a).

▲ 정전기 전위 지도는 분자 내에서 전자의 밀도가 높거나 낮은 영역을 나타낸다.

Courtesy of Jason Overby

제 9 장

화합물과 결합

Compounds and Bonding

차 례

9.1 루이스 점 기호
9.2 이온 결합
9.3 이온 결합 화합물의 격자 에너지
9.4 공유 결합
9.5 전기음성도
9.6 루이스 구조 표기
9.7 형식 전하와 루이스 구조
9.8 공명의 개념
9.9 팔전자 규칙의 예외
9.10 결합 엔탈피

서로 다른 원소의 원자들이 반응하는 이유는 무엇인가? 분자나 이온 결합 화합물 내의 원자들을 묶는 힘은 무엇인가? 그 힘은 어떠한 형태일까? 이것이 이 장과 제10장에서 다룰 질문이다. 이온 결합과 공유 결합이라는 두 가지 결합을 살펴보고, 이들을 안정화시키는 힘에 대해서 살펴본다.

9.1 루이스 점 기호

학습 목표

- 원소의 루이스 점 기호를 쓸 수 있다.

주기율표와 전자 배치의 개념이 발달하면서 화학자들은 분자와 화합물의 형성을 논리적으로 설명할 수 있게 되었다. 루이스(Gilbert Lewis)†에 의해 확립된 이 개념의 핵심은 보다 안정된 전자 배치가 되도록 원자들이 서로 결합한다는 것이다. 원자는 영족 기체와 같은 전자 배치를 할 때 가장 안정하다.

원자들이 상호작용하여 화학 결합을 형성할 때, 원자들의 외각 부분만 서로 접촉하게 된다. 따라서 화학 결합에 대한 연구에서는 원자의 원자가 전자가 주 관심 대상이다. 루이스에 의해 고안된 루이스 점 기호를 이용하여, 화학 반응에서 원자가 전자를 추적할 수 있고 총 전자수가 변하지 않는다는 것을 확인할 수 있다. **루이스 점 기호**(valence electron)는 *원소 기호와 원자가 전자 개수에 해당하는 점으로 이루어져 있다.* 그림 9.1은 주족 원소와 영족 기체의 루이스 점 기호를 보여준다. 주목할 점은 헬륨을 제외하고 각 원자의 원자가 전자수는 원소가 속한 족의 번호와 같다는 것이다. 예를 들어, Li은 1족에 속하며 원자가 전자 한 개(한 개의 점)가 있고, 2족 원소인 Be는 원자가 전자가 두 개다(두 개의 점). 13족에 속하는 원소인 B는 원자가 전자가 3개이다[세 개의 점; 원소의 족 번호(group number)에서 10을 빼 원자가 전자의 수를 간단하게 계산할 수 있다]. 같은 족 원소들은 외각 전자의 배치가 비슷하며, 따라서 루이스 점 기호도 비슷하다. 전이 금속, 란타넘족,

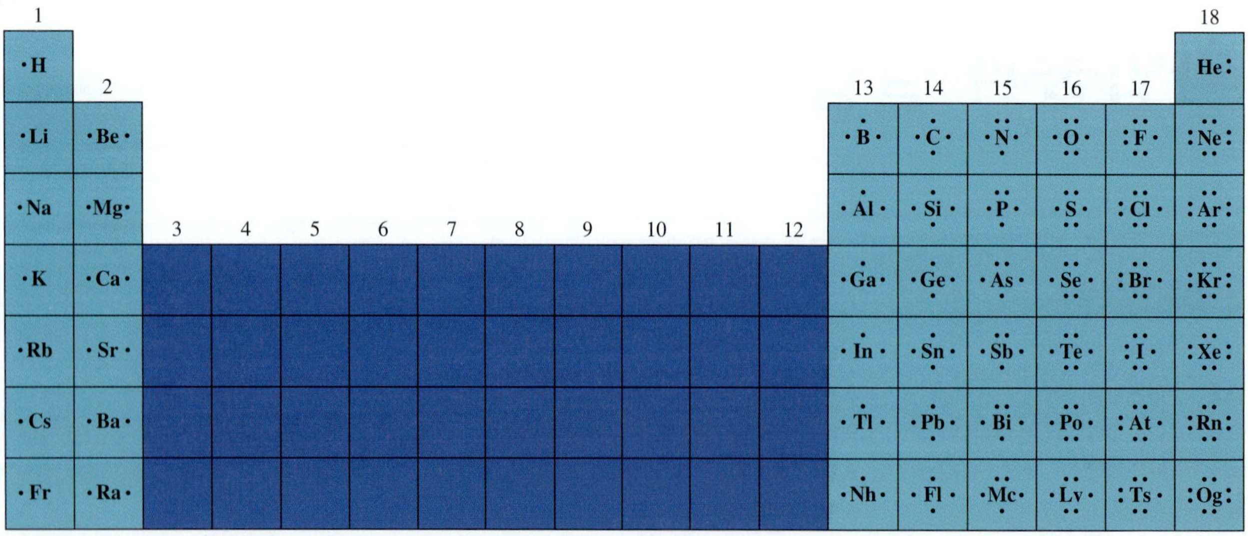

▲ **그림 9.1** 주족 원소와 비활성 기체에 대한 루이스 점 기호, 쌍을 이루고 있지 않는 점의 수는 화합물에서 원자가 결합할 수 있는 결합의 수와 일치한다(9.4절 참조).

†루이스(Gilbert Newton Lewis, 1875~1946)는 미국 화학자로 화학 결합, 열역학, 산과 염기, 분광학에 중요한 기여를 했다. 루이스는 그 연구의 중요성에도 불구하고 노벨상을 받지 못했다.

악티늄족 원소들은 내부 궤도에 전자가 완전히 채워지지 않은 상태이므로 루이스 점 기호를 그릴 수 없다.

이 장에서는 전자 배치와 주기율표를 이용해서 원자들이 만드는 결합의 종류를 예측하는 법을 배우고, 또한 특정 원소의 원자가 만들 수 있는 결합의 개수와 생성물의 안정성을 예측하는 방법을 배울 것이다.

인터넷 핫스팟

학생들의 학습 경험에 대해 축적된 자료에 따르면 루이스 점 기호를 쓰는 데 어려움을 겪는다. 이런 경우 eBook에 접속해서 이 주제에 대한 추가 학습 자료를 보면 도움이 될 수 있다.

개념과 사실 요약하기

- 루이스 점 기호는 주어진 원소의 원자가 보유하고 있는 원자가 전자수를 나타낸다. 루이스 점 기호는 주족 원소들의 표기에 주로 사용된다.

개념과 사실 복습하기

9.1.1 루이스 구조를 그릴 때 주족 원소 주위에 그릴 수 있는 점은 최대 몇 개인가?

9.1.2 주기율표를 사용하여 셀레늄 (Se) 원자의 루이스 점 기호를 결정하라.

9.1.3 루이스 점 기호가 $\cdot\ddot{\mathrm{X}}\cdot$ (아래에 점 하나)인 원소 X는 주기율표의 몇 족에 속하는가?

9.2 이온 결합

학습 목표

- 이온 결합을 요약하고 이온 결합을 포함하는 화합물의 예를 들 수 있다.

제8장에서 이온화 에너지가 낮은 원소는 양이온을 잘 형성하고, 전자 친화도가 높은 원소는 음이온을 잘 형성한다고 배웠다. 일반적으로 이온 결합 화합물에서 양이온을 가장 잘 형성하는 것은 알칼리 금속과 알칼리 토금속이며, 음이온을 가장 잘 형성하는 것은 할로젠과 산소이다. 따라서 많은 이온 결합 화합물이 1족이나 2족 원소와 할로젠 또는 산소와의 결합으로 이루어진다. **이온 결합**(ionic bond)은 *이온 결합 화합물에서 이온들을 붙잡고 있는 정전기적 힘*이다. 예를 들어, Li과 F가 LiF를 만드는 경우를 보자. 플루오린화 리튬(LiF)은 땜납의 녹는점을 낮추거나 세라믹 제조에 사용하는 독성이 있는 백색 분말이다. Li의 전자 배치는 $1s^22s^1$이며, F의 전자 배치는 $1s^22s^22p^5$이다. Li과 F 원자가 서로 가까워지면, Li의 $2s^1$ 궤도에 있는 원자가 전자가 F 원자로 이동한다. 루이스 점 기호를 이용하면 이 반응은 다음과 같이 나타낼 수 있다.

▲ 플루오린화 리튬. 산업적으로 LiF는(다른 대부분의 이온 결합 화합물과 마찬가지로) 그 화합물을 포함하고 있는 광물질을 정제해서 얻는다.
Ken Karp/McGraw-Hill

$$\begin{array}{ccccccc} \cdot\mathrm{Li} & + & :\ddot{\underset{\cdot\cdot}{\mathrm{F}}}\cdot & \longrightarrow & \mathrm{Li}^+ & :\ddot{\underset{\cdot\cdot}{\mathrm{F}}}:^- & (\text{또는 LiF}) \\ 1s^22s^1 & & 1s^22s^22p^5 & & 1s^2 & 1s^22s^22p^6 & \end{array} \tag{9.1}$$

편의상 이 반응은 몇 단계로 이루어진다고 가정하자. 먼저 Li이 이온화한다.

$$\cdot\mathrm{Li} \longrightarrow \mathrm{Li}^+ + e^-$$

F가 이 전자를 받는다.

$$:\ddot{\underset{\cdot\cdot}{\mathrm{F}}}\cdot + e^- \longrightarrow :\ddot{\underset{\cdot\cdot}{\mathrm{F}}}:^-$$

두 이온이 결합하여 LiF를 형성한다.

$$\mathrm{Li}^+ + :\ddot{\underset{\cdot\cdot}{\mathrm{F}}}:^- \longrightarrow \mathrm{Li}^+\,:\ddot{\underset{\cdot\cdot}{\mathrm{F}}}:^-$$

이들 세 반응식을 더하면 다음과 같이 된다.

$$\cdot \text{Li} + :\ddot{\underset{\cdot\cdot}{\text{F}}}\cdot \longrightarrow \text{Li}^+ :\ddot{\underset{\cdot\cdot}{\text{F}}}:^-$$

위의 세 식을 합치면 식 (9.1)이 된다. LiF의 이온 결합은 양전하를 띤 Li 이온과 음전하를 띤 F 이온 간의 정전기적 인력으로 이루어져 있으며, 화합물은 전기적으로 중성이다. 이온 결합 화합물의 실험식은 보통 전하를 나타내지 않는다는 것을 기억하라. 여기서 사용된 +와 −는 전자의 전이를 강조하기 위한 것이다.

이외에 많은 일반적인 반응에서 이온 결합의 형성을 볼 수 있다. 예를 들어, Ca을 산소 하에서 연소 반응을 시키면 산화 칼슘이 형성된다.

동영상 자료
마그네슘과 산소의 반응

$$2\text{Ca}(s) + \text{O}_2(g) \longrightarrow 2\text{CaO}(s)$$

먼저 이원자 분자인 O_2 분자가 각각 O 원자로 해리된다고 가정하고(이 과정에서의 에너지 관계는 뒤에 언급되어 있음), 이 반응을 루이스 점 기호로 표시하면 다음과 같다.

$$\underset{[\text{Ar}]4s^2}{\cdot\text{Ca}\cdot} + \underset{1s^22s^22p^4}{\cdot\ddot{\underset{\cdot\cdot}{\text{O}}}\cdot} \longrightarrow \underset{[\text{Ar}]}{\text{Ca}^{2+}} \quad \underset{[\text{Ne}]}{:\ddot{\underset{\cdot\cdot}{\text{O}}}:^{2-}}$$

이 과정에서 Ca 원자에서 전자 두 개가 O 원자로 이동한다. 칼슘 이온(Ca^{2+})은 Ar과 같은 전자 배치를 하며, 산화 이온(O^{2-})은 Ne과 같은 전자 배치를 한다. 두 이온이 만드는 화합물 CaO는 전기적으로 중성이다

많은 경우에 화합물 내의 양이온과 음이온이 서로 다른 전하를 갖기도 한다. 예를 들어, 리튬을 공기 중에서 연소 반응을 하여 산화 리튬(Li_2O)을 형성할 때의 균형 반응식은 다음과 같다.

$$4\text{Li}(s) + \text{O}_2(g) \longrightarrow 2\text{Li}_2\text{O}(s)$$

루이스 점 기호를 이용하면 다음과 같이 쓸 수 있다.

$$2\ \underset{1s^22s^1}{\cdot\text{Li}} + \underset{1s^22s^22p^4}{\cdot\ddot{\underset{\cdot\cdot}{\text{O}}}\cdot} \longrightarrow \underset{[\text{He}]}{2\text{Li}^+} \quad \underset{[\text{Ne}]}{:\ddot{\underset{\cdot\cdot}{\text{O}}}:^{2-}} \quad (\text{또는 } \text{Li}_2\text{O})$$

이 과정에서 산소 원자는 두 개의 Li 원자로부터 각각 한 개씩 두 개의 전자를 받아 산소 이온을 형성한다. Li^+ 이온은 He과 동일한 전자 배치를 하고 있다.

높은 온도에서 Mg이 질소와 반응하면 흰색 고체 화합물인 질소화 마그네슘(Mg_3N_2)이 형성된다.

$$3\text{Mg}(s) + \text{N}_2(g) \longrightarrow \text{Mg}_3\text{N}_2(s)$$

또는

$$3\ \underset{[\text{Ne}]3s^2}{\cdot\text{Mg}\cdot} + 2\ \underset{1s^22s^22p^3}{\cdot\ddot{\underset{\cdot}{\text{N}}}\cdot} \longrightarrow \underset{[\text{Ne}]}{3\text{Mg}^{2+}} \quad \underset{[\text{Ne}]}{2\ :\ddot{\underset{\cdot\cdot}{\text{N}}}:^{3-}} \quad (\text{또는 } \text{Mg}_3\text{N}_2)$$

이 반응에서 각각의 Mg 원자로부터 두 개씩 총 여섯 개의 전자가 두 개의 N 원자로 이동한다. 이때 만들어지는 Mg^{2+} 이온과 N^{3-} 이온은 모두 Ne과 동일한 전자 배치를 한다. 세 개의 +2가 양이온과 두 개의 −3가 음이온이 결합하게 되므로 전하는 균형 있게 되고 화합물은 전기적으로 중성이 된다.

다음 예제 9.1에서 루이스 점 기호를 이용하여 이온 결합 화합물의 형성 과정을 공부해 보자.

예제 9.1

코런덤 광물에서 얻는 산화 알루미늄은 주로 금속 알루미늄 생산에 사용된다. 루이스 점 기호를 사용하여 산화 알루미늄(Al_2O_3)의 형성 과정을 나타내라.

전략 이온 결합 화합물의 화학식을 적을 때 전기적 중성을 이용한다. 다시 말하면 양이온들의 전체 양전하 수는 음이온들의 전체 음전하와 같아야만 한다.

풀이 그림 9.1에 따르면 Al과 O의 루이스 점 기호는 다음과 같다.

$$\cdot\dot{\mathrm{Al}}\cdot \qquad \cdot\ddot{\underset{\cdot\cdot}{\mathrm{O}}}\cdot$$

이온 결합 화합물에서 알루미늄은 양이온(Al^{3+})을 형성하고, 산소는 음이온(O^{2-})을 형성하려고 하기 때문에 전자는 Al에서 O로 이동한다. 각각의 Al 원소에는 세 개의 원자가 전자가 있다. 각각의 O 원자는 Ne과 전자 배치가 같은 O^{2-} 이온을 형성하기 위해 두 개의 전자가 필요하다. 그러므로 Al^{3+}와 O^{2-} 이온 간의 가장 간단한 조성비는 2 : 3이다. 두 개의 Al^{3+}는 총 +6의 전하를 갖게 되고, 세 개의 O^{2-} 이온은 −6의 전하를 갖게 된다. 따라서 산화 알루미늄의 실험식은 Al_2O_3이며, 반응은 다음과 같다.

$$\underset{[\mathrm{Ne}]3s^23p^1}{2\ \cdot\dot{\mathrm{Al}}\cdot} \ + \ \underset{1s^22s^22p^4}{3\ \cdot\ddot{\underset{\cdot\cdot}{\mathrm{O}}}\cdot} \longrightarrow \underset{[\mathrm{Ne}]}{2\mathrm{Al}^{3+}} \quad \underset{[\mathrm{Ne}]}{3\ :\ddot{\underset{\cdot\cdot}{\mathrm{O}}}:^{2-}} \quad (\text{또는 } \mathrm{Al_2O_3})$$

검산 원자가 전자의 개수(24)가 식의 좌우에서 같은지 확인하라. Al_2O_3에서 아래첨자는 가능한 한 가장 작은 정수로 표현된 것인가?

실전 연습 루이스 점 기호를 사용하여 수소화 바륨의 결합을 나타내라.

비슷한 문제: 9.17, 9.18.

▲ *코런덤(Al_2O_3) 광물.*
Mirecca/iStock/Getty Images

개념과 사실 요약하기

- 이온 결합 화합물을 형성하는 원소는 이온화 에너지가 낮거나(주로 양이온을 형성하는 알칼리 금속 및 알칼리 토금속) 전자 친화도가 높다(주로 음이온을 형성하는 할로젠, 산소 등).

개념과 사실 복습하기

9.2.1 루이스 점 기호를 사용하여 황화 루비듐(Rb_2S)의 형성 과정을 나타내라.

9.3 이온 결합 화합물의 격자 에너지

학습 목표

- 보른-하버 순환을 사용하여 격자 에너지를 계산할 수 있다.
- 이온 결합 화합물의 격자 에너지의 순위를 매길 수 있다.

이온화 에너지와 전자 친화도를 근거로 하면 어떤 원자들이 이온 결합 화합물을 잘 형성하는지 예측할 수 있다. 그러나 이온 결합 화합물의 안정성은 어떻게 알 수 있을까? 이온화 에너지와 전자 친화도는 기체 상태에서 일어나는 과정에 대해 정의된다. 하지만 모든 이온 결합 화합물은 1 atm, 25°C에서 고체 상태로 존재한다. 고체일 때, 각각의 양이온은 일정한 수의 음이온으로 둘러싸여 있으며, 음이온 또한 일정한 수의 양이온으로 둘러싸여 있기 때문에 고체 상태는 매우 다른 환경이다. 따라서 고체 이온 결합 화합물의 전체적인

표 9.1 몇 가지 알칼리 금속과 알칼리 토금속의 할로젠화물 및 산화물의 격자 에너지와 녹는점

화합물	격자 에너지(kJ/mol)	녹는점(°C)
LiF	1017	845
LiCl	828	610
LiBr	787	550
LiI	732	450
NaCl	788	801
NaBr	736	750
NaI	686	662
KCl	699	772
KBr	689	735
KI	632	680
$MgCl_2$	2527	714
Na_2O	2570	승화*
MgO	3890	2800
CaO	3414	2580
ScN	7547	>3000

*Na_2O는 1275°C에서 승화한다.

안정도는 양이온 한 개와 음이온 한 개 사이의 상호작용이 아니라, 주위에 존재하는 모든 이온 사이의 상호작용에 의해 결정된다. 이온 결합 고체 화합물의 안정도에 대한 정량적인 측정값은 *격자 에너지*(lattice energy, *U*)이다. 격자 에너지는 *고체 이온 결합 화합물 1 mol을 기체 상태의 이온으로 만드는 데 필요한 에너지*로 정의할 수 있다(6.7절 참조). 격자 에너지와 내부 에너지는 동일한 기호(*U*)를 사용한다.

격자 에너지

표 9.1은 대표적인 이온 결합 화합물의 격자 에너지와 녹는점을 나타낸다. 격자 에너지와 녹는점 사이에는 대략적인 상관관계가 있다. 격자 에너지가 클수록 고체는 더 안정하고, 이온들은 더욱 강하게 결합되어 있다. 그러한 고체를 녹이려면 더 많은 에너지가 필요하고, 이들은 격자 에너지가 작은 것보다 녹는점이 더 높다. $MgCl_2$, Na_2O, MgO, CaO, ScN의 격자 에너지는 유달리 높다. $MgCl_2$는 전하가 2인 양이온(Mg^{2+})을 가지며, Na_2O는 전하가 2인 음이온(O^{2-})을 가진다. MgO에서는 전하가 2인 두 이온(Mg^{2+}와 O^{2-})이 상호작용을 한다. 가장 마지막에 있는 화합물은 전하가 3인 두 이온이 강하게 상호작용을 한다(Sc^{3+}와 N^{3-}). 전하가 3인 두 개의 이온, 전하가 2인 두 개의 이온, 또는 전하가 2인 이온과 전하가 1인 이온 간의 쿨롱 인력은 전하가 1인 양이온과 음이온간의 인력보다 훨씬 강하다.

본-하버 순환을 이용하여 격자 에너지 구하기

격자 에너지는 직접적으로 측정할 수 없다. 그러나 이온 결합 화합물의 구조와 조성을 알면, **쿨롱[†] 법칙**(Coulomb's law)을 이용하여 화합물의 격자 에너지를 계산할 수 있다. 쿨롱 법칙은 *두 이온 사이의 퍼텐셜 에너지(E)가 그 전하의 곱에 비례하고 두 이온 사이의 거리*

[†]쿨롱(Charles Augustin de Coulomb, 1736~1806)은 프랑스 물리학자로, 전기와 자기를 연구했으며, 뉴턴의 역 제곱 법칙을 전기에 적용했다. 또한 비틀림 균형을 발견했다.

*에 반비례한다*는 것이다. 거리 r만큼 떨어진 Li^+ 이온과 F^- 이온 사이의 퍼텐셜 에너지는 다음과 같이 나타낼 수 있다.

$$E \propto \frac{Q_{Li^+}Q_{F^-}}{r}$$

$$= k\frac{Q_{Li^+}Q_{F^-}}{r} \quad (9.2)$$

이 식에서 Q_{Li^+}와 Q_{Li^-}는 이온 Li^+과 F^- 이온의 전하이며, k는 비례 상수이다. Q_{Li^+}는 양수, Q_{Li^-}는 음수이므로 E는 음의 값을 갖는다. 따라서 Li^+와 F^-이 이온 결합을 형성하는 것은 발열 과정이다. 역반응이 일어나기 위해서는 에너지가 필요하며(즉, LiF의 격자 에너지는 양의 값이다), 결합하고 있는 Li^+ 이온과 F^- 이온은 각각의 분리된 Li^+ 이온과 F^- 이온보다 더 안정하다.

인터넷 핫스팟
학생들의 학습 경험에 대해 축적된 자료에 따르면 이온 결합 세기를 이해하는 데 어려움을 겪을 수 있다. 이런 경우 eBook에 접속해서 이 주제에 대한 추가 학습 자료를 보면 도움이 될 수 있다.

이온 결합 화합물이 몇 단계를 거쳐 만들어진다고 가정하면, 이온 결합 화합물의 격자 에너지를 간접적으로 구할 수 있다. 이 방법을 **본-하버 순환**(Born-Haber cycle)이라고 하며, *이온 결합 화합물의 격자 에너지와 이온화 에너지, 전자 친화도, 그리고 원자나 분자의 여러 성질들과의 관계*를 나타낸다. 본-하버 순환은 헤스 법칙에 기초한다(6.6절 참조). 본(Max Born)[†]과 하버(Fritz Haber)[‡]에 의해 개발된 이 순환은 이온성 고체를 형성하는 각 단계를 정의하고 있다. LiF의 격자 에너지를 구하기 위해 본-하버 순환법을 적용해 보자.

리튬과 플루오린 사이의 다음 반응을 살펴보자.

$$Li(s) + \tfrac{1}{2}F_2(g) \longrightarrow LiF(s)$$

이 반응의 표준 엔탈피 변화는 −594.1 kJ/mol이다. [반응물과 생성물이 표준 상태(1 atm)에 있으므로, 이 엔탈피 변화는 LiF의 표준 생성 엔탈피이기도 하다.] 각 단계별 엔탈피 변화의 합이 전체 반응의 엔탈피 변화(−594.1 kJ/mol)와 같다는 것을 염두에 두면서, 원소로부터 LiF가 형성되는 과정을 다섯 단계로 나누어 생각해 볼 수 있다. LiF의 형성 과정이 정확하게 이 방법으로 일어나지 않을 수도 있지만, 헤스 법칙을 이용하면 이온 결합 화합물의 생성 과정에 대한 에너지 변화를 구할 수 있다.

1. 고체 Li이 기체 상태의 Li으로 변한다(고체가 기체로 바로 변하는 것을 승화라 함).

$$Li(s) \longrightarrow Li(g) \qquad \Delta H_1^\circ = 155.2 \text{ kJ/mol}$$

   Li의 승화 에너지는 155.2 kJ/mol이다.

2. F_2 기체 $\frac{1}{2}$ mol이 기체 상태의 F 원자로 분리된다.

$$\tfrac{1}{2}F_2(g) \longrightarrow F(g) \qquad \Delta H_2^\circ = 75.3 \text{ kJ/mol}$$

   F_2 분자 1 mol의 결합을 끊기 위해 필요한 에너지는 150.6 kJ이다. 여기서는 F_2 분자 0.5 mol이 사용되므로, 엔탈피 변화는 150.6/2, 즉 75.3 kJ이다.

3. 기체 상태 Li 원자 1 mol이 이온화한다(표 8.2 참조)

$$Li(g) \longrightarrow Li^+(g) + e^- \qquad \Delta H_3^\circ = 520 \text{ kJ/mol}$$

   이 과정은 리튬의 1차 이온화에 해당한다.

[†]본(Max Born, 1882~1970)은 독일 물리학자로, 현대 물리학을 세운 사람 중 하나이다. 그의 연구는 다양한 주제를 다루었는데, 1954년 입자의 파동 기능 해석으로 노벨 물리학상을 받았다.

[‡]하버(Fritz Haber, 1868~1934)는 독일 화학자로, 대기 중의 질소로부터 암모니아를 합성하는 그의 연구로 인해 독일은 제1차 세계 대전 시기에 화약을 만드는 데 필요한 질산염을 보유할 수 있었다. 그는 가스전에 관한 연구도 했는데, 1918년에 노벨 화학상을 받았다.

4. 기체 상태 F 원자 1 mol에 전자 1 mol을 더한다. 8.5절에 언급되어 있듯이 이 과정의 에너지 변화는 전자 친화도의 반대이다(표 8.3 참조).

$$F(g) + e^- \longrightarrow F^-(g) \qquad \Delta H_4^\circ = -328\ \text{kJ/mol}$$

5. 기체 상태 Li^+ 이온 1 mol과 F^- 이온 1 mol이 결합하여 고체 LiF 1 mol을 형성한다.

$$Li^+(g) + F^-(g) \longrightarrow LiF(s) \qquad \Delta H_5^\circ = ?$$

단계 5의 역반응으로 LiF의 격자 에너지를 정의할 수 있다.

$$\text{에너지} + LiF(s) \longrightarrow Li^+(g) + F^-(g)$$

따라서 격자 에너지는 ΔH_5°와 같은 값이지만 부호가 반대이다. ΔH_5°를 직접 측정할 수는 없지만, 다음 과정을 이용하여 계산할 수 있다.

$$\begin{array}{llll}
1. & Li(s) \longrightarrow Li(g) & \Delta H_1^\circ = 155.2\ \text{kJ/mol} \\
2. & \frac{1}{2}F_2(g) \longrightarrow F(g) & \Delta H_2^\circ = 75.3\ \text{kJ/mol} \\
3. & Li(g) \longrightarrow Li^+(g) + e^- & \Delta H_3^\circ = 520\ \text{kJ/mol} \\
4. & F(g) + e^- \longrightarrow F^-(g) & \Delta H_4^\circ = -328\ \text{kJ/mol} \\
5. & Li^+(g) + F^-(g) \longrightarrow LiF(s) & \Delta H_5^\circ = ? \\
\hline
 & Li(s) + \frac{1}{2}F_2(g) \longrightarrow LiF(s) & \Delta H_{\text{전체}}^\circ = -594.1\ \text{kJ/mol}
\end{array}$$

헤스 법칙에 따르면,

$$\Delta H_{\text{전체}}^\circ = \Delta H_1^\circ + \Delta H_2^\circ + \Delta H_3^\circ + \Delta H_4^\circ + \Delta H_5^\circ$$

또는

$$-594.1\ \text{kJ/mol} = 155.2\ \text{kJ/mol} + 75.3\ \text{kJ/mol} + 520\ \text{kJ/mol} - 328\ \text{kJ/mol} + \Delta H_5^\circ$$

로 나타낼 수 있으므로

$$\Delta H_5^\circ = -1017\ \text{kJ/mol}$$

이며, LiF의 격자 에너지는 +1017 kJ/mol이 된다.

그림 9.2는 LiF에 대한 본-하버 순환을 보여준다. 단계 1, 2, 3은 모두 에너지를 흡수하는 반면, 단계 4와 5에서는 에너지를 방출한다. ΔH_5° 값이 매우 큰 음수이기 때문에 LiF의 격자 에너지가 매우 큰 양의 값을 갖는다는 것은 고체 LiF의 안정성을 설명해 준다. 격자 에너지가 클수록 이온 결합 화합물은 더 안정하다. 쿨롱 법칙에 따르면 고체를 이루고 있는 이온들을 기체 상태의 이온으로 분리하는 것은 흡열 반응이므로, 격자 에너지는 항상 양의 값을 갖게 된다.

격자 에너지와 이온 결합 화합물의 화학식

격자 에너지는 이온 결합 화합물의 안정성의 척도가 되므로 그 값은 이들 화합물의 화학식을 설명하는 데에도 도움이 된다. 예로 염화 마그네슘을 보자. 원소의 이온화 에너지는 원자로부터 다음 전자를 떼어낼 때마다 급격히 증가한다. 예를 들어, Mg의 1차 이온화 에너지는 738 kJ/mol인 반면, 2차 이온화 에너지는 1450 kJ/mol로 1차 이온화 에너지의 두 배에 가까운 값이다. 에너지 관점에서 볼 때 Mg은 왜 화합물 내에서 1가 양이온 형태로 존재하지 않는지 의문을 가질 수 있다. 염화 마그네슘의 화학식이 MgCl(Mg^+ 이온 포함)이 아닌 $MgCl_2$(Mg^{2+} 이온 포함)인 이유는 무엇인가? 물론 Mg^{2+} 이온은 전자 껍질이 완전히 채워져 있는 안정한 비활성 기체 [Ne]의 전자 배치를 하고 있다. 그러나 전자 껍질이 채워져서 얻게 되는 안정성은 Mg^+ 이온으로부터 전자를 제거할 때 필요한 에너지를 능가하지 못한다. 염화 마그네슘의 화학식이 $MgCl_2$인 이유는 고체 화합물을 형성할 때 얻어

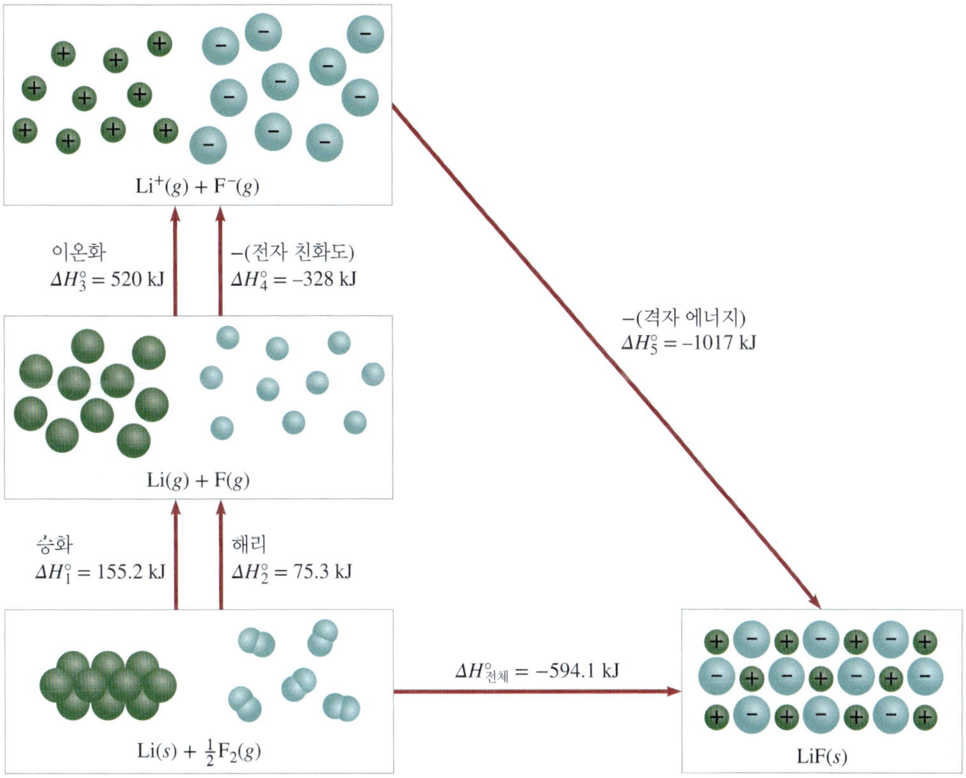

그림 9.2 LiF 고체 1 mol의 생성에 대한 본-하버 순환.

지는 안정화 에너지가 두 개의 전자를 제거하는 데 필요한 에너지(738 kJ/mol + 1450 kJ/mol = 2188 kJ/mol) 보다 큰 값이다.

염화 소듐의 경우는 어떠한가? 염화 소듐의 화학식이 $NaCl_2$(Na^{2+} 이온 포함)가 아니고 NaCl인 이유는 무엇인가? Na^{2+} 이온은 영족 기체와 같은 전자 배치를 하지는 않지만, Na^{2+} 이온의 전하가 크기 때문에 가상의 $NaCl_2$는 더 큰 격자 에너지를 갖게 될 것이므로 이 화합물의 화학식은 $NaCl_2$가 될 수도 있다. 위의 질문에 대한 답은 화합물을 만들 때 필요한 에너지(이온화 에너지)와 고체 화합물을 형성하면서 얻어지는 안정화 에너지 간의 균형에 달려 있다. 소듐의 1차 및 2차 이온화 에너지의 합은 다음과 같다.

$$496 \text{ kJ/mol} + 4560 \text{ kJ/mol} = 5056 \text{ kJ/mol}$$

화합물 $NaCl_2$는 존재하지 않지만 격자 에너지가 $MgCl_2$와 같은 2527 kJ/mol이라고 가정하면, Na^{2+} 이온을 만들기 위해 요구되는 에너지보다 격자 에너지가 훨씬 작음을 알 수 있다.

양이온에 대한 것과 마찬가지로 음이온의 경우에도 적용이 된다. 8.5절에서 산소 원자의 전자 친화도는 141 kJ/mol임을 알았다. 이는 다음 과정이 에너지를 방출한다는 것을 의미한다(따라서 반응이 잘 일어난다).

$$O(g) + e^- \longrightarrow O^-(g)$$

그러나 O^- 이온에 전자 하나를 더 첨가하는 다음 반응은 정전기적 반발력이 증가하여 잘 일어나지 않는다.

$$O^-(g) + e^- \longrightarrow O^{2-}(g)$$

실제 O^-의 전자 친화도는 음의 값(−844 kJ/mol)이다. 그러나 O^- 이온으로 이루어진 화합물은 알려져 있지 않은 반면, 산화 이온(O^{2-})을 포함하는 화합물은 알려져 있으며 매우 안정하다. 이 경우에도 Na_2O나 MgO 등의 화합물에서 O^{2-} 이온이 존재하여 얻어지는 격자 에너지는 O^{2-} 이온을 만들기 위해 필요한 에너지보다 훨씬 크다.

개념과 사실 요약하기

- 양이온과 음이온의 정전기적 인력에 의해 이온 결합 화합물이 형성된다. 이온 결합 화합물은 양이온과 음이온이 균형을 이루고 있는 매우 큰 결정 구조를 이룬다. 이온 간의 인력이 최대가 되도록 고체 이온 결합 화합물의 구조가 결정된다.
- 격자 에너지는 이온성 고체의 안정도를 나타내는 척도이다. 이 값은 헤스 법칙에 기초한 본-하버 순환법으로 구할 수 있다.

개념과 사실 복습하기

9.3.1 LiCl과 CsBr 중에서 격자 에너지가 더 큰 화합물은 어느 것인가?

9.3.2 격자 에너지가 증가하는 순서로 화합물 NaF, MgO, AlN을 배열하라.

9.4 공유 결합

학습 목표

- 결합의 루이스 이론을 설명할 수 있다.
- 화합물의 루이스 구조와 관련된 팔전자 규칙을 해석할 수 있다.

동영상 자료
공유 결합의 형성

분자의 개념은 17세기로 거슬러 올라가지만, 분자들이 형성되는 이유와 방법을 알게 된 것은 20세기 초였다. 최초의 중요한 발견은 화학 결합이 원자들 사이에 전자를 공유해서 만들어진다는 루이스(Gilbert Lewis)의 제안이었다. 루이스는 분자의 화학 결합 형성을 다음과 같이 나타내었다.

$$H\cdot + \cdot H \longrightarrow H:H$$

이러한 형태로 전자쌍을 이루는 것은 **공유 결합**(covalent bond)의 한 예로, *두 원자가 전자 두 개를 공유하는 결합*이다. **공유 결합 화합물**(covalent compound)은 *공유 결합으로만 이루어진 화합물*을 말한다. 공유된 전자쌍은 하나의 선으로 나타낸다. 따라서 수소 분자의 공유 결합은 H—H로 쓸 수 있다. 공유 결합에서 공유된 쌍의 각 전자는 두 원자핵의 인력을 받는다. 이러한 인력이 H_2 분자에서 두 원자를 묶어 두며, 다른 분자들에서도 공유 결합을 형성하게 한다.

다전자 원자들 간의 공유 결합에는 원자가 전자만이 관여한다. F_2 분자를 예로 들어 보자. F의 전자 배치는 $1s^22s^22p^5$이다. $1s$ 전자는 에너지가 매우 낮고, 주로 원자핵 근처에 존재하므로 결합 형성에 참여하지 않는다. 따라서 각 원자는 7개의 원자가 전자($2s$ 및 $2p$ 전자)를 가지고 있다. 그림 9.1을 보면 F 원자에는 쌍을 이루지 않은 전자가 단 하나 있다. 따라서 F_2 분자의 형성은 다음과 같이 나타낼 수 있다.

$$:\ddot{\underset{..}{F}}\cdot + \cdot\ddot{\underset{..}{F}}: \longrightarrow :\ddot{\underset{..}{F}}:\ddot{\underset{..}{F}}: \quad \text{또는} \quad :\ddot{\underset{..}{F}}—\ddot{\underset{..}{F}}:$$

F_2의 형성에 두 개의 원자가 전자만이 참여한다는 것에 유의하라. 다른 비결합 전자들은 **고립 전자쌍**(lone pair)이라 부르며, *공유 결합 형성에 이용되지 않은 원자가 전자쌍*을 말한다. 따라서 F_2에서 각 F 원자에는 고립 전자쌍이 세 개씩 있다.

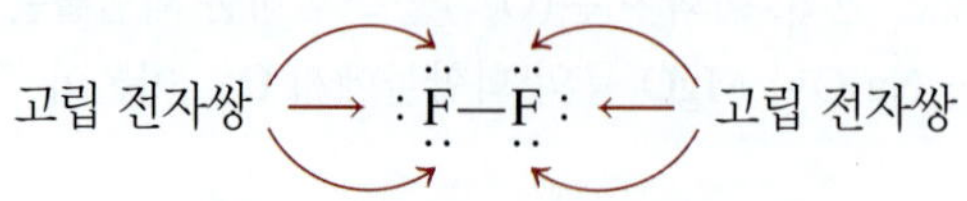

H_2와 F_2 같은 공유 결합 화합물을 표기하는 데 이용되는 구조를 루이스 구조라고 한다. **루이스 구조**(Lewis structure)는 *공유 전자쌍들을 두 원자 사이에 선이나 짝지은 점들로 표기하며, 고립 전자쌍들은 각 원자에 짝지은 점들로 나타낸 것이다*. 루이스 구조에는 원자가 전자만 표시한다.

물 분자의 루이스 구조를 생각해 보자. 그림 9.1은 짝짓지 않은 점 두 개(즉, 짝짓지 않은 전자 두 개)를 가지는 산소의 루이스 점 기호를 나타내는데, 따라서 O가 공유 결합 두 개를 형성할 수 있다는 것을 예측할 수 있다. 수소에는 전자가 하나만 있으므로 공유 결합 한 개만을 이룰 수 있다. 따라서 물의 루이스 구조는 다음과 같이 나타낼 수 있다.

$$H:\ddot{\underset{\cdot\cdot}{O}}:H \quad \text{또는} \quad H—\ddot{\underset{\cdot\cdot}{O}}—H$$

이 경우에 산소 원자는 고립 전자쌍 두 개를 가진다. 수소 원자는 자신이 가지고 있는 전자 하나가 공유 결합을 형성하는 데 사용되었기 때문에 고립 전자쌍이 없다.

F_2와 H_2O 분자에서 F와 O 원자는 서로 전자를 공유함으로써 안정한 영족 기체의 전자 배치를 하게 된다.

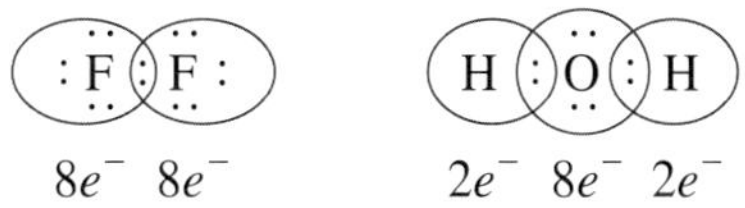

이들 분자의 형성은 루이스가 제안한 **팔전자 규칙**(octet rule)으로 잘 설명이 된다. *수소 이외의 다른 원자는 자기 주위에 여덟 개의 원자가 전자가 배열될 때까지 다른 원자와 결합을 하려는 경향이 있다*는 것이다. 다시 말해 각 원자가 팔전자 규칙을 만족시키지 못할 때, 공유 결합이 형성된다. 공유 결합에서 전자를 공유하게 됨으로써 각 원자는 여덟 개의 전자를 가질 수 있게 된다. 수소 원자는 He 원자의 전자 배치, 즉 두 개의 전자를 가지려고 한다.

팔전자 규칙은 주로 2주기 원소의 경우에 잘 맞는다. 이 원소들은 $2s$와 $2p$ 부껍질만 가지고 있어 모두 여덟 개의 전자가 들어갈 수 있다. 이러한 원소가 공유 결합을 형성하게 되면, 같은 화합물 내의 다른 원소와 전자를 공유해서 영족 기체 [Ne]과 같은 전자 배치를 하게 된다. 팔전자 규칙에 벗어나는 중요한 몇 가지 경우를 뒤에서 다시 살펴보려 한다. 이런 예외적인 경우들은 화학 결합의 속성을 파악하는 데 도움이 된다.

원자들은 여러 종류의 공유 결합을 형성할 수 있다. **단일 결합**(single bond)에서는 *두 원자가 한 개의 전자쌍으로 결합되어 있다*. 많은 화합물들은 **다중 결합**(multiple bond)으로 연결되어 있는데, 이들은 *두 원자가 두 개 이상의 전자쌍을 서로 공유할 때 형성되는 결합*이다. *두 원자가 두 개의 전자쌍을 공유*한다면 이 결합은 **이중 결합**(double bond)이다. 이산화 탄소(CO_2)와 에틸렌(C_2H_4) 분자는 이중 결합을 하고 있다.

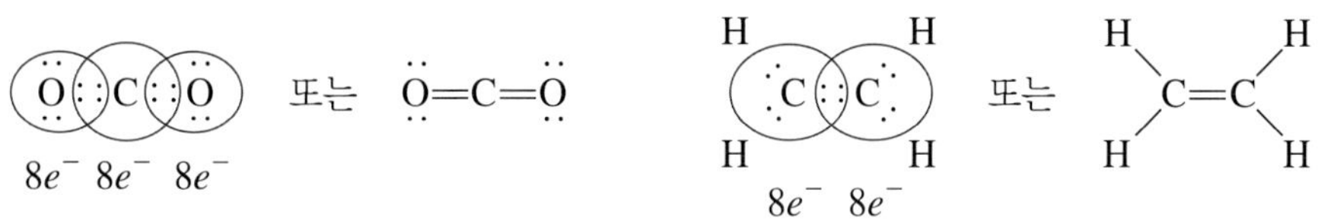

질소 분자(N_2)처럼 *두 원자가 세 개의 전자쌍을 공유*하게 되면 **삼중 결합**(triple bond)을 이루게 된다.

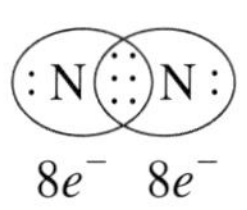

또는 :N≡N:

아세틸렌 분자(C_2H_4)도 두 개의 탄소 원자 사이에 삼중 결합을 포함하고 있다.

표 9.2 몇 가지 일반적인 단일, 이중, 삼중 결합에 대한 평균 결합 길이

결합 형태	결합 길이(pm)	결합 형태	결합 길이(pm)
C—H	107	C=N	138
O—H	96	C≡N	116
C—O	143	N—N	147
C=O	121	N=N	124
C≡O	113	N≡N	110
C—C	154	N—O	136
C=C	133	N=O	122
C≡C	120	O—O	148
C—N	143	O=O	121

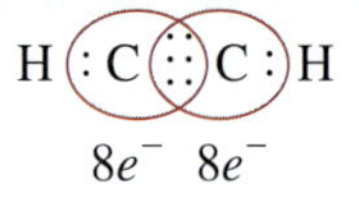

또는 H—C≡C—H

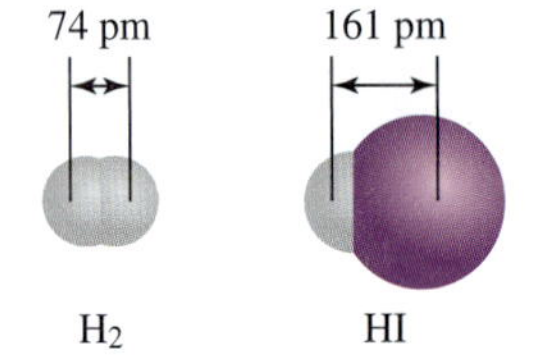

▲ **그림 9.3** H_2와 HI에서 결합 길이(pm).

에틸렌과 아세틸렌에서 모든 원자가 전자들이 결합에 사용되었기 때문에 탄소 원자는 고립 전자쌍을 가지고 있지 않다. 일산화 탄소를 제외하면, 탄소를 포함하고 있는 안정한 분자들은 탄소 원자에 고립 전자쌍을 가지고 있지 않다.

다중 결합은 단일 공유 결합보다 짧다. **결합 길이**(bond length)는 *분자 내에서 공유 결합을 하고 있는 두 원자의 핵간 거리*로 정의된다(그림 9.3). 표 9.2는 실험적으로 결정된 결합 길이를 일부 보여 준다. 탄소 또는 질소와 같은 원자들의 쌍에서 삼중 결합은 이중 결합보다 짧고, 이중 결합은 단일 결합보다 짧다. 더 짧은 다중 결합은 또한 단일 결합보다 더 안정하며, 이는 다음에 소개될 것이다.

공유 결합 화합물과 이온 결합 화합물의 성질 비교

▶▶▶ 동영상 자료
이온 결합과 공유 결합

▶▶▶ 동영상 자료
이온 결합 대 공유 결합

이온 결합 화합물과 공유 결합 화합물은 일반적인 물리적 성질이 현저하게 다른데, 이는 이들 결합의 본질이 다르기 때문이다. 공유 결합 화합물에는 두 종류의 인력이 존재한다. 하나는 분자 내에서 원자들을 같이 묶는 힘이다. 이 인력을 정량적으로 나타내는 것이 결합 엔탈피인데, 이는 9.10절에서 논의할 것이다. 다른 하나는 분자 간에 작용하는 것으로 *분자간 힘*(intermolecular force)이다. 분자간 힘은 분자 내 원자 간의 결합력에 비해 매우 작기 때문에 공유 결합 화합물에서 분자들은 서로 강하게 결속되어 있지 않다. 따라서 공유 결합 화합물은 대개 기체, 액체와 녹는점이 낮은 고체들이다. 또한 분자간 힘이 약하면, 분자들의 회합(aggregate)이 쉽게 깨어져 (낮은 녹는점에 상응하여) 고체로부터 액체가, 그리고 (낮은 끓는점에 상응하여) 액체로부터 기체가 생성된다. 반면, 이온 결합 화합물에서 이온들을 결합시키는 정전기적 인력은 일반적으로 매우 강하다. 따라서 이온 결합 화합물은 상온에서 고체이며, 녹는점이 매우 높다. 많은 이온 결합 화합물은 물에 잘 녹으며, 강전해질이어서 수용액은 전기를 통한다. 공유 결합 화합물은 대부분 물에 녹지 않으며, 물에 녹는 경우에도 화합물이 비전해질이어서 수용액에서 전기가 통하지 않는다. 이온 결합 화합물을 용융시키면 유동성 있는 양이온과 음이온을 포함하게 되어 전기가 통하게 된다. 액체 형태나 용융된 공유 결합 화합물에는 이온이 존재하지 않으므로 전기가 통하지 않는다. 표 9.3에는 대표적인 이온 결합 화합물인 염화 소듐(NaCl)과 공유 결합 화합물인 사염화 탄소(CCl_4)의 일반적 특성을 비교해 놓았다.

표 9.3 이온 결합 화합물과 공유 결합 화합물의 몇 가지 일반적 성질 비교

성질	NaCl	CCl_4
겉모양	백색 고체	무색 액체
녹는점(°C)	801	−23
몰 용융열*(kJ/mol)	30.2	2.5
끓는점(°C)	1413	76.5
몰 증발열*(kJ/mol)	600	30
밀도(g/cm^3)	2.17	1.59
물에 대한 용해도	높음	매우 낮음
전기 전도도		
고체	나쁨	나쁨
액체	좋음	나쁨

*몰 용융열과 몰 증발열은 각각 고체 1 mol을 녹이는 데 필요한 열과 액체 1 mol을 증발시키는 데 필요한 열의 양이다.

개념과 사실 요약하기

- 공유 결합에서는 두 전자(한 쌍)가 두 원자에 의해 공유된다. 다중 공유 결합에서는 2~3개의 전자쌍이 두 원자들에 의해 공유된다. 어떤 결합 원자들은 고립 전자쌍, 즉 결합에 참여하지 않은 원자가 전자의 쌍을 가진다. 분자에서 각 원자 주위의 고립 전자쌍과 결합 전자의 배열을 루이스 구조에 의해 나타낼 수 있다.

개념과 사실 복습하기

9.4.1 공유 결합 화합물에서 수소가 이중 결합이나 삼중 결합을 형성할 수 없는 이유는 무엇인가?

9.4.2 결합 N═N, N≡N, N—N을 결합 길이가 감소하는 순으로 배열하라.

9.5 전기음성도

학습 목표

- 전기음성도를 정의하고, 전기음성도를 활용하여 결합 극성을 예측할 수 있다.

앞에서 언급했듯이 공유 결합은 두 원자가 전자쌍을 공유하는 것이다. 두 원자가 동일한 H_2와 같은 분자에서 전자는 동등하게 공유된다. 즉, 전자가 각 원자 주위에서 존재하는 시간이 같다. 그림 9.4(a)는 정전기 전위 지도를 통해 H_2 분자의 전자 분포를 시각적으로 보여준다. 정전기 전위 지도 모형은 전자의 확률 밀도가 높은 영역을 빨간색으로, 전자의 확률 밀도가 낮은 영역을 파란색으로 나타낸다.

그러나 공유 결합된 HF 분자에서 H와 F는 서로 다른 원자이기 때문에 H와 F 원자는

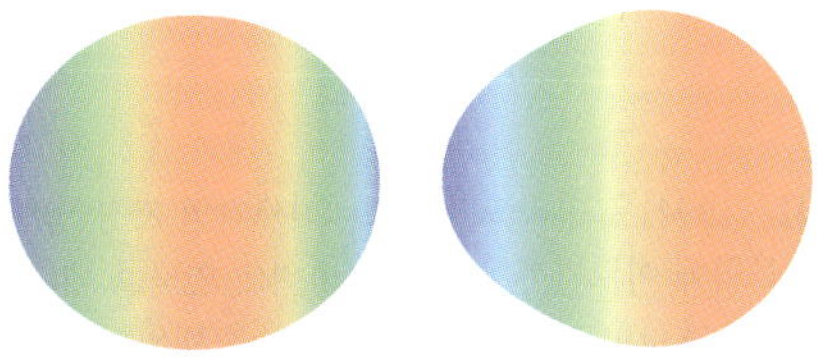

(a) (b)

그림 9.4 (a) H_2 분자의 정전기 전위 지도. (b) HF 분자의 정전기 전위 지도. 전자 분포는 색에 따라 다르다. 전자가 가장 풍부한 영역은 빨간색 부분이며, 전자가 가장 드문 영역은 파란색 부분이다.

결합 전자를 동등하게 공유하지 않는다.

$$\mathrm{H{-}\ddot{\underset{\cdot\cdot}{F}}\!:}$$

HF에서의 결합은 **극성 공유 결합**(polar covalent bond) 또는 간단히 *극성 결합*(polar bond)이라 한다. *전자들이 다른 원자보다 한 원자 주위에 더 오래 머물기 때문이다.* 실험적으로 HF 분자에서 전자들은 F 원자 주위에 더 오래 머문다. 이러한 전자 공유의 불균등은 H에서 F로 일부 전자의 전이 또는 전자 밀도의 이동으로 생각된다[그림 9.4(b)]. 결합 전자쌍의 "불균등 공유"로 인하여 상대적으로 F 원자 주위에는 전자 밀도가 높고, H 원자 주위에는 전자 밀도가 낮아진다. HF를 비롯한 극성 결합은 전자의 공유가 동등하게 이루어지는 비극성 공유 결합과 *전자의 전이가 거의 완결된* 이온 결합의 중간 형태로 볼 수 있다.

극성 공유 결합과 비극성 공유 결합을 구분할 수 있게 하는 특성은 **전기음성도**(electronegativity)로, 이것은 *화학 결합에서 전자들을 끌어당길 수 있는 원소의 성질*을 말한다. 전기음성도가 큰 원소들은 전기음성도가 작은 원소보다 전자를 잘 끌어당긴다. 전기음성도는 전자 친화도 및 이온화 에너지와 관련이 있다. 따라서 F처럼 전자 친화도가 크고(전자를 쉽게 받아들임) 이온화 에너지가 큰(전자를 쉽게 방출하지 않음) 원소는 전기음성도 또한 크다. 반면에 전자 친화도가 낮고 이온화 에너지가 작은 소듐은 전기음성도가 작다.

전기음성도는 상대적인 개념으로 한 원소의 전기음성도는 다른 원소들의 전기음성도와 비교할 때만 알 수 있다. 폴링[†](Linus Pauling)은 대부분의 원소들에 대한 *상대적* 전기음성도를 계산하는 방법을 고안했다. 이 값은 그림 9.5에 나와 있다. 전기음성도 값은 단위가 없다. 이 차트를 유심히 보면, 서로 다른 원소들의 전기음성도 값 사이의 경향과 관계를 알 수 있다. 일반적으로 주기율표에서 한 주기를 따라 왼쪽에서 오른쪽으로 갈수록 원소의 금속성은 감소하고 전기음성도는 증가한다. 같은 족에서는 원자 번호가 증가할수

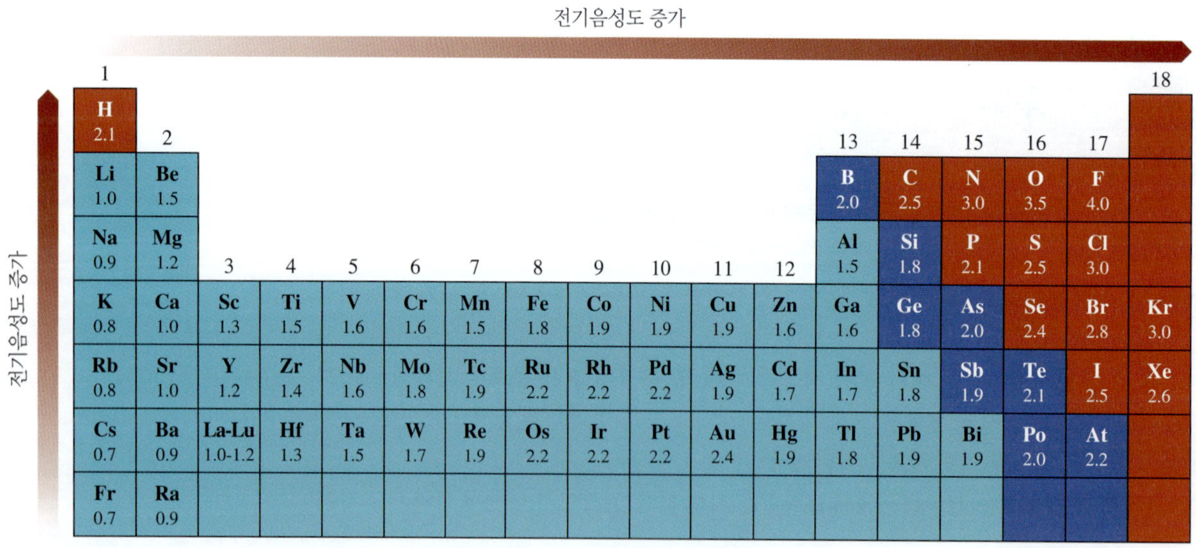

▲ **그림 9.5** 대표적인 원소들의 전기음성도.

[†]폴링(Linus Carl Pauling, 1901~1994)은 미국 화학자로, 20세기의 가장 영향력 있는 화학자로 알려져 있다. 그는 물리화학뿐 아니라 분자 생물학에 이르기까지 광대한 범위의 연구를 했다. 1954년 단백질 구조에 관한 업적을 인정받아 노벨 화학상을 받았으며, 1962년에는 노벨 평화상을 받았다. 그는 두 개의 노벨상을 단독으로 받은 유일한 수상자이다.

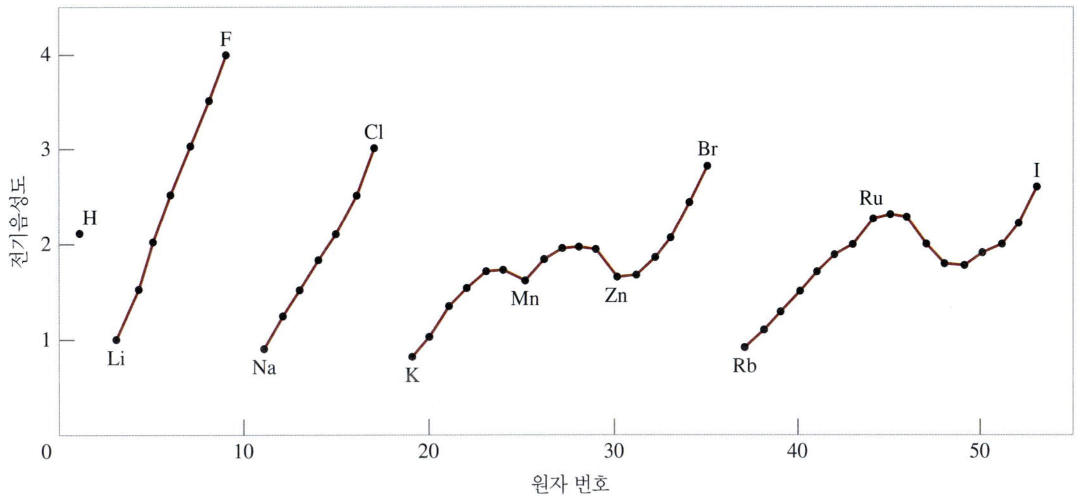

▲ **그림 9.6** 원자 번호에 따른 전기음성도 변화. 할로젠이 전기음성도가 가장 높으며, 알칼리 금속이 가장 낮다.

록 금속성이 커지면서 전기음성도는 감소하게 된다. 그러나 전이 금속은 이러한 경향을 따르지 않는다. 전기음성도가 가장 큰 할로젠, 산소, 질소, 황은 주기율표에서 오른쪽 상단에 존재하며, 전기음성도가 가장 작은 원소(알칼리 금속 및 알칼리 토금속)들은 왼쪽 하단에 몰려 있다. 이러한 경향은 그림 9.6에서 보듯이 그래프 상에서 명백하게 나타난다.

전기음성도의 차가 매우 큰 원자들은 이온 결합(NaCl이나 CaO에 존재하는 결합)을 형성하는 경향이 있다. 전기음성도가 더 작은 원자가 전기음성도가 더 큰 원자에게 전자들을 내어주기 때문이다. 이러한 이온 결합은 대개 금속 원소와 비금속 원소의 결합으로 이루어진다. 전기음성도가 서로 비슷한 원소들은 전자 밀도의 이동이 작기 때문에 극성 공유 결합을 잘 형성한다. 대부분의 공유 결합은 비금속 원소들로 이루어져 있다. 이러한 경향과 특성들은 이온화 에너지와 전자 친화도를 고려해 보면 예상할 수 있는 것들이다.

극성 결합과 이온 결합 간에 확실한 차이점은 없지만, 다음의 규칙이 이들을 구별하기 위한 대략적인 지침으로써 도움이 된다.

- 결합하는 두 원자들 간의 전기음성도 차가 2.0 이상이면 *이온 결합*(ionic bond) 형성한다. 이 규칙은 대부분에 적용되지만, 모든 이온 결합 화합물이 그러한 것은 아니다.
- 전기음성도의 차이가 0.3~2.0 범위 안에 있을 때, *극성 공유 결합*(polar covalent bond)이 형성된다.
- 전기음성도의 차이가 0.3보다 작을 때 *무극성 공유 결합*(nonpolar covalent bond)이 형성된다.

예제 9.2는 전기음성도에 대한 지식이 어떤 화학 결합이 공유 결합인지 이온 결합인지를 결정하는 데 어떻게 도움이 되는지를 보여준다.

예제 9.2

다음 결합들을 이온 결합, 극성 공유 결합, 무극성 공유 결합으로 분류하라. (a) HCl의 결합 (b) KF의 결합, (c) H_3CCH_3의 CC 결합.

전략 전기음성도 차의 2.0 규칙을 이용하고, 그림 9.5의 값을 참조한다.

풀이

(a) H와 Cl의 전기음성도 차이는 0.9이며 이것은 상당한 값이지만, (2.0 규칙에 따르면) HCl

(계속)

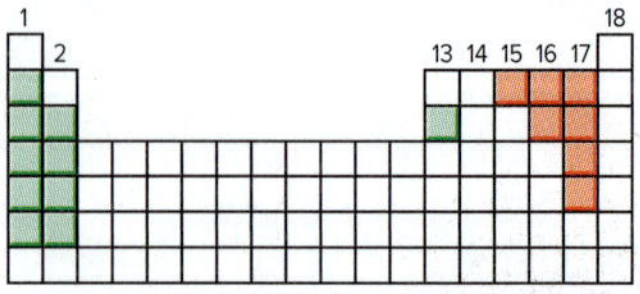

▲ 가장 전기 음성도가 높은 원소는 비금속(15~17족)이고, 전기 음성이 가장 적은 원소는 알칼리 및 알칼리 토금속(1~2족)과 알루미늄이다. 2족의 첫 번째 구성 원소 베릴륨은 대부분 공유 화합물을 형성한다.

을 이온 결합 화합물로 보기에는 충분하지 않다. 따라서 이 결합은 극성 공유 결합이다.

(b) K와 F의 전기음성도 차이는 3.2이고, 이 값은 2.0보다 훨씬 크므로, K와 F 사이의 결합은 이온 결합이다.

(c) 두 개의 C 원자는 모든 면에서 동일하다. 이 두 원자는 서로 결합되어 있으며, 각각 세 개의 다른 H 원자와 결합되어 있다. 그러므로 결합은 순수한 공유 결합이다.

실전 연습 다음 중 공유 결합, 극성 공유 결합, 이온 결합은 어느 것인가? (a) CsCl의 결합, (b) H_2S의 결합, (c) H_2NNH_2의 NN 결합.

비슷한 문제: 9.39, 9.40.

전기음성도와 전자 친화도는 서로 관련되어 있지만 다른 개념이다. 둘 다 전자를 잡아당기는 경향성을 의미하지만, 전자 친화도는 고립된 원자가 추가적인 전자를 잡아당기는 인력을 말하는 것인 반면, 전기음성도는 다른 원자와 화학 결합을 하는 원자가 공유 전자들을 잡아당기는 능력을 의미한다. 또한 전자친화도는 실험적으로 측정 가능한 값이지만, 전기음성도는 측정할 수 없는 추정된 값이다.

때때로 화학자들은 결합의 성질을 더 잘 설명하기 위해 *이온 결합성 백분율*(percent ionic character)이라는 양을 사용한다. 비록 그런 결합은 실제로 존재하지 않지만, 순수한 이온 결합은 100%의 이온 결합성을 갖게 되지만, 무극성 또는 순수한 공유 결합은 0%의 이온 결합성을 갖는다. 그림 9.7에서 보는 것처럼, 어떤 결합의 이온 결합성 백분율과 결합하고 있는 원자들 사이의 전기음성도 차이에는 상관관계가 있다.

▶ 전기음성도와 산화수

제4장에서 화합물에 있는 원소의 산화수를 결정하는 규칙을 소개하였다. 이 규칙은 전기음성도의 개념을 기초로 만들어졌다. 본질적으로, 산화수는 분자 내에서 결합을 하고 있는 원자들 사이에 전기음성도가 더 큰 원자로 전자들이 완전히 옮겨졌다고 가정했을 때 각 원자가 가지는 전하의 수를 의미한다.

N 원자가 H 원자들과 세 개의 단일 결합을 형성하는 NH_3 분자를 생각해 보자. N은 H보다 전기음성도가 더 크기 때문에, 전자 밀도는 H에서 N으로 이동될 것이다. 이렇게 전자 이동이 완결되면, 각각의 H는 N에 전자를 주게 된다. 이때 N은 −3의 전하를 갖게 되며, 각 H는 +1의 전하를 갖게 된다. 따라서 NH_3에서 N의 산화수는 −3이고, H의 산화수는 +1이 된다.

루이스 구조가 다음과 같은 과산화 수소(H_2O_2)를 제외하면, 산소가 포함된 화합물에서 보통 산소의 산화수는 −2이다.

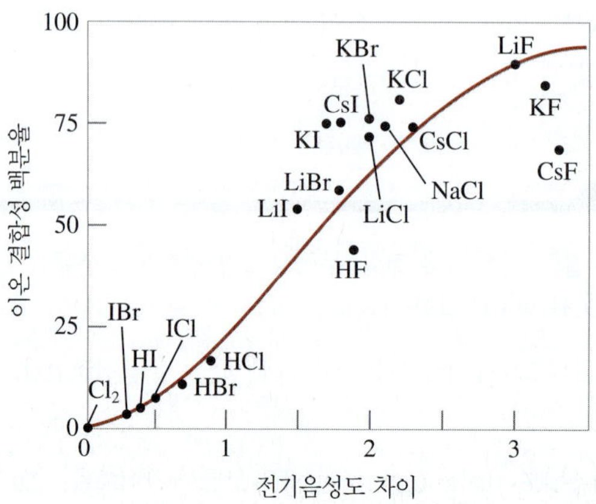

▶ **그림 9.7** 이온 결합성 백분율과 전기음성도 차이의 관계.

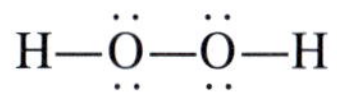

동일한 원자들 사이의 결합에서는 각 원자가 전자쌍을 *동등하게* 공유되기 때문에, 이러한 결합은 원자의 산화수에 영향을 주지 않는다. 과산화 수소에서 H의 산화수는 +1이므로, 각 O의 산화수는 −1이 된다.

이제 F의 산화수가 항상 −1인 이유를 알 수 있는가? 플루오린은 알려진 원소들 중 가장 전기음성도가 큰 원소이며, 화합물에서 *언제나* 단일 결합만을 형성한다. 그러므로 결합을 통해 전자의 전이가 일어나면, 플루오린은 반드시 −1의 전하를 갖게 된다.

개념과 사실 요약하기

- 전기음성도는 화학 결합에서 원자들이 전자를 끌어당기는 능력의 척도를 말한다.

개념과 사실 복습하기

9.5.1 다음 세 결합, B—H, C—Cl, P—H를 결합 극성이 증가하는 순서대로 나열하라.

9.5.2 다음 결합들을 공유 결합, 극성 공유 결합, 이온 결합으로 분류하라: (a) NH_3의 결합, (b) C_2H_6의 C—C 결합, (c) NaF의 결합.

9.5.3 다음에 나타낸 정전기 전위 지도 중 HCl과 LiH에 해당하는 것을 골라라. 두 그림에서 왼쪽에 있는 것이 H 원자이다.

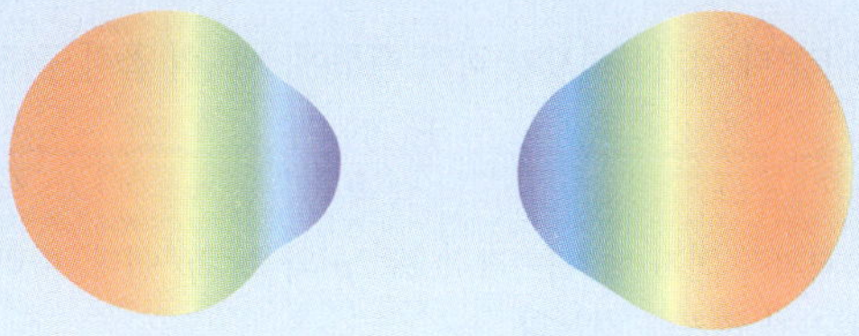

9.6 루이스 구조 그리기

학습 목표

- 화합물과 다원자 이온의 루이스 구조를 그리기 위한 지침을 활용할 수 있다.

팔전자 규칙(octet rule)이나 루이스 구조가 공유 결합을 완벽하게 표현하는 것은 아니지만, 이것은 많은 화합물의 결합 방식을 설명하고, 분자의 반응이나 성질을 설명하는 데 큰 도움이 된다. 이러한 이유 때문에 화합물의 루이스 구조 표기법을 익혀야 하며, 기본 순서는 다음과 같다.

1. 원소 기호를 이용하여, 결합하고 있는 원자들이 서로 이웃에 위치하도록 화합물의 골격 구조를 쓴다. 간단한 화합물은 쉽게 쓸 수 있다. 더 복잡한 화합물에 대해서는 또 다른 정보가 필요하거나 또는 그럴듯한 추측을 통하여 골격 구조를 그려야 한다. 일반적으로 전기음성도가 작은 원자는 중심에 놓는다. 대개의 경우 수소와 플루오린은 루이스 구조에서는 말단(끝)에 위치한다.
2. 필요할 경우 그림 9.1을 참고하여 분자의 전체 원자가 전자들의 수를 센다. 다원자 음이온의 경우는 음전하의 수를 원자가 전자들의 수에 더한다. (예를 들어, CO_3^{2-} 이온에서는 2를 더하는데, 이것은 이온의 2− 전하는 이온을 구성하는 각 원자들의 제공하

는 원자가 전자들에 비해 전자 2개가 더 있다는 것을 의미하기 때문이다.) 다원자 양이온에 대해서는 전체 원자가 전자수에서 양의 전하수만큼 뺀다. (예를 들어, NH_4^+ 이온에서는 1을 빼는데, 1+ 전하가 원자단에서 전자 한 개를 잃은 상태를 의미하기 때문이다.)

3. 중심 원자와 각 주위 원자 사이에 단일 공유 결합을 그린다. 중심 원자에 결합된 주위 원자들의 팔전자 규칙을 완성한다. [수소 원자의 원자가 껍질은 2개의 전자만으로 완성된다는 것을 기억하자. 즉, 수소는 "이전자 규칙(duet rule)"을 따른다고 말한다.] 중심 원자 또는 주위 원자의 전자들이 결합에 참여하지 않는 경우 그 전자들은 고립 전자쌍으로 나타내야 한다. 여기에 사용되는 모든 전자들의 수는 단계 2에서 결정된다.
4. 단계 1~3까지 완료 후, 중심 원자의 전자가 8개 미만인 경우 중심 원자의 팔전자를 완성하기 위해 주위 원자의 고립 전자쌍을 이용하여 주위 원자와 중심 원자 사이에 이중 결합이나 삼중 결합을 만들어 본다.

인터넷 핫스팟

학생들의 학습 경험에 대해 축적된 자료에 따르면 루이스 구조를 쓰는 데 어려움을 겪을 수 있다. 이런 경우 eBook에 접속해서 이 주제에 대한 추가 학습 자료를 보면 도움이 될 수 있다.

예제 9.3, 9.4, 9.5에서 화합물과 이온의 루이스 구조를 그리는 4단계 과정을 연습해 보기로 하자.

예제 9.3

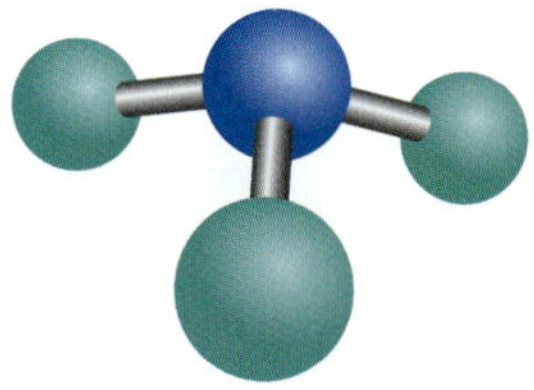

▲ NF_3는 무색, 무취의 반응성이 없는 기체이다.

세 개의 F 원자가 N 원자와 결합되어 있는 삼플루오린화 질소(NF_3)의 루이스 구조를 그려라.

풀이 앞서 언급된 단계에 따라 루이스 구조를 그린다.

단계 1: N 원자는 F보다 전기음성도가 작기 때문에, NF_3의 골격 구조는 다음과 같다.

F N F
F

단계 2: N과 F의 최외각 전자 배치는 각각 $2s^22p^3$와 $2s^22p^5$이다. 따라서 NF_3는 $5 + (3 \times 7) = 26$개의 원자가 전자를 갖는다.

단계 3: N과 각 F 사이에 단일 공유 결합을 그리고, 각 F 원자의 팔전자를 완성한다. 남아 있는 두 개의 전자는 N에 놓는다.

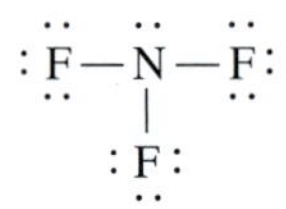

이 구조는 모든 원자들의 팔전자 규칙을 만족하므로, 단계 4는 필요하지 않다.

검산 공유 전자쌍과 고립 전자쌍을 모두 포함하여 NF_3의 원자가 전자 수를 센다. 결과는 26이며, 세 개의 플루오린 원자의 원자가 전자수($3 \times 7 = 21$)와 하나의 질소 원자의 원자가 전자수 (5)의 합과 같다.

실전 연습 이황화 탄소(CS_2)의 루이스 구조를 그려라.

비슷한 문제: 9.45.

예제 9.4

세 개의 O 원자가 중심에 있는 N 원자와 결합하고, 이온화 가능한 하나의 H 원자가 셋 중 하나의 O와 결합한 질산(HNO_3)의 루이스 구조를 그려라.

풀이 앞서 언급된 단계에 따라 루이스 구조를 그린다.

(계속)

단계 1: HNO_3의 골격 구조는

O N O H
O

단계 2: N, O, H의 최외각 전자 배치는 각각 $2s^22p^3$와 $2s^22p^4$, $1s^1$이다. 따라서 HNO_3는 $5 + (3 \times 6) + 1 = 24$개의 원자가 전자를 갖는다.

단계 3: N과 세 개의 O 사이에는 각각 1개의 단일 공유 결합을 그리고, 하나의 O와 H 사이에도 1개의 단일 공유 결합을 그린다. 그 다음, O 원자들은 팔전자 규칙을 적용하여 전자를 채운다.

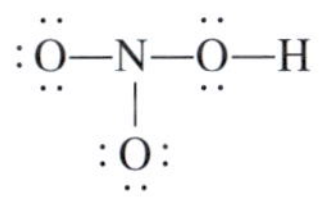

단계 4: 모든 O 원자들은 팔전자 규칙을 만족하지만, N 원자는 6개의 전자만을 갖고 있다. 따라서 셋 중 하나의 O 원자로부터 한 쌍의 고립 전자쌍을 옮겨 O와 N 사이에 이중 결합을 만든다. 그러면 N도 팔전자 규칙을 만족하게 된다.

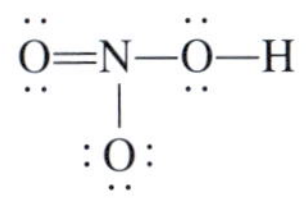

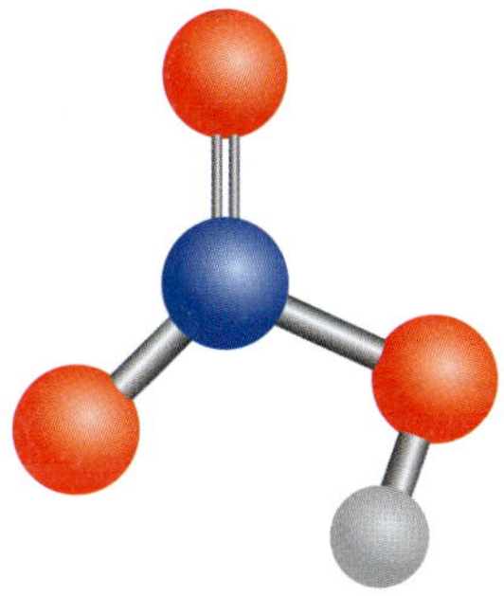

▲ HNO_3은 강한 전해질이다.

검산 H를 제외한 모든 원자들이 팔전자 규칙을 만족하는지 확인하라. 공유 전자쌍과 고립 전자쌍을 모두 포함하여 HNO_3의 원자가 전자 수를 센다. 결과는 24이며, 세 개의 O 원자의 원자가 전자수($3 \times 6 = 18$)와 하나의 N 원자의 원자가 전자수(5), 하나의 H 원자의 원자가 전자수(1)의 합과 같다.

실전 연습 폼산(HCOOH)의 루이스 구조를 그려라.

비슷한 문제: 9.45.

예제 9.5

탄산 이온 (CO_3^{2-})의 루이스 구조를 그려라.

풀이 앞서 언급된 단계에 따라 루이스 구조를 그린다. 탄산 이온은 전하가 −2임을 유의하라.

단계 1: C가 O보다 전기음성도가 작기 때문에, 다음과 같이 C가 중심 원소인 골격 구조를 가질 것이라는 것을 추측할 수 있다.

O
O C O

단계 2: C와 O의 최외각 전자 배치는 각각 $2s^22p^2$와 $2s^22p^4$이고, 이온 자체가 −2의 음전하를 가지므로, 전체 전자의 수는 $4 + (3 \times 6) + 2 = 24$개이다.

단계 3: C와 세 개의 O 사이에 각각 1개의 단일 공유 결합을 그리고, 각 O 원자들은 모두 팔전자 규칙을 적용하여 전자를 채운다.

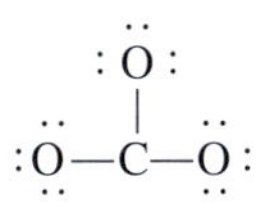

이 구조는 24개의 전자를 갖고 있다는 것을 보여 준다.

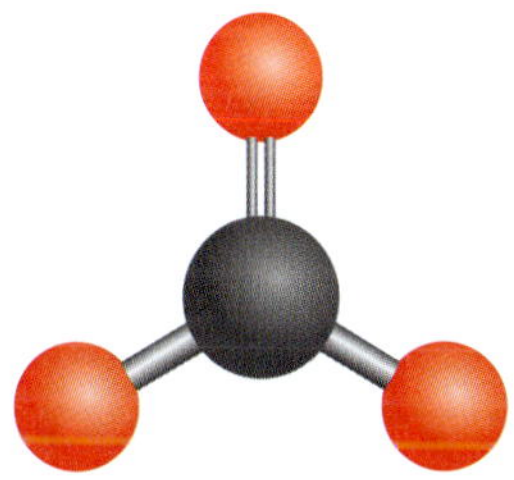

CO_3^{2-}

단계 4: 모든 O 원자들은 팔전자 규칙을 만족하지만, C 원자는 6개의 전자만을 갖고 있다. 따라서 셋 중 하나의 O 원자로부터 한 쌍의 고립 전자쌍을 옮겨 O와 C 사이에 이중 결합을 만들면, C도 팔전자 규칙을 만족하게 된다. 또한, −2 전하를 표시하기 위해 대괄호(bracket)를 이용한다.

(계속)

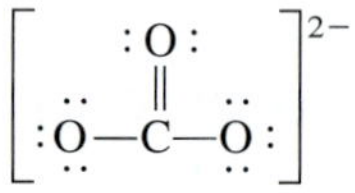

검산 모든 원자들이 팔전자 규칙을 만족하는지 확인하라. 공유 전자쌍과 고립 전자쌍을 모두 포함하여 CO_3^{2-}의 원자가 전자 수를 센다. 결과는 24이며, 세 개의 O 원자의 원자가 전자수(3 × 6 = 18)와 하나의 C 원자의 원자가 전자수(4), 두 개의 음전하의 수를 모두 더한 것과 같다.

실전 연습 아질산 이온 (NO_2^-)의 루이스 구조를 그려라.

비슷한 문제: 9.44.

개념과 사실 요약하기

- 팔전자 규칙은 원자들이 각각 8개의 전자로 둘러싸여 공유 결합을 형성하는 것을 말한다.

개념과 사실 복습하기

9.6.1 PCl_3의 루이스 구조를 그려라.

9.6.2 CN^-의 루이스 구조를 그려라.

9.6.3 다음 분자 모형은 DNA 분자의 한 구성 요소인 구아닌(guanine)을 나타낸 것이다. 이 모형에서는 원자들 간의 연결 상태만 보여주고 있다. 다중 결합, 고립 전자쌍을 모두 보여주는 완전한 루이스 구조를 그려라. (색 코드는 부록 7 참조.)

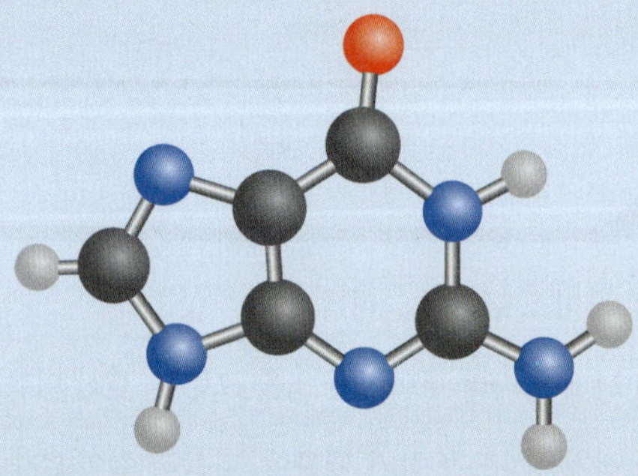

9.7 형식 전하와 루이스 구조

학습 목표

- 루이스 구조에서 각 원자들의 형식 전하를 계산할 수 있다.
- 어떤 화합물에 대해 여러 개의 루이스 구조가 가능한 경우, 형식 전하를 활용하여 가장 가능성 있는 구조를 식별할 수 있다.

독립된 원자의 전자수와 루이스 구조식 안에 포함된 같은 종류의 원자가 갖고 있는 전자수를 비교하면, 분자 내에서 전자의 분포를 알 수 있으며, 가장 그럴듯한 루이스 구조를 그릴 수 있다. 그 과정은 다음과 같다. 독립된 원자에서 원자의 전자수는 단순히 원자가 전자수를 의미한다. (내부 전자는 고려하지 않는다.) 분자에서 원자의 전자수는 결합 전자수와 비결합 전자수의 모두 합한 것이다. 비결합 전자들은 모두 한 원자에 속해 있지만, 결합에 사용된 전자들은 원자간 공유되어 있기 때문에, 결합 전자들은 결합을 형성한 두 원자들 사이에 동등하게 나누어져야 한다. 한 원자의 **형식 전하**(formal charge)란 *독립된 원자의 원자가 전자수로부터 루이스 구조식에서 그 원자에 할당된 전자수를 뺀 값*을 의미한다.

루이스 구조식에서 한 원자에 할당된 전자수를 계산하기 위해서는 다음 과정을 따른다.

- 그 원자의 모든 비결합 전자들은 그 원자에 할당한다.
- 그 원자와 다른 원자들 사이의 결합은 모두 끊어서 결합 전자들의 절반을 그 원자에 배당한다.

오존 분자(O_3)를 통해 형식 전하의 개념을 설명해 보자. 예제 9.3과 9.4에서 보인 과정을 따라 O_3 의 골격 구조를 그리고, 결합과 전자를 추가하여 양끝에 있는 2개의 산소 원자들이 팔전자 규칙을 만족시킨다.

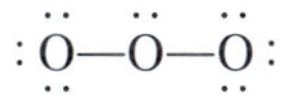

모든 원자가 전자들이 사용되었지만, 중심에 있는 산소 원자는 팔전자 규칙을 만족하지 않는다. 따라서 다음과 같이 양끝에 있는 O 원자 중 한 개로부터 고립 전자쌍을 이동하여 끝 원자와 중심 원자 사이에 추가적인 결합을 만들어 준다.

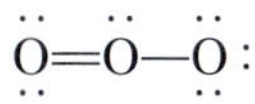

O_3의 각 원자의 형식 전하는 결합 전자들의 절반을 결합하는 각 원자에 배당한다는 다음 절차에 따라 계산한다.

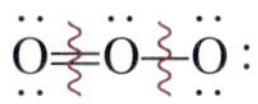

	O	O	O
원자가 전자	6	6	6
원자에 배당된 전자	6	5	7
차이(형식 전하)	0	+1	−1

여기서 물결 모양의 빨간 선은 결합 절단을 의미한다. 단일 결합의 절단은 전자 하나, 이중 결합의 절단은 전자 두 개가 각 결합 원자에 할당된다. 따라서 오존에서 각 원자의 형식 전하를 포함한 루이스 구조식은 다음과 같이 그릴 수 있다. 따라서 오존에서 각 원자의 형식 전하를 포함한 루이스 구조식은 다음과 같다.

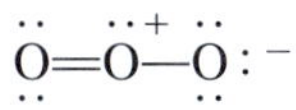

1+와 1−의 전하에 대해서는 보통 숫자 1을 생략하여 +, −로만 표시한다.

형식 전하를 표기할 때 다음 규칙은 매우 유용하다.

1. 중성 분자는 전기적으로 중성이므로, 모든 형식 전하의 합은 0이다. (예를 들어, O_3 분자는 이 규칙이 적용된다.)
2. 양이온에서는 형식 전하의 합이 이온의 양전하와 같아야 하고, 음이온에서는 형식 전하의 합은 이온의 음전하와 같아야 한다.

형식 전하는 단순히 분자를 구성하고 있는 원자들의 원자가 전자를 추적하여, 분자 내 전자의 분포를 정성적으로 이해하는 데 도움을 준다. 형식 전하를 실제로 전하가 완전히 이동하는 것으로 해석해서는 안 된다. 예를 들어, O_3 분자에 대한 실험 결과는 중심 원자는 부분적으로 양전하를 가지고 있으며 양 끝의 O 원자들은 부분적인 음전하를 가진다는 것을 보여 줄 뿐이지, 한 원자에서 다른 원자로 전자가 완전히 이동했다는 증거는 없다. 형식 전하를 결정할 때 분자(또는 이온)에 있는 원자가 그 원자의 원자가 전자보다 더 많은 전자를 가지고 있으면 음의 형식 전하를 가지며, 더 적은 전자를 가지고 있으면 양의

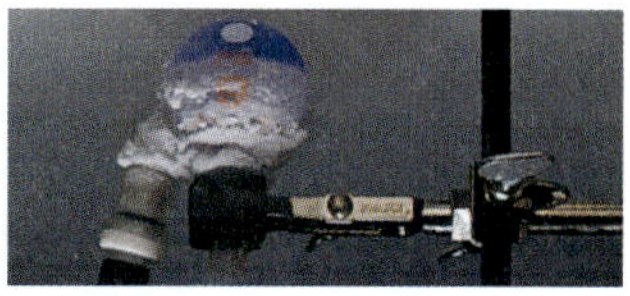

▲ *끓는점(−111.3°C) 이하의 액체 오존. 오존은 자극적인 냄새가 나는 독성이 있는 밝은 파란색 기체이다.*
Ken Karp/McGraw-Hill

인터넷 핫스팟

학생들의 학습 경험에 대해 축적된 자료에 따르면 형식 전하를 계산하는 데 어려움을 겪을 수 있다. 이런 경우 eBook에 접속해서 이 주제에 대한 추가 학습 자료를 보면 도움이 될 수 있다.

형식 전하를 갖는지를 확인해야 한다.

예제 9.6

탄산 이온 각 원자들의 형식 전하를 써라.

전략 예제 9.5에서 그렸던 탄산 이온의 루이스 구조는 다음과 같다.

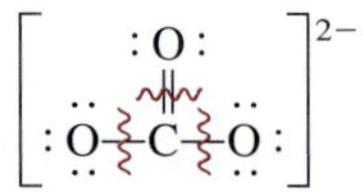

각 원자들의 형식 전하는 앞서 언급한 과정에 따라 계산할 수 있다.

풀이 각 원자의 원자가 전자에서 비결합 전자수와 결합 전자수의 절반을 뺀다.

C 원자: C 원자의 원자가 전자는 4이며, 루이스 구조에서 비결합 전자는 없다. 하나의 이중 결합과 두 개의 단일 결합을 끊으면, C 원자에는 4개의 전자가 할당되므로, 형식 전하는 4 − 4 = 0이다.

C═O 결합의 O 원자: O 원자의 원자가 전자는 6이며, 이 O 원자에는 4개의 비결합 전자를 가지고 있다. 이중 결합 하나를 끊으면, 두 개의 전자가 O에 할당되므로, 형식 전하는 6 − 4 − 2 = 0이다.

C—O 결합의 O 원자: 이 O 원자는 6개의 비결합 전자를 가지고 있으며, 하나의 단일 결합을 끊으면 한 개의 전자가 할당된다. 따라서 형식 전하는 6 − 6 − 1 = −1이다.

따라서 형식 전하를 포함한 CO_3^{2-}의 루이스 구조는 아래 그림과 같다.

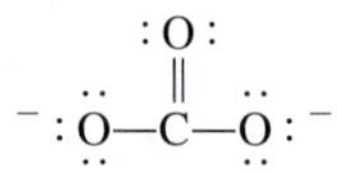

검산 모든 원자의 형식 전하의 총합이 −2임을 주목하라. 이것은 탄산 이온의 전하와 같다.

실전 연습 아질산 이온(NO_2^-)의 형식 전하를 구하라.

비슷한 문제: 9.52.

때로는 어떤 분자는 가능한 루이스 구조를 두 개 이상 그릴 수 있다. 그러한 경우에는 형식 전하를 이용하여 가장 합당한 루이스 구조식을 선택할 수 있으며, 그 지침은 다음과 같다.

- 중성 분자에서는 형식 전하가 없는(모든 원자의 형식 전하가 0인) 루이스 구조가 형식 전하를 갖는(일부 원자의 형식 전하가 0이 아닌) 구조보다 더 선호된다.
- 형식 전하가 큰(±2, ±3 등) 원자를 포함하는 루이스 구조는 작은 형식 전하의 원자들을 포함하는 루이스 구조보다 덜 선호된다.
- 비슷한 형식 전하 분포를 갖는 루이스 구조 중에서 가장 합당한 구조는 전기음성도가 더 큰 원자가 음의 형식 전하를 갖는 구조이다.

예제 9.7은 형식 전하를 이용하여 가장 합당한 루이스 구조를 결정하는 방법을 제시한다.

예제 9.7

불쾌한 향이 나는 액체인 폼알데하이드(CH_2O)는 전통적으로 실험실 표본을 보전하

(계속)

는 데 사용되었다. 이 화합물의 가장 합당한 루이스 구조를 그려라.

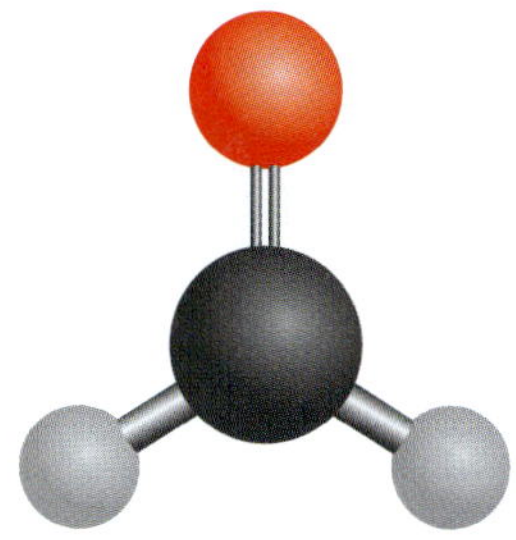

CH_2O

전략 합당한 루이스 구조는 H를 제외한 모든 원자에 대해 팔전자 규칙을 만족해야 하며, 전기음성도 지침에 따라(형식 전하가 존재한다면) 형식 전하가 분포되어야 한다.

풀이 두 개의 가능한 골격 구조는 다음과 같다.

H C O H (a)

H, H C O (b)

우선 위의 구조에 대해 다음과 같이 루이스 구조를 그릴 수 있다.

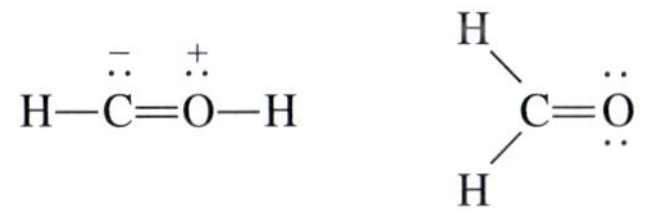

(a) (b)

예제 9.6에서 했던 것처럼 형식 전하를 구한다. (a)에서 C 원자는 총 5개의 전자(1쌍의 고립 전자쌍과 1개의 단일 결합, 1개의 이중 결합에서 비롯된 3개의 전자)를 갖는다. C의 원자가 전자 수는 4이므로, 형식 전하는 $4 - 5 = -1$이다. O 원자는 총 5개의 전자(1쌍의 고립 전자쌍과 1개의 단일 결합, 1개의 이중 결합에서 비롯된 3개의 전자)를 가지며, O의 원자가 전자는 6개이므로, 형식 전하는 $6 - 5 = +1$이다. (b)에서는 C 원자는 2개의 단일 결합과 1개의 이중 결합에서 비롯된 4개의 전자를 가지므로, 형식 전하는 $4 - 4 = 0$이다. O는 2쌍의 고립 전자쌍, 1개의 이중 결합에서 비롯된 2개의 전자를 가지므로, 총 6개의 전자를 갖는다. 따라서 O의 형식 전하는 $6 - 6 = 0$이다. 두 구조는 모두 팔전자 규칙을 만족하지만, (b)에는 0이 아닌 형식 전하가 없으므로, 더 합당한 구조이다.

검산 각 구조는 모두 12개의 원자가 전자를 갖는다. (a)가 덜 합리적인 구조라는 것에 대해 다른 이유 두 가지를 더 제시할 수 있는가?

실전 연습 N, C, H 원자를 각각 하나씩 갖는 분자의 가장 합리적인 루이스 구조를 그려라.

비슷한 문제: 9.47.

개념과 사실 요약하기

- 공유 결합하고 있는 한 원자가 두 개의 전자를 결합에 참여할 때, 루이스 구조는 원자가 전자를 추적하는 수단으로서 형식 전하를 포함할 수 있다.

개념과 사실 복습하기

9.7.1 HCN에서 H, C, N의 각 형식 전하를 구하라.

9.7.2 OCl^-에서 O와 Cl의 형식 전하를 구하라.

9.7.3 사이안아마이드(CH_2N_2)의 세 가지 가능한 원자 배열은 (a) H_2CNN, (b) H_2NCN, (c) HNNCH이다. 형식 전하 지침을 활용하여, 어느 것이 가장 합리적인 배열인지를 말하라.

9.8 공명의 개념

학습 목표

- 여러 개의 루이스 구조가 가능한 경우, 형식 전하를 이용하여 가장 합당한 구조를 그릴 수 있다.
- 공명의 개념을 설명할 수 있고, 주어진 화합물이나 다원자 이온의 공명 구조를 그릴 수 있다.

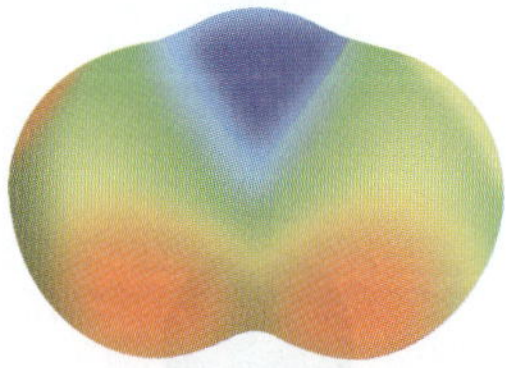

▲ O_3의 정전기 전위 지도. 전자 밀도는 두 개의 양쪽 끝의 O 원자들 사이에 골고루 분포한다.

오존(O_3)에 대한 루이스 구조는 중심 원자와 양끝에 있는 산소 원자들 중 하나가 이중 결합으로 연결되어 있어서, 모든 원자들의 팔전자 규칙이 만족되었다. 실제로는 둘 중 어느 한쪽 끝에 이중 결합을 표시할 경우, 다음처럼 두 개의 동등한 루이스 구조를 그릴 수 있다.

그러나 이 두 개의 루이스 구조 중 어느 것도 O_3의 실험적으로 알려진 결합 길이를 설명하지 못한다.

이중 결합은 단일 결합보다 더 짧기 때문에 O_3에서 O—O 결합은 O=O 결합보다 더 길 것이라고 예측할 수 있다. 그러나 실험을 통해 얻은 증거로부터 두 개의 산소-산소 결합 길이는 똑같은 128 pm인 것으로 알려져 있다. 이러한 실험 증거와 하나의 루이스 구조로 표현되는 구조의 차이를 해결하기 위하여 오존 분자를 표현할 때 다음과 같이 두 개의 루이스 구조를 *함께* 사용한다.

동영상 자료 공명

이 각각의 구조를 공명 구조라고 부른다. 따라서 **공명 구조**(resonance structure)란 *하나의 루이스 구조만으로는 정확하게 표현할 수 없는 단일 분자에 대한, 두 개 이상의 루이스 구조들 중 하나이다.* 양쪽 화살표는 나타낸 구조들이 공명 구조임을 의미한다.

공명(resonance)이란 용어 자체는 *어떤 특정 분자를 나타내기 위해 두 개 이상의 루이스 구조가 사용됨*을 의미한다. 중세 유럽인이 아프리카를 여행하면서 발견한 코뿔소를 상상의 동물인 그리핀(griffin, 그리스 신화에 나오는 동물로 독수리의 머리와 날개에 사자의 몸통을 가진 괴수)과 유니콘(unicorn, 이마에 비비 꼬인 긴 외뿔을 가진 말 비슷한 전설의 동물) 간의 잡종으로 설명했던 것처럼 오존에서도 실제 분자를 묘사하기 위하여 존재하지는 않지만 가상의 두 가지 공명 구조를 사용한다.

공명에 대해서 흔히 잘못 생각하기 쉬운 것은 공명 구조의 어떤 분자가 한 공명 구조에서 다른 공명 구조로 매우 빨리 바뀐다고 생각하는 것이다. 공명을 이루는 어떤 구조도 고유하고 안정적인 실제 분자를 적절하게 나타내지 못한다는 것을 기억하라. "공명"은 분자를 나타내는 간단한 결합 모형의 한계를 극복하기 위해 인간이 고안한 가상의 발명품이다. 다시 코뿔소 이야기에 비유하자면, 코뿔소는 분명히 실재하는 고유의 동물이지 신화 속의 그리핀이 되었다가 유니콘이 되기를 반복하는 것이 아니다!

탄산 이온은 공명의 또 다른 예가 된다.

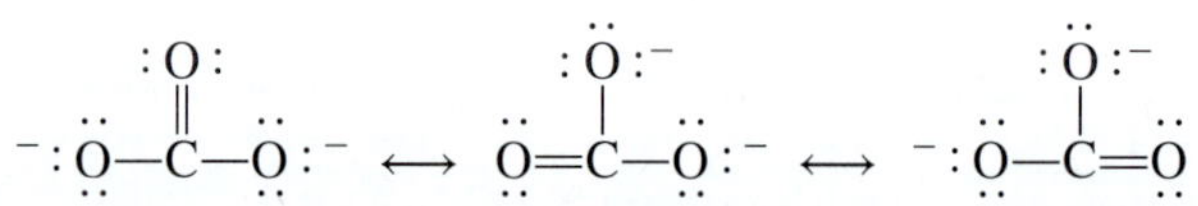

실험적인 증거에 따르면, 탄산 이온(CO_3^{2-})의 모든 탄소-산소 결합은 동등하다. 그러므로 탄산 이온의 성질은 모든 공명 구조를 함께 고려함으로써 가장 잘 설명이 된다.

공명의 개념은 유기 분자에도 똑같이 적용된다. 좋은 예가 다음의 벤젠(C_6H_6) 분자이다.

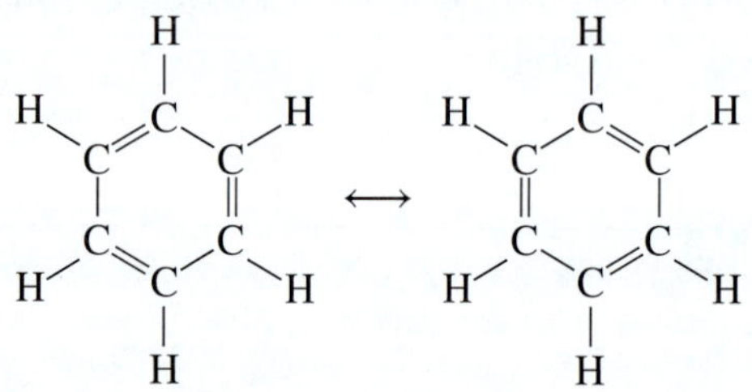

만일 이러한 공명 구조 중 하나가 실제 벤젠의 구조에 해당한다면, 이웃하고 있는 C

원자들 사이의 결합 길이는 두 가지가 되며, 하나는 단일 결합, 그리고 다른 하나는 이중 결합의 특성을 가질 것이다. 그러나 벤젠에서 이웃하는 C 원자들 사이의 거리는 모두 140 pm로, 이 값은 C—C 결합 길이(154 pm)보다는 짧고, C=C 결합 길이(133 pm)보다는 길다.

벤젠 분자나 벤젠 고리를 포함하는 화합물의 구조를 그리는 더 간단한 방법은 탄소와 수소 원자는 표시하지 않고, 골격 구조만 그리는 것이다. 관습적으로 공명 구조는 다음과 같이 그린다.

육각형의 각 꼭짓점에 위치한 C 원자와 H 원자들은 모두 생략하고, C 원자들 사이의 결합만 표시한다.

공명 구조를 그리기 위한 다음의 중요한 규칙을 기억하라. 한 공명 구조에서 다른 공명 구조를 그릴 때에는 원자의 위치는 변경할 수 없고, 전자의 위치만 바꿀 수 있다. 즉, 특정 분자의 모든 공명 구조에서 모든 원자는 같은 위치에 있어야 한다.

지금까지 예들에서 보인 공명 구조들은 분자나 이온의 실제 구조에 동등하게 기여하는 것들이다. 예제 9.8에서는 그렇지 않은 경우를 보기로 한다.

인터넷 핫스팟

학생들의 학습 경험에 대해 축적된 자료에 따르면 공명 구조를 쓰는 데 어려움을 겪을 수 있다. 이런 경우 eBook에 접속해서 이 주제에 대한 추가 학습 자료를 보면 도움이 될 수 있다.

예제 9.8

세 개의 산화 이질소(N_2O, 원자 배열 NNO) 분자에 대해 공명 구조를 형식 전하와 함께 그려라. 분자 전체의 특성을 고려하여 상대적으로 중요한 구조부터 표시하라.

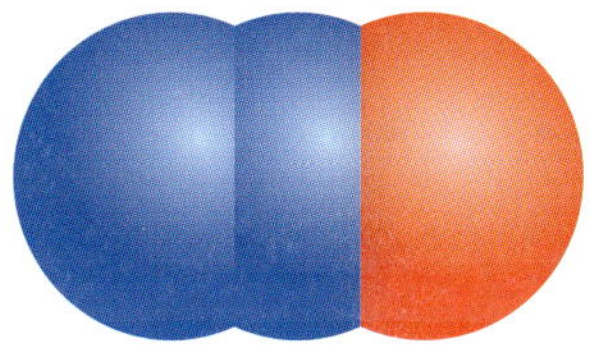

전략 N_2O의 골격 구조는 다음과 같다.

N N O

루이스 구조와 예제 9.5와 9.6에서 구한 것과 같은 방법으로 형식 전하를 구한다.

풀이 세 가지 공명 구조는 다음과 같다.

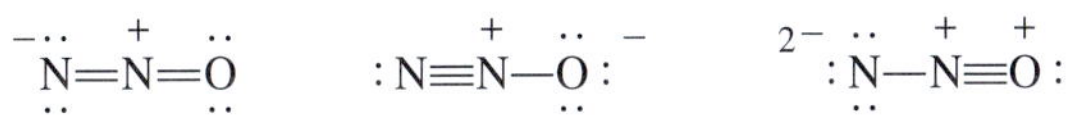

(a) (b) (c)

세 구조 모두 0이 아닌 형식 전하를 가지고 있다. (b) 구조에서는 전기음성도가 가장 큰 산소 원자가 음전하를 갖게 되므로, 가장 중요한 구조이다. (c) 구조는 다른 두 구조에 비해 큰 형식 전하를 갖게 되므로, 가장 덜 중요하다. 또한 양전하가 전기음성도가 큰 산소 원자에 부여되어 있다. 어떤 공명 구조가 갖고 있는 형식 전하의 절대 값이 ±2보다 크면, 일반적으로 타당하지 않은 것으로 간주되며, 그 공명 구조는 종종 무시할 수 있다.

검산 공명 구조들에서 원자들의 위치는 변하지 않는다는 것에 유의하라. N과 O는 각각 5개, 6개의 원자가 전자를 가지므로, 전체 원자가 전자의 수는 $5 \times 2 + 6 = 16$개이다. 각 구조에서 모든 형식 전하의 총합은 0이다.

실전 연습 싸이오사이안산 이온(SCN^-)의 세 가지 공명 구조를 그리고, 중요한 순서대로 나열하라.

비슷한 문제: 9.55, 9.56.

개념과 사실 요약하기

- 일부 분자 또는 다원자 이온의 경우, 같은 골격 구조를 가지며 팔전자 규칙을 충족하고 화학적으로 타당한 두 개 이상의 루이스 구조를 그릴 수 있다. 이러한 공명 구조는 단일 루이스 구조보다 더 정확하게 분자 또는 이온을 나타낸다.

개념과 사실 복습하기

9.8.1 SO_2의 두 가지 공명 구조를 그려라.

9.8.2 유기 용매로 사용되는 아세트아마이드(acetamide)를 나타내는 다음 그림의 모형에서는 원자들 사이의 연결 상태만 보여준다. 다중 결합의 위치와 형식 전하와 함께, 이 분자의 두 가지 공명 구조를 그려라. (색 코드는 부록 7에 있다.)

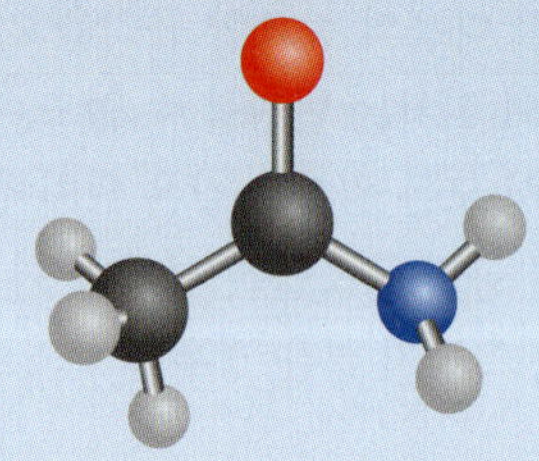

9.9 팔전자 규칙의 예외

학습 목표

- 팔전자 규칙을 따르지 않는 화학종에 대한 루이스 구조를 그릴 수 있다.
- 확장된 팔전자 규칙이 적용될 경우와 그렇지 않을 경우, 두 가지 모든 경우의 루이스 구조를 그릴 수 있다.

앞에서 언급한 대로 팔전자 규칙은 주로 2주기 원소들에 적용된다. 팔전자 규칙을 벗어나는 예외적인 경우는 팔전자보다 작은 전자수를 갖는 경우, 홀수의 전자수를 갖는 경우, 중심 원자의 원자가 전자가 8개를 초과하는 경우 등 세 가지의 범주로 나뉜다.

불완전한 팔전자

어떤 화합물에서는 중심 원자 주위의 전자수가 8개보다 적을 때에도 안정한 경우가 있다. 예를 들어, 2주기의 2족 원소인 베릴륨을 생각해 보자. 베릴륨의 전자 배치는 $1s^22s^2$이다. 베릴륨은 $2s$ 오비탈에 2개의 원자가 전자를 가지고 있다. 기체 상태에서 수소화 베릴륨(BeH_2)은 독립된 분자로 존재한다. BeH_2의 루이스 구조는 다음과 같다.

$$H—Be—H$$

▲ 다른 2족 원소와 달리 베릴륨은 BeH_2에서와 같이 대부분 공유 결합을 형성한다.

위에서 알 수 있듯이 Be 원자는 4개의 전자만으로 둘러싸여 있다. 그러므로 이 분자에서는 베릴륨에 대하여 팔전자 규칙을 만족시킬 수 있는 방법은 없다.

특히 붕소와 알루미늄 등의 13족 원소들도 8개 미만의 전자로 둘러싸인 화합물을 형성하는 경향이 있다. 예를 들어 붕소를 보자. 전자 배치가 $1s^22s^22p^1$인 붕소의 원자가 전자는 모두 3개이다. 붕소가 할로젠과 결합하여 생성되는 일반적인 화합물의 화학식은 BX_3이다(X는 할로젠 원자). 따라서 삼플루오린화 붕소(BF_3)에서 붕소 원자 주위에는 6개의 전자만이 존재한다.

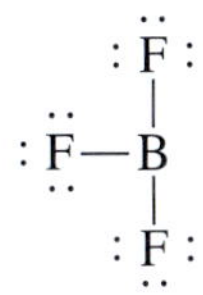

B와 F 사이에 이중 결합을 가지는 다음과 같은 공명 구조들은 붕소에 대한 팔전자 규칙을 만족시킨다.

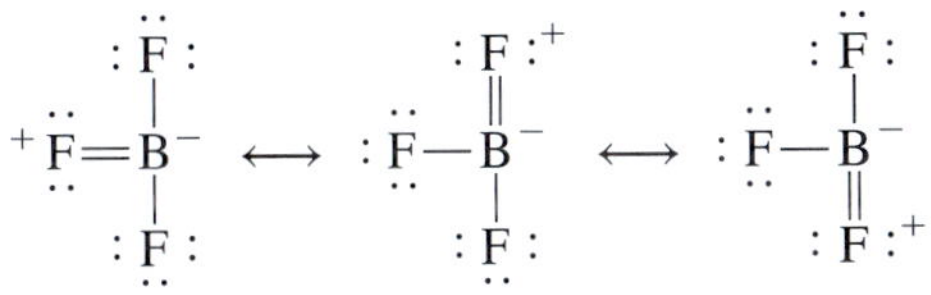

각 경우에 B 원자는 음의 형식 전하를 가지며, 전기음성도가 큰 F 원자는 양의 형식 전하를 갖지만, BF_3에서 B—F 실제 결합 길이(130.9 pm)가 B—F의 단일 결합 길이(137.3 pm)보다 짧다는 것은 위의 공명 구조들이 옳다는 것을 의미한다.

삼플루오린화 붕소는 안정한 화합물이지만 암모니아와 아주 쉽게 반응한다. 이 반응은 붕소 주위에 6개의 원자가 전자만 있는 루이스 구조를 사용하면 더 잘 이해가 된다.

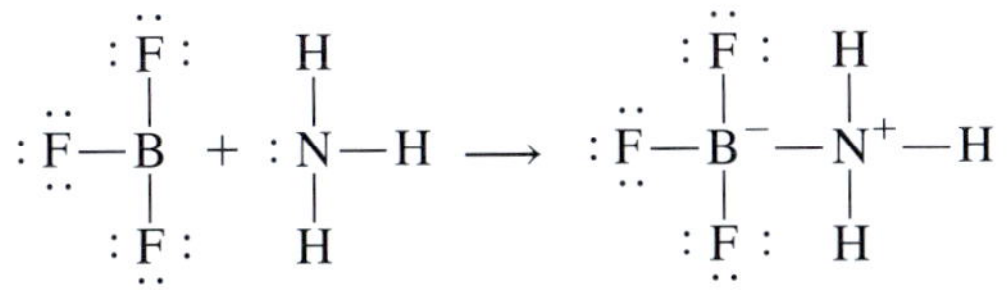

B 원자가 부족한 전하를 받아들이는 반응이 쉽게 일어나는 것으로 볼 때, BF_3는 B 원자 주위에 6개의 전자가 있는 구조를 포함하여 4개의 공명 구조를 모두 사용해야 분자의 특성을 가장 잘 설명할 수 있다.

위 화합물의 B—N 결합은 지금까지 논의했던 공유 결합과 구별되는데, 이는 결합에 기여한 두 전자들이 모두 N 원자로부터 왔기 때문이다. 이렇게 *결합 원자 중 하나가 두 전자 모두를 줌으로써 이루어지는 공유 결합*을 **배위 공유 결합**[coordinate covalent bond, 공여 결합(dative bond)이라고도 함]이라고 한다. 배위 공유 결합의 속성은 일반적인 공유 결합과 다르지 않지만(모든 전자는 어디에서 비롯되었는지에 관계없이 비슷하기 때문에), 원자가 전자를 계산하거나 형식 전하를 할당할 때 이 차이점이 유용하게 쓰인다.

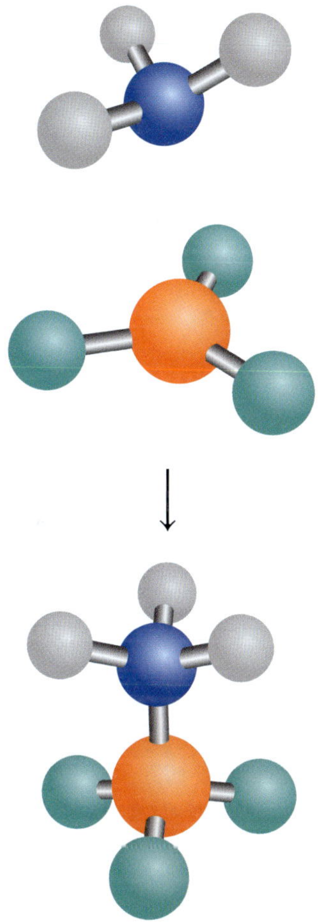

$NH_3 + BF_3 \longrightarrow H_3N—BF_3$

홀수-전자 분자

어떤 분자들은 홀수 개의 전자를 포함하고 있다. NO와 NO_2를 예로 들어 보자.

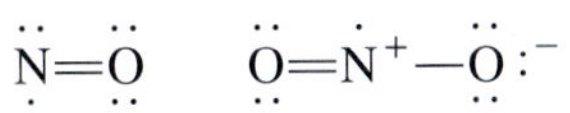

분자의 전자들이 완전한 짝(8개)을 이루기 위해서는 짝수의 전자가 필요하기 때문에, 전체 전자의 개수가 홀수인 분자의 경우에는 모든 원자가 팔전자 규칙을 만족할 수 없다.

홀수-전자 분자를 종종 *라디칼*(radical)이라고 부른다. 라디칼의 홀전자들은 다른 분자의 홀전자들과 공유 결합을 형성하는 경향성이 있으므로, 라디칼의 반응성이 크다. 예를 들어, 이산화 질소(NO_2) 분자 두 개가 충돌할 때, 모든 N과 O 원자들이 팔전자 법칙을 만족하는 사산화 이질소(N_2O_4)를 생성한다.

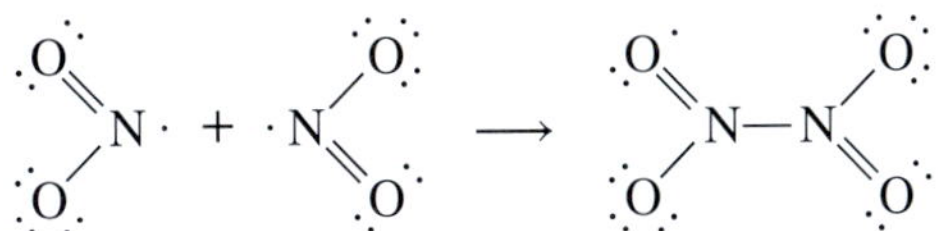

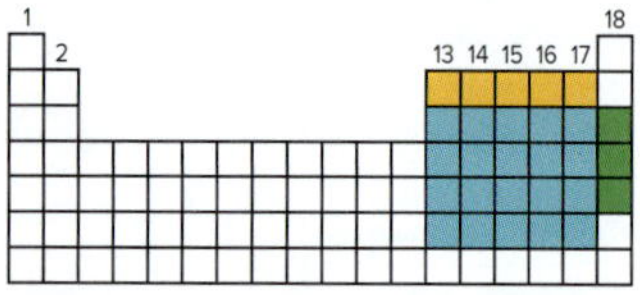

dt+8

▲ 노란색: 2주기 원소는 확장된 팔전자를 가질 수 없다.
파란색: 3주기 또는 그 이상 주기의 원소는 확장된 팔전자를 가질 수 있다.
녹색: 3주기 이상 비활성 기체들은 화합물이 될 때, 대개의 경우 확장된 팔전자만 갖는다.

확장된 팔전자

2주기 원소들은 결합을 할 때, 중심 원자 주위에 8개보다 많은 수의 원자가 전자를 가질 수 없다. 그러나 주기율표의 3주기 또는 그보다 더 큰 주기의 원소들의 경우에는 중심 원자 주위에 8개보다 더 많은 수의 전자가 배열될 수 있다. 3주기 원소들은 3*s* 및 3*p* 오비탈 외에 3*d* 오비탈을 결합에 사용할 수 있다. 이 오비탈들은 확장된 *팔전자*(expanded octet)를 가능하게 한다. 확장된 팔전자의 화합물은 종종 *초원자가*(hypervalent)라고 부른다. 매우 안정한 화합물로 존재하는 SF_6가 확장된 팔전자를 갖는 화합물의 한 예이다. 황의 전자 배치는 [Ne]$3s^2 3p^4$로 6개의 원자가 전자가 각각 플루오린 원자와 공유 결합을 이룬다. 따라서 중심의 S 원자는 주위에 12개의 전자를 갖게 된다.

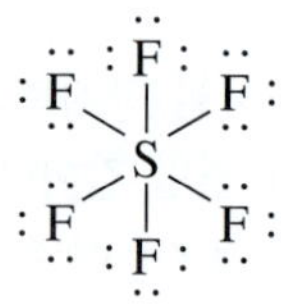

제10장에서 이러한 12개의 전자 또는 6개의 결합은 황(S)의 3*d* 오비탈 5개 중 2개, 3개의 3*p*, 하나의 3*s* 오비탈로부터 만들어진 6개의 혼성 오비탈에 수용된다는 것을 배울 것이다. 황은 팔전자 규칙에 위배되지 않는 많은 화합물도 형성한다. 예를 들어, 이염화 황에서 S는 단지 8개의 전자들로만 둘러싸여 있다.

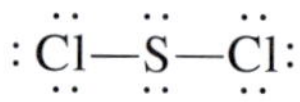

예제 9.9, 9.10, 9.11은 팔전자 규칙을 따르지 않는 화합물을 다룬다.

예제 9.9

높은 온도에서 아이오딘화 알루미늄(Al_2I_6)은 AlI_3 분자로 분해된다. AlI_3의 루이스 구조를 그려라.

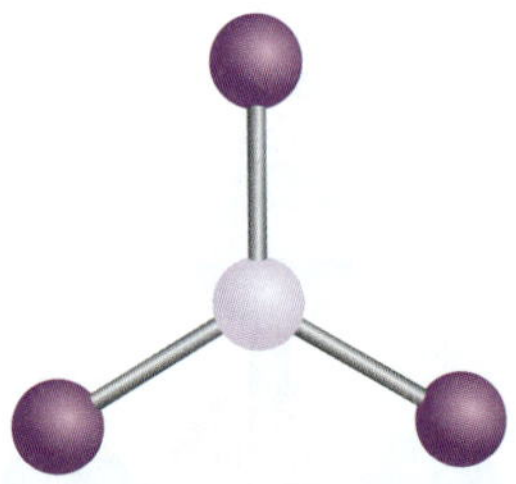

▲ AlI_3는 이량체 Al_2I_6를 형성하는 경향이 있다.

전략 예제 9.5와 9.6에서 사용된 절차를 따라, 루이스 구조를 그리고, 형식 전하를 계산한다.

풀이 Al과 I의 최외각 껍질의 전자 배치는 각각 $3s^2 3p^1$과 $5s^2 5p^5$이다. 원자가 전자의 총 수는 $3 + 3 \times 7 = 24$이다. Al은 I보다 전기음성도가 작기 때문에, 중심에 위치하고, I 원자와 세 개의 결합을 형성한다.

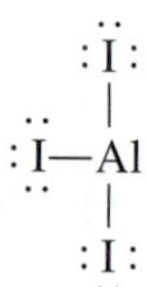

Al과 I의 형식 전하는 모두 0이다.

검산 I 원자들은 팔전자 규칙을 만족하고, Al은 6개의 원자가 전자만 있다. 따라서 AlI_3는 불완전한 팔전자의 예에 속한다.

실전 연습 BeF_2의 루이스 구조를 그려라.

비슷한 문제: 9.68.

예제 9.10

다섯 개의 F 원자가 중심의 P와 결합하고 있는 오플루오린화 인(PF_5)의 루이스 구조를 그려라.

(계속)

전략 P는 3주기 원소이다. 예제 9.5와 9.6에서 사용한 과정을 따라 루이스 구조를 그리고, 형식 전하를 계산한다.

풀이 P와 F의 최외각 전자 배치는 각각 $3s^23p^3$와 $2s^22p^5$이다. 전체 원자가 전자의 수는 5 + (5 × 7) = 40이다. 인은 황처럼 3주기 원소이므로, 확장된 팔전자를 가질 수 있다. PF_5의 루이스 구조는 다음과 같다.

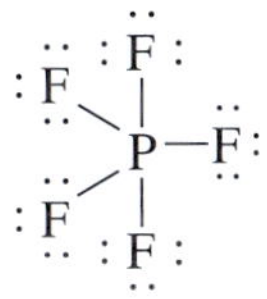

P와 F의 형식 전하는 0이라는 점을 유의하라.

검산 F 원자는 팔전자 규칙을 만족하지만, P 주위는 10개의 전자를 갖게 되고, 확장된 팔전자 계를 나타낸다.

실전 연습 오플루오린화 비소(AsF_5)의 루이스 구조를 그려라.

비슷한 문제: 9.70.

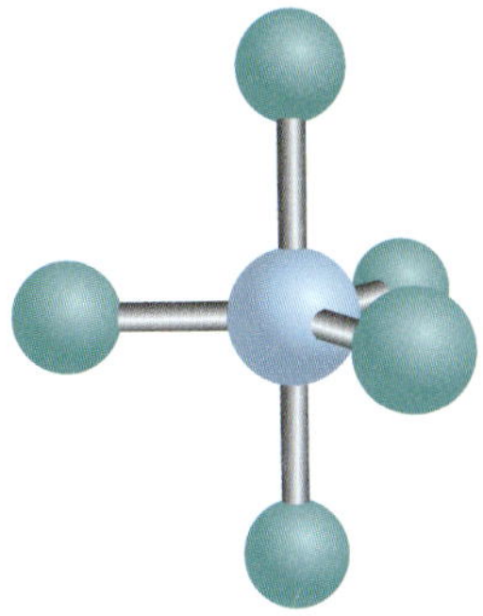

▲ *PF_5는 반응성이 좋은 기체 화합물이다.*

예제 9.11

네 개의 O 원자가 중심의 S 원자와 결합하여 만들어진 황산 이온(SO_4^{2-})의 루이스 구조를 그려라.

전략 황은 3주기 원소이다. 예제 9.5와 9.6에서 사용한 과정에 따라 루이스 구조를 그리고, 형식 전하를 계산한다.

풀이 S와 O의 최외각 껍질의 전자 배치는 각각 $3s^23p^4$, $2s^22p^4$이다.

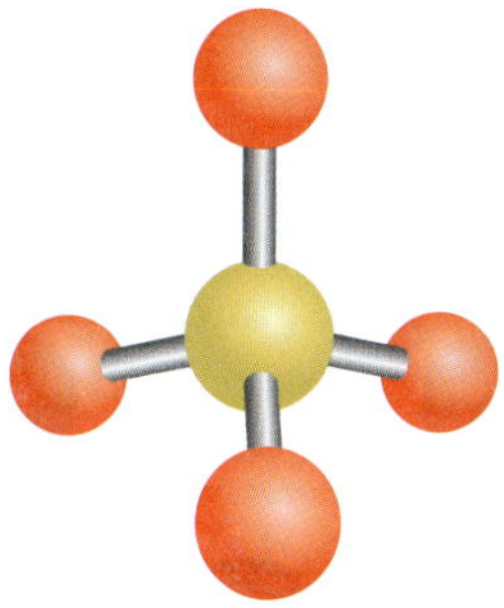

SO_4^{2-}

단계 1: SO_4^{2-}의 골격 구조는 다음과 같다.

단계 2: O와 S는 모두 16족 원소이므로, 6개의 원자가 전자를 가지고 있다. SO_4^{2-}은 2개의 음전하를 가지므로, 전체 원자가 전자의 수는 6 + (4 × 6) + 2 = 32이다.

단계 3: 결합하는 모든 원자들 사이에 단일 공유 결합을 그린다.

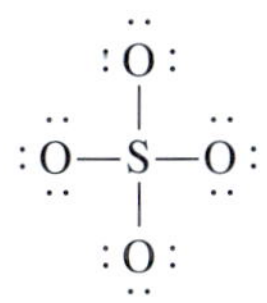

다음 S와 O의 형식 전하를 표시한다.

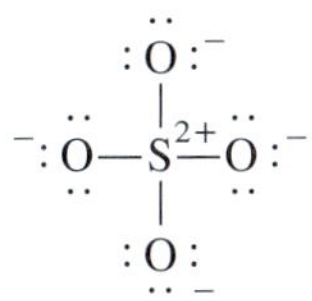

다음과 같이 S 원자에 확장된 팔전자를 적용함으로써, SO_4^{2-}의 일부의 형식 전하를 없앨 수 있다(이 구조는 SO_4^{2-}의 여섯 개의 동등한 공명 구조들 중 하나임을 유의하라).

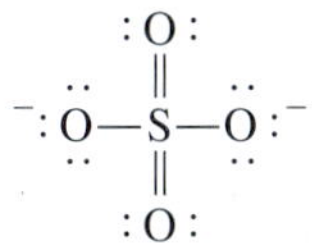

(계속)

화학자들 사이에서는 위의 두 구조, 즉 S의 형식 전하는 크지만 팔전자 규칙을 만족하는 구조와 확장된 팔전자를 갖는 S를 포함하는 구조 중 어떤 것이 더 중요한지에 대한 논쟁이 있어 왔다. 많은 경우에 양자역학적 계산을 통해서만 더 명확한 해답을 얻을 수 있다. 물론 이 수준에서도 여러분들은 두 구조가 모두 타당한 루이스 구조라는 사실을 알아야 하고, 두 구조를 모두 그릴 수 있어야 한다. 한 가지 유용한 규칙은 중심 원자의 확장된 팔전자를 적용함으로써 형식 전하는 최소화하려고 할 때, 중심 원자의 형식 전하를 0으로 만들기에 충분한 이중 결합만 추가한다는 것이다. 따라서 다음 구조는 S에 −2, O에 0의 형식 전하를 할당하게 되고, 이들 원소의 전기음성도에 부합하지 않으므로, SO_4^{2-} 이온을 나타내는 구조에 포함시켜서는 안 된다.

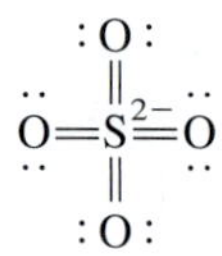

실전 연습 황산(H_2SO_4)의 루이스 구조를 그려라.

확장된 팔전자에 대하여 마지막으로 언급할 것이 있다. 3주기 또는 그 이상 주기의 중심 원자를 포함하는 화합물의 루이스 구조식을 그릴 때, 종종 모든 원자가 팔전자 규칙을 만족시키지만 여전히 할당해야 할 원자가 전자가 남는 경우도 있다. 그런 경우에는 여분의 전자들이 중심 원자의 고립 전자쌍으로 존재하게 된다. 예제 9.12는 이러한 예를 보여준다.

예제 9.12

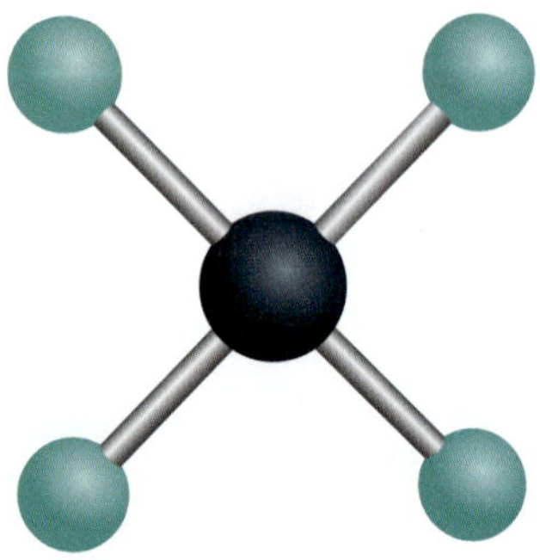

XeF_4

비활성 기체인 Xe가 중심에 있고, 네 개의 F와 결합하고 있는 사플루오린화 제논(XeF_4)의 루이스 구조를 그려라.

전략 Xe는 5주기 원소이다. 예제 9.5와 9.6에서 했던 과정을 따라 루이스 구조를 그리고, 형식 전하를 계산한다.

풀이

단계 1: XeF_4의 골격 구조는 다음과 같다.

F   F
Xe
F   F

단계 2: Xe와 F의 최외각 전자 배치는 $5s^25p^6$와 $2s^22p^5$이며, 전체 원자가 전자수는 $8 + (4 \times 7) = 36$이다.

단계 3: 모든 원자들 사이에 한 개의 공유 결합을 그린다. F 원자에 3개씩의 고립 전자쌍을 두면 팔전자 규칙을 만족할 것이며, F 원자들의 고립 전자쌍과 결합 전자쌍으로부터 전자수는 $(4 \times 6) + (4 \times 2) = 32$이다. 그러므로 남은 4개의 전자를 Xe 원자의 2개의 고립 전자쌍으로 나타낸다.

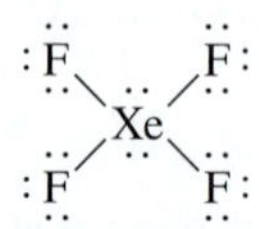

Xe 원자는 확장된 팔전자계이며, Xe와 F 원자의 형식 전하는 없다.

실전 연습 사플루오린화 황(SF_4)의 루이스 구조식을 그려라.

비슷한 문제: 9.69.

개념과 사실 요약하기

- 팔전자 규칙에는 예외가 있다. 특히 베릴륨 공유 화합물, 13족 원소, 홀수 전자를 갖는 분자, 주기율표에서 3주기 이상 원소의 경우에 대해 예외가 있다.

개념과 사실 복습하기

9.9.1 붕소와 알루미늄은 모두 중심에 8개보다 적은 수의 전자로 둘러싸인 화합물을 만든다. 그러나 알루미늄은 중심에 8개 이상의 전자로 둘러싸인 화합물이나 다원자 이온(예를 들면, AlF_6^-)을 만들 수 있다. 붕소는 팔전자 확장이 안 되지만 알루미늄은 가능한 이유는 무엇인가?

9.9.2 IF_5의 루이스 구조를 그려라.

9.9.3 ClO의 루이스 구조를 그려라.

9.10 결합 엔탈피

학습 목표

- 결합 엔탈피를 사용하여 반응의 엔탈피 변화를 구할 수 있다.

분자의 안정도에 대한 정량적 척도는 **결합 엔탈피**(bond enthalpy)인데, 이는 *기체 분자 1 mol에서 특정 결합을 끊는 데 필요한 엔탈피 변화량*을 말한다. (결합을 끊기 위해 에너지가 필요하므로 결합이 형성될 때는 에너지가 방출됨을 기억하라.) 예를 들어, 실험적으로 측정된 이원자 수소 분자의 결합 엔탈피는 다음과 같다.

$$H_2(g) \longrightarrow H(g) + H(g) \qquad \Delta H^\circ = 436.4 \text{ kJ/mol}$$

위 식은 H_2 기체 분자 1 mol의 공유 결합을 끊는 데 436.4 kJ/mol의 에너지가 필요하다는 것을 말해 준다. 덜 안정한 염소 분자에 대해서는 다음과 같다.

$$Cl_2(g) \longrightarrow Cl(g) + Cl(g) \qquad \Delta H^\circ = 242.7 \text{ kJ/mol}$$

결합 엔탈피는 서로 다른 원소로 구성된 이원자 분자에서도 직접 측정할 수 있다,

$$HCl(g) \longrightarrow H(g) + Cl(g) \qquad \Delta H^\circ = 431.9 \text{ kJ/mol}$$

이중 결합이나 삼중 결합을 가진 분자들에 대해서도 똑같이 적용된다.

$$O_2(g) \longrightarrow O(g) + O(g) \qquad \Delta H^\circ = 498.7 \text{ kJ/mol}$$

$$N_2(g) \longrightarrow N(g) + N(g) \qquad \Delta H^\circ = 941.4 \text{ kJ/mol}$$

다원자 분자에서 공유 결합 세기의 측정은 더 복잡해진다. 예를 들어, 물 분자의 첫 번째 O—H 결합을 끊는 데 필요한 에너지는 두 번째 O—H 결합을 끊는 데 필요한 에너지와 같지 않다는 것을 실험적으로 확인할 수 있다.

$$H_2O(g) \longrightarrow H(g) + OH(g) \qquad \Delta H^\circ = 502 \text{ kJ/mol}$$

$$OH(g) \longrightarrow H(g) + O(g) \qquad \Delta H^\circ = 427 \text{ kJ/mol}$$

각 경우에서 O—H 결합이 끊어지지만, 첫 번째 단계가 두 번째 단계보다 더 많은 에너지가 필요하다. 두 ΔH° 값의 차이는 두 O—H 결합의 화학적 환경이 다르기 때문에 두 번째 O—H 결합이 첫 번째 결합과 같지 않음을 의미한다.

표 9.4 이원자 분자에 대한 결합 엔탈피*와 다원자 분자내 결합에 대한 평균 결합 엔탈피

결합	결합엔탈피 (kJ/mol)	결합	결합엔탈피 (kJ/mol)
H—H	436.4	C—I	240
H—N	393	C—P	263
H—O	460	C—S	255
H—S	368	C═S	477
H—P	326	N—N	193
H—F	568.2	N═N	418
H—Cl	431.9	N≡N	941.4
H—Br	366.1	N—O	176
H—I	298.3	N═O	607
C—H	414	O—O	142
C—C	347	O═O	498.7
C═C	620	O—P	502
C≡C	812	O═S	469
C—N	276	P—P	197
C═N	615	P═P	489
C≡N	891	S—S	268
C—O	351	S═S	352
C═O†	745	F—F	156.9
C≡O	1076.5	Cl—Cl	242.7
C—F	450	Cl—F	193
C—Cl	338	Br—Br	192.5
C—Br	276	I—I	151.0

*이원자 분자에 대한 결합 엔탈피(붉은색으로 표시)는 다원자 분자 내의 결합에 대한 것보다 더 많은 유효 숫자를 가진다. 이것은 이원자 분자의 결합 엔탈피는 직접 측정될 수 있는 값이고, 다원자 분자에서처럼 여러 화합물의 평균값이 아니기 때문이다.

†CO_2에서 C═O 결합 엔탈피는 799 kJ/mol이다.

메탄올(CH_3OH)과 물(H_2O)은 같은 O—H 결합을 갖고 있지만, 결합 주위의 화학적인 환경이 다르기 때문에 O—H 결합의 결합 엔탈피는 서로 다르다. 따라서 다원자 분자의 경우에는 *평균* 결합 엔탈피라는 용어를 사용한다. 예를 들어, 10개의 다른 다원자 분자에서 O—H 결합의 에너지를 측정하고, 결합 엔탈피의 합을 10으로 나누어 평균 O—H 결합 엔탈피를 얻는다. 표 9.4는 이원자 및 다원자 분자의 평균 결합 엔탈피 값을 보여 준다. 앞에서 언급한 바와 같이 삼중 결합은 이중 결합보다 강하며, 이중 결합은 단일 결합보다 강하다.

열역학에서 결합 엔탈피의 이용

많은 반응에서 일어나는 열화학적인 변화들을 비교해 보면(6장 참조) 여러 반응들 간의 엔탈피 차이가 매우 큰 것을 알 수 있다. 예를 들면, 산소 기체하에서 수소의 연소 반응은 상당히 큰 발열 반응이다.

$$H_2(g) + \frac{1}{2}O_2 \longrightarrow H_2O(l) \qquad \Delta H° = -285.8 \text{ kJ/mol}$$

반면 물과 이산화 탄소로부터 포도당($C_6H_{12}O_6$)을 광합성하는 반응은 매우 큰 흡열 반응이다.

$$6CO_2(g) + 6H_2O(l) \longrightarrow C_6H_{12}O_6(s) + 6O_2(g) \qquad \Delta H° = 2801 \text{ kJ/mol}$$

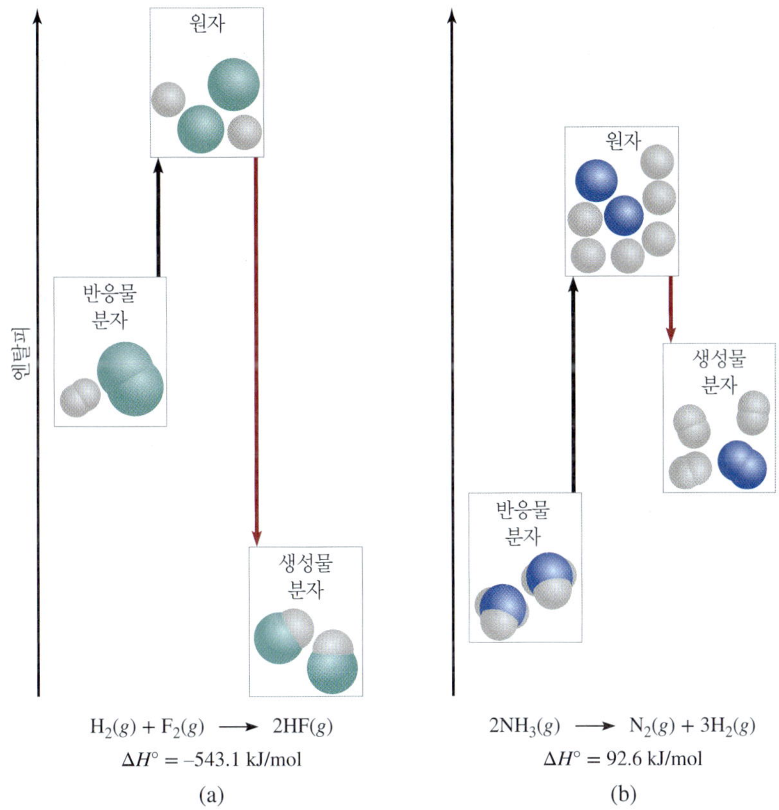

그림 9.8 (a) 흡열 반응과 (b) 발열 반응에서의 결합 엔탈피 변화.

이러한 차이는 각 반응물과 생성물의 안정도를 비교함으로써 설명할 수 있다. 결국 대부분의 반응은 결합을 끊거나 형성하는 것이다. 그러므로 결합 에너지(분자의 안정도)를 알면 분자가 반응할 때, 그 반응의 열화학적 성질을 추측할 수 있다.

많은 경우에 있어서 반응 엔탈피는 평균 결합 에너지를 사용해서 예측할 수 있다. 화학 결합을 끊기 위해서는 항상 에너지가 필요하고, 화학 결합이 형성되면 항상 에너지가 방출되기 때문에 반응에서 끊어지고 형성되는 결합의 총 수를 계산하고, 그에 수반된 모든 에너지 변화들을 가감함으로써 반응 엔탈피를 추정할 수 있다. *기체 상*에서 반응 엔탈피는 다음과 같이 간단히 계산할 수 있다.

$$\begin{aligned}\Delta H° &= \Sigma \text{BE(반응물)} - \Sigma \text{BE(생성물)} \\ &= \text{투입된 전체 에너지} - \text{방출된 전체 에너지}\end{aligned} \quad (9.3)$$

여기서 BE는 평균 결합 엔탈피이며, Σ는 합산 기호이다. 식 (9.3)에 의해 $\Delta H°$의 부호가 결정된다. 따라서 흡수된 총 에너지가 방출된 총 에너지보다 크다면 $\Delta H°$는 양이 되며, 반응은 흡열 반응이 된다. 반대로 방출된 에너지가 흡수된 에너지보다 많다면 $\Delta H°$는 음이 되며, 이 반응은 발열 반응이 된다(그림 9.8). 반응물과 생성물이 모두 이원자 분자일 때에는 식 (9.3)의 결과가 정확하다. 왜냐하면 이원자 분자의 결합 에너지는 정확하게 측정되기 때문이다. 반응물과 생성물의 일부 혹은 전부가 다원자 분자라면 식 (9.3)은 평균 결합 엔탈피로 계산되기 때문에 근사적인 결과만을 산출할 수 있을 것이다.

이원자 분자의 경우에는 식 (9.3)은 식 (6.18)과 일치한다. 다음 예제 9.13은 이 관계를 보여 준다.

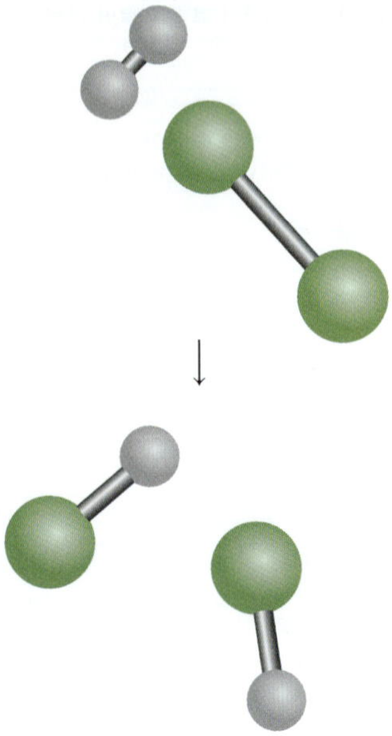

예제 9.13

식 (9.3)을 사용하여 다음 반응의 엔탈피를 계산하라.

$$H_2(g) + Cl_2(g) \longrightarrow 2HCl(g)$$

식 (6.18)을 사용하여 얻어진 결과와 비교하라.

전략 결합을 끊기 위해서는 에너지가 공급되어야 하며(흡열), 결합이 만들어지는 과정에서는 항상 에너지가 방출된다(발열). 따라서 전체 에너지 변화는 식 (9.3)에서 설명한 것같이 이들 두 반대 과정의 에너지 차이이다.

풀이 끊어진 결합의 수, 형성된 결합의 수 및 에너지 변화를 계산한다. 아래와 같이 표를 만들면 쉽게 계산할 수 있다.

끊어진 결합의 형태	*끊어진 결합의 수*	*결합 엔탈피 (kJ/mol)*	*에너지 변화 (kJ/mol)*
H—H (H_2)	1	436.4	436.4
C—Cl (Cl_2)	1	242.7	242.7
형성된 결합의 형태	*형성된 결합의 수*	*결합 엔탈피 (kJ/mol)*	*에너지 변화 (kJ/mol)*
H—Cl (HCl)	2	431.9	863.8

다음에는 투입된 전체 에너지와 방출된 전체 에너지를 얻는다.

투입된 전체 에너지 = 436.4 kJ/mol + 242.7 kJ/mol + 679.1 kJ/mol

방출된 전체 에너지 = 863.8 kJ/mol

식 (9.3)을 사용하여 다음을 얻는다.

$$\Delta H^\circ = 679.1 \text{ kJ/mol} - 863.8 \text{ kJ/mol} = -184.7 \text{ kJ/mol}$$

다른 방법으로 식 (6.18)과 부록 2의 자료를 이용하여 이 반응의 엔탈피를 계산할 수 있다.

$$\begin{aligned}\Delta H^\circ &= 2\Delta H_f^\circ(HCl) - [\Delta H_f^\circ(H_2) + \Delta H_f^\circ(Cl_2)]\\ &= (2)(-92.3 \text{ kJ/mol}) - 0 - 0\\ &= -184.6 \text{ kJ/mol}\end{aligned}$$

검산 반응물과 생성물이 모두 이원자 분자이므로 식 (9.3)과 식 (6.18)의 계산 결과는 같을 것으로 기대된다. 계산할 때 반올림의 방법에 따라 결과 값이 조금 다를 수 있다.

실전 연습 다음 반응의 엔탈피를 계산하라.

$$H_2(g) + F_2(g) \longrightarrow 2HF(g)$$

(a) 식 (9.3)을 사용하여 계산, (b) 식 (6.18)을 사용하여 계산.

예제 9.14는 식 (9.3)을 사용하여 다원자 분자를 포함한 반응의 엔탈피를 근사적으로 구하는 방법에 대한 것이다.

예제 9.14

수소 기체의 연소 반응에 대한 엔탈피 변화를 계산하라.

$$2H_2(g) + O_2(g) \longrightarrow 2H_2O(g)$$

전략 예제 9.13과 같은 과정으로 푼다. 그러나 H_2O는 다원자 분자이므로 O—H 결합 값을 알기 위해 평균 결합 에너지 값을 사용할 필요가 있다는 것을 유념하라.

(계속)

풀이 다음과 같이 표를 작성해 보자.

끊어진 결합의 형태	*끊어진 결합의 수*	*결합 엔탈피 (kJ/mol)*	*에너지 변화 (kJ/mol)*
H—H (H_2)	2	436.4	872.8
O═O (O_2)	1	498.7	498.7
형성된 결합의 형태	*형성된 결합의 수*	*결합 엔탈피 (kJ/mol)*	*에너지 변화 (kJ/mol)*
O—H (H_2O)	4	460	1840

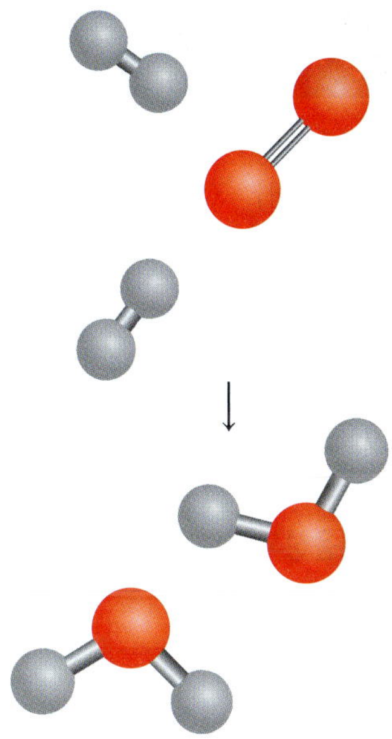

다음에는 투입된 전체 에너지와 방출된 전체 에너지를 얻는다.

$$\text{투입된 전체 에너지} = 872.8 \text{ kJ/mol} + 498.7 \text{ kJ/mol} + 1371.5 \text{ kJ/mol}$$
$$\text{방출된 전체 에너지} = 1840 \text{ kJ/mol}$$

식 (9.3)을 이용하여 다음을 얻는다.

$$\Delta H° = 1371.5 \text{ kJ/mol} - 1840 \text{ kJ/mol} = -469 \text{ kJ/mol}$$

이 결과는 O—H의 평균 결합 엔탈피를 사용하였기 때문에 아주 정확한 값은 아니다. 다른 방법으로 식 (6.18)과 부록 2의 자료를 이용하여 이 반응의 엔탈피를 계산할 수 있다.

$$\begin{aligned}\Delta H° &= 2\Delta H_f°(H_2O) - [2\Delta H_f°(H_2) + \Delta H_f°(O_2)] \\ &= 2(-241.8 \text{ kJ/mol}) - 0 - 0 \\ &= -483.6 \text{ kJ/mol}\end{aligned}$$

검산 평균 결합 에너지를 이용하여 계산된 예측 값은 $\Delta H_f°$ 자료로부터 계산된 결과와 아주 유사하다. 일반적으로 식 (9.3)은 매우 발열이거나 매우 흡열인 반응 즉, $\Delta H°_{\text{반응}} > 100$ kJ/mol 혹은 $\Delta H°_{\text{반응}} < -100$ kJ/mol인 반응에 대해서 대체로 잘 맞는다.

실전 연습 다음 반응에 대하여 다음을 계산하라.

$$H_2(g) + C_2H_4(g) \longrightarrow C_2H_6(g)$$

(a) 표 9.4의 결합 에너지 값을 이용하여 반응 엔탈피를 계산하라.
(b) 표준 생성 엔탈피를 이용하여 반응 엔탈피를 계산하라. (H_2, C_2H_4, C_2H_6에 대한 $\Delta H_f°$는 각각 0, 52.3 kJ/mol, −84.7 kJ/mol이다.)

비슷한 문제: 9.76.

개념과 사실 요약하기

- 공유 결합의 강도는 그 공유 결합의 결합 엔탈피를 측정하면 알 수 있다.
- 결합 엔탈피는 반응 엔탈피를 추정하는 데 사용할 수 있다.

개념과 사실 복습하기

9.10.1 결합 엔탈피를 사용하여 계산된 $\Delta H°_{\text{반응}}$이 $\Delta H_f°$ 값을 사용하여 계산된 값과 항상 일치하지 않는 이유는 무엇인가?

9.10.2 결합 엔탈피 값을 이용하여 불소와 염소가 삼플로오린화 염소를 생성하는 반응에 대한 반응 엔탈피를 예측하라.

$$3F_2(g) + Cl_2(g) \longrightarrow 2ClF_3(g)$$

요약_Chapter Summary

루이스 점 기호 루이스 점 기호는 원소 기호 주위의 원자가 전자를 나타내는 점으로 주족 원소의 원자 혹은 이온을 나타낸다. (9.1절)

이온 결합 이온 결합은 이온 화합물에서 양이온과 음이온을 유지하는 정전기적 힘이다. 이온 화합물의 안정성은 격자 에너지에 의해 결정된다. (9.2, 9.3절)

공유 결합 루이스는 원자가 하나 이상의 전자쌍을 공유하여 공유 결합이 형성된다고 가정하였다. 팔전자 규칙은 루이스 구조의 정확성을 예측하기 위해 만들어졌다. 이 규칙은 수소 이외의 원자는 8개의 원자가 전자로 둘러싸여 결합이 형성된다고 말한다. (9.4절)

전기음성도 전기음성도를 통해 비극성 공유 결합과 극성 공유 결합을 구별할 수 있다. 전기음성도는 분자에서 전자를 끌어당기는 원자의 능력을 측정한 것이다. (9.5절)

루이스 구조의 특징 루이스 구조는 공유 결합 외에도 원소의 고립 전자쌍과 형식 전하를 나타낸다. 고립 전자쌍은 결합에 관여하지 않는 전자쌍이며, 형식전하는 결합에 사용된 전자수와 비교를 통해 알 수 있다. 공명 구조는 하나의 루이스 구조만으로는 완전히 설명할 수 없는 단일 분자에 대한 둘 이상의 루이스 구조 중 하나이다. (9.6, 9.7, 9.8절)

팔전자 규칙의 예외 팔전자 규칙은 주로 2주기 원소에 적용된다. 팔전자 규칙에 대한 세 가지 예외 범주는 분자의 원자가 전자가 8개 미만인 불완전한 팔전자계, 원자가 전자의 수가 홀수인 홀수 전자 분자 및 8개 이상의 원자가 전자를 가지는 확장된 팔전자계이다. 이러한 예외는 보다 발전된 화학 결합 이론으로 설명할 수 있다. (9.9절)

결합 엔탈피 공유 결합 혹은 결합 엔탈피의 강도에 대한 자료로부터 반응의 엔탈피 변화를 구할 수 있다. (9.10절)

주요 식_Key Equations

$\Delta H° = \Sigma BE(\text{반응물}) - \Sigma BE(\text{생성물})$ (9.3)	결합 엔탈피로부터 반응의 엔탈피 변화 계산.

주요 용어_Key Words

격자 에너지	공명 구조	단일 결합	삼중 결합	팔전자 규칙
결합 길이	공유 결합	루이스 구조	이온 결합	형식 전하
결합 엔탈피	공유 결합 화합물	루이스 점 기호	이중 결합	
고립 전자쌍	극성 공유 결합	배위 공유 결합	전기음성도	
공명	다중 결합	본-하버 순환	쿨롱 법칙	

연습 문제_Questions and Problems

붉은색 번호의 문제는 학생용 문제풀이집에 풀어 놓았다.

9.1 루이스 점 기호

복습 질문

9.1 루이스 점 기호는 무엇인가? 어떠한 원소에 이 기호가 주로 적용되는가?

9.2 1족부터 17족까지 각 족의 두 번째 원소를 사용하여 원소의 원자가 전자수가 그 족의 숫자와 같다는 것을 보여라.

9.3 그림 9.1을 참조하지 말고, 다음 원소의 원자들에 대한 루이스 점 기호를 써라. (a) Be, (b) K, (c) Ca, (d) Ga, (e) O, (f) Br, (g) N, (h) I, (i) As, (j) F.

9.4 다음 이온의 루이스 점 기호를 써라. (a) Li^+ (b) Cl^-, (c) S^{2-}, (d) Sr^{2+}, (e) N^{3-}.

9.5 다음 원자와 이온의 루이스 점 기호를 써라. (a) I, (b) I^-, (c) S, (d) S^{2-}, (e) P, (f) P^{3-}, (g) Na, (h) Na^+, (i) Mg, (j) Mg^{2+}, (k) Al, (l) Al^{3+}, (m) Pb, (n) Pb^{2+}.

9.2 이온 결합

복습 질문

9.6 이온 결합이 무엇인지 설명하라.

9.7 이온화 에너지와 전자 친화도를 이용하면 원자들이 이온 결합 화합물을 형성하는지 여부를 알 수 있다. 설명하라.

9.8 이온 결합 화합물을 잘 형성하는 금속 5가지와 비금속 5가지를 열거하라. 이 금속과 비금속의 조합으로 만들어질 수 있는 화합물의 화학식을 써라. 이 화합물을 명명하라.

9.9 비금속 원소들만 포함하는 이온 결합 화합물 하나를 써라.

9.10 다원자 양이온과 다원자 음이온을 각각 하나씩 포함하는 이온 결합 화합물 하나를 써라(표 2.3 참조).

9.11 3가 이상의 이온들이 이온 결합 화합물을 잘 형성하지 못하는 이유를 설명하라.

9.12 "몰질량"이란 개념은 제3장에서 언급되었다. 이온 결합 화합물을 논의할 때, 이 용어를 사용하는 것의 이점은 무엇인가?

9.13 다음 상태 중에서 NaCl이 전기적으로 전도성을 나타내는 상태는 어느 것인가? 이유를 설명하라. (a) 고체, (b) 용융 상태, (c) 물에 용해된 상태.

9.14 베릴륨은 염소와 결합하여 실험식이 $BeCl_2$인 화합물을 형성한다. 이것이 이온 결합 화합물이라는 것을 어떻게 결정할 수 있는가? (이 화합물은 물에 녹지 않는다.)

문제

9.15 이온 결합은 양이온 A^+와 음이온 B^- 사이에서 형성된다. 다음과 같은 변화에 의해 이온 결합 에너지는 어떻게 변하는가? [식 (9.2) 참조] (a) A^+의 반지름을 2배로 한다. (b) A^+의 전하를 3배로 한다. (c) A^+와 B^-의 전하를 2배로 한다. (d) A^+와 B^-의 반지름을 원래 값의 반으로 줄인다.

9.16 다음 이온쌍으로부터 형성되는 화합물의 실험식과 이름을 써라. (a) Rb^+와 I^-, (b) Cs^+와 SO_4^{2-}, (c) Sr^{2+}와 N^{3-}, (d) Al^{3+}와 S^{2-}.

9.17 루이스 점 기호를 사용하여 다음 원자 사이에서 양이온과 음이온 형성을 위한 전자의 이동을 보여라. (a) Na와 F, (b) K와 S, (c) Ba와 O, (d) Al와 N.

9.18 다음 반응에서 반응물과 생성물의 루이스 점 기호를 써라. (먼저 반응식의 균형을 맞춰라.)

(a) $Sr + Se \longrightarrow SrSe$

(b) $Ca + H_2 \longrightarrow CaH_2$

(c) $Li + N_2 \longrightarrow Li_3N$

(d) $Al + S \longrightarrow Al_2S_3$

9.19 다음 각 원소의 짝에 대해 그들이 형성하는 이성분 화합물이 이온 결합인지 공유 결합인지 말하고, 실험식과 화합물의 이름을 써라. (a) I와 Cl, (b) Mg와 F.

9.20 다음 각 원소의 짝에 대해 그들이 형성하는 이성분 화합물이 이온 결합인지 공유 결합인지 말하라. 실험식과 화합물의 이름을 써라. (a) B와 F, (b) K와 Br.

9.3 이온 결합 화합물의 격자 에너지

복습 질문

9.21 격자 에너지는 무엇이며, 이것은 이온 결합 화합물의 안정성을 유지하기 위해 어떠한 역할을 하는가?

9.22 KCl과 같은 이온 결합 화합물의 격자 에너지가 어떻게 결정되는지 본-하버 순환을 이용하여 설명하라. 이 과정은 어떠한 규칙을 기초로 하는가?

9.23 다음 이온 결합 화합물의 짝 중에서 더 높은 격자 에너지를 가지는 것을 고르고, 그 이유를 써라. (a) KCl와 MgO, (b) LiF와 LiBr, (c) Mg_3N_2와 NaCl.

9.24 (고체 상태에서) 다음 화합물 쌍에서 화합물의 안정성을 비교하라. (a) LiF와 LiF_2(Li^{2+} 이온 포함), (b) Cs_2O와 CsO(O^- 이온 포함), (c) $CaBr_2$와 $CaBr_3$ (Ca^{3+} 이온 포함).

문제

9.25 9.3절에서 설명한 LiF에 대한 본-하버 순환을 이용하여 NaCl의 격자 에너지를 계산하라. [Na의 승화열은 108 kJ/mol이고, $\Delta H_f^\circ(\text{NaCl}) = -411$ kJ/mol이다. Cl_2 0.5 mol을 Cl 원자로 분해하는 데 필요한 에너지 = 121.4 kJ]

9.26 Ca의 승화열은 121 kJ/mol이고 $\Delta H_f^\circ(\text{CaCl}_2) = -795$ kJ/mol일 때, 염화 칼슘의 격자 에너지를 계산하라. (다른 자료는 표 8.2와 8.3 참조)

9.4 공유 결합

복습 질문

9.27 공유 결합을 이해함에 있어 루이스가 기여한 것은 무엇인가?

9.28 다음 용어를 예를 들어 설명하라. 고립 전자쌍, 루이스 구조, 팔전자 규칙, 결합 길이.

9.29 루이스 점 기호와 루이스 구조의 차이는 무엇인가?

9.30 다음 화합물에서 밑줄 친 원자는 몇 개의 고립 전자쌍이 있는가? H<u>Br</u>, H_2<u>S</u>, <u>C</u>H_4.

9.31 어떤 분자에서 단일 결합, 이중 결합, 삼중 결합을 비교하고 각각의 예를 들어라. 결합하는 원자가 같은 경우에 결합 길이는 어떻게 변하는가?

9.32 이온 결합 화합물과 공유 결합 화합물의 특성을 비교하라.

9.5 전기음성도

⇛ 복습 질문

9.33 전기음성도를 정의하고, 전기음성도와 전자 친화도의 차이점을 설명하라. 일반적으로 주기율표에서 위치가 변함에 따라 원소의 전기음성도가 어떻게 변하는지 설명하라.

9.34 극성 공유 결합은 무엇인가? 하나 이상의 극성 공유 결합을 가지는 화합물을 두 개 나열하라.

⇛ 문제

9.35 이온 결합성이 증가하는 순으로 다음 결합을 배열하라. LiF에서 리튬과 플루오린 결합, K_2O에서 포타슘과 산소의 결합, N_2에서 질소와 질소 결합, SO_2에서 황과 산소 결합, ClF_3에서 염소와 플루오린 결합.

9.36 이온 결합성이 증가하는 순서로 다음 결합을 배열하라. 탄소와 수소, 플루오린과 수소, 브로민과 수소, 소듐과 염소, 포타슘과 플루오린, 리튬과 염소.

9.37 네 개의 원자를 임의로 D, E, F, G로 표시했다. 이들의 전기음성도는 다음과 같다. D = 3.8, E = 3.3, F = 2.8, G = 1.3. 만약 이 원소들이 DE, DG, EG, DF로 분자를 형성한다면, 공유 결합성이 증가하는 순서는 어떻게 되겠는가?

9.38 이온 결합성이 증가하는 순서로 다음 결합을 배열하라. 세슘과 플루오린, 염소와 염소, 브로민과 염소, 규소와 탄소.

9.39 다음 결합을 이온, 극성 공유 혹은 공유 결합으로 구분하고, 그 이유를 써라. (a) H_3CCH_3에서 CC 결합, (b) KI에서 KI 결합, (c) H_3NBCl_3에서 NB 결합, (d) CF_4에서 CF 결합.

9.40 다음 결합을 이온, 극성 공유 혹은 공유 결합으로 구분하고, 그 이유를 써라. (a) $Cl_3SiSiCl_3$에서 SiSi 결합, (b) $Cl_3SiSiCl_3$에서 SiCl 결합, (c) CaF_2에서 CaF 결합, (d) NH_3에서 NH 결합.

9.6 루이스 구조 그리기

⇛ 복습 질문

9.41 루이스 팔전자 규칙의 기본적인 특징을 요약하라.

9.42 팔전자 규칙은 주로 2주기 원소들에 적용된다. 그 이유를 설명하라.

⇛ 문제

9.43 다음 분자와 이온의 루이스 구조를 써라. (a) NCl_3, (b) OCS, (c) H_2O_2, (d) CH_3COO^-, (e) CN^-, (f) $CH_3CH_2NH_3^+$.

9.44 다음 분자와 이온의 루이스 구조를 써라. (a) OF_2, (b) N_2F_2, (c) Si_2H_6, (d) OH^-, (e) CH_2ClCOO^-, (f) $CH_3NH_3^+$.

9.45 다음 분자의 루이스 구조를 써라. (a) ICl, (b) PH_3, (c) P_4 (각 P는 세 개의 다른 P 원자에 결합되어 있다), (d) H_2S, (e) N_2H_4, (f) $HClO_3$, (g) $COBr_2$ (C는 O와 Br 원자에 결합되어 있다).

9.46 다음 분자의 루이스 구조를 써라. (a) BrF_3, (b) H_2Te, (c) NH_2OH, (d) $POCl_3$ (P는 O와 C원자에 결합되어 있음), (e) CH_3CH_2F, (f) NF_3, (g) CH_3NH_2.

9.47 (a) HCN, (b) C_2H_2, (c) SnO_2, (d) BF_3, (e) HOF, (f) HCOF, (g) NF_3에 대한 다음 루이스 구조는 잘못되었다. 각각 무엇이 잘못되었는지 설명하고, 합당한 루이스 구조로 고쳐라. (상대적인 원자의 위치는 정확하다.)

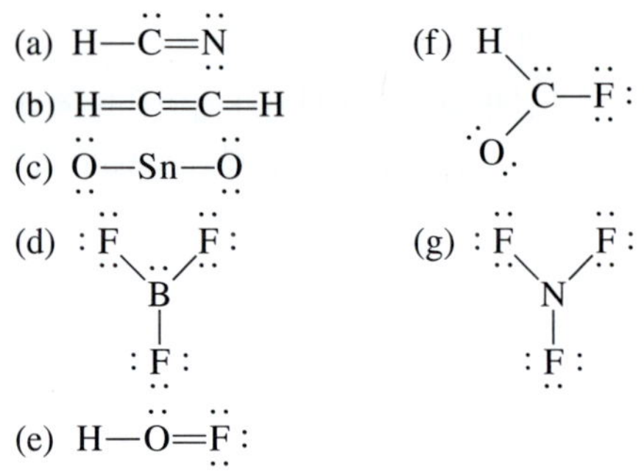

9.48 아래에 있는 아세트산의 골격 구조는 옳지만, 몇 개의 결합이 잘못되어 있다. (a) 잘못된 결합을 찾아내고, 무엇이 잘못되었는지 설명하라. (b) 아세트산의 올바른 루이스 구조를 써라.

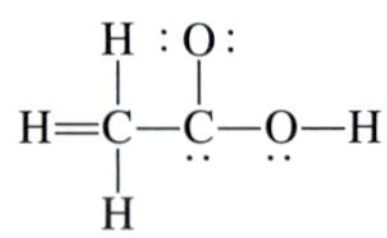

9.7 형식 전하와 루이스 구조

⇛ 복습 질문

9.49 형식 전하의 개념을 설명하라.

9.50 형식 전하는 실제로 전하의 분리를 나타내는가?

⇛ 문제

9.51 다음 이온의 루이스 구조를 써라. (a) NO_2^+, (b) S_2^{2-} (c) BrF_2^+, (d) SCN^-, 형식 전하를 보여라.

9.52 다음 이온의 루이스 구조를 써라. (a) O_2^{2-}, (b) C_2^{2-}, (c) NO^+, (d) NH_4^+. 형식 전하를 보여라.

9.8 공명의 개념

⇛ 복습 질문

9.53 *결합 길이*, *공명*, *공명 구조*를 정의하라. 공명 구조를 쓸 때 규칙은 무엇인가?

9.54 연구를 위해 화합물의 공명 구조를 "포착(trap)" 하는 것이 가능한가? 설명하라.

⇛ 문제

9.55 다음 종에 대한 가능한 모든 공명 형태를 포함한 루

이스 구조를 쓰고, 형식 전하를 나타내라. (a) HCO_2^-, (b) $CH_2NO_2^-$. 상대적인 원소의 위치는 다음과 같다.

```
      O    H         O
  H   C         C   N
      O    H         O
```

9.56 염소산 이온(ClO_3^-)의 세 가지 공명 구조를 그리고, 형식 전하를 나타내라.

9.57 하이드라조산(hydrazoic acid, HN_3)의 세 가지 공명 구조를 써라. 원자 배열은 HNNN이다. 형식 전하를 보여라.

9.58 다이아조메테인(diazomethane, CH_2N_2)의 두 가지 공명 구조를 그려라. 형식 전하를 보여라. 분자의 골격 구조는 다음과 같다.

```
  H
     C  N  N
  H
```

9.59 N_2O_3 분자의 세 가지 공명 구조를 그려라(원자 배열은 $ONNO_2$). 형식 전하를 보여라.

9.60 OCN^- 이온의 세 가지 공명 구조를 그려라. 형식 전하를 보여라.

9.9 팔전자계 규칙의 예외

복습 질문

9.61 주기율표에서 세 번째 주기 이상의 원소를 포함하는 많은 화합물들은 팔전자 규칙이 적용되지 않는다. 그 이유는 무엇인가?

9.62 팔전자 규칙을 만족하지 않는 화합물의 예를 세 가지 들어라.

9.63 플루오린은 원자가 전자 일곱 개($2s^22p^5$)를 가지고 있기 때문에 이론적으로 일곱 개의 공유 결합이 원자 주위에서 형성될 수 있다. 그러한 화합물은 FH_7이나 FCl_7이 될 수 있을 것이다. 그러나 이러한 화합물은 만들어지지 않는다. 그 이유는 무엇인가?

9.64 배위 공유 결합은 무엇인가? 이것은 보통의 공유 결합과 다른가?

문제

9.65 AlI_3 분자는 Al 주위에 불완전한 팔전자계를 가지고 있다. Al과 I 원자 모두 팔전자 규칙을 만족하는 분자의 공명 구조 세 가지를 그려라. 형식 전하를 보여라.

9.66 증기 상태에서 염화 베릴륨은 독립된 $BeCl_2$ 분자로 구성되어 있다. 이 화합물에서 Be은 팔전자 규칙을 만족하는가? 그렇지 않다면, 다른 공명 구조를 그림으로써 Be 주위에 팔전자 규칙이 만족되도록 만들 수 있는가? 이러한 구조는 타당성이 어느 정도나 될까?

9.67 영족 기체 중에서 Kr, Xe, Rn만 O나 F와 화합물을 형성하는 것으로 알려져 있다. 다음 분자의 루이스 구조를 써라. (a) XeF_2, (b) XeF_4, (c) XeF_6, (d) $XeOF_4$, (e) XeO_2F_2. 각 경우에 Xe가 중심 원자이다.

9.68 $SbCl_5$의 루이스 구조를 써라. 이 분자는 팔전자 규칙을 따르는가?

9.69 SeF_4와 SeF_6의 루이스 구조를 써라. Se는 팔전자 규칙을 만족하는가?

9.70 다음 반응의 루이스 구조들을 써라.

$$AlCl_3 + Cl^- \longrightarrow AlCl_4^-$$

생성물에서 Al과 Cl을 연결하는 결합은 어떤 종류의 결합인가?

9.10 결합 엔탈피

복습 질문

9.71 결합 엔탈피는 무엇인가? 이원자 분자의 결합 엔탈피는 정확하게 결정되는 반면, 다원자 분자의 결합 엔탈피는 평균값이다. 이유는 무엇인가?

9.72 분자의 결합 엔탈피가 보통 기체 상태의 반응식에서 기술되는 이유를 설명하라. 결합을 끊는 과정은 항상 흡열 반응이고, 결합을 형성하는 과정은 항상 발열 반응인 이유는 무엇인가?

문제

9.73 다음 자료에서 N—H 결합의 평균 결합 에너지를 계산하라.

$$NH_3(g) \longrightarrow NH_2(g) + H(g) \qquad \Delta H° = 435\ \text{kJ/mol}$$
$$NH_2(g) \longrightarrow NH(g) + H(g) \qquad \Delta H° = 381\ \text{kJ/mol}$$
$$NH(g) \longrightarrow N(g) + H(g) \qquad \Delta H° = 360\ \text{kJ/mol}$$

9.74 다음 반응에서 O_3 분자의 평균 결합 엔탈피를 계산하라.

$$O(g) + O_2(g) \longrightarrow O_3(g) \qquad \Delta H° = -107.2\ \text{kJ/mol}$$

9.75 $F_2(g)$의 결합 엔탈피는 156.9 kJ/mol이다. $F(g)$의 $\Delta H_f°$를 계산하라.

9.76 다음 반응에 대해 답하라.

$$2C_2H_6(g) + 7O_2(g) \longrightarrow 4CO_2(g) + 6H_2O(g)$$

(a) 표 9.4의 평균 결합 엔탈피를 이용하여 반응의 엔탈피를 구하라.

(b) 반응물과 생성물 분자의 표준 생성 엔탈피값(부록 2)을 이용하여 반응의 엔탈피를 계산하고, 이것을 (a)의 값과 비교하라.

실전 연습의 답_Answers to Practice Exercises

9.1 · Ba · + 2 · H ⟶ Ba^{2+} 2H :⁻ (또는 BaH_2)
[Xe]$6s^2$ $1s^1$ [Xe] [He]

9.2 (a) 이온 결합, (b) 극성 공유 결합, (c) 공유 결합.

9.3 S=C=S **9.4** H—C(=O)—O—H **9.5** [O=N—O:]⁻

9.6 O=N—O:⁻ **9.7** H—C≡N:

9.8 S=C=N⁻ ⟷ ⁻:S—C≡N: ⟷ ⁺:S≡C—N:²⁻
이 중에서 첫 번째 것이 가장 중요한 구조이다.
세 번째 구조는 중요도가 가장 적다.

9.9 :F—Be—F: **9.10** 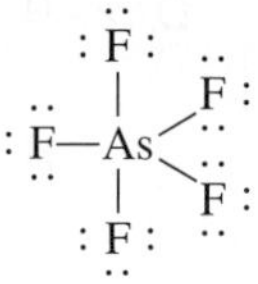

9.11 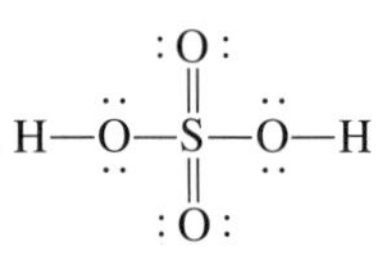 그리고 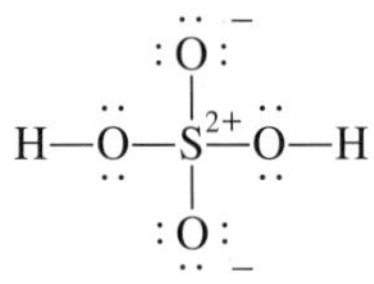

9.12 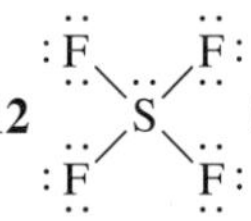 **9.13** (a) −543.1 kJ/mol, (b) −543.2 kj/mol.

9.14 (a) −119 kJ/mol, (b) −137 kj/mol.

개념과 사실 복습하기의 답_Answers to Review of Concepts & Facts

9.1.1 7. **9.1.2** · Se · **9.1.3** 5A.

9.2.1 2 · Rb + · S · ⟶ 2 Rb^+ : S :²⁻
[Kr]$5s^1$ [Ar]$3s^13p^4$ [Kr] [Ar]

(혹은 Rb_2S). **9.3.1** LiCl. **9.3.2** NaF < MgO < AlN.

9.4.1 수소는 결합에 1*s* 오비탈만 사용할 수 있으므로 단일 결합만 형성한다. 이중 결합 및 삼중 결합을 형성하려면 *p* 오비탈(혹은 더 높은 오비탈)이 필요하다. **9.4.2** N—N > N=N > N—N. **9.5.1** P—P < B—H < C—Cl. **9.5.2** (a) 극성 공유 결합, (b) 공유 결합, (c) 이온 결합. **9.5.3** 왼쪽: LiH, 오른쪽: HCl.

9.6.1 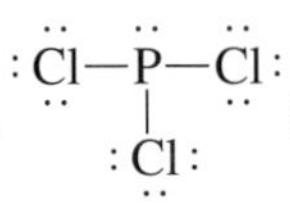 **9.6.2** [:C≡N:]⁻

9.6.3 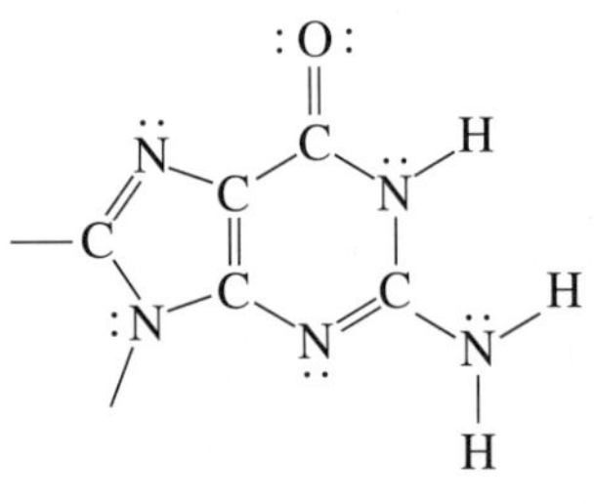

9.7.1 H: 0, C: 0, N: 0.

9.7.2 O: −2, Cl: +1. **9.7.3** (b).

9.8.1 O=S—O: ⟷ :O—S=O

9.8.2 

9.9.1 알루미늄은 3주기에 있어 3*d* 오비탈이 결합에 참여할 수 있다.

9.9.2 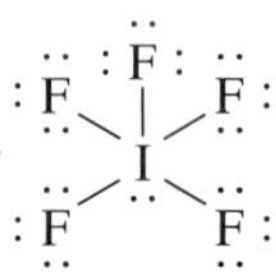 **9.9.3** :Cl—O·

9.10.1 많은 경우에 결합 엔탈피의 평균이 계산에 이용된다.

9.10.2 −445 kJ/mol.

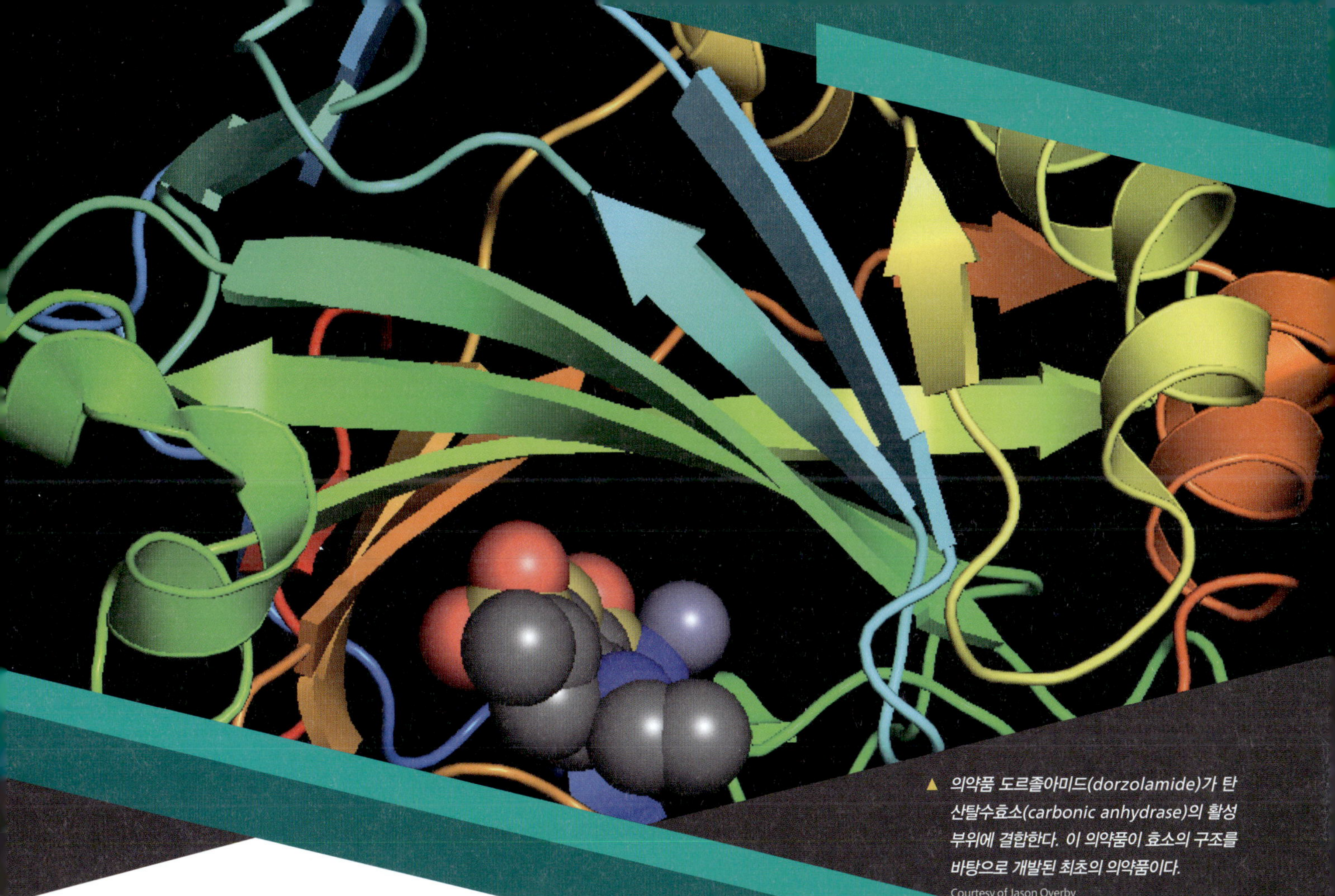

▲ 의약품 도르졸아미드(dorzolamide)가 탄산탈수효소(carbonic anhydrase)의 활성 부위에 결합한다. 이 의약품이 효소의 구조를 바탕으로 개발된 최초의 의약품이다.
Courtesy of Jason Overby

제 10 장

구조와 결합 이론들

Structure and Bonding Theories

차 례

10.1 분자의 기하 구조
10.2 쌍극자 모멘트
10.3 원자가 결합 이론
10.4 원자 오비탈의 혼성화
10.5 이중 결합, 삼중 결합을 포함하는 분자의 혼성화
10.6 분자 오비탈 이론

제9장에서는 루이스 이론을 사용하여 결합을 설명하였다. 여기서는 분자의 모양과 기하 구조를 공부한다. 기하 구조는 밀도, 녹는점, 끓는점, 반응성과 같은 분자의 물리적, 화학적 성질에 중요한 영향을 끼친다. 루이스 구조에 바탕을 둔 간단한 방법을 사용하여 분자 모형을 상당히 정확하게 예측할 수 있다는 것을 알게 될 것이다.

화학 결합에서의 루이스 이론을 사용하거나 적용하기는 쉽지만, 결합 형성이 어떻게, 왜 일어나는지는 설명하지 못한다. 결합의 올바른 이해는 양자역학으로부터 온다. 따라서 이 장의 두 번째 부분에서 분자의 기하 구조와 안정도 공부에 양자역학을 적용할 것이다.

10.1 분자의 기하 구조

학습 목표

- 원자가 껍질 전자쌍 반발(VSEPR) 모형을 적용하여 분자 또는 다원자 이온의 모양을 예측할 수 있다.
- 중심 원자에 있는 비공유 전자쌍들의 존재를 근거로 기하 구조에서 이상적인 결합각과의 결합각 차이를 예측할 수 있다.

분자의 기하 구조는 분자 내 원자의 삼차원 배열을 말한다. 분자의 기하 구조는 녹는점, 끓는점, 밀도, 분자가 수행하는 반응의 형태들 같은 많은 물리적, 화학적 성질에 영향을 끼친다. 일반적으로 결합 길이와 결합각은 실험으로 결정된다. 분자의 루이스 구조에서 중심 원자를 둘러싸고 있는 전자수를 알면 간단하게 한 분자나 이온의 전체 기하 구조를 상당히 성공적으로 예측하는 간단한 방법이 있다. 중심 원자란 다원자 분자에서 끝에 위치하지 않은 원자를 의미한다. 이러한 방법은 한 원자의 원자가 껍질에 있는 전자쌍들이 서로 반발한다는 가정에 기초한다. **원자가 껍질**(valence shell)은 *한 원자의 최외각 전자가 차지하는 껍질이다. 이곳에 있는 전자들이 결합에 참여한다.*

공유 결합에서 *결합 전자쌍*(bonding pair)이라 부르는 전자쌍은 두 원자를 잡아두는 역할을 한다. 그러나 중심 원자와 주위의 원자 간에 두 개 이상의 결합을 가진 다원자 분자에서는 다른 결합 전자쌍에 있는 전자 간 반발이 전자쌍들을 가능한 서로 멀리 떨어져 있게 하는 요인이 된다. 모든 원자들의 위치의 측면에서 기하 구조는 반발력을 최소화한다. 분자의 기하 구조의 연구에 이와 같은 접근법을 **원자가 껍질 전자쌍 반발**(valence-shell electron-pair repulsion, VSEPR) **모형**이라고 부른다. 왜냐하면 *전자쌍 간의 정전기적 반발로 중심 원자 주위에 있는 전자쌍의 기하학적 배열을 설명*하기 때문이다.

동영상 자료 VSEPR

동영상 자료 VSEPR 이론

VSEPR 모형의 사용에 두 가지 일반적인 규칙이 있다.

1. 전자쌍 반발이 관련되어 있는 한 이중 결합과 삼중 결합은 단일 결합과 같이 취급한다. 이런 근사법은 정성적 목적에 유용하다. 그러나 실제로 다중 결합은 단일 결합보다 전자쌍 반발이 "더 크다"는 것을 인식해야 한다. 즉, 두 원자 간에 이중 또는 삼중 결합이 있기 때문에 전자 밀도는 보다 많은 공간을 점유하기 때문이다.
2. 분자가 두 개 이상의 공명 구조를 갖는다면, 그들 가운데 어느 하나에 VSEPR 모형을 적용할 수 있다. 형식 전하들은 일반적으로 나타내지 않는다.

이 모형을 염두에 두고, 체계적인 방법으로 분자와 이온의 기하 구조를 예측할 수 있다. 이와 같은 목적으로 중심 원자에 비공유 전자쌍이 있느냐 없느냐에 따라 두 범주로 분자들을 분류하는 것이 편리하다.

중심 원자에 비공유 전자쌍이 없는 분자

간단하게 두 원소 A와 B 원자만을 가지며 A가 중심 원자인 분자를 생각해 보자. 이런 분

표 10.1 전자쌍 기하 구조와 분자 기하 구조

전자쌍의 수	전자쌍의 배열*	전자쌍 기하 구조	분자 기하 구조*
2	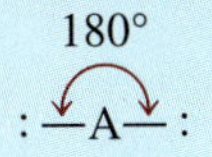 선형	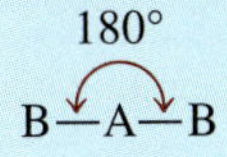 선형	
3	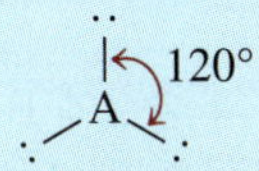 삼각 평면	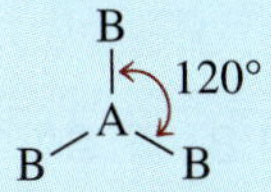 삼각 평면	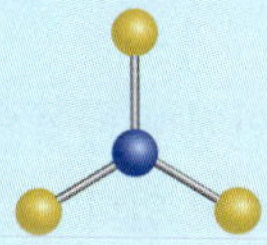
4	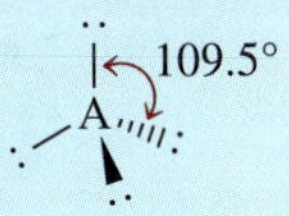 사면체	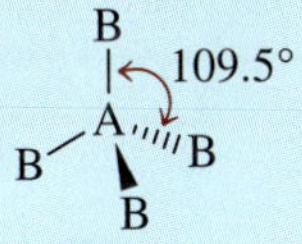 사면체	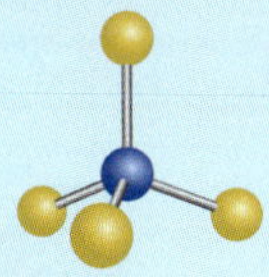
5	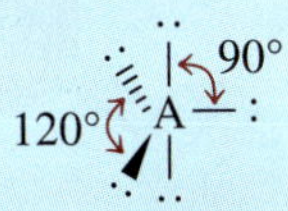 삼각 쌍뿔	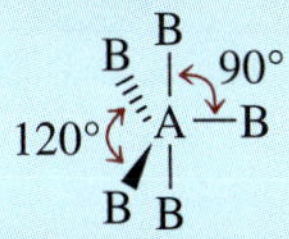 삼각 쌍뿔	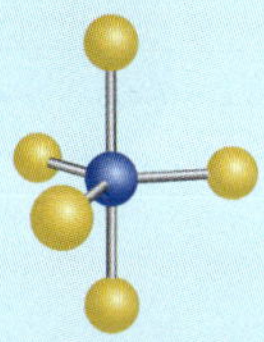
6	 팔면체	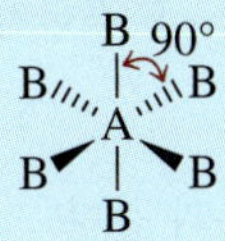 팔면체	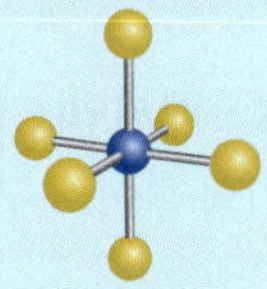

*쐐기선으로 표시한 것은 앞쪽으로 향하는 결합. 점선은 뒤쪽으로 향하는 결합을 나타낸다. 실선은 평면상에 있는 결합이다.

자들은 일반식 AB_x를 가진다. 여기서 x는 정수 2, 3, ... (x = 1이면, AB는 선형인 이원자 분자 AB이다.) 대부분의 경우에 x = 2~6이다.

표 10.1은 중심 원자 A 주위에 가능한 다섯 개의 전자쌍 배열을 보여준다. 상호 반발력의 결과로 전자쌍들은 가능한 한 서로 멀리 떨어져 있다. 이 표는 전자쌍의 배열을 나타내는 것이지, 중심 원자를 둘러싸고 있는 원자의 위치를 나타내는 것이 아님을 주목하라. 중심 원자에 비공유 전자쌍이 없는 분자들은 이와 같은 5가지 결합 전자쌍 배열 중 하나를 가진다. 표 10.1을 사용하여 분자식 AB_2, AB_3, AB_4, AB_5, AB_6를 갖는 분자의 기하 구조를 자세히 알아보자.

▶ AB_2: 염화 베릴륨($BeCl_2$)

기체 상태에서 염화 베릴륨의 루이스 구조는 다음과 같다.

$$:\ddot{\underset{..}{Cl}}—Be—\ddot{\underset{..}{Cl}}:$$

결합 전자쌍은 서로 반발하기 때문에 그들이 가능한 한 멀리 떨어지기 위해서 일직선상의 반대편 끝에 있어야 한다. 따라서 Cl—Be—Cl 결합각은 180°로 예측되고, 분자는 선형이다(표 10.1 참조). $BeCl_2$의 공-막대 모형은 다음과 같다.

▶ AB_3: 삼플루오린화 붕소(BF_3)

삼플루오린화 붕소(boron trifluoride)는 세 개의 공유 결합, 즉 결합 전자쌍을 가지고 있다.

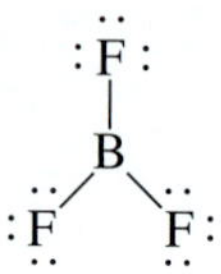

가장 안정한 배열은 세 개의 B—F 결합이 삼각형의 중심에 B가 있는 정삼각형의 꼭짓점을 향하고 있다. 표 10.1에 따르면 네 원자는 모두 같은 평면에 놓여 있고 세 개의 말단 원자가 정삼각형의 꼭짓점에 있기 때문에 BF_3의 기하 구조는 삼각 평면형이다.

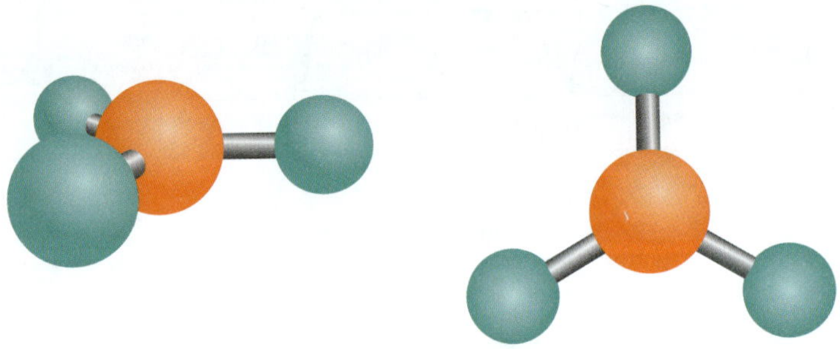

따라서 각각의 세 개의 F—B—F 결합각은 120°이다.

▶ AB_4: 메테인(CH_4)

메테인의 루이스 구조는 다음과 같다.

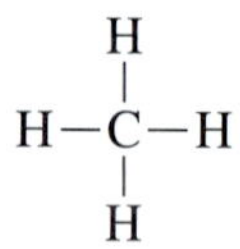

4개의 결합 전자쌍이 있기 때문에 CH_4의 기하 구조는 사면체(tetrahedral)이다(표 10.1 참조). *사면체*(영어의 tetra-는 "4"를 의미한다)에는 4개의 면이 있으며, 이 면들은 모두 정삼각형이다. 사면체 분자에서 중심 원자(이 경우는 C)는 사면체의 중앙에 위치하며, 다른 4개의 원자들은 각 꼭짓점에 위치한다. 결합각은 모두 109.5°이다. 루이스 구조 자체가 기하구조를 나타내지 못하기 때문에 결합을 다른 스타일을 사용하여 삼차원 구조를 나타낸다. 실선은 평면상의 결합, 쐐기 선은 지면 앞쪽을 향하는 결합, 쐐기 점선은 지면 뒤쪽의 결합을 나타낸다.

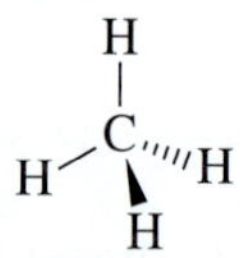

▶ AB_5: 오염화 인(PCl_5)

오염화 인(기체상에서)의 루이스 구조식은 다음과 같다.

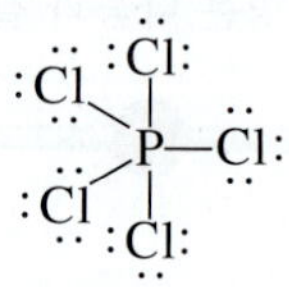

5개의 결합 전자쌍 간의 반발력을 최소화하는 유일한 방법은 P—Cl 결합이 삼각 쌍뿔형으로 배열시키는 것이다(표 10.1 참조). 삼각 쌍뿔은 공통의 삼각형면을 따라서 두 사면체가 결합하여 이루어진다.

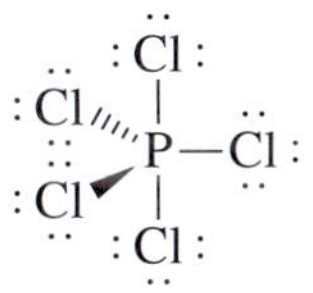

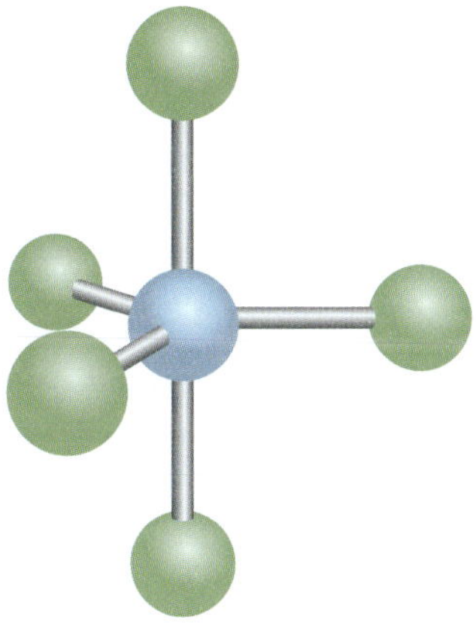

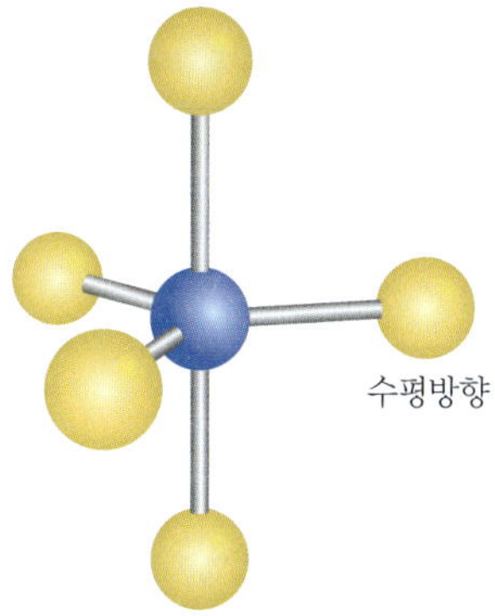

중심 원자(이 경우는 P)는 주위 원자가 삼각 쌍뿔의 5개 꼭짓점에 위치하고 있는 공통의 삼각형의 중심에 있다. 삼각 평면의 위, 아래를 차지하는 원자는 *축방향*(axial) 위치를 차지한다고 말하고, 삼각 평면상에 존재하는 원자들은 *수평방향*(equatorial) 위치를 차지한다고 말한다. 수평방향 위치 간의 결합각은 120°, 축방향 결합과 수평방향 결합 간의 결합각은 90°, 두 축방향 간의 결합각은 180°이다.

➧ AB_6: 육플루오린화 황(SF_6)

육플루오린화 황의 루이스 구조는 다음과 같다.

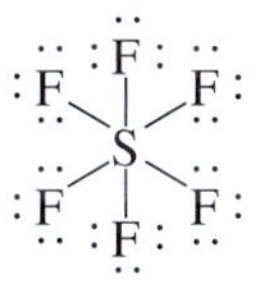

6개의 S—F 결합쌍의 가장 안정한 배열은 표 10.1에 나타난 바와 같이 팔면체 모양이다. 팔면체에는 8개의 면이 있는데, 2개의 사각뿔을 공통 바닥으로 하여 합쳐서 만들 수 있다. 중심 원자(이 경우 S 원자)는 정사각형 바닥의 중심에 위치하고 주위 원자는 6개의 꼭짓점에 위치한다. 중심 원자와 서로 대각선상의 반대쪽에 있는 원자쌍 사이의 결합으로 만들어지는 것을 제외하고는 모든 결합각은 90°이다. 대각선상의 각은 180°이다. 팔면체 분자에서는 6개의 결합이 농등하기 때문에 삼각쌍뿔 분자에서처럼 "축방향"이니 "수평방향"이라는 용어를 사용하지 않는다.

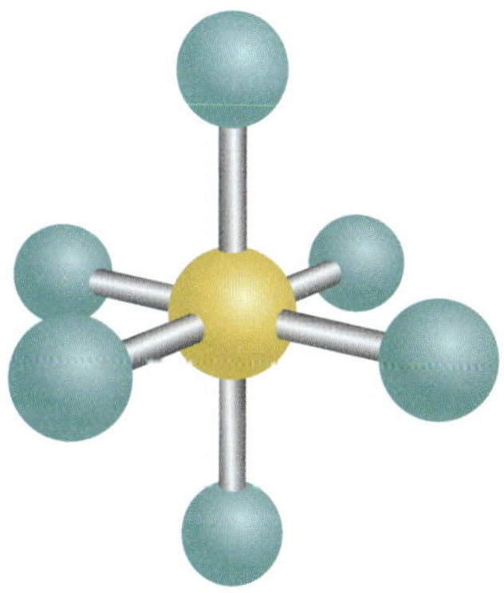

➤ 중심 원자에 한 개 이상의 고립 전자쌍이 있는 분자들

중심 원자가 고립 전자쌍 및 결합 전자쌍을 모두 갖고 있으면 분자의 기하 구조를 결정하기가 좀 더 복잡하다. 이러한 분자에는 세 가지의 반발력이 있다. 즉, 결합 전자쌍 사이, 고립 전자쌍 사이, 결합쌍과 고립 전자쌍 사이의 반발력이 있다. 일반적으로 VSEPR 모형에 따르면 반발력은 다음 순서로 감소된다.

고립 전자쌍 대 고립 전자쌍의 반발 > 고립 전자쌍 대 결합 전자쌍의 반발 > 결합 전자쌍 대 결합 전자쌍의 반발

결합에 참여한 전자들은 두 원자의 핵에 의한 인력이 작용한다. 이러한 전자들은 고립 전자쌍보다 작은 공간 분포를 갖는다. 즉, 이러한 결합 전자들은 하나의 특정 원자에 국한된 고립 전자쌍보다 적은 공간을 차지한다. 분자 내에서 고립 전자쌍은 결합 전자쌍보다 많은 공간을 차지하고 있기 때문에, 고립 전자쌍은 이웃한 고립 전자쌍 및 결합 전자쌍으로부터 더 큰 반발력을 갖는다. 결합 전자쌍과 고립 전자쌍의 전체 수를 나타내기 위해 AB_xE_y로서 고립 전자쌍을 포함하는 분자를 나타낸다. 여기서 A는 중심 원자, B는 주변 원자, E는 A에 있는 고립 전자쌍이며, x와 y는 정수이다. $x = 2, 3, \ldots$이고, $y = 1, 2, \ldots$이다. 따라서 x는 주변 원자의 수이고, y는 중심 원자에 있는 고립 전자쌍의 수이다. $x = 1$이면, 선형 구조인 이원자 분자이다. 이런 가장 간단한 분자는 중심 원자에 한 개의 고립 전자쌍을 갖는 3원자 분자이다. 즉, 이런 분자의 일반식은 AB_2E이다.

다음 예에서 보듯이 대부분의 경우 중심 원자에 고립 전자쌍이 있으면 결합각을 정확히 예측하기란 매우 어렵다.

▶ AB_2E: 이산화 황(SO_2)

이산화 황의 루이스 구조는 다음과 같다.

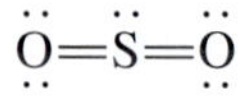

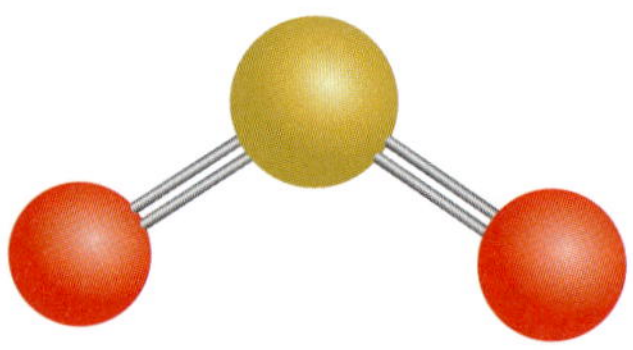

SO_2

VSEPR 모형은 이중 결합을 단일 결합인 것처럼 취급하기 때문에 SO_2 분자는 중심 S 원자에 세 개의 전자쌍으로 구성된 것으로 볼 수 있다. 이들 중 둘은 결합 전자쌍이고, 하나는 고립 전자쌍이다. 표 10.1에서 세 개의 전자쌍의 전체 배열은 삼각 평면형이다. 그러나 그 중 한 전자쌍은 고립쌍으로 SO_2 분자는 "굽은" 모양을 갖는다.

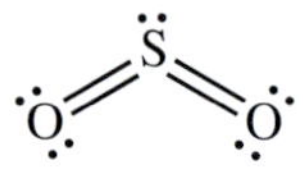

고립쌍과 결합쌍 간의 반발이 결합쌍과 결합쌍 반발보다 크기 때문에 두 황-산소 결합은 함께 약간 밀리며, O—S—O 결합각은 120°보다 작다.

▶ AB_3E: 암모니아(NH_3)

암모니아 분자에는 세 개의 결합 전자쌍과 하나의 고립 전자쌍이 있다.

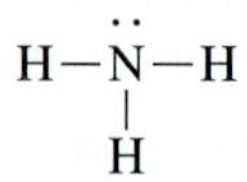

표 10.1에 나타난 바와 같이 네 전자쌍의 전체 배열은 사면체형이다. 그러나 NH_3에서는 전자쌍 중 하나가 고립쌍이다. 따라서 NH_3의 기하 구조는 삼각뿔 모양이다(꼭대기에 N 원자를 가진 뿔처럼 보임). 고립 전자쌍이 결합 전자쌍보다 더욱 강하게 반발하기 때문에 3개의 N—H 결합 전자쌍은 더 가까이 있다.

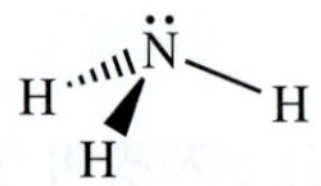

따라서 암모니아의 H—N—H 결합각은 이상적인 정사면체의 각인 109.5°보다 더 작다(그림 10.1 참조).

▶ AB_2E_2: 물(H_2O)

물 분자에는 두 개의 결합 전자쌍과 두 개의 고립 전자쌍이 있다.

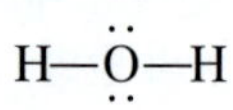

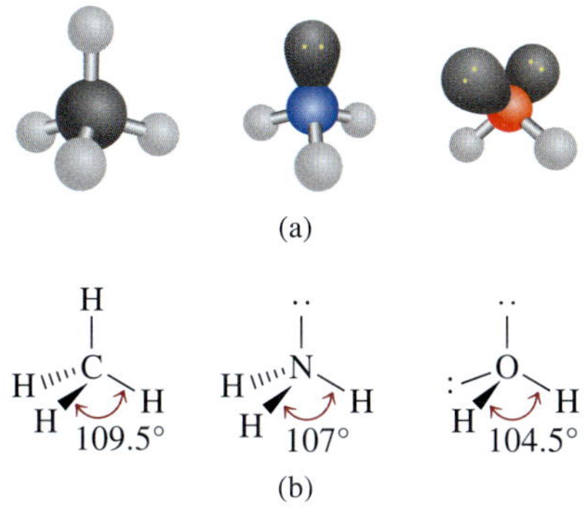

◀ **그림 10.1** (a) CH_4, NH_3, H_2O에서 결합 전자쌍과 고립 전자쌍의 상대적인 크기. (b) CH_4, NH_3, H_2O에서 결합각. 쐐기 선은 전자쌍(결합 전자쌍 또는 고립 전자쌍)이 지면에서 앞으로 향하고, 쐐기 점선은 전자쌍이 지면 뒤로 향하고, 실선은 전자쌍이 종이 면에 있는 결합을 나타낸다.

물에 있는 네 전자쌍의 전체 배열은 암모니아에서와 같이 사면체형이다. 그러나 암모니아와는 달리 물은 중심 산소 원자에 두 고립 전자쌍이 있다. 이러한 고립 전자쌍은 가능한 한 서로 멀어지려는 경향이 있다. 결과적으로 두 개의 O—H 결합 전자쌍들은 서로 가까이 있다. 따라서 NH_3보다 정사면체 각으로부터 훨씬 큰 편차가 예측된다. 그림 10.1에서 보듯이 H—O—H 각은 104.5°이다. H_2O의 기하 구조는 굽은 구조이다.

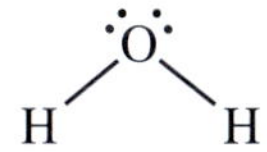

➧ AB_4E:사플루오린화 황(SF_4)

SF_4의 루이스 구조는 다음과 같다.

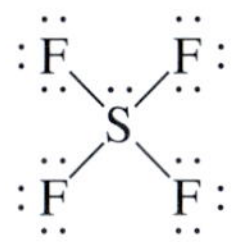

표 10.1에 의하면 중심의 황 원자는 그 배열이 삼각 쌍뿔형으로 5개의 전자쌍을 가지고 있다. 그러나 SF_4 분자에서 한 전자쌍은 고립쌍이다. 따라서 분자는 다음과 같은 기하 구조 중 하나를 가져야 한다.

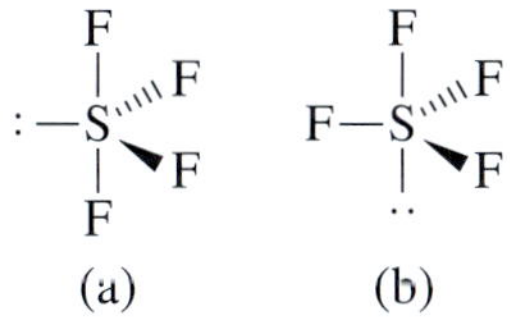

(a)에서 고립 전자쌍은 수평방향 위치를 차지하며, (b)에서는 축방향 위치를 차지한다. 축방향 위치에는 90°에 인접한 세 개의 전자쌍이 있고, 180°에 한 개의 전자쌍이 있다. 반면에 수평방향 위치는 90°에 두 개의 인접 전자쌍이 있고, 120°에 두 개의 전자쌍이 더 있다. (a)에서 고립 전자쌍과 결합 전자쌍 간의 반발이 더 작으므로 (a)가 실험을 통해서 관찰된 구조이다. 이 모양은 때때로 뒤틀린 사면체(또는 오른쪽으로 90° 구조를 돌리면 시소 모양)로 묘사된다. 축방향 위치에 있는 F 원자와 S 원자 사이의 각도는 173°이고, 수평방향 위치에 있는 F 원자와 S 원자 사이의 각도는 102°이다.

SF_4

표 10.2는 지금까지 다루지 않는 것을 포함해서 중심 원자가 하나 이상의 고립 전자쌍을 가진 간단한 분자의 기하 구조를 보여주고 있다.

➧ 둘 이상의 중심 원자를 가지는 분자의 기하 구조

지금까지는 한 개의 중심 원자만을 가지는 분자의 기하 구조에 대하여 논의하였다. 대부

표 10.2 중심 원자에 둘 이상의 고립 전자쌍이 있는 간단한 분자와 이온의 기하학적 구조

분자의 부류	전자쌍의 총 수	결합 전자쌍의 수	고립 전자쌍의 수	전자쌍의 배열	분자나 이온의 기하 구조	예
AB_2E	3	2	1	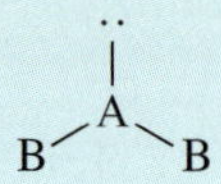 삼각 평면	굽은형 (또는 V 모양)	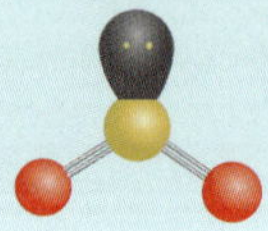 SO_2
AB_3E	4	3	1	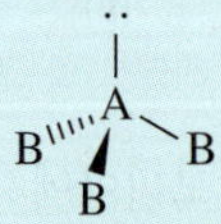 사면체	삼각뿔	 NH_3
AB_2E_2	4	2	2	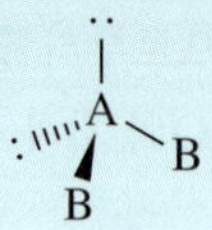 사면체	굽은형 (또는 V 모양)	 H_2O
AB_4E	5	4	1	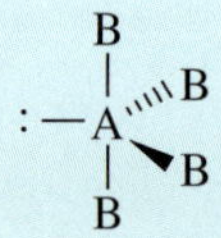 삼각 쌍뿔	뒤틀린 사면체 (또는 시소)	 SF_4
AB_3E_2	5	3	2	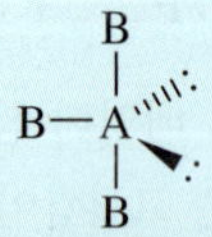 삼각 쌍뿔	T형	 ClF_3
AB_2E_3	5	2	3	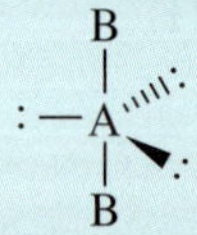 삼각 쌍뿔	선형	 I_3^-
AB_5E	6	5	1	 팔면체	사각뿔	 BrF_5
AB_4E_2	6	4	2	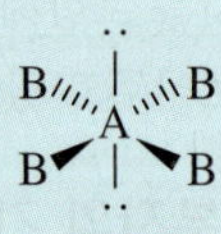 팔면체	사각 평면	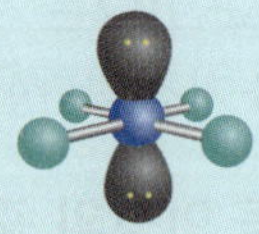 XeF_4

분의 경우 둘 이상의 중심 원자를 가지는 분자의 전체 기하학적 구조는 정의하기 어렵다. 가끔 각 중심 원자 주위의 모양만을 묘사할 수 있다. 예를 들면, 루이스 구조식이 다음과 같은 메탄올(CH_3OH)을 생각해 보자.

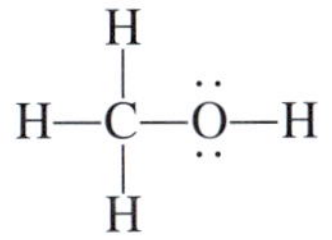

메탄올에 있는 두 개의 중심 원자는 탄소와 산소이다. 세 개의 C—H 결합쌍과 C—O의 결합 전자쌍이 탄소 원자에 사면체구조로 배열로 되어 있다. H—C—H와 O—C—H의 결합각은 약 109°이다. 여기서 산소 원자는 두 개의 비공유 전자쌍과 두 개의 결합 전자쌍을 가진 물 분자와 같다. 따라서 분자의 H—O—C 부분이 굽어 있으며, H—O—C의 결합각은 약 105°이다(그림 10.2).

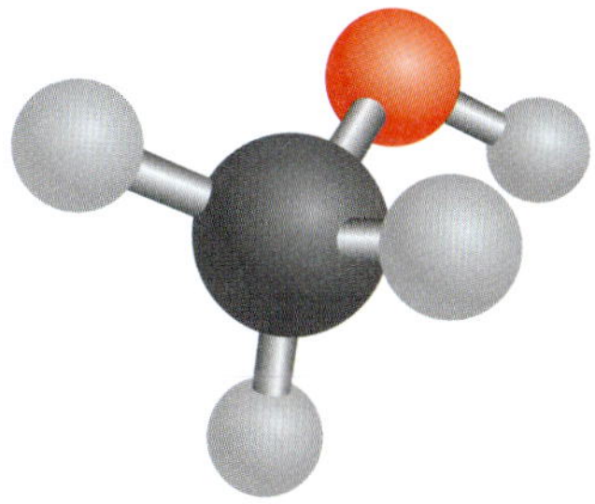

▲ 그림 10.2 CH_3OH의 기하 구조.

VSEPR 모형 적용에 대한 지침

두 가지 범주(고립쌍이 있는 중심 원자와 고립쌍이 없는 중심 원자)에서 분자 기하 구조를 공부했는데, 이제 VSEPR 모형을 모든 분자 유형에 적용하는 몇 가지 규칙을 생각해 보자.

1. 중심 원자(둘 이상의 다른 원자에 결합된 원자) 주위의 전자쌍만을 고려하면서 분자의 루이스 구조를 그린다.
2. 중심 원자 주위의 전자쌍(결합 전자쌍과 고립 전자쌍)의 수를 헤아린다. 이중 결합과 삼중 결합은 단일 결합처럼 취급한다. 표 10.1을 참조하여 전자쌍의 전체 배열을 예측한다.
3. 표 10.1 및 10.2를 이용하여 분자의 기하 구조를 예측한다.
4. 결합각을 예측할 때, 결합 전자쌍이 다른 결합 전자쌍을 반발할 때보다 고립 전자쌍이 다른 고립 전자쌍이나 결합 전자쌍을 더욱 강하게 반발한다. 일반적으로 중심 원자가 한 개 이상의 고립 전자쌍을 가질 때 결합각을 정확하게 예측하는 쉬운 방법은 없다는 것을 기억하라.

VSEPR 모형을 이용하면 다양한 분자의 기하 구조에 대한 신뢰할 만한 예측을 할 수 있다. 화학자들은 VSEPR 방법이 단순하기 때문에 사용하고 있다. 비록 "전자쌍 반발"이 실제 분자의 모양을 결정하는 가에 대한 이론적인 의문점이 있지만, 이 모형의 가정이 유용한(그리고 일반적으로 신뢰할 만한) 예측 결과를 도출한다. 우리의 현재 학습 단계에서는 더 이상 다른 모형을 필요가 없다. 예제 10.1은 VSEPR의 응용을 보여주고 있다.

인터넷 핫스팟
학생들의 학습 경험에 대해 축적된 자료에 따르면 VSEPR 모형을 이해하는 데 어려움을 겪을 수 있다. 이런 경우 eBook에 접속해서 이 주제에 대한 추가 학습 자료를 보면 도움이 될 수 있다.

예제 10.1

VSEPR 모형을 사용하여 다음 분자나 이온의 기하 구조를 예측하라. (a) AsH_3, (b) OF_2, (c) $AlCl_4^-$, (d) I_3^-, (e) C_2H_4.

전략 분자의 기하 구조를 결정할 때 단계 순서는 다음과 같다.

루이스 구조를 그린다 ⟶ 전자쌍 배열을 찾는다 ⟶ 결합쌍 배열을 찾는다 ⟶ 결합쌍을 기초로 하여 기하 구조를 결정한다

풀이

(a) AsH_3의 루이스 구조는 다음과 같다.

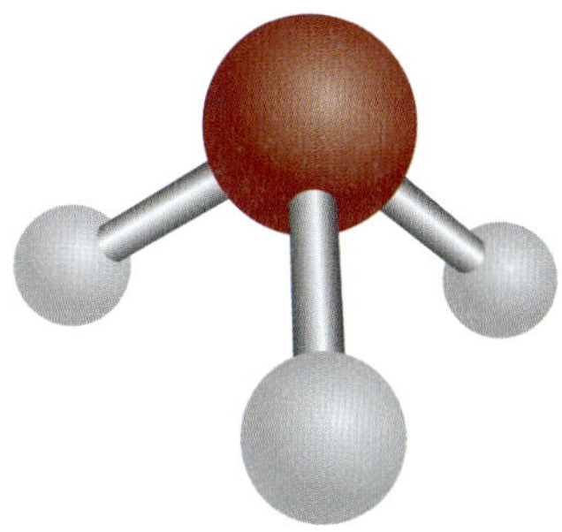

AsH_3

(계속)

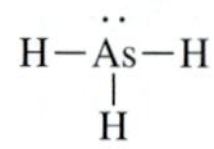

중심 원자 주위에 네 개의 전자쌍이 있으므로, 전자쌍 배열은 사면체 구조이다(표 10.1 참조). 분자의 기하 구조는 원자의 배열에 의해서만 결정됨을 기억하라(이 경우 As와 H 원자). 따라서 고립 전자쌍을 제거하면 세 개의 결합쌍이 남게 되어 NH_3와 같은 삼각 피라미드형 기하 구조가 된다. H—As—H 각을 정확하게 예측할 수는 없다. 그러나 109.5°보다 더 작다는 것을 알 수 있다(As의 고립 전자쌍에 의한 As—H 결합 전자쌍의 반발이 결합쌍 간의 반발보다 크기 때문에).

(b) OF_2의 루이스 구조는 다음과 같다.

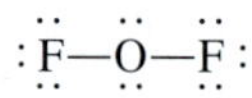

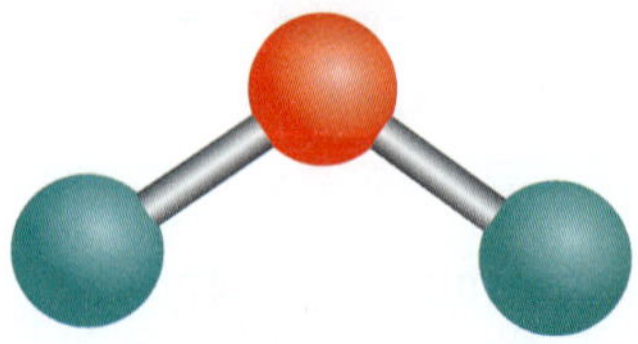

OF_2

중심 원자 주위에 네 개의 전자쌍이 있으므로 전자쌍 배열은 사면체 구조이다(표 10.1 참조). 분자의 기하 구조는 원자의 배열에 의해서만 결정됨을 기억하라(이 경우 O와 F 원자). 따라서 두 개의 고립 전자쌍을 제거하면 두 개의 결합쌍이 남게 되어 H_2O와 같은 굽은 형 기하 구조가 된다. F—O—F 각도를 정확히 예측할 순 없지만, O에 있는 고립쌍에 의한 O—F 결합의 결합 전자쌍의 반발이 결합쌍 간의 반발보다 크기 때문에 이 각도가 109.5° 보다 작아야만 한다는 것을 알 수 있다.

(c) $AlCl_4^-$의 루이스 구조는 다음과 같다.

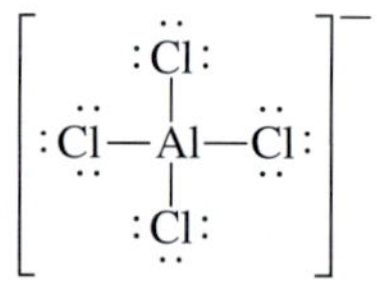

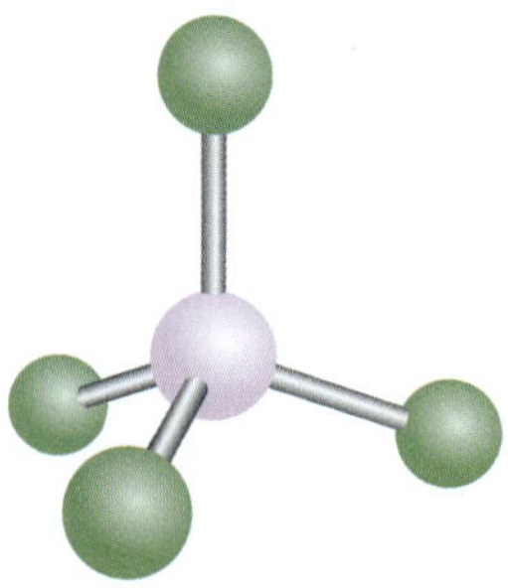

$AlCl_4^-$

중심 원자 주위에 네 개의 전자쌍이 있으므로 전자쌍 배열은 사면체 구조이다. 고립 전자쌍이 없기 때문에 결합쌍의 배열은 전자쌍 배열과 같다. 그러므로 $AlCl_4^-$는 사면체 기하 구조를 가지고, Cl—Al—Cl 각은 모두 109.5°이다.

(d) I_3^-의 루이스 구조는 다음과 같다.

I_3^-

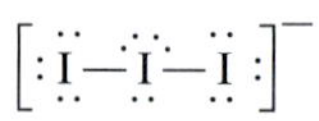

중심 I 원자 주위에 다섯 개의 전자쌍이 있으므로 전자쌍 배열은 삼각 쌍뿔형이다. 다섯 개의 전자쌍 중 세 개는 고립쌍이고, 두 개는 결합쌍이다. 고립쌍은 삼각 쌍뿔에서 수평 위치를 우선적으로 차지한다는 것을 기억하라(표 10.2 참조). 따라서 고립쌍을 제거하면 I_3^-의 구조는 선형 기하 구조를 가지게 된다. 즉, 세 개의 I 원자는 모두 일직선상에 있다.

(e) C_2H_4의 루이스 구조는 다음과 같다.

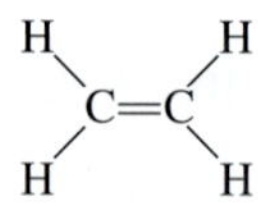

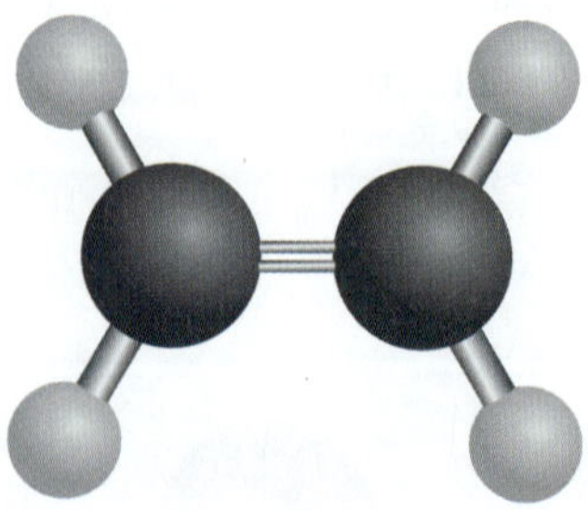

C_2H_4

C=C 결합은 VSEPR 모형에서 단일 결합으로 취급한다. 각각의 C 원자 주위에 3개의 전자쌍이 있고, 고립 전자쌍이 없으므로 각 C 원자 주위의 배열은 앞에서 설명한 BF_3와 같이 삼각 평면형을 갖는다. 따라서 C_2H_4에서 예측된 결합각은 모두 120°이다.

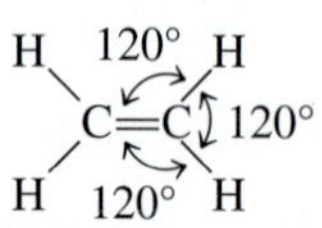

해설 (1) I_3^- 이온은 중심 원자에 고립쌍이 있더라도 결합각(180°)을 정확하게 예측할 수 있는 몇몇 구조 중 하나이다. (2) C_2H_4에서 6개 원자 모두가 같은 평면에 있다. VSEPR 모형으로는 전체 평면 구조를 예측할 수는 없으나 왜 분자가 평면형을 선호하는지 뒤에 알게 될 것이

(계속)

다. 실제 결합각은 결합이 모두 동등하지 않기 때문에 120°에 가깝지만, 120°와 같지는 않다.

실전 연습 VSEPR 모형을 사용하여 다음 분자의 기하 구조를 예측하라. (a) $SiBr_4$, (b) CS_2, (c) NO_3^-.

비슷한 문제: 10.7, 10.8, 10.9.

개념과 사실 요약하기

- 분자의 기하 구조를 예측하는 VSEPR 모형은 원자가 껍질 전자쌍들이 서로 반발하여 가능한 서로 멀리 떨어져 존재하려 한다는 가정에 근거를 두고 있다.
- VESPR 모형에 따르면, 분자의 기하 구조는 결합 전자쌍과 고립 전자쌍의 수에 따라 결정된다. 고립 전자쌍은 결합 전자쌍에 비해 다른 전자쌍들을 더욱 강하게 밀어내며, 이로 인해 결합각을 이상적인 기하 구조에서 더 뒤틀리게 한다.

개념과 사실 복습하기

10.1.1 $GeCl_4$ 분자의 기하 구조는 무엇인가?

10.1.2 BrO_3^- 분자의 기하 구조는 무엇인가?

10.1.3 다음의 기하 구조 중 수소화 주석(IV)(SnH_4)의 안정성이 더 큰 구조는 어느 것인가?

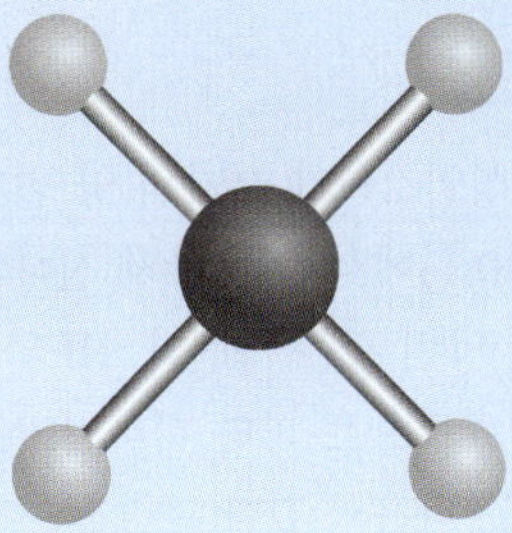

10.2 쌍극자 모멘트

학습 목표

- 분자가 쌍극자 모멘트를 갖는지 또는 갖지 않는지를 알 수 있다.

9.5절에서 플루오린화 수소는 극성 결합을 가지는 공유 결합 화합물이라는 것을 배웠다. F 원자가 H 원자보다 전기음성도가 더 크기 때문에, H 원자에서 F 원자로의 전자 밀도의 이동이 있다(그림 9.4 참조). 전자 밀도의 이동은 그 방향을 나타내기 위해 루이스 구조 위에 십자 화살표 기호(⟶ with cross)로 나타낸다. 예를 들면,

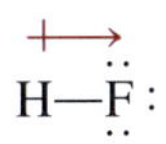

결과적인 전하의 분리는 다음과 같이 나타낸다.

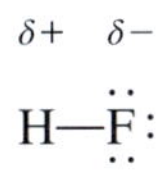

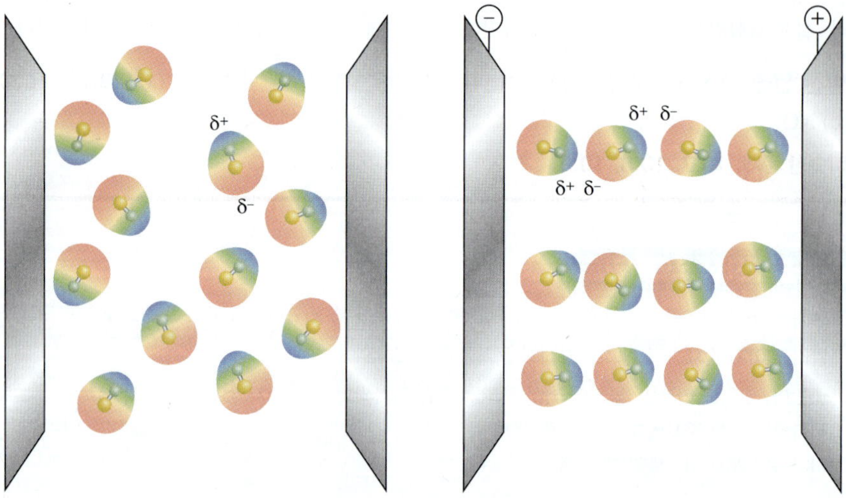

▶ **그림 10.3** (a) 외부 전기장이 가해지지 않았을 때와 (b) 가해졌을 때 극성 분자의 행동. 비극성 분자의 경우 외부 전기장의 영향을 받지 않는다.

여기서 δ(델타)는 부분 전하를 나타낸다. 이러한 전하의 분리는 분자가 전기장안에 놓였을 때 확인될 수 있다(그림 10.3). 전기장이 가해지면, HF 분자의 음전하를 띠는 말단은 양극판으로 향하고, 양전하를 띠는 말단은 음극판으로 향하게 된다. 이런 분자들의 배열은 실험적으로 탐지될 수 있다.

결합의 극성에 대한 정량적인 척도는 **쌍극자 모멘트**(dipole moment, μ)인데, *전하량 Q와 전하 사이의 거리 r의 곱*이다.

$$\mu = Q \times r \tag{10.1}$$

분자가 전기적 중성을 유지하려면 전기적으로 중성인 2원자 분자의 양 말단의 전하는 크기는 같고, 부호는 반대이어야 한다. 그러나 식 (10.1)에서 Q는 단지 전하의 크기만을 말하며, 부호를 나타내지는 않는다. 따라서 μ는 항상 양의 값을 가진다. HF와 같은 2원자 분자의 경우, Q는 δ^+와 δ^-이다. 쌍극자 모멘트는 일반적으로 피터 디바이(Peter Debye)*의 이름을 딴 디바이 단위(D)로 나타낸다. 환산 인자는 다음과 같다.

$$1\text{ D} = 3.336 \times 10^{-30}\text{ C m}$$

여기서 C는 쿨롱이며, m은 미터이다.

▶▶▶ **동영상 자료**
분자의 극성

▶▶▶ **동영상 자료**
극성에 대한 모양의 영향

다른 원소를 포함하는 2원자 분자(예, HCl, CO, NO)는 *쌍극자 모멘트를 가지며 극성 분자*(polar molecule)라 부른다. 같은 원소의 원자를 포함하는 이원자 분자(예, H_2, O_2, F_2)들은 *쌍극자 모멘트를 갖지 않기* 때문에 **비극성 분자**(nonpolar molecule)의 예이다. 세 개 이상의 원자로 이루어진 분자에 대해서는 결합의 극성과 분자의 기하 구조가 쌍극자 모멘트가 있는지를 결정한다. 극성 결합이 있다고 하더라도, 분자가 반드시 쌍극자 모멘트를 갖는 것은 아니다. 예를 들어, 이산화 탄소(CO_2)는 삼원자 분자이며, 그 기하 구조는 선형 또는 굽은 형이다.

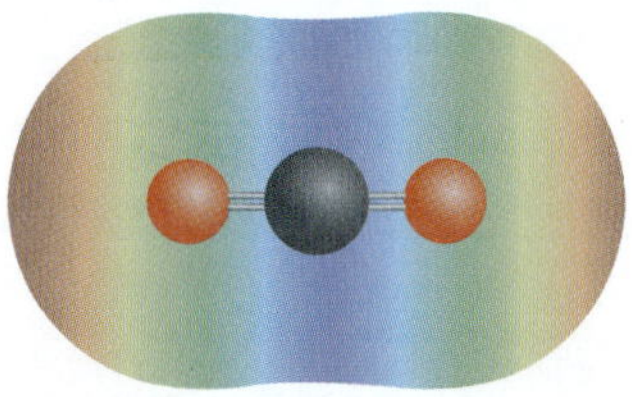

▲ *각각의 탄소-산소 결합은 극성이며, 전기음성도가 좀 더 큰 산소 원자 쪽으로 이동된 전자 밀도를 가진다. 그러나 선형인 분자의 기하 구조로 인해 두 결합 모멘트는 상쇄된다.*

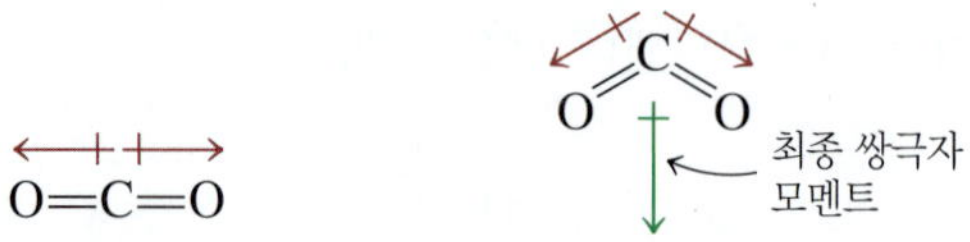

선형 분자 (쌍극자 모멘트 없음)

굽은형 분자 (쌍극자 모멘트 가질 수 있음)

---

*피터 조세프 윌리엄 디바이(Peter Joseph William Debye, 1884~1966). 네덜란드 출신의 미국 화학자이자 물리학자. 디바이는 분자 구조, 고분자 화학, X-선 분석, 그리고 전해질 용액 연구에 많은 기여를 하였다. 그는 1936년 노벨 화학상 수상하였다.

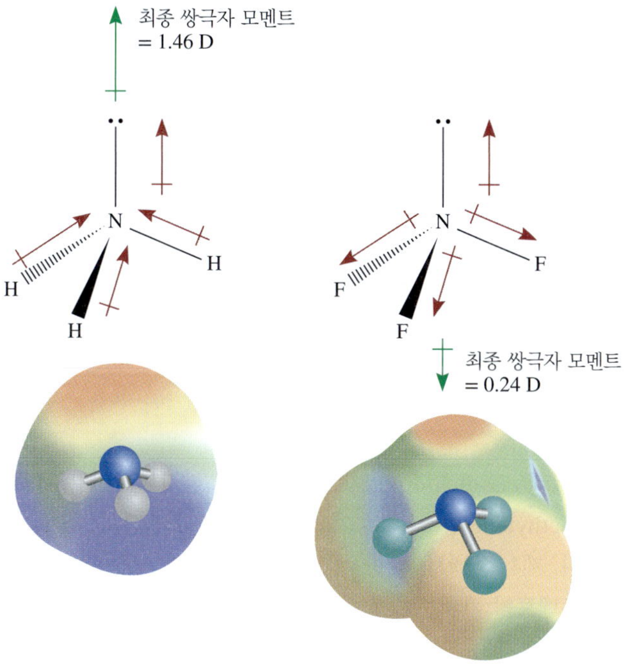

◀ **그림 10.4** NH_3와 NF_3의 결합 모멘트와 분자의 합성 쌍극자 모멘트. 정전기적 퍼텐셜 지도는 이 분자들에서의 전자 밀도 분포를 보여준다.

화살표는 전기음성도가 작은 탄소 원자에서 전기음성도가 큰 산소 원자로 전자 밀도가 이동하는 것을 나타낸다. 각 경우에서, 전체 분자의 쌍극자 모멘트는 두 개의 *결합 모멘트*(bond moment), 즉 극성 C═O 결합에 있는 각각의 쌍극자 모멘트로 이루어진다. 결합 모멘트는 *벡터량*(vector quantity)이므로 크기와 방향을 갖는다. 측정되는 쌍극자 모멘트는 결합 모멘트의 벡터 합과 같다. CO_2에서 두 개의 결합 모멘트는 크기가 서로 같다. 그런데, 이 두 결합 모멘트는 선형인 CO_2 분자에서는 반대 방향으로 향하기 때문에 그 벡터 합 즉, 합성 쌍극자 모멘트는 0이 된다. 한편, CO_2 분자가 굽어 있다면 두 개의 결합 모멘트는 부분적으로 서로 강화하게 되고, 따라서 0이 아닌 쌍극자 모멘트를 가질 것이다. 실험을 통해 이산화 탄소는 쌍극자 모멘트가 없다는 것을 알 수 있었다. 그러므로 이산화 탄소는 선형의 분자 구조를 가진다는 것을 알 수 있다. 따라서 VSEPR 모델을 통해 예측할 수 있는 이산화 탄소의 선형 구조는 실험적 측정을 통해서도 확인되었다.

다음으로, 그림 10.4에 나타낸 NH_3와 NF_3를 고려해 보자. 두 경우 모두 중심 N원자에는 한 개의 고립 전자쌍이 있으며, 고립 전자쌍의 전하 밀도는 N 원자에서 멀리 위치해 있다. 그림 9.5에서 N은 H보다도 전기음성도가 크며, F는 N보다 더 큰 전기음성도를 가짐을 알 수 있다. 이러한 이유로, NH_3에서는 전자 밀도는 N쪽으로 치우쳐 더 큰 쌍극자 모멘트를 만드는 반면 NF 결합의 결합 모멘트는 N쪽의 반대 방향으로 향하므로, 고립 전자쌍의 쌍극자 모멘트에의 기여를 상쇄시킨다. 따라서 NH_3의 합성 쌍극자 모멘트는 NF_3에서 보다 더 크다.

쌍극자 모멘트는 같은 분자식을 가지지만 다른 구조를 가지는 분자들을 식별하는 데 사용될 수 있다. 예를 들면, 다음 분자들은 모두 존재 가능하다. 이들은 모두 같은 분자식($C_2H_2Cl_2$), 같은 종류와 수의 결합을 가지지만, 분자의 구조는 다르다.

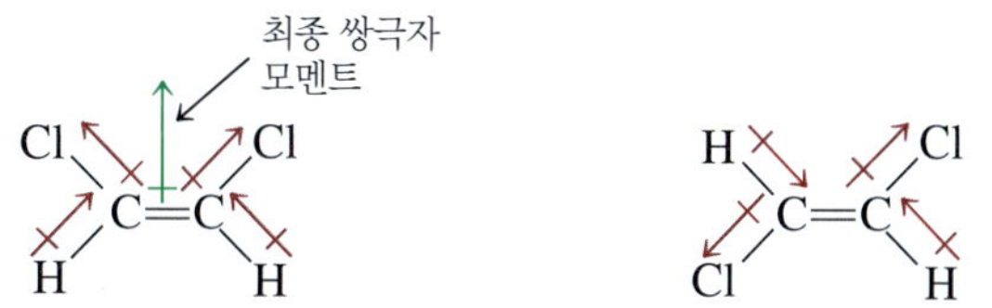

시스-다이클로로에틸렌 $\mu = 1.89$ D　　*트랜스*-다이클로로에틸렌 $\mu = 0$

표 10.3 몇 가지 극성 분자들의 쌍극자 모멘트

분자	기하 구조	쌍극자 모멘트(D)
HF	선형	1.92
HCl	선형	1.08
HBr	선형	0.78
HI	선형	0.38
H_2O	굽은형	1.87
H_2S	굽은형	1.10
NH_3	삼각뿔	1.46
SO_2	굽은형	1.60

시스-다이클로로에틸렌(*cis*-dichloroethylene)은 극성 분자이지만 *트랜스*-다이클로로에틸렌(*trans*-dichloroethylene)은 극성 분자가 아니므로, 이들은 쌍극자 모멘트 측정으로 쉽게 구별할 수 있다. 제11장에서 더 공부하겠지만 분자 간 결합력의 세기는 부분적으로는 분자가 쌍극자 모멘트를 가지는가에 의해 결정된다. 표 10.3은 여러 극성 분자의 쌍극자 모멘트를 나열하고 있다.

예제 10.2는 분자의 기하 구조를 알 때 그 분자가 쌍극자 모멘트를 갖는지를 어떻게 예측할 수 있는지를 보여준다.

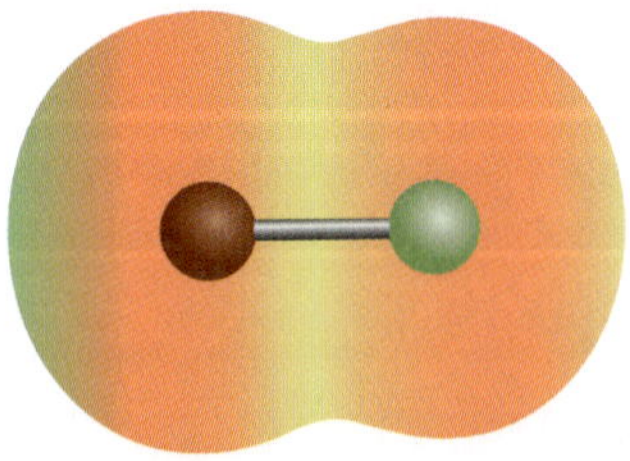

▲ BrCl의 정전기 퍼텐셜 지도는 전자 밀도가 Cl 원자 쪽으로 이동됨을 보여준다.

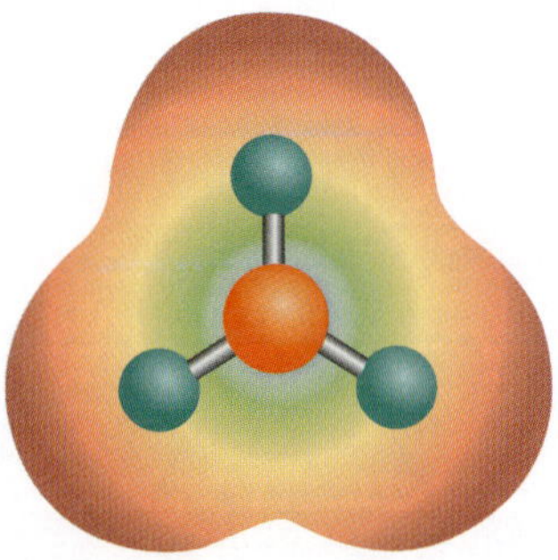

▲ 정전기 퍼텐셜 지도는 BF_3 분자에서 전자 밀도가 대칭적으로 분배된 것을 보여준다.

예제 10.2

다음 각 분자가 쌍극자 모멘트를 갖는지 예측하라. (a) BrCl, (b) BF_3(삼각 평면), (c) CH_2Cl_2 (사면체).

전략 분자의 쌍극자 모멘트는 참여하고 있는 원소들의 전기음성도 차이와 기하 구조 모두에 의존함을 유념하라. 분자가 극성 결합을 가지고 있으나(결합된 원자가 다른 전기음성도를 가짐), 높은 대칭적인 기하 구조를 가지면 쌍극자 모멘트를 갖지 않는다.

풀이

(a) 염화 브로민(BrCl)은 2원자 분자이기 때문에 선형인 기하 구조를 가지고 있다. 염소는 브로민보다 전기음성도가 더 크다(그림 9.5 참조). 따라서 BrCl은 염소가 음전하 말단인 극성 분자이다.

$$\overset{\longleftrightarrow}{\text{Br—Cl}}$$

따라서 이 분자는 쌍극자 모멘트를 가진다. 사실상 다른 원소를 가지고 있는 모든 이원자 분자는 쌍극자 모멘트를 갖는다.

(b) 플루오린은 붕소보다 전기음성도가 커서 BF_3(삼플루오린화 붕소)에서 각 B—F 결합은 극성이고 세 결합 모멘트는 동일하다. 그러나 삼각 평면형의 대칭은 세 결합 모멘트를 정확히 서로 상쇄한다.

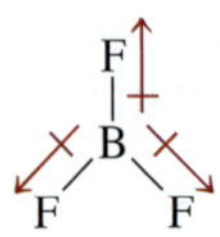

세 결합 모멘트의 방향으로 끌리는 물체를 생각해 보자. 힘이 동일하면 물체는 움직이지 않는다. 결과적으로, BF_3는 쌍극자 모멘트가 없으며 비극성 분자이다.

(c) CH_2Cl_2(염화 에틸렌)의 루이스 구조는 다음과 같다.

(계속)

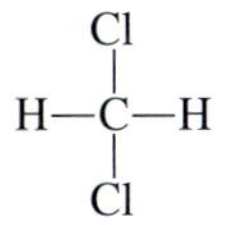

이 분자는 전체적으로 사면체 구조를 갖는다는 점에서 CH_4와 유사하다. 그러나 모든 결합이 동일하지 않기 때문에 세 가지 H–C–H, H–C–Cl, 및 Cl–C–Cl 결합각이 각기 다르다. 이러한 결합각은 109.5°에 가깝지만 같지는 않다. 염소가 탄소보다 전기음성도가 더 크고 탄소는 수소보다 더 크므로 결합 모멘트는 상쇄되지 않고 분자는 쌍극자 모멘트를 갖는다.

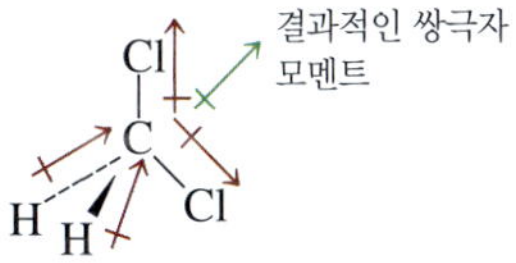

따라서 CH_2Cl_2는 극성 분자이다.

실전 연습 $AlCl_3$ 분자는 쌍극자 모멘트를 가지고 있는가?

비슷한 문제: 10.21, 10.22, 10.23.

▲ CH_2Cl_2의 정전기 퍼텐셜 지도. 전자 밀도는 전기음성도가 큰 Cl 원자 쪽으로 이동된다.

개념과 사실 요약하기

- 쌍극자 모멘트는 다른 전기음성도의 원자들을 포함하는 분자에서 전하 분리의 정도를 나타내는 척도이다. 분자의 쌍극자 모멘트는 분자 내에 존재하는 결합 쌍극자 모멘트의 벡터 합으로 나타난다. 분자 기하 구조에 대한 정보는 쌍극자 모멘트 측정으로 얻을 수 있다.

개념과 사실 복습하기

10.2.1 PF_5가 쌍극자 모멘트를 가질 것인지를 예측하라.

10.2.2 CF_4 분자는 쌍극자 모멘트를 가지지 않지만, SF_4는 쌍극자 모멘트를 가진다. 이유를 설명하라.

10.2.3 이산화 탄소는 선형의 구조를 가지며 비극성 분자이다. 이 분자는 굽힘(bending)과 신축 (stretching) 운동을 할 수 있으며, 이러한 운동은 쌍극자 모멘트를 발생시킨다. 이 두 가지 CO_2에 대한 상충되는 설명을 어떻게 조화시킬 수 있을까?

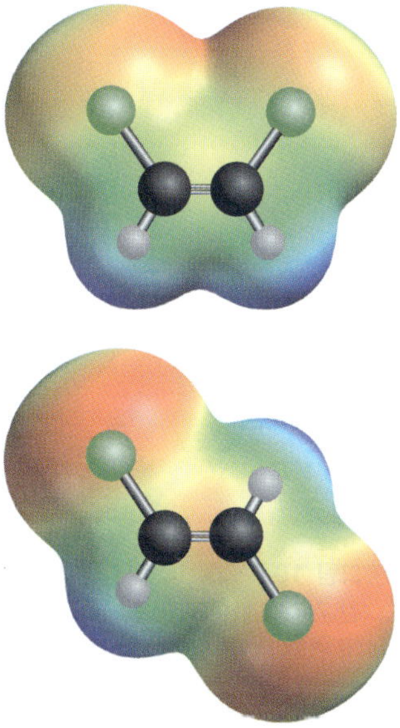

▲ 시스-다이클로로에틸렌(위) 결합 모멘트는 서로 강화하여 분자는 극성이다. 트랜스-다이클로로에틸렌의 경우 반대가 성립하여 분자는 비극성이다.

10.3 원자가 결합 이론

학습 목표

- 원자가 결합 이론을 이용하여 공유 결합성 분자의 화학 결합을 설명할 수 있다.

주로 루이스 구조를 기반으로 하는 VSEPR 모형은 분자의 기하 구조를 예측하는 데 비교적 간단하고 직접적인 방법을 제공한다. 그러나 앞서 보았듯이 화학 결합에 대한 루이스 이론은 화학 결합이 존재하는 이유를 명백히 설명해 주지 못한다. 공유 결합의 형성을 전자쌍과 관련시키는 것은 올바른 방향으로 나아가는 단계였지만, 그것만으로 충분하지는 않았다. 예를 들어, 루이스 이론은 H_2에 있는 H 원자 사이의 단일 결합과 F_2에 있는 F 원자 사이의 단일 결합을 본질적으로 동일한 방식으로 설명한다. 그러나 이 두 분자는 결합 엔탈피와 결합 길이가 상당히 다르다(H_2의 경우 436.4 kJ/mol 및 74 pm, F_2의 경우 150.6 kJ/mol

및 142 pm). 이와 더불어 다른 많은 사실들은 루이스 이론으로 설명할 수 없다. 더 완전한 화학 결합 형성에 대한 설명을 위해서는 양자 역학을 고려해야 한다. 사실 화학 결합의 양자 역학적 연구는 분자 기하 구조를 이해하는 것에 대해서도 한 수단을 제공하기도 한다.

현재 분자의 공유 결합 형성과 전자 구조를 설명하는 데 두 가지 양자역학 이론이 사용된다. *원자가 결합*(valence bond, VB) *이론*은 분자 안에서 전자는 개별 원자의 원자 오비탈을 점유하고 있다고 가정한다. 이러한 이론은 원자들이 개별적으로 화학 결합 형성에 참여한다는 생각을 유지하고 있다. *분자 오비탈*(molecular orbital, MO) *이론*이라는 두 번째 이론은 원자 오비탈로부터 새로운 분자 오비탈이 형성된다고 가정한다(10.5절 참조). 두 이론은 어느 것도 결합의 모든 양상을 완전하게 설명하지는 못하지만, 개별적으로 관찰되는 많은 분자 특성을 이해하는 데 크게 기여하였다.

H 원자 두 개로부터 하나의 H_2 분자가 형성되는 예를 살펴봄으로써 원자가 결합 이론의 논의를 시작해 보자. 루이스 이론은 H—H 결합을 H 원자들에 있는 두 개의 전자가 쌍을 이루는 것으로 설명하고 있다. 원자가 결합 이론에서 공유성 H—H 결합은 H 원자들의 두 1s 오비탈의 *중첩*(overlap)으로 형성된다. 중첩이란 두 오비탈이 공간 내의 공통 영역을 공유한다는 것을 의미한다.

두 개의 수소 원자가 서로를 향해서 이동하여 결합을 형성할 때 두 수소 원자에는 어떤 일이 일어날까? 초기에, 두 원자가 멀리 떨어져 있을 때에는 아무런 상호작용이 없다. 이 계(말하자면, 두 수소 원자들)의 퍼텐셜 에너지를 0이라 한다. 한 물체의 퍼텐셜 에너지는 그 위치에 의해 결정된다는 것을 상기하자. 원자가 서로 접근하면 각 전자는 다른 원자의 핵에 의해 끌리게 되며, 동시에 핵들처럼 전자들도 반발한다. 원자들이 서로 떨어져 있는 동안에는 인력이 반발력보다 더 강하다. 따라서 원자들이 서로 접근함에 따라 계의 퍼텐셜 에너지가 *감소한다*(즉, 음의 값이 됨, 그림 10.5 참조). 이러한 경향은 퍼텐셜 에너지가 최솟값에 도달할 때까지 계속된다. 이 점에서 계가 최소 퍼텐셜 에너지를 가질 때 계는 가장 안정하게 된다. 이 조건에서 1*s* 오비탈은 상당히 겹쳐지고 안정한 H_2 분자가 생성된다. 핵간 거리가 더 감소하면 퍼텐셜 에너지는 급격히 증가하게 되어 마침내 양의 값에 도달하게 되는데, 이는 전자와 전자, 핵과 핵 사이의 반발 작용이 증가하기 때문이다. 에너지 보존 법칙에 따르면, H_2 생성의 결과로 퍼텐셜 에너지가 감소하면 에너지 방출이 일

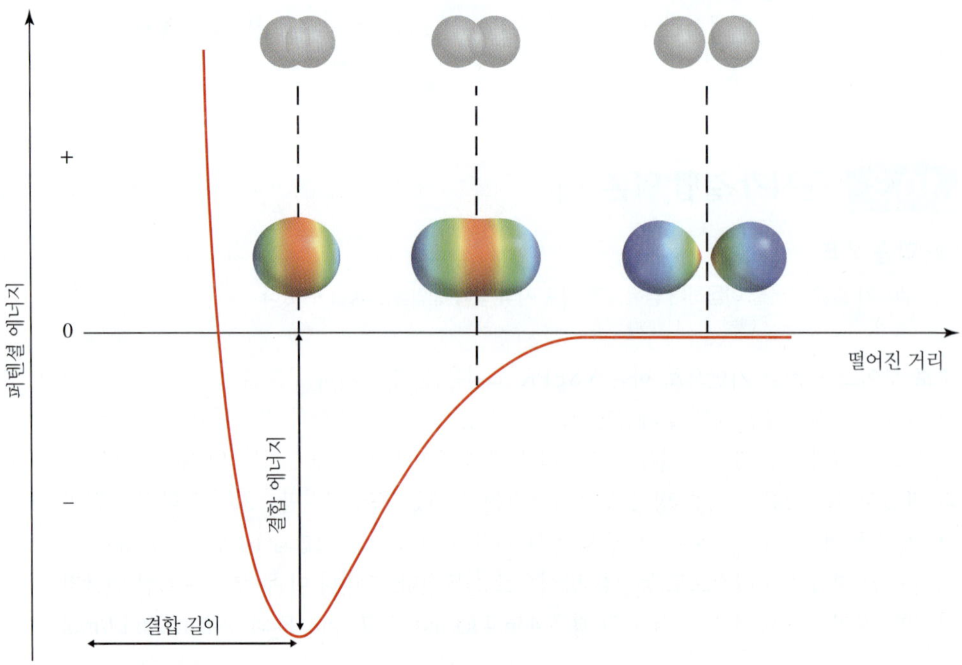

▶ **그림 10.5** 두 개의 H 원자 간 거리에 따른 퍼텐셜 에너지의 변화. 퍼텐셜 에너지가 최소가 되는 점에서 H_2 분자는 가장 안정한 상태를 이루며 결합 길이는 74 pm이다. 그림에서 구는 1*s* 오비탈을 나타낸다.

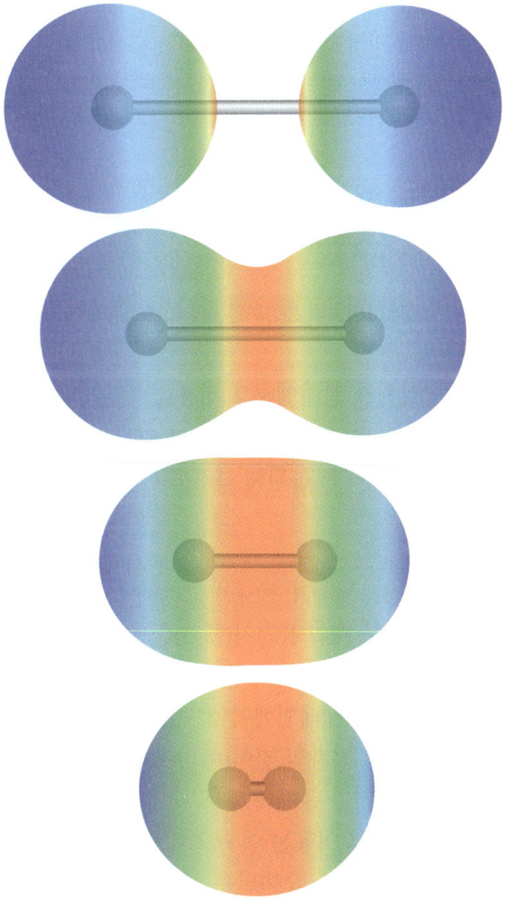

◀ **그림 10.6** 위에서 아래로: 두 개의 H 원자가 서로 접근함에 따라 서로의 1*s* 오비탈과 상호 작용을 시작하게 되고, 각각의 전자는 다른 원자에 속한 양성자에 의한 인력을 느끼게 된다. 서서히, 두 원자의 핵 사이에 전자 밀도가 증가하게 된다(빨간색). 최종적으로는, 핵 간의 거리가 74 pm인 안정한 형태의 H_2 분자가 형성된다.

어나게 된다. 실험을 통해서 두 H 원자로부터 H_2 분자가 생성될 때 열이 발생함을 관측할 수 있다. 그 역 또한 성립한다. H—H 결합을 끊기 위해서는 분자에 에너지가 공급되어야 한다. 그림 10.6은 H_2 분자의 생성을 보는 또 다른 관점을 나타내고 있다.

따라서 원자가 결합 이론은 화학 결합 형성에 대해 루이스 이론보다 더 분명한 그림을 보여 준다. 원자가 결합 이론은 그 계의 퍼텐셜 에너지가 최소로 감소되었을 때, 반응 원자로부터 안정한 분자가 형성됨을 말해 준다. 반면, 루이스 이론은 화학 결합 형성에서 에너지 변화를 무시하고 있다.

원자 오비탈의 중첩 개념은 H_2 분자 이외의 다른 2원자 분자에도 동등하게 잘 적용된다. 따라서 두 F 원자의 2*p* 오비탈(고립 전자쌍을 포함)과 겹쳐져 공유 결합을 형성할 때 안정한 F_2 분자가 형성된다. (F 원자의 오비탈 도표는 7.8절에 나타나 있다.) 이와 비슷하게, HF 분자의 형성도 H의 1*s* 오비탈과 F의 2*p* 오비탈의 중첩으로 설명할 수 있다. 각 경우에서 VB 이론은 반응하는 원자 사이의 거리가 변화할 때, 퍼텐셜 에너지의 변화를 설명하고 있다. 관여한 오비탈이 모든 경우에 동일한 종류는 아니기 때문에 H_2, F_2, HF에서의 결합 에너지와 결합 길이가 다를 것임을 알 수 있다. 이미 언급했듯이, 루이스 이론은 모든 공유 결합을 동일한 방법으로 다루고 있으며, 공유 결합이 서로 다른 이유에 대한 설명을 제공하지는 못한다.

개념과 사실 요약하기

- 공유 결합의 형성을 설명하기 위한 두 개의 양자 역학 이론이 있다. 이는 원자가 결합 이론과 분자 오비탈 이론이다. 원자가 결합 이론은 분자내의 전자들이 개별 원자의 원자 오비탈을 점유하고 있다고 가정한다. 안정한 분자는 분자에 속한 원자들의 계가 가지는 퍼텐셜 에너지가 최소가 될 때 형성된다.

개념과 사실 복습하기

10.3.1 루이스 이론과 화학 결합의 원자가 결합 이론을 비교하라.

10.4 원자 오비탈의 혼성화

학습 목표

- 분자 또는 다원자 이온에서 원자 오비탈의 혼성화를 결정할 수 있다.

원자 오비탈의 겹침 개념은 다원자 분자에서도 적용할 수 있어야 한다. 그런데, 만족스러운 결합 방식은 분자의 기하 구조를 설명할 수 있어야 한다. 다원자 분자에서 결합에 대한 원자가 결합 이론(VB)의 세 가지 예를 논의해 보기로 하자.

sp^3 혼성화

CH_4(메테인) 분자를 생각해 보자. 원자가 전자만 고려하여, 아래와 같이 C의 오비탈 도표를 나타낼 수 있다. 탄소 원자는 두 개의 홀전자(두 2*p* 오비탈에 각각 하나씩)를 갖기 때문에 바닥 상태에서 수소와 오직 두 개의 결합만을 형성할 수 있다. CH_2라는 화학종이 알려져 있지만 그것은 매우 불안정하다. 메테인에서 네 개의 C—H 결합을 설명하기 위해서는 2*s* 오비탈에서 2*p* 오비탈로 한 개 전자의 전이(에너지적으로 들뜸)가 일어나야 한다. 그 결과 탄소 오비탈에 네 개의 홀전자가 존재하여 네 개의 C—H 결합을 형성할 수 있다. 그러나 기하 구조는 잘못되어 있다. 그 이유는 이 구조에서 세 개의 H—C—H 결합각이 90°가 되어야만 하는데(탄소의 세 개의 2*p* 오비탈은 서로 직각을 이룸을 기억하라), 실제 모든 H—C—H 결합각이 109.5°이기 때문이다.

동영상 자료 혼성화

메테인의 결합을 설명하기 위해서 VB 이론은 *같은 원자의 둘 그 이상의 동등하지 않은 원자 오비탈이 결합해 공유 결합을 위해 원자 오비탈*인 가상적인 **혼성 오비탈**(hybrid orbital)을 사용한다. **혼성화**(hybridization)는 *한 원자(주로 중심 원자)에 속하는 원자 오비탈이 혼합되어 일련의 혼성 오비탈을 생성*하는 것을 말하는 용어이다. 2*s* 오비탈과 세 개의 2*p* 오비탈을 혼합함으로써 다음과 같은 네 개의 동등한 혼성 오비탈을 생성할 수 있다.

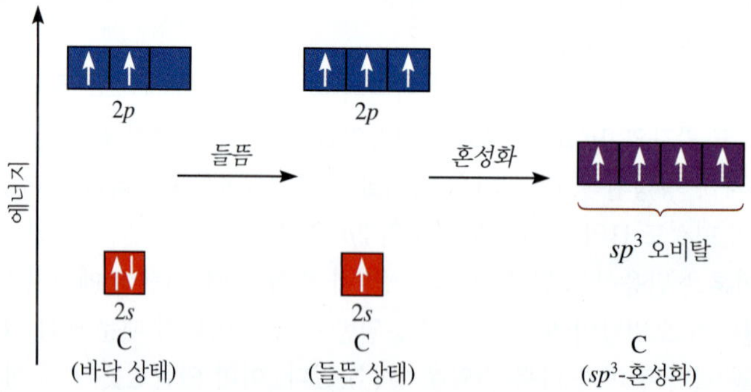

동영상 자료 분자 모양과 오비탈의 혼성화

새로운 오비탈은 한 개의 *s*와 세 개의 *p* 오비탈로부터 형성되기 때문에 sp^3 혼성 오비탈이라 한다("*s-p* three"라고 읽는다). 그림 10.7은 sp^3 오비탈의 모양과 배향을 나타내고 있다. 이러한 네 개의 혼성 오비탈은 규칙적인 정사면체의 네 꼭짓점 쪽을 향하고 있다. 그림 10.8은 CH_4에서 탄소의 sp^3 혼성 오비탈과 수소의 1*s* 오비탈 사이에 네 개의 공유 결합의 형성을 나타내고 있다. 따라서 CH_4는 정사면체 형태를 가지며, 모든 H—C—H 각은 109.5°이다. 혼성화를 이루기 위해 에너지가 필요하지만, 이것은 C—H 결합을 형성할 때

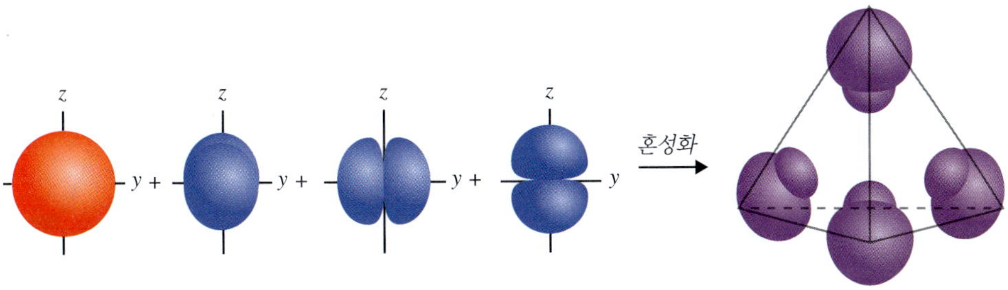

▲ **그림 10.7** 한 개의 2*s* 및 세 개의 2*p* 오비탈로 부터의 네 개의 sp^3 혼성 오비탈의 형성. sp^3 혼성 오비탈은 각각 정사면체의 꼭짓점을 가리킨다.

방출되는 에너지로 충분히 보상되고 남는다. (결합 형성 과정은 발열 과정임을 상기하라.)

혼성화를 이해하기 위하여 다음 비유가 유용하다. 붉은색 용액이 든 비커 한 개와 파란색 용액이 든 비커 세 개가 있고, 용액의 부피는 각각 50 mL라고 가정하자. 붉은색 용액은 한 개의 2*s* 오비탈이고 파란색 용액은 3개의 2*p* 오비탈을 나타내며 4개의 동등한 부피는 4개의 오비탈을 상징한다. 용액들을 섞어서 총 200 mL의 보라색 용액을 얻게 되고, 네 개의 50 mL로 나눌 수 있다(즉, 혼성화 과정은 네 개의 sp^3 오비탈을 만들어 낸다). 보라색이 본래 용액의 붉은색과 푸른색 성분으로 되어 있는 것처럼 sp^3 혼성 오비탈은 *s*와 *p* 오비탈 특징을 갖는다.

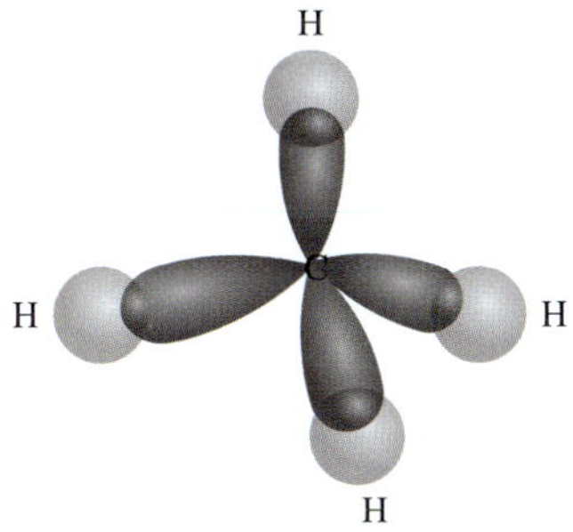

▲ **그림 10.8** 탄소의 sp^3 혼성 오비탈과 수소의 1*s* 오비탈 간의 네 개의 결합의 형성. 더 작은 로브는 표시하지 않았다.

sp^3 혼성화의 또 다른 예는 암모니아(NH_3)이다. 표 10.1은 4개 전자쌍의 배치가 사면체 모양임을 보여주고, 따라서 CH_4의 C처럼 N이 sp^3로 혼성화된다고 가정함으로써 NH_3의 결합을 설명할 수 있다. N의 바닥 상태 전자 배치는 $1s^22s^22p^3$이고, 따라서 sp^3 혼성화된 N 원자의 오비탈 도표는 다음과 같다.

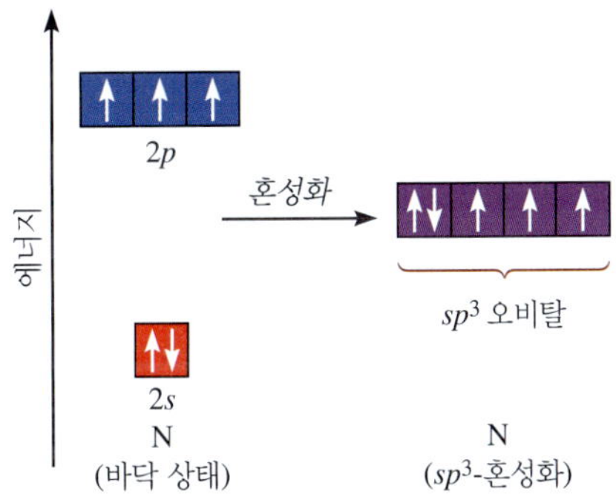

sp^3 혼성 오비탈 중 세 개는 N—H 공유 결합을 형성하며, 4번째 혼성 오비탈은 질소의 고립 전자쌍을 갖게 된다(그림 10.9). 비공유 전자쌍과 결합 오비탈의 전자 사이의 반발 작용으로 인해 H—N—H 결합각은 109.5°에서 107.3°로 감소한다.

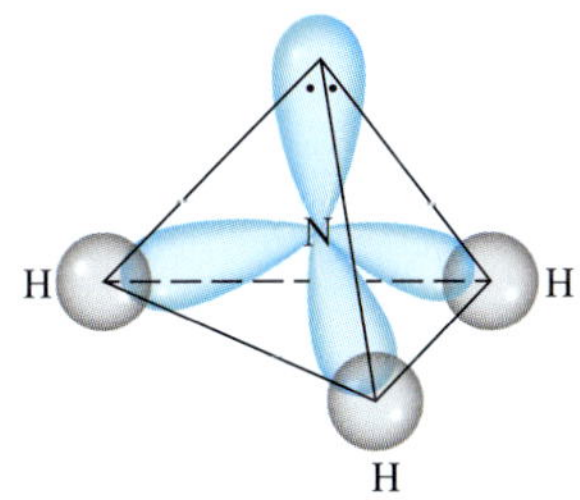

▲ **그림 10.9** 암모니아의 sp^3 혼성화된 질소 원자. 세 개의 sp^3 혼성 오비탈은 수소 원자와 결합을 형성한다. 네 번째 오비탈에는 질소의 고립 전자쌍이 점유한다.

혼성화와 VSEPR 모형 사이의 관계를 이해하는 것이 중요하다. VSEPR 모형을 사용하여 전자쌍의 배열을 예측할 수 있을 때만, 결합 관계를 표현내기 위해 혼성화를 사용한다. 만일 VSEPR 모형으로 전자쌍의 사면체 배열을 예측한다면, *s* 오비탈 한 개와 *p* 오비탈 세 개가 혼성화하여 네 개의 sp^3 혼성 오비탈을 생성된다고 가정한다. 다음은 다른 형태의 혼성에 대한 예이다.

▶ sp^2 혼성화

다음에는 평면 기하 구조를 가진다고 알려진 BF_3(삼플루오린화 붕소) 분자를 살펴 보자. 원자가 전자만 고려하면 B의 오비탈 도표는 다음과 같다. 먼저, 2*s* 전자 하나를 비어 있는 2*p* 오비탈로 전이시킨다. 2*s* 오비탈을 두 개의 2*p* 오비탈과 혼합하여 세 개의 sp^2 혼성 오비탈을 생성한다(sp^2는 "*s*-*p* two"라고 읽는다).

▶ **그림 10.10** sp^2 혼성 오비탈의 형성.

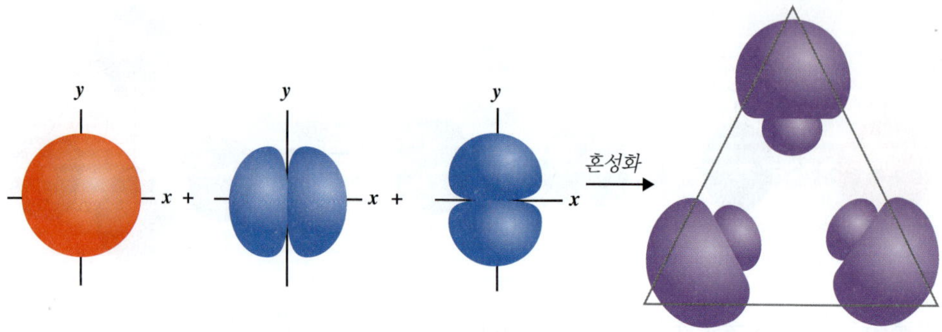

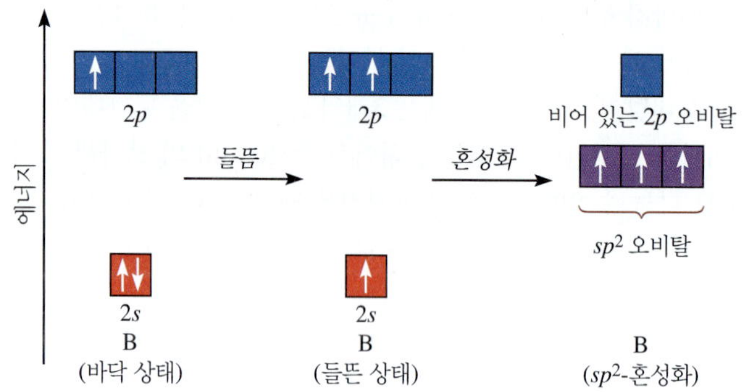

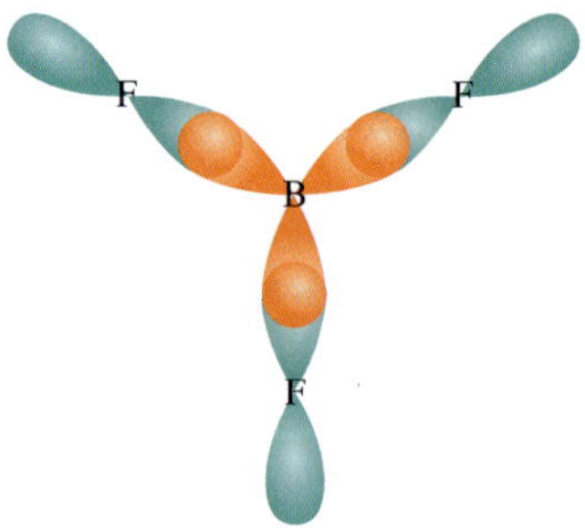

▲ **그림 10.11** 붕소의 sp^2 혼성 오비탈은 플루오린의 $2p$ 오비탈과 중첩한다. BF_3 분자는 평면형이며, 모든 F—B—F 각은 120°이다.

이 세 개의 sp^2 오비탈은 평면상에 있으며, 그들 중 둘 사이의 각도는 모두 120°이다(그림 10.10). 각각의 B—F 결합은 붕소의 sp^2 혼성 오비탈과 플루오린의 $2p$ 오비탈이 중첩되어 형성된다(그림 10.11). BF_3 분자는 평면형이며, 모든 F—B—F 각은 120°로 동일하다. 이 결과는 실험 사실과 일치하며, VSEPR 모형을 통한 예측과도 일치한다.

sp 혼성화

염화 베릴륨($BeCl_2$) 분자는 VSEPR모형을 통해 선형으로 예측된다. Be의 원자가 전자에 대한 오비탈 도표는 아래의 그림과 같다. 바닥 상태의 Be 전자는 $2s$ 오비탈에 짝을 이루고 있어서 Cl과 공유 결합을 형성하지 못한다. 따라서 Be의 결합 행동을 설명하기 위해서 혼성화를 이용한다. 먼저 $2s$ 전자 하나를 $2p$ 오비탈로 전이한다. 이제 두 개의 Be의 오비탈, $2s$와 $2p$가 결합에 사용할 수 있게 된다. 그러나 두 개의 Cl 원자가 들뜬 상태에 있는 Be과 결합한다면, 한 Cl 원자는 한 개의 $2s$ 전자를 공유하고, 또 다른 Cl은 한 개의 $2p$ 전자를 공유하여, 두 개의 동일하지 않은 Cl—Be—Cl 결합을 형성하게 된다. 이러한 설명은 실험 사실과 상반된다. 실제 $BeCl_2$ 분자에서는 두 개의 Be—Cl 결합은 모든 면에서 동일하다. 따라서 $2s$와 $2p$ 오비탈이 혼합되어 동등한 두 개의 sp 혼성 오비탈을 형성하여야 한다.

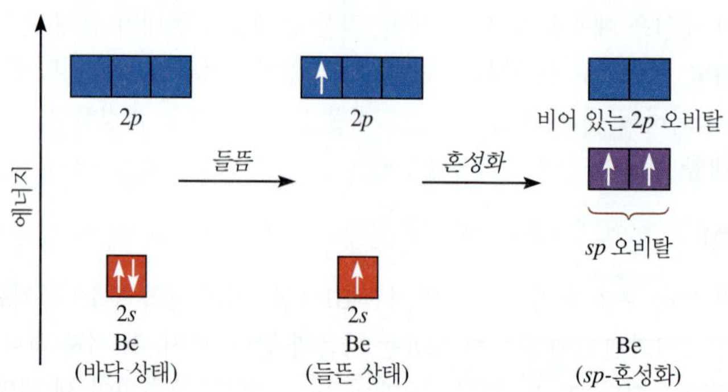

그림 10.12는 sp 오비탈의 모양과 배향을 나타낸다. 이 두 혼성 오비탈은 같은 선상(x-축)에 있으며, 따라서 이들 사이의 각도는 180°이다. Be—Cl 결합은 각각 Be의 sp 혼성 오비

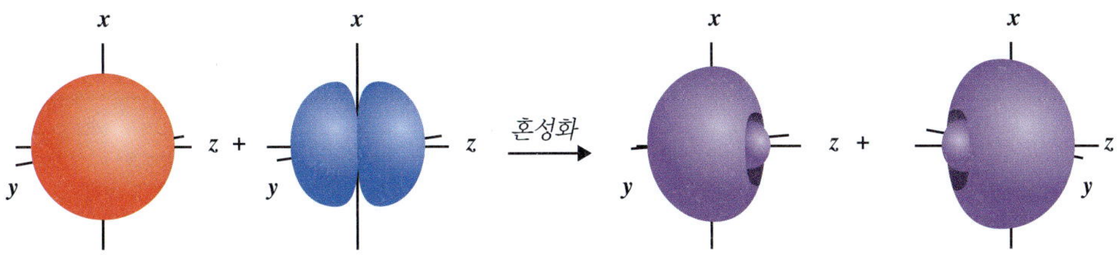

▶ 그림 10.12 *sp* 혼성 오비탈의 형성.

탈과 Cl의 3*p* 오비탈이 중첩하여 형성되며, 그 결과로 나온 $BeCl_2$ 분자는 선형의 기하 구조를 갖는다(그림 10.13).

▲ 그림 10.13 $BeCl_2$의 선형 기하 구조는 Be이 *sp* 혼성화하는 것으로 가정하여 설명된다. 두 *sp* 혼성 오비탈은 두 개의 염소 3*p* 오비탈과 중첩하여 두 개의 공유 결합을 형성한다.

여러분들은 혼성화와 팔전자 규칙 사이의 흥미로운 관계를 발견할 수 있을 것이다. 혼성화의 유형과는 무관하게, 한 원자는 *s* 오비탈 하나와 세 개의 *p* 오비탈로부터 출발하여, 화합물에서 총 8개의 전자를 충분히 수용할 수 있는 네 개의 오비탈을 가지고 있다. 주기율표의 2주기 원소의 경우, 이들 원자 중 어떤 원자도 원자가 껍질에서 수용할 수 있는 전자는 최대치가 8개이다. 이것은 팔전자 규칙이 주로 2주기 원소들에 의해 잘 지켜지는 이유를 설명한다.

3주기 원소의 원자에서는 그 상황이 다르다. 원자의 3*s*와 3*p* 오비탈만을 사용하여 분자에서 혼성 오비탈이 형성된다면 그 때는 팔전자 규칙이 적용된다. 그러나 어떤 분자에서는 같은 원자가 혼성 오비탈을 형성할 때, 3*s*와 3*p* 오비탈뿐 아니라 하나 이상의 3*d* 오비탈을 사용할 수도 있다. 이 경우에는 팔전자 규칙은 맞지 않는다. 3*d* 오비탈이 혼성화에 관계하는 특별한 예를 곧 볼 것이다.

혼성화의 논의를 요약하면, 다음과 같다.

- 혼성화 개념은 고립 원자에는 적용되지 않는다. 이는 공유 결합을 설명하기 위해서만 사용되는 이론이다.
- 혼성화는 적어도 2개의 동등하지 않은 원자 오비탈(예, *s*, *p*)의 혼합이다. 따라서 혼성 오비탈은 순수한 원자 오비탈이 아니다. 혼성 오비탈과 순수한 원자 오비탈은 서로 다른 모양을 갖는다.
- 생성된 혼성 오비탈의 수는 혼성 과정에 참여한 순수한 원자 오비탈의 수와 같다.
- 혼성화에는 에너지의 투입을 필요로 한다. 그러나 결합이 형성되는 동안 이보다 더 큰 에너지 이득을 얻는다.
- 다원자 분자 및 이온의 공유 결합은 혼성 오비탈간의 중첩, 또는 혼성 오비탈과 비혼성 오비탈 사이의 중첩으로 형성된다. 그러므로 혼성 오비탈을 이용한 설명은 여전히 원자가 결합 이론 체계 안에 있다. 즉 한 분자내의 전자는 각 원자에 속하는 혼성 오비탈을 차지한다고 가정한다.

표 10.4에 *sp*, sp^2, sp^3 혼성화(곧 논의하게 될 다른 종류와 함께)를 요약하였다.

원자 오비탈의 혼성화를 위한 절차

d 오비탈의 혼성화에 대해 논의하기 전에, 일반적으로 다원자 분자의 결합에 혼성화 개념을 적용하기 위해 알아야 할 사항을 살펴보기로 한다. 본질적으로 혼성화는 단순히 루이스 이론과 VSEPR 모형을 확장하는 것이다. 분자내의 중심 원자에 적절한 혼성화 상태를 결정하려면 분자의 기하 구조에 대한 구상이 있어야 한다. 이를 위한 단계는 다음과 같다.

1. 분자의 루이스 구조를 그린다.
2. VSEPR 모형을 사용하여 전자쌍(결합 전자쌍 및 비공유 전자쌍 모두)의 전체적 배열을 예측한다(표 10.1 참조).

표 10.4 중요한 혼성 오비탈과 그 모양

중심 원자의 순수한 원자 오비탈	중심 원자의 혼성화	혼성 오비탈의 수	혼성 오비탈의 모양	예
s, *p*	*sp*	2	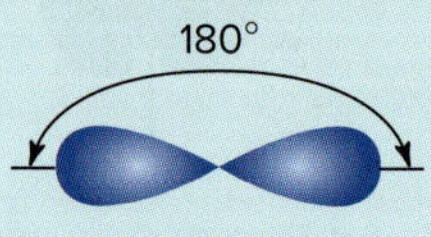 직선형	$BeCl_2$
s, *p*, *p*	sp^2	3	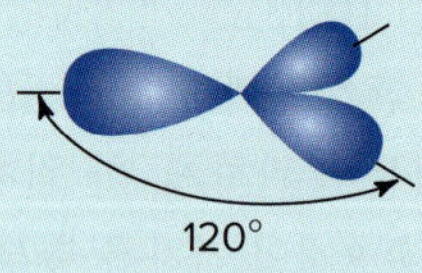 삼각 평면	BF_3
s, *p*, *p*, *p*	sp^3	4	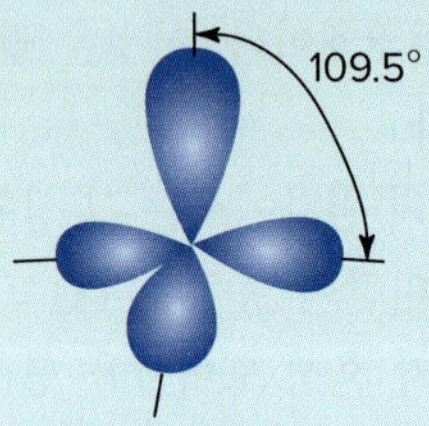 정사면체	BF_3, NH_4^+
s, *p*, *p*, *p*, *d*	sp^3d	5	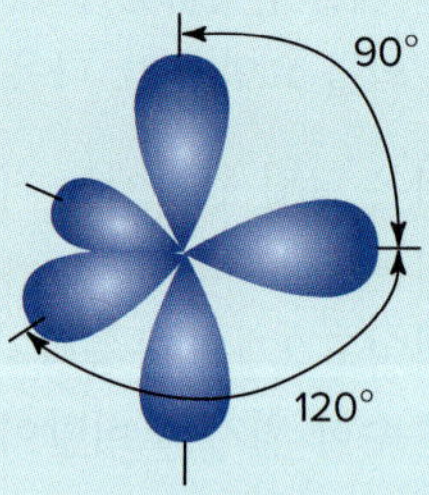 삼각쌍뿔	PCl_5
s, *p*, *p*, *p*, *d*, *d*	sp^3d^2	6	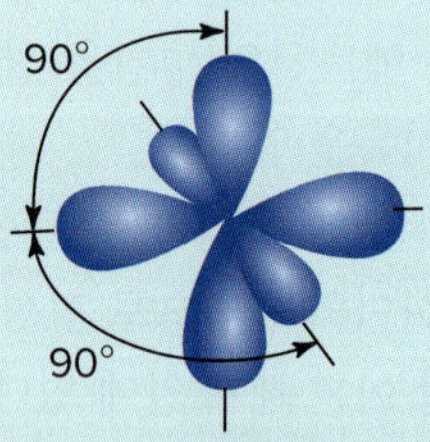 정팔면체	SF_6

3. 전자쌍 배열과 표 10.4에 있는 혼성 오비탈의 배열이 일치하도록 중심 원자의 혼성화를 유추한다.

예제 10.3은 이러한 절차의 예이다.

> **인터넷 핫스팟**
> 학생들의 학습 경험에 대해 축적된 자료에 따르면 학생들이 혼성화를 이해하는 데 어려움을 겪을 수 있다. 이런 경우 eBook에 접속해서 이 주제에 대한 추가 학습 자료를 보면 도움이 될 수 있다.

예제 10.3

다음 각 분자에서 중심(밑줄 친) 원자의 혼성화 상태를 결정하라. (a) $\underline{Be}H_2$, (b) $\underline{Al}I_3$, (c) $\underline{P}F_3$. 각 경우에 대해 혼성화 과정을 기술하고 분자 기하 구조를 결정하라.

전략 분자에서 중심 원자의 혼성화를 결정하는 단계는 다음과 같다.

(계속)

분자의 루이스 구조식을 그린다 ⟶ VSEPR을 이용하여 중심 원자 주위의 전자쌍 배열을 결정한다(표 10.1 참조) ⟶ 표 10.4를 이용하여 중심 원자의 혼성화 상태를 결정한다

풀이

(a) Be의 바닥 상태 전자 배치는 $1s^2 2s^2$이며, Be 원자에는 원자가 전자가 두 개 있다. BeH_2의 루이스 구조는 다음과 같다.

H—Be—H

BeH_2

Be 주위에 두 개의 결합쌍이 있다. 따라서 전자쌍 배열은 선형이다. *sp* 오비탈은 선형 배열을 가지기 때문에 Be는 H와 결합할 때 *sp* 혼성 오비탈을 사용한다고 결론된다(표 10.4 참조). 혼성화 과정은 아래 그림과 같이 일어난다고 예상된다.

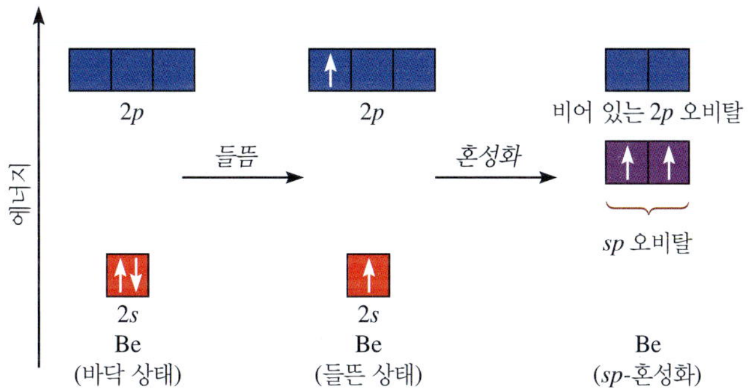

수소 원자의 1*s* 오비탈과 Be *sp* 오비탈의 겹침에 의해 두 개의 Be—H 결합이 형성된다. 따라서 BeH_2는 선형 분자이다.

(b) Al의 바닥 상태의 전자 배치는 $[Ne]3s^2 3p^1$이다. 따라서 Al 원자에는 원자가 전자가 3개 있다. AlI_3의 루이스 구조는 다음과 같다.

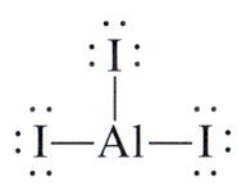

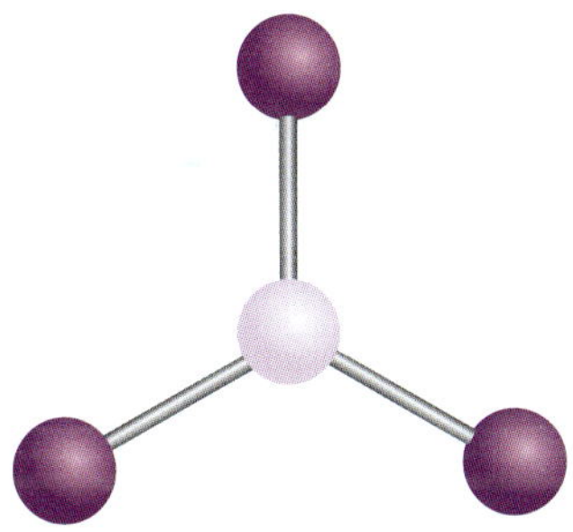

AlI_3

Al 주위에는 세 개의 전자쌍이 있다. 그러므로 전자쌍 배열은 삼각 평면형이다. sp^2 오비탈은 삼각 평면 배열을 가지기 때문에 Al은 I와 결합에서 sp^2 혼성 오비탈을 사용한다고 결론된다(표 10.4 참조). 혼성화 과정은 아래 그림과 같이 일어날 것으로 예상된다.

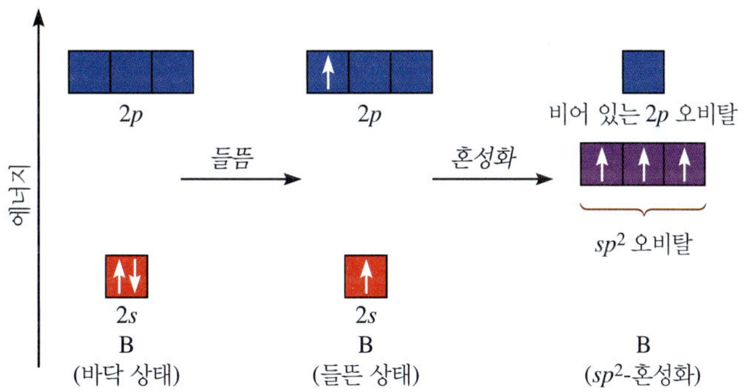

세 개의 공유성 Al—I 결합을 형성하기 위해 I의 5*p* 오비탈과 sp^2 혼성 오비탈이 겹친다. AlI_3 분자는 삼각 평면이며, 모든 I—Al—I 각은 120°로 예측할 수 있다.

(c) P의 바닥 전자 배치는 $[Ne]3s^2 3p^3$이다. 따라서 P 원자에는 원자가 전자가 5개 있으며, PF_3의 루이스 구조는 다음과 같다.

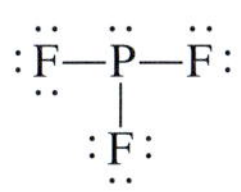

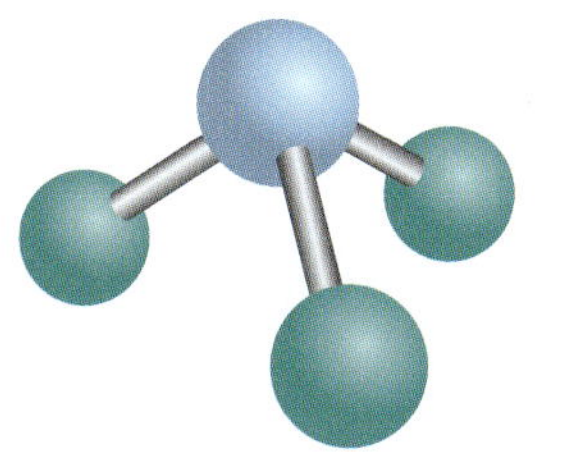

PF_3

P 주위에는 4개의 전자쌍이 있다. 그러므로 전자쌍 배열은 사면체형이다. sp^3 오비탈은 사

(계속)

면체 배열을 가지기 때문이다. 바닥 상태에서의 P 원자의 오비탈 도표는 다음과 같다. F와 결합하는 데 P는 sp^3 혼성 오비탈을 사용하는 것으로 결론된다(표 10.4 참조). 혼성화 과정은 아래와 같이 일어난다고 생각할 수 있다.

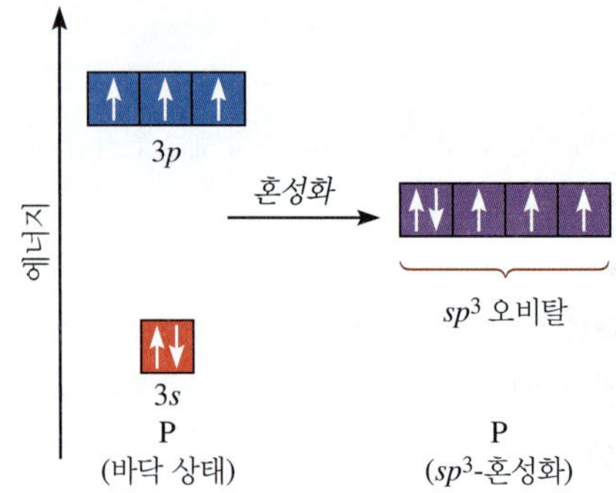

NH_3 경우에서와 같이 한 sp^3 혼성 오비탈은 P에 있는 고립 전자쌍을 수용하는 데 사용된다. 다른 세 개의 sp^3 혼성 오비탈은 F 원자에 있는 2p 오비탈과 함께 공유 결합 P—F를 형성한다. 분자의 기하 구조는 삼각뿔로 예상되며, F—P—F 결합각은 109.5°보다 약간 작게 된다.

실전 연습 다음 화합물에서 밑줄 친 원자의 혼성 상태를 결정하라. (a) <u>Si</u>Br_4, (b) <u>B</u>Cl_3.

비슷한 문제: 10.31, 10.33.

s, *p*, *d* 오비탈의 혼성화

혼성화가 s와 p 오비탈을 포함하는 결합을 잘 설명함을 보았다. 그러나 3주기 이상에 있는 원소들에 대해서는 s와 p 오비탈만의 혼성화를 가정하여 분자의 기하 구조를 항상 설명할 수 없다. 예를 들어, 삼각쌍뿔과 팔면체 기하 구조를 가진 분자 형성을 이해하기 위해서는 d 오비탈을 혼성화 개념에 포함시켜야 한다.

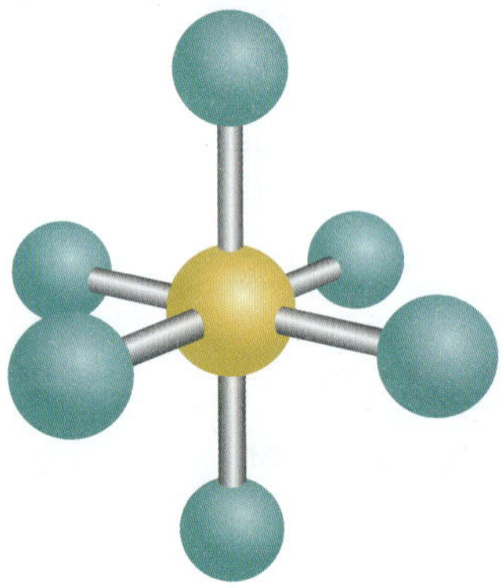

SF_6

예를 들어, SF_6 분자를 생각해 보자. 10.1절에서 이 분자가 팔면체 구조임을 보았는데 이것은 또한 여섯 전자쌍의 배열이다. 표 10.4는 S 원자가 SF_6에서 sp^3d^2로 혼성화되어 있음을 보여준다. S의 바닥 상태 전자 배치는 [Ne]$3s^23p^4$이다. 원자가 전자에만 집중하면 아래 그림과 같은 오비탈 그림을 그릴 수 있다. 3d 준위는 3s와 3p 준위와 에너지가 매우 가깝기 때문에 3s와 3p 전자를 두 개의 3d 오비탈로 전이시킬 수 있다.

3s와 세 개의 3p와 두 개의 3d 오비탈을 섞으면 6개의 sp^3d^2("s-p three d two"로 발음) 혼성 오비탈이 생성된다. 3개의 사용되지 않은 3d 오비탈이 있음을 주목하라.

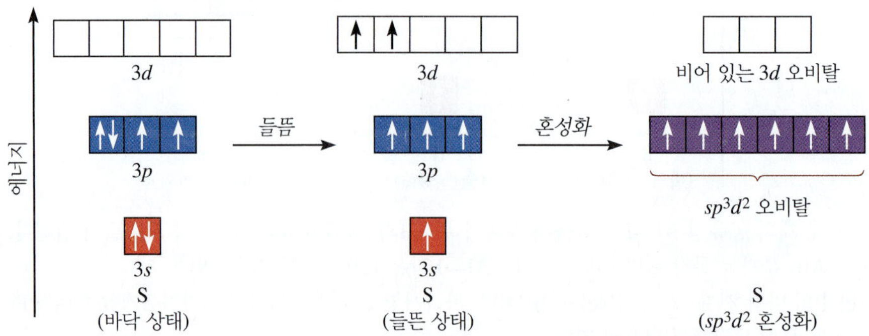

원자의 2p 오비탈과 S 원자의 혼성 오비탈이 겹쳐져 6개의 S—F 결합이 형성된다. S 원자 주변에는 12개의 전자가 있기 때문에 팔전자 규칙에 위반된다. s와 p 오비탈과 함께 d 오비탈을 사용하여 확장된 팔전자(9.9절 참조)를 이루는 것은 *원자가 껍질 확장*(valence-shell expansion)(또는 초원자가)의 한 예이다. 3주기 원소와는 달리 2주기 원소는 $2d$ 에너지 준위를 갖지 않는다. ($n = 2$일 때, $l = 0$과 1임을 기억하라. 따라서 $2s$와 $2p$ 오비탈만 가질 수 있다.) 따라서 이들은 원자가 껍질을 확장할 수 없다. 따라서 2주기 원소의 원자는 어떤 화합물에서도 8개 이상의 전자로 둘러싸일 수 없다.

주족 원자에서 혼성 오비탈을 만들기 위해 *d* 오비탈을 사용하는 것을 둘러싼 논쟁이 있다. 그러나 분자 오비탈 이론(10.6~10.8절)으로 알려진 다른 결합 모형은 *d* 오비탈을 필요로 하지 않고 초원자가(hypervalent) 화합물의 결합을 쉽게 설명하지 못한다. 그럼에도 불구하고 혼성화 모형에서 *d* 오비탈을 사용하는 것은 PBr_3 및 SF_6와 같은 화합물의 결합을 설명하는 데 편리한 방법이다.

예제 10.4는 3주기 원소에서의 원자가 껍질 확장을 다룬다.

예제 10.4

오브로민화 인(PBr_5)에서 인의 혼성화 상태를 설명하라.

전략 예제 10.3에서 보인 것과 같은 과정을 따른다.

풀이 P의 바닥 상태 전자 배치는 $[Ne]3s^23p^3$이다. 그러므로 P 원자는 원자가 전자 5개를 가진다. PBr_5의 루이스 구조식은 다음과 같다.

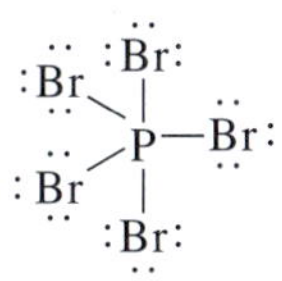

P 주위에는 5개의 전자쌍이 있다. 그러므로 전자쌍 배열은 삼각 쌍뿔형이다. sp^3d 혼성 오비탈은 삼각 쌍뿔 배열을 가지기 때문에(표 10.4 참조) P는 sp^3d 혼성 오비탈을 사용하여 Br과 결합하는 것으로 결론지을 수 있다. 혼성화 과정은 다음과 같이 생각할 수 있다. 바닥 상태 P 원자의 오비탈 도표는 다음과 같다.

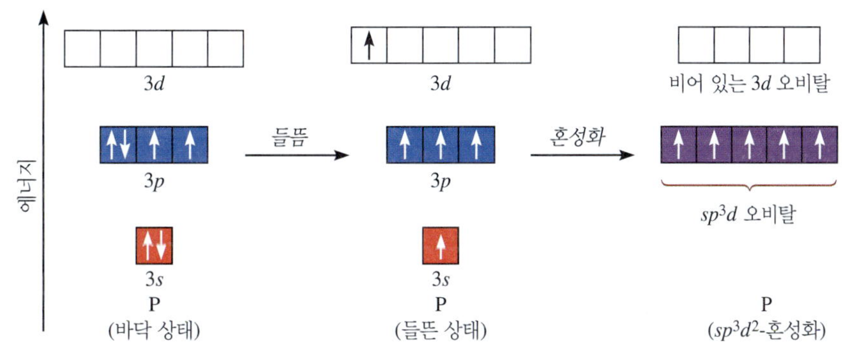

이들 혼성 오비탈은 Br의 $4p$ 오비탈과 중첩하여 5개의 P—Br 공유 결합을 형성한다. P 원자에는 고립 전자쌍이 없기 때문에 PBr_5의 기하 구조는 삼각쌍뿔이다.

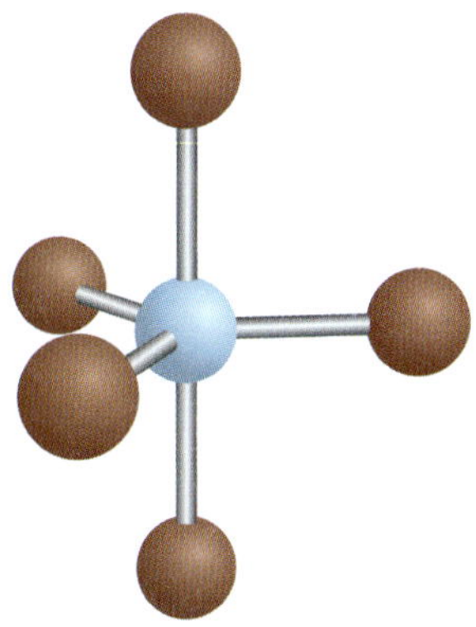

PBr_5

실전 연습 SeF_6에서 Se의 혼성화 상태를 설명하라.

비슷한 문제: 10.36.

개념과 사실 요약하기

- 원자가 결합 이론에서, 혼성화된 원자 오비탈은 같은 원자의 오비탈의 결합과 재배치에 의해 형성된다. 혼성 오비탈은 모두 같은 에너지와 전자 밀도를 가지며, 혼성 오비탈의 수는 결합하는 순수 원자 오비탈의 수와 같다.

- 원자가 껍질 확장은 *s*, *p*, *d* 오비탈의 혼성화를 가정함으로써 설명할 수 있다.
- *sp* 혼성화에서는 두 개의 혼성 오비탈이 일직선상에 놓여 있다. sp^2 혼성화에서는 3개의 혼성 오비탈이 삼각형의 꼭짓점을 향한다. sp^3 혼성화에서는 4개의 혼성 오비탈이 사면체의 모서리를 향한다. sp^3d 혼성화에서는 5개의 혼성 오비탈이 삼각 쌍뿔의 꼭짓점을 향한다. sp^3d^2 혼성화에서는 6개의 혼성 오비탈이 팔면체의 꼭짓점을 향한다.

개념과 사실 복습하기

10.4.1 sp^3d 혼성 오비탈에는 몇 개의 오비탈이 포함되어 있는가?

10.4.2 PH_4^+에서 P의 혼성화는 무엇인가?

10.4.3 XeF_4에서 Xe의 혼성화는 무엇인가(예제 9.12 참조)?

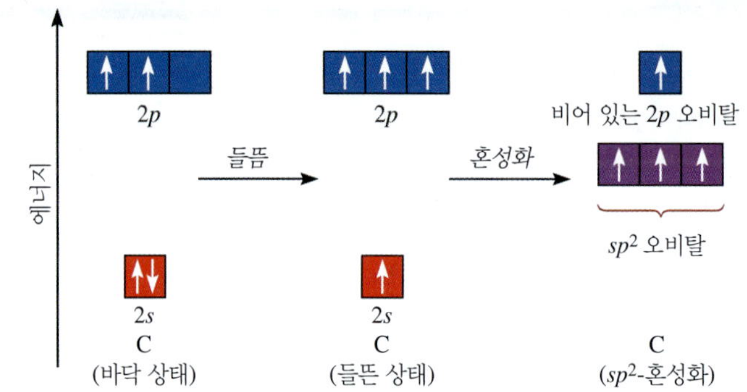

▶ **그림 10.14** 탄소 원자의 sp^2 혼성화. 2*s* 오비탈이 두 2*p* 오비탈과만 혼성되어 세 개의 동일한 sp^2 혼성 오비탈을 형성한다. 이 과정에서 혼성화하지 않은 오비탈, 즉 $2p_z$ 오비탈에 전자 한 개가 남게 된다.

10.5 이중 결합, 삼중 결합을 포함하는 분자의 혼성화

학습 목표

- 다중 결합을 갖는 분자의 결합을 설명할 수 있다.

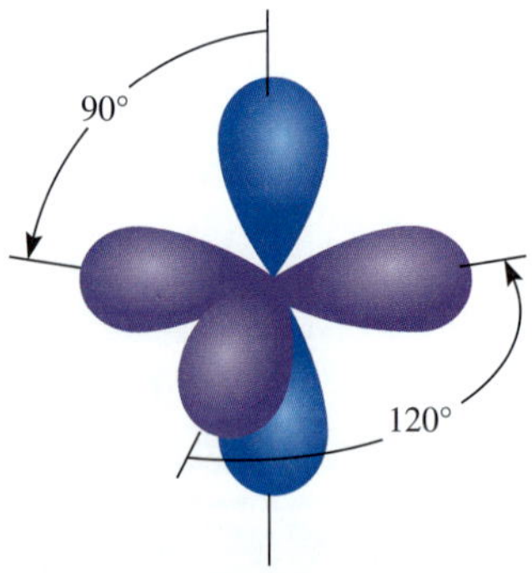

▲ **그림 10.15** C_2H_4 분자에서 각 탄소 원자는 세 개의 sp^2 혼성 오비탈(*보라색*)과 혼성 오비탈 평면에 수직인 혼성화되지 않은 한 개의 $2p_z$ 오비탈(*파란색*)을 가진다.

동영상 자료
시그마 결합과 파이 결합

혼성화의 개념은 이중 결합과 삼중 결합이 있는 분자에도 유용하다. 예를 들어, 에틸렌 분자(C_2H_4)를 생각해 보자. 예제 10.1에서 C_2H_4는 탄소-탄소 이중 결합을 포함하며 평면 기하 구조를 가지고 있음을 알았다. 각 탄소 원자가 sp^2 혼성화되었다고 가정하면 기하 구조와 결합을 모두 이해할 수 있다. 그림 10.14는 이러한 혼성화 과정의 오비탈 도표를 나타낸다. $2p_x$와 $2p_y$ 오비탈만 2*s* 오비탈과 조합되며, $2p_z$ 오비탈은 혼성화하지 않은 채로 남아 있다고 가정한다. 그림 10.15는 $2p_x$ 오비탈이 혼성 오비탈 평면과 수직임을 보여준다. 이제 탄소 원자의 결합을 어떻게 설명할 수 있을까? 그림 10.16(a)에서 보듯 각 탄소 원자는 세 개의 sp^2 혼성 오비탈을 사용하여 두 수소의 1*s* 오비탈과 2개의 결합을 형성하고 인접한 C 원자의 sp^2 혼성 오비탈과 하나의 결합을 형성한다. 또한 C 원자의 비혼성화된 두 $2p_z$ 오비탈은 옆으로 중첩하여 또 다른 결합을 형성한다[그림 10.16(b)].

C_2H_4에서 두 유형의 공유 결합 사이에는 차이가 있다. 그림 10.16(a)에서 각 C 원자에 의해 형성된 세 결합은 모두 **시그마 결합**(σ bond)이다. 즉, *결합 원자의 핵 사이로 전자 밀도가 집중되는 오비탈의 끝과 끝이 중첩하여 형성된 공유 결합*이다. 한편, 두 번째 형태는 **파이 결합**(π bond)이라 하는데, 이는 *결합 원자의 원자핵들이 이루는 평면의 위아래에 집중된 전자 밀도를 가지는 오비탈이 옆으로 중첩되어 형성된 공유 결합*으로 정의된다. 두 탄소 원자는 그림 10.16(b)처럼 파이 결합을 형성한다. 에틸렌이 평면 기하 구조를 지닌 이유는 바로 파이 결합의 형성 때문이다. 그림 10.16(c)는 시그마 결합과 파이 결합의

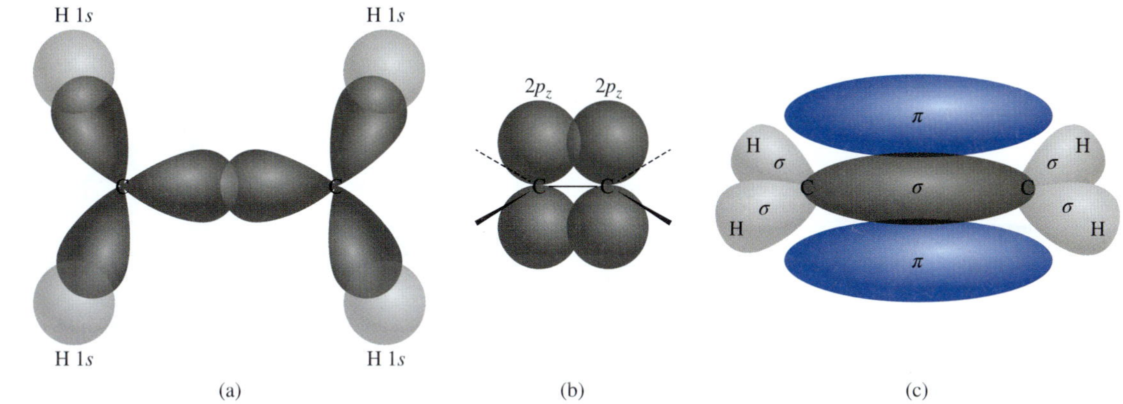

▲ **그림 10.16** 에틸렌(C_2H_4)에서의 결합. (a) 탄소 원자 사이의 시그마 결합과 탄소와 수소 원자 사이의 시그마 결합. 모든 원자들이 같은 평면에 놓여 C_2H_4는 평면 분자이다. (b) 어떻게 두 개의 탄소 원자에 있는 두 $2p_z$ 오비탈이 겹쳐져 파이 결합을 형성하는지를 보이는 측면도. 실선, 점선, 쐐기선은 시그마 결합의 방향을 나타낸다. (c) (a)와 (b)에서의 상호작용으로 에틸렌에 시그마 결합과 파이 결합이 형성된다. 파이 결합은 분자 평면의 위 아래에 놓인다.

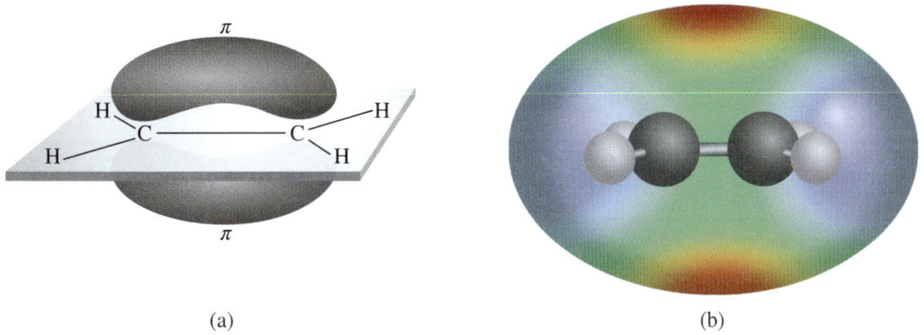

◀ **그림 10.17** (a) C_2H_4 분자에서 파이 결합의 또 다른 그림. 원자 여섯 개가 모두 같은 평면에 있음을 주목하라. 분자가 평면 구조를 갖는 것은 $2p_z$ 오비탈이 겹치기 때문이다. (b) C_2H_4의 정전기 퍼텐셜 지도.

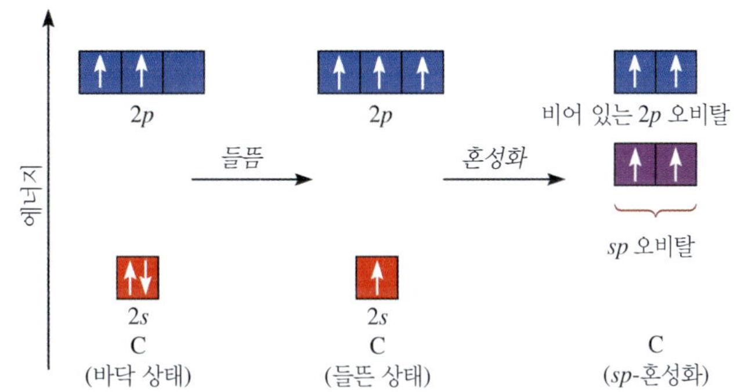

◀ **그림 10.18** 탄소 원자의 sp 혼성화. $2s$ 오비탈은 $2p$ 오비탈 하나와만 혼합되어 두 개의 sp 혼성 오비탈을 만든다. 이 과정은 혼성화되지 않은 두 $2p$ 오비탈, 즉 $2p_y$와 $2p_z$ 오비탈에 전자 하나씩을 남긴다.

방향성을 나타낸다. 그림 10.17은 평면 C_2H_4 분자와 파이 결합의 형성을 보는 또 다른 방법이다. 보통 탄소-탄소 이중 결합을 C=C(루이스 구조에서처럼)로 나타내지만, 두 결합은 유형이 다름을 명심하여야 한다. 하나는 시그마 결합이고, 다른 하나는 파이 결합이다. 실제로 탄소-탄소 파이 결합과 시그마 결합의 결합 엔탈피는 각각 약 270 kJ/mol과 350 kJ/mol이다.

아세틸렌 분자(C_2H_2)는 탄소-탄소 삼중 결합을 포함한다. 분자는 선형이기 때문에, 각 C 원자가 $2s$와 $2p$를 섞어서 sp 혼성화되었다고 가정하여 기하 구조와 결합을 설명할 수 있다(그림 10.18). 그림 10.19에서 보듯 각 C 원자의 두 sp 혼성 오비탈은 수소의 $1s$ 오비탈과 하나의 시그마 결합을 형성하며, 이웃 C 원자와 또 하나의 시그마 결합을 형성한다. 또한 혼성화되지 않은 $2p_y$와 $2p_z$ 오비탈이 옆으로 중첩되어 두 개의 파이 결합이 형성된다. 따라서 C≡C 결합은 시그마 결합 하나와 파이 결합 두 개로 구성된다.

다중 결합을 포함한 분자에서의 혼성화를 예측하는 데 다음 규칙이 도움을 준다. 중

인터넷 핫스팟

학생들의 학습 경험에 대해 축적된 자료에 따르면 다중 결합의 혼성화를 이해하는 데 어려움을 겪을 수 있다. 이런 경우 eBook에 접속해서 이 주제에 대한 추가 학습 자료를 보면 도움이 될 수 있다.

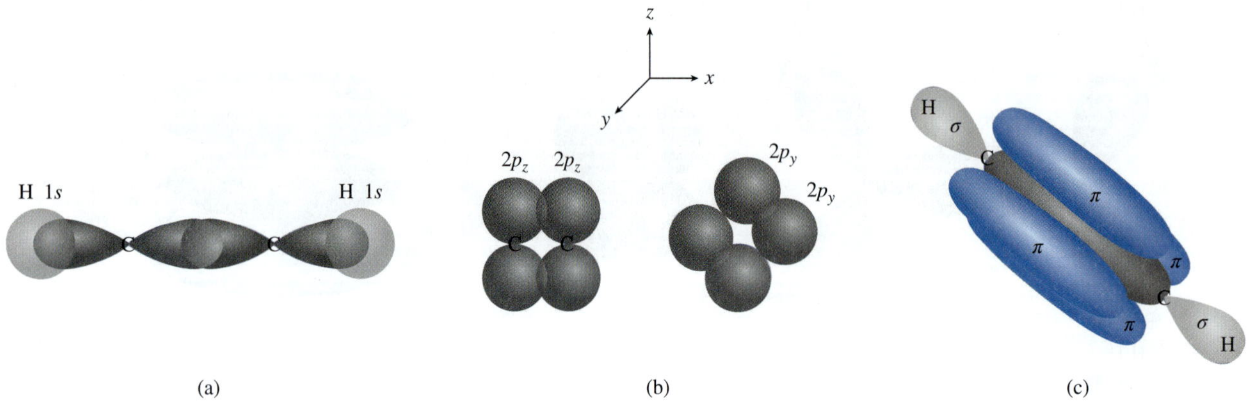

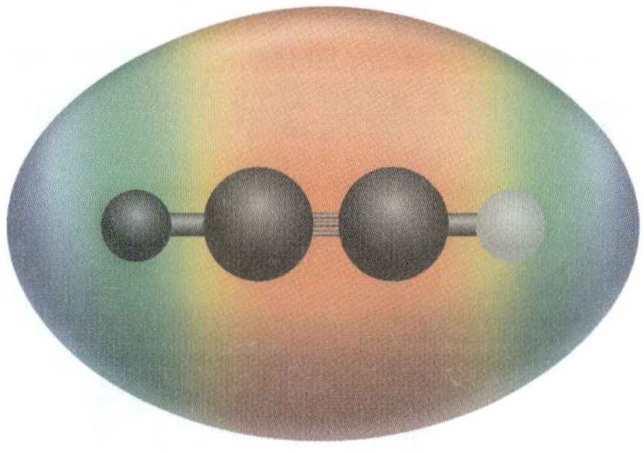
(d)

▶ **그림 10.19** 아세틸렌(C_2H_2)에서의 결합. (a) 탄소 원자 사이에 *sp* 오비탈의 겹침과 C와 H 원자 사이에 1*s* 오비탈과의 겹침을 보여주는 위에서 본 그림. 모든 원자가 직선으로 나열되어 있다. 따라서 아세틸렌은 직선형 분자이다. (b) 두 개의 탄소 원자에 있는 두 $2p_y$ 오비탈과 두 $2p_z$ 오비탈의 겹침을 보여주는 옆에서 본 그림. (c) (a)와 (b)의 결과로 시그마 결합과 파이 결합의 형성. (d) C_2H_2의 정전기 퍼텐셜 지도.

심 원자가 이중 결합을 형성하면 sp^2 혼성화이고, 두 개의 이중 결합이나 삼중 결합을 형성하면 *sp* 혼성화이다. 이 규칙은 2주기 원소의 원자에만 적용됨을 주목하라. 다중 결합을 형성하는 3주기 이후의 원소의 원자들은 보다 복잡한 그림을 나타내며, 여기서는 다루지 않는다.

예제 10.5

CH_2O

루이스 구조가 다음과 같은 폼알데하이드 분자의 결합을 설명하라.

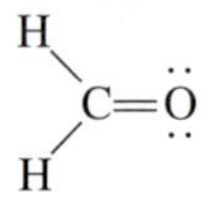

O 원자는 sp^2로 혼성화되었다고 가정한다.

전략 예제 10.3과 같은 과정으로 한다.

풀이 C 원자 주위에는 세 개의 전자쌍이 있다. 따라서 전자쌍 배치는 삼각 평면형 구조이다. (이중 결합은 VSEPR 모형에서는 단일 결합으로 취급한다는 것을 상기하라.) sp^2 혼성 오비탈이 삼각 평면 배열을 가지기 때문에 C는 결합에서 sp^2 혼성 오비탈을 사용한다고 결론지을 수 있다(표 10.4 참조). 다음과 같이 C와 O에 대한 혼성화 과정을 예상할 수 있다.

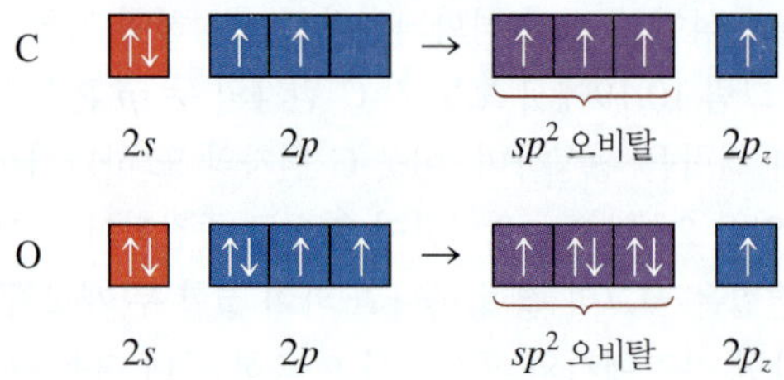

(계속)

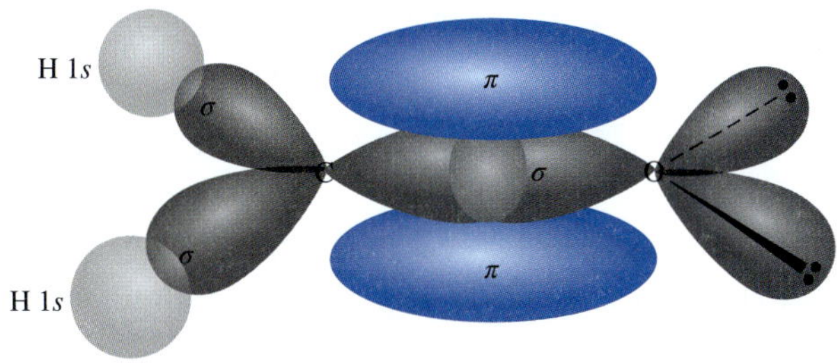

◀ 그림 10.20 폼알데하이드 분자의 결합. 시그마 결합은 탄소의 sp^2 혼성 오비탈과 산소의 sp^2 혼성 오비탈이 겹쳐져서 형성된다. 파이 결합은 탄소와 산소 원자의 $2p_z$ 오비탈이 겹쳐져 형성된다. 산소에 있는 두 개의 고립쌍은 산소의 다른 두 sp^2 오비탈에 놓이게 된다.

탄소는 세 개의 sp^2 혼성 오비탈 각각에 하나의 전자를 가지고 있어서 H 원자와 C 원자와 시그마 결합을 형성하는 데 사용된다. $2p_z$ 오비탈에도 전자 하나가 있는데, 이것은 산소와 파이 결합을 형성한다. 산소는 두 sp^2 혼성 오비탈에 두 개의 전자를 가지고 있다. 이들은 산소에 있는 비공유 전자쌍이다. 하나의 전자를 가진 세 번째 sp^2 혼성 오비탈이 탄소와 시그마 결합을 형성한다. (하나의 전자를 가진) $2p_z$ 오비탈은 탄소의 $2p_z$ 오비탈과 겹쳐져 파이 결합을 형성한다 (그림 10.20).

실전 연습 사이안화 수소(HCN) 분자의 결합을 설명하라. N은 sp 혼성을 한다고 가정한다.

비슷한 문제: 10.40, 10.41, 10.43.

개념과 사실 요약하기

- sp^2 혼성화된 원자(예를 들면, 탄소)에서 혼성화 되지 않은 하나의 *p* 오비탈은 또 다른 *p* 오비탈과 파이 결합을 형성할 수 있다. 탄소-탄소 이중 결합은 시그마 결합과 파이 결합으로 구성된다. *sp* 혼성화된 탄소 원자에서 두 개의 혼성화되지 않은 *p* 오비탈은 다른 원자(또는 원자들)에 있는 두 개의 *p* 오비탈과 두 개의 파이 결합을 형성할 수 있다. 탄소-탄소 삼중 결합은 하나의 시그마 결합과 두 개의 파이 결합으로 구성된다.

개념과 사실 복습하기

10.5.1 CS_2에는 몇 개의 파이 결합이 존재하는가?

10.5.2 인접한 핵에 있는 원자 오비탈의 다음 어느 쌍이 겹쳐져 시그마 결합을 형성하는가? 파이 결합은? 어느 것이 겹칠 수 없는가? *x*-축을 핵 사이의 축으로 생각한다. (a) $1s$와 $2s$, (b) $1s$와 $2p_x$, (c) $2p_y$와 $2p_y$, (d) $3p_y$와 $2p_z$, (e) $2p_x$와 $3p_x$.

10.6 분자 오비탈 이론

학습 목표

- 분자 오비탈 이론에 따라 원자 오비탈이 겹쳐서 분자 오비탈을 형성하는 방법을 설명할 수 있다.
- 결합성 및 반결합성 분자 오비탈을 식별할 수 있다.

원자가 결합 이론은 분자 내의 결합을 설명하는 두 가지 양자역학적 접근법 중 하나이다. 그것은 최소한 정성적으로, 원자 오비탈의 중첩이라는 개념으로 공유 결합의 안정도를 설명한다. 원자가 결합 이론은 혼성화 개념을 사용함으로써 VSEPR 모형으로 예측되는 분자의 기하 구조를 설명할 수 있다. 그러나 분자에서 전자들이 개별 원자의 원자 오비탈을 차지한다는 가정은 근사적일 수밖에 없다. 분자에서 각 결합 전자는 전체적으로 분자의 특징적인 오비탈 안에 있어야 하기 때문이다.

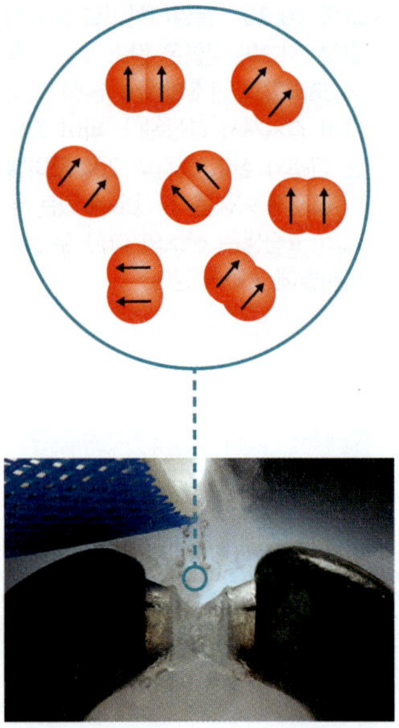

▲ **그림 10.21** 액체 산소가 자석의 두 극 사이에 잡혀 있다. 산소 분자가 두 개의 평행한 스핀을 가지는 상자기성이기 때문이다.
Charles D. Winters/Science Source

어떤 경우에는 원자가 결합 이론으로 관측한 분자의 성질을 만족스럽게 설명할 수 없다. 루이스 구조가 다음과 같은 산소 분자를 생각해 보자.

$$\ddot{\underset{\cdot\cdot}{O}}=\ddot{\underset{\cdot\cdot}{O}}$$

이 표현에 따르면 O_2에서 모든 전자쌍은 짝을 이루므로, 산소는 반자기성을 띠어야 한다. 그러나 실험을 통해 산소 분자는 홀전자 두 개를 가짐이 발견되었다(그림 10.21). 이 발견은 원자가 결합 이론에 기본적인 결함이 있음을 암시한다. 따라서 원자가 결합 이론의 예측과 일치하지 않는 다른 분자들의 성질을 설명하는 다른 형태의 결합 접근법을 찾는 일이 정당해졌다.

분자의 자기성과 또 다른 특성은 때로 **분자 오비탈**(molecular orbital, MO) *이론*이라고 하는 다른 양자역학적 접근 방법으로 잘 설명할 수 있다. 분자 오비탈 이론은 *분자 오비탈*(molecular orbital)로 공유 결합을 나타내는데, 이것은 *결합하는 원자의 원자 오비탈 상호작용의 결과로 나온 것이며, 분자 전체와 관련이 있다*. 분자 오비탈과 원자 오비탈의 차이점은 원자 오비탈은 한 원자에만 관련되어 있다는 점이다.

결합성과 반결합성 분자 오비탈

MO 이론에 따르면, 두 수소 원자의 1*s* 오비탈이 겹쳐지면 결합성 분자 오비탈 하나와 반결합성 분자 오비탈 하나의 두 분자 오비탈을 만든다. **결합성 분자 오비탈**(bonding molecular orbital)은 *그것을 만든 원자 오비탈보다 에너지가 낮고 더 안정*하다. **반결합성 분자 오비탈**(antibonding molecular orbital)은 *그것을 만든 원자 오비탈보다 에너지가 높고 불안정하다*. "결합", "반결합"이라는 이름이 암시하듯이 전자가 결합성 분자 오비탈에 놓이면 안정한 공유 결합이 되고, 전자가 반결합성 분자 오비탈에 놓이면 불안정한 결합이 형성된다.

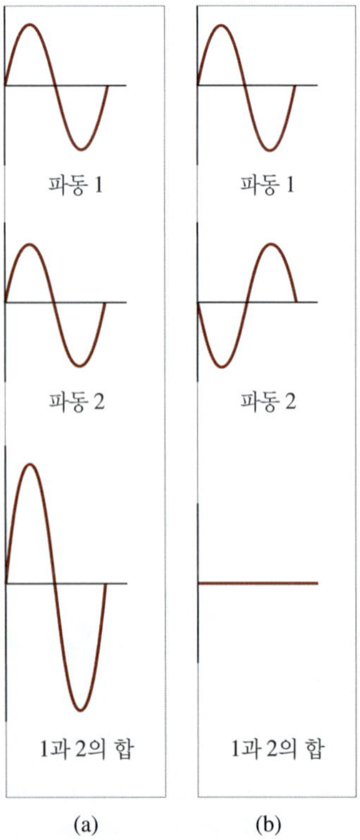

▲ **그림 10.22** 같은 파장과 같은 진폭을 가진 두 개의 파동의 (a) 보강 간섭과 (b) 상쇄 간섭.

결합성 분자 오비탈에서 전자 밀도는 결합 원자의 핵 사이에서 최대가 된다. 한편, 반결합성 분자 오비탈에서는 핵 사이에서 전자 밀도가 0으로 감소한다. 오비탈에서 전자가 파동성을 갖는다고 생각하면, 이러한 구분을 이해할 수 있을 것이다. 파동의 독특한 성질로 같은 유형의 파동을 합하면 크기가 증폭되거나 소멸되는 방식으로 상호작용한다. 전자의 경우를 *보강 간섭*(constructive interference)이라 하고, 후자의 경우를 *상쇄 간섭*(destructive interference)이라 한다(그림 10.22).

결합성 분자 오비탈의 형태는 보강 간섭과 일치한다(진폭의 증가는 두 핵 사이의 전자 밀도의 증가와 유사함). 반결합성 분자 오비탈의 형태는 상쇄 간섭과 일치한다(진폭의 감소는 두 핵 사이의 전자 밀도의 감소와 유사함). 따라서 H_2 분자에서 1*s* 오비탈 사이의 보강 작용과 상쇄 작용은 시그마 결합성 분자 오비탈(σ_{1s})와 시그마 반결합성 분자 오비탈($\sigma^{\star}_{1s}$)를 만든다. 여기서 별표는 반결합성 분자 오비탈을 나타낸다.

시그마 결합성 분자 오비탈 ↘	시그마 반결합성 분자 오비탈 ↘
σ_{1s}	$\sigma^{\star}_{1s}$
↖ 1*s* 오비탈로부터 형성됨	↖ 1*s* 오비탈로부터 형성됨

시그마 분자 오비탈(sigma molecular orbital)(결합성 또는 반결합성)에서는 *결합 원자의 두 핵 사이의 선 주위에 전자 밀도가 대칭적으로 집중된다*. 시그마 분자 오비탈에서 두 전자는 하나의 시그마 결합을 형성한다(10.5절 참조). 시그마 분자 오비탈에 있는 두 전자들은 쌍을 이루고 있다. 파울리 배타 원리는 원자뿐만 아니라 분자에도 적용된다. 단

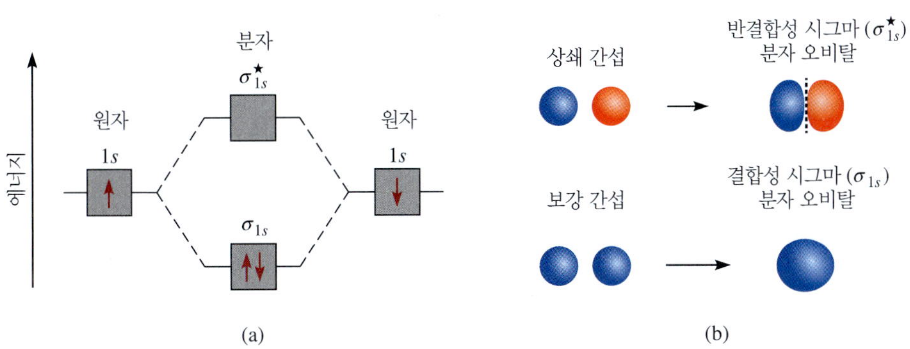

▲ **그림 10.23** (a) H_2 분자에서 결합과 반결합 분자 오비탈의 에너지 준위. 1*s* 오비탈에 있는 두 전자들은 파울리 배타 원리에 따라 반대 스핀을 가져야 한다. 분자 오비탈 에너지가 높을수록 그 분자 오비탈에 있는 전자는 더 불안해진다는 것을 명심하라. (b) 두 개의 수소 1*s* 오비탈 사이에 생기는 보강 간섭과 상쇄 간섭은 결합성 분자 오비탈과 반결합성 분자 오비탈을 만든다. 결합성 분자 오비탈에서 핵 사이의 전자 밀도의 증가는 음으로 하전된 접착제로 작용되어, 양으로 하전된 핵들을 서로 묶어 놓는 작용을 한다. 반결합성 분자 오비탈에서는 핵 사이에 마디 평면이 있는데 그 곳의 전자 밀도는 0이다.

일 공유 결합(H—H나 F—F처럼)은 거의 항상 시그마 결합임을 명심하라.

그림 10.23은 H_2 분자의 형성에서 만들어지는 오비탈의 상대 에너지 준위인 *분자 오비탈 에너지 준위 도표*(molecular orbital energy level diagram)와 두 1s 오비탈 사이의 보강과 상쇄 간섭을 나타낸 것이다. 반결합성 분자 오비탈에는 핵 사이에 전자 밀도가 0을 뜻하는 *마디 평면*(nodal plane)이 있음을 주목하라. 핵은 함께 붙들지 않고 서로의 양전하에 의해 서로 반발한다. 반결합성 분자 오비탈의 전자는 그들이 고립 원자에서 가지는 것보다 높은 에너지(낮은 안정도)를 갖는다. 한편 결합성 오비탈의 전자는 고립 원자가 갖는 것보다 낮은 에너지(따라서 높은 안정성)를 갖는다.

분자의 오비탈 형성을 설명하기 위해 수소 분자를 사용했지만 그 개념은 다른 분자에도 동일하게 적용한다. H_2 분자에서는 1*s* 오비탈 사이의 상호작용만을 생각한다. 더 복잡한 분자는 더 많은 원자 오비탈을 생각할 필요가 있다. 그렇지만 모든 *s* 오비탈에서 그 과정은 1*s* 오비탈에서와 같다. 따라서 두 2*s*나 3*s* 오비탈 사이의 상호작용도 분자 오비탈 에너지 준위 도표와 그림 10.23에 나타난 결합성과 반결합성 분자 오비탈의 형성으로 이해할 수 있다.

p 오비탈은 두 가지 다른 방법으로 서로 상호 작용하기 때문에 그 과정이 더욱 복잡하다. 예를 들어, 그림 10.24(a)에 나타낸 바와 같이 두 개의 2*p* 오비탈은 서로 다른 끝과 끝으로 접근하여 시그마 결합성과 시그마 반결합성 분자 오비탈을 형성할 수 있다. 또 다른 방법으로 두 개의 *p* 오비탈이 옆으로 겹쳐져 결합성과 반결합성 파이 분자 오비탈을 형성할 수 있다[그림 10.24(b)].

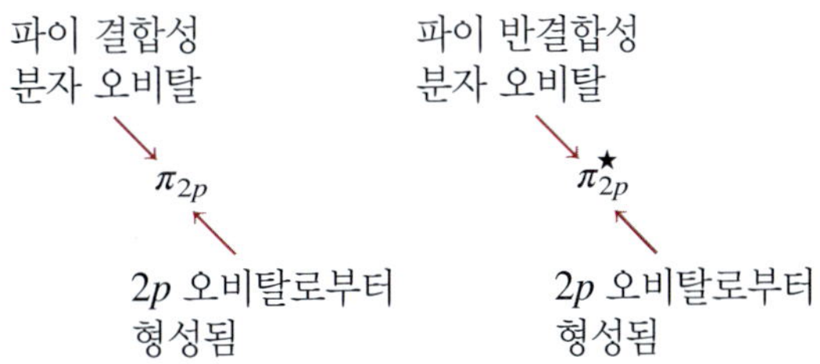

파이 분자 오비탈(pi molecular orbital)(결합성 또는 반결합성)에서 *전자 밀도는 결합하고 있는 원자들의 두 결합 원자핵을 잇는 선의 위아래에 밀집*되어 있다. 파이 분자 오비탈에서 두 전자는 파이 결합을 형성한다(10.5절 참조). 이중 결합은 거의 항상 하나의 시그마 결합과 하나의 파이 결합으로 이루어져 있고, 삼중 결합은 하나의 시그마 결합과 두 개

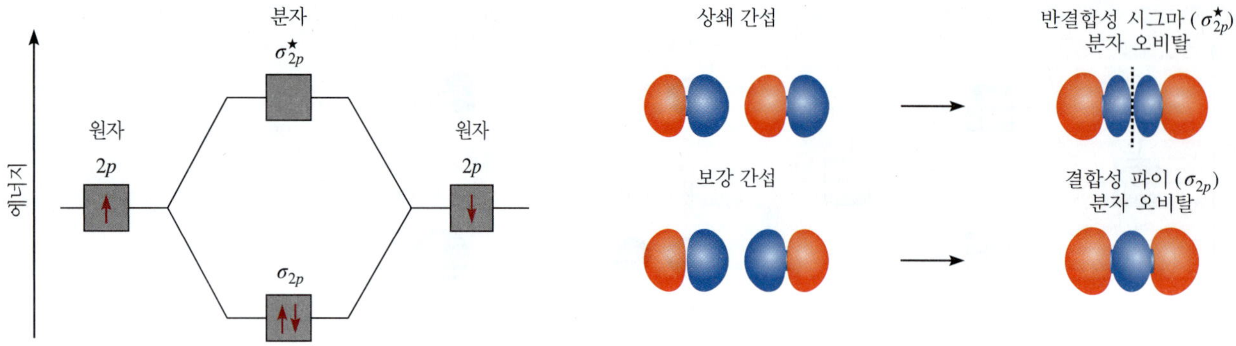

(a)

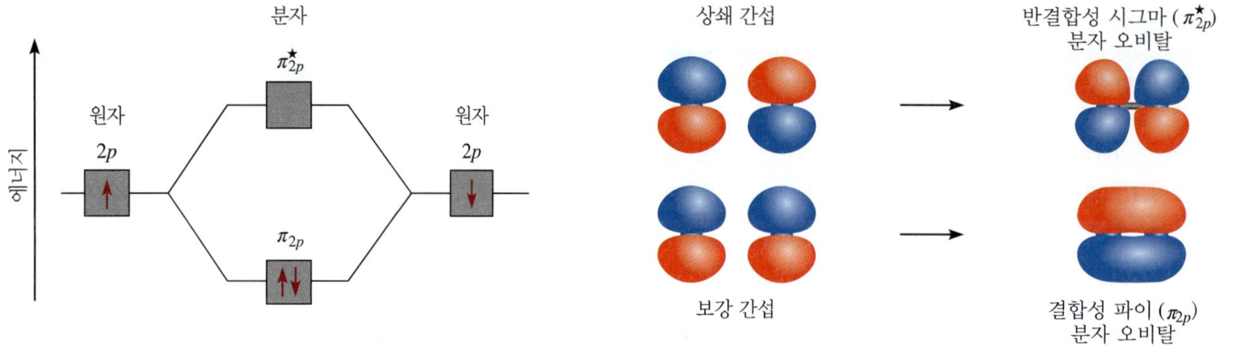

(b)

▲ **그림 10.24** 두 개의 동등한 p 오비탈 사이의 두 개의 가능한 상호작용과 그에 상응하는 분자 오비탈. (a) p 오비탈이 끝과 끝으로 겹치면 시그마 결합성과 시그마 반결합성 분자 오비탈을 만든다. (b) p 오비탈이 옆으로 겹칠 때는 파이 결합성과 파이 반결합성 분자 오비탈을 형성한다. 일반적으로 시그마 결합성 분자 오비탈이 파이 결합성 분자 오비탈보다 안정하다. 옆과 옆 상호작용이 끝과 끝 상호작용보다 p 오비탈의 겹침이 적어지기 때문이다. $2p_x$ 오비탈이 시그마 분자 오비탈 형성에 관여한다고 가정한다. $2p_y$와 $2p_z$오비탈은 파이 분자 오비탈을 형성하는 데만 작용한다. (b)에서는 $2p_y$ 오비탈과 $2p_z$ 오비탈 사이의 상호작용을 보여준다. 이들 경우에서 점선은 핵 사이의 마디 면을 표현하는데 그 곳의 전자 밀도가 0이다.

의 파이 결합으로 이루어져 있다.

개념과 사실 요약하기

- 분자 오비탈 이론은 화학 결합을 원자 오비탈들이 결합되거나 재배열되어 분자 전체의 오비탈이 형성된다고 설명한다.
- 결합성 분자 오비탈은 원자핵 사이의 전자 밀도를 증가시키고 개별 원자 오비탈에 비해 에너지가 낮다. 반결합성 분자 오비탈은 원자핵 사이에 전자 밀도가 0인 영역을 가지고, 에너지 수준이 개별 원자 오비탈보다 높다.

개념과 사실 복습하기

10.6.1 O_2 분자가 두 개의 홀전자를 포함하고 있다는 사실을 설명하는 한 가지 방법은 다음과 같은 루이스 구조를 그리는 것이다.

$$\cdot\ddot{\underset{..}{O}}-\ddot{\underset{..}{O}}\cdot$$

이 구조가 만족스럽지 못한 두 가지 이유를 제시하라.

요약 _Chapter Summary

분자 기하 구조 분자 기하 구조는 분자 내 원자들의 3차원 배열을 나타낸다. 중심 원자가 2~6개의 결합을 가지는 비교적 작은 분자에서는, 기하 구조가 원자가 껍질 전자쌍 반발(VSEPR) 모형에 의해 신뢰성 있게 예측이 가능하다. VSEPR 모형은 결합 전자쌍과 고립 전자쌍이 반발을 최소화하기 위해 가능하면 서로 멀리 위치하려는 경향이 있다는 가정에 기초한다. (10.1절)

쌍극자 모멘트 2원자 분자에서 결합하는 원자의 전기음성도 차이가 극성 결합과 쌍극자 모멘트를 만든다. 세 개 이상의 원자로 구성된 분자의 쌍극자 모멘트는 결합의 극성과 분자의 구조에 동시에 영향을 받는다. 쌍극자 모멘트를 측정함으로써 가능한 다양한 여러 분자 기하 구조들 중에서 서로 구분할 수 있다. (10.2절)

원자가 결합 이론 원자가 결합 이론은 분자 내의 전자들이 개별 원자의 원자 오비탈을 차지하고 이들이 서로 중첩하여 공유 결합을 형성한다는 것으로 화학 결합을 설명하는 양자역학적 이론이다. 원자가 결합 이론은 원자 계의 위치 에너지가 최소가 될 때 안정한 분자가 만들어진다고 설명한다. 두 원자 사이의 거리가 변화함에 따라 위치 에너지가 최소화되는 것으로 2원자 분자의 결합을 간단히 설명할 수 있다. (10.3절)

원자 오비탈 혼성 혼성화는 화학 결합을 기술하기 위한 양자역학적 설명이다. 혼성 오비탈을 만들기 위해 원자 오비탈들을 섞어서 혼성화한다. 이들 혼성 오비탈들이 다른 원자 오비탈들과 결합하여 화학 결합을 만든다. 다양한 분자 기하 구조가 서로 다른 혼성화를 통해 만들어질 수 있다. 혼성화의 개념은 팔전자 규칙의 예외 사례와 이중 결합과 삼중 결합의 형성을 설명한다. (10.4, 10.5절)

분자 오비탈 이론 분자 오비탈 이론은 총괄적으로 분자와 관련된 오비탈을 형성하기 위해서는 원자 오비탈을 조합하고 재배열한다는 말로 결합을 설명해 주고 있다. 결합성 분자 오비탈에 있는 전자의 개수가 반결합성 분자 오비탈에 있는 전자의 개수보다 많으면 분자는 안정하다. 분자 오비탈의 전자배치는 원자 오비탈에서 하던 것과 동일한 방법으로 파울리 배타 원리와 훈트 규칙을 이용하여 정할 수 있다. (10.6절)

주요 식 _Key Equations

$\mu = Q \times r$ (10.1) 쌍극자 모멘트를 전하(Q)와 전하 간 거리(r)로 표현한 식.

주요 용어 _Key Words

결합성 분자 오비탈	비극성 분자	원자가 껍질	파이 분자 오비탈
극성 분자	시그마 결합(σ 결합)	원자가 껍질 전자쌍 반발 (VSEPR) 모형	혼성 오비탈
반결합성 분자 오비탈	시그마 분자 오비탈	파이 결합(π 결합)	혼성화
분자 오비탈	쌍극자 모멘트(μ)		

연습 문제 _Questions and Problems

붉은색 번호의 문제는 학생용 문제풀이집에 풀어 놓았다.

10.1 분자의 기하 구조

복습 질문

10.1 분자의 기하 구조는 어떻게 정의되며, 분자 기하 구조의 연구가 왜 중요한가?

10.2 선형 삼원자 분자, 네 원자를 포함하는 삼각 평면 분자, 사면체 분자, 삼각쌍뿔 분자, 팔면체 분자의 모양을 그리고 각 경우의 결합각을 표시하라.

10.3 사면체 분자, 삼각 쌍뿔 분자, 팔면체 분자의 중심 원자는 몇 개의 원자와 직접 결합되어 있는가?

10.4 VSEPR 모형의 기본 특성을 설명하라. 다음 순서로 반발력의 크기가 감소하는 이유를 설명하라.
고립 전자쌍-고립 전자쌍 > 고립 전자쌍-결합 전자쌍 > 결합전자쌍-결합 전자쌍

10.5 삼각 쌍뿔 배열에서 왜 비공유 전자쌍은 수직 위치보

다 수평 위치를 차지하는가?

10.6 CH_4의 기하 구조는 사각 평면인데, 이 구조는 사각의 꼭짓점에 네 개의 수소 원자가 있고, 사각형의 중앙에 탄소가 있다. 이 기하 구조를 그리고 사면체 구조 CH_4 분자와 안정성을 비교하라.

➾ 문제

10.7 VSEPR 방법을 사용하여 다음 화학종의 기하 구조를 예측하라. (a) PCl_3, (b) $CHCl_3$, (c) SiH_4, (d) $TeCl_4$.

10.8 다음 화학종들의 기하 구조를 예측하라. (a) $AlCl_3$, (b) $ZnCl_2$, (c) $ZnCl_4^{2-}$

10.9 VSEPR 모형을 사용하여 다음 분자와 이온들의 기하 구조를 예측하라. (a) CBr_4, (b) BCl_3, (c) NF_3, (d) H_2Se, (e) NO_2^-.

10.10 VSEPR 모형을 사용하여 다음 분자와 이온들의 기하 구조를 예측하라. (a) CH_3I, (b) ClF_3, (c) H_2S, (d) SO_3, (e) SO_4^{2-}.

10.11 VSEPR 방법을 사용하여 다음 분자들의 기하 구조를 예측하라. (a) $HgBr_2$, (b) N_2O(원자 배열은 NNO), (c) SCN^-(원자 배열은 SCN).

10.12 다음 이온들의 기하 구조를 예측하라. (a) NH_4^+, (b) NH_2^-, (c) CO_3^{2-}, (d) ICl_2^-, (e) ICl_4^-, (f) AlH_4^-, (g) $SnCl_5^-$, (h) H_3O^+, (i) BeF_4^{2-}.

10.13 CH_3COOH 분자에서 3개의 중심 원자 주위의 기하 구조를 묘사하라.

10.14 다음 화학종들 중 어느 것이 사면체형인가? $SiCl_4$, SeF_4, XeF_4, CI_4, $CdCl_4^{2-}$.

10.2 쌍극자 모멘트

➾ 복습 질문

10.15 쌍극자 모멘트를 정의하라. 쌍극자 모멘트에 대한 단위와 기호는 무엇인가?

10.16 쌍극자 모멘트와 결합 모멘트 사이의 관계는 무엇인가? 분자들이 결합 모멘트를 가지면서도 비극성이 될 수 있는 방법은 무엇인가?

10.17 원자가 영구 쌍극자 모멘트를 가질 수 없는 이유를 설명하라.

10.18 수소화 베릴륨(BeH_2) 분자의 결합은 극성이지만 분자의 쌍극자 모멘트는 0이다. 이를 설명하라.

➾ 문제

10.19 표 10.3을 참고하여 다음 분자를 쌍극자 모멘트가 증가하는 순서대로 배열하라. H_2O, H_2S, H_2Te, H_2Se.

10.20 할로젠화 수소의 쌍극자 모멘트는 HF에서 HI순으로 감소한다(표 10.3 참조). 이 경향을 설명하라.

10.21 다음 분자들을 쌍극자 모멘트가 증가하는 순으로 나열하라. H_2O, CBr_4, H_2S, HF, NH_3, CO_2.

10.22 OCS 분자는 CS_2보다 더 큰 쌍극자 모멘트를 갖는가, 아니면 적은 쌍극자 모멘트를 갖는가?

10.23 다음 분자 중 어느 것이 더 큰 쌍극자 모멘트를 가지는가?

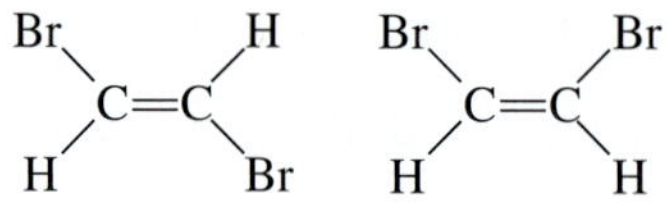

(a) (b)

10.24 쌍극자 모멘트가 증가하는 순서로 다음 화합물을 배열하라.

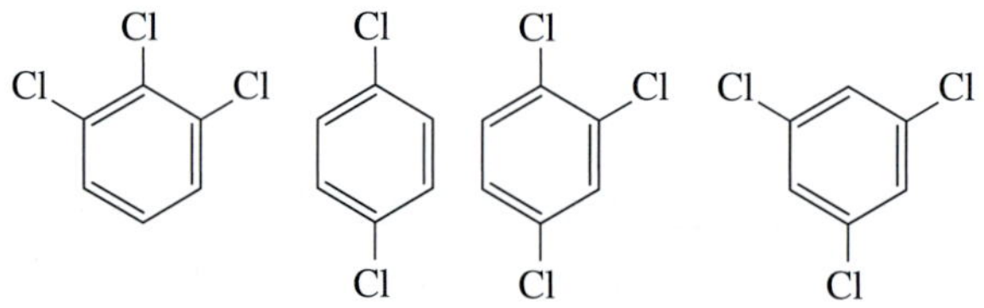

(a) (b) (c) (d)

10.3 원자가 결합 이론

➾ 복습 질문

10.25 원자가 결합 이론이란 무엇인가? 화학 결합의 루이스 개념과 어떻게 다른가?

10.26 원자가 결합 이론을 사용해서 Cl_2와 HCl에서의 결합을 설명하라. 결합이 형성될 때 원자 오비탈이 어떻게 겹치는지 보여라.

10.27 F_2에서 결합 형성에 대한 퍼텐셜 에너지 곡선을 그려라.

10.4 원자 오비탈의 혼성화

➾ 복습 질문

10.28 (a) 원자 오비탈의 혼성화란 무엇인가? 고립된 원자는 혼성화 상태로 존재할 수 없는 이유는 무엇인가? (b) 혼성 전자 배치는 순 원자 오비탈과 어떻게 다른가?

10.29 혼성 오비탈은 순수 원자 오비탈과 어떻게 다른가? 원자의 두 $2p$ 오비탈이 혼성화되어 두 개의 혼성화된 오비탈을 생성할 수 있는가?

10.30 동일한 원자에 대해서 다음 두 혼성 오비탈 사이의 결합각은 얼마인가? (a) sp와 sp 혼성 오비탈, (b) sp^2와 sp^2 혼성 오비탈, (c) sp^3와 sp^3 혼성 오비탈.

➾ 문제

10.31 혼성화 개념을 이용하여 AsH_3 분자의 결합에 설명을 기술하라.

10.32 SiH_4와 $H_3Si_2—SiH_3$에서 Si의 혼성화 상태는 무엇인가?

10.33 다음 반응에서 Al 원자의 혼성화의 변화(있다면)를 기술하라.

$$AlCl_3 + Cl^- \longrightarrow AlCl_4^-$$

10.34 다음 반응을 생각해 보자.

$$BF_3 + NH_3 \longrightarrow F_3B\text{—}NH_3$$

이 반응의 결과로 B와 N 원자의 혼성화의 변화(있다면)를 기술하라.

10.35 다음 화학종들에서 질소 원자에 의해 사용된 것은 무슨 혼성 오비탈인가? (a) NH_3, (b) $H_2N\text{—}NH_2$, (c) NO_3^-

10.36 PF_5에 있는 인의 혼성화를 기술하라.

10.37 아이오딘 원자가 sp^3d 혼성을 하는 아이오딘과 플루오린으로 되어 있는 양이온의 화학식을 써라.

10.38 아이오딘 원자가 sp^3d^2 혼성을 하는 아이오딘과 플루오린으로 되어 있는 음이온의 화학식을 써라.

10.5 이중 결합과 삼중 결합을 포함한 분자의 혼성화

복습 질문

10.39 시그마 결합과 파이 결합은 어떻게 구분하는가?

문제

10.40 다음 분자에서 탄소 원자의 혼성 오비탈은 무엇인가?

(a) $H_3C\text{—}CH_3$

(b) $H_3C\text{—}CH\text{=}CH_2$

(c) $CH_3\text{—}C\equiv C\text{—}CH_2OH$

(d) $CH_3CH\text{=}O$

(e) CH_3COOH

10.41 다음 화학종에서 탄소 원자의 혼성 오비탈을 설명하라. (a) CO, (b) CO_2, (c) CN^-.

10.42 아자이드 이온(N_3^-)에서 중심 원자 N의 혼성화 상태는 무엇인가? (원자 배열은 NNN이다.)

10.43 알렌 분자($H_2C\text{=}C\text{=}CH_2$)는 직선형(3개의 C 원자가 직선상에 놓여 있음)이다. 탄소 원자들의 혼성화 상태는 무엇인가? 알렌에서 시그마 결합과 파이 결합의 형성을 보여주는 그림을 그려라.

10.44 다음 테트라사이아노에틸렌(tetracyanoethylene) 분자에는 몇 개의 파이 결합과 시그마 결합이 있는가?

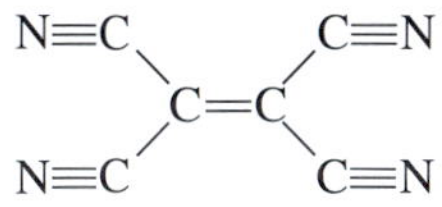

10.45 다음 각 분자에는 몇 개의 시그마 결합과 파이 결합이 있는가?

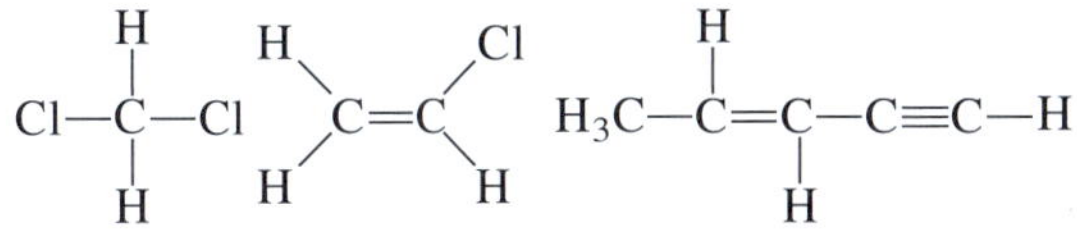

(a) (b) (c)

10.6 분자 오비탈 이론

복습 질문

10.46 분자 오비탈 이론은 무엇인가? 원자가 결합 이론과 어떻게 다른가?

10.47 다음 분자 오비탈의 모양을 그려라: σ_{1s}, σ_{1s}^*, π_{2p}^*. 그들의 에너지는 비교하라.

실전 연습의 답 _Answers to Practice Exercises

10.1 (a) 사면체형, (b) 선형, (c) 삼각 평면형. **10.2** 아니다. **10.3** (a) sp^3, (b) sp^2. **10.4** sp^3d^2. **10.5** C 원자는 sp 혼성화되어 있다. H 원자와 시그마 결합을 형성하며, N 원자와 다른 시그마 결합을 형성한다. 탄소 원자에 있는 두 개의 혼성화되지 않은 p 오비탈은 N 원자와 두 개의 파이 결합을 형성하는데 사용된다. N 원자에 있는 비공유 전자쌍은 sp 오비탈에 있게 된다.

개념과 사실 복습하기의 답 _Answers to Review of Concepts & Facts

10.1.1 사면체. **10.1.2** 삼각뿔. **10.1.3** 오른쪽 기하구조. 결합각이 더 크다(109.5° 대 90°). **10.2.1** 쌍극자 모멘트 없음. **10.2.2** CF_4는 사면체 구조이고 개별적인 결합 쌍극자는 서로 상쇄된다. SF_4는 시소구조, 따라서 개별적인 결합 쌍극자는 완전히 상쇄되지 않고 분자는 쌍극자 모멘트를 가진다. **10.2.3** CO_2는 진동 운동에 의해 특정 순간에 쌍극자 모멘트를 가질 수 있다. 진동 운동이 역방향으로 진행되므로, 곧바로 쌍극자 모멘트의 부호가 바뀐다. 시간을 걸쳐(예를 들어 쌍극자 모멘트 측정 시간 동안), 순수한 쌍극자 모멘트의 평균은 영이고, 분자는 무극성이다. **10.3.1** 결합의 형성을 전자쌍으로 기술하는 루이스 이론은 분자 내 결합 길이와 결합 강도의 차이를 설명하지 못한다. 원자가 결합 이론은 화학 결합의 형성을 원자 오비탈의 중첩으로 설명하기 때문에 서로 다른 분자의 특성을 잘 설명할 수 있다. 근본적으로 루이스 이론은 화학 결합에 대한 고전적인 접근법이고, 반면에 원자가 결합 이론은 화학 결합을 양자역학적으로 다룬다는 차이가 있다. **10.4.1** 5. **10.4.2** sp^3. **10.4.3** sp^3d^2. **10.5.1** 2. **10.5.2** 시그마 결합: (a), (b), (e). 파이 결합: (c). 결합 없음: (d). **10.6.1** (1) 구조는 단일 결합을 나타냄. O_2 분자는 이중 결합을 가짐(결합 엔탈피 측정으로부터). (2) 이 구조는 팔전자 규칙을 위반함.

레이먼드 창의 기본일반화학 14판 Chemistry

▲ 탄소의 동소체인 흑연의 2차원 고체 구조의 두 층. 흑연의 한 층은 그래핀(graphene)으로 알려져 있다.

Anna Kireieva/Shutterstock

제 11 장

분자간 힘과 액체 및 고체

Intermolecular Forces and Liquids and Solids

차 례

11.1 액체와 고체의 분자 운동론

11.2 분자간 힘

11.3 액체의 특성

11.4 결정 구조

11.5 결정에 의한 X-선 회절

11.6 결정의 형태

11.7 비결정질 고체

11.8 상 변화

11.9 상 평형 그림

우리는 지구 대기로 구성된 기체 혼합물 속에 묻혀 살고 있지만, 액체와 고체의 거동에 더 친숙하다. 왜냐하면 액체와 고체는 눈으로 더 잘 관찰되기 때문이다. 우리는 매일 마시고, 씻고, 청소하고, 요리하는 데 물과 다른 액체를 사용하고 있으며, 고체로 된 물건을 다루고, 고체로 된 것 위에 앉으며, 고체로 된 옷을 입는다.

분자 운동은 기체보다 액체, 그리고 원자와 분자가 더욱 조밀하게 쌓여 있는 고체에서 더 많은 제약을 받는다. 실제로 고체에서는 원자와 분자가 정해진 자리를 차지하고 있어 서로에 대해 자유롭게 운동하기가 거의 어렵다. 이 장에서는 액체와 고체의 구조를 살펴보고, 두 물질 상태에 대한 근본적인 특징을 살펴보고자 한다. 또한 기체, 액체, 고체 사이에서 일어나는 전이의 본질에 대해 배우게 된다.

11.1 액체와 고체의 분자 운동론

학습 목표

- 기체, 액체, 고체의 특성을 요약할 수 있다.

제5장에서 우리는 일정하거나 무질서하게 움직이는 기체의 거동을 설명하기 위해 분자 운동론을 이용하였다. 기체는 분자들 사이의 거리가 매우 멀어서 (분자의 크기와 비교했을 때) 상온과 상압(즉, 25°C, 1 atm)에서는 분자 사이에 뚜렷한 상호작용이 없다. 기체에서는 분자에 의해 점유되지 않은 공간이 상당히 크기 때문에 기체는 쉽게 압축될 수 있다. 또한 기체는 분자 사이의 힘(인력)이 강하지 않기 때문에 쉽게 팽창해서 용기를 채울 수 있다. 게다가, 일반적인 조건에서 기체는 비어 있는 공간이 많아 매우 낮은 밀도를 갖는다.

액체와 고체는 기체와 매우 다르다. 액체와 고체 같은 응축 상태와 기체 상태의 근본적인 차이는 분자 사이의 거리이다. 액체에서는 분자가 서로 매우 가까이 있어서 비어 있는 공간이 거의 없다. 따라서 액체는 기체보다 압축하기가 훨씬 더 어려우며, 보통 조건에서 훨씬 조밀하다. 액체에서 분자는 하나 또는 더 많은 형태의 인력에 의해 서로 붙들려 있는데, 이것에 관해서는 11.2절에서 다뤄질 것이다. 액체에서 분자는 상호 인력을 벗어날 수 없어서 일정한 부피를 가지지만, 또한 분자는 서로 자유롭게 움직일 수 있어 액체는 흐를 수 있고, 따를 수 있으며, 용기의 형태에 따라 모양이 결정된다.

고체는 분자가 정해진 자리에 단단히 붙들려 있어서 사실상 자유롭게 운동할 수 없다. 많은 고체에서 분자는 3차원 공간에 걸쳐 일정한 구조로 배열된 장거리 질서(long-range order)의 특성을 나타낸다. 고체는 액체보다 비어 있는 공간이 더 작아 거의 압축되지 않으며, 명확한 모양과 부피를 갖는다. 물의 경우와 같이 몇몇 예외를 제외하고, 어떤 물질의 고체 상태에서의 밀도는 액체 상태의 밀도보다 더 크다. 한 물질의 두 가지 상태가 공존하는 경우가 있을 수 있는데, 컵 속의 물(액체)에 떠 있는 얼음(고체)이 한 예이다. 화학자들은 계(system)에 존재하는 한 가지 물질의 다른 상태를 상이라 부른다. **상**(phase)이란, *그 계의 다른 부분과 접해 있지만 분명한 경계로 구분된 균일한 부분*을 말한다. 따라서 얼음물이 들어 있는 물 컵에는 물의 고체상(solid phase)과 액체상(liquid phase) 둘 다 존재하고 있다. 이 장에서 어떤 한 가지 물질의 여러 상을 포함하는 계는 물론, 어떤 한 가지 물질의 상태 변화에 관한 이야기를 할 때 우리는 "상"이라는 용어를 사용할 것이다. 표 11.1에 물질의 세 가지 상이 가지는 몇몇 특징이 요약되어 나타나 있다.

개념과 사실 요약하기

- 모든 물질은 기체, 액체 또는 고체의 세 가지 일반적인 상태 중 하나로 존재한다. 응축 상태와 기체 상태의 주요 차이점은 떨어져 있는 분자들 사이의 거리이다.

표 11.1 기체, 액체, 고체의 특성

물질의 상태	부피/모양	밀도	압축성	분자의 운동
기체	용기에 따라 부피와 모양이 달라진다	낮다	압축성이 크다	매우 자유롭다
액체	일정한 부피를 지니지만 용기의 모양을 가진다	높다	매우 조금 압축된다	서로 자유롭게 움직인다
고체	일정한 부피와 모양을 가진다	높다	사실상 압축이 안 된다	고정된 위치에서 진동한다

11.2 분자간 힘

학습 목표

- 쌍극자-쌍극자, 수소 결합, 분산력, 이온-쌍극자 등 분자간 힘의 여러 유형을 구별할 수 있다.
- 주어진 물질에 존재하는 분자간 힘을 설명할 수 있다.

분자간 힘(intermolecular force)은 *분자들 사이의 인력*이다. 분자간 힘은 제5장에서 기술한 바 있는 기체의 비이상적 거동의 원인이기도 하다. 분자간 힘은 액체나 고체와 같은 응축상 물질에 더 큰 영향을 끼친다. 기체의 온도가 낮아지면서 기체를 구성하는 분자의 평균 운동 에너지는 감소하게 된다. 궁극적으로 충분히 낮은 온도에서 분자는 인접한 분자의 인력에서 벗어날 수 있을 만큼 충분한 에너지를 더 이상 갖지 못한다. 이때 많은 분자가 모여서 작은 액체 방울을 형성하게 되는데, 기체상에서 액체상으로의 이러한 전이를 *응축*(condensation)이라 한다.

분자간 힘과 달리 **분자 내 힘**(intramolecular force)은 *한 분자 내에서 원자들을 서로 붙들어 준다.* (제9장과 제10장에서 논의한 화학 결합은 분자 내 힘과 관련된다.) 분자 내 힘은 각 분자를 안정한 상태로 유지 시킨다. 반면에, 분자간 힘은 주로 물질의 본체 특성(bulk property)에 영향을 준다(예, 녹는점, 끓는점).

일반적으로 분자간 힘은 분자 내 힘보다 훨씬 약하다(그림 11.1). 액체를 증발시키기 위해서 요구되는 에너지는 액체를 구성하는 분자의 결합을 깨는 데 필요한 에너지보다 훨씬 적다. 예를 들어, 끓는점에서 1 mol의 물을 증발시키기 위해서는 약 41 kJ의 에너지가 필요하다. 그러나 물 분자 1 mol에 있는 모든 화학 결합을 끊기 위해서는 약 930 kJ의 에너지가 필요하다. 물질의 끓는점은 때로 분자 사이에 작용하는 분자간 힘의 세기를 반영한다. 끓는점에서 분자들이 증기 상(vapor phase)이 되기 위해서는 분자 사이의 인력을 이겨낼 수 있는 충분한 에너지가 공급되어야 한다. A 분자가 더 강한 분자간 힘에 의해 붙들려 있어 물질 B보다 물질 A에서 분자 하나를 떼어내는 데 더 많은 에너지가 필요하다면, A의 끓는점이 B의 끓는점보다 더 높게 된다. 같은 원리가 물질의 녹는점에도 적용된다. 일반적으로 분자간 힘의 세기가 클수록 그 물질의 녹는점도 높아진다.

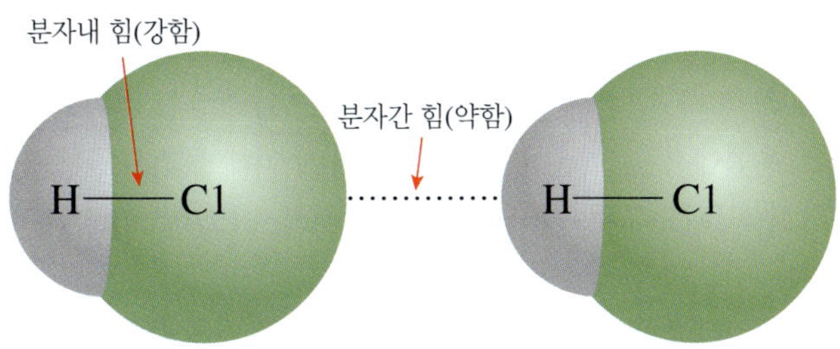

◀ **그림 11.1** 분자내 및 분자간 힘.

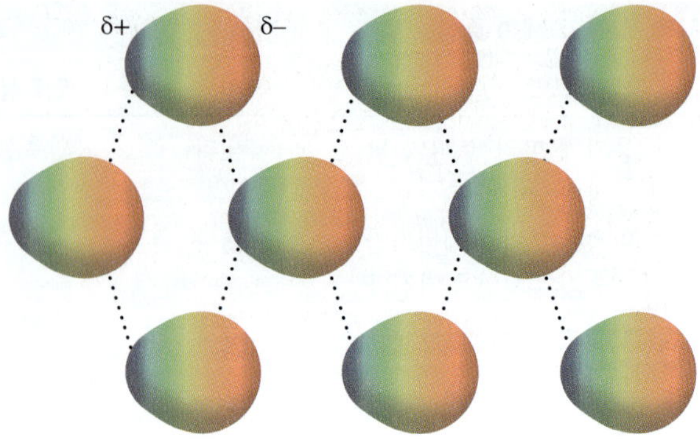

▶ **그림 11.2** 고체상에서 분자들은 최대 인력을 가지기 위해 영구 쌍극자가 서로 반대 방향으로 배열된다.

응축 상 물질의 특성을 논의하기 위해서 서로 다른 형태의 분자간 힘을 이해해야 한다. 화학자들이 흔히 **반 데르 발스 힘**(van der Waals forces)이라 부르는 분자간 힘은 네덜란드 물리학자인 반 데르 발스(Johannes van der Waals, 5.8절 참조)의 이름을 딴 것으로 *쌍극자-쌍극자*(dipole-dipole), *쌍극자-유도 쌍극자*(dipole-induced dipole)와 *분산력*(dispersion force)으로 구성되어 있다. 이온과 쌍극자는 *이온-쌍극자 힘*(ion-dipole force)이라고 하는 정전기적 힘에 의해 서로 잡아당기고 있는데, 이 이온-쌍극자 힘은 반 데르 발스 힘은 아니다. 수소 *결합*(hydrogen bonding)은 특별히 강한 형태의 쌍극자-쌍극자 상호작용이다. 그러나 수소 결합의 형성에는 몇 가지 원소만 참여할 수 있기 때문에 수소 결합은 별개의 범주로 취급된다. 곧 알아보겠지만 물질의 상, 화학 결합의 본질, 참여하는 원소의 종류에 따라서 두 가지 형태 이상의 상호작용이 분자 사이의 전체 인력에 기여하기도 한다.

▶ 쌍극자-쌍극자 힘

쌍극자-쌍극자 힘(dipole-dipole force)은 쌍극자 모멘트를 가지고 있는 *극성 분자 사이에 작용하는 인력*이다(10.2절 참조). 이 힘의 근원은 정전기적 상호작용이며, 쿨롱 법칙으로 이해할 수 있다. 쌍극자 모멘트가 크면 클수록 쌍극자-쌍극자 힘도 더 커진다. 그림 11.2는 고체에서 극성 분자의 배향을 보여주고 있다. 액체에서는 극성 분자가 고체에서만큼 강하게 붙들려 있지 않지만, 평균적으로 인력을 최대화하는 방향으로 배열되는 경향이 있다.

▶ 이온-쌍극자 힘

이온-쌍극자 힘(ion-dipole force)은 *이온(양이온이나 음이온)과 극성 분자가 서로 끌어당기는 힘*으로, 이 역시 쿨롱 법칙으로 설명할 수 있다(그림 11.3). 이 상호작용의 세기는 이온의 크기와 전하량, 그리고 분자의 크기와 쌍극자 모멘트의 세기에 따라 달라진다. 대개 양이온의 크기가 음이온보다 작기 때문에 일반적으로 양이온에 전하가 더 밀집되어 있다. 따라서 양이온은 같은 전하량의 음이온보다 쌍극자와 더 강하게 상호작용한다.

4.1절에서 논의한 수화(hydration)는 이온-쌍극자 힘의 한 예이다. 수화열(6.7절 참조)은 이온 화합물의 양이온 또는 음이온과 물 사이의 가장 알맞은 상호작용을 위한 결과로 나타난다. 그림 11.4는 Na^+, Mg^{2+} 이온과 큰 쌍극자 모멘트(1.87 D)를 가진 물 분자 사이에서 일어나는 이온-쌍극자 상호작용을 보여준다. Mg^{2+}의 반지름(78 pm)은 Na^+의 반지름(98 pm)보다 더 작고, 전하는 더 크기 때문에, Mg^{2+}는 물 분자와 더 강한 상호작용을 한다. (실제로 용액에서 각 이온은 여러 물 분자에 의해 둘러싸인다.) 결론적으로 Na^+와 Mg^{2+} 이온의 수화열은 각각 −405 kJ/mol, 그리고 −1926 kJ/mol이다.[†] 다른 전하와

[†]각 이온의 수화열을 직접 측정할 수는 없으나 거의 믿을 만하게 유추할 수 있다.

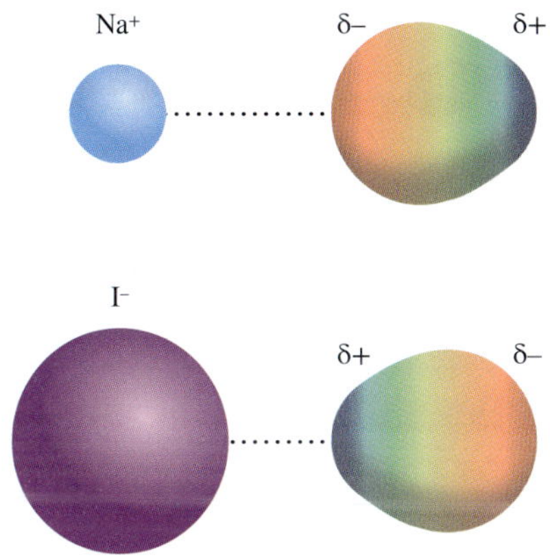

◀ **그림 11.3** 두 가지 유형의 이온 쌍극자 상호 작용.

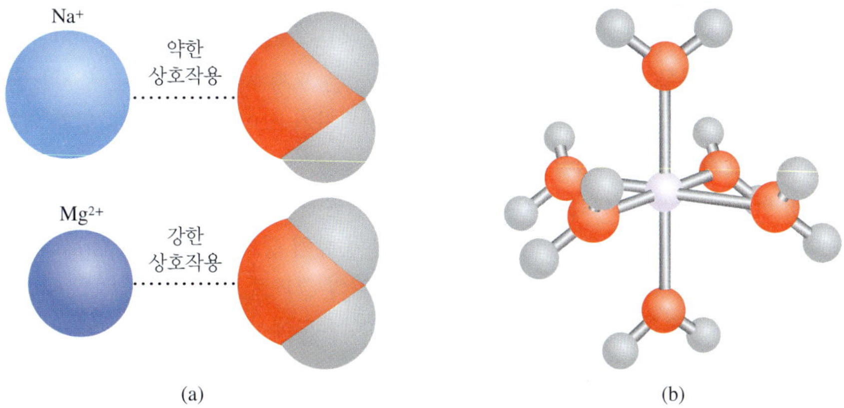

◀ **그림 11.4** (a) Na^+ 이온 및 Mg^{2+} 이온과 물 분자 사이의 인력, (b) 수용액에서는 금속 이온들은 보통 물 분자 6개에 의해 둘러싸여 팔면체 구조가 된다.

크기를 가진 음이온에 대해서도 비슷한 차이가 나타난다.

▶ 분산력

비극성 물질에서는 어떤 인력이 작용하고 있을까? 이 질문에 대한 답을 알기 위해서 그림 11.5에 그려져 있는 배열을 한 번 생각해 보자. 만일 우리가 이온이나 극성 분자를 원자(또는 비극성 분자) 근처에 놓으면, 원자(또는 분자)의 전자 분포는 이온이나 극성 분자가 미치는 힘으로 왜곡될 것이고, 결국 일종의 쌍극자가 생기게 될 것이다. *이러한 쌍극자에서 음전하와 양전하의 전하 분리는 옆에 놓인 이온 또는 극성 분자에 의해 일어나기 때문에* 이러한 쌍극자를 **유도 쌍극자**(induced dipole)라 한다. 이온과 유도 쌍극자 사이의 인력을 *이온-유도 쌍극자 상호작용*(ion-induced dipole interaction)이라 하며, 극성 분자와 유도 쌍극자 사이의 인력을 *쌍극자-유도 쌍극자 상호작용*(dipole-induced dipole interaction)이라 한다.

쌍극자가 유도될 가능성은 이온의 전하량, 쌍극자의 세기뿐 아니라 원자와 분자의 *편극도*(polarizability, 원자나 분자에서 전자 분포가 왜곡되기 쉬운 정도)에도 의존한다. 일반적으로 원자나 분자에 있는 전자의 수가 많을수록 그리고 전자구름(electron cloud)이 더욱 넓은 영역에 분산되어 있을수록 편극도는 더 커진다. *분산된 구름*(diffuse cloud)이란 상당한 부피에 걸쳐서 퍼져 있는 전자구름을 의미하며, 전자가 핵에 강하게 붙들려 있지 않다는 것을 의미한다.

편극도는 원자나 비극성 분자로 구성된 기체(He, N_2)가 응축될 수 있도록 한다. 헬륨 원자에서 전자는 핵으로부터 일정한 거리만큼 떨어져서 운동하고 있는데, 순간적으로 전자가 특정 위치에 존재하여 원자에 쌍극자 모멘트가 생기게 된다. 이러한 쌍극자 모멘트

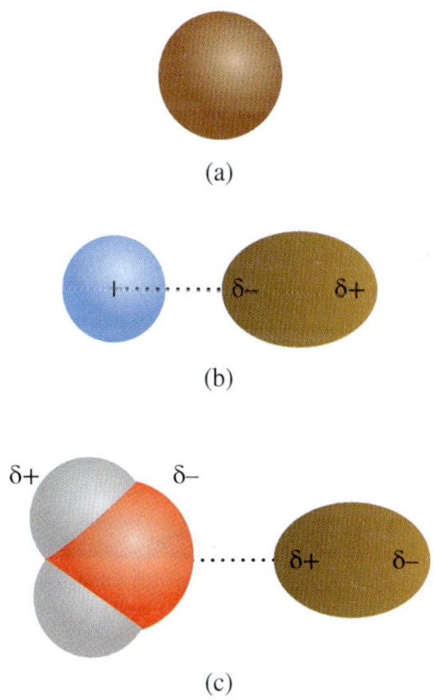

▲ **그림 11.5** (a) 헬륨 원자의 구형 전하 분포. (b) 양이온의 접근에 따른 전하의 찌그러짐. (c) 쌍극자의 접근에 따른 전하의 찌그러짐.

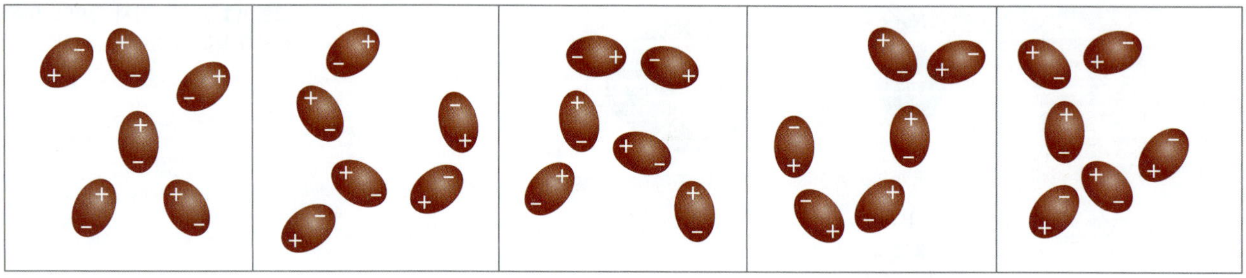

▲ 그림 11.6 서로 상호작용하는 유도 쌍극자. 이런 형태는 순간적으로만 존재하고, 다음 순간 새로운 배치가 만들어진다. 이런 유형의 상호작용 때문에 비극성 기체들이 응축될 수 있다.

는 아주 짧은 순간만 지속되기 때문에 *순간 쌍극자*(instantaneous dipole)라 한다. 다음 순간에 전자는 또 다른 위치에 존재하게 되고, 원자는 새로운 순간 쌍극자를 갖게 되며, 이러한 현상은 계속해서 진행된다. 그러나 쌍극자 모멘트를 측정하는 데 걸리는 시간 동안 생성된 순간 쌍극자를 평균해서 보면 순간 쌍극자들은 모두 서로 상쇄되고, 원자는 결국 쌍극자 모멘트를 가지지 않는 셈이 된다. 많은 He 원자가 모여 있을 때, He 원자 하나에서 생성된 순간 쌍극자는 가장 가까이에 있는 원자들의 쌍극자를 각각 유도할 수 있다(그림 11.6). 다음 순간에 또 다른 순간 쌍극자는 그 주변에 있는 He 원자의 일시적인 쌍극자를 다시 만들어 낼 수 있다. 중요한 점은 이러한 종류의 상호작용이 **분산력**(dispersion force), *즉 원자나 분자에서 유도된 일시적인 쌍극자의 결과로 발생하는 인력을 생성한다는 것이다*. 원자의 운동 속도가 느려지는 매우 낮은 온도에서 분산력은 He 원자를 서로 붙들고 있을 만큼 충분히 강해져서 결국 He 기체가 응축되게 된다. 비극성 분자들 사이의 인력도 비슷한 방식으로 설명할 수 있다.

1930년 프리츠 런던(Fritz London)†은 일시적인 쌍극자를 양자역학적으로 설명하였다. 그는 이러한 인력의 크기가 원자나 분자의 편극도에 직접 비례함을 보여주었다. 예상할 수 있듯이 분산력은 매우 약한 힘이다. 이것은 끓는점이 4.2 K(−269°C)인 헬륨에서 더 확실하게 관찰할 수 있다. (헬륨에는 전자 두 개만 존재하며, 이 전자들은 1*s* 오비탈에 단단히 붙들려 있다는 사실에 주목해야 한다. 따라서 헬륨 원자는 편극도가 매우 낮다.)

표 11.2

비슷한 비극성 화합물의 녹는점

화합물	녹는점(°C)
CH_4	−182.5
CF_4	−150.0
CCl_4	−23.0
CBr_4	90.0
CI_4	71.0

런던 힘이라고도 하는 분산력은 대개 몰질량에 따라 증가하는데, 그 이유는 몰질량이 큰 분자일수록 더 많은 수의 전자를 가지고 있고, 전자수의 증가와 함께 분산력의 세기가 증가하기 때문이다. 더욱이 몰질량이 크다는 것은 원자가 더 크다는 것을 의미하는데, 큰 원자는 바깥쪽의 전자가 핵에 덜 단단하게 붙들려 있으므로 전자 분포가 더 쉽게 교란될 수 있다. 표 11.2에 비극성 분자로 이루어져 있는 비슷한 물질의 녹는점을 비교해 놓았다. 예상대로 녹는점은 분자에 있는 전자 수가 증가할수록 높아지게 된다. 이것들은 모두 비극성 분자이므로 분자 사이에 작용하는 인력은 오로지 분산력 뿐이다.

인터넷 핫스팟

학생들의 학습 경험에 대해 축적된 자료에 따르면 분자간 힘을 이해하는 데 어려움을 겪을 수 있다. 이런 경우 eBook에 접속해서 이 주제에 대한 추가 학습 자료를 보면 도움이 될 수 있다.

많은 경우에 분산력은 극성 분자들 사이의 쌍극자-쌍극자 힘과 비슷하거나 오히려 훨씬 더 크다. 극적인 사례로, CH_3F(−78.4°C)와 CCl_4(76.5°C)의 끓는점을 비교해 보자. 비록 CH_3F는 1.8 D의 쌍극자 모멘트를 갖고 있지만, 비극성 분자인 CCl_4보다 훨씬 낮은 온도에서 끓는다. CCl_4는 더 높은 온도에서 끓는데, 이는 단순히 CCl_4가 더 많은 전자를 가지고 있기 때문이다. 그 결과 CCl_4 분자 사이의 분산력은 CH_3F 분자 사이의 쌍극자-쌍극자 힘과 분산력을 합친 것보다 더 강하다. (화학종이 중성이든 전하를 띠든, 극성이든 비극성이든 상관없이 모든 종류의 화학종에 분산력이 존재함을 기억하라.)

† 런던(Friz London, 1900∼1954)은 독일의 물리학자로, 액체 헬륨에서 초전도성에 관한 연구를 주로 수행한 이론 물리학자이다. 유추할 수 있다.

예제 11.1은 우리가 어떤 종류의 화학종인지 알면 그들 사이에 존재하는 분자간 힘의 형태를 쉽게 결정할 수 있음을 보여주고 있다.

예제 11.1

다음 화학종들 사이에서는 어떤 종류의 분자간 힘이 존재하는가? (a) HBr과 H_2S, (b) Cl_2와 CBr_4, (c) I_2와 NO_3^-, (d) NH_3와 C_6H_6.

전략 화학종을 이온, 극성(쌍극자를 가지고 있는), 비극성 세 부류로 구분하라. 모든 종류의 화학종에는 분산력이 존재함을 기억하라.

풀이

(a) HBr과 H_2S는 모두 극성 분자이다. 따라서 분자간 힘은 분산력과 쌍극자-쌍극자 힘이다.

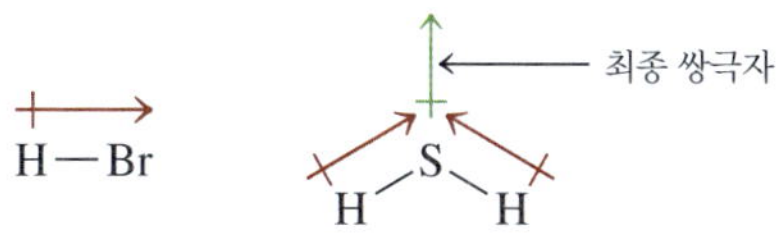

(b) Cl_2와 CBr_4은 모두 비극성 분자이다. 따라서 이 분자들 사이에는 분산력만 존재한다.

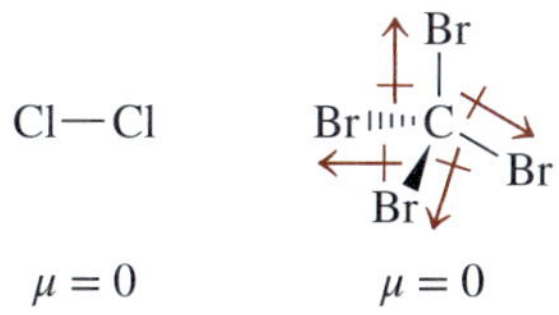

(c) I_2는 동핵 이원자분자로서 비극성 분자이다. 따라서 이 화학종과 이온 NO_3^- 사이에 존재하는 분자간 힘은 이온-유도 쌍극자 힘과 분산력이다.

(d) NH_3는 극성 분자이고, C_6H_6는 비극성 분자이다. 두 화학종 간에 작용하는 힘은 쌍극자-유도 쌍극자 힘과 분산력이다.

실전 연습 다음 각 화학종에서 분자(또는 기본 단위) 사이에는 어떤 분자간 힘이 존재하는가? (a) LiF, (b) CH_4, (c) SO_2

비슷한 문제: 11.10.

수소 결합

일반적으로 같은 주기의 원소를 포함하는 일련의 화합물에서 끓는점은 몰질량이 증가할수록 증가한다. 끓는점의 이러한 증가는 더 많은 수의 전자를 가진 분자일수록 분자 사이의 분산력이 강해지기 때문이다. 그림 11.7에서 볼 수 있듯이 14족 원소의 수소 화합물은 이러한 경향을 따른다. 가장 가벼운 화합물인 CH_4가 가장 낮은 끓는점을 갖고 있고, 가장 무거운 SnH_4가 가장 높은 끓는점을 갖는다. 그러나 15, 16, 17족 원소들의 수소 화합물들은 이러한 경향을 따르지 않는다. 이들 계열에서 가장 가벼운 수소 화합물(NH_3, H_2O, HF)이 몰질량에 근거를 둔 예상과는 반대로 가장 높은 끓는점을 갖고 있다. 이러한 관찰 사실은 같은 족의 다른 화합물들에 비해 NH_3, H_2O, HF 분자들 사이에 강한 분자간 힘이 존재한다는 것을 의미한다. 이러한 특별히 강한 분자 간 인력을 **수소 결합**(hydrogen bond)이라 부른다. 수소 결합은 *N–H, O–H, F–H와 같은 극성 결합에서 수소 원자와 전기음성도가 큰 O, N, F 원자 사이에 작용하는 특별한 형태의 쌍극자-쌍극자 상호작용을* 의미한다. 이 상호 작용은 다음과 같이 표현된다.

$$\text{A—H}\cdots\text{:B} \quad \text{또는} \quad \text{A—H}\cdots\text{:A}$$

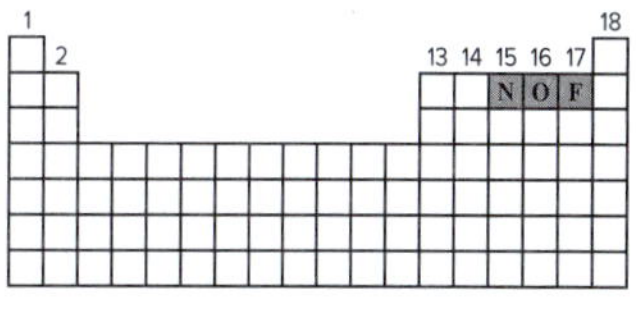

▲ 수소 결합에 참여하는 가장 전기음성도가 큰 세 개의 원소.

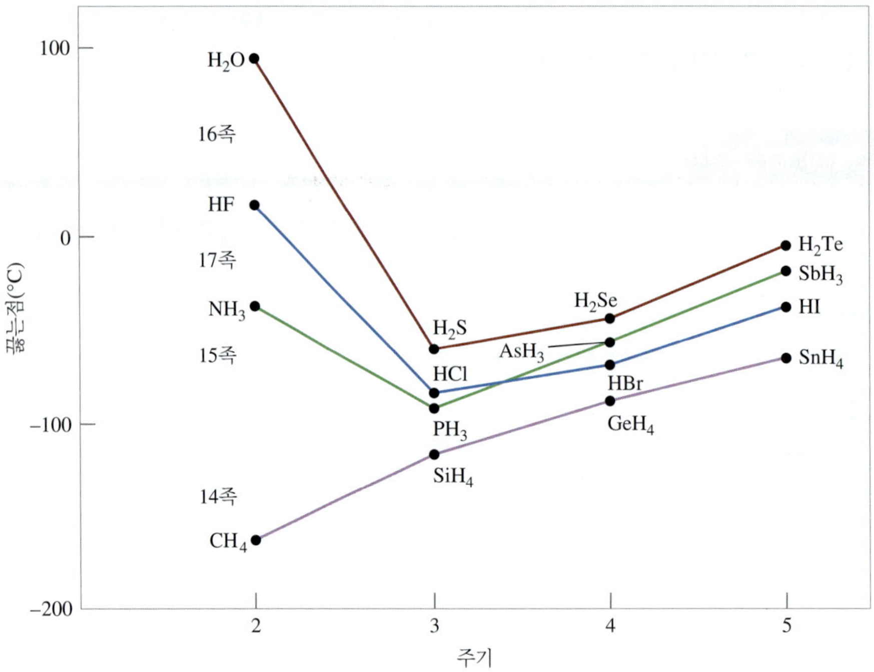

▶ **그림 11.7** 14, 15, 16, 17족 원소들의 수소 화합물의 끓는점. 일반적으로 같은 족에서 아래로 갈수록 끓는점이 증가할 것으로 예측되지만 세 가지 화합물(NH_3, H_2O, HF)은 다르게 행동한다는 것을 알 수 있다. 이러한 비정상적인 경향은 분자 간 수소 결합으로 설명될 수 있다.

여기서 A와 B는 O, N, F를, A−H는 한 분자 또는 분자의 일부, B는 다른 분자의 한 부분을, 점선은 수소 결합을 나타낸다. 세 원자는 대개 일직선상에 위치하지만, AHB (또는 AHA)의 각도가 직선으로부터 30° 정도 벗어나기도 한다. O, N, F 원자들은 모두 수소 결합에서 수소 원자와 상호작용을 할 수 있는 비공유 전자쌍이 적어도 하나 이상 있음을 주목하라.

수소 결합의 평균 에너지는 40 kJ/mol에 이를 정도로 쌍극자-쌍극자 상호작용치고는 꽤 크다. 따라서 수소 결합은 많은 화합물의 구조와 특성에 큰 영향을 끼치게 된다. 그림 11.8은 수소 결합의 몇몇 사례를 보여주고 있다.

수소 결합의 세기는 수소의 핵과 전기음성적인 원자의 비공유 전자쌍과의 쿨롱 힘의 크기로 결정된다. 예를 들면, 플루오린 원자는 산소 원자보다 더 전기음성도가 크므로 H_2O보다 HF에서 더 강한 수소 결합이 존재할 것이라고 예상할 수 있다. 액체 상태에서 HF 분자들은 지그재그 모양의 사슬을 형성한다.

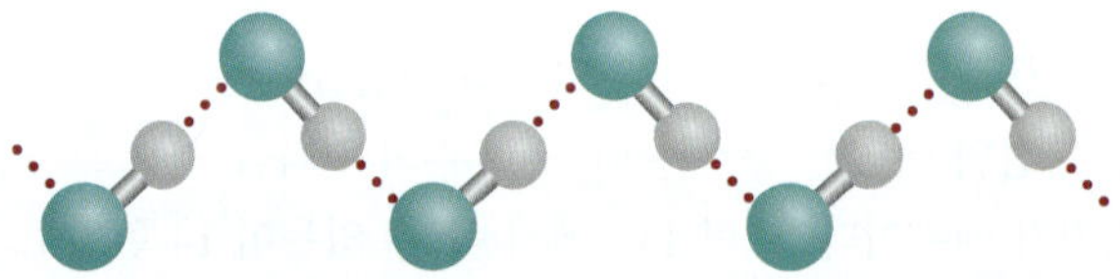

예상과 달리 HF의 끓는점은 물보다 낮은데, 그 이유는 하나의 H_2O 분자가 *네 개의* 분자

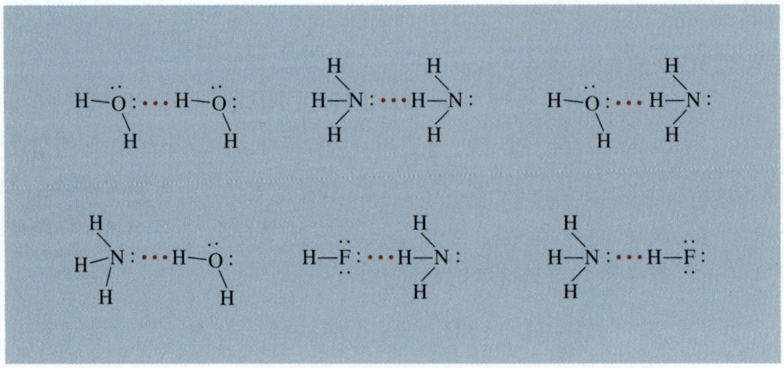

▶ **그림 11.8** 암모니아, 플루오린화수소에서의 수소 결합. 실선은 공유결합을 나타내고, 점선은 수소 결합을 나타낸다.

간 수소 결합에 참여하기 때문이다. 따라서 분자를 서로 붙들고 있는 힘은 HF보다 H_2O에서 더 강하다. 11.3절에서는 물의 이 중요한 특성에 대해 다시 다루게 될 것이다. 예제 11.2는 물과 수소 결합할 수 있는 화학종의 형태를 보여준다.

예제 11.2

다음 중 어떤 것이 물과 수소 결합을 형성할 수 있는가? CH_3OCH_3, CH_4, F^-, HCOOH, Na^+.

전략 전기음성도가 큰 세 가지 원소 (F, O, N) 중 하나를 포함하거나, 이들 원소에 결합된 수소 원자를 가진 화학종은 물과 수소 결합을 형성할 수 있다.

풀이 CH_4나 Na^+에는 전기음성도가 큰 세 가지 원소(F, O, N)가 아무것도 없다. 따라서 CH_3OCH_3, F^-, HCOOH만이 물과 수소 결합을 형성할 수 있다.

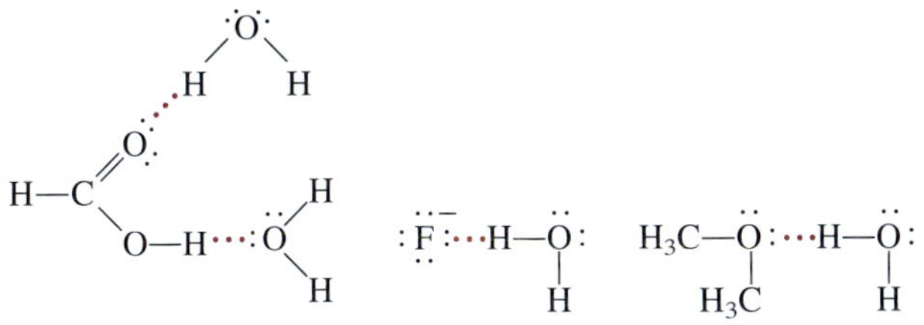

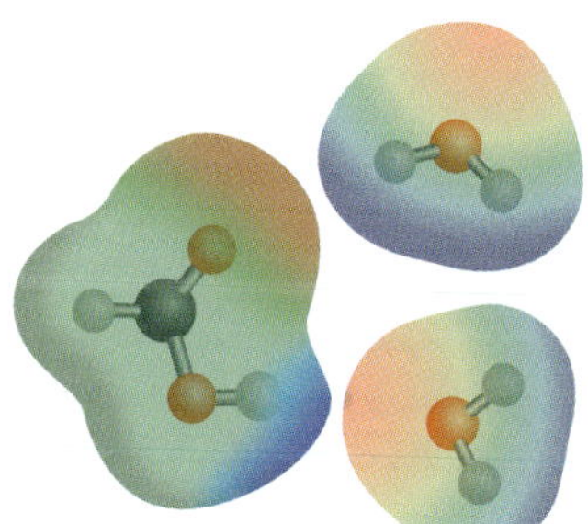

▲ HCOOH은 두 개의 H_2O 분자와 수소 결합을 형성한다.

검산 HCOOH(폼산)은 두 개의 서로 다른 방식으로 물과 수소 결합을 형성할 수 있다.

실전 연습 다음 화학종 중에서 어떤 것이 자신들끼리 수소 결합을 형성할 수 있는가? (a) H_2S, (b) C_6H_6, (c) CH_3OH

비슷한 문제: 11.12.

앞에서 언급한 바와 같이, 분자간 힘은 분자 내 힘에 비해 훨씬 약하다. 이러한 분자간 힘과 그것들의 전형적인 에너지 크기가 표 11.3에 나타나 있다.

표 11.3 분자간 힘의 요약

분자간 힘	상호작용	예	전형적 에너지 (kJ/mol)
분산	모든 형태의 원자와 분자	He, H_2, CH_4, NH_3, HCl	~5*
쌍극자-쌍극자	극성 분자	HCl	2*
쌍극자-유도 쌍극자	극성 분자와 다른 분자(극성 또는 비극성)	HCl과 Cl_2 또는 HCl과 CH_4	<2*
이온-쌍극자	극성 분자와 이온	H_2O에 용해된 금속 이온들	15
수소 결합	O, N, F를 포함하고 있는 분자 또는 H와 결합하고 있는 O, N, F를 포함하고 있는 분자 (H 원자가 두 개의 전기음성도가 큰 원자들을 서로 연결하고 있음)	H_2O, NH_3, HF	10~40†

*기체 상태에서.
†$[HF_2]^-$에서 수소 결합 에너지는 165 kJ/mol이다.

지금까지 논의했던 분자간 힘은 모두 본질적으로 인력이었다. 그러나 분자들은 또한 서로 반발력을 일으킬 수도 있다는 사실을 명심해야 한다. 즉, 두 분자가 서로 접근할 때 각 분자에 있는 전자는 서로 반발력을 일으키기 시작하며, 핵 사이에도 반발력을 일으키기 시작한다. 반발력의 세기는 응축상에서 분자가 서로 떨어져 있는 거리가 감소함에 따라 급격하게 증가한다. 이것이 바로 액체나 고체를 압축하기 어려운 이유이다. 이런 상태에서는 분자들이 이미 아주 가까이 접촉하고 있으므로, 더 이상 압축되지 않는다.

개념과 사실 요약하기

- 분자간 힘은 분자들 간에나 분자와 이온 사이에 작용한다. 일반적으로 이러한 인력들은 결합력보다는 매우 약하다.
- 쌍극자-쌍극자 힘과 이온-쌍극자 힘은 쌍극자 모멘트를 가진 분자를 다른 극성 분자나 이온쪽으로 끌어당긴다.
- 분산력은 보통 비극성 분자에서 유도된 일시적인 쌍극자 모멘트의 결과로 생기는 힘이다. 어떤 분자에서 쌍극자 모멘트가 유도될 수 있는 정도를 편극도라 한다. "반 데르 발스 힘"이란 용어는 쌍극자-쌍극자, 쌍극자-유도 쌍극자, 분산력을 나타낸다.
- 수소 결합은 수소 원자를 포함하고 있는 극성 결합과 전기음성도가 큰 O, N, F 원자 사이의 상대적으로 강한 쌍극자-쌍극자 상호작용이다. 물과의 수소 결합은 특히 강하다.

개념과 사실 복습하기

11.2.1 다음 물질의 분자들 사이에는 어떤 분자간 힘이 존재하는가?
(a) HCl, (b) F_2, (c) C_6H_{14}

11.2.2 에테인(C_2H_6), 하이드라진(N_2H_4), 플루오로메테인(CH_3F)의 세 가지 물질 중 실온에서 액체로 존재할 가능성이 가장 높은 화합물은 무엇인가?

▲ **그림 11.9** 액체의 표면과 내부에 있는 분자에 작용하는 분자간 힘.

▲ **그림 11.10** 미끄러운 표면을 가진 사과 위에 맺힌 물방울.
Ken Karp/McGraw-Hill

11.3 액체의 특성

학습 목표

- 표면 장력과 점성을 설명할 수 있다.

액체의 많은 구조적 특성과 성질은 분자간 힘에서 생겨난다. 이 절에서는 주로 액체와 관련된 두 가지 현상인 표면 장력과 점성에 대해 알아본 후 물의 구조와 특성을 살펴보기로 한다.

표면 장력

액체 속에 있는 분자는 분자간 힘에 의해 모든 방향에서 끌어당겨지고 있다. 즉, 어느 한 방향으로만 끌어당겨지는 경향은 없다. 그러나 표면에 있는 분자는 다른 분자에 의해 아래쪽과 옆쪽으로만 끌어당겨지고, 표면의 위쪽으로는 당겨지지 않는다(그림 11.9). 따라서 이런 분자 사이의 인력은 액체 속으로 분자를 끌어당기는 경향이 있고, 표면을 탄성이 있는 필름처럼 팽팽하게 만들게 된다. 새로 왁스칠을 한 자동차에서 극성인 물 분자와 비극성인 왁스 분자 사이에는 인력이 거의 없거나 아예 없으므로 물방울은 액체의 표면적을 최소화하기 위해 작고 둥근 구슬의 형태를 보이게 된다. 왁스로 된 표면을 가진 젖은 사과 역시 이러한 효과를 나타낸다(그림 11.10).

액체 표면의 탄성력의 척도가 표면 장력이다. **표면 장력**(surface tension)은 *액체의*

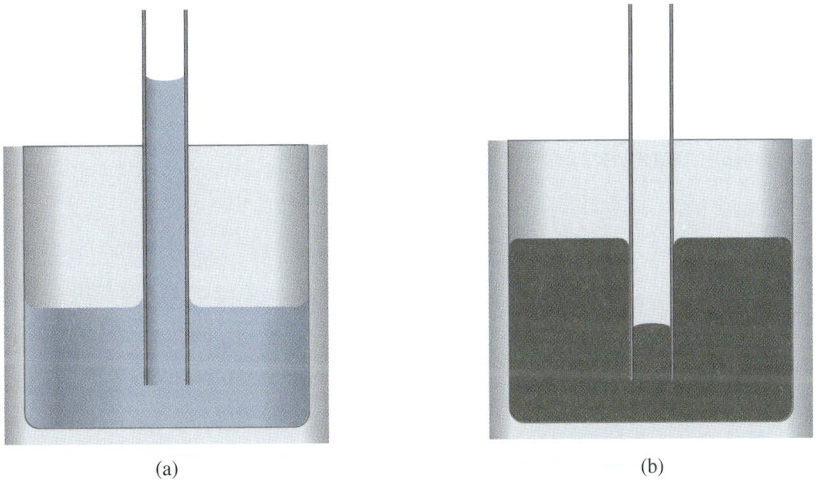

◀ **그림 11.11** (a) 접착이 응집보다 큰 경우에는 액체(예를 들면, 물)가 모세관 위로 올라간다. (b) 수은과 같이 응집이 접착보다 큰 경우는 액체가 모세관의 아래로 내려간다. 모세관에서 물의 메니스커스는 오목, 즉 아래로 둥글고, 반면 수은의 메니스커스는 볼록, 즉 위쪽으로 둥글다.

*표면을 늘리거나 증가시키는 데 필요한 단위 면적(예를 들어, 1 cm^2)당 에너지*를 말한다. 분자간 힘이 강한 액체는 또한 강한 표면 장력을 갖고 있다. 따라서 수소 결합 때문에 물은 대부분의 다른 액체보다 상당히 큰 표면 장력을 갖고 있다.

표면 장력의 또 다른 예는 *모세관 현상*(capillary action)이다. 그림 11.11(a)은 모세관 속에서 물이 자발적으로 올라가는 것을 보여준다. 물의 얇은 막은 유리관 벽에 달라붙고, 물의 표면 장력은 이 얇은 막을 서로 수축하도록 하여 물은 관 위로 당겨져 올라간다. 두 가지 종류의 힘이 모세관 현상을 일으킨다. 하나는 *비슷한 분자들*(이 경우에는 물 분자들) *사이에 작용하는 분자 사이의 인력*인 **응집**(cohesion)이다. 다른 하나는 물 분자와 유리관의 표면을 이루고 있는 분자와 같이 *서로 다른 분자들 사이에 작용하는 인력*인 **접착**(adhesion)이다. 만일 접착이 응집보다 강하다면 그림 11.11(a)과 같이 관의 내용물은 위로 올라간다. 이 과정은 접착이 관 속의 물의 무게와 균형을 이룰 때까지 계속된다. 이러한 작용은 그림 11.11(b)에서 볼 수 있듯이 액체에서 결코 보편적인 현상은 아니다. 수은의 경우 응집이 수은과 유리 사이의 접착보다 크기 때문에 수은 속에 모세관을 담그면 수은 면이 움푹해지고 밑으로 내려가는 결과가 나타난다. 즉, 모세관 속의 액체의 높이가 수은 표면 아래쪽에 놓이게 된다.

▲ *수영하는 사람이 물의 표면을 깨는 동안, 표면 장력은 수영하는 사람 위에 얇은 막을 형성한다.*
Courtesy of K.K. McSharry

▶ 점성

"1월의 당밀처럼 느린(slow as molasses in January)"이라는 표현은 점성이라는 액체의 물리적 특성에 그 근거를 두고 있다. **점성**(viscosity)은 *흐름에 대한 유체의 저항 척도*를 말한다. 점성이 클수록 액체는 더 천천히 흐른다. 일반적으로 액체의 점성은 온도가 높아짐에 따라 감소한다. 즉, 뜨거운 당밀이 차가운 당밀보다 훨씬 빠르게 흐른다.

분자간 힘이 강한 액체는 분자간 힘이 약한 액체보다 높은 점성을 갖는다(표 11.4). 수소 결합을 할 수 있는 물의 능력 때문에 물은 많은 다른 액체보다 높은 점성을 갖는다. 흥미로운 점은 글리세롤이 표 11.4에 열거된 다른 모든 액체보다 상당히 높은 점성을 띤다는 것이다. 글리세롤은 다음과 같은 구조를 갖는다.

$$\begin{array}{l} CH_2-OH \\ | \\ CH-OH \\ | \\ CH_2-OH \end{array}$$

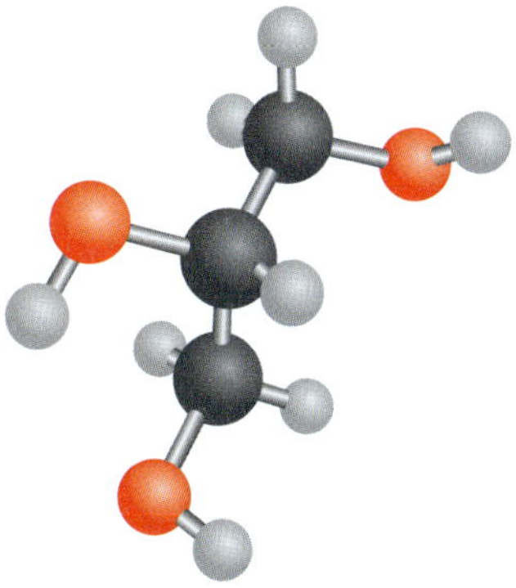

▲ 글리세롤은 투명하고 냄새가 없으며 폭발물, 잉크, 윤활제로 사용되는 시럽과 같은 액체이다.

물과 마찬가지로 글리세롤은 수소 결합을 형성할 수 있다. 각 글리세롤 분자는 다른 글리세롤 분자와 수소 결합을 할 수 있는 세 개의 작용기(–OH)를 갖고 있다. 게다가 글리세롤

표 11.4 20°C에서 여러 일반적인 액체의 점성

액체	점성(N·s/m²)*
글리세롤($C_3H_8O_3$)	1.49
다이에틸 에터($C_2H_5OC_2H_5$)	2.33×10^{-4}
물(H_2O)	1.01×10^{-3}
벤젠(C_6H_6)	6.25×10^{-4}
사염화 탄소(CCl_4)	9.69×10^{-4}
수은(Hg)	1.55×10^{-3}
에탄올(C_2H_5OH)	1.20×10^{-3}
아세톤(C_3H_6O)	3.16×10^{-4}
혈액	4×10^{-3}

*점성의 SI 단위는 제곱미터당 뉴턴-초이다.

분자의 모양 때문에 점성이 약한 액체의 분자에서처럼 분자가 서로 미끄러져 지나가기보다는 분자가 서로 뒤엉키는 경향이 큰데, 이런 상호작용으로 인해 높은 점성을 띠게 된다.

물의 구조와 특성

물은 지구상에서 가장 흔한 물질이므로 우리가 종종 그 독특한 성질을 간과하게 된다. 모든 생명 과정은 물과 관련되어 있다. 물은 많은 이온 화합물뿐만 아니라 물과 수소 결합을 할 수 있는 다른 물질들에 대해 매우 훌륭한 용매가 된다. 만일 물이 수소 결합을 형성할 수 있는 능력이 없었다면, 물은 상온에서 기체로 존재할 것이다.

표 6.2에서 보듯이 물은 높은 비열을 갖고 있다. 물의 온도를 높이기 위해서는(즉, 물 분자의 평균 운동 에너지를 증가시키기 위해서는) 많은 분자 사이의 수소 결합을 먼저 끊어야 한다. 따라서 물의 온도는 약간만 높아져도 물은 상당한 양의 열을 흡수하게 된다. 반대의 경우도 마찬가지로 물의 온도가 약간 감소하여도 많은 열을 방출하게 된다. 이런 이유로 호수나 바다에 있는 엄청난 양의 물은 아주 작은 수온 변화로 여름에는 열을 흡수하고 겨울에는 열을 방출함으로써 인근 육지의 기후를 효과적으로 조절할 수 있다.

물의 가장 놀라운 특징은 고체 상태가 액체 상태보다 덜 조밀해서 얼음이 액체인 물의 표면에 떠 있을 수 있다는 것이다. 그러나 거의 모든 물질의 경우는 액체 상태보다 고체 상태에서 밀도가 더 크다(그림 11.12).

▲ 물의 정전기적 퍼텐셜 지도

물의 경우가 왜 다른지를 알기 위해서는 H_2O 분자의 전자 구조를 살펴보아야만 한다. 제9장에서 이미 보았듯이 산소 원자에 결합하지 않은 전자들, 즉 두 개의 고립 전자쌍이

▶ **그림 11.12** *왼쪽*: 얼음 조각이 물 위에 떠 있다. *오른쪽*: 고체 벤젠은 액체 벤젠의 바닥으로 가라앉는다.
Ken Karp/McGraw-Hill

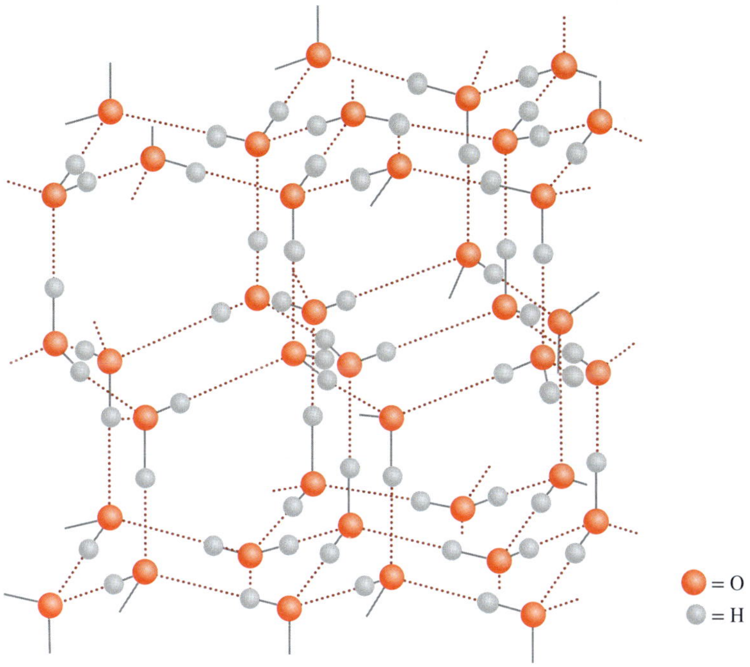

◀ **그림 11.13** 얼음의 삼차원 구조. 각 O 원자는 네 개의 H 원자에 결합되어 있다. O와 H 사이의 공유 결합은 짧은 실선으로, 약한 수소 결합은 긴 점선으로 나타냈다. 구조 내의 빈 공간이 얼음의 밀도가 낮다는 것을 설명해 준다.

있다.

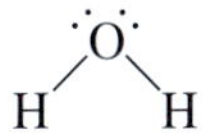

많은 화합물이 분자 사이의 수소 결합을 형성할 수 있지만, H_2O와 다른 극성 분자인 NH_3나 HF 사이의 다른 점은 산소 원자가 *두 개*의 수소 결합을 할 수 있다는 점인데, 이 수는 산소 원자에 있는 고립 전자쌍의 수와 같다. 따라서 물 분자의 각 산소 원자는 두 개의 공유 결합과 두 개의 수소 결합을 통해 네 개의 수소 원자와 거의 사면체 모양으로 결합하게 되고, 물 분자는 광범위한 삼차원 그물망을 이루면서 서로 연결된다. NH_3나 HF와 같이 수소 결합을 할 수 있는 어떤 다른 분자에서도 물의 경우처럼 수소 원자의 수와 고립 전자쌍의 수가 같은 경우는 없다. 결국 다른 분자의 경우 고리 구조나 사슬 구조를 만들 수는 있지만, 삼차원적인 구조는 만들 수 없게 된다.

고도로 정렬된 얼음의 삼차원 구조(그림 11.13)는 분자가 서로 가까운 위치에 존재할 수 없게 된다. 그러나 얼음이 녹을 때 무슨 일이 일어날까 생각해 보자. 녹는점에서 많은 물 분자가 분자 사이의 수소 결합을 끊기에 충분한 운동 에너지를 가지고 있다. 물 분자는 삼차원 구조의 공동에 갇혀서 작은 클러스터로 나누어진다. 결과적으로 얼음보다 액체인 물에는 단위 부피당 더 많은 분자가 존재한다. 따라서 "밀도 = 질량/부피"이므로 물의 밀도는 얼음의 밀도보다 더 크다. 더 가열하게 되면 더 많은 물 분자가 분자 사이의 수소 결합으로부터 자유로워지고 녹는점 바로 위에서 물의 밀도는 온도가 올라감에 따라 증가하는 경향을 갖게 된다. 물론 물이 가열되면 동시에 물이 팽창하여 밀도가 감소한다. 이 두 과정(자유로워진 물 분자의 삼차원 구조의 빈 공간으로 끼어들기와 열팽창)은 서로 반대 방향으로 작용한다. 0°C에서 4°C까지는 끼어들기가 우세하고 물의 밀도는 점점 증가한다. 그러나 4°C 이상에서는 열팽창이 우세하고 온도가 올라감에 따라 물의 밀도는 감소하게 된다(그림 11.14).

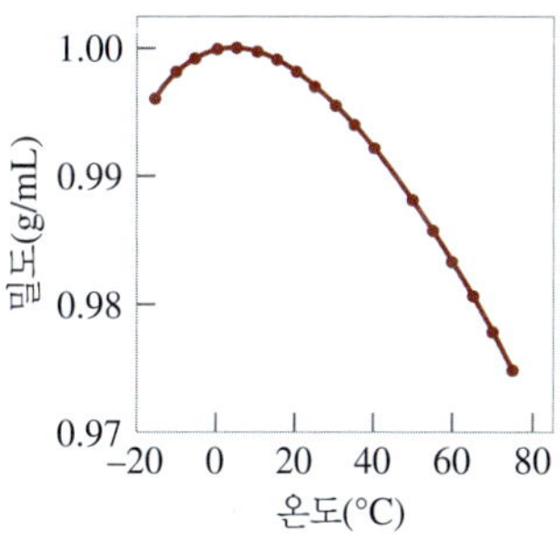

▲ **그림 11.14** 액체 물의 온도에 대한 밀도 그림. 물의 최대 밀도는 4°C에 도달했을 때이다. 0°C에서 얼음의 밀도는 약 0.92 g/cm^{3}이다.

개념과 사실 요약하기

- 액체는 표면적을 최소화하는 방향의 기하학적 배열을 하는 경향이 있다. 표면 장력은 액체의 표면적을 확장하는 데 필요한 에너지인데, 분자간 힘이 강하면 표면 장력도 커진다.
- 점성은 액체의 흐름에 대한 저항의 척도를 말하는데, 온도가 올라가면 점성은 감소한다.
- 고체 상태에서 물 분자는 삼차원 그물구조를 형성한다. 이 그물구조에서 산소는 두 개의 수소 원자와 공유결합을 형성하고 두 개의 수소 원자와 수소 결합을 형성한다. 이러한 독특한 구조를 통해 얼음이 액체 물보다 덜 조밀하다는 사실이 설명된다. 얼음이 액체 물보다 덜 조밀한 이러한 특성을 통해 생명체는 추운 기후에 있는 연못이나 호수의 얼음 밑에서 살아갈 수 있다.
- 물은 또한 높은 비열과 강한 수소 결합을 통해 생태학적으로 이상적인 역할을 한다. 대량의 물은 약간의 온도 변화를 통해 많은 양의 열을 흡수하거나 방출할 수 있으므로 지구의 기후를 온화하게 만들 수 있다.

개념과 사실 복습하기

11.3.1 자동차 운전자들은 여름에는 더 점성이 높은 엔진 오일을, 겨울에는 점성이 낮은 엔진 오일을 사용한다. 그 이유는 무엇인가?

11.4 결정 구조

학습 목표

- 단위 세포, 격자점, 배위수를 정의할 수 있다.
- 구형 입자들을 쌓는 방식으로 단위 세포의 주요 형태를 구별할 수 있다.
- 주어진 원자의 결정 형태와 밀도로부터 원자 반지름을 구할 수 있다.

고체는 결정질과 비결정질의 두 부류로 나눌 수 있다. 얼음은 **결정질 고체**(crystalline solid)인데, 이러한 *결정질 고체에서 원자, 분자, 이온은 특정 위치를 차지하고 있으며, 장거리에 걸쳐 규칙적인 배열*을 하고 있다. 결정질 고체에서 구성 입자의 배열은 분자 사이의 인력의 총합이 최대가 되는 방식으로 이루어진다. 결정의 안정성을 좌우하는 힘은 이온 결합력, 공유 결합력, 반 데르 발스 힘, 수소 결합력 또는 이와 같은 힘의 조합이다. 유리와 같은 *비결정질 고체*(amorphous solid)에는 결정질에서와 같은 규칙적 배열과 장거리에 걸친 질서가 부족하다. 비결정질 고체에 대해서는 11.7절에서 논의하기로 하고, 이 절에서는 결정질 고체의 구조에 대해서만 살펴보도록 하자.

▶▶▶ 동영상 자료
입방정계 단위 세포와 그 기원

*결정질 고체에서 구조적으로 반복되는 기본 단위*를 **단위 세포**(unit cell)라 한다. 그림 11.15에서 우리는 단위 세포와 삼차원 공간에서 이를 확장한 모습을 볼 수 있다. 각 점은 원자, 이온, 분자를 나타내며 *격자점*(lattice point)이라 한다. 많은 결정에서 모든 격자점이 실제로 원자, 이온, 분자와 같은 입자를 포함하고 있는 것이 아니라 몇몇 원자, 이온, 분자가 격자점과 동일한 방식으로 배열되어 있을 수 있다고 봐야 한다. 그러나 편의상 우리는 하나의 원자가 각 격자점을 차지하고 있다고 가정하기로 한다. 대부분 금속의 경우가 바로 이런 경우에 해당한다. 모든 결정질 고체는 그림 11.16에 제시된 일곱 가지 단위 세포 중 하나로 나타낼 수 있다. 입방(cubic) 단위 세포의 기하 구조는 특히 단순한데, 모든 변의 길이와 각도가 똑같기 때문이다. 모든 단위 세포는 삼차원 공간에서 반복될 때 결정질 고체의 독특한 격자 구조를 이룬다.

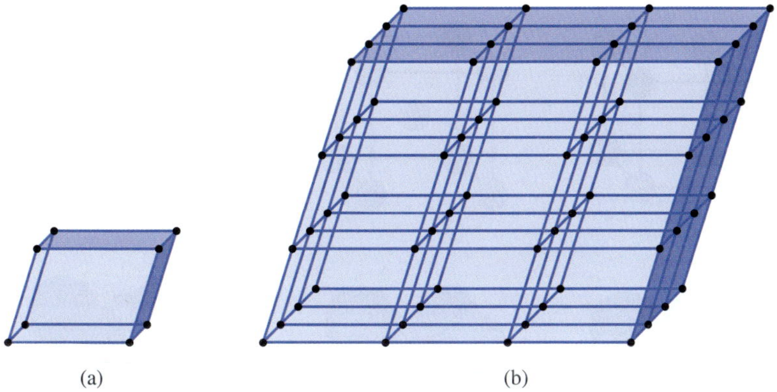

그림 11.15 (a) 단위 세포, (b) 단위 세포의 삼차원 확장 구조. 검은색 점은 원자나 분자를 나타낸다.

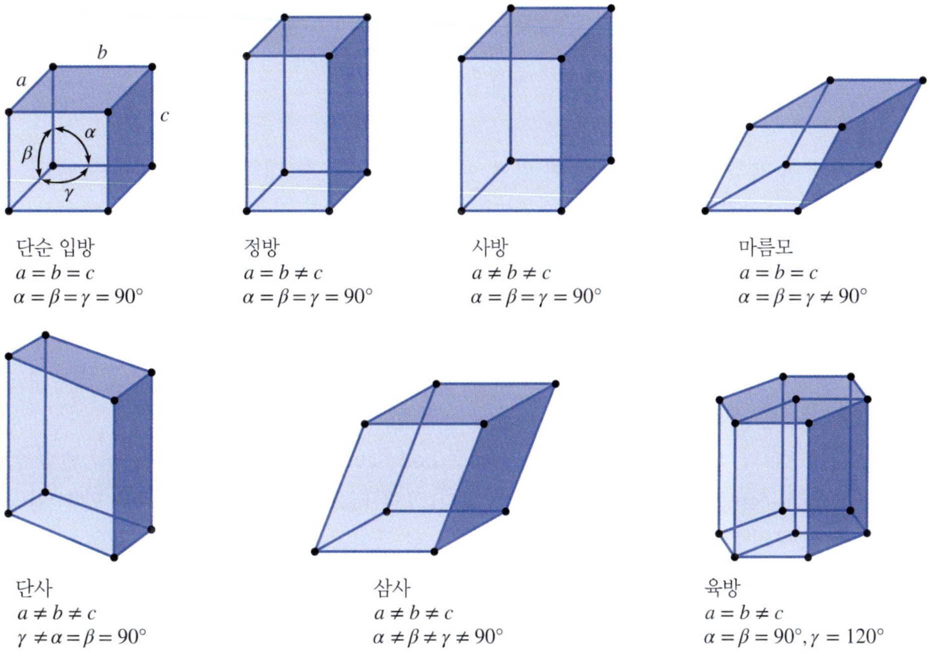

그림 11.16 단위 세포의 7가지 형태. 각 α는 모서리 b와 c, 각 β는 모서리 a와 c, 각 γ는 모서리 a와 b 사이각으로 각각 정의한다.

구 쌓기

동영상 자료 구 쌓기

탁구공과 같은 동일한 구를 쌓아서 규칙적인 삼차원 구조를 만들 때 구를 쌓는 방식의 차이를 살펴봄으로써 결정 형성에 필요한 기하학적 조건을 이해할 수 있다. 각 층에 구가 어떻게 배열되어 있는가에 따라서 어떤 형태의 단위 세포가 될 것인지가 정해진다.

가장 단순한 경우로 그림 11.17(a)와 같이 한 층으로 배열된 구를 생각할 수 있다. 한 층에 있는 구가 바로 아래쪽 층에 있는 구 바로 위에 오도록 한 층의 위와 아래에 또 다른 층을 놓음으로써 이 구조를 삼차원으로 만들 수 있다. 이 과정을 계속해서 결정에서처럼 수많은 층을 쌓을 수 있다. "x"로 표시된 구를 주목해 보자. 우리는 이 구가 자신이 속해 있

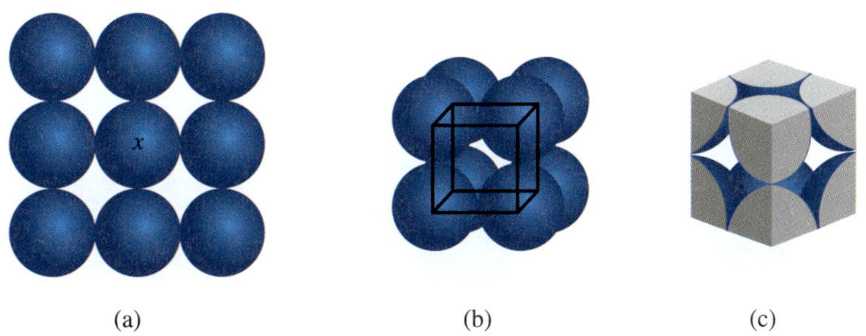

그림 11.17 단순 입방 세포에서의 동일한 구 쌓기. (a) 한 층의 구를 위에서 본 모양. (b) 단순 입방 세포의 정의. (c) 각 구는 여덟 개의 단위 세포에 의해 공유되고 입방체에서 꼭짓점은 여덟 개 있기 때문에 단순 입방 세포 내부에는 오직 하나의 구만 있게 된다.

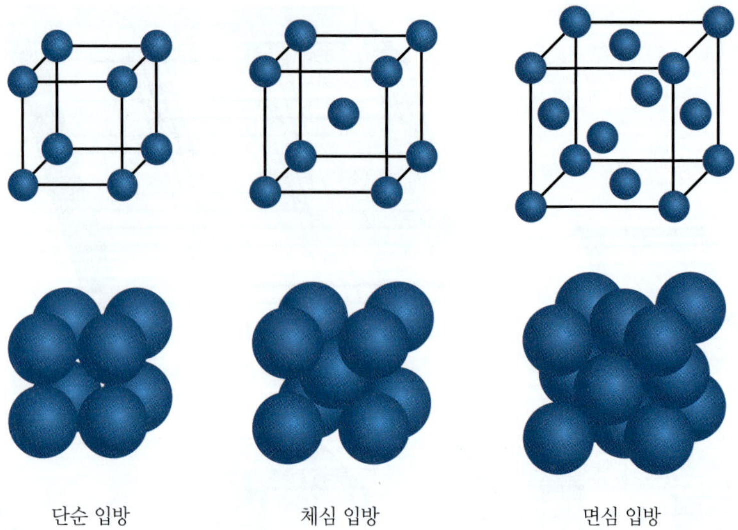

▶ **그림 11.18** 입방 세포의 3가지 형태. 실제로 원자, 분자, 이온을 나타내는 구들은 이들 입방체에서 서로 접촉되어 있다.

는 층에서 네 개의 다른 구와 접촉해 있고, 위쪽 층에 있는 한 개의 구와 아래쪽 층에 있는 또 한 개의 구와 접촉해 있음을 알 수 있다. 이러한 배열에서 각 구는 여섯 개의 인접한 원자를 갖고 있기 때문에 배위수가 6이라고 한다. **배위수**(coordination number)란 *어떤 결정격자에서 한 원자(또는 이온)를 둘러싸고 있는 원자(또는 이온)의 수*로 정의된다. 이 수의 크기는 구가 서로 얼마나 조밀하게 쌓여 있는지를 알 수 있게 해준다. 배위수가 클수록 구가 서로 가까이 있음을 의미한다. 지금까지 설명된 구의 배열에서 기본적으로 반복되는 단위를 단순 입방 세포(simple cubic cell, scc)라 한다[그림 11.17(b)].

다른 형태의 입방 세포로 *체심 입방 세포*(body-centered cubic cell, bcc)와 *면심 입방 세포*(face-centered cubic cell, fcc)가 있다(그림 11.18). 체심 입방 배열은 단순 입방과 다른데, 구의 두 번째 층이 첫 번째 층의 홈으로 들어가게 쌓이고, 세 번째 층은 두 번째 층의 홈으로 들어가는 방식으로 쌓인다(그림 11.19). 이 구조에서 각 구의 배위수는 8이다(각 구는 위쪽 층의 구 네 개 및 아래쪽 층의 구 네 개와 접해 있다). 면심 입방 세포의 경우 입방체의 여섯 개의 각 면 중앙에, 그리고 여덟 개의 각 꼭짓점에 구가 있다.

결정질 고체에서 모든 단위 세포는 다른 단위 세포에 인접해 있으므로 한 단위 세포를 구성하는 원자의 대부분은 이웃한 세포에 의해서도 공유된다. 예컨대, 모든 형태의 입방 세포에서 각 꼭짓점에 있는 원자는 여덟 개의 단위 세포에 속하고[그림 11.20(a)], 모서리에 있는 원자는 네 개의 단위 세포에 의해 공유되며[그림 11.20(b)], 면심에 있는 원자는 두 개의 단위 세포에 의해 공유된다[그림 11.20(c)]. 각 꼭짓점에 있는 구는 여덟 개의 단위 세포에 의해 공유되며, 하나의 입방 세포는 여덟 개의 꼭짓점이 있으므로 단순 입방 세포의 단위 세포 내에는 오직 한 개의 완전한 구만 있는 셈이 된다(그림 11.18). 체심 입방 세포는 중심에 있는 구, 하나, 그리고 꼭짓점에 있는 여덟 개로 나누어진 구, 하나, 이렇게 두 개의 완전한 구를 포함하고 있는 셈이다. 면심 입방 세포는 여섯 개의 면심에 있는

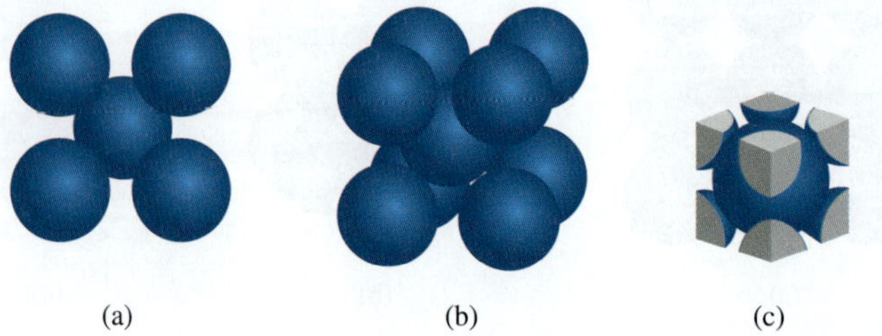

▶ **그림 11.19** 체심 입방 세포에서 동일한 구들의 배열. (a) 위에서 본 모양. (b) 체심 입방 단위 세포의 정의. (c) 체심 입방 단위 세포의 내부에는 두개의 완전한 구가 있는 것과 같다.

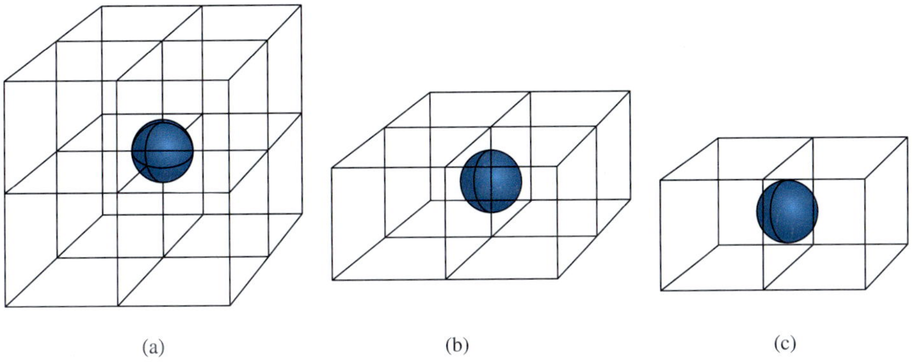

◀ **그림 11.20** (a) 어떤 단위 세포에서든지 꼭짓점에 있는 원자는 여덟 개의 단위 세포에 의해 공유된다. (b) 모서리에 있는 원자는 네 개의 단위 세포에 의해 공유된다. (c) 입방체의 면심에 있는 원자는 두 개의 단위 세포에 의해 공유된다.

원자 세 개, 꼭짓점에 있는 여덟 개로 나누어진 원자 한 개를 합해서 네 개의 완전한 구로 이루어져 있는 셈이다.

최조밀 쌓임

면심 입방 세포에 비해 단순 입방 세포와 체심 입방 세포에는 빈 곳이 더 많다는 것은 명확하다. *가장 효과적인 구의 배열*을 뜻하는 **최조밀 쌓임**(closest packing)은 그림 11.21(a)의 구조로부터 시작하는데, 이 층을 A층이라고 하자. 이 층에 있는 입자 중에서 사방이 모두 둘러싸인 한 입자만 집중해서 보면 이 구에 바로 인접해 있는 구의 개수가 여섯 개임을 알 수 있다. 두 번째 층(이 층을 B층이라 하자)의 구는 첫 번째 층의 구가 만드는 홈 속에 꼭 끼여서 모든 구가 가능한 한 서로 가까워지는 방식으로 쌓이게 된다[그림 11.21(b)].

최조밀 쌓임이 되도록 두 번째 층 위에 세 번째 층의 구를 쌓는 데에는 두 가지 방법

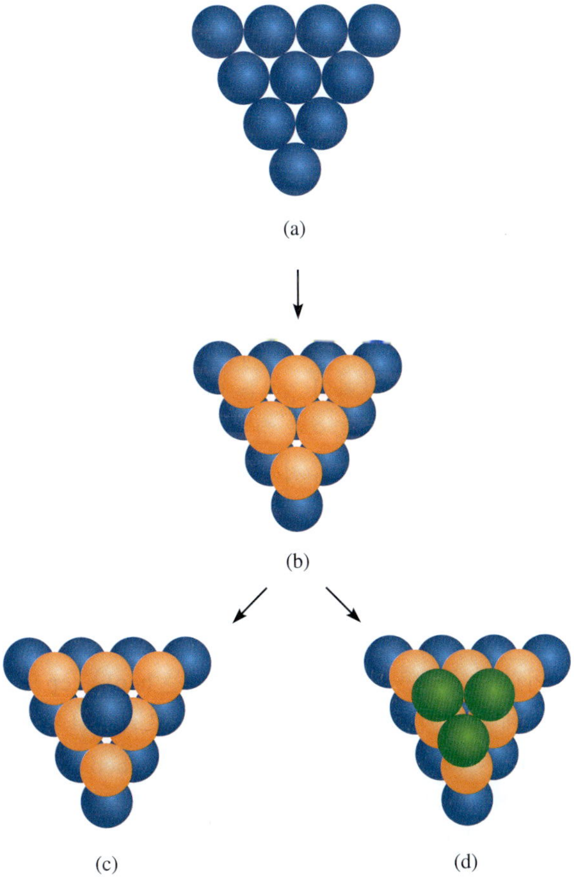

◀ **그림 11.21** (a) 조밀 쌓임층에서 각 구는 다른 여섯 개의 구와 접촉되어 있다. (b) 두 번째 층의 구는 첫 번째 층 구 사이에 꼭 들어가게 놓인다. (c) 육방 최조밀 쌓임에서 세 번째 층의 각 구는 첫 번째 층의 구위에 바로 쌓인다. (d) 입방 최조밀 쌓임에서 세 번째 층의 구는 첫 번째 층이 만드는 홈과 같은 자리에 있는 홈에 딱 맞게 놓인다.

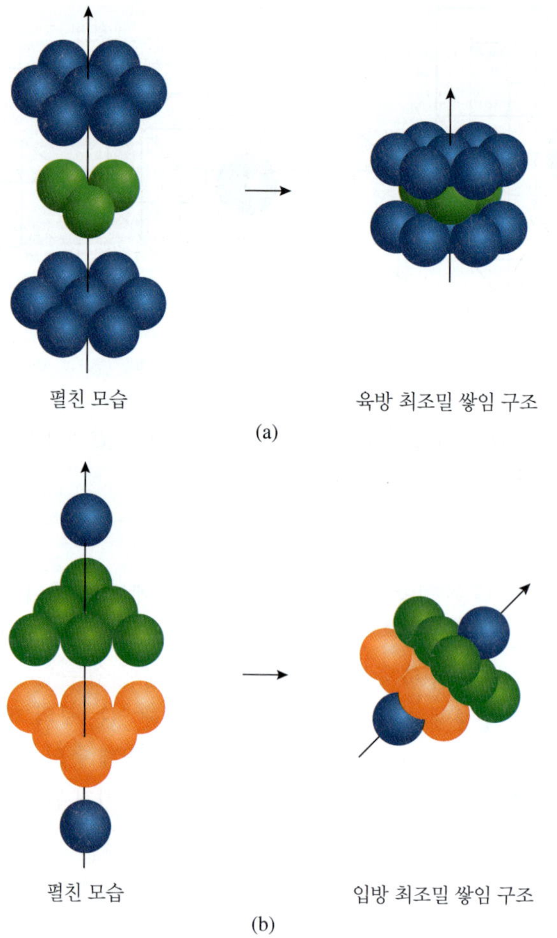

▶ **그림 11.22** (a) 육방 최조밀 쌓임 구조의 펼친 그림. (b) 입방 최조밀 쌓임 구조의 펼친 그림. 면심 입방 구조에서는 구조를 보다 명확하게 보이기 위해 화살표를 기울였다. 이 입방 최조밀 쌓임 구조의 배열은 면심 입방 구조와 동일함에 주의하라.

이 있다. 세 번째 층의 구를 첫 번째 층의 구 바로 위의 오도록 두 번째 층의 홈에 놓는 방법이 한 가지 방법이다[그림 11.21(c)]. 이 경우 첫 번째와 세 번째 층의 배열에 아무런 차이가 없으므로 세 번째 층 역시 A층이라 할 수 있다. 또 다른 방식으로는 세 번째 층의 구를 첫 번째 층이 만드는 홈 바로 위에 있는 홈에 딱 맞도록 놓는 방식이다[그림 11.21(d)]. 이 경우 세 번째 층을 C층이라 부른다. 그림 11.22에서 두 배열의 "펼친 모양"(exploded views)과 구조(structure)를 볼 수 있다. ABA 배열을 *육방 조밀 쌓임 구조*[hexagonal close-packed (hcp) structure]라 하고, ABC 배열을 *입방 조밀 쌓임 구조*[cubic close-packed (ccp) structure]라 하는데, 후자의 경우는 이미 설명한 바 있는 면심 입방에 해당한다. hcp 구조에서는 구들이 수직 방향으로 한 층씩 걸러서 같은 위치를 차지하고 있지만 (ABABAB...), ccp 구조에서는 구가 수직 방향으로 네 번째 층마다 같은 위치를 차지하고 있다(ABCABCA...). 두 구조 모두에서 각각의 구는 같은 층에 있는 6개의 구, 위층에 있는 3개의 구, 아래층에 있는 3개의 구와 접하므로 12의 배위수를 갖는다. hcp와 ccp 구조 모두 단위 세포 내에 동일한 구를 쌓는 가장 효과적인 방법이며, 배위수가 12를 초과하는 다른 방법은 없다.

단원자로 이루어져 있는 많은 금속과 비활성 기체는 hcp나 ccp 구조의 결정을 형성한다. 예를 들면, 마그네슘, 타이타늄, 아연은 hcp 방식으로 배열된 결정을 만들고, 알루미늄, 니켈, 은 등은 ccp 방식으로 배열된 결정으로 존재한다. hcp 구조로 결정화되는 헬륨을 제외한 모든 고체 상태의 비활성 기체는 ccp 구조를 갖는다. 그렇다면 전이 금속이나 비활성 기체와 같은 일련의 물질은 '왜 서로 다른 결정 구조로 존재할까?'라는 의문이 자

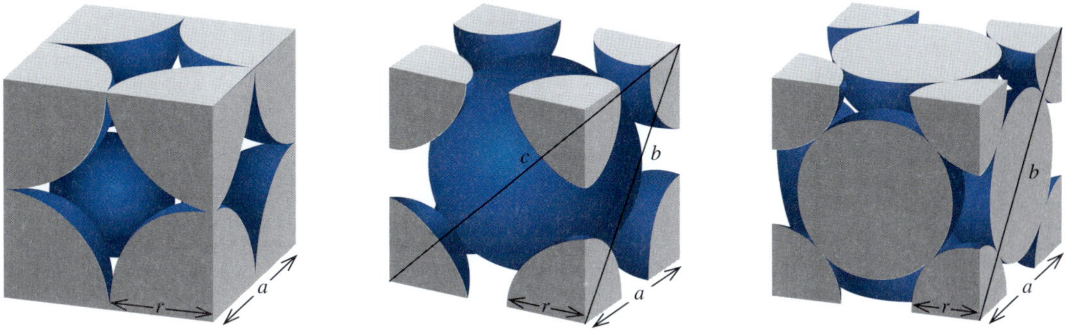

scc

$a = 2r$

bcc

$$b^2 = a^2 + a^2$$
$$c^2 = a^2 + b^2$$
$$= 3a^2$$
$$c = \sqrt{3}a = 4r$$
$$a = \frac{4r}{\sqrt{3}}$$

fcc

$$b = 4r$$
$$b^2 = a^2 + a^2$$
$$16r^2 = 2a^2$$
$$a = \sqrt{8}r$$

▲ **그림 11.23** 단순 입방 세포, 체심 입방 세포, 면심 입방 세포에서 모서리 길이(a)와 반지름(r)과의 관계.

연스럽게 생길 수 있다. 이에 대한 답은 분자간 힘에 따라 결정되는 특정 결정 구조의 상대적인 안정성에 있다. 즉, 마그네슘 금속은 마그네슘 원자가 hcp 방식으로 배열될 때 고체 상태에서 가장 안정하기 때문에 hcp 구조로 존재하는 것이다.

그림 11.23은 단순 입방 세포, 체심 입방 세포, 면심 입방 세포의 모서리 길이 a와 원자 반지름 r과의 관계를 정리해서 보여주고 있다. 예제 11.3에 제시되어 있듯이 결정의 밀도를 알고 있으면, 이러한 관계는 구의 원자 반지름을 구할 때 사용될 수 있다.

예제 11.3

금은 입방 조밀 쌓임 구조(면심 입방 세포)로 결정화되고, 밀도는 19.3 g/cm^{3}이다. 금 원자의 반지름을 피코미터 단위로 구하라.

전략 우리가 원하는 것은 금 원자의 반지름이다. 그림 11.23에 따라 면심 입방 단위 세포의 경우 반지름(r)과 모서리 길이(a) 관계는 $a = \sqrt{8}r$이다. 따라서 금 원자의 반지름 r을 구하기 위해서는 우리는 먼저 모서리 길이 a를 구해야 한다. 입방체의 부피, $V = a^3$이고, $a = \sqrt[3]{V}$이다. 따라서 단위 세포의 부피를 구할 수 있다면 우리는 a를 계산할 수 있다. 문제에서 밀도는 주어졌다.

$$\text{밀도} = \frac{\text{질량}}{\text{부피}}$$

(밀도: 주어짐, 질량: 구해야 할 것, 부피: 계산하고자 하는 것)

각 단계의 순서를 아래와 같이 요약할 수 있다.

단위 세포의 밀도 ⟶ 단위 세포의 부피 ⟶ 단위 세포의 모서리 길이 ⟶ Au 원자의 반지름

풀이

단계 1: 우리는 밀도를 알고 있기 때문에 단위 세포의 부피를 알기 위해서는 단위 세포의 질량을 알아야 한다. 각 단위 세포는 8개의 꼭짓점과 6개의 면을 갖고 있다. 단위 세포에 들어 있는 전체 원자의 수는 그림 11.20에 따라

$$\left(8 \times \frac{1}{8}\right) + \left(6 \times \frac{1}{2}\right) = 4$$

(계속)

단위 세포의 질량을 g 단위로 구하면

$$m = \frac{4\ \cancel{원자}}{1\ 단위\ 세포} \times \frac{1\ \cancel{mol}}{6.022 \times 10^{23}\ \cancel{원자}} \times \frac{197.0\ g\ Aug}{1\ \cancel{mol\ Au}}$$

$$= 1.31 \times 10^{-21}\ g/단위\ 세포$$

밀도의 정의($d = m/V$)로부터, 우리는 단위 세포의 부피를 다음과 같이 구할 수 있다.

$$V = \frac{m}{d} = \frac{1.31 \times 10^{-21}\ g}{19.3\ g/cm^3} = 6.79 \times 10^{-23}\ cm^3$$

단계 2: 길이를 세제곱하면 부피가 되므로 단위 세포의 모서리 길이(a)를 구하기 위해서는 부피의 세제곱근을 취해야 한다.

$$a = \sqrt[3]{V}$$
$$= \sqrt[3]{6.79 \times 10^{-23}\ cm^3}$$
$$= 4.08 \times 10^{-8}\ cm$$

단계 3: 그림 11.23으로부터 금 원자의 반지름(r)은 다음 공식에 의해 모서리 길이와 관련이 있다.

$$a = \sqrt{8}\ r$$

따라서

$$r = \frac{a}{\sqrt{8}} = \frac{4.08 \times 10^{-8}\ cm}{\sqrt{8}}$$
$$= 1.44 \times 10^{-8}\ cm$$
$$= 1.44 \times 10^{-8}\ \cancel{cm} \times \frac{1 \times 10^{-2}\ \cancel{m}}{1\ \cancel{cm}} \times \frac{1\ pm}{1 \times 10^{-12}\ \cancel{m}}$$
$$= 144\ pm$$

실전 연습 은이 결정화될 때, 면심 입방 단위 세포를 형성한다. 단위 세포 모서리의 길이는 408.7 pm이다. 은의 밀도를 구하라.

비슷한 문제: 11.39.

개념과 사실 요약하기

- 결정성 고체는 원자, 이온, 분자들의 규칙적인 구조로 되어 있다.
- 결정성 고체의 기본 구조 단위는 단위 세포이다. 이 단위 세포가 반복되어 3차원 공간에서 결정 격자를 형성한다.
- 주어진 밀도와 결정 형태를 이용하여 원자의 반지름을 구한다.

개념과 사실 복습하기

11.4.1 텅스텐은 체심 입방 격자로 결정화된다(W 원자는 격자점만 차지한다). 단위 세포에는 몇 개의 W 원자들이 있는가?

11.4.2 세륨은 결정화 될 때 면심 입방 세포를 형성한다. 만일 단위 세포의 모서리 하나의 길이가 760 pm라면, 세륨 원자의 반지름은 pm 단위로 얼마인가?

11.5 결정에 의한 X-선 회절

학습 목표

- 브래그 식을 고체에 의한 X-선 회절에 적용할 수 있다.

결정 구조에 대해 우리가 알고 있는 거의 모든 것은 X-선 회절 연구로부터 알게 된 것이다. **X-선 회절**(X-ray diffraction)이란 *결정성 고체의 어떤 단위에 의해 X-선이 산란되는 것*을 의미한다. 산란 즉, 회절 무늬로부터 고체 격자 속에 입자가 어떻게 배열되어 있는지를 추정할 수 있다.

10.6절에서 파동과 관련된 간섭 현상(그림 10.22 참조)을 논의한 바 있다. X-선은 전자기파의 일종이고 따라서 파동이므로 X-선도 적당한 조건에서 그러한 간섭 현상을 일으킬 것으로 예상할 수 있다. 1912년 독일의 물리학자인 라우에(Max von Laue)†는 X-선의 파장이 결정에서 격자점 사이의 거리와 유사한 크기이므로 격자는 X-선을 *회절*시킬 수 있어야 한다고 올바르게 제안하였다. X-선 회절 무늬는 X-선과 관련된 파동의 간섭의 결과이다.

그림 11.24는 전형적인 X-선 회절 장치이다. X-선을 시료 대에 장착되어 있는 결정에 쪼이면 결정 속 원자는 쪼여준 방사선의 일부를 흡수하고 다시 방출하는데, 이러한 과정을 *X-선 산란*(scattering of X-rays)이라 한다.

회절 무늬가 어떻게 생기는지 이해하기 위해 그림 11.25와 같이 두 개의 평행한 면에 있는 원자에 의해 X-선이 산란되는 현상을 살펴보자. 먼저 두 개의 입사 광선은 서로 동일한 *위상*(파의 최대 점과 최소 점이 같은 위치에서 나타나는 경우를 의미)을 가지고 있다. 위쪽의 파는 첫 번째 층에 있는 원자에 의해 산란 또는 반사되고, 아래쪽의 파는 두 번째 층에 있는 원자에 의해 산란된다. 그런데 이 두 개의 산란된 파가 역시 동일한 위상을 갖기 위해서는 아래쪽의 파가 위쪽의 파보다 더 많이 이동한 여분의 거리가 X-선의 파장(λ)의 정수배가 되어야 한다. 즉,

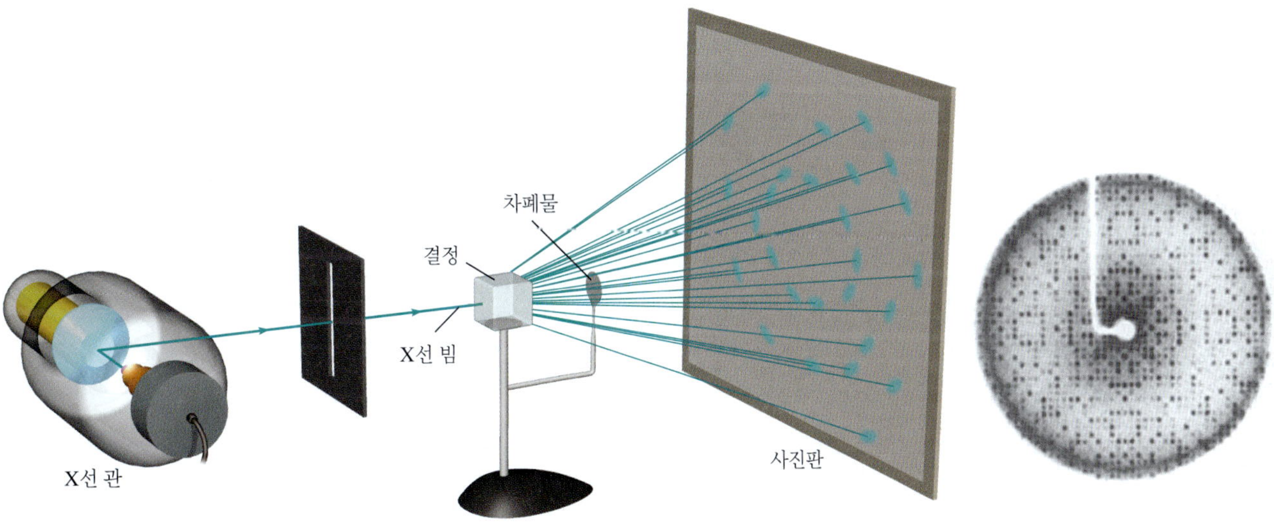

▲ **그림 11.24** (a) 결정에 의한 X-선 회절 무늬를 얻기 위한 장치. 차폐물은 회절되지 않은 강한 X-선이 사진판을 훼손하는 것을 방지한다. (b) 단백질의 일종인 라이소자임(lysozyme)의 X-선 회절 무늬. 흰색의 "L"자 모양은 시료대와 차폐물의 그림자이다.

†라우에(Max Theodor Felix von Laue, 1879~1960)는 독일 물리학자로, X-선 회절의 발견으로 1914년 노벨 물리학상을 받았다.

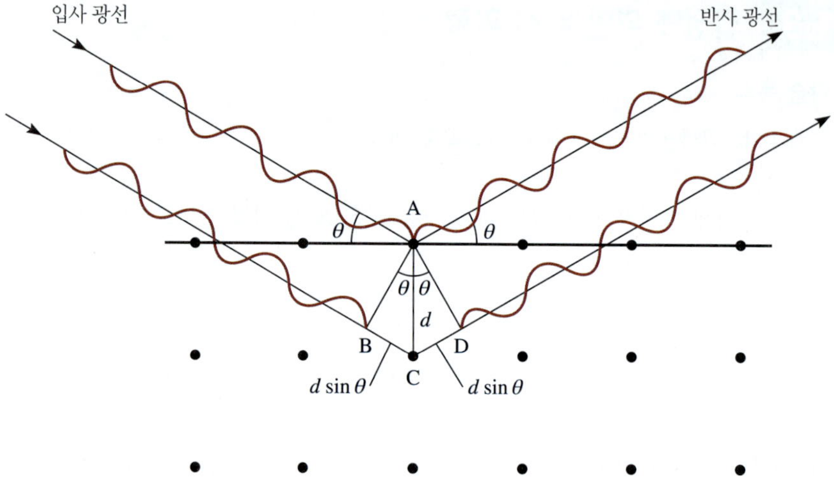

그림 11.25 두 원자 층으로부터의 X-선 반사. 아래쪽 파는 위쪽 파보다 $2d \sin\theta$만큼 더 이동한다. 반사 후 두 파가 위상이 다시 같게 되려면, $2d \sin\theta = n\lambda$가 되어야 한다. 여기서 θ는 X-선의 파장이며, $n = 1, 2, 3, \ldots$이다. 그림 11.24의 선명한 점들은 결정이 수백 개의 평행 층들로 되어 있을 만큼 커야지만 얻을 수 있는 사진이다.

$$\mathrm{BC} + \mathrm{CD} = 2d \sin\theta = n\lambda \qquad n = 1, 2, 3, \ldots$$

또는

$$2d \sin\theta = n\lambda \tag{11.1}$$

여기서 θ는 X-선과 결정의 면이 이루는 각이며, d는 인접한 결정면 사이의 간격이다. 이 식 (11.1)을 브래그 경(William H. Bragg[†]와 Sir William L. Bragg[‡])의 이름을 따서 브래그 식이라 한다. 결국 강화된 파(보강 상호작용이 일어난 파, 그림 10.22 참조)는 브래그 식을 만족시키는 사진 필름 상의 θ 값의 위치에 검은 점을 만든다.

예제 11.4는 식 (11.1)이 어떻게 활용되는지를 설명해 준다.

예제 11.4

파장 0.154 nm인 X-선이 알루미늄 결정에 부딪혀서 19.3°의 각도로 반사되었다. $n = 1$이라고 가정하고, 이 반사각에 해당하는 알루미늄 원자로 이루어진 면들 사이의 간격을 pm 단위로 계산하라. 1 nm = 1000 pm이다.

전략 식 (11.1)의 응용 문제이다.

풀이 파장을 pm로 고친 후 반사각(19.3°)을 사용하면

$$d = \frac{n\lambda}{2\sin\theta} = \frac{\lambda}{2\sin\theta}$$

$$= \frac{0.154 \text{ mn} \times \dfrac{1000 \text{ pm}}{1 \text{ nm}}}{2 \sin 19.3°}$$

$$= 233 \text{ pm}$$

실전 연습 파장 0.154 nm인 X-선이 어떤 결정으로부터 14.17°의 각도로 회절되었다. $n = 1$이라 가정하고, 결정 내 층들 간의 거리를 pm 단위로 계산하라.

비슷한 문제: 11.47, 11.48.

[†]윌리엄 헨리 브래그(William Henry Bragg, 1862~1942)는 영국의 물리학자로, 그의 주된 연구는 X-선 결정학이었다. 1915년 그의 아들 윌리엄 브래그 경(Sir William Bragg)과 함께 노벨 물리학상을 공동 수상하였다.

[‡]윌리엄 브래그 경(Sir William Bragg, 1890~1972)은 영국의 물리학자로, X-선 회절에 관한 기본식을 체계화하였으며, 1915년 그의 아버지와 함께 노벨 물리학상을 공동 수상하였다.

X-선 회절법은 고체 상태 분자의 결합 길이와 결합각을 알고자 할 때 사용하는 가장 정확한 방법이다. X-선은 전자에 의해 산란되기 때문에 화학자는 다소 복잡한 수학적 과정을 사용하여 회절 무늬로부터 전자 밀도 등고선을 만들 수 있다. 기본적으로 *전자 밀도 등고선*(electron-density contour map)은 분자의 여러 위치에서 전자 밀도가 상대적으로 어떻게 분포되어 있는지를 보여준다. 밀도는 각 원자의 중심 근처에서 최댓값을 갖는데, 이런 방식으로 핵의 위치를 알 수 있어서 분자의 기하학적 변수를 구할 수 있다.

개념과 사실 요약하기

- X-선 회절은 결정 구조에 대한 많은 정보를 제공해 준다. 브래그 방정식을 사용하면 단위 세포 내의 간격을 구할 수 있다.

개념과 사실 복습하기

11.5.1 액체의 분자 구조를 연구할 때 X-선 회절 기술을 사용하지 않는 이유는 무엇인가?

11.5.2 0.154 nm 파장의 X-선은 11.2°의 각도로 결정 고체로부터 회절된다. $n = 1$이라고 가정하고 결정의 층 사이의 간격을 계산하라(pm 단위로).

11.6 결정의 형태

학습 목표

- 이온 결정, 공유 결정, 분자 및 금속 결정의 유형에 대한 주요 특성과 예를 말할 수 있다.

녹는점, 밀도, 굳기와 같은 결정의 성질과 결정의 구조는 입자를 서로 붙들고 있는 여러 종류의 힘에 의해 결정된다. 결정은 이온성, 공유성, 분자성, 금속성의 네 가지 형태 중 하나로 분류된다.

▲ *실험실에서 키운 거대한 인산 이수소 포타슘 결정. 가장 큰 것은 318 kg이나 된다.*

Courtesy of Lawrence Livermore National Laboratory

이온 결정

이온 결정은 두 가지 중요한 특성을 지니고 있는데, (1) 하전된 입자로 구성되어 있으며, (2) 일반적으로 음이온과 양이온의 크기가 상당히 다르다는 점이다. 따라서 이온 반지름을 알면 이들 화합물의 구조와 안정성을 이해하는 데 도움이 된다. 각 이온의 반지름을 측정할 방법은 없지만, 때로 합리적으로 추정하는 것은 가능하다. 예컨대, KI에서 I^-의 반지름이 약 216 pm라는 것을 알면, 이로부터 KI에서 K^+ 이온의 반지름을 구할 수 있고, 마찬가지 방식으로 KCl에서 Cl^-의 반지름을 구할 수 있게 된다. 그림 8.9에 있는 이온 반지름은 여러 가지 화합물로부터 구한 평균값이다. 면심 입방 격자인 NaCl 결정(그림 2.13 참조)을 생각해 보자. 그림 11.26에서 NaCl의 단위 세포의 한 변의 길이는 Na^+와 Cl^- 이온 반지름의 합의 두 배임을 알 수 있다. 그림 8.9에 주어진 값을 사용하면 한 변의 길이를 2(95 + 181) pm, 즉 552 pm로 계산할 수 있다. 그러나 그림 11.26에 제시되어 있는 한 변의 길이는 564 pm로, 이 값은 X-선 회절에 의해 결정된 값이다. 이러한 차이는 사실상 이온 반지름이 화합물마다 약간씩 다르다는 것을 말해 준다.

그림 11.27은 CsCl, ZnS, CaF_2의 세 가지 이온 결합 화합물의 결정 구조를 보여준다. Cs^+는 Na^+보다 상당히 크기 때문에 CsCl은 단순 입방격자를 갖는다. ZnS는 *섬아연광*(zincblende) 구조를 갖는데, 이 구조는 면심 입방 격자에 기초하고 있다. S^{2-} 이온이 격자

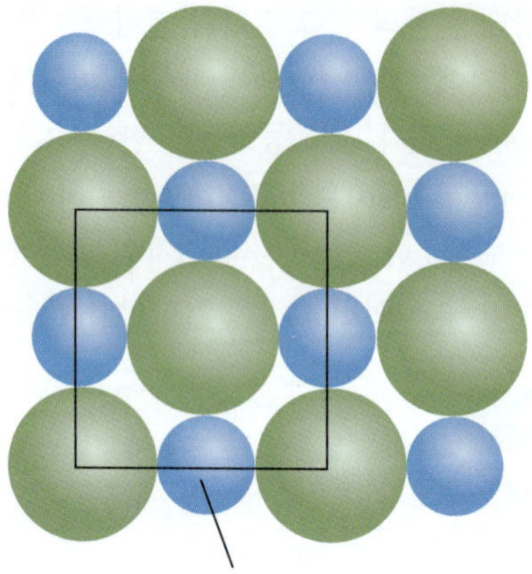

▶ **그림 11.26** Na^+ 이온과 Cl^- 이온의 반지름 관계와 단위 세포의 크기. 모서리 길이는 두 이온 반지름의 합의 두 배이다.

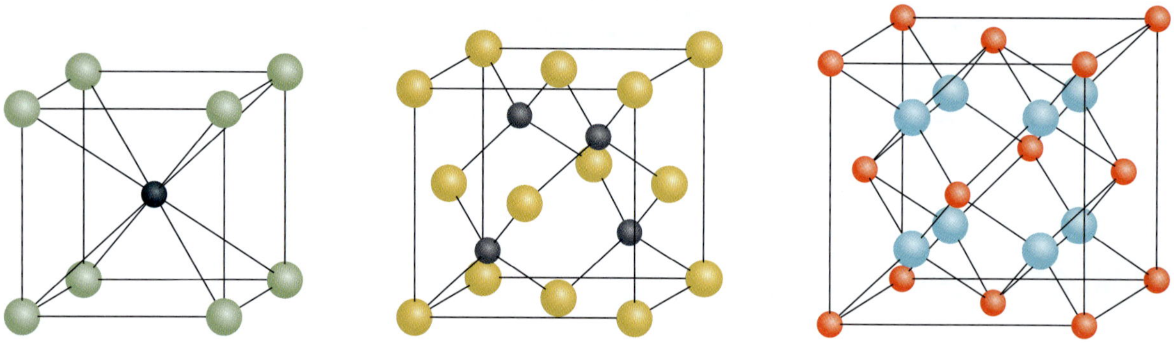

▲ **그림 11.27** (a) CsCl, (b) ZnS, (c) CaF_2의 결정 구조. 각 경우 모두 더 작은 구가 양이온이다.

점을 차지하고 있다면 체심을 관통하는 대각선상의 4분의 1 거리 지점에 Zn^{2+} 이온이 위치하고 있다. 섬아연광 구조를 갖는 다른 이온 결합 화합물로는 CuCl, BeS, CdS, HgS 등이 있다. CaF_2는 *형석*(fluorite) 구조를 갖는다. Ca^{2+} 이온이 격자점을 차지하고, 각 F^- 이온은 네 개의 Ca^{2+} 이온이 만드는 사면체의 중심에 위치하고 있다. 이러한 형석 구조를 갖는 화합물로는 SrF_2, BaF_2, $BaCl_2$, PbF_2 등이 있다.

예제 11.5와 11.6은 단위 세포 내에 있는 이온의 개수 및 단위 세포의 밀도를 계산하는 방법을 보여준다.

▲ **그림 11.28** 면심 입방 세포의 단위 세포내에서 Na^+ 이온과 Cl^- 이온의 일부분.

예제 11.5

NaCl 단위 세포 내에는 Na^+ 와 Cl^- 이온이 몇 개나 있는가?

전략 NaCl은 면심 입방격자 구조를 갖는다. 그림 2.13에서 볼 수 있듯이 Na^+ 이온 한 개가 단위 세포의 중심에 있으며, 12개의 Na^+ 이온이 모서리에 있다. 각 모서리에 있는 Na^+ 이온은 네 개의 단위 세포에 의해 공유되어 있기 때문에[그림 11.20(b) 참조], Na^+ 이온의 총 수는 $1 + \left(12 \times \frac{1}{4}\right) = 4$가 된다. 마찬가지로 여섯 개의 면의 중심과 여덟 개의 꼭지점에 Cl^- 이온이 있는데, 변심과 꼭지점에 있는 이온은 각각 두 개 및 여덟 개의 단위 세포에 의해 공유되어 있으므로[그림 11.20(a), (c) 참조], Cl^- 이온의 총 수는 $\left(6 \times \frac{1}{2}\right) + \left(8 \times \frac{1}{8}\right) = 4$가 된다. 따라서 각 NaCl 단위 세포 내에는 네 개의 Na^+ 이온과 네 개의 Cl^- 이온이 있다. 그림 11.28은 하나의 단위 세포 속에 있는 Na^+와 Cl^- 이온을 보여준다.

(계속)

검산 이 결과는 염화 소듐의 실험식과 일치한다.

실전 연습 모든 격자점에 원자가 있다고 가정할 때, 체심 입방체에는 몇 개의 원자가 있는가?

비슷한 문제: 11.41.

예제 11.6

NaCl 단위 세포의 모서리의 길이는 564 pm이다. NaCl의 밀도는 g/cm^3 단위로 얼마인가?

전략 밀도를 계산하기 위해서는 단위 세포의 질량을 알아야 한다. 부피는 모서리 길이가 주어졌으므로 $V = a^3$으로부터 구할 수 있다. 단위 세포 안에 몇 개의 Na^+와 Cl^- 이온이 있을까? 총질량은 amu 단위로 얼마인가? amu와 g, cm와 pm 사이의 환산 인자는 무엇인가?

풀이 예제 11.5에서 각 단위 세포에는 네 개의 Na^+ 이온과 네 개의 Cl^- 이온이 있음을 알았다. 따라서 단위 세포 하나의 총 질량(amu 단위)은 다음과 같다.

$$\text{질량} = 4(22.99 \text{ amu} + 35.45 \text{ amu}) = 233.8 \text{ amu}$$

amu를 g 단위로 환산하면 다음과 같다.

$$233.8 \text{ amu} \times \frac{1 \text{ g}}{6.022 \times 10^{23} \text{ amu}} = 3.882 \times 10^{-22} \text{ g}$$

단위 세포의 부피는 $V = a^3 = (564 \text{ pm})^3$이다. pm^3을 cm^3으로 고치면 부피는 다음과 같다.

$$V = (564 \text{ pm})^3 \times \left(\frac{1 \times 10^{-12} \text{ m}}{1 \text{ pm}}\right)^3 \times \left(\frac{1 \text{ cm}}{1 \times 10^{-2} \text{ m}}\right)^3 = 1.794 \times 10^{-22} \text{ cm}^3$$

마지막으로 밀도의 정의로부터

$$\text{밀도} = \frac{\text{질량}}{\text{부피}} = \frac{3.882 \times 10^{-22} \text{ g}}{1.794 \times 10^{-22} \text{ cm}^3}$$
$$= 2.16 \text{ g/cm}^3$$

실전 연습 구리(Cu)는 면심 입방 격자로 결정화된다(구리 원자는 격자점에만 존재한다). 금속의 밀도가 8.96 g/cm^3라면 단위 세포의 모서리 길이는 pm 단위로 얼마인가?

비슷한 문제: 11.42.

대부분의 이온 결정은 녹는점이 높은데, 그것은 이온이 서로 붙들고 있는 응집이 강함을 의미한다. 이온 결정의 안정성의 척도는 격자 에너지이다(9.3절 참조). 즉, 격자 에너지가 클수록 화합물은 더 안정하다. 이러한 고체에서는 이온이 정해진 자리에 고정되어 있기 때문에 전기가 통하지 않지만, 용융 상태나 물에 녹아 있는 상태에서는 이온이 자유롭게 움직일 수가 있어서 결과적으로 액체는 전기적으로 전도성을 가지게 된다.

▶ 공유 결정

공유 결정(covalent crystal)에서는 원자가 삼차원적 그물망(network)을 형성하면서 서로 공유 결합에 의해 묶여 있게 된다. 탄소의 두 가지 동소체가 잘 알려진 예인데, 다이아몬드와 흑연이 바로 그것이다(그림 8.17 참조). 다이아몬드에서는 각 탄소 원자가 sp^3 혼성화되어 네 개의 다른 탄소 원자와 결합하고 있다(그림 11.29). 다이아몬드의 특이한 경도(알려진 물질 중에서 가장 경도가 높은 물질)와 매우 높은 녹는점(3550°C)은 바로 이 3차원에 걸친 강한 공유 결합 때문이다. 흑연의 경우 탄소 원자는 6원자 고리의 배열을 갖는데, 모든 원자는 sp^2 혼성화되어 다른 세 개의 원자와 공유 결합하고 있다. 혼성화되지 않

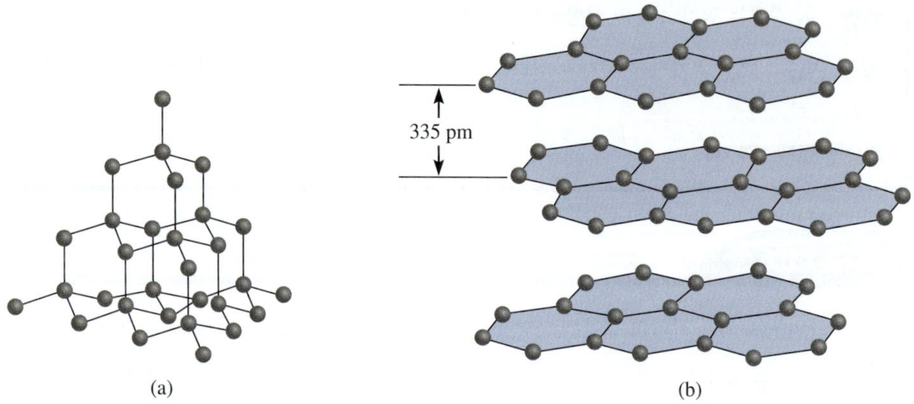

▶ **그림 11.29** (a) 다이아몬드의 구조. 각 탄소는 4개의 다른 탄소 원자에 사면체로 결합되어 있다. (b) 흑연의 구조. 연속되는 층 사이의 거리는 335 pm이다.

▲ *석영(Quartz)*
Charles D. Winters/Science Source

고 남은 2*p* 오비탈은 파이 결합에 사용된다. 사실 흑연의 각 층은 벤젠에서 존재하는 것과 같은 비편재화된 분자 오비탈을 갖고 있다(10.8절 참조). 왜냐하면 전자들은 광범위하게 비편재화된 분자 오비탈 속에서 자유롭게 움직이므로 흑연은 탄소 원자의 면을 따르는 방향에서 좋은 전기 전도성을 띠게 되는 것이다. 각각의 층은 약한 반 데르 발스 힘으로 서로 붙들려 있으며, 흑연의 경도는 공유 결합으로 설명할 수 있다. 그러나 각 층이 서로 미끄러질 수 있기 때문에 흑연은 미끄러운 촉감이 있으며, 윤활제로서도 효과적이다. 또한 흑연은 연필이나 레이저 프린터 토너에도 사용된다.

또 다른 공유 결정으로 석영(SiO_2)을 들 수 있다. 석영에서 규소 원자의 배열은 다이아몬드에서 탄소의 배열과 비슷하지만, 석영에서는 두 개의 규소 원자 사이에 산소 원자가 하나 끼어 있다. 규소와 산소는 전기음성도가 다르므로 Si—O결합은 극성을 띤다. 그럼에도 SiO_2는 경도나 높은 녹는점(1610°C) 등 여러 점에서 다이아몬드와 유사하다.

▲ *황(Sulfur)*
Branko Jovanovic/Shutterstock

분자 결정

분자 결정에서는 분자가 격자점을 차지하고 있으며, 반 데르 발스 힘이나 수소 결합이 분자 사이의 인력으로 작용하고 있다. 분자 결정의 한 예로 고체 상태의 이산화 황(SO_2)을 들 수 있는데, 여기서는 쌍극자-쌍극자 상호작용이 주된 인력으로 작용한다. 얼음의 삼차원 격자(그림 11.13 참조)는 주로 분자 사이의 수소 결합에 의해 유지된다. 분자 결정의 다른 예로는 I_2, P_4, S_8 등이 있다.

일반적으로 얼음을 제외하고는 분자 결정에서 분자는 그들의 크기와 모양이 허락하는 범위에서 최대한 서로 가깝게 채워진다. 공유 결합이나 이온 결합에 비해 반 데르 발스 힘과 수소 결합이 대체로 상당히 약하기 때문에 분자 결정은 이온 결정이나 공유 결정에 비해 훨씬 쉽게 깨진다. 실제로 대부분의 분자 결정은 100°C 이하의 온도에서 녹는다.

금속 결정

금속 결정 내에서는 같은 금속 원자가 모든 격자점을 차지하고 있기 때문에 어떤 의미에서 금속 결정의 구조는 가장 간단한 구조라 할 수 있다. 금속 결정은 대개 체심 입방, 면심 입방, 육방 조밀 쌓임 구조로 되어 있다(그림 11.30). 결과적으로 금속 원소는 항상 매우 조밀하다.

금속의 결합은 다른 형태의 결정의 결합과 상당히 다르다. 금속에서 결합 전자는 결정 전체에 걸쳐 비편재화되어 있다. 실제로 결정에서 금속 원자는 비편재화된 원자가 전자의 바다 속에 양이온이 파묻혀 있는 것과 같이 상상할 수 있다(그림 11.31). 금속의 강도는 비편재화로 인해 생긴 큰 응집 때문이다. 비편재화된 전자의 움직임으로 인해 금속은 열과 전기의 좋은 전도체가 된다.

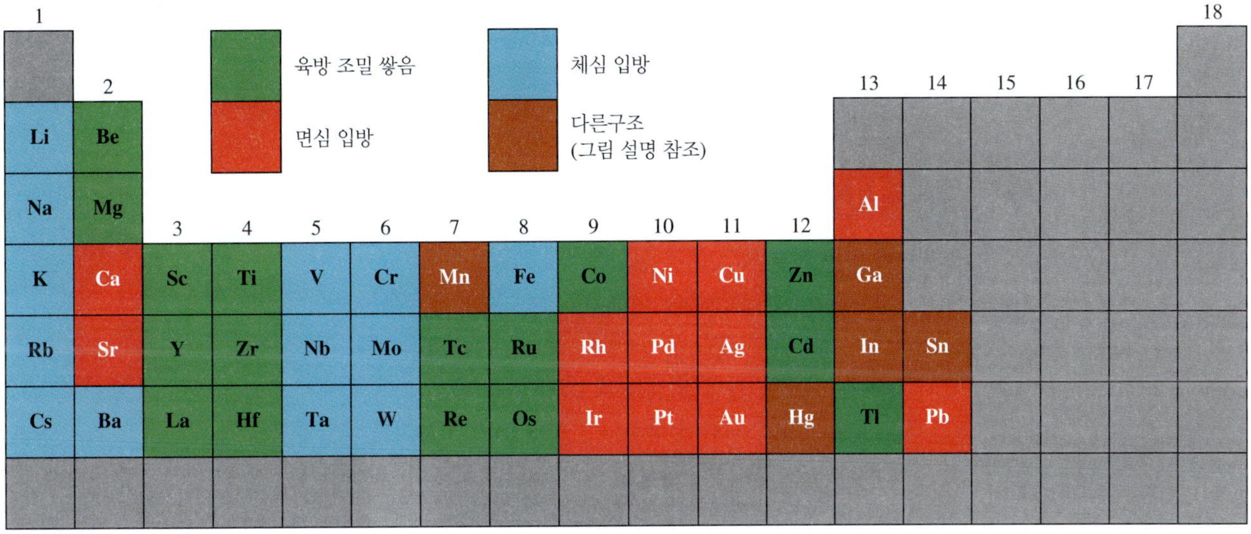

▲ **그림 11.30** 금속의 결정 구조. 주기율표에 금속을 나타내었다. Mn은 입방 구조, Ga는 사방 구조, In과 Sn은 정방 구조, Hg은 마름모 구조를 가진다(그림 11.16 참조).

표 11.5 단결정의 형태와 일반적인 특성

결정 형태	단위를 붙잡고 있는 힘	일반적인 특성	예
이온 결정	정전기적 인력	단단하고 깨지기 쉬움, 높은 녹는점, 열과 전기의 부도체	NaCl, LiF, MgO, $CaCO_3$
공유 결정	공유 결합	단단함, 높은 녹는점, 열과 전기의 부도체	C(다이아몬드),† SiO_2(석영)
분자 결정*	분산력, 쌍극자-쌍극자 힘, 수소 결합	연함, 낮은 녹는점, 열과 전기의 부도체	Ar, CO_2, I_2, H_2O, $C_{12}H_{22}O_{11}$(설탕)
금속 결정	금속 결합	다양한 굳기, 다양한 녹는점, 열과 전기의 좋은 도체	모든 금속 원소: Na, Mg, Fe, Cu 등

*각각의 원자로 만들어진 결정은 이 결정 형태에 속한다.
†다이아몬드는 좋은 열 전도체이다.

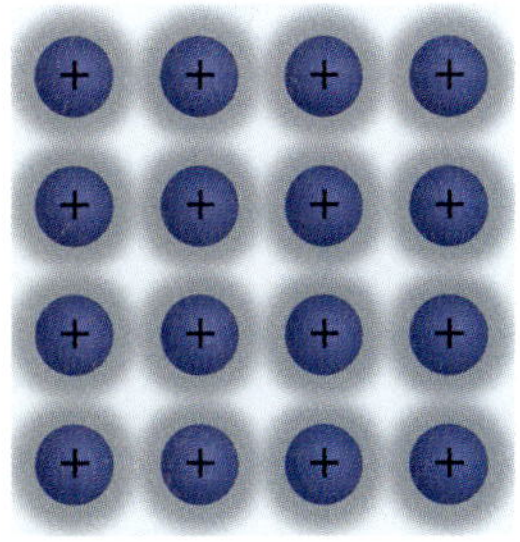

▲ **그림 11.31** 금속 결정의 단면. 각 원의 양전하는 금속 원자의 핵과 내부 전자를 나타내고, 금속 양이온 둘레의 회색 부분은 유동성의 전자 바다를 나타낸다.

표 11.5에 지금까지 설명한 4가지 형태의 결정의 특징들을 요약해 놓았다.

개념과 사실 요약하기

- 결정을 이루고 있는 입자를 붙들고 있는 힘으로 결정의 종류를 분류해 보면, 이온 결합으로 이루어진 이온 결정, 공유 결합으로 이루어진 공유 결정, 반 데르 발스 힘 또는 수소 결합으로 이루어진 분자 결정, 금속 결합으로 이루어진 금속 결정의 4가지로 나눌 수 있다.

개념과 사실 복습하기

11.6.1 플루오린화 리튬(LiF)은 면심 입방 세포(NaCl처럼)이다. 단위 세포의 한 변의 길이가 402 pm라면 LiF의 밀도는 얼마인가?

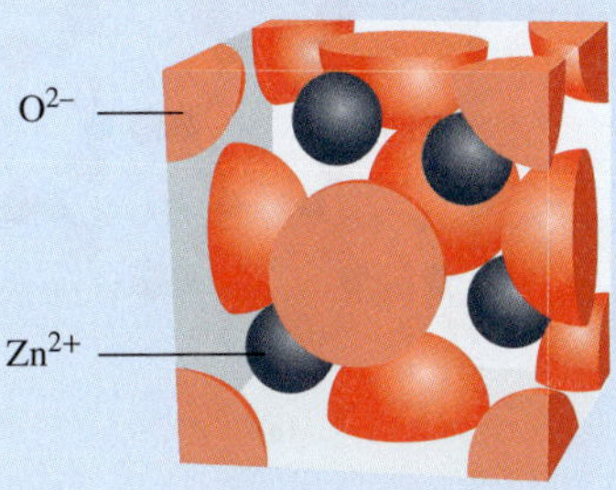

11.6.2 그림에 나타낸 것은 산화 아연의 단위 세

포이다. 단위 세포 내에 Zn^{2+}와 O^{2-} 이온이 몇 개씩 존재하는가? 이 화합물의 화학식은 무엇인가?

11.7 비결정질 고체

학습 목표

- 비결정성 고체의 성질을 설명할 수 있다.

고체는 결정질 형태로 있을 때 가장 안정하다. 그러나 액체가 매우 빠르게 냉각될 때처럼 고체가 짧은 시간에 형성되면 구성 원자나 분자가 배열할 충분한 시간을 갖지 못한다. 따라서 규칙적인 결정에서의 자리가 아닌 다른 자리에 원자나 분자가 갇히게 된다. 이런 결과로 생긴 고체를 *비결정질*(amorphous)이라 한다. 유리와 같은 **비결정질 고체**(amorphous solid)에서는 *원자가 3차원적으로 규칙적인 배열을 하고 있지 않다*. 이 절에서는 유리의 특성을 간단히 살펴보도록 하자.

유리는 문명사회에서 가장 소중하고 다양한 용도를 지닌 물질의 하나이며, 유리 제품은 기원전 1000년까지 거슬러 올라가는 가장 오래된 물질 중 하나이다. **유리**(glass)는 흔히 *무기 물질을 결정화시키지 않고 굳은 상태가 되도록 냉각시켜서 광학적으로 투명하게 만든 용융 화합물*을 말한다. 여기서 용융 화합물이라는 말이 사용되는 이유는 용융 상태의 이산화 규소(SiO_2)를 주성분으로 해서 산화 소듐(Na_2O), 산화 붕소(B_2O_3), 그리고 색과 특성을 부여하기 위해 몇몇 전이 금속 산화물을 혼합해서 유리를 만들기 때문이다. 어떤 관점에서 유리는 고체라기보다 액체처럼 거동한다. X-선 회절 연구에 의하면 유리에는 장거리에 걸친 주기적 규칙성이 없다.

오늘날에는 약 800종의 유리가 널리 사용되고 있다. 그림 11.32는 결정질 석영과 비결정질 석영 유리의 구조를 이차원적으로 도식화해서 나타낸 것이다. 표 11.6에는 석영, 파이렉스, 소다라임 유리의 조성과 특성이 제시되어 있다.

유리의 색은 산화물로 사용되는 금속 이온에 의해 주로 결정된다. 예를 들면, 초록색 유리에는 산화 철(III)(Fe_2O_3)이나 산화 구리(II)(CuO)가 함유되어 있고, 노란색 유리에는

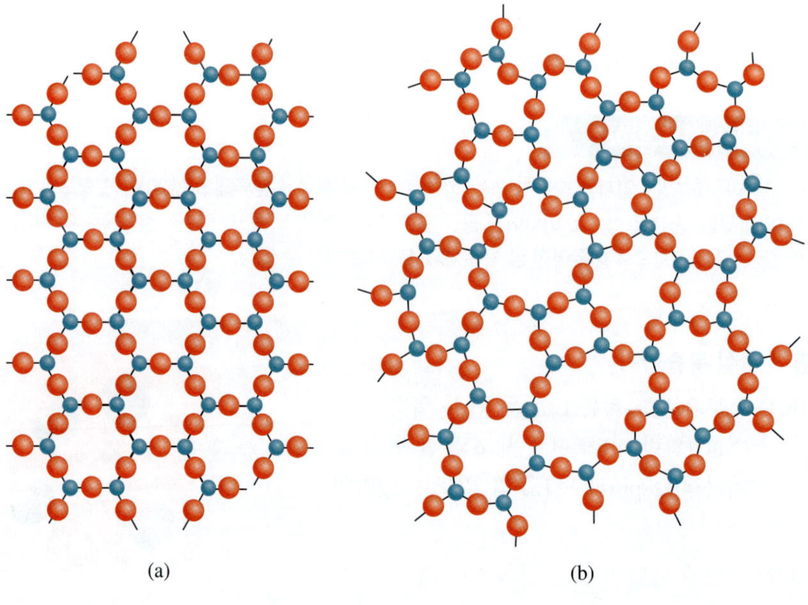

▶ **그림 11.32** (a) 석영 결정과 (b) 비결정질 석영 유리의 이차원 구조. 작은 구는 규소 원자를 나타낸다. 실제로 석영은 삼차원 구조이다. 각 Si 원자는 네 개의 O 원자와 사면체 모양으로 결합되어 있다.

표 11.6 3가지 형태 유리의 조성과 특성

이름	조성	특성 및 용도
순수 석영 유리	100% SiO_2	낮은 열 팽창, 넓은 파장에 걸쳐 빛을 투과. 광학연구에 사용.
파이렉스 유리	SiO_2, 60~80% B_2O_3, 10~25% Al_2O_3, 소량	낮은 열 팽창, 가시광선과 적외선은 투과시키나 자외선은 투과시키지 못함. 주로 실험실과 가정에서 주방 용기로 사용.
소다-석회 유리	SiO_2, 75% Na_2O, 15% CaO, 10%	화학 약품에 약하고 열에 민감하다. 가시광선은 투과시키나 자외선은 흡수한다. 주로 창문과 유리병에 사용.

산화 우라늄(IV)(UO_2), 파란색 유리에는 산화 코발트(II)(CoO)와 산화구리(II)(CuO), 빨간색 유리에는 작은 크기의 금(Au)과 구리(Cu) 입자가 함유되어 있다. 여기에 언급된 대부분 이온이 전이 금속 이온임을 주목하라.

개념과 사실 요약하기

- 규칙적인 구조가 없는 고체는 비결정질이다. 유리는 비결정질 고체의 한 예이다.

11.8 상 변화

학습 목표

- 상 평형의 주요 형태인 액체-증기, 액체-고체, 고체-증기를 구별할 수 있다.
- *기화, 증기압, 응축, 끓는점, 녹는점, 임계 온도, 임계 압력, 과냉각, 승화, 석출*과 같은 다양한 상 평형과 관련된 용어를 이해할 수 있다.
- 클라지우스-클라페롱 식을 사용하여 주어진 온도에서 액체의 증기압을 계산할 수 있다.

제5장과 이 장을 통하여 물질의 3가지 상인 기체, 액체, 고체의 특성을 개략적으로 살펴보았다. *한 상에서 다른 상으로의 전이*를 의미하는 **상 변화**(phase change)는 일반적으로 열의 형태인 에너지를 가하거나 제거될 때 일어난다. 상 변화는 분자 질서의 변화로 특정되는 물리적 변화이다. 고체상 분자에서 질서도가 가장 크며, 기체상 분자는 무질서도가 가장 크다. 에너지 변화와 분자 질서의 증가 또는 감소 사이의 관계를 기억하고 있으면 이런 물리적 변화의 본질을 잘 이해할 수 있을 것이다.

액체-증기 평형

액체 상태에 있는 분자는 견고한 격자 속에서 고정된 상태가 아니다. 이들 분자는 기체 분자처럼 완전히 자유롭지는 않지만 일정하게 운동하고 있다. 액체는 기체보다 조밀하기 때문에 분자 사이의 충돌 확률이 기체상보다 액체상에서 훨씬 높다. 액체 상태의 분자가 액체 표면으로부터 벗어나기에 충분한 에너지를 가지게 되면 상 변화가 일어난다. **증발**(evaporation) 또는 **기화**(vaporization)는 *액체가 기체로 전이되는 과정*을 말한다.

증발은 온도와 어떤 관련이 있을까? 그림 11.33은 서로 다른 두 온도에서 액체 상태에 있는 분자의 운동 에너지 분포를 보여주고 있다. 여기서 볼 수 있듯이 온도가 높을수록 운동 에너지가 커지고, 따라서 더 많은 분자가 액체를 떠나게 된다.

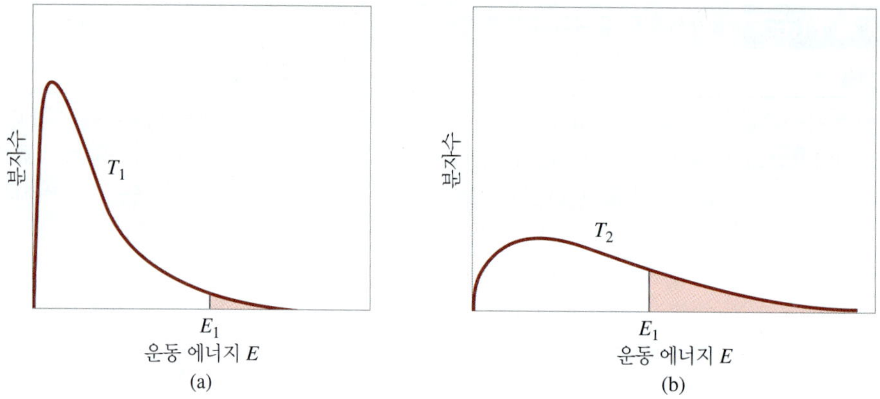

▶ **그림 11.33** (a) 온도 T_1과 (b) 더 높은 온도 T_2에서 액체상 분자들의 운동 에너지 분포 곡선. 온도가 높아질수록 곡선이 평평해짐에 유의하라. 어둡게 칠한 영역은 특정 운동 에너지 E_1 이상의 운동 에너지를 가지는 분자수를 나타낸다. 온도가 높아질수록 더 큰 운동 에너지를 가지는 분자수가 증가한다.

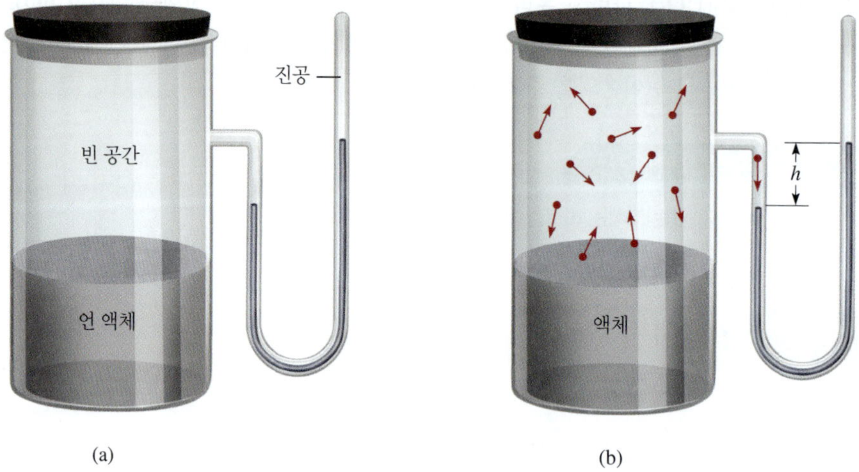

▶ **그림 11.34** 액체의 증기압을 측정하는 장치. (a) 초기에는 액체가 얼어 있으므로 증기상에는 분자가 없다. (b) 가열을 하면 액체상이 형성되고 증발이 시작된다. 평형에서 액체를 떠나는 분자수와 액체로 되돌아오는 분자수는 같다. 수은의 높이차(h)는 특정 온도에서 액체의 평형 증기압을 나타낸다.

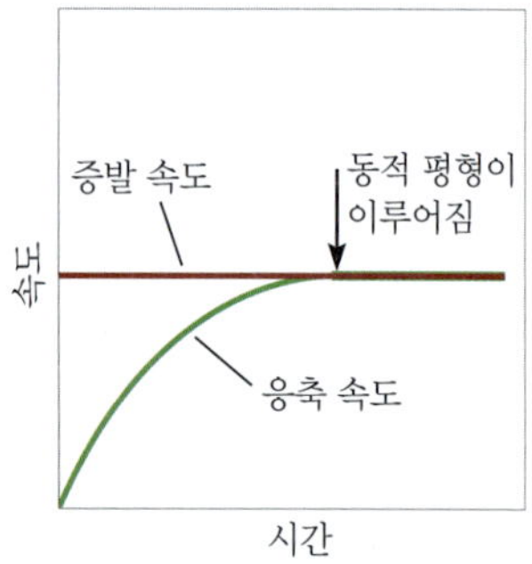

▲ **그림 11.35** 일정한 온도에서 계가 평형에 접근할 때 증발 및 응축 속도의 비교.

▶▶ 증기압

액체가 기화할 때 기화되는 기체 분자는 증기압을 나타낸다(5.1절의 기체와 증기 사이의 차이를 기억하라). 그림 11.34와 같은 장치를 생각하자. 기화가 시작되기 전에는 U자형 압력계 관에 있는 수은의 높이가 같다. 분자 몇 개가 액체 상태를 떠나 증기상이 형성되고, 상당량의 증기가 존재하게 되면 이제 증기압을 측정할 수 있다. 그러나 기화 과정이 무한히 계속되는 것은 아니다. 결국은 수은의 높이가 안정화되고, 더 이상의 변화가 없게 된다.

기화가 일어나는 동안 분자 수준에서는 어떤 일이 일어나는가? 초기에는 한 방향으로만 변화가 일어난다. 즉, 분자는 액체에서 빈 공간으로 움직인다. 곧이어 액체 위의 공간에 있는 분자가 증기상을 만들고, 이 증기상 분자의 농도가 증가해서 몇몇 분자는 응축되어 다시 액체상으로 되돌아가게 된다. **응축**(condensation)은 *기체상에서 액체상으로의 변화*를 말하는데, 분자가 액체 표면에 충돌할 때 액체의 분자간 힘에 의해 포획되기 때문에 일어나는 현상이다.

주어진 일정한 온도에서 기화 속도는 일정하며, 증기상의 분자 농도가 증가함에 따라 응축 속도는 증가한다. 응축과 기화의 속도가 같아지게 되면 *정반응 속도가 역반응 속도와 정확히 균형을 이루고 있는 상태*인 **동적 평형**(dynamic equilibrium) 상태에 도달하게 된다(그림 11.35). **평형 증기압**(equilibrium vapor pressure)은 *응축과 기화 사이에 동적 평형이 존재할 때 측정된 증기압*을 말한다. 액체의 평형 증기압을 좀 더 간단하게 단순히 "증기압"이라고 한다. 간단하게 한 용어의 의미를 알기만 하면 단순하게 증기압이라고 사용해도 좋다.

▶▶▶ **동영상 자료**
평형 증기 압력

어떤 주어진 온도에서 그 액체의 *최대* 증기압을 평형 증기압이라 하며, 온도가 일정하면 그 값도 일정하다는 사실을 꼭 기억해 둘 필요가 있다. (평형 증기압은 아주 소량의 액체만 존재하더라도 액체가 존재하기만 하면 그 양에는 상관없이 일정하다.) 지금까지의 논의로부터 액체의 증기압이 온도와 함께 증가하리라는 것을 예상할 수 있는데, 그림 11.36에 있는 세 가지 다른 액체에 대한 증기압과 온도의 도표가 이러한 예상을 입증해 주고 있다.

인터넷 핫스팟

학생들의 학습 경험에 대해 축적된 자료에 따르면 증기압을 이해하는 데 어려움을 겪을 수 있다. 이런 경우 eBook에 접속해서 이 주제에 대한 추가 학습 자료를 보면 도움이 될 수 있다.

몰증발열과 끓는점

액체에서 액체 1 mol을 기화시키는 데 필요한 에너지(보통 kJ)로 정의되는 **몰증발열**(molar heat of vaporization, $\Delta H_{증발}$)은 분자간 힘의 세기의 척도로 사용된다. 몰증발열은 액체에 존재하는 분자간 힘의 세기와 직접 관련되어 있다. 분자 사이의 인력이 강하면 액체 상에서 분자를 자유롭게 하는 데 많은 에너지가 필요하게 되어 몰증발열이 크게 될 것이다. 이러한 액체는 또한 상대적으로 낮은 증기압을 가지게 된다.

그림 11.36에서 보는 바와 같이 앞서 언급한 내용에 의하면 액체의 평형 증기압(P)은 온도가 증가함에 따라 증가함을 예측할 수 있다. 어떤 액체의 증기압 P와 절대 온도 T 사이의 정량적인 관계는 다음과 같은 클라우지우스[†]-클라페롱[‡](Clausius-Clapeyron) 식으로 주어진다.

$$\ln P = -\frac{\Delta H_{증발}}{RT} + C \tag{11.2}$$

여기서 ln은 자연 로그이며, R은 기체 상수(8.314 J/K·mol), C는 상수를 나타낸다. 클라우지우스-클라페롱 식은 $y = mx + b$와 같은 선형 방정식의 형태를 취하고 있다.

$$\begin{array}{cccccc} \ln P = & \left(-\dfrac{\Delta H_{증발}}{R}\right) & \left(\dfrac{1}{T}\right) & + & C \\ \updownarrow & \updownarrow & \updownarrow & & \updownarrow \\ y = & m & x & + & b \end{array}$$

다른 온도에서 액체의 증기압을 측정해서(그림 11.36 참조) ln P 대 $1/T$를 도시하면, 그 기울기가 $-\Delta H_{증발}/R$가 된다. ($\Delta H_{증발}$은 온도에 무관한 값으로 가정한다.) 이 방법으로 증

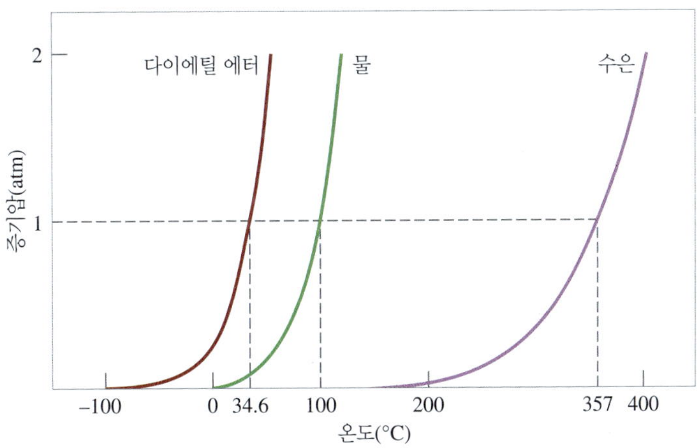

◀ **그림 11.36** 세 가지 액체의 온도 증가에 따른 증기압 증가. 1 atm에서 액체의 정상 끓는점을 수평축에 나타내었다. 수은의 경우 강한 금속 결합으로 인해 매우 낮은 증기압을 보인다.

[†]클라우시우스(Rudolf Julius Emanuel Clausius, 1822~1888)는 독일 물리학자로 주로 전기, 기체 운동론, 열역학 분야에 업적이 있다.

[‡]클라페롱(Benoit Paul Emile Clapeyron, 1799~1864)은 프랑스 공학자로 증기 엔진의 열역학적 현상 연구에 기여하였다.

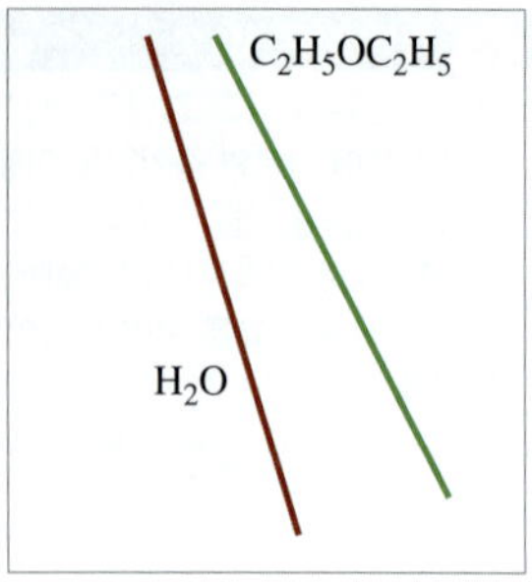

▲ **그림 11.37** 물과 다이에틸 에터에 대한 ln P 대 $1/T$의 그래프. 각 경우에 기울기는 $-\Delta H_{증발}/R$이다.

표 11.7 몇 가지 액체의 몰증발열

물질	끓는점(°C)	$\Delta H_{증발}$(kJ/mol)
다이에틸 에터($C_2H_5OC_2H_5$)	34.6	26.0
메테인(CH_4)	−164.1	9.2
물(H_2O)	100	40.79
벤젠(C_6H_6)	80.1	31.0
수은(Hg)	357	59.0
아르곤(Ar)	−186	6.3
에탄올(C_2H_5OH)	78.3	39.3

발열을 구한다(표 11.7 참조). 그림 11.37은 물과 다이에틸 에터($C_2H_5OC_2H_5$)의 ln P 대 $1/T$의 도표를 보여준다. 물의 경우 직선의 기울기가 훨씬 더 큰데, 이는 물의 $\boldsymbol{\Delta H}_{증발}$이 더 크기 때문이다.

한 온도에서 어떤 액체의 $\boldsymbol{\Delta H}_{증발}$과 P 값을 알면 클라우지우스-클라페롱 식을 사용해서 다른 온도에서의 액체의 증기압을 계산할 수 있다. 온도 T_1과 T_2에서의 증기압이 각각 P_1과 P_2라면, 식 (11.2)로부터

$$\ln P_1 = -\frac{\Delta H_{증발}}{RT_1} + C \qquad (11.3)$$

$$\ln P_2 = -\frac{\Delta H_{증발}}{RT_2} + C \qquad (11.4)$$

식 (11.3)에서 식 (11.4)를 빼면,

$$\ln P_1 - \ln P_2 = -\frac{\Delta H_{증발}}{RT_1} - \left(-\frac{\Delta H_{증발}}{RT_2}\right) = \frac{\Delta H_{증발}}{R}\left(\frac{1}{T_2} - \frac{1}{T_1}\right)$$

따라서

$$\ln\frac{P_1}{P_2} = \frac{\Delta H_{증발}}{R}\left(\frac{1}{T_2} - \frac{1}{T_1}\right)$$

또는

$$\ln\frac{P_1}{P_2} = \frac{\Delta H_{증발}}{R}\left(\frac{T_1 - T_2}{T_1T_2}\right) \qquad (11.5)$$

예제 11.7은 식 (11.5)의 활용 예이다.

예제 11.7

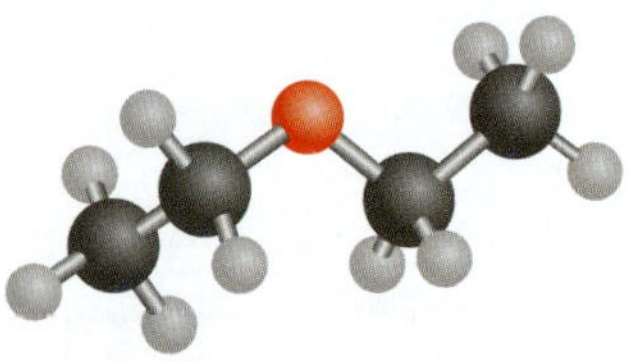

$C_2H_5OC_2H_5$

다이에틸 에터는 휘발성이며 가연성의 유기 액체로서 주로 용매로 사용된다. 18°C에서 다이에틸 에터의 증기압은 401 mmHg이다. 32°C에서 이 물질의 증기압을 구하라.

전략 한 온도에서 다이에틸 에터의 증기압이 주어지고 다른 온도에서의 증기압을 묻는 문제이다. 따라서 식 (11.5)를 사용하면 된다.

풀이 표 11.7로부터 $\Delta H_{증발}$ = 26.0 kJ/mol이다. 자료는 다음과 같다.

P_1 = 401 mmHg　　P_2 = ?
T_1 = 18°C = 291 K　　T_2 = 32°C = 305 K

(계속)

식 (11.5)로부터

$$\ln \frac{401}{P_2} = \frac{26{,}000 \text{ J/mol}}{8.314 \text{ J/K} \cdot \text{mol}} \left[\frac{291 \text{ K} - 305 \text{ K}}{(291 \text{ K})(305 \text{ K})}\right]$$
$$= -0.493$$

양변에 안티로그(부록 5 참조)를 취하면,

$$\frac{401}{P_2} = e^{-0.493} = 0.611$$

그러므로

$$P_2 = 656 \text{ mmHg}$$

검산 온도가 더 높아지면 증기압도 더 커질 것이라 예상했는데 문제의 답은 예상과 잘 일치한다.

실전 연습 34.9°C에서 에탄올의 증기압은 100 mmHg이다. 63.5°C에서의 증기압을 구하라. (에탄올의 $\Delta H_{증발}$은 39.3 kJ/mol이다.)

비슷한 문제: 11.84.

몰증발열을 보여줄 수 있는 실제 방법은 에탄올(C_2H_5OH)이나 아이소프로판올(C_3H_7OH)과 같은 알코올을 손에 문지르는 것이다. 이러한 알코올은 물보다 $\Delta H_{증발}$이 작으므로, 손에서 발생하는 열이 알코올 분자의 운동 에너지를 증가시켜서 기화시키기에 충분하다. 열 손실의 결과 손은 차갑게 느껴진다. 이러한 과정은 인체가 일정한 온도를 유지하는 수단의 한 가지인 땀 분비작용과 유사하다. 물에 존재하는 분자 사이의 강한 수소 결합으로 인해 인체 표면에서 땀 속의 물을 기화시키기 위해서는 상당한 양의 에너지가 필요하다. 이 에너지가 여러 신진 대사 과정에서 발생하는 열에 의해 공급된다.

앞에서 온도가 높아짐에 따라 액체의 증기압이 증가함을 보았다. 모든 액체에는 액체가 끓기 시작하는 온도가 있다. *액체의 증기압이 외부 압력과 같아지는 온도를* **끓는점**(boiling point)이라 한다. 모든 액체의 *정상*(normal) 끓는점은 외부 압력이 1 atm일 때 그 액체가 끓는 온도를 말한다.

끓는점에서 액체의 내부에 기포가 생긴다. 기포가 생길 때 원래 그 공간을 차지하고 있던 액체는 바깥으로 밀려나가고, 따라서 용기 속 액체의 위치가 올라가게 된다. 기포에 작용하는 압력은 주로 대기압이며, 여기에 더해서 약간의 *정지 유압*(hydrostatic pressure), 즉 액체의 존재로 인해 생기는 압력이 있다. 기포 *내부의* 압력은 전적으로 액체의 증기압이다. 증기압이 외부 압력과 같아지면 기포는 액체의 표면으로 떠올라서 터지게 된다. 만약 기포 내의 증기압이 외부 압력보다 낮으면 기포는 떠오르기 전에 없어질 것이다. 따라서 액체의 끓는점은 외부 압력에 의해 결정됨을 알 수 있다. (보통 유압에 의한 작은 기여는 무시한다.) 예를 들어, 1 atm에서는 물이 100°C에서 끓지만, 압력이 0.5 atm으로 낮아지면 82°C에서 끓는다.

끓는점이 액체의 증기압으로 결정되기 때문에 끓는점이 몰증발열과 관련 있음을 예상할 수 있다. $\Delta H_{증발}$이 클수록 끓는점은 높아진다. 표 11.7의 자료는 이러한 예상을 대략적으로 확인시켜 준다. 결국 끓는점과 $\Delta H_{증발}$은 둘 다 분자간 힘의 세기에 의해 결정된다. 예를 들면, 분산력이 약한 아르곤(Ar)과 메테인(CH_4)은 끓는점이 낮고 몰증발열이 작다. 다이에틸 에터($C_2H_5OC_2H_5$)는 쌍극자 모멘트를 가지며, 이러한 쌍극자-쌍극자 힘이 이 물질이 끓는점이 높고 $\Delta H_{증발}$ 값이 큰 이유가 된다. 에탄올과 물에는 강한 수소 결합이 존재하므로 이들은 끓는점이 높고 $\Delta H_{증발}$ 값이 크다. 수은은 강한 금속 결합 때문에 액체 중 끓는점이 가장 높고 $\Delta H_{증발}$ 값이 가장 크다. 재미있는 점은 비극성인 벤젠의 끓는점이 에

> **인터넷 핫스팟**
> 학생들의 학습 경험에 대해 축적된 자료에 따르면 끓는점을 이해하는 데 어려움을 겪을 수 있다. 이런 경우 eBook에 접속해서 이 주제에 대한 추가 학습 자료를 보면 도움이 될 수 있다.

탄올의 끓는점에 필적할 정도라는 점이다. 벤젠은 비편재화된 파이 분자 오비탈에 전자가 분포됨으로 인해 높은 편극도를 가지게 되는데, 이로 인해서 벤젠 분자 사이의 분산력이 쌍극자-쌍극자 힘이나 수소 결합에 필적하거나 오히려 더 강할 수도 있음을 시사하고 있다.

임계 온도와 압력

증발의 반대는 응축이다. 원리상 기체를 액화시키는 방법에는 두 가지 기술이 있다. 하나는 기체 시료를 냉각시킴으로써 기체 분자의 운동 에너지를 감소시켜서 결국 분자가 뭉쳐져서 작은 액체 방울을 만드는 것이고, 또 하나는 압력을 가하는 방법이다. 압축은 분자 사이의 평균 거리를 줄여 분자 사이의 상호 인력에 의해 서로 붙들려 있게 한다. 공업적인 액화 과정은 이 두 방법을 함께 사용하고 있다.

모든 물질은 **임계 온도**(critical temperature, T_c)를 갖는데, 임계 온도란 *특정 온도 이상에서는 아무리 높은 압력을 가하더라도 기체가 액화될 수 없는 온도*를 말한다. 이것은 또한 *어떤 물질이 액체로 존재할 수 있는 가장 높은 온도*이기도 하다. 또 달리 말하면 임계 온도 이상에서는 액체와 기체 사이에 근본적인 구분이 없다. 단지 유체일 뿐이다. **임계 압력**(critical pressure, P_c)은 *임계 온도에서 액화시키기 위해 가해 주는 최소 압력*을 말한다. 임계 온도의 존재는 정성적으로 다음과 같이 설명할 수 있다. 어떤 주어진 물질에 대해서 분자간 힘은 유한한 크기를 가지며, 온도에 무관한 양이다. T_c 이하에서 이 힘은 적당한 압력하의 액체 상태에서 분자를 서로 붙들어 둘 수 있을 만큼 충분히 강하다. T_c 이상에서는 분자 운동이 활발해짐에 따라 분자들은 분자간 힘으로부터 벗어나서 따로 따로 떨어질 수 있게 된다. 그림 11.38은 헥사플루오린화 황(SF_6)이 그 임계 온도(45.5°C) 이상으로 가열된 후 다시 45.5°C 아래로 냉각되었을 때 무슨 일이 일어나는지를 보여준다.

표 11.8에 여러 일반 물질의 임계 온도와 임계 압력을 나타내었다. 한 물질의 임계 온도는 그 물질의 분자간 힘의 세기를 반영하고 있다. 분자간 힘이 강한 벤젠, 에탄올, 수은, 물은 표에 있는 다른 물질에 비해 역시 임계 온도가 높다.

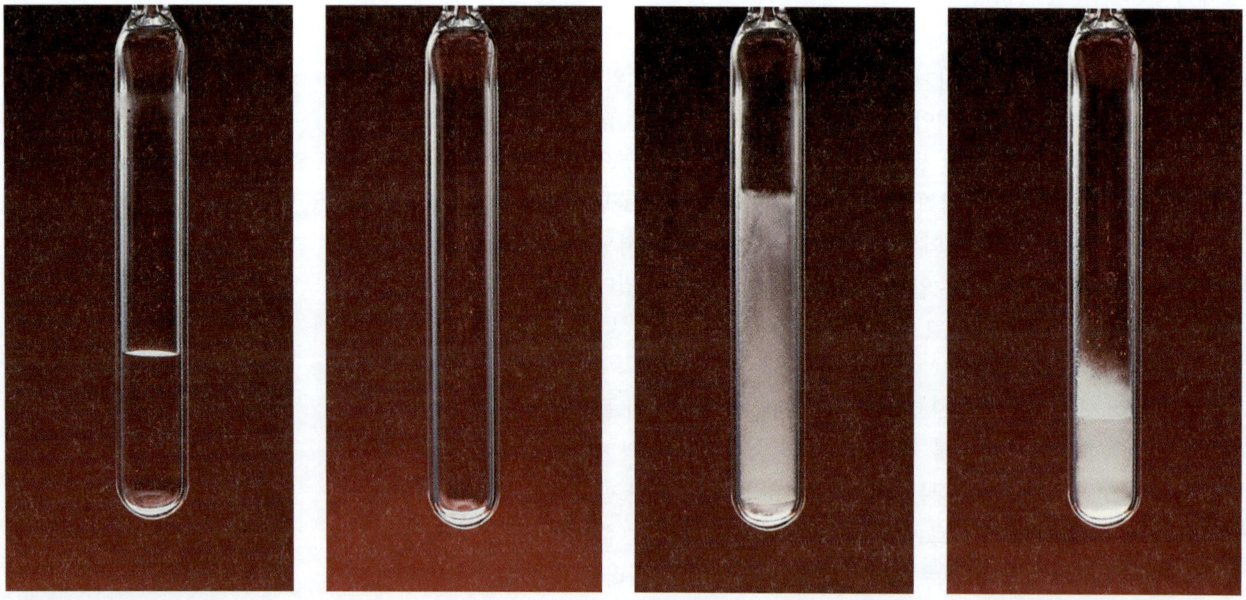

(a) (b) (c) (d)

▲ **그림 11.38** 육플루오린화 황의 임계 현상. (a) 임계 온도 이하에서는 투명한 액체상이 보인다. (b) 임계 온도 이상에서 액체상이 사라진다. (c) 물질을 임계 온도 바로 아래에서 냉각시켰다. 안개는 증기가 응축된 것을 나타낸다. (d) 마침내 액체상이 다시 나타난다.

표 11.8 몇 가지 물질의 임계 온도 및 임계 압력

물질	T_c(°C)	P_c(atm)
다이에틸 에터($C_2H_5OC_2H_5$)	192.6	35.6
메테인(CH_4)	−83.0	45.6
물(H_2O)	374.4	219.5
벤젠(C_6H_6)	288.9	47.9
산소 분자(O_2)	−118.8	49.7
수소 분자(H_2)	−239.9	12.8
수은(Hg)	1462	1036.0
아르곤(Ar)	−186	6.3
암모니아(NH_3)	132.4	111.5
에탄올(C_2H_5OH)	243	63.0
육플루오린화 황(SF_6)	45.5	37.6
이산화 탄소(CO_2)	31.0	73.0
질소 분자(N_2)	−147.1	33.5

액체-고체 평형

액체가 고체로 변하는 것을 *응고*(freezing)라 하고, 그 역 과정을 *녹음*(melting) 또는 *용융*(fusion)이라 한다. *용융*은 녹는 과정을 말한다. 그러므로 "fuse(퓨즈)"는 과도한 전류에 의해 발생된 열로 인해 금속 리본이 녹을 때 전기 회로가 끊어지는 것이다. 고체의 **녹는점**(melting point) 또는 액체의 **어는점**(freezing point)은 *평형 상태에서 액체와 고체상이 공존하는* 온도를 말한다. 어떤 물질의 *정상*(normal) 녹는점(또는 어는점)은 1 atm에서 그 물질이 녹는 온도(또는 어는 온도)를 말한다. 일반적으로는 압력이 1 atm일 때 "정상"이란 말을 생략하고 사용한다.

가장 친숙한 액체-고체 평형은 물과 얼음의 평형이다. 0°C, 1 atm에서 물과 얼음의 동적 평형을 다음과 같이 나타낸다.

$$얼음 \rightleftharpoons 물$$

이 동적 평형의 실례로 얼음물(ice water)을 들 수 있다. 얼음 조각이 녹아서 물이 되면 물의 일부는 얼음 조각들 사이에서 다시 얼어서 얼음 조각을 서로 들러붙게 한다. 하지만 유리잔은 0°C로 유지되지 않으며, 결국 모든 얼음 조각은 녹아 없어질 것이기 때문에 이것은 진짜 동적 평형은 아니다.

그림 11.39는 어떤 물질이 그 주위로부터 열을 흡수함에 따라 어떻게 온도 변화가 일어나는지를 나타낸다. 어떤 고체를 가열하면 녹는점에 도달할 때까지 고체의 온도가 증가함을 알 수 있다. 녹는점에서 분자의 평균 운동 에너지가 충분히 커져 고체 상태에서 분자가 서로 붙들고 있던 분자간 힘을 극복하기 시작한다. 이때 고체상에서 액체상으로의 전이가 시작되는데, 여기서 흡수된 열은 고체상에서 결합되어 있는 분자를 점점 떼어내는 데 사용된다. 그런데 이런 전이 과정(A ⟶ B)에서 분자의 평균 운동 에너지는 변하지 않게 되고, 따라서 온도는 일정하게 유지됨을 주목해야 한다. 시료가 완전히 녹으면(점 B), 다시 열의 흡수가 일어나게 되고 끓는점에 도달할 때까지 액체의 온도가 올라간다(B ⟶ C). 여기서 액체상에서 기체상으로의 전이가 일어나게 되는데(C ⟶ D), 앞서 고체-액체상 전이와 비슷하게 흡수된 열은 액체상에서 분자를 붙들고 있는 분자 사이의 응집을 극복하는 데 사용되어 이 과정에서 온도가 일정하게 유지된다. 일단 이 액체-기체상 전이가 끝나게 되면 계속된 가열에 의해 기체의 온도는 다시 상승하게 된다.

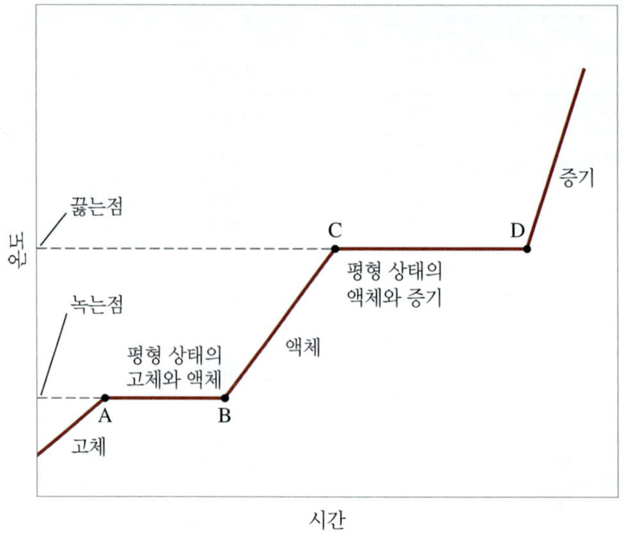

▶ **그림 11.39** 고체상에서 액체상을 거쳐 기체상까지 나타낸 물질의 가열 곡선. $\Delta H_{용융}$은 $\Delta H_{증발}$보다 작기 때문에 물질이 녹는 데 걸린 시간이 끓는 데 걸린 시간보다 짧다. *AB*가 *CD*보다 짧게 그려진 이유가 바로 이 때문이다. 고체, 액체, 기체 가열 곡선의 기울기는 물질 각 상태의 비열에 의해 결정된다.

표 11.9 몇 가지 물질의 몰용융열

물질	녹는점(°C)	$\Delta H_{용융}$(kJ/mol)
다이에틸 에터($C_2H_5OC_2H_5$)	−116.2	6.90
메테인(CH_4)	−183	0.84
물(H_2O)	0	6.01
벤젠(C_6H_6)	5.5	10.9
수은(Hg)	−39	23.4
아르곤(Ar)	−190	1.3
에탄올(C_2H_5OH)	−117.3	7.61

몰용융열(molar heat of fusion, $\Delta H_{용융}$)은 *고체 1 mol을 녹이는 데 필요한 에너지*(보통 kJ 단위)를 말한다. 표 11.7의 물질에 대한 몰용융열을 표 11.9에 나타내었다. 두 표의 자료를 비교해 보면 각 물질에 대한 $\Delta H_{용융}$이 $\Delta H_{증발}$보다 작음을 알 수 있다. 이런 사실은 액체 상태의 분자가 여전히 서로 꽤 가깝게 밀집되어 있어 고체에서 액체로 재배열이 일어나기 위해서 약간의 에너지만 필요하다는 사실과 잘 일치한다. 반면 액체가 증발할 때는 분자는 서로 완전히 떨어져야 하므로 이 인력을 극복하기 위해서는 상당히 많은 양의 에너지가 필요하게 된다.

예상대로 물질의 *냉각*(cooling)은 가열과 정반대의 효과로 설명할 수 있다. 만약 일정한 속도로 기체 시료에서 열을 제거하면 온도가 내려간다. 액체가 형성되면 계의 퍼텐셜 에너지가 감소하기 때문에 계로부터 열이 방출된다. 이런 이유로 응축 과정 동안 계의 온도는 일정하게 유지된다. 증기가 전부 응축되면(D ⟶ C) 액체의 온도가 떨어지기 시작하고, 계속해서 냉각하면 마침내 물질은 얼게 된다(B ⟶ A).

*액체가 일시적으로 어는점 이하의 온도까지 액체 상태로 냉각될 수 있는 현상*을 **과냉각**(supercooling)이라 하는데, 이러한 과냉각은 열이 너무 빨리 액체에서 제거되어 분자가 말 그대로 고체의 규칙적인 구조를 갖지 못할 때 일어나게 된다. 과냉각된 액체는 불안정하므로 가볍게 저어주거나 액체와 동일한 물질의 아주 작은 "씨앗(seed)" 결정을 넣어주면 빠르게 고체화된다.

고체-증기 평형

고체도 증발되고 따라서 증기압을 나타낸다. 다음과 같은 동적 평형을 살펴보자.

$$\text{고체} \rightleftharpoons \text{증기}$$

승화(sublimation)는 *분자가 고체상에서 증기상으로 직접 상전이하는 과정*을 말한다. **석출**(deposition)은 그 역과정으로 *증기상에서 고체상으로 직접 전이하는 과정*이다. 좀약으로 쓰이는 물질인 나프탈렌은 고체치고는 상당히 높은 평형 증기압(53°C에서 1 mmHg)을 가진다. 따라서 밀폐된 공간에서 코를 찌르는 냄새가 빠르게 퍼지게 된다. 아이오딘도 승화하는데, 상온에서 밀폐된 용기에 있을 때는 보라색의 아이오딘 증기를 쉽게 볼 수 있다.

▲ *증기와 평형에 있는 아이오딘 고체.*
Ken Karp/McGraw-Hill

고체 상태의 분자는 아주 강하게 서로 붙들려 있기 때문에 일반적으로 액체에 비해 고체는 그 증기압이 훨씬 낮다. 어떤 물질의 **몰승화열**(molar heat of sublimation, $\Delta H_{\text{승화}}$)은 *고체 1 mol을 승화시키는 데 필요한 에너지*(보통 kJ 단위)를 말한다. 이것은 몰용융열과 몰증발열의 합과 같다.

$$\Delta H_{\text{승화}} = \Delta H_{\text{용융}} + \Delta H_{\text{증발}} \tag{11.6}$$

식 (11.6)은 헤스 법칙(6.6절 참조)의 한 예이다. 전 과정에 대한 엔탈피, 즉 열의 변화량은 그 물질이 고체에서 기체로 직접 변하든 고체에서 액체를 거쳐 기체로 변하든 경로에 관계없이 동일하다는 것이다. 단, 식 (11.6)은 모든 상 변화가 *같은* 온도에서 일어날 때 성립됨을 기억해야 한다. 만약 온도가 같지 않다면 이 식은 근사식으로만 사용될 수 있다.

그림 11.40은 이 단원에서 설명한 여러 형태의 상 변화를 요약 정리한 것이다.

어떤 물질을 가열하면 온도가 상승하고 결국 상전이(phase transition)가 일어나게 된다. 그러한 과정에 대한 전체 에너지 변화를 계산하기 위해서는 예제 11.8에서 볼 수 있듯이 모든 과정을 포함해야 한다.

인터넷 핫스팟
학생들의 학습 경험에 대해 축적된 자료에 따르면 상 변화에 대한 엔탈피 변화를 이해하는 데 어려움을 겪을 수 있다. 이런 경우 eBook에 접속해서 이 주제에 대한 추가 학습 자료를 보면 도움이 될 수 있다.

예제 11.8

액체 상태의 물 346 g을 0°C에서 182°C로 가열하는 데 필요한 에너지의 양을 kJ 단위로 계산하라. 액체 영역에서는 물의 비열은 4.184 J/g · °C이며, 수증기의 비열은 1.99 J/g · °C로 가정한다.

전략 각 단계에서의 열 변화(q)는 $q = ms\Delta t$로 주어지며(6.5절 참조), 여기서 m은 물의 질량, s는 비열, Δt는 온도 변화이다. 만일 증발과 같은 상 변화가 있다면 $q = n\Delta H_{\text{증발}}$로 주어지며, 여기서 n은 물의 몰수이다.

풀이 계산은 세 단계로 나누어서 한다.

단계 1: 물을 0°C에서 100°C로 가열

식 (6.12)를 사용하면 다음과 같다.

$$\begin{aligned} q_1 &= ms\Delta t \\ &= (346\text{ g})(4.184\text{ J/g}\cdot{}^\circ\text{C})(100^\circ\text{C} - 0^\circ\text{C}) \\ &= 1.45 \times 10^5\text{ J} \\ &= 145\text{ kJ} \end{aligned}$$

단계 2: 100°C에서 물 346 g이 증발(상 변화)

표 11.7에서 물의 $\Delta H_{\text{증발}} = 40.79$ kJ/mol로 주어진다. 따라서

(계속)

$$q_2 = 346\ \text{g H}_2\text{O} \times \frac{1\ \text{mol H}_2\text{O}}{18.02\ \text{g H}_2\text{O}} \times \frac{40.79\ \text{kJ}}{1\ \text{mol H}_2\text{O}}$$

$$= 783\ \text{kJ}$$

단계 3: 수증기를 100°C에서 182°C까지 가열

$$\begin{aligned} q_3 &= ms\Delta t \\ &= (346\ \text{g})(1.99\ \text{J/g}\cdot{}^\circ\text{C})(182^\circ\text{C} - 100^\circ\text{C}) \\ &= 5.65 \times 10^4\ \text{J} \\ &= 56.5\ \text{kJ} \end{aligned}$$

필요한 전체 에너지는

$$\begin{aligned} q_{\text{전체}} &= q_1 + q_2 + q_3 \\ &= 145\ \text{kJ} + 783\ \text{kJ} + 56.5\ \text{kJ} \\ &= 985\ \text{kJ} \end{aligned}$$

검산 모든 q의 부호가 양이므로 이는 온도를 0°C에서 182°C로 올리기 위해서는 열이 흡수되어야 한다는 사실과 잘 일치한다. 또한 예상대로 상 전이가 일어나는 동안에는 훨씬 많은 열이 흡수된다.

실전 연습 124°C의 수증기 68.0 g이 45°C의 물로 변할 때 발생되는 열을 계산하라.

비슷한 문제: 11.76.

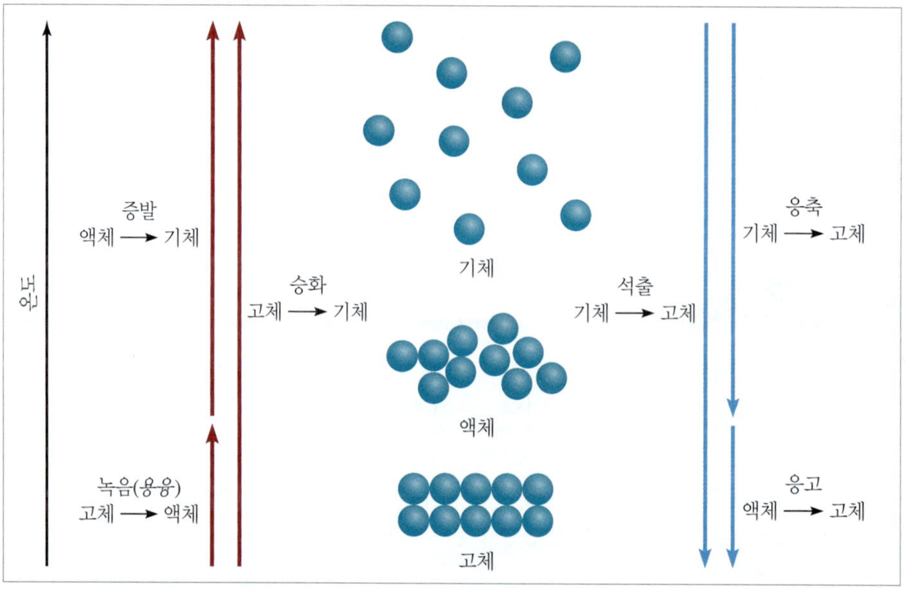

▶ **그림 11.40** 물질에 일어날 수 있는 다양한 상 변화.

개념과 사실 요약하기

- 밀폐된 용기 속의 액체는 결국 증발과 응축 간의 동적 평형을 이루게 된다. 이런 조건하에서 액체 위의 증기압을 평형 증기압이라 하는데, 간단히 "증기압"이라 한다.
- 끓는점에서 액체의 증기압은 외부 압력과 같다. 액체의 몰증발열은 1몰의 액체를 증발시키는 데 필요한 에너지이다. 온도의 함수로서 액체의 증기압을 측정하고 클라우지우스-클라페롱 식을 사용해서 몰증발열을 구할 수 있다. 고체의 몰용융열은 고체 1몰을 녹이는 데 필요한 에너지이다.
- 모든 물질에는 임계 온도라고 하는 온도가 있는데, 이 온도 이상에서는 기체 상태의 물질을 액화시킬 수 없다.

개념과 사실 복습하기

11.8.1 어떤 학생이 두 유기 액체 화합물인 메탄올(CH_3OH)과 다이메틸 에터(CH_3OCH_3)를 가지고 그림 11.37과 같은 ln *P* 대 $1/T$의 도시를 공부하고 있다. 두 화합물의 기울기는 각각 -2.32×10^3 K와 -4.50×10^3 K이다. 이 두 화합물의 $\Delta H_{증발}$을 어떻게 구할까?

11.8.2 헥사플루오로벤젠의 증기압은 27°C에서 92.47 mmHg이다. 헥사플루오로벤젠의 $\Delta H_{증발}$가 35.5 kJ/mol이라면 47°C에서 증기압을 계산하라.

11.9 상 평형 그림

학습 목표

- 상 평형 도표를 이용하여 삼중점을 찾아내고 주어진 온도와 압력에서 물질의 상을 결정할 수 있다.

▶▶ 동영상 자료
상 평형 그림과 물질의 상태

고체, 액체, 증기상 간의 전반적인 관계를 하나의 그래프로 가장 잘 표현할 수 있는 것이 상 평형 그림이다. **상 평형 그림**(phase diagram)에는 *어떤 물질이 고체, 액체, 기체로 존재할 수 있는 조건이 요약되어 있다.* 상 평형 그림은 압력과 온도의 변화에 따라서 상이 변화하는 것을 그래프로 나타낸다.

대표적인 상 평형 그림(그림 11.41)은 세 영역으로 나뉘어 있는데, 각 영역은 순수한 상을 나타낸다. 어떤 두 영역의 경계선은 두 상이 평형 상태로 존재할 수 있는 조건을 나타낸다. 이런 곡선을 흔히 **상 경계**(phase boundary)라고 한다. 예를 들면, 액체와 기체상 사이의 상 경계는 온도에 따르는 증기압의 변화를 보여준다. 다른 두 상 경계도 마찬가지로 고체와 액체, 고체와 증기 사이의 평형 조건을 나타낸다. 세 곡선이 모두 만나는 점을 **삼중점**(triple point)이라 하는데, *이는 물질의 증기, 액체 및 고체 상태가 평형을 이루는 점*이다. 삼중점은 또한 물질이 액체로 존재할 수 있는 가장 낮은 온도를 나타낸다. 액체-증기 상 경계가 멈추는 곳이 **임계점**(critical point)이며 물질이 액체로 존재할 수 있는 가장 높은 압력(임계 압력, P_c)과 온도(임계 온도, T_c)를 나타낸다(11.8절 참조).

상 평형 그림으로부터 외부 압력이 변할 때 어떤 물질의 녹는점과 끓는점이 어떻게 변화하는지를 예측할 수 있다. 또한 온도와 압력의 변화에 의해 일어나는 상전이의 방향을 예측할 수 있다. 이 절에서는 물과 이산화 탄소의 상 평형 그림을 간단히 살펴보기로 한다.

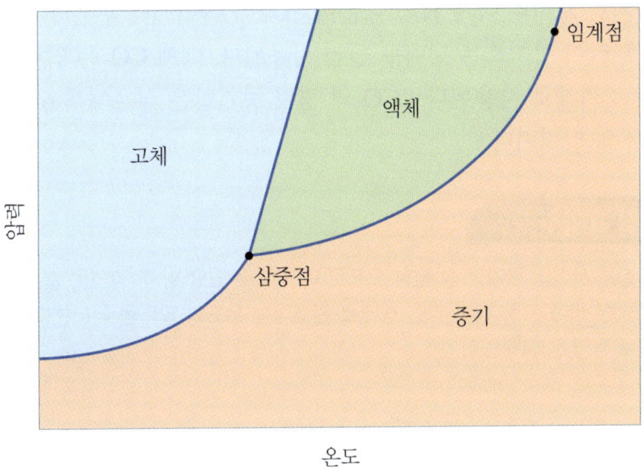

◀ **그림 11.41** 일반적인 상 도표. 상 도표는 특정 온도와 압력에서 물질의 어떤 상이 안정적인지를 보여준다. 각 곡선은 상 경계이다. 세 단계가 모두 평형 상태로 존재할 수 있는 지점이 삼중점이다. 임계점은 액체와 증기 평형의 상 경계의 말단이며 물질의 임계 온도와 임계 압력을 보여준다.

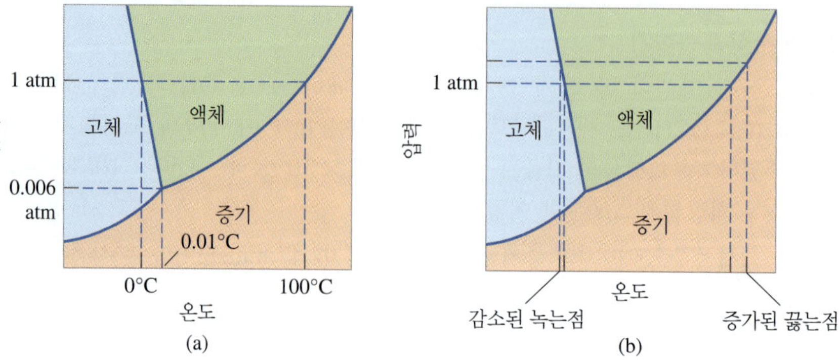

▲ **그림 11.42** (a) 물의 상 평형 그림. 두 상 사이의 각 실선은 평형에서 두 상이 공존할 때의 온도와 압력을 나타낸 것이다. 평형에서 세 가지 상이 공존하는 점(0.006 atm, 0.001°C)을 삼중점이라 한다. (b) 이 상 평형 그림은 얼음 위의 압력이 증가하면 어는점이 낮아지고, 액체 물의 압력이 증가하면 끓는점이 높아짐을 보여준다.

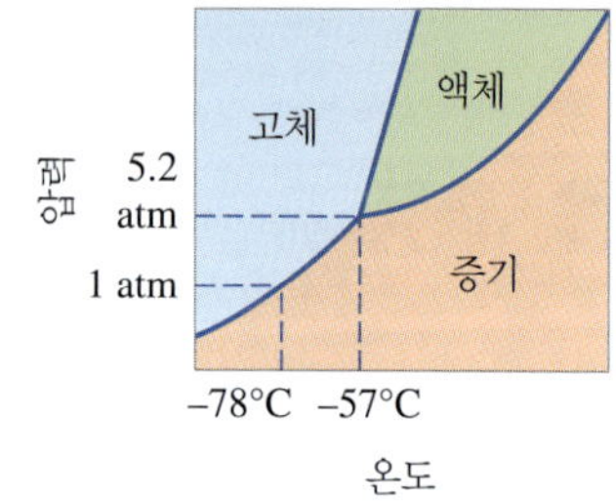

▲ **그림 11.43** 이산화 탄소의 상 평형 그림. 고체-액체 경계선이 양의 기울기를 가짐에 유의하라. 액체상은 5.2 atm 아래에서는 안정하지 않기 때문에 대기압에서는 고체상과 기체상만 관찰된다.

인터넷 핫스팟

학생들의 학습 경험에 대해 축적된 자료에 따르면 상 평형 그림을 이해하는 데 어려움을 겪을 수 있다. 이런 경우 eBook에 접속해서 이 주제에 대한 추가 학습 자료를 보면 도움이 될 수 있다.

▲ **그림 11.44** 대기압에서 고체 이산화 탄소는 녹지 않고 승화만 한다. 차가운 이산화 탄소 기체는 가까이에 있는 수증기를 응축시켜 안개로 만든다.

Ken Karp/McGraw-Hill

물

그림 11.42(a)는 물의 상 평형 그림을 보여준다. 1 atm에서 물의 정상 녹는점과 끓는점은 각각 0°C와 100°C인데, 어떤 다른 압력에서 녹음과 끓음 현상이 진행되면 어떤 일이 일어날까? 그림 11.42(b)에서 압력이 1 atm 이상으로 증가하면 끓는점은 올라가고, 녹는점은 내려감을 볼 수 있다. 반대로 압력이 감소하면 끓는점은 낮아지고, 녹는점은 올라갈 것이다. 물의 삼중점은 0.01°C, 0.006 atm이다. 물의 임계점에서(상 평형 그림에는 나타나지 않음) 임계 온도와 임계 압력은 각각 374.4°C와 219.5 atm이다.

물에 대한 고체-액체 상경계가 음의 기울기를 가지고 있음에 주목하라. 고체-액체 상경계에 대한 음의 기울기는 물이 얼음보다 더 무거워서 얼음의 부피가 물의 부피보다 더 크기 때문이다. 이 경우에 압력의 증가는 액체상에 유리하다.

이산화 탄소

이산화 탄소의 상 평형 그림(그림 11.43)은 고체와 액체 사이의 곡선이 양의 기울기를 가진다는 것을 제외하고는 대체로 물의 경우와 비슷하다. 이런 점은 사실 거의 모든 다른 물질들에 대해서도 적용된다. 물의 경우는 액체 물보다 얼음의 밀도가 *낮기* 때문에 조금 다른 행동을 보인다. 이산화 탄소의 삼중점은 −57°C, 5.2 atm이다.

그림 11.43의 상 평형 그림에서 재미있는 점을 관측할 수 있는데, 액체상의 전 영역이 대기압보다 훨씬 위에 존재하다는 점이다. 이 때문에 고체 이산화 탄소가 1 atm에서 녹는 것이 불가능하며, 대신에 고체 CO_2를 1 atm에서 −78°C로 가열하면 승화된다. 고체 이산화 탄소는 얼음처럼 보이며 *녹지 않기 때문에* 드라이 아이스라 부른다(그림 11.44). 이런 특성으로 인해 드라이 아이스는 냉매로 널리 사용된다. 액체 CO_2는 압력이 5.2 atm 이상인 곳에서 흔히 소화제로 사용된다. (CO_2의 평형 증기압은 실온에서 67 atm이며 이것이 CO_2 소화기 내부의 압력이다.)

개념과 사실 요약하기

- 단일 물질의 상들 사이의 관계는 상 평형 도표로 나타낼 수 있으며, 각 영역은 순수한 상을 나타내며 영역들 사이의 상 경계는 두 상이 평형 상태로 존재하는 온도와 압력을 나타낸다. 삼중점에서는 세 가지 상이 모두 평형 상태에 있다.

개념과 사실 복습하기

11.9.1 1 atm에서 가열할 때 녹지 않고 승화하는 물질에 대한 상 평형 그림은 다음

중 어느 것인가?

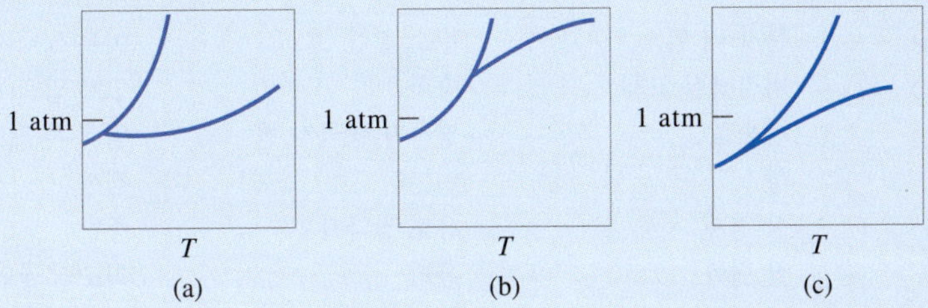

요약_Chapter Summary

분자간 힘 기체의 비이상적 행동의 원인이 되는 분자간 힘은 물질의 응축 상인 액체와 고체의 존재에 대해서도 설명해준다. 분자간 힘은 극성 분자 사이, 이온과 극성 분자 사이, 비극성 분자 사이에서 작용한다. 수소 결합이라고 하는 특수한 유형의 분자간 힘은 극성 분자의 수소 원자와 O, N, F 같은 전기음성도가 큰 원자 사이의 상호작용을 나타낸다. (11.2절)

액체 상태 액체는 담긴 용기의 모양을 취하는 경향이 있다. 액체의 표면 장력은 표면 영역을 증가시키는 데 필요한 에너지이다. 표면 장력은 모세관 작용에서 분명하게 나타나며, 모세관 작용은 가는 관에서 액체의 오름(또는 내림)의 원인이 된다. 점성은 액체의 흐름에 대한 저항성을 측정하는 것이다. 점성은 항상 온도가 증가하면 감소한다. 물의 구조는 고체 상태(얼음)가 액체 상태보다 덜 무겁다는 점에서 독특하다. (11.3절)

결정 상태 결정질 고체는 단단하고 넓은 범위에서 질서를 가지고 있다. 똑같은 구를 삼차원으로 쌓는 방법에 따라서 서로 다른 결정 구조가 만들어질 수 있다. X-선 회절법은 결정 구조의 크기를 결정하는 데 도움이 되는 기술이다. 이 기술은 결정의 원자나 분자에 의한 X-선의 산란에 기반을 두고 있다. 몇몇 고체는 질서 있는 3차원 배열을 하고 있지 않은 비결정질 형태로도 존재할 수 있다. 비결정질 고체의 잘 알려진 예는 유리이다. (11.4, 11.5, 11.7절)

고체의 결합 고체의 원자, 분자, 또는 이온은 서로 다른 형태의 결합으로 붙들고 있다. 이온 고체는 정전기적 힘으로 이루어지고, 분자 고체는 분자간 힘으로 이루어지고, 공유 고체는 공유 결합으로 이울어지며, 금속은 전자들이 전체 결정에 비편재화되어 있는 특수한 유형의 상호작용으로 이루어진다. 분자간 힘은 밀도, 녹는점, 전기 전도도 같은 물리적 성질과 구조를 이해하는 데 도움이 된다. (11.6절)

상전이 물질의 상태는 가열이나 냉각에 의해 서로 전환될 수 있다. 두 상은 끓는점이나 어는점 같은 전이 온도에서 평형을 이룬다. 고체는 승화에 의하여 기체로 직접 전환될 수 있다. 임계 온도 이상에서는 기체 상태의 물질을 액화시킬 수 없다. 상 평형 그림은 어떤 상이 안정한 조건과 상전이를 일으키는 데 필요한 압력과/또는 온도 변화를 이해하는 데 도움이 된다. (11.8, 11.9절)

주요 식_Key Equations

$2d \sin\theta = n\lambda$ (11.1)	결정격자에서 원자가 이루는 면 사이의 거리를 계산하는 브래그 식.
$\ln P = -\frac{\Delta H_{증발}}{RT} + C$ (11.2)	액체의 $\Delta H_{증발}$을 구하는 클라우지우스-클라페롱 식.
$\ln \frac{P_1}{P_2} = \frac{\Delta H_{증발}}{R}\left(\frac{T_1 - T_2}{T_1 T_2}\right)$ (11.5)	액체의 증기압 또는 끓는점을 계산하기 위한 식.
$\Delta H_{승화} = \Delta H_{용융} + \Delta H_{증발}$ (11.6)	헤스 법칙의 적용.

주요 용어_Key Words

X-선 회절
결정질 고체
과냉각
끓는점
기화
녹는점
단위 세포
동적 평형
몰승화열($\Delta H_{\text{승화}}$)
몰용융열($\Delta H_{\text{용융}}$)
몰증발열($\Delta H_{\text{증발}}$)
반 데르 발스 힘
배위수
접착
분산력
분자간 힘
분자 내 힘
비결정질 고체
삼중점
상
상 경계
상 변화
상 평형 그림
석출
수소 결합
승화
쌍극자-쌍극자 힘
어는점
유도 쌍극자
유리
응집
응축
이온-쌍극자 힘
임계 압력(P_c)
임계 온도(T_c)
점성
증발
최조밀 쌓임
평형 증기압
표면 장력

연습 문제_Questions and Problems

붉은색 번호의 문제는 학생용 문제 풀이집에 풀어 놓았다.

11.2 분자간의 힘

복습 질문

11.1 분자간 힘의 각 종류의 예를 들어보라. (a) 쌍극자-쌍극자 힘, (b) 쌍극자-유도 쌍극자 힘, (c) 이온-쌍극자 힘, (d) 분산력, (e) 반 데르 발스 힘.

11.2 *편극도*(polarizability)라는 용어를 설명하라. 어떤 종류의 분자가 큰 편극도를 가지는 경향이 있는가? 편극도와 분자간 힘 사이에는 어떤 상관관계가 있는가?

11.3 영구 쌍극자 힘과 순간 쌍극자 힘의 차이점을 설명하라.

11.4 모든 원자와 분자에는 서로 인력이 작용하고 있다는 증거를 제시하라.

11.5 액체와 고체의 분자간 힘을 비교할 때 어떤 물리적 성질을 반드시 고려해야 하는가?

11.6 수소 결합에 참여할 수 있는 원소로는 어떤 것이 있는가? 이런 종류의 상호 작용에서는 수소가 항상 있어야 하는 이유는 무엇인가?

문제

11.7 화학종 Br_2와 ICl은 같은 수의 전자를 가지고 있다. 그러나 Br_2는 −7.2°C에서 ICl은 27.2°C에서 각각 녹는다. 그 이유를 설명하라.

11.8 우리가 알래스카에 살고 있다면 다음 천연 가스 중 어떤 것을 겨울에 외부 저장 탱크에 보관할 수 있을까? 답에 대한 이유도 설명하라. 메테인(CH_4), 프로페인(C_3H_8), 뷰테인(C_4H_{10}).

11.9 14족 이성분 수소 화합물의 끓는점은 CH_4 −162°C, SiH_4 −112°C, GeH_4 −88°C, SnH_4 −52°C이다. CH_4에서 SnH_4로 갈수록 끓는점이 높아지는 이유를 설명하라.

11.10 다음 각 화학종에 대해서 분자(또는 기본 단위) 사이에 존재하는 분자간 힘의 형태를 열거하라. (a) 벤젠(C_6H_6), (b) CH_3Cl, (c) PF_3, (d) NaCl, (e) CS_2.

11.11 수소 결합을 형성하는 데 있어 암모니아는 수소 주개 또는 수소 받개로 작용한다. 암모니아와 다른 두 분자의 암모니아 사이에 형성되는 수소 결합을 나타내는 그림을 그려라.

11.12 다음 화학종 중 그들 사이에 수소 결합을 할 수 있는 것은 어느 것인가? (a) C_2H_6, (b) HI, (c) KF, (d) BeH_2, (e) CH_3COOH.

11.13 다음 화학종을 끓는점이 증가하는 순으로 나열하라. RbF, CO_2, CH_3OH, CH_3Br. 그 이유를 설명하라.

11.14 다이에틸 에터의 끓는점은 34.5°C이고, 1-뷰탄올의 끓는점은 117°C이다.

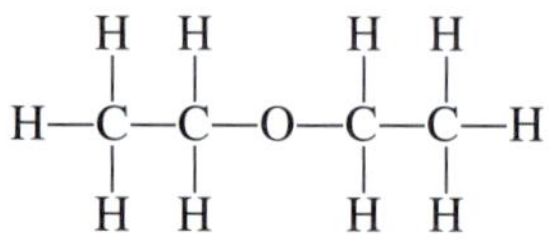
다이에틸 에터

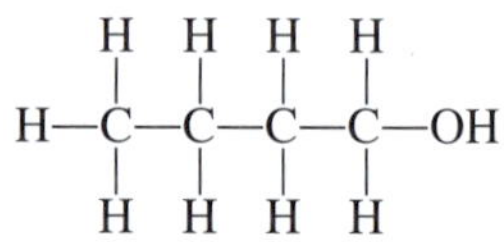
1-뷰탄올

두 화합물은 같은 수와 같은 종류의 원자를 가진다. 이들의 끓는점 차이를 설명하라.

11.15 다음 각 쌍에서 끓는점이 더 높을 것으로 예상되는 화학종은 어느 것인가? (a) O_2와 Cl_2, (b) SO_2와 CO_2, (c) HF와 HI.

11.16 다음 각 쌍에서 끓는점이 더 높은 것으로 기대되는 물질은 어느 것인가? 그 이유를 설명하라. (a) Ne 또는 Xe, (b) CO_2 또는 CS_2, (c) CH_4 또는 Cl_2, (d) F_2 또는 LiF, (e) NH_3 또는 PH_3.

11.17 다음 각 이유를 분자간 힘으로 설명하라. (a) NH_3는 CH_4보다 끓는점이 더 높다. (b) KCl은 I_2보다 녹는점이 더 높다.

11.18 다음 각각을 위해 반드시 극복해야 할 인력의 종류는 무엇일까? (a) 얼음을 녹임, (b) 브로민 분자를 끓임, (c) 고체 아이오딘을 녹임, (d) F_2를 F 원자로 해리.

11.19 다음 화학종은 분자식이 같다(C_4H_{10}). 어느 것의 끓는점이 더 높은가?

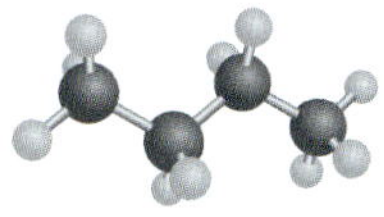

(a)

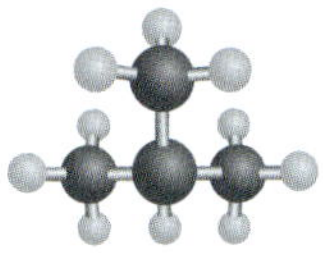

(b)

11.20 다음 화합물의 녹는점 차이를 설명하라.

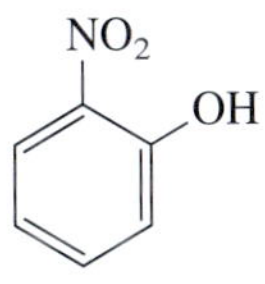

녹는점 45°C

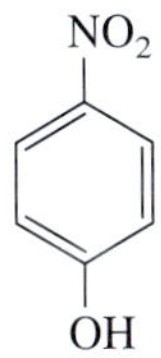

녹는점 115°C

(*힌트*: 둘 중 한 가지만 분자 내 수소 결합을 할 수 있다.)

11.3 액체의 특징

복습 질문

11.21 액체는 기체와 다르게 실질적으로 압축이 불가능하다. 이유는 무엇인가?

11.22 표면 장력이란 무엇인가? 분자간 힘과 표면 장력 간에는 어떤 관계가 있는가? 온도에 따라 표면 장력은 어떻게 변화하는가?

11.23 스테인리스 스틸이 물보다 더 조밀한데도 스테인리스 스틸 면도날을 물 위에 띄울 수 있다. 그 이유를 설명하라.

11.24 물과 수은을 예로 들어 접착(adhesion)과 응집(cohesion)을 설명하라.

11.25 유리잔 가장자리 살짝 위에까지 물을 채울 수 있다. 그런데도 물이 흘러넘치지 않는 이유를 설명하라.

11.26 반지름이 다른 세 시험관에 들어 있는 (a) 물과 (b) 수은의 모세관 작용을 보여주는 그림을 그려라.

11.27 점성이란 무엇인가? 분자간 힘과 점성 간의 관계는 어떠한가?

11.28 온도가 증가함에 따라 액체의 점성이 감소하는 이유는 무엇인가?

11.29 얼음은 물보다 왜 덜 조밀인가?

11.30 추운 겨울에는 옥외 수도관 속의 물을 비우거나 단열시켜야 한다. 그 이유는 무엇인가?

문제

11.31 에탄올(C_2H_5OH)과 다이메틸 에터(CH_3OCH_3) 중 표면 장력이 더 큰 액체는 어느 것인가?

11.32 표 11.4를 참조하여 에탄올과 글리세롤의 점성에 대한 에틸렌글리콜의 상대적인 점성을 예측하라.

$CH_2—OH$
|
$CH_2—OH$

에틸렌 글라이콜

11.4 결정 구조

복습 질문

11.33 다음 용어를 정의하라. *결정성 고체*, *격자점*, *단위 세포*, *배위수*, *조밀 쌓임*.

11.34 다음 입방체의 기하학적 구조를 그려라. 단순 입방, 체심 입방, 면심 입방. 이 구조들이 모두 같은 원자로 구성되어 있다면, 이들 구조 중에서 밀도가 가장 높은 것은 어느 것인가? 또, 밀도가 가장 낮은 것은 어느 것인가?

11.35 주기율표 3주기에 있는 원소의 고체 상태를 결정 형태에 따라 분류하라. 각각의 녹는점과 끓는점에 있어서의 경향성을 예측하라.

11.36 3주기 원소의 산화물의 녹는점을 괄호 속에 제시하였다.

Na_2O(1275°C), MgO(2800°C), Al_2O_3(2045°C), SiO_2(1610°C), P_4O_{10}(580°C), SO_3(16.8°C), Cl_2O_7 (−91.5°C). 이들 고체를 결정 형태에 따라 분류하라.

문제

11.37 각 구의 배위수는 (a) 단순 입방 세포, (b) 체심 입방 세포, (c) 면심 입방 세포에서 각각 몇 개씩인가? 단, 모든 구는 같다고 가정한다.

11.38 단순 입방 세포, 체심 입방 세포, 면심 입방 세포 내에서 발견할 수 있는 구의 수를 계산하라. 구는 동일하다고 가정한다.

11.39 금속 철은 입방 격자로 결정화한다. 단위 세포의 모서리 길이는 287 pm이며, 철의 밀도는 7.87 g/cm^{3}이다. 단위 세포 안에는 몇 개의 철 원자가 존재하는가?

11.40 바륨 금속은 체심 입방 격자로 결정화한다. (바륨 원자는 격자점에만 있다.) 단위 세포의 모서리 길이는 502 pm이고, 금속의 밀도는 3.50 g/cm^{3}이다. 이것을 이용하여 아보가드로수를 계산하라. [*힌트*: 먼저 단위 세포 속에 있는 바륨 원자 1 mol이 차지하는 부피(cm^3)를 계산하고, 다음으로 단위 세포 속에 있는 바륨 원자 한 개가 차지하는 부피를 계산한다. 바륨 원자는 단위 세포의 68%를 차지한다고 가정한다.]

11.41 바나듐은 체심 입방 격자로 결정화한다. (V 원자는 격자점에만 존재한다.) 단위 세포 안에 몇 개의 바나듐 원자가 존재하는가?

11.42 유로퓸(Eu)은 체심 입방 격자로 결정화되어 있다. (유로퓸 원자는 격자점에만 있다.) Eu의 밀도는 5.26 g/cm^{3}이다. 단위 세포의 모서리 길이를 pm 단위로 계산하라.

11.43 결정형 규소는 입방체 구조이다. 단위 세포의 길이는 543 pm이며, 고체의 밀도는 2.33 g/cm^{3}이다. 단위 세포 하나에 들어 있는 Si 원자수를 구하라.

11.44 면심 입방 세포는 세포의 꼭짓점에 X 원자가 여덟 개

있고, 면에 Y 원자가 여섯 개 있다. 이 고체의 실험식은 무엇인가?

11.5 결정의 X-선 회절

복습 질문

11.45 X-선 회절을 정의하라. X-선은 어떤 특정 파장의 범위(nm 단위)에 속하는가? (그림 7.4 참조)

11.46 브래그 식을 적고, 각 항을 정의하라. 이 방정식을 사용하여 원자 사이의 거리를 구하는 방법을 기술하라.

문제

11.47 파장 0.090 nm인 X-선이 금속 결정에 의해 회절되었다. 첫 번째(n = 1) 회절각은 15°로 측정되었다. 이 회절에 해당하는 원자 층 사이의 거리(pm)은 얼마인가?

11.48 NaCl 결정에서 층 사이의 거리는 282 pm이다. X-선이 23.0°의 각도에서 이 층들로부터 회절되었다. n = 1이라 가정할 때, X-선의 파장을 nm 단위로 계산하라.

11.6 결정의 형태

복습 질문

11.49 다음 각 결정 형태의 예를 제시하라. (a) 이온 결정, (b) 공유 결정, (c) 분자 결정, (e) 금속 결정.

11.50 금속은 왜 열과 전기의 좋은 전도체일까? 온도가 증가함에 따라 금속의 전기 전도 능력이 감소하는 이유는 무엇인가?

문제

11.51 어떤 고체가 단단하고 깨어지기 쉬우며 전기 절연체이다. 그러나 이 고체의 용융물(액체 시료)과 그 물질의 수용액은 전기를 전도한다. 이 고체의 종류는 무엇인가?

11.52 어떤 고체가 매우 부드럽고 녹는점은 낮다(100°C 이하). 이 물질은 고체건 용융물이건 수용액 상태이건 모두 전기의 부도체이다. 이 고체의 종류는 무엇인가?

11.53 어떤 고체가 매우 단단하며 녹는점이 높다. 고체와 고체의 용융물 모두 전기를 통하지 않는다. 이 고체의 종류는 무엇인가?

11.54 다음 중 어느 것이 분자성 고체이고, 어느 것이 공유성 고체인가? Se_8, HBr, Si, CO_2, C, P_4O_6, SiH_4.

11.55 다음 물질을 이온 결정, 공유 결정, 분자 결정 및 금속 결정으로 분류하라. (a) CO_2, (b) B_{12}, (c) S_8, (d) KBr, (e) Mg, (f) SiO_2, (g) LiCl, (h) Cr.

11.56 다이아몬드는 흑연보다 왜 더 단단하며, 흑연은 전기 전도체인 반면 다이아몬드는 왜 부도체인지 설명하라.

11.7 결정의 형태

복습 질문

11.57 비결정질 고체란 무엇인가? 결정질 고체와 어떻게 다른가?

11.58 유리를 정의하라. 유리의 주성분은 무엇인가? 세 가지 형태의 유리 이름을 말하라.

11.8 상 변화

복습 질문

11.59 상 변화란 무엇인가? 물질의 고체, 액체, 기체상에서 일어날 수 있는 가능한 변화의 이름을 말하라.

11.60 액체의 평형 증기압이란 무엇을 말하는가? 이것은 어떻게 측정할 수 있으며, 온도에 따라 어떻게 변화되는가?

11.61 상 변화를 사용하여 동적 평형 상태를 설명하라.

11.62 다음 용어를 정의하라. (a) *몰증발열*, (b) *몰용융열*, (c) *몰승화열*. 이들의 단위는 무엇인가?

11.63 몰증발열과 몰용융열은 몰승화열과 어떤 관계가 있는가? 이것은 무슨 법칙에 근거를 두고 있는가?

11.64 몰증발열로부터 액체의 분자간 힘에 대해 알 수 있는 것이 무엇인가?

11.65 액체의 몰증발열이 크면 클수록 증기압이 커진다. 이것은 옳은가? 또는 틀렸는가?

11.66 끓는점을 정의하라. 액체의 끓는점은 외부 압력에 어떻게 의존하는가? 표 5.3을 참조하여 외부 압력이 187.5 mmHg일 때 물의 끓는점을 구하라.

11.67 일정 압력에서 액체를 가열함에 따라 온도가 올라간다. 이 경향은 액체의 끓는점에 도달할 때까지 계속된다. 그 후는 액체를 가열하여도 온도는 더 이상 올라가지 않는다. 그 이유를 설명하라.

11.68 임계 온도란 무엇인가? 기체의 액화에서 임계 온도는 왜 중요한가?

11.69 액체에서 분자간 힘과 액체의 끓는점 및 임계 온도 사이의 관계는 어떠한가? 물의 임계 온도는 왜 대부분의 다른 물질보다 더 높은가?

11.70 물과 사염화 탄소의 끓는점과 녹는점이 압력에 따라 어떻게 변하는가? 이 두 물질의 행동에 따르는 차이를 설명하라.

11.71 고체 이산화 탄소를 왜 드라이 아이스라 부르는가?

11.72 젖은 옷은 따뜻하고 습한 날보다 따뜻하고 건조한 날에 더 빨리 마른다. 그 이유를 설명하라.

11.73 (a) 100°C에서 물 1 mol을 수증기 1 mol로, (b) 0°C에서 얼음 1 mol을 물 1 mol로 상 변화시킬 때, 이 두 경우 중 어떤 상 변화가 더 많은 열을 방출하는가?

11.74 물이 든 비커를 분젠 버너로 끓을 때까지 가열하였다. 버너를 하나 더 사용하여 물의 끓는점을 올릴 수 있는가? 설명하라.

문제

11.75 100°C에서 물 74.6 g을 수증기로 바꾸는 데 필요한

열(kJ 단위)은 얼마인가?

11.76 −10°C의 얼음 866 g을 126°C의 수증기로 바꾸는 데 필요한 열(kJ 단위)은 얼마인가? (얼음과 수증기의 비열은 각각 2.03 J/g · °C와 1.99 J/g · °C이다.)

11.77 액체의 증발 속도는 (a) 온도, (b) 공기에 노출된 액체의 표면적, (c) 분자간 힘에 따라 어떻게 영향을 받을까?

11.78 아이오딘 분자의 몰용융열과 몰승화열은 각각 15.27 kJ/mol과 62.30 kJ/mol이다. 액체 아이오딘의 몰증발열은 얼마인가?

11.79 다음과 같은 끓는점을 가지는 화학종은 −10°C에서 액체이다. 뷰테인 −0.5°C, 에탄올 78.3°C, 톨루엔 110.6°C. −10°C에서 어떤 액체가 가장 높은 증기압을 가질 것으로 기대되며, 가장 낮을 것으로 예상되는 액체는 어느 것인가? 이유를 설명하라.

11.80 동결 건조 커피는 끓인 커피를 얼리고, 진공 펌프로 얼음 성분을 제거해서 만든다. 이 과정에서 일어나는 상 변화를 설명하라.

11.81 기온이 −15°C인 겨울날 젖은 옷을 실외에 걸어두었다. 두세 시간 후 옷은 거의 다 말라 있었다. 이 증발 과정에서의 상 변화를 설명하라.

11.82 100°C의 수증기는 100°C의 물보다 더 심한 화상을 일으킨다. 그 이유는 무엇인가?

11.83 다음은 여러 온도에서 측정한 수은의 증기압이다. 수은의 몰증발열을 그래프법으로 결정하라.

t (°C)	200	250	300	320	340
P (mmHg)	17.3	74.4	246.8	376.3	557.9

11.84 벤젠(C_6H_6)의 증기압은 7.6°C에서 40.1 mmHg이다. 60.6°C에서의 증기압은 얼마인가? 벤젠의 몰증발열은 31.0 kJ/mol이다.

11.85 액체 X의 증기압은 20°C에서 액체 Y의 증기압보다 낮으나 60°C에서는 더 높다. X와 Y의 상대적인 몰증발열의 크기를 추론할 수 있겠는가?

11.86 소량의 액체 질소(끓는점 77 K)가 피부에 튀는 것이 끓는 물이 튀는 것만큼 해롭지 않은 이유를 설명하라.

11.9 평형 그림

복습 질문

11.87 상 평형 그림은 무엇인가? 상 평형에 대한 연구로부터 어떤 유용한 정보를 얻을 수 있는가?

11.88 물의 상 평형 그림이 대부분 물질의 상 평형 그림과 어떻게 다른지 설명하라. 물의 어떤 성질이 이러한 차이를 일으키는가?

문제

11.89 다음 그림은 황(sulfur)의 상 평형 그림이다. (a) 삼중점은 몇 개인가? (b) 황에는 단사결정(monoclinic)과 사방결정(rhombic)의 두 가지 동소체가 있다. 대기압 하에서 어떤 것이 더 안정인가? (c) 1 atm에 있는 황이 80°C에서 200°C로 가열되면 어떤 일이 일어날지 설명하라.

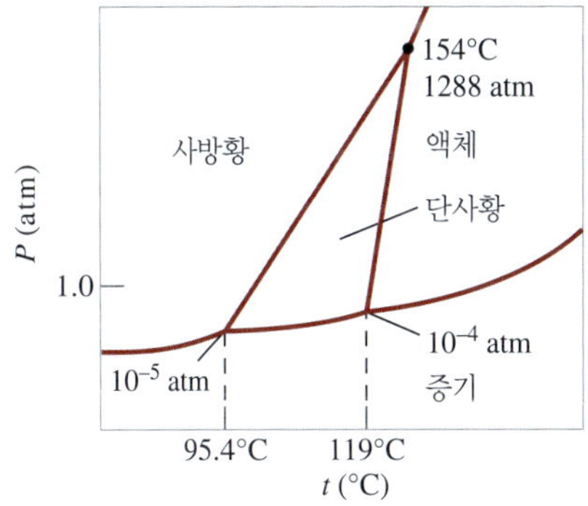

11.90 긴 철사가 얼음 덩어리 위에 놓여 있다. 철사의 길이는 얼음의 양 모서리를 넘어설 정도로 길고, 그 양 끝에 무거운 물체를 매달았다. 철사 아래의 얼음이 서서히 녹으면서 철사는 천천히 얼음 속으로 파고 들어가고, 동시에 철사 위의 물이 다시 어는 것을 관찰하였다. 이 변화에 수반되는 상 변화를 설명하라.

11.91 이산화황의 끓는점과 녹는점(1 atm에서)은 각각 −10°C와 −72.7°C이다. 삼중점은 −75.5°C, 1.65×10^{-3} atm이며, 임계점은 157°C, 78 atm이다. 이 정보를 근거로 SO_2의 상 평형 그림을 개략적으로 그려라.

11.92 다음 물의 상 평형 그림으로부터 다음 변화의 결과로 어떤 일이 일어나는지 예측하라. (a) A에서부터 시작하여 압력을 일정하게 유지하면서 온도를 올릴 때, (b) C에서부터 시작하여 일정 압력에서 온도를 내릴 때, (c) B에서부터 시작하여 일정 온도에서 압력을 내릴 때.

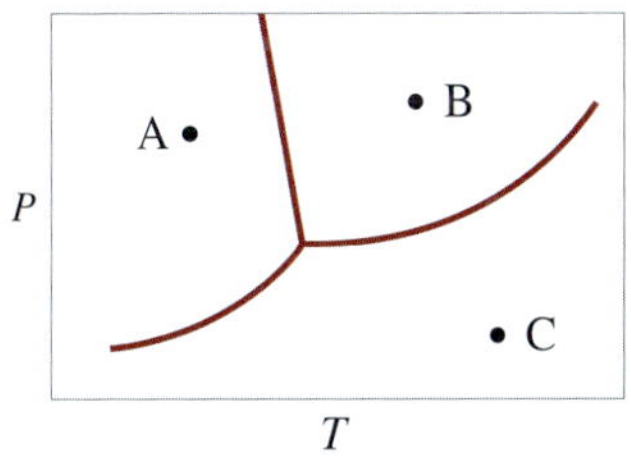

실전 연습의 답_Answers to Practice Exercises

11.1 (a) 이온간 힘과 분산력, (b) 분산력, (c) 쌍극자-쌍극자 힘과 분산력. **11.2** (c)만. **11.3** 10.50 g/cm^3. **11.4** 315 pm. **11.5** 두 개. **11.6** 361 pm. **11.7** 369 mmHg. **11.8** 173 kJ.

개념과 사실 복습하기의 답_Answers to Review of Concepts & Facts

11.2.1 (a) 분산력과 쌍극자-쌍극자 힘. (b) 분산력. (c) 분산력. **11.2.2** 하이드라진. **11.4.1** 2. **11.4.2** 270 pm. **11.5.1** 액체에는 규칙적이거나 넓은 범위의 질서가 없다. **11.5.2** 396 pm. **11.6.1** 2.65 g/cm^3. **11.6.2** 4개의 Zn^{2+}와 4개의 O^{2-} 이온. ZnO. **11.8.1** 식 (11.2)에 의하면, 곡선의 기울기는 $-\Delta H_{증발}/R$로 주어진다. CH_3OH의 $\Delta H_{증발}$이 더 크므로(수소 결합 때문에), CH_3OH로 표지된 곡선이 더 가파를 것이다. 결과는 CH_3OH: $\Delta H_{증발}$ = 37.4 kJ/mol; CH_3OCH_3: $\Delta H_{증발}$ = 19.3 kJ/mol. **11.8.2** 225.1 mmHg. **11.9.1** (b).

▲ 자성유체(ferrofluid)는 유체내에 분산된 강자성체 나노입자를 포함하는 콜로이드이다. 강유체는 강한 자기장이 가해지면 자성을 띠게 된다.

MADDRAT/Shutterstock

제 12 장

용액의 물리적 성질

Physical Properties of Solutions

◆ 차 례

12.1 용액의 종류

12.2 용해 과정의 분자적 관찰

12.3 농도 단위

12.4 용해도에 미치는 온도의 영향

12.5 기체의 용해도에 미치는 압력의 영향

12.6 비전해질 용액의 총괄성

대부분의 화학 반응은 순수한 고체나 액체 또는 기체들 사이에서 일어나는 것이 아니라 물이나 다른 용매에 녹아 있는 분자나 이온 사이에서 일어난다. 제5장과 제11장에서는 기체, 액체, 고체의 성질을 살펴보았다. 이 장에서는 용액의 성질, 특히 용해 과정에서 분자간 힘의 영향과 용액의 다양한 물리적 성질 등을 중점적으로 다룰 것이다.

12.1 용액의 종류

학습 목표

- 용액과 관련하여 포화 용액, 불포화 용액 및 과포화 용액을 설명할 수 있다.

4.1절에서 용액이란 둘 이상 물질의 균일 혼합물이라고 배웠다. 이 정의에 따라서는 용액 내에 포함된 물질의 성질에 대하여 아무런 정보도 얻을 수 없기 때문에, 용액의 종류를 용액 구성 성분의 원래의 상(고체, 액체, 기체)에 따라 6가지로 구분할 수 있다. 표 12.1에 각 유형의 예가 나와 있다.

이 장에서 우리의 관심사는 적어도 하나의 액체 성분을 포함하는, 즉 기체-액체, 액체-액체, 고체-액체 용액이다. 그리고 크게 놀랄 일도 아니지만, 용액을 연구하는 데 있어서 사용되는 대부분의 용매는 물이다.

화학자들은 용질이 녹아 있는 양에 따라 용액을 구분한다. 먼저 **포화 용액**(saturated solution)이란 *주어진 온도에서 주어진 양의 용매에 최대의 용질이 포함되어 있는 용액*이다. *용액이 녹을 수 있는 한계보다 적은 양의 용질을 포함하는 용액*을 **불포화 용액**(unsaturated solution)이라 한다. 세 번째 유형은 **과포화 용액**(supersaturated solution)이라 하는데, *포화 용액에 존재하는 용질보다 더 많은 양의 용질을 포함하는 용액*을 말한다. 과포화 용액은 불안정하다. 따라서 시간이 흐름에 따라 어느 정도의 용질이 과포화 용액으로부터 빠져나와 결정을 형성한다. **결정화**(crystallization)는 *용액에 녹아 있던 용질이 용액으로부터 빠져나와 결정을 형성하는 과정*을 말한다(그림 12.1). 침전이나 결정화 모두 과포화 용액으로부터 과량의 고체 물질이 분리되는 것으로 생각할 수 있다. 그러나 그 두 과정에 의해 만들어지는 고체의 형태는 다르다. 일반적으로 침전물은 작은 입자로 구성된 반면, 결정은 좀 더 크고 입자의 배열이 균일하다.

개념과 사실 요약하기

- 용액은 두 종류 이상의 고체, 액체 또는 기체가 균일하게 섞인 혼합물이다.

표 12.1 용액의 유형

성분 1	성분 2	용액의 상태	예
기체	기체	기체	공기
기체	액체	액체	탄산수(물 속에 녹아 있는 CO_2)
기체	고체	고체	팔라듐에 들어 있는 H_2 기체
액체	액체	액체	물에 녹아 있는 에탄올
고체	액체	액체	물에 녹은 NaCl
고체	고체	고체	황동(Cu/Zn), 땜납(Sn/Pb)

▲ **그림 12.1** 과포화된 아세트산 소듐(CH_3COONa) 용액(*왼쪽*)에 작은 씨앗 결정을 넣으면 아세트산 소듐 결정이 빠르게 형성된다.
Ken Karp/McGraw-Hill

12.2 용해 과정의 분자적 관찰

학습 목표

- 용질이 용액에 용해되는 정도를 결정하는 세 가지 유형의 상호 작용을 요약할 수 있다.

액체나 고체에서 분자들을 서로 뭉쳐져 있게 하는 분자 간 인력은 용액을 형성할 때도 중요한 역할을 한다. 한 물질(용질)이 다른 물질(용매)에 녹을 때 용질 입자들은 용매 내로 분산된다. 용질 입자는 용매 입자들이 차지하고 있던 위치를 차지하게 된다. 용질 입자가 용매 분자들의 공간을 얼마나 수월하게 대신 차지하는가는 다음 세 가지 상호작용의 상대적 크기에 달려 있다.

- 용매-용매 상호작용
- 용질-용질 상호작용
- 용매-용질 상호작용

단순화시켜 말하자면, 용해 과정은 세 가지 특징적인 단계로 일어난다고 가정할 수 있다(그림 12.2). 단계 1은 용매 분자간의 분리이고, 단계 2는 용질 분자간의 분리 과정이다. 이 과정은 분자 간 인력을 끊는 과정이므로 흡열 과정이다. 단계 3에서는 용매와 용질 분자가 섞이는데, 이 과정은 흡열일 수도 있고 발열일 수도 있다. 용해열 $\Delta H_{용해}$는 다음과 같이 주어진다.

$$\Delta H_{용해} = \Delta H_1 + \Delta H_2 + \Delta H_3$$

용질-용매 간 인력이 용매-용매 간 인력과 용질-용질 간 인력의 합보다 크면 용해되는 것이 유리한 과정이며, 발열 과정($\Delta H_{용해} < 0$)이다. 만일 용질-용매간 인력이 용매-용매간 인력이나 용질-용질간 인력의 합보다 작으면 용해 과정은 흡열 과정($\Delta H_{용해} > 0$)이다.

용질 분자들 간의 인력이 용질과 용매 분자들 간의 인력보다 큼에도 불구하고 결국 용질이 용매에 녹는 것이 의아할 수도 있을 것이다. 용해 과정은 다른 물리적, 화학적 과정과 같이 두 가지 요인에 의해 지배된다. 첫째는 에너지로서 용해 과정이 발열 반응인지 흡열 반응인지를 결정한다. 둘째는 모든 자연 현상에서처럼 무질서하게 되려는 경향이다. 새로운 카드 묶음을 몇 번 섞으면 순서가 완전히 없어지는 것처럼 용매와 용질이 용액을 형성하면서 섞이게 되면 무작위도, 즉 무질서도가 증가한다. 순수한 상태에서 용매와

그림 12.2 세 단계로 일어나는 용해 과정의 분자적 관점. 우선 용매와 용질 분자가 분리된다(단계 1과 단계 2). 그 다음 용매와 용질 분자가 섞인다(단계 3).

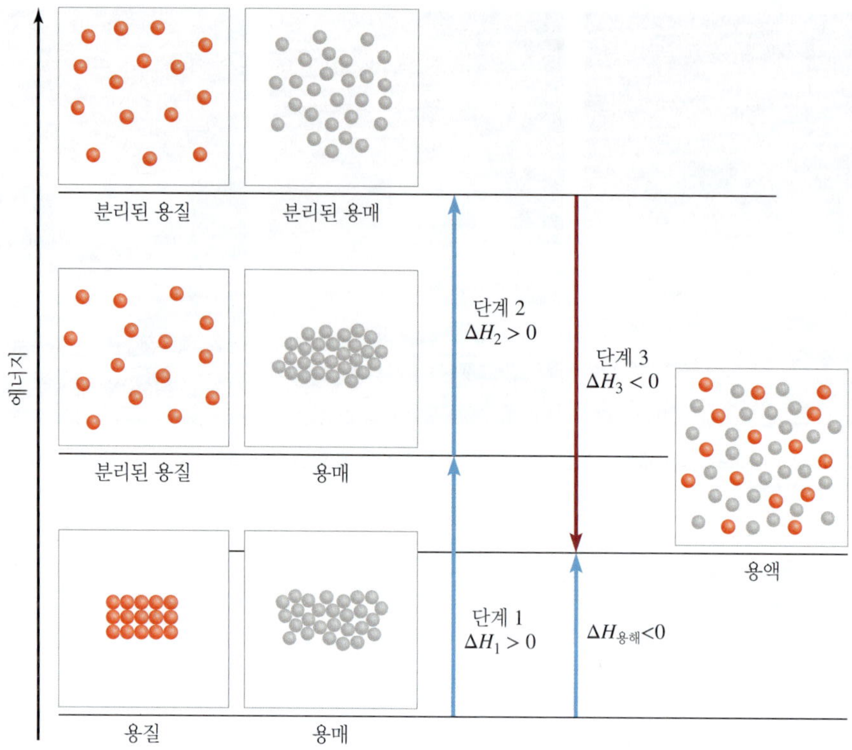

동영상 자료
이온 결합 및 공유 결합 화합물의 용해

용질은 3차원 공간에서 원자, 분자, 이온이 다소 규칙적인 배열을 이루어 어느 정도의 질서도를 갖는다. 이러한 질서도의 대부분은 용질이 용매에 녹을 때 파괴된다(그림 12.2 참조). 그러므로 용해 과정은 항상 무질서도의 증가를 수반한다. 이러한 계의 무질서도 증가 때문에 용해 과정이 흡열 반응이더라도 어떤 물질의 용해가 유리하게 진행될 수 있다.

용해도란 특정 온도에서 얼마만큼의 용질이 용매에 녹아 있는가의 척도이다. "끼리끼리 녹인다"는 표현은 주어진 용매에서 어떤 물질의 용해도를 예측하는 데 도움이 된다. 이 표현의 의미는 분자 간 인력의 유형과 크기가 비슷한 두 물질끼리 서로 잘 녹인다는 의미이다. 예를 들어, 사염화 탄소(CCl_4)와 벤젠(C_6H_6)은 둘 다 비극성 액체이다. 이들 물질 간에 유일하게 존재하는 분자간 힘은 분산력이다(11.2절 참조). 이 두 용매가 혼합되면 서로 쉽게 용해되는데, CCl_4와 C_6H_6 분자들 사이의 인력은 CCl_4 분자 간 인력, C_6H_6 분자 간 인력과 비슷한 크기이기 때문이다. *어떤 조성으로도 서로를 완전히 녹일 수 있다*면 두 용매는 **섞인다**(miscible)고 한다. 메탄올, 에탄올, 1,2-에틸렌글라이콜(1,2-ethylene glycol)과 같은 알코올들은 물과 수소 결합을 형성하므로 물과 잘 섞인다.

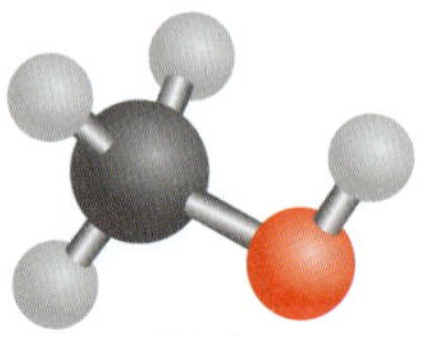

CH_3OH

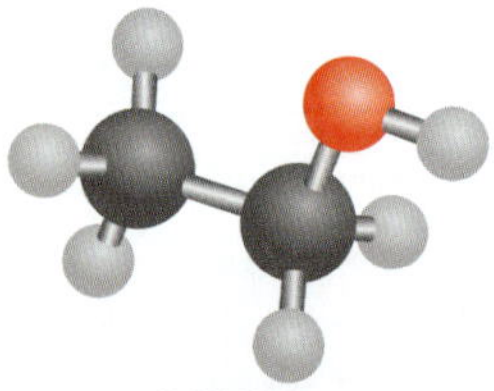

C_2H_5OH

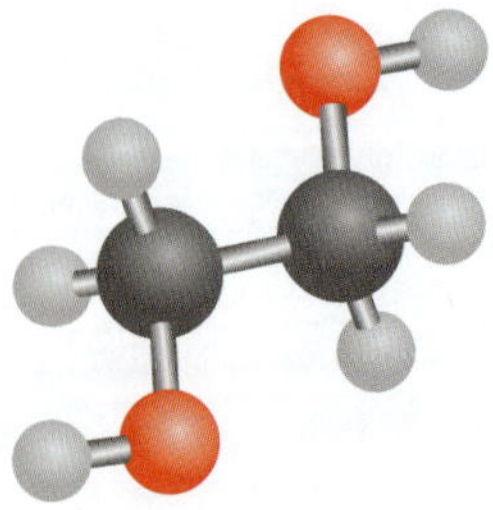

$CH_2(OH)CH_2(OH)$

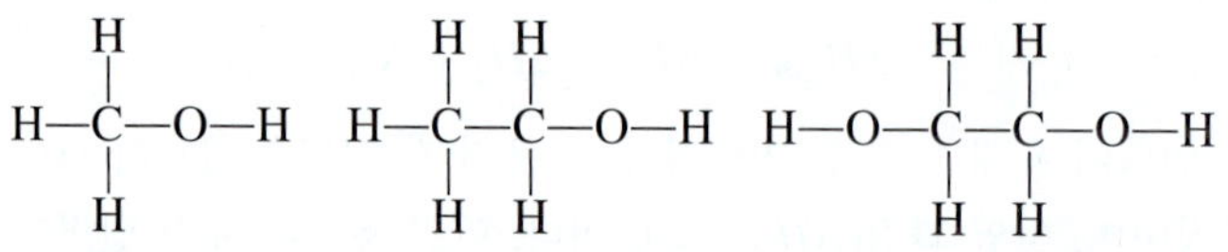

메탄올 에탄올 1,2-에틸렌글라이콜

염화 소듐이 물에 녹을 때 수용액 내에서 각 이온들은 이온-쌍극자 상호작용을 수반하는 수화작용에 의해 안정화된다. 일반적으로 이온 결합 화합물은 벤젠이나 사염화 탄소와 같은 비극성 용매에서보다 물, 액체 암모니아, 액체 플루오린화 수소(HF)와 같은 극성 용매에서 훨씬 더 잘 녹는다. 비극성 용매 분자들은 쌍극자 모멘트가 없으므로 이들 용매에서는 Na^+와 Cl^- 이온들을 효과적으로 용매화할 수 없다. [**용매화**(solvation)란 *어떤 이온이나 분자가 특정한 방식으로 배열된 용매 분자에 의해 둘러싸이는 과정*이다. 용매가 물인 경우 그 과정을 *수화*(hydration)라고 한다.] 이온과 비극성 화합물 사이의 분자 간 상호작용은 주로 이온-유발 쌍극자 상호작용인데, 이는 이온-쌍극자 상호작용보다 약하다. 결과적으로 이온 결합 화합물들은 비극성 용매에서 매우 낮은 용해도를 보인다.

예제 12.1에서는 용질과 용매 분자 사이의 상호작용에 대한 이해를 바탕으로 용해도를 어떻게 예측하는지를 보여준다.

예제 12.1

다음 경우에 상대적 용해도를 예측하라. (a) 벤젠(C_6H_6, $\mu = 0$ D)과 물($\mu = 1.87$ D)에서 브로민(Br_2)의 용해도, (b) 사염화 탄소(CCl_4, $\mu = 0$ D)와 액체 암모니아(NH_3, $\mu = 1.46$ D)에서 KCl의 용해도, (c) 이황화 탄소(CS_2, $\mu = 0$ D)와 물에서 폼알데하이드(CH_2O)의 용해도.

전략 용해도를 예측할 때 "끼리끼리 녹인다"는 원리를 기억하라. 비극성 용질은 비극성 용매에 녹을 것이다. 이온 결합 화합물은 일반적으로 이온-쌍극자 상호작용에 의해 극성 용매에 잘 녹을 것이다. 용매와 수소 결합을 형성할 수 있는 용질은 그러한 용매에 매우 잘 녹을 것이다.

풀이

(a) Br_2는 비극성 분자이므로 물보다는 비극성인 C_6H_6에 더 잘 녹는다. Br_2와 C_6H_6간의 유일한 분자간 힘은 분산력이다.

(b) KCl은 이온 결합 화합물이다. 이것이 녹으려면 각각의 K^+와 Cl^- 이온이 이온-쌍극자 상호작용에 의해 안정화되어야 한다. CCl_4는 쌍극자 모멘트가 없으므로 KCl은 큰 쌍극자 모멘트를 갖는 극성 분자인 액체 NH_3에 더 잘 녹는다.

(c) CH_2O는 극성 분자이고 CS_2(선형 분자)는 비극성이므로 CH_2O와 CS_2 분자 사이의 힘은 쌍극자-유발 쌍극자 힘과 분산력이다. 반면에 CH_2O는 물과 수소 결합을 형성할 수 있으므로 물에서 더 잘 녹는다.

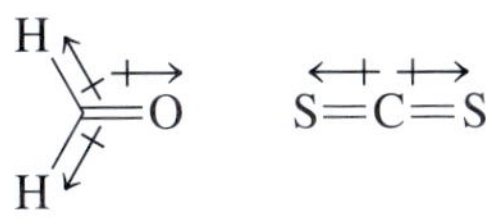

$\mu > 0$ $\mu = 0$

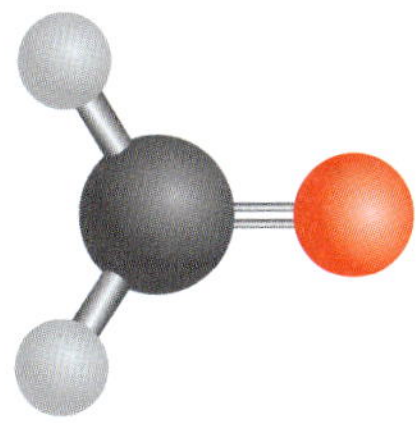

CH_2O

실전 연습 아이오딘(I_2)은 물과 이황화 탄소(CS_2) 중 어느 것에 더 잘 녹는가?

비슷한 문제: 12.11.

개념과 사실 요약하기

- 용질이 용매에 용해되는 정도는 분자간 힘에 의해 결정된다. 용매 분자와 용질 분자들이 섞여서 용액을 형성할 때 발생하는 에너지와 무질서도가 용해 과정이 일어나게 하는 추진력이다.

개념과 사실 복습하기

12.2.1 다음 화합물들 중에서 물보다 벤젠에 더 잘 용해되는 것은 어느 것인가? C_4H_{10}, HBr, KNO_3, P_4

12.2.2 각 용액에서 용질과 용매 사이에 작용하는 가장 강한 분자간 힘의 종류는 무엇인가? (a) $H_2O(l)$에 녹인 $CH_3OCH_3(g)$ 용액, (b) $H_2O(l)$에 녹인 $Ne(g)$ 용액

12.3 농도 단위

학습 목표

- 여러 가지 농도 단위를 사용하여 주어진 용액의 농도를 나타내거나 농도 단위를 변환시킬 수 있다.

용액을 정량적으로 연구하기 위해서는 *농도*(concentration)를 알아야 하는데, 농도는 일정량의 용액에 존재하는 용질의 양을 나타낸다. 화학에서는 몇 가지 다른 농도 단위를 사용하는데, 각각은 장점과 한계가 있다. 가장 보편적인 네 가지 단위인 질량 백분율, 몰분율, 몰농도, 몰랄농도에 대해 알아보도록 하자.

농도 단위의 종류

질량 백분율

질량 백분율(percent by mass, *무게 백분율*이라고도 함)은 *용액의 질량에 대한 용질의 질량비에 100을 곱한 것*이다.

$$\text{질량 백분율} = \frac{\text{용질의 질량}}{\text{용질의 질량} + \text{용매의 질량}} \times 100\%$$

또는

$$\text{질량 백분율} = \frac{\text{용질의 질량}}{\text{용액의 질량}} \times 100\% \qquad (12.1)$$

질량 백분율은 분자와 분모의 단위가 같으므로 단위가 없는 숫자이다.

예제 12.2

물 54.6 g에 염화 포타슘(KCl) 0.892 g이 녹아 있다. 이 용액에서 KCl의 질량 백분율은?

전략 특정한 양의 용매에 녹아있는 용질의 질량이 주어졌다. 따라서 식 (12.1)을 사용하면 KCl의 질량 백분율을 구할 수 있다.

풀이

$$\begin{aligned}\text{KCl의 질량 백분율} &= \frac{\text{용질의 질량}}{\text{용액의 질량}} \times 100\% \\ &= \frac{0.892\text{ g}}{0.892\text{ g} + 54.6\text{ g}} \times 100\% \\ &= 1.61\%\end{aligned}$$

실전 연습 벤젠(C_6H_6) 80.1 g에 나프탈렌($C_{10}H_8$) 6.44 g이 녹아 있다. 이 용액에서 나프탈렌의 질량 백분율을 계산하라.

비슷한 문제: 12.15.

몰분율(X)

몰분율은 5.6절에서 소개한 바 있다. 용액의 한 성분인 A의 몰분율은 X_A로 쓰며, 다음과 같이 정의된다.

$$\text{성분 A의 몰분율} = X_A\text{의 몰수} = \frac{\text{성분 A의 몰수}}{\text{모든 성분의 몰수의 합}}$$

몰분율도 역시 분자와 분모의 단위가 같으므로 단위가 없다.

몰농도(M)

4.5절에서 정의한 바와 같이 몰농도(molarity)는 용액 1리터에 들어 있는 용질의 몰수로 정의된다. 즉,

$$\text{몰농도} = \frac{\text{용질의 몰수}}{\text{용액의 부피(L)}}$$

따라서 몰농도의 단위는 mol/L이다.

몰랄농도(m)

몰랄농도(molality)는 *용매 1 kg (1000 g)에 녹아 있는 용질의 몰수*이다. 즉,

$$\text{몰랄농도} = \frac{\text{용질의 몰수}}{\text{용액의 질량(kg)}} \tag{12.2}$$

예를 들어 1 몰랄, 즉 1 m 황산 소듐(Na_2SO_4) 수용액을 만들기 위해서는 물 1000 g(1 kg)에 그 물질 1 mol(142.0 g)을 녹이면 된다. 용질-용매 상호작용의 정도에 따라 용액의 최종 부피는 1000 mL보다 커질 수도 있고 작아질 수도 있다. 가능성이 거의 없지만 최종 부피가 정확히 1000 mL이 될 수도 있다.

예제 12.3은 용액의 몰랄농도를 계산하는 방법을 보여준다.

예제 12.3

물 198 g에 황산 24.4 g이 녹아 있는 황산 용액의 몰랄농도를 계산하라. 황산의 몰질량은 98.09 g이다.

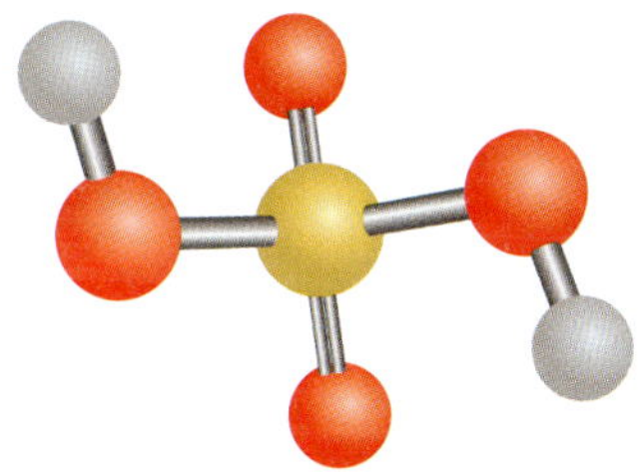

H_2SO_2

전략 용액의 몰랄농도를 계산하기 위해서 용질의 몰수와 용매의 질량을 kg 단위로 알아야 한다.

풀이 몰랄농도(m)의 정의는 다음과 같다.

$$m = \frac{\text{용질의 몰수}}{\text{용매의 질량(kg)}}$$

우선, 전환 인자로 몰질량을 사용하여 산 24.4 g에 들어 있는 황산의 몰수를 알아낸다.

$$\begin{aligned} H_2SO_4\text{의 몰수} &= 24.4\ \cancel{\text{g } H_2SO_4} \times \frac{1\text{ mol } H_2SO_4}{98.09\ \cancel{\text{g } H_2SO_4}} \\ &= 0.249\text{ mol } H_2SO_4 \end{aligned}$$

물의 질량은 198 g, 즉 0.198 kg이다. 따라서

$$\begin{aligned} m &= \frac{0.249\text{ mol } H_2SO_4}{0.198\text{ kg } H_2O} \\ &= 1.26\ m \end{aligned}$$

실전 연습 요소[$(NH_2)_2CO$] 7.78 g이 물 203 g에 녹아 있는 용액의 몰랄농도는 얼마인가?

비슷한 문제: 12.17.

농도 단위의 비교

농도 단위의 선택은 실험의 목적에 달려 있다. 예를 들어, 몰분율은 적정이나 무게법 분석에서 용액의 농도를 표현하는 데는 사용되지 않는 반면, 기체의 부분 압력을 계산하거나 (5.6절 참조), 용액의 증기압을 다루는 데 유용하다(이 장의 뒷부분에서 논의할 것이다).

4.5절에서 본 바와 같이 몰농도의 장점으로는, 정확히 보정된 부피 플라스크를 사용하여 용액의 부피를 측정하는 것이 용액의 무게를 측정하는 것보다는 일반적으로 용이하다는 것이다. 이러한 이유로 몰농도를 몰랄농도보다 자주 사용한다. 반면 몰랄농도는 용매의 무게와 용질의 몰수로 표현되는 것이므로 온도에 무관하다. 용액의 부피는 온도에 따라 일반적으로 증가하여 25°C에서 1.0 *M* 용액이라도 가온에 따른 부피의 증가로 45°C에서는 0.97 *M*가 될 수도 있다. 이렇듯 온도에 영향을 받는 농도는 실험의 정확도에 심각한 영향을 주게 된다. 따라서 몰농도보다 몰랄농도가 선호될 때도 있다.

질량 백분율은 온도에 무관하다는 점에서 몰랄농도와 비슷하다. 게다가 질량 백분율은 용액의 질량에 대한 용질의 질량비로 정의되므로 질량 백분율 계산에 용질의 몰질량을 알 필요는 없다.

때로는 어떤 한 농도 단위에서 다른 농도 단위로 전환이 필요할 때가 있다. 예를 들면, 동일한 용액이 다른 농도 단위를 필요로 하는 다른 실험에 사용되기도 한다. 0.396 *m* 포도당($C_6H_{12}O_6$) 용액의 몰농도를 계산해 보자. 용매 1000 g에 포도당 0.396 mol이 녹아 있다는 것을 알고 있으므로 이 용액의 부피를 결정하면 된다. 우선, 포도당의 몰질량으로부터 용액의 질량을 계산해 보자.

$$\left(0.396\ \cancel{\text{mol } C_6H_{12}O_6} \times \frac{180.2\text{ g}}{1\ \cancel{\text{mol } C_6H_{12}O_6}}\right) + 1000\text{ g } H_2O = 1071\text{ g}$$

다음 단계는 용액의 밀도를 실험적으로 결정하는 것인데, 밀도가 1.16 g/mL로 측정되었다고 하자. 이제 용액의 부피를 L 단위로 나타낼 수 있게 된다.

$$\begin{aligned}\text{부피} &= \frac{\text{질량}}{\text{밀도}}\\ &= \frac{1071\text{ g}}{1.16\text{ g/mL}} \times \frac{1\text{ L}}{1000\text{ mL}}\\ &= 0.923\text{ L}\end{aligned}$$

마지막으로 용액의 몰농도는 다음과 같이 계산된다.

$$\begin{aligned}\text{몰농도} &= \frac{\text{용질의 몰수}}{\text{용액의 부피(L)}}\\ &= \frac{0.396\text{ mol}}{0.923\text{ L}}\\ &= 0.429\text{ mol/L} = 0.429\ M\end{aligned}$$

위에서 볼 수 있듯이 용액의 밀도는 몰농도와 몰랄농도 사이에서 변환 인자 역할을 한다.

예제 12.4와 12.5에 농도 단위의 전환에 대해 나와 있다.

예제 12.4

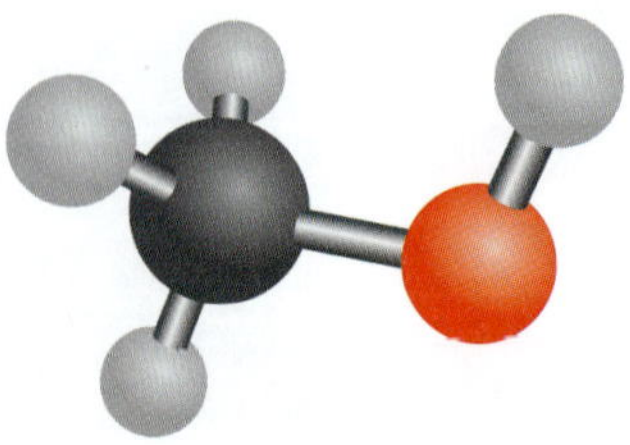
CH_3OH

2.45 *M* 메탄올(CH_3OH) 수용액의 밀도는 0.976 g/mL이다. 이 용액의 몰랄농도는 얼마인가? 메탄올의 몰질량은 32.04 g이다.

전략 몰랄농도를 계산하기 위해서는 메탄올의 몰수와 용매의 질량을 kg 단위로 알아야 한다. 용액 1리터를 가정하면, 메탄올의 몰수는 2.45 mol이다.

주어짐

$$m = \frac{\text{용질의 몰수}}{\text{용매의 질량(kg)}}$$

계산하고자 하는 것 찾아야 할 것

(계속)

풀이 첫 번째 단계는 변환 인자로서 밀도를 사용하여 용액 1리터에 있는 물의 질량을 계산하는 것이다. 2.45 M 메탄올 용액 1 L의 전체 질량은 다음과 같다.

$$1\ \cancel{\text{L 용액}} \times \frac{1000\ \cancel{\text{mL 용액}}}{1\ \cancel{\text{L 용액}}} \times \frac{0.976\ \text{g}}{1\ \cancel{\text{mL 용액}}} = 976\ \text{g}$$

이 용액은 메탄올 2.45 mol을 포함하므로 용액에서 물(용매)의 양은 다음과 같다.

$$\begin{aligned} H_2O\text{의 질량} &= \text{용액의 질량} - \text{용질의 질량} \\ &= 976\ \text{g} - \left(2.45\ \cancel{\text{mol } CH_3OH} \times \frac{32.04\ \text{g } CH_3OH}{1\ \cancel{\text{mol } CH_3OH}}\right) \\ &= 898\ \text{g} \end{aligned}$$

용액의 몰랄농도는 898 g을 0.898 kg으로 바꾸면 계산할 수 있다.

$$\begin{aligned} \text{몰랄농도} &= \frac{2.45\ \text{mol } CH_3OH}{0.898\ \text{kg } H_2O} \\ &= 2.73\ m \end{aligned}$$

실전 연습 밀도가 0.927 g/mL인 5.86 M 에탄올(C_2H_5OH) 수용액의 몰랄농도를 계산하라.

비슷한 문제: 12.18(a), 12.19.

예제 12.5

질량 백분율로 35.4%인 인산(H_3PO_4) 수용액의 몰랄농도를 계산하라. 인산의 몰질량은 97.99 g이다.

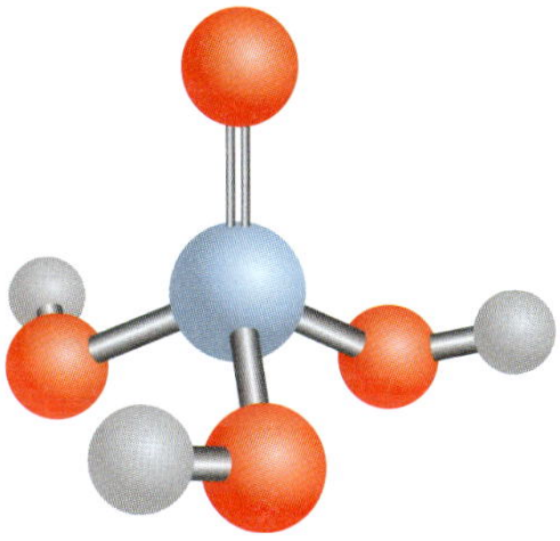

H_3PO_4

전략 이러한 유형의 문제를 푸는 데는 용액의 양을 100.0 g으로 놓고 시작하면 편리하다. 인산의 질량이 35.4%, 즉 35.4 g이라면, 물의 질량 백분율과 그 질량은 100.0% − 35.4% = 64.6%와 64.6 g이 된다.

풀이 인산의 알려진 몰질량으로부터 예제 12.3에서처럼 두 단계를 거쳐 몰랄농도를 계산할 수 있다. 우선, 인산 35.4 g의 몰수를 계산한다.

$$\begin{aligned} H_3PO_4\text{의 몰수} &= 35.4\ \cancel{\text{g } H_3PO_4} \times \frac{1\ \text{mol } H_3PO_4}{97.99\ \cancel{\text{g } H_3PO_4}} \\ &= 0.361\ \text{mol } H_3PO_4 \end{aligned}$$

물의 질량은 64.6 g, 즉 0.0646 kg이다. 따라서 몰랄농도는 다음과 같다.

$$\begin{aligned} \text{몰랄농도} &= \frac{0.361\ \text{mol } H_3PO_4}{0.0646\ \text{kg } H_2O} \\ &= 5.59\ m \end{aligned}$$

실전 연습 질량 백분율로 44.6%인 염화 소듐 수용액의 몰랄농도를 계산하라.

비슷한 문제: 12.18(b).

개념과 사실 요약하기

- 용액의 농도는 질량 백분율, 몰분율, 몰농도, 몰랄농도 등으로 나타낼 수 있다. 단위 선택은 상황에 따라 다르다.

개념과 사실 복습하기

12.3.1 20°C에서 용액을 만들었다. 이 용액을 질량 백분율, 몰랄농도 및 몰농도의 세 가지 다른 단위로 나타내었다. 그런 다음 용액을 88°C로 가열하였다. 어

떤 농도 단위가 변경(증가 또는 감소)되는가?

12.3.2 2.34 g의 LiCl을 67.5 g의 물에 녹인 용액이 있다. LiCl의 질량 백분율을 계산하라.

12.3.3 20°C에서 질량 백분율 24.0%인 HCl 수용액의 밀도는 1.119 g/mL이다. 이 용액의 몰농도와 몰랄농도를 구하라.

12.4 용해도에 미치는 온도의 영향

학습 목표

- 용해도에 대한 온도의 영향을 말할 수 있다.

용해도는 *특정 온도에서* 주어진 양의 용매에 녹을 수 있는 용질의 최대량으로 정의된다는 것을 상기하자. 대부분 물질의 용해도는 온도의 영향을 받는다. 이 절에서는 고체나 기체의 용해도에 대한 온도의 영향을 알아보고자 한다.

고체의 용해도와 온도

그림 12.3은 물에서 몇 가지 이온 결합 물질의 용해도에 대한 온도 의존성을 나타낸 것이다. 전부는 아니지만 대부분의 경우 고체 물질의 용해도는 온도에 따라 증가한다. 그러나 $\Delta H_{용해}$의 부호와 온도에 따른 용해도 변화의 상관관계는 명확하지 않다. 예를 들어, $CaCl_2$의 용해 과정은 발열인데 반해 NH_4NO_3의 경우는 흡열이다. 그러나 두 화합물 모두 온도가 증가함에 따라 용해도가 증가한다. 일반적으로 용해도에 관한 온도의 영향은 실험적으로 결정된다.

분별 결정

그림 12.3에서 볼 수 있듯이 고체의 용해도의 온도 의존성은 상당히 다양하다. 예를 들어, $NaNO_3$의 용해도는 온도에 따라 급격히 증가하는 반면, NaCl의 용해도는 거의 변화가 없다. 이러한 커다란 편차를 이용하여 혼합물로부터 순물질을 정제할 수 있다. **분별 결정**

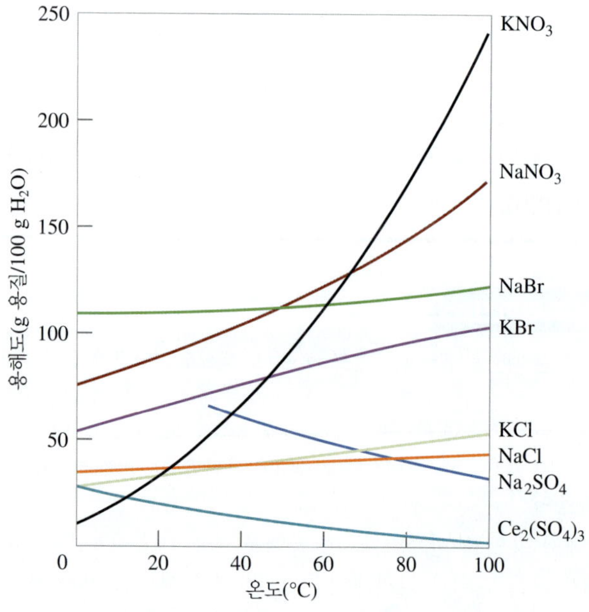

▶ **그림 12.3** 물에 녹은 몇 가지 이온결합 물질의 용해도에 대한 온도 의존성.

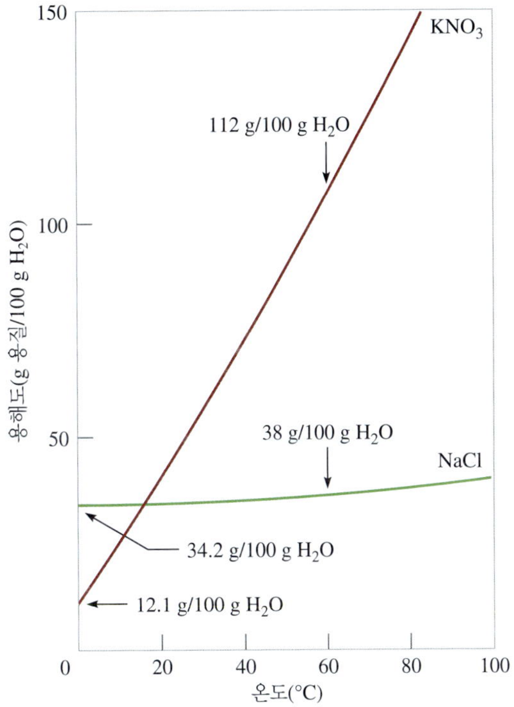

◀ **그림 12.4** 0°C와 60°C에서 KNO_3와 NaCl의 용해도. 온도 의존성의 차이 때문에 분별 결정을 사용하여 두 화합물이 녹아 있는 용액에서 한 가지를 분리할 수 있다.

(fractional crystallization)은 *용해도의 차이를 이용하여 혼합물로부터 순수한 물질을 분리하는 것*이다.

KNO_3 90 g에 NaCl 10 g이 섞여 있다고 가정하자. KNO_3를 정제하기 위해 혼합물 시료를 60°C에서 물 100 mL에 녹이고 서서히 0°C로 냉각시킨다. 이 온도에서 KNO_3와 NaCl의 물 100 g에 대한 용해도는 각각 12.1 g과 34.2 g이다. 따라서 KNO_3 (90 − 12) g, 즉 78 g이 용액으로부터 빠져나와 결정화되는 반면, NaCl은 모두 물에 녹은 상태로 있을 것이다(그림 12.4). 이러한 방법으로 원래 질량의 약 90% 정도의 KNO_3가 순수한 상태로 정제될 것이다. 이 KNO_3는 여과함으로써 용액으로부터 분리될 수 있다.

실험실에서 사용되는 많은 고체 무기물과 유기 화합물들은 분별 결정에 의해 정제되었다. 일반적으로 이 방법은 정제할 물질이 매우 급격한 용해도 곡선을 가짐으로써, 즉 상대적으로 낮은 온도보다는 높은 온도에서 더 잘 녹을 때 잘 적용된다. 그렇지 않으면 대부분의 화합물이 냉각된 용액에 녹아 있을 것이다. 또한 분별 결정법은 불순물의 양이 상대적으로 적을 때에도 잘 적용된다.

▶ 기체의 용해도와 온도

물에서 기체의 용해도는 온도가 증가함에 따라 감소한다(그림 12.5). 비커에서 물을 가열하면 물이 끓기 전에 유리 벽면에 공기방울이 생기는 것을 볼 수 있다. 온도가 올라감에 따라 용해된 공기 분자는 물이 끓기 전에 용액으로부터 "끓어 나온다".

더운 물에서 산소의 용해도 감소는 *열 공해*[thermal pollution, 환경(보통 수로)의 온도가 올라감에 따라 물에서의 산소량이 줄어들어 생명체들에게 치명적이 되는 현상]와 직접 관련이 있다. 미국에서는 매년 100조 갤런의 물이 주로 핵 발전이나 화력 발전 등에서 공업용 냉각수로 사용되는 것으로 추정된다. 이 과정에서 가열된 물이 다시 강이나 호수로 방출된다. 생태학자들은 수중 생물이 받는 열 공해의 영향에 대해 우려하기 시작했다. 다른 변온동물들처럼 물고기들은 빠른 온도 변화에 사람보다 훨씬 더 적응하기 힘들다. 물의 온도가 올라가면 대사 속도로 증가하는데, 수온이 매 10°C 상승할 때마다 대사 속도

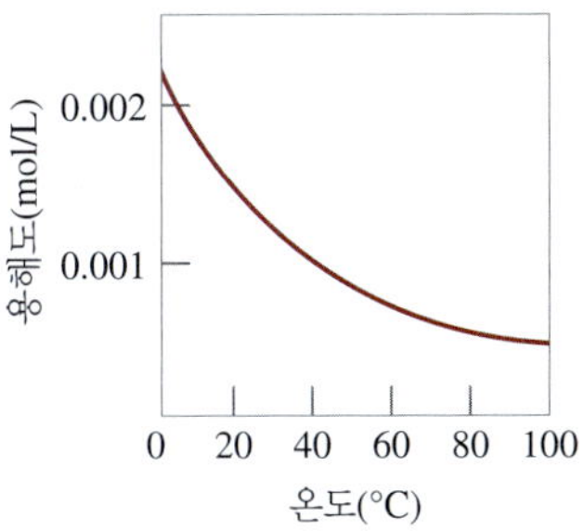

▲ **그림 12.5** 물에 녹아 있는 O_2 기체 용해도의 온도 의존성. 용해도는 온도가 증가함에 따라 감소한다. 용액 위 기체의 압력은 1 atm이다.

는 일반적으로 2배씩 증가한다. 대사(metabolism) 속도의 증가는 물고기들의 산소 요구량을 급속히 증가시키는 반면, 온도가 높아진 물은 산소 함유량이 점점 적어진다. 현재 생태계의 파괴를 최소화하면서 발전소를 냉각시키는 방법이 강구되고 있다.

온도에 대한 기체의 용해도 변화를 알면 낚시와 같은 대중 스포츠를 좀 더 잘 즐길 수 있다. 더운 여름날 경험이 많은 낚시꾼은 강이나 호수의 깊은 곳에 미끼를 던진다. 깊고 차가운 곳에 산소의 함량이 높으므로 그 곳에서 더 많은 물고기를 발견할 수 있기 때문이다.

개념과 사실 요약하기

- 온도를 높이면 일반적으로 고체 및 액체 물질의 용해도는 증가하지만 물에서 기체의 용해도는 감소한다.

개념과 사실 복습하기

12.4.1 그림 12.3을 사용하여 40°C에서 용해도가 높은 순서대로 포타슘 염의 순위를 매겨라.

12.5 기체 용해도에 미치는 압력의 영향

학습 목표

- 용액에서 헨리의 법칙을 이용하여 기체의 용해도를 계산할 수 있다.

일반적으로 액체나 고체의 용해도는 외부 압력에 무관하지만 기체의 용해도는 상당히 영향을 받는다. 기체의 용해도와 압력에 관한 정량적인 관계는 **헨리[†] 법칙**(Henry's law)으로 주어지는데, *액체 내 기체의 용해도는 용액 위 기체의 압력에 비례한다*는 것이다.

$$c \propto P$$

$$c = kP \tag{12.3}$$

여기서 c는 용해된 기체의 몰농도(mol/L)이고, P는 평형 상태에서 용액에 가해지는 기체의 압력(atm), k는 주어진 기체에 대해 온도에만 의존하는 상수이다. 각 기체는 주어진 온도에서 k 값이 서로 다르다. 상수 k의 단위는 mol/L · atm이다. 기체의 압력이 1 atm일 때 c는 k와 *수치적으로* 같다. 여러 기체가 존재할 때 P는 부분 압력이다.

헨리 법칙은 분자 운동론을 통해 정성적으로 이해될 수 있다. 용매에 녹는 기체의 양은 기체 상태의 분자가 얼마나 자주 액체 표면과 충돌하고, 또 응축상에 의해 포획되는가에 달려 있다. 용액과 동적 평형에 있는 기체를 가정해 보자[그림 12.6(a)]. 어떤 순간에서든지 용액으로 들어가는 기체 분자의 수는 용액으로부터 기체상으로 나오는 용해된 분자의 수와 같다. 만일 기체의 부분 압력을 증가시키면[그림 12.6(b)] 더 많은 분자가 액체 표면과 충돌하므로 더 많은 분자가 액체 표면으로 녹아 들어간다. 이러한 과정은 용액의 농도가 초당 용액으로 들어가는 분자수와 나오는 분자수가 같아질 때까지 지속된다. 기체와 액체상에서 모두 분자의 농도가 증가하기 때문에 부분 압력이 작은 (a)에서보다 (b)에서 용액으로 들어가거나 나오는 분자수가 더 많다.

[†]헨리(William Henry, 1775~1836)는 영국의 화학자로, 그의 주요 업적은 기체의 용해도를 설명하는 법칙을 발견한 것이다.

◀ **그림 12.6** 헨리 법칙에 대한 분자 수준의 해석. 용액 위 기체의 부분 압력이 (a)에서 (b)로 증가할 때, 녹아 있는 기체의 농도도 식 (12.3)에 따라 증가한다.

헨리 법칙에 대한 실제 보기는 음료수병의 마개를 열었을 때 생기는 거품을 들 수 있다. 음료수병의 마개를 막기 전에 수증기로 포화된 공기와 CO_2 혼합물로 압력을 가한다. 압력을 받고 있는 기체 혼합물의 높은 CO_2 부분 압력 때문에 음료수에 녹아 있을 수 있는 기체 성분의 양은 대기압에서 녹을 수 있는 양의 몇 배가 된다. 병의 마개를 따면 압축된 기체들이 빠져나가고, 결국 음료수 내부의 압력이 대기압에 이르게 되어 남아 있는 CO_2의 양은 대기압에서 CO_2 분압인 0.0003 atm만이 남게 된다. 용액으로부터 빠져나온 과잉의 CO_2가 거품의 원인이 된다.

예제 12.6은 질소 기체에 헨리 법칙을 적용한 것이다.

▲ *청량음료의 거품. 병을 흔든 후 열면 더 급격한 CO_2의 분출을 볼 수 있다.*
Ken Karp/McGraw-Hill

예제 12.6

질소 기체의 용해도는 25°C, 1 atm에서 6.8×10^{-4} mol/L이다. 대기압 조건에서 물에 녹아 있는 질소의 농도(몰농도 단위)는 얼마인가? 대기 중 질소 기체의 부분 압력은 0.78 atm이다.

전략 주어진 용해도로부터 헨리 법칙 상수(k)를 계산하고, 이를 사용하여 용액의 농도를 결정한다.

풀이 첫 번째 단계는 식 (12.3)의 k 값을 구하는 것이다.

$$c = kP$$
$$6.8 \times 10^{-4}\ \text{mol/L} = k\,(1\ \text{atm})$$
$$k = 6.8 \times 10^{-4}\ \text{mol/L} \cdot \text{atm}$$

따라서 물에 대한 질소 기체의 용해도는 다음과 같다.

$$\begin{aligned} c &= (6.8 \times 10^{-4}\ \text{mol/L} \cdot \text{atm})(0.78\ \text{atm}) \\ &= 5.3 \times 10^{-4}\ \text{mol/L} \\ &= 5.3 \times 10^{-4}\ M \end{aligned}$$

용해도의 감소는 압력이 1 atm에서 0.78 atm으로 낮아진 결과이다.

검산 농도의 비[$(5.3 \times 10^{-4}\ M/6.8 \times 10^{-4}\ M) = 0.78$]는 압력의 비(0.78 atm/1.0 atm = 0.78)와 같아야 한다.

실전 연습 부분 압력이 0.22 atm이고, 온도가 25°C일 때 물 속에서 산소의 몰농도를 계산하라. 산소의 헨리 법칙 상수는 1.3×10^{-3} mol/L·atm이다.

비슷한 문제: 12.37.

대부분의 기체는 헨리 법칙을 따르지만 몇 가지 중요한 예외가 있다. 예를 들면, 용해된 기체가 물과 반응하면 용해도가 증가한다. 암모니아의 용해도는 다음 반응으로 인해 예상보다 훨씬 증가한다.

$$NH_3 + H_2O \rightleftharpoons NH_4^+ + OH^-$$

이산화 탄소 또한 다음과 같이 물과 반응한다.

$$CO_2 + H_2O \rightleftharpoons H_2CO_3$$

또 하나 흥미로운 예는 산소 분자가 혈액에 용해되는 것이다. 정상적으로는 산소 기체는 물에 거의 녹지 않는다(예제 12.6의 실전 연습 참조). 그러나 혈액 내의 산소 용해도는 훨씬 큰데, 이는 헤모글로빈(Hb) 분자가 많이 존재하기 때문이다. 각 헤모글로빈 분자는 산소 분자가 4개까지 결합할 수 있는데, 이는 조직 내로 운반되어 대사 과정에 이용된다.

$$Hb + 4O_2 \rightleftharpoons Hb(O_2)_4$$

이러한 과정을 통해 혈중 산소 분자의 용해도는 증가한다.

개념과 사실 요약하기

- 헨리 법칙에 의하면 액체 내 기체의 용해도는 용액 위에 존재하는 기체의 부분 압력에 정비례한다.

개념과 사실 복습하기

12.5.1 다음 4개의 기체 중 25.°C에서 헨리 법칙 상수가 가장 큰 기체는 어느 것인가? CH_4, Ne, HCl, H_2

12.5.2 25°C의 물에서 0.0025 atm의 부분 압력을 갖는 이산화 탄소의 몰 농도를 구하라. 이산화 탄소에 대한 헨리 법칙 상수는 3.1×10^{-2} mol/L · atm이다.

12.6 비전해질 용액의 총괄성

학습 목표

- 증기압 내림, 끓는점 오름, 어는점 내림 및 삼투압을 포함하여 비전해질 용액의 총괄성과 관련된 여러 계산을 수행할 수 있다.

총괄성(colligative property 또는 collective property)은 *용액 내에 있는 용질 입자의 본질에는 상관없이 용질 입자의 수에만 의존하는 성질*을 말한다. 이 성질들은 공통적인 근원으로 묶을 수 있는데, 입자가 원자, 이온, 분자 중 어느 것이든 상관없이 존재하는 입자의 수에만 의존하는 성질이다. 이 총괄성에는 증기압 내림, 끓는점 오름, 어는점 내림, 삼투압이 있다. 비전해질 용액의 총괄성을 논의할 때 용액의 농도가 ≤0.2 *M*인 상대적으로 묽은 용액에 한정됨을 명심해야 한다.

증기압 내림

용질이 **비휘발성**(nonvolatile, *측정할 만한 증기압을 갖지 않는 성질*)이면, 용액의 증기압은 순수한 용매의 증기압보다 항상 작다. 따라서 용액의 증기압과 용매의 증기압 사이에는 용액 내 용질의 농도에 의존하는 관계가 존재한다. 이 관계는 *어떤 용액에서 발생하는 용매의 증기압 P_1은 순수한 용매의 증기압 P_1°과 용액 내 용매의 몰분율 X_1의 곱으로 주어진다*는 **라울의[†] 법칙**(Raoult's law)으로 표현된다.

[†]라울(Francois Marie Raoult, 1830~1901)은 프랑스 화학자로, 그의 연구는 주로 용액의 성질과 전기화학에 관한 것이었다.

$$P_1 = X_1 P_1^\circ \tag{12.4}$$

어떤 용액이 한 종류의 용질만을 포함하고, 용질의 몰분율이 X_2이면 $X_1 = 1 - X_2$이다. 식 (12.4)는 다음과 같이 다시 쓸 수 있다.

$$P_1 = (1 - X_2)P_1^\circ$$

또는

$$P_1 = P_1^\circ - X_2 P_1^\circ$$

따라서

$$P_1^\circ - P_1 = \Delta P = X_2 P_1^\circ \tag{12.5}$$

증기압의 *감소분*(ΔP)는 용질의 농도(몰분율로 측정)에 정비례한다.

예제 12.7은 라울 법칙[식 (12.5)]을 적용한 예이다.

인터넷 핫스팟

학생들의 학습 경험에 대해 축적된 자료에 따르면 라울의 법칙을 이해하는 데 어려움을 겪을 수 있다. 이런 경우 eBook에 접속해서 이 주제에 대한 추가 학습 자료를 보면 도움이 될 수 있다.

예제 12.7

30°C에서 물 460 mL에 포도당(몰질량 180.2 g/mol) 218 g을 녹여 만든 용액의 증기압을 계산하라. 증기압 내림은 얼마나 되는가? 30°C에서 순수한 물의 증기압은 표 5.3에 주어져 있다. 용액의 밀도는 1.00 g/mL이라고 가정한다.

전략 용액의 증기압을 결정하기 위해서는 라울 법칙[식 (12.4)]이 필요하다. 설탕은 비휘발성 용질임에 주목하라.

풀이 용액의 증기압(P_1)은 다음과 같다.

찾아야 할 것

$$P_1 = X_1 P_1^\circ$$

계산하고자 하는 것 주어진 것

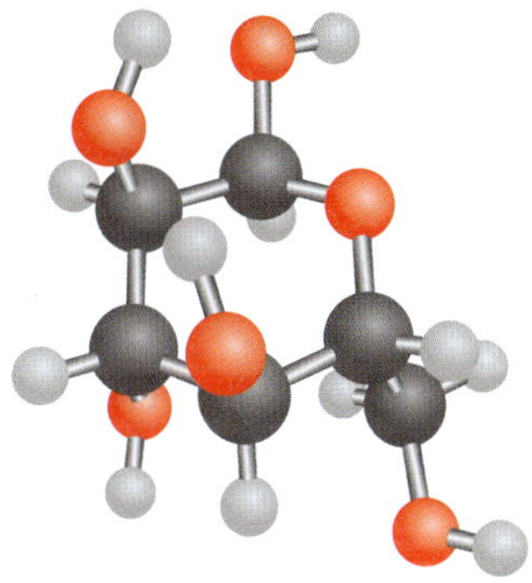

$C_6H_{12}O_6$

우선 용액에 있는 포도당과 물의 몰수를 계산한다.

$$n_1(\text{물}) = 460 \cancel{\text{mL}} \times \frac{1.00 \cancel{\text{g}}}{1 \cancel{\text{mL}}} \times \frac{1 \text{ mol}}{18.02 \cancel{\text{g}}} = 25.5 \text{ mol}$$

$$n_2(\text{포도당}) = 218 \cancel{\text{g}} \times \frac{1 \text{ mol}}{180.2 \cancel{\text{g}}} = 1.21 \text{ mol}$$

물의 몰분율 X_1은 다음과 같다.

$$X_1 = \frac{n_1}{n_1 + n_2} = \frac{25.5 \text{ mol}}{25.5 \text{ mol} + 1.21 \text{ mol}} = 0.955$$

표 5.3으로부터 30°C에서 물의 증기압은 31.82 mmHg임을 알 수 있다. 따라서 포도당 용액의 증기압은 다음과 같다.

$$P_1 = 0.955 \times 31.82 \text{ mmHg} = 30.4 \text{ mmHg}$$

마지막으로 증기압 내림(ΔP)은 (31.82 − 30.4) mmHg, 즉 1.4 mmHg 가 된다.

검산 식 (12.5)를 사용하여 증기압 내림을 계산할 수도 있다. 포도당의 몰분율이 (1 − 0.955) = 0.045이므로 증기압 내림은 (0.045)(31.82 mmHg) = 1.4 mmHg가 된다.

실전 연습 35°C에서 물 212 mL에 요소(몰질량 = 60.06 g/mol) 82.4 g을 녹여 만든 용액의 증기압을 계산하라. 증기압 내림은 얼마나 되는가?

비슷한 문제: 12.49, 12.50.

용액의 증기압이 순수한 용매의 증기압보다 낮은 이유는 무엇인가? 12.2절에서 언급한 바와 같이 물리적 또는 화학적 과정의 추진력 중 하나는 무질서도의 증가이다. 무질서도가 커질수록 그 과정은 좀 더 유리하게 진행된다. 기체 상태의 분자는 액체 상태의 분자보다 무질서도가 크므로 증발이 일어나면 계의 무질서도가 증가한다. 용액은 순수한 용매보다 더 무질서하므로 용액과 증기와의 무질서도 차이는 순수한 용매와 증기와의 무질서도 차이보다 작게 된다. 따라서 용매 분자는 순수한 용매에서보다 용액에서 빠져나오려는 경향이 작아지므로 용액의 증기압은 용매의 증기압보다 낮아진다.

용액의 두 성분이 모두 **휘발성**(volatile, *측정 가능할 정도의 증기압이 있는 경우*)일 때 용액의 증기압은 각 부분 압력의 합이다. 라울 법칙은 이 경우에도 동일하게 적용된다.

$$P_A = X_A P_A^\circ$$
$$P_B = X_B P_B^\circ$$

이때, P_A와 P_B는 성분 A와 B의 용액 위에서의 부분 압력, P_A°와 P_B°는 순수한 물질의 증기압, X_A와 X_B는 각각의 몰분율이다. 전체 압력은 돌턴의 부분 압력 법칙으로 구할 수 있다(5.6절 참조).

$$P_T = P_A + P_B$$

또는

$$P_T = X_A P_A^\circ + X_B P_B^\circ$$

예를 들어, 벤젠과 톨루엔은 유사한 구조를 가지는 휘발성 화합물이며, 따라서 유사한 분자간 힘을 갖는다.

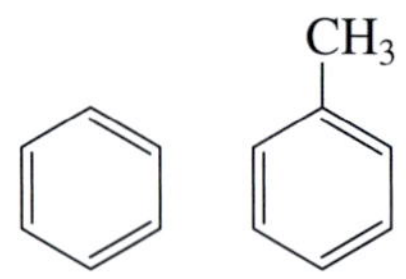

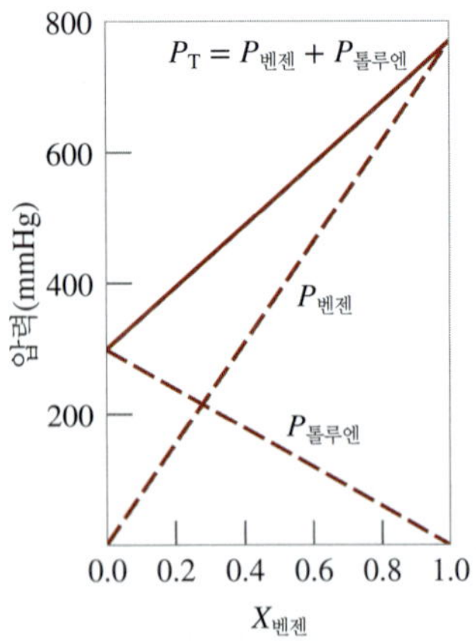

▲ **그림 12.7** 80°C에서 벤젠-톨루엔 용액에 있는 벤젠과 톨루엔의 몰분율에 대한 부분 압력 의존성($X_{톨루엔} = 1 - X_{벤젠}$). 이 용액은 증기압이 라울 법칙을 따르기 때문에 이상 용액이라 부른다.

벤젠과 톨루엔의 용액에서 각 성분의 증기압은 라울 법칙을 따른다. 그림 12.7은 벤젠-톨루엔 용액에서 용액의 조성에 대한 전체 증기압(P_T)의 의존도를 나타낸다. 용액의 조성을 한 성분의 몰분율로도 표시할 수 있음에 주목하라. $X_{벤젠}$ 값에 대해 톨루엔의 몰분율 $X_{톨루엔}$은 $(1 - X_{벤젠})$으로 주어진다. 벤젠-톨루엔 용액은 *라울 법칙을 만족하는 용액*인 **이상 용액**(ideal solution)의 몇 안 되는 예 중 하나이다. 이상 용액의 특징은 용해열($\Delta H_{용해}$)이 0이 된다는 것이다.

이러한 관점에서 대부분의 용액은 이상적으로 거동하지 않는다. 두 휘발성 물질을 A, B라 하고 다음 두 경우를 생각해 보자.

경우 1: A와 B 사이의 분자간 힘이 A 분자들 사이 또는 B 분자들 사이의 힘보다 약하다면, 이 분자들이 용액에서 빠져나가려는 경향은 이상 용액에서보다 클 것이다. 결과적으로 용액의 증기압은 동일한 농도에서 라울 법칙에 의해 예측되는 증기압의 합보다 클 것이다. 이러한 거동은 *양의 편차*(positive deviation)를 나타낸다[그림 12.8(a)]. 이 경우 용해열은 양수(즉, 혼합이 흡열 과정)이다.

경우 2: A, B 각자 자신들끼리의 상호작용보다 A와 B가 서로 강하게 잡아당긴다면 용액의 증기압은 라울 법칙에서 예상되는 증기압의 합보다 작을 것이다. 여기서 *음의 편차*[negative deviation, 그림 12.8(b)]를 볼 수 있다. 이 경우 용해열은 음수(즉, 혼합이 발열 과정)이다.

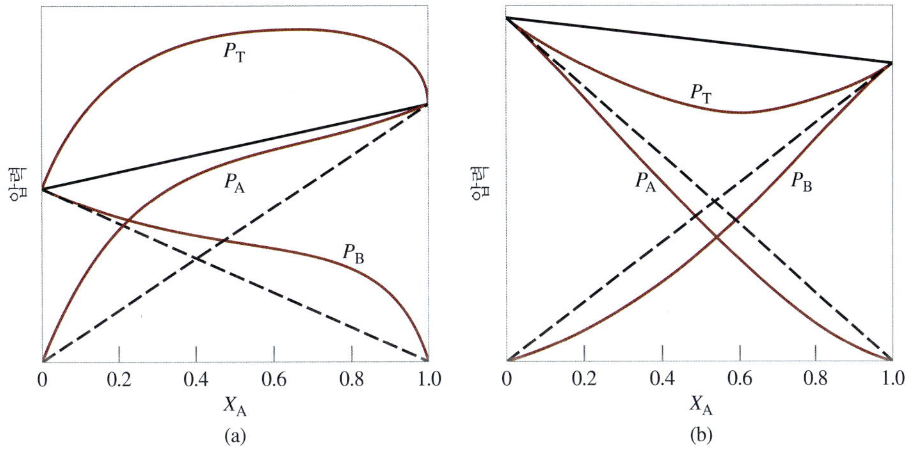

◀ **그림 12.8** 비이상 용액. (a) 양의 편차는 P_T가 라울 법칙에 의해서 예상된 값(*검은 실선*)보다 더 클 때 일어난다. (b) 음의 편차. 여기서 P_T는 라울 법칙에 의해 예상된 값(*검은 실선*)보다 작다.

▶ 분별 증류

용액의 증기압은 *끓는점의 차이에 기반하여 용액의 액체 성분을 분리하는 과정*인 **분별 증류**(fractional distillation)와 직접 관련이 있다. 분별 증류는 분별 결정과 어느 정도 비슷하다. 예를 들어, *이성분계*(binary system, 두 가지 성분으로 구성된 계)인 벤젠-톨루엔 용액을 분리한다고 가정해 보자. 벤젠과 톨루엔은 둘 다 상대적으로는 휘발성이지만, 끓는점에는 상당한 차이가 있다(각각 80.1°C와 110.6°C). 이 두 물질을 포함하는 용액을 끓이면, 생성되는 증기에는 휘발성이 좀 더 큰 벤젠 성분이 더 많을 것이다. 이 증기를 별도의 용기에서 응축시키고, 응축시켜 얻은 용액을 다시 끓이면 증기상의 벤젠 농도는 훨씬 높아질 것이다. 이 과정을 여러 번 되풀이하면 벤젠을 톨루엔으로부터 완전히 분리하는 것이 가능하다.

실제로 화학자들은 휘발성 액체를 분리하기 위하여 그림 12.9에 보인 것과 비슷한 기

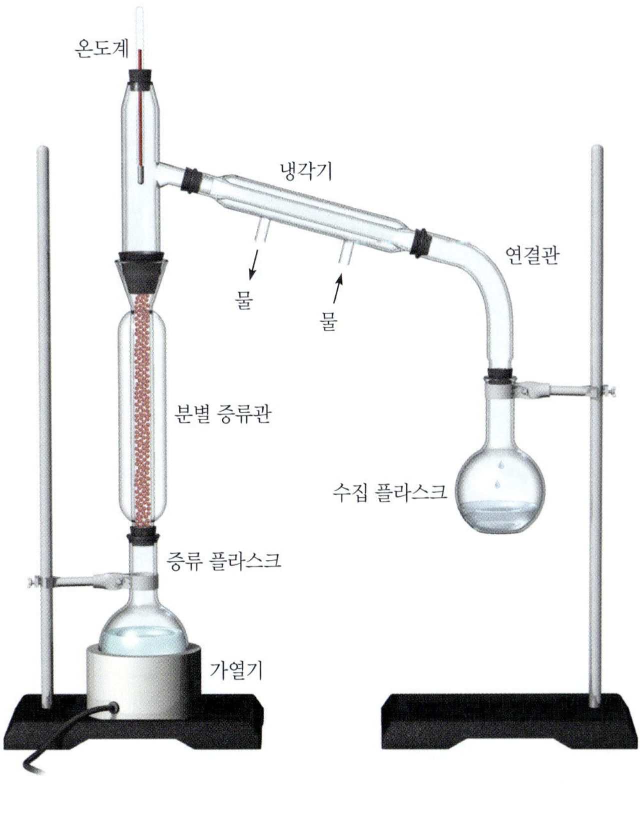

◀ **그림 12.9** 소규모 분별 증류 장치. 분별 증류 관은 작은 유리 구슬로 채워져 있다. 분별 증류관이 길수록 휘발성 액체의 분리가 좀 더 완전하게 된다.

구를 사용한다. 벤젠-톨루엔 용액이 들어 있는 둥근 바닥 플라스크를 작은 유리구슬이 채워진 긴 관에 연결한다. 용액이 끓으면, 기체는 관 아래 부분에서 작은 구슬 표면에 응축되고, 그렇게 만들어진 액체는 다시 증류 플라스크로 떨어진다. 시간이 지남에 따라 구슬들이 점차 가열되어 증기는 조금씩 위로 올라갈 수 있게 된다. 핵심적인 것은 관에 채워진 재료는 벤젠과 톨루엔 혼합물을 연속적으로 많은 증발-응축 단계를 거치게 한다는 것이다. 각 단계에서 관 내의 증기의 조성 중 더 휘발성이 있는, 즉 끓는점이 낮은 성분(이 경우는 벤젠)이 더 많이 차지하게 된다. 관의 맨 꼭대기 부분까지 올라간 기체는 사실상 순수한 벤젠이며, 이를 응축하여 수집 플라스크에 모은다.

분별 증류는 실험실뿐만 아니라 산업적으로도 중요하다. 정유공장에서는 원유로부터 여러 성분들을 분리하기 위해 대규모의 분별 증류 장치를 사용한다. 이에 대해 제20장에서 더 자세히 설명할 것이다.

끓는점 오름

용액의 끓는점은 외부의 압력과 용액의 증기압이 같아지는 온도이다(11.8절 참조). 비휘발성 용질의 존재가 용액의 증기압을 낮추므로 이것은 용액의 끓는점에도 역시 영향을 미칠 수밖에 없다. 그림 12.10은 물의 상 평형 그림과 수용액에서 일어나는 변화들을 나타낸 것이다. 어떤 온도에서라도 순수한 용매보다 용액의 증기압이 낮기 때문에 용액의 액체-기체 곡선(증기압 곡선)은 순수한 용매의 곡선보다 아래에 있다. 결과적으로, 점선으로 표시된 용액의 증기압 곡선은 $P = 1$ atm(대기압)으로 표시된 수평선과 교차하는 지점이 순수한 용매의 정상 끓는점보다 더 높은 온도가 된다. 이러한 그래프의 해석으로부터 용액의 끓는점은 물의 끓는점보다 높음을 알 수 있다. **끓는점 오름**(boiling-point elevation, ΔT_b)은 *용액의 끓는점*(T_b)*에서 순수한 용매의 끓는점*(T_b°)*를 뺀 값*으로 정의한다.

$$\Delta T_b = T_b - T_b^\circ$$

$T_b > T_b^\circ$이므로 ΔT_b는 양수이다.

ΔT_b 값은 증기압력 내림에 비례하므로, 용액의 농도(몰랄농도)에도 비례한다. 즉,

$$\Delta T_b \propto m$$

$$\Delta T_b = K_b m \tag{12.6}$$

여기서 m은 용액의 몰랄농도이고, K_b는 *몰랄 끓는점 오름상수*(molal boiling-point elevation constant)이다. 용액의 새로운 끓는점을 계산할 때는 ΔT_b를 용매의 정상 끓는점에 더해주면 된다. K_b의 단위는 °C/m이다. 여기서 농도 단위의 선택이 중요하다. 온도가 일

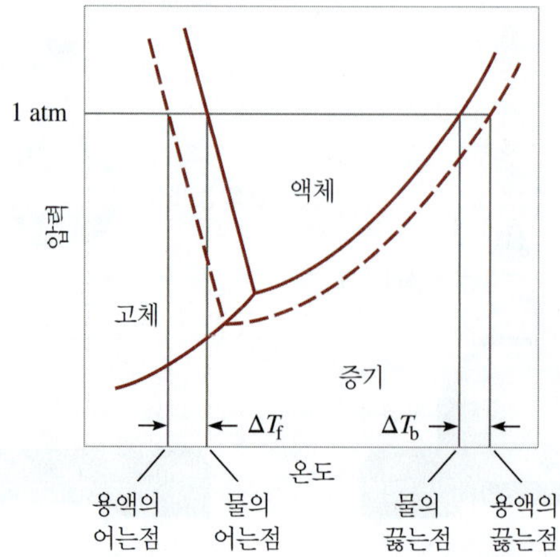

▶ **그림 12.10** 수용액의 끓는점 오름과 어는점 내림을 설명하는 상 평형 그림. 점선은 용액에 해당하고, 실선은 순수한 용매에 해당한다. 그림에서 볼 수 있듯이 용액의 끓는점은 물의 끓는점보다 높고, 용액의 어는점은 물의 어는점보다 낮다.

표 12.2 몇 가지 액체에 대한 몰랄 끓는점 오름 상수와 어는점 내림 상수

용액	정상 어는점(°C)*	K_f(°C/m)	정상 끓는점(°C)*	K_b(°C/m)
물	0	1.86	100	0.52
벤젠	5.5	5.12	80.1	2.53
에탄올	−117.3	1.99	78.4	1.22
아세트산	16.6	3.90	117.9	2.93
사이클로헥세인	6.6	20.0	80.7	2.79

*1 atm에서 측정한 값.

정하지 않은 계(용액)를 다루고 있고, 몰농도는 온도에 따라 변하기 때문에 몰농도를 농도의 단위로 표시할 수 없다.

표 12.2에 여러 용매에 대한 K_b 값이 나와 있다. 물에 대한 끓는점 오름 상수와 식 (12.6)을 사용하면, 수용액의 몰랄농도가 1.00 m일 때 그 수용액의 끓는점은 100.52°C가 되는 것을 알 수 있다.

▲ *비행기의 얼음 제거는 어는점 내림 현상에 기반한 것이다.*
Meinzahn/iStock/Getty Images

어는점 내림

과학자가 아닌 사람은 끓는점 오름 현상을 영원히 모르고 지낼 수도 있겠지만, 추운 지방에 사는 주의 깊은 사람은 어는점 내림 현상에 익숙할 것이다. 결빙된 도로나 보도의 얼음을 NaCl이나 $CaCl_2$와 같은 염을 뿌리면 녹는다. 이렇게 염을 뿌려서 결빙된 도로의 얼음을 녹이는 방법은 물의 어는점 내림 현상을 이용한 것이다.

그림 12.10은 용액의 증기압 내림이 고체-액체 곡선을 왼쪽으로 이동시킨다는 것을 보여준다. 결과적으로 이 곡선은 물의 어는점보다 더 낮은 온도에서 수평선과 만나게 된다. **어는점 내림**(freezing-point depression, ΔT_f)은 순수한 용매의 어는점(T_f°)에서 용액의 어는점(T_f)을 뺀 값으로 정의된다.

$$\Delta T_f = T_f^\circ - T_f$$

$T_f^\circ > T_f$이므로, ΔT_f는 양의 값이다. 또한, ΔT_f도 용액의 농도에 비례한다.

$$\Delta T_f \propto m$$

$$\Delta T_f = K_f m \qquad (12.7)$$

여기서 m은 용질의 몰랄농도이고, K_f는 *몰랄 어는점 내림상수*(molal freezing-point depression constant)이다(표 12.2 참조). 새로운 어는점을 계산하려면 용매의 정상 어는점에서 ΔT_f를 빼면 된다. K_b처럼 K_f의 단위도 °C/m이다.

> **인터넷 핫스팟**
> 학생들의 학습 경험에 대해 축적된 자료에 따르면 어는점 내림을 이해하는 데 어려움을 겪을 수 있다. 이런 경우 eBook에 접속해서 이 주제에 대한 추가 학습 자료를 보면 도움이 될 수 있다.

어는점 내림 현상에 대한 정성적인 설명은 다음과 같다. 어는점은 무질서 상태에서 질서 있는 상태로 전이되는 과정을 포함한다. 이 과정 동안에 에너지는 계로부터 제거되어야 한다. 용액이 용매보다 무질서도가 크므로 질서를 이루기 위해서는 순수한 용매에서보다 용액에서 보다 많은 에너지를 제거해야 한다. 따라서 용액이 용매보다 어는점이 낮아지게 된다. 용액이 얼 때 분리되는 고체는 순수한 용매 성분이라는 것에 주목하라.

끓는점 오름의 경우는 용질이 반드시 비휘발성이어야 하지만, 어는점 내림의 경우는 그러한 제한이 없다. 예를 들어, 메탄올(CH_3OH)은 65°C에서 끓는 상당히 휘발성이 있는 액체이지만, 때로 자동차 라디에이터의 부동액으로 사용된다.

어는점 내림에 대한 실생활에서의 예가 예제 12.8에서 설명된다.

예제 12.8

에틸렌글라이콜[ethylene glycol, EG, $CH_2(OH)CH_2(OH)$]은 일반적인 자동차용 부동액이다. 이것은 물에 잘 녹고 상당히 비휘발성이다(끓는점 197°C). 물 2505 g에 이 물질 651 g이 녹아 있는 용액의 어는점을 계산하라. 이 용액을 여름에도 차의 라디에이터에 넣어 두어야 하는가? 에틸렌글라이콜의 몰질량은 62.01 g이다.

▲ 추운 지방에서는 겨울에 부동액을 자동차의 라디에이터에 주입해야 한다.
Ken Karp/McGraw-Hill

전략 이 질문은 용액의 어는점 내림을 구하라는 것이다.

$$\Delta T_f = K_f m$$

(ΔT_f: 계산하고자 하는 것, K_f: 상수, m: 찾아야 할 것)

주어진 정보를 사용하여 용액의 몰랄농도를 계산하고, 물의 K_f 값은 표 12.2를 참조한다.

풀이 용액의 몰랄농도를 구하려면 EG의 몰수와 용매의 질량을 kg 단위로 알아야 한다. EG의 몰질량을 알아내고, 용매의 질량을 2.505 kg으로 변환하여 다음과 같이 몰랄농도를 계산한다.

$$651 \cancel{\text{g EG}} \times \frac{1 \text{ mol EG}}{62.07 \cancel{\text{g EG}}} = 10.5 \text{ mol EG}$$

$$\begin{aligned} m &= \frac{\text{용질의 몰수}}{\text{용매의 질량(kg)}} \\ &= \frac{10.5 \text{ mol EG}}{2.505 \text{ kg } H_2O} = 4.19 \text{ mol EG/kg } H_2O \\ &= 4.19\ m \end{aligned}$$

식 (12.7)과 표 12.2로부터

$$\begin{aligned} \Delta T_f &= K_f m \\ &= (1.86°C/m)(4.19\ m) \\ &= 7.79°C \end{aligned}$$

순수한 물은 0°C에서 얼기 때문에 용액의 어는점은 (0 − 7.79)°C = −7.79°C이다. 같은 방법으로 끓는점 오름을 계산하면 다음과 같다.

$$\begin{aligned} \Delta T_b &= K_b m \\ &= (0.52°C/m)(4.19\ m) \\ &= 2.2°C \end{aligned}$$

이 용액은 (100 + 2.2)°C = 102.2°C에서 끓을 것이므로 용액이 끓는 것을 방지하기 위해 여름에도 부동액을 자동차 라디에이터에 넣어 두는 것이 좋을 것이다.

실전 연습 물 3202 g에 에틸렌글라이콜 478 g이 포함된 용액의 어는점과 끓는점을 계산하라.

비슷한 문제: 12.56, 12.59.

▶ 삼투압

▶▶▶ 동영상 자료
삼투현상

여러 가지 화학적, 생물학적 과정들은 *용매 분자를 묽은 용액으로부터 진한 용액으로 다공성 막을 통해 선택적으로 이동시키는* **삼투현상**(osmosis)에 의존한다. 그림 12.11은 이러한 현상을 보여주고 있다. 이 장치의 왼쪽에는 순수한 용매가 들어 있고 오른쪽에는 용액이 들어 있다. 두 부분은 *용매의 이동은 가능하지만 용질의 이동은 불가능한* **반투막**(semipermeable membrane)에 의해 분리되어 있다. 초기에는 두 관의 수면의 높이가 같다[그림 12.11(a) 참조]. 시간이 조금 지난 후 오른쪽 수면이 오르기 시작하여 평형에 도달할 때까지, 즉 더 이상의 변화가 관찰되지 않을 때까지 이러한 현상은 계속된다. 용액의 **삼투압**(osmotic pressure, π)은 *삼투현상을 멈추게 하는 데 필요한 압력*이다. 그림

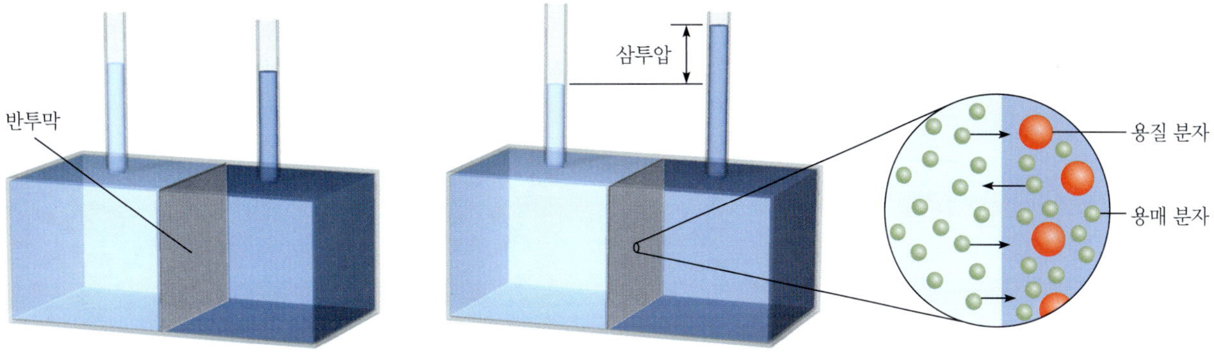

▲ **그림 12.11** 삼투압. (a) 초기에 순수한 용매(*왼쪽*)와 용액(*오른쪽*)의 수면 높이가 같다. (b) 삼투현상이 일어나는 동안 용매가 왼쪽에서 오른쪽으로 흘러나가 용액 쪽의 수면이 높아진다. 삼투압은 평형 상태에서 오른쪽 관에 있는 액체에 의해 작용되는 수압과 같다. 기본적으로 오른쪽에 있는 용액보다 묽은 용액에 의해 순수한 용매가 대치될 때 동일한 효과가 일어난다.

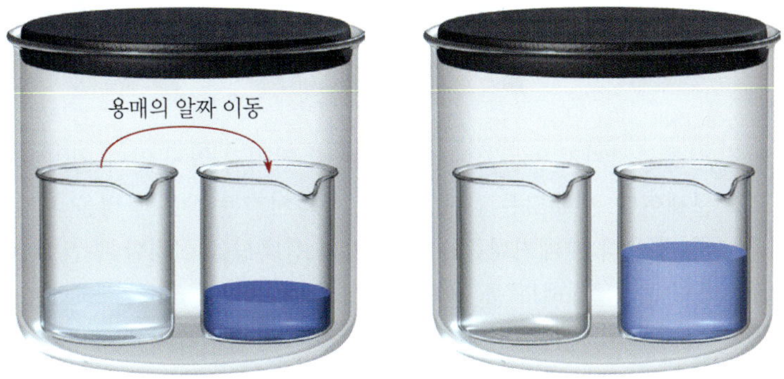

◀ **그림 12.12** (a) 용기 안의 서로 다른 증기압에 의하여 왼쪽 비커(순수한 물이 들어 있음)로부터 오른쪽 비커(용액이 들어 있음)로 물의 알짜 이동이 일어난다. (b) 평형 상태에서 왼쪽 비커에 있는 모든 물은 오른쪽 비커로 이동한다. 용매 이동에 대한 추진력은 그림 12.11에 보인 삼투현상과 비슷하다.

12.11(b)에 나타난 바와 같이 이 압력은 최종 수면 높이의 차이로부터 직접 측정이 가능하다.

이 경우 무엇 때문에 물이 왼쪽에서 오른쪽으로 자발적으로 이동할까? 삼투현상을 일으키는 추진력을 이해하는 데 그림 12.12에 묘사된 상황이 도움이 될 것이다. 용액의 증기압에 비해 순수한 물의 증기압이 더 높기 때문에 왼쪽 비커로부터 오른쪽 비커로 물의 알짜 이동이 일어난다. 충분한 시간이 주어지면, 왼쪽 비커에 더 이상의 물이 남아 있지 않게 될 때까지 이러한 이동이 계속된다. 이와 유사한 추진력으로 삼투과정 동안 순수한 물이 용액으로 이동하게 된다.

용액의 삼투압은 다음과 같이 주어진다.

$$\pi = MRT \qquad (12.8)$$

여기서 M은 용액의 몰농도, R은 기체 상수(0.0821 L · atm/K · mol), T는 절대온도이다. 삼투압 π는 atm 단위로 표시된다. 삼투압은 일정한 온도에서 측정되므로 농도는 몰랄농도보다는 편리한 몰농도로 표시한다.

끓는점 오름이나 어는점 내림과 마찬가지로 삼투압도 용액의 농도와 직접 관련이 있다. 이는 우리가 예상할 수 있는 바인데 모든 총괄성은 용액 내의 용질의 수에만 의존하기 때문이다. 두 용액의 농도가 같아서 삼투압이 같으면 *등장성*(isotonic)이라 한다. 두 용액이 다른 삼투압을 가질 때 농도가 높은 용액을 *고장성*(hypertonic)이라 하고, 농도가 낮은 용액을 *저장성*(hypotonic)이라 한다(그림 12.13).

삼투현상은 일반적이고 잘 연구된 현상이지만 반투막이 어떻게 어떤 물질은 통과시

▶ **그림 12.13** 왼쪽에서 오른쪽으로: 등장액(세포는 변하지 않음), 저장액(세포 팽창), 고장액(세포 수축)의 적혈구.
Dennis Kunkel Microscopy/Science Source

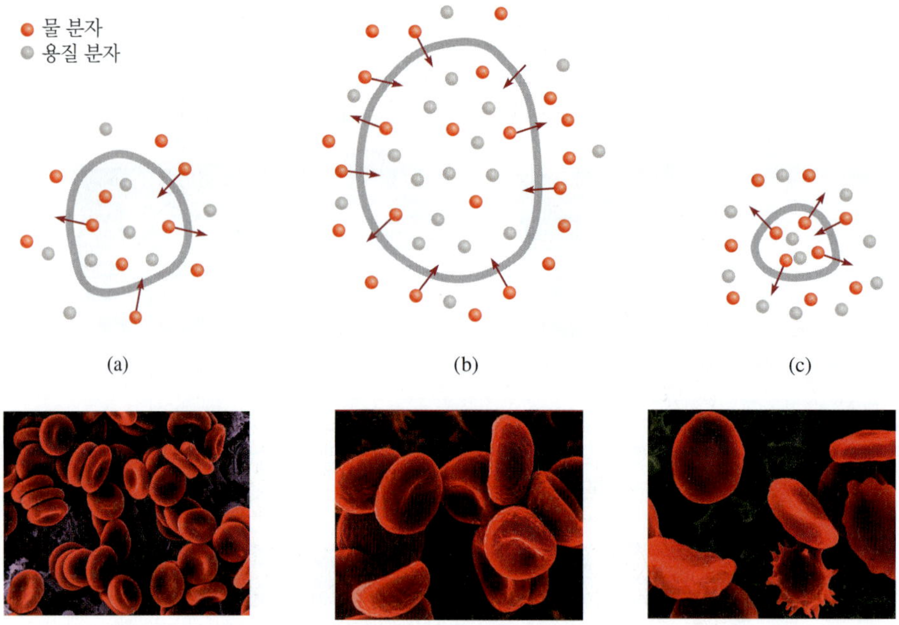

키고, 어떤 물질은 통과시키지 않는가에 대해서는 잘 알려져 있지 않다. 몇몇 경우는 단순히 입자의 크기 문제이다. 반투막은 용매 분자만 통과시키는 작은 구멍을 가지고 있을 수도 있다. 다른 경우에는 다른 메커니즘에 의해 막의 선택성을 설명할 수 있다. 예를 들어, 용매가 막 내에서 더 높은 “용해도”를 나타낸다는 것이다.

삼투현상은 여러 가지 재미있는 용도로도 사용된다. 반투막에 의해 외부 환경으로부터 보호되어 있는 적혈구 세포의 내용물을 연구하기 위해 생화학자들은 용혈작용(hemolysis)이라는 기법을 이용한다. 적혈구 세포를 저장액에다 넣는다. 저장액은 세포 내부보다 낮은 농도이므로 그림 12.13의 가운데 사진처럼 물이 세포 안으로 이동한다. 세포는 팽창하고 결국에는 터지면서 헤모글로빈과 그 밖의 분자들을 방출한다.

가정에서 잼과 젤리 등을 보존하는 방법은 삼투현상의 또 다른 예이다. 다량의 설탕은 보존 과정에 필수적인데, 설탕이 보툴리누스 중독(botulism)을 일으킬 수 있는 박테리아를 죽이는 데 도움을 주기 때문이다. 그림 12.13의 마지막 사진에서 보는 바와 같이 박테리아 세포가 고장액(고농도)의 설탕 용액에 있으면 물이 삼투현상에 의해 박테리아 세포로부터 농축 용액으로 나오게 된다. 이 과정을 *세포수축*(crenation)이라 하고, 세포를 수축시켜 결국에는 그 기능을 정지시킨다. 과일에 있는 천연산도 박테리아의 성장을 억제한다.

▲ *캘리포니아 삼나무*
Bas Vermolen/Getty Images

삼투현상은 식물에서 물을 위로 끌어올리는 주요 메커니즘이기도 하다. 나뭇잎은 항상 대기 중으로 물을 잃어버리므로, *증산과정*(transpiration)이라는 과정에 의해 잎에 있는 용액의 용질 농도가 증가한다. 물은 삼투압에 의해 식물의 가지, 줄기 등을 통해 위로 끌어올려진다. 높이가 약 120 m나 되는 캘리포니아 삼나무는 꼭대기에 있는 잎에 물을 공급하기 위해 약 10∼15 atm 정도의 삼투압이 필요하다. (11.3절에서 논의된 모세관 현상으로는 단지 수 센티미터의 상승만이 가능하다.)

예제 12.9는 용액의 농도를 알아내는 데 삼투압 측정이 어떻게 이용되는가를 보여준다.

예제 12.9

그림 12.11과 같은 기구로 측정한 25°C 바닷물의 평균 삼투압은 30.0 atm이다. 바닷물과 등장액인 설탕($C_{12}H_{22}O_{11}$) 수용액의 몰농도를 계산하라.

(계속)

전략 설탕 용액이 바닷물과 등장액일 때, 이 두 용액의 삼투압에 대해 어떻게 결론내릴 수 있는가?

풀이 바닷물과 등장액인 설탕 용액은 같은 삼투압인 30.0 atm을 나타내야 한다. 식 (12.8)을 사용하면,

$$\pi = MRT$$

$$M = \frac{\pi}{RT} = \frac{30.0\text{ atm}}{(0.0821\text{ L}\cdot\text{atm/K}\cdot\text{mol})(298\text{ K})}$$

$$= 1.23\text{ mol/L}$$

$$= 1.23\ M$$

실전 연습 16°C에서 0.884 M 요소 용액의 삼투압(atm 단위)은 얼마인가?

비슷한 문제: 12.63.

총괄성을 이용한 몰질량 측정

비전해질 용액의 총괄성은 용질의 몰질량을 측정하는 도구가 된다. 이론적으로는 4가지 총괄성 모두 이 목적에 적합하다. 그러나 실제적으로는 어는점 내림과 삼투압만이 몰질량 측정에 이용되는데, 이 둘이 가장 현저한 변화를 보이기 때문이다. 그 과정은 다음과 같다. 실험적으로 결정된 어는점 내림이나 삼투압으로부터 용액의 몰농도나 몰랄농도를 계산할 수 있다. 그 용질의 질량을 알면 예제 12.10과 12.11에 설명하는 것처럼 몰질량을 쉽게 결정할 수 있다.

예제 12.10

실험식이 C_5H_4인 어떤 시료 7.85 g을 벤젠 301 g에 녹였다. 그 용액의 어는점이 순수한 벤젠보다 1.05°C 낮게 나타났다. 이 시료의 몰질량과 분자식은 무엇인가?

전략 이 문제를 푸는 데는 세 단계가 필요하다. 먼저 용액의 어는점으로부터 용액의 몰랄농도를 계산한다. 다음 몰랄농도로부터 화합물 7.85 g에 들어 있는 몰수를 구하고, 몰질량을 구한다. 끝으로 실험적으로 구한 몰질량과 실험식량을 비교하여 분자식을 구한다.

풀이 화합물의 몰질량을 계산하기 위한 변환 순서는 다음과 같다.

$$\text{어는점 내림} \longrightarrow \text{몰랄농도} \longrightarrow \text{몰수} \longrightarrow \text{몰질량}$$

첫 번째 단계는 용액의 몰랄농도를 계산하는 것이다. 식 (12.7)과 표 12.2로부터 다음과 같이 쓸 수 있다.

$$\text{몰랄농도} = \frac{\Delta T_f}{K_f} = \frac{1.05°\text{C}}{5.12°\text{C}/m} = 0.205\ m$$

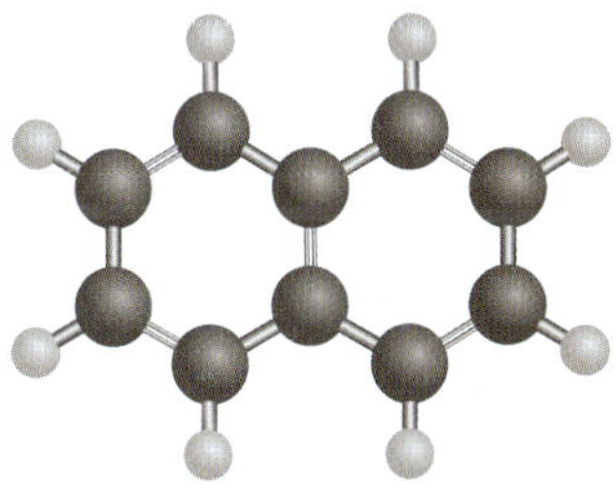

$C_{10}H_8$

용매 1 kg에 용질이 0.205 mol 들어 있으므로 용매 301 g, 즉 0.301 kg 내 용질의 몰수는 다음과 같다.

$$0.301\text{ kg} \times \frac{0.205\text{ mol}}{1\text{ kg}} = 0.0617\text{ mol}$$

따라서 용질의 몰질량은

$$\text{몰질량} = \frac{\text{화합물의 그램수}}{\text{화합물의 몰수}}$$

$$= \frac{7.85\text{ g}}{0.0617\text{ mol}} = 127\text{ g/mol}$$

이제 그 비를 계산할 수 있다.

(계속)

$$\frac{\text{몰질량}}{\text{실험식량}} = \frac{127 \text{ g/mol}}{164 \text{ g/mol}} \approx 2$$

따라서 분자식은 $(C_5H_4)_2$, 즉 $C_{10}H_8$(나프탈렌)이다.

실전 연습 벤젠 100.0 g에 어떤 유기 화합물 0.85 g을 녹인 용액의 어는점은 5.16°C이다. 용액의 몰랄농도와 용질의 몰질량은 얼마나 되는가?

비슷한 문제: 12.57.

예제 12.11

헤모글로빈(Hb) 35.0 g을 충분한 양의 물에 녹여 부피 1 L인 용액을 만들었다. 25°C에서 용액의 삼투압이 10.0 mmHg라고 할 때, 헤모글로빈의 몰질량을 계산하라.

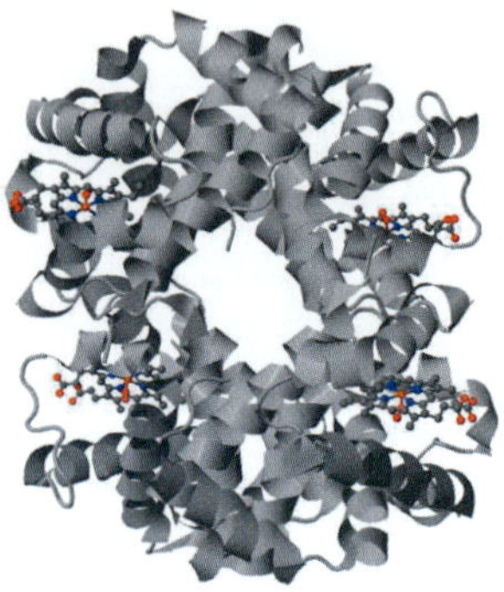

▲ 헤모글로빈 구조의 리본 표현. 각 분자에는 산소 분자가 결합하는 네 개의 헴(heme) 기가 있다.

전략 Hb의 몰질량을 계산하라는 문제이다. 계산에 필요한 단계는 예제 12.10에서 정리한 것과 비슷하다. 용액의 삼투압으로부터 용액의 몰농도를 계산한다. 그리고 나서 몰농도로부터 Hb 35.0 g에 있는 몰수를 계산하고 몰질량을 계산한다. π와 온도의 단위는 무엇을 사용해야 하는가?

풀이 변환 단계는 다음과 같다.

$$\text{삼투압} \longrightarrow \text{몰농도} \longrightarrow \text{몰수} \longrightarrow \text{몰질량}$$

먼저, 식 (12.8)을 써서 용액의 농도를 계산한다.

$$\begin{aligned}\pi &= MRT \\ M &= \frac{\pi}{RT} \\ &= \frac{10.0 \text{ mmHg} \times \dfrac{1 \text{ atm}}{760 \text{ mmHg}}}{(0.0821 \text{ L} \cdot \text{atm/K} \cdot \text{mol})(298 \text{ K})} \\ &= 5.38 \times 10^{-4} \text{ M}\end{aligned}$$

용액의 부피가 1 L이므로 이 용액에는 헤모글로빈 5.38×10^{-4} mol이 있다. 이를 이용하여 몰질량을 계산한다.

$$\text{HB의 몰수} = \frac{\text{Hb의 질량}}{\text{Hb의 몰질량}}$$

$$\begin{aligned}\text{Hb의 몰질량} &= \frac{\text{Hb의 질량}}{\text{Hb의 몰수}} \\ &= \frac{35.0 \text{ g}}{5.38 \times 10^{-4} \text{ mol}} \\ &= 6.51 \times 10^4 \text{ g/mol}\end{aligned}$$

실전 연습 2.47 g의 유기 고분자를 포함하는 202 mL 벤젠 용액의 삼투압이 21°C에서 8.63 mmHg이다. 이 고분자의 몰질량을 계산하라.

비슷한 문제: 12.64, 12.66.

예제 12.11에 있는 것처럼 10.0 mmHg의 압력은 정확하고 쉽게 측정할 수 있는 값이다. 이런 이유로 삼투압 측정은 단백질과 같은 큰 분자의 몰질량을 결정하는 데 매우 유용하다. 어는점 내림보다 삼투압의 실용성을 알아보기 위해 동일한 헤모글로빈 용액의 어는점 변화를 추정해 보자. 용액이 충분히 묽으면 몰농도와 몰랄농도는 거의 같다. (용액의 밀도가 1 g/mL이면 몰농도와 몰랄농도는 같게 된다.) 따라서 식 (12.7)로부터 다음과 같이 쓸 수 있다.

$$\Delta T_f = (1.86°C/m)(5.38 \times 10^{-4}\ m)$$
$$= 1.00 \times 10^{-3}°C$$

1/1000°C의 어는점 내림은 온도 변화를 정확히 측정하기에는 너무 작은 값이다. 이러한 이유로 어는점 내림 기법은 몰질량이 500 g 이하이고, 크기가 작으며, 용해도가 좋은 분자의 몰질량 측정에 주로 적용되는데, 이런 용액들의 어는점 내림이 훨씬 크게 나타나기 때문이다.

개념과 사실 요약하기

- 라울 법칙에 의하면 어떤 용액 위에서 물질 A에 의한 부분 압력은 A의 몰분율(X_A)과 순수한 A의 증기압(P_A°)의 곱과 같다. 이상 용액은 모든 농도에서 라울 법칙을 만족한다. 실제로 이상적인 거동을 나타내는 용액은 거의 없다.
- 증기압 내림, 끓는점 오름, 어는점 내림, 삼투압은 용액의 총괄성이라 한다. 즉, 이러한 성질들은 용질 입자의 수에만 의존하고, 용질의 본질과는 무관하다.

개념과 사실 복습하기

12.6.1 어떤 용액에 같은 몰수의 액체 A와 B가 들어 있다. 어떤 온도에서 순수한 A와 B의 증기압은 각각 120 mmHg와 180 mmHg이다. 용액의 증기압이 164 mmHg이라면 A 분자들 사이의 힘과 B 분자들 사이의 분자간 힘에 비해 분자 A와 B 사이의 분자간 힘에 대해 무엇을 추론할 수 있는가?

12.6.2 벤젠에 용해된 나프탈렌과 같은 비수용성 용액에 대하여 그림 12.10에서 나타낸 것과 같은 상 도표를 그려라. 이 경우에도 어는점 내림과 끓는점 오름이 적용되는가?

12.6.3 어떤 온도에서 바닷물 시료의 삼투압이 25 atm이라는 것은 무엇을 의미하는가?

12.6.4 741 g의 글루코스($C_6H_{12}O_6$)를 1.50 kg의 물에 녹인 용액의 끓는점과 어는점을 구하라. (물에 대한 $K_b = 0.52°C/m$ 및 $K_f = 1.86°C/m$.)

요약 Chapter Summary

용액 가장 일반적인 것은 용매가 액체이고 용질이 고체 또는 액체인 액체 용액이다. 비슷한 유형의 분자간 힘을 가진 분자는 서로 쉽게 섞인다. 용해도는 특정 온도에서 용매에 용해된 용질의 양을 정량적으로 측정한 것이다. (12.1, 12.2, 12.3절)

용해도에 대한 온도와 압력의 영향 온도는 일반적으로 물질의 용해도에 현저한 영향을 미친다. 압력은 액체에서 기체의 용해도에 영향을 줄 수 있지만 용질이 고체 또는 액체인 경우에는 거의 영향을 미치지 않는다. (12.4, 12.5절)

총괄성 용질의 존재는 용매의 증기압, 끓는점 및 어는점에 영향을 준다. 또한 용액이 반투막에 의해 용매와 분리될 때 용매 분자가 용매에서 용액으로 이동하는 삼투 현상이 발생한다. 이러한 특성의 변화 정도를 용액의 농도와 관련시키는 방정식이 유도되었다. (12.6절)

주요 식 Key Equations

$\text{질량 백분율} = \dfrac{\text{용질의 질량}}{\text{용액의 질량}} \times 100\%$ (12.1)	용액의 질량 백분율 계산.

몰랄농도 $= \frac{\text{용질의 몰수}}{\text{용액의 질량(kg)}}$ (12.2)	용액의 몰랄농도 계산.
$c = kP$ (12.3)	기체의 용해도 계산에 사용되는 헨리 법칙.
$P_1 = X_1 P_1^\circ$ (12.4)	액체의 증기압을 용액의 증기압에 연결시키는 라울 법칙.
$\Delta P = X_2 P_1^\circ$ (12.5)	용액의 농도에 표시한 증기압 내림.
$\Delta T_b = K_b m$ (12.6)	끓는점 오름.
$\Delta T_f = K_f m$ (12.7)	어는점 내림.
$\pi = MRT$ (12.8)	용액의 삼투압.

주요 용어_Key Words

결정화	몰랄농도	불포화 용액	어는점 내림(ΔT_f)	총괄성
과포화 용액	반투막	비휘발성	용매화	포화 용액
끓는점 오름(ΔT_b)	분별 결정	삼투압(π)	이상 용액	헨리 법칙
라울 법칙	분별 증류	삼투현상	질량 백분율	휘발성

연습 문제_Questions and Problems

붉은색 번호의 문제는 학생용 문제 풀이집에 풀어 놓았다.

12.1 용액의 종류

복습 질문

12.1 불포화 용액, 포화 용액, 과포화 용액을 구분하라.

12.2 연습 문제 12.1에 나열된 용액 중 어느 유형에서 결정화나 침전이 발생하겠는가? 결정은 침전과 어떤 점에서 다른가?

12.2 용해 과정의 분자적 고찰

복습 질문

12.3 분자 수준에서 용해 과정을 설명하라. 액체에 고체의 용해를 예로 사용하라.

12.4 분자간 힘에 기초하여 "끼리끼리 녹는다"는 의미를 설명하라.

12.5 용매화란 무엇인가? 용매화가 일어나는 정도에 어느 요인이 영향을 미치는가? 용매화의 예를 두 가지 들어라. 그 중 하나는 이온-쌍극자 상호작용을 포함하는 것으로 하고, 다른 하나는 분산력이 작용하는 것으로 하라.

12.6 아는 바와 같이 어떤 용해 과정은 흡열이고, 어떤 용해 과정은 발열이다. 이 차이점을 분자적으로 해석하라.

12.7 용해 과정에서 무질서도가 증가하는 이유를 설명하라.

12.8 액체 내 고체의 용해도에 영향을 미치는 요인을 기술하라. 두 액체가 서로 섞인다는 의미는 무엇인가?

문제

12.9 나프탈렌($C_{10}H_8$)이 CsF보다 벤젠에 더 잘 녹는 이유는 무엇인가?

12.10 에탄올(C_2H_5OH)이 사이클로헥세인(C_6H_{12})에 녹지 않는 이유를 설명하라.

12.11 다음 화합물들을 물에 대한 용해도가 증가하는 순서로 배열하라. O_2, LiCl, Br_2, 메탄올(CH_3OH).

12.12 아래에 나열된 알코올들의 물에 대한 용해도 차이를 설명하라.

화합물	20°C 물에서의 용해도(g/100 g)
CH_3OH	∞
CH_3CH_2OH	∞
$CH_3CH_2CH_2OH$	∞
$CH_3CH_2CH_2CH_2OH$	9
$CH_3CH_2CH_2CH_2CH_2OH$	2.7

(*참고:* ∞는 알코올과 물이 모든 비율로 완전히 섞인다는 의미이다.)

12.3 농도 단위

복습 질문

12.13 다음 농도들을 정의하고, 단위를 제시하라. *질량 백분율, 몰분율, 몰농도, 몰랄농도.* 이들의 장점과 단점을 비교하라.

12.14 몰농도, 몰랄농도, 질량 백분율 사이의 변환에 필요한 단계를 요약하라.

문제

12.15 다음 수용액의 질량 백분율을 계산하라. (a) 용액 78.2 g 중 NaBr 5.50 g, (b) 물 152 g 중 KCl 31.0 g, (c) 벤젠 29 g 중 톨루엔 4.5 g.

12.16 다음의 경우 가해야 할 물의 양(g)을 계산하라. (a) 요소[$(NH_2)_2CO$] 5.00 g으로 질량 백분율 16.2%인 용액 만들기, (b) $MgCl_2$ 26.2 g으로 질량 백분율 1.5%인 용액 만들기.

12.17 다음 용액의 몰랄농도를 계산하라. (a) 물 676 g에 녹아 있는 설탕($C_{12}H_{22}O_{11}$) 14.3 g, (b) 물 3546 g에 녹아 있는 에틸렌글라이콜($C_2H_6O_2$) 7.20 mol.

12.18 다음 수용액의 몰랄농도를 계산하라. (a) 2.50 *M* NaCl 용액(용액의 밀도 = 1.08 g/mL), (b) 질량 백분율로 48.2%의 KBr 용액.

12.19 다음 수용액의 몰랄농도를 계산하라. (a) 1.22 *M* 설탕($C_{12}H_{22}O_{11}$) 용액(용액의 밀도 = 1.12 g/mL), (b) 0.87 *M* NaOH 용액(용액의 밀도 = 1.04 g/mL), (c) 5.24 *M* $NaHCO_3$ 용액(용액의 밀도 = 1.19 g/mL).

12.20 용매와 밀도가 대략 같은 묽은 용액에 대해서 용액의 몰농도는 몰랄농도와 같다. 0.010 *M* 요소[$(NH_2)_2CO$] 수용액에 대해 위의 내용이 옳음을 보여라.

12.21 독한 술의 알코올 함량은 "도(proof)"로 나타내는데, 이것은 존재하는 에탄올의 부피 백분율의 두 배로 정의된다. 75도(proof)의 증류주(gin) 1.00 L에 들어 있는 알코올의 g수를 계산하라. 에탄올의 밀도는 0.798 g/mL이다.

12.22 실험실에서 사용되는 진한 황산은 질량비로 98.0% H_2SO_4라고 한다. 이 황산 용액의 몰랄농도와 몰농도를 계산하라. 용액의 밀도는 1.83 g/mL이다.

12.23 NH_3 30.0 g과 물 70.0 g으로 만들어진 암모니아 용액의 몰농도와 몰랄농도를 계산하라. 이 용액의 밀도는 0.982 g/mL이다.

12.24 실량비로 10.0%의 에탄올(C_2H_5OH)을 포함하는 수용액의 밀도는 0.984 g/mL이다. (a) 이 용액의 몰랄농도를 계산하라. (b) 몰농도를 계산하라. (c) 에탄올 0.125 mol을 포함하는 용액의 부피는 얼마나 되는가?

12.4 용해도에 대한 온도의 영향

복습 질문

12.25 물에서 이온 결합 화합물의 용해도는 온도에 따라 어떻게 변하는가? 압력에 따라서는 어떠한가?

12.26 분별 결정 과정과 그것의 응용에 대해 설명하라.

문제

12.27 염 3.20 g을 물 9.10 g에 녹여 25°C에서 포화 용액을 만들었다. 이 염의 용해도(100 g H_2O에 대한 염의 g수로 표시)는 얼마인가?

12.28 KNO_3의 용해도는 물 100 g에 대해 75°C에서 155 g이고 25°C에서는 38.0 g이다. 정확히 100 g의 포화 용액을 75°C에서 25°C로 냉각시키면 몇 g의 KNO_3가 결정으로 석출되겠는가?

12.29 불순물이 섞인 $KClO_3$(20°C에서 물 100 g에 대한 용해도 = 7.1 g) 50 g이 질량 백분율 10%의 KCl(물 100 g에 대한 용해도 = 25.5 g)로 오염되어 있다. 이 시료에서 모든 KCl을 녹이기 위해 필요한 20°C 물의 최소량을 계산하라. 이렇게 처리한 후 $KClO_3$는 얼마나 남아 있겠는가? (용해도는 다른 화합물의 존재에 영향을 받지 않는다고 가정한다.)

12.5 기체의 용해도에 대한 압력의 영향

복습 질문

12.30 액체 내에서 기체의 용해도에 영향을 미치는 요인들을 논하라.

12.31 열공해란 무엇인가? 왜 수중 생태계에 위험이 되는가?

12.32 헨리 법칙은 무엇인가? 식의 각 항을 정의하고 단위를 나타내라. 이 법칙을 기체 분자 운동론으로 어떻게 설명하겠는가? 헨리 법칙의 두 가지 예외를 제시하라.

12.33 어떤 학생이 물이 들어 있는 두 비커를 관찰하고 있다. 한 비커는 30°C로 가열되었고, 다른 비커는 100°C로 가열되었다. 두 경우 모두 공기 방울이 생겼다. 이 공기 방울들은 같은 원인에 의해 생긴 것인가? 설명하라.

12.34 어떤 사람이 금붕어를 샀다. 집에 와서 조금 전에 끓여 급하게 식힌 물이 담긴 어항에 넣었다. 몇 분 후에 금붕어가 죽었다. 금붕어에게 무슨 일이 일어났는지 설명하라.

문제

12.35 물이 들어 있는 비커가 초기에 공기로 포화되었다. 1 atm의 He 기체를 오랫동안 이 용액에 불어넣었을 때 무슨 일이 생길지 설명하라.

12.36 해수면 아래 260 m 지하에서 일하는 광부가 점심시간에 탄산음료를 열었다. 놀랍게도 음료수는 김빠진 맛이었다. 조금 후에 광부가 엘리베이터를 타고 지표로 올라왔다. 올라오는 동안 트림을 멈출 수가 없었다고 한다. 그 이유는 무엇인가?

12.37 25°C, 1 atm에서 물속의 CO_2 용해도는 0.034 mol/L이다. 대기압에서의 용해도는 얼마인가? (공기 중 CO_2의 부분 압력은 0.0003 atm이다.) CO_2는 헨리 법칙을 따른다고 가정한다.

12.38 37°C 혈액에서 부분 압력이 0.80 atm인 N_2의 용해도는 5.6×10^{-4} mol/L이다. 심해 잠수부는 N_2의 부분 압력이 4.0 atm인 압축 공기로 숨을 쉰다. 체내의 총 혈액량을 5.0 L로 가정한다. N_2의 부분 압력이 0.80

atm인 물 표면으로 잠수부가 복귀했을 때 방출되는 N_2의 양(37°C, 1 atm에서 L 단위로)을 계산하라.

12.6 비전해질 용액의 총괄성

복습 질문

12.39 총괄성이란 무엇인가? 이 문맥에서 총괄이라는 단어의 의미는 무엇인가

12.40 라울의 법칙 식을 쓰고, 의미를 설명하라.

12.41 톨루엔에 녹인 벤젠 용액을 이용하여 이상 용액에 대해 설명하라.

12.42 끓는점 오름과 어는점 내림을 용액의 농도와 관련시킨 식을 써라. 모든 항을 정의하고, 단위를 써라.

12.43 증기압 내림은 용액의 끓는점 오름과 어떤 관련이 있는가?

12.44 상평형 그래프를 사용하여 요소 수용액과 순수한 물에서 어는점과 끓는점의 차이를 설명하라.

12.45 삼투현상이란 무엇인가? 반투막이란 무엇인가?

12.46 삼투압과 용액의 농도에 대한 관련 식을 써라. 모든 항을 정의하고, 단위를 써라.

12.47 몰랄농도는 끓는점 오름과 어는점 내림의 계산에 사용되고, 삼투압 계산에서는 몰농도가 사용되는 이유를 설명하라.

12.48 어떤 화합물의 몰질량을 결정하기 위해 어는점 내림과 삼투압 측정이 어떻게 사용되는지 설명하라. 끓는점 오름과 증기압 내림은 이 목적으로 사용되지 않는 이유는 무엇인가?

문제

12.49 물 624 g에 설탕($C_{12}H_{22}O_{11}$) 396 g을 녹여서 용액을 만들었다. 30°C에서 이 용액의 증기압은 얼마인가? (30°C에서 물의 증기압은 31.8 mmHg이다.)

12.50 20°C에서 순수한 물보다 증기압이 2.0 mmHg 낮은 용액을 만들기 위해서는 물 552 g에 설탕($C_{12}H_{22}O_{11}$) 몇 그램을 가해야 하는가? (20°C에서 물의 증기압은 17.5 mmHg이다.)

12.51 벤젠의 증기압은 26.1°C에서 100.0 mmHg이다. 벤젠 98.5 g에 캠퍼(camphor, $C_{10}H_{16}O$) 24.6 g을 녹인 용액의 증기압을 계산하라. 캠퍼는 비휘발성 고체이다.

12.52 에탄올(C_2H_5OH)과 1-프로판올(C_3H_7OH)의 증기압은 35°C에서 각각 100 mmHg와 37.6 mmHg이다. 이상적인 거동으로 가정하고, 35°C에서 몰분율이 0.300인 에탄올을 1-프로판올에 녹인 용액 위 기체상에서 에탄올과 1-프로판올의 각 부분 압력을 계산하라.

12.53 20°C에서 에탄올의 증기압은 44 mmHg이고, 메탄올의 증기압은 94 mmHg이다. 메탄올 30.0 g과 에탄올 45.0 g의 혼합물을 만들었다. (a) 20°C에서 이 용액 위 기체상의 메탄올과 에탄올의 증기압을 계산하라. (b) 20°C에서 이 용액 위에 존재하는 메탄올과 에탄올 증기의 몰분율을 계산하라. (c) 용액의 두 성분을 분리하는 방법을 제시하라.

12.54 30°C에서 순수한 물보다 증기압이 2.50 mmHg 낮은 용액을 만들기 위해서는 물 450 g에 요소[$(NH_2)_2CO$] 몇 그램을 가해야 하는가? (30°C에서 물의 증기압은 31.8 mmHg이다.)

12.55 나프탈렌의 농도가 2.47 m인 벤젠 용액의 끓는점과 어는점은 얼마인가? (벤젠의 끓는점과 어는점은 각각 80.1°C와 5.5°C이다.)

12.56 어떤 수용액이 아미노산의 일종인 글라이신(NH_2CH_2COOH)을 포함한다. 아미노산의 이온화가 일어나지 않는다고 가정하고, 이 용액이 −1.1°C에서 얼 때 이 용액의 몰랄농도를 계산하라.

12.57 페로몬은 수컷을 유혹하기 위해 곤충의 암컷이 분비하는 물질이다. 이 중에 한 화합물에는 탄소 80.78%, 수소 13.56%, 산소 5.66%가 있다. 벤젠 8.50 g에 이 페로몬 1.00 g이 녹아 있는 용액은 3.37°C에서 언다고 한다. 이 화합물의 분자식과 몰질량은 얼마인가? (순수한 벤젠의 어는점은 5.50°C이다.)

12.58 아라비아 고무(접착제, 잉크, 약제에 사용되는 껌 같은 물질)로부터 추출한 고체 유기 화합물을 원소 분석한 결과 탄소 40.0%, 수소 6.7%, 산소 53.3%가 포함되어 있었다. 이 고체 0.650 g을 다이페닐(diphenyl) 용매 27.8 g에 녹인 용액의 어는점 내림은 1.56°C이다. 이 고체의 몰질량과 분자식을 구하라. (다이페닐의 K_f는 8.00°C/m이다.)

12.59 거주 지역의 가장 추운 겨울날의 온도가 −20°C라면, 물 6.50 L가 들어 있는 자동차의 라디에이터에 부동액인 에틸렌글라이콜 몇 L를 넣어야 하는가? 이 물-에틸렌글라이콜 혼합물의 끓는점을 계산하라. (에틸렌글라이콜의 밀도는 1.11 g/mL이다.)

12.60 27°C, 748 mmHg에서 4.00 L의 기체를 벤젠 58.0 g에 녹여 용액을 만들었다. 이 용액의 어는점을 계산하라.

12.61 벤젠에서 어는점 내림을 측정하여 결정한 벤조산(C_6H_5COOH)의 몰질량은 분자식인 $C_7H_6O_2$로부터 예상한 값의 두 배였다. 이렇게 비정상적인 결과의 이유에 대해 설명하라.

12.62 실험식이 C_6H_5P인 화합물 2.50 g을 벤젠 25.0 g에 녹인 용액이 4.3°C에서 어는 것으로 관찰되었다. 용질의 몰질량을 계산하고, 분자식을 구하라.

12.63 22.0°C에서 요소[$(NH_2)_2CO$] 1.36 M 수용액의 삼투압(atm)은 얼마인가?

12.64 구조가 알려지지 않은 고분자 0.8330 g을 유기 용매 170.0 mL에 녹인 용액의 삼투압이 25°C에서 5.20 mmHg이다. 이 고분자의 몰질량을 결정하라.

12.65 어떤 유기 화합물 7.480 g을 물에 녹여 300.0 mL 용액을 만들었다. 이 용액의 삼투압은 27°C에서 1.43 atm이었다. 이 화합물을 분석하여 C 41.8%, H 4.7%, O 37.3%, N 16.3%가 들어 있음을 알아냈다. 이 화합물의 분자식을 결정하라.

12.66 물 100.0 g에 어떤 탄수화물 6.85 g을 녹인 용액의 밀도는 1.024 g/mL이고, 20.0°C에서 삼투압은 4.61 atm이다. 이 탄수화물의 몰질량을 계산하라.

실전 연습의 답_Answers to Practice Exercises

12.1 이황화 탄소. **12.2** 7.44%. **12.3** 0.638 *m*. **12.4** 8.92 *m*. **12.5** 13.8 *m*. **12.6** 2.9×10^{-4} *M*. **12.7** 37.8 mmHg; 4.4 mmHg. **12.8** T_b: 101.3°C; T_f: −4.48°C. **12.9** 21.0 atm. **12.10** 0.066 *m*과 1.3×10^3 g/mol. **12.11** 2.60×10^4 g.

개념과 사실 복습하기의 답_Answers to Review of Concepts & Facts

12.2.1 C_4H_{10}과 P_4. **12.2.2** (a) 수소 결합, (b) 쌍극자-유발 쌍극자. **12.3.1** 몰농도(가열하면 용액의 부피가 증가하므로 몰농도는 감소한다.) **12.3.2** 3.35%. **12.3.3** 7.37 *M*과 8.65 *m*. **12.4.1** KCl < KNO_3 < KBr. **12.5.1** HCl이 물에 훨씬 더 잘 녹는다. **12.5.2** 7.8×10^{-5} mol/L. **12.6.1** 이상 용액의 증기압은 150 mmHg일 것이다. 만약 용액의 증기압이 164 mmHg라면, A와 B 사이의 분자간 힘은 A 또는 B 분자끼리의 분자간 힘보다 더 약함을 의미한다. **12.6.2**

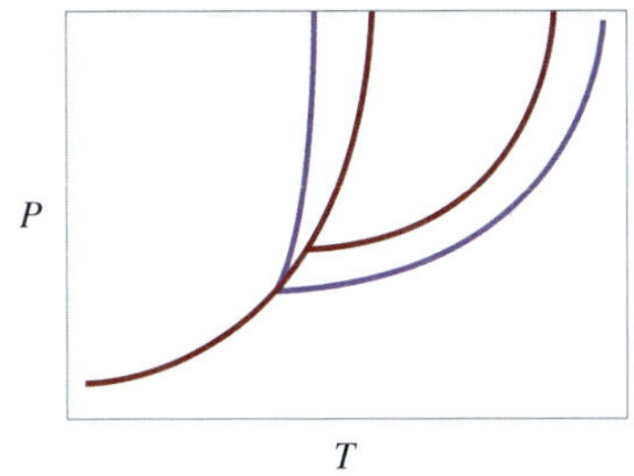

그렇다. 어는점 내림과 끓는점 오름이 여전히 적용된다. **12.6.3** 해수를 그림 12.11과 같은 장치에 넣으면 25 atm의 압력이 가해진다. **12.6.4** b.p = 105.1°C, f.p = −1.42°C.

레이먼드 창의

기본일반화학 제14판 Chemistry

▲ 저온의 남극 상공 대기에서 극지방 성층권 구름이 생기는데, 이는 오존 감소 촉매 반응에 관련되어 있다.

Per-Andre Hoffmann/LOOK-foto/Getty Images

제 13 장

화학 반응속도론

Chemical Kinetics

◆ 차 례

13.1 반응 속도

13.2 속도 법칙

13.3 반응물의 농도와 반응 시간 사이의 관계

13.4 활성화 에너지와 속도 상수의 온도 의존성

13.5 반응 메커니즘

13.6 촉매 작용

이전 장들에서, 우리는 화학의 기본적인 정의들에 대해 공부했고, 기체, 액체, 고체, 용액의 성질들을 살펴보았다. 우리는 분자의 성질들에 관해 검토했고 몇몇 반응들을 자세히 살펴보았다. 이 장과 이어지는 장들에서는, 화학 반응들을 지배하는 관계들과 법칙들을 더 자세히 살펴볼 것이다.

반응이 일어날지 말지 어떻게 예측할 수 있을까? 한번 반응이 시작된 후에는 얼마나 빨리 진행할까? 얼마나 반응이 진행하고 나서 멈출까? 제17장에서 다루게 될 열역학 법칙들에 근거해 첫 번째 질문에 답할 수 있다. 이 장의 주제인 화학 반응속도론으로 반응의 속도에 대한 질문들에 답할 수 있다. 마지막 질문을 포함한 많은 질문들에 대해 화학 평형으로 답할 수 있는데, 14~16장에서 다루게 될 것이다.

13.1 반응 속도

학습 목표

- 적절한 자료가 주어지면 반응의 평균 속도를 구할 수 있다.
- 주어진 그래프에서 반응의 순간 속도를 추정할 수 있다.
- 반응의 화학량론을 이용해 반응의 속도를 반응물이나 생성물의 농도 변화로 나타낼 수 있다.

화학 반응속도론(chemical kinetics)은 *화학 반응이 일어나는 빠르기, 즉 속도에 관한 것을 다루는 화학의 한 분야*이다. "속도론"이란 용어는 움직임 또는 변화를 의미한다. 제5장에서 운동 에너지(kinetic energy)란 물체의 운동으로부터 이용 가능한 에너지로 정의하였다. 여기서 다루는 속도론(kinetics)은 **반응 속도**(reaction rate)를 의미하며, 이것은 *시간에 따른 반응물 또는 생성물의 농도 변화*(M/s)를 나타낸다.

반응 속도를 공부해야 하는 이유는 많이 있다. 우선, 여러 반응들이 왜 아주 다른 속도로 진행되는지에 관한 본질적인 호기심에 답하기 위해서이다. 몇몇 반응들, 예를 들어 시각, 광합성, 핵 연쇄 반응의 초기 반응들은 10^{-12} s에서 10^{-6} s 정도의 아주 짧은 시간에 일어난다. 다른 반응들, 시멘트의 양생이나 흑연이 다이아몬드로 변하는 반응과 같은 것들은 몇 년에서 몇 백만 년이 지나야 끝이 난다. 실질적인 면에서 신약 개발, 공해 물질 제거, 식품 가공에서 반응 속도에 관한 지식은 매우 유용하다. 산업 현장에서 일하는 화학자들은 흔히 수득률을 최대로 높이기보다는 반응 속도를 높이는 데 역점을 둔다.

어떤 반응이든지 다음과 같은 일반적인 반응식으로 표현할 수 있다.

$$\text{반응물} \longrightarrow \text{생성물}$$

이 식을 보면 어떤 반응이 진행되는 동안 반응물이 소모되고 생성물이 만들어짐을 알 수 있다. 따라서 반응 진행 정도는 반응물의 농도 감소나 생성물의 농도 증가를 측정하여 알아낼 수 있다.

그림 13.1은 A 분자가 B 분자로 전환되는 간단한 반응의 진행 정도를 보여준다.

$$A \longrightarrow B$$

그림 13.2는 반응 시간이 지남에 따라 A 분자의 개수가 감소하고, B 분자의 개수가 증가하는 것을 보여주고 있다. 일반적으로 반응 시간에 따른 농도 변화로 반응 속도를 나타내는 것이 더 편리하다. 따라서 A ⟶ B 반응에 대한 속도는 다음과 같이 나타낼 수 있다.

$$\text{속도} = -\frac{\Delta[A]}{\Delta t} \qquad \text{또는} \qquad \text{속도} = \frac{\Delta[B]}{\Delta t}$$

여기서 $\Delta[A]$와 $\Delta[B]$는 시간 Δt 동안의 농도(몰농도) 변화를 나타낸다(Δ는 최종과 초기 상태의 차이를 나타냄). 반응이 진행하는 시간 동안 A의 농도는 *감소하기* 때문에 $\Delta[A]$는

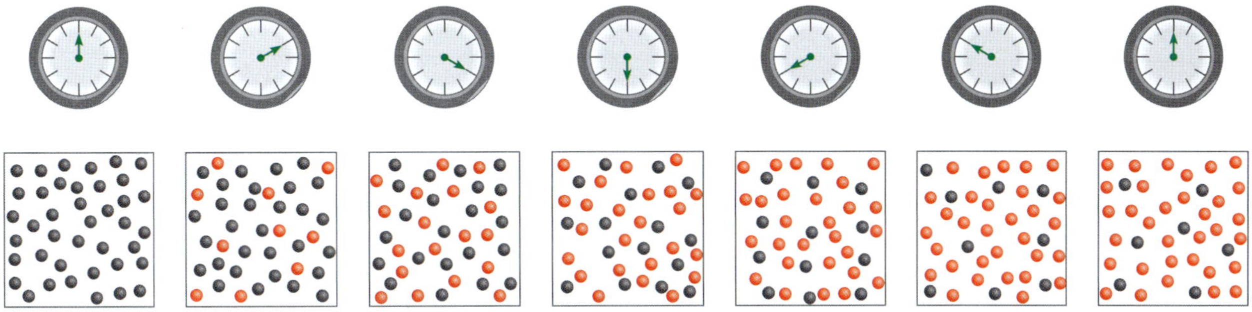

▲ 그림 13.1 반응 A → B의 과정을 10초 간격으로 60초간 본 그림. 초기에는 A 분자(*회색 구*)만 존재한다. 시간이 진행됨에 따라분 자 B(*빨간색 구*)가 형성된다.

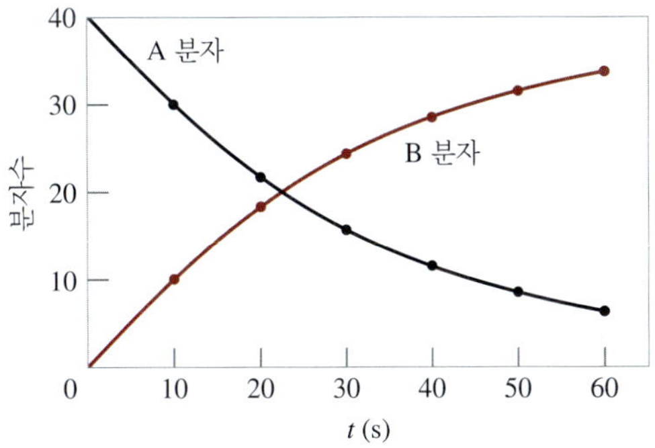

◀ 그림 13.2 시간에 따라 A 분자가 감소하고 B 분자가 증가하는 것으로 나타낸 반응 A → B의 속도.

음수이다. 반응 속도는 양수이므로, 속도가 양수가 되도록 하기 위해 속도식 앞에 음의 부호가 필요하다. 반면, B의 농도는 시간에 따라 *증가하므로* Δ[B]는 양수이고, 생성물의 생성 속도는 음의 부호가 필요하지 않다. 이들 반응 속도는 특정 시간 간격 Δt 동안 평균한 값이기 때문에 *평균 속도*(average rate)이다.

그 다음으로 실험적으로 반응 속도를 구하는 방법을 알아보자. 정의에 따라 반응 속도를 측정하기 위해서는 반응물(또는 생성물)의 농도를 시간에 따라 구해야 한다. 용액 상에서 진행되는 반응의 경우 반응물의 농도는 대개의 경우 분광학적 방법으로 측정할 수 있다. 반응이 일어나는 용액에 이온이 포함되어 있다면 농도 변화는 반응 용액의 전도도를 측정함으로써 알 수 있다. 기체를 포함하는 반응의 경우에는 압력을 측정함으로써 아주 편리하게 농도 변화를 알 수 있다. 두 가지 구체적인 반응의 예를 통해 반응 속도를 측정하는 몇 가지 다른 방법이 있음을 알아보기로 하자.

브로민 분자와 폼산의 반응

수용액에서 브로민 분자는 다음과 같이 폼산(HCOOH)과 반응한다.

$$Br_2(aq) + HCOOH(aq) \longrightarrow 2Br^-(aq) + 2H^+(aq) + CO_2(g)$$

브로민 분자(Br_2)는 적갈색이고, 다른 모든 화학종들은 무색이다. 반응이 진행됨에 따라 Br_2의 농도는 지속적으로 감소하고 색이 옅어진다(그림 13.3). 색이 없어지고 따라서 농도가 줄어드는 것은 분광계로 쉽게 측정할 수 있는데, 분광계는 브로민 분자가 흡수하는 가시광선의 양을 기록한다(그림 13.4).

임의의 초기 시간과 최종 시간에서 브로민의 농도 변화(감소)를 측정하여 그 시간 동안 진행된 평균 반응 속도를 결정할 수 있다.

$$\text{평균 속도} = -\frac{\Delta[Br_2]}{\Delta t}$$

$$= -\frac{[Br_2]_{\text{최종}} - [Br_2]_{\text{초기}}}{t_{\text{최종}} - t_{\text{초기}}}$$

▲ **그림 13.3** 시간이 경과함에 따라 브로민 농도가 감소하는 것이 색을 잃는 것으로 나타난다(왼쪽에서 오른쪽으로).
Ken Karp/McGraw-Hill

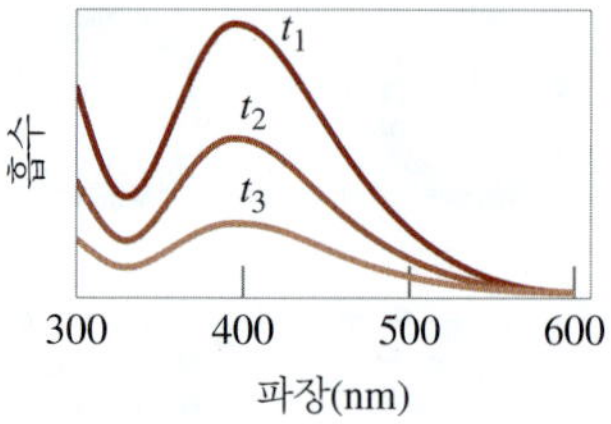

▲ **그림 13.4** 브로민 흡수 대 파장 도시. 브로민에 의한 가시광선의 최대 흡수가 393 nm에서 일어난다. 반응이 진행됨에 따라(t_1에서 t_3) $[Br_2]$에 비례하여 흡수는 감소한다.

표 13.1에 제공된 자료를 이용하여 반응 초기 50초 동안 진행된 반응의 평균 속도를 다음과 같이 계산할 수 있다.

$$\text{평균 속도} = -\frac{(0.0101 - 0.0120)\ M}{50.0\ \text{s}} = 3.80 \times 10^{-5}\ M/\text{s}$$

처음 100초를 선택하면 평균 속도는 다음 식과 같다.

$$\text{평균 속도} = -\frac{(0.00846 - 0.0120)\ M}{100.0\ \text{s}} = 3.54 \times 10^{-5}\ M/\text{s}$$

이 계산들로부터 반응의 평균 속도는 선택한 시간 간격에 의존함을 알 수 있다.

점점 짧은 시간 간격으로 평균 반응 속도를 측정함으로써 한 특정한 순간에 대한 속도를 얻을 수 있는데, 이것을 그 시간에서 반응의 *순간 속도*(instantaneous rate)라고 한다. 표 13.1의 자료를 바탕으로 한 반응 시간 대 브로민 농도 그래프가 그림 13.5에 나와 있다. 그래프로 나타내면, 예를 들어 반응 시작 후 100초에서 순간 속도는 그 시간에서 곡선에 대한 접선의 기울기이다. 다른 임의 시간에서의 순간 속도도 같은 방법으로 측정할 수 있다. 이런 방법으로 측정된 순간 속도는 온도가 일정하게 유지된 상태에서 반응물의 농도가 같으면 항상 동일하다. 어떤 시간 간격을 사용할지 관심을 둘 필요는 없다. 다른 설명이 없는 한, 특정 시간에서의 순간 속도를 단순히 그 시간에서의 "반응 속도"라고 할 것이다.

다음에 소개하는 여행에 관한 비유는 평균 반응 속도와 순간 반응 속도를 구별하는

표 13.1 25°C에서 브로민 분자와 폼산 반응에 대한 반응 속도

시간(s)	$[Br_2]$ (M)	속도[M/s]	$k = \frac{\text{속도}}{[Br_2]}$ (s^{-1})
0.0	0.0120	4.20×10^{-5}	3.50×10^{-3}
50.0	0.0101	3.52×10^{-5}	3.49×10^{-3}
100.0	0.00846	2.96×10^{-5}	3.50×10^{-3}
150.0	0.00710	2.49×10^{-5}	3.51×10^{-3}
200.0	0.00596	2.09×10^{-5}	3.51×10^{-3}
250.0	0.00500	1.75×10^{-5}	3.50×10^{-3}
300.0	0.00420	1.48×10^{-5}	3.52×10^{-3}
350.0	0.00353	1.23×10^{-5}	3.48×10^{-3}
400.0	0.00296	1.04×10^{-5}	3.51×10^{-3}

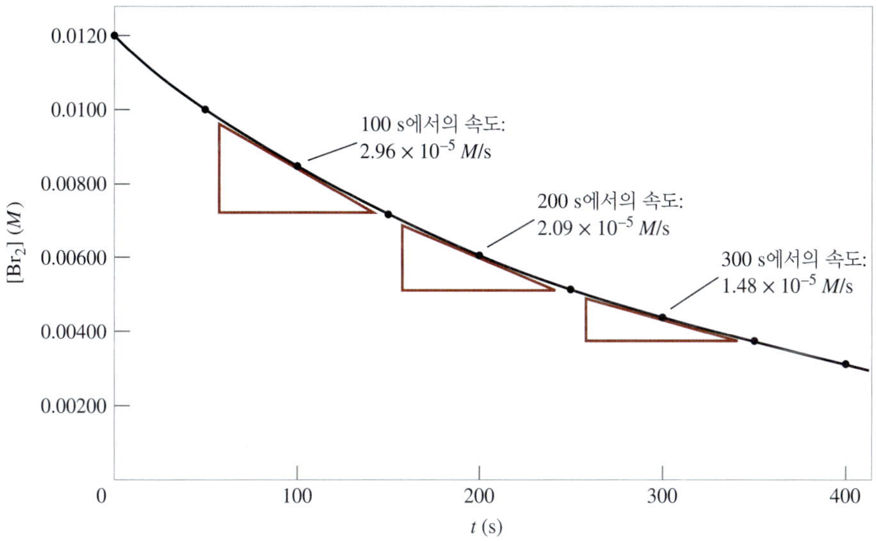

◀ **그림 13.5** 브로민 분자와 폼산의 반응에서 t = 100 s, 200 s, 300 s에서의 순간 속도를 이 시간에서 접선의 기울기로 나타내었다.

데 도움이 될 것이다. 미국 샌프란시스코에서 로스엔젤레스까지의 거리는 512마일이다. 한 도시에서 다른 도시까지 11.4시간 걸린다면, 평균 속도는 512마일을 11.4시간으로 나눈 값(512 mile/11.4 h)인 44.9 mph가 될 것이다. 그러나 승용차가 출발하여 3시간 26분 지난 시간에 시속 55.3마일로 달리고 있다면, 그 때 승용차의 순간 속도는 55.3 mph이다. 다시 말하면, 순간 속도는 속도계에 표시되는 속도이다. 이 예에서 승용차의 속도는 여행하는 동안 증가하거나 감소할 수 있지만, 반응의 순간 속도는 항상 시간이 지남에 따라 감소한다.

브로민-폼산 반응의 속도는 폼산 농도에도 의존한다. 그러나 과량의 폼산을 반응 혼합물에 첨가하여 반응의 전 과정 동안 폼산의 농도를 거의 일정하게 유지할 수 있다. 이러한 조건에서 폼산의 농도 변화는 측정된 속도에 영향을 주지 못한다.

브로민 농도가 반응 속도에 미치는 영향을 살펴보자. 표 13.1의 자료를 보라. $t = 50$ s일 때와 $t = 250$ s일 때 브로민의 농도와 반응 속도를 비교해 보자. $t = 50$ s일 때, 브로민의 농도는 0.0101 M이고 반응 속도는 3.52×10^{-5} M/s이다. $t = 250$ s일 때, 브로민의 농도는 0.00500 M이고 반응 속도는 1.75×10^{-5} M/s이다. $t = 50$ s일 때 농도는 $t = 250$ s일 때보다 2배(0.0101 M과 0.00500 M)이며, 반응 속도 역시 2배(3.52×10^{-5} M/s과 1.75×10^{-5} M/s)이다. 이것으로부터 반응물의 농도가 2배로 증가하면 반응 속도도 2배 증가하는 것을 알았다.

$$\frac{[\mathrm{Br_2}]_{50\,\mathrm{s}}}{[\mathrm{Br_2}]_{250\,\mathrm{s}}} \approx 2 \quad \text{와} \quad \frac{50\text{ s에서 속도}}{250\text{ s에서 속도}} = \frac{3.52 \times 10^{-5}\ M/\mathrm{s}}{1.75 \times 10^{-5}\ M/\mathrm{s}} \approx 2$$

따라서 반응 속도는 브로민의 농도에 정비례 한다. 즉,

$$\begin{aligned} \text{속도} &\propto [\mathrm{Br_2}] \\ &= k[\mathrm{Br_2}] \end{aligned}$$

위 식에서 k는 *반응물의 농도와 반응 속도 사이의 비례 상수*인 **속도 상수**(rate constant)이다. 여기서 설명된 브로민의 농도와 반응 속도 사이의 정비례 관계는 위의 실험 자료에 대한 그래프로부터 또한 확인할 수 있다.

그림 13.6은 브로민 농도와 반응 속도에 대한 그래프이다. 여기서 그래프가 직선이라는 사실은 반응 속도가 농도에 정비례함을 의미한다. 즉, 농도가 진할수록 반응 속도가 증가한다. 위의 마지막 식을 재배열하여 정리하면 다음과 같다.

▶ **그림 13.6** 브로민 분자와 폼산의 반응에서 속도 대 분자 브로민 농도 도시. 직선 관계는 반응 속도가 분자 브로민 농도에 비례함을 나타낸다.

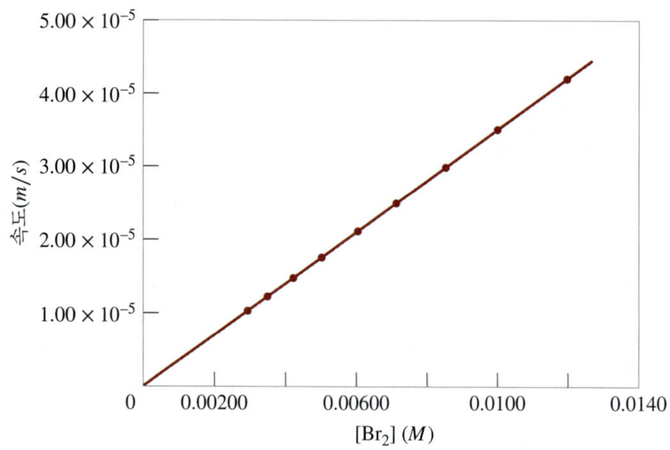

$$k = \frac{\text{속도}}{[Br_2]}$$

반응 속도의 단위는 M/s이고, $[Br_2]$의 단위는 M이므로, 이 경우 k의 단위는 1/s, 즉 s^{-1}이다. 여기서 속도 상수 k는 브로민 농도에 영향을 받지 *않는다*는 것을 이해하는 것이 중요하다. (주어진 반응에서 k는 온도의 변화에만 영향을 받는다는 것을 13.4절에서 배울 것이다.) 확실히, 속도는 브로민 농도가 높을수록 크고 브로민 농도가 낮을수록 작지만, 속도와 농도의 *비*(속도/농도)는 온도가 일정하면 항상 일정하다.

표 13.1로부터 이 반응의 속도 상수를 계산할 수 있다. t = 50 s에서의 자료를 사용하면 다음과 같다.

$$k = \frac{\text{속도}}{[Br_2]}$$

$$= \frac{3.52 \times 10^{-5}\ M/s}{0.0101\ M} = 3.49 \times 10^{-3}\ s^{-1}$$

k를 구하기 위해 어떤 t를 사용해도 좋다. 표 13.1에 기록된 k 값들 사이의 약간의 차이는 속도를 측정할 때 발생한 실험적 오차에서 온 것이다.

과산화 수소의 분해

반응물이나 생성물 중 하나가 기체일 경우에, 압력계를 사용해 반응 속도를 알아낼 수 있다. 20°C에서 과산화 수소의 분해를 생각해 보자.

$$2H_2O_2(aq) \longrightarrow 2H_2O(l) + O_2(g)$$

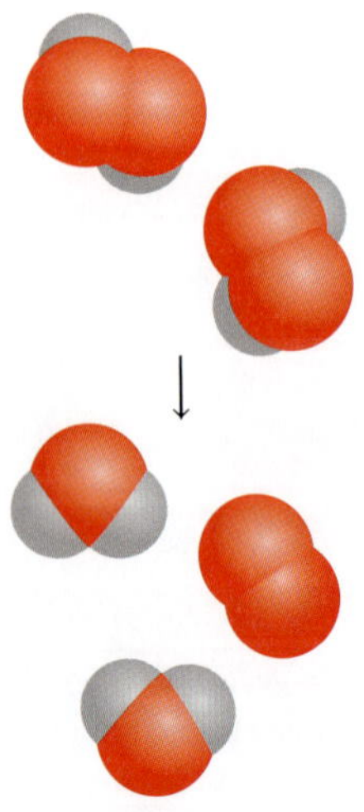

$2H_2O_2 \longrightarrow 2H_2O + O_2$

이 경우 분해 속도는 산소 발생의 속도를 압력계로 측정하여 결정할 수 있다(그림 13.7). 이상 기체 방정식을 이용하여 손쉽게 산소의 압력을 농도로 변환할 수 있다.

$$PV = nRT$$

또는

$$P = \frac{n}{V}RT = [O_2]RT$$

여기서 n/V는 산소 기체의 몰농도이다. 이 식을 정리하면 다음과 같다.

$$[O_2] = \frac{1}{RT}P$$

산소 생성 속도로 주어지는 반응 속도를 다음과 같이 나타낼 수 있다.

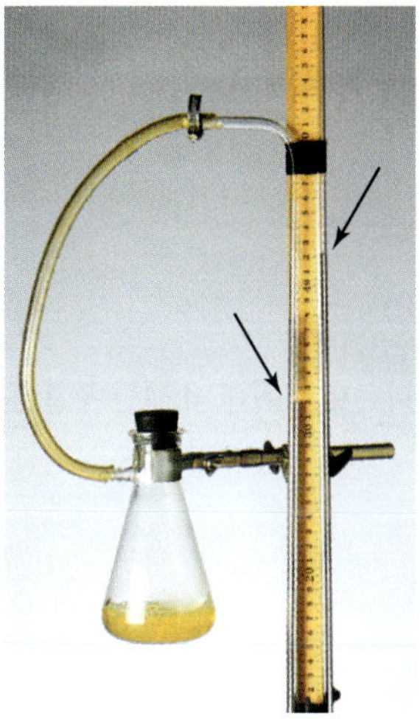

▲ **그림 13.7** 시간에 따라 산소 압력의 증가를 보여주는 압력계로 과산화 수소 분해 속도를 측정할 수 있다. 화살표는 U자 관 내 수은의 높이를 나타낸다.
Ken Karp/McGraw-Hill

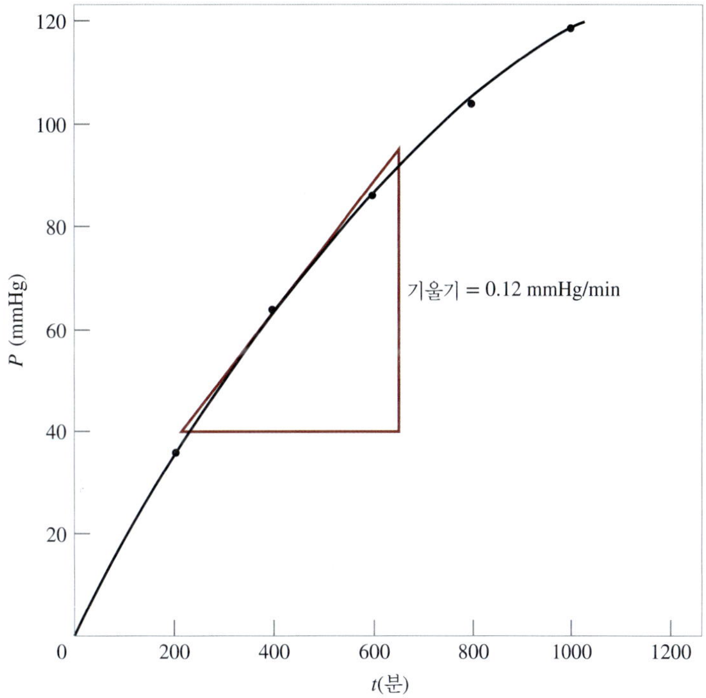

▲ **그림 13.8** 접선의 기울기에 $1/RT$을 곱한 값으로 400분에서 과산화 수소 분해의 순간 속도를 나타내었다.

$$\text{속도} = \frac{\Delta[O_2]}{\Delta t} = \frac{1}{RT}\frac{\Delta P}{\Delta t}$$

그림 13.8은 반응 시간에 따른 산소의 압력의 증가와 400분에서의 순간 속도를 측정한 것을 보여주고 있다. 이 반응 속도를 일반 단위인 M/s로 변환하기 위해 우선 mmHg/min을 atm/s로 전환하고, 그 다음 앞의 식에서 나타낸 것처럼 접선의 기울기($\Delta P/\Delta t$)에 $1/RT$를 곱한다.

▶ 반응 속도와 화학량론

A ⟶ B와 같은 화학량론적으로 간단한 반응에 대해서 반응 속도는 시간에 따른 반응물 농도의 감소($-\Delta[A]/\Delta t$) 또는 생성물 농도의 증가($\Delta[B]/\Delta t$)로 나타낼 수 있다. 더 복잡한 반응에 대한 속도식을 나타낼 때는 조심해야 한다. 예를 들어 다음 반응을 생각해 보자.

$$2A \longrightarrow B$$

B가 1몰 생성될 때마다 A는 2몰이 소모된다. 즉, 반응물 B가 생성되는 속도는 A가 소모되는 속도의 절반이다. 따라서 반응 속도는 다음과 같이 나타낼 수 있다.

$$\text{속도} = -\frac{1}{2}\frac{\Delta[A]}{\Delta t} \qquad \text{또는} \qquad \text{속도} = \frac{\Delta[B]}{\Delta t}$$

다음과 같은 일반적인 반응에 대한 반응 속도는 다음과 같다.

$$aA + bB \longrightarrow cC + dD$$

$$\text{속도} = -\frac{1}{a}\frac{\Delta[A]}{\Delta t} = -\frac{1}{b}\frac{\Delta[B]}{\Delta t} = \frac{1}{c}\frac{\Delta[C]}{\Delta t} = \frac{1}{d}\frac{\Delta[D]}{\Delta t}$$

예제 13.1과 13.2는 반응 속도식을 쓰는 방법과 생성물의 생성 속도와 반응물의 소멸 속도를 계산하는 방법을 보여준다.

예제 13.1

다음 반응에 대해서 반응물의 소멸과 생성물의 생성 관점에서 속도식을 써라.

(a) $I^-(aq) + OCl^-(aq) \longrightarrow Cl^-(aq) + OI^-(aq)$

(b) $4NH_3(g) + 5O_2(g) \longrightarrow 4NO(g) + 6H_2O(g)$

(c) $CH_4(g) + \frac{1}{2}Br_2(g) \longrightarrow CH_3Br(g) + HBr(g)$

전략 시간에 대한 반응물과 생성물의 농도 변화로 반응 속도를 나타내기 위해, 적절한 부호 (− 혹은 +)와 화학량론적 계수의 역수를 사용해야 한다.

풀이

(a) 각 화학량론 계수가 1이기 때문에,

$$\text{속도} = -\frac{\Delta[I^-]}{\Delta t} = -\frac{\Delta[OCl^-]}{\Delta t} = \frac{\Delta[Cl^-]}{\Delta t} = \frac{\Delta[OI^-]}{\Delta t}$$

(b) 여기서 계수는 4, 5, 4, 6이기 때문에,

$$\text{속도} = -\frac{1}{4}\frac{\Delta[NH_3]}{\Delta t} = -\frac{1}{5}\frac{\Delta[O_2]}{\Delta t} = \frac{1}{4}\frac{\Delta[NO]}{\Delta t} = \frac{1}{6}\frac{\Delta[H_2O]}{\Delta t}$$

(c) Br_2의 계수가 $\frac{1}{2}$이기 때문에, Br_2가 사라지는 속도로 반응 속도를 나타내기 위해서 계수의 역수$[(\frac{1}{2})^{-1} = 2]$를 곱하면,

$$\text{속도} = -\frac{\Delta[CH_4]}{\Delta t} = -2\frac{\Delta[Br_2]}{\Delta t} = \frac{\Delta[CH_3Br]}{\Delta t} = \frac{\Delta[HBr]}{\Delta t}$$

실전 연습 다음 반응에 대한 속도식을 써라.

$$CH_4(g) + 2O_2(g) \longrightarrow CO_2(g) + 2H_2O(g)$$

비슷한 문제: 13.5, 13.6.

예제 13.2

다음 반응을 생각해 보자.

$$4NO_2(g) + O_2 \longrightarrow 2N_2O_5(g)$$

반응이 일어나는 특정 순간에, 산소 분자가 0.024 *M*/s의 속도로 반응하고 있다고 생각해 보자. (a) N_2O_5가 생성되는 속도를 구하라. (b) NO_2가 반응하는 속도를 구하라.

전략 N_2O_5의 생성 속도와 NO_2의 소멸 속도를 계산하기 위해서, 예제 13.1에서처럼 화학량론 계수를 사용해 반응 속도를 나타내야 한다.

$$\text{속도} = -\frac{1}{4}\frac{\Delta[NO_2]}{\Delta t} = -\frac{\Delta[O_2]}{\Delta t} = \frac{1}{2}\frac{\Delta[N_2O_5]}{\Delta t}$$

주어진 자료는 다음과 같다.

$$\frac{\Delta[O_2]}{\Delta t} = -0.024\ M/\text{s}$$

여기서 음의 부호는 O_2의 농도가 시간이 지남에 따라 감소함을 나타낸다.

풀이

(a) 앞에 나타낸 속도식으로부터

$$-\frac{\Delta[O_2]}{\Delta t} = \frac{1}{2}\frac{\Delta[N_2O_5]}{\Delta t}$$

(계속)

따라서,

$$\frac{\Delta[N_2O_5]}{\Delta t} = -2(-0.024\ M/s) = 0.048\ M/s$$

(b) 여기서는 다음 식을 사용한다.

$$-\frac{1}{4}\frac{\Delta[NO_2]}{\Delta t} = -\frac{\Delta[O_2]}{\Delta t}$$

따라서,

$$\frac{\Delta[NO_2]}{\Delta t} = 4(-0.024\ M/s) = -0.096\ M/s$$

실전 연습 다음과 같은 반응이 있다.

$$4PH_3(g) \longrightarrow P_4(g) + 6H_2(g)$$

반응 중 특정 순간에, 수소 분자가 0.078 M/s 속도로 생성되고 있다고 생각해 보자. (a) P_4가 생성되는 속도를 구하라. (b) PH_3가 반응하는 속도를 구하라.

비슷한 문제: 13.7, 13.8.

개념과 사실 요약하기

- 화학 반응 속도는 시간에 따른 반응물이나 생성물의 농도 변화로 나타낸다. 반응 속도는 일정한 것이 아니라 농도 변화에 의해 계속 변화한다.

개념과 사실 복습하기

13.3.1 다음과 같이 주어진 기체상 반응의 속도는 다음과 같다. 반응에 대한 균형 반응식을 써라.

$$\text{속도} = -\frac{1}{2}\frac{\Delta[NOCl]}{\Delta t} = \frac{1}{2}\frac{\Delta[NO]}{\Delta t} = \frac{\Delta[Cl_2]}{\Delta t}$$

13.3.2 다음 반응의 반응 속도식을 써라.

$$2A + B \longrightarrow C + 2D$$

13.3.3 위의 반응에 대해

$$2A + B \longrightarrow C + 2D$$

A의 농도가 0.070 M/s의 비율로 변할 때 B의 농도의 변화 속도는 얼마인가?

13.2 속도 법칙

학습 목표

- 반응 차수를 요약하고 0차, 1차, 2차 반응 속도 법칙의 예를 들 수 있다.
- 실험 자료가 주어지면 반응의 속도 법칙을 쓸 수 있다.
- 반응에 대해 속도 상수 k의 단위를 나타낼 수 있다.

지금까지 반응 속도가 농도에 비례하며, 비례 상수 k를 속도 상수라고 부른다는 것을 배웠다. 속도 법칙(rate law)은 *반응 속도를 속도 상수와 반응물 농도의 적절한 제곱으로 표시한다*. 다음과 같은 일반적인 반응에 대하여

$$aA + bB \longrightarrow cC + dD$$

속도 법칙은 다음과 같이 쓸 수 있다.

$$\text{속도} = k[\text{A}]^x[\text{B}]^y \quad (13.1)$$

인터넷 핫스팟

학생들의 학습 경험에 대해 축적된 자료에 따르면 반응의 속도 법칙을 쓰는 데 어려움을 겪을 수 있다. 이런 경우 eBook에 접속해서 이 주제에 대한 추가 학습 자료를 보면 도움이 될 수 있다.

여기서 x와 y는 반드시 실험적으로 결정해야 하는 값이다. 일반적으로 x와 y는 화학량론 계수 a, b와 같지 *않다*는 것에 주의하라. x, y, k 값을 알 때, A와 B의 농도가 주어지면 식 (13.1)을 이용하여 반응의 속도를 계산할 수 있다.

지수 x와 y는 반응물 A와 B의 농도와 반응 속도 사이의 관계를 명시한다. 이들을 더하면 전체 **반응 차수**(reaction order)가 되는데, 이것은 *반응 속도식에 포함된 모든 반응물 농도의 지수의 합으로 정의된다.* 식 (13.1)의 경우 전체 반응 차수는 $x + y$이다. 또한 이 반응은 A에 대해 x차, B에 대해 y차, 전체로는 $(x + y)$차 반응이라 할 수 있다.

플루오린과 이산화 염소 사이의 반응을 예로 들어 반응 속도 법칙을 결정하는 방법을 알아보자.

$$F_2(g) + 2ClO_2(g) \longrightarrow 2FClO_2(g)$$

반응물의 농도가 반응 속도에 미치는 영향을 알아보기 위한 한 가지 방법은, 반응의 *초기* 속도가 초기 농도에 어떻게 의존하는지 알아보는 것이다. 반응이 진행됨에 따라 반응물의 농도는 감소하게 되고 농도 변화를 정확히 측정하는 것은 어려울 수 있기 때문에, 초기 속도를 측정하는 것이 더 선호된다. 또한 다음 형태의 역반응도 있을 수 있는데,

$$\text{생성물} \longrightarrow \text{반응물}$$

이로 인해 반응 속도 측정에 오차가 발생하게 된다. 이들 두 가지 문제점이 반응 초기 단계에는 거의 나타나지 않는다.

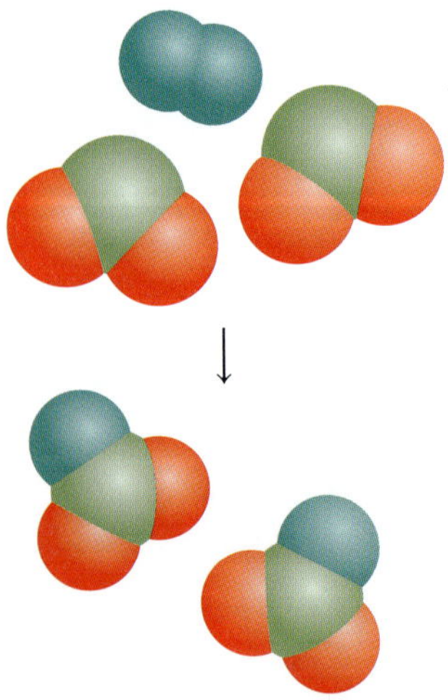

$F_2 + 2ClO_2 \longrightarrow 2FClO_2$

표 13.2는 $FClO_2$ 생성에 대한 3개의 속도 측정을 보여준다. 실험 1과 실험 3을 보면, $[ClO_2]$는 일정하게 유지한 상태에서 $[F_2]$가 두 배로 증가되면, 반응 속도는 두 배로 증가된 것을 알 수 있다. 따라서 반응 속도는 $[F_2]$에 정비례함을 알 수 있다. 비슷하게 실험 1과 실험 2로부터 일정한 $[F_2]$에서 $[ClO_2]$가 4배로 증가되면 반응 속도가 4배 증가되었으므로, 반응 속도는 역시 $[ClO_2]$에 정비례함을 알 수 있다. 다음과 같은 속도 법칙으로 위의 관측 결과를 정리할 수 있다.

$$\text{속도} = k[F_2][ClO_2]$$

$[F_2]$와 $[ClO_2]$의 지수가 모두 1이기 때문에, 이 반응은 $[F_2]$에 대해 일차이고, $[ClO_2]$에 대해서도 일차이며, 전체 반응은 (1 + 1), 즉 이차이다. 이 속도 법칙은 $[ClO_2]$에 대해 일차이지만, 전체 균형 화학 반응식에서 화학량론 계수는 2임에 주의하자. F_2의 경우 반응 차수와 화학량론 계수는 모두 1로 우연히 일치하고 있다.

반응물 농도와 초기 반응 속도로부터 속도 상수를 계산할 수 있다. 표 13.2의 첫 번째 열에 있는 자료를 이용하여 다음과 같은 식을 쓸 수 있다.

표 13.2 F_2와 ClO_2 사이의 반응에 대한 반응 속도 자료

실험	$[F_2]$(M)	$[ClO_2]$(M)	초기 속도(M/s)
1	0.10	0.010	1.2×10^{-3}
2	0.10	0.040	4.8×10^{-3}
3	0.20	0.010	2.4×10^{-3}

$$k = \frac{\text{속도}}{[F_2][ClO_2]} = \frac{1.2 \times 10^{-3}\ M/s}{(0.10\ M)(0.010\ M)} = 1.2/M \cdot s$$

반응 차수를 통해서 반응이 반응물의 농도에 어떻게 의존하는지 이해할 수 있다. 예를 들어, 일반적인 반응 $aA + bB \longrightarrow cC + dD$에 대해 $x = 1$이고 $y = 2$라고 가정해 보자. 이 반응에 대한 속도 법칙은 다음과 같다[식 (13.1) 참조].

$$\text{속도} = k[A][B]^2$$

이 반응은 A에 대해 일차이고, B에 대해 이차이며, 전체적으로 삼차$(1 + 2 = 3)$ 반응이다. 초기에 $[A] = 1.0\ M$이고 $[B] = 1.0\ M$이라 가정하자. 속도 법칙에 따르면, [B]를 일정하게 유지한 상태에서 A의 농도를 $1.0\ M$에서 $2.0\ M$로 두 배 증가시키면 반응 속도 또한 두 배가 된다.

$[A] = 1.0\ M$에 대해 $\quad \text{속도}_1 = k(1.0\ M)(1.0\ M)^2 = k(1.0\ M^3)$

$[A] = 2.0\ M$에 대해 $\quad \text{속도}_2 = k(2.0\ M)(1.0\ M)^2 = k(2.0\ M^3)$

따라서, $\quad \text{속도}_2 = 2(\text{속도}_1)$

반면에, $[A] = 1\ M$로 일정하게 유지한 상태에서 B의 농도를 $1.0\ M$에서 $2.0\ M$로 두 배 증가시키면 반응 속도는 네 배가 된다.

$[B] = 1.0\ M$에 대해 $\quad \text{속도}_1 = k(1.0\ M)(1.0\ M)^2 = k(1.0\ M^3)$

$[B] = 2.0\ M$에 대해 $\quad \text{속도}_2 = k(1.0\ M)(2.0\ M)^2 = k(4.0\ M^3)$

따라서, $\quad \text{속도}_2 = 4(\text{속도}_1)$

어떤 반응에 대해서 $x = 0$이고 $y = 1$이라면, 속도 법칙은 다음과 같다.

$$\text{속도} = k[A]^0[B] = k[B]$$

이 반응은 A에 대해 영차이고, B에 대해 일차이며, 전체 반응은 일차이다. A에 대해 영차라는 것은 반응 속도가 A의 농도에 *무관함*을 의미한다. 영차란 속도가 0이라는 의미가 아니고, A가 존재하기만 하면 반응 속도는 A의 농도에 무관하다는 뜻이다. 반응 차수는 분수가 될 수도 있다.

속도 법칙은 다음과 같이 정리할 수 있다.

1. 속도 법칙은 항상 실험적으로 결정된다. 반응물의 농도와 초기 반응 속도로부터 반응 차수를 결정할 수 있고, 반응 속도 상수를 계산할 수 있다.
2. 반응 차수는 항상 반응물의 농도(생성물의 농도가 아님)로 나타낸다.
3. 반응 차수는 전체 균형 화학 반응식의 화학량론 계수와 관련이 없다.

인터넷 핫스팟
학생들의 학습 경험에 대해 축적된 자료에 따르면 반응 차수를 결정하는 데 어려움을 겪을 수 있다. 이런 경우 eBook에 접속해서 이 주제에 대한 추가 학습 자료를 보면 도움이 될 수 있다.

개개의 반응에 대해서 속도 상수의 단위를 고려하는 것이 중요하다. 반응 속도의 단위는 항상 $M \cdot s^{-1}$이어야 하기 때문에, 속도 상수의 단위는 반응의 전체 차수에 의존한다. 표 13.3에 여러 반응 차수에 대해 속도 상수의 단위를 정리해 놓았다.

표 13.3 속도 상수 k의 단위

전체 반응 차수	속도식의 예	k의 단위
0	속도 = k	$M \cdot s^{-1}$
1	속도 = k[A]	s^{-1}
2	속도 = $k[A]^2$ 또는 속도 = k[A][B]	$M^{-1} \cdot s^{-1}$
3	속도 = $k[A]^2[B]$ 또는 속도 = $k[A][B]^2$	$M^{-2} \cdot s^{-1}$

예제 13.3은 반응의 속도 법칙을 결정하는 과정을 보여준다.

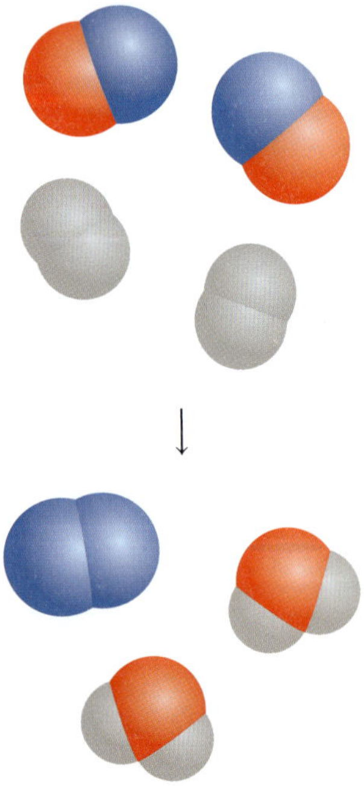

$2NO + 2H_2 \longrightarrow N_2 + 2H_2O$

예제 13.3

1280°C에서 일산화 질소와 수소의 반응은 다음과 같다.

$$2NO(g) + 2H_2(g) \longrightarrow N_2(g) + 2H_2O(g)$$

이 온도에서 수집한 다음 자료로부터 (a) 속도 법칙, (b) 속도 상수, (c) [NO] = 12.0×10^{-3} M이고 $[H_2] = 6.0 \times 10^{-3}$ M일 때의 반응 속도를 구하라.

실험	[NO] (M)	$[H_2]$ (M)	초기속도(M/s)
1	5.0×10^{-3}	2.0×10^{-3}	1.3×10^{-5}
2	10.0×10^{-3}	2.0×10^{-3}	5.0×10^{-5}
3	10.0×10^{-3}	4.0×10^{-3}	10.0×10^{-5}

전략 농도와 반응 속도에 관한 자료를 주고, 속도 법칙과 속도 상수를 구하라는 문제이다. 먼저 속도 법칙이 다음과 같다고 가정하자.

$$속도 = k[NO]^x[H_2]^y$$

x와 y를 구하기 위해서 주어진 자료들을 어떻게 이용해야 할까? 반응 차수가 결정되고 나면 위에 주어진 속도와 농도로부터 k를 계산할 수 있다. 마지막으로, 속도법칙으로부터 NO와 H_2의 임의의 농도에서 반응 속도를 구할 수 있다.

풀이

(a) 실험 1과 2로부터 H_2의 농도를 일정하게 유지하고 NO의 농도를 2배로 증가시키면, 속도가 4배가 되는 것을 알 수 있다. 두 실험으로부터 속도 비를 구하면

$$\frac{속도_2}{속도_1} = \frac{5.0 \times 10^{-5}\ M/s}{1.3 \times 10^{-5}\ M/s} \approx 4 = \frac{k(10.0 \times 10^{-3}\ M)^x(2.0 \times 10^{-3}\ M)^y}{k(5.0 \times 10^{-3}\ M)^x(2.0 \times 10^{-3}\ M)^y}$$

따라서,

$$\frac{(10.0 \times 10^{-3}\ M)^x}{(5.0 \times 10^{-3}\ M)^x} = 2^x = 4$$

즉, $x = 2$이고, 이 반응은 NO에 대해 2차이다. 실험 2와 3은 [NO]를 일정하게 유지하고 $[H_2]$를 두 배로 증가시킬 때, 속도가 두 배로 증가되었음을 보여준다. 따라서 이들의 비를 다음과 같이 쓸 수 있다.

$$\frac{속도_3}{속도_4} = \frac{10.0 \times 10^{-5}\ M/s}{5.0 \times 10^{-5}\ M/s} = 2 = \frac{k(10.0 \times 10^{-3}\ M)^x(4.0 \times 10^{-3}\ M)^y}{k(10.0 \times 10^{-3}\ M)^x(2.0 \times 10^{-3}\ M)^y}$$

따라서

$$\frac{(4.0 \times 10^{-3}\ M)^y}{(2.0 \times 10^{-3}\ M)^y} = 2^y = 2$$

(계속)

즉, $y = 1$이고, 이 반응은 H_2에 대해 1차이다. 따라서 속도 법칙은 다음과 같이 주어진다.

$$\text{속도} = k[NO]^2[H_2]$$

반응은 전체적으로 (2 + 1), 즉 3차 반응이라는 것을 알 수 있다.

(b) 속도 상수 k는 실험 자료 중 하나를 이용해 계산할 수 있다. 속도식을 다시 쓰면 다음과 같다.

$$k = \frac{\text{속도}}{[NO]^2[H_2]}$$

실험 2의 자료로부터 다음의 k 값을 얻을 수 있다.

$$\begin{aligned} k &= \frac{5.0 \times 10^{-5}\ M/\text{s}}{(10.0 \times 10^{-3}\ M)^2(2.0 \times 10^{-3}\ M)} \\ &= 2.5 \times 10^2/M^2 \cdot \text{s} \end{aligned}$$

(c) 알아낸 속도 상수 및 NO와 H_2의 농도를 이용하여, 다음과 같이 쓸 수 있다.

$$\begin{aligned} \text{속도} &= (2.5 \times 10^2/M^2 \cdot \text{s})(12.0 \times 10^{-3}\ M)^2(6.0 \times 10^{-3}\ M) \\ &= 2.2 \times 10^{-4} M/\text{s} \end{aligned}$$

해설 균형 반응식에서 H_2의 화학량론 계수는 2이지만, 반응은 H_2에 대하여 1차인 것에 주의하자. 반응의 차수는 전체 균형 반응식에 나타난 반응물의 화학량론 계수와는 관계가 없다.

실전 연습 과산화이황산 이온(peroxydisulfate ion, $S_2O_8^{2-}$)과 아이오딘화 이온(I^-)의 반응은 다음과 같다.

$$S_2O_8^{2-}(aq) + 3I^-(aq) \longrightarrow 2SO_4^{2-}(aq) + I_3^-(aq)$$

어떤 온도에서 구한 다음 자료로부터 속도 법칙을 결정하고, 속도 상수를 계산하라.

실험	$[S_2O_8^{2-}]$ (M)	$[I^-]$ (M)	초기속도(M/s)
1	0.080	0.034	2.2×10^{-4}
2	0.080	0.017	1.1×10^{-4}
3	0.16	0.017	2.2×10^{-4}

비슷한 문제: 13.15.

개념과 사실 요약하기

- 속도 법칙은 속도 상수와 반응물의 농도의 곱으로 반응의 속도 관계를 표현한 것이다. 또한 주어진 반응에서 속도 상수 k는 오직 온도에 따라 변화한다.
- 전체 반응 차수는 속도 법칙에 따라 변화하는 반응물 농도의 지수 항들의 합이다. 속도 법칙과 반응 차수는 반응에 대한 전체 반응식의 화학량론으로부터 결정될 수 없다. 이들은 실험에 의해서만 결정된다. 영차 반응의 반응 속도는 속도 상수와 같다.

개념과 사실 복습하기

13.2.1 A + 2B ⟶ C + 2D 반응이 있다. 어떤 온도에서 수집된 다음 자료를 사용하여 속도 법칙과 속도 상수를 결정하라.

실험	A(M)	B(M)	초기속도(M/s)
1	0.24	0.020	3.3×10^{-3}
2	0.72	0.020	9.9×10^{-3}
3	0.24	0.040	3.3×10^{-3}

13.2.2 다음 그림 (a)~(c)에서 보여주는 "2A + B ⟶ 생성물"로 표시되는 반응에

대한 상대 속도는 1 : 2 : 4이다. 그림에서 붉은색은 A 분자를 나타내고, 녹색은 B 분자를 나타낸다. 이 반응에 대한 속도 법칙을 써라.

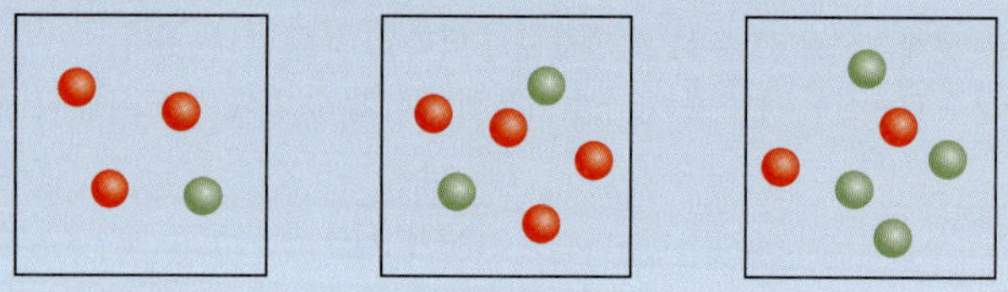

(a) (b) (c)

13.3 반응물의 농도와 반응 시간 사이의 관계

학습 목표

- 적분 속도 법칙을 이용해 반응물의 농도를 알아낼 수 있다.
- 반응의 반감기($t_{½}$)를 계산할 수 있다.
- 반감기와 반응 차수가 주어지면 일정 시간 후 남아 있는 반응물 농도를 계산할 수 있다.

속도 법칙을 이용하여 속도 상수와 반응물의 농도로부터 반응 속도를 계산할 수 있다. 또한 반응이 진행하는 동안 임의의 시간에서 반응물의 농도를 결정할 수 있다. 전체 반응 차수가 일차인 반응과 이차인 반응에 적용되는 가장 흔한 두 가지 속도 법칙을 통해 어떻게 적용하지 알아보자.

일차 반응

일차 반응(first-order reaction)은 *반응 속도가 반응물 농도의 1제곱에 의존하는 반응이다.* 다음과 같은 형태의 일차 반응에서

$$\text{A} \longrightarrow \text{생성물}$$

속도는 다음과 같이 쓸 수 있다.

$$\text{속도} = -\frac{\Delta[\text{A}]}{\Delta t}$$

또한 속도 법칙으로부터 다음 관계식을 알고 있다.

$$\text{속도} = k[\text{A}]$$

속도 법칙에 사용된 k의 단위를 결정하기 위하여 다음과 같이 쓸 수 있다.

$$k = \frac{\text{속도}}{[\text{A}]} = \frac{M/\text{s}}{M} = 1/\text{s} \quad \text{또는} \quad \text{s}^{-1}$$

속도에 대한 처음 두 식을 합하여 다음 관계식을 얻는다.

$$-\frac{\Delta[\text{A}]}{\Delta t} = k[\text{A}] \qquad (13.2)$$

식 (13.2)을 적분하면 다음 식을 얻을 수 있다.

$$\ln\frac{[\text{A}]_t}{[\text{A}]_0} = -kt \qquad (13.3)$$

여기서 ln은 자연 로그이고, $[\text{A}]_0$와 $[\text{A}]_t$는 각각 $t = 0$일 때와 $t = t$일 때의 농도이다. $t = 0$

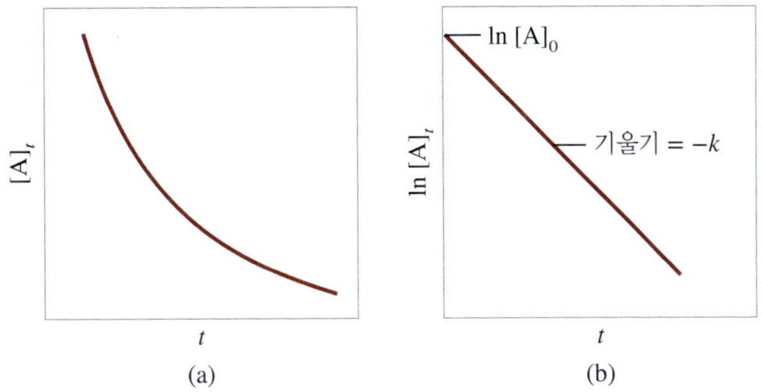

그림 13.9 일차 반응의 특징. (a) 반응 물질의 농도는 시간이 경과함에 따라 지수함수적으로 감소한다. (b) t에 대한 $\ln [A]_t$의 그래프. 직선의 기울기는 $-k$이다.

이 반드시 실험 시작 시간을 의미하는 것은 아니다. 이것은 A의 농도 변화를 관측하기 시작하는 임의의 시간이다.

위의 식 (13.3)을 재배열하면 다음 식이 된다.

$$\ln[A]_t = -kt + \ln[A]_0 \tag{13.4}$$

식 (13.4)는 $y = mx + b$ 형태의 선형 방정식이고, 여기서 m은 그래프에서 직선의 기울기이다.

$$\begin{array}{ccccccc} \ln[A]_t & = & (-k) & (t) & + & \ln[A]_0 \\ \updownarrow & & \updownarrow & \updownarrow & & \updownarrow \\ y & = & m & x & + & b \end{array}$$

그림 13.9를 보자. 예상할 수 있듯이 반응이 진행되는 동안 반응물 A의 농도는 반응 시간이 경과함에 따라 감소한다[그림 13.9(a)]. 일차 반응의 경우 $\ln [A]_t$와 반응 시간(t)에 대한 그림을 그리면 기울기가 $-k$인 직선이 얻어지며, y 절편 값은 $\ln [A]_0$이다[그림 13.9(b)]. 따라서 그림의 기울기로부터 속도 상수를 구할 수 있다.

여러 종류의 일차 반응이 있다. 예를 들면, 에테인(C_2H_6) 분자가 반응성이 아주 큰 메틸 라디칼(CH_3)로 분해되는 반응이다.

$$C_2H_6 \longrightarrow 2CH_3$$

N_2O_5의 분해 역시 일차 반응이다.

$$2N_2O_5(g) \longrightarrow 4NO_2(g) + O_2(g)$$

예제 13.4는 어떤 유기화학 반응에 식 (13.3)을 적용한 예를 보여준다.

인터넷 핫스팟

학생들의 학습 경험에 대해 축적된 자료에 따르면 일차 반응의 적분 속도 법칙을 쓰는 데 어려움을 겪을 수 있다. 이런 경우 eBook에 접속해서 이 주제에 대한 추가 학습 자료를 보면 도움이 될 수 있다.

예제 13.4

기체 상태의 사이클로프로페인이 프로펜으로 전환하는 반응은 일차 반응이고, 속도 상수는 500°C에서 $6.7 \times 10^{-4}\ s^{-1}$이다.

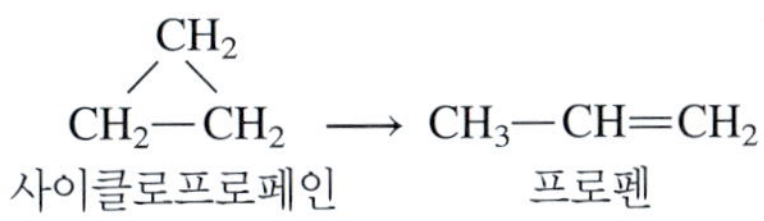

(a) 사이클로프로페인의 초기 농도가 0.25 M이라면 8.8분 후에 농도는 얼마인가? (b) 사이클로프로페인의 농도가 0.25 M에서 0.15 M로 감소하는 데 걸리는 시간은 얼마인가? (c) 초기 반응물의 74%가 생성물로 되는 데 걸리는 시간은 얼마인가?

전략 반응 시간에 따른 반응물 농도 변화에 대한 관계식을 일차 반응으로 표현한 식은 식 (13.3) 또는 (13.4)이다. (a)는 $[A]_0 = 0.25\ M$로 주어진 상태에서 8.8분 후의 $[A]_t$를 구하라는

(계속)

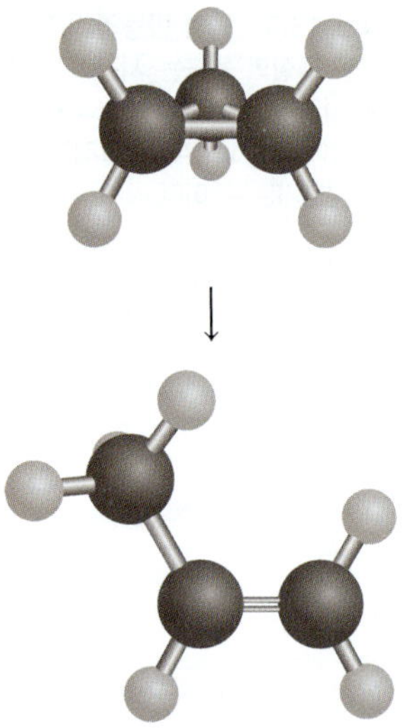

문제이다. (b)는 사이클로프로페인의 농도가 0.25 *M*에서 0.15 *M*로 감소하는 데 걸리는 시간을 계산하라는 문제이다. (c)에서는 어떤 농도 값도 주어지지 않았다. 그러나 초기에 100%의 화합물이 있고 74%가 반응했다면, 남은 양은 100% − 74% = 26%이다. 따라서 백분율의 비가 농도의 비와 같게 된다. 즉, $[A]_t/[A]_0 = 26\%/100\% = 0.26/1.00$이다.

풀이

(a) 식 (13.4)를 적용할 때, k의 단위가 s^{-1}로 주어졌기 때문에 8.8분을 초 단위로 먼저 변환해야 하는 것에 주의한다.

$$8.8\text{분} \times \frac{60\ s}{1\text{분}} = 528\ s$$

다음과 같이 쓸 수 있다.

$$\begin{aligned}\ln [A]_t &= -kt + \ln [A]_0 \\ &= -(6.7 \times 10^{-4}\ s^{-1})(528\ s) + \ln (0.25) \\ &= -1.74\end{aligned}$$

따라서, $[A]_t = e^{-1.74} = 0.18\ M$

$\ln [A]_0$ 항에서 로그는 단위를 취할 수 없기 때문에 $[A]_0$을 단위 없는 양 0.25로 표시한 것에 주의하자.

(b) 식 (13.3)을 이용하여,

$$\ln \frac{0.15\ M}{0.25\ M} = -(6.7 \times 10^{-4}\ s^{-1})t$$

$$\begin{aligned}t &= 7.6 \times 10^2\ s \times \frac{1\text{분}}{60\ s} \\ &= 13\text{분}\end{aligned}$$

(c) 식 (13.3)으로부터,

$$\ln \frac{0.26}{1.00} = -(6.7 \times 10^{-4}\ s^{-1})t$$

$$t = 2.0 \times 10^3\ s \times \frac{1\text{분}}{60\ s} = 33\text{분}$$

실전 연습 $2A \longrightarrow B$ 반응이 A에 대해서 일차이고 80°C에서 속도 상수가 $2.8 \times 10^{-2}\ s^{-1}$이다. A의 농도가 0.88 *M*에서 0.14 *M*로 감소하는 데 걸리는 시간을 초 단위로 구하라.

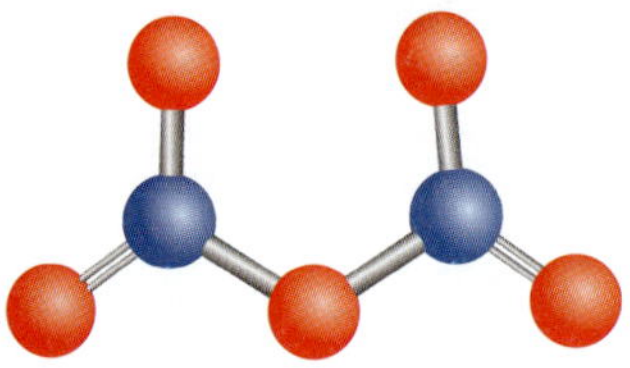

N_2O_5

이제 45°C에서 오산화 이질소(N_2O_5)가 사염화 탄소(CCl_4) 용매 안에서 분해되는 반응의 반응 차수와 속도 상수를 그래프를 이용하여 구해 보자.

$$2N_2O_5\ (CCl_4) \longrightarrow 4NO_2(g) + O_2(g)$$

다음 표는 시간에 따른 N_2O_5의 농도 변화와 각 농도에서 $\ln [N_2O_5]$ 값을 보여준다.

t (s)	$[N_2O_5]$ (M)	$\ln [N_2O_5]$
0	0.91	−0.094
300	0.75	−0.29
600	0.64	−0.45
1200	0.44	−0.82
3000	0.16	−1.83

식 (13.4)를 이용하여 그림 13.10에서 보인 것과 같이 반응 시간(t)에 대한 $\ln [N_2O_5]$의 그래프를 그린다. 여기서 실험값들이 직선을 이룬다는 사실은 속도 법칙이 일차임을 보여준다. 다음은 기울기로부터 속도 상수를 결정한다. 직선에서 서로 멀리 떨어진 두 점을 고르고, 다음과 같이 y 값과 x 값의 차이에 대한 비로부터 기울기를 구한다.

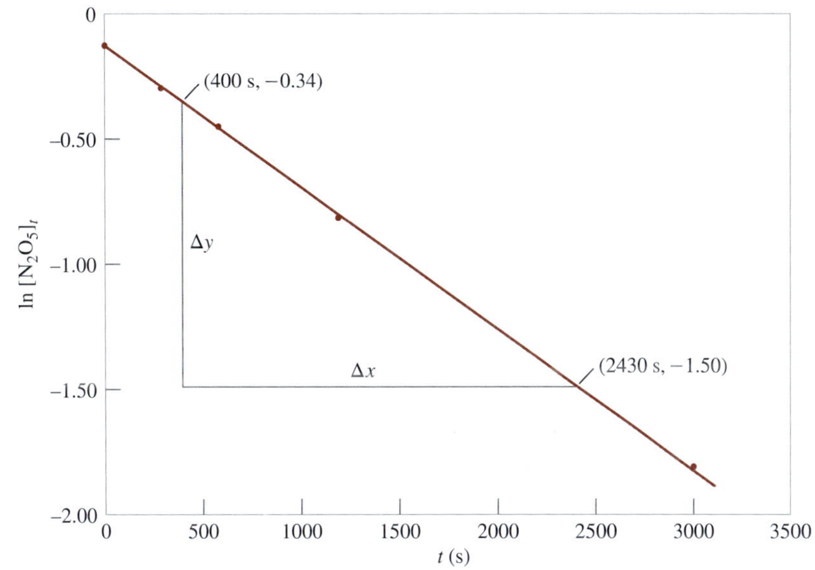

◀ **그림 13.10** 시간에 대한 $[N_2O_5]_t$의 그래프. 속도 상수는 직선의 기울기로부터 계산할 수 있다.

$$\begin{aligned}\text{기울기}(m) &= \frac{\Delta y}{\Delta x}\\ &= \frac{-1.50-(-0.34)}{(2430-400)\ \text{s}}\\ &= -5.7\times10^{-4}\ \text{s}^{-1}\end{aligned}$$

$m = -k$이므로 $k = 5.7 \times 10^{-4}\ \text{s}^{-1}$이다.

기체상 반응인 경우, 식 (13.3)의 농도 항을 기체인 반응물의 압력으로 바꿀 수 있다. 다음 일차 반응을 생각해 보자.

$$\text{A}(g) \longrightarrow \text{생성물}$$

이상 기체 방정식을 이용하면

$$PV = n_\text{A} RT$$

또는

$$\frac{n_\text{A}}{V} = [\text{A}] = \frac{P}{RT}$$

식 (13.3)에 $[\text{A}] = P/RT$로 치환하면, 다음 식이 얻어진다.

$$\ln\frac{[\text{A}]_t}{[\text{A}]_0} = \ln\frac{P_t/RT}{P_0/RT} = \ln\frac{P_t}{P_0} = -kt$$

따라서 식 (13.4)에 해당하는 식은 다음과 같게 된다.

$$\ln P_t = -kt + \ln P_0 \tag{13.5}$$

예제 13.5는 압력 측정을 통해 일차 반응의 속도를 구하는 방법을 소개하고 있다.

▲ N_2O_5는 분해되어 NO_2(갈색)가 생성된다.
Ken Karp/McGraw-Hill

예제 13.5

아조메테인($C_2H_6N_2$)의 분해 속도는 반응 시간에 대한 반응물의 부분 압력을 측정해서 구할 수 있다.

$$CH_3{-}N{=}N{-}CH_3(g) \longrightarrow N_2(g) + C_2H_6(g)$$

300°C에서 측정된 아조메테인의 부분 압력을 다음 표에 나타내었다.

(계속)

▶ **그림 13.11** 아조메테인 분해의 시간에 대한 ln P_t의 그래프.

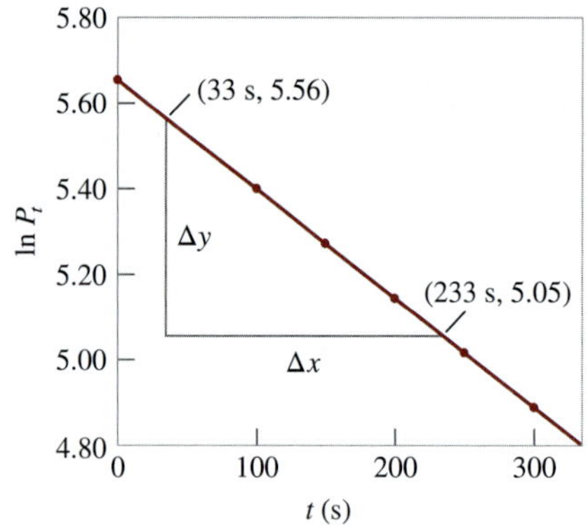

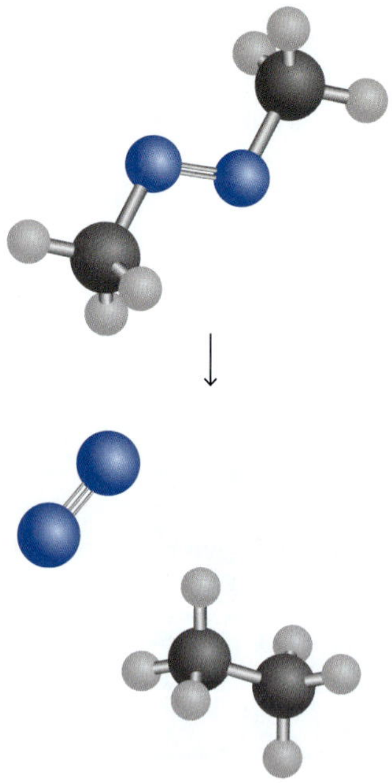

$C_2H_6N_2 \longrightarrow N_2 + C_2H_6$

시간(s)	아조메테인의 부분 압력(mmHg)
0	284
100	220
150	193
200	170
250	150
300	132

이 값들이 일차 반응 속도와 일치하는가? 그렇다면, 속도 상수를 결정하라.

전략 위의 반응이 일차 반응임을 확인하기 위하여, 식 (13.4)와 같은 선형 방정식의 적분형 일차 반응 속도 법칙을 살펴보자.

$$\ln [A]_t = -kt + \ln[A]_0$$

위 반응이 일차 반응이라면 반응 시간(t)에 대한 ln $[A]_t$의 그래프를 그렸을 때 기울기가 $-k$인 직선이 얻어질 것이다. 아조메테인의 부분 압력은 항상 농도(mol/L)에 정비례한다는 사실에 주목하자($PV = nRT$이므로 P는 n/V에 비례함). 따라서 농도 대신에 부분 압력을 대입한다[식 (13.5)].

$$\ln P_t = -kt + \ln P_0$$

여기서 P_0와 P_t는 각각 $t = 0$와 $t = t$에서 아조메테인의 부분 압력이다.

풀이 먼저 t와 ln P_t의 표를 작성하면 다음과 같다.

t(s)	ln P_t
0	5.649
100	5.394
150	5.263
200	5.136
250	5.011
300	4.883

표에 주어진 자료로 그린 그림 13.11은 t 대 ln P_t의 그래프가 직선임을 보여준다. 따라서 이 반응은 일차 반응이다. 직선의 기울기는 다음과 같이 주어진다.

$$\text{기울기} = \frac{5.05 - 5.56}{(233 - 33)\ \text{s}} = -2.55 \times 10^{-3}\ \text{s}^{-1}$$

식 (13.4)에 따르면 기울기는 $-k$이므로, $k = 2.55 \times 10^{-3}\ \text{s}^{-1}$이다.

실전 연습 다음 반응식과 같이 기체상에서 아이오딘화 에틸(C_2H_5I)의 분해 반응이 어떤 특정한 온도에서 일어난다.

$$C_2H_5I(g) \longrightarrow C_2H_4(g) + HI(g)$$

다음 자료를 이용하여 반응 차수와 속도 상수를 구하라.

(계속)

시간(분)	$[C_2H_5I]$ (*M*)
0	0.36
15	0.30
30	0.25
48	0.19
75	0.13

비슷한 문제: 13.19, 13.20.

반응의 반감기

반응이 진행됨에 따라 반응물의 농도는 감소한다. 반응 속도를 측정하는 또 다른 방법은 시간과 농도에 관련된 **반감기**(half-life, $t_{\frac{1}{2}}$)를 측정하는 것이다. 반감기란 *반응물의 초기 농도가 반이 되는 데 걸리는 시간이다.* 일차 반응에서 $t_{\frac{1}{2}}$은 다음과 같이 얻을 수 있다. 식 (13.3)을 재배열하면 다음과 같다.

$$t = \frac{1}{k} \ln \frac{[A]_0}{[A]_t}$$

반감기에 대한 정의로부터 $t = t_{\frac{1}{2}}$일 때 $[A]_t = [A]_0/2$이므로,

$$t_{\frac{1}{2}} = \frac{1}{k} \ln \frac{[A]_0}{[A]_0/2}$$

또는

$$t_{\frac{1}{2}} = \frac{1}{k} \ln 2 = \frac{0.693}{k} \qquad (13.6)$$

식 (13.6)은 일차 반응의 반감기가 반응물의 초기 농도에 *무관함*을 보여준다. 그러므로 반응물 농도가 1.0 *M*에서 0.50 *M*로 감소하는 데 걸리는 시간은 0.10 *M*에서 0.050 *M*로 감소하는 데 걸리는 시간과 같다(그림 13.12). 반응의 반감기를 측정하는 것은 일차 반응의

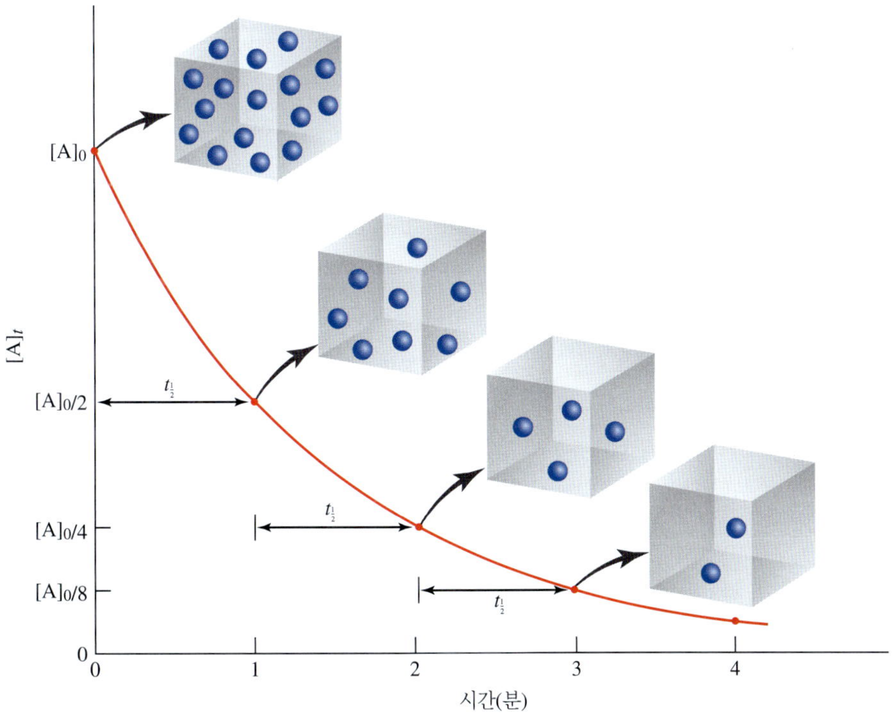

그림 13.12 일차 반응 A ⟶ 생성물의 반응 시간에 대한 $[A]_t$의 그래프. 반감기는 1분이며, 반감기가 지나면 반응물(A)의 농도는 반으로 줄어든다.

속도 상수를 결정하는 한 방법이다.

다음 비유는 식 (13.6)을 이해하는 데 도움이 될 것이다. 대학생이 4년 만에 졸업한다면, 대학 재학의 반감기는 2년이다. 따라서 반감기는 다른 학생들이 얼마나 많은지에 영향받지 않는다. 비슷하게 일차 반응의 반감기는 농도에 무관하다.

인터넷 핫스팟

학생들의 학습 경험에 대해 축적된 자료에 따르면 반감기 식을 이해하는 데 어려움을 겪을 수 있다. 이런 경우 eBook에 접속해서 이 주제에 대한 추가 학습 자료를 보면 도움이 될 수 있다.

반감기는 속도 상수의 크기를 평가하는 데 유용하다. 즉, 반감기가 짧을수록 k는 더 크게 된다. 예를 들어, 핵의학에서 사용되는 두 방사선 동위원소 $^{24}Na(t_{\frac{1}{2}} = 14.7$시간)와 $^{60}Co(t_{\frac{1}{2}} = 5.3$년)를 생각해 보자. ^{24}Na의 반감기가 더 짧기 때문에 이것이 먼저 붕괴되는 것은 명백하다. 위의 동위원소 각 1몰로 실험을 시작한다면, 1주일 후 ^{24}Na는 거의 다 사라진 반면 ^{60}Co는 거의 그대로 남아 있을 것이다.

예제 13.6에서는 일차 반응의 반감기를 계산한다.

예제 13.6

에테인(C_2H_6)이 메틸 라디칼로 분해되는 반응은 일차 반응이며 , 700°C에서 속도 상수는 $5.36 \times 10^{-4}\ s^{-1}$이다.

$$C_2H_6(g) \longrightarrow 2CH_3(g)$$

이 반응의 반감기를 분 단위로 계산하라.

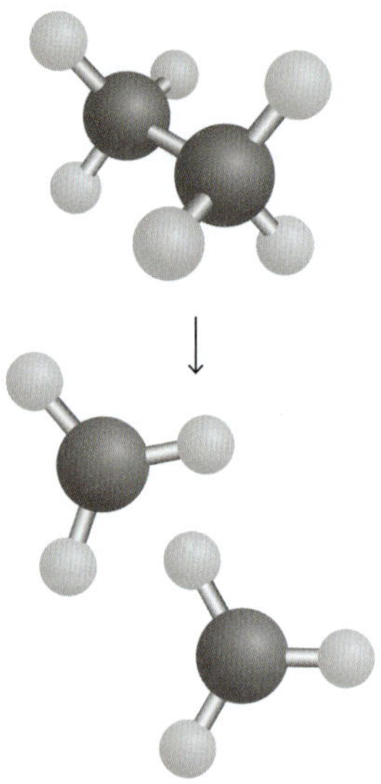

$C_2H_6 \longrightarrow 2CH_3$

전략 식 (13.6)을 이용해 일차 반응의 반감기를 계산한다. 반감기를 분 단위로 나타내기 위해 단위 환산이 필요하다.

풀이 일차 반응에서는 반응의 반감기를 계산하기 위해 속도 상수만 필요하다. 식 (13.6)으로부터 반감기를 구하면 다음과 같다.

$$\begin{aligned} t_{\frac{1}{2}} &= \frac{0.693}{k} \\ &= \frac{0.693}{5.36 \times 10^{-4}\ s^{-1}} \\ &= 1.29 \times 10^3\ s \times \frac{1분}{60\ s} \\ &= 21.5분 \end{aligned}$$

실전 연습 그림 13.10에 나타낸 N_2O_5의 분해 반응에 대한 반감기를 계산하라.

비슷한 문제: 13.26.

이차 반응

이차 반응(second-order reaction)은 *반응 속도가 한 반응물 농도의 제곱에 비례하거나 두 다른 반응물 각각의 농도의 곱에 의존하는 반응이다.* 둘 중 더 간단한 유형은 다음과 같이 반응물 분자가 한 종류로만 되어 있는 경우이다.

$$A \longrightarrow 생성물$$

$$속도 = -\frac{\Delta[A]}{\Delta t}$$

속도 법칙으로부터 다음 식이 얻어진다.

$$속도 = k[A]^2$$

앞에서와 같이, k의 단위는 다음과 같이 구할 수 있다.

$$k = \frac{속도}{[A]^2} = \frac{M/s}{M^2} = 1/M \cdot s$$

이차 반응의 또 다른 유형은 다음과 같다.

$$A + B \longrightarrow \text{생성물}$$

그리고 이 반응에 대한 속도 법칙은 다음과 같다.

$$\text{속도} = k[A][B]$$

이 반응은 A와 B에 대하여 각각 일차 반응이고, 따라서 전체 반응은 이차 반응이다.

적분을 이용하여 "A ⟶ 생성물" 형태의 이차 반응에 대하여 다음 식을 얻을 수 있다.

$$\frac{1}{[A]_t} = kt + \frac{1}{[A]_0} \tag{13.7}$$

식 (13.7)은 선형 방정식의 형태를 취한다. 그림 13.13에서 볼 수 있는 것처럼 반응 시간 (t)에 대한 $1/[A]_t$의 그래프는 기울기가 k인 직선이며 y 절편 값은 $1/[A]_0$이다.

인터넷 핫스팟
학생들의 학습 경험에 대해 축적된 자료에 따르면 이차 적분 속도 법칙을 이해하는 데 어려움을 겪을 수 있다. 이런 경우 eBook에 접속해서 이 주제에 대한 추가 학습 자료를 보면 도움이 될 수 있다.

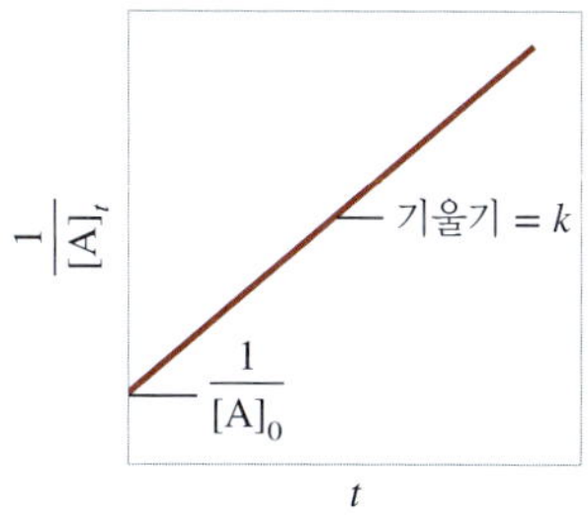

▲ **그림 13.13** 이차 반응에 대한 $1/[A]_t$ 대 t의 그래프. 직선의 기울기는 k와 같다.

▶ 유사 일차 반응

이차 반응의 또 다른 형태인 다음 반응과

$$A + B \longrightarrow \text{생성물}$$

이에 해당하는 다음의 속도 법칙을 생각해 보자.

$$\text{속도} = k[A][B]$$

이것은 앞에서 보인 $k[A]^2$인 이차 반응보다 더 일반적이다. 그러나 이를 수학적으로 다루는 것은 상당히 까다롭다. 속도 법칙을 적분 형태로 풀 수는 있지만, 일반적 접근법은 *유사 일차 속도론*(pseudo-first-order kinetics) 조건에서 이차 반응의 속도를 구하는 것이다.

한 반응물이 다른 것보다 훨씬 과량인 조건에서 위 반응을 수행하면, 이때 초과 반응물의 농도는 반응 과정에서 거의 변하지 않을 것이다. 예를 들어, $[B] \gg [A]$이라면, 이때 [B]는 거의 일정할 것이고, 다음 결과를 얻는다.

$$\text{속도} = k[A][B] = k_{\text{관찰}}[A]$$

속도 법칙이 일차 반응 형태를 갖는 것을 볼 수 있다. 속도 상수 $k_{\text{관찰}}$은 유사 일차 속도 상수라고 하며, $k_{\text{관찰}} = k[B]$로 주어진다. 아래 첨자 "관찰"은 관찰되었다는 것을 의미하고, k는 이차 속도 상수이다. 여러 다른 B의 초기 농도에 대해 $k_{\text{관찰}}$을 측정하면, 이 때 [B]에 대한 $k_{\text{관찰}}$ 그래프는 기울기가 k인 직선 그래프로 나타난다.

이전에 브로민과 폼산의 반응은 폼산이 과량으로 존재하므로 일차 반응으로 다룰 수 있다는 것을 보였다(13.1절 참소). 또 다른 잘 알려진 예는 아세트산 에틸이 가수분해(물과 반응하는 것)되어 아세트산과 에탄올을 만드는 것이다.

$$CH_3COOC_2H_5 + H_2O \longrightarrow CH_3COOH + C_2H_5OH$$

1 M 이하인 아세트산 에틸과 비교해 용매인 물의 농도는 약 55.5 M[†]이기 때문에 $[H_2O]$는 상수로 간주할 수 있고 속도는 다음과 같이 주어진다.

$$\text{속도} = k[CH_3COOC_2H_5][H_2O] = k_{\text{관찰}}[CH_3COOC_2H_5]$$

여기서 $k_{\text{관찰}} = k[H_2O]$이다.

▶ 반응의 반감기

식 (13.7)에서 $[A]_t = [A]_0/2$로 놓으면 "A ⟶ 생성물" 형태의 이차 반응의 반감기 식을

[†]비교적 묽은 용액 1 L에서 물의 질량은 대략 1000 g이므로 1000 g/(18.02 g/mol) 또는 55.5몰의 물이 있다. 따라서 물의 농도는 55.5 M이다.

얻을 수 있다.

$$\frac{1}{[A]_0/2} = kt_{\frac{1}{2}} + \frac{1}{[A]_0}$$

이 식을 $t_{\frac{1}{2}}$에 대하여 정리하면 다음과 같다.

$$t_{\frac{1}{2}} = \frac{1}{k[A]_0} \tag{13.8}$$

이차 반응의 반감기는 반응물의 초기 농도에 반비례하는 것을 주목하자. 더 많은 분자들이 존재하여 서로 충돌할 수 있는 반응 초기에 반감기가 더 짧은 것은 당연하다. 일차 반응과 이차 반응을 구별하는 한 가지 방법은 서로 다른 초기 농도에서 반감기를 측정하는 것이다.

예제 13.7은 이차 반응의 반응 속도론적 분석을 보여주고 있다.

예제 13.7

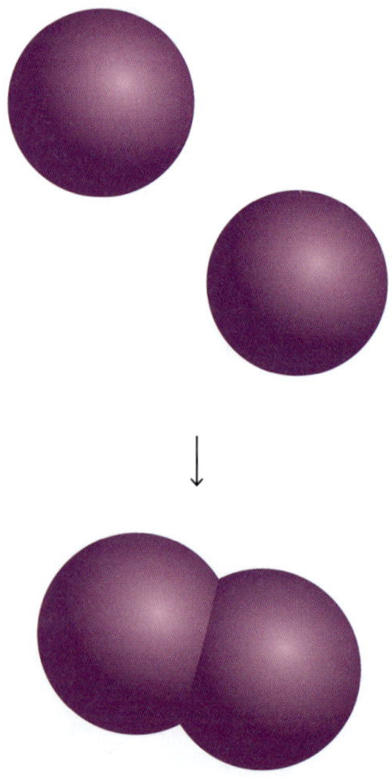

$I + I \longrightarrow I_2$

기체상에서 아이오딘 원자가 결합하여 아이오딘 분자로 되는 반응이 있다.

$$I(g) + I(g) \longrightarrow I_2(g)$$

이 반응은 이차 반응이며, 23°C에서 속도 상수는 $7.0 \times 10^9/M \cdot s$로 매우 크다. (a) 아이오딘 원자(I)의 초기 농도가 0.086 M일 때, 2.0분 후의 농도를 계산하라. (b) I의 초기 농도가 0.60 M일 때와 0.42 M일 때, 이 반응의 반감기를 구하라.

전략 (a) 여러 다른 시간에서 반응물 농도 사이의 관계식은 적분 속도 법칙으로 주어진다. 이 반응은 이차 반응이므로 식 (13.7)을 이용한다. (b) 반감기를 계산하라는 문제이다. 이차 반응에 대한 반감기는 식 (13.8)을 이용하여 구할 수 있다.

풀이

(a) 이차 반응의 경우 일정 시간이 지난 후 화학종의 농도를 계산하기 위해서 초기 농도와 속도 상수가 필요하다. 식 (13.7)을 이용하여

$$\frac{1}{[A]_t} = kt + \frac{1}{[A]_0}$$
$$= (7.0 \times 10^9/M \cdot s)(2.0\text{분} \times)\frac{60\ s}{1\text{분}} + \frac{1}{0.086\ M}$$

여기서 $[A]_t$는 $t = 2.0$분에서의 농도이다. 이 식을 풀면 다음 값을 얻는다.

$$[A]_t = 1.2 \times 10^{-12} M$$

이 농도는 매우 낮기 때문에 실제적으로 검출할 수 없다. 이 반응의 속도 상수가 매우 크다는 것은 반응이 겨우 2.0분이 경과했지만 모든 아이오딘 원자가 결합하여 아이오딘 분자로 되었음을 의미한다.

(b) 식 (13.8)을 이용하여

$[I]_0 = 0.60\ M$에 대하여 풀면

$$t_{\frac{1}{2}} = \frac{1}{k[A]_0}$$
$$= \frac{1}{(7.0 \times 10^9/M \cdot s)(0.60\ M)}$$
$$= 2.4 \times 10^{-10}\ s$$

$[I]_0 = 0.42\ M$에 대하여 풀면

$$t_{\frac{1}{2}} = \frac{1}{(7.0 \times 10^9/M \cdot s)(0.42\ M)}$$
$$= 3.4 \times 10^{-10}\ s$$

(계속)

검산 이 결과로부터 일차 반응의 경우와 달리 이차 반응의 반감기는 일정하지 않고 반응물의 초기 농도에 의존함을 확인할 수 있다. 초기 농도가 더 높으면 더 짧은 반감기를 갖는 것이 타당한가?

실전 연습 반응 $2A \longrightarrow B$는 이차 반응이고 24°C에서 속도 상수가 $51/M \cdot$ 분이다. (a) $[A]_0 = 0.0092\ M$로 시작하여 $[A]_t = 3.7 \times 10^{-3}\ M$이 되기까지 시간이 얼마나 걸리겠는가? (b) 이 반응의 반감기를 계산하라.

비슷한 문제: 13.27, 13.28.

영차 반응

가장 흔한 반응 유형은 일차 반응과 이차 반응이며, 영차 반응은 흔하지 않다. 다음 영차 반응에 대하여

$$A \longrightarrow \text{생성물}$$

속도 법칙은 다음과 같이 표시된다.

$$\begin{aligned}\text{속도} &= k[A]^0 \\ &= k\end{aligned}$$

따라서 영차 반응의 속도는 *상수*(constant)이며, 반응물의 농도에 무관하다. (어떤 수를 0 제곱하면 1이 됨을 기억하자.) 적분을 이용하여 다음 식을 얻을 수 있다.

$$[A]_t = -kt + [A]_0 \tag{13.9}$$

식 (13.9)는 선형 방정식의 형태를 취한다. 그림 13.14에서 볼 수 있듯이, 반응 시간에 대한 $[A]_t$의 그래프는 기울기가 $-k$인 직선이며 y 절편 값은 $[A]_0$이다. 영차 반응의 반감기를 구하기 위해 식 (13.9)에서 $[A]_t = [A]_0/2$로 놓으면 다음 식을 얻는다.

$$t_{\frac{1}{2}} = \frac{[A]_0}{2k} \tag{13.10}$$

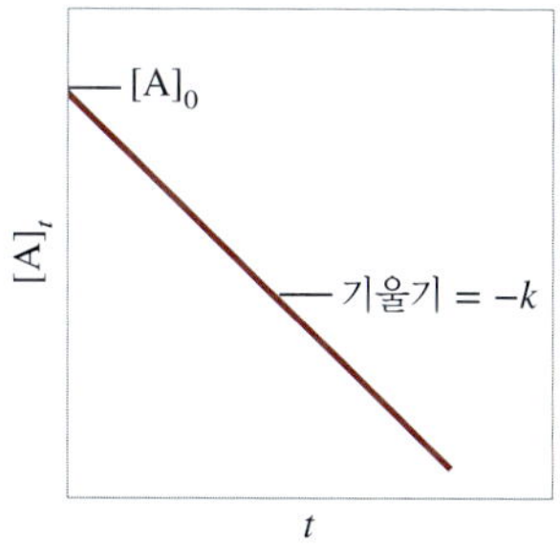

▲ **그림 13.14** 영차 반응에 대한 $[A]_t$ 대 t의 도시. 직선의 기울기는 $-k$이다.

알려진 영차 반응 중 많은 반응들은 금속 표면에서 일어난다. 영차 반응의 한 예는 백금(Pt) 존재 하에서 N_2O가 분해되어 질소와 산소를 만드는 반응이다.

$$2N_2O(g) \longrightarrow 2N_2(g) + O_2(g)$$

백금 표면의 모든 결합 자리가 차게 되면, 반응 속도는 기체 상태로 존재하는 N_2O의 양에 관계없이 일정하게 된다. 13.6절에서 보게 되겠지만, 다른 잘 알려진 영차 반응의 예는 효소 촉매 하에 일어나는 반응이다.

삼차 이상 차수의 반응들은 매우 복잡하여 이 책에서는 다루지 않는다. 표 13.4는 위에서 공부한 영차 반응, 일차 반응, 이차 반응의 반응 속도론에 대한 내용을 정리한 것이다.

개념과 사실 요약하기

- 0, 1차 또는 2차 반응에 대한 적분 속도 법칙을 사용하여 주어진 반응의 어느 시점에서든 반응물의 농도를 구할 수 있다.
- 반응의 반감기(반응물의 농도가 1/2로 감소하는 데 걸리는 시간)는 1차 반응의 속도 상수를 결정하는 데 사용할 수 있다.

표 13.4 영차 반응, 일차 반응, 이차 반응에 대한 반응 속도론 요약

차수	속도 법칙	농도-시간 방정식	반감기
0	속도 = k	$[A]_t = -kt + [A]_0$	$\frac{[A]_0}{2k}$
1	속도 = $k[A]$	$\ln \frac{[A]_t}{[A]_0} = -kt$	$\frac{0.693}{k}$
2†	속도 = $k[A]^2$	$\frac{1}{[A]_t} = kt + \frac{1}{[A]_0}$	$\frac{1}{k[A]_0}$

†A ⟶ 생성물.

개념과 사실 복습하기

13.3.1 A 분자(파란색 구)가 B 분자(주황색 구)로 전환되는 1차 반응 A ⟶ B를 생각해 보자. (a) 반응의 반감기와 속도 상수는 얼마인가? (b) t = 20초 및 t = 30초에 A와 B의 분자가 몇 개 있는가?

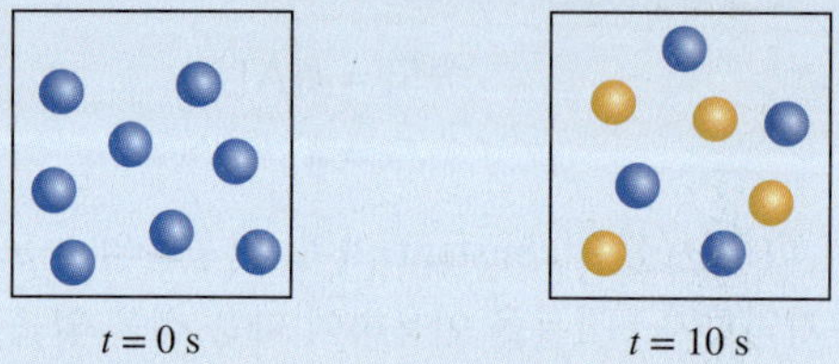

13.3.2 반응 A ⟶ 생성물을 생각해 보자. 반응의 반감기는 A의 초기 농도에 따라 다르다. 다음 설명 중 주어진 정보와 일치하지 않는 것은? (a) 반응의 반감기는 초기 농도가 증가함에 따라 감소한다. (b) ln $[A]_t$ 대 t의 그래프는 직선이 얻어진다. (c) A의 농도를 두 배로 하면 속도는 네 배가 된다.

13.3.3 1차 반응 A ⟶ 생성물을 생각해 보자. A의 초기 농도는 1.56 M이고 48.0분 후 A의 농도는 0.869 M이다. 반응의 반감기는 얼마인가?

13.3.3 2.0분 후 반응물의 농도가 0.075 M인 경우 1차 반응(A ⟶ 생성물)에서 반응물의 초기 농도는 얼마인가? 반응의 반감기는 45초이다.

13.4 활성화 에너지와 속도 상수의 온도 의존성

학습 목표

- 반응 속도에 영향을 미치는 주요 요인을 설명할 수 있다.
- 유효 충돌 및 활성화 에너지를 정의할 수 있다.
- 아레니우스 식을 사용하여 반응의 속도 상수 또는 활성화 에너지를 구할 수 있다.

극히 예외적인 경우를 제외하고, 온도가 올라갈수록 반응 속도는 빨라진다. 예를 들어, 물에 달걀을 삶을 때 걸리는 시간은 "반응"이 80°C에서 일어날 때(약 30분)보다 100°C에서 일어날 때 (약 10분) 훨씬 짧다. 반대로, 음식을 보존하는 효과적인 방법으로 음식을 영하의 온도에 저장해서 세균에 의한 부패 속도를 낮추는 것이다.

표 13.5에 수용액에서 브로모메테인과 수산화 이온의 반응에 대한 반응 속도 실험 자료가 실려 있다.

$$C_2H_5Br(aq) + OH^-(aq) \longrightarrow C_2H_5OH(aq) + Br^-(aq)$$

표 13.5 여러 온도에서 $C_2H_5Br + OH^-$ 반응의 반응 속도 자료

실험	$[C_2H_5Br]$	$[OH^-]$	T (K)	속도(M/s)	$k(M^{-1}\ s^{-1})$
1	0.200	0.200	298	3.52×10^{-6}	8.80×10^{-5}
2	0.200	0.200	303	6.40×10^{-6}	1.60×10^{-4}
3	0.200	0.200	308	1.12×10^{-5}	2.80×10^{-4}
4	0.200	0.200	313	2.00×10^{-5}	5.00×10^{-4}
5	0.200	0.200	318	3.40×10^{-5}	8.50×10^{-4}

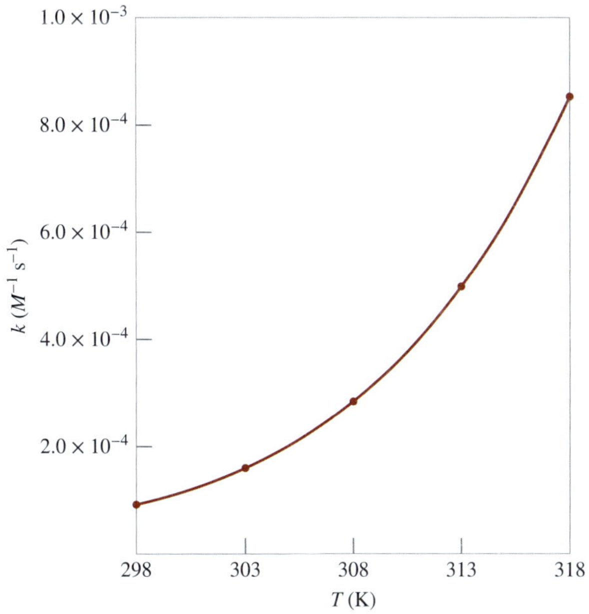

그림 13.15 반응 속도 상수의 온도 의존성. 대부분의 반응에서 온도가 증가하면 반응 속도 상수도 증가한다.

온도가 반응에 끼치는 영향을 알아보기 위해서, 여러 온도에서 농도와 속도를 측정했다. 각 온도에서 속도 상수 k를 속도 법칙으로부터 계산하고(이 반응은 전체적으로 이차 반응이고 각 반응물에 대해 일차 반응임) 이를 그래프로 나타내었다(그림 13.15). 그래프는 T가 증가함에 따라 k가 지수 함수적으로 증가하는 것을 보여준다.

이것을 거동을 설명하려면 우선 반응이 어떻게 시작되는지를 이해해야 한다.

화학 반응속도론의 충돌 이론

기체 분자 운동론(5.7절 참조)에서 기체 분자들은 빈번히 다른 분자와 충돌한다고 가정한다. 따라서, 화학 반응이 반응하는 분자들 사이의 충돌의 결과로 일어난다고 추정하는 것이 논리적이며, 일반적으로 사실이다. 화학 반응속도론의 *충돌 이론*(collision theory)에 따르면, 반응 속도는 초 당 분자간의 충돌 횟수, 즉 분자의 충돌 빈도에 정비례함을 예상할 수 있다.

$$\text{속도} \propto \frac{\text{충돌 횟수}}{\text{s}}$$

위의 간단한 관계식이 반응 속도의 농도 의존성을 설명해 준다.

어떤 분자 A와 분자 B가 반응하여 생성물을 만드는 반응을 생각해 보자. 생성물 분자는 분자 A와 분자 B가 직접 결합하여 생성된다고 가정하자. A의 농도가 두 배로 되면, 주어진 부피에서 분자 B와 충돌할 수 있는 A 분자가 두 배로 되기 때문에 A-B 충돌 횟수도 두 배로 될 것이다(그림 13.16). 결과적으로 반응 속도도 두 배로 될 것이다. 마찬가지로,

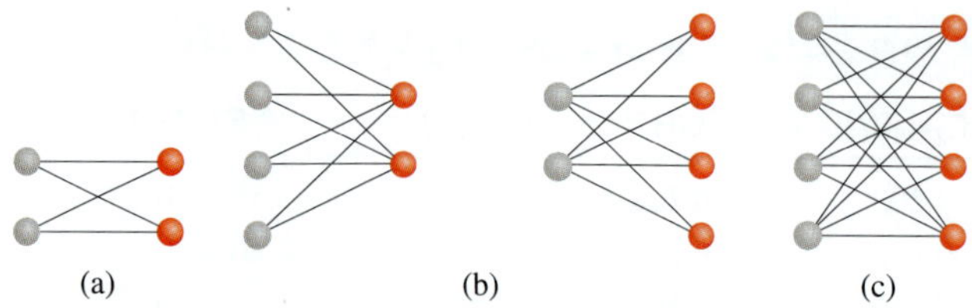

▶ **그림 13.16** 농도에 대한 충돌 횟수의 의존성. 여기서 A-B만이 충돌하여 생성물을 생성한다고 생각하자. (a) A 분자 두 개와 B 분자 두 개 사이에 가능한 충돌은 4가지이다. (b) A 또는 B 분자 중 한 분자의 개수를 두 배로 늘리면 충돌 가능성은 8로 늘어난다. (c) 분자 A와 분자 B를 각각 두 배로 늘리면 충돌 가능성은 16배로 증가한다. 각각의 경우에 빨간색 구와 회색 구 사이의 충돌은 한 번만 계산한다.

B 분자의 농도를 두 배로 늘리면 반응 속도가 두 배가 될 것이다. 따라서 반응 속도 법칙은 다음과 같이 쓸 수 있다.

$$\text{속도} = k[\mathrm{A}][\mathrm{B}]$$

이 반응은 A와 B 각각에 대해 일차이며 전체적으로 이차 반응 속도론을 따른다.

충돌 이론은 직관적으로 그럴듯해 보이지만, 반응 속도와 분자 충돌 사이의 관계는 예상하는 것보다 훨씬 더 복잡하다. 충돌 이론은 반응이 항상 분자 A와 B가 충돌할 때 일어난다는 것을 내포하고 있다. 그러나 모든 충돌이 반응으로 이어지는 것은 아니다. 분자 운동론에 근거한 계산에 따르면, 상압(1 기압)과 상온(298 K)에서 두 기체 분자 사이의 충돌은 기체 1 mL의 부피에서 매초 약 1×10^{27}번 정도로 일어난다. 액체상에서는 훨씬 더 많은 충돌이 일어난다. 만약 두 분자간의 모든 충돌이 생성물로 진행된다면 모든 반응은 거의 순간적으로 끝날 것이다. 실제로 반응 종류에 따라 반응 속도는 아주 다르다. 많은 경우에서 있어서 분자간의 충돌만으로 반응이 일어난다고 보장할 수 없다.

움직이는 모든 분자는 운동 에너지를 가지고 있고, 더 빨리 움직일수록 더 큰 운동 에너지를 가지고 있다. 그러나 빨리 움직이는 분자가 혼자서 조각으로 분해되지는 않는다. 반응이 일어나기 위해서는 반드시 다른 분자와 충돌해야 한다. 분자가 충돌할 때 일부 운동 에너지는 진동 에너지로 전환된다. 초기의 운동 에너지가 크면, 충돌한 분자들은 강하게 진동하여 몇몇 화학 결합이 끊어지게 한다. 이런 식으로 어떤 결합이 끊어지는 것이 반응 생성물을 만드는 첫 단계이다. 초기 운동 에너지가 작다면, 충돌하더라도 결합이 깨어지지 않고 그냥 튕겨 나갈 것이다. 에너지 측면에서 말하자면, 최소한의 충돌 에너지가 있어야 하고 그 이하로는 반응이 일어날 수 없다. 이 에너지가 부족하면 분자들이 충돌하더라도 원래 분자의 형태를 유지하게 되며, 충돌로 인하여 분자 내에 어떤 변화도 초래되지 않는다.

▶▶▶ **동영상 자료**
활성화 에너지

반응이 일어나기 위해서 충돌하는 분자들은 *화학 반응이 일어나는 데 필요한 최소한의 에너지인* **활성화 에너지**(activation energy, $\boldsymbol{E}_\mathbf{a}$) 이상의 운동 에너지를 가져야 한다고 가정한다. 분자가 충분한 에너지를 가지고 충돌하면, *생성물이 생성되기 전에 일시적으로 만들어지는* **활성화물**(activated complex) 또는 **전이 상태**(transition state)가 형성된다.

그림 13.17은 다음 반응에 대한 두 개의 다른 퍼텐셜 에너지 도표를 보여주고 있다.

$$\mathrm{A + B \longrightarrow AB^{\ddagger} \longrightarrow C + D}$$

여기서 $\mathrm{AB}^{\ddagger}$는 A와 B 분자 사이의 충돌로부터 생성되는 활성화물이다. 생성물이 반응물보다 더 안정하다면, 이 반응은 열을 방출할 것이다. 즉, 반응은 발열 반응(exothermic reaction)이다[그림 13.17(a)]. 반대로 생성물이 반응물보다 덜 안정하다면 반응 혼합물이 주위로부터 열을 흡수하게 되고 이런 반응을 흡열 반응(endothermic reaction)이라고 한다[그림 13.17(b)]. 그림 13.17은 두 경우 모두에 대하여 반응 진행 정도에 따른 반응계의 퍼텐셜 에너지를 그린 것이다. 정성적으로 이 그림들은 반응물이 생성물로 전환될 때의 퍼텐셜 에너지 변화를 보여준다.

활성화 에너지는 낮은 에너지를 갖는 분자들이 반응을 못하게 하는 에너지 장벽이라

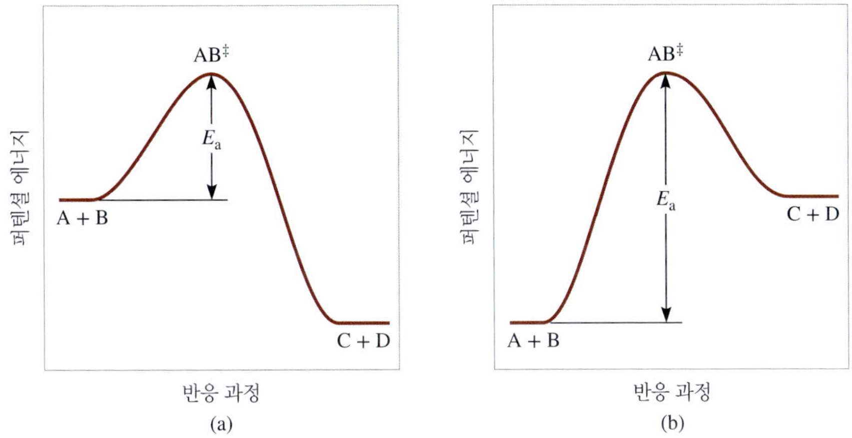

◀ **그림 13.17** 활성화 에너지 그래프. (a) 발열 반응, (b) 흡열 반응. A 분자와 B 분자가 반응하여 생성물 C 분자와 D 분자로 변하는 과정에 있어서 퍼텐셜 에너지의 변화를 보여준다. 활성화물($AB^{\ddagger}$)은 퍼텐셜 에너지가 매우 높은 불안정한 상태이다. (a)와 (b) 두 경우에서 활성화 에너지는 각각 정반응에 대하여 정의되어 있다. (a) 반응에서는 생성물 C와 D가 반응물보다 더 안정하며, (b) 반응에서는 생성물 C와 D가 반응물보다 덜 안정하다.

고 생각할 수 있다. 일상적인 반응에서는 반응물 분자의 개수가 매우 많기 때문에 분자들은 넓은 속도 분포를 가지고, 따라서 그들이 갖는 운동 에너지도 매우 넓은 범위에 걸쳐 분포한다. 보통은 충돌하는 분자들 중 극소수의 분자들만 매우 빠르게 움직여서 활성화 에너지 벽을 넘을 만큼 충분한 에너지를 갖는다. 따라서 이들 분자만이 화학 반응에 참여할 수 있다. 이제 온도 변화에 따른 반응 속도(또는 속도 상수)의 증가를 설명할 수 있다. 분자들의 속도는 그림 5.17에서 보인 맥스웰 분포를 따른다. 서로 다른 두 온도에서 속도 분포를 비교해 보자. 높은 온도에서는 높은 에너지를 가지는 분자 수가 더 많기 때문에 생성물 생성 속도 또한 더 커진다.

활성화 에너지를 극복하는 것은 충돌이 반응으로 이어지기 위한 조건 중 하나일 뿐이다. 분자들이 관여하는 더 복잡한 반응들에 대해서, 분자들이 서로 어떤 배향으로 충돌하는지 고려해야 한다. 일산화 탄소(CO)와 이산화 질소(NO_2)가 반응해서 이산화 탄소(CO_2)와 일산화 질소(NO)가 생기는 반응에서 이런 점을 알아보자.

$$CO(g) + NO_2(g) \longrightarrow CO_2(g) + NO(g)$$

반응 분자들이 그림 13.18(a)에 나타낸 것처럼 서로 다가올 때 이 반응은 가장 잘 일어난다. 그렇지 않으면 생성물은 거의 혹은 전혀 생기지 않는다[그림 13.8(b)와 (c) 참조]. 그림 13.19는 반응 진행 정도에 따른 퍼텐셜 에너지 도표를 보여준다. 전이 상태와 반응물의 에너지 차이가 정반응의 활성화 에너지이다. 여기서 역반응도 활성화 에너지를 가지며 퍼텐셜 에너지 도표에서 찾을 수 있다는 것을 알 수 있다.

➤ 아레니우스 식

반응 속도 상수의 온도 의존성은 *아레니우스 식*(Arrhenius equation)으로 알려진 다음 식

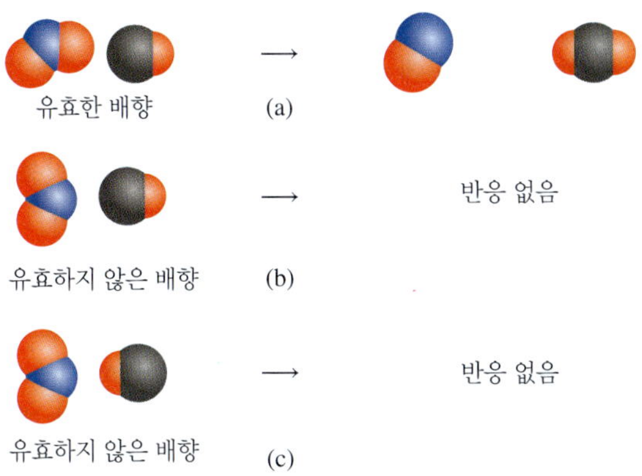

◀ **그림 13.18** (a)에 표시된 분자의 배향은 유효하며 생성물의 형성으로 이어진다. (b) 및 (c)에 표시된 방향은 유효하지 않으며 생성물이 형성되지 않는다.

▶ **그림 13.19** CO와 NO_2의 반응에 대한 퍼텐셜 에너지 개략도.

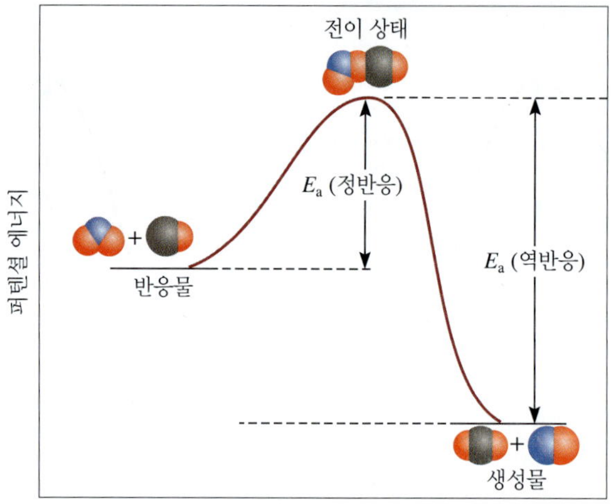

으로 나타낼 수 있다.

$$k = Ae^{-E_a/RT} \tag{13.11}$$

여기서 E_a는 반응의 활성화 에너지(kJ/mol), R은 기체 상수(8.314 J/K·mol), T는 절대 온도, e는 자연 로그의 밑이다(부록 5 참조). A는 충돌 빈도(collision frequency)를 나타내며, 빈도 인자(frequency factor)라고 부른다. 이 인자는 주어진 반응계에 대해 상당히 넓은 범위의 온도에 걸쳐 상수로 취급할 수 있다. 식 (13.11)는 속도 상수가 A에 정비례하며, 따라서 충돌 빈도에도 정비례하는 것을 보여준다. 또한 지수 E_a/RT가 음의 부호를 가지기 때문에 속도 상수는 활성화 에너지가 증가함에 따라 감소하고, 온도가 증가함에 따라 증가한다. 이 식의 양변에 자연 로그를 취하면 더 편리한 식을 얻을 수 있다.

$$\ln k = \ln Ae^{-E_a/RT}$$

$$\ln k = \ln A - \frac{E_a}{RT} \tag{3.12}$$

식 (13.12)는 선형 방정식으로 다시 쓸 수 있다.

$$\begin{array}{ccccccc} \ln k & = & -\left(\frac{E_a}{R}\right) & \left(\frac{1}{T}\right) & + & \ln A \\ \updownarrow & & \updownarrow & \updownarrow & & \updownarrow \\ y & = & m & x & + & b \end{array} \tag{3.13}$$

따라서 ln k를 $1/T$에 대해 그래프를 그리면 기울기 m이 $-E_a/R$이며, y 축의 절편 b가 ln A인 직선을 얻어진다(그림 3.20). 이런 그래프를 아레니우스 도시라고 부른다. 아레니우스 그래프의 기울기를 통해 활성화 에너지에 대한 정보와 반응이 온도 변화에 얼마나 민감한지를 알 수 있다. 그림 13.20에 활성화 에너지가 아주 다른 두 반응의 아레니우스 도표가 나와 있다. 낮은 활성화 에너지(15 kJ/mol 이하)를 가지는 반응은 아레니우스 도표에서 기울기가 가파르지 않다. 따라서 k가 온도에 따라 느리게 변하므로 반응 속도는 온도에 따라 조금만 변한다. 높은 활성화 에너지(60 kJ/mol 이상)를 가지는 반응은 아레니우스 도표에서 기울기가 가파르다. 이것은 k가 온도에 따라 급격히 증가하므로 반응 속도가 온도에 크게 의존한다는 것을 나타낸다.

예제 13.8은 위에서 소개한 그래프를 이용하여 반응의 활성화 에너지를 결정하는 방법을 보여준다.

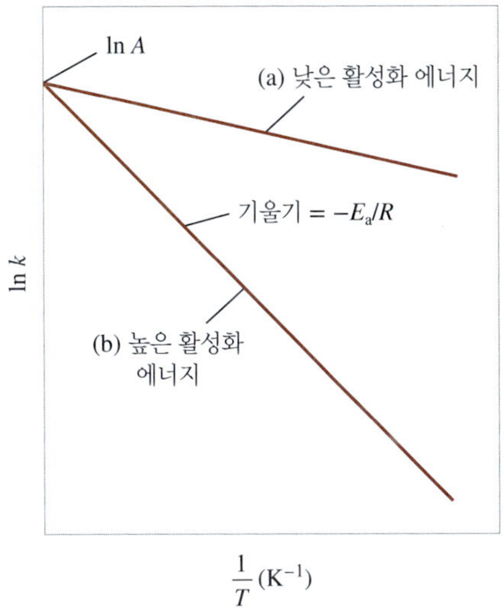

◀ **그림 13.20** ln k 대 $1/T$의 Arrhenius 도시. 활성화 에너지는 기울기와 같고 ln A는 y 절편이다. (a) 활성화 에너지가 낮은 반응(약 10 kJ/mol)은 Arrhenius 도시에서 기울기가 그다지 가파르지 않다. (b) 높은 활성화 에너지(≥60 kJ/mol)를 갖는 반응은 그래프에서 기울기가 Arrhenius 도시에서 매우 가파른 기울기를 갖는다.

예제 13.8

아세트알데하이드는 다음과 같이 분해한다.

$$CH_3CHO(g) \longrightarrow CH_4(g) + CO(g)$$

이 분해 반응에 대한 속도 상수를 5개의 다른 온도에서 측정하였으며, 실험 자료는 다음 표와 같다. 이 반응에 대하여 $1/T$ 대 ln k의 그래프를 그리고 반응의 활성화 에너지(kJ/mol)를 구하라. 이 반응은 아세트알데하이드에 대해 "$\frac{3}{2}$"차 반응이므로, k의 단위는 $1/M^{\frac{1}{2}} \cdot s$이다.

k (1/$M^{1/2}$ · s)	T (K)
0.011	700
0.035	730
0.105	760
0.343	790
0.789	810

전략 다음과 같은 선형 식으로 나타낸 아레니우스 식을 생각해 보자.

$$\ln k = \left(-\frac{E_a}{R}\right)\left(\frac{1}{T}\right) + \ln A$$

$1/T$에 대해 ln k의 그래프(x 대 y)를 그리면 기울기가 $-E_a/R$인 직선이 얻어진다. 따라서 활성화 에너지는 그래프의 기울기로부터 결정할 수 있다.

풀이 먼저 문제에서 주어진 자료를 다음과 같이 표로 전환한다.

ln k	$1/T$ (K^{-1})
−4.51	1.43×10^{-3}
−3.35	1.37×10^{-3}
−2.254	1.32×10^{-3}
−1.070	1.27×10^{-3}
−0.237	1.23×10^{-3}

위 자료로부터 그림 13.21과 같은 그래프를 그린다. 직선의 기울기는 다음과 같이 두 좌표로부터 계산한다.

$$\text{기울기} = \frac{-4.00 - (-0.45)}{(1.41 - 1.24) \times 10^{-3}\ \text{K}^{-1}} = -2.09 \times 10^4\ \text{K}$$

식 (13.13)의 선형 방정식으로부터 구한 결과는 다음과 같다.

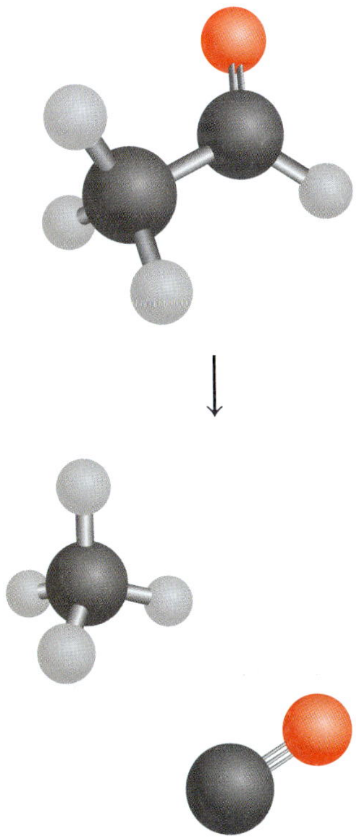

$CH_3CHO \longrightarrow CH_4 + CO$

(계속)

▶ **그림 13.21** $1/T$에 대해 $\ln k$의 그래프. 직선의 기울기는 $-E_a/R$이다.

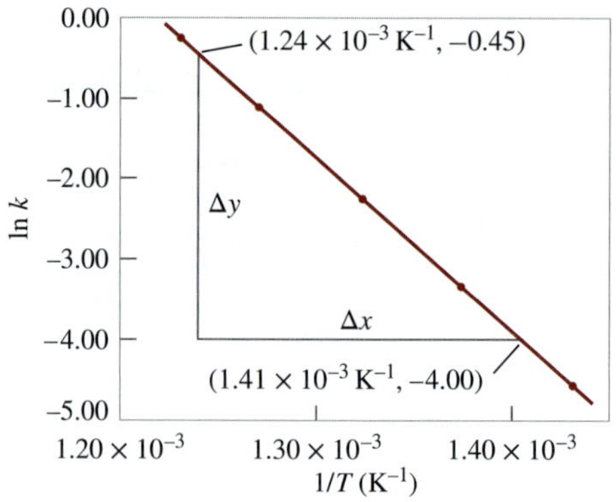

$$\text{기울기} = -\frac{E_a}{R} = -2.09 \times 10^4\ \text{K}$$

$$\begin{aligned} E_a &= (8.314\ \text{J/K} \cdot \text{mol})(2.09 \times 10^4\ \text{K}) \\ &= 1.74 \times 10^5\ \text{J/mol} \\ &= 1.74 \times 10^2\ \text{kJ/mol} \end{aligned}$$

검산 속도 상수 자체는 $1/M^{\frac{1}{2}} \cdot \text{s}$의 단위를 갖지만, $\ln k$는 단위가 없다(단위에 로그를 취할 수 없기 때문이다).

실전 연습 N_2O 분자가 분해되어 질소 분자와 산소 원자로 되는 이차 반응의 속도 상수를 서로 다른 온도에서 측정한 결과는 다음과 같다.

$k(1/M \cdot s)$	t(°C)
1.87×10^{-3}	600
0.0113	650
0.0569	700
0.244	750

이 반응의 활성화 에너지를 그래프를 이용해 구하라.

비슷한 문제: 13.40.

서로 다른 두 온도 T_1과 T_2에서 속도 상수 k_1과 k_2의 관계를 나타낸 식을 사용해서 반응의 활성화 에너지를 구하거나 또는 활성화 에너지를 알고 있을 경우 새로운 온도에서 속도 상수를 구할 수 있다. 식 (13.12)으로부터 이러한 식을 유도해 보자.

$$\ln k_1 = \ln A - \frac{E_a}{RT_1}$$

$$\ln k_2 = \ln A - \frac{E_a}{RT_2}$$

$\ln k_1$에서 $\ln k_2$를 빼면 다음 관계식이 얻어진다.

$$\ln k_1 - \ln k_2 = \frac{E_a}{R}\left(\frac{1}{T_2} - \frac{1}{T_1}\right)$$

$$\ln \frac{k_1}{k_2} = \frac{E_a}{R}\left(\frac{1}{T_2} - \frac{1}{T_1}\right)$$

$$\ln \frac{k_1}{k_2} = \frac{E_a}{R}\left(\frac{T_1 - T_2}{T_1 T_2}\right) \qquad (13.14)$$

예제 13.9는 방금 유도한 식을 이용하는 예이다.

인터넷 핫스팟

학생들의 학습 경험에 대해 축적된 자료에 따르면 활성화 에너지를 구하는 것에 어려움을 겪을 수 있다. 이런 경우 eBook에 접속해서 이 주제에 대한 추가 학습 자료를 보면 도움이 될 수 있다.

예제 13.9

어떤 일차 반응의 속도 상수가 298 K에서 $3.46 \times 10^{-2}\ s^{-1}$이다. 이 반응의 활성화 에너지가 50.2 kJ/mol이라면, 350 K에서 속도 상수는 얼마인가?

전략 식 (13.14)에서 보았듯이 아레니우스 식의 변형된 형태는 다른 두 온도에서 두 속도 상수를 관계 짓는 식이다. R과 E_a의 단위를 일관성 있게 하는 것에 유의하라.

풀이 자료는 다음과 같다.

$$k_1 = 3.46 \times 10^{-2}\ s^{-2} \qquad k_2 = ?$$
$$T_1 = 298\ K \qquad T_2 = 350\ K$$

위의 자료를 식 (13.14)에 대입하면 다음과 같다.

$$\ln \frac{3.46 \times 10^{-2}\ s^{-1}}{k_2} = \frac{50.2 \times 10^3\ J/mol}{8.314\ J/K \cdot mol}\left[\frac{298\ K - 350\ K}{(298\ K)(350\ K)}\right]$$

E_a의 단위를 R의 단위와 일치하도록 J/mol의 단위로 전환한다. 이 식을 풀면 다음과 같이 k_2 값을 얻을 수 있다.

$$\ln \frac{3.46 \times 10^{-2}\ s^{-1}}{k_2} = -3.01$$
$$\frac{3.46 \times 10^{-2}\ s^{-1}}{k_2} = e^{-3.01} = 0.0493$$
$$k_2 = 0.702\ s^{-1}$$

검산 반응 속도 상수는 온도가 높으면 더 클 것으로 예측된다. 따라서 위의 답은 타당하다.

실전 연습 물과 염화 메테인(CH_3Cl)이 반응하여 메탄올(CH_3OH)과 염산(HCl)이 생성되는 일차 반응의 속도 상수가 25°C에서 $3.32 \times 10^{-10}\ s^{-1}$이다. 활성화 에너지가 116 kJ/mol이라면 40°C에서 속도 상수를 구하라.

비슷한 문제: 13.42.

원자와 원자 간의 반응과 같은 간단한 반응에 대해 아레니우스 식의 빈도 인자(A)와 반응하는 화학종 사이의 충돌 빈도를 같다고 생각할 수 있다. 좀 더 복잡한 반응에 대해서는 "배향 인자(orientation factor)", 즉 반응하는 분자들이 서로 어떻게 배향되었는지를 고려해야만 한다. 이 절의 앞에서 보았던 것처럼, 일산화 탄소(CO)와 이산화 질소(NO_2)가 반응하여 이산화 탄소(CO_2)와 산화 질소(NO)를 생성하는 반응이 이 점을 잘 보여준다[그림 13.18(a) 참조]. 배향 인자를 정량적으로 고려하기 위해 다음 식과 같이 식 (13.11)을 수정한다.

▶ 동영상 자료
충돌의 배향

$$k = pAe^{-E_a/RT} \qquad (13.15)$$

여기서 p는 배향 인자이다. 배향 인자는 단위가 없다. 배향 인자 값은 아이오딘 원자 간의 반응($I + I \longrightarrow I_2$)처럼 원자를 포함하는 반응의 경우인 1로부터 분자를 포함하는 반응의 경우 10^{-6} 이하의 값을 갖는다.

개념과 사실 요약하기

- 충돌 이론의 관점에서, 반응은 분자가 결합을 끊고 반응을 개시하기에 충분한 에너지(활성화 에너지)로 충돌할 때 일어난다.
- 속도 상수와 활성화 에너지는 아레니우스 방정식과 관련이 있다.

개념과 사실 복습하기

13.4.1 어떤 반응의 속도 상수가 25°C에서 $2.7 \times 10^{-2}\ s^{-1}$이고 115°C에서 $6.2 \times 10^{-2}\ s^{-1}$이라면 이 반응의 활성화 에너지는 얼마인가?

13.4.1 (a) 온도가 조금만 바뀌어도 어떤 반응의 속도 상수가 크게 바뀐다면 활성화 에너지의 크기에 대하여 어떤 추론을 할 수 있을까? (b) 어떤 두 분자가 충돌할 때마다 반응이 일어난다면, 이 반응의 배향 인자와 활성화 에너지에 대해 무엇을 말할 수 있을까?

13.5 반응 메커니즘

학습 목표

- 반응 메커니즘을 정의할 수 있다.
- 반응 메커니즘에서 속도 결정 단계가 주어지면 반응의 속도 법칙을 쓸 수 있다.

앞서 언급한 바와 같이 전체 균형 화학 반응식만으로는 실제로 반응이 어떻게 일어날지 자세하게 알 수 없다. 많은 경우 전체 화학 반응식은 **단일 단계**(elementary step) 또는 *단일 반응*(elementary reaction)들의 합인데, 이것은 *분자 수준에서 전체 반응의 과정을 나타내는 일련의 간단한 반응들이다. 생성물을 만드는 단일 단계들의 순서를* **반응 메커니즘**(reaction mechanism)이라고 한다. 반응 메커니즘은 여행 중 여행 경로에 비교할 수 있다. 전체 화학 반응식은 출발지과 목적지만을 나타낸 것이다.

반응 메커니즘의 한 예로 일산화 질소와 산소 분자 사이의 반응을 생각해 보자.

$$2NO(g) + O_2(g) \longrightarrow 2NO_2(g)$$

반응이 진행되는 동안 N_2O_2가 발견되기 때문에, NO 두 분자가 O_2 한 분자와 충돌하여 곧바로 생성물로 되는 것은 아니라는 것을 알 수 있다. 위의 반응이 다음과 같이 두 단일 단계 반응 과정을 통해서 일어난다고 가정해 보자.

$$2NO(g) \longrightarrow N_2O_2(g)$$

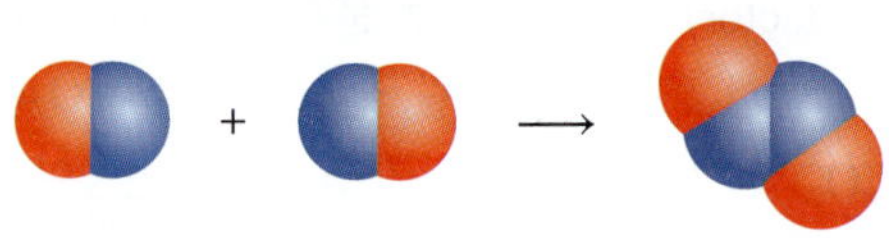

$$N_2O_2(g) + O_2(g) \longrightarrow 2NO_2(g)$$

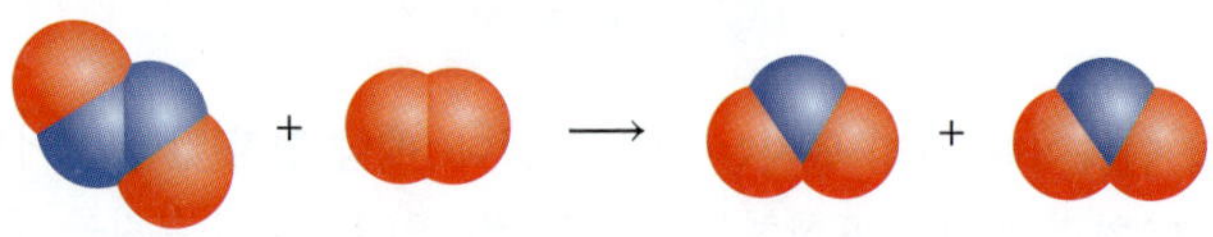

첫 번째 단일 단계에서 NO 두 분자가 충돌하여 N_2O_2 한 분자를 생성한다. 이 반응에 이어서 O_2분자가 N_2O_2와 충돌하여 NO_2 두 분자가 생성된다. 따라서 이 반응의 전체 변화를 나타내는 알짜 화학 반응식은 위의 두 기본 단계를 더하여 얻어진다.

단계 1: $NO + NO \longrightarrow N_2O_2$

단계 2: $N_2O_2 + O_2 \longrightarrow 2NO_2$

전체 반응: $2NO + \cancel{N_2O_2} + O_2 \longrightarrow \cancel{N_2O_2} + 2NO_2$

N_2O_2와 같은 화학종은 *반응 메커니즘의 단일 단계에서만 나타나고, 전체 화학 반응식에서는 나타나지 않기 때문에* **중간체**(intermediate)라고 한다. 중간체는 항상 초기 단일 단계에서 생성되었다가 나중의 단일 단계에서 소모된다는 것을 기억하자.

한 단일 단계에서 반응하는 분자의 개수를 **반응의 분자도**(molecularity of a reaction)라고 한다. 이들 분자는 동종 분자일 수도 있고 이종 분자일 수도 있다. 위에서 설명한 반응의 각 단일 단계들은 *두 분자가 포함되었기 때문에* **이분자 반응**(bimolecular reaction)이다. *반응에 참여하는 분자가 오직 하나인 단일 단계 반응인* **일분자 반응**(unimolecular reaction)의 예는 예제 13.4에서 다룬 사이클로프로페인이 프로펜으로 전환되는 반응이다. *단일 단계에서 세 분자가 참여하는 반응인* **삼분자 반응**(termolecular reaction)은 알려진 것이 거의 없다. 왜냐하면 반응에 참여하는 3개의 분자가 동시에 충돌할 가능성은 두 분자의 충돌 가능성보다 매우 낮기 때문이다.

속도 법칙과 반응의 기본 단계

반응의 단일 단계들을 알면 속도 법칙을 추론할 수 있다. 그러면 다음과 같은 단일 반응이 있다고 생각해 보자.

$$A \longrightarrow \text{생성물}$$

위의 반응에는 한 분자만 포함되기 때문에, 이 반응은 일분자 반응이다. 따라서 A 분자의 개수가 많을수록 생성물 형성 속도가 더 빨라질 것이다. 그러므로 일분자 반응의 속도는 반응물 A의 농도에 정비례하며, A에 대하여 일차 반응이다.

$$\text{속도} = k[A]$$

다음과 같은 A와 B 두 분자를 포함하는 이분자 단일 단계 반응의 경우,

$$A + B \longrightarrow \text{생성물}$$

생성물 형성 속도는 A와 B의 충돌 빈도에 의존하고, 충돌 빈도는 A와 B의 농도에 의존한다. 따라서 이 반응의 속도 식은 다음과 같이 나타낼 수 있다.

$$\text{속도} = k[A][B]$$

이와 비슷하게 다음과 같은 형태의 이분자 단일 단계 반응의 경우

$$A + A \longrightarrow \text{생성물}$$

즉,

$$2A \longrightarrow \text{생성물}$$

속도식은 다음과 같이 된다.

$$\text{속도} = k[A]^2$$

위의 예들은 단일 단계 반응에서 각 반응물의 반응 차수는 각 단일 단계 화학 반응식의 화학량론 계수와 같다는 것을 보여준다. 단일 단계의 계수로부터 반응의 속도 법칙을 직접 쓸 수 있다. 그러나 일반적으로 전체 균형 반응식만 보아서는 화학 반응이 보여주는 화학 반응식과 같이 일어날지, 아니면 일련의 여러 단계로 일어날지 판단할 수 없다. 이것은 실험적으로 결정된다.

둘 이상의 단일 단계 반응을 포함하는 반응에서 전체 반응에 대한 속도 법칙은 *생성물 형성으로 가는 여러 단계 중에서 가장 느린 단계인* **속도 결정 단계**(rate-determining step)에 의해 결정된다.

속도 결정 단계란 좁은 도로에서의 교통 흐름과 비슷하다. 승용차들이 도로에서 다른 차를 추월하지 못한다고 가정할 때, 승용차들의 운행 속도는 가장 느린 승용차에 의해 결정된다.

▶ **그림 13.22** 반응 메커니즘을 연구하는 단계.

반응 메커니즘을 실험적으로 알아내기 위해서 먼저 자료를 수집해야 한다(속도 측정). 그 다음, 실험 자료를 분석하여 속도 상수와 반응 차수를 구하고 반응 속도 법칙을 쓴다. 마지막으로, 단일 단계들로 이루어진 그럴듯한 반응 메커니즘을 제안한다(그림 13.22). 반응의 단일 단계들은 다음 두 조건을 만족해야 한다.

- 단일 반응 단계를 합하면 반응에 대한 전체 균형 반응식이 나와야 한다.
- 속도 결정 단계로 예측한 속도 법칙은 실험적으로 얻어진 속도 법칙과 같아야 한다.

제안된 반응 과정에 대해서 기본 단계(들)에서 형성된 어떤 중간체의 존재도 확인할 수 있어야 한다.

과산화 수소의 분해와 수소와 아이오딘으로부터 아이오딘화 수소를 생성하는 반응은 실험적으로 반응 메커니즘을 알아보는 좋은 예이다.

▲ **그림 13.23** 과산화 수소 분해는 아이오딘화 이온에 의해 촉진된다. 용액에 액체 세제 몇 방울을 넣으면 산소 기체 발생을 극적으로 볼 수 있다. (아이오딘화 이온 일부가 분자 아이오딘으로 산화되고 아이오딘화 이온과 반응하여 갈색의 삼아이오딘화(I_3^-) 이온을 형성한다.)
Ken Karp/McGraw-Hill

과산화 수소 분해

과산화 수소의 분해 반응은 아이오딘화 이온에 의해 촉진된다(그림 13.23). 전체 반응은 다음과 같다.

$$2H_2O_2(aq) \longrightarrow 2H_2O(l) + O_2(g)$$

실험에 의해 속도 법칙은 다음과 같이 얻어졌다.

$$\text{속도} = k[H_2O_2][I^-]$$

따라서 이 반응은 H_2O_2와 I^- 각각에 대해 일차이다.

이것으로부터 H_2O_2 분해가 전체 균형 반응식에 해당하는 단일 기본 단계로 일어나지 않으리라는 것을 알 수 있다. 만일 그랬다면 이 반응은 (H_2O_2 두 분자의 충돌 결과로) H_2O_2에 대해 이차일 것이다. 게다가 전체 반응식에 나타나지 않는 I^- 이온이 속도 법칙에서 나타난다. 이런 사실을 어떻게 설명할 수 있을까? 우선, 이 반응을 다음과 같이 각각 이분자 반응인 두 개의 별도의 단일 단계로 일어나리라 가정함으로써 관찰된 속도 법칙을 설명할 수 있다.

$$\text{단계 1:} \quad H_2O_2 + I^- \xrightarrow{k_1} H_2O + IO^-$$
$$\text{단계 2:} \quad H_2O_2 + IO^- \xrightarrow{k_2} H_2O + O_2 + I^-$$

나아가 만약 단계 1이 속도 결정 단계라면 첫 단계만으로 이 반응의 속도를 결정할 수 있을 것이다.

$$\text{속도} = k_1[H_2O_2][I^-]$$

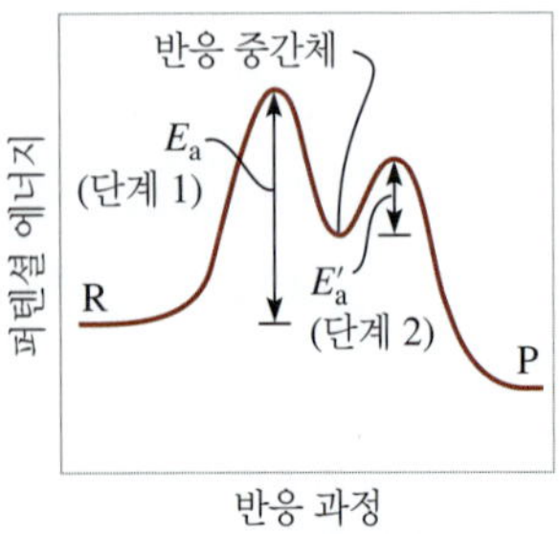

▲ **그림 13.24** 첫 번째 단계가 속도 결정 단계인 두 단계 반응에 대한 퍼텐셜 에너지 그림. R과 P는 각각 반응물과 생성물을 나타낸다.

여기서 $k_1 = k$이다. IO^- 이온은 전체 균형 반응식에 나타나지 않으므로 중간체이다. I^- 이온 역시 전체 반응식에 나타나지 않지만, I^-는 반응의 시작과 끝에 모두 존재한다는 점에서 IO^-와 다르다. I^-의 역할은 반응을 더 빠르게 하는 것이다. 즉, I^-는 *촉매*(catalyst)이다. 촉매에 대해서는 13.6절에서 논의할 것이다. 그림 13.24는 H_2O_2의 분해와 같은 반응의 퍼텐셜 에너지 도표를 보여준다. 속도 결정 단계인 첫 번째 단계는 두 번째 단계보다 활성화 에너지가 훨씬 큰 것을 볼 수 있다. 반응 중간체의 경우 관측할 만큼 충분히 안정하더라도 빠르게 반응하여 생성물을 형성한다.

예제 13.10은 비교적 간단한 반응의 메커니즘 연구에 관한 것이다.

예제 13.10

일산화 이질소(N_2O)의 기체상 분해는 다음 두 기본 단계를 거쳐 일어나는 것으로 생각된다.

$$\text{단계 1:} \quad N_2O \xrightarrow{k_1} N_2 + O$$

$$\text{단계 2:} \quad N_2O + O \xrightarrow{k_2} N_2 + O_2$$

실험적으로 구한 속도 법칙은 속도 $= k[N_2O]$이다. (a) 이 반응의 전체 화학 반응식을 써라. (b) 이 반응의 중간체는 무엇인가? (c) 단계 1과 단계 2의 상대적인 속도에 대하여 무엇을 이야기할 수 있는가?

전략 (a) 전체 반응을 단일 단계로 나눌 수 있기 때문에 단일 단계를 안다면 전체 반응을 쓸 수 있다. (b) 중간체의 특징은 무엇인가? 전체 반응에 중간체가 나타나는가? (c) 단일 단계 중 어떤 단계가 속도 결정 단계인지 결정하는 것은 무엇인가? 속도 결정 단계에 대한 자료가 반응의 속도 법칙을 쓰는 데 어떻게 이용되는가?

풀이

(a) 단계 1과 단계 2를 합하면 전체 반응식을 얻는다.

$$2N_2O \longrightarrow 2N_2 + O_2$$

(b) 산소 원자는 첫 번째 단일 단계에서 생성되고 전체 균형 반응식에는 나타나지 않기 때문에, 산소 원자가 중간체이다.

(c) 단계 1이 속도 결정 단계라면, 전체 반응 속도는 다음과 같이 될 것이다.

$$\text{속도} = k_1[N_2O]$$

그리고 $k = k_1$이다.

검산 제안된 반응 메커니즘이 타당하기 위해서는 다음 두 가지 기준이 충족되어야 한다. (1) 개별 단계(단일 단계)를 더하면 보정된 전체 반응이 되어야 한다. (2) 속도 결정 단계(느린 단계)는 실험적으로 결정된 속도 법칙과 같은 속도 법칙을 가져야 한다.

실전 연습 NO_2와 CO가 반응하여 NO와 CO_2를 생성하는 반응이 다음 두 단계를 거쳐 일어난다고 믿어진다.

$$\text{단계 1:} \quad NO_2 + NO_2 \longrightarrow NO + NO_3$$
$$\text{단계 2:} \quad NO_3 + CO \longrightarrow NO_2 + CO_2$$

실험적으로 언은 속도 법칙은 속도 $= k[NO_2]^2$이다. (a) 전체 반응의 화학 반응식을 써라. (b) 이 반응의 반응 중간체는 무엇인가? (c) 단계 1과 단계 2의 상대 속도에 관하여 설명하라.

비슷한 문제: 13.55.

인터넷 핫스팟

학생들의 학습 경험에 대해 축적된 자료에 따르면 반응 메커니즘을 이해하는 데 어려움을 겪을 수 있다. 이런 경우 eBook에 접속해서 이 주제에 대한 추가 학습 자료를 보면 도움이 될 수 있다.

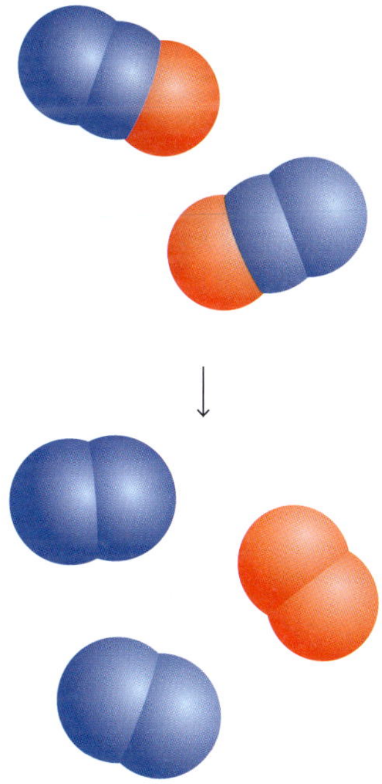

$2N_2O \longrightarrow 2N_2 + O_2$

평형 단계를 포함하는 메커니즘

흔한 반응 메커니즘 중 하나는 적어도 두 개의 기본 단계를 포함하면서, 두 번째 단계에 비해서 첫 번째 단계의 정반응과 역반응이 모두 아주 빠른 것이다. 이런 반응의 예는 수소 분자와 아이오딘 분자가 반응하여 아이오딘화 수소를 생성하는 반응이다.

$$H_2(g) + I_2(g) \longrightarrow 2HI(g)$$

실험적으로 구한 속도 법칙은 다음과 같다.

$$\text{속도} = k[H_2][I_2]$$

오랫동안 이 반응은 적혀있는 반응식과 같이 일어난다고 여겨져 왔다. 즉, 이 반응은 수소

$H_2 + I_2 \longrightarrow 2HI$

분자와 아이오딘 분자가 포함된 이분자 반응이라는 것이다. 그러나 1960년대에 화학자들은 이 반응의 실제 메커니즘이 더 복잡하다는 것을 알았다. 다음과 같은 두 단계 반응 메커니즘이 제안되었다.

$$\text{단계 1:} \qquad I_2 \underset{k_{-1}}{\overset{k_1}{\rightleftharpoons}} 2I$$

$$\text{단계 2:} \quad H_2 + 2I \xrightarrow{k_2} 2HI$$

여기서 k_1, k_{-1}, k_2는 각 반응에 대한 속도 상수이다. 이 반응에서 I 원자는 중간체이다.

반응이 시작될 때 I 원자는 거의 없다. 그러나 I_2가 분해됨에 따라 I_2의 농도는 감소하고 I의 농도는 증가한다. 따라서 단계 1의 정반응 속도는 감소하고, 역반응 속도는 증가한다. 곧 두 방향의 반응 속도가 같아지고, 화학 평형에 도달하게 된다. (화학 평형은 제14장에서 다루게 된다.) 단계 1의 단일 반응이 단계 2의 단일 반응보다 훨씬 빠르기 때문에 수소와의 반응이 상당히 진행되기 전에 이미 평형에 도달하며, 이 평형 상태는 반응 내내 유지된다.

단계 1의 평형 조건에서 정반응 속도는 역반응 속도와 같으므로, 다음과 같이 쓸 수 있다.

$$k_1[I_2] = k_{-1}[I]^2$$

또는

$$[I]^2 = \frac{k_1}{k_{-1}}[I_2]$$

반응 속도는 느린 속도 결정 단계, 즉 단계 2에 의해 결정된다.

$$\text{속도} = k_2[H_2][I]^2$$

속도 법칙에 $[I]^2$를 대입하면 다음과 같다.

$$\text{속도} = \frac{k_1 k_2}{k_{-1}}[H_2][I_2]$$
$$= k[H_2][I_2]$$

여기서 $k = k_1k_2/k_{-1}$이다. 보다시피 이 두 단계 반응 메커니즘 역시 이 반응에 대한 옳은 속도 법칙을 준다. 속도 법칙이 맞다는 것과 중간체 I 원자가 관찰되는 것을 통해 이 반응 메커니즘이 옳다는 것을 알 수 있다.

예제 13.11에서는 메커니즘에 평형 단계를 포함하는 반응에 대해 살펴본다.

예제 13.11

NO 기체와 브로민 증기가 반응하는 전체 반응식은 다음과 같다.

$$2NO(g) + Br_2(g) \longrightarrow 2NOBr(g)$$

이 반응에 대해 다음 메커니즘이 가능한가? 실험으로 얻은 속도 법칙은 속도 $= k[NO]^2[Br_2]$이다.

$$\text{단계 1:} \qquad NO(g) + Br_2(g) \underset{k_{-1}}{\overset{k_1}{\rightleftharpoons}} NOBr_2(g) \quad \text{(빠름)}$$

$$\text{난계 2:} \quad NOBr_2(g) + NO(g) \xrightarrow{k_2} 2NOBr(g) \quad \text{(느림)}$$

전략 메커니즘이 가능한지 결정하기 위해, 속도 결정 단계와 실험적으로 결정한 속도 법칙을 비교해야 한다. 느린 단계인 속도 결정 단계에 중간체인 $NOBr_2$가 있고 속도 법칙에는 전체 반응식의 반응물만 있어야 한다. $NOBr_2$의 농도를 반응물의 농도로 나타내야 한다.

(계속)

풀이 속도 결정 단계에 의한 속도 법칙은 다음과 같다.

$$\text{속도} = k[\mathrm{NOBr_2}][\mathrm{NO}]$$

평형 상태에서, 평형 단계의 정반응과 역반응은 같은 속도로 일어나므로 속도가 서로 같다고 놓을 수 있다. 이 식을 변형하여 $NOBr_2$의 농도를 얻는다.

$$k_1[\mathrm{NO}][\mathrm{Br_2}] = k_{-1}[\mathrm{NOBr_2}]$$

$$[\mathrm{NOBr_2}] = \frac{k_1[\mathrm{NO}][\mathrm{Br_2}]}{k_{-1}}$$

$[NOBr_2]$를 원래의 속도 법칙에 대입하면 다음과 같이 된다.

$$\text{속도} = k_2\frac{k_1[\mathrm{NO}][\mathrm{Br_2}]}{k_{-1}}[\mathrm{NO}] = k[\mathrm{NO}]^2[\mathrm{Br_2}] \qquad \text{여기서 } k = \frac{k_2k_1}{k_{-1}}$$

검산 중간체의 농도를 반응물 농도로 나타내어 속도 법칙에서 제거하면 실험적으로 얻은 속도 법칙과 같다. 따라서 이 메커니즘은 가능하다.

실전 연습 $2NO(g) + O_2(g) \longrightarrow 2NO_2(g)$ 반응에 대해 결정된 속도 법칙은 속도 = $k[NO]^2[O_2]$이다. 다음 메커니즘이 가능하다는 것을 보여라.

$$\text{단계 1:}\quad \mathrm{NO}(g) + \mathrm{NO}(g) \underset{k_{-1}}{\overset{k_1}{\rightleftharpoons}} \mathrm{N_2O_2}(g) \quad (\text{빠름})$$

$$\text{단계 2:}\quad \mathrm{N_2O_2}(g) + \mathrm{O_2}(g) \xrightarrow{k_2} 2\mathrm{NO_2}(g) \quad (\text{느림})$$

비슷한 문제: 13.57.

마지막으로, 모든 반응이 단 하나의 속도 결정 단계를 포함하는 것은 아니다. 반응에서 비교적 느린 단계가 두 개 이상일 수도 있다. 그런 반응의 속도론적 분석은 일반적으로 좀 더 복잡하다.

반응 메커니즘에 대한 실험적 입증

특정한 반응에 대하여 제안된 반응 메커니즘이 옳은지 어떻게 입증할 수 있을까? 과산화 수소의 분해 반응에서 분광학적 방법으로 IO^- 이온의 존재를 확인할 수 있을 것이다. 이 이온이 존재한다는 증거는 반응 메커니즘을 뒷받침할 것이다. 비슷하게 아이오딘화 수소의 반응에서 아이오딘 원자를 검출한다면 두 단계 반응 메커니즘을 뒷받침하는 것이 된다. 예를 들면, I_2 분자에 가시광선을 쪼이면 원자로 분해된다. 그러므로 빛의 세기를 증가시키면 I 원자의 농도가 증가하기 때문에 H_2와 I_2로부터 HI가 생성되는 속도가 빨라질 것이다. 실제로 이것이 실험적으로 관측된 결과이다.

다른 경우로 화학자들은 아세트산 메틸과 물의 반응에 대한 좀 더 자세한 반응 메커니즘을 이해하기 위해 어떤 C—O 결합이 끊어지는지 알고자 하였다.

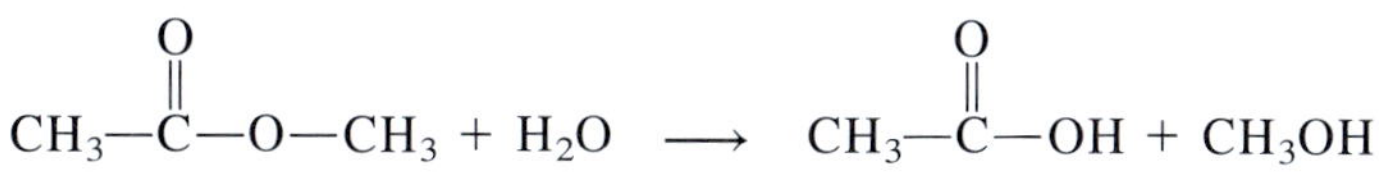

아세트산 메틸 아세트산 메탄올

두 가능성은 다음과 같다.

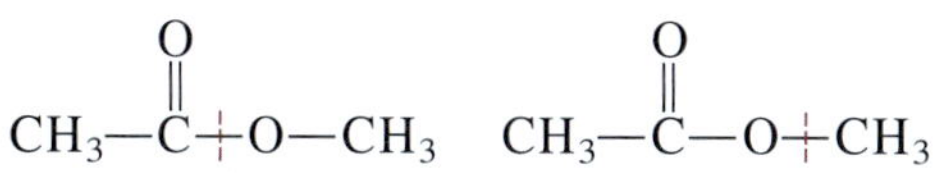

(a) (b)

(a)와 (b)를 구분하기 위해서 화학자들은 일반적인 물(산소-16 동위원소 포함) 대신에 산소-18 동위원소를 포함하는 물을 사용하였다. 산소-18인 물을 사용했을 때 생성된 아세트

산만 산소-18을 포함하고 있었다.

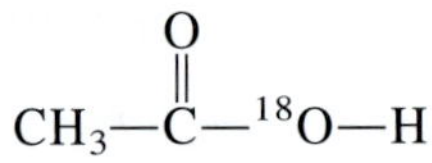

그러므로 이 반응은 (a)에서처럼 결합이 끊어지는 과정을 통해 일어나야 한다. 왜냐하면 (b)에서처럼 결합이 끊어진다면 아세트산에 있는 산소는 모두 원래의 산소이어야 하기 때문이다.

또 다른 예는 녹색 식물이 이산화 탄소와 물의 반응으로 포도당을 생성하는 광합성 반응이다.

$$6CO_2 + 6H_2O \longrightarrow C_6H_{12}O_6 + 6O_2$$

광합성 반응에 있어서 초기에 가졌던 의문은 산소 분자가 물로부터 생기는 것인지, 이산화 탄소로부터 생기는 것인지, 아니면 양쪽 모두에서 생기는 것인지에 대한 것이었다. 산소-18 동위원소를 포함하는 물을 이용하여, 방출되는 산소는 이산화 탄소로부터가 아니라 물로부터 온다는 것이 입증되었다. 왜냐하면 O_2는 ^{18}O 동위원소만 포함하고 있었기 때문이다. 이 결과는 물 분자가 빛에 의해 "쪼개진다"고 설명하는 반응 메커니즘을 뒷받침했다.

$$2H_2O + h\nu \longrightarrow O_2 + 4H^+ + 4e^-$$

여기서 $h\nu$는 광자의 에너지를 나타낸다. 식물의 성장과 기능에 필수적이지만 에너지적으로는 일어나기 어려운 반응을 일으키는 데 양성자와 전자가 이용된다.

이들 반응의 예는 반응 메커니즘을 연구하는 화학자들이 얼마나 창의적이어야 하는가를 보여준다. 그러나 복잡한 반응의 경우 어떤 특정한 반응 메커니즘 하나만 존재한다는 것을 입증하는 것은 거의 불가능하다.

개념과 사실 요약하기

- 반응에 대한 화학 반응식은 단일 단계 반응이라고 하는 단순 연속 반응의 합으로 표현된다. 반응에 대해 완성된 일련의 단일 단계 반응이 반응 메커니즘이다.
- 반응 메커니즘에서 한 단계가 다른 모든 단계보다 훨씬 느린 반응이라면, 그 단계를 속도 결정 단계라고 한다.

개념과 사실 복습하기

13.5.1 $H_2 + 2IBr \longrightarrow I_2 + 2HBr$ 반응의 속도 법칙은 속도 $= k[H_2][IBr]$이다. HI가 중간체라고 가정하고, 반응의 두 단계 메커니즘을 써라.

13.5.2 NO와 O_2 사이의 반응에 대해, 다음 메커니즘이 제시되었다.

$$NO(g) + NO(g) \rightleftharpoons N_2O_2(g) \quad \textit{빠름}$$
$$N_2O_2(g) + O_2(g) \longrightarrow 2NO_2(g) \quad \textit{느림}$$

이 반응의 속도 법칙은 무엇인가?

13.6 촉매 작용

학습 목표

- 촉매 및 반응 중간체를 요약해 말할 수 있다.
- 촉매의 주요 유형인 불균일 촉매, 균일 촉매, 효소 촉매를 구별할 수 있다.

과산화 수소의 분해 반응에서 아이오딘화 이온은 전체 반응식에서 나타나지 않지만 반응 속도가 I^-의 농도에 의존하는 것을 보았다. 이 반응에서 I^-가 촉매로 작용한다는 점에 주목했었다. **촉매**(catalyst)란 *반응의 활성화 에너지를 낮추어 줌으로써 화학 반응 속도를 증가시키는 물질*이다. 반응이 진행될 수 있는 다른 경로를 제공함으로써 그러한 작용을 한다. 촉매는 반응물과 반응하여 중간체를 형성할 수 있지만, 이어지는 반응 단계에서 재생되므로 반응에서 소모되지 않는다.

동영상 자료
촉매 분해

그림 4.13(b)에서 보인 것처럼 실험실에서 산소 분자를 제조할 때 염소산 포타슘을 가열한다. 반응식은 다음과 같다.

$$2KClO_3(s) \longrightarrow 2KCl(s) + 3O_2(g)$$

그러나 이 열분해 반응은 촉매가 없다면 아주 느리다. 이 반응에 검은 분말 물질인 산화 망가니즈(IV)(MnO_2) 촉매를 소량 첨가하면 반응 속도는 엄청나게 증가한다. H_2O_2 분해 반응에서 모든 I^- 이온이 그대로 남아 있는 것처럼, 위 반응에서 MnO_2 역시 반응이 끝나면 모두 회수할 수 있다.

촉매는 촉매가 없을 때보다 반응 속도 측면에서 좀 더 유리한 일련의 기본 단계들을 제공함으로써 반응 속도를 빠르게 한다. 식 (13.11)로부터 반응의 속도 상수 k가 (따라서 속도가) 빈도 인자 A와 활성화 에너지 E_a에 의존함을 알고 있다. A가 클수록 또는 E_a가 작을수록 반응 속도는 더 빨라진다. 많은 경우에 촉매는 반응의 활성화 에너지를 낮춤으로써 속도를 증가시킨다.

다음 반응에서 속도 상수가 k이고, 활성화 에너지가 E_a라고 하자.

$$A + B \xrightarrow{k} C + D$$

그러나 촉매 존재하에서 속도 상수는 k_c[*촉매 속도 상수*(catalytic rate constant)라고 부름)]이다.

$$A + B \xrightarrow{k_c} C + D$$

촉매의 정의에 의하여 다음과 같이 쓸 수 있다.

$$\text{속도}_{\text{촉매화}} < \text{속도}_{\text{비촉매화}}$$

그림 13.25는 두 반응의 퍼텐셜 에너지 도표를 나타낸 것이다. 반응물(A와 B)의 총 에너지와 생성물(C와 D)의 총 에너지는 촉매에 의해 영향을 받지 않는다. 둘 사이의 유일한 차이는 E_a로부터 E'_a로 활성화 에너지가 낮아진 것이다. 역반응에 대한 활성화 에너지 역시 낮아졌기 때문에 촉매는 정반응과 역반응 속도를 똑같이 높여준다.

이미 이야기한 것처럼 촉매는 더 낮은 에너지 경로를 제공해서 반응의 메커니즘을 바꾼다. 그림 13.25에서 보는 바와 같이 촉매에 의한 반응은 두 단계 경로로 진행하는 반면, 촉매가 없는 반응은 단일 전이 상태를 가진다. 표 13.6에 촉매 유무에 따른 몇몇 반응의 활성화 에너지가 나와 있다.

촉매는 일반적으로 속도를 증가시키는 물질의 성질에 따라 불균일 촉매, 균일 촉매, 효소 촉매의 3가지 유형이 있다.

▶ 불균일 촉매 작용

불균일 촉매 작용(heterogeneous catalysis)에서는 반응물과 촉매가 서로 다른 상(phase)을 가진다. 보통 촉매는 고체이고 반응물은 기체나 액체이다. 화학 산업에서, 특히 여러 중요한 화합물의 합성에서 불균일 촉매는 단연코 가장 중요한 촉매 유형이다. 여기서 공업적 규모로 연간 수백만 톤의 화합물 생산에 이용되는 불균일 촉매의 세 가지 예를 들어 보자.

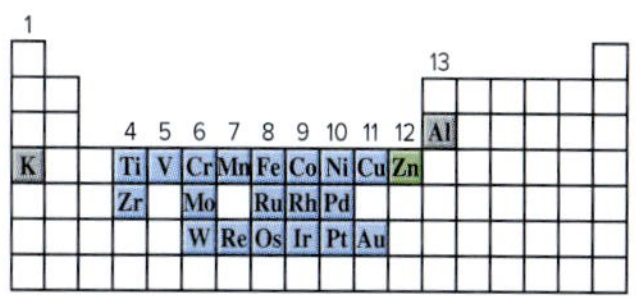

▲ 불균일 촉매에 가장 자주 사용되는 금속 및 금속 화합물

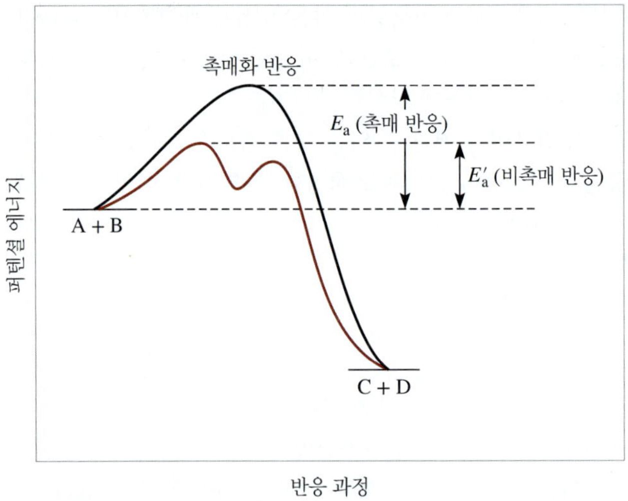

▶ **그림 13.25** 촉매가 없는 반응과 촉매를 사용한 동일한 반응의 활성화 에너지 장벽 비교. 촉매는 에너지 장벽을 낮추지만 반응물이나 생성물의 실제 에너지에는 영향을 미치지 않는다. 반응물과 생성물은 두 경우 모두 동일하지만 반응 메커니즘과 속도 법칙은 (a)와 (b)에서 다르다.

표 13.6 촉매 및 비촉매 반응의 활성화 에너지

반응	비촉매 반응의 E_a (kJ/mol)	촉매 반응의 E'_a (kJ/mol)	촉매
$2HI(g) \longrightarrow H_2(g) + I_2(g)$	+184	+105	금
$2N_2O(g) \longrightarrow 2N_2(g) + O_2(g)$	+245	+121	금
$2NH_3(g) \longrightarrow N_2(g) + 3H_2(g)$	+350	+162	텅스텐
$2HI(g) \longrightarrow H_2(g) + I_2(g)$	+184	+121	금
		+59	백금
$2H_2O_2(aq) \longrightarrow 2H_2O(l) + O_2(aq)$	+75	+49	백금
		+23	효소

암모니아의 하버 합성법

암모니아는 매우 중요한 무기 물질로 비료 산업, 폭약 제조 등 많은 응용 분야에서 사용된다. 20세기로 넘어오는 무렵에 많은 화학자들이 질소와 수소로부터 암모니아를 합성하려고 노력했다. 질소는 대기 중에 무한정으로 있고, 수소 기체는 가열된 석탄 위에 수증기를 통과시켜 쉽게 얻을 수 있다.

$$H_2O(g) + C(s) \longrightarrow CO(g) + H_2(g)$$

수소는 또한 원유 정제의 부산물이기도 하다.

질소와 수소로부터 암모니아를 얻는 반응은 발열 반응이다.

$$N_2(g) + 3H_2(g) \longrightarrow 2NH_3(g) \qquad \Delta H° = -92.6 \text{ kJ/mol}$$

그러나 이 반응의 속도는 상온에서 매우 느리다. 대량 생산에서 실용적이기 위해서는 반응이 빨리 일어나야 하며, 또한 생성물의 수득률이 높아야 한다. 온도를 높이면 반응은 빨라지지만, 동시에 NH_3 분자가 N_2와 H_2로 분해되어 NH_3의 수득률을 낮춘다.

1905년 여러 압력과 온도에서 수많은 화합물을 실험한 결과, 하버(Fritz Haber)는 몇 피센트의 포타슘 산화물과 알루미늄 산화물을 포함하는 철(Fe)이 약 500°C에서 수소와 질소의 반응에 촉매로 작용하여 암모니아를 생성하는 것을 발견했다. 이 과정은 *하버 공정*(Haber process)으로 알려져 있다.

불균일 촉매 작용에서는 일반적으로 고체 촉매의 표면에서 반응이 일어난다. 하버 공정에서 초기 단계에는 금속 표면에서 N_2와 H_2의 분해가 일어난다(그림 13.26). 분해된 원

◀ **그림 13.26** 암모니아 합성의 촉매 작용. 먼저 H_2 및 N_2 분자가 촉매 표면에 결합한다. 이 상호 작용은 분자 내의 공유 결합을 약화시키고 결국 분자를 해리시킨다. 반응성이 높은 H와 N 원자는 결합하여 NH_3 분자를 형성한 다음 표면을 떠난다.

자들이 금속 표면에 결합되어 있기 때문에 완전한 자유 원자는 아니지만 반응성이 매우 높다. 반응하는 두 분자들은 촉매 표면에서 매우 다르게 행동한다. 연구에 의하면 −196°C (액체 질소의 끓는점) 정도의 낮은 온도에서도 H_2는 수소 원자로 해리된다. 반면, 질소 분자는 약 500°C에서 분해된다. 반응성이 큰 N 원자와 H 원자는 높은 온도에서 빠르게 결합하여 NH_3 분자를 생성한다.

$$N + 3H \longrightarrow NH_3$$

질산 제조

질산(nitric acid)은 가장 중요한 무기산 중 하나로 비료, 염료, 의약품, 폭약 등의 제조에 사용된다. 질산을 제조하는 주요 공업적 방법은 *오스트발트*[†] *공정*(Ostwald process)이다. 이 공정에서는 출발 물질인 암모니아와 산소 분자가 백금-로듐 촉매(그림 13.27) 하에서 약 800°C까지 가열된다.

$$4NH_3(g) + 5O_2(g) \longrightarrow 4NO(g) + 6H_2O(g)$$

산화 질소는 촉매 없이 쉽게 산화되어 이산화 질소가 된다.

$$2NO(g) + O_2(g) \longrightarrow 2NO_2(g)$$

이것이 물에 용해되면 NO_2는 아질산과 질산을 생성한다.

$$2NO_2(g) + H_2O(l) \longrightarrow HNO_2(aq) + HNO_3(aq)$$

계속 가열하면 다음 반응식처럼 아질산은 질산으로 전환된다.

$$3HNO_2(aq) \longrightarrow HNO_3(aq) + H_2O(l) + 2NO(g)$$

발생된 NO는 두 번째 단계에서 NO_2를 얻는 데 다시 사용된다.

◀ **그림 13.27** 오스트발트 공정에 사용되는 백금-로듐 촉매.
Malcolm Fielding/Science Source

[†] 오스트발트(Wilhelm Ostwald, 1853∼1932)는 독일 화학자로 화학속도론, 열역학, 전기화학에서 중요한 공헌을 했다. 그는 질산의 공업적 제조법을 개발하였는데, 현재 그의 이름을 딴 공정이 되었다. 1909년 노벨 화학상을 수상하였다.

▶ **그림 13.28** 자동차용 2단 촉매 변환기.

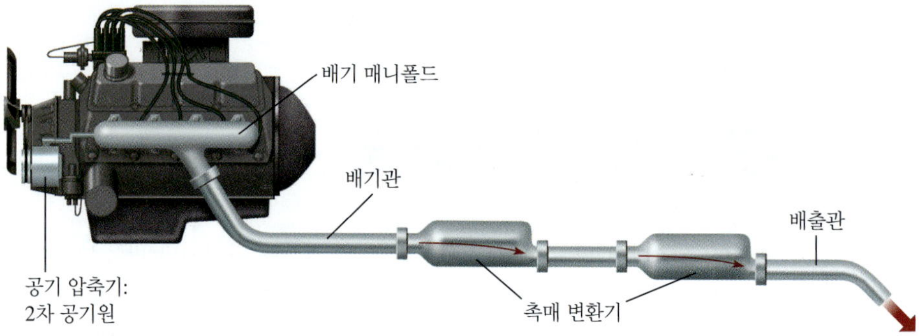

⏩ 촉매 변환기

달리는 차 엔진 내부의 고온에서 질소와 산소 기체가 반응하여 산화 질소를 생성한다.

$$N_2(g) + O_2(g) \longrightarrow 2NO(g)$$

NO는 대기 중에 방출되면 산소 분자와 빠르게 반응하여 NO_2를 만든다. 이산화 질소와 일산화 탄소(CO) 및 불완전 연소된 탄화수소와 같은 자동차에서 배출된 기체들이 공기 오염의 주범이다.

대부분의 새 차에는 촉매 변환기가 장착되어 있다(그림 13.28). 효과적 촉매 변환기는 두 가지의 목적을 가지고 있다. 일산화 탄소(CO)와 불완전 연소된 탄화수소를 이산화 탄소(CO_2)와 물(H_2O)로 산화시키고, NO와 NO_2를 N_2와 O_2로 환원시킨다. 높은 온도의 배출 기체에 공기를 혼합한 다음, 변환기의 첫 번째 방을 통과시키면 탄화수소는 완전히 연소되어 CO 배출이 줄어든다. (촉매 변환기의 단면도를 그림 13.29에 나타내었다.) 그러나 높은 온도에서 NO 생성이 증가하기 때문에, 다른 촉매(전이 금속 또는 CuO나 Cr_2O_3와 같은 전이 금속 산화물)를 함유하고 좀 더 낮은 온도에서 작동하는 두 번째 변환기에서 NO를 N_2와 O_2로 분해시킨 뒤 배기 가스를 배기구로 배출한다.

▶ 균일 촉매 작용

균일 촉매 작용(homogeneous catalysis)에서는 반응물과 촉매가 동일한 상(주로 액체)으로 분산되어 있다. 산 촉매와 염기 촉매는 액체 용액에서 작용하는 균일 촉매의 가장 중요한 유형이다. 예를 들어, 물과 아세트산 에틸이 반응하여 아세트산과 에탄올을 생성하는 반응은 일반적으로 매우 느려서 측정하기가 어렵다.

$$\underset{\text{아세트산 에틸}}{CH_3-\overset{\overset{\large O}{\|}}{C}-O-C_2H_5} + H_2O \longrightarrow \underset{\text{아세트산}}{CH_3-\overset{\overset{\large O}{\|}}{C}-OH} + \underset{\text{에탄올}}{C_2H_5OH}$$

위의 반응이 촉매 없이 일어날 경우의 속도 법칙은 다음과 같다.

▶ **그림 13.29** 촉매 변환기의 단면도. 사진에 보이는 알갱이들은 백금, 팔라듐, 로듐을 함유하고 있으며, 이들은 CO와 불완전 연소된 탄수화물을 이산화 탄소와 물로 전환되는 데 촉매로 작용한다.
Dorling Kindersley Universal Images Group/Newscom

$$속도 = k[CH_3COOC_2H_5]$$

그러나 산으로 이 반응을 촉진시킬 수 있다. 염산 존재 하에서 이 반응 속도는 빨라지며 속도 법칙은 다음과 같이 표시된다.

$$속도 = k_c[CH_3COOC_2H_5][H^+]$$

$k_c > k$이기 때문에 반응 속도는 촉매를 사용한 반응에 의하여 전적으로 결정된다는 점에 주목하자.

균일 촉매 작용은 기체상에서도 일어날 수 있다. 기체상 촉매 반응의 잘 알려진 예는 연실법(lead chamber process)인데, 이것은 오랫동안 황산 제조의 주요한 방법이었다. 황으로부터 시작하여 다음 반응 단계를 거쳐서 황산이 생성되는 것으로 예상할 수 있다.

$$S(s) + O_2(g) \longrightarrow SO_2(g)$$
$$2SO_2(g) + O_2(g) \longrightarrow 2SO_3(g)$$
$$H_2O(l) + SO_3(g) \longrightarrow H_2SO_4(aq)$$

그러나 현실적으로 이산화 황이 직접 삼산화 황으로 전환되지 않는다. 오히려, 위의 산화 과정은 이산화 질소 촉매 존재 하에서 좀 더 효과적으로 일어난다.

$$2SO_2(g) + 2NO_2(g) \longrightarrow 2SO_3(g) + 2NO(g)$$
$$2NO(g) + O_2(g) \longrightarrow 2NO_2(g)$$

전체 반응: $$2SO_2(g) + O_2(g) \longrightarrow 2SO_3(g)$$

전체 반응에서 NO_2는 소모되지 않았으므로 NO_2는 촉매의 기준에 맞는 것에 주목하자.

최근 화학자들은 균일 촉매로 사용할 수 있는 전이 금속 화합물을 개발하는 것에 상당한 노력을 쏟고 있다. 이들 화합물들은 여러 가지 유기 용매에 용해되어 따라서 용해된 반응물과 동일한 상에서 반응의 촉매로 작용할 수 있다. 이들 화합물이 촉매로 작용하는 공정은 많은 경우 유기화학 반응이다. 예를 들면, 로듐의 적갈색 화합물인 $[(C_6H_5)_3P]_3RhCl$은 탄소-탄소 이중 결합이 탄소-탄소 단일 결합으로 전환되는 다음과 같은 반응에서 촉매로 작용한다.

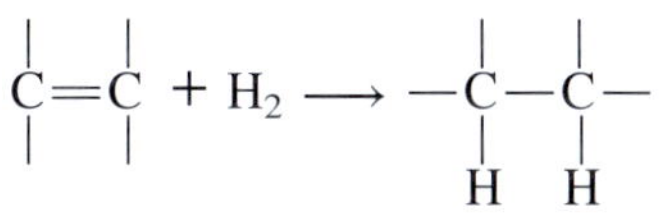

균일 촉매 현상은 불균일 촉매 현상에 비해 여러 가지 장점이 있다. 그 중 하나는 보통 반응이 대기압 조건하에서 일어날 수 있다는 것이다. 따라서 고온에서 일어날 수 있는 생성물의 분해 반응을 최소화시키고 생산 단가를 줄일 수 있다. 게다가 균일 촉매는 특정한 반응 유형에 선택적으로 작동하도록 디자인할 수 있으며, 불균일 촉매에 사용되는 귀금속(예, 금과 백금)보다 비용이 저렴하다.

효소 촉매 작용

생체 반응에 포함된 여러 가지 정교한 과정 중에서 효소 촉매 작용보다 더 기발하거나 더 필요한 것은 없다. **효소**(enzyme)는 *생물학적 촉매*(biological catalyst)이다. 대부분의 생화학 반응들은 생명을 유지하는 효소들 없이는 눈에 띌 만한 속도로 일어나지 않기 때문에, 효소는 생화학 반응 속도를 $10^6 \sim 10^{18}$배 빠르게 할 수 있다. 표 13.7에 몇몇 효소들과 그 속도 향상 정도를 나타내었다.

효소의 또 다른 중요한 특징은 효소는 *기질*(substrate, 즉 반응물)이라고 하는 특정 분자들에만 작용하며, 반응계 안의 나머지에 대해서는 아무런 영향을 미치지 않는다는 것이다. 보통 생체 *세포*는 약 3000개의 여러 가지 다른 효소들을 가지고 있다고 추정되며, 각

표 13.7 여러 가지 효소의 촉매 효과

효소	효소가 없는 반응의 반감기	비촉매 속도 상수, $k_{비촉매}(s^{-1})$	촉매 속도 상수, $k_{촉매}(s^{-1})$	효소에 의한 반응속도 증가($k_{촉매화}/k_{비촉매화}$)
탄산탈수효소	5초	0.13	1×10^6	7.7×10^6
코리스미산 무타제	7.4시간	2.6×10^{-5}	50	1.9×10^6
케토스테로이드 이성질화효소	7주	1.7×10^{-7}	66,000	3.9×10^{11}
카복시펩티다제 A	7.3일	3.0×10^{-9}	578	1.9×10^{11}
포도구균 뉴클레아제	130,000년	1.7×10^{-13}	95	5.6×10^{14}

효소들은 어떤 기질이 적절한 생성물로 전환되는 특정한 반응에 대하여 촉매로 작용한다. 기질과 효소가 수용액 상에 존재하기 때문에 효소 촉매 작용은 균일 촉매 과정이다.

일반적으로 효소는 큰 단백질 분자이고, 기질과 상호작용이 일어나는 *활성 자리*(active site)를 하나 이상 가지고 있다. 마치 어떤 열쇠가 특정한 잠금 장치에 맞게끔 제작된 것처럼, 효소의 활성 위치 또한 특정한 기질 분자의 구조에 들어맞는다. 사실, 활성 위치와 모양이 정확히 일치하는 분자에만 결합하는 고정된 효소 구조의 개념이 초기 효소 촉매 이론의 기초인데, 이것이 1894년 독일의 화학자인 피셔(Emil Fischer)†가 개발한 소위 자물쇠-열쇠 이론(lock-and-key theory)이다(그림 13.30). 피셔의 가설은 효소의 특이성을 설명하지만, 하나의 효소가 서로 다른 크기와 모양의 기질들과 결합한다는 연구 결과와는 어긋난다. 그런데 지금은 효소 분자(또는 적어도 효소의 활성 자리)가 상당히 유연한 구조를 가지며, 한 가지 이상의 기질 유형에 적합하도록 그 모양을 변경할 수 있다는 것을 화학자들이 알고 있다. 그림 13.31은 작동 중에 있는 효소의 분자 모형을 보여준다.

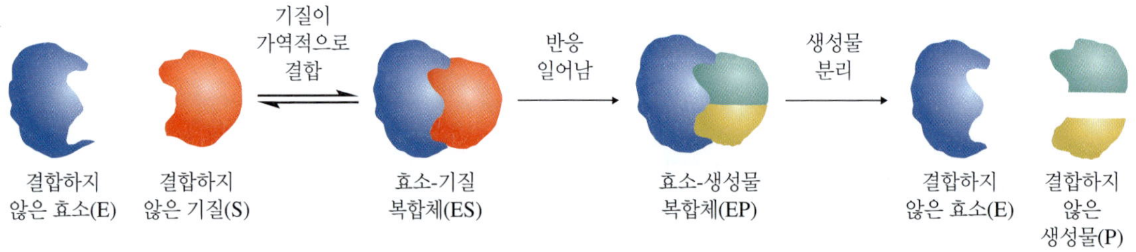

$$E + S \rightleftharpoons ES \longrightarrow EP \longrightarrow E + P$$

▲ **그림 13.30** 기질 분자에 대한 효소의 특이성을 보여주는 자물쇠-열쇠 모형.

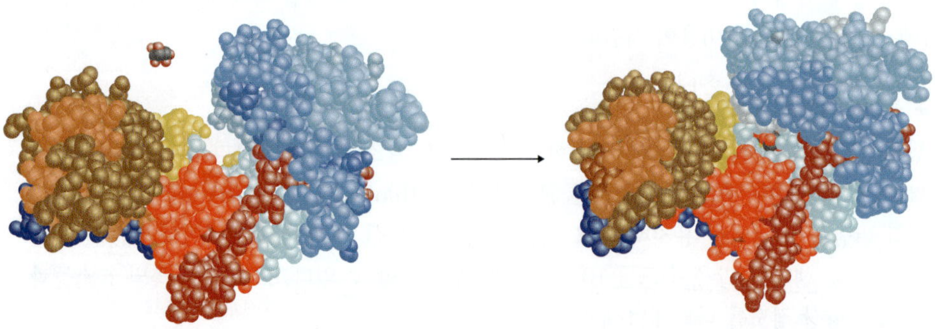

▶ **그림 13.31** 왼쪽에서 오른쪽으로: 포도당(글루코스) 분자(빨간색)가 헥소키나제(대사 과정의 효소)에 결합한다. 결합 후에 활성 자리가 포도당 주변에 어떻게 가까워지는지 주목하라. 종종 기질과 활성자리 모두의 기하학적 구조가 서로 맞도록 변한다.

†피셔(Emil Fischer, 1852~1919)는 독일 화학자로, 많은 사람들에 의해 19세기의 가장 위대한 유기 화학자로 간주된다. 그는 당과 다른 중요한 분자의 합성에 많은 주요한 공헌을 하였으며 1902년 노벨 화학상을 수상하였다.

효소 반응에 대한 반응 속도를 수학적으로 계산하는 것은 그 반응에 포함된 기본 단계를 알고 있더라도 매우 복잡하다. 다음 기본 단계들은 단순화된 효소 반응을 보여주고 있다.

$$E + S \underset{k_{-1}}{\overset{k_1}{\rightleftharpoons}} ES$$

$$ES \xrightarrow{k_2} E + P$$

여기서 E, S, P는 효소, 기질, 생성물을 나타내며, ES는 효소-기질 중간체이다. ES의 생성과 ES가 다시 효소와 기질로 분해되는 과정이 동시에 빠르게 일어나며, 속도 결정 단계는 생성물 생성 단계라고 흔히 가정하고 있다. (이것은 13.5절에서 논의한 HI의 생성과 유사하다.)

일반적으로 이와 같은 반응 속도는 다음 식과 같이 표시된다.

$$\text{속도} = \frac{\Delta[P]}{\Delta t} = k_2[ES]$$

ES 중간체의 농도 자체는 반응계 안에 존재하는 기질 양에 비례하며, 기질 농도 변화에 따른 반응 속도의 그래프를 그리면 일반적으로 그림 13.32와 같은 곡선이 얻어진다. 초기에는 기질 농도가 증가할수록 반응 속도가 빠르게 증가한다. 그러나 일정 농도 이상에서 효소의 모든 활성 위치는 기질과 결합하고, 따라서 반응은 기질에 대하여 영차 반응이 된다. 다시 말해서 기질의 농도가 증가하더라도 반응 속도는 일정하게 유지된다. 이 지점 이후로는 생성물 생성 속도는 ES 중간체가 분해되는 속도에 의존하게 되며 기질 분자의 숫자에는 무관하게 된다.

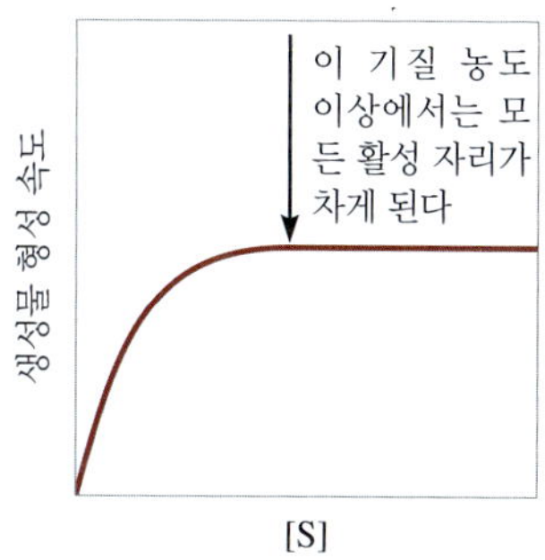

▲ **그림 13.32** 효소 촉매 반응에서 기질 농도 대 생성물의 생성 속도를 도시한 그림.

개념과 사실 요약하기

- 촉매는 보통 활성화 에너지(E_a) 값을 낮춤으로써 반응 속도를 증가시키며, 반응 후에 아무런 변화 없이 재생된다.
- 산업적으로 매우 중요한 불균일 촉매 작용에서 촉매는 고체이고, 반응물은 기체 또는 액체이다. 균일 촉매 작용에서는 촉매와 반응물 모두 동일한 상이다. 효소는 생체 반응에서 사용되는 촉매이다.

개념과 사실 복습하기

13.6.1 촉매 작용과 관련해 잘못된 것은 무엇인가? (a) 촉매 반응에서 E_a가 더 낮다. (b) 촉매 반응에서 $\Delta H^\circ_{반응}$은 더 낮다. (c) 촉매 반응은 다른 메커니즘을 가진다.

요약_Chapter Summary

반응의 속도 반응의 속도는 반응물이 얼마나 빨리 소모되는지 혹은 생성물이 얼마나 빨리 생성되는지를 나타낸다. 경과 시간 대 농도 변화의 비로 속도를 나타낸다. (13.1절)

속도 법칙 반응 속도를 실험적으로 측정하여 반응의 속도 법칙을 이끌어 낼 수 있는데, 속도 법칙은 반응 속도를 속도 상수와 반응물의 농도를 이용해 나타낸 것이다. 농도에 대한 속도의 의존도를 반응의 차수라고 한다. 속도가 반응물의 농도에 의존하지 않는다면 영차 반응, 반응물의 농도에 정비례하면 일차 반응이라고 한다. 더 높은 차수와 분수 차수도 가능하다. 반응 속도의 중요한 특성 중 하나는 반감기인데, 반응물의 농도가 초기 농도의 절반으로 줄어드는 데 걸리는 시간을 말한다. 일차 반응에 대해서 반감기는 초기 농도와 무관하다. (13.2, 13.3절)

속도 상수의 온도 의존성 반응하기 위해서 분자들은 활성화 에너지 이상의 에너지를 가져야 한다. 온도가 증가함에 따라 일반적으로 속도 상수는 증가한다. 속도 상수와 활성화 에너지와 온도의 관계는 아레니우스 식으로 나타난다. (13.4절)

반응 메커니즘 반응의 과정은 일련의 분자 수준의 기본 단계로 나눠질 수 있고, 이런 단계들의 순서를 반응의 메커니즘이라고 한다. 기본 단계는 분자 한 개가 관여하는 일분자 반응, 분자 두 개가 반응하는 이분자 반응, 혹은 드물긴 하지만 세 개의 분자가 동시에 만나는 삼분자 반응으로 나뉜다. 둘 이상의 기본 단계들로 이루어진 반응의 속도는 가장 느린 단계에 의해 결정되며, 이 단계는 속도 결정 단계라고 부른다. (13.5절)

촉매 작용 촉매는 자기 자신은 소모되지 않으면서 반응의 속도를 증가시킨다. 불균일 촉매 작용에서 반응물과 촉매는 서로 다른 상으로 존재한다. 균일 촉매 작용에서 반응물과 촉매는 같은 상에 분산되어 있다. 매우 효율이 높은 촉매인 효소는 생체계에서 주요한 역할을 한다. (13.6절)

주요 식_Key Equations

속도 $= k[\text{A}]^x[\text{B}]^y$ (13.1)	속도 법칙. $(x + y)$ 합이 전체 반응의 차수이다.
$\ln \frac{[\text{A}]_t}{[\text{A}]_0} = -kt$ (13.3)	일차 반응에서 농도와 시간의 관계.
$\ln[\text{A}]_t = -kt + \ln[\text{A}]_0$ (13.4)	일차 반응에서 그래프로 k 값을 결정하는 식.
$t_{\frac{1}{2}} = \frac{0.693}{k}$ (13.6)	일차 반응의 반감기.
$\frac{1}{[\text{A}]_t} = kt + \frac{1}{[\text{A}]_0}$ (13.7)	이차 반응에서 농도와 시간의 관계.
$k = Ae^{-E_a/RT}$ (13.11)	활성화 에너지와 온도에 대한 속도 상수의 의존성을 표현하는 아레니우스 식.
$\ln k = \left(-\frac{E_a}{R}\right)\left(\frac{1}{T}\right) + \ln A$ (13.13)	그래프로 활성화 에너지를 결정하는 식.
$\ln \frac{k_1}{k_2} = \frac{E_a}{R}\left(\frac{T_1 - T_2}{T_1T_2}\right)$ (13.14)	다른 두 온도에서 속도 상수의 관계.

주요 용어_Key Words

단일 단계	반응 차수	이분자 반응	중간체	효소
반감기($t_{\frac{1}{2}}$)	삼분자 반응	이차 반응	촉매	
반응 메커니즘	속도 결정 단계	일분자 반응	화학 반응속도론	
반응의 분자도	속도 법칙	일차 반응	활성화물	
반응 속도	속도 상수(k)	전이 상태	활성화 에너지(E_a)	

연습 문제_Questions and Problems

붉은색 번호의 문제는 학생용 문제풀이집에 풀어 놓았다.

13.1 반응 속도

복습 질문

13.1 화학 반응 속도가 의미하는 것은 무엇인가? 반응 속도의 단위는 무엇인가?

13.2 평균 속도와 순간 속도를 구별하라. 두 속도 중 어느 것이 확실한 반응 속도 측정이 되겠는가? 그 이유는 무엇인가?

13.3 반응의 초기 속도를 측정하는 것의 장점은 무엇인가?

13.4 매우 느린(종결까지 하루 이상의 긴 시간이 걸리는) 반응 두 개과 매우 빠른(몇 분 또는 몇 초 안에 종결

되는) 반응 두 개의 예를 들어라.

문제

13.5 반응물이 없어지고 생성물이 생성되는 관점에서 다음 반응의 반응 속도식을 써라.

(a) $H_2(g) + I_2(g) \longrightarrow 2HI(g)$

(b) $5Br^-(aq) + BrO_3^-(aq) + 6H^+(aq) \longrightarrow 3Br_2(aq) + 3H_2O(l)$

13.6 반응물이 없어지고 생성물이 생성되는 관점에서 다음 반응의 반응 속도식을 써라.

(a) $2H_2(g) + O_2(g) \longrightarrow 2H_2O(g)$

(b) $4NH_3(g) + 5O_2(g) \longrightarrow 4NO(g) + 6H_2O(g)$

13.7 다음 반응을 생각해 보자.

$$2NO(g) + O_2(g) \longrightarrow 2NO_2(g)$$

반응 도중 어떤 순간에 산화 질소(NO)가 0.066 M/s의 속도로 반응한다고 하자. (a) NO_2의 생성 속도는 얼마인가? (b) 산소 분자가 반응하는 속도는 얼마인가?

13.8 다음 반응을 생각해 보자.

$$N_2(g) + 3H_2(g) \longrightarrow 2NH_3(g)$$

반응 도중 어떤 한 순간에 수소 분자가 0.074 M/s의 속도로 반응한다고 하자. (a) 암모니아의 생성 속도는 얼마인가? (b) 질소 분자의 반응 속도는 얼마인가?

13.2 속도 법칙

복습 질문

13.9 반응 속도 법칙이 의미하는 것을 설명하라.

13.10 영차 반응, 일차 반응, 이차 반응에 대한 속도 상수의 단위는 무엇인가?

13.11 "A ⟶ 생성물"로 표시되는 영차 반응을 생각해 보자. (a) 이 반응의 속도 법칙을 써라. (b) 속도 상수의 단위는 무엇인가? (c) 반응 속도 대 [A]의 그래프를 그려라.

13.12 다음 중 반응 속도 상수에 영향을 미치는 것은 무엇인가? (a) 반응물의 농도, (b) 반응물의 성질, (c) 온도.

문제

13.13 다음 반응을 보자.

$$NH_4^+(aq) + NO_2^-(aq) \longrightarrow N_2(g) + 2H_2O(l)$$

이 반응의 속도 법칙은 속도 = $k[NH_4^+][NO_2^-]$로 주어졌다. 25°C에서 속도 상수는 $3.0 \times 10^{-4}/M\cdot s$이다. $[NH_4^+] = 0.26\ M$이고 $[NO_2^-] = 0.080\ M$이라면 이 온도에서 반응 속도를 계산하라.

13.14 표 13.2에 있는 자료로부터 $[F_2] = 0.010\ M$이고 $[ClO_2] = 0.020\ M$인 순간의 반응 속도를 계산하라.

13.15 다음 반응을 생각해 보자.

$$A + B \longrightarrow 생성물$$

어떤 온도에서 얻어진 다음 자료로부터 반응 차수를 결정하고 속도 상수를 계산하라.

[A] (M)	[B] (M)	속도(M/s)
1.50	1.50	3.20×10^{-1}
1.50	2.50	3.20×10^{-1}
3.00	1.50	6.40×10^{-1}

13.16 다음 반응을 생각해 보자.

$$X + Y \longrightarrow Z$$

360 K에서 얻은 다음 자료로부터 (a) 반응 차수를 구하라. (b) X가 0.30 M이고 Y가 0.40 M일 때 X가 소멸되는 초기 속도를 결정하라.

X가 소멸되는 초기 속도(M/s)	[X] (M)	[Y] (M)
0.053	0.10	0.50
0.127	0.20	0.30
1.02	0.40	0.60
0.254	0.20	0.60
0.509	0.40	0.30

13.17 다음 속도 법칙이 적용되는 반응의 전체 반응 차수를 결정하라. (a) 속도 = $k[NO_2]^2$, (b) 속도 = k, (c) 속도 = $k[H_2][Br_2]^{\frac{1}{2}}$, (d) 속도 = $k[NO]^2[O_2]$.

13.18 다음 반응을 생각해 보자.

$$A \longrightarrow B$$

A의 농도가 0.35 M일 때 반응 속도는 $1.6 \times 10^{-2}\ M/s$이다. (a) A에 대해 일차 반응, (b) A에 대해 이차 반응일 때의 속도 상수를 각각 구하라.

13.19 사이클로뷰테인은 다음 반응과 같이 에틸렌으로 분해된다.

$$C_4H_8(g) \longrightarrow 2C_2H_4(g)$$

위 반응이 430°C에서 일정 부피의 용기 안에서 일어날 때 얻은 다음 압력에 근거하여 반응 차수와 속도 상수를 결정하라.

시간(s)	$P_{C_4H_8}$ (mmHg)
0	400
2,000	316
4,000	248
6,000	196
8,000	155
10,000	122

13.20 일정한 부피와 290°C에서 기체 상태에서 진행되는 다음 반응의 시간에 따른 압력 변화를 관찰하였다.

$$ClCO_2CCl_3(g) \longrightarrow 2COCl_2(g)$$

다음 자료를 기초로 하여 반응 차수와 속도 상수를 구하라. 여기서 P는 전체 압력이다.

시간(s)	P (mmHg)
0	15.76
181	18.88
513	22.79
1164	27.08

13.3 반응물의 농도와 시간 사이의 관계

복습 질문

13.21 일차 반응에서 $t = 0$일 때와 $t = t$일 때의 반응물 농도의 관계식을 써라. 모든 항에 대해서 정의하고, 그 단위를 써라. 같은 과정을 이차 반응에 대해 써라.

13.22 반감기를 정의하라. 일차 반응의 반감기와 속도 상수의 관계식을 써라.

13.23 이차 반응의 반감기와 속도 상수의 관계식을 써라. 이것이 일차 반응의 식과 어떻게 다른가?

13.24 일차 반응에서 반응물의 농도가 초기 농도에서 1/8로 줄어드는 데 시간이 얼마나 걸릴까? 반감기($t_{\frac{1}{2}}$)와 속도 상수 k로 나타내라.

문제

13.25 60분 동안 어떤 물질의 75%가 분해되었다면 이 물질의 반감기는 얼마인가? 이 반응이 일차 반응이라고 가정한다.

13.26 포스핀(PH_3)이 인과 수소로 열분해되는 반응은 일차 반응이다.

$$4PH_3(g) \longrightarrow P_4(g) + 6H_2(g)$$

이 반응의 반감기가 680°C에서 35.0초이다. (a) 일차 반응 속도 상수, (b) 포스핀의 95%가 분해될 때까지 걸리는 시간을 계산하라.

13.27 다음 이차 반응의 속도 상수가 10°C에서 $0.80/M{\cdot}s$이다.

$$2NOBr(g) \longrightarrow 2NO(g) + Br_2(g)$$

(a) 초기 농도가 0.086 M일 경우 22초 후에 NOBr의 농도를 계산하라. (b) $[NOBr]_0 = 0.072\ M$일 때와 $[NOBr]_0 = 0.054\ M$일 때, 반감기를 계산하라.

13.28 다음 이차 반응의 속도 상수가 300°C에서 $0.54/M{\cdot}s$이다.

$$2NO_2(g) \longrightarrow 2NO(g) + O_2(g)$$

NO_2의 농도가 0.62 M에서 0.28 M로 되는 데 걸리는 시간을 초로 나타내라.

13.29 아래에 나타낸 A ⟶ B 일차 반응을 생각해 보자. (a) 반응의 속도 상수를 구하라. (b) t = 20 s와 t = 30 s에서 A(노란색 구)와 B(푸른색 구) 분자의 개수를 구하라.

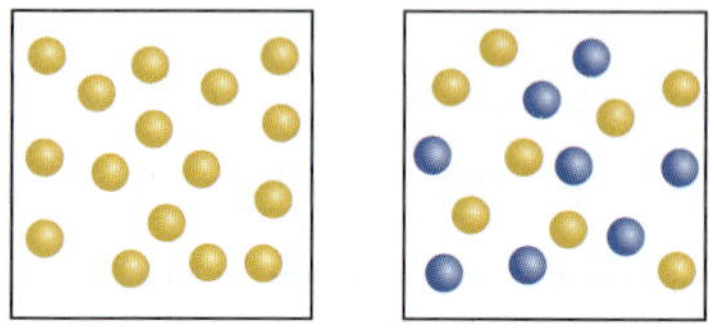

t = 0 s　　t = 10 s

13.30 아래에 나타낸 X ⟶ Y 반응은 일차 반응이다. 온도와 부피가 동일한 3개의 용기에 다른 양의 X 분자를 담았다. (a) 세 용기 안에서 일어나는 반응의 상대적인 속도는 얼마인가? (b) 각 반응 용기의 부피가 두 배로 될 경우 상대적인 반응 속도에 어떤 영향을 미칠 것인가? (c) 세 반응의 상대적인 반감기는 얼마인가?

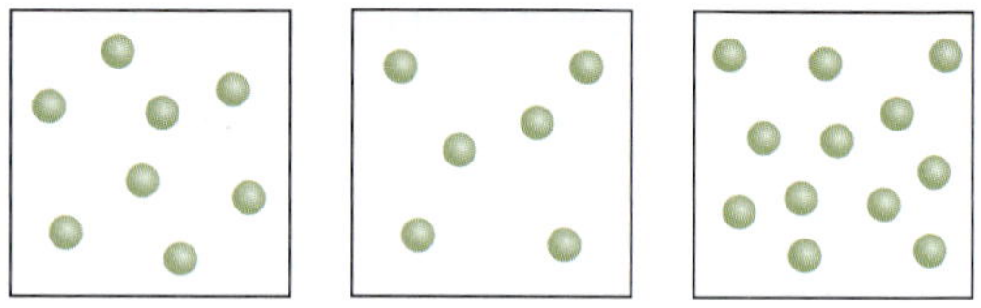

(i)　　(ii)　　(iii)

13.4 활성화 에너지와 속도 상수의 온도 의존성

복습 질문

13.31 활성화 에너지를 정의하라. 반응 속도론에서 활성화 에너지는 어떤 역할을 하는가?

13.32 아레니우스 식을 쓰고 각 항을 정의하라.

13.33 아레니우스 식을 사용하여 다음의 이유를 설명하라. (a) 활성화 에너지가 증가하면 반응의 속도 상수가 감소한다. (b) 온도가 증가하면 반응의 속도 상수가 증가한다.

13.34 메테인과 산소의 연소 반응은 높은 발열 반응이다. 그러나 메테인과 산소 기체 혼합물은 아무런 변화 없이 무한정 유지될 수 있다. 그 이유를 설명하라.

13.35 다음 반응에 대한 퍼텐셜 에너지 대 반응 진행 그래프를 그려라.

(a) $S(s) + O_2(g) \longrightarrow SO_2(g)$　$\Delta H° = -296$ kJ/mol

(b) $Cl_2(g) \longrightarrow Cl(g) + Cl(g)$　$\Delta H° = 243$ kJ/mol

13.36 $H + H_2 \longrightarrow H_2 + H$ 반응은 오랫동안 연구되어 온 반응이다. 이에 대한 반응 진행 정도 대 퍼텐셜 에너지의 그래프를 그려라.

문제

13.37 (1) 그림 (a)는 두 개의 일차 반응에 대해 $1/T$ 대 $\ln k$를 나타낸 것이다. 여기서 k는 반응 속도 상수이고, T는 절대 온도이다. 어떤 반응의 활성화 에너지가 더 큰가? (2) 그림 (b)는 다른 두 온도에서 같은 일차 반응에 대한 그래프이다. 어떤 그래프가 더 높은 온도에 대한 것인가?

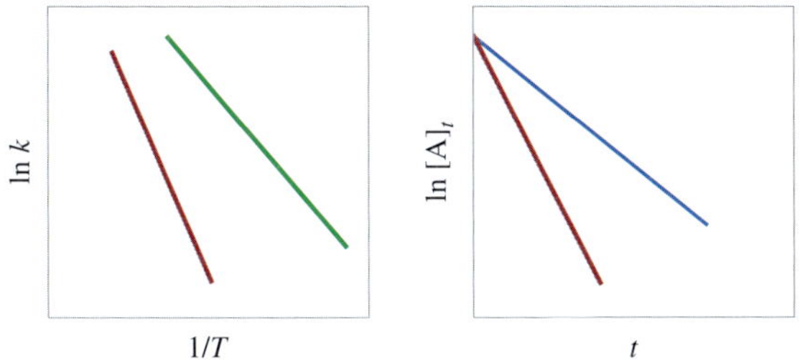

(a) (b)

13.38 반응물 농도가 같은 다음 반응을 생각해 보자.

$$CO(g) + Cl_2(g) \longrightarrow COCl_2(g)$$

250°C에서의 반응 속도가 150°C에서보다 1.50×10^3배 빠르다. 이 반응에 대한 활성화 에너지를 계산하라. 빈도 인자(frequency factor)는 일정하다고 가정한다.

13.39 몇몇 반응은 반응물이 다른 생성물을 다른 속도 상수로 동시에 형성한다는 점에서 병렬(parallel)이라고 설명한다. 다음 예를 보자.

$$A \xrightarrow{k_1} B$$

$$A \xrightarrow{k_2} C$$

활성화 에너지는 k_1에 대해 45.3 kJ/mol이고, k_2에 대해 69.8 kJ/mol이다. 320 K에서 속도 상수가 같다면 어떤 온도에서 $k_1/k_2 = 2.00$이 되겠는가?

13.40 다음 일차 반응에 대해 온도 변화에 따른 속도 상수 변화가 다음 표에 주어져 있다.

$$2N_2O_5(g) \longrightarrow 2N_2O_4(g) + O_2(g)$$

이 반응의 활성화 에너지를 그래프를 이용하여 결정하라.

***T* (K)**	***k* (s^{-1})**
298	1.74×10^{-5}
308	6.61×10^{-5}
318	2.51×10^{-4}
328	7.59×10^{-4}
338	2.40×10^{-3}

13.41 다음 반응에서 빈도 인자 A는 $8.7 \times 10^{12}\ s^{-1}$이고, 활성화 에너지는 63 kJ/mol이다.

$$NO(g) + O_3(g) \longrightarrow NO_2(g) + O_2(g)$$

75°C에서 이 반응의 속도 상수를 구하라.

13.42 어떤 일차 반응의 속도 상수가 350°C에서 $4.60 \times 10^{-4}\ s^{-1}$이다. 활성화 에너지가 104 kJ/mol라면 속도 상수가 $8.80 \times 10^{-4}\ s^{-1}$인 온도를 계산하라.

13.43 어떤 반응의 속도 상수는 온도가 10도 증가할 때마다 두 배씩 증가한다. 반응이 295 K와 305 K에서 일어난다고 가정하자. 위에서 설명한 것과 같이 속도 상수가 두 배로 될 경우 활성화 에너지는 얼마가 되어야 하겠는가?

13.44 다음 일차 반응을 생각해 보자.

$$CH_3NCl(g) \longrightarrow CH_3CN(g)$$

이 반응에 대한 빈도 인자와 활성화 에너지는 각각 $3.98 \times 10^{13}\ s^{-1}$과 161 kJ/mol이다. 600°C에서 속도 상수를 계산하라.

13.45 다음 이차 반응을 생각해 보자.

$$NO(g) + Cl_2(g) \longrightarrow NOCl(g) + Cl(g)$$

이 반응에 대한 빈도 인자와 활성화 에너지는 각각 $4.0 \times 10^9/M \cdot s$와 85 kJ/mol이다. 500°C에서 반응 속도를 계산하라.

13.46 27°C에서 귀뚜라미 울음소리의 속도는 2.0×10^2/min이고, 5°C에서는 39.6/min이다. 이 자료로부터 울음 과정의 "활성화 에너지"를 구하라. (*힌트*: 속도 비는 속도 상수 비와 같다.)

13.47 아래 그림은 "$A_2 + B_2 \longrightarrow 2AB$" 반응의 초기 상태를 나타낸다.

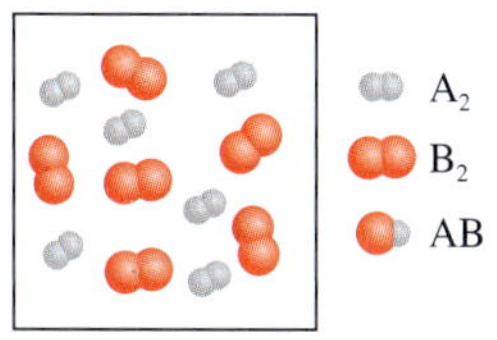

위 반응이 (a)와 (b)에 나타낸 두 온도에서 일어난다고 가정하자. 더 높은 온도에서 일어나는 반응 결과를 나타내는 그림은 어느 것인가? (반응은 두 온도에서 동일한 시간 동안 일어났다.)

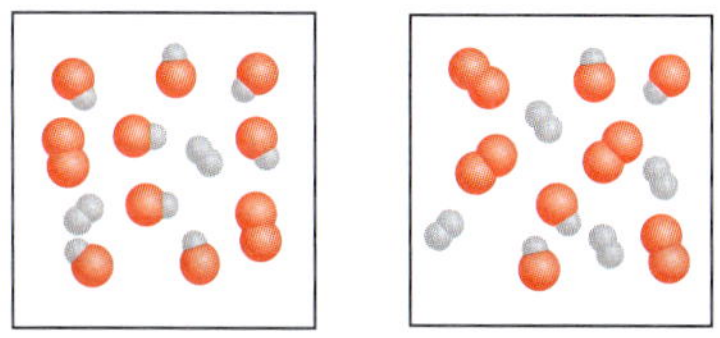

(a) (b)

13.5 반응 메커니즘

➡ 복습 질문

13.48 반응의 메커니즘이 의미하는 것은 무엇인가? 단일 단계란 무엇인가? 반응의 분자도란 무엇인가?

13.49 다음 단일 단계 반응을 일분자, 이분자, 삼분자 반응으로 분류하라.

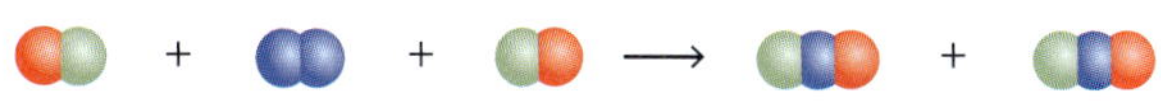

(a)

(b)

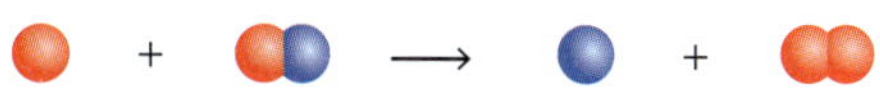

(c)

13.50 반응은 일분자, 이분자 등으로 분류된다. 분자도가 0인 반응이 존재하지 않는 이유는 무엇인가? 삼분자 반응이 거의 없는 이유를 설명하라.

13.51 다음 단일 단계 반응의 분자도를 결정하고, 속도 법칙을 써라.
(a) $X \longrightarrow$ 생성물
(b) $X + Y \longrightarrow$ 생성물
(c) $X + Y + Z \longrightarrow$ 생성물
(d) $X + X \longrightarrow$ 생성물
(e) $X \longrightarrow 2Y \longrightarrow$ 생성물

13.52 속도 결정 단계란 무엇인지 설명하라. "속도 결정"의 의미를 설명하는 것과 비슷한 비유를 들어 보라.

13.53 에테인(C_2H_6)의 연소 반응은 다음과 같다.

$$2C_2H_6(g) + 7O_2(g) \longrightarrow 4CO_2(g) + 6H_2O(l)$$

위 반응식이 반응을 나타내는 단일 단계일 것 같지 않은 이유를 설명하라.

13.54 다음 중 반응에서 분리할 수 없는 화학종은 무엇인가? 활성화물, 생성물, 중간체.

문제

13.55 다음 반응의 속도 법칙은 속도 = $k[NO][Cl_2]$로 표시된다.

$$2NO(g) + Cl_2(g) \longrightarrow 2NOCl_2(g)$$

(a) 반응 차수는 얼마인가? (b) 위 반응에 대하여 다음과 같은 반응 단계를 포함하는 반응 메커니즘이 제안되었다.

$$NO(g) + Cl_2(g) \longrightarrow NOCl_2(g)$$
$$NOCl_2(g) + NO(g) \longrightarrow 2NOCl(g)$$

이 반응 메커니즘이 맞다면, 이것이 두 단계의 상대적인 속도에 대하여 의미하는 바는 무엇인가?

13.56 $X_2 + Y + Z \longrightarrow XY + XZ$ 반응에 대해서 X_2 농도를 두 배로 하면 반응 속도가 2배로 증가되고, Y 농도를 3배로 하면 반응 속도가 3배로 증가되고, Z의 농도를 두 배로 하면 반응 속도에 변화가 없다. (a) 이 반응에 대한 속도 법칙을 구하라. (b) Z의 농도가 반응 속도에 아무런 영향을 미치지 못하는 이유는 무엇인가? (c) 이 반응의 속도 법칙과 일치하는 반응 메커니즘을 제안하라.

13.57 오존이 산소 분자로 분해되는 반응 $2O_3(g) \longrightarrow 3O_2(g)$의 속도 법칙은 다음과 같다.

$$속도 = k\frac{[O_3]^2}{[O_2]}$$

이 반응에 대하여 제안된 반응 메커니즘은 다음과 같다.

$$O_3 \underset{k_{-1}}{\overset{k_1}{\rightleftharpoons}} O + O_2$$
$$O + O_3 \xrightarrow{k_2} 2O_2$$

이 단일 단계들로부터 속도 법칙을 유도하라. 이 유도 과정에서 사용된 가정을 분명하게 서술하라. O_2 농도가 증가될 때 반응 속도가 감소하는 이유를 설명하라.

13.58 다음 반응에 대한 속도 법칙은 속도 = $k[H_2][NO]^2$이다.

$$2H_2(g) + 2NO(g) \longrightarrow N_2(g) + 2H_2O(g)$$

관측된 속도 법칙을 근거로 하여 다음 여러 개의 메커니즘 중 제외되어야 할 것은 무엇인가?

메커니즘 I

$H_2 + NO \longrightarrow H_2O + N$ (느림)
$N + NO \longrightarrow N_2 + O$ (빠름)
$O + H_2 \longrightarrow H_2O$ (빠름)

메커니즘 II

$H_2 + 2NO \longrightarrow N_2O + H_2O$ (느림)
$N_2O + H_2 \longrightarrow N_2 + H_2O$ (빠름)

메커니즘 III

$2NO \rightleftharpoons N_2O_2$ (빠른 평형)
$N_2O_2 + H_2 \longrightarrow N_2O + H_2O$ (느림)
$N_2O + H_2 \longrightarrow N_2 + H_2O$ (빠름)

13.6 촉매

복습 질문

13.59 촉매는 반응의 속도를 어떻게 증가시키는가?

13.60 촉매의 특성은 무엇인가?

13.61 어떤 반응이 상온에서 느리게 진행되는 것으로 알려져 있다. 온도 변화 없이 이 반응 속도를 더 빠르게 일어나도록 할 수 있을까?

13.62 균일 촉매와 불균일 촉매를 구별하라. 불균일 촉매를 이용하는 3가지 중요한 산업 공정에 대해 서술하라.

13.63 효소 촉매 반응은 균일 촉매인가, 불균일 촉매인가? 그 이유는 무엇인가?

13.64 세포 속에 존재하는 효소의 농도는 매우 낮다. 이 사실이 갖는 생물학적 중요성은 무엇인가?

문제

13.65 여기 보인 그림은 두 단계의 메커니즘을 나타낸다. (a) 각 반응 단계에 대한 화학 반응식과 전체 반응식을 써라. (b) 중간 생성물과 촉매를 써라. A는 초록색, B는 빨간색이다.

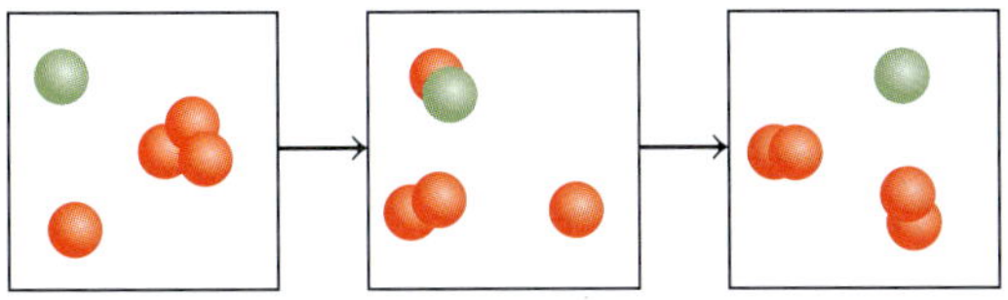

13.66 효소 촉매 반응에 대한 다음 메커니즘을 생각해 보자.

$$E + S \underset{k_{-1}}{\overset{k_1}{\rightleftharpoons}} ES \quad \text{(빠른 평형)}$$

$$ES \xrightarrow{k_2} E + P \quad \text{(느림)}$$

E와 S의 농도로 표시된 반응의 속도 법칙에 관한 표현을 유도하라. (*힌트*: 평형에서는 진행 방향의 속도와 역반응의 속도가 같다는 사실을 이용하여 [ES]를 푼다.)

실전 연습의 답 Answers to Practice Exercises

13.1 속도 $= -\frac{\Delta[CH_4]}{\Delta t} = -\frac{1}{2}\frac{\Delta[O_2]}{\Delta t} = \frac{\Delta[CO_2]}{\Delta t} = \frac{1}{2}\frac{\Delta[H_2O]}{\Delta t}$. **13.2** (a) 0.013 M/s, (b) −0.052 M/s. **13.3** 속도 $= k[S_2O_8^{2-}][I^-]$; $k = 8.1 \times 10^{-2}/M \cdot s$. **13.4** 66 s. **13.5** 일차. 1.4×10^{-2} min^{-1}. **13.6** 1.2×10^3 s. **13.7** (a) 3.2분, (b) 2.1분. **13.8** 240 kJ/mol. **13.9** 3.13×10^{-9} s^{-1}. **13.10** (a) $NO_2 + CO \longrightarrow NO + CO_2$, (b) NO_3, (c) 첫 번째 단계가 속도 결정 단계이다. **13.11** 평형에서 정반응과 역반응이 같은 속도로 일어나기 때문에, 둘을 같다고 놓고 중간체의 농도를 구할 수 있다. $k_1[NO]^2 = k_{-1}[N_2O_2]$. 이 식을 정리하여 원래의 속도 법칙인 속도 $= k[N_2O_2][O_2]$에 대입하면, 속도 $= k_2\frac{k_1[NO]^2}{k_{-1}}[O_2] = k[NO]^2[O_2]$이고, 여기서 $k = \frac{k_2k_1}{k_{-1}}$이다.

개념과 사실 복습하기의 답 Answers to Review of Concepts & Facts

13.1.1 $2NOCl(g) \longrightarrow 2NO(g) + Cl_2(g)$.
13.1.2 속도 $= -\frac{1}{2}\frac{\Delta A}{\Delta t} = -\frac{\Delta B}{\Delta t} = \frac{\Delta C}{\Delta t} = \frac{1}{2}\frac{\Delta D}{\Delta t}$.
13.1. 0.035 M/s. **13.2.1** 속도 $= k[A]$. **13.2.2** 속도 $= k[A][B]^2$. **13.3.1** (a) $t_{\frac{1}{2}} = 10$ s, $k = 0.069$ s^{-1}, (b) $t = 20$ s일 때; A 분자 2개와 B 분자 6개. $t = 30$ s일 때; A 분자 1개와 B 분자 7개. **13.3.2** (b). **13.3.3** $t_{\frac{1}{2}} = 56.9$분. **13.3.4** 0.48 M. **13.4.1** 8.9 kJ/mol. **13.4.2** (a) 반응의 E_a가 크다. (b) 반응의 E_a가 작고 배향 인자가 대략 1이다.

13.5.1

$H_2 + IBr \longrightarrow HI + HBr$ (느림)

$HI + IBr \longrightarrow I_2 + HBr$ (빠름)

$H_2 + 2IBr \longrightarrow I_2 + 2HBr$

13.5.2 속도 $= k[NO]^2[O_2]$. **13.6.1** (b).

▲ 적혈구의 헤모글로빈은 산소를 운반하여 인간의 산소와 이산화 탄소 사이의 동적 평형을 유지해 준다.

yodiyim/Shutterstock

제 14 장

화학 평형

Chemical Equilibrium

차 례

14.1 평형과 평형 상수의 개념

14.2 평형 상수 표기법

14.3 화학 반응속도론과 화학 평형과의 관계

14.4 평형 상수는 무엇을 뜻하는가?

14.5 화학 평형에 영향을 주는 인자들

평형은 시간이 경과해도 변화를 관찰할 수 없는 상태이다. 화학 반응이 평형 상태에 이르면 반응물과 생성물의 농도는 시간이 지나도 일정하며, 계에서는 아무런 변화를 볼 수 없다. 그러나 반응물 분자들은 계속해서 생성물 분자를 생성하고, 또한 생성물 분자들이 반응하여 반응물 분자를 생성하고 있는 한 분자 단계에서는 아주 많은 활동이 있다. 이러한 동적 평형 상황이 이 장의 주제이다. 이 장에서는 여러 가지 형태의 평형 반응, 평형 상수의 의미, 속도 상수와의 관계, 평형 계를 깨뜨리는 인자들에 관해 논의하고자 한다.

14.1 평형과 평형 상수의 개념

학습 목표

- 화학 및 물리적 과정에 적용되는 평형을 요약할 수 있다.
- 주어진 반응에 대한 평형 상수식을 쓸 수 있다.
- 평형 상수를 사용하여 평형 상태에서 반응물과 생성물의 상대적인 양을 예측할 수 있다.

동영상 자료
화학 평형 자료

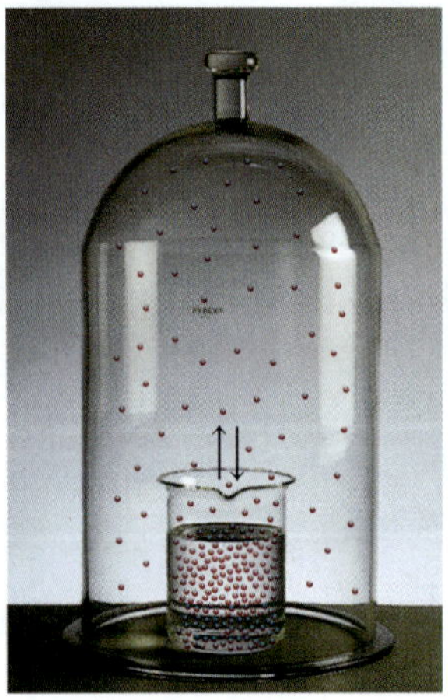

▲ 실온에서 수증기와 평형을 이루고 있는 물.
Ken Karp/McGraw-Hill

▲ 평형에 있는 NO_2와 N_2O_4 기체.
Ken Karp/McGraw-Hill

오직 한 방향으로만 일어나는 화학 반응은 거의 없다. 적어도 어느 정도는 가역적이다. 가역 과정의 초기 반응은 생성물을 이루는 방향으로 진행한다. 어느 정도 생성물 분자가 생성되면 곧바로 역반응이 일어나기 시작하고, 생성물 분자들로부터 반응물 분자들이 생성된다. *정반응과 역반응의 속도가 같고, 반응물과 생성물의 농도가 일정하게 유지*될 때, **화학 평형**(chemical equilibrium)이 이루어진다.

화학 평형은 동적인 과정이다. 마치 분주한 스키장에 있는 스키어들의 움직임과 비슷하다. 리프트를 타고 산 위로 올라가는 스키어들의 수는 슬로프를 내려오는 수와 똑같다. 스키어들이 계속해서 이동하지만, 슬로프 위와 아래에 있는 사람의 수는 변하지 않는다.

화학 평형은 반응물이나 생성물 같은 여러 물질들이 관련되어 있다는 것에 유의하라. 같은 물질의 두 상 사이에서의 평형을 **물리적 평형**(physical equilibrium)이라고 하는데, *일어나는 변화가 물리적 과정이기 때문*이다. 일정한 온도에 있는 밀폐 용기 속 물의 증발은 물리적 평형의 한 예이다. 이 경우 액체상을 떠나는 H_2O 분자의 수는 액체상으로 되돌아오는 H_2O 분자의 수와 똑같다.

$$H_2O(l) \rightleftharpoons H_2O(g)$$

(이중 화살표는 가역 반응을 의미한다고 제4장에서 배웠다.)

물리적 평형을 연구하면 평형 증기압(11.8절 참조)과 같은 유용한 정보를 얻는다. 그러나 화학자들은 이산화 질소(NO_2)와 사산화 이질소(N_2O_4)의 가역 반응과 같은 화학 평형 과정에 특별한 관심을 두고 있다(그림 14.1). 다음과 같은 반응 과정은 N_2O_4는 무색 기체인 반면, NO_2는 오염된 공기 속에서 이따금 볼 수 있는 암갈색이므로 쉽게 관찰될 수 있다.

$$N_2O_4(g) \rightleftharpoons 2NO_2(g)$$

일정량의 N_2O_4를 진공 플라스크에 주입했다고 하자. 바로 갈색이 나타나는데, 이것은 NO_2 분자가 생성되었음을 나타낸다. 결과적으로 평형이 이루어질 때까지 N_2O_4의 분해가

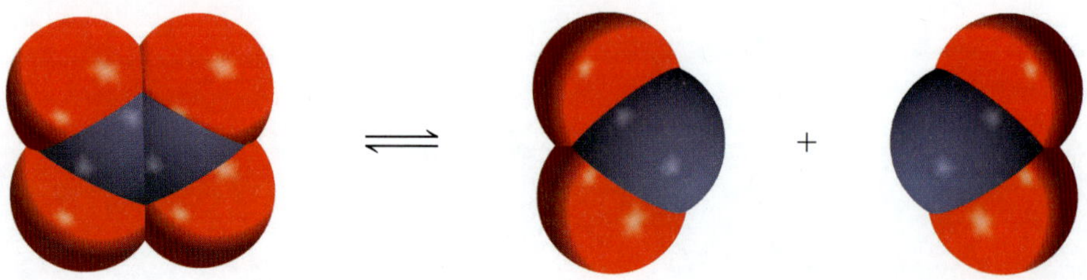

▶ **그림 14.1** N_2O_4의NO_2 분자 사이의 N_2O_4의 가역 반응.

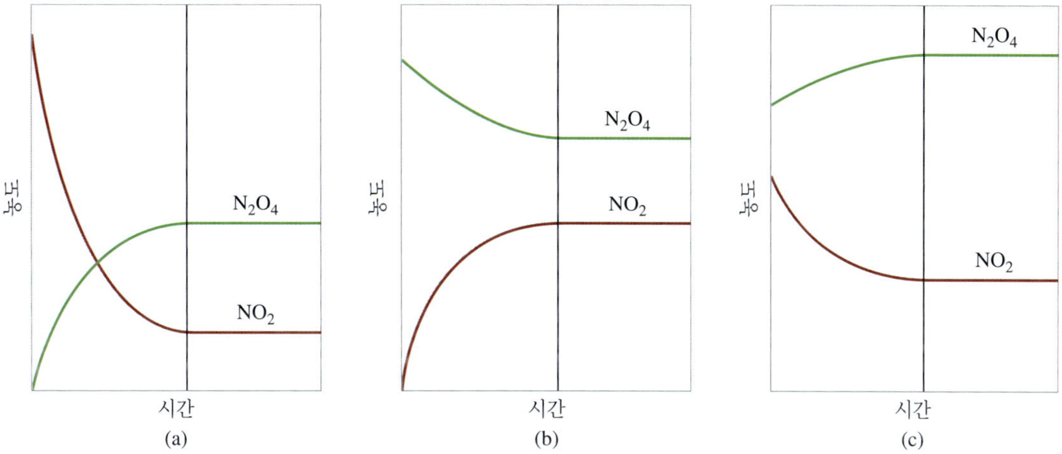

▲ **그림 14.2** 세 가지 서로 다른 상황에서의 시간 경과에 따른 NO_2와 N_2O_4의 농도 변화. (a) 초기에 NO_2만 존재할 때, (b) 초기에 N_2O_4만 존재할 때, (c) 초기에 NO_2와 N_2O_4 혼합물이 존재할 때. 각각의 경우에 평형은 수직선의 오른쪽에서 이루어진다.

계속됨에 따라 색이 짙어진다. 이 평형 시점을 지나면 NO_2와 N_2O_4의 농도는 일정하게 유지되기 때문에 더 이상 색 변화는 관찰되지 않는다. 또한 순수한 NO_2로부터 시작하여 평형 상태를 이룰 수도 있다. NO_2 분자들이 결합하여 N_2O_4를 형성하면 색은 옅어진다. 또 다른 방법은 NO_2와 N_2O_4의 혼합물로 시작하여 색 변화가 멈출 때까지 그 반응계를 관찰함으로써 평형 상태에 도달할 수도 있다. 이 실험에서 각각의 순수한 성분(NO_2 또는 N_2O_4)이 반응하여 다른 기체로 되기 때문에, 반응의 가역성을 나타내고 있다. 중요한 것은 평형 상태에서도 여전히 NO_2가 N_2O_4로, 그리고 N_2O_4가 NO_2로의 전환이 계속 일어나고 있다는 것을 명심해야 한다. 두 반응 속도가 같기 때문에 색 변화를 인식하지는 못한다. 즉, NO_2 분자가 없어지는 속도는 NO_2 분자의 생성 속도만큼이나 빨리 일어나고, N_2O_4 분자의 생성은 이들이 분해하는 것만큼이나 빨리 일어나고 있다. 그림 14.2는 이들 세 가지 상황을 요약한 것이다.

평형 상수

표 14.1은 25°C에서의 NO_2-N_2O_4계에 대한 실험 자료를 보여주고 있다. 기체의 농도는 몰농도로 나타내었으며, 이것은 처음에 존재한 기체의 몰수와 평형 상태에 있는 기체의 몰수, 리터(L) 단위로 표시된 플라스크의 부피로부터 계산할 수 있다. 초기 농도에 따라 NO_2와 N_2O_4이 평형 농도가 변함을 알 수 있다. 평형 상태의 $[NO_2]$와 $[N_2O_4]$의 농도를 비교함으로써 그들 사이의 관계를 찾을 수 있다. 가장 단순한 비인 $[NO_2]/[N_2O_4]$ 값은 산

표 14.1 25°C에서 NO_2-N_2O_4 반응계

초기 농도(M)		평형 농도(M)		평형에서의 농도비	
$[NO_2]$	$[N_2O_4]$	$[NO_2]$	$[N_2O_4]$	$\frac{[NO_2]}{[N_2O_4]}$	$\frac{[NO_2]^2}{[N_2O_4]}$
0.000	0.670	0.0547	0.643	0.0851	4.65×10^{-3}
0.0500	0.446	0.0457	0.448	0.102	4.66×10^{-3}
0.0300	0.500	0.0475	0.491	0.0967	4.60×10^{-3}
0.0400	0.600	0.0523	0.594	0.0880	4.60×10^{-3}
0.200	0.000	0.0204	0.0898	0.227	4.63×10^{-3}

발적이지만, $[NO_2]^2/[N_2O_4]$의 값은 초기 농도에 관계없이 평균적으로 4.63×10^{-3}인 거의 일정한 값을 나타내고 있다.

$$K = \frac{[NO_2]^2}{[N_2O_4]} = 4.63 \times 10^{-3} \tag{14.1}$$

여기서 K는 상수이다. 이 식에서 $[NO_2]$의 지수 2는 가역 반응에서 NO_2의 화학량론적인 계수와 똑같음에 유의하라.

다음과 같은 가역 반응식으로 이러한 논의를 일반화시킬 수 있다.

$$a\text{A} + b\text{B} \rightleftharpoons c\text{C} + d\text{D}$$

여기서 a, b, c, d는 반응 화학종 A, B, C, D의 화학량론적 계수이다. 특정 온도에서 반응의 평형 상수는 다음과 같다.

$$K = \frac{[\text{C}]^c[\text{D}]^d}{[\text{A}]^a[\text{B}]^b} \tag{14.2}$$

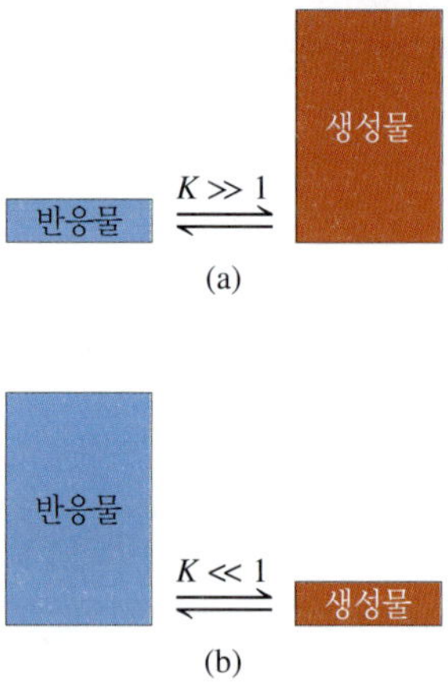

▲ **그림 14.3** (a) 평형에서 반응물보다 생성물이 더 많이 있으면 평형은 오른쪽에 놓여 있다고 한다. (b) 반대로 생성물보다 더 많은 반응물이 있으면 평형은 왼쪽에 놓여 있다고 한다.

여기서 K는 **평형 상수**(equilibrium constant)이다. 식 (14.2)는 1864년에 두 노르웨이 화학자 굴베르그(Guldberg)[†]와 보거(Waage)[‡]가 수식화한 것이다. 이것은 **질량 작용 법칙**(law of mass action)의 수학적 표기로, *일정 온도에서 평형을 이루는 가역 반응에 적용될 수 있으며, 반응물과 생성물의 농도의 비는 일정한 값, K(평형 상수)를 가짐*을 뜻한다. 질량 작용 법칙에 따르면 주어진 반응이 평형에 있고 온도가 변하지 않는 한, 농도들은 변할 수 있어도 K 값은 일정하다는 것에 유의해야 한다. 식 (14.2)와 질량 작용 법칙의 타당성은 수많은 가역 반응에 대한 연구를 통해 입증되었다.

즉, 평형 상수는 *지수*(quotient)로 정의되며, 평형 상수의 분자는 *생성물*들의 평형 농도를 함께 곱함으로써 얻어지는데, 각 농도에는 균형 반응식에서 화학량론적 계수와 같은 지수승을 곱한다. 같은 과정을 *반응물*의 평형 농도에 적용하여 분모를 얻는다. 평형 상수의 크기는 평형 반응이 생성물을 형성하는 쪽으로 진행할 것인지, 반응물 쪽으로 진행할 것인지를 알려준다. 만약 K가 1보다 훨씬 크다면(즉, $K \gg 1$), 그 평형은 오른쪽으로 놓일 것이고, 생성물 쪽으로 향할 것이다. 역으로 평형 상수가 1보다 훨씬 작다면(즉, $K \ll 1$) 그 평형은 왼쪽으로 놓일 것이고, 반응물 쪽으로 향할 것이다(그림 14.3). 이런 관계로 10보다 큰 수들은 1보다는 훨씬 큰 것으로 생각할 수 있고, 0.1보다 작은 수들은 1보다 훨씬 작은 것으로 생각할 수 있다.

정반응에서 반응물로 작용하는 물질이 역반응에서는 생성물이 되기 때문에 "반응물"과 "생성물"이라는 용어 사용이 혼동을 일으킬지 모르지만, 평형 화살표의 왼쪽을 반응물로 그리고 오른쪽을 생성물로 간주하는 것을 규칙으로 한다.

인터넷 핫스팟

학생들의 학습 경험에 대해 축적된 자료에 따르면 평형 상수를 이해하는 데 어려움을 겪을 수 있다. 이런 경우 eBook에 접속해서 이 주제에 대한 추가 학습 자료를 보면 도움이 될 수 있다.

개념과 사실 요약하기

- 상(phase) 사이의 동적 평형을 물리적 평형이라고 한다. 화학 평형은 정반응과 역반응의 속도가 같고, 반응물과 생성물의 농도가 시간에 따라 변하지 않는 가역적 과정이다.
- 일반적인 화학 반응 $a\text{A} + b\text{B} \rightleftharpoons c\text{C} + d\text{D}$의 경우, 평형에 있는 반응물과 생성물의 농도(mol/L)는 평형 상수식과 관련이 있다.

[†]굴베르그(Cato Maximillan Guldberg, 1836~1902)는 노르웨이의 화학자 및 수학자로 주로 열역학 분야를 연구하였다.

[‡]보거(Peter Waage, 1833~1900)는 노르웨이의 화학자로, 공동 연구자였던 굴베르그처럼 그의 연구 분야도 주로 열역학이었다.

개념과 사실 복습하기

14.1.1 정반응 속도 상수가 역반응 속도 상수보다 큰 평형 $X \rightleftharpoons Y$를 생각해 보자. 평형 상수에 대한 설명으로 옳은 것은 어느 것인가? (a) $K_c > 1$, (b) $K_c < 1$, (c) $K_c = 1$?

14.1.2 특정 과정에 대한 평형 상수 K_c는 3.2×10^{16}이다. 이 과정에서 주로 반응물이나 생성물이 평형 상태로 존재하는가?

14.2 평형 상수 표기법

학습 목표

- 불균일 평형과 균일 평형을 구별할 수 있다.
- 기체 화학종을 포함하는 반응에 대해 K_c와 K_P 사이를 변환할 수 있다.
- 반응물과 생성물의 평형 농도가 주어지면 평형 상수의 값을 구할 수 있다.

평형 상수의 개념은 화학에서 매우 중요하다. 곧 알게 되겠지만, 평형 상수는 평형 계를 포함한 다양한 화학량론적인 문제를 푸는 열쇠이다. 예를 들어, 황산의 수득률을 최대화하고자 하는 산업체 화학자는 황의 산화에서부터 최종 제품의 생산까지 그 공정에서의 모든 단계에 있는 평형 상수들을 완전하게 이해하고 있어야 한다. 산-염기 불균형의 임상 실험에서 전문의는 약산과 염기들의 평형 상수를 알아야 한다. 그리고 적절한 기체상 반응의 평형 상수에 대한 지식은 대기화학자가 성층권의 오존 파괴 과정을 잘 이해하는 데 도움이 될 것이다.

평형 상수를 이용하기 위해서는 평형 상수를 반응물과 생성물의 농도로 나타내야 한다. 유일한 지침은 질량 작용 법칙[식 (14.2)]이며, 이 식은 평형 농도를 찾는 일반적인 수식이다. 그러나 반응물과 생성물의 농도가 다른 단위로 표기될 수 있고, 또 반응 화학종들이 항상 같은 상이 아닐 수도 있기 때문에 같은 반응에 대하여 평형 상수를 표기하는 데 여러 가지 방법이 있을 수 있다. 우선, 반응물과 생성물이 같은 상인 반응들을 살펴보기로 하자.

균일 평형

균일 평형(homogeneous equilibrium)이란 말은 *모든 반응 화학종이 같은 상에 있는* 반응에 적용된다. N_2O_4의 분해는 기체상 균일 평형의 한 예이다. 평형 상수는 식 (14.1)에 주어진 것처럼 다음과 같다.

$$K_c = \frac{[NO_2]^2}{[N_2O_4]}$$

K_c의 아래첨자는 반응 화학종의 농도들을 몰농도(mol/L)로 나타냄을 뜻한다. 기체 반응에서 반응물과 생성물의 농도는 부분 압력으로 나타낼 수도 있다. 식 (5.8)로부터 일정한 온도에서 기체의 압력 P는 mol/L로 나타낸 기체의 농도와 직접적인 관계가 있다. 즉, $P = (n/V)RT$이다. 따라서 다음과 같은 평형 과정에서

$$N_2O_4(g) \rightleftharpoons 2NO_2(g)$$

K_P를 다음과 같이 쓸 수 있다.

$$K_P = \frac{P_{NO_2}^2}{P_{N_2O_4}} \qquad (14.3)$$

여기서 P_{NO_2}와 $P_{N_2O_4}$는 각각 NO_2와 N_2O_4의 평형 부분 압력(atm으로 나타냄)이다. K_P에서 아래첨자는 평형 농도를 압력으로 나타낸 것을 뜻한다.

일반적으로 K_c는 반응물과 생성물의 부분 압력이 mol/L로 나타낸 농도와 같지 않으므로 K_P와 같지는 않다. K_P와 K_c 사이의 관계를 다음과 같이 간단하게 유도할 수 있다. 기체상에서 다음과 같은 평형 상태를 생각해 보자.

$$aA(g) \rightleftharpoons bB(g)$$

여기서 a와 b는 화학량론적인 계수이다. 평형 상수 K_c는 다음과 같다.

$$K_c = \frac{[B]^b}{[A]^a}$$

그리고 K_P 식은 다음과 같다.

$$K_P = \frac{P_B^b}{P_A^a}$$

여기서 P_A와 P_B는 A와 B의 부분 압력이다. 이상 기체의 거동을 가정하면

$$P_A V = n_A RT$$
$$P_A = \frac{n_A RT}{V}$$

이며, 여기서 V는 L로 나타낸 용기의 부피이다. 또한

$$P_B V = n_B RT$$
$$P_B = \frac{n_B RT}{V}$$

이다. 이들의 관계식을 K_P 식에 대입하면 다음과 같은 식을 얻게 된다.

$$K_P = \frac{\left(\frac{n_B RT}{V}\right)^b}{\left(\frac{n_A RT}{V}\right)^a} = \frac{\left(\frac{n_B}{V}\right)^b}{\left(\frac{n_A}{V}\right)^a}(RT)^{b-a}$$

이제 n_A/V와 n_B/V는 모두 mol/L의 단위를 가지며 [A]와 [B]로 치환할 수 있다. 그러면 위의 식은 다음과 같이 간단하게 쓸 수 있다.

$$\begin{aligned} K_P &= \frac{[B]^b}{[A]^a}(RT)^{\Delta n} \\ &= K_c(RT)^{\Delta n} \end{aligned} \quad (14.4)$$

여기서

$$\begin{aligned} \Delta n &= b - a \\ &= \text{기체 생성물의 몰수} - \text{기체 반응물의 몰수} \end{aligned}$$

이다. 압력을 보통 atm으로 나타내므로, 기체 상수 R은 0.0821 L · atm/K · mol로 주어지며, K_P와 K_c 사이의 관계는 다음 식으로 나타낼 수 있다.

$$K_P = K_c(0.0821T)^{\Delta n} \quad (14.5)$$

인터넷 핫스팟

학생들의 학습 경험에 대해 축적된 자료에 따르면 K_c와 K_P를 상호 변환하는 데 어려움을 겪을 수 있다. 이런 경우 eBook에 접속해서 이 주제에 대한 추가 학습 자료를 보면 도움이 될 수 있다.

일반적으로 다음 반응식의 수소 분자, 브로민 분자, 브로민화 수소의 평형 혼합물에서처럼 $\Delta n = 0$일 때의 특별한 경우를 제외하고는 $K_p \neq K_c$이다.

$$H_2(g) + Br_2(g) \rightleftharpoons 2HBr(g)$$

이 경우 식 (14.5)를 다음과 같이 쓸 수 있다.

$$K_P = K_c(0.0821T)^0$$
$$= K_c$$

균일 평형의 또 다른 예로, 물속에서 아세트산(CH_3COOH)의 이온화를 생각해보자.

$$CH_3COOH(aq) + H_2O(l) \rightleftharpoons CH_3COO^-(aq) + H_3O^+(aq)$$

평형 상수는 다음과 같다.

$$K'_c = \frac{[CH_3COO^-][H_3O^+]}{[CH_3COOH][H_2O]}$$

(아래에 나오는 마지막 평형 상수의 형태와 구별하기 위해 여기에서는 프라임 기호를 붙였다.) 물 1 L, 즉 1000 g 중에 물은 1000 g/(18.02 g/mol) = 55.5 mol이 존재한다. 그러므로 물의 농도 $[H_2O]$는 55.5 mol/L, 즉 55.5 *M*이다. 이 값은 용액 안에 있는 다른 종들의 농도(일반적으로 1 *M* 이하)에 비해 매우 큰 값이고, 반응 중에는 거의 변하지 않는다고 추측할 수 있다. 따라서 $[H_2O]$를 상수로 간주하여 평형 상수를 다음과 같이 다시 쓸 수 있다.

$$K_c = \frac{[CH_3COO^-][H_3O^+]}{[CH_3COOH]}$$

여기서

$$K_c = K'_c[H_2O]$$

▶ 평형 상수와 단위

보통 평형 상수에는 단위를 표시하지 않는다는 사실에 유의하라. 즉, 열역학에서 평형 상수는 농도 대신에 *활동도*(activity)로 정의된다. 이상계에서 어떤 물질의 활동도는 1 *M* 또는 1 atm인 표준값에 대한 농도 또는 부분 압력의 비이다. 이렇게 하여 모든 단위들은 없어지지만, 농도나 압력의 숫자 부분은 바뀌지 않는다. 결론적으로 *K* 값은 단위를 갖지 않는다. 이것은 제15장과 제16장의 산-염기 평형과 용해도 평형으로 확장될 것이다.

비이상계에 대해서는 활동도는 농도와 수치적으로 정확하게 같지는 않다. 어떠한 경우에는 그 차이가 상당할 수도 있다. 따로 언급이 없으면 모든 계를 이상계로 다루기로 한다.

다음 예제 14.1, 14.2, 14.3, 14.4는 평형 상수식 작성과 평형 상수 및 평형 농도 계산 과정을 잘 보여준다.

예제 14.1

다음과 같은 가역 반응이 평형 상태에 있을 때, K_P와 K_c에 대한 가능한 식을 써라.

(a) $HF(aq) + H_2O(l) \rightleftharpoons H_3O^+(aq) + F^-(aq)$

(b) $2NO(g) + O_2(g) \rightleftharpoons 2NO_2(g)$

(c) $CH_3COOH(aq) + C_2H_5OH(aq) \rightleftharpoons CH_3COOC_2H_5(aq) + H_2O(l)$

전략 다음 사실들을 유념하라. (1) K_P 표기는 기체 반응에만 적용된다. (2) 용매의 농도(일반적으로 물)는 평형 상수 표기에는 나타내지 않는다.

풀이

(a) 기체가 존재하지 않으므로 K_P는 쓸 수 없으며, K_c의 평형 상수식만 쓸 수 있다.

$$K'_c = \frac{[H_3O^+][F^-]}{[HF][H_2O]}$$

(계속)

HF는 약산이기 때문에 산의 이온화에 소요되는 물의 양은 용매로 쓰이는 물의 전체 양에 비해 아주 적은 양이다. 따라서 다음과 같이 평형 상수를 다시 쓸 수 있다.

$$K_c = \frac{[H_3O^+][F^-]}{[HF]}$$

(b) $$K_c = \frac{[NO_2]^2}{[NO]^2[O_2]} \qquad K_P = \frac{P^2_{NO_2}}{P^2_{NO}P_{O_2}}$$

(c) 평형 상수 K'_c는 다음과 같다.

$$K'_c = \frac{[CH_3COOC_2H_5][H_2O]}{[CH_3COOH][C_2H_5OH]}$$

반응에서 생성된 물은 용매인 물에 비해 아주 적은 양이므로 물의 농도는 변하지 않는다. 따라서 새로운 평형 상수를 다음과 같이 쓸 수 있다.

$$K_c = \frac{[CH_3COOC_2H_5]}{[CH_3COOH][C_2H_5OH]}$$

실전 연습 다음과 같은 오산화 이질소(N_2O_5)의 분해에 대한 K_c와 K_P를 써라.

$$2N_2O_5(g) \rightleftharpoons 4NO_2(g) + O_2(g)$$

비슷한 문제: 14.7, 14.8.

예제 14.2

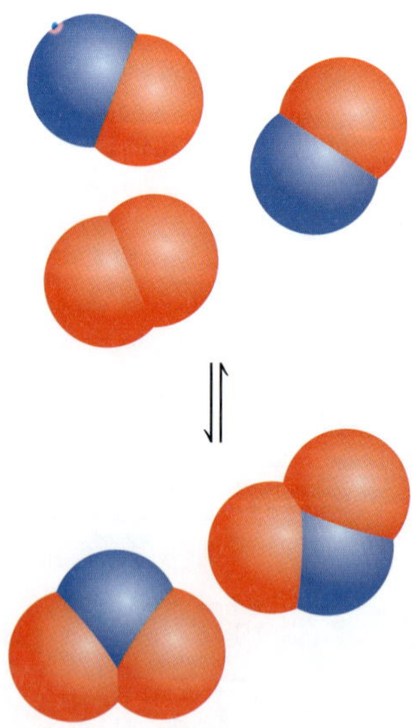

$2NO + O_2 \rightleftharpoons 2NO_2$

230°C에서 다음 평형 과정을 연구하였다.

$$2NO(g) + O_2(g) \rightleftharpoons 2NO_2(g)$$

한 실험에서 평형 상태에 있는 반응물의 농도가 [NO] = 0.0542 M, $[O_2]$ = 0.127 M, $[NO_2]$ = 15.5 M임을 알았다. 이 온도에서 반응의 평형 상수(K_c)를 계산하라.

전략 주어진 농도는 평형 농도이다. 이 농도는 mol/L 단위를 사용하기 때문에 질량 작용 법칙[식 (14.2)]을 이용하여 평형 상수(K_c)를 계산한다.

풀이 평형 상수는 다음과 같다.

$$K_c = \frac{[NO_2]^2}{[NO]^2[O_2]}$$

농도를 대입하면 다음과 같다.

$$K_c = \frac{(15.5)^2}{(0.0542)^2(0.127)} = 6.44 \times 10^5$$

검산 K_c는 단위를 갖지 않는다는 것에 유의하라. 또한 큰 값의 K_c는 반응물들(NO와 O_2)의 농도에 비해 큰 생성물(NO_2)의 농도와 일치한다.

실전 연습 포스젠이라고 하는 이염화 카보닐($COCl_2$)은 제1차 세계대전 때 독가스로 사용되었다. 일산화 탄소와 염소 분자의 반응으로 이염화 카보닐을 만드는 평형 농도는 74°C에서 [CO] = 1.2×10^{-2} M, $[Cl_2]$ = 0.054 M, $[COCl_2]$ = 0.14 M이다.

$$CO(g) + Cl_2(g) \rightleftharpoons COCl_2(g)$$

평형 상수 K_c를 계산하라.

비슷한 문제: 14.16.

예제 14.3

오염화 인이 삼염화 인과 염소 분자로 분해하는 반응에서 평형 상수 K_P는 250°C에서 1.05이다.

$$PCl_5(g) \rightleftharpoons PCl_3(g) + Cl_2(g)$$

PCl_5와 PCl_3의 평형 압력이 각각 0.875 atm과 0.463 atm일 때, 250°C에서 Cl_2의 평형 부분 압력은 얼마인가?

전략 기체의 반응 농도가 atm으로 주어졌기 때문에 평형 상수를 K_P로 표기한다. K_P 값과 PCl_5 및 PCl_3의 평형 압력을 알면 부분 압력 P_{Cl_2}을 계산할 수 있다.

풀이 먼저 반응물의 부분 압력으로 K_P를 다음과 같이 쓴다.

$$K_P = \frac{P_{PCl_3}P_{Cl_2}}{P_{PCl_5}}$$

부분 압력을 알게 되면 다음과 같이 쓸 수 있다.

$$1.05 = \frac{(0.463)(P_{Cl_2})}{(0.875)}$$

즉,

$$P_{Cl_2} = \frac{(1.05)(0.875)}{(0.463)} = 1.98\ \text{atm}$$

검산 P_{Cl_2}의 단위로 atm을 사용하였음에 유의하라.

실전 연습 다음 반응에 대해 1000 K에서 평형 상수 K_P는 158이다.

$$2NO_2(g) \rightleftharpoons 2NO(g) + O_2(g)$$

$P_{NO_2} = 0.400$ atm이고, $P_{NO} = 0.270$ atm 일 때, P_{O_2}를 계산하라.

비슷한 문제: 14.19.

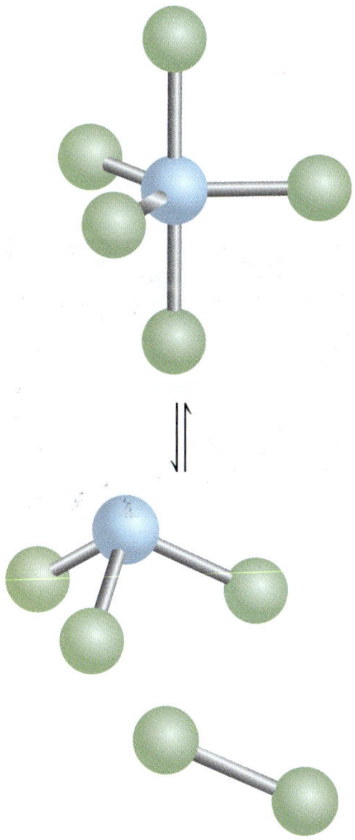

$PCl_5 \rightleftharpoons PCl_3 + Cl_2$

예제 14.4

메탄올(CH_3OH)은 공업적으로 다음 반응을 통해 제조된다.

$$CO(g) + 2H_2(g) \rightleftharpoons CH_3OH(g)$$

이 반응의 평형 상수(K_c)는 220°C에서 10.5이다. 같은 온도에서 K_P 값은 얼마인가?

전략 K_c와 K_P 사이의 관계는 식 (14.5)에 의해 주어진다. 반응물에서 생성물로의 기체의 몰수 변화는 얼마인가? 어떠한 변화가 있는가? 다음 식을 상기하라.

$$\Delta n = \text{생성 기체의 몰수} - \text{반응 기체의 몰수}$$

온도에 어떤 단위를 사용해야 하는가?

풀이 식 (14.5)에 주어진 K_c와 K_P의 관계식은 다음과 같다.

$$K_P = K_c(0.0821T)^{\Delta n}$$

$T = 273 + 220 = 493$ K이며, $\Delta n = 1 - 3 = -2$이므로

$$K_P = (10.5)(0.0821 \times 493)^{-2} = 6.41 \times 10^{-3}$$

검산 K_P가 K_c와 마찬가지로 차원이 없는 양임을 명심하라. 이 예제는 농도를 mol/L로 나타내는지, atm으로 나타내는지에 따라 같은 반응에 대한 평형 상수가 아주 다른 값을 가질 수 있다는 것을 보여 준다.

$CO + 2H_2 \rightleftharpoons CH_3OH$

(계속)

실전 연습 다음 반응에서 K_P는 375°C에서 4.3×10^{-4}이다.

$$N_2(g) + 3H_2(g) \rightleftharpoons 2NH_3(g)$$

이 반응의 K_c를 계산하라.

비슷한 문제: 14.17, 14.18.

불균일 평형

광물인 방해석(mineral calcite)은 분필이나 대리석과 같은 탄산 칼슘으로 이루어졌다.
Collection Varin-Visage/Science Source

불균일 평형(heterogeneous equilibrium)이란 *다른 상에 있는 반응물들과 생성물들이 관련된 가역 반응*의 결과이다. 예를 들어, 탄산 칼슘을 밀폐 용기에서 가열할 때 다음과 같은 평형을 이룬다.

$$CaCO_3(s) \rightleftharpoons CaO(s) + CO_2(g)$$

두 개의 고체와 하나의 기체가 세 개의 분리된 상을 이루고 있다. 평형일 때 평형 상수는 다음과 같이 쓸 수 있다.

$$K'_c = \frac{[CaO][CO_2]}{[CaCO_3]} \tag{14.6}$$

(여기서 다시, K_c에 프라임 부호는 아래에서 유도될 최종 평형 상수와 구별하기 위한 것이다.) 그러나 밀도와 마찬가지로 고체의 "농도"는 세기 성질이므로 물질의 양에 좌우되지 않는다. 예를 들어, 20°C에서 구리(밀도 = 8.96 g/cm^3)의 몰농도는 1 g이든 1 ton이든 같은 값을 가진다. 즉,

$$[Cu] = \frac{8.96\ \text{g}}{1\ \text{cm}^3} \times \frac{1\ \text{mol}}{63.55\ \text{g}} = 0.141\ \text{mol/cm}^3 = 141\ \text{mol/L/L}$$

이런 이유로 $[CaCO_3]$와 $[CaO]$의 항 자체는 상수이므로 평형 상수와 함께 곱할 수 있다. 이제 식 (14.6)을 식 (14.7)과 같이 간단히 쓸 수 있다.

$$\frac{[CaCO_3]}{[CaO]} K'_c = K_c = [CO_2] \tag{14.7}$$

여기서 새로운 평형 상수인 K_c는 CO_2의 농도만으로 쉽게 표기할 수 있다. K_c의 값은 각 성분이 평형 상태에 있는 한 $CaCO_3$와 CaO의 양과 무관하다는 것에 유의하라(그림 14.4).

농도를 활동도로 바꾸면 더 단순해진다. 열역학에서 순수한 고체의 활동도는 1이다. 따라서 $CaCO_3$와 CaO의 농도 항은 모두 1이며, 앞의 평형식으로부터 $K_c = [CO_2]$로 쓸

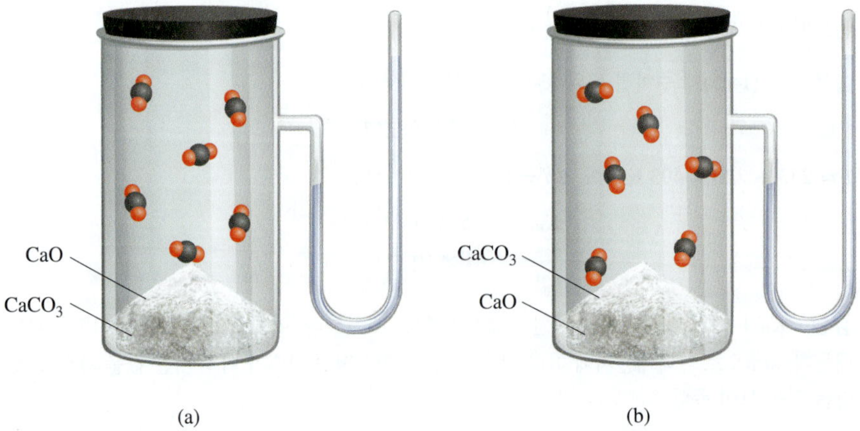

그림 14.4 $CaCO_3$와 CaO의 양이 다름에도 불구하고 같은 온도에서 (a)와 (b) 안에 있는 CO_2의 평형 압력은 같다.

수 있다. 마찬가지로 순수한 액체의 활동도는 1이다. 따라서 반응물이나 생성물이 액체라면 평형 상수 식에서 이들을 빼고 쓸 수 있다.

이를 바꾸어 나타내면 평형 상수는 식 (14.8)과 같이 쓸 수 있다.

$$K_P = P_{CO_2} \tag{14.8}$$

이 경우 평형 상수는 쉽게 양을 측정할 수 있는 CO_2 기체의 압력과 수치상으로 똑같다.

예제 14.5

다음과 같은 불균일계에 대한 평형 상수 K_c와 K_P를 써라.

(a) $(NH_4)_2Se(s) \rightleftharpoons 2NH_3(g) + H_2Se(g)$

(b) $AgCl(s) \rightleftharpoons Ag^+(aq) + Cl^-(aq)$

(c) $P_4(s) + 6Cl_2(g) \rightleftharpoons 4PCl_3(l)$

전략 순수한 고체와 순수한 액체는 활동도가 1이므로 평형 상수식에 포함되지 않는다.

풀이

(a) $(NH_4)_2Se$는 고체이므로 평형 상수 K_c는 다음과 같이 주어진다.

$$K_c = [NH_3]^2[H_2Se]$$

다른 방법으로 평형 상수 K_P를 NH_3와 H_2Se의 부분 압력으로 다음과 같이 나타낼 수 있다.

$$K_P = P_{NH_3}^2 P_{H_2Se}$$

(b) AgCl은 고체이므로 평형 상수는 다음과 같이 주어진다.

$$K_c = [Ag^+][Cl^-]$$

기체가 관여되지 않으므로 K_P 표현식은 없다.

(c) P_4는 고체이고, PCl_3는 액체이므로 이들은 평형 상수식에 나타나지 않는다. 따라서 K_c는 다음과 같다.

$$K_c = \frac{1}{[Cl_2]^6}$$

또는 평형 상수를 Cl_2의 부분 압력에 대해 쓸 수 있다.

$$K_P = \frac{1}{P_{Cl_2}^6}$$

실전 연습 다른 불순물로부터 니켈을 분리하는 데 사용되는 테트라카보닐 니켈의 생성 반응에 대한 K_c와 K_P의 평형 상수식을 써라.

$$Ni(s) + 4CO(g) \rightleftharpoons Ni(CO)_4(g)$$

비슷한 문제: 14.8.

예제 14.6

다음 불균형 평형을 생각해 보자.

$$CaCO_3(s) \rightleftharpoons CaO(s) + CO_2(g)$$

800°C에서 CO_2의 압력은 0.236 atm이다. 같은 온도에서 이 반응에 대한 (a) K_P와 (b) K_c를

(계속)

계산하라.

전략 순수한 고체는 평형 상수식에 나타내지 않는다는 것을 상기하라. K_P와 K_c의 관계식은 식 (14.5)에서 볼 수 있다.

풀이

(a) 식 (14.8)을 이용하여 다음과 같이 쓴다.

$$K_P = P_{CO_2} = 0.236$$

(b) 식 (14.5)로부터 다음을 알고 있다.

$$K_P = K_c(0.0821T)^{\Delta n}$$

이 경우 $T = 800 + 273 = 1073$ K이고, $\Delta n = 1$이므로, 식에 이 값들을 대입하면 다음과 같다.

$$0.236 = K_c(0.0821 \times 1073)$$
$$K_c = 2.68 \times 10^{-3}$$

실전 연습 395 K에서 다음 평형을 생각해 보자.

$$NH_4HS(s) \rightleftharpoons NH_3(g) + H_2S(g)$$

각 기체들의 부분 압력은 모두 0.265 atm이다. 이 반응의 K_P와 K_c를 계산하라.

비슷한 문제: 14.22.

다중 평형

지금까지 다룬 반응은 모두 비교적 간단한 반응들이었다. 더 복잡한 상황은 한 평형 계의 생성물 분자가 두 번째 평형 과정에 관여하는 경우이다.

$$A + B \rightleftharpoons C + D$$
$$C + D \rightleftharpoons E + F$$

첫 번째 반응에서 생성된 생성물 C와 D는 계속 반응하여 생성물 E와 F를 생성한다. 평형 상태에서 두 개의 독립된 평형 상수식을 쓸 수 있다.

$$K'_c = \frac{[C][D]}{[A][B]}$$

그리고

$$K''_c = \frac{[E][F]}{[C][D]}$$

전체 반응은 두 반응의 합으로 이루어진다.

$$\begin{array}{lll} & A + B \rightleftharpoons C + D & K'_c \\ & C + D \rightleftharpoons E + F & K''_c \\ \hline \text{전체 반응:} & A + B \rightleftharpoons E \quad F & K_c \end{array}$$

그리고 전체의 반응에 대한 평형 상수 K_c는 다음과 같다.

$$K_c = \frac{[E][F]}{[A][B]}$$

K'_c와 K''_c에 대한 식을 곱하면 아래와 같은 식을 얻는다.

$$K'_c K''_c = \frac{[C][D]}{[A][B]} \times \frac{[E][F]}{[C][D]} = \frac{[E][F]}{[A][B]}$$

그러므로 다음 식으로 쓸 수 있다.

$$K_c = K'_c K''_c \tag{14.9}$$

이제 다중 평형에 대해 다음과 같은 중요한 정의를 내릴 수 있다. *어떤 반응을 둘 이상 반응의 합으로 나타낸다면 전체 반응에 대한 평형 상수식은 각 반응의 평형 상수의 곱으로 얻을 수 있다.*

알려진 많은 다중 평형의 예 중에 수용액 속 이양성자산의 이온화가 있다. 다음은 25°C에서 탄산(H_2CO_3)에 대해 결정된 평형 상수이다.

$$H_2CO_3(aq) \rightleftharpoons H^+(aq) + HCO_3^-(aq) \qquad K'_c = \frac{[H^+][HCO_3^-]}{[H_2CO_3]} = 4.2 \times 10^{-7}$$

$$HCO_3^-(aq) \rightleftharpoons H^+(aq) + CO_3^{2-}(aq) \qquad K''_c = \frac{[H^+][CO_3^{2-}]}{[HCO_3^-]} = 4.8 \times 10^{-11}$$

전체 반응은 이들 두 반응의 합이고,

$$H_2CO_3(aq) \rightleftharpoons 2H^+(aq) + CO_3^{2-}(aq)$$

평형 상수는 다음과 같이 주어진다.

$$K_c = \frac{[H^+]^2[CO_3^{2-}]}{[H_2CO_3]}$$

식 (14.9)를 이용하면 다음 값을 얻는다.

$$\begin{aligned} K_c &= K'_c K''_c \\ &= (4.2 \times 10^{-7})(4.8 \times 10^{-11}) \\ &= 2.0 \times 10^{-17} \end{aligned}$$

*K*의 형태와 평형 반응식

이 절을 끝내기 전에 평형 상수를 표기하는 두 가지의 중요한 규칙을 살펴보기로 하자.

1. 가역 반응의 반응식을 반대 방향으로 쓸 때 평형 상수는 원래 평형 상수의 역수가 된다. 따라서 NO_2-N_2O_4 평형을 다음과 같이 쓴다면

   $$N_2O_4(g) \rightleftharpoons 2NO_2(g)$$

   25°C에서의 평형 상수는 다음과 같다.

   $$K_c = \frac{[NO_2]^2}{[N_2O_4]} = 4.63 \times 10^{-3}$$

   그러나 이 평형 반응을 아래와 같이 전과 똑같은 방법으로 표시할 수 있으므로

   $$2NO_2(g) \rightleftharpoons N_2O_4(g)$$

   평형 상수는 이제 다음과 같이 쓸 수 있다.

   $$K'_c = \frac{[N_2O_4]}{[NO_2]^2} = \frac{1}{K_c} = \frac{1}{4.63 \times 10^{-3}} = 216$$

   $K_c = 1/K'_c$ 또는 $K_cK'_c = 1.00$임을 알 수 있다. K_c나 K'_c은 확실히 평형 상수이지만, 평형 반응식을 어떻게 썼는가를 명확하게 하지 않는 한 NO_2-N_2O_4 계의 평형 상수가 4.63×10^{-3}이라거나 216이라고 말하는 것은 의미가 없다.

2. *K* 또한 평형 상수식이 얼마나 균형을 이루고 있는가에 달려 있다. 똑같은 평형을 나타내는 다음 방법들을 생각해 보자.

$$\frac{1}{2}N_2O_4(g) \rightleftharpoons NO_2(g) \qquad K'_c = \frac{[NO_2]}{[N_2O_4]^{\frac{1}{2}}}$$

$$N_2O_4(g) \rightleftharpoons 2NO_2(g) \qquad K_c = \frac{[NO_2]^2}{[N_2O_4]}$$

인터넷 핫스팟
학생들의 학습 경험에 대해 축적된 자료에 따르면 평형 상수를 쓰는 데 어려움을 겪을 수 있다. 이런 경우 eBook에 접속해서 이 주제에 대한 추가 학습 자료를 보면 도움이 될 수 있다.

지수를 살펴보면 $K'_c = \sqrt{K_c}$임을 알 수 있다. 표 14.1에서 $K_c = 4.63 \times 10^{-3}$임을 알고 있으므로 $K'_c = 0.0680$이다. 질량 작용 법칙에 의하면 평형 상수를 나타내는 각 농도 항은 화학량론적인 계수만큼의 거듭제곱꼴로 되어 있다. 따라서 화학 반응의 전체를 두 배로 하면 이에 상응하는 평형 상수는 원래 값의 제곱이 될 것이며, 반응을 세 배로 하면 평형 상수는 원래 값의 세제곱이 될 것이다. NO_2-N_2O_4계의 예는 평형 상수의 수적인 값을 인용할 때 화학 반응식을 써야 할 필요성을 다시 설명하고 있다.

예제 14.7은 똑같은 반응을 다르게 나타낸 균형 반응식에서 평형 상수들 사이의 관계를 다룬다.

예제 14.7

암모니아 생성 반응은 다음과 같이 여러 방법으로 나타낼 수 있다.

(a) $N_2(g) + 3H_2(g) \rightleftharpoons 2NH_3(g)$
(b) $\frac{1}{2}N_2(g) + \frac{3}{2}H_2(g) \rightleftharpoons NH_3(g)$
(c) $\frac{1}{3}N_2(g) + H_2(g) \rightleftharpoons \frac{2}{3}NH_3(g)$

각 식에 대한 평형 상수식을 써라. (반응 화학종의 농도는 mol/L로 나타낸다.)

(d) 평형 상수들은 서로 어떤 관계가 있는가?

전략 같은 반응계에 세 가지 다른 식이 주어졌다. 평형 상수식은 반응식이 어떻게 균형을 유지하느냐에 따라 결정된다. 즉, 반응식에서 사용되는 화학량론적 계수에 의존한다는 것을 기억하라.

풀이

(a) $$K_a = \frac{[NH_3]^2}{[N_2][H_2]^3}$$

(b) $$K_b = \frac{[NH_3]}{[N_2]^{\frac{1}{2}}[H_2]^{\frac{3}{2}}}$$

(c) $$K_c = \frac{[NH_3]^{\frac{2}{3}}}{[N_2]^{\frac{1}{3}}[H_2]}$$

(d) $$K_a = K_b^2$$
$$K_a = K_c^3$$
$$K_b^2 = K_c^3 \text{ 또는 } K_b = K_c^{\frac{3}{2}}$$

실전 연습 다음 반응에 대한 평형 상수식을 쓰고, 각 반응이 서로 어떤 관계가 있는지 설명하라.

(a) $3O_2(g) \rightleftharpoons 2O_3(g)$, (b) $O_2(g) \rightleftharpoons \frac{2}{3}O_3(g)$.

비슷한 문제: 14.20.

▶ 평형 상수식 표기법 요약

1. 응축된 상에서는 반응 화학종의 농도를 mol/L로 나타낸다. 기체상에서의 농도는 mol/L나 atm으로 나타낼 수 있다. K_c와 K_P는 간단한 관계식으로 나타낼 수 있다[식

(14.5)].

2. 순수한 고체, 순수한 액체(불균일 평형에서), 용매(균일 평형에서)의 농도는 평형 상수식에 표기하지 않는다.
3. 평형 상수(K_c와 K_P)는 차원이 없는 양이다.
4. 평형 상수값을 인용할 때 균형 반응식과 온도를 명확히 해야 한다.
5. 반응을 둘 이상의 반응의 합으로 나타낸다면 전체 반응의 평형 상수는 각 반응의 평형 상수의 곱으로 얻을 수 있다.

개념과 사실 요약하기

- 모든 반응물과 생성물이 같은 상에 있는 화학 평형 과정은 균일 평형이다. 반응물과 생성물이 모두 같은 상이 아닌 경우 평형은 불균일 평형이다. 순수한 고체, 순수한 액체 및 용매의 농도는 일정하며 반응의 평형 상수식에는 나타나지 않는다.
- 반응이 둘 이상의 반응의 합으로 나타낼 수 있다면 전체 반응에 대한 평형 상수는 개별 반응의 평형 상수의 곱으로 주어진다.
- K 값은 화학 반응이 어떻게 균형을 이루고 있느냐에 달려 있으며, 특정 반응의 역반응에 대한 평형 상수는 그 반응에 대한 평형 상수의 역이다.

개념과 사실 복습하기

14.2.1 다음 중 K_c와 K_P가 같은 반응은?

(a) $4NH_3(g) + 5O_2(g) \rightleftharpoons 4NO(g) + 6H_2O(g)$

(b) $2H_2O_2(aq) \rightleftharpoons 2H_2O(l) + O_2(g)$

(c) $PCl_3(g) + 3NH_3(g) \rightleftharpoons 3HCl(g) + P(NH_2)_3(g)$

14.2.2 다음 반응에 대한 평형 상수가 주어져있다.

$$N_2(g) + O_2(g) \rightleftharpoons 2NO(g)$$

반응에 대한 평형 상수를 계산한다고 가정하자.

$$N_2(g) + 2O_2(g) \rightleftharpoons 2NO_2(g)$$

이 계산에 어떤 추가 평형 상수 값(다른 반응의 경우)이 필요한가? 모든 평형이 동일한 온도에서 연구되었다고 가정한다.

14.2.3 다음 평형 상수식으로부터 기체상 반응에 대한 균형 화학 반응식을 써라.

$$K_c = \frac{[NH_3]^2[H_2O]^4}{[NO_2]^2[H_2]^7}$$

14.2.4 다음 반응에 대한 평형 상수식을 써라.

$$A(s) + B(g) \rightleftharpoons C(s)$$

14.3 화학 반응속도론과 화학 평형과의 관계

학습 목표

- 속도 상수와 평형 상수 사이의 관계를 추론할 수 있다.

식 (14.2)에서 정의된 K는 개별 평형 농도의 변화에 관계없이 일정한 온도에서는 항상 일정하다는 것을 알았다(표 14.1 참조). 또한 화학 반응의 속도론을 고려함으로써 그렇게 될 수밖에 없는 이유를 알 수 있고, 동시에 평형 과정을 자세히 알 수 있다.

다음과 같은 가역 반응이 정방향과 역방향 모두 하나의 *단일 단계*(elementary step)로 이루어진 메커니즘을 거쳐 일어난다고 가정해 보자.

$$\mathrm{A} + 2\mathrm{B} \underset{k_\mathrm{r}}{\overset{k_\mathrm{f}}{\rightleftharpoons}} \mathrm{AB_2}$$

정반응 속도는 다음과 같고

$$\text{속도}_\mathrm{f} = k_\mathrm{f}[\mathrm{A}][\mathrm{B}]^2$$

역반응 속도는 다음과 같다.

$$\text{속도}_\mathrm{r} = k_\mathrm{r}[\mathrm{AB_2}]$$

여기서 k_f와 k_r은 각각 정반응과 역반응에 대한 속도 상수이다. 평형에서 알짜 변화가 일어나지 않을 때 두 속도는 같아야 한다.

$$\text{속도}_\mathrm{f} = \text{속도}_\mathrm{r}$$

$$k_\mathrm{f}[\mathrm{A}][\mathrm{B}]^2 = k_\mathrm{r}[\mathrm{AB_2}]$$

즉,

$$\frac{k_\mathrm{f}}{k_\mathrm{r}} = \frac{[\mathrm{AB_2}]}{[\mathrm{A}][\mathrm{B}]^2}$$

k_f와 k_r은 일정 온도에서 상수이므로 그들의 비도 상수이며, 평형 상수 K_c와 같다.

$$\frac{k_\mathrm{f}}{k_\mathrm{r}} = K_\mathrm{c} = \frac{[\mathrm{AB_2}]}{[\mathrm{A}][\mathrm{B}]^2}$$

K_c는 일정 온도에서 상수인 두 양의 비인 $k_\mathrm{f}/k_\mathrm{r}$과 항상 같으므로 반응 화학종의 평형 농도에 관계없이 항상 상수이다. 속도 상수는 온도에 의존하므로[식 (13.11) 참조] 평형 상수도 또한 온도에 따라 변해야 한다.

이제 같은 반응이 둘 이상의 단일 단계로 이루어진 메커니즘을 가진다고 가정하고, 반응이 다음과 같이 두 단계의 메커니즘을 거쳐 일어난다고 가정하자.

$$\begin{aligned} &\textit{단계 1:} && 2\mathrm{B} \underset{k'_\mathrm{r}}{\overset{k'_\mathrm{f}}{\rightleftharpoons}} \mathrm{B_2} \\ &\textit{단계 2:} && \mathrm{A} + \mathrm{B_2} \underset{k''_\mathrm{r}}{\overset{k''_\mathrm{f}}{\rightleftharpoons}} \mathrm{AB_2} \\ &\textit{전체 반응:} && \mathrm{A} + 2\mathrm{B} \rightleftharpoons \mathrm{AB_2} \end{aligned}$$

이것은 14.2절에서 논의했던 다중 평형의 한 예이다. 평형 상수식을 다음과 같이 쓴다.

$$K' = \frac{k'_\mathrm{f}}{k'_\mathrm{r}} = \frac{[\mathrm{B_2}]}{[\mathrm{B}]^2} \tag{14.10}$$

$$K'' = \frac{k''_\mathrm{f}}{k''_\mathrm{r}} = \frac{[\mathrm{AB_2}]}{[\mathrm{A}][\mathrm{B_2}]} \tag{14.11}$$

식 (14.10)과 식 (14.11)을 곱하면 다음과 같은 식을 얻는다.

$$K'K'' = \frac{[\mathrm{B_2}][\mathrm{AB_2}]}{[\mathrm{B}]^2[\mathrm{A}][\mathrm{B_2}]} = \frac{[\mathrm{AB_2}]}{[\mathrm{A}][\mathrm{B}]^2}$$

전체 반응에 대해 다음과 같이 쓸 수 있다.

$$K_\mathrm{c} = \frac{[\mathrm{AB_2}]}{[\mathrm{A}][\mathrm{B}]^2} = K'K''$$

K'와 K''은 둘 다 상수이므로 K_c 또한 상수이다. 이 결과는 다음 반응을 일반적으로 취급할 수 있도록 한다.

$$a\text{A} + b\text{B} \rightleftharpoons c\text{C} + d\text{D}$$

이 반응이 단일 단계든 다중 단계든, 어떤 메커니즘을 거쳐 일어나는지에 상관없이 식 (14.2)에서 보인 질량 작용 법칙에 의해 평형 상수식을 쓸 수 있다.

$$K = \frac{[\text{C}]^c[\text{D}]^d}{[\text{A}]^a[\text{B}]^b}$$

요약하면 화학 반응 속도론의 관점에서 보았을 때 반응의 평형 상수는 정반응과 역반응의 속도 상수의 비로 나타낼 수 있다. 이와 같은 분석은 평형 상수가 왜 상수이며, 그 값은 왜 온도에 따라 변하는가를 설명해 준다.

개념과 사실 요약하기

- 평형 상수는 정반응의 속도상수와 역반응의 속도 상수의 비(ratio)이다.

개념과 사실 복습하기

14.3.1 반응 $\text{A} \rightleftharpoons \text{B} + \text{C}$에 대한 평형 상수($K_c$)는 80°C에서 4.8×10^{-2}이다. 정방향 속도 상수가 $3.2 \times 10^2\ \text{s}^{-1}$이면 역방향 속도 상수를 계산하라.

14.4 평형 상수는 무엇을 뜻하는가?

학습 목표

- 반응 지수(Q)와 관련하여 평형 상수를 구할 수 있다.
- 평형 상수 값과 반응물과 생성물의 초기 농도가 주어졌을 때 반응의 방향을 예측할 수 있다.
- 주어진 초기 농도에서 반응물 또는 생성물의 평형 농도를 계산할 수 있다.
- 반응에 대한 평형 표의 작성은 반응물 또는 생성물의 평형 농도, 초기 또는 최종 농도를 결정하는 데 사용한다.

어떤 반응의 평형 상수를 평형 농도로부터 계산할 수 있다는 것을 알았다. 평형 상수의 값을 알면 평형 농도를 계산하는 데(물론, 평형 상수는 온도가 변하지 않을 때만 상수라는 것을 기억하고) 식 (14.2)를 이용할 수 있다. 일반적으로 평형 상수는 반응 혼합물이 평형을 이루려는 방향을 예측할 수 있고, 평형에 도달했을 때 반응물과 생성물의 농도를 계산할 수 있다. 이 절에서는 이와 같은 평형 상수의 용도에 대해 탐구해 보고자 한다.

반응 방향의 예측

기체상의 수소 분자와 아이오딘 분자로부터 아이오딘화 수소를 생성하는 반응의 평형 상수 K_c는 430°C에서 54.3이다.

$$\text{H}_2(g) + \text{I}_2(g) \rightleftharpoons 2\text{HI}(g)$$

어떤 실험에서 430°C에서 1.00-L 용기에 H_2 0.243 mol, I_2 0.146 mol, HI 1.98 mol을 모두 넣었다고 가정하자. H_2와 I_2 또는 HI를 더 많이 생성하는 알짜 반응이 있을까? 평형 상수식에 초기 농도를 대입하면 다음과 같다.

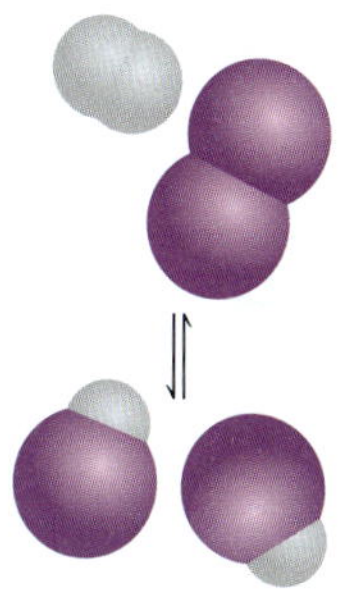

$H_2 + I_2 \rightleftharpoons 2HI$

▶ **그림 14.5** 평형에 도달하기 위한 가역 반응의 방향은 Q_c와 K_c의 상대적 크기에 의존한다. K_c는 주어진 온도에서 상수이지만, Q_c는 반응물과 생성물의 상대적 존재량에 따라 변함을 주의하라.

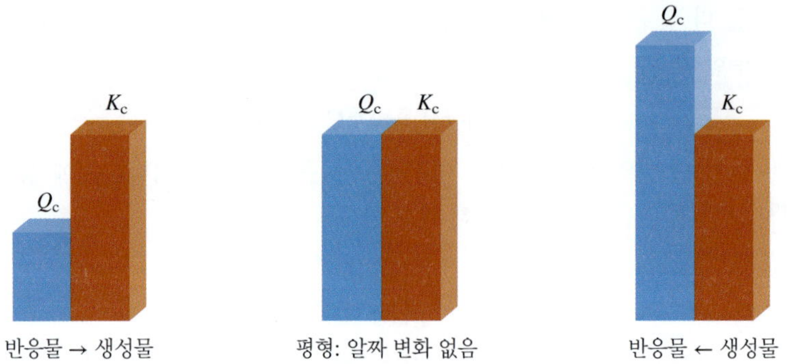

$$\frac{[HI]_0^2}{[H_2]_0[I_2]_0} = \frac{(1.98)^2}{(0.243)(0.146)} = 111$$

여기서 아래첨자 0은 평형에 도달하기 전인 초기 농도를 나타낸다. 반응비 $[HI]_0^2/[H_2]_0[I_2]_0$가 K_c보다 크므로 이 계는 평형을 이루지 않았다.

위에서 본 HI의 생성에서처럼 평형에 도달하지 않은 반응일 때, *처음 농도를 평형 상수식에 넣어 얻어진 양*은 평형 상수 대신에 **반응 지수**(reaction quotient, Q_c)라 한다. 알짜 반응이 평형에 이르도록 진행할 방향을 결정하기 위해서는 Q_c와 K_c 값을 비교한다. 다음과 같은 세 가지 경우가 가능하다.

- $Q_c < K_c$ 반응물에 대한 생성물의 초기 농도의 비가 너무 작다. 평형에 이르기 위해서는 반응물 이 생성물로 전환되어야 한다. 계는 평형에 이르도록 왼쪽에서 오른쪽으로(반응물을 소모하여 생성물을 생성하면서) 진행한다.
- $Q_c = K_c$ 초기 농도가 평형 농도이다. 계는 평형 상태에 있다.
- $Q_c > K_c$ 반응물에 대한 생성물의 초기 농도의 비가 너무 크다. 평형에 이르기 위해서는 생성물이 반응물로 전환되어야 한다. 계는 평형에 이르도록 오른쪽에서 왼쪽으로(생성물을 소모하여 반응물을 생성하면서) 진행한다.

인터넷 핫스팟
학생들의 학습 경험에 대해 축적된 자료에 따르면 반응 지수를 이해하는 데 어려움을 겪을 수 있다. 이런 경우 eBook에 접속해서 이 주제에 대한 추가 학습 자료를 보면 도움이 될 수 있다.

그림 14.5는 K_c와 Q_c를 비교하고 있다.

예제 14.8은 Q_c 값이 평형에 도달하려는 알짜 반응의 방향을 결정하는 데 어떻게 도움을 주는가를 보여준다.

예제 14.8

반응을 시작할 때 375°C에서 3.50-L 용기에 N_2 0.249 mol, H_2 3.21×10^{-2} mol, NH_3 6.42×10^{-4} mol이 들어 있다. 다음 반응의 평형 상수(K_c)가 같은 온도에서 1.2라면 계가 평형 상태에 있을 것인가를 결정하라.

$$N_2(g) + 3H_2(g) \rightleftharpoons 2NH_3(g)$$

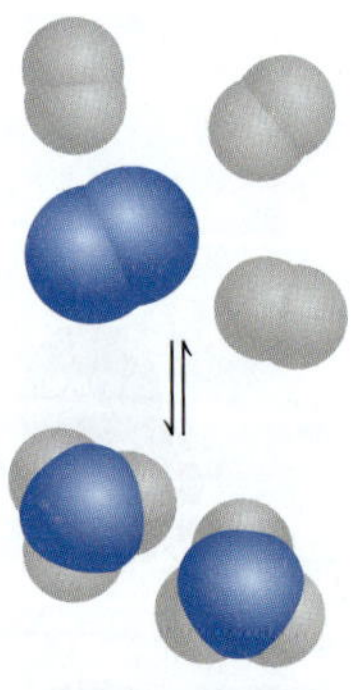

$N_2 + 3H_2 \rightleftharpoons 2NH_3$

전략 용기의 부피(L)와 기체의 처음 양(mol)을 알고 있으므로 몰농도를 구해 반응 지수(Q_c)를 계산할 수 있다. Q_c와 K_c를 비교하여 계가 평형인지 아닌지를 결정할 수 있다. 또한 평형이 아니라면 평형에 이르기 위한 알짜 반응은 어떻게 방향으로 진행될 것인가를 결정할 수 있다.

풀이 반응 화학종의 초기 농도는 다음과 같다.

$$[N_2]_0 = \frac{0.249 \text{ mol}}{3.50 \text{ L}} = 0.0711\ M$$

$$[H_2]_0 = \frac{3.21 \times 10^{-2} \text{ mol}}{3.50 \text{ L}} = 9.17 \times 10^{-3}\ M$$

$$[NH_3]_0 = \frac{6.42 \times 10^{-4} \text{ mol}}{3.50 \text{ L}} = 1.83 \times 10^{-4}\ M$$

(계속)

그 다음 반응 지수를 구한다.

$$Q_c = \frac{[NH_3]_0^2}{[N_2]_0[H_2]_0^3} = \frac{(1.83 \times 10^{-4})^2}{(0.0711)(9.17 \times 10^{-3})^3} = 0.611$$

Q_c가 K_c(1.2)보다 작으므로 계는 평형 상태에 있지 않다. 알짜 반응의 결과는 NH_3의 농도가 증가하고, N_2와 H_2의 농도는 감소할 것이다. 즉, 알짜 반응은 평형에 이를 때까지 왼쪽에서 오른쪽으로 진행할 것이다.

실전 연습 산화 질소와 염소 분자로부터 주황색 화합물인 염화 나이트로실의 반응에 대한 평형 상수(K_c)는 35°C에서 6.5×10^4이다.

$$2NO(g) + Cl_2(g) \rightleftharpoons 2NOCl(g)$$

어떤 실험에서 NO 2.0×10^{-2} mol, Cl_2 8.3×10^{-3} mol, NOCl 6.8 mol을 2.0-L 플라스크에 혼합하였다. 계가 평형에 이르려면 어떤 방향으로 진행할 것인가?

비슷한 문제: 14.39, 14.40.

평형 농도의 계산

특정 반응의 평형 상수를 알면 초기 농도로부터 평형 혼합물의 농도를 계산할 수 있다. 주로 반응물의 초기 농도만이 주어진다. 비극성 탄화 수소 용매에 녹아 있는 *시스*-스틸벤(*cis*-stilbene)과 *트랜스*-스틸벤(*trans*-stilbene)의 두 유기 화합물과 관련된 다음 계를 생각해 보자(그림 14.6).

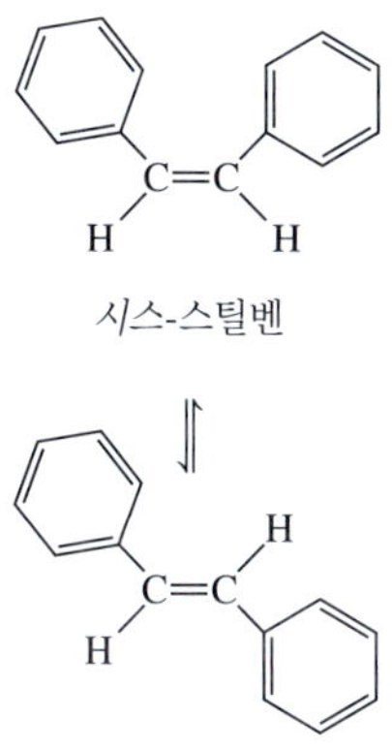

▲ **그림 14.6** *시스*-스틸벤과 *트랜스*-스틸벤 사이의 평형. 두 분자들은 분자식($C_{14}H_{12}$)과 결합 형태가 같다. 그러나 *시스*-스틸벤에서의 벤젠 고리는 C=C 결합의 한쪽에 있고 반대쪽으로 H 원자가 있는 반면, *트랜스*-스틸벤에서의 벤젠 고리는(H 원자도) C=C 결합과 교차하여 결합되어 있다. 이러한 화합물들은 녹는점과 쌍극자 모멘트가 다르다.

$$\text{시스-스틸벤} \rightleftharpoons \text{트랜스-스틸벤}$$

200°C에서 이 계의 평형 상수 K_c는 24.0이다. 처음에 농도 0.850 mol/L의 *시스*-스틸벤만 존재하였다고 가정하자. 평형에서 *시스*-스틸벤과 *트랜스*-스틸벤의 농도는 어떻게 계산하겠는가? 이 반응의 화학량론으로부터 *시스*-스틸벤 1 mol이 전환되면 *트랜스*-스틸벤 1 mol이 생성됨을 알 수 있다. *트랜스*-스틸벤의 평형 농도(mol/L)를 x라 하자. 그러면 *시스*-스틸벤의 평형 농도는 $(0.850 - x)$mol/L라야 된다. 다음과 같이 농도 변화표를 만들면 유용하다.

	시스-스틸벤 ⇌	*트랜스*-스틸벤
초기(M):	0.850	0
변화(M):	$-x$	$+x$
평형(M):	$(0.850 - x)$	x

양(+)의 변화는 평형에서 농도의 증가를 나타내며, 음(−)의 변화는 평형에서 농도의 감소를 나타낸다. 평형 농도를 계산하는 이러한 과정을 ICE법이라고도 하는데 ICE는 초기(Initial), 변화(Change), 평형(Equilibrium)을 뜻한다. 이제, 평형 상수식을 세우고 대입해 보자.

$$K_c = \frac{[\text{트랜스-스틸벤}]}{[\text{시스-스틸벤}]}$$

$$24.0 = \frac{x}{0.850 - x}$$

$$x = 0.816\ M$$

x를 구했으므로 *시스*-스틸벤과 *트랜스*-스틸벤의 평형 농도를 다음과 같이 계산한다.

$$[\text{시스-스틸벤}] = (0.850 - 0.816)\ M = 0.034\ M$$

$$[\text{트랜스-스틸벤}] = 0.816\ M$$

결과를 확인하기 위해 평형 농도를 사용하여 K_c를 계산할 수 있다.

> **인터넷 핫스팟**
> 학생들의 학습 경험에 대해 축적된 자료에 따르면 평형 농도를 계산하는 데 어려움을 겪을 수 있다. 이런 경우 eBook에 접속해서 이 주제에 대한 추가 학습 자료를 보면 도움이 될 수 있다.

평형 상수 문제를 푸는 방법을 요약하면 다음과 같다.

1. 처음 농도와 농도의 변화를 나타내는 알려지지 않은 x로 모든 화학종의 평형 농도를 나타낸다.
2. 평형 농도를 사용하여 평형 상수식을 쓴다. 평형 상수의 값을 알면 x를 구할 수 있다.
3. x를 구하고 나면 모든 화학종의 평형 농도를 계산한다.

예제 14.9와 14.10은 이러한 세 단계 과정을 적용하는 방법을 보여준다.

예제 14.9

H_2 0.500 mol과 I_2 0.500 mol의 혼합물을 430°C에서 1.00-L 스테인리스 강철 플라스크에 넣었다. 같은 온도에서 $H_2(g) + I_2(g) \rightleftharpoons 2HI(g)$ 반응의 평형 상수 K_c는 54.3이다. 평형에서 H_2, I_2, HI의 농도를 계산하라.

전략 용기의 부피(L)와 기체의 처음 양(mol)을 알고 있으므로 기체의 몰농도를 구할 수 있다. 처음에는 HI가 없었으므로 그 계는 평형이 아니었을 것이다. 그러므로 평형이 이루어질 때까지 약간의 H_2가 같은 양의 I_2와 반응하여 HI를 생성할 것이다.

풀이 평형 농도를 계산하기 위해 다음과 같은 풀이 과정을 따른다.

단계 1: 반응의 화학량론에 의하면 H_2 1 mol이 I_2 1 mol과 반응하여 HI 2 mol을 생성한다. 평형에서 H_2나 I_2의 농도(mol/L)의 감소를 x라 하자. 그러면, HI의 평형 농도는 $2x$가 된다. 농도 변화를 다음과 같이 요약한다.

	H_2	+	I_2	$\rightleftharpoons$	2HI
초기(M):	0.500		0.500		0.000
변화(M):	$-x$		$-x$		$+2x$
평형(M):	$(0.500 - x)$		$(0.500 - x)$		$2x$

단계 2: 평형 상수는 다음과 같다.

$$K_c = \frac{[HI]^2}{[H_2][I_2]}$$

평형에서의 농도를 대입하면 다음과 같다.

$$54.2 = \frac{(2x)^2}{(0.500 - x)(0.500 - x)}$$

양쪽의 제곱근을 구하면 다음을 얻는다.

$$7.37 = \frac{2x}{0.500 - x}$$
$$x = 0.393\ M$$

단계 3: 평형에서 각각의 농도는 다음과 같다.

$$[H_2] = (0.500 - 0.393)\ M = 0.107\ M$$
$$[I_2] = (0.500 - 0.393)\ M = 0.107\ M$$
$$[HI] = 2 \times 0.393\ M = 0.786\ M$$

검산 평형 농도를 이용하여 K_c를 계산함으로써 답을 확인해 볼 수 있다. K_c는 일정 온도에서 특정 반응의 상수임을 기억하라.

실전 연습 예제 14.9의 반응을 생각해 보자. HI의 초기 농도가 0.040 M일 때 평형에서 HI, H_2, I_2의 농도를 계산하라.

비슷한 문제: 14.48.

예제 14.10

예제 14.9에서와 같은 온도에서 같은 반응에 대한 H_2, I_2, HI의 초기 농도가 각각 0.00623 *M*, 0.00414 *M*, 0.0224 *M*이라 가정하고, 평형에서 이들 화학종의 농도를 계산하라.

전략 초기 농도로부터 반응계가 평형인지 아닌지를 알아보기 위해 또 평형에 도달하기 위해 알짜 반응이 어느 방향으로 진행될지 알기 위해 반응 지수(Q_c)를 계산한다. Q_c와 K_c를 비교함으로써 평형에 도달했을 때 H_2와 I_2 또는 HI의 감소가 있는지를 결정할 수 있다.

풀이 우선 다음과 같이 Q_c를 계산한다,

$$Q_c = \frac{[HI]_0^2}{[H_2]_0[I_2]_0} = \frac{(0.0224)^2}{(0.00623)(0.00414)} = 19.5$$

$Q_c(19.5)$가 $K_c(54.3)$보다 작기 때문에 평형에 도달하기까지 알짜 반응은 왼쪽에서 오른쪽으로 진행될 것이다(그림 14.4 참조). 즉, H_2와 I_2가 감소하면서 HI가 증가할 것이다.

단계 1: 평형에서 H_2와 I_2의 농도(mol/L)의 감소를 x라 하면 반응의 화학량론으로부터 HI의 농도의 증가는 $2x$가 된다. 따라서 다음과 같이 농도의 변화표를 쓸 수 있다.

	H_2	+	I_2	$\rightleftharpoons$	2HI
초기(M):	0.00623		0.00414		0.0224
변화(M):	$-x$		$-x$		$+2x$
평형(M):	$(0.00623 - x)$		$(0.00414 - x)$		$(0.0224 + 2x)$

단계 2: 평형 상수는 다음과 같다.

$$K_c = \frac{[HI]^2}{[H_2][I_2]}$$

수치를 대입하면 다음과 같다.

$$54.3 = \frac{(0.0224 + 2x)^2}{(0.00623 - x)(0.00414 - x)}$$

$[H_2]$와 $[I_2]$의 처음 농도가 같지 않으므로 이 식을 제곱근으로 간단하게 푸는 것은 불가능하다. 그 대신 처음에 곱셈을 해야 한다.

$$54.3(2.58 \times 10^{-5} - 0.0104x + x^2) = 5.02 \times 10^{-4} + 0.0896x + 4x^2$$

같은 항끼리 모으면 다음과 같이 된다.

$$50.3x^2 - 0.654x + 8.98 \times 10^{-4} = 0$$

이것은 $ax^2 + bx + c = 0$ 형태의 이차 방정식이다. 이차 방정식(부록 5 참조)의 근의 공식은 다음과 같다.

$$x = \frac{-b \pm \sqrt{b^2 - 4ac}}{2a}$$

여기서 $a = 50.3$, $b = -0.654$, $c = 8.98 \times 10^{-4}$이므로

$$x = \frac{0.654 \pm \sqrt{(-0.654)^2 - 4(50.3)(8.98 \times 10^{-4})}}{2 \times 50.3}$$

$$x = 0.0114\ M \quad 또는 \quad x = 0.00156\ M$$

첫 번째 해는 반응된 H_2와 I_2의 양이 원래 있었던 양보다 많으므로 물리적으로 불가능하다. 두 번째 해가 정답이다. 이런 형태의 이차 방정식을 풀 때 한 가지 근은 항상 물리적으로 불가능하기 때문에 x 값을 선택하기가 쉽다.

단계 3: 평형에서 각 농도는 다음과 같다.

$$[H_2] = (0.00623 - 0.00156)\ M = 0.00467\ M$$
$$[I_2] = (0.00414 - 0.00156)\ M = 0.00258\ M$$
$$[HI] = (0.0224 + 2 \times 0.00156)\ M = 0.0255\ M$$

(계속)

검산 평형 농도를 이용하여 K_c를 계산하여 답을 확인해 볼 수 있다. K_c는 일정 온도에서 특정 반응에 대해 상수임을 기억하라.

실전 연습 1280°C에서 다음 반응의 평형 상수(K_c)는 1.1×10^{-3}이다.

$$Br_2(g) \rightleftharpoons 2Br(g)$$

초기 농도가 $[Br_2] = 6.3 \times 10^{-2}\ M$이고, $[Br] = 1.2 \times 10^{-2}\ M$일 때 평형에서 이들 화학종의 농도를 계산하라.

예제 14.9와 14.10은 평형 상수와 초기 농도를 알면 평형에서 모든 반응 화학종의 농도를 계산할 수 있다는 것을 보여준다. 이러한 정보는 반응의 수득률을 계산하는 데 있어서 매우 유용하다. 예를 들어, H_2와 I_2의 반응으로 HI를 생성하는 반응이 끝까지 진행된다면 예제 14.9에서 생성된 HI의 몰수는 2×0.500 mol = 1.00 mol이 된다. 그러나 평형 과정 때문에 생성된 HI의 실제량은 2×0.393 mol = 0.786 mol, 즉 78.6% 수득률 이상은 될 수 없다.

개념과 사실 요약하기

- 반응 지수 Q는 평형 상수식과 같은 형태이지만, 평형에 있지 않은 반응에 사용된다. $Q > K$일 때 반응은 평형을 이루기 위해 오른쪽에서 왼쪽으로 진행하게 되며, $Q < K$일 때 반응은 평형을 이루기 위해 왼쪽에서 오른쪽으로 진행하게 된다.

개념과 사실 복습하기

다음 정보를 사용하여 질문 14.4.1 및 14.4.2에 답하라. 반응에 대한 K_c는 특정 온도에서 10.0이다.

$$PCl_3(g) + Cl_2(g) \rightleftharpoons PCl_5(g)$$

14.4.1 반응 중 특정 시점에서 5.00 L 용기에 PCl_3 및 Cl_2가 각각 0.50몰, PCl_5가 0.25몰 존재한다. 이 계가 평형 상태에 있는지 확인하라. 그렇지 않은 경우 알짜 반응이 어떤 방향으로 진행될 것인지 예측하라.

14.4.2 PCl_3와 Cl_2를 각각 1.00몰씩 5.00 L 용기에 넣었을 때 PCl_3의 평형 농도는 얼마인가?

14.4.3 $A_2 + B_2 \rightleftharpoons 2AB$ 반응에 대한 평형 상수(K_c)는 특정 온도에서 3이다. 여기에 표시된 도표 중 평형 상태에서의 반응에 해당하는 것은 무엇인가? 평형 상태에 있지 않은 혼합물의 경우, 알짜 반응은 평형에 도달하기 위해 정방향 또는 역방향으로 이동하는가?

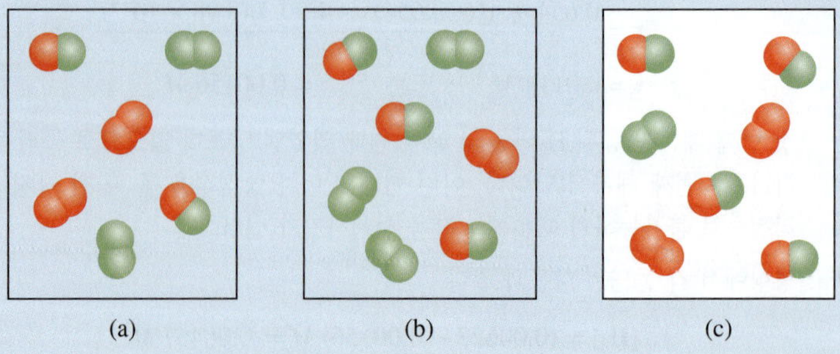

14.5 화학 평형에 영향을 주는 인자들

학습 목표

- 르 샤틀리에의 원리를 설명할 수 있다.
- 반응물 또는 생성물의 제거 또는 첨가, 부피 또는 압력의 변화, 온도 변화 또는 촉매의 첨가 등 어떤 하나의 변화가 주어졌을 때 평형에서 반응의 이동을 결정하는 데 르 샤틀리에의 원리를 적용할 수 있다.

화학 평형은 정반응과 역반응 사이의 균형을 의미한다. 대부분의 경우 이러한 균형은 아주 미묘하게 이루어진다. 실험 조건에 변화를 주어 이러한 균형을 깨고, 원하는 생성물을 많게 또는 적게 생성하도록 평형의 위치를 이동할 수 있다. 예를 들어, 평형의 위치를 오른쪽으로 옮긴다는 말은 알짜 반응이 왼쪽에서부터 오른쪽으로 일어난다는 것을 뜻한다. 실험을 통해 조절할 수 있는 변수들은 농도, 압력, 부피, 온도이다. 여기에서는 이들 각 변수들이 평형에 있는 반응계에 어떠한 영향을 미치는가를 조사해 보고자 한다. 덧붙여서 평형에서 촉매의 영향도 조사할 것이다.

르샤틀리에 원리

동영상 자료
르샤틀리에 원리

농도, 압력, 부피, 온도의 변화가 일어날 때 평형 반응이 이동하는 방향을 예측하도록 해주는 일반 규칙이 있다. **르샤틀리에[†] 원리**(Le Châtelier's principle)로 알려진 이 규칙은 *평형에 있는 계에 외부에서 변형(stress)을 주면 계는 새로운 평형 위치에 도달하려 하기 때문에 그러한 자극을 부분적으로 상쇄하려는 방향으로 조절하게 된다*는 것이다. 여기서 "변형"이란 말은 계의 평형 상태를 깨뜨리는 농도, 압력, 부피, 온도의 변화를 의미한다. 그러한 변화에 영향을 미치는 르샤틀리에 원리를 활용해 보도록 하자.

농도 변화

싸이오사이안산 철(III) [$Fe(SCN)_3$]은 물에 쉽게 용해되어 빨간색 용액이 된다. 빨간색은 수화된 $FeSCN^{2+}$ 이온 때문이다. 해리되지 않은 $FeSCN^{2+}$와 Fe^{3+} 및 SCN^- 사이의 평형 관계는 다음과 같다.

$$\underset{\text{빨간색}}{FeSCN^{2+}(aq)} \rightleftharpoons \underset{\text{연노란색}}{Fe^{3+}(aq)} + \underset{\text{무색}}{SCN^-(aq)}$$

이 용액에 약간의 싸이오사이안산 소듐(NaSCN)을 첨가하면 어떠한 일이 일어날까? 이 경우 평형 계에 가해진 변형은 SCN^- 농도의 증가(NaSCN의 해리에 의한)이다. 이러한 변형을 상쇄하기 위해 약간의 Fe^{3+} 이온이 첨가된 SCN^- 이온과 반응하며, 평형은 오른쪽에서 왼쪽으로 이동한다.

$$FeSCN^{2+}(aq) \longleftarrow Fe^{3+}(aq) + SCN^-(aq)$$

결과적으로 용액의 빨간색은 짙어진다(그림 14.7). 이와 비슷하게 질산 철(III)[$Fe(NO_3)_3$]을 원래의 용액에 첨가하면 첨가된 Fe^{3+} 이온[$Fe(NO_3)_3$에서 생긴]이 평형을 오른쪽에서 왼쪽으로 이동시키기 때문에 빨간색은 짙어진다.

이제 약간의 옥살산($H_2C_2O_4$)을 원래의 용액에 첨가한다고 생각해 보자. 옥살산은 물속에서 이온화되어 옥살산 이온 $C_2O_4^{2-}$를 생성하는데, 이 이온은 Fe^{3+} 이온과 강하게 결합하고 있다. 안정한 노란색 이온 $Fe(C_2O_4)_3^{3-}$의 생성은 용액 내 자유 Fe^{3+} 이온을 제거한다. 결국 $FeSCN^{2+}$는 더욱 해리되며, 평형은 왼쪽에서 오른쪽으로 이동한다.

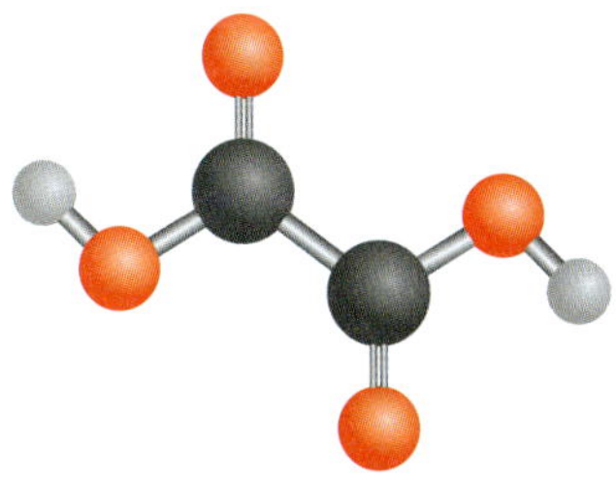

▲ *옥살산은 종종 녹이나 Fe_2O_3로 얼룩진 욕조 테두리의 때를 제거하는 데 사용된다.*

[†]앙리 루이 르 샤틀리에(1850~1936). 프랑스의 화학자. 르 샤틀리에는 야금, 시멘트, 유리, 연료 및 폭발물에 대한 작업을 수행했다. 그는 또한 산업 관리에 대한 그의 기술은 유명하였다.

(a) (b) (c) (d)

▲ **그림 14.7** 평형 위치에 대한 농도 변화의 영향. (a) $Fe(SCN)_3$ 수용액. 용액의 색상은 빨간색 $FeSCN^{2+}$ 이온과 노란색 Fe^{3+} 이온 모두에 기인한다. (b) (a)의 용액에 약간의 NaSCN을 첨가하면, 평형은 왼쪽으로 이동한다. (c) 이후 (a)의 용액에 $Fe(NO_3)_3$를 첨가하면, 평형은 왼쪽으로 이동한다. (d) (a)의 용액에 약간의 $H_2C_2O_4$를 첨가하면, 평형은 오른쪽으로 이동한다. 노란색은 $Fe(C_2O_4)_3^{3-}$ 이온 때문이다.

$$FeSCN^{2+}(aq) \longrightarrow Fe^{3+}(aq) + SCN^-(aq)$$

빨간색 용액은 $Fe(C_2O_4)_3^{3-}$ 이온의 생성 때문에 노란색으로 변한다.

이 실험은 평형에 있는 반응계에 반응물과 생성물이 모두 존재함을 증명해 주고 있다. 두 번째로 생성물(Fe^{3+}와 SCN^-)의 농도를 증가시켜 주면 평형은 왼쪽으로 이동하고, 생성물 Fe^{3+}의 농도가 감소하면 평형은 오른쪽으로 이동된다. 이러한 결과는 바로 르샤틀리에 원리에 의해 예측된 것과 같다.

농도 변화가 평형의 위치에 미치는 영향을 예제 14.11에서 보여준다.

인터넷 핫스팟

학생들의 학습 경험에 대해 축적된 자료에 따르면 농도 변화가 평형에 미치는 영향을 이해하는 데 어려움을 겪을 수 있다. 이런 경우 eBook에 접속해서 이 주제에 대한 추가 학습 자료를 보면 도움이 될 수 있다.

예제 14.11

720°C에서 다음 반응의 평형 상수 K_c는 2.37×10^{-3}이다.

$$N_2(g) + 3H_2(g) \rightleftharpoons 2NH_3(g)$$

어떤 실험에서 평형 농도는 $[N_2] = 0.683\ M$, $[H_2] = 8.80\ M$, $[NH_3] = 1.05\ M$이다. 약간의 NH_3를 혼합물에 첨가하여 그 농도를 3.65 M로 증가시켰다. (a) 르샤틀리에 원리를 이용하여 알짜 반응이 새로운 평형에 이르도록 이동할 방향을 예측하라. (b) 반응 지수 Q_c를 계산하고, 그 값을 K_c와 비교하여 예측한 방향을 확인하라.

전략 (a) 계에 가해진 변형은 무엇인가? 변형을 상쇄하기 위해 계는 어떻게 조절하는가? (b) 약간의 NH_3가 첨가된 순간에 계는 더 이상 평형 상태가 아니다. 이 시점에서 반응 지수는 어떻게 계산하는가? Q_c와 K_c의 비교를 통해 평형에 도달하려는 알짜 반응의 방향을 어떻게 알아낼 수 있는가?

풀이

(a) 계에 가해진 변형은 NH_3를 첨가한 것이다. 이 변형을 상쇄하기 위해 새로운 평형이 이루어질 때까지 약간의 NH_3가 반응하여 N_2와 H_2를 생성한다. 그러므로 알짜 반응은 오른쪽에서 왼쪽으로 이동한다.

$$N_2(g) + 3H_2(g) \longleftarrow 2NH_3(g)$$

(b) 약간의 NH_3가 첨가된 순간 계는 더 이상 평형 상태가 아니다. 반응 지수는 다음과 같다.

$$\begin{aligned} Q_c &= \frac{[NH_3]_0^2}{[N_2]_0[H_2]_0^3} \\ &= \frac{(3.65)^2}{(0.683)(8.80)^3} \\ &= 2.86 \times 10^{-2} \end{aligned}$$

(계속)

이 값은 2.37×10^{-3}보다 크므로 알짜 반응은 Q_c가 K_c와 같아질 때까지 오른쪽에서 왼쪽으로 이동한다.

그림 14.8은 반응 화학종의 농도 변화를 정성적으로 나타낸 것이다.

실전 연습 430°C에서 다음 반응의 평형 상수(K_P)는 1.5×10^5이다

$$2NO(g) + O_2(g) \rightleftharpoons 2NO_2(g)$$

한 실험에서 NO, O_2, NO_2의 초기 압력은 각각 2.1×10^{-3} atm, 1.1×10^{-2} atm, 0.14 atm이다. Q_P를 계산하고, 알짜 반응이 평형에 이르도록 이동할 방향을 예측하라.

비슷한 문제: 14.46.

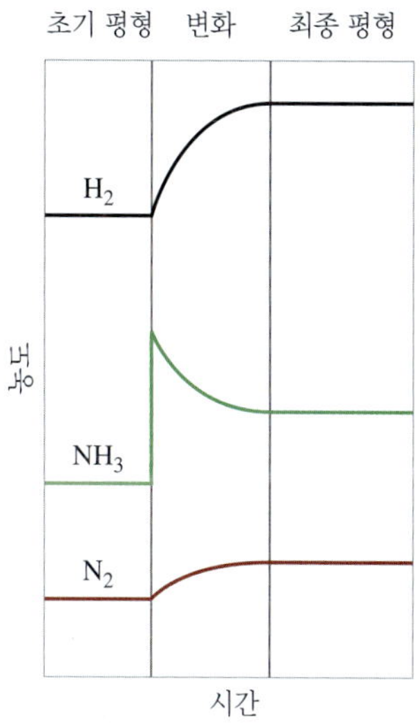

▲ **그림 14.8** 평형 혼합물에 NH_3를 첨가한 후 H_2, N_2, NH_3의 농도 변화. 새로운 평형에 도달했을 때, 모든 화학종의 농도가 변했지만, K_c는 온도가 일정하므로 변하지 않는다.

부피와 압력의 변화

액체와 고체는 사실상 압축되지 않으므로 응축상에서 압력의 변화는(예를 들면, 수용액에서) 보통 반응 화학종의 농도에 영향을 주지 않는다. 반면 기체의 농도는 압력의 변화에 의해 크게 영향을 받는다. 식 (5.8)을 다시 보자.

$$PV = nRT$$
$$P = \left(\frac{n}{V}\right)RT$$

P와 V가 서로 반비례의 관계에 있음을 유의하라. 즉, 압력이 커질수록 부피는 더 작아지고, 그 역도 성립한다. 또한 (n/V) 항은 mol/L로 나타낸 기체의 농도이며, 압력에 따라 즉시 변한다는 것에 유의하라.

다음과 같은 평형 계가 움직이는 피스톤이 달린 실린더에 있다고 가정해 보자.

$$N_2O_4(g) \rightleftharpoons 2NO_2(g)$$

일정한 온도에서 피스톤을 밀어 내려서 기체의 압력을 증가시키면 무슨 일이 일어날까? 부피가 감소하므로 NO_2와 N_2O_4의 농도(n/V)는 증가한다. NO_2의 농도가 평형 상수식에서 제곱으로 되어 있기 때문에 압력의 증가는 분모보다 분자를 더 증가시킨다. 계는 더 이상 평형 상태에 있지 않으므로 다음과 같이 쓸 수 있다.

$$Q_c = \frac{[NO_2]_0^2}{[N_2O_4]_0}$$

따라서 $Q_c > K_c$이므로 알짜 반응은 $Q_c = K_c$일 때까지 왼쪽으로 이동할 것이다(그림 14.9). 역으로 압력이 감소(부피의 증가)하면 $Q_c < K_c$가 되고, 알짜 반응은 $Q_c = K_c$일 때까지 오른쪽으로 이동할 것이다(이 결과는 르샤틀리에 원리로 예측 가능하다).

일반적으로 압력 증가(부피 감소)는 기체의 전체 몰수를 감소시키는 알짜 반응(이 경우 역반응)을 일으키고, 압력 감소(부피 감소)는 기체 전체의 몰수를 증가시키는 알짜 반응(여기서는 정반응)을 일으킨다. 기체 몰수의 변화가 없는 반응에서는 압력(또는 부피)의 변화가 평형의 위치에 영향을 주지 않는다.

부피를 변형시키지 않고 계의 압력을 변화시키는 일은 가능하다. NO_2–N_2O_4계가 부피가 일정한 스테인리스 용기에 들어 있다고 가정하자. 비활성 기체(헬륨과 같은)를 평형 계에 첨가하여 용기의 전체 압력을 증가시킬 수 있다. 헬륨을 일정한 부피의 평형 혼합물에 첨가하면 전체 기체의 압력은 증가되고, NO_2와 N_2O_4의 몰분율은 감소된다. 그러나 몰분율과 전체 압력의 곱으로 나타낸 각 기체의 부분 압력(5.6절 참조)은 변하지 않는다. 따라서 이 경우 비활성 기체가 존재하면 평형에 영향을 주지 않는다.

다음 예제 14.12는 압력 변화가 평형의 위치에 미치는 영향을 보여준다.

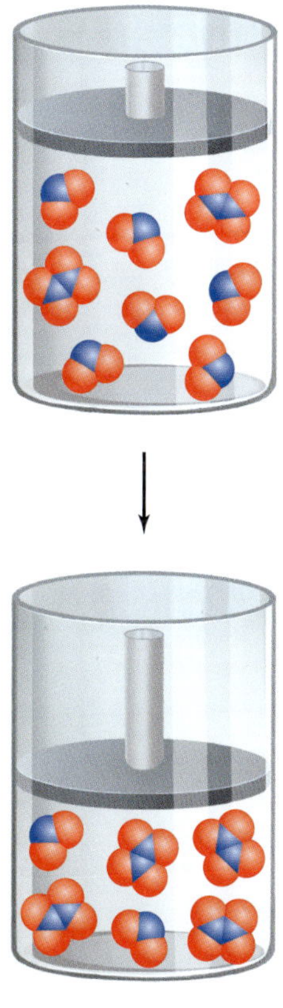

▲ **그림 14.9** $N_2O_4(g) \rightleftharpoons 2NO_2(g)$의 평형에서 압력 증가의 영향.

예제 14.12

다음과 같은 평형 계를 생각해 보자.

(a) $2PbS(s) + 3O_2(g) \rightleftharpoons 2PbO(s) + 2SO_2(g)$
(b) $PCl_5(g) \rightleftharpoons PCl_3(g) + Cl_2(g)$
(c) $H_2(g) + CO_2(g) \rightleftharpoons H_2O(g) + CO(g)$

일정 온도에서 계의 압력을 증가(부피 감소)시킴으로써 일어날 알짜 반응의 방향을 예측하라.

전략 압력의 변화는 기체의 부피에는 영향을 주지만, 고체(또한 액체도)는 훨씬 덜 응축되기 때문에 고체의 부피에는 영향을 주지 않는다. 변형을 주면 압력이 증가한다. 르샤틀리에 원리에 따라 계는 이러한 변형을 부분적으로 상쇄시켜 조절을 할 것이다. 다시 말해서 계는 압력을 감소시키기 위해 조절할 것이다. 이것은 기체의 몰수가 더 적게 생기는 쪽으로 이동함으로써 가능하다. 압력은 기체의 몰수에 정비례함을 상기하라. $PV = nRT$이므로 $P \propto n$.

풀이

(a) 기체 분자만을 생각하자. 균형 반응식에서 기체 반응물 3 mol과 기체 생성물 2 mol이 있다. 따라서 압력을 증가시킬 때 알짜 반응은 생성물 쪽(오른쪽)으로 이동할 것이다.
(b) 생성물의 몰수는 2이고, 반응물의 몰수는 1이다. 그러므로 알짜 반응은 왼쪽, 즉 반응물 쪽으로 이동한다.
(c) 생성물의 몰수는 반응물의 몰수와 같다. 그래서 압력을 변화시켜도 평형에 영향을 미치지 않는다.

검산 각 경우 예측된 것은 르샤틀리에 원리와 일치한다.

실전 연습 염화 나이트로실, 산화 질소, 염소 분자가 관련된 다음 평형 반응을 생각해 보자.

$$2NOCl(g) \rightleftharpoons 2NO(g) + Cl_2(g)$$

일정 온도에서 계의 압력을 감소(부피를 증가)시킨 결과로 알짜 반응의 방향을 예측하라.

비슷한 문제: 14.56.

온도의 변화

농도, 압력, 부피를 변화시키면 평형의 위치가 바뀌어 반응물과 생성물의 상대적 양이 변할 것이다. 그러나 평형 상수의 값은 변하지 않는다. 온도의 변화만이 평형 상수를 바꿀 수 있다. 그 이유를 알아보기 위해 다음 반응을 생각해 보자.

$$N_2O_4(g) \rightleftharpoons 2NO_2(g)$$

정반응은 흡열 반응이다(열 흡수, $\Delta H° > 0$).

$$\text{열} + N_2O_4(g) \longrightarrow 2NO_2(g) \qquad \Delta H° = 58.0\ \text{kJ/mol}$$

또한 역반응은 발열 반응이다(열 방출, $\Delta H° < 0$).

$$2NO_2(g) \longrightarrow N_2O_4(g) + \text{열} \qquad \Delta H° = -58.0\ \text{kJ/mol}$$

어떤 온도에서 평형일 때 알짜 반응은 일어나지 않으므로 열의 효과는 0이다. 만일 열을 화학 반응물로 간주하면, 계에 열을 "첨가"하면 온도가 올라가고, 열을 "제거"하면 온도는 떨어진다. 다른 요인(농도, 압력, 부피)의 변화에서와 같이 계는 변화의 영향을 줄이기 위해 이동한다. 그러므로 온도의 증가는 흡열 방향(평형식의 왼쪽에서 오른쪽으로)으로 진행하게 하여 $[N_2O_4]$를 감소시키고, $[NO_2]$를 증가시킨다. 온도의 감소는 발열 방향(평형식의 오른쪽에서 왼쪽으로)으로 진행하게 하여 $[NO_2]$를 감소시키고, $[N_2O_4]$를 증가시킨다. 따라서 다음의 평형 상수는 계가 가열되면 증가하고, 계가 냉각되면 감소한다(그림 14.10).

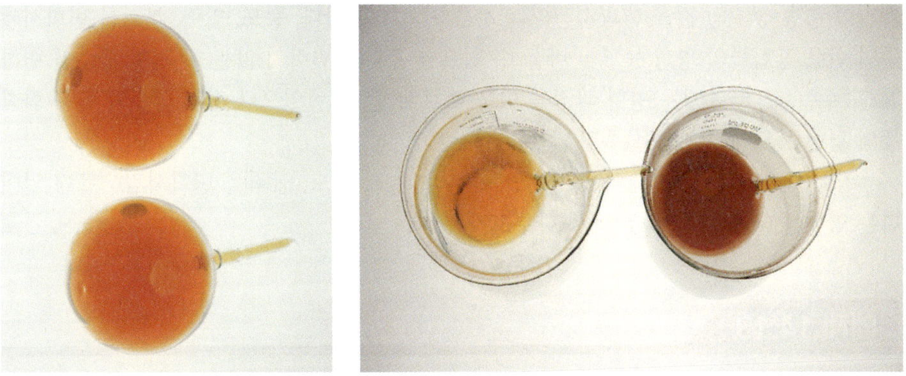

(a) (b)

▲ **그림 14.10** (a) 평형 상태에 있는 NO_2와 N_2O_4 기체의 혼합물을 포함하는 두 개의 구. (b) 구 하나를 얼음물(*왼쪽*)에 담그면 색이 옅어지며, 무색의 N_2O_4 기체가 생성됨을 나타낸다. 다른 전구를 뜨거운 물에 담그면 색이 어두워지며 NO_2의 증가를 나타낸다.
(both): Ken Karp/McGraw-Hill

$$K_c = \frac{[NO_2]^2}{[N_2O_4]}$$

또 다른 예로 다음 이온들 사이의 평형을 생각해 보자.

$$\underset{\text{푸른색}}{CoCl_4^{2-}} + 6H_2O \rightleftharpoons \underset{\text{분홍색}}{Co(H_2O)_6^{2+}} + 4Cl^-$$

$CoCl_4^{2-}$의 생성은 흡열 반응이다. 가열하면 평형은 왼쪽으로 이동하고 용액은 푸른색으로 변한다. 냉각하면 발열 반응[$Co(H_2O)_6^{2+}$의 생성]을 일으키며, 용액은 분홍색으로 변한다 (그림 14.11).

요약하면, *온도를 증가시키면 흡열 반응이 일어나기 쉽고, 온도를 감소시키면 발열 반응이 일어나기 쉽다.*

촉매의 영향

촉매는 반응의 활성화 에너지(13.6절)를 낮춤으로써 반응의 속도를 빠르게 해준다고 알려져 있다. 그러나 그림 13.25에서 보듯이 촉매는 정반응의 활성화 에너지를 낮추며, 또한 역반응의 활성화 에너지도 똑같이 낮춘다. 그러므로 촉매는 평형 상수를 변화하게 하지 않으며, 평형 계의 위치 또한 이동시키지 않는다는 결론에 도달한다. 평형에 있지 않은 반응 혼합물에 촉매를 첨가하면 단순히 반응 혼합물을 평형에 더욱 빨리 도달하게 할 뿐이다. 똑같은 평형 혼합물을 촉매 없이도 얻을 수 있으나, 너무 오래 기다려야 할지 모른다.

평형 위치에 영향을 미치는 요인 요약

평형에 있는 반응계에 영향을 미치는 네 가지 요인들을 살펴보았다. 네 가지 중 *온도의 변*

▲ **그림 14.11** (*왼쪽*) 가열하면 푸른색의 $CoCl_4^{2-}$ 이온의 형성이 유리하다. (*오른쪽*) 냉각하면 분홍색의 $Co(H_2O)_6^{2+}$ 이온이 형성된다.
Ken Karp/McGraw-Hill

*화만이 평형 상수의 값을 변화시킨다*는 것을 기억해야 한다. 농도, 압력, 부피를 변화시켜 주면 반응 혼합물의 평형 농도를 바꿀 수 있으나 온도가 변하지 않는 한 평형 상수를 변하게 할 수는 없다. 촉매는 평형 과정을 더욱 빠르게 할 수는 있으나 평형 상수와 반응 화학종의 평형 농도에는 영향을 주지 않는다.

평형 계에 비활성 기체의 첨가뿐만 아니라 온도, 농도, 압력을 변화시킴으로써 일어나는 영향을 다음 예제 14.13에서 다루고자 한다.

예제 14.13

사플루오린화 이질소(N_2F_4)와 이플루오린화 질소(NF_2) 사이의 다음 평형 과정을 생각해 보자.

$$N_2F_4(g) \rightleftharpoons 2NF_2(g) \qquad \Delta H° = 38.5 \text{ kJ/mol}$$

(a) 일정 부피에서 반응 혼합물을 가열할 때, (b) 일정 온도와 부피에서 약간의 N_2F_4를 반응 혼합물로부터 제거할 때, (c) 일정 온도에서 반응 혼합물의 압력을 감소시킬 때, (d) 반응 혼합물에 촉매를 첨가할 때 평형의 변화를 예측하라.

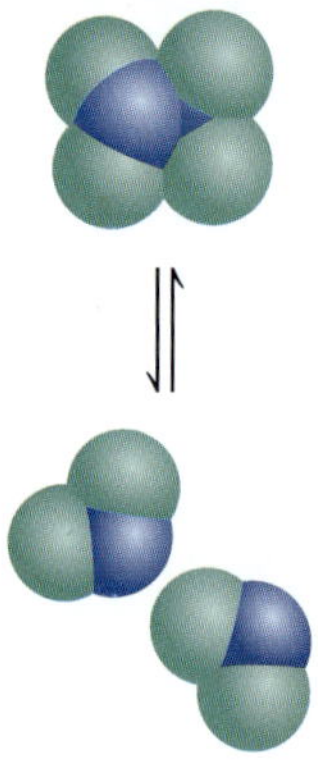
$N_2F_4 \rightleftharpoons 2NF_2$

전략 (a) 정반응일 때 $\Delta H°$는 열의 변화(흡열 과정 또는 발열 과정)에 대해 무엇을 의미하는가? (b) N_2F_4의 제거로 반응 지수 Q_c는 증가할까, 감소할까? (c) 압력의 감소는 계의 부피를 어떻게 변화시킬까? (d) 촉매의 기능은 무엇인가? 촉매는 평형 계와 평형이 아닌 계에 어떤 영향을 미치는가?

풀이

(a) 주어진 변형은 계에 첨가된 열이다. $N_2F_4 \longrightarrow 2NF_2$ 반응은 흡열 과정($\Delta H° > 0$)이고, 주위의 열을 흡수한다는 것을 유의하라. 그러므로 열을 반응물로 간주하면 다음과 같다.

$$\text{열} + N_2F_4(g) \rightleftharpoons 2NF_2(g)$$

계는 분해 반응(왼쪽에서 오른쪽으로)에 의해 첨가된 열을 제거하려고 조절할 것이다. NF_2의 농도는 증가하고 N_2F_4의 농도는 감소했기 때문에, 온도가 상승하면서 평형 상수는 증가할 것이다.

$$K_c = \frac{[NF_2]^2}{[N_2F_4]}$$

평형 상수는 특정 온도에서만 상수임을 기억하라. 만일 온도가 변하면 평형 상수 또한 변할 것이다.

(b) 여기서 변형을 주는 것은 N_2F_4의 제거이다. 계는 제거된 N_2F_4를 되돌리기 위해 이동할 것이다. 그러므로 평형을 다시 이룰 때까지 계는 오른쪽에서 왼쪽으로 이동한다. 그 결과, 약간의 NF_2가 결합하여 N_2F_4를 생성한다.

해설 이 경우 온도가 일정하게 유지되고 있기 때문에 평형 상수는 변하지 않는다. NF_2가 결합하여 N_2F_4를 생성하기 때문에 K_c가 변할 것 같기도 하다. 그러나 처음에 N_2F_4가 제거되었음을 기억하라. 계는 제거된 N_2F_4만을 되돌리려고 조절하게 되고, N_2F_4의 전체 양은 줄어들게 된다. 사실, 평형이 다시 이루어지면 NF_2와 N_2F_4의 양은 모두 줄어든다. 평형 상수식을 보면, 더 작은 분모로 더 작은 분자를 나누면 똑같은 K_c 값을 얻게 된다는 것을 알 수 있다.

(c) 주어진 변형은 압력의 감소(기체 부피의 증가와 함께)이다. 계는 압력을 증가시킴으로써 변형을 제거하려고 조절할 것이다. 압력은 기체의 몰수에 정비례한다는 것을 기억하라. 평형식에서 N_2F_4로부터 NF_2가 생성되면 기체의 총 몰수가 증가하고, 그에 따라 압력도 증가한다는 것을 알고 있다. 그러므로 계는 평형을 다시 이루기 위해 왼쪽에서 오른쪽으로 이동할 것이다. 온도가 일정하게 유지되고 있기 때문에 평형 상수는 변하지 않는다.

(d) 촉매의 기능은 반응 속도를 증가시키는 것이다. 만일 촉매가 평형을 아는 계에 첨가되면, 계는 촉매가 첨가되지 않을 때보다 더 빠르게 평형을 이룰 것이다. 만일 계가 이미 평형

(계속)

상태에 있다면, 이 경우와 같이 촉매를 첨가하더라도 NF_2와 N_2F_4의 농도나 평형 상수에 아무런 영향을 주지 않을 것이다.

실전 연습 다음 산소와 오존 사이의 평형을 생각해 보자.

$$3O_2(g) \rightleftharpoons 2O_3(g) \qquad \Delta H^\circ = 284 \text{ kJ/mol}$$

(a) 부피를 감소시킴으로써 계의 압력을 증가시킬 때, (b) 계에 O_2를 첨가하여 압력을 증가시킬 때, (c) 온도를 감소시킬 때, (d) 촉매를 첨가할 때 어떤 영향이 있겠는가?

비슷한 문제: 14.57, 14.58.

개념과 사실 요약하기

- 르샤틀리에 원리는 화학 평형을 이루고 있는 계에 외부에서 변형을 주면 계는 그러한 변형을 부분적으로 없애도록 조절한다는 원리이다.
- 특정 반응에서 온도 변화만이 평형 상수 값을 변화시킬 수 있다. 농도, 압력 또는 부피에 변화를 주면 반응물과 생성물의 평형 농도가 달라진다. 촉매를 첨가하면 평형에 도달하는 속도가 빨라지지만 반응물과 생성물의 평형 농도에는 영향을 미치지 않는다.

개념과 사실 복습하기

14.5.1 다음 반응의 평형 계의 경우, 각 변화에 따라 평형이 어느 방향으로 이동할지 결정하라.

(a) 온도 증가, (b) 압력 감소, (c) $O_2(g)$ 첨가, (d) 촉매 첨가.

$$2SO_2(g) + O_2(g) \rightleftharpoons 2SO_3 \qquad \Delta H^\circ = -198 \text{ kJ/mol}$$

14.5.2 아래에 나타낸 도표는 평형 상태에서 기체 반응 $2A \rightleftharpoons A_2$를 보여준다. 일정한 온도에서 부피를 증가시켜 압력이 감소한다면, 새로운 평형이 도달하였을 때 A와 A_2의 농도는 어떻게 변하겠는가?

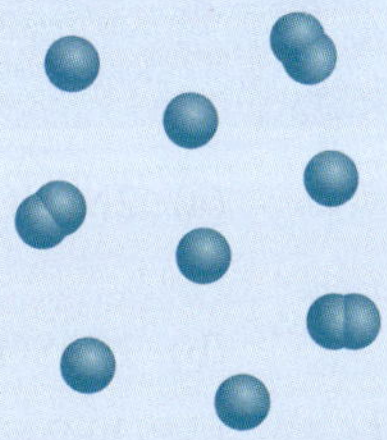

14.5.3 아래에 나타낸 도표는 두 온도($T_2 > T_1$)에서 평형 상태에서 반응 $X_2 + Y_2 \rightleftharpoons 2XY$를 나타낸다. 반응은 흡열인가 발열인가?

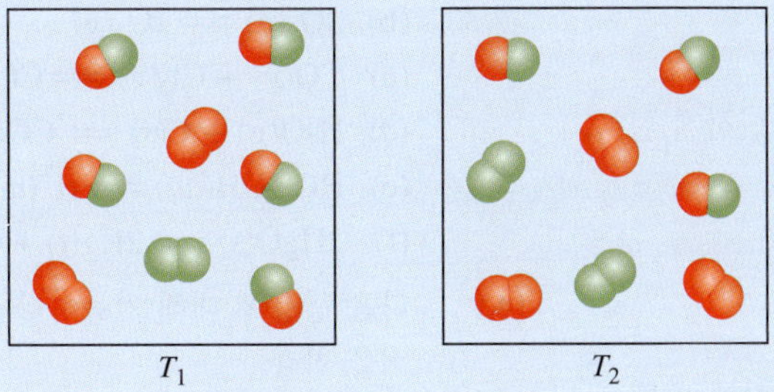

요약_Chapter Summary

화학 평형 화학 평형은 정반응과 역반응의 속도가 같고 반응물과 생성물의 농도가 시간에 따라 변하지 않는 상태를 말한다. 이 동적 평형 상태는 평형 상수가 특징이다. 반응 화학종의 특성에 따라 평형 상수는 몰 농도(용액의 경우) 또는 부분 압력(기체의 경우)으로 나타낼 수 있다. 평형 상수는 가역 반응의 알짜 방향과 평형 혼합물의 농도에 대한 정보를 알려준다. (14.1, 14.2, 14.3, 14.4절)

화학적 평형에 영향을 미치는 요인 농도의 변화는 평형 상태의 위치, 즉 반응물과 생성물의 상대적인 양에 영향을 미칠 수 있다. 압력과 부피의 변화는 평형 상태의 기체 계에 대해 동일한 효과를 가질 수 있다. 온도의 변화만이 평형 상수의 값을 변경할 수 있다. 촉매는 정반응과 역반응을 빠르게 하여 평형 상태를 더 빨리 도달시킬 수 있지만 평형 위치나 평형 상수를 변화시킬 수는 없다. (14.5절)

주요 식_Key Equations

$K = \frac{[C][D]}{[A]^a[B]^b}$ (14.2)	질량 작용 법칙. 평형 상수의 일반식.
$K_P = K_c(0.0821T)^{\Delta n}$ (14.5)	K_P와 K_c의 관계.
$K_c = K_c' K_c''$ (14.9)	전체 반응의 평형 상수는 각 개별 반응의 평형 상수들의 곱으로 구할 수 있다.

주요 용어_Key Words

균일 평형	물리적 평형	불균일 평형	평형 상수(K)
르샤틀리에 원리	반응 지수(Q_c)	질량 작용 법칙	화학 평형

연습 문제_Questions and Problems

붉은색 번호의 문제는 학생용 문제 풀이집에 풀어 놓았다.

14.1 평형과 평형 상수의 개념

복습 질문

14.1 평형을 정의하라. 동적 평형의 예를 두 가지 들어라.

14.2 물리적 평형과 화학적 평형의 차이를 설명하고, 각각 예를 두 가지씩 들어라.

14.3 질량 작용 법칙이란 무엇인가?

14.4 화학 반응의 연구에서 평형의 중요성을 간단하게 설명하라.

14.2 평형 상수 표기법

복습 질문

14.5 균일 평형과 불균일 평형을 정의하고, 각각에 대해 두 가지의 예를 들어라.

14.6 기호 K_c와 K_P는 무엇을 나타내는가?

14.7 다음 열분해 반응에 대한 평형 상수 식 K_P를 써라.

(a) $2NaHCO_3(s) \rightleftharpoons Na_2CO_3(s) + CO_2(g) + H_2O(g)$

(b) $2CaSO_4(s) \rightleftharpoons 2CaO(s) + 2SO_2(g) + O_2(g)$

14.8 다음 반응들이 성립될 때, K_c와 K_P에 대한 평형 상수 식을 써라.

(a) $2CO_2(g) \rightleftharpoons 2CO(g) + O_2(g)$

(b) $3O_2(g) \rightleftharpoons 2O_3(g)$

(c) $CO(g) + Cl_2(g) \rightleftharpoons COCl_2(g)$

(d) $H_2O(g) + C(s) \rightleftharpoons CO(g) + H_2(g)$

(e) $HCOOH(aq) \rightleftharpoons H^+(aq) + HCOO^-(aq)$

(f) $2HgO(s) \rightleftharpoons 2Hg(l) + O_2(g)$

14.9 다음 반응에 대해 가능하다면 K_c와 K_P의 평형 상수 식을 써라.

(a) $2NO_2(g) + 7H_2(g) \rightleftharpoons 2NH_3(g) + 4H_2O(l)$

(b) $2ZnS(s) + 3O_2(g) \rightleftharpoons 2ZnO(s) + 2SO_2(g)$

(c) $C(s) + CO_2(g) \rightleftharpoons 2CO(g)$

(d) $C_6H_5COOH(aq) \rightleftharpoons C_6H_5COO^-(aq) + H^+(aq)$

14.10 K_P에 대한 K_c의 관계식을 쓰고, 모든 항들을 정의하라.

14.11 둘 이상의 반응을 포함하는 전체 반응의 평형 상수를 쓰기 위한 규칙은 무엇인가?

14.12 다중 평형 반응의 한 예를 써라.

⇛ 문제

14.13 어떤 임의의 온도에서 반응 $A \rightleftharpoons B$의 평형 상수 $K_c = 10$이다. (1) 반응물 A만으로 반응을 시작하면 다음 그림 중 어느 것이 평형에 있는 계를 가장 잘 나타내는가? (2) $K_c = 0.10$일 때, 어느 그림이 평형에 있는 계를 가장 잘 나타냈는가? 각 경우에서 용기의 부피를 모르지만 K_c를 계산할 수 있는 이유를 설명하라. 회색 공은 A 분자, 녹색 공은 B 분자를 나타낸다.

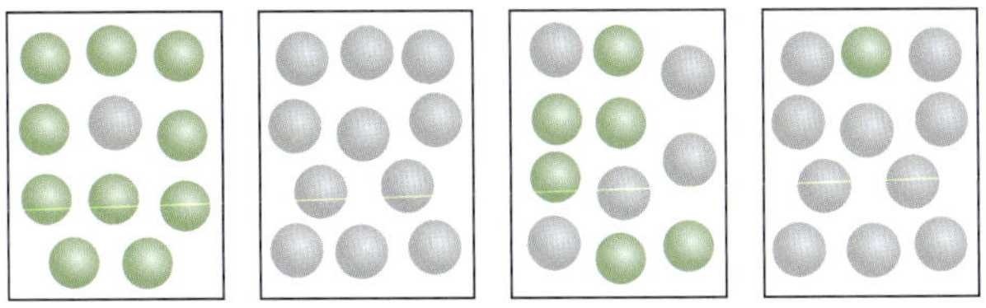

(a) (b) (c) (d)

14.14 다음은 $A + X \rightleftharpoons AX$($X$ = B, C, D) 유형의 세 가지 다른 반응에 대한 평형 상태를 나타낸 그림이다.

$A + B \rightleftharpoons AB$ $A + C \rightleftharpoons AC$ $A + D \rightleftharpoons AD$

(a) 평형 상수 값이 가장 큰 반응은 무엇인가?
(b) 평형 상수 값이 가장 작은 반응은 무엇인가?

14.15 25°C에서 다음 반응의 $K_c = 4.17 \times 10^{-34}$이다.

$$2HCl(g) \rightleftharpoons H_2(g) + Cl_2(g)$$

같은 온도에서 다음 반응의 평형 상수는 얼마인가?

$$H_2(g) + Cl_2(g) \rightleftharpoons 2HCl(g)$$

14.16 700°C에서 다음 평형 과정을 생각해 보자.

$$2H_2(g) + S_2(g) \rightleftharpoons 2H_2S(g)$$

12.0-L들이 플라스크에 H_2 2.50 mol, S_2 1.35×10^{-5} mol, H_2S 8.70 mol이 들어 있다. 이 반응에 대한 평형 상수 K_c를 계산하라.

14.17 1273°C에서 다음 반응의 K_c가 2.24×10^{22}이면 K_P는 얼마인가?

$$2CO(g) + O_2(g) \rightleftharpoons 2CO_2(g)$$

14.18 다음 반응의 350°C에서 평형 상수 K_P는 1.8×10^{-5}이다. 이 반응의 K_c는 얼마인가?

$$2SO_3(g) \rightleftharpoons 2SO_2(g) + O_2(g)$$

14.19 다음 반응을 생각해 보자.

$$N_2(g) + O_2(g) \rightleftharpoons 2NO(g)$$

2200°C에서 N_2, O_2, NO의 평형 부분 압력은 각각 0.15 atm, 0.33 atm, 0.050 atm이다. K_P를 구하라.

14.20 어떤 온도에서 반응 용기에 평형에 있는 NH_3, N_2, H_2가 들어 있다. 이들의 평형 농도는 $[NH_3] = 0.25$ *M*, $[N_2] = 0.11$ *M*이고, $[H_2] = 1.91$ *M*이다. 반응을 다음과 같이 나타낼 때 암모니아의 합성에 대한 평형 상수 K_c를 계산하라.

(a) $N_2(g) + 3H_2(g) \rightleftharpoons 2NH_3(g)$
(b) $\frac{1}{2}N_2(g) + \frac{3}{2}H_2(g) \rightleftharpoons NH_3(g)$

14.21 727°C에서 다음 반응의 K_c는 3.8×10^{-5}이다.

$$I_2(g) \rightleftharpoons 2I(g)$$

같은 온도에서 다음 평형의 평형 상수 K_c와 K_P를 계산하라.

$$2I(g) \rightleftharpoons I_2(g)$$

14.22 평형에서 다음 반응 혼합물의 압력은 350°C에서 0.105 atm이다.

$$CaCO_3(s) \rightleftharpoons CaO(s) + CO_2(g)$$

이 반응의 K_P와 K_c를 계산하라.

14.23 250°C에서 다음 반응의 평형 상수 K_P는 1.05이다.

$$PCl_5(g) \rightleftharpoons PCl_3(g) + Cl_2(g)$$

이 온도에서 PCl_5, PCl_3, Cl_2의 혼합물의 부분 압력이 각각 0.177 atm, 0.223 atm, 0.111 atm으로 반응이 시작되었다. 이 온도에서 혼합물이 평형에 도달되었을 때 어떤 물질의 압력이 감소되었고, 어느 압력이 증가되었는가? 그 이유를 설명하라.

14.24 $NH_4CO_2NH_2$는 다음과 같이 분해한다.

$$NH_4CO_2NH_2(s) \rightleftharpoons 2NH_3(g) + CO_2(g)$$

고체만으로 반응할 때 40°C에서 전체 기체(NH_3와 CO_2)의 압력이 0.363 atm임을 알았다. 평형 상수 K_P를 구하라.

14.25 1600°C에서 다음 반응을 생각해 보자.

$$Br_2(g) \rightleftharpoons 2Br(g)$$

0.980-L 플라스크에 Br_2 1.05 mol을 넣었을 때, 1.20%의 Br_2가 분해되었다. 이 반응의 평형 상수 K_c를 계산하라.

14.26 순수한 포스젠($COCl_2$) 기체 3.00×10^{-2} mol을 1.50-L들이 용기에 넣었다. 800 K로 가열하였더니 평형에서 CO의 압력은 0.497 atm이었다. 다음 반응

의 평형 상수 K_P를 계산하라.

$$CO(g) + Cl_2(g) \rightleftharpoons COCl_2(g)$$

14.27 다음 평형 반응을 생각해 보자.

$$2NOBr(g) \rightleftharpoons 2NO(g) + Br_2(g)$$

25°C에서 NOBr 34%가 분해되고, 전체 압력이 0.25 atm이라면, 이 온도에서 분해 반응에 대한 평형 상수 K_P와 K_c를 계산하라.

14.28 NOCl 2.50 mol이 처음에 400°C에서 1.50-L들이 반응 용기에 있었다. 평형에 도달한 후 NOCl의 28.0%가 다음과 같이 해리되었음을 알았다.

$$2NOCl(g) \rightleftharpoons 2NO(g) + Cl_2(g)$$

이 반응의 평형 상수 K_c를 계산하라.

14.29 25°C에서 황화 수소산(hydrosulfuric acid)의 평형 상수를 다음과 같이 측정하였다.

$$H_2S(aq) \rightleftharpoons H^+(aq) + HS^-(aq) \quad K_c' = 9.5 \times 10^{-8}$$

$$HS^-(aq) \rightleftharpoons H^+(aq) + S^{2-}(aq) \quad K_c'' = 1.0 \times 10^{-19}$$

같은 온도에서 다음 반응에 대한 평형 상수를 계산하라.

$$H_2S(aq) \rightleftharpoons 2H^+(aq) + S^{2-}(aq)$$

14.30 25°C에서 옥살산의 평형 상수를 다음과 같이 측정하였다.

$$H_2C_2O_4(aq) \rightleftharpoons H^+(aq) + HC_2O_4^-(aq) \quad K_c' = 6.5 \times 10^{-2}$$

$$HC_2O_4^-(aq) \rightleftharpoons H^+(aq) + C_2O_4^{2-}(aq) \quad K_c'' = 6.1 \times 10^{-5}$$

같은 온도에서 다음 반응에 대한 평형 상수를 계산하라.

$$H_2C_2O_4(aq) \rightleftharpoons 2H^+(aq) + C_2O_4^{2-}(aq)$$

14.31 1123 K에서 다음 반응의 평형 상수를 다음과 같이 측정하였다.

$$C(s) + CO_2(g) \rightleftharpoons 2CO(g) \quad K_P' = 1.3 \times 10^{14}$$

$$CO(g) + Cl_2(g) \rightleftharpoons COCl_2(g) \quad K_P'' = 6.0 \times 10^{-3}$$

1123 K에서 다음 반응의 평형 상수식 K_P를 쓰고, 그 평형 상수를 계산하라.

$$C(s) + CO_2(g) + 2Cl_2(g) \rightleftharpoons 2COCl_2(g)$$

14.32 어떤 온도에서 다음 반응은 아래와 같은 평형 상수를 갖는다.

$$S(s) + O_2(g) \rightleftharpoons SO_2(g) \quad K_c' = 4.2 \times 10^{52}$$

$$2S(s) + 3O_2(g) \rightleftharpoons 2SO_3(g) \quad K_c'' = 9.8 \times 10^{128}$$

이 온도에서 다음 반응의 평형 상수 K_c를 계산하라.

$$2SO_2(g) + O_2(g) \rightleftharpoons 2SO_3(g)$$

14.3 화학 반응속도론과 화학 평형과의 관계

복습 질문

14.33 속도 상수를 고려하여 평형 상수가 왜 온도에 따라 변하는가를 설명하라.

14.34 녹(Fe_2O_3)의 생성과 같이 평형 상수가 큰 반응은 반응 속도가 왜 느린지 설명하라.

문제

14.35 물은 다음과 같이 자동 이온화되는 대단히 약한 전해질이다.

$$H_2O(l) \underset{k_{-1}}{\overset{k_1}{\rightleftharpoons}} H^+(aq) + OH^-(aq)$$

(a) $k_1 = 2.4 \times 10^{-5}\ s^{-1}$, $k_{-1} = 1.3 \times 10^{11}/M \cdot s$라고 할 때, 평형 상수 K를 계산하라. $K = [H^+][OH^-]/[H_2O]$이다.

(b) $[H^+]$, $[OH^-]$와 곱인 $[H^+][OH^-]$를 계산하라.

14.36 하나의 단일 단계로 일어나는 다음 반응을 생각해 보자.

$$2A + B \underset{k_{-1}}{\overset{k_1}{\rightleftharpoons}} A_2B$$

어떤 온도에서 평형 상수 K_c 값이 12.6이라면 $k_r = 5.1 \times 10^{-2}\ s^{-1}$일 때, k_f 값을 계산하라.

14.4 평형 상수는 무엇을 뜻하는가?

복습 질문

14.37 반응 지수를 정의하라. 평형 상수와 어떻게 다른가?

14.38 평형 반응에서 반응 화학종의 농도를 계산하는 단계를 요약하라.

문제

14.39 다음 반응의 K_P는 350°C에서 5.60×10^4이다.

$$2SO_2(g) + O_2(g) \rightleftharpoons 2SO_3(g)$$

반응 초기에 SO_2 0.350 atm과 O_2 0.762 atm을 혼합하여 평형에 도달되었을 때 전체 압력은 초기 부분 압력의 합인 1.112 atm보다 작은지, 큰지 말하라.

14.40 암모니아의 합성에서 평형 상수 K_c는 375°C에서 1.2이다.

$$N_2(g) + 3H_2(g) \rightleftharpoons 2NH_3(g)$$

$[H_2]_0 = 0.76\ M$, $[N_2]_0 = 0.60\ M$, $[NH_3]_0 = 0.48\ M$로 시작하여 이 혼합물이 평형에 이를 때, 어떤 기체의 농도가 증가하며, 어떤 기체의 농도가 감소하겠는가?

14.41 700°C에서 다음 반응의 K_c는 0.534이다.

$$H_2(g) + CO_2(g) \rightleftharpoons H_2O(g) + CO(g)$$

이 온도에서 CO 0.300 mol과 H_2O 0.300 mol의 혼

합물을 10.0-L 들이 용기에 넣어서 가열했다면 평형에서 H_2는 몇 mol이 생성되겠는가?

14.42 순수한 NO_2를 1000 K로 가열하였더니 다음과 같이 분해하였다.

$$2NO_2(g) \rightleftharpoons 2NO(g) + O_2(g)$$

이 반응의 평형 상수 K_P는 158이다. 분석을 통해 O_2의 부분 압력이 평형에서 0.25 atm임을 알았다. 혼합물 중 NO와 NO_2의 압력을 계산하라.

14.43 다음 반응의 K_c는 730°C에서 2.18×10^6이다.

$$H_2(g) + Br_2(g) \rightleftharpoons 2HBr(g)$$

HBr 3.20 mol이 12.0-L들이 반응 용기 내에서 반응하기 시작했다면 평형에서 H_2, Br_2, HBr의 농도를 구하라.

14.44 아이오딘 분자가 아이오딘 원자로 해리되는 반응은 다음과 같다.

$$I_2(g) \rightleftharpoons 2I(g)$$

1000 K에서 이 반응의 평형 상수 K_c는 3.80×10^{-5}이다. 이 온도에서 2.30-L 들이 플라스크에 I_2 0.0456 mol을 넣고 반응을 시작한다고 가정하자. 평형에서 기체의 농도는 얼마인가

14.45 527°C에서 $COCl_2$(포스젠)의 분해 반응의 K_c는 4.63×10^{-3}이다.

$$COCl_2(g) \rightleftharpoons CO(g) + Cl_2(g)$$

초기에 $COCl_2$ 0.760 atm으로 시작했다면 존재하는 모든 성분의 평형 부분 압력을 구하라.

14.46 686°C에서 다음과 같은 평형 과정을 생각해 보자.

$$CO_2(g) + H_2(g) \rightleftharpoons CO(g) + H_2O(g)$$

반응 화학종의 평형 농도는 [CO] = 0.050 M, $[H_2]$ = 0.045 M, $[CO_2]$ = 0.086 M, $[H_2O]$ = 0.040 M이다. (a) 686°C에서 이 반응의 K_c를 계산하라. (b) CO_2를 첨가해서 CO_2의 농도를 0.50 mol/L로 증가시켜 주면 평형을 다시 이룰 때, 모든 기체의 농도는 얼마인가?

14.47 다음 불균일 평형 반응을 고려해 보자.

$$C(s) + CO_2(g) \rightleftharpoons 2CO(g)$$

700°C에서 전체 압력은 4.50 atm이다. K_P가 1.52라면 평형에서 CO_2와 CO의 부분 압력은 얼마인가?

14.48 다음 반응의 평형 상수 K_c는 1650°C에서 4.2이다.

$$H_2(g) + CO_2(g) \rightleftharpoons H_2O(g) + CO(g)$$

처음에 H_2 0.80 mol과 CO_2 0.80 mol을 5.0-L 들이 플라스크에 넣었다. 평형에서 각 화학종의 농도를 계산하라.

14.5 화학 평형에 영향을 주는 인자들

복습 질문

14.49 르샤틀리에 원리를 설명하라. 이 원리는 반응의 수득률을 최대로 하는 데 어떤 도움을 주는가?

14.50 르샤틀리에 원리를 이용하여 액체의 평형 증기압이 온도가 증가함에 따라 왜 증가하는가를 설명하라.

14.51 평형의 위치를 이동시킬 수 있는 네 가지 인자는 무엇인가? 이 중에서 평형 상수값을 변화시킬 수 있는 것은 어느 것인가?

14.52 촉매를 가하면 평형의 위치에 어떤 영향을 미치는가?

문제

14.53 평형에 있는 다음 반응을 생각해 보자.

$$SO_2(g) + Cl_2(g) \rightleftharpoons SO_2Cl_2(g)$$

여기에서 (a) Cl_2 기체를 가했을 때, (b) SO_2Cl_2를 제거했을 때, (c) SO_2를 제거했을 때 평형은 어느 쪽으로 이동되는가? 단, 온도는 일정하게 유지된다.

14.54 밀폐된 용기에서 중탄산 소듐을 가열하면 다음과 같이 평형을 이룬다.

$$2NaHCO_3(s) \rightleftharpoons NaCO_3(s) + H_2O(g) + CO_2(g)$$

다음과 같이 (a) 계에서 약간의 CO_2를 제거시킬 때, (b) 고체 Na_2CO_3를 약간 첨가했을 때, (c) 계에서 고체 $NaHCO_3$를 약간 제거했을 때, 평형 위치는 어떻게 변하겠는가? 반응 온도는 일정하게 유지한다.

14.55 다음 평형 계를 생각해 보자.

(a) $A \rightleftharpoons 2B$ $\quad \Delta H^\circ = 20.0$ kJ/mol
(b) $A + B \rightleftharpoons C$ $\quad \Delta H^\circ = -5.4$ kJ/mol
(c) $A \rightleftharpoons B$ $\quad \Delta H^\circ = 0.0$ kJ/mol

각 경우에 반응계의 온도를 올리면 평형 상수 K_c는 어떻게 변하는지 예측하라.

14.56 다음과 같은 각 평형 계에 압력을 증가시키면 어떤 영향이 있는가? 온도를 일정하게 유지하고 모든 반응물은 움직일 수 있는 피스톤이 달린 원통에 들어 있다.

(a) $A(s) \rightleftharpoons 2B(s)$
(b) $2A(l) \rightleftharpoons B(l)$
(c) $A(s) \rightleftharpoons B(g)$
(d) $A(g) \rightleftharpoons B(g)$
(e) $A(g) \rightleftharpoons 2B(g)$

14.57 다음 평형을 생각해 보자.

$$2I(g) \rightleftharpoons I_2(g)$$

다음 조건들은 평형에 어떤 영향을 미치는가? (a) 부피를 줄여 전체 압력을 감소시킨다. (b) 반응 혼합물에 I_2를 가한다. (c) 온도를 낮춘다.

14.58 다음 평형 과정을 생각해 보자.

$$PCl_5(g) \rightleftharpoons PCl_3(g) + Cl_2(g) \quad \Delta H^\circ = 92.5 \text{ kJ/mol}$$

(a) 온도를 올려줄 때, (b) 더 많은 염소 기체를 반응 혼합물에 가할 때, (c) 약간의 PCl_3를 혼합물에서 제거시켰을 때, (d) 기체의 압력을 증가시켰을 때, (e) 촉매를 반응 혼합물에 가할 때, 평형의 이동 방향을 예측하라.

14.59 다음 반응을 생각해 보자.

$$2SO_2(g) + O_2(g) \rightleftharpoons 2SO_3(g) \qquad \Delta H^\circ = -198.2 \text{ kJ/mol}$$

다음 조건에서 SO_2, O_2, SO_3의 농도는 어떻게 변하는가를 설명하라. (a) 온도 상승, (b) 압력 증가, (c) SO_2 증가, (d) 촉매를 가함, (e) 일정 부피에서 He 기체를 가함.

14.60 다음과 같은 비촉매 반응에서 평형일 때, 기체들의 압력은 100°C에서 $P_{N_2O_4} = 0.377$ atm이고, $P_{NO_2} = 1.56$ atm이다.

$$N_2O_4(g) \rightleftharpoons 2NO_2(g)$$

이 혼합물에 촉매를 첨가하면 이들 압력에 어떤 일이 일어나겠는가?

14.61 기체상 반응을 생각해 보자.

$$2CO(g) + O_2(g) \rightleftharpoons 2CO_2(g)$$

(a) 일정 압력에서, (b) 일정 부피에서 He 기체를 가했을 때, 평형의 위치는 어떻게 이동되는가를 예측하라.

14.62 밀폐된 용기에서 평형을 이루고 있는 다음 반응을 생각해 보자.

$$CaCO_3(s) \rightleftharpoons CaO(s) + CO_2(g)$$

(a) 부피를 증가시킬 때, (b) CaO를 약간 가할 때, (c) $CaCO_3$를 약간 제거시킬 때, (d) CO_2를 약간 첨가할 때, (e) NaOH 용액을 몇 방울 첨가할 때, (f) HCl 용액을 몇 방울 첨가할 때(CO_2와 물과의 반응은 무시), (g) 온도를 증가시킬 때, 어떤 일이 일어나겠는가?

실전 연습의 답_Answers to Practice Exercises

14.1 $K_c = \frac{[NO_2]^4[O_2]}{[N_2O_5]^2}$; $K_P = \frac{P^4_{NO_2}P_{O_2}}{P^2_{N_2O_5}}$.
14.2 2.2×10^2. **14.3** 347 atm. **14.4** 1.2.
14.5 $K_c = \frac{[Ni(CO)_4]}{[CO]^4}$; $K_P = \frac{P_{Ni(CO)_4}}{P^4_{CO}}$.
14.6 $K_P = 0.0702$; $K_c = 6.68 \times 10^{-5}$.
14.7 (a) $K_a = \frac{[O_3]^2}{[O_2]^3}$, (b) $K_b = \frac{[O_3]^{\frac{2}{3}}}{[O_2]}$; $K_a = K_b^3$.
14.8 오른쪽에서 왼쪽으로. **14.9** [HI] = 0.031 M, $[H_2] = 4.3 \times 10^{-3}$ M, $[I_2] = 4.3 \times 10^{-3}$ M. **14.10** $[Br_2] = 0.065$ M, [Br] $= 8.4 \times 10^{-3}$ M. **14.11** $Q_P = 4.0 \times 10^5$; 알짜 반응은 오른쪽에서 왼쪽으로 일어날 것이다. **14.12** 왼쪽에서 오른쪽으로. **14.13** 평형은 다음과 같이 이동한다. (a) 왼쪽에서 오른쪽으로, (b) 왼쪽에서 오른쪽으로, (c) 오른쪽에서 왼쪽으로 이동할 것이다. (d) 촉매는 평형에 아무런 영향도 주지 않는다.

개념과 사실 복습하기의 답_Answers to Review of Concepts & Facts

14.1.1 (a) $K_c > 1$. **14.1.2** 생성물. **14.2.1** (c). **14.2.2** $2NO(g) + O_2(g) \rightleftharpoons 2NO_2(g)$. **14.2.3** $2NO_2(g) + 7H_2(g) \rightleftharpoons 2NH_3(g) + 4H_2O(g)$. **14.2.4** $K_c = \frac{1}{[B]}$. **14.3.1** $k_1 = 6.7 \times 10^3$ M/s. **14.4.1** 아니오. 생성물인 오른쪽으로. **14.4.2** 0.10 M. **14.4.3** (b) 평형에 있다. (a) 생성물인 오른쪽으로. (c) 반응물인 왼쪽으로. **14.5.1** (a) 반응물인 왼쪽으로. (b) 반응물인 왼쪽으로. (c) 생성물인 오른쪽으로. (d) 영향 없음. **14.5.2** A는 증가하고, A_2는 감소한다. **14.5.3** 반응은 발열 과정이다.

▲ 캘리포니아의 모노 호수(Mono Lake)는 대단히 높은 농도의 염이 녹아 있어서 물이 강한 알칼리성으로 되다. 따라서 대부분의 해양 생물이 살기에 적합하지 않다.

stevemendenhall/RooM/Getty Images

제 15 장

산과 염기

Acids and Bases

차 례

15.1 브뢴스테드 산과 염기
15.2 물의 산-염기 성질
15.3 pH—산도의 측정
15.4 산-염기의 세기
15.5 약산과 산 이온화 상수
15.6 약염기와 염기 이온화 상수
15.7 산과 그 짝염기의 이온화 상수 사이의 관계
15.8 이양성자산과 다양성자산
15.9 분자 구조와 산의 세기
15.10 염의 산-염기 성질
15.11 산화물과 수산화물의 산-염기 성질
15.12 루이스 산과 염기

화학 및 생물계에서 가장 중요한 과정 중 하나는 수용액에서의 산-염기 반응이다. 산과 염기의 특성을 다룬 두 장 중 이번 첫 번째 장에서는 산과 염기의 정의, pH 척도, 약산과 약염기의 이온화 상수, 산의 세기와 분자 구조 사이의 관계를 공부할 것이다. 또한 산과 염기로 작용할 수 있는 산화물에 대해서도 살펴볼 것이다.

15.1 브뢴스테드 산과 염기

학습 목표

- 브뢴스테드 산과 염기의 성질을 설명할 수 있다.

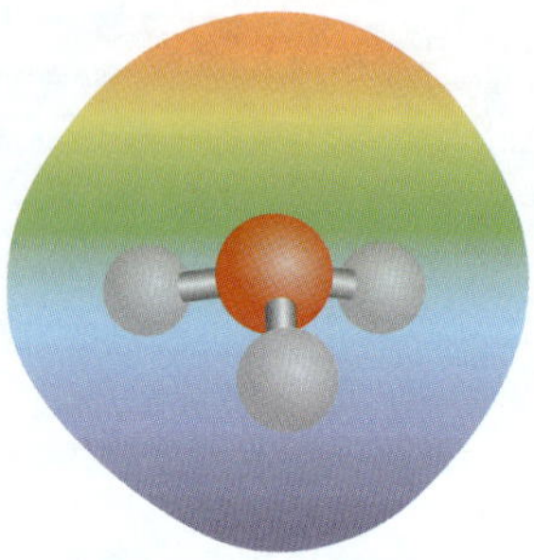

▲ 양성자는 항상 수용액에서 물 분자들과 결합하고 있다. H_3O^+ 이온은 수화된 양성자의 가장 간단한 화학식이다.

제4장에서 브뢴스테드 산은 양성자를 줄 수 있는 물질이고, 브뢴스테드 염기는 양성자를 받을 수 있는 물질로 정의하였다. 이러한 정의는 산과 염기의 성질과 반응을 논의할 때에 일반적으로 적절하다.

짝산-짝염기 쌍(conjugate acid-base pair)은 *산과 그 짝염기* 또는 *염기와 그 짝산*으로 정의할 수 있는데, 이는 산과 염기의 브뢴스테드 정의를 확장한 개념이다. 브뢴스테드 산의 짝염기는 산으로부터 양성자 하나가 제거될 때에 남아 있는 화학종이다. 반대로, 짝산은 브뢴스테드 염기에 양성자가 첨가됨으로써 생성된다.

모든 브뢴스테드 산은 짝염기를 가지며, 모든 브뢴스테드 염기는 짝산을 가진다. 예를 들면, 염화 이온(Cl^-)은 산 HCl로부터 생성된 짝염기이며, H_3O^+(하이드로늄 이온)는 염기 H_2O의 짝산이다.

$$HCl + H_2O \longrightarrow H_3O^+ + Cl^-$$

마찬가지로 아세트산의 이온화는 다음과 같이 나타낼 수 있다.

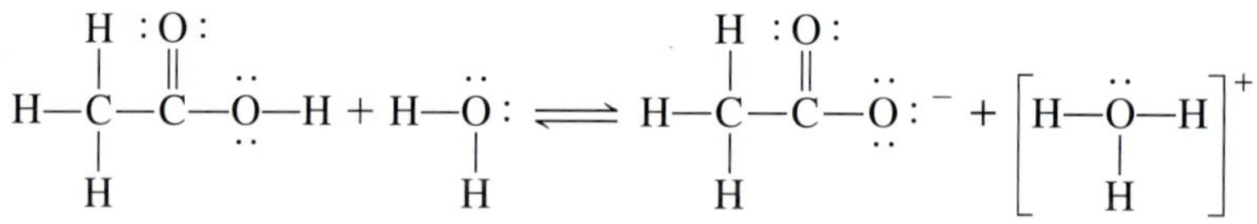

$$\underset{\text{산}_1}{CH_3COOH(aq)} + \underset{\text{염기}_2}{H_2O(l)} \rightleftharpoons \underset{\text{염기}_1}{CH_3COO^-(aq)} + \underset{\text{산}_2}{H_3O^+(aq)}$$

여기서 아래첨자 1과 2는 두 개의 짝산-짝염기 쌍을 나타낸다. 따라서 아세트산 이온(CH_3COO^-)은 CH_3COOH의 짝염기이다. HCl의 이온화(4.3절 참조)와 CH_3COOH의 이온화는 모두 브뢴스테드 산-염기 반응의 예이다.

브뢴스테드의 정의에 의하면 암모니아는 양성자를 받는 능력 때문에 염기로 분류된다.

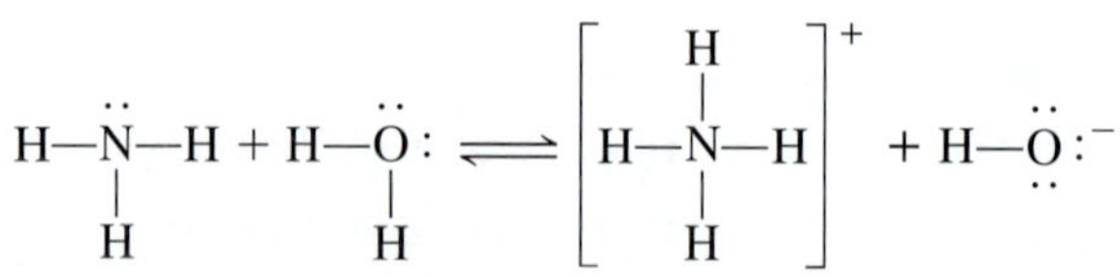

$$\underset{\text{염기}_1}{NH_3(aq)} + \underset{\text{산}_2}{H_2O(l)} \rightleftharpoons \underset{\text{산}_1}{NH_4^+(aq)} + \underset{\text{염기}_2}{OH^-(aq)}$$

이 경우 NH_4^+는 염기 NH_3의 짝산이며, 수산화 이온(OH^-)은 산 H_2O의 짝염기이다. H^+ 이온을 받는 브뢴스테드 염기의 원자는 고립 전자쌍을 갖는다는 것을 기억하라.

예제 15.1에서 산-염기 반응에서의 짝 쌍을 찾아보기로 하자.

인터넷 핫스팟

학생들의 학습 경험에 대해 축적된 자료에 따르면 짝산-짝염기 쌍을 이해하는 데 어려움을 겪을 수 있다. 이런 경우 eBook에 접속해서 이 주제에 대한 추가 학습 자료를 보면 도움이 될 수 있다.

예제 15.1

수용액에서 암모니아와 플루오린화 수소산 사이의 반응에서 짝산-짝염기 쌍을 찾아라.

$$NH_3(aq) + HF(aq) \rightleftharpoons NH_4^+(aq) + F^-(aq)$$

전략 짝염기는 항상 대응하는 산의 화학식보다 H 원자가 하나 더 적고, 음전하가 하나 더 많음(또는 양전하 하나가 더 적음)을 기억하라.

풀이 NH_3는 NH_4^+보다 H 원자가 하나 더 적고, 양전하가 하나 더 적다. F^-는 HF보다 H 원자가 하나 더 적고, 음전하가 하나 더 많다. 따라서 짝산-짝염기 쌍은 (1) NH_4^+와 NH_3이고, (2) HF와 F^-이다.

실전 연습 다음 반응에서 짝산-짝염기 쌍을 찾아라.

$$CN^- + H_2O \rightleftharpoons HCN + OH^-$$

비슷한 문제: 15.5.

수용액에서 양성자는 H^+ 또는 H_3O^+로도 나타낼 수 있다. 화학식 H^+는 수소 이온 농도를 포함하는 계산이나 평형 상수를 포함하는 계산에서 유리한 반면, H_3O^+는 브뢴스테드 산-염기 성질을 논의할 때 더 유용하다.

개념과 사실 요약하기

- 브뢴스테드 산은 양성자를 제공하고 브뢴스테드 염기는 양성자를 받는다. 이것은 일반적으로 "산" 및 "염기"라는 용어 사용의 기본이 되는 정의이다.

개념과 사실 복습하기

15.1.1 다음 중 짝산-염기 쌍으로 구성되어 있지 않은 것은 어느 것인가?
(a) HNO_2–NO_2^-, (b) H_2CO_3–CO_3^{2-}, (c) $CH_3NH_3^+$–CH_3NH_2

15.1.2 다음 물질 각각에 대한 짝산과 짝염기의 화학식을 써라.
(a) HSO_4^-, (b) HPO_4^{2-}.

15.2 물의 산-염기 성질

학습 목표

- 물의 자체이온화를 정의할 수 있다.
- 이온곱 상수(K_w)를 사용하여 수용액의 $[H_3O]^+$ 또는 $[OH]^-$를 계산할 수 있다.

우리가 잘 알고 있는 것과 같이 물은 매우 독특한 용매이다. 물의 특별한 성질 중 하나는 산과 염기 모두로 작용할 수 있다는 것이다. 물은 HCl이나 CH_3COOH와 같은 산과 반응할 때는 염기로서 행동하고, NH_3와 같은 염기와 반응할 때에는 산으로서 행동한다. 물은 매우 약한 전해질이므로 약한 전기 전도체이지만, 조금은 이온화한다.

$$H_2O(l) \rightleftharpoons H^+(aq) + OH^-(aq)$$

이 반응을 때로 물의 *자체이온화*(autoionization)라고 부른다. 브뢴스테드 개념에서 물의

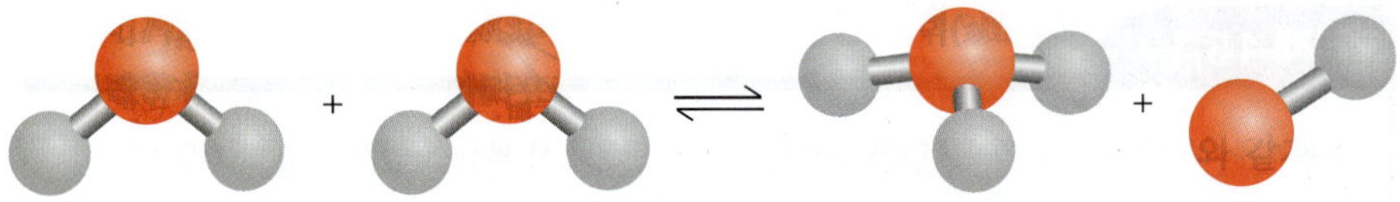

▲ **그림 15.1** 물 분자 두 개가 반응하여 하이드로늄 이온과 수산화 이온 형성한다.

산-염기 성질을 설명하기 위해 자체이온화를 다음과 같이 나타낼 수 있다(그림 15.1 참조).

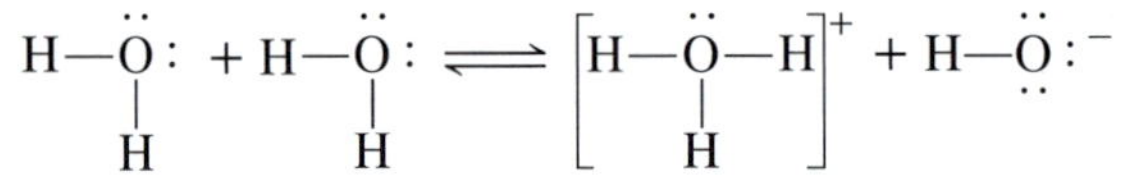

또는

$$\underset{\text{산}_1}{H_2O} + \underset{\text{염기}_2}{H_2O} \rightleftharpoons \underset{\text{산}_2}{H_3O^+} + \underset{\text{염기}_1}{OH^-} \tag{15.1}$$

짝산-짝염기 쌍은 (1) H_2O(산)과 OH^-(염기), (2) H_3O^+(산)과 H_2O(염기)이다.

물의 이온곱

산-염기 반응의 연구에서는 수소 이온 농도가 열쇠이다. 그 값이 용액의 산도 또는 염기도를 나타낸다. 물 분자들 중 극히 일부분만 이온화되므로 물의 농도 $[H_2O]$는 사실상 변하지 않고 유지된다(순수한 물에서 $[H_2O] = 55.5\ M$임을 상기하라). 그러므로 식 (15.1)에 따라 물의 자체이온화에 대한 평형 상수는 다음과 같이 나타낼 수 있다. 따라서 식 (15.1)에 따른 물의 자체이온화에 대한 평형 상수는 다음과 같이 쓸 수 있다.

$$K_c = [H_3O^+][OH^-]$$

수화된 양성자를 나타내는 데 $H^+(aq)$와 $H_3O^+(aq)$를 같이 사용할 수 있기 때문에, 평형 상수를 다음과 같이 나타낼 수도 있다.

$$K_c = [H^+][OH^-]$$

물의 자체이온화를 나타내기 위해 평형 상수를 K_c 대신 K_w로 바꾸어 쓴다.

$$K_w = [H_3O^+][OH^-] = [H^+][OH^-] \tag{15.2}$$

평형 상수 K_w는 **이온곱 상수**(ion-product constant)라고 하며, 이것은 *특정 온도에서 H^+와 OH^- 이온의 몰농도의 곱*이다.

25°C의 순수한 물에서 H^+와 OH^- 이온의 농도는 같으며, $[H^+] = 1.0 \times 10^{-7}\ M$이고, $[OH^-] = 1.0 \times 10^{-7}\ M$이다. 그러므로 25°C에서 식 (15.2)로부터

$$K_w = (1.0 \times 10^{-7})(1.0 \times 10^{-7}) = 1.0 \times 10^{-14}$$

순수한 물이거나 용해된 화학종이 있는 수용액이거나에 관계없이, 다음 관계는 25°C에서 *항상* 성립된다.

$$K_w = [H^+][OH^-] = 1.0 \times 10^{-14} \tag{15.3}$$

$[H^+] = [OH^-]$이면 수용액은 중성이라고 말한다. 산성 용액에서는 H^+ 이온이 과량 존재하며 $[H^+] > [OH^-]$이다. 염기성 용액에서는 OH^- 이온이 과량 존재하며, 따라서 $[H^+] < [OH^-]$이다. 실제로 용액에서 H^+나 OH^-의 농도 중 하나는 변화시킬 수 있으나, 둘 다를 독립적으로 변화시킬 수는 없다. $[H^+] = 1.0 \times 10^{-6}\ M$이 되도록 용액을 조절하면, OH^-의 농도는 반드시 다음과 같이 변하게 된다.

$$[OH^-] = \frac{K_w}{[H^+]} = \frac{1.0 \times 10^{-14}}{1.0 \times 10^{-6}} = 1.0 \times 10^{-8}\ M$$

예제 15.2에 식 (15.3)의 응용 예를 나타내었다.

예제 15.2

어떤 가정용 암모니아 세척 용액의 OH^- 이온의 농도는 0.0025 *M*이다. H^+ 이온의 농도를 계산하라.

전략 OH^- 이온의 농도를 주고 $[H^+]$를 계산하라는 문제이다. 물이나 수용액에서 $[H^+]$와 $[OH^-]$ 사이의 관계는 물의 이온곱 K_w[식 (15.3)]으로 주어진다.

풀이 식 (15.3)을 재정리하면 다음과 같이 쓸 수 있다.

$$[OH^+] = \frac{K_w}{[OH^-]} = \frac{1.0 \times 10^{-14}}{0.0025} = 4.0 \times 10^{-12}\ M$$

검산 앞에서 논의한 암모니아와 물의 반응에서 보았듯이 $[H^+] < [OH^-]$이므로 용액은 염기성이다.

실전 연습 수소 이온 농도가 1.3 *M*인 HCl 용액에서 OH^- 이온의 농도를 계산하라.

비슷한 문제: 15.15, 15.16.

개념과 사실 요약하기

- 물은 이온화되어 $[H_3O^+]$ 및 $[OH^-]$ 이온을 생성한다. 이것은 산과 염기의 브뢴스테드 정의에서 물이 다른 물 분자와 반응하는 자체이온화 반응으로 알려져 있다.
- 물의 자체이온화 평형 상수는 이온-곱 상수, K_w이다. 산성 용액에서는 $[H_3O^+] > [OH^-]$이고 염기성 용액에서는 $[OH^-] > [H_3O^+]$이다.

개념과 사실 복습하기

15.2.1 수용액에서 H^+ 이온 농도가 0.0010 *M*인 경우, OH^- 이온 농도가 1.0×10^{-10} *M*일 수 없는 이유는 무엇인가?

15.2.2 $[OH^-] = 2.3 \times 10^{-5}$ *M*인 용액에서 $[H^+]$를 구하라.

15.3 pH—산도의 척도

학습 목표

- pH 척도를 사용하여 용액을 산성, 염기성 또는 중성으로 분류할 수 있다.
- pH, pOH, H^+ 이온 농도 또는 OH^- 이온 농도를 이용하여 이들 항 중의 하나를 구하는 계산을 할 수 있다.

수용액에서 H^+나 OH^- 이온의 농도는 흔히 너무 작은 값이어서 이 값을 그대로 나타내기가 불편하므로, 1909년 소렌센(Soren Sorensen)[†]은 pH라고 하는 더 실용적인 방법을 제

[†]소렌센(Soren Peer Lauritz Sorensen, 1868~1939)은 네덜란드의 생화학자이다. 그는 원래 pH라고 썼으며, "수소 이온 지수(*Wasserstoffionexponent*)"라고 불렀다. P는 *Potenz*(독일어), *puissance*(프랑스어), *power*(영어)의 첫 글자이다. 지금은 pH라고 쓴다.

안하였다. 용액의 **pH**는 *수소 이온 농도(mol/L)의 음의 로그*로 정의한다.

$$\text{pH} = -\log\,[\text{H}_3\text{O}^+] \quad \text{또는} \quad \text{pH} = -\log\,[\text{H}^+] \tag{15.4}$$

식 (15.4)는 단지 다루기 편한 숫자로 나타내기 위해 고안된 정의임을 명심하라. $[H^+]$가 작은 값이기 때문에 음의 로그를 취하면 pH 값은 양수가 된다. 그렇지 않으면 $[H^+]$의 작은 값으로 인해 음수가 된다. 진한 산 용액의 pH는 음의 값을 가질 수 있다. 예를 들어, 2.0 *M* HCl 용액의 pH는 −0.30이다. 또한 식 (15.4)의 $[H^+]$ 항에 대해서는 단위에 대한 로그는 취할 수 없기 때문에 수소 이온 농도에 대한 표현 중 *숫자 부분*만 로그를 취한다. 따라서 평형 상수와 마찬가지로 용액의 pH는 단위가 없는 양이다.

pH는 수소 이온 농도만을 나타내는 방법이므로 25°C에서 산성과 염기성 용액은 pH 값에 따라 다음과 같이 구분할 수 있다.

산성 용액: $[H^+] > 1.0 \times 10^{-7}\,M$, pH < 7.00
염기성 용액: $[H^+] < 1.0 \times 10^{-7}\,M$, pH > 7.00
중성 용액: $[H^+] = 1.0 \times 10^{-7}\,M$, pH = 7.00

$[H^+]$가 감소함에 따라 pH는 증가함을 주목하라.

때로는 용액의 pH 값을 주고 H^+ 이온 농도를 계산하라고 하는 경우도 있다. 그러한 경우에는 다음과 같이 식 (15.4)의 역로그를 취해야 한다.

$$[\text{H}_3\text{O}^+] = 10^{-\text{pH}} \quad \text{또는} \quad [\text{H}^+] = 10^{-\text{pH}} \tag{15.5}$$

pH의 정의와 앞 장들에서 논의한 용액 농도(몰농도나 몰랄농도)를 포함하는 모든 계산은 암묵적으로 이상적 거동을 가정하기 때문에 오차를 수반한다는 것을 알아야 한다. 실제로는 이온쌍 형성과 다른 형태의 분자 간 상호작용들이 용액 중 화학종의 실제 농도에 영향을 줄 수 있다. 이러한 상황은 제5장에서 다룬 이상 기체 거동과 실제 기체 거동 사이의 관계와 유사하다. 온도, 부피, 존재하는 기체의 양과 종류에 따라 측정된 기체 압력은 이상 기체 식을 이용하여 구한 값들과 다를 수 있다. 마찬가지로 용액에서의 용질의 실제, 즉 "유효" 농도는 용액에 원래 넣어준 물질의 양으로 알고 있는 우리가 생각하는 것과 다를 수도 있다. 반 데르 발스(van der Waals) 식 등에서 이상 기체와 비이상적 기체 거동과의 불일치를 고려하듯이 용액에서도 비이상적 거동을 설명할 수 있다.

한 가지 방법은 농도를 유효 농도인 *활동도*(activity)로 바꾸어 쓰는 것이다. 엄밀히 말해서 용액의 pH는 다음과 같이 정의해야 한다.

$$\text{pH} = -\log a_{\text{H}^+} \tag{15.6}$$

여기서 a_{H^+}는 이온의 활동도이다. 제14장(14.2절)에서 언급한 바와 같이 이상 용액의 활동도는 농도와 같다. 실제 용액에서는 활동도는 대개 농도와 다르며 때로는 상당히 다르다. 용질 농도를 알면 열역학에 기초하여 활동도를 추정할 믿을 만한 방법이 있지만, 상세한 것은 이 책의 범위를 벗어나므로 다루지 않기로 한다. 따라서 묽은 용액을 제외하면 H^+ 이온의 몰농도가 활동도 값과 같지 않으므로, 측정한 pH는 대개 식 (15.4)로 계산한 것과 같지 않음을 명심하라. 앞으로의 논의에서 계속 농도를 사용한다 해도 이러한 접근은 용액 상에서 실제로 일어나는 화학적 과정의 근사치일 뿐이라는 것을 아는 것이 중요하다.

실험실에서는 용액의 pH를 pH 미터로 측정한다(그림 15.2). 표 15.1은 몇 가지 일상에서 보는 액체들의 pH를 나타낸 것이다. 이 표에서 보듯 체액의 pH는 위치와 기능에 따라 크게 변화한다. 소화액의 낮은 pH(높은 산도)는 소화를 촉진하는 반면, 혈액의 높은

표 15.1
몇 가지 일상적인 액체들의 pH

시료	pH 값
위산	1.0~2.0
레몬주스	2.4
식초	3.0
자몽 주스	3.2
오렌지 주스	3.5
소변	4.8~7.5
대기 중에 노출된 물*	5.5
타액	6.4~6.9
우유	6.5
순수한 물	7.0
혈액	7.35~7.45
눈물	7.4
마그네시아유	10.6
가정용 암모니아	11.5

*장시간 대기 중에 노출된 물은 공기 중의 CO_2를 흡수하여 탄산 H_2CO_3을 생성한다.

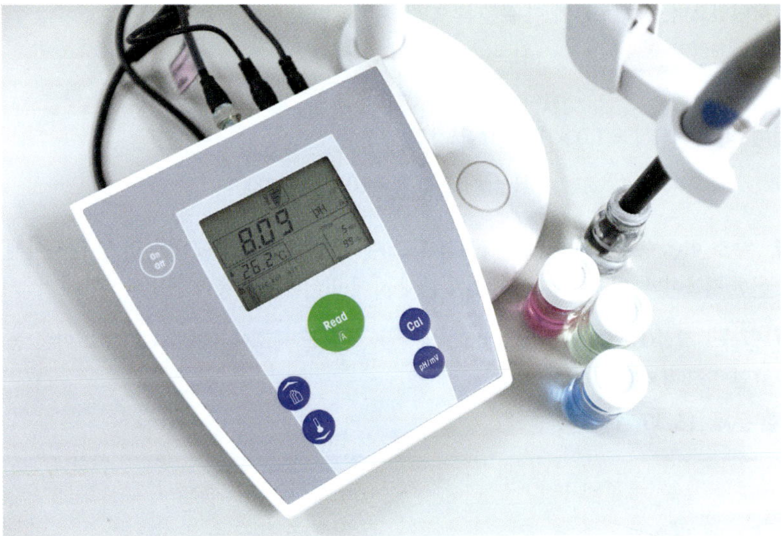

◀ **그림 15.2** pH 미터는 실험실에서 용액의 pH를 측정하는 데 사용된다. 많은 pH 미터가 1~14의 영역을 측정하도록 표시되어 있지만, pH 값은 1보다 작거나 14보다 클 수 있다.
Photongpix/iStock/Getty Images

pH는 산소 운반에 필요하다.

용액의 수산화 이온 농도의 음의 로그를 사용하여 pH 척도와 비슷한 pOH 척도를 고안할 수 있다. 따라서 pOH는 다음과 같이 정의된다.

$$\mathrm{pOH} = -\log\,[\mathrm{OH^-}] \tag{15.7}$$

용액의 pOH 값을 주고 OH^- 이온 농도를 계산하라고 한다면, 다음과 같이 식 (15.7)의 역로그를 취할 수 있다.

$$[\mathrm{OH^-}] = 10^{-\mathrm{pOH}} \tag{15.8}$$

이제 25°C에서의 물의 이온곱 상수를 다시 생각해 보자.

$$[\mathrm{H^+}][\mathrm{OH^-}] = K_\mathrm{w} = 1.0 \times 10^{-14}$$

양변에 음의 로그를 취하면, 다음과 같이 된다.

$$-(\log\,[\mathrm{H^+}] + \log\,[\mathrm{OH^-}]) = -\log\,(1.0 \times 10^{-14})$$
$$-\log\,[\mathrm{H^+}] - \log\,[\mathrm{OH^-}] = 14.00$$

pH와 pOH의 정의로부터 이 식은 다음과 같이 나타낼 수 있다.

$$\mathrm{pH} + \mathrm{pOH} = 14.00 \tag{15.9}$$

식 (15.9)는 H^+ 이온 농도와 OH^- 이온 농도 사이의 관계를 나타내는 또 다른 방법이다.

예제 15.3, 15.4, 15.5는 pH를 포함하는 계산의 예이다.

예제 15.3

뚜껑을 연 직후 포도주 병 속 H^+ 이온의 농도가 $3.2 \times 10^{-4}\,M$이었다. 포도주를 반만 마시고, 나머지 반은 한 달 동안 뚜껑을 연 채로 공기 중에 방치하였더니, 한 달 후 수소 이온 농도는 $1.0 \times 10^{-3}\,M$이었다. 두 경우에 포도주의 pH를 각각 구하라.

전략 H^+ 이온 농도를 주고 용액의 pH를 계산하라는 문제이다. pH의 정의는 무엇인가?

풀이 식 (15.4)에 따르면 $\mathrm{pH} = -\log\,[\mathrm{H^+}]$이다. 병 뚜껑을 처음 열었을 때 $[\mathrm{H^+}] = 3.2 \times$

(계속)

10^{-4} *M*이었으며, 식 (15.4)에 이 값을 넣으면

$$\begin{aligned}pH &= -\log [H^+]\\ &= -\log (3.2 \times 10^{-4}) = 3.49\end{aligned}$$

두 번째 경우에 $[H^+] = 1.0 \times 10^{-3}$ *M*이므로

$$pH = -\log (1.0 \times 10^{-3}) = 3.00$$

해설 수소 이온 농도의 증가(또는 pH의 감소)는 대부분 알코올(에탄올)의 일부가 아세트산으로 변한 결과이다. 이 반응은 산소 분자 존재 하에 일어나는 반응이다.

실전 연습 질산(HNO_3)은 비료, 염료, 의약품, 폭발물 제조에 이용된다. 수소 이온 농도가 0.76 *M*인 질산 용액의 pH를 구하라.

비슷한 문제: 15.17, 15.18.

예제 15.4

어떤 날 특정 지역의 빗물을 모아 pH를 측정하였더니 4.82였다. 빗물의 H^+ 이온 농도를 구하라.

전략 용액의 pH를 주고 $[H^+]$를 구하라는 문제이다. $pH = -\log [H^+]$로 정의되기 때문에 식 (15.5)에서 보듯이 pH의 역로그를 취하여, 즉 $[H^+] = 10^{-pH}$로부터 $[H^+]$를 구할 수 있다.

풀이 식 (15.4)로부터

$$pH = -\log [H^+] = 4.82$$

그러므로

$$\log [H^+] = -4.82$$

$[H^+]$를 계산하기 위해 −4.82의 역로그를 취하면

$$[H^+] = 10^{-4.82} = 1.5 \times 10^{-5}\ M$$

전략 pH가 4와 5 사이이므로 $[H^+]$는 1×10^{-4} *M*과 1×10^{-5} *M* 사이임을 예상할 수 있다. 그러므로 답은 타당하다.

실전 연습 어떤 오렌지 주스의 pH가 3.33이다. H^+ 이온 농도를 구하라.

비슷한 문제: 15.19.

예제 15.5

어떤 NaOH 용액의 $[OH^-]$가 2.9×10^{-4} *M*이다. 이 용액의 pH를 구하라.

전략 이 문제를 풀기 위해서는 두 단계가 필요하다. 첫 번째는 식 (15.7)를 이용하여 pOH를 구하고, 다음에 식 (15.9)을 이용하여 용액의 pH를 구한다.

풀이 식 (15.7)를 이용하면

$$\begin{aligned}pOH &= -\log [OH^-]\\ &= -\log (2.9 \times 10^{-4})\\ &= 3.54\end{aligned}$$

이제 식 (15.9)을 이용하자.

(계속)

$$\mathrm{pH + pOH = 14.00}$$
$$\mathrm{pH = 14.00 - pOH}$$
$$= 14.00 - 3.54 = 10.46$$

다른 방법으로 물의 이온화곱 상수 $K_w = [H^+][OH^-]$를 이용하여 $[H^+]$를 구한 후, $[H^+]$로 부터 pH를 계산할 수 있다.

검산 답이 염기성 용액임을 나타내므로(pH > 7), NaOH 용액임을 만족한다.

실전 연습 어떤 혈액 시료의 OH^- 이온 농도가 2.5×10^{-7} *M*이다. 이것의 pH는 얼마인가?

비슷한 문제: 15.18.

개념과 사실 요약하기

- 수용액의 산도는 pH로 나타내며, 이것은 수소 이온 농도(mol/L)의 음의 로그로 정의한다.
- 25°C에서 산성 용액은 pH < 7이고, 염기성 용액은 pH > 7이며, 중성 용액은 pH = 7이다.

개념과 사실 복습하기

15.3.1 $[H^+] = 5.8 \times 10^{-7}$ *M*인 용액의 pH는 얼마인가? 이 용액의 pOH는 얼마인가?

15.3.2 pOH = 10.93인 용액의 $[H^+]$를 구하라.

15.3.3 $[H^+] = 9.1 \times 10^{-11}$ *M*인 용액의 pOH는 얼마인가?

15.3.4 $[H^+] = 2.5 \times 10^{-3}$ *M*인 용액과 pOH = 11.6인 용액 중 어느 것이 더 산성인가?

15.4 산-염기의 세기

학습 목표

- 강산 또는 강염기 용액의 pH를 계산할 수 있다.
- 산의 상대적인 세기를 이용하여 산-염기 반응의 평형 상수 값을 구할 수 있다.

▶▶ 동영상 자료 강산과 약산의 해리

강산(strong acid)은 *물에서 완전히 이온화한다고 가정할 수 있는 강전해질*(strong electrolyte)이다(그림 15.3). 염산(HCl), 질산(HNO_3), 과염소산($HClO_4$), 황산(H_2SO_4) 등 대부분의 강산은 무기산이다.

$$\mathrm{HCl}(aq) + \mathrm{H_2O}(l) \longrightarrow \mathrm{H_3O^+}(aq) + \mathrm{Cl^-}(aq)$$
$$\mathrm{HNO_3}(aq) + \mathrm{H_2O}(l) \longrightarrow \mathrm{H_3O^+}(aq) + \mathrm{NO_3^-}(aq)$$
$$\mathrm{HClO_4}(aq) + \mathrm{H_2O}(l) \longrightarrow \mathrm{H_3O^+}(aq) + \mathrm{ClO_4^-}(aq)$$
$$\mathrm{H_2SO_4}(aq) + \mathrm{H_2O}(l) \longrightarrow \mathrm{H_3O^+}(aq) + \mathrm{HSO_4^-}(aq)$$

H_2SO_4은 이양성자산임을 주목하라. 여기서는 이온화의 첫 번째 단계만을 나타내었다. 평형 상태에서 이들 산 용액은 이온화되지 않는 산 분자는 포함하지 않는다.

대부분의 산은 *물에서 일정 부분만 이온화하는* **약산**(weak acid)이다. 평형 상태에서 약산의 수용액은 이온화되지 않는 분자, H_3O^+ 이온, 짝염기의 혼합물을 포함한다. 약산의 예로는 플루오린화 수소산(HF), 아세트산(CH_3COOH), 암모늄 이온(NH_4^+) 등이 있다. 산의 세기는 다음 장에서 공부할 이온화의 평형 상수와 관련이 있다.

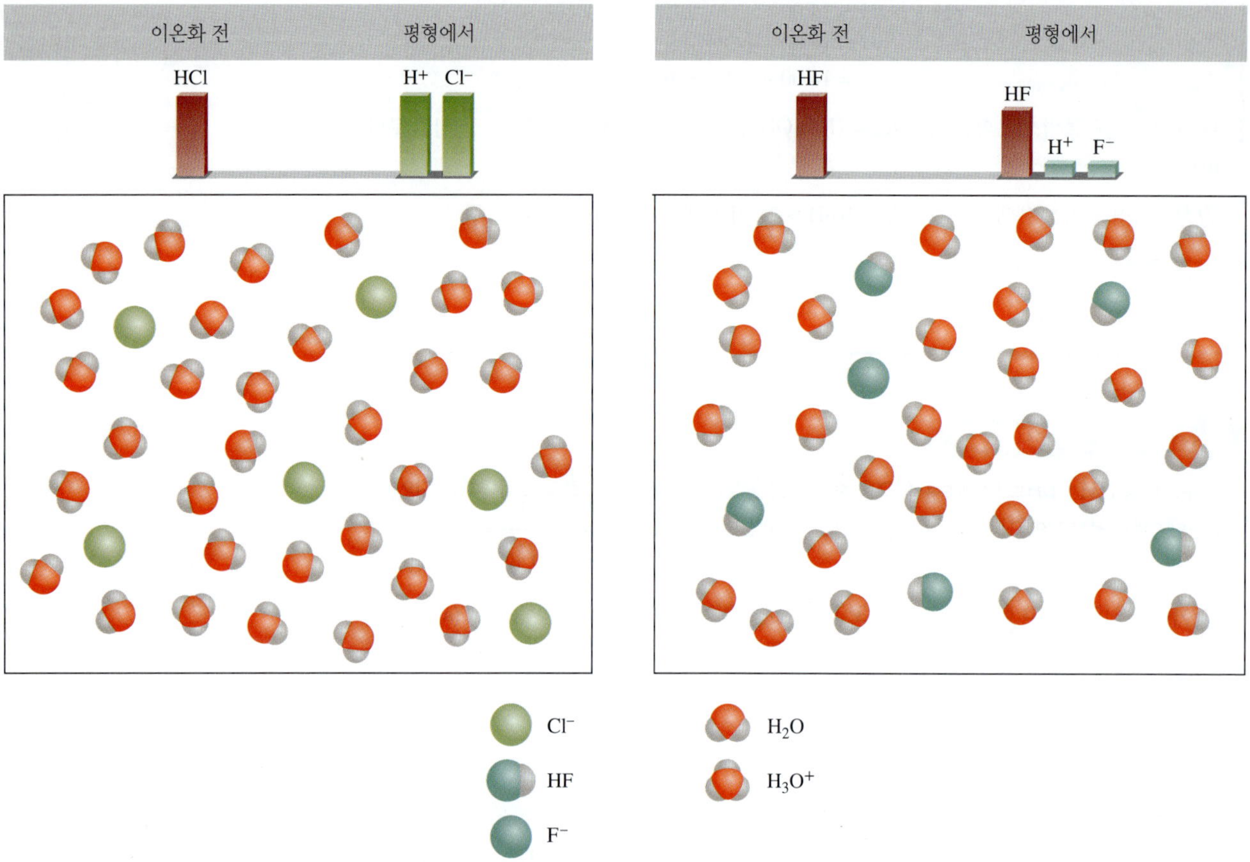

▲ **그림 15.3** HCl(*왼쪽*)과 같은 강산과 HF(*오른쪽*)와 같은 약산의 이온화 정도. 초기에 HCl 6개와 HF 6개가 존재하였다. 강산은 용액에서 완전히 이온화한다. 용액에서 양성자는 하이드로늄 이온(H_3O^+)으로 존재한다.

강산과 마찬가지로 **강염기**(strong base)는 *물에서 완전히 이온화하는 강전해질*이다. 알칼리 금속 및 알칼리 토금속의 수산화물은 강염기이다. [모든 알칼리 금속의 수산화물은 가용성이다. 알칼리 토금속의 수산화물 중에서 $Be(OH)_2$와 $Mg(OH)_2$는 불용성이고, $Ca(OH)_2$와 $Sr(OH)_2$는 미용성(약간 녹음)이며, $Ba(OH)_2$는 가용성이다.] 강염기의 몇 가지 예는 다음과 같다.

$$NaOH(s) \xrightarrow{H_2O} Na^+(aq) + OH^-(aq)$$
$$KOH(s) \xrightarrow{H_2O} K^+(aq) + OH^-(aq)$$
$$Ba(OH)_2(s) \xrightarrow{H_2O} Ba^{2+}(aq) + 2OH^-(aq)$$

엄밀히 말하면 이들 금속 수산화물은 수소 이온을 받을 수 없으므로 브뢴스테드 염기가 아니다. 그러나 이들이 이온화할 때 생성되는 수산화 이온(OH^-)은 수소 이온을 받을 수 있으므로 브뢴스테드 염기이다.

$$H_3O^+(aq) + OH^-(aq) \longrightarrow 2H_2O(l)$$

따라서 우리가 NaOH나 다른 금속 수산화물을 염기라고 부르는 것은 수산화물로부터 생성되는 OH^- 때문이다.

약산과 마찬가지로 **약염기**(weak base)는 *약전해질*(weak electrolyte)이다. 암모니아는 약염기이다. 물에서 일부만이 이온화한다.

$$NH_3(aq) + H_2O(l) \rightleftharpoons NH_4^+(aq) + OH^-(aq)$$

NH_3는 산처럼 수소를 제공하지 않는다. 반대로 물에서 수소를 받아 NH_4^+과 OH^- 이온

표 15.2 짝산 짝염기의 상대적 세기

구분	산	짝염기
강산	$HClO_4$ (과염소산)	ClO_4^- (과염소산 이온)
강산	HI (아이오딘화 수소산)	I^- (아이오딘화 이온)
강산	HBr (브로민화 수소산)	Br^- (브로민화 이온)
강산	HCl (염산)	Cl^- (염화 이온)
강산	H_2SO_4 (황산)	HSO_4^- (황산 수소 이온)
강산	HNO_3 (질산)	NO_3^- (질산 이온)
	H_3O^+ (하이드로늄 이온)	H_2O (물)
약산	HSO_4^- (황산 수소 이온)	SO_4^{2-} (황산 이온)
약산	HF (플루오린화 수소산)	F^- (플루오린화 이온)
약산	HNO_2 (아질산)	NO_2^- (아질산 이온)
약산	HCOOH (폼산)	$HCOO^-$ (폼산)
약산	CH_3COOH (아세트산)	CH_3COO^- (아세트산 이온)
약산	NH_4^+ (암모늄 이온)	NH_3 (암모니아)
약산	HCN (사이안화 수소산)	CN^- (사이안화 이온)
약산	H_2O (물)	OH^- (수산화 이온)
약산	NH_3 (암모니아)	NH_2^- (아마이드화 이온)

산의 세기 증가 (↑, 아래에서 위로)
염기의 세기 증가 (↓, 위에서 아래로)

형태로 존재하는 염기이다.

표 15.2에 몇 가지 중요한 짝산-짝염기 쌍들을 상대적 세기 순서로 나열하였다. 짝산-짝염기 쌍은 다음과 같은 성질을 갖는다.

▲ Zn은 같은 농도의 CH_3COOH와 같은 약산(오른쪽)보다 HCl과 같은 강산(왼쪽)과 더 격렬하게 반응한다. 그 이유는 강산 용액에 더 많은 H^+ 이온이 있기 때문이다.
Stephen Frisch/McGraw-Hill

1. 산이 강하면, 그 짝염기의 세기는 매우 약하다. 예를 들면, 강산 HCl의 짝염기인 Cl^-는 매우 약한 염기이다.
2. H_3O^+은 수용액에서 존재할 수 있는 가장 강한 산이다. H_3O^+보다 더 강한 산은 물과 반응하여 H_3O^+와 그것의 짝염기를 생성한다. 따라서 H_3O^+보다 더 강한 산인 HCl은 물과 완전히 반응하여 H_3O^+과 Cl^-을 생성한다.

$$HCl(aq) + H_2O(l) \longrightarrow H_3O^+(aq) + Cl^-(aq)$$

H_3O^+보다 더 약한 산들은 물과 조금만 반응하여 H_3O^+과 그들의 짝염기를 생성한다. 예를 들면, 다음 평형은 거의 왼쪽으로 치우쳐 있다.

$$HF(aq) + H_2O(l) \rightleftharpoons H_3O^+(aq) + F^-(aq)$$

3. OH^- 이온은 수용액에서 존재할 수 있는 가장 강한 염기이다. OH^-보다 더 강한 염기는 물과 반응하여 OH^-와 짝산을 생성한다. 예를 들면 O^{2-} 이온은 OH^-보다 더 강한 염기이므로 다음과 같이 물과 완전히 반응한다.

$$O^{2-}(aq) + H_2O(l) \longrightarrow 2OH^-(aq)$$

따라서 O^{2-} 이온은 수용액에서 존재하지 않는다.

예제 15.6에서는 강산 용액과 강염기 용액에 대한 pH 계산법을 나타내었다.

예제 15.6

(a) 1.0×10^{-3} *M* HCl 용액, (b) 0.020 *M* $Ba(OH)_2$ 용액의 pH를 계산하라.

(계속)

전략 HCl은 강산이고, $Ba(OH)_2$는 강염기임을 명심하라. 따라서 이들은 완전히 이온화하여 HCl과 $Ba(OH)_2$는 용액 중에 존재하지 않는다.

풀이

(a) HCl 의 이온화

$$HCl(aq) \longrightarrow H^+(aq) + Cl^-(aq)$$

이온화 전과 후의 모든 화학종(HCl, H^+, Cl^-)의 농도는 다음과 같다.

	$HCl(aq)$	$\longrightarrow$	$H^+(aq)$	+	$Cl^-(aq)$
초기(M):	1.0×10^{-3}		0.0		0.0
변화(M):	-1.0×10^{-3}		$+1.0 \times 10^{-3}$		$+1.0 \times 10^{-3}$
최종(M):	0.0		1.0×10^{-3}		1.0×10^{-3}

양(+)의 변화는 증가, 음(−)의 변화는 감소를 나타낸다. 따라서

$$[H^+] = 1.0 \times 10^{-3}\ M$$
$$pH = -\log(1.0 \times 10^{-3})$$
$$= 3.00$$

(b) $Ba(OH)_2$는 강염기이다. 각각의 $Ba(OH)_2$는 두 개의 OH^- 이온을 만든다.

$$Ba(OH)_2(aq) \rightleftharpoons Ba^{2+}(aq) + 2OH^-(aq)$$

모든 화학종의 농도 변화는 다음과 같다.

	$Ba(OH)_2(aq)$	$\longrightarrow$	$Ba^{2+}(aq)$	+	$2OH^-(aq)$
초기(M):	0.020		0.00		0.00
변화(M):	−0.020		+0.020		+2(0.020)
최종(M):	0.00		0.020		0.040

따라서

$$[OH^-] = 0.040\ M$$
$$pOH = -\log 0.040 = 1.40$$

식 (15.8)으로부터

$$pH = 14.00 - pOH$$
$$= 14.00 - 1.40$$
$$= 12.60$$

검산 (a)와 (b)에서 물의 자체 이온화에 의해 생성된 H^+와 OH^-의 농도는 $1.0 \times 10^{-7}\ M$로 $1.0 \times 10^{-3}\ M$과 $0.040\ M$에 비해 아주 작은 값이기 때문에 고려하지 않았음을 주의하라.

실전 연습 $1.8 \times 10^{-2}\ M$ $Ba(OH)_2$ 용액의 pH를 계산하라.

비슷한 문제: 15.18.

예제 15.7에서 볼 수 있듯이 두 가지 산의 상대적 세기를 알면, 이들 중 한 가지 산과 다른 산의 짝염기 사이의 평형 상태를 예측할 수 있다.

예제 15.7

수용액에서 다음 반응의 방향을 예측하라.

$$HNO_2(aq) + CN^-(aq) \rightleftharpoons HCN(aq) + NO_2^-(aq)$$

전략 문제는 평형에서 반응이 오른쪽(HCN과 NO_2^-가 많이 생성되는 쪽)으로, 또는 왼쪽(HNO_2와 CN^-가 많이 생성되는 쪽)으로 이동할 것인가이다. HCN과 HNO_2 둘 중 어느 것이

(계속)

더 강한 산이며, 따라서 더 센 양성자 주개인가? CN^-과 NO_2^- 둘 중 어느 것이 더 강한 염기이며, 따라서 더 센 양성자 받개인가? 강산일수록 그것의 짝염기는 약하다는 것을 기억하라.

풀이 표 15.2에서 HNO_2는 HCN보다 더 강한 산임을 알 수 있다. 따라서 CN^-이 NO_2^-보다 더 강한 염기이다. 알짜 반응은 HNO_2가 HCN보다 더 좋은 양성자 주개이기 때문에 왼쪽에서 오른쪽으로 진행된다(그리고 CN^-은 NO_2^-보다 더 좋은 양성자 받개이다).

실전 연습 다음 반응의 평형 상수가 1보다 더 큰지, 작은지를 예측하라.

$$CH_3COOH(aq) + HCOO^-(aq) \rightleftharpoons CH_3COO^-(aq) + HCOOH(aq)$$

비슷한 문제: 15.37.

개념과 사실 요약하기

- 수용액에서 $HClO_4$, HI, HBr, HCl, H_2SO_4(일차 이온화 단계) 및 HNO_3은 강산으로 분류된다. 수용액에서 알칼리 금속과 알칼리 토금속(예외 Be)의 수산화물은 강염기로 분류된다.

개념과 사실 복습하기

15.4.1 pH가 7.92인 경우 용액의 $Ca(OH)_2$ 농도는 얼마인가?

15.4.2 다음 반응에 대한 평형 상수가 1보다 클 것인지 작을 것인지를 예측하라.

$$HF(aq) + NH_3(aq) \rightleftharpoons F^-(aq) + NH_4^+(aq)$$

15.4.3 다음 산 용액에 있는 모든 이온 및 분자 화학종을 농도가 감소하는 순서로 나열하라.

(i) HNO_3, (ii) HF.

15.4.4 다음 염기 용액에 있는 모든 이온 및 분자 화학종을 농도가 감소하는 순서로 나열하라.

(i) NH_3, (ii) KOH

15.5 약산과 산 이온화 상수

학습 목표

- 산 해리 상수(K_a)를 사용하여 평형 계산을 할 수 있다.
- 약산의 이온화 백분율을 계산할 수 있다.

앞에서 본 바와 같이 강산의 수는 얼마 되지 않으며, 대부분의 산들은 약산이다. 약한 일양성자산 HA는 물에서 다음과 같이 이온화한다.

$$HA(aq) + H_2O(l) \rightleftharpoons H_3O^+(aq) + A^-(aq)$$

또는 간단히

$$HA(aq) \rightleftharpoons H^+(aq) + A^-(aq)$$

이와 같은 산 이온화에 대한 평형을 다음과 같이 나타낼 수 있다.

$$K_a = \frac{[H_3O^+][A^-]}{[HA]} \quad 또는 \quad K_a = \frac{[H^+][A^-]}{[HA]} \qquad (15.10)$$

표 15.3 25°C에서 몇 가지 약산과 그 짝염기의 이온화 상수

산 이름	화학식	구조	K_a	짝염기	K_b†
플루오린화 수소산	HF	H—F	7.1×10^{-4}	F^-	1.4×10^{-11}
아질산	HNO_2	O=N—O—H	4.5×10^{-4}	NO_2^-	2.2×10^{-11}
아세틸살리실산 (아스피린)	$C_9H_8O_4$	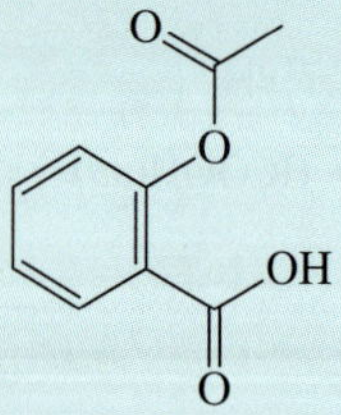	3.0×10^{-4}	$C_9H_7O_4^-$	3.3×10^{-11}
폼산	HCOOH	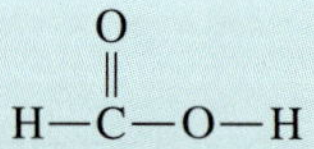	1.7×10^{-4}	$HCOO^-$	5.9×10^{-11}
아스코브산*	$C_6H_8O_6$	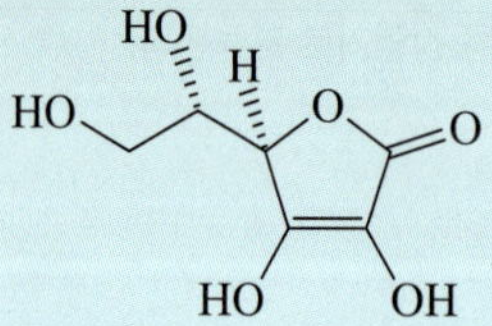	8.0×10^{-5}	$C_6H_7O_6^-$	1.3×10^{-10}
벤조산	C_6H_5COOH	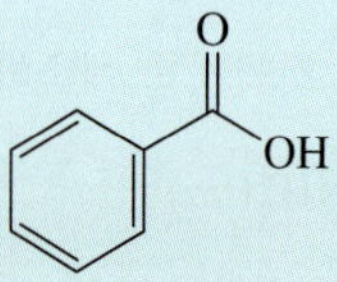	6.5×10^{-5}	$C_6H_5COO^-$	1.5×10^{-10}
아세트산	CH_3COOH	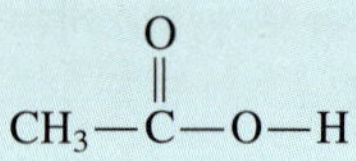	1.8×10^{-5}	CH_3COO^-	5.6×10^{-10}
사이안화 수소산	HCN	H—C≡N	4.9×10^{-10}	CN^-	2.0×10^{-5}
페놀	C_6H_5OH	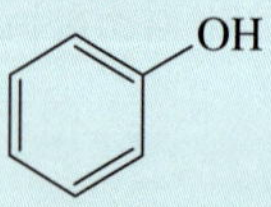	1.3×10^{-10}	$C_6H_5O^-$	7.7×10^{-5}

*아스코브산에서는 왼쪽 위에 있는 수산화기가 이온화된다.
†염기 이온화 상수 Kb는 15.6절에 논의되었다.

동영상 자료
산의 이온화

여기서 K_a는 *산의 이온화에 대한 평형 상수*이며, **산 이온화 상수**(acid ionization constant)라고 부른다. 주어진 온도에서 산 HA의 세기는 K_a의 크기에 의해 결정되며, 산의 K_a가 크면 클수록 그 산은 더욱 더 강산이 된다. 다시 말해서 산이 더 많이 이온화하여 평형 상태에서 H^+ 이온의 농도가 커진다. 약산들만 K_a 값을 가진다.

표 15.3에 25°C에서의 약산과 그 산의 K_a 값을 큰 것부터 순서대로 수록하였다. 표 15.3에 수록된 화합물들은 모두 약산이지만, 그 산의 세기에 있어서 커다란 차이가 있다. 예를 들면, HF의 K_a 값(7.1×10^{-4})은 HCN의 K_a 값(4.9×10^{-10})의 약 150만 배이다.

일반적으로 산의 주어진 초기 농도와 K_a를 이용하여 산 용액의 수소 이온의 평형 농도 또는 pH를 구할 수 있다. 반대로, 약산 용액의 pH나 초기 농도를 안다면 K_a를 구할 수 있다. 이 평형 농도를 계산하는 문제를 풀기 위한 접근법은 제14장에서 보여준 과정과 같다. 그러나 산 이온화는 수용액에서 화학 평형의 중요한 부분으로 표현할 수 있으므로, 이러한 유형의 문제를 풀기 위해 체계적 단계를 거쳐 전개할 수 있다. 또한 이 문제는 관련된 화학적 성질을 이해하는 데 도움을 준다.

예를 들면, 25°C에서 0.50 *M* HF 용액의 pH를 구하는 경우를 생각해 보자. HF의 이온화는 다음과 같이 나타낼 수 있다.

$$HF(aq) \rightleftharpoons H^+(aq) + F^-(aq)$$

표 15.3을 이용하면

$$K_a = \frac{[H^+][F^-]}{[HF]} = 7.1 \times 10^{-4}$$

첫 번째 단계는 pH에 영향을 줄 수 있는 모든 화학종을 가려내는 것이다. 약산은 아주 조금만 이온화하므로 평형 상태에서의 중요한 화학종은 HF이며, 약간의 H^+와 F^- 이온이 존재한다. 또 다른 중요한 화학종으로 H_2O를 둘 수 있으나, H_2O는 매우 작은 K_w 값(1.0×10^{-14})을 가지므로 H^+ 이온의 농도에 별로 영향을 주지 못한다. 따라서 별도의 언급이 없으면 물의 자체 이온화에 의해서 생기는 H^+은 무시한다. 용액 중에 존재하는 OH^- 이온 또한 고려하지 않아도 된다는 것을 유의하라. OH^- 농도는 우선 $[H^+]$을 계산한 후에 식 (15.3)을 이용하여 구할 수 있다.

HF, H^+, F^-의 농도 변화는 예제 14.9에서 보인 단계에 따라 다음과 같이 정리할 수 있다.

	$HF(aq)$	$\rightleftharpoons$	$H^+(aq)$	+	$F^-(aq)$
초기(M):	0.50		0.00		0.00
변화(M):	$-x$		$+x$		$+x$
최종(M):	$0.50 - x$		x		x

평형 상태에서의 농도를 x로 나타낸 농도의 변화량을 이용하여 이온화 상수 식에 대입한다.

$$K_a = \frac{(x)(x)}{0.50 - x} = 7.1 \times 10^{-4}$$

이 식을 다시 정리하면, 다음과 같이 쓸 수 있다.

$$x^2 + 7.1 \times 10^{-4}x - 3.6 \times 10^{-4} = 0$$

이 식에서는 이차 방정식을 푸는 근의 공식(부록 5 참조)에 의해서 구할 수 있다. 이러한 형태의 문제를 간단히 풀기 위해서 근사값을 적용할 수도 있다. HF는 약산이기 때문에 HF의 이온화 정도는 매우 작을 것이다. 따라서 x는 0.50과 비교하면 매우 작다. 그러므로 다음과 같이 가정할 수 있다.

$$0.50 - x \approx 0.50$$

따라서 이온화 상수 식은 다음과 같이 쓸 수 있다.

$$\frac{x^2}{0.50 - x} \approx \frac{x^2}{0.50} = 7.1 \times 10^{-4}$$

이 식을 다시 정리하면,

$$x^2 = (0.50)(7.1 \times 10^{-4}) = 3.55 \times 10^{-4}$$
$$x = \sqrt{3.55 \times 10^{-4}} = 0.019\ M$$

따라서 이차 방정식을 풀지 않고 x 값을 구할 수 있다. 평형 상태에서 각 화학종의 농도는 다음과 같이 된다.

$$[HF] = (0.50 - 0.019)\ M = 0.48\ M$$
$$[H^+] = 0.019\ M$$
$$[F^-] = 0.019\ M$$

용액의 pH는 다음과 같이 구한다.

$$pH = -\log(0.019) = 1.72$$

이 근사값은 타당한 값인가? 일반적으로 약산의 K_a 값은 일반적으로 ±5%만의 정확도로 알려져 있기 때문에 x 값이 0.50의 5% 미만이어야 한다. 다시 말하면 다음 계산 값이 5% 이하이면 이 가정이 타당하다고 할 수 있다.

$$\frac{0.019\ M}{0.50\ M} \times 100\% = 3.8\%$$

따라서 이 경우에 근사값이 유효하다.

이제 이와는 다른 경우를 생각해 보자. HF의 초기 농도가 0.050 M이라면 위의 과정을 이용하여 x를 구하면 $6.0 \times 10^{-3}\ M$이 얻어진다. 그러나 다음 식에서 볼 수 있듯이 이 값은 0.050 M의 5%보다 더 큰 값을 가지므로, 이 가정은 더 이상 타당하지 않음을 알 수 있다.

$$\frac{6.0 \times 10^{-3}\ M}{0.050\ M} \times 100\% = 12\%$$

이러한 경우에는 이차 방정식을 풀어서 정확한 x의 값을 구한다.

이차 방정식

미지의 x를 포함한 이온화 상수를 다음과 같이 쓸 수 있다.

$$\frac{x^2}{0.050 - x} = 7.1 \times 10^{-4}$$
$$x^2 + 7.1 \times 10^{-4}x - 3.6 \times 10^{-5} = 0$$

이 식은 이차 방정식 $ax^2 + bx + c = 0$의 형태가 된다. 이차 방정식을 푸는 공식을 이용하면 x 값을 다음과 같이 구할 수 있다.

$$\begin{aligned} x &= \frac{-b \pm \sqrt{b^2 - 4ac}}{2a} \\ &= \frac{-7.1 \times 10^{-4} \pm \sqrt{(7.1 \times 10^{-4})^2 - 4(1)(-3.6 \times 10^{-5})}}{2(1)} \\ &= \frac{-7.1 \times 10^{-4} \pm 0.012}{2} \\ &= 5.6 \times 10^{-3}\ M \quad \text{또는} \quad -6.4 \times 10^{-3}\ M \end{aligned}$$

두 번째 답($x = -6.4 \times 10^{-3}\ M$)은 이온의 농도가 음의 값을 가질 수 없으므로 타당한 값이 될 수 없다. 따라서 $x = 5.6 \times 10^{-3}\ M$을 이용하면 각 화학종의 농도는 다음과 같이 구할 수 있다.

$$\begin{aligned} [\text{HF}] &= (0.050 - 5.6 \times 10^{-3})\ M = 0.0044\ M \\ [\text{H}^+] &= 5.6 \times 10^{-3}\ M \\ [\text{F}^-] &= 5.6 \times 10^{-3}\ M \end{aligned}$$

용액의 pH는 다음과 같다.

$$\text{pH} = -\log(5.6 \times 10^{-3}) = 2.25$$

약산의 이온화에 관한 문제를 풀기 위한 과정을 정리하면 다음과 같다.

1. 용액의 pH에 영향을 주는 모든 화학종을 찾아낸다. 대부분의 경우 물의 이온화에 의해 생기는 이온은 무시한다. 수산화 이온의 농도는 H^+ 이온의 농도에 의해 결정되므로 H^+를 구하는 식에 포함하지 않는다.
2. 이들 화학종들의 평형 상태에서의 농도를 산의 초기 농도와 농도의 변화를 나타내는 미지수 x를 이용하여 나타낸다.

3. 산 이온화 상수(K_a)를 평형 농도를 이용하여 나타낸다. 먼저 근사법으로 x를 구한다. 만약 x의 근사값이 타당하지 않으면 이차 방정식을 이용하거나 연속 근사법을 이용하여 x를 구한다.
4. 일단 x 값을 구한 후에 다른 화학종들의 평형 농도와 용액의 pH를 구한다.

예제 15.8에서 위 단계들을 이용한 예를 볼 수 있다.

인터넷 핫스팟
학생들의 학습 경험에 대해 축적된 자료에 따르면 약산 용액의 pH를 계산하는 데 어려움을 겪을 수 있다. 이런 경우 eBook에 접속해서 이 주제에 대한 추가 학습 자료를 보면 도움이 될 수 있다.

예제 15.8

0.036 M 아질산(HNO_2) 용액의 pH를 계산하라.

$$HNO_2(aq) \rightleftharpoons H^+(aq) + NO_2^-(aq)$$

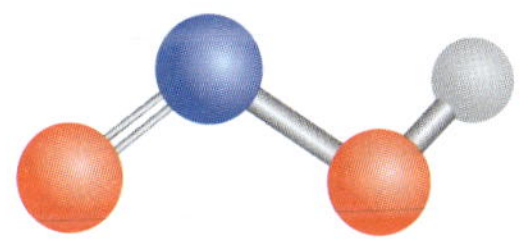
HNO_2

전략 약산은 물에서 소량만 이온화된다는 점을 생각하자. 이 문제에서는 약산의 초기 농도가 주어지고 평형에서 용액의 pH를 계산하는 것이다. 타당한 화학종을 추적하기 위해 그림을 그려보는 것도 도움이 된다. 예제 15.6에서와 같이 물의 이온화는 무시할 수 있기 때문에 생성된 H^+은 산으로부터 나온다고 생각할 수 있다. 산성 용액이므로 OH^-의 농도는 매우 작다고 예측할 수 있고, 따라서 OH^-는 무시할 수 있다.

풀이 위에 정리한 과정을 따른다.

단계 1: 용액의 pH에 영향을 미치는 화학종들은 HNO_2, H^+, 짝염기인 NO_2^-이다. 물의 이온화로 생기는 $[H^+]$는 무시한다.

단계 2: 평형에서 H^+와 NO_2^- 이온의 농도(mol/L)를 x라 하면

	$HNO_2(aq)$	$\rightleftharpoons$	$H^+(aq)$	+	$NO_2^-(aq)$
초기(M):	0.036		0.00		0.00
변화(M):	$-x$		$+x$		$+x$
최종(M):	$0.036-x$		x		x

단계 3: 표 15.3으로부터 다시 쓰면

$$K_a = \frac{[H^+][NO_2^-]}{[HNO_2]}$$

$$4.5 \times 10^{-4} = \frac{x^2}{0.036 - x}$$

근사법을 사용하여 $0.036 - x \approx 0.036$라 하면

$$4.5 \times 10^{-4} = \frac{x^2}{0.036 - x} \approx \frac{x^2}{0.036}$$

$$x^2 = 1.62 \times 10^{-5}$$

$$x = 4.0 \times 10^{-3}\ M$$

근사법의 결과를 조사하면

$$\frac{4.0 \times 10^{-3}\ M}{0.036\ M} \times 100\% = 11\%$$

x 값이 산의 초기 농도의 5%보다 크다. 이런 경우에는 근사법이 타당하지 않기 때문에 다음 이차 방정식을 푼다.

$$x^2 + 4.5 \times 10^{-4}x - 1.62 \times 10^{-5} = 0$$

$$x = \frac{-4.5 \times 10^{-4} \pm \sqrt{(4.5 \times 10^{-4})^2 - 4(1)(-1.62 \times 10^{-5})}}{2(1)}$$

$$= 3.8 \times 10^{-3}\ M \ \text{ 또는 } \ -4.3 \times 10^{-3}\ M$$

이온화 결과 이온의 농도는 음수가 될 수 없기 때문에 두 번째 값은 물리적으로 불가능한 값이다. 따라서 양의 값 $x = 3.8 \times 10^{-3}\ M$이 답이 된다.

단계 4: 평형에서

(계속)

$$[H^+] = 3.8 \times 10^{-3}\ M$$
$$pH = -\log(3.8 \times 10^{-3})$$
$$= 2.42$$

검산 계산된 pH는 용액이 산성임을 나타내고, 이로부터 약산성임을 예측할 수 있다. 강산인 HCl 0.036 M의 pH를 확인해보고 여기서 구한 값과 비교해 보면 강산과 약산의 차이를 확실히 알 수 있다.

실전 연습 0.122 M의 일양성자산의 pH는 얼마인가? $K_a = 5.7 \times 10^{-4}$이다.

비슷한 문제: 15.43

인터넷 핫스팟

학생들의 학습 경험에 대해 축적된 자료에 따르면 pH로부터 K_a를 구하는 데 어려움을 겪을 수 있다. 이런 경우 eBook에 접속해서 이 주제에 대한 추가 학습 자료를 보면 도움이 될 수 있다.

K_a를 구하는 한 가지 방법은 평형 상태에서의 농도를 알고 있는 용액의 pH를 구하는 것이다. 예제 15.9에서 이와 같은 방법의 예를 볼 수 있다.

예제 15.9

0.10 M 폼산(HCOOH) 용액의 pH가 2.39이다. 이 산의 K_a는 얼마인가?

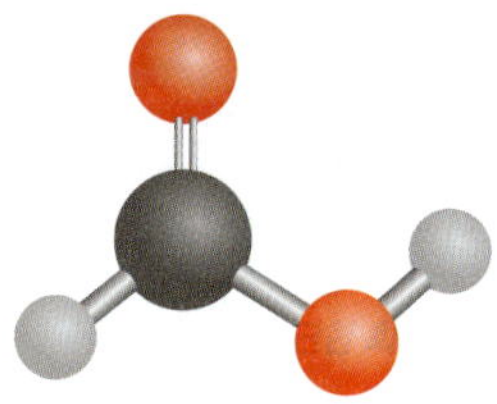

HCOOH

전략 폼산은 약산이므로 물에서 소량만 이온화한다. 주어진 폼산의 농도가 이온화가 시작되기 전 폼산의 초기 농도에 해당한다. 반면에 pH는 평형에서의 값이다. 따라서 K_a를 계산하기 위해서는 평형에서 세 화학종의 농도 $[H^+]$, $[HCOO^-]$, $[HCOOH]$를 알아야 한다. 앞에서도 그랬듯이 물의 이온화는 무시한다.

풀이 다음과 같이 진행한다.

단계 1: 용액에서 주 화학종은 HCOOH, H^+, 짝염기 $HCOO^-$이다.

단계 2: pH 값으로부터 수소 이온 농도를 계산한다.

$$pH = -\log[H^+]$$
$$2.39 = -\log[H^+]$$

양변에 역로그를 취하면

$$[H^+] = 10^{-2.39} = 4.1 \times 10^{-3}\ M$$

다음으로 농도 변화를 정리한다.

	$HCOOH(aq)$	$\rightleftharpoons$	$H^+(aq)$	+	$HCOO^-(aq)$
초기(M):	0.10		0.00		0.00
변화(M):	-4.1×10^{-3}		$+4.1 \times 10^{-3}$		$+4.1 \times 10^{-3}$
최종(M):	$(0.10 - 4.1 \times 10^{-3})$		4.1×10^{-3}		4.1×10^{-3}

pH와 이로부터 구한 H^+의 농도를 알고 있으므로 평형에서의 HCOOH와 $HCOO^-$의 농도를 구할 수 있다.

단계 3: 폼산의 이온화 상수를 구한다.

$$K_a = \frac{[H^+][HCOO^-]}{[HCOOH]}$$
$$= \frac{(4.1 \times 10^{-3})(4.1 \times 10^{-3})}{(0.10 - 4.1 \times 10^{-3})}$$
$$= 1.8 \times 10^{-4}$$

검산 계산된 K_a 값이 표 15.3의 값과 약간 차이가 있는데, 이것은 계산 과정에서 반올림했기 때문이다.

실전 연습 어떤 약산인 일양성자산 0.060 M의 pH가 3.44이다. 이 산의 K_a를 계산하라.

비슷한 문제: 15.45.

▶ 이온화 백분율

K_a의 크기는 산의 세기를 나타낸다. 산의 세기를 알아보는 또 다른 방법은 산의 **이온화 백분율**(percent ionization)을 측정하는 것이다. 이온화 백분율은 다음과 같이 정의한다.

$$\text{이온화 백분율} = \frac{\text{평형에서 이온화된 산의 농도}}{\text{산의 초기 농도}} \times 100\% \qquad (15.11)$$

산의 세기가 셀수록 이온화 백분율은 커진다. HA와 같은 일양성자산에서 이온화되는 산의 농도는 평형 상태에서 H^+ 이온 농도나 짝염기(A^-)의 농도와 같으므로 이온화 백분율은 다음과 같이 나타낼 수 있다.

$$\text{이온화 백분율} = \frac{[H^+]}{[HA]_0} \times 100\%$$

여기서 $[H^+]$는 평형 상태에서의 농도이며, $[HA]_0$는 초기 농도이다.

예제 15.8에서 다룬 바 있는 0.036 *M* HNO_2의 이온화 백분율은 다음과 같이 계산할 수 있다.

$$\text{이온화 백분율} = \frac{3.8 \times 10^{-3}\,M}{0.036\,M} \times 100\% = 11\%$$

따라서 9개의 HNO_2 분자 중 1개 정도의 분자만이 이온화한다. 이와 같은 작은 이온화 백분율 값은 HNO_2가 약한 산임을 증명해 준다.

약산의 이온화 정도는 산의 초기 농도에 의존한다. 산의 농도가 묽을수록 이온화 백분율 값은 커진다(그림 15.4 참조). 정성적으로 설명하자면, 산을 묽힐 때 용액 내 *입자*의 농도가 감소한다. 르샤틀리에 원리(14.5절 참조)에 따르면 이러한 입자 농도의 감소는 반작용으로 더 많은 입자(이온)를 가지는 쪽으로 반응이 옮겨지게 된다. 즉, 이온화되지 않는 산(입자 한 개)으로부터 H^+ 이온과 짝염기(입자 두 개) 쪽으로 평형이 이동한다. 다시 말하면, $HA \rightleftharpoons H^+ + A^-$의 평형에서 이온화되지 않은 HA로부터 H^+와 A^- 두 입자를 포함하는 오른쪽으로 평형이 이동한다. 그 결과 용액 속에 들어 있는 *입자*의 농도는 증가한다.

초기 농도에 대한 이온화 백분율의 의존성은 앞에서 언급한 HF의 경우에서 볼 수 있다.

0.50 *M* HF:

$$\text{이온화 백분율} = \frac{0.019\,M}{0.50\,M} \times 100\% = 3.8\%$$

0.050 *M* HF:

$$\text{이온화 백분율} = \frac{5.6 \times 10^{-3}\,M}{0.050\,M} \times 100\% = 11\%$$

이 두 가지 경우에서 HF 용액이 묽으면 이온화 백분율 값은 커짐을 알 수 있다.

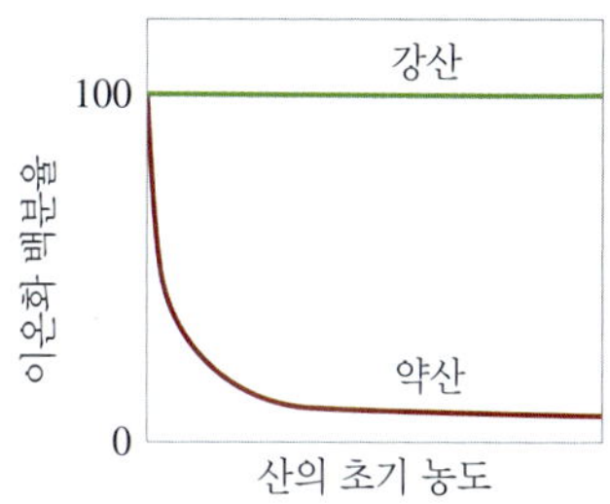

▲ **그림 15.4** 이온화 백분율은 산의 초기 농도에 좌우된다. 매우 낮은 농도에서는 산의 세기와 관계없이 거의 모두 이온화된다.

인터넷 핫스팟

학생들의 학습 경험에 대해 축적된 자료에 따르면 산의 세기와 이온화 백분율의 관계를 이해하는 데 어려움을 겪을 수 있다. 이런 경우 eBook에 접속해서 이 주제에 대한 추가 학습 자료를 보면 도움이 될 수 있다.

개념과 사실 요약하기

- 산의 세기가 증가할수록 산 이온화 상수 K_a는 증가한다.
- 이온화 백분율은 산의 세기를 나타내는 또 다른 척도이다. 약산 용액이 묽을수록 산의 이온화 백분율이 커진다.

개념과 사실 복습하기

15.5.1 0.065 *M* 벤조산(C_6H_5COOH) 용액의 pH를 계산하라.

15.5.2 약산의 0.15 M 용액의 pH는 5.87이다. 이 산의 K_a를 계산하라.

15.5.3 물의 "농도"는 55.5 M이다. 물의 이온화 백분율을 계산하라.

15.6 약염기와 염기 이온화 상수

학습 목표

- 염기 해리 상수(K_b)를 사용하여 평형 계산을 할 수 있다.

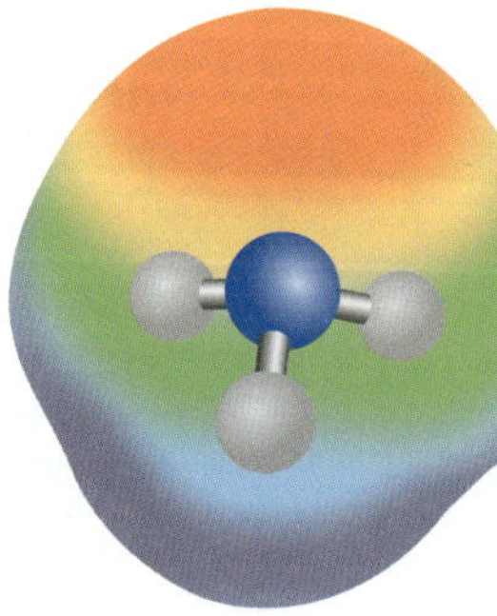

▲ 질소의 비공유 전자쌍(빨간색) 때문에 암모니아는 염기성을 띤다.

동영상 자료
염기의 이온화

약염기는 약산과 같은 방법으로 다룰 수 있다. 암모니아가 물에 녹을 때 다음과 같은 반응이 진행된다.

$$NH_3(aq) + H_2O(l) \rightleftharpoons NH_4^+(aq) + OH^-(aq)$$

평형 상수는 다음과 같이 주어진다.

$$K = \frac{[NH_4^+][OH^-]}{[NH_3][H_2O]}$$

물의 전체 농도와 비교해 보면 이 반응에 의해서 소모된 물 분자의 수는 매우 작기 때문에 $[H_2O]$는 상수로 간주한다. 따라서 이 이온화 반응의 평형 상수인 **염기 이온화 상수**(base ionization constant, K_b)는 다음과 같다.

$$K_b = K[H_2O] = \frac{[NH_4^+][OH^-]}{[NH_3]}$$
$$= 1.8 \times 10^{-5}$$

표 15.4에 일반적인 약염기와 그 이온화 상수를 수록하였다. 이들 화합물의 염기도는 질소 원자에 있는 비공유 전자쌍 때문이다. 비공유 전자쌍이 H^+ 이온을 받을 수 있기 때문에 이 화합물들은 브뢴스테드 염기가 된다.

약염기와 관련된 문제를 풀 때에는 약산의 경우와 같은 과정을 따른다. 차이점은 $[H^+]$ 대신에 $[OH^-]$를 먼저 계산하는 것이다. 예제 15.10에 이 경우를 나타내었다.

예제 15.10

0.40 M 암모니아 용액의 pH를 계산하라.

전략 약산과 같은 과정으로 답을 구한다(예제 15.8 참조). 암모니아의 이온화로부터 평형에서 존재하는 주 화학종은 NH_3, NH_4^+, OH^-임을 알 수 있다. 염기성 용액이기 때문에 수소 이온의 농도는 아주 작아서 이 화학종은 무시할 수 있다. 앞에서와 같이 물의 이온화는 무시한다.

풀이 다음과 같이 진행한다.

단계 1: 암모니아 용액에서 주 화학종은 NH_3, NH_4^+, OH^-이다. 물의 이온화로 생기는 OH^- 농도는 무시한다.

단계 2: 평형에서 NH_4^+와 OH^- 이온 농도(mol/L)를 x라 하고, 요약하면

	$NH_3(aq)$ + $H_2O(l)$ ⇌	$NH_4^+(aq)$ +	$OH^-(aq)$
초기(M):	0.40	0.00	0.00
변화(M):	$-x$	$+x$	$+x$
최종(M):	$0.40 - x$	x	x

단계 3: 표 15.4로부터 K_b는 다음과 같다.

(계속)

표 15.4 25°C에서 몇 가지 약염기와 그 짝산의 이온화 상수

염기 이름	화학식	구조	K_b*	짝산	K_a
에틸아민	$C_2H_5NH_2$	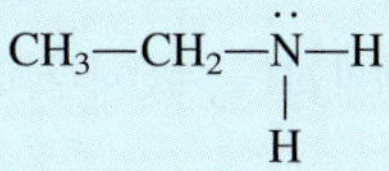	5.6×10^{-4}	$C_2H_5\overset{+}{N}H_3$	1.8×10^{-11}
메틸아민	CH_3NH_2	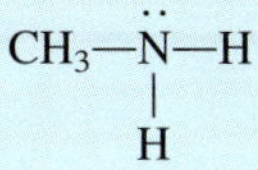	4.4×10^{-4}	$CH_3\overset{+}{N}H_3$	2.3×10^{-11}
암모니아	NH_3	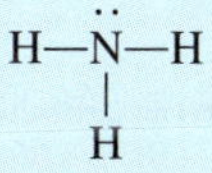	1.8×10^{-5}	NH_4^+	5.6×10^{-10}
피리딘	C_5H_5N	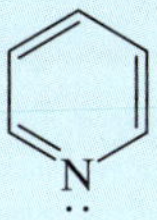	1.7×10^{-9}	$C_5H_5\overset{+}{N}H$	5.9×10^{-6}
아닐린	$C_6H_5NH_2$	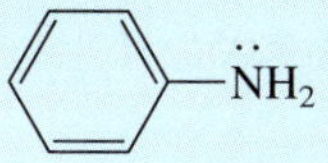	3.8×10^{-10}	$C_6H_5\overset{+}{N}H_3$	2.6×10^{-5}
카페인	$C_8H_{10}N_4O_2$	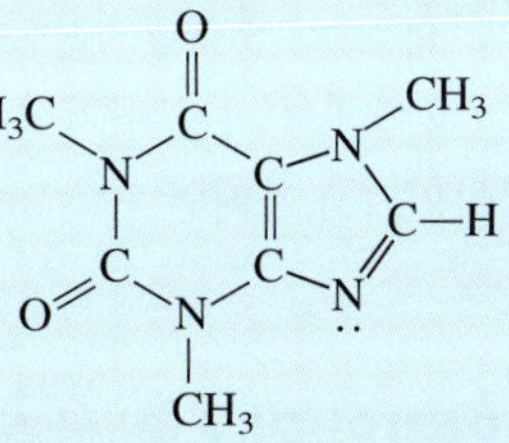	5.3×10^{-14}	$C_8H_{11}\overset{+}{N}_4O_2$	0.19
요소	$(NH_2)_2CO$	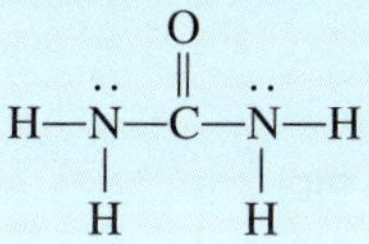	1.5×10^{-14}	$H_2NCO\overset{+}{N}H_3$	0.67

*각 화합물의 염기도는 고립 전자쌍이 있는 질소 원자의 염기도를 의미한다. 요소의 경우 K_b 값은 두 질소 원자가 작용한 것이다.

$$K_b = \frac{[NH_4^+][OH^-]}{[NH_3]}$$

$$1.8 \times 10^{-5} = \frac{x^2}{0.40 - x}$$

근사법을 사용하여 $0.40 - x \approx 0.40$이라 하면

$$1.8 \times 10^{-5} = \frac{x^2}{0.40 - x} \approx \frac{x^2}{0.40}$$

$$x^2 = 7.2 \times 10^{-6}$$

$$x = 2.7 \times 10^{-3}\ M$$

근사법의 타당성을 확인해 보자.

$$\frac{2.7 \times 10^{-3}\ M}{0.40\ M} \times 100\% = 0.68\%$$

따라서, 근사법을 적용할 수 있다.

단계 4: 평형에서 $[OH^-] = 2.7 \times 10^{-3}\ M$이므로

$$pOH = -\log(2.7 \times 10^{-3}) = 2.57$$

$$pH = 14.00 - 2.57 = 11.43$$

검산 계산된 pH로부터 용액이 염기성임을 알 수 있고, 이는 약염기 용액이므로 예측된 결과이다. 강염기인 KOH 용액의 농도가 0.40 *M*인 경우에 pH를 계산해 보고, 구한 결과와 비교해 보면 강염기와 약염기의 차이를 확실히 알 수 있다.

실전 연습 0.26 *M* 메틸아민 용액의 pH를 계산하라(표 15.4 참조).

비슷한 문제: 15.55.

개념과 사실 요약하기

- 염기 이온화 상수 K_b는 염기의 세기(strength)를 나타내며 약염기 용액의 pH를 결정하는 데 사용할 수 있다.

개념과 사실 복습하기

15.6.1 어떤 약염기 용액의 농도는 0.055 *M*이다, 이 용액의 pH는 얼마인가? 단, $K_b = 9.1 \times 10^{-8}$이다

15.6.2 같은 농도의 다음 세 가지 용액을 생각해 보자. 표 15.4의 자료를 사용하여 가장 염기성이 큰 용액에서 가장 염기성이 낮은 용액의 순서로 나열하라. (a) 아닐린, (b) 메틸아민, (c) 카페인.

15.7 산과 그 짝염기의 이온화 상수 사이의 관계

학습 목표

- K_a, K_b, K_w 사이의 관계를 설명할 수 있다.

산 이온화 상수와 그 짝염기의 이온화 상수 사이의 관계를 아세트산을 예로 들어 살펴보자.

$$CH_3COOH(aq) \rightleftharpoons H^+(aq) + CH_3COO^-(aq)$$

$$K_a = \frac{[H^+][CH_3COO^-]}{[CH_3COOH]}$$

아세트산 소듐(CH_3COONa) 용액에서 공급된 짝염기 CH_3COO^-는 다음과 같이 물과 반응한다.

$$CH_3COO^-(aq) + H_2O(l) \rightleftharpoons CH_3COOH(aq) + OH^-(aq)$$

염기 이온화 상수는 다음과 같이 나타낼 수 있다.

$$K_b = \frac{[CH_3COOH][OH^-]}{[CH_3COO^-]}$$

두 이온화 상수의 곱은 다음과 같이 주어진다.

$$\begin{aligned} K_aK_b &= \frac{[H^+][\cancel{CH_3COO^-}]}{[\cancel{CH_3COOH}]} \times \frac{[\cancel{CH_3COOH}][OH^-]}{[\cancel{CH_3COO^-}]} \\ &= [H^+][OH^-] \\ &= K_w \end{aligned}$$

이 결과는 이상하게 보일지 몰라도 아래의 (1) 식과 (2) 식을 합하면 단순히 물의 자체이온화 반응임을 알 수 있다.

$$
\begin{array}{llcll}
(1) & CH_3COOH(aq) & \rightleftharpoons & H^+(aq) + CH_3COO^-(aq) & K_a \\
(2) & CH_3COO^-(aq) + H_2O(l) & \rightleftharpoons & CH_3COOH(aq) + OH^-(aq) & K_b \\
\hline
(3) & H_2O(l) & \rightleftharpoons & H^+(aq) + OH^-(aq) & K_w
\end{array}
$$

위의 예는 화학 평형에 대해 우리가 알고 있는 규칙 중 하나를 설명하고 있다. 즉, 두 반응을 합하여 세 번째 반응이 생기면, 세 번째 반응에 대한 평형 상수는 두 반응의 평형 상수의 곱과 같다(14.2절 참조). 따라서, 짝산-짝염기쌍에 대해 다음 관계는 항상 성립한다.

$$K_aK_b = K_w \tag{15.12}$$

식 (15.12)를 고쳐 쓰면

$$K_a = \frac{K_w}{K_b} \qquad K_b = \frac{K_w}{K_a}$$

다음과 같은 중요한 결론을 얻을 수 있다. 즉, 산이 셀수록(K_a 값이 클수록) 그 산의 짝염기는 더욱 약한 염기이다(K_b 값은 더욱 작아짐). 그리고 산이 약할수록 그 산의 짝염기는 더욱 강한 염기가 된다(표 15.3과 표 15.4 참조).

식 (15.12)를 이용해서 CH_3COOH의 짝염기(CH_3COO^-)의 K_b를 다음과 같이 구할 수 있다. 표 15.3에서 CH_3COOH의 K_a 값을 찾을 수 있으므로

$$
\begin{aligned}
K_b &= \frac{K_w}{K_a} \\
&= \frac{1.0 \times 10^{-14}}{1.8 \times 10^{-5}} \\
&= 5.6 \times 10^{-10}
\end{aligned}
$$

개념과 사실 요약하기

- 산의 이온화 상수와 짝염기의 이온화 상수의 곱은 물의 이온곱 상수와 같다.

개념과 사실 복습하기

15.7.1 어떤 유기산의 $K_a = 5.6 \times 10^{-6}$이다. 이 유기산의 짝염기의 K_b는 얼마인가?

15.7.2 다음의 두 산과 이들의 이온화 상수를 생각해 보자.

$$
\begin{array}{rl}
HCOOH & K_a = 1.7 \times 10^{-4} \\
HCN & K_a = 4.9 \times 10^{-10}
\end{array}
$$

어느 짝염기($HCOO^-$ 또는 CN^-)가 더 강한 염기인가?

15.8 이양성자산과 다양성자산

학습 목표

- 다양성자산을 구별하고, 초기 농도가 주어졌을 때 용액에 들어 있는 여러 화학종의 농도를 구할 수 있다.

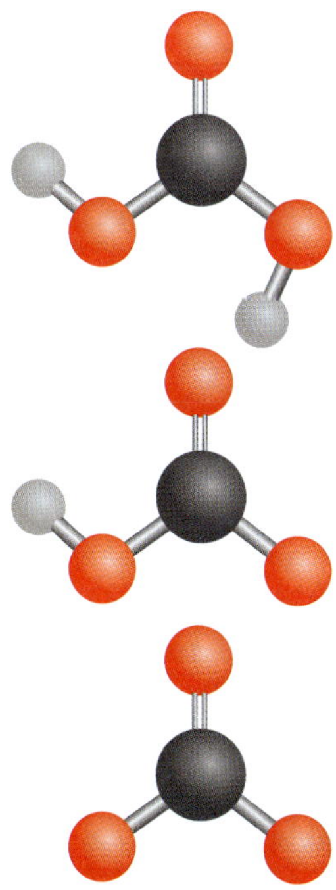

▲ 위에서 아래로: H_2CO_3, HCO_3^-, CO_3^{2-}.

이양성자산과 다양성자산은 분자당 두 개 이상의 수소 이온을 생성하기 때문에 일양성자산보다 다루기가 더 복잡하다. 이 산들은 단계적으로 이온화한다. 즉, 한 단계에 하나의 양성자를 잃게 된다. 각 단계마다 이온화 상수를 표현할 수 있으며, 산 용액에 있는 화학종

표 15.5 몇 가지 이양성자산 및 다양성자산과 그 짝염기의 25 C에서 이온화 상수 산이름 화학식

산 이름	화학식	구조	K_a	짝염기	K_b
황산	H_2SO_4	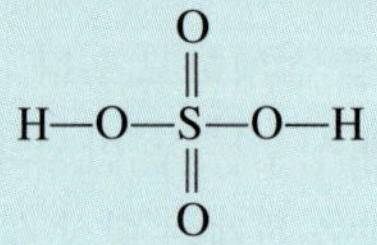	매우 큼	HSO_4^-	매우 작음
황산 수소 이온	HSO_4^-	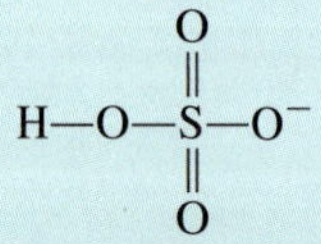	1.3×10^{-2}	SO_4^{2-}	7.7×10^{-13}
옥살산	$H_2C_2O_4$	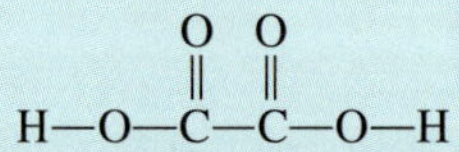	6.5×10^{-2}	$HC_2O_4^-$	1.5×10^{-13}
옥살산 수소 이온	$HC_2O_4^-$	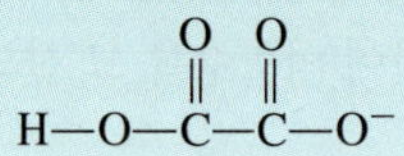	6.1×10^{-5}	$C_2O_4^{2-}$	1.6×10^{-10}
아황산*	H_2SO_3	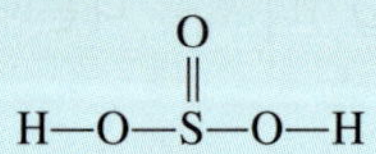	1.3×10^{-2}	HSO_3^-	7.7×10^{-13}
아황산 수소 이온	HSO_3^-	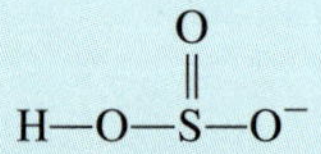	6.3×10^{-8}	SO_3^{2-}	1.6×10^{-7}
탄산	H_2CO_3	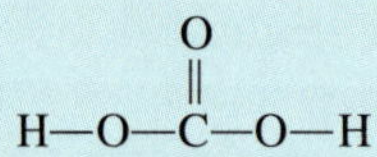	4.2×10^{-7}	HCO_3^-	2.4×10^{-8}
탄산수소 이온	HCO_3^-	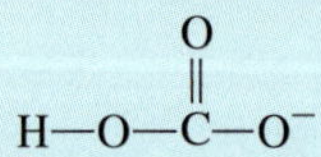	4.8×10^{-11}	CO_3^{2-}	2.1×10^{-4}
황화수소산	H_2S	H—S—H	9.5×10^{-8}	HS^-	1.1×10^{-7}
황화수소 이온	HS^-	$H—S^-$	1×10^{-19}	S^{2-}	1×10^{-5}
인산	H_3PO_4	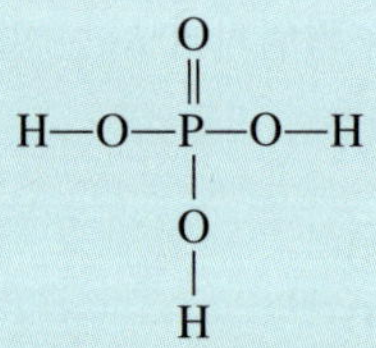	7.5×10^{-3}	$H_2PO_4^-$	1.3×10^{-12}
인산이수소 이온	$H_2PO_4^-$	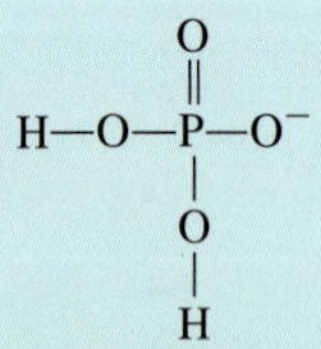	6.2×10^{-8}	HPO_4^{2-}	1.6×10^{-7}
인산 일수소 이온	HPO_4^{2-}	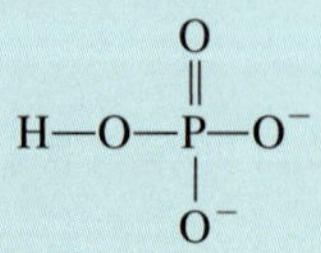	4.8×10^{-13}	PO_4^{3-}	2.1×10^{-2}

*H_2SO_3는 분리할 수 없으며, SO_2의 수용액에서 아주 적은 농도로 존재한다. 이 K_a 값은 $SO_2(g) + H_2O(l) \rightleftharpoons H^+(aq) + HSO_3^-(aq)$의 평형에 대한 것이다.

†HS^-의 이온화 상수는 아주 작아서 측정하기 어렵다. 이것은 대략적인 값이다.

의 농도를 계산하기 위해서는 가끔 두 개 이상의 평형 상수식이 이용된다. 예를 들면, 탄산(H_2CO_3)의 경우에 다음과 같이 두 단계의 이온화 반응식을 쓸 수 있다.

$$H_2CO_3(aq) \rightleftharpoons H^+(aq) + HCO_3^-(aq) \qquad K_{a_1} = \frac{[H^+][HCO_3^-]}{[H_2CO_3]}$$

$$HCO_3^-(aq) \rightleftharpoons H^+(aq) + CO_3^{2-}(aq) \qquad K_{a_2} = \frac{[H^+][CO_3^{2-}]}{[HCO_3^-]}$$

첫 번째 이온화 단계에서의 짝염기는 두 번째 단계에서는 산이 된다.

표 15.5에 몇 가지 이양성자산과 하나의 다양성자산의 이온화 상수를 나타내었다. 특정 산에 대해서 일차 이온화 상수는 이차 이온화 상수보다 훨씬 크고 그 다음도 같은 관계이다. 이와 같은 경향은 중성 분자에서 H^+ 이온을 제거하는 것이 분자로부터 생성된 음으로 하전된 이온에서 또 다른 하나의 H^+를 제거하는 것보다 쉽기 때문이다.

예제 15.11에서는 이양성자산 수용액에서 모든 화학종의 평형 농도를 구해 본다.

인터넷 핫스팟

학생들의 학습 경험에 대해 축적된 자료에 따르면 다양성자산의 평형 농도를 계산하는 데 어려움을 겪을 수 있다. 이런 경우 eBook에 접속해서 이 주제에 대한 추가 학습 자료를 보면 도움이 될 수 있다.

예제 15.11

옥살산($H_2C_2O_4$)은 주로 표백제나 세척제(욕조의 물때 제거)로 사용되는 독성 물질이다. 0.10 M 옥살산 용액의 평형에서 존재하는 모든 물질의 농도를 계산하라.

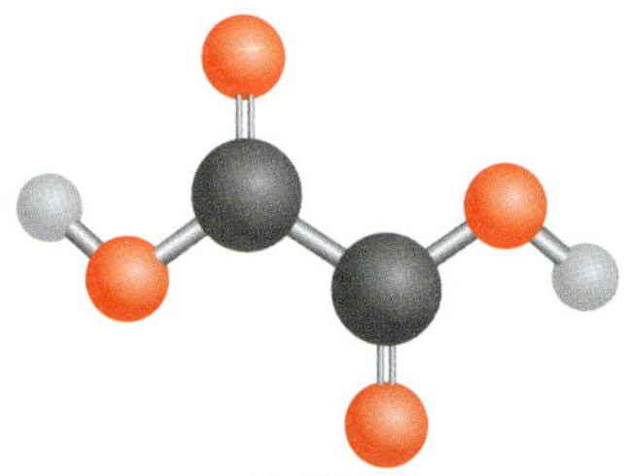

$H_2C_2O_4$

전략 이양성자산 수용액의 화학종 평형 농도를 정하는 것은 일양성자산의 경우보다 복잡하다. 각 단계에서 예제 15.8에서처럼 일양성자산에 대해 적용했던 것과 같은 순서를 따른다. 첫 번째 이온화 단계에서의 짝염기가 두 번째 이온화 단계에서는 산이 됨을 유의하라.

풀이 다음 단계 순서로 풀어간다.

단계 1: 이 단계에서 용액 상태의 주요 성분은 이온화하지 않은 산, H^+ 이온, 짝염기 $HC_2O_4^-$이다.

단계 2: H^+와 $HC_2O_4^-$ 이온의 평형 농도(mol/L)를 x라 놓고, 다음과 같이 요약하면

	$H_2C_2O_4(aq)$	$\rightleftharpoons$	$H^+(aq)$	+	$HC_2O_4^-(aq)$
초기(M):	0.10		0.00		0.00
변화(M):	$-x$		$+x$		$+x$
최종(M):	$0.10 - x$		x		x

단계 3: 표 15.5에서

$$K_a = \frac{[H^+][HC_2O_4^-]}{[H_2C_2O_4]}$$

$$6.5 \times 10^{-2} = \frac{x^2}{0.10 - x}$$

근사법으로 $0.10 - x \approx 0.10$을 적용하면

$$6.5 \times 10^{-2} = \frac{x^2}{0.10 - x} \approx \frac{x^2}{0.10}$$

$$x^2 = 6.5 \times 10^{-3}$$

$$x = 8.1 \times 10^{-3}\ M$$

근사법을 검증해 보자.

$$\frac{8.1 \times 10^{-2}\ M}{0.10\ M} \times 100\% = 81\%$$

근사법이 정확하지 않으므로 이차 방정식을 풀어야 한다.

$$x^2 + 6.5 \times 10^{-2}x - 6.5 \times 10^{-3} = 0$$

결과로 $x = 0.054\ M$을 얻는다.

단계 4: 첫 번째 단계의 이온화가 평형에 도달했을 때의 농도는

(계속)

$$[H^+] = 0.054\ M$$
$$[HC_2O_4^-] = 0.054\ M$$
$$[H_2C_2O_4] = (0.10 - 0.054)\ M = 0.046\ M$$

다음으로 두 번째 단계의 이온화를 생각해 보자.

단계 1: 이 단계에서 주요 물질은 두 번째 단계에서 산으로 작용하는 $HC_2O_4^-$, H^+, $C_2O_4^{2-}$ 짝염기이다.

단계 2: H^+와 $C_2O_4^{2-}$의 평형 농도(mol/L)를 y라 놓고 다음과 같이 정리한다.

	$HC_2O_4^-(aq)$	$\rightleftharpoons$	$H^+(aq)$	+	$C_2O_4^{2-}(aq)$
초기(M):	0.054		0.054		0.00
변화(M):	$-y$		$+y$		$+y$
최종(M):	$0.054 - y$		$0.054 + y$		y

단계 3: 표 15.5에서

$$K_a = \frac{[H^+][C_2O_4^{2-}]}{[HC_2O_4^-]}$$

$$6.1 \times 10^{-5} = \frac{(0.054 + y)(y)}{(0.054 - y)}$$

근사, $0.054 + y \approx 0.054$와 $0.054 - y \approx 0.054$를 적용하여

$$\frac{(0.054)(y)}{(0.054)} = y = 6.1 \times 10^{-5}\ M$$

근사법을 검증해 보자.

$$\frac{6.1 \times 10^{-5}\ M}{0.054\ M} \times 100\% = 0.11\%$$

따라서 근사법은 타당하다.

$$[H_2C_2O_4] = 0.046\ M$$
$$[HC_2O_4^-] = (0.054 - 6.1 \times 10^{-5})\ M = 0.054\ M$$
$$[H^+] = (0.054 - 6.1 \times 10^{-5})\ M = 0.054\ M$$
$$[C_2O_4^{2-}] = 6.1 \times 10^{-5}\ M$$
$$[OH^-] = 1.0 \times 10^{-14}/0.054 = 1.9 \times 10^{-13}\ M$$

실전 연습 $0.20\ M$ 옥살산 용액에서 $H_2C_2O_4$, $HC_2O_4^-$, $C_2O_4^{2-}$, H^+ 이온의 농도를 계산하라.

비슷한 문제: 15.66.

예제 15.11은 이양성자산의 경우 만일 $K_{a_1} \gg K_{a_2}$이면, H^+ 이온의 농도는 첫 번째 이온화 단계에 의해 결정됨을 보여준다. 또한 두 번째 이온화 단계에서의 짝염기의 농도는 K_{a_2}와 같은 *수치적*으로 같은 값임을 보여준다.

인산(H_3PO_4)은 세 개의 이온화할 수 있는 수소 원자를 갖는 다양성자산이다.

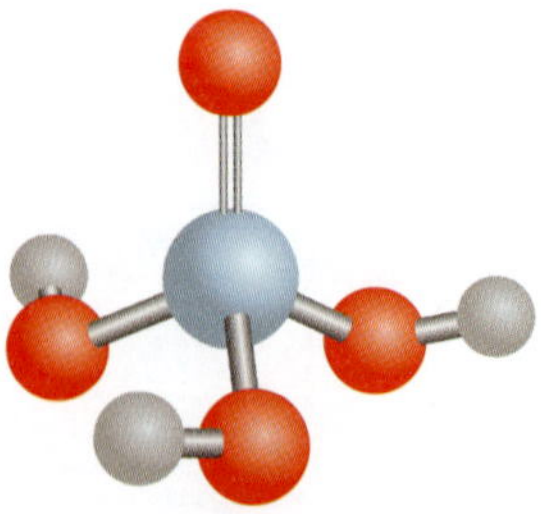
H_3PO_4

$$H_3PO_4(aq) \rightleftharpoons H^+(aq) + H_2PO_4^-(aq) \qquad K_{a_1} = \frac{[H^+][H_2PO_4^-]}{[H_3PO_4]} = 7.5 \times 10^{-3}$$

$$H_2PO_4^-(aq) \rightleftharpoons H^+(aq) + HPO_4^{2-}(aq) \qquad K_{a_2} = \frac{[H^+][HPO_4^{2-}]}{[H_2PO_4^-]} = 6.2 \times 10^{-8}$$

$$HPO_4^{2-}(aq) \rightleftharpoons H^+(aq) + PO_4^{3-}(aq) \qquad K_{a_3} = \frac{[H^+][PO_4^{3-}]}{[HPO_4^{2-}]} = 4.8 \times 10^{-13}$$

인산은 약한 다양성자산이며, 이온화 상수는 두 번째와 세 번째 단계에서 크게 감소함을 볼 수 있다. 따라서 인산 용액에서는 이온화되지 않는 산의 농도가 높으며, 그 외 H^+와 $H_2PO_4^-$ 이온만이 얼마간 존재할 것으로 예측할 수 있다.

개념과 사실 요약하기

- 많은 산은 하나 이상의 이온화 가능한 양성자를 가지고 있다. 용액에서 화학종의 평형 농도는 일양성자산의 경우와 유사한 방법을 사용하여 계산할 수 있다.

개념과 사실 복습하기

15.8.1 그림 (a)~(c) 중 황산 용액을 나타내는 것은 어느 것인가? 명확하게 하기 위해 물 분자는 생략되었다.

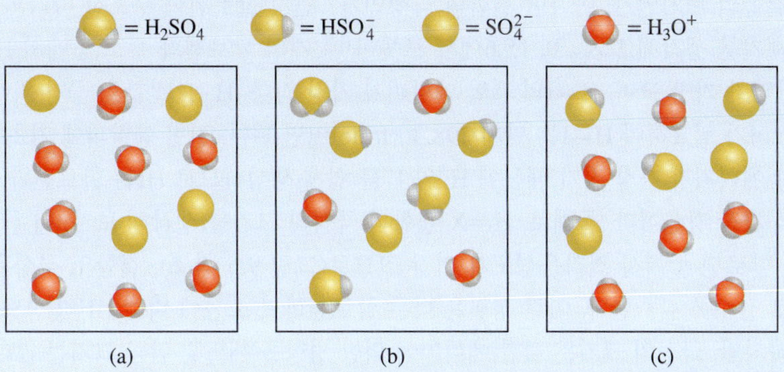

15.9 분자 구조와 산의 세기

학습 목표

- 분자 구조를 근거로 하여 상대적인 산의 세기에 대한 순위를 정할 수 있다.

산의 세기는 용매의 성질, 온도, 산의 분자 구조와 같은 많은 인자에 의존하다. 같은 용매, 같은 온도, 같은 농도에서 두 산의 세기를 비교하면 이들 변수의 영향이 제거되고, 산의 구조에 따른 산의 세기 변화에만 초점을 맞출 수 있다.

어떤 산 HX를 생각해 보자. 산의 세기는 산이 이온화되는 정도로 측정된다.

$$HX \longrightarrow H^+ + X^-$$

두 가지 인자가 산이 이온화되는 정도에 영향을 미친다. 하나는 H—X 결합의 세기이다. 이 결합이 강할수록 HX 분자가 깨어지기 어렵고, 따라서 산은 약산이 된다. 또 다른 인자는 H—X 결합의 극성이다. H와 X의 전기음성도 차이로 다음과 같은 극성 결합이 만들어진다.

$$\overset{\delta+}{H}—\overset{\delta-}{X}$$

결합이 크게 편극되어 있으면, 즉, H와 X 원자 각각에 양전하와 음전하가 크게 밀집되어 있으면, HX는 H^+와 X^- 이온으로 깨어진다. 따라서 극성의 정도가 클수록 *더 강산이* 된다. 결합의 강도나 결합의 극성이 산의 세기를 결정하는 데 큰 영향을 미치는 몇 가지 예를 살펴보기로 하자.

▶ 할로젠화 수소산

할로젠 원소는 할로젠화 수소산(hydrohalic acid)이라고 부르는 일련의 이성분산을 만든다(HF, HCl, HBr, HI). 이러한 계열에서 할로젠화 수소산의 세기를 결정하는 주요 요인

표 15.6 할로젠화 수소의 결합 엔탈피와 할로젠화 수소산의 세기

결합	결합 엔탈피(kJ/mol)	산의 세기
H—F	568.2	약함
H—Cl	431.9	강함
H—Br	366.1	강함
H—I	298.3	강함

은 결합의 세기인가, 아니면 결합의 극성인가? 먼저 할로젠화 수소산 각각의 H—X 결합의 세기를 생각해 보자. 표 15.6에서 보듯이 네 개의 할로젠화 수소 중에서 H—F의 결합 엔탈피가 가장 크며, H—I의 결합 엔탈피가 가장 작다. H–F 결합을 끊기 위해서는 568.2 kJ/mol가 필요하며 H—I는 단지 298.3 kJ/mol이면 된다. 결합 엔탈피에 기초하여 H—I의 결합 에너지가 가장 작기 때문에 H^+와 I^-를 쉽게 생성하므로 HI는 할로젠화 수소산 계열에서 가장 강산이다. 둘째로, H—X 결합의 극성의 크기를 생각해 보자. 이 산의 계열에서 F는 할로젠 중에서 전기음성도가 가장 크므로(그림 9.5 참조), 결합의 극성은 HF로부터 HI로 갈수록 감소한다. 이런 성질은 다른 할로젠화 수소산에 비해 HF의 산도를 증가시켜야 하지만, 극성의 크기는 결합 에너지에 의한 경향을 깨뜨릴 만큼 크지는 않다.

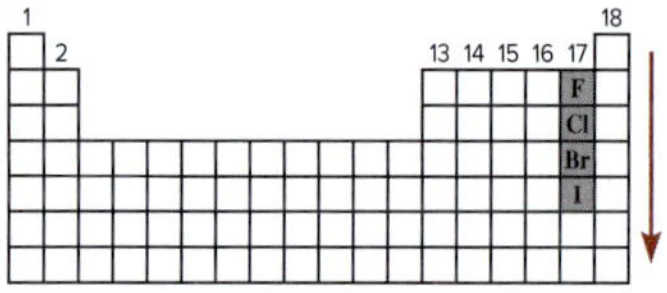

▲ HF에서 HI로 갈수록 할로젠화 수소산의 세기는 증가한다.

$$HF \ll HCl < HBr < HI$$

산소산

이제 산소산(oxoacid)을 생각해 보자. 제2장에서 배운 것과 같이 산소산은 수소, 산소와 중심 위치를 차지하는 하나의 다른 원소 Z를 포함한다. 그림 15.5는 몇 가지 일반적인 산소산의 루이스 구조를 나타낸 것이다. 이 그림에서 볼 수 있듯이 이런 산들은 한 개 이상의 O—H 결합을 가지는 특징이 있다. 중심 원자 Z에는 여러 가지 다른 작용기들이 결합될 수 있다.

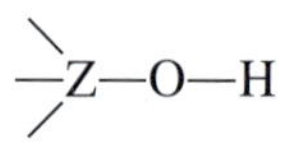

Z가 전기음성인 원소, 즉 높은 산화 상태에 있으면 전자를 잡아당겨 Z—O 결합을 더 공유성으로 만들고, O—H 결합을 더 극성으로 만든다. 결과적으로, H가 H^+ 이온으로 되기가 쉬워진다. 원자의 산화수가 클수록 결합 전자를 자기 쪽으로 끌어당기는 능력도 증가한다.

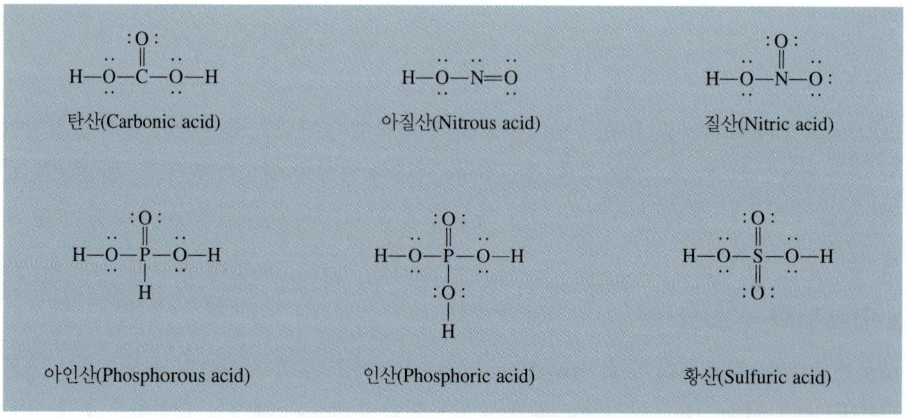

▶ **그림 15.5** 몇 가지 산소산의 루이스 구조식. 형식 전하는 편의상 생략하였다.

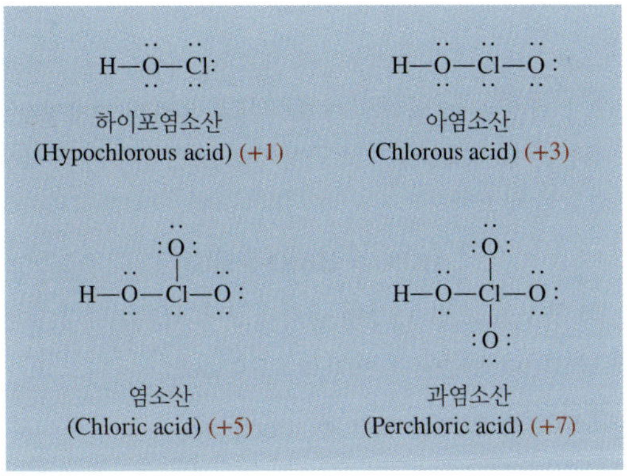

◀ **그림 15.6** 염소의 산소산의 루이스 구조식. 괄호 속의 숫자는 Cl 원자의 산화수이다. 형식 전하는 편의상 생략하였다. 하이포염소산은 HClO로 나타내었지만, H 원자는 O 원자와 결합하고 있음을 유의하라.

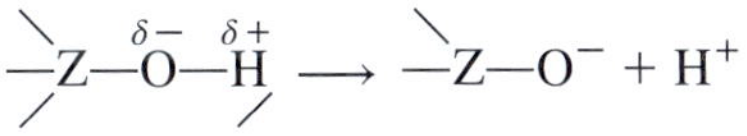

산소산의 세기를 비교하기 위해 산소산을 두 부류로 나누면 편리하다.

1. *주기율표의 같은 족에 속해 있고 같은 산화 상태를 가지지만, 다른 중심 원자를 갖는 산소산.* 이 경우에서의 산의 세기는 다음 예에서 볼 수 있듯이 중심 원자의 전기음성도가 증가함에 따라 증가한다.

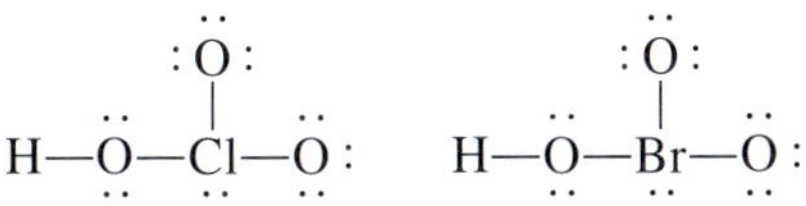

Cl과 Br의 산화수는 +5로 같다. 그러나 Cl은 Br보다 더 전기음성(electronegative)이므로 Br보다 더 세게 산소와 공유하고 있는(Cl—O—H 기 내에서) 전자쌍을 잡아당긴다. 결과적으로 O—H 결합은 염소산의 경우가 브로민산의 경우보다 더 극성이고, 더 쉽게 이온화한다. 따라서 상대적인 산의 세기는 다음과 같다.

$$HClO_3 > HBrO_3$$

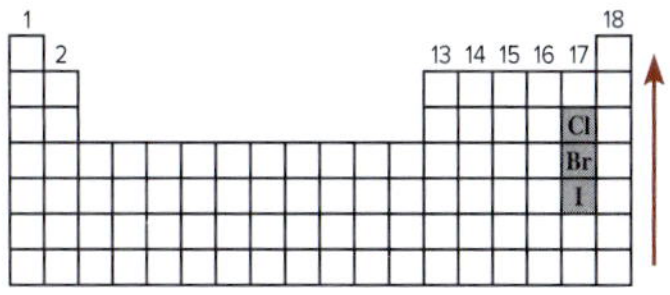

▲ *할로젠 원소를 포함하는 산소산에서 산소 원자의 개수가 동일할 때 산의 세기는 아래에서 위로 갈수록 증가한다.*

2. *중심 원자가 같지만, 중심 원자에 결합한 기(group)의 개수가 다른 산소산.* 이 경우에는 중심 원자의 산화수가 증가함에 따라 산의 세기는 증가한다. 그림 15.6에 나타낸 염소의 산소산을 생각해 보자. 이 계열에서 OH 기로부터 전자를 잡아당기는(따라서 O—H 결합을 더 극성으로 하는) 염소의 능력은 Cl에 결합한 전기음성인 O 원자의 수가 많을수록 증가한다. 따라서 $HClO_4$는 Cl에 붙은 O 원자를 가장 많이 가지고 있으므로 가장 강한 산이 되고, 산의 세기는 다음과 같이 감소한다.

$$HClO_4 > HClO_3 > HClO_2 > HClO$$

예제 15.12에서는 분자 구조에 근거하여 산의 세기를 비교하였다.

인터넷 핫스팟
학생들의 학습 경험에 대해 축적된 자료에 따르면 산소산의 세기를 이해하는 데 어려움을 겪을 수 있다. 이런 경우 eBook에 접속해서 이 주제에 대한 추가 학습 자료를 보면 도움이 될 수 있다.

예제 15.12

다음 각 화합물 중 산소산의 상대적 세기를 예측하라. (a) HClO, HBrO, HIO, (b) HNO_3, HNO_2.

전략 분자의 구조를 따져 본다. (a)에서 산들은 유사한 구조를 갖고 있으나, 중심 원자(Cl, Br, I)가 다르다. (b)에서는 산들이 중심 원자(N)는 같으나, O 원자의 개수가 다르다. 두 산에서 N 원자의 산화수는 얼마인가?

(계속)

풀이

(a) 이들 산들은 모두 구조가 같으며, 할로젠의 산화수(+1)도 같다. 전기 음성도가 Cl에서 I로 갈수록 감소하기 때문에 Cl 원자는 O 원자와 공유하는 전자쌍을 가장 많이 끌어당긴다. 결과적으로 결합은 HClO에서 가장 극성이고 HIO에서 가장 극성이 낮다. 따라서 산의 세기는 다음과 같이 감소한다.

$$HClO > HBrO > HIO$$

(b) HNO_3와 HNO_2의 구조를 그림 15.5에 나타내었다. HNO_3에서 N의 산화수는 +5이고, HNO_2에서 N의 산화수는 +3이므로 HNO_3가 HNO_2보다 강산이다.

실전 연습 $HClO_2$와 $HClO_3$ 중 어느 것이 더 약산인가?

비슷한 문제: 15.70.

카복실산

지금까지는 무기산에 대해 주로 논의하였다. 대표적인 유기산으로는 카복실산이 있는데, 루이스 구조는 다음과 같다.

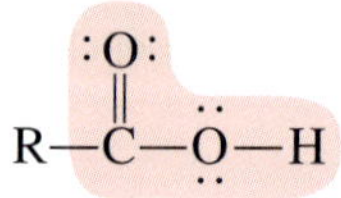

여기서 R은 산 분자의 한 부분이고, 음영 처리된 부분은 *카복실*(carboxyl group, —COOH)이다. 카복실산의 세기는 R의 성질과 관계가 있다. 예를 들어, 아세트산(acetic acid)과 클로로아세트산(chloracetic acid)을 생각해 보자.

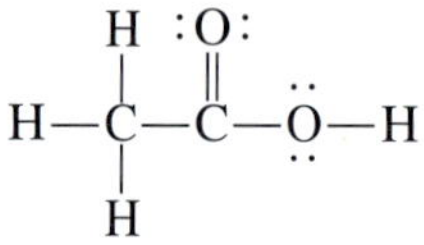

아세트산($K_a = 1.8 \times 10^{-5}$)

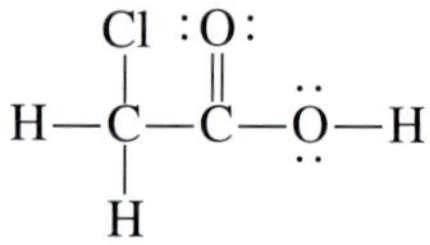

클로로아세트산($K_a = 1.4 \times 10^{-3}$)

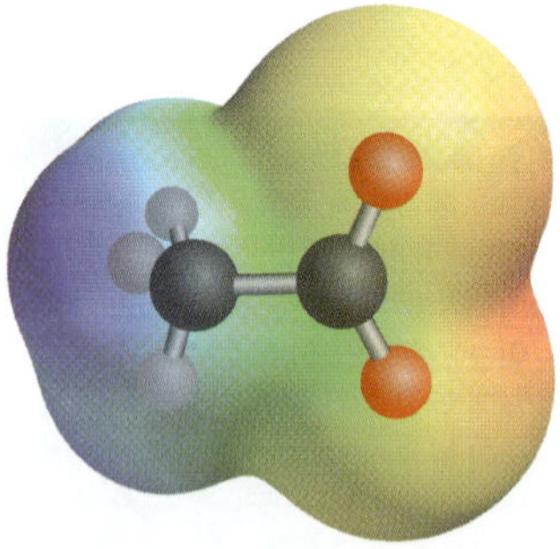

▲ 아세트산 음이온의 정전기 퍼텐셜 지도. 전자 밀도는 두 O 원자 사이에 고르게 분포되어 있다.

클로로아세트산에 있는 전기음성적인 Cl 원자는 전자 밀도를 R기 쪽으로 이동시키므로 O—H 결합이 보다 극성을 띠게 한다. 따라서 산이 이온화하려는 경향이 강하게 된다.

$$CH_2ClCOOH(aq) \rightleftharpoons CH_2ClCOO^-(aq) + H^+(aq)$$

카복실산의 짝염기를 카복실산 음이온(carboxylate anion, $RCOO^-$)이라 하며, 구조는 공명 구조를 갖는다.

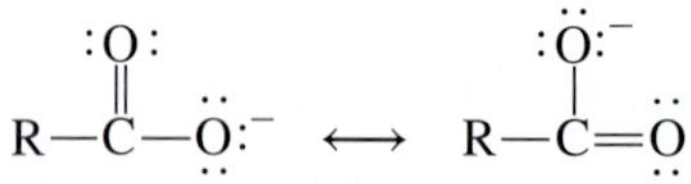

분자 오비탈 이론에 따르면 전자 밀도를 여러 원자에 분산시키거나 분포시키는 정도에 따라 음이온의 안정성이 결정된다. 전자 분포 영역이 넓을수록 음이온은 더 안정되고, 산은 이온화하려는 경향이 강해진다. 따라서 벤젠 고리(10.8절 참조)는 전자가 분산되기 쉬우므로 벤조산 음이온(benzoate anion, $C_6H_5COO^-$)이 아세트산 음이온(acetate anion, CH_3COO^-)보다 안정하기 때문에 벤조산(benzoic acid, C_6H_5COOH, $K_a = 6.5 \times 10^{-5}$)은 아세트산보다 더 강한 산이다.

개념과 사실 요약하기

- 분자 구조의 관점에서 산의 상대적인 세기를 정성적으로 설명할 수 있다.

개념과 사실 복습하기

15.9.1 다음 세 개의 산을 강도가 높은 순서로 배열하라. $HBrO_4$, HBrO, $HBrO_3$.

15.10 염의 산-염기 성질

학습 목표

- 염용액의 pH를 계산할 수 있다.
- 염을 형성하는 데 사용된 산 또는 염기를 기준으로 염 용액의 상대적인 pH를 예측할 수 있다.

4.3절에서 정의한 바와 같이 염(salt)은 산과 염기 사이의 반응에 의해 형성된 이온 결합 화합물이다. 염은 물에서 완전히 이온으로 해리되므로 강전해질이다. **염의 가수분해**(salt hydrolysis)란 *염의 양이온 또는 음이온이 물과 반응하거나 이 두 이온 모두가 물과 반응하는 것*이다. 염의 가수분해는 용액의 pH에 영향을 준다.

중성 용액을 만드는 염

일반적으로 알칼리 금속 이온이나 알칼리 토금속 이온(Be^{2+}는 제외)을 포함하는 염이나 강산의 짝염기(예, Cl^-, Br^-, NO_3^-)는 측정할 수 있을 만큼 가수분해하지 않으므로, 그들 용액은 중성이 된다. 예를 들면, NaOH와 HNO_3의 반응으로 생성된 $NaNO_3$는 물에 녹았을 때 다음과 같이 완전히 해리한다.

$$NaNO_3(s) \xrightarrow{H_2O} Na^+(aq) + NO_3^-(aq)$$

수화된 Na^+ 이온은 H^+ 이온을 주지도 않고, 받아들이지도 않는다. NO_3^- 이온은 강산 HNO_3의 짝염기이며, H^+ 이온에 대해 친화력이 없다. 따라서 Na^+와 NO_3^- 이온을 포함한 용액은 pH = 7인 중성 용액이다.

염기성 용액을 만드는 염

강염기와 약산으로 된 염의 용액은 염기성이다. 예를 들면, CH_3COONa는 물에서 다음과 같이 해리한다.

$$CH_3COONa(s) \xrightarrow{H_2O} Na^+(aq) + CH_3COO^-(aq)$$

수화된 Na^+ 이온은 산성이나 염기의 성질을 갖지 않는다. 그러나 아세트산 이온, CH_3COO^-은 약산 CH_3COOH의 짝염기이며, H^+ 이온에 대해 친화력을 가지고 있다. 따라서 가수분해 반응은 다음과 같다.

$$CH_3COO^-(aq) + H_2O(l) \rightleftharpoons CH_3COOH(aq) + OH^-(aq)$$

이 반응은 OH^- 이온을 생성하기 때문에 CH_3COONa 용액은 염기성을 나타낼 것이다. 이 가수분해 반응에 대한 평형 상수는 CH_3COO^-의 염기 이온화 상수이며, 다음과 같이 나타낸다(15.7절 참조).

$$K_b = \frac{[CH_3COOH][OH^-]}{[CH_3COO^-]} = 5.6 \times 10^{-10}$$

가수분해된 CH_3COO^- 이온은 한 개의 OH^- 이온을 생성하기 때문에, 평형 상태에서의 OH^- 이온 농도는 가수분해된 CH_3COO^- 이온의 농도와 같다. 따라서 가수분해 백분율(percent hydrolysis)은 다음과 같이 정의할 수 있다.

인터넷 핫스팟
학생들의 학습 경험에 대해 축적된 자료에 따르면 염 용액의 pH를 계산하는 데 어려움을 겪을 수 있다. 이런 경우 eBook에 접속해서 이 주제에 대한 추가 학습 자료를 보면 도움이 될 수 있다.

$$\text{가수분해 백분율} = \frac{[\mathrm{CH_3COO^-}]_{\text{가수분해}}}{[\mathrm{CH_3COO^-}]_{\text{초기}}} \times 100\%$$

$$= \frac{[\mathrm{OH^-}]_{\text{평형}}}{[\mathrm{CH_3COO^-}]_{\text{초기}}} \times 100\%$$

예제 15.13은 CH_3COONa의 가수분해에 대한 가수분해 백분율을 계산한 예이다. 염의 가수분해 문제 풀이는 약산과 약염기에서와 동일한 과정으로 해를 구한다.

예제 15.13

0.15 *M* 아세트산 소듐(CH_3COONa)의 pH를 계산하라. 몇 % 가수분해되었는가?

전략 염이란 무엇인가? 수용액에서 CH_3COONa는 Na^+와 CH_3COO^- 이온으로 완전히 해리된다. 앞서 배웠듯이 Na^+ 이온은 물과 반응하지 않으므로 용액의 pH에 영향을 주지 않는다. CH_3COO^-는 약산인 CH_3COOH의 짝염기이다. 따라서 이것이 물과 반응하여 CH_3COOH와 OH^-를 생성하고, 용액은 염기성이 된다.

풀이

단계 1: 0.15 *M* 아세트산 소듐 용액에서 시작하였으므로, 해리된 후의 이온 농도는 0.15 *M*이 된다.

	$CH_3COONa(aq)$	$\longrightarrow$	$Na^+(aq)$	+	$CH_3COO^-(aq)$
초기(*M*):	0.15		0		0
변화(*M*):	−0.15		+0.15		+0.15
최종(*M*):	0		0.15		0.15

위 이온 중에서 아세트산 이온만이 물과 반응한다.

$$\mathrm{CH_3COO^-}(aq) + \mathrm{H_2O}(l) \rightleftharpoons \mathrm{CH_3COOH}(aq) + \mathrm{OH^-}(aq)$$

평형에서 수용액에서의 주 화학종은 CH_3COOH, CH_3COO^-, OH^-이다. 염기성 용액이라 예상되므로 H^+ 이온의 농도는 매우 작다. 물의 이온화는 무시한다.

단계 2: CH_3COOH와 OH^- 이온의 평형 농도(mol/L)를 x라고 놓고, 다음과 같이 정리한다.

	$CH_3COO^-(aq)$ + $H_2O(l)$	$\rightleftharpoons$	$CH_3COOH(aq)$ +	$OH^-(aq)$
초기(*M*):	0.15		0.00	0.00
변화(*M*):	$-x$		$+x$	$+x$
최종(*M*):	$0.15 - x$		x	x

단계 3: 앞서 언급한 것과 표 15.3으로부터 가수분해의 평형 상수 또는 염기 이온화 상수를 다음과 같이 쓸 수 있다.

$$K_b = \frac{[\mathrm{CH_3COOH}][\mathrm{OH^-}]}{[\mathrm{CH_3COO^-}]}$$

$$5.6 \times 10^{-10} = \frac{x^2}{0.15 - x}$$

K_b 값은 매우 작고 초기 염기의 농도는 매우 크기 때문에 $0.15 - x \approx 0.15$로 근사법을 적용할 수 있다.

$$5.6 \times 10^{-10} = \frac{x^2}{0.15 - x} \approx \frac{x^2}{0.15}$$

$$x = 9.2 \times 10^{-6}\ M$$

단계 4: 평형에서

$$[\mathrm{OH^-}] = 9.2 \times 10^{-6}\ M$$

$$\mathrm{pOH} = -\log(9.2 \times 10^{-6}) = 5.04$$

$$\mathrm{pH} = 14.00 - 5.04 = 8.96$$

(계속)

따라서 예상했던 것처럼 용액은 염기성이다. 가수분해 백분율은 다음과 같다.

$$\text{가수분해 백분율} = \frac{9.2 \times 10^{-6}\ M}{0.15\ M} \times 100\% = 0.0061\%$$

검산 아주 적은 양의 음이온만이 가수분해됨을 알 수 있다. 가수분해 백분율을 계산하는 데 있어서도 근사법을 검증할 때와 동일한 형태를 취하는 것을 유의하라.

실전 연습 0.24 *M* 폼산 소듐(sodium formate, HCOONa) 용액의 pH를 계산하라.

비슷한 문제: 15.81.

산성 용액을 만드는 염

HCl과 같은 강산과 NH_3와 같은 약염기에서 생성된 염이 물에 녹으면 용액은 산성이 된다. 예를 들면, 다음 반응에서

$$NH_4Cl(s) \xrightarrow{H_2O} NH_4^+(aq) + Cl^-(aq)$$

Cl^- 이온은 강산의 짝염기이므로, H^+ 이온에 대해 친화력을 갖지 않으며, 가수분해하지 않는다. NH_4^+ 이온은 약염기인 NH_3의 약한 짝산이며, 다음과 같이 이온화한다.

$$NH_4^+(aq) + H_2O(l) \rightleftharpoons NH_3(aq) + H_3O^+(aq)$$

또는 간단하게 다음과 같이 나타낼 수 있다.

$$NH_4^+(aq) \rightleftharpoons NH_3(aq) + H^+(aq)$$

이 반응식도 NH_4^+ 이온의 가수분해 반응을 나타낸다. 여기서 H^+ 이온이 생성되기 때문에 용액의 pH는 감소한다. 이 반응에 대한 평형 상수(또는 이온화 상수)는 다음과 같다.

$$K_a = \frac{[NH_3][H^+]}{[NH_4^+]} = \frac{K_w}{K_b} = \frac{1.0 \times 10^{-14}}{1.8 \times 10^{-5}} = 5.6 \times 10^{-10}$$

염화 암모늄 용액의 pH는 예제 15.13에서 사용한 방법을 이용하여 구할 수 있다.

원칙적으로 모든 금속 이온은 물과 반응하여 산성 용액을 만든다. 그러나 크기가 작고, 높게 하전된 금속 양이온(예, Al^{3+}, Cr^{3+}, Fe^{3+}, Bi^{3+}, Be^{2+})들만 가수분해가 잘 일어나기 때문에 알칼리 금속이나 알칼리 토금속과 물의 비교적 작은 상호작용은 일반적으로 무시한다. 염화 알루미늄($AlCl_3$)이 물에 녹으면, Al^{3+} 이온은 수화된 형태인 $Al(H_2O)_6^{3+}$로 존재한다(그림 15.7). $Al(H_2O)_6^{3+}$를 이루는 금속 이온과 여섯 개의 물 분자 중 한 분자에 있는 산소 원자 사이의 결합을 살펴보기로 하자.

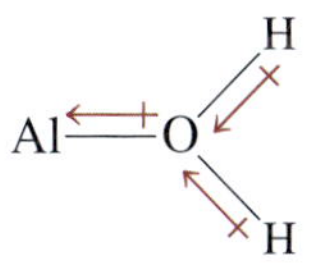

양으로 하전된 Al^{3+} 이온은 자신 쪽으로 전자 밀도를 끌어당기며, O—H 결합을 더 극성으로 만든다. 이 결과 H 원자는 수화에 참여하지 않는 물 분자의 수소 원자보다 이온화하려는 경향이 더 커진다. 결과적으로 이온화는 다음과 같다.

$$Al(H_2O)_6^{3+}(aq) + H_2O(l) \rightleftharpoons Al(OH)(H_2O)_5^{2+}(aq) + H_3O^+(aq)$$

또는 간단히

$$Al(H_2O)_6^{3+}(aq) \rightleftharpoons Al(OH)(H_2O)_5^{2+}(aq) + H^+(aq)$$

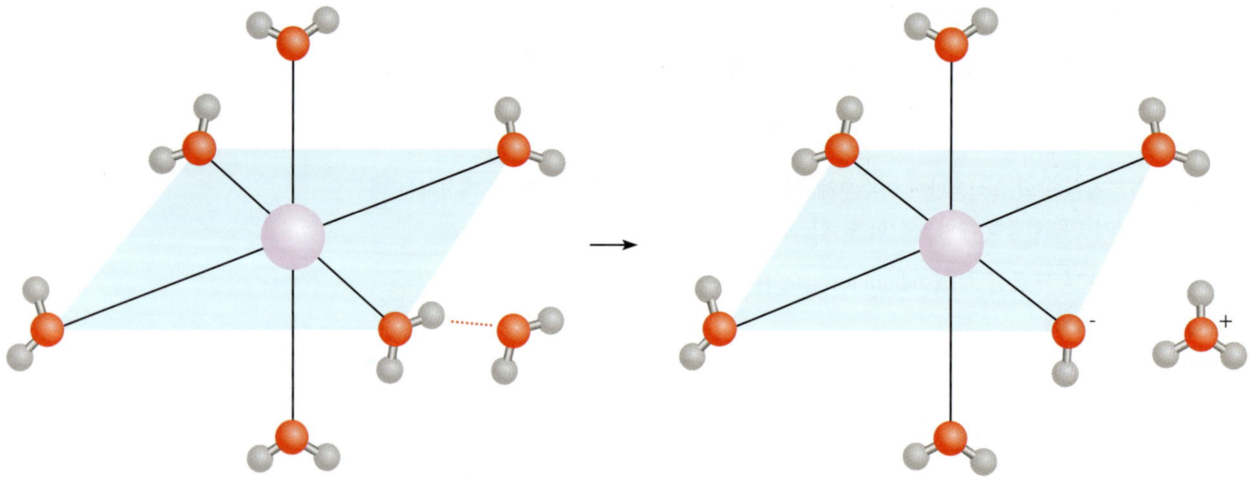

$Al(H_2O)_6^{3+}$ + H_2O ⟶ $Al(OH)(H_2O)_5^{2+}$ + H_3O^+

▲ **그림 15.7** 여섯 개의 H_2O 분자가 Al^{3+} 이온을 팔면체 모양으로 둘러싸고 있다. 크기가 작은 Al^{3+} 이온이 산소 원자의 고립 전자쌍을 강하게 잡아 당겨서 금속 양이온에 결합된 H_2O 분자의 O—H 결합을 약화시켜, 가까이 접근하는 H_2O에 양성자(H^+)를 넘겨주게 한다. 이런 금속 양이온의 가수분해 반응에 의해 용액은 산성화된다.

이 금속 양이온의 가수분해에 대한 평형 상수는 다음과 같다.

$$K_a = \frac{[Al(OH)(H_2O)_5^{2+}][H^+]}{[Al(H_2O)_6^{3+}]} = 1.3 \times 10^{-5}$$

$Al(OH)(H_2O)_5^{2+}$는 다음처럼 더 이온화될 수 있다.

$$Al(OH)(H_2O)_5^{2+}(aq) \rightleftharpoons Al(OH)_2(H_2O)_4^{+}(aq) + H^+(aq)$$

추가적인 이온화도 같은 방식으로 더 진행될 수 있다. 그러나 대개는 가수분해의 첫 단계만 고려하면 충분하다.

가수분해의 정도는 크기가 작고 전하가 많은 이온일수록 커진다. 이런 이온들은 O—H 결합을 많이 편극시켜서 이온화를 촉진하기 때문이다. 이는 Na^+나 K^+와 같이 비교적 크고 전하가 작은 이온이 눈에 띌 정도로 가수분해를 하지 않는 이유이기도 하다.

양이온과 음이온 모두 가수분해에 참여하는 염

지금까지는 한 가지 이온만 가수분해를 하는 염들에 대해 살펴보았다. 약산과 약염기에서 만들어지는 염은 양이온과 음이온이 모두 가수분해한다. 그러나 그런 염을 가진 용액이 산성, 염기성, 중성 가운데 어느 것이 될 것인지는 약산과 약염기의 상대적 세기에 달려 있다. 이런 계에 대한 수학적 논의는 좀 복잡하므로 여기서는 다음과 같은 기준을 사용하여 정성적으로 예측하는 데 중점을 둔다.

- $\boldsymbol{K_b > K_a}$**.** 음이온의 K_b가 양이온의 K_a보다 크면 음이온이 양이온보다 가수분해를 더 많이 하므로 용액은 염기성이 되며, 평형에서 OH^- 이온이 H^+ 이온보다 더 많다.
- $\boldsymbol{K_b < K_a}$**.** 음이온의 K_b가 양이온의 K_a보다 작으면 양이온이 음이온보다 가수분해를 더 많이 하므로 용액은 산성이 된다.
- $\boldsymbol{K_b \approx K_a}$**.** K_b와 K_a가 대략 비슷하면 용액은 거의 중성이다.

인터넷 핫스팟

학생들의 학습 경험에 대해 축적된 자료에 따르면 염 용액의 pH를 예측하는 데 어려움을 겪을 수 있다. 이런 경우 eBook에 접속해서 이 주제에 대한 추가 학습 자료를 보면 도움이 될 수 있다.

표 15.7에는 이 절에서 논의한 염들의 수용액에 대한 내용을 요약하였다.

예제 15.14는 염 용액들의 산-염기 성질을 예측하는 예이다.

표 15.7 염의 산-염기 성질

염의 종류	예	가수분해에 참여하는 이온	용액의 pH
강염기의 양이온; 강산의 음이온	$NaCl$, KI, KNO_3, $RbBr$, $BaCl_2$	없음	≈ 7
강염기의 양이온; 약산의 음이온	CH_3COONa, KNO_2	음이온	> 7
약염기의 양이온; 강산의 음이온	NH_4Cl, NH_4NO_3	양이온	< 7
약염기의 양이온; 약산의 음이온	NH_4NO_2, CH_3COONH_4, NH_4CN	음이온과 양이온	$K_b < K_a$이면 < 7 $K_b \approx K_a$이면 ≈ 7 $K_b > K_a$이면 > 7
높이 하전된 작은 양이온; 강산의 음이온	$AlCl_3$, $Fe(NO_3)_3$	수화된 양이온	< 7

예제 15.14

다음 용액이 산성, 염기성, 거의 중성 가운데 어느 것인지 예측하라. (a) NH_4I, (b) $NaNO_2$, (c) $FeCl_3$, (d) NH_4F.

전략 염의 가수분해를 예측할 때는 다음 물음을 자문해 보라. 양이온이 많이 하전된 금속 이온이거나 암모늄 이온인가? 음이온이 약산의 짝염기인가? 이에 대한 답이 '그렇다'이면 가수분해가 일어난다. 양이온과 음이온이 모두 물과 반응하면 용액의 pH는 양이온의 K_a와 음이온의 K_b의 상대적 크기에 따라 달라진다(표 15.7 참조).

풀이 먼저 염을 양이온과 음이온으로 나눈 뒤, 각 이온과 물 사이에 일어날 반응을 검토한다.

(a) 양이온 NH_4^+는 가수분해하여 NH_3와 H^+를 생성한다. I^- 음이온은 강산인 HI의 짝염기이다. 따라서 I^-은 가수분해하지 않으며 용액은 산성이다.

(b) Na^+ 양이온은 가수분해하지 않는다. NO_2^-는 약산인 HNO_2의 짝염기이므로 가수분해하여 HNO_2와 OH^-를 생성한다. 용액은 염기성이다.

(c) Fe^{3+} 이온은 높게 하전된 작은 금속 이온으로 가수분해하여 H^+ 이온을 생성한다. Cl^- 이온은 가수분해하지 않는다. 따라서 용액은 산성이다.

(d) NH_4^+와 F^- 이온 모두 가수분해한다. 표 15.3과 15.4로부터 NH_4^+의 $K_a(5.6 \times 10^{-10})$가 F^-의 $K_b(1.4 \times 10^{-11})$보다 크다는 것을 알 수 있다. 따라서 용액은 산성이다.

실전 연습 다음 용액이 산성, 염기성, 거의 중성 중 어느 것인지 예측하라. (a) $LiClO_4$, (b) Na_3PO_4, (c) $Bi(NO_3)_3$, (d) NH_4CN.

비슷한 문제: 15.77, 15.78.

끝으로 어떤 음이온들은 산이나 염기로 모두 작용할 수 있다는 사실을 알아두자. 예를 들어 중탄산 이온(HCO_3^-)은 다음과 같이 이온화하거나 가수분해한다(표 15.5 참조).

$$HCO_3^-(aq) + H_2O(l) \rightleftharpoons H_3O^+(aq) + CO_3^{2-}(aq) \qquad K_a = 4.8 \times 10^{-11}$$
$$HCO_3^-(aq) + H_2O(l) \rightleftharpoons H_2CO_3(aq) + OH^-(aq) \qquad K_b = 2.4 \times 10^{-8}$$

$K_b > K_a$이므로 가수분해가 이온화보다 우세하다. 따라서 중탄산 소듐($NaHCO_3$) 용액은 염기성이다.

개념과 사실 요약하기

- 대부분의 염은 용액에서 완전히 이온으로 해리되는 강한 전해질이다. 염의 이온과 물의 반응(염의 가수분해라고 함)은 산성 또는 염기성 용액을 생성할 수 있다. 염 가수분해에서 약산의 짝염기는 염기성 용액을 생성하고, 약염기의 짝산은 산성 용액을 생성한다.

- Al^{3+} 및 Fe^{3+}와 같이 크기가 작고 전하가 큰 금속 이온은 가수분해되어 산성 용액을 생성한다.

개념과 사실 복습하기

15.10.1 0.74 *M* 사이안화 포타슘(KCN) 용액의 pH는 얼마인가?

15.10.2 아래에 나타낸 도표는 세 가지 염 NaX(X = A, B 또는 C)의 용액을 나타낸다. (a) 어느 X^-가 가장 약한 짝산인가? (b) 3개의 X^- 음이온을 염기의 세기가 증가하는 순서로 배열하라. 명확하게 하기 위해 Na^+ 이온과 물 분자는 생략되었다.

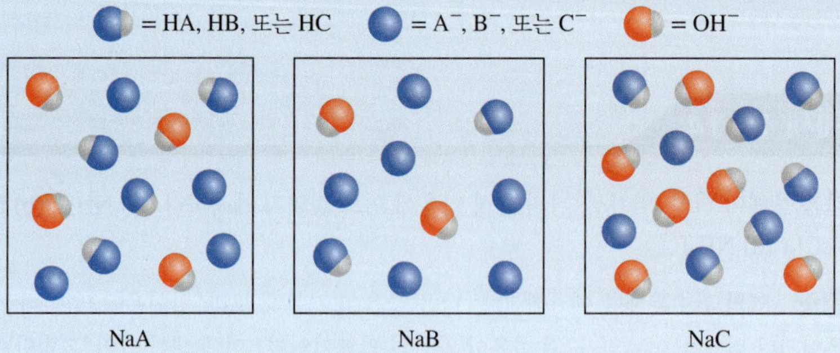

15.11 산화물과 수산화물의 산-염기 성질

학습 목표

- 산화물을 산성, 염기성 또는 양쪽성으로 분류할 수 있다.

제8장에서 본 바와 같이 산화물은 산성, 염기성, 양쪽성으로 나뉜다. 여기서는 이 화합물들의 산-염기 반응을 살펴보자.

그림 15.8은 가장 높은 산화 상태에 있는 주족 원소들의 산화물들을 보여준다. 모든

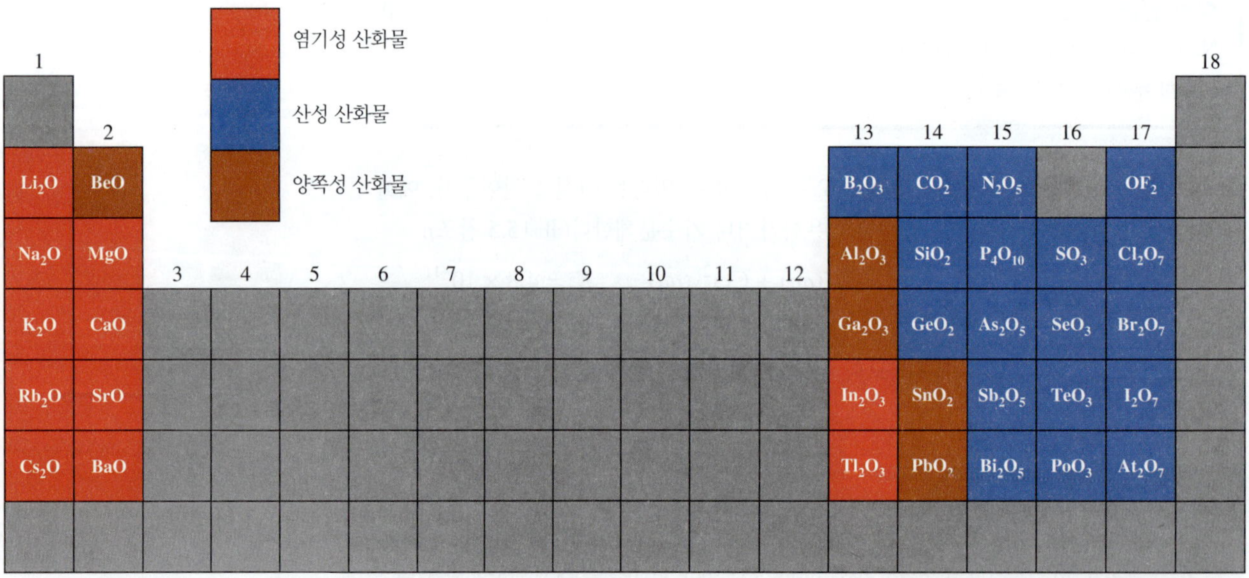

▲ **그림 15.8** 가장 높은 산화 상태에 있는 주족 원소들의 산화물.

알칼리 금속 산화물과 BeO를 제외한 모든 알칼리 토금속 산화물은 염기성이다. 산화 베릴륨과 13족 및 14족 일부 원소들의 금속 산화물은 양쪽성이다. 예를 들어, N_2O_5, SO_3, Cl_2O_7과 같이 높은 산화 상태에 있는 주족 원소의 비금속 산화물은 산성이다. 그러나 CO나 NO와 같이 낮은 산화 상태에 있는 주족 원소의 산화물은 측정할 수 있는 정도의 산성을 나타내지 않는다. 염기성을 보이는 비금속 산화물은 알려져 있지 않다.

염기성 금속 산화물은 물과 반응하여 금속 수산화물이 된다.

$$Na_2O(s) \xrightarrow{H_2O} 2NaOH(aq)$$
$$BaO(s) \xrightarrow{H_2O} Ba(OH)_2(aq)$$

산성 산화물과 물과의 반응은 다음과 같다.

$$CO_2(g) + H_2O(l) \rightleftharpoons H_2CO_3(aq)$$
$$SO_3(g) + H_2O(l) \rightleftharpoons H_2SO_4(aq)$$
$$N_2O_5(g) + H_2O(l) \rightleftharpoons 2HNO_3(aq)$$
$$P_4O_{10}(s) + 6H_2O(l) \rightleftharpoons 4H_3PO_4(aq)$$
$$Cl_2O_7(l) + H_2O(l) \rightleftharpoons 2HClO_4(aq)$$

CO_2와 H_2O의 반응은 순수한 물이 CO_2를 포함하는 공기에 노출될 때 pH가 서서히 변하여 5.5 정도가 되는 이유를 설명해준다(그림 15.9). SO_3와 H_2O의 반응은 산성비의 주된 원인이다(그림 15.10).

산성 산화물과 염기의 반응 및 염기성 산화물과 산의 반응은 염과 물을 생성하는 일반적인 산-염기 반응과 비슷하다.

$$\underset{\text{산성 산화물}}{CO_2(g)} + \underset{\text{염기}}{2NaOH(aq)} \longrightarrow \underset{\text{염}}{Na_2CO_3(aq)} + \underset{\text{물}}{H_2O(l)}$$
$$\underset{\text{염기성 산화물}}{BaO(s)} + \underset{\text{산}}{2HNO_3(aq)} \longrightarrow \underset{\text{염}}{Ba(NO_3)_2(aq)} + \underset{\text{물}}{H_2O(l)}$$

그림 15.8에서 나타낸 것처럼 산화 알루미늄(Al_2O_3)은 양쪽성이어서 상황에 따라 산성 또는 염기성 산화물로 작용한다. 예를 들어, 염산과 반응할 때는 염기로 작용하여 염($AlCl_3$)과 물을 생성한다.

$$Al_2O_3(s) + 6HCl(aq) \longrightarrow 2AlCl_3(aq) + 3H_2O(l)$$

그림 15.9 (*왼쪽*) 물이 담긴 비커에 몇 방울의 브로모티몰 블루 지시약을 떨어뜨린다. (*오른쪽*) 드라이아이스를 넣으면 탄산이 생성되어 용액은 산성이 되고 색깔은 파란색에서 노란색으로 변한다.
Ken Karp/McGraw-Hill

▶ **그림 15.10** 산성비에 의해 손상된 숲.
RelaxFoto.de/Getty Images

또한 수산화 소듐과 반응할 때는 산으로 작용한다.

$$Al_2O_3(s) + 2NaOH(aq) \longrightarrow 2NaAlO_2(aq) + H_2O(l)$$

높은 산화 상태에 있는 전이금속을 가진 금속 산화물은 산성 산화물로 행동한다. 낯익은 두 가지 예는 산화 망가니즈(VII) (Mn_2O_7)과 산화 크로뮴(VI) (CrO_3)인데 모두 물과 반응하여 산을 생성한다.

$$Mn_2O_7(l) + H_2O(l) \longrightarrow \underset{\text{과망가니즈산}}{2HMnO_4(aq)}$$

$$CrO_3(s) + H_2O(l) \longrightarrow \underset{\text{크로뮴산}}{H_2CrO_4(aq)}$$

염기성 및 양쪽성 수산화물

알칼리 금속과 알칼리 토금속의 수산화물[$Be(OH)_2$ 제외]들은 염기성을 나타내는 것을 보았다. $Be(OH)_2$, $Al(OH)_3$, $Sn(OH)_2$, $Pb(OH)_2$, $Cr(OH)_3$, $Cu(OH)_2$, $Zn(OH)_2$, $Cd(OH)_2$는 양쪽성이다. 예를 들어, 수산화 알루미늄은 다음과 같이 산, 염기와 모두 반응한다.

$$Al(OH)_3(s) + 3H^+(aq) \longrightarrow Al^{3+}(aq) + 3H_2O(l)$$
$$Al(OH)_3(s) + OH^-(aq) \rightleftharpoons Al(OH)_4^-(aq)$$

양쪽성 수산화물은 모두 불용성이다.

수산화 베릴륨도 수산화 알루미늄과 같이 양쪽성을 나타낸다는 점은 흥미롭다.

$$Be(OH)_2(s) + 2H^+(aq) \longrightarrow Be^{2+}(aq) + 2H_2O(l)$$
$$Be(OH)_2(s) + 2OH^-(aq) \rightleftharpoons Be(OH)_4^{2-}(aq)$$

이것은 베릴륨과 알루미늄의 대각 관계에 대한 또 다른 예이다(8.6절 참조).

개념과 사실 요약하기

- 대부분의 산화물은 산성, 염기성, 양쪽성으로 분류할 수 있다. 금속의 수산화물은 염기성이거나 양쪽성이다.

개념과 사실 복습하기

15.11.1 다음 산화물을 염기도가 증가하는 순서로 배열하라. K_2O, Al_2O_3, BaO.

15.12 루이스 산과 염기

학습 목표

- 화학종들을 루이스 산 또는 루이스 염기로 구별할 수 있다.

지금까지는 산과 염기의 성질을 브뢴스테드의 이론에 따라 살펴보았다. 예를 들어, 브뢴스테드 염기로 작용하려면 양성자를 받아들일 수 있어야 한다. 이 정의에 따르면 수산화 이온과 암모니아는 모두 염기이다.

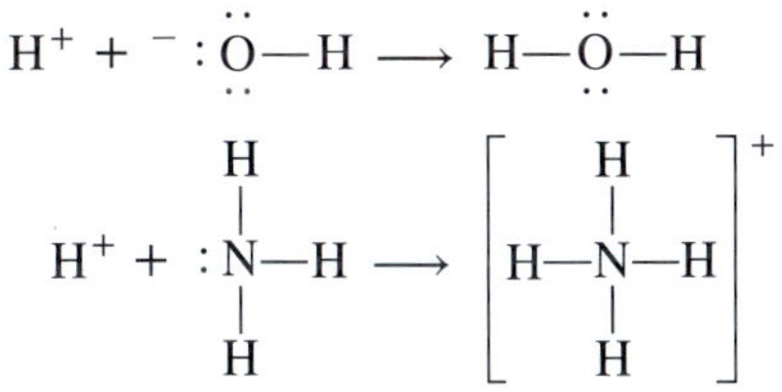

위 두 경우 모두 양성자가 결합되는 원자에는 적어도 하나의 비공유 전자쌍이 있다. OH^-와 NH_3와 같은 브뢴스테드 염기는 산과 염기에 대한 더욱 일반적인 정의를 내릴 수 있게 해준다.

1932년 미국의 화학자 루이스(G. N. Lewis)는 이러한 정의를 제시하였다. 이에 따르면 **루이스 염기**(Lewis base)는 *전자쌍을 줄 수 있는 물질*이고 **루이스 산**(Lewis acid)은 *전자쌍을 받을 수 있는 물질*이다. 예를 들어, 암모니아의 양성자화 반응에서는 양성자에게 전자쌍을 주므로 루이스 염기이고 양성자는 전자쌍을 받아들이므로 루이스 산이다. 루이스 산-염기 반응은 한 화합물에서 다른 화합물로 전자쌍이 옮겨지는 반응도 포함하는데, 이런 반응에서는 염과 물이 생성되지 않는다.

▲ **그림 15.11** BF_3와 NH_3 사이에 일어난 루이스 산-염기 반응.
Ken Karp/McGraw-Hill

산과 염기에 대한 루이스 정의는 다른 정의들보다 더 일반적이란 점에서 중요하다. 따라서 루이스 산-염기 반응은 브뢴스테드 산-염기 반응으로 볼 수 없는 반응도 설명해준다. 다음 삼플루오린화 붕소(BF_3)와 암모니아 사이의 반응은 그 한 예이다(그림 15.11).

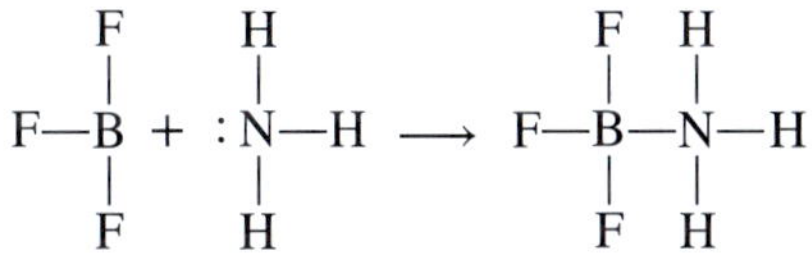

산 염기

10.4절에서 BF_3에 들어 있는 B 원자는 sp^2 혼성 오비탈을 가진다고 배웠다. 혼성에 참여하지 않고 비어 있는 $2p_z$ 오비탈이 NH_3로부터 전자쌍을 받아들인다. 따라서 BF_3는 이온화할 수 있는 양성자가 없으므로 브뢴스테드 산은 아니지만 루이스의 정의에 따르면 산이 된다. 여기서 다른 모든 루이스 산-염기 반응에서와 마찬가지로 B와 N 사이에 배위 공유 결합이 생긴다는 점을 주목하라.

붕소를 가진 또 다른 루이스 산은 붕산(boric acid)이다. 붕산은 눈을 씻는 데 사용하는 약산으로 다음과 같은 구조를 가진 산소산이다.

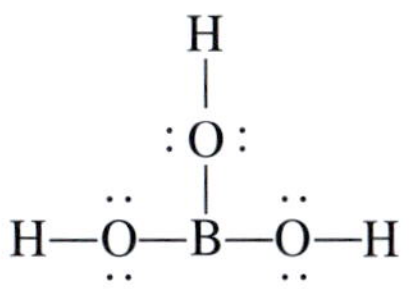

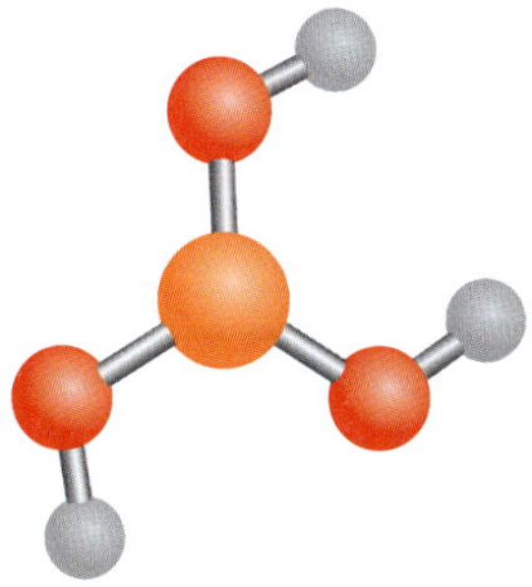

H_3BO_3

붕산은 물 속에서 이온화되어 H^+ 이온을 내어 놓지 않는다. 물과의 반응은 다음과 같다.

$$B(OH)_3(aq) + H_2O(l) \rightleftharpoons B(OH)_4^-(aq) + H^+(aq)$$

이 루이스 산-염기 반응에서 붕산은 H_2O 분자로부터 생긴 수산화 이온으로부터 전자쌍을 받는다.

이산화 탄소의 수화에 의해 탄산이 생성되는 반응은 다음과 같다.

$$CO_2(g) + H_2O(l) \rightleftharpoons H_2CO_3(aq)$$

루이스 개념으로 다음과 같이 설명할 수 있다. 우선 H_2O의 산소 원자의 고립 전자쌍이 CO_2의 탄소 원자에 제공된다. 이 고립 전자쌍은 C—O 파이 결합의 전자쌍이 제거되면서 비워지는 C 원자의 오비탈에 채워진다. 전자의 이러한 이동을 화살표로 나타내었다.

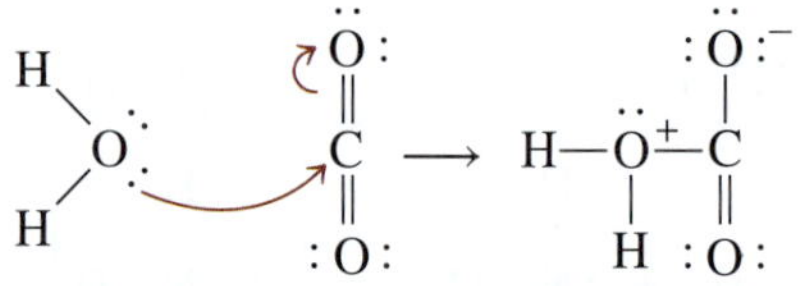

따라서 H_2O는 루이스 염기가 되고, CO_2는 루이스 산이 된다. 다음으로 음전하를 갖고 있는 O 원자로 양성자가 이동하여 H_2CO_3를 생성한다.

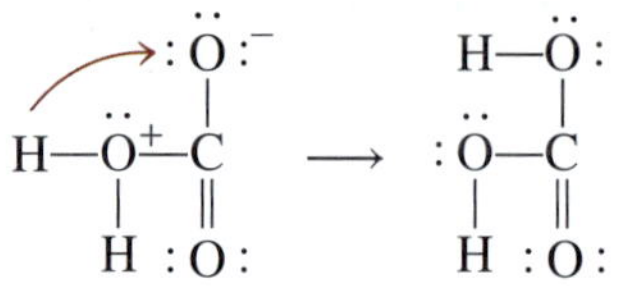

루이스 산-염기 반응의 다른 예들을 다음에 나타내었다.

$$\underset{\text{산}}{Ag^+(aq)} + \underset{\text{염기}}{2NH_3(aq)} \rightleftharpoons Ag(NH_3)_2^+(aq)$$

$$\underset{\text{산}}{Cd^{2+}(aq)} + \underset{\text{염기}}{4I^-(aq)} \rightleftharpoons CdI_4^{2-}(aq)$$

$$\underset{\text{산}}{Ni(s)} + \underset{\text{염기}}{4\,CO(g)} \rightleftharpoons Ni(CO)_4(g)$$

용액에서 일어나는 금속 이온의 수화도 루이스 산-염기 반응으로 볼 수 있다(그림 15.7 참조). 따라서 황산 구리(II) ($CuSO_4$)가 물에 녹을 때, 각 Cu^{2+} 이온은 여섯 개의 물 분자와 결합하여 $Cu(H_2O)_6^{2+}$로 존재한다. 이 경우에 Cu^{2+} 이온은 산으로 작용하고, H_2O 분자는 염기로 작용한다.

산과 염기의 루이스 정의는 광범위하게 적용할 수 있기 때문에 상당히 의미 있는 개념이지만, 보통 "산"과 "염기"는 브뢴스테드 정의의 의미로 사용된다. "루이스 산"이라는 용어는 이온화될 수 있는 수소 원자는 포함하고 있지 않지만, 전자쌍을 받을 수 있는 물질에 대해 사용한다.

인터넷 핫스팟

학생들의 학습 경험에 대해 축적된 자료에 따르면 루이스 산과 염기를 이해하는 데 어려움을 겪을 수 있다. 이런 경우 eBook에 접속해서 이 주제에 대한 추가 학습 자료를 보면 도움이 될 수 있다.

예제 15.15는 루이스 산과 염기의 분류에 관한 것이다.

예제 15.15

다음 각 반응에서 루이스 산과 루이스 염기를 찾아라.

(a) $C_2H_5OC_2H_5 + AlCl_3 \rightleftharpoons (C_2H_5)_2OAlCl_3$

(b) $Hg^{2+}(aq) + 4CN^-(aq) \rightleftharpoons Hg(CN)_4^{2-}(aq)$

전략 루이스 산-염기 반응에서 산은 보통 양이온이거나 전자가 부족한 분자이며, 염기는 음이온이거나 고립 전자쌍을 가지고 있는 분자이다. (a) $C_2H_5OC_2H_5$의 분자식을 그린다. $AlCl_3$에서 Al의 혼성화 상태는 무엇인가? (b) 어느 이온이 전자 받개이고, 전자 주개인가?

(계속)

풀이

(a) $AlCl_3$에서 Al은 sp^2 혼성화되어 있고 $2p_z$ 오비탈은 비어 있으며, 여섯 개의 전자만이 채워져 있으므로 전자가 부족하다. 따라서 Al 원자는 두 개의 전자를 더 받아서 완전한 팔전자계를 이루려는 경향이 있다. 이런 성질 때문에 $AlCl_3$는 루이스 산이다. 반면에, $C_2H_5OC_2H_5$의 산소 원자에 고립 전자쌍이 있으므로 이 화합물은 루이스 염기이다.

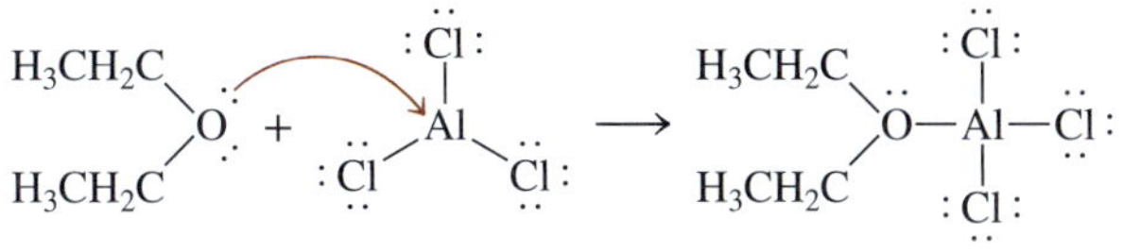

(b) 여기서 Hg^{2+} 이온은 CN^- 이온들로부터 네 쌍의 전자를 받는다. 따라서 Hg^{2+}는 루이스 산이고, CN^-는 루이스 염기이다.

실전 연습 다음 반응에서 루이스 산과 루이스 염기를 찾아라.

$$Co^{3+}(aq) + 6NH_3(aq) \rightleftharpoons Co(NH_3)_6^{3+}(aq)$$

비슷한 문제: 15.94.

개념과 사실 요약하기

- 루이스 산은 전자쌍을 받고, 루이스 염기는 전자쌍을 준다. "루이스 산"이란 용어는 일반적으로 전자쌍을 받아들일 수 있으나, 이온화할 수 있는 수소 원자를 포함하지 않는 물질에 대해 사용된다.

개념과 사실 복습하기

15.12.1 다음 중 루이스 염기로 작용할 수 없는 것은 어느 것인가? (a) NH_3, (b) OF_2, (c) CH_4, (d) OH^-, (e) Fe^{3+}?

요약_Chapter Summary

브뢴스테드 산과 염기 브뢴스테드 산은 양성자를 제공하고, 브뢴스테드 염기는 양성자를 받는다. 모든 브뢴스테드 산에 대해 브뢴스테드 짝염기가 존재하며 그 반대의 경우도 마찬가지이다. (15.1절)

물과 pH 척도의 산-염기 특성 물은 브뢴스테드 산과 브뢴스테드 염기로 작용한다. 25°C에서 H^+ 및 OH^- 이온의 농도는 모두 10^{-7} M이다. pH 척도는 pH가 작을수록 H^+ 농도가 높고 산성도가 높은 용액의 산도를 나타낸다. (15.2, 15.3절)

산 및 염기 이온화 상수 강산과 강염기는 완전히 이온화되는 것으로 가정한다. 대부분의 약산과 염기는 소량만 이온화된다. 평형 상태에서 산, 짝염기 및 H^+ 이온의 농도는 반응의 평형 상수인 산 이온화 상수로부터 계산할 수 있다. (15.4, 15.5, 15.6, 15.7, 15.8절)

분자 구조 및 산의 세기 구조적으로 유사한 일련의 산의 세기는 결합 엔탈피, 결합 극성 및 산화수와 같은 인자를 사용하여 비교할 수 있다. (15.9절)

염 및 산화물의 산-염기 특성 많은 염이 가수분해라고 하는 과정에서 물과 반응한다. 염에 존재하는 양이온과 음이온의 성질로부터 용액의 pH를 예측할 수 있다. 대부분의 산화물은 또한 물과 반응하여 산성 또는 염기성 용액을 생성한다. (15.10, 15.11절)

루이스 산과 염기 산과 염기에 대한 보다 일반적인 정의는 산을 한 쌍의 전자를 받아들일 수 있는 물질로, 염기를 한 쌍의 전자를 제공할 수 있는 물질로 규정한다. 모든 브뢴스테드 산과 염기는 루이스 산과 염기이다. (15.12절)

주요 식 _Key Equations

$K_w = [H^+][OH^-]$ (15.3)	물의 이온곱 상수.
$pH = -\log [H^+]$ (15.4)	용액의 pH 정의.
$[H^+] = 10^{-pH}$ (15.5)	pH로부터 H^+ 이온 농도 계산.
$pOH = -\log [OH^-]$ (15.7)	용액의 pOH 정의.
$[OH^-] = 10^{-pOH}$ (15.8)	pOH로부터 OH^- 이온 농도 계산.
$pH + pOH = 14.00$ (15.9)	식 (15.3)의 다른 표현식.
$\text{이온화 백분율} = \dfrac{\text{평형에서 이온화된 산의 농도}}{\text{산의 초기 농도}} \times 100\%$ (15.11)	
$K_aK_b = K_w$ (15.12)	짝산-짝염기쌍에서 산 이온화 상수와 염기 이온화 상수 사이의 관계.

주요 용어 _Key Words

pH	루이스 산	약산	염의 가수분해	짝산-짝염기쌍
강산	루이스 염기	약염기	이온곱 상수	
강염기	산 이온화 상수(K_a)	염기 이온화 상수(K_b)	이온화 백분율	

연습 문제 _Questions and Problems

붉은색 번호의 문제는 학생용 문제 풀이집에 풀어 놓았다.

15.1 브뢴스테드 산과 염기

복습 질문

15.1 브뢴스테드 산과 염기를 정의하고, 산-염기 반응에서 짝산 짝염기를 예로 들어라.

15.2 어떤 화학종이 브뢴스테드 염기로 작용하기 위해서는 화학종의 원자 한 개가 비공유 전자쌍을 갖고 있어야 한다. 이유를 설명하라.

문제

15.3 다음 화학종들을 브뢴스테드 산, 염기 또는 두 가지 모두 될 수 있는 것으로 구분하라. (a) H_2O, (b) OH^-, (c) H_3O^+, (d) NH_3, (e) NH_4^+ , (f) NH_2^-, (g) NO_3^-, (h) CO_3^{2-}, (i) HBr, (j) HCN.

15.4 다음 산의 짝염기의 화학식을 써라. (a) HNO_2, (b) H_2SO_4, (c) H_2S, (d) HCN, (e) HCOOH(폼산).

15.5 다음 반응에서 산-염기를 짝지어라.

(a) $CH_3COO^- + HCN \rightleftharpoons CH_3COOH + CN^-$

(b) $HCO_3^- + HCO_3^- \rightleftharpoons H_2CO_3 + CO_3^{2-}$

(c) $H_2PO_4^- + NH_3 \rightleftharpoons HPO_4^{2-} + NH_4^+$

(d) $HClO + CH_3NH_2 \rightleftharpoons CH_3NH_3^+ + ClO^-$

(e) $CO_3^{2-} + H_2O \rightleftharpoons HCO_3^- + OH^-$

15.6 다음 염기의 짝산의 화학식을 써라. (a) HS^-, (b) HCO_3^-, (c) CO_3^{2-}, (d) $H_2PO_4^-$, (e) HPO_4^{2-}, (f) PO_4^{3-}, (g) HSO_4^-, (h) SO_4^{2-}, (i) SO_3^{2-}

15.7 옥살산($C_2H_2O_4$)의 구조는 다음과 같다.

```
O=C—OH
  |
O=C—OH
```

옥살산 용액은 화학종 $H_2C_2O_4$, $HC_2O_4^-$, $C_2O_4^{2-}$, H^+가 서로 다른 농도로 존재한다. (a) $HC_2O_4^-$와 $C_2O_4^{2-}$의 루이스 구조를 그려라. (b) 위의 네 가지 화학종 중 어느 것이 산으로만, 어느 것이 염기로만, 또 어느 것이 산-염기로 모두 작용하겠는가?

15.8 다음 산의 짝염기의 화학식을 써라. (a) CH_2Cl-COOH, (b) HIO_4, (C) H_3PO_4, (d) $H_2PO_4^-$, (e) HPO_4^{2-}, (f) H_2SO_4, (g) HSO_4^-, (h) HIO_3, (i) HSO_3^-, (j) NH_4^+, (k) H_2S, (l) HS^-, (m) HClO.

15.2 물의 산-염기 성질

복습 질문

15.9 물의 이온곱 상수는 얼마인가?

15.10 25°C에서 용액 내 $[H^+]$와 $[OH^-]$의 관계를 식으로 나타내라.

15.11 물의 이온곱 상수는 25°C에서 1.0×10^{-14}이지만, 40°C에서는 3.8×10^{-14}이다. 다음 과정은 흡열 과정 또는 발열 과정 중 어느 것인가?

$$H_2O(l) \rightleftharpoons H^+(aq) + OH^-(aq)$$

15.3 pH—산도의 척도

복습 질문

15.12 pH를 정의하라. 화학자들이 용액의 산도를 논의할 때에 수소 이온 농도 $[H^+]$보다 pH를 주로 사용하는 이유는 무엇인가?

15.13 어떤 용액의 pH가 6.7이다. 이 내용만 가지고 이 용액이 산성이라고 할 수 있는가? 아니라면, 이를 판단하기 위해서는 어떤 정보가 필요하겠는가? 어떤 용액의 pH가 0이나 음수가 될 수 있겠는가? 그렇다면 이 값이 나올 수 있는 예를 들어라.

15.14 pOH를 정의하라. pH와 pOH를 연관시키는 식을 써라.

문제

15.15 1.4×10^{-3} *M* 염산 용액에서 OH^- 이온의 농도를 구하라.

15.16 0.62 *M* NaOH 용액의 H^+ 이온의 농도를 계산하라.

15.17 다음 용액의 pH를 계산하라. (a) 0.0010 *M* HCl, (b) 0.76 *M* KOH.

15.18 다음 용액의 pH를 계산하라. (a) 2.8×10^{-14} *M* $Ba(OH)_2$, (b) 5.2×10^{-4} *M* HNO_3.

15.19 다음 pH 값을 갖는 용액에서 수소 이온의 농도를 구하라. (a) 2.42, (b) 11.21, (c) 6.96, (d) 15.00.

15.20 다음 용액의 수소 이온 농도를 mol/L 단위로 계산하라. (a) pH가 5.20인 용액, (b) pH가 16.00인 용액, (c) 수산화 이온의 농도가 3.7×10^{-9} *M*인 용액.

15.21 다음 표를 완성하라.

pH	$[H^+]$	용액의 액성
<7		
	$<1.0 \times 10^{-7}$ *M*	
		중성

15.22 다음 빈 칸에 산성, 염기성, 중성 중에서 한 가지를 골라서 써라.

(a) pOH > 7: 용액은 ____________이다.
(b) pOH = 7: 용액은 _________이다.
(c) pOH < 7: 용액은 _________이다.

15.23 25°C에서 한 강염기 용액의 pOH가 1.88이다. 그 염기가 다음 물질이라면 염기의 농도를 계산하라. (a) KOH, (b) $Ba(OH)_2$.

15.24 0.360 *M* KOH 용액 5.50 mL 안에 있는 KOH의 몰수를 계산하라. 용액의 pOH는 얼마인가?

15.25 pH 10.00인 용액 546 mL를 제조하는 데 필요한 NaOH 양은 몇 g인가?

15.26 HCl 18.4 g을 물 662 mL에 녹여 용액을 만들었다. 용액의 pH를 계산하라. (용액의 부피는 662 mL라고 가정한다.)

15.4 산-염기 세기

복습 질문

15.27 어떤 산의 세기란 무엇을 의미하는지 설명하라.

15.28 책을 참고하지 말고, 강산 네 개와 약산 네 개의 화학식을 써라.

15.29 물 속에 존재할 수 있는 가장 강한 산과 가장 강한 염기는 어떤 것인가?

15.30 H_2SO_4은 강산이지만 HSO_4^-는 약산이다. 이들 두 화학종의 세기가 차이가 나는 이유를 설명하라.

문제

15.31 HCl과 같은 강산이 물에 녹아 있는 모습을 가장 잘 나타낸 그림은 어느 것인가? 어느 것이 약산을 나타내고 있는가? 또 어느 것이 아주 약한 산을 나타내고 있는가? (수화된 양성자는 하이드로늄 이온으로 나타냈으며, 물 분자는 생략하였다.)

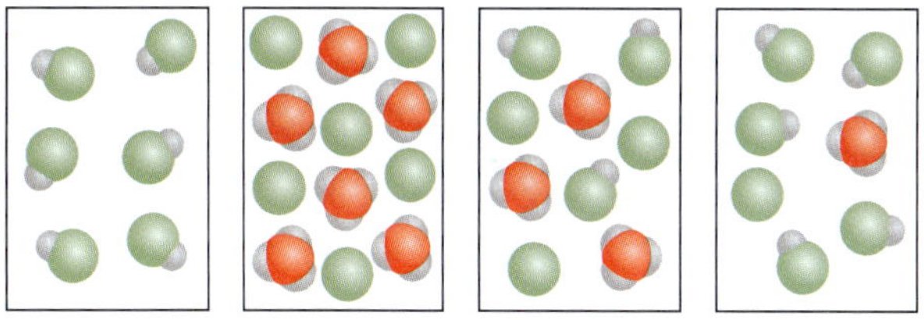

(a) (b) (c) (d)

15.32 (1) 다음 그림 중 어떤 것이 약한 이양성자산(diprotic acid) 용액을 나타내고 있는가? (2) 다음 그림 중 어떤 것들이 화학적으로 불가능한 상태를 나타내고 있는가? 단, 수화된 수소 이온은 하이드로늄 이온으로 표시하였으며, 물 분자는 생략히었다.

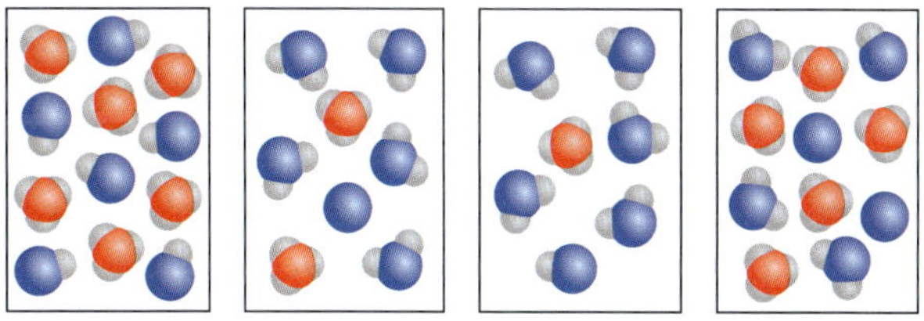

(a) (b) (c) (d)

15.33 다음 화학종들을 약산과 강산으로 구분하라. (a) HNO_3 , (b) HF, (c) H_2SO_4, (d) HSO_4^-, (e) H_2CO_3, (f) HCO_3^-, (g) HCl, (h) HCN, (i) HNO_2.

15.34 다음 화학종들을 강염기와 약염기로 구분하라. (a) LiOH, (b) CN^-, (C) H_2O, (d) ClO_4^-, (e) NH_2^-.

15.35 약산 HA 0.10 *M* 용액을 설명한 것 중 맞는 것은 어

느 것인가?

(a) pH는 1.00이다.

(b) $[H^+] \gg [A^-]$

(c) $[H^+] = [A^-]$

(d) pH는 1보다 작다.

15.36 강산 1.0 *M* HA에 대해 다음 중 맞는 것은 어느 것인가?

(a) $[A^-] > [H^+]$

(b) pH = 0.00

(c) $[H^+] = 1.0\ M$

(d) $[HA] = 1.0\ M$

15.37 다음 반응은 어느 방향으로 잘 일어나겠는가?

$$F^-(aq) + H_2O(l) \rightleftharpoons HF(aq) + OH^-(aq)$$

15.38 다음 반응이 왼쪽으로부터 오른쪽으로 어느 정도로 진행될 것인가를 예측하라.

$$CH_3COOH(aq) + Cl^-(aq) \longrightarrow$$

15.5 약산과 산 이온화 상수

복습 질문

15.39 이온화 상수는 산의 세기와 어떤 관계가 있는가?

15.40 약산의 K_a에 영향을 주는 인자들을 나열하라.

15.41 일반적으로 HCl 또는 HNO_3와 같은 강산의 K_a 값은 중요하게 취급하지 않는다. 이유는 무엇인가? 또 K_a 값을 제시할 때 온도를 같이 제시해야 하는 이유는 무엇인가?

15.42 다음 용액 중 pH가 가장 큰 것은 무엇인가? (a) 0.40 *M* HCOOH, (b) 0.40 *M* $HClO_4$, (c) 0.40 *M* CH_3COOH.

문제

15.43 벤조산의 K_a 값은 6.5×10^{-5}이다. 0.10 *M* 벤조산 용액의 pH를 계산하라.

15.44 아세트산 0.0560 g을 충분한 양의 물에 녹여서 50.0 mL 용액을 만들었다. 평형 상태에서 H^+, CH_3COO^-, CH_3COOH의 농도를 계산하라. (아세트산의 K_a는 1.8×10^{-5}이다.)

15.45 어떤 산의 초기 농도는 0.010 *M*이고, 이때 용액의 pH가 6.20이라면 이 용액의 K_a 값을 계산하라.

15.46 평형 상태에서의 pH가 3.26인 폼산(HCOOH) 용액의 초기 몰농도는 얼마인가?

15.47 벤조산 용액의 농도가 다음과 같을 때 이온화 백분율을 구하라. (a) 0.20 *M*, (b) 0.00020 *M*.

15.48 다음 농도에서 플루오린화 수소산(HF)의 이온화 백분율을 계산하라. 계산 결과에서 경향성을 찾아보라. (a) 0.60 *M*, (b) 0.0046 *M*, (c) 0.00028 *M*.

15.49 어떤 일양성자산 0.040 *M*의 이온화 백분율이 14%였다. 이 산의 이온화 상수를 구하라.

15.50 (a) 일양성자산인 0.20 *M* 아세틸살리실산(아스피린)의 이온화 백분율을 계산하라($K_a = 3.0 \times 10^{-4}$). (b) 위액의 pH가 1.00인 어떤 사람이 아스피린 몇 정을 복용하였더니 위에 있는 아세틸살리실산의 농도가 0.20 *M*이 되었다. 이 조건에서 산의 이온화 백분율을 계산하라. 이온화되지 않은 산은 위의 점막에 어떤 영향을 줄 것인가?

15.6 약염기와 염기 이온화 상수

복습 질문

15.51 NH_3를 이용하여 염기의 세기는 무엇을 의미하는지 기술하라.

15.52 다음 중 어느 것이 pH가 더 높은가? (a) 0.20 *M* NH_3, (b) 0.20 *M* NaOH.

문제

15.53 K_b 값이 3.5×10^{-6}인 0.24 *M* 약염기 용액의 pH를 구하라.

15.54 다음 그림은 같은 농도의 세 가지 다른 약염기 용액을 나타낸다. 염기를 K_b 값이 증가하는 순서로 배열하라. (물 분자는 생략하였다.)

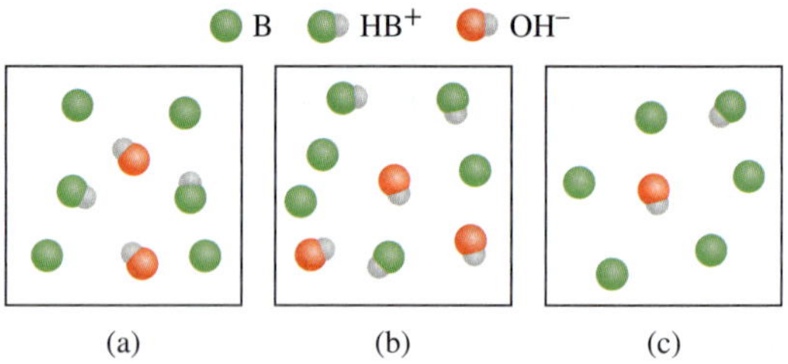

15.55 다음 용액의 pH를 구하라. (a) 0.10 *M* NH_3, (b) 0.050 *M* C_5H_5N(피리딘).

15.56 어떤 0.30 *M* 약한 염기 용액의 pH는 10.66이다. 이 염기의 K_b는 얼마인가?

15.57 pH 11.22인 암모니아 용액의 원래의 몰농도는 얼마인가?

15.58 0.080 *M* NH_3 용액에서 몇 %의 NH_3가 NH_4^+로 존재하는가?

15.7 산 이온화 상수와 그 짝 염기의 이온화 상수 사이의 관계

복습 질문

15.59 약산의 K_a와 짝염기의 K_b 사이의 관계식을 써라. NH_3와 이의 짝산인 NH_4^+를 이용하여 K_a와 K_b의 관계를 유도하라.

15.60 $K_aK_b = K_w$의 관계를 이용하여 약산과 그 짝염기의 상대적 세기를 설명하라.

15.8 이양성자산과 다양성자산

복습 질문

15.61 탄산은 이양성자산이다. 의미를 설명하라.

15.62 인산 용액에 존재하는 물을 제외한 모든 화학종을 써라. 이들 중 브뢴스테드 산으로, 브뢴스테드 염기로, 그리고 브뢴스테드 산과 브뢴스테드 염기 양쪽으로 작용하는 화학종을 나타내라.

문제

15.63 어떤 온도에서 이양성자산, H_2A의 첫 번째와 두 번째 이온화 상수는 K_{a_1}과 K_{a_2}이다. 어떤 조건하에서 $[A^{2-}] = K_{a_2}$가 될까?

15.64 0.040 M HCl 용액의 pH와 0.040 M H_2SO_4 용액의 pH를 비교하라. (*힌트*: H_2SO_4는 강산이며, HSO_4^-의 K_a는 1.3×10^{-2}이다.)

15.65 0.20 M $KHSO_4$ 용액에서 HSO_4^-, SO_4^{2-}, H^+의 농도를 계산하라.

15.66 0.025 M H_2CO_3 용액에 있는 H^+, HCO_3^-, CO_3^{2-}의 농도를 계산하라.

15.9 분자 구조와 산의 세기

복습 질문

15.67 산의 세기에 영향을 미치는 네 가지 요인을 기술하라

15.68 산소산의 세기에 미치는 중심 원자의 전기음성도와 산화수의 영향을 설명하라.

문제

15.69 다음 화합물의 산의 세기를 예측하라. H_2O, H_2S, H_2Se.

15.70 다음 산의 세기를 비교하라. (a) H_2SO_4와 H_2SeO_4, (b) H_3PO_4와 H_3AsO_4.

15.71 $CH_2ClCOOH$와 $CHCl_2COOH$ 중 어느 화합물이 더 강한 산인지 설명하라.

15.72 다음 두 화합물을 생각해 보자.

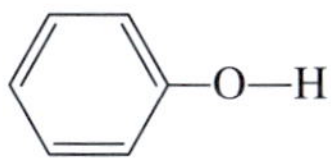

CH_3—O—H

페놀 메탄올

실험적으로 페놀이 메탄올보다 더 강산임을 알았다. 이들의 짝염기의 분자 구조를 이용하여 그 이유를 설명하라. (*힌트*: 짝염기가 안정하면 이온화가 더 잘 일어난다. 이들 짝염기 중 하나가 공명에 의해 안정화될 수 있다.)

15.10 염의 산-염기 성질

복습 질문

15.73 염 가수분해를 정의하라. 용액의 pH에 미치는 영향을 기준으로 염을 분류하라.

15.74 크기가 작고, 높게 하전된 금속 이온이 왜 가수분해를 하는가에 대해 설명하라.

15.75 Al^{3+}는 브뢴스테드 산이 아니지만, $Al(H_2O)_6^{3+}$는 브뢴스테드 산이다. 이를 설명하라.

15.76 다음 염 중 가수분해를 하는 염을 골라라. KF, $NaNO_3$, NH_4NO_2, $MgSO_4$, KCN, C_6H_5COONa, RbI, Na_2CO_3, $CaCl_2$, HCOOK.

문제

15.77 다음 염을 포함하는 수용액의 pH(>7, <7, 또는 ≈7)를 예측하라.

(a) KBr, (b) $Al(NO_3)_3$, (c) $BaCl_2$, (d) $Bi(NO_3)_3$.

15.78 다음 용액이 산성인지, 염기성인지, 중성인지 예측하라. (a) NaBr, (b) K_2SO_3, (c) NH_4NO_2, (d) $Cr(NO_3)_3$.

15.79 M^+와 X^-로 이루어진 염 MX는 물에 녹으며 만들어진 용액의 pH는 7.0이다. 염으로부터 생성된 산과 염기의 세기에 대해 무엇을 말할 수 있는가?

15.80 한 학생이 실험으로 0.10 M인 세 개의 포타슘염(KX, KY, KZ) 용액의 pH가 각각 7.0, 9.0, 11.0임을 알았다. 산 HX, HY, HZ를 산의 세기가 증가하는 순으로 배열하라.

15.81 0.36 M CH_3COONa 용액의 pH를 계산하라.

15.82 0.42 M NH_4Cl 용액의 pH를 구하라.

15.83 $NaHCO_3$ 용액의 pH를 예측하라(>7, <7 또는 ≈7).

15.84 염 K_2HPO_4를 포함하는 용액은 산성, 중성, 염기성 중 어느 것에 해당하는지를 예측하라.

15.11 산화물과 수산화물의 산-염기 성질

복습 질문

15.85 다음 산화물을 산성, 염기성, 양쪽성, 중성으로 분리하라. (a) CO_2, (b) K_2O, (c) CaO, (d) N_2O_5 (e) CO, (f) NO, (g) SnO_2, (h) SO_3, (i) Al_2O_3, (j) BaO.

15.86 다음 화합물 사이의 반응식을 써라. (a) CO_2와 NaOH(aq), (b) Na_2O와 HNO_3(aq).

문제

15.87 금속의 산화수가 낮은 금속 산화물은 염기성이 되기 쉬우며, 금속의 산화수가 높으면 산성이 되는 이유를 설명하라. (*힌트*: 금속의 산화수가 낮은 금속 화합물은 금속의 산화수가 높은 화합물들보다 더 이온성이다.)

15.88 다음 각 그룹의 산화물을 염기성이 증가하는 순으로 나열하라. (a) K_2O, Al_2O_3, BaO, (b) CrO_3, CrO, Cr_2O_3.

15.89 $Zn(OH)_2$는 양쪽성 수산화물이다. 다음 물질과 반응할 때 균형 잡힌 이온 반응식을 써라. (a) HCl, (b) NaOH[생성물은 $Zn(OH)_4^{2-}$].

15.90 $Al(OH)_3$는 불용성 화합물이다. 이 화합물은 과량의

NaOH 용액에는 녹는다. 이 반응의 균형 반응식을 써라. 이는 어떤 종류의 화학 반응인가?

15.12 루이스 산과 염기

복습 질문

15.91 산과 염기에 대한 루이스의 정의는 무엇인가? 어떤 면에서 이것이 브뢴스테드의 정의보다 더 일반적인가?

15.92 오비탈과 전자 배열의 관점에서 루이스 산(예, H^+와 BF_3 사용)으로 행동하려면 분자나 이온에 무엇이 있어야 하는가? 루이스 염기(예, OH^-와 NH_3 사용)로 행동하려면 분자나 이온에 무엇이 있어야 하는가?

문제

15.93 다음 화학종을 루이스 산 또는 루이스 염기로 구분하라. (a) CO_2, (b) H_2O, (c) I^-, (d) SO_2, (e) NH_3, (f) OH^-, (g) H^+, (h) BCl_3.

15.94 루이스 산-염기 이론으로 다음 반응식을 설명하라.

$$AlCl_3(s) + Cl^-(aq) \longrightarrow AlCl_4^-(aq)$$

15.95 다음 각 쌍에 대해 더 강한 루이스 산을 선택하고, 그 이유를 설명하라. (a) BF_3 또는 BCl_3, (b) Fe^{2+} 또는 Fe^{3+}.

15.96 모든 브뢴스테드 산은 루이스 산이나 그 역은 성립하지 않는다. 브뢴스테드 산이 아니면서 루이스 산인 두 개의 예를 들어라.

실전 연습의 답_Answers to Practice Exercises

15.1 (1) H_2O(산)과 OH^-(염기), (2) HCN(산)과 CN^-(염기). **15.2** 7.7×10^{-15} *M*. **15.3** 0.12. **15.4** 4.7×10^{-4} *M*. **15.5** 7.40. **15.6** 12.56. **15.7** 1 미만. **15.8** 2.09. **15.9** 2.2×10^{-6}. **15.10** 12.03. **15.11** $[H_2C_2O_4] = 0.11$ *M*, $[HC_2O_4^-] = 0.086$ *M*, $[C_2O_4^{2-}] = 6.1 \times 10^{-5}$ *M*, $[H^+] = 0.086$ *M*. **15.12** $HClO_2$. **15.13** 8.58. **15.14** (a) pH ≈ 7, (b) pH > 7, (c) pH < 7, (d) pH > 7. **15.15** 루이스 산: Co^{3+}; 루이스 염기: NH_3.

개념과 사실 복습하기의 답_Answers to Review of Concepts & Facts

15.1.1 (b). **15.1.2** (a) 짝산: H_2SO_4; 짝염기: SO_4^{2-}. (b) 짝산: $H_2PO_4^-$; 짝염기: PO_4^{3-}. **15.2.1** $K_w = 1.0 \times 10^{-14}$이므로, $[H^+] = 0.0010$ *M*일 때, $[OH^-] = 1.0 \times 10^{-11}$ *M*. **15.2.2** 4.3×10^{-10}. **15.3.1** pH = 6.24, pOH = 7.76. **15.3.2** 8.51×10^{-4}. **15.3.3** 3.96. **15.3.4** pOH = 11.6인 용액이 더 산성이다. 이 용액의 pH = 14.0 − 11.6 = 2.4. **15.4.1** 4.2×10^{-7} *M*. **15.4.2** $K > 1$. **15.4.3** (i) $H_2O > H^+, NO_3^- > OH^-$. (ii) $H_2O > HF > H^+, F^- > OH^-$. **15.4.4** (i) $H_2O > NH_3 > NH_4^+, OH^- > H^+$. (ii) $H_2O > K^+, OH^- > H^+$. **15.5.1** 6.18. **15.5.2** 1.2×10^{-11}. **15.5.3** 이온화 백분율 $= \frac{1.0 \times 10^{-7} M}{55.5 M} \times 100\% = 1.8 \times 10^{-7}\%$. **15.6.1** 9.85. **15.6.2** 메틸아민 > 아닐린 > 카페인. **15.7.1** 1.8×10^{-9}. **15.7.2** CN^-. **15.8.1** (c). **15.9.1** $HBrO < HBrO_3 < HBrO_4$. **15.10.1** 11.3. **15.10.2** (a) C^-, (b) $B^- < A^- < C^-$. **15.11.1** $Al_2O_3 < BaO < K_2O$. **15.12.1** (c)와 (e).

▲ 산호는 석회암 골격을 가지고 있어서 더 산성인 해수에서 용해도가 증가되기 때문에 특히 해양 pH의 변화에 민감하다.

Michael McCoy/Science Source

제 16 장

산-염기 용해도 평형

Acid-Base Equilibria and Solubility Equilibria

차 례

16.1 공통 이온 효과
16.2 완충 용액
16.3 산-염기 적정
16.4 산-염기 지시약
16.5 용해도 평형
16.6 분별 침전에 의한 이온의 분리
16.7 용해도에 영향을 미치는 요인

이 장에서는 완충 작용 및 적정과 더불어 산-염기 반응에 대해 계속 공부할 것이다. 다른 종류의 수용액 평형, 즉 수용액 중에서 난용성 화합물과 그 이온 사이의 평형에 대해 학습한다.

16.1 공통 이온 효과

학습 목표

- 공통 이온 효과에 대해 설명할 수 있다.
- 공통 이온을 포함하는 용액의 평형 농도 또는 pH를 결정할 수 있다.

제15장에서 논의한 산-염기의 이온화와 염의 가수분해는 한 개의 용질이 들어 있는 용액으로 제한하였다. 이 절에서는 동일한 이온(양이온 또는 음이온)이 포함되어 있는 2개의 용질이 녹아 있는 용액의 산-염기 성질을 설명한다. 여기서 동일한 이온을 *공통 이온*(common ion)이라고 부른다.

공통 이온이 존재하면 약산이나 약염기의 이온화가 억제된다. 예를 들어, 아세트산 소듐과 아세트산이 같은 용액에 녹아 있으면 두 화합물 모두 해리되고 이온화하여 CH_3COO^- 이온을 생성한다.

$$CH_3COONa(s) \xrightarrow{H_2O} CH_3COO^-(aq) + Na^+(aq)$$
$$CH_3COOH(aq) \rightleftharpoons CH_3COO^-(aq) + H^+(aq)$$

CH_3COONa는 강전해질이므로 용액에서 완전히 해리하지만, 약산인 CH_3COOH는 약간만 이온화한다. 르샤틀리에(Le Châtelier) 원리에 따라 CH_3COOH 용액에 CH_3COONa로부터 나온 CH_3COO^- 이온이 첨가되어 CH_3COOH의 이온화를 억제(즉, 평형을 오른쪽에서 왼쪽으로 이동시킴)하므로 수소 이온 농도를 감소시킨다. 따라서 CH_3COOH와 CH_3COONa를 모두 포함하는 용액은 같은 농도의 CH_3COOH만을 포함하는 용액보다도 *덜* 산성이 된다. 아세트산 이온화의 평형 이동은 염으로부터 생긴 아세트산 음이온 때문에 일어난다. CH_3COO^-은 CH_3COOH와 CH_3COONa 양쪽에 의해 공급되므로 공통 이온이다.

공통 이온 효과(common ion effect)는 *용해된 물질과 공통인 하나의 이온을 가진 화합물을 첨가함으로써 일어나는 평형의 이동*이다. 공통 이온 효과는 용액의 pH와 난용성 염의 용해도(이 장의 뒷부분에서 논의)를 결정하는 데 중요한 역할을 한다. 여기에서는 용액의 pH와 관련되는 공통 이온 효과를 설명하기로 한다. 공통 이온 효과라는 생소한 용어는 단순히 르샤틀리에 원리의 특별한 경우임을 명심하라.

약산 HA와 NaA 같은 약산의 가용성 염을 포함하는 용액의 pH를 생각해 보자.

$$HA(aq) + H_2O(l) \rightleftharpoons H_3O^+(aq) + A^-(aq)$$

또는 간단히 표시하면 다음과 같다.

$$HA(aq) \rightleftharpoons H^+(aq) + A^-(aq)$$

이온화 상수 K_a는 다음과 같이 표시한다.

$$K_a = \frac{[H^+][A^-]}{[HA]} \tag{16.1}$$

식 (16.1)을 다시 정리하면 다음과 같이 된다.

$$[H^+] = \frac{K_a[HA]}{[A^-]}$$

양변에 음의 상용 로그를 취하면 다음과 같이 된다.

$$-\log [\mathrm{H}^+] = -\log K_\mathrm{a} - \log \frac{[\mathrm{HA}]}{[\mathrm{A}^-]}$$

또는

$$-\log [\mathrm{H}^+] = -\log K_\mathrm{a} + \log \frac{[\mathrm{A}^-]}{[\mathrm{HA}]}$$

그러므로

$$\mathrm{pH} = \mathrm{p}K_\mathrm{a} + \log \frac{[\mathrm{A}^-]}{[\mathrm{HA}]} \qquad (16.2)$$

여기서

$$\mathrm{p}K_\mathrm{a} = -\log K_\mathrm{a} \qquad (16.3)$$

식 (16.2)을 *헨더슨-하셀발흐 식*(Henderson-Hasselbalch equation)이라고 부른다. 이 식의 보다 일반적인 형태는 다음과 같다.

$$\mathrm{pH} = \mathrm{p}K_\mathrm{a} + \log \frac{[\text{짝염기}]}{[\text{산}]} \qquad (16.4)$$

여기서 HA는 산이고, A^-는 짝염기이다. 따라서 K_a와 산과 산의 염에 대한 농도를 알면 용액의 pH를 계산할 수 있다.

헨더슨-하셀발흐 식은 평형 상수 식으로부터 유도된다는 것을 기억하라. 이 식에서 짝염기는 산에서 생성된 것이든지 또는 산과 산의 염 모두에서 생성된 것이든지 상관없이 적용된다. 즉, 짝염기는 용액에 산만 들어 있어도 생기며, 산과 산의 염이 모두 들어 있어도 생긴다.

공통 이온 효과와 관련되는 문제에서 보통 약산(HA)과 약산의 염(NaA)의 초기 농도가 주어진다. 이들 화학종의 농도가 제법 높다면(≥ 0.01 *M*), 산의 이온화 및 염의 가수분해는 무시할 수 있다. HA가 약산이고, A^- 이온의 가수분해 정도가 일반적으로 매우 작기 때문에 이 근사법은 성립한다. 더욱이 A^-(NaA로부터 생성)가 존재하여 HA의 이온화를 더 억제하고, HA가 존재하여 A^-의 가수분해를 더 억제한다. 따라서 식 (16.1) 또는 식 (16.4)에 있는 평형 농도를 *초기* 농도로 사용할 수 있다.

다음 예제 16.1에서 공통 이온을 포함하는 용액의 pH를 계산해 보자.

인터넷 핫스팟

학생들의 학습 경험에 대해 축적된 자료에 따르면 공통 이온이 들어 있는 용액의 pH를 구하는 것에 어려움을 겪을 수 있다. 이런 경우 eBook에 접속해서 이 주제에 대한 추가 학습 자료를 보면 도움이 될 수 있다.

예제 16.1

(a) 0.20 *M* CH_3COOH 용액의 pH를 계산하라. (b) 0.20 *M* CH_3COOH와 0.30 *M* CH_3COONa를 모두 포함하는 용액의 pH는 얼마인가? CH_3COOH의 K_a는 1.8×10^{-5}이다.

전략 (a) 예제 15.8의 과정을 따라서 $[H^+]$를 구하고, 그 다음 용액의 pH를 계산한다. (b) CH_3COOH는 약산($CH_3COOH \rightleftharpoons CH_3COO^- + H^+$)이고, CH_3COONa는 용액 중에서 완전히 해리하는 염($CH_3COONa \longrightarrow Na^+ + CH_3COO^-$)이다. 여기서 공통 이온은 아세트산 음이온(CH_3COO^-)이다. 평형에서 용액 중에 존재하는 주 화학종은 CH_3COOH, CH_3COO^-, Na^+, H^+, H_2O이다. Na^+ 이온은 산과 염기의 성질을 갖지 않는다. 또한 물의 이온화는 무시한다. K_a는 평형 상수이기 때문에 용액 중에 산만 존재하거나 산과 그의 염이 함께 존재하는 경우에도 그 값은 변하지 않는다. 그러므로 평형 상태에서 $[H^+]$ 값을 계산하고, 평형에서의 $[CH_3COOH]$와 $[CH_3COO^-]$를 둘 다 안다면 그에 따라 pH를 계산할 수 있다.

(계속)

풀이

(a) 이 경우 변화는

	$CH_3COOH(aq)$ $\rightleftharpoons$	$H^+(aq)$ +	$CH_3COO^-(aq)$
초기(M):	0.20	0	0
변화(M):	$-x$	$+x$	$+x$
최종(M):	$0.20 - x$	x	x

$$K_a = \frac{[H^+][CH_3COO^-]}{[CH_3COOH]}$$

$$1.8 \times 10^{-5} = \frac{x^2}{0.20 - x}$$

$0.20 - x \approx 0.20$으로 가정하면 다음 식을 얻는다.

$$1.8 \times 10^{-5} = \frac{x^2}{0.20 - x} \approx \frac{x^2}{0.20}$$

또는 $$x = [H^+] = 1.9 \times 10^{-3}\ M$$

따라서 $$pH = -\log(1.9 \times 10^{-3}) = 2.72$$

(b) 아세트산 소듐은 강전해질이므로 용액에서 완전히 이온화한다.

$$CH_3COONa(aq) \longrightarrow \underset{0.30\ M}{Na^+(aq)} + \underset{0.30\ M}{CH_3COO^-(aq)}$$

평형에 관여된 화학종들의 초기 농도, 변화량, 최종 농도는 다음과 같다.

	$CH_3COOH(aq)$ $\rightleftharpoons$	$H^+(aq)$ +	$CH_3COO^-(aq)$
초기(M):	0.20	0	0.30
변화(M):	$-x$	$+x$	$+x$
최종(M):	$0.20 - x$	x	$0.30 + x$

식 (16.1)로부터

$$K_a = \frac{[H^+][CH_3COO^-]}{[CH_3COOH]}$$

$$1.8 \times 10^{-5} = \frac{(x)(0.30 + x)}{0.20 - x}$$

$0.30 + x \approx 0.30$이고, $0.20 - x \approx 0.20$으로 가정하면 다음 식이 얻어진다.

$$1.8 \times 10^{-5} = \frac{(x)(0.30 + x)}{0.20 - x} \approx \frac{(x)(0.30)}{0.20}$$

또는 $$x = [H^+] = 1.2 \times 10^{-5}\ M$$

따라서 $$pH = -\log [H^+] = -\log (1.2 \times 10^{-5}) = 4.92$$

검산 (a)와 (b)를 비교해 보면 공통 이온(CH_3COO^-)이 존재하므로 르샤틀리에 원리에 따라 평형이 오른쪽에서 왼쪽으로 이동하는 것을 알 수 있다. 이와 같은 작용으로 약산의 이온화가 감소된다. 결과적으로 (b)에서 H^+ 이온이 더 적게 생성되고, (b) 용액의 pH가 (a)의 것보다 높다. 항상 가정의 타당성을 점검해야 한다.

실전 연습 0.30 M HCOOH와 0.52 M HCOOK가 들어 있는 용액의 pH를 계산하라. 계산 결과를 0.30 M HCOOH 용액의 pH와 비교해 보라.

비슷한 문제: 16.5.

공통 이온 효과는 약염기(예, NH_3)와 그 염기의 염(예, NH_4Cl)을 포함하는 용액에도 적용된다. 평형에서

$$NH_4^+(aq) \rightleftharpoons NH_3(aq) + H^+(aq)$$

$$K_a = \frac{[NH_3][H^+]}{[NH_4^+]}$$

이 계에 대한 헨더슨-하셀발흐 식은 다음과 같이 유도할 수 있다. 위의 식을 고려하면

$$[H^+] = \frac{K_a[NH_4^+]}{[NH_3]}$$

이고, 양변에 음의 상용 로그를 취하면 다음과 같이 된다.

$$-\log [H^+] = -\log K_a - \log \frac{[NH_4^+]}{[NH_3]}$$

$$-\log [H^+] = -\log K_a + \log \frac{[NH_3]}{[NH_4^+]}$$

이것을 다시 쓰면,

$$pH = pK_a + \log \frac{[NH_3]}{[NH_4^+]}$$

NH_3와 그 염 NH_4Cl이 들어 있는 용액은 같은 농도의 NH_3만을 포함하는 용액보다도 덜 염기성이다. 공통 이온 NH_4^+가 염기와 그 염 모두를 포함하는 용액에서 NH_3의 이온화를 억제시키기 때문이다.

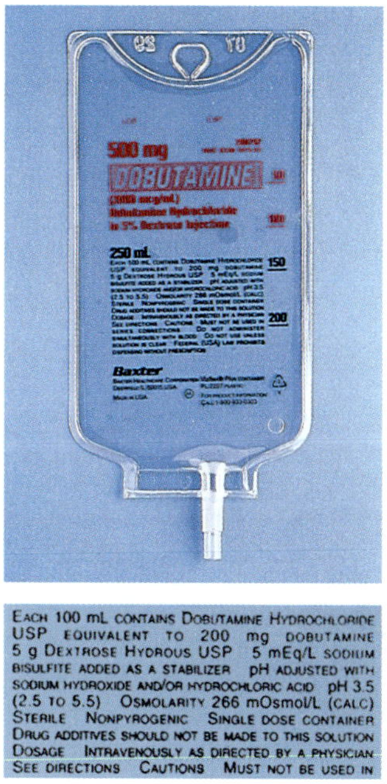

▲ *정맥 주사용 수액에는 적절한 혈액 pH를 유지하기 위한 완충계가 포함되어야 한다.*

Ken Karp/McGraw-Hill

개념과 사실 요약하기

- 공통 이온 효과는 약산이나 약염기의 이온화를 억제한다. 이 현상은 르샤틀리에 원리로 설명할 수 있다.

개념과 사실 복습하기

16.1.1 다음 중 평형에서 플루오린화 수소산(HF) 용액의 이온화 정도(%)를 감소시킬 수 있는 것은 무엇인가? (a) KF, (b) H_2O, (C) CaF_2, (d) HCl

16.1.2 0.25 M HNO_2와 0.43 M $NaNO_2$를 포함하는 용액의 pH는 얼마인가?

16.2 완충 용액

학습 목표

- 평형 농도와 헨더슨-하셀발흐 식을 이용하여 완충 용액의 pH를 계산할 수 있다.
- 주어진 pH로 완충용액을 만드는 과정을 요약할 수 있다.
- 적절한 약산(또는 약염기)을 선택하여 주어진 pH의 완충 용액을 만들 수 있다.

완충 용액(buffer solution)은 *(1) 약산과 그 약산의 염, (2) 약염기와 약염기의 염을 포함하는 용액이며, 소량의 산이나 염기를 첨가해도 pH 변화를 억제하는 능력을 가진 용액이다.* 완충 용액은 화학적 및 생물학적으로 매우 중요하다. 인체에서 pH는 체액에 따라서 다양하게 변한다. 예를 들면, 혈액의 pH는 약 7.4이고, 위액의 pH는 약 1.5이다. 효소의 적절한 기능과 삼투압의 균형에 중요하며 대부분 완충 용액에 의해 유지한다.

▶ 동영상 자료 완충 용액

완충 용액은 첨가한 OH^- 이온과 모두 반응할 수 있도록 비교적 큰 농도의 산을 포함하고 있어야 하며, 또한 첨가한 H^+ 이온과도 모두 반응하도록 충분한 농도의 염기를 포함하고 있어야 한다. 더욱이 완충제의 산과 염기 성분들은 중화 반응에서 서로 소비되지 않

▶ 동영상 자료 완충 용액의 성질

아야 한다. 이들 요건은 산-염기쌍, 즉 약산과 그 짝염기 또는 약염기와 그 짝산(짝염기와 짝산은 염으로서 공급)에 의해 충족된다.

비슷한 몰수의 아세트산(CH_3COOH)과 그 염인 아세트산 소듐(CH_3COONa)을 물에 가하여 간단한 완충 용액을 만들 수 있다. 산과 짝염기(CH_3COONa로부터 나옴) 각각의 평형 농도는 초기 농도와 같다고 가정할 수 있다(16.1절 참조). 이들 두 물질을 포함하는 용액은 첨가한 산이나 염기를 중화할 수 있는 능력을 가지고 있다. 아세트산 소듐은 강전해질로서 물에서 완전히 이온화된다.

$$CH_3COONa(s) \xrightarrow{H_2O} CH_3COO^-(aq) + Na^+(aq)$$

산을 가하면, 완충제 중 짝염기 CH_3COO^-에 의해 다음 식에 따라 H^+ 이온이 소비된다.

$$CH_3COO^-(aq) + H^+(aq) \longrightarrow CH_3COOH(aq)$$

염기를 완충계에 가하면, 완충제 중 산에 의해 OH^- 이온이 중화된다.

$$CH_3COOH(aq) + OH^-(aq) \longrightarrow CH_3COO^-(aq) + H_2O(l)$$

이 완충계를 특징짓는 위의 두 반응은 16.1절에서 설명한 공통 이온 효과와 동일함을 알 수 있다. *완충 용량*(buffering capacity), 즉 완충 용액의 능력은 완충 용액을 만든 산과 짝염기의 양에 의존한다. 약산과 짝염기의 양이 많을수록 완충 용량은 커진다.

일반적으로 완충계는 염-산 또는 짝염기-산으로 나타낼 수 있다. 따라서 위에서 설명한 아세트산 소듐-아세트산 완충계는 CH_3COONa/CH_3COOH 또는 간단히 CH_3COO^-/CH_3COOH로 나타낼 수 있다. 그림 16.1에는 이 완충계가 작용하는 것을 보여주고 있다.

다음 예제 16.2는 완충제로 작용하지 않는 산-염 조합을 완충계와 구별하는 것이다.

예제 16.2

다음 용액 중 어느 것이 완충계인가? 그 이유를 설명하라. (a) KH_2PO_4/H_3PO_4, (b) $NaClO_4/HClO_4$, (c) C_5H_5N/C_5H_5NHCl (C_5H_5N은 피리딘이고, K_b는 표 15.4에 있다).

전략 완충계는 무엇으로 구성되어 있는가? 어느 용액이 약산과 그의 짝염기(약한 짝염기 포함)를 포함하고 있는가? 어느 용액이 약염기와 그의 짝산(약한 짝산 포함)을 포함하고 있는가? 강산의 짝염기가 가해진 산을 중화시키지 못하는 이유는 무엇인가?

풀이 완충계의 판단 기준은 약산과 그 염(약한 짝염기 포함) 또는 약염기와 그 염(약한 짝산 포함)을 포함하고 있어야 한다는 것이다.

(a) H_3PO_4는 약산이고, 그 짝염기 $H_2PO_4^-$는 약염기이다(표 15.5 참조). 따라서 이것은 완충계이다.

(b) $HClO_4$가 강산이기 때문에 그 짝염기 ClO_4^-는 매우 약염기이다. 이것은 ClO_4^- 이온이 용액 중에서 H^+와 결합하여 $HClO_4$를 형성하지 못한다는 의미이다. 따라서 이 계는 완충계로서 작용할 수 없다.

(c) 표 15.4에 나타낸 것처럼 C_5H_5N는 약염기이고, 그 짝산 $C_5H_5\overset{+}{N}H$(염 C_5H_5NHCl의 양이온)은 약산이므로 이것은 완충계이다.

실전 연습 다음 중 어느 것이 완충계인가? (a) KF/HF, (b) KBr/HBr, (c) $Na_2CO_3/NaHCO_3$.

비슷한 문제: 16.9, 16.10.

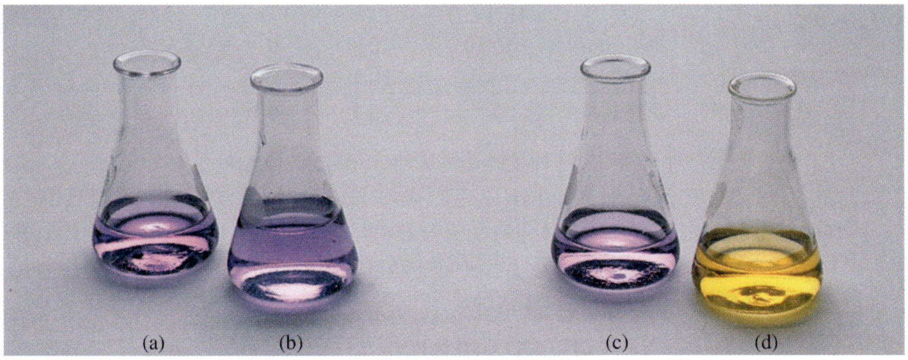

▲ **그림 16.1** 산-염기 지시약 브로모페놀 블루(주어진 모든 용액에 추가됨)는 완충 작용을 설명하는 데 사용된다. 지시약의 색상은 pH 4.6 이상에서는 청자색이고 pH 3.0 이하에서는 노란색이다. (왼쪽에서 오른쪽으로) (a) 0.1 *M* CH_3COOH 50 mL와 0.1 *M* CH_3COONa 50 mL로 구성된 완충 용액. 용액의 pH는 4.7이며 지시약은 청자색으로 변한다. (b) (a)의 용액에 0.1 *M* 염산 용액 40 mL를 가한 후 색깔, 이때 색은 청자색을 유지한다. (c) pH가 4.7인 100 mL CH_3COOH 용액. (d) 0.1 *M* 염산 용액 6방울(약 0.3 mL)을 가하면 노란색으로 변한다. 완충 작용이 없는 용액에 0.1 *M* HCl을 첨가하면 pH는 3.0 미만으로 급격히 감소한다.
Ken Karp/McGraw-Hill

pH에 미치는 완충 용액의 영향은 다음 예제 16.3에서 볼 수 있다.

예제 16.3

(a) 1.0 *M* CH_3COOH와 1.0 *M* CH_3COONa를 포함하는 완충계의 pH를 계산하라. (b) 이 용액 1.0 L에 HCl 기체 0.10 mol을 넣은 후에 완충계의 pH는 얼마가 되겠는가? HCl 기체를 첨가하더라도 용액의 부피는 변하지 않는다고 가정한다.

전략 (a) HCl을 첨가하기 전 완충계의 pH는 공통 이온 문제와 비슷하므로 예제 16.1에 설명한 방법에 따라서 계산할 수 있다. CH_3COOH의 K_a는 1.8×10^{-5}이다(표 15.3 참조). (b) 이 경우에 일어나는 완충 작용을 설명해 주는 반응 다음과 같다. $CH_3COO^- + H^+ \longrightarrow CH_3COOH$.

풀이

(a) 평형 상태에서 화학종들의 농도를 정리하면 다음과 같다.

	$CH_3COOH(aq)$ $\rightleftharpoons$	$H^+(aq)$ +	$CH_3COO^-(aq)$
초기(M):	1.0	0	1.0
변화(M):	$-x$	$+x$	$+x$
최종(M):	$1.0 - x$	x	$1.0 + x$

$$K_a = \frac{[H^+][CH_3COO^-]}{[CH_3COOH]}$$

$$1.8 \times 10^{-5} = \frac{(x)(1.0 + x)}{(1.0 - x)}$$

$1.0 + x \approx 1.0$과 $1.0 - x \approx 1.0$을 가정하면 다음이 얻어진다.

$$1.8 \times 10^{-5} = \frac{(x)(1.0 + x)}{(1.0 - x)} \approx \frac{x(1.0)}{1.0}$$

또는 $$x = [H^+] = 1.8 \times 10^{-5}\ M$$

따라서 $$pH = -\log(1.8 \times 10^{-5}) = 4.74$$

산과 짝염기의 농도가 같을 때 완충 용액의 pH는 산의 pK_a와 같다.

(b) 용액에 HCl을 가하면 초기 변화는 다음과 같다.

(계속)

	$HCl(aq) \longrightarrow$	$H^+(aq)$ +	$Cl^-(aq)$
초기(mol):	0.10	0	0
변화(mol):	−0.10	+0.10	+0.10
최종(mol):	0	0.10	0.10

Cl^- 이온은 강산의 짝염기이기 때문에 용액 중에서 구경꾼 이온이다.

강산인 HCl에 의해 생성된 H^+ 이온은 짝염기인 CH_3COO^- 이온과 완전히 반응한다. 여기서 몰농도보다 몰수를 사용하는 것이 편리하다. 왜냐하면 어떤 경우 물질이 가해지면 용액의 부피가 변하기 때문이다. 부피가 변하면 몰농도는 변하지만 몰수는 변하지 않는다. 중화 반응은 다음에 요약하였다.

	$CH_3COO^-(aq)$ +	$H^+(aq) \longrightarrow$	$CH_3COOH(aq)$
초기(mol):	1.0	0.10	1.0
변화(mol):	−0.10	−0.10	+0.10
최종(mol):	0.90	0	1.1

마지막으로 산을 중화시킨 후에 완충 용액의 pH를 계산하기 위해 용액 1.0 L로 몰수를 나누어 줌으로써 몰농도로 돌아간다.

	$CH_3COOH(aq) \rightleftharpoons$	$H^+(aq)$ +	$CH_3COO^-(aq)$
초기(M):	1.1	0	0.90
변화(M):	$-x$	$+x$	$+x$
최종(M):	$1.1 - x$	x	$0.90 + x$

$$K_a = \frac{[H^+][CH_3COO^-]}{[CH_3COOH]}$$

$$1.8 \times 10^{-5} = \frac{(x)(0.90 + x)}{1.1 - x}$$

$0.90 + x \approx 0.90$이고 $1.1 - x \approx 1.1$이라고 가정하면, 다음과 같이 된다.

$$1.8 \times 10^{-5} = \frac{(x)(0.90 + x)}{1.1 - x} \approx \frac{x(0.90)}{1.1}$$

또는 $$x = [H^+] = 22 \times 10^{-5}\,M$$

따라서 $$pH = -\log(22 \times 10^{-5}) = 4.66$$

검산 HCl을 첨가하더라도 pH는 조금만 감소한다. 이것은 완충 용액의 작용과 일치한다

실전 연습 0.30 M NH_3/0.36 M NH_4Cl 완충계의 pH를 계산하라. 완충 용액 80.0 mL에 0.050 M NaOH 20.0 mL를 첨가하였을 때의 pH는 얼마인가?

비슷한 문제: 16.17.

예제 16.3에서 조사한 완충 용액에서는 HCl을 첨가한 결과 pH가 감소(더 산성화된 용액)하였다. 다음과 같이 H^+ 이온 농도의 변화를 비교할 수도 있다.

$$\text{HCl을 첨가하기 전: } [H^+] = 1.8 \times 10^{-5}\,M$$
$$\text{HCl을 첨가한 후: } [H^+] = 2.2 \times 10^{-5}\,M$$

따라서 H^+ 이온 농도는 다음의 배수만큼 증가한다.

$$\frac{2.2 \times 10^{-5}\,M}{1.8 \times 10^{-5}\,M} = 1.2$$

CH_3COONa/CH_3COOH 완충제의 능력을 알아보기 위해 물 1 L에 HCl 0.10 mol을 첨가한다면 어떤 변화가 일어나는가를 알아보고, H^+ 이온 농도의 증가를 비교해 보자.

$$\text{HCl을 첨가하기 전: } [H^+] = 1.0 \times 10^{-7}\,M$$
$$\text{HCl을 첨가한 후: } [H^+] = 0.10\,M$$

HCl 첨가의 결과로 H^+ 이온 농도는 다음의 배수만큼 증가한다.

$$\frac{0.10\,M}{1.0 \times 10^{-7}\,M} = 1.0 \times 10^6$$

즉, 1,000,000배 증가한다. 이러한 비교는 적절하게 선택한 완충 용액이 H^+ 이온 농도 또는 pH를 상당히 일정하게 유지시켜 준다는 것을 나타내고 있다(그림 16.2).

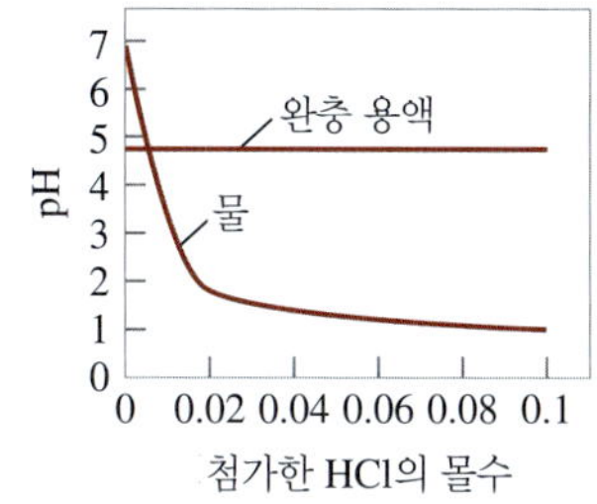

▲ **그림 16.2** HCl 0.10 mol을 순수한 물에 가할 때와 예제 16.3에서 설명한 아세트산 완충 용액에 가했을 때의 pH 변화 비교.

특정 pH의 완충 용액 제조

특정 pH의 완충 용액을 만든다고 하자. 어떻게 할 것인가? 식 (16.4)가 나타내는 것은 만약 산과 그 짝염기 염의 몰농도가 거의 같다면, 즉 [산] ≈ [짝염기]라면, 다음 식이 성립한다.

$$\log\frac{[\text{짝염기}]}{[\text{산}]} \approx 0$$

또는

$$\text{pH} \approx \text{p}K_\text{a}$$

따라서 완충 용액을 만들려면 첫째, $\text{p}K_\text{a}$가 원하는 pH와 비슷한 약산을 선택한다. 그 다음, [짝염기]/[산]의 비를 구하기 위해 식 (16.4)에 pH와 $\text{p}K_\text{a}$를 대입한다. 이 비는 완충 용액을 만들 때에 몰량으로 바꿀 수 있다. 예제 16.4는 이 방법을 보여준다.

> **인터넷 핫스팟**
> 학생들의 학습 경험에 대해 축적된 자료에 따르면 완충 용액을 만드는 데 어려움을 겪을 수 있다. 이런 경우 eBook에 접속해서 이 주제에 대한 추가 학습 자료를 보면 도움이 될 수 있다.

예제 16.4

pH 7.40인 인산 완충 용액(phosphate buffer)을 만드는 방법을 기술하라.

전략 완충 용액이 효과적으로 작용하기 위해서는 산의 농도가 대략적으로 짝염기의 농도와 같아야 한다. 식 (16.4)에 의하면 원하는 pH가 산의 $\text{p}K_\text{a}$ 값에 근접하면, 즉 $\text{pH} \approx \text{p}K_\text{a}$이 된다.

$$\log\frac{[\text{짝염기}]}{[\text{산}]} \approx 0$$

$$\text{또는}\quad \frac{[\text{짝염기}]}{[\text{산}]} \approx 1$$

풀이 인산은 삼양성자산이기 때문에 인산의 세 단계 이온화는 다음과 같이 쓸 수 있다. K_a 값은 표 15.5로부터 얻었고, 식 (16.3)을 사용하여 $\text{p}K_\text{a}$를 계산한다.

$$H_3PO_4(aq) \rightleftharpoons H^+(aq) + H_2PO_4^-(aq) \qquad K_{a_1} = 7.5 \times 10^{-3};\ \text{p}K_{a_1} = 2.12$$
$$H_2PO_4^-(aq) \rightleftharpoons H^+(aq) + HPO_4^{2-}(aq) \qquad K_{a_2} = 6.2 \times 10^{-8};\ \text{p}K_{a_2} = 7.21$$
$$HPO_4^{2-}(aq) \rightleftharpoons H^+(aq) + PO_4^{3-}(aq) \qquad K_{a_3} = 4.8 \times 10^{-13};\ \text{p}K_{a_3} = 12.32$$

세 완충계 중에서 산 $H_2PO_4^-$의 $\text{p}K_\text{a}$가 원하는 pH에 가깝기 때문에 가장 적당한 것은 $HPO_4^{2-}/H_2PO_4^-$이다. 헨더슨-하셀발흐 식으로부터 다음과 같이 쓸 수 있다.

$$\text{pH} = \text{p}K_\text{a} + \log\frac{[\text{짝염기}]}{[\text{산}]}$$

$$7.40 = 7.21 + \log\frac{[HPO_4^{2-}]}{[H_2PO_4^-]}$$

$$\log\frac{[HPO_4^{2-}]}{[H_2PO_4^-]} = 0.19$$

역로그를 취하면 다음 식이 얻어진다.

$$\frac{[HPO_4^{2-}]}{[H_2PO_4^-]} = 10^{0.19} = 1.5$$

(계속)

따라서 pH 7.40인 인산염 완충 용액을 만드는 하나의 방법은 물에 인산 수소 소듐(Na_2HPO_4)과 인산 이수소 소듐(NaH_2PO_4)을 1.5 : 1.0의 몰비로 녹이는 것이다. 예를 들면, Na_2HPO_4 1.5 mol과 NaH_2PO_4 1.0 mol을 충분한 물에 녹여서 정확히 1 L 용액이 되도록 하면 된다.

실전 연습 pH 10.10의 "탄산염 완충 용액" 1 L를 어떻게 만들 것인가? 탄산(H_2CO_3), 탄산 수소 소듐($NaHCO_3$), 탄산 소듐(Na_2CO_3)은 제공되어 있다. K_a 값은 표 15.5 참조.

비슷한 문제: 16.19, 16.20.

개념과 사실 요약하기

- 완충 용액은 약산과 그 짝염기(염에서 제공된) 또는 약염기와 그 짝산(염에서 제공된)으로 만든다. 완충 용액은 용액의 pH가 거의 일정하게 유지될 수 있도록 첨가된 산이나 염기의 소량과 반응한다. 완충계는 혈액의 pH를 유지하는 데 중요한 역할을 한다.

개념과 사실 복습하기

16.2.1 0.40 M HF/0.48 M KF 완충계의 pH를 계산하라. 0.10 M HCl 15.0 mL를 50.0 mL의 완충 용액에 첨가했을 때 pH는 어떻게 되는가?

16.2.2 다음 그림 (a)~(d)는 약한 산 HA와 그것의 소듐 염인 NaA가 포함된 용액이다. 어떤 용액이 완충제로 작용할 수 있는가? 어떤 용액이 가장 큰 완충 용량을 지니는가? Na^+ 이온과 물 분자는 생략하였다.

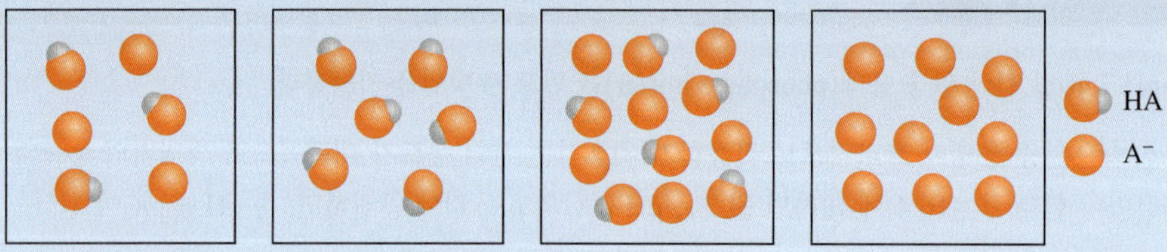

(a) (b) (c) (d)

16.3 산-염기 적정

학습 목표

- 적정에 사용된 산과 염기의 유형에 따라 pH를 예측할 수 있다.
- 산과 염기 사이의 적정을 통해 pH를 계산할 수 있다(강한 산/염기를 강한 염기/산으로, 강한 산/염기를 약한 염기/산으로 적정).
- 적정 곡선을 보면 어떤 유형의 적정이 수행되었는지 이해할 수 있다(예: 약산과 강염기의 적정).

동영상 자료
산-염기 적정

완충 용액에 대해 설명하였고, 이제 산-염기 적정의 정량적인 면에 대해 좀 더 상세하게 살펴보자(4.7절 참조). 다음 세 종류의 반응을 생각해 보기로 한다. (1) 강산과 강염기를 포함하는 적정, (2) 약산과 강염기를 포함하는 적정, (3) 강산과 약염기를 포함하는 적정. 약산과 약염기를 포함하는 적정은 형성된 염의 양이온과 음이온 양쪽의 가수분해 때문에 복잡하다. 이러한 경우 당량점 결정이 어렵다. 따라서 여기서는 이러한 적정을 다루지 않기로 한다. 그림 16.3은 적정하는 과정 중에 pH를 관찰할 때 사용하는 장치를 나타낸 것이다.

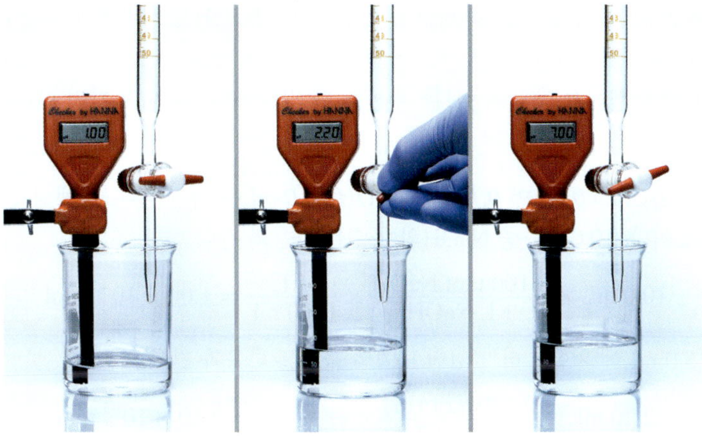

◀ **그림 16.3** pH 미터는 산-염기 적정에서 pH 변화를 관찰하는 데 사용된다.
GIPhotoStock Images/Science Source

▶ 강산-강염기 적정

강산인 HCl과 강염기인 NaOH 사이의 반응은 다음과 같이 나타낼 수 있다.

$$\mathrm{NaOH}(aq) + \mathrm{HCl}(aq) \longrightarrow \mathrm{NaCl}(aq) + \mathrm{H_2O}(l)$$

위 반응식을 알짜 이온식으로 나타내면 다음과 같다.

$$\mathrm{H^+}(aq) + \mathrm{OH^-}(aq) \longrightarrow \mathrm{H_2O}(l)$$

0.100 *M* HCl 25.0 mL가 들어 있는 삼각 플라스크에 0.100 *M* NaOH 용액을 첨가(뷰렛으로부터)하는 것을 생각해 보자. 편의상 부피와 농도는 세 개의 유효 숫자를 사용하고, pH는 두 개의 유효 숫자로 나타낸다. 그림 16.4에는 적정에서의 pH 곡선(적정 곡선, titration curve)을 나타내었다. NaOH를 첨가하기 전에 산 용액의 pH는 −log(0.100), 즉 1.00이다. NaOH를 첨가함에 따라 용액의 pH가 처음에는 서서히 증가한다. 당량점 근처에서 pH는 가파르게 올라가며, 당량점(같은 당량의 산과 염기가 반응한 점)에서는 곡선이 거의 수직적으로 올라간다. 강산-강염기 적정에서 수소 이온 농도와 수산화 이온 농도가 모두 당량점에서는 매우 작다(대략 1×10^{-7} *M*). 결과적으로 한 방울의 염기를 첨가하면 용액

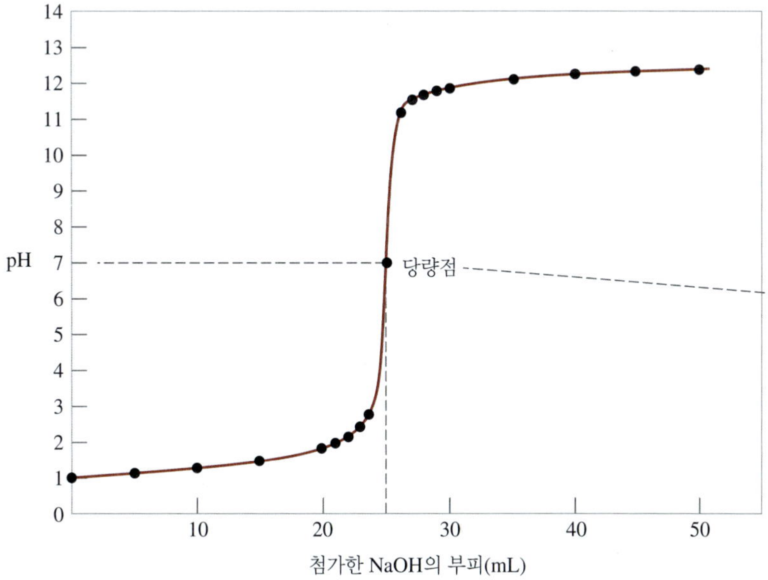

첨가한 NaOH의 부피(mL)	pH
0.0	1.00
5.0	1.18
10.0	1.37
15.0	1.60
20.0	1.95
22.0	2.20
24.0	2.69
25.0	7.00
26.0	11.29
28.0	11.75
30.0	11.96
35.0	12.22
40.0	12.36
45.0	12.46
50.0	12.52

▲ **그림 16.4** 강산-강염기 적정의 pH 곡선. 뷰렛의 0.100 *M* NaOH 용액을 삼각 플라스크에 있는 0.100 *M* HCl 용액 25.0 mL에 첨가한다(그림 4.21 참조). 이 곡선을 적정 곡선이라고도 한다.

의 $[OH^-]$와 pH가 크게 증가한다. 당량점 이후에서는 NaOH를 첨가함에 따라 pH가 다시 서서히 증가한다.

적정의 각 단계에서 용액의 pH를 계산할 수 있다. 여기서는 세 가지 예의 계산을 살펴본다.

1. *0.100 M HCl 25.0 mL에 0.100 M NaOH 10.0 mL를 첨가한 후*. 용액의 전체 부피는 35.0 mL이다. 10.0 mL 중 NaOH의 몰수는 다음과 같다.

$$10.0 \text{ mL} \times \frac{0.100 \text{ mol NaOH}}{1 \text{ L NaOH}} \times \frac{1 \text{ L}}{1000 \text{ mL}} = 1.00 \times 10^{-3} \text{ mol}$$

용액 25.0 mL에 처음부터 있었던 HCl의 몰수는 다음과 같다.

$$25.0 \text{ mL} \times \frac{0.100 \text{ mol HCl}}{1 \text{ L HCl}} \times \frac{1 \text{ L}}{1000 \text{ mL}} = 2.50 \times 10^{-3} \text{ mol}$$

따라서 일부 중화된 후에 남아 있는 HCl의 양은 $(2.50 \times 10^{-3}) - (1.00 \times 10^{-3})$ 또는 1.50×10^{-3} mol이다. 또한, 용액 35.0 mL 중 H^+ 이온의 농도는 다음과 같다.

$$\begin{aligned}\frac{1.50 \times 10^{-3} \text{ mol HCl}}{35.0 \text{ mL}} \times \frac{1000 \text{ mL}}{1 \text{ L}} &= 0.0429 \text{ mol HCl/L} \\ &= 0.0429\ M \text{ HCl}\end{aligned}$$

따라서 $[H^+] = 0.0429\ M$이고, 용액의 pH는 다음과 같다.

$$\text{pH} = -\log 0.0429 = 1.37$$

2. *0.100 M HCl 25.0 mL에 0.100 M NaOH 25.0 mL를 첨가한 후*. 이때에는 반응이 완전히 중화되었고, 염(NaCl)은 가수분해되지 않으므로 계산이 간단하다. 당량점에서는 $[H^+] = [OH^-] = 1.00 \times 10^{-7}\ M$이고, 용액의 pH는 7.00이다.

3. *0.100 M HCl 25.0 mL에 0.100 M NaOH 35.0 mL를 첨가한 후*. 용액의 전체 부피는 60.0 mL이다. 첨가한 NaOH의 몰수는 다음과 같다.

$$35.0 \text{ mL} \times \frac{0.100 \text{ mol NaOH}}{1 \text{ L NaOH}} \times \frac{1 \text{ L}}{1000 \text{ mL}} = 3.50 \times 10^{-3} \text{ mol}$$

용액 25.0 mL 중 HCl의 몰수는 2.50×10^{-3} mol이다. HCl이 완전히 중화한 후에 남아 있는 NaOH의 양은 $(3.50 \times 10^{-3}) - (2.50 \times 10^{-3}) = 1.00 \times 10^{-3}$ mol이다. 용액 60.0 mL 중 NaOH의 농도는 다음과 같다.

$$\begin{aligned}\frac{1.00 \times 10^{-3} \text{ mol NaOH}}{60.0 \text{ mL}} \times \frac{1000 \text{ mL}}{1 \text{ L}} &= 0.0167 \text{ mol NaOH/L} \\ &= 0.0167\ M \text{ NaOH}\end{aligned}$$

따라서 $[OH^-] = 0.0167\ M$이고, $\text{pOH} = -\log 0.0167 = 1.78$이다. 따라서 용액의 pH는 다음과 같다.

$$\begin{aligned}\text{pH} &= 14.00 - \text{pOH} \\ &= 14.00 - 1.78 \\ &= 12.22\end{aligned}$$

▶ 약산-강염기 적정

아세트산(약산)과 수산화 소듐(강염기) 사이의 중화 반응을 생각해 보자.

$$CH_3COOH(aq) + NaOH(aq) \longrightarrow CH_3COONa(aq) + H_2O(l)$$

이 식은 다음과 같이 간단하게 나타낼 수 있다.

$$CH_3COOH(aq) + OH^-(aq) \longrightarrow CH_3COO^-(aq) + H_2O(l)$$

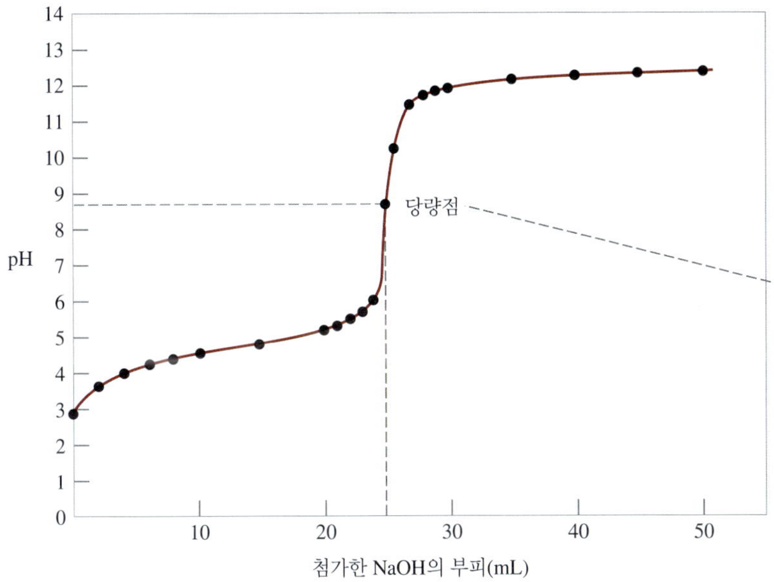

첨가한 NaOH의 부피(mL)	pH
0.0	2.87
5.0	4.14
10.0	4.57
15.0	4.92
20.0	5.35
22.0	5.61
24.0	6.12
25.0	8.72
26.0	10.29
28.0	11.75
30.0	11.96
35.0	12.22
40.0	12.36
45.0	12.46
50.0	12.52

▲ **그림 16.5** 약산-강염기 적정의 pH 곡선. 뷰렛에서 0.100 *M* NaOH 용액을 삼각 플라스크에 있는 0.100 *M* CH_3COOH 용액 25.0 mL에 첨가한다. 형성된 염의 가수분해로 인해 당량점의 pH는 7보다 크다.

아세트산 이온은 다음과 같이 가수분해된다.

$$CH_3COO^-(aq) + H_2O(l) \rightleftharpoons CH_3COOH(aq) + OH^-(aq)$$

따라서 당량점에서는 아세트산 소듐만이 있으므로, 형성된 과량의 OH^- 때문에 pH는 *7보다 더 커질* 것이다(그림 16.5). 이러한 현상은 아세트산 소듐(CH_3COONa)의 가수분해와 비슷함에 유의하라(15.10절 참조).

다음 예제 16.5에서는 약산을 강염기로 적정하는 것을 다룬다.

> **인터넷 핫스팟**
> 학생들의 학습 경험에 대해 축적된 자료에 따르면 약산-강염기 적정을 이해하는 데 어려움을 겪을 수 있다. 이런 경우 eBook에 접속해서 이 주제에 대한 추가 학습 자료를 보면 도움이 될 수 있다.

예제 16.5

0.100 *M* 아세트산 25.0 mL를 수산화 소듐으로 적정할 때의 pH를 계산하라. (a) 0.100 *M* NaOH 10.0 mL를 가했을 때, (b) 0.100 *M* NaOH 25.0 mL를 가했을 때, (c) 0.100 *M* NaOH 35.0 mL를 가했을 때.

전략 CH_3COOH와 NaOH 사이의 반응은 다음과 같다.

$$CH_3COOH(aq) + NaOH(aq) \longrightarrow CH_3COONa(aq) + H_2O(l)$$

1 mol CH_3COOH ≏ 1 mol NaOH임을 안다. 그러므로 각 적정 단계에서 산과 반응하는 염기의 몰수를 계산할 수 있고, 과량의 산이나 남아 있는 염기로써 pH를 결정할 수 있다. 그러나 당량점에서는 중화 반응이 완전히 일어난다. 따라서 용액의 pH는 중화 반응에서 형성된 염인 CH_3COONa의 가수분해 반응 정도에 따라 달라진다.

풀이

(a) 10.0 mL에 들어 있는 NaOH의 몰수는 다음과 같다.

$$10.0\text{ mL} \times \frac{0.100\text{ mol NaOH}}{1\text{ L NaOH 용액}} \times \frac{1\text{ L}}{1000\text{ mL}} = 1.00 \times 10^{-3}\text{ mol}$$

적정하기 전 용액 25.0 mL에 들어 있는 CH_3COOH의 몰수는 다음과 같다.

$$25.0\text{ mL} \times \frac{0.100\text{ mol }CH_3COOH}{1\text{ L }CH_3COOH\text{ 용액}} \times \frac{1\text{ L}}{1000\text{ mL}} = 2.50 \times 10^{-3}\text{ mol}$$

두 용액을 혼합하면 부피가 증가하므로 여기서는 몰수를 사용한다. 부피가 증가하면 몰농

(계속)

도는 변하지만 몰수는 변하지 않는다. 몰수의 변화를 다음에서 정리하였다.

	$CH_3COOH(aq)$ +	$NaOH(aq)$ ⟶	$CH_3COONa(aq) + H_2O(l)$
초기(mol):	2.50×10^{-3}	1.00×10^{-3}	0
변화(mol):	-1.00×10^{-3}	-1.00×10^{-3}	$+1.00 \times 10^{-3}$
최종(mol):	1.50×10^{-3}	0	1.00×10^{-3}

이 단계에서 CH_3COOH와 CH_3COO^-(CH_3COONa 염으로부터)의 완충계가 만들어진다. 이 용액의 pH를 계산하면 다음과 같다.

$$K_a = \frac{[H^+][CH_3COO^-]}{[CH_3COOH]}$$

$$[H^+] = \frac{[CH_3COOH]K_a}{[CH_3COO^-]}$$

$$= \frac{(1.50 \times 10^{-3})(1.8 \times 10^{-5})}{1.00 \times 10^{-3}} = 2.7 \times 10^{-5}\ M$$

따라서 $pH = -\log(2.7 \times 10^{-5}) = 4.57.$

(b) 이 양(즉, 0.100 *M* NaOH 25.0 mL와 0.100 *M* CH_3COOH 25.0 mL가 반응)은 당량점에 해당한다. 따라서 용액 25.0 mL에 있는 NaOH의 몰수는 다음과 같다.

$$2.50\ \text{mL} \times \frac{0.100\ \text{mol NaOH}}{1\ \text{L NaOH 용액}} \times \frac{1\ \text{L}}{1000\ \text{mL}} = 2.50 \times 10^{-3}\ \text{mol}$$

몰수의 변화를 요약하면 다음과 같다.

	$CH_3COOH(aq)$ +	$NaOH(aq)$ ⟶	$CH_3COONa(aq) + H_2O(l)$
초기(mol):	2.50×10^{-3}	2.50×10^{-3}	0
변화(mol):	-2.50×10^{-3}	-2.50×10^{-3}	$+2.50 \times 10^{-3}$
최종(mol):	0	0	2.50×10^{-3}

당량점에서 산과 염기의 농도는 모두 0이다. 이때, 전체 부피는 (25.0 + 25.0) mL = 50.0 mL이고, 따라서 염의 농도는 다음과 같다.

$$[CH_3COONa] = \frac{2.50 \times 10^{-3}\ \text{mol}}{50.0\ \text{mL}} \times \frac{1000\ \text{mL}}{1\ \text{L}}$$

$$= 0.0500\ \text{mol/L} = 0.0500\ M$$

다음 단계는 CH_3COO^- 이온이 가수분해한 용액의 pH를 계산하는 것이다. 예제 15.13과 표 15.3의 CH_3COO^-의 염기 이온화 상수(K_b)를 사용하여 계산하면 다음과 같이 된다.

$$K_b = 5.6 \times 10^{-10} = \frac{[CH_3COOH][OH^-]}{[CH_3COO^-]} = \frac{x^2}{0.0500 - x}$$

$$x = [OH^-] = 5.3 \times 10^{-6}\ M,\ pH = 8.72$$

(c) NaOH 35.0 mL를 가하면 당량점을 넘어서게 된다. 적정하기 전 NaOH의 몰수는 다음과 같다.

$$35.0\ \text{mL} \times \frac{0.100\ \text{mol NaOH}}{1\ \text{L NaOH 용액}} \times \frac{1\ \text{L}}{1000\ \text{mL}} = 3.50 \times 10^{-3}\ \text{mol}$$

몰수의 변화를 간단하게 요약하면 다음과 같다.

	$CH_3COOH(aq)$ +	$NaOH(aq)$ ⟶	$CH_3COONa(aq) + H_2O(l)$
초기(mol):	2.50×10^{-3}	3.50×10^{-3}	0
변화(mol):	-2.50×10^{-3}	-2.50×10^{-3}	$+2.50 \times 10^{-3}$
최종(mol):	0	1.00×10^{-3}	2.50×10^{-3}

이 단계에서는 용액을 염기성으로 만드는 두 화학종 CH_3COO^-(CH_3COONa로부터)와 OH^-가 용액에 존재한다. 그런데 OH^-가 CH_3COO^-보다 훨씬 더 강한 염기이므로, 용액의 pH 계산에는 CH_3COO^- 이온의 가수분해는 무시하고 OH^- 이온의 농도만 고려한다. 이 용액의 전체 부피는 (25.0 + 35.0) mL = 60.0 mL이고, OH^-의 농도는 다음과 같이 계산된다.

$$[OH^-] = \frac{1.00 \times 10^{-3}\ \text{mol}}{60.0\ \text{mL}} \times \frac{1000\ \text{mL}}{1\ \text{L}}$$

$$= 0.0167\ \text{mol/L} = 0.0167\ M$$

$$pOH = -\log[OH^-] = -\log 0.0167 = 1.78$$
$$pH = 14.00 - 1.78 = 12.22$$

실전 연습 0.10 M 아질산(HNO_2) 정확히 100 mL를 0.10 M NaOH로 적정하였다. 다음의 pH를 계산하라. (a) 초기 용액, (b) 염기 80 mL를 가한 용액, (c) 당량점, (d) 염기 105 mL를 가한 용액.

비슷한 문제: 16.35.

강산-약염기 적정

강산인 HCl로 약염기인 NH_3를 적정할 때를 생각해 보자.

$$HCl(aq) + NH_3(aq) \longrightarrow NH_4Cl(aq)$$

또는 간단히

$$H^+(aq) + NH_3(aq) \longrightarrow NH_4^+(aq)$$

NH_4^+ 이온의 가수분해 때문에 당량점에서 pH는 *7보다도 작다.*

$$NH_4^+(aq) + H_2O(l) \rightleftharpoons NH_3(aq) + H_3O^+(aq)$$

또는 간단히

$$NH_4^+(aq) \rightleftharpoons NH_3(aq) + H^+(aq)$$

암모니아 수용액은 휘발성이 있으므로 암모니아 용액에 염산을 뷰렛으로 가하는 것이 더 편리하다. 그림 16.6에 이 실험의 적정 곡선을 나타내었다.

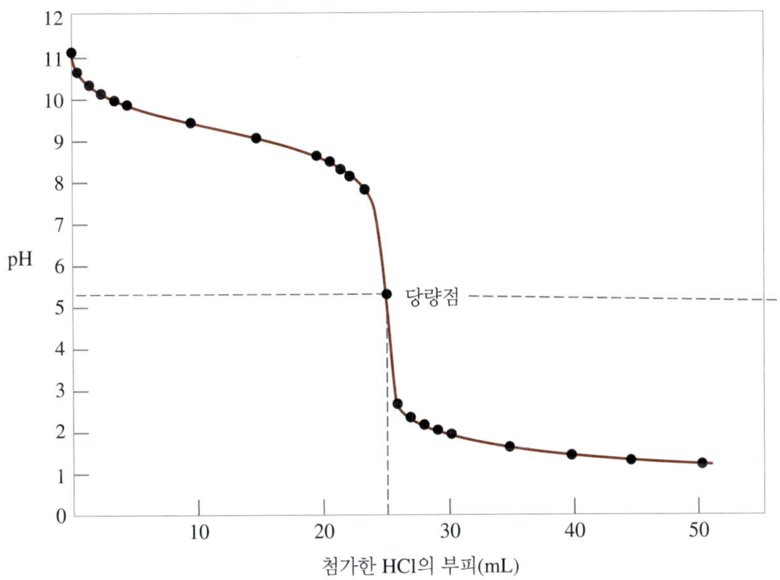

첨가한 HCl의 부피(mL)	pH
0.0	11.13
5.0	9.86
10.0	9.44
15.0	9.08
20.0	8.66
22.0	8.39
24.0	7.88
25.0	5.28
26.0	2.70
28.0	2.22
30.0	2.00
35.0	1.70
40.0	1.52
45.0	1.40
50.0	1.30

▲ **그림 16.6** 강산-약염기 적정의 pH 곡선. 뷰렛에 들어 있는 0.100 M HCl 용액을 삼각 플라스크에 있는 0.100 M NH_3 용액 25.0 mL에 첨가한다. 염의 가수분해의 결과로 당량점의 pH는 7보다 낮다.

예제 16.6

0.100 M NH_3 25.0 mL를 0.100 M HCl 용액으로 적정할 때 당량점에서의 pH를 계산하라.

전략 NH_3와 HCl 사이의 반응은 다음과 같다.

$$NH_3(aq) + HCl(aq) \longrightarrow NH_4Cl(aq)$$

(계속)

1 mol NH_3 ≏ 1 mol HCl임을 안다. 당량점에서 주 화학종은 염(NH_4Cl, 해리되어 NH_4^+와 Cl^-을 생성)과 H_2O이다. 먼저, 형성된 NH_4Cl의 농도를 결정한다. 그 다음 NH_4^+ 이온의 가수분해 반응의 결과로 pH를 계산한다. 강산 HCl의 짝염기인 Cl^- 이온은 물과 반응하지 않는다. 보통 물의 이온화는 무시한다.

풀이 0.100 *M* NH_3 용액 25.0 mL에 있는 NH_3의 몰수는 다음과 같다.

$$25.0\text{ mL} \times \frac{0.100\text{ mol NH}_3}{1\text{ L NH}_3} \times \frac{1\text{ L}}{1000\text{ mL}} = 2.50 \times 10^{-3}\text{ mol}$$

당량점에서 가한 HCl의 몰수는 NH_3의 몰수와 같다. 변화된 몰수를 정리하면 다음과 같다.

	$NH_3(aq)$	+	$HCl(aq)$	⟶	$NH_4Cl(aq)$
초기(mol):	2.50×10^{-3}		2.50×10^{-3}		0
변화(mol):	-2.50×10^{-3}		-2.50×10^{-3}		$+2.50 \times 10^{-3}$
최종(mol):	0		0		2.50×10^{-3}

당량점에서 산과 염기의 농도는 둘 다 0이다. 전체 부피는 (25.0 + 25.0) mL = 50.0 mL가 되고, 염(NH_4Cl)의 농도는 다음과 같다.

$$[\text{NH}_4\text{Cl}] = \frac{2.50 \times 10^{-3}\text{ mol}}{50.0\text{ mL}} \times \frac{1000\text{ mL}}{1\text{ L}}$$
$$= 0.0500\text{ mol/L} = 0.0500\ M$$

당량점에서 이 용액의 pH는 NH_4^+ 이온의 가수분해에 의해 결정된다(15.10절 참조).

단계 1: NH_3와 H^+의 평형 농도를 x mol/L이라고 하고, 양이온 NH_4^+의 가수분해를 나타내면 다음과 같다.

	$NH_4^+(aq)$	⇌	$NH_3(aq)$	+ $H^+(aq)$
초기(*M*):	0.0500		0.000	0.000
변화(*M*):	$-x$		$+x$	$+x$
평형(*M*):	$(0.0500 - x)$		x	x

단계 2: 표 15.4에서 NH_4^+의 K_a 값을 얻는다.

$$K_a = \frac{[\text{NH}_3][\text{H}^+]}{[\text{NH}_4^+]}$$

$$5.6 \times 10^{-10} = \frac{x^2}{0.0500 - x}$$

근사법을 이용하여 $0.0500 - x \approx 0.0500$으로 하면 다음과 같이 된다.

$$5.6 \times 10^{-10} = \frac{x^2}{0.0500 - x} \approx \frac{x^2}{0.0500}$$
$$x = 5.3 \times 10^{-6}\ M$$

따라서 pH는 다음과 같다.

$$\text{pH} = -\log(5.3 \times 10^{-6})$$
$$= 5.28$$

검산 용액의 pH는 산성임에 유의하라. 이것은 암모늄 이온의 가수분해 반응으로부터 예상할 수 있다.

실전 연습 0.10 *M* 메틸아민(표 15.4 참조) 50 mL를 0.20 *M* HCl 용액으로 적정할 때 당량점에서의 pH를 계산하라.

비슷한 문제: 16.33.

개념과 사실 요약하기

• 산-염기 적정의 당량점에서 pH는 중화반응에서 형성된 염의 가수분해에 의해 결정된다. 강산-강염

기 적정에서 당량점의 pH는 7이고, 약산-강염기 적정에서 당량점의 pH는 7보다 크고, 강산-약염기 적정에서 당량점의 pH는 7보다 작다.

개념과 사실 복습하기

16.3.1 다음 적정 중 당량점에서의 pH가 중성이 아닌 것은 어느 것인가? (a) HNO_2를 NaOH로 적정, (b) KOH를 $HClO_4$로 적정, (c) HCOOH를 KOH로 적정, (d) CH_3NH_2를 HNO_3로 적정.

16.3.2 0.25 *M* HNO_3 용액에 0.15 *M* 암모니아 50 mL로 적정할 때 당량점의 pH를 계산하라.

16.3.3 0.100 *M* 플루오린화수소산(HF) 용액 50.0 mL에 0.100 *M* KOH 35.0 mL로 첨가했을 때의 pH를 계산하라.

16.4 산-염기 지시약

학습 목표

- 산-염기 적정의 종말점과 당량점의 차이를 이해할 수 있다.
- 적정의 유형에 따라 알맞은 지시약을 선택할 수 있다.
- 지시약의 색변화를 이해할 수 있다.

중화 적정에서 당량점은 용액에 첨가한 OH^- 이온의 몰수가 처음에 존재하던 H^+ 이온의 몰수와 같아지는 점이다. 적정에서 당량점을 구하기 위해 플라스크 안에 있는 산에 뷰렛으로부터 첨가되는 염기의 부피가 얼마인가를 정확하게 알아야 한다. 이를 위한 하나의 방법은 적정을 시작할 때 산 용액에 산-염기 지시약을 몇 방울 첨가하는 것이다. 제4장에서 공부한 것처럼 지시약은 보통 이온화한 형태와 이온화하지 않은 형태가 매우 다른 색을 가지는 약한 유기산이거나 유기 염기이다. 이들 두 형태는 지시약이 녹아 있는 용액의 pH와 관련된다. **적정의 종말점**(end point)은 *지시약의 색이 변하는 점*이다. 그러나 모든 지시약이 같은 pH에서 변색하지 않으므로 적정에서 지시약의 선택은 적정에 사용한 산과 염기의 성질(즉, 산과 염기의 세기)에 의존된다. 적정에 알맞은 지시약을 선택함으로써 아래에서 설명하는 것처럼 종말점을 사용하여 당량점을 결정할 수 있다.

일양성자성 약산 HIn을 생각해 보자. 효과적인 지시약이 되기 위해서는 HIn과 그 짝염기 In^-는 매우 다른 색을 가져야 한다. 용액에서 산이 일부분 이온화하면 다음과 같이 된다.

$$\mathrm{HIn}(aq) \rightleftharpoons \mathrm{H}^+(aq) + \mathrm{In}^-(aq)$$

지시약이 충분히 산성인 매질에 있다면 르샤틀리에 원리에 따라서 평형은 왼쪽으로 이동하며, 지시약의 우세한 색은 이온화하지 않은 형태(HIn)의 색이다. 반면에 염기성 매질에서 평형은 오른쪽으로 이동하고, 용액의 색깔은 주로 짝염기(In^-)의 색으로 될 것이다. 대략적으로 말한다면, 지시약의 색을 예측하는 데 다음 농도비를 쓸 수 있다.

$$\frac{[\mathrm{HIn}]}{[\mathrm{In}^-]} \geq 10 \quad \text{산(HIn)의 색이 우세하다.}$$

$$\frac{[\mathrm{HIn}]}{[\mathrm{In}^-]} \leq 0.1 \quad \text{짝염기(In}^-\text{)의 색이 우세하다.}$$

$[HIn] \approx [In^-]$이라면, 지시약의 색은 HIn과 In^-의 색을 혼합한 색이 된다.

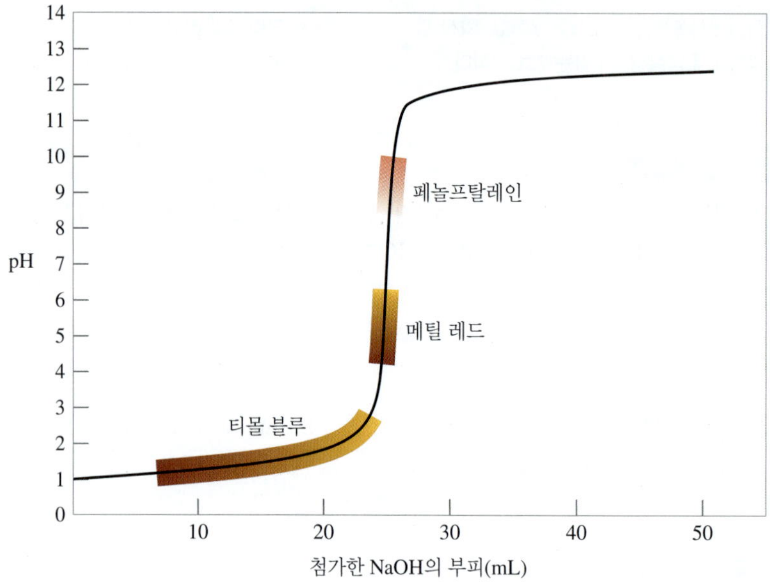

▶ **그림 16.7** 강산을 강염기로 적정한 적정 곡선. 지시약 메틸레드와 페놀프탈레인이 변색되는 영역은 곡선의 가파른 부분을 따라 발생하기 때문에 적정의 당량점을 찾아내는 데 사용할 수 있다. 반면에 티몰블루는 색깔 변화가 적정 곡선의 급변 부분과 일치하지 않기 때문에 같은 목적으로 사용할 수 없다(표 16.1 참조).

지시약의 종말점은 한 특정 pH에서 일어나지 않으며, 종말점이 나타나는 특정 pH 범위가 있다. 일반적인 지시약은 $pH = pK_a \pm 1$로 주어진 pH 범위에서 색이 변한다. 여기서 K_a는 지시약의 산 이온화 상수이다. 실제로 종말점이 적정 곡선의 가파른 부분 사이에 있는 지시약을 선택한다. 왜냐하면 당량점도 적정 곡선의 가파른 부분 사이에 있으므로, 이렇게 지시약을 선택하면 지시약이 변색하는 범위 안에 당량점의 pH가 들어오도록 할 수 있기 때문이다. 4.7절에서 페놀프탈레인은 NaOH와 HCl의 적정에 적당한 지시약이라고 하였다. 페놀프탈레인은 산성과 중성 용액에서 무색이며, 염기성 용액에서는 붉은 분홍빛이다. 페놀프탈레인으로 측정하여 보면 pH가 8.3 이하에서 지시약은 무색이지만, pH가 8.3보다 높으면 붉은 분홍빛으로 바뀌기 시작함을 알 수 있다. 그림 16.4에 나타낸 것처럼 당량점 근처에서는 매우 소량의 NaOH(즉, 0.05 mL, 대략 뷰렛으로부터 떨어지는 용액 한 방울의 부피)가 첨가되어도 용액의 pH 곡선이 가파르게 증가함을 의미한다. 중요한 것은 pH 곡선의 가파른 부분에는 페놀프탈레인이 무색으로부터 붉은 분홍빛으로 바뀌는 범위가 포함된다는 사실이다. 이렇게 일치될 때마다 지시약은 적정의 당량점을 찾는 데에 쓸 수 있다(그림 16.7).

많은 산-염기 지시약은 식물 색소이다. 예를 들어, 잘게 썬 붉은 양배추를 물에 넣고 끓이면 여러 pH에서 많은 다른 색을 나타내는 색소를 추출할 수 있다(그림 16.8). 표 16.1에는 산-염기 적정에 흔히 쓰이는 지시약 몇 가지를 나타내었다. 적정하려는 산과 염기의 세기에 따라서 특정 지시약을 선택한다. 예제 16.7은 이것을 예시한 것이다.

예제 16.7

표 16.1에 있는 지시약 중에서 (a) 그림 16.4, (b) 그림 16.5, (c) 그림 16.6에 나타낸 산-염기 적정에 쓸 수 있는 것을 선택하라.

전략 어떤 지시약의 색이 변하는 pH 범위가 적정 곡선의 가파른 부분 안에 들어갈 때에만 그 지시약을 쓸 수 있다.

풀이

(a) 당량점 근처에서 용액의 pH는 4에서 10까지 가파르게 변한다. 따라서 티몰 블루, 브로모

(계속)

◀ **그림 16.8** 붉은 양배추 추출물이 들어 있는 용액(양배추를 물에 넣고 끓이면 얻어짐)에 산 또는 염기 용액을 첨가하면 여러 가지 색이 얻어진다. 용액의 pH는 왼쪽에서 오른쪽으로 갈수록 증가한다.
Ken Karp/McGraw-Hill

페놀 블루, 메틸 오렌지를 제외한 모든 지시약은 적정에 쓰기에 적당하다.

(b) 가파른 부분이 pH 범위 7~10에 있으므로 적당한 지시약은 크레솔 레드와 페놀프탈레인이다.

(c) pH 곡선의 가파른 부분이 pH 범위 3~7에 있으므로 적당한 지시약은 브로모페놀 블루, 메틸 오렌지, 메틸 레드, 클로로페놀 블루이다.

실전 연습 표 16.1을 참조하여 다음 적정에 쓰일 수 있는 지시약은 무엇인가? (a) HBr을 CH_3NH_2로, (b) HNO_3를 NaOH로, (c) HNO_2를 KOH로.

비슷한 문제: 16.43.

표 16.1 몇 가지 일반적인 산-염기 지시약

	색		
지시약	산에서	염기에서	pH 범위*
티몰 블루	빨간색	노란색	1.2~2.8
브로모페놀 블루	노란색	청자색	3.0~4.6
메틸 오렌지	주황색	노란색	3.1~4.4
메틸 레드	빨간색	노란색	4.2~6.3
클로로페놀 블루	노란색	빨간색	4.8~6.4
브로모티몰 블루	노란색	파란색	6.0~7.6
크레솔 레드	노란색	빨간색	7.2~8.8
페놀프탈레인	무색	적자색	8.3~10.0

*pH 범위는 산성형의 색에서 염기형의 색으로 변하는 영역으로 정의된다.

개념과 사실 요약하기

- 산-염기 지시약은 약한 유기산 또는 염기이며, 산-염기 중화반응에 있어서 당량점 근처에서 색이 변한다.
- 적정의 종말점은 지시약의 색이 변하는 점이다. 그러나 모든 지시약이 같은 pH에서 변색하지 않으므로 적정에서 지시약의 선택은 적정에 사용한 산과 염기의 성질(즉, 산과 염기의 세기)에 의존된다.
- 일반적인 지시약은 pH = pK_a ± 1로 주어진 pH 범위에서 색깔이 변한다.

개념과 사실 복습하기

16.4.1 산-염기 적정의 종말점이 당량점과 정확히 같게 나타나는 조건은 무엇인가?

16.5 용해도 평형

학습 목표

- 물에 잘 용해되지 않는 이온 결합 화합물의 정량적인 용해도를 계산할 수 있다.
- 용해도와 몰용해도를 구별할 수 있다.
- 두 용액을 섞거나 가용성 화합물을 어떤 용액에 첨가할 때, 침전이 형성되는가의 여부를 예측할 수 있다.

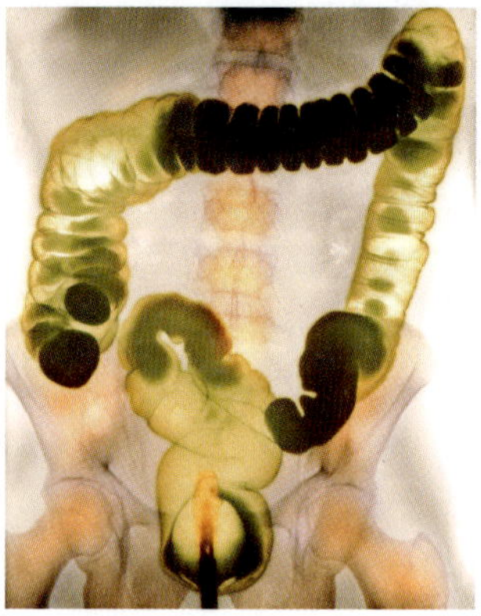

▲ 인간 대장의 $BaSO_4$ 영상
MEDIMAGE/SPL/Getty Images

침전 반응은 산업, 의학, 일상생활에 있어서 중요하다. 예를 들면, 탄산 소듐(Na_2CO_3)과 같이 산업에 필수적인 많은 화학 약품의 제조는 침전 반응에 기초를 두고 있다. 주로 하이드록시인회석[$Ca_5(PO_4)_3OH$]으로 이루어져 있는 치아 에나멜은 산성 매질에서 녹아 치아 침식이 일어난다. X선을 통과시키지 않는 불용성 화합물인 황산 바륨($BaSO_4$)은 소화기관의 질병을 진단하는 데에 쓰인다. 탄산 칼슘($CaCO_3$)으로 이루어져 있는 종유석과 석순은 침전 반응으로 형성되며, 물렁한 캔디(fudge) 같은 많은 식품도 침전 반응으로 만든다.

물속에서 이온성 화합물의 용해도를 예측하는 일반적인 규칙은 4.2절에서 소개하였다. 이들 용해도 규칙이 유용하기는 하지만, 어떤 이온 화합물이 얼마나 물에 녹는가에 대한 정량적인 예측은 할 수 없다. 정량적인 예측을 가능하게 하기 위해서는 이미 알고 있는 화학 평형으로부터 시작할 수 있다. 특별한 설명이 없다면 앞으로 용매는 물이고, 온도는 25°C의 조건에서 다루게 된다.

용해도 곱

고체 염화 은과 접촉하고 있는 염화 은의 포화 수용액을 생각해 보자. 이것은 구성 요소가 하나 이상의 상(phase)을 가지고 있는 불균일 평형의 한 가지 예이다. 용해도 평형은 다음과 같이 나타낼 수 있다.

$$AgCl(s) \rightleftharpoons Ag^+(aq) + Cl^-(aq)$$

염화 은은 불용성 염이다(표 4.2 참조). 그러나 물에 녹은 소량의 고체 AgCl은 모두 Ag^+와 Cl^- 이온으로 완전히 해리한다고 가정한다. 불균일 반응에서 고체의 농도는 일정하다는 것을 제14장에서 배웠다(고체의 활동도는 1임을 상기하자). 따라서 AgCl의 용해에 대한 평형 상수(예제 14.5 참조)는 다음과 같이 쓸 수 있다.

$$K_{sp} = [Ag^+][Cl^-]$$

여기서 K_{sp}를 용해도곱 상수 또는 간단히 **용해도곱**(solubility product)이라고 부른다. 일반적으로 어떤 화합물의 용해도곱은 *구성 이온들의 몰농도의 곱이며, 각 농도는 평형식에 있는 화학량론적 계수의 멱급수로 표시한다.*

각 AgCl 단위가 하나의 Ag^+과 Cl^- 이온만을 포함하고 있으므로, 그 용해도곱의 표현식은 특히 쓰기에 간단하다. 그러나 다음 경우는 보다 복잡하다.

- MgF_2:

$$MgF_2(s) \rightleftharpoons Mg^{2+}(aq) + 2F^-(aq) \qquad K_{sp} = [Mg^{2+}][F^-]^2$$

표 16.2 25°C에서 난용성 이온 화합물들의 용해도곱

화합물	K_{sp}	화합물	K_{sp}
브로민화 구리(I)($CuBr$)	4.2×10^{-8}	탄산 스트론튬($SrCO_3$)	1.6×10^{-9}
브로민화 은($AgBr$)	7.7×10^{-13}	탄산 은(Ag_2CO_3)	8.1×10^{-12}
수산화 구리(II)[$Cu(OH)_2$]	2.2×10^{-20}	탄산 칼슘($CaCO_3$)	8.7×10^{-9}
수산화 마그네슘[$Mg(OH)_2$]	1.2×10^{-11}	플루오린화 납(II)(PbF_2)	4.1×10^{-8}
수산화 아연[$Zn(OH)_2$]	1.8×10^{-14}	플루오린화 바륨(BaF_2)	1.7×10^{-6}
수산화 알루미늄[$Al(OH)_3$]	1.8×10^{-33}	플루오린화 칼슘(CaF_2)	4.0×10^{-11}
수산화 철(II)[$Fe(OH)_2$]	1.6×10^{-14}	황산 바륨($BaSO_4$)	1.1×10^{-10}
수산화 철(III)[$Fe(OH)_3$]	1.1×10^{-36}	황산 스트론튬($SrSO_4$)	3.8×10^{-7}
수산화 칼슘[$Ca(OH)_2$]	8.0×10^{-6}	황산 은(Ag_2SO_4)	1.4×10^{-5}
수산화 크로뮴(III)[$Cr(OH)_3$	3.0×10^{-29}	황화 구리(II)(CuS)	6.0×10^{-37}
염화 납(II)($PbCl_2$)	2.4×10^{-4}	황화 납(II)(PbS)	3.4×10^{-28}
염화 수은(I)(Hg_2Cl_2)	3.5×10^{-18}	황화 니켈(II)(NiS)	1.4×10^{-24}
염화 은($AgCl$)	1.6×10^{-10}	황화 망가니즈(II)(MnS)	3.0×10^{-14}
아이오딘화 구리(I)(CuI)	5.1×10^{-12}	황화 비스무트(Bi_2S_3)	1.6×10^{-72}
아이오딘화 납(II)(PbI_2)	1.4×10^{-8}	황화 수은(II)(HgS)	4.0×10^{-64}
아이오딘화 은(AgI)	8.3×10^{-17}	황화 아연(ZnS)	3.0×10^{-23}
인산 칼슘[$Ca_3(PO_4)_2$]	1.2×10^{-26}	황화 은(Ag_2S)	6.0×10^{-51}
크로뮴산 납(II)($PbCrO_4$)	2.0×10^{-14}	황화 주석(II)(SnS)	1.0×10^{-26}
탄산 납(II)($PbCO_3$)	3.3×10^{-14}	황화 철(II)(FeS)	6.0×10^{-19}
탄산 마그네슘($MgCO_3$)	4.0×10^{-5}	황화 카드뮴(CdS)	8.0×10^{-28}
탄산 바륨($BaCO_3$)	8.1×10^{-9}	황화 코발트(II)(CoS)	4.0×10^{-21}

- Ag_2CO_3:

$$Ag_2CO_3(s) \rightleftharpoons 2Ag^+(aq) + CO_3^{2-}(aq) \qquad K_{sp} = [Ag^+]^2[CO_3^{2-}]$$

- $Ca_3(PO_4)_2$:

$$Ca_3(PO_4)_2(s) \rightleftharpoons 3Ca^{2+}(aq) + 2PO_4^{3-}(aq) \qquad K_{sp} = [Ca^{2+}]^3[PO_4^{3-}]^2$$

표 16.2에는 용해도가 낮은 많은 염에 대한 용해도곱을 나타내었다. 표 15.3에서 강산의 K_a 값을 포함시키지 않은 것과 같은 이유로, K_{sp} 값이 매우 큰 $NaCl$과 KNO_3와 같은 가용성 염은 표 16.2에 나타내지 않았다. K_{sp} 값은 이온 화합물의 용해도를 나타낸다. 즉, 그 값이 작을수록 물에 그 화합물은 적게 녹는다. 그러나 용해도를 비교하기 위해 K_{sp} 값을 쓸 때는 $AgCl$과 ZnS 및 CaF_2와 $Fe(OH)_2$ 같이 화학식이 비슷한 형태인 화합물을 선택해야 한다.

주의 사항: 15.3절에서 용해된 물질은 용액 농도를 포함하는 계산에서 이상적인 거동을 나타낸다고 가정하였지만, 이 가정이 항상 성립하는 것은 아니다. 예를 들면, 플루오린화 바륨(BaF_2) 용액은 Ba^{2+}와 F^- 이외에도 BaF_2 및 BaF^+와 같은 중성 화학종과 전하를 띤 이온쌍을 포함하고 있다. 더욱이 표 16.2에 있는 이온 화합물의 많은 음이온은 약산의 짝염기이다. 황화 구리(CuS)를 생각해 보자. S^{2-} 이온은 다음과 같이 가수분해될 수 있다.

$$S^{2-}(aq) + H_2O(l) \rightleftharpoons HS^-(aq) + OH^-(aq)$$
$$HS^-(aq) + H_2O(l) \rightleftharpoons H_2S(aq) + OH^-(aq)$$

Al^{3+}나 Bi^{3+}와 같이 전하가 크고 크기가 작은 금속 이온은 15.10절에서 설명한 것처럼 가

수분해된다. 이온쌍이 형성되거나 염이 가수분해되면, K_{sp} 식에 나타낸 이온의 농도를 감소시킨다. 그러나 여기서는 이상적 거동으로부터 벗어나는 것을 고려할 필요가 없다.

수용액에서 이온성 고체의 용해는 다음 조건 중 하나에 해당한다. (1) 용액이 불포화, (2) 용액이 포화, (3) 용액이 과포화되어 있을 때이다. 이온의 농도가 평형 조건과 일치하지 않을 때는 반응 지수(14.4절 참조)를 사용한다. 이 경우 반응 지수는 *이온곱*(ion product, Q)이라 부르며, 침전이 형성될지 아닐지 예측하는 데 사용한다. 이온 농도가 평형 농도가 아닌 경우를 제외하면 Q는 K_{sp}와 같은 형태를 가지고 있음에 주의하라. 예를 들면, Ag^+ 이온을 포함하는 용액을 Cl^- 이온을 포함하는 용액과 섞으면, 이온곱은 다음과 같이 된다.

$$Q = [Ag^+]_0[Cl^-]_0$$

아래첨자 0은 이들이 초기 농도이라는 뜻이며, 평형에서의 농도와 일치할 필요는 없다. Q와 K_{sp} 사이의 가능한 관계는 다음과 같다.

$Q < K_{sp}$ $[Ag^+]_0[Cl^-]_0 < 1.6 \times 10^{-10}$	불포화 용액(침전 안 됨)
$Q = K_{sp}$ $[Ag^+][Cl^-] = 1.6 \times 10^{-10}$	포화 용액(침전 안 됨)
$Q > K_{sp}$ $[Ag^+]_0[Cl^-]_0 > 1.6 \times 10^{-10}$	과포화 용액(이온 농도의 곱이 1.6×10^{-10}과 같아질 때까지 AgCl은 침전될 것이다.)

몰용해도 및 용해도

어떤 물질의 용해도를 나타내는 데는 두 가지 다른 방법이 있다. 하나는 *포화 용액 1 L 안에 들어 있는 용질의 몰수(mol/L)*인 **몰용해도**(molar solubility)이고, 다른 하나는 *포화 용액 1 L 안에 있는 용질의 g수(g/L)*인 **용해도**(solubility)이다. 이들 두 표현은 어떤 주어진 온도(보통 25°C)에서 포화 용액의 농도를 언급하고 있음에 주의하라.

몰용해도와 용해도 모두 실험실에서 쓰기에 편리하다. 이들을 사용하여 그림 16.9(a)에 개략적으로 나타낸 순서에 따라 K_{sp}를 결정한다. 예제 16.8은 이 과정을 나타내고 있다.

인터넷 핫스팟

학생들의 학습 경험에 대해 축적된 자료에 따르면 K_{sp}를 계산하는 데 어려움을 겪을 수 있다. 이런 경우 eBook에 접속해서 이 주제에 대한 추가 학습 자료를 보면 도움이 될 수 있다.

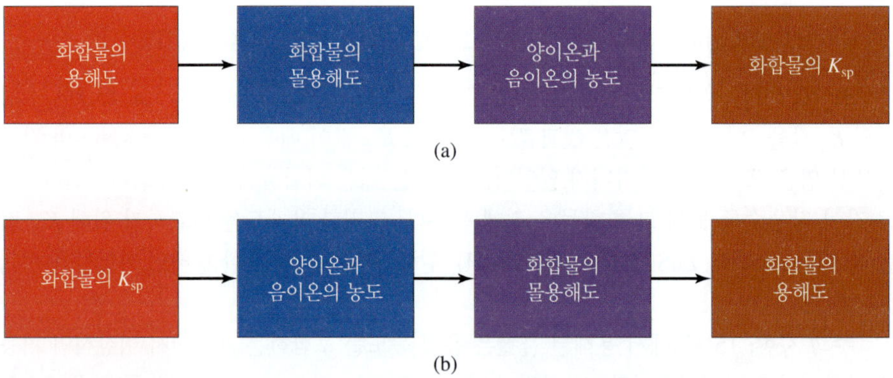

▶ **그림 16.9** (a) 용해도 자료로부터 K_{sp}를 계산하는 과정과 (b) K_{sp} 자료로부터 용해도를 계산하는 과정.

예제 16.8

황산 칼슘($CaSO_4$)의 용해도를 측정한 결과 0.67 g/L이었다. 황산 칼슘의 K_{sp}를 계산하라.

전략 $CaSO_4$의 용해도를 주고, K_{sp} 값을 구하는 문제이다. 그림 16.9(a)에 따라 전환 단계는 다음과 같다.

$CaSO_4$의 용해도(g/L) ⟶ $CaSO_4$의 몰용해도 ⟶ $[Ca^{2+}]$와 $[SO_4^{2-}]$ ⟶ $CaSO_4$의 K_{sp}

(계속)

풀이 물 속에서 $CaSO_4$의 해리를 생각해 보자. $CaSO_4$의 몰용해도(mol/L)를 s라 하자.

	$CaSO_4(s)$	$\rightleftharpoons$ $Ca^{2+}(aq)$	$+$ $SO_4^{2-}(aq)$
초기(M):		0	0
변화(M):	$-s$	$+s$	$+s$
평형(M):		s	s

$CaSO_4$의 용해도 곱은 다음과 같다.

$$K_{sp} = [Ca^{2+}][SO_4^{2-}] = s^2$$

먼저, 1 L 용액에 녹아 있는 $CaSO_4$의 몰수를 계산한다.

$$\frac{0.67\ \text{g}\ \cancel{CaSO_4}}{1\ \text{L 용액}} \times \frac{1\ \text{mol}\ CaSO_4}{136.2\ \cancel{\text{g}\ CaSO_4}} = 4.9 \times 10^{-3}\ \text{mol/L} = s$$

용해도 평형으로부터 용해된 $CaSO_4$는 SO_4^{2-} 1 mol과 Ca^{2+} 이온 1 mol을 생성하는 것을 알 수 있다. 그러므로 평형 상태에서

$$[Ca^{2+}] = 4.9 \times 10^{-3}\ M, \quad [SO_4^{2-}] = 4.9 \times 10^{-3}\ M$$

이제 K_{sp}를 계산하면

$$\begin{aligned} K_{sp} &= [Ca^{2+}][SO_4^{2-}] \\ &= (4.9 \times 10^{-3})(4.9 \times 10^{-3}) \\ &= 2.4 \times 10^{-5} \end{aligned}$$

실전 연습 크로뮴산 납($PbCrO_4$)의 용해도는 4.5×10^{-5} g/L이다. 이 화합물의 용해도곱을 계산하라.

비슷한 문제: 16.56.

▲ *황산 칼슘은 건조제로 사용되며 페인트, 도자기 및 종이 제조에 사용된다. 파리(Paris)의 석고라고 부르는 수화된 형태의 황산 칼슘은 부러진 뼈의 깁스를 만드는 데 사용된다.*
Ken Karp/McGraw-Hill

때로는 어떤 화합물의 K_{sp} 값을 주고, 그 화합물의 몰용해도를 계산하라는 문제가 있다. 예를 들면, 브로민화 은(AgBr)의 K_{sp}가 7.7×10^{-13}일 때, 산 이온화 상수에 대해 했던 것과 같은 방법으로 몰용해도를 계산할 수 있다. 우선, 평형에 존재하는 화학종을 확인한다. 이 화학종은 Ag^+와 Br^- 이온이다. AgBr의 몰용해도(mol/L단위)를 s라고 하자. AgBr 하나는 Ag^+와 Br^- 이온을 하나씩 내놓으므로 평형에서 $[Ag^+]$와 $[Br^-]$는 모두 s와 같다. 농도 변화를 요약하면 다음과 같다.

	$AgBr(s)$	$\rightleftharpoons$ $Ag^+(aq)$	$+$ $Br^-(aq)$
초기(M):		0.00	0.00
변화(M):	$-s$	$+s$	$+s$
평형(M):		s	s

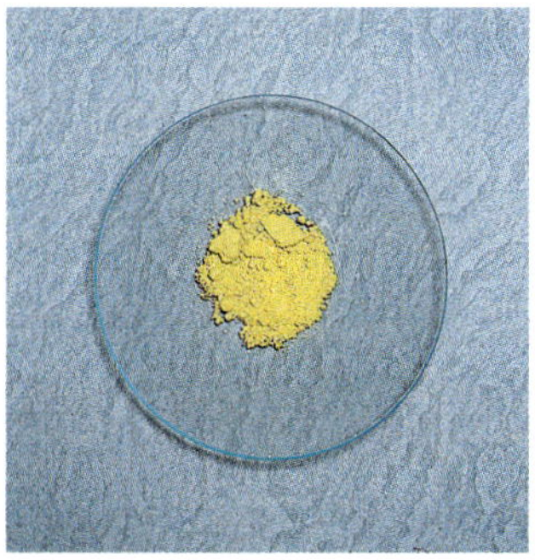

▲ *브로민화 은(AgBr)은 사진 유화제(photographic emulsion)으로 사용된다.*
Ken Karp/McGraw-Hill

표 16.2로부터 다음과 같이 쓸 수 있다.

$$\begin{aligned} K_{sp} &= [Ag^+][Br^-] \\ 7.7 \times 10^{-13} &= (s)(s) \\ s &= \sqrt{7.7 \times 10^{-13}} = 8.8 \times 10^{-7}\ M \end{aligned}$$

따라서 평형 농도는 다음과 같다.

$$[Ag^+] = 8.8 \times 10^{-7}\ M$$
$$[Br^-] = 8.8 \times 10^{-7}\ M$$

따라서 AgBr의 몰용해도 역시 $8.8 \times 10^{-7}\ M$이다.

예제 16.9는 이러한 접근법을 사용한 것이다.

인터넷 핫스팟

학생들의 학습 경험에 대해 축적된 자료에 따르면 염의 용해도를 계산하는 데 어려움을 겪을 수 있다. 이런 경우 eBook에 접속해서 이 주제에 대한 추가 학습 자료를 보면 도움이 될 수 있다.

▲ 수산화 구리(II)는 씨앗 소독과 살충제로 사용된다.
Ken Karp/McGraw-Hill

예제 16.9

표 16.2의 자료를 이용하여 수산화 구리(II)[$Cu(OH)_2$]의 용해도(g/L)를 계산하라.

전략 $Cu(OH)_2$의 K_{sp}를 주고, 용해도(g/L)를 묻는다. 그림 16.9(b)에 의해서 전환 단계는 다음과 같다.

$$\begin{matrix} Cu(OH)_2\text{의} \\ K_{sp} \end{matrix} \longrightarrow \begin{matrix} [Cu^{2+}]\text{와} \\ [OH\text{-}] \end{matrix} \longrightarrow \begin{matrix} Cu(OH)_2\text{의} \\ \text{몰용해도} \end{matrix} \longrightarrow \begin{matrix} Cu(OH)_2\text{의 g/L} \\ \text{단위의 용해도} \end{matrix}$$

풀이 물속에서 $Cu(OH)_2$의 해리를 고려하면 다음과 같이 요약된다.

	$Cu(OH)_2(s)$	$\rightleftharpoons$	$Cu^{2+}(aq)$	+	$2OH^-(aq)$
초기(M):			0		0
변화(M):	$-s$		$+s$		$+2s$
평형(M):			s		$2s$

OH^-의 몰농도는 Cu^{2+} 몰농도의 두 배임을 유의하라. $Cu(OH)_2$의 용해도곱은 다음과 같다.

$$K_{sp} = [Cu^{2+}][OH^-]^2 = (s)(2s)^2 = 4s^3$$

표 16.2의 K_{sp} 값으로부터 $Cu(OH)_2$의 몰용해도를 구하면 다음과 같다.

$$2.2 \times 10^{-20} = 4s^3$$

$$s^3 = \frac{2.2 \times 10^{-20}}{4} = 5.5 \times 10^{-21}$$

따라서

$$s = 1.8 \times 10^{-7}\ M$$

$$Cu(OH)_2\text{의 용해도} = \frac{1.8 \times 10^{-7}\ \text{mol}\ \cancel{Cu(OH)_2}}{1\ \text{L 용액}} \times \frac{97.57\ \text{g}\ Cu(OH)_2}{1\ \cancel{\text{mol}\ Cu(OH)_2}} = 1.8 \times 10^{-5}\ \text{g/L}$$

실전 연습 염화 은($AgCl$)의 용해도를 g/L 단위로 계산하라.

비슷한 문제: 16.58.

예제 16.8과 16.9에서 보여주는 것과 같이 용해도와 용해도곱은 서로 관련이 있다. 한 가지를 안다면 다른 것을 계산할 수 있지만, 각 양은 다른 정보를 제공한다. 표 16.3에는 몇 가지 이온 결합 화합물의 몰용해도와 용해도곱 사이의 관계를 나타내었다.

표 16.3 K_{sp}와 몰용해도(s) 사이의 관계

화합물	K_{sp} 식	양이온	음이온	K_{sp}와 s와의 관계
$AgBr$	$[Ag^+][Cl^-]$	s	s	$K_{sp} = s^2;\ s = (K_{sp})^{\frac{1}{2}}$
$BaSO_4$	$[Ba^{2+}][SO_4^{2-}]$	s	s	$K_{sp} = s^2;\ s = (K_{sp})^{\frac{1}{2}}$
Ag_2CO_3	$[Ag^+]^2[CO_3^{2-}]$	$2s$	s	$K_{sp} = 4s^3;\ s = \left(\frac{K_{sp}}{4}\right)^{\frac{1}{3}}$
PbF_2	$[Pb^{2+}][F^-]^2$	s	$2s$	$K_{sp} = 4s^3;\ s = \left(\frac{K_{sp}}{4}\right)^{\frac{1}{3}}$
$Al(OH)_3$	$[Al^{3+}][OH^-]^3$	s	$3s$	$K_{sp} = 27s^4;\ s = \left(\frac{K_{sp}}{27}\right)^{\frac{1}{4}}$
$Ca_3(PO_4)_2$	$[Ca^{2+}]^3[PO_4^{3-}]^2$	$3s$	$2s$	$K_{sp} = 108s^5;\ s = \left(\frac{K_{sp}}{108}\right)^{\frac{1}{5}}$

용해도나 용해도곱을 계산할 때 다음의 중요한 점을 기억하라.

1. 용해도는 어떤 양의 물에 녹아 포화 용액을 만드는 물질의 양이다. 용해도 평형의 계산에서 그 단위는 용액 1 L당 용질의 *g*수로 보통 표시한다. 몰용해도는 용액 1 L당 용질의 *몰수*로 나타낸다.
2. 용해도곱은 평형 상수이다.
3. 몰용해도, 용해도, 용해도곱은 모두 *포화 용액*에 적용되는 값이다.

침전 반응의 예측

용해도 규칙(4.2절 참조)과 표 16.2에 나타낸 용해도곱으로부터 두 용액을 섞거나 가용성 화합물을 어떤 용액에 첨가할 때, 침전이 형성되는가의 여부를 예측할 수 있다. 이 예측은 실생활에 자주 적용된다. 산업 공정이나 실험적으로 어떤 화합물(침전의 형태로서)을 얻기 위해 이온곱이 K_{sp}보다도 커질 때까지 이온 농도를 조절할 수 있다. 침전 반응을 예측하는 일은 의학적으로도 유용하다. 예를 들면, 매우 통증이 심한 신장 결석은 주로 옥살산 칼슘(CaC_2O_4, $K_{sp} = 2.3 \times 10^{-9}$)으로 이루어져 있다. 혈장 중에서 칼슘 이온의 정상적인 생리학적 농도는 약 5 m*M*(1 m$M = 1 \times 10^{-3}$ *M*)이다. 장군풀이나 시금치와 같은 많은 야채에 들어 있는 옥살산에서 유래하는 옥살산 이온($C_2O_4^{2-}$)은 칼슘 이온과 반응하여 불용성 옥살산 칼슘이 형성되고, 이는 점차 신장 속에서 축적될 수 있다. 환자의 식단을 적당히 조절하면 침전 형성을 감소시킬 수 있다. 예제 16.10은 침전 반응을 예측하는 단계를 예시하였다.

▲ *신장 결석*
remik44992/Shutterstock

예제 16.10

0.0040 *M* $BaCl_2$ 용액 정확히 200 mL를 0.0080 *M* K_2SO_4 용액 정확히 600 mL와 섞었을 때 침전이 형성될 것인지 말하라.

전략 어떤 조건하에서 이온성 화합물이 용액으로부터 석출되겠는가? 용액 중에는 Ba^{2+}, Cl^-, K^+, SO_4^{2-} 이온이 존재한다. 표 4.2에 수록된 용해도 규칙에 의하면 침전이 형성될 수 있는 것은 $BaSO_4$뿐이다. 주어진 정보에 의해서 원래 용액 중에 존재하는 이온의 몰수와 전체 용액의 부피를 알기 때문에 $[Ba^{2+}]$와 $[SO_4^{2-}]$를 계산할 수 있다. 그 다음에 이온곱 Q($Q = [Ba^{2+}]_0[SO_4^{2-}]_0$)를 계산하고, Q 값과 $BaSO_4$의 K_{sp} 값을 비교하여 침전이 형성되는지, 즉 용액이 과포화되는지를 알아본다.

풀이 처음 용액 200 mL에 존재하는 Ba^{2+}의 몰수는 다음과 같다.

$$200 \text{ mL} \times \frac{0.0040 \text{ mol Ba}^{2+}}{1 \text{ L soln}} \times \frac{1 \text{ L}}{1000 \text{ mL}} = 8.0 \times 10^{-4} \text{ mol Ba}^{2+}$$

두 용액을 혼합한 후 전체 부피는 800 mL이다. 800 mL에서 Ba^{2+} 농도는 다음과 같다.

$$\begin{aligned}[Ba^{2+}] &= \frac{8.0 \times 10^{-4} \text{ mol}}{800 \text{ mL}} \times \frac{1000 \text{ mL}}{1 \text{ L 용액}} \\ &= 1.0 \times 10^{-3}\ M\end{aligned}$$

처음 용액 600 mL에 존재하는 SO_4^{2-}의 몰수는 다음과 같다.

$$600 \text{ mL} \times \frac{0.0080 \text{ mol SO}_4^{2-}}{1 \text{ L soln}} \times \frac{1 \text{ L}}{1000 \text{ mL}} = 4.8 \times 10^{-3} \text{ mol SO}_4^{2-}$$

두 용액을 합한 800 mL 용액에서 SO_4^{2-}의 농도는 다음과 같다.

$$\begin{aligned}[SO_4^{2-}] &= \frac{4.8 \times 10^{-3} \text{ mol}}{800 \text{ mL}} \times \frac{1000 \text{ mL}}{1 \text{ L 용액}} \\ &= 6.0 \times 10^{-3}\ M\end{aligned}$$

(계속)

표 16.2로부터 Q와 K_{sp}를 비교해 보자.

$$BaSO_4(s) \rightleftharpoons Ba^{2+}(aq) + SO_4^{2-}(aq) \qquad K_{sp} = 1.1 \times 10^{-10}$$

이고, Q를 구하면 다음과 같다.

$$Q = [Ba^{2+}]_0[SO_4^{2-}]_0 = (1.0 \times 10^{-3})(6.0 \times 10^{-3}) = 6.0 \times 10^{-6}$$

따라서

$$Q > K_{sp}$$

Q 값이 이온들의 농도가 지나치게 크다는 것을 나타내므로 이 용액은 과포화 용액이다. 따라서 다음의 조건에 도달할 때까지 어느 정도의 $BaSO_4$가 침전된다.

$$[Ba^{2+}][SO_4^{2-}] = 1.1 \times 10^{-10}$$

실전 연습 0.200 *M* NaOH 2.00 mL를 0.100 *M* $CaCl_2$ 용액 1.00 L에 가하면 침전이 형성되겠는가?

비슷한 문제: 16.61.

개념과 사실 요약하기

- 용해도곱 K_{sp}는 용액에서 고체와 그 이온 사이의 평형을 나타낸다. K_{sp} 값으로부터 용해도를 구할 수 있으며, 역으로 용해도로부터 K_{sp} 값도 계산할 수 있다.

개념과 사실 복습하기

16.5.1 Ag_2CO_3 ($K_{sp} = 8.1 \times 10^{-12}$)의 몰 용해도는 얼마인가?

16.5.2 0.0100 *M* NaF 50.0 mL를 0.0100 *M* $Ba(NO_3)_2$ 100.0 mL에 첨가하면 침전이 일어날 것인가?

16.5.3 다음 그림 (a)~(d)는 AgCl 용액을 나타내며, Na^+와 NO_3^-(그림에는 나타내지 않았음)와 같은 이온들이 포함되어 있고 AgCl의 용해도에 영향을 미치지 않는다. 만약 (a)가 AgCl의 포화 용액을 나타낸 것으로 가정하면 나머지 용액을 불포화, 포화, 과포화 용액으로 분류해보라.

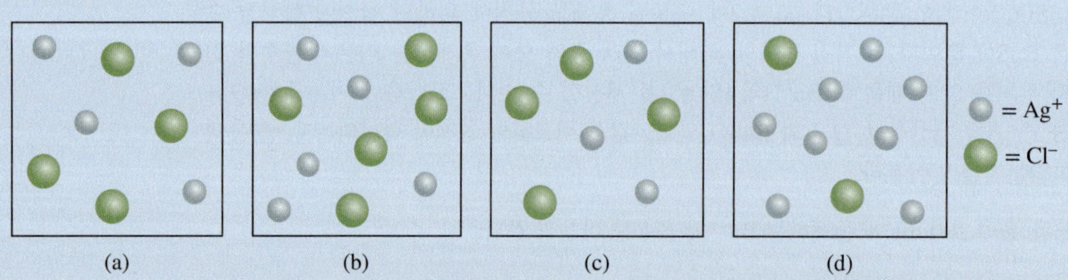

16.6 분별 침전에 의한 이온의 분리

학습 목표

- 분별 침전을 설명할 수 있다.

화학 분석에서는 용액 안에 있는 다른 이온을 남겨둔 채 용액으로부터 한 종류의 이온을 침전으로 제거하는 것이 필요할 때가 있다. 예를 들면, 포타슘 이온과 바륨 이온을 포함하는 용액에 황산 이온을 첨가하면 $BaSO_4$가 침전되므로 용액으로부터 대부분의 Ba^{2+} 이온이 제거된다. 다른 생성물인 K_2SO_4는 가용성이므로 용액에 남아 있을 것이다. $BaSO_4$ 침전은 걸러서 용액으로부터 분리할 수 있다.

두 생성물이 모두 불용성이더라도 침전시키는 적절한 시약을 선택함으로써 어느 정도는 분리할 수 있다. Cl^-, Br^-, I^-를 포함하는 용액을 생각해 보자. 이들 이온을 분리하는 한 가지 방법은 이들을 불용성의 할로젠화 은으로 바꾸는 것이다. K_{sp} 값 [AgCl (1.6×10^{-10}), AgBr(7.7×10^{-13}), AgI(8.3×10^{-17})]으로부터 알 수 있듯이 AgCl로부터 AgI 쪽으로 갈수록 할로젠화물의 용해도는 감소한다. 따라서 질산 은과 같은 가용성 화합물을 이 용액에 천천히 가하면 AgI가 처음에 침전하기 시작하고, 다음에 AgBr, 그 다음에 AgCl이 침전하기 시작한다.

예제 16.11은 두 이온(Cl^-와 Br^-)만의 분리를 설명하지만, 용해도가 다른 침전이 형성된다면 더 많은 다른 종류의 이온을 포함하는 용액에도 이 방법을 적용할 수 있다.

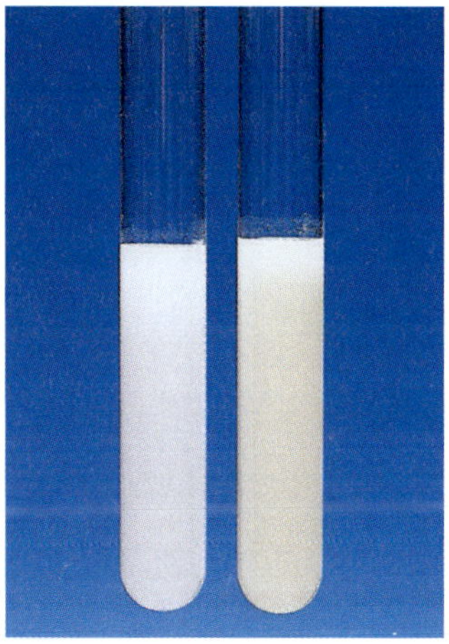

▲ AgCl 침전물(왼쪽)과 AgBr 침전물(오른쪽)의 현탁액

Ken Karp/McGraw-Hill

예제 16.11

Cl^- 이온 0.020 M과 Br^- 이온 0.020 M을 포함하는 용액이 있다. Cl^- 이온을 Br^- 이온과 분리하기 위해 고체 $AgNO_3$를 용액에 천천히 첨가한다(고체 $AgNO_3$를 첨가하면 용액의 부피 변화는 거의 없다). AgCl은 침전하지 않고 최대한 많은 AgBr을 침전시키는 데 필요한 Ag^+ 이온의 농도(mol/L단위)를 계산하라.

전략 용액에서 $AgNO_3$는 녹아 Ag^+와 NO_3^- 이온으로 된다. 그런 다음 Ag^+는 Cl^- 이온 및 Br^- 이온과 결합하여 AgCl 침전과 AgBr 침전을 형성한다. AgBr이 덜 녹으므로(K_{sp} 값이 AgCl보다 작음) 먼저 침전이 일어난다. 그러므로 이 문제는 분별 침전 문제이다. Cl^- 이온과 Br^- 이온의 농도를 알고 있으므로 K_{sp} 값으로부터 $[Ag^+]$를 계산할 수 있다. K_{sp} 값은 포화 용액에 대한 것임을 명심하라. 침전이 시작되기 위해서는 각 경우에 있어서 $[Ag^+]$가 포화 용액 중의 농도보다 커야 한다.

풀이 AgBr의 용해도 평형을 계산하면

$$AgBr(s) \rightleftharpoons Ag^+(aq) + Br^-(aq) \qquad K_{sp} = [Ag^+][Br^-]$$

$[Br^-] = 0.020\ M$이므로 Ag^+의 농도는 AgBr이 침전하기 시작하는 다음의 농도보다 커야 한다.

$$[Ag^+] = \frac{K_{sp}}{[Br^-]} = \frac{7.7 \times 10^{-13}}{0.020} = 3.9 \times 10^{-11}\ M$$

따라서 AgBr이 침전되기 시작하려면 $[Ag^+] > 3.9 \times 10^{-11}\ M$이어야 한다. AgCl의 용해도 평형은

$$AgCl(s) \rightleftharpoons Ag^+(aq) + Cl^-(aq) \qquad K_{sp} = [Ag^+][Cl^-]$$

그러므로

$$[Ag^+] = \frac{K_{sp}}{[Cl^-]} = \frac{1.6 \times 10^{-10}}{0.020} = 8.0 \times 10^{-9}\ M$$

따라서 AgCl이 침전되기 시작하려면 $[Ag^+] > 8.0 \times 10^{-9}\ M$ 이어야 한다.

Cl^- 이온이 AgCl로 침전하지 않고 Br^- 이온이 AgBr로 침전되려면, $[Ag^+]$는 $3.9 \times 10^{-11}\ M$보다는 커야 하고, $8.0 \times 10^{-9}\ M$보다는 작아야 한다.

실전 연습 AgCl과 Ag_3PO_4의 용해도곱은 각각 1.6×10^{-10}과 1.8×10^{-18}이다. Cl^- 0.10 mol과 PO_4^{3-} (b) 0.10 mol을 포함하는 용액 1.00 L에 부피의 변화 없이 Ag^+을 넣는다면, (a) AgCl 침전과 Ag_3PO_4 침전이 생기기 시작하는 데 필요한 Ag^+ 이온의 농도(mol/L단위)를 계산하라.

비슷한 문제: 16.63, 16.64.

예제 16.11에서 하나의 의문이 생긴다. AgCl이 침전하기 바로 직전 용액에 남아 있는 Br^- 이온의 농도는 얼마일까? 이 문제에 답하기 위해 $[Ag^+] = 8.0 \times 10^{-9}\ M$이라고 두면

$$\begin{aligned}[Br^-] &= \frac{K_{sp}}{[Ag^+]} \\ &= \frac{7.7 \times 10^{-13}}{8.0 \times 10^{-9}} \\ &= 9.6 \times 10^{-5}\ M\end{aligned}$$

Ag^+의 임계 농도에서 용액에 남아 있는 Br^-(*침전되지 않은* Br^-)의 백분율은 다음과 같다.

$$\begin{aligned}\%Br^- &= \frac{[Br^-]_{\text{침전되지 않음}}}{[Br^-]_{\text{원래}}} \times 100\% \\ &= \frac{9.6 \times 10^{-5}\ M}{0.020\ M} \times 100\% \\ &= 0.48\%\ \text{침전되지 않음}\end{aligned}$$

따라서 Br^-의 $(100 - 0.48)\% = 99.52\%$가 AgCl이 침전이 시작되기 바로 전에 AgBr로 침전할 것이다. 이 방법에 의해 Br^- 이온을 Cl^- 이온으로부터 정량적으로 분리할 수 있다.

개념과 사실 요약하기

- 다양한 유형의 이온은 용해도 곱에 따라 분별 침전으로 효과적으로 분리될 수 있다.

개념과 사실 복습하기

16.6.1 Br^-, CO_3^{2-}, SO_4^{2-} 이온을 각각 0.1 M 씩 포함하는 용액에 $AgNO_3$를 천천히 첨가한다. 어느 화합물이 가장 먼저 침전하고 어느 화합물이 가장 나중에 침전하는가? (각 화합물의 K_{sp} 값을 사용하여 포화 용액이 되는 데 필요한 $[Ag^+]$를 계산한다.)

16.7 용해도에 영향을 미치는 요인

학습 목표

- 공통 이온이 염의 용해도에 어떤 영향을 미치는지 이해할 수 있다.
- 산 용액에서 각 염의 용해도를 결정할 수 있다.
- 용액에서 착이온의 형성이 염의 용해도에 미치는 영향을 설명할 수 있다.

이미 설명한 것처럼 용해도곱은 평형 상수이며, 용액으로부터 이온 결합 화합물이 침전하는 것은 그 물질에 대한 이온곱이 K_{sp}보다 클 때이다. 예를 들면, AgCl의 포화 용액에서 이온곱 $[Ag^+][Cl^-]$는 K_{sp}와 같다. 화학량론으로 간단히 표시하면 $[Ag^+] = [Cl^-]$이다. 그러나 이 양적 관계가 모든 경우에 성립하는 것은 아니다.

공통 이온 효과와 용해도

16.1절에서 산과 염기의 이온화에 대한 공통 이온 효과를 설명하였다. 여기에서는 공통 이온 효과와 용해도 사이의 관계를 검토해 보자. 공통 이온을 가지는 두 물질 AgCl과 $AgNO_3$의 용해된 용액을 생각해 보자. AgCl의 해리 이외에 다음 과정도 용액 속에 있는

공통 이온인 Ag^+의 전체 농도에 기여한다.

$$AgNO_3(s) \xrightarrow{H_2O} Ag^+(aq) + NO_3^-(aq)$$

따라서 AgCl의 용해도 평형은 다음과 같다.

$$AgCl(s) \rightleftharpoons Ag^+(aq) + Cl^-(aq)$$

$AgNO_3$를 포화된 AgCl 용액에 첨가하면 $[Ag^+]$가 증가하여 이온곱이 용해도곱보다 커지게 된다.

$$Q = [Ag^+]_0[Cl^-]_0 > K_{sp}$$

새로운 평형이 이루어지기 위해서는 르샤틀리에 원리에 따라서 이온곱이 다시 K_{sp}와 같아질 때까지 용액으로부터 AgCl이 일부 침전할 것이다. 따라서 공통 이온 첨가의 효과는 용액 중 염(AgCl)의 용해도를 *감소*시킨다. 이 경우에 평형에서는 $[Ag^+]$가 더 이상 $[Cl^-]$와 같지 않고, $[Ag^+] > [Cl^-]$이다. 어떤 주어진 온도에서 공통 이온 효과는 화합물의 용해도만을 변화시킬 수 있다(감소시킴). 평형 상수인 용해도곱은 용액 중에 다른 물질이 있든지 없든지 간에 변하지 않고 일정하다.

예제 16.12는 용해도에 미치는 공통 이온의 효과를 나타낸 것이다.

> **인터넷 핫스팟**
> 학생들의 학습 경험에 대해 축적된 자료에 따르면 용해도에 대한 공통 이온의 영향을 이해하는 데 어려움을 겪을 수 있다. 이런 경우 eBook에 접속해서 이 주제에 대한 추가 학습 자료를 보면 도움이 될 수 있다.

예제 16.12

6.5×10^{-3} *M* 질산 은 용액에서 염화 은의 용해도(g/L)를 계산하라.

전략 이것은 공통 이온 효과에 대한 문제이다. 여기서 공통 이온은 Ag^+이며, AgCl과 $AgNO_3$ 모두에 의해 공급된다. 공통 이온(Ag^+)의 존재는 AgCl의 용해도(g/L)에만 영향을 미치고, 평형 상수인 K_{sp}에는 영향을 주지 않는다는 것에 주의하면서 풀이 과정을 보라.

풀이

단계 1: 용액에 존재하는 화학종은 Ag^+ 이온(AgCl과 $AgNO_3$ 모두로부터)과 Cl^- 이온이다. NO_3^- 이온은 구경꾼 이온이다.

단계 2: $AgNO_3$는 가용성 강전해질이므로 완전히 해리된다.

$$\begin{array}{cccc} AgNO_3(s) \xrightarrow{H_2O} & Ag^+(aq) & + & NO_3^-(aq) \\ & 6.5 \times 10^{-3}\,M & & 6.5 \times 10^{-3}\,M \end{array}$$

$AgNO_3$ 용액에서 AgCl의 몰용해도를 *s*라 하면, 농도 변화는 다음과 같이 요약된다.

	$AgCl(s)$	$\rightleftharpoons$	$Ag^+(aq)$	+	$Cl^-(aq)$
초기(*M*):			6.5×10^{-3}		0.00
변화(*M*):	$-s$		$+s$		$+s$
평형(*M*):			$(6.5 \times 10^{-3} + s)$		s

단계 3:

$$K_{sp} = [Ag^+][Cl^-]$$
$$1.6 \times 10^{-10} = (6.5 \times 10^{-3} + s)(s)$$

AgCl은 상당히 불용성인데다가 $AgNO_3$로부터 생성된 Ag^+ 이온에 의해 AgCl의 용해도는 더 낮아지기 때문에, *s*는 6.5×10^{-3}에 비해 매우 작은 값이 된다. 따라서 근사법을 사용하면 $6.5 \times 10^{-3} + s \approx 6.5 \times 10^{-3}$이 되어 다음 식을 얻을 수 있다.

$$1.6 \times 10^{-10} = (6.5 \times 10^{-3})\,s$$
$$s = 2.5 \times 10^{-8}\,M$$

단계 4: 평형에서

$$[Ag^+] = (6.5 \times 10^{-3} + 2.5 \times 10^{-8})\,M \approx 6.5 \times 10^{-3}\,M$$
$$[Cl^-] = 2.5 \times 10^{-8}\,M$$

(계속)

이므로 단계 3에서 $(6.5 \times 10^{-3} + 2.5 \times 10^{-8})\ M \approx 6.5 \times 10^{-3}\ M$이라고 한 근사법은 타당하다. 모든 Cl^- 이온은 AgCl로부터 생성되므로 $AgNO_3$ 용액에 AgCl이 용해되는 양은 마찬가지로 $2.5 \times 10^{-8}\ M$이 된다. 한편 AgCl의 몰질량(143.4 g)을 알면, AgCl의 용해도를 다음과 같이 계산할 수 있다.

$$AgNO_3 \text{ 용액에서 AgCl의 용해도} = \frac{2.5 \times 10^{-8} \text{ mol AgCl}}{1 \text{ L 용액}} \times \frac{143.4 \text{ g AgCl}}{1 \text{ mol AgCl}}$$
$$= 3.6 \times 10^{-6} \text{ g/L}$$

검산 순수한 물에 대한 AgCl의 용해도는 1.9×10^{-3} g/L이다(예제 16.9의 연습 문제 참조). 따라서 $AgNO_3$ 존재하에서의 AgCl의 낮은 용해도(3.6×10^{-6} g/L)는 타당하다. 또한 르샤틀리에 원리를 이용하여 용해도가 낮아지는 것을 예측할 수 있다. Ag^+를 가하면 평형이 왼쪽으로 이동하여 AgCl 용해도가 감소한다.

실전 연습 다음 용액에 대한 AgBr의 용해도(g/L)를 계산하라. (a) 순수한 물, (b) 0.0010 *M* NaBr.

비슷한 문제: 16.68.

pH와 용해도

많은 물질의 용해도는 용액의 pH에도 의존한다. 수산화 마그네슘의 용해도 평형을 생각해 보자.

$$Mg(OH)_2(s) \rightleftharpoons Mg^{2+}(aq) + 2OH^-(aq)$$

OH^- 이온을 첨가하면(pH가 증가), 평형은 오른쪽에서 왼쪽으로 이동하고 $Mg(OH)_2$의 용해도가 감소한다(이것은 공통 이온 효과의 또 다른 예이다). 반면에 H^+를 첨가하면(pH 감소), 평형은 왼쪽에서 오른쪽으로 이동하며, $Mg(OH)_2$의 용해도가 커진다. 따라서 불용성 염기는 산성 용액에 녹는 경향이 있다. 마찬가지로 불용성 산은 염기성 용액에 녹는다.

$Mg(OH)_2$의 용해도에 미치는 pH의 정량적인 영향을 조사하기 위해 포화 $Mg(OH)_2$ 용액의 pH를 먼저 계산해 보자.

$$K_{sp} = [Mg^{2+}][OH^-]^2 = 1.2 \times 10^{-11}$$

$Mg(OH)_2$의 몰용해도를 s라고 두고, 예제 16.9의 방법에 따라서 계산한다.

$$K_{sp} = (s)(2s)^2 = 4s^3$$
$$4s^3 = 1.2 \times 10^{-11}$$
$$s^3 = 3.0 \times 10^{-12}$$
$$s = 1.4 \times 10^{-4}\ M$$

▲ 마그네시아 유액은 $Mg(OH)_2$로 구성되어 있는데, 위산 과다 치료에 사용된다.
Ken Karp/McGraw-Hill

따라서 평형에서는

$$[OH^-] = 2 \times 1.4 \times 10^{-4}\ M = 2.8 \times 10^{-4}\ M$$
$$pOH = -\log(2.8 \times 10^{-4}) = 3.55$$
$$pH = 14.00 - 3.55 = 10.45$$

매질의 pH가 10.45보다 낮다면 $Mg(OH)_2$의 용해도는 증가할 것이다. $K_w = [H^+][OH^-]$로부터 예측할 수 있는 것처럼 pH를 낮추면 $[H^+]$가 커지고 따라서 $[OH^-]$는 작아진다는 사실로부터 알 수 있다. 평형 조건을 유지시키기 위해 $[Mg^{2+}]$는 커지고, $Mg(OH)_2$는 더 녹게 된다. 해리 과정과 여분의 H^+의 영향은 다음과 같이 요약할 수 있다.

$$Mg(OH)_2(s) \rightleftharpoons Mg^{2+}(aq) + 2OH^-(aq)$$
$$2H^+(aq) + 2OH^-(aq) \rightleftharpoons 2H_2O(l)$$
$$\text{전체 반응:} \quad Mg(OH)_2(s) + 2H^+(aq) \rightleftharpoons Mg^{2+}(aq) + 2H_2O(l)$$

매질의 pH가 10.45보다도 높다면 $[OH^-]$가 커지고, $Mg(OH)_2$의 용해도는 공통 이온(OH^-)의 효과 때문에 작아질 것이다.

pH는 염기성 음이온을 포함하는 염의 용해도에도 영향을 미친다. 예를 들면, BaF_2의 용해도 평형은 다음과 같다.

$$BaF_2(s) \rightleftharpoons Ba^{2+}(aq) + 2F^-(aq)$$

그리고

$$K_{sp} = [Ba^{2+}][F^-]^2$$

산성 매질에서는 높은 $[H^+]$가 다음의 평형을 왼쪽에서 오른쪽으로 이동시킬 것이다.

$$H^+(aq) + F^-(aq) \rightleftharpoons HF(aq)$$

$[F^-]$가 감소함에 따라서 평형 조건을 유지하기 위해 $[Ba^{2+}]$는 증가되어야 한다. 따라서 더 많은 BaF_2가 녹는다. 이러한 용해 과정과 BaF_2의 용해도에 미치는 pH의 영향을 요약하면 다음과 같다.

$$\begin{aligned} BaF_2(s) &\rightleftharpoons Ba^{2+}(aq) + 2F^-(aq) \\ 2H^+(aq) + 2F^-(aq) &\rightleftharpoons 2HF(aq) \\ \hline \text{전체 반응:}\quad BaF_2(s) + 2H^+(aq) &\rightleftharpoons Ba^{2+}(aq) + 2HF(aq) \end{aligned}$$

가수분해하지 않는 음이온을 포함하는 염의 용해도는 pH의 영향을 받지 않는다. 그러한 음이온의 예는 Cl^-, Br^-, I^-이다.

예제 16.13과 16.14는 용해도에 미치는 pH의 영향을 다룬다.

> **인터넷 핫스팟**
> 학생들의 학습 경험에 대해 축적된 자료에 따르면 용해도에 대한 pH의 영향을 이해하는 데 어려움을 겪을 수 있다. 이런 경우 eBook에 접속해서 이 주제에 대한 추가 학습 자료를 보면 도움이 될 수 있다.

예제 16.13

다음 화합물 중 물에서보다 산성 용액에 더 잘 녹는 것은 어느 것인가? (a) CuS, (b) AgCl, (c) $PbSO_4$.

전략 각 경우에 염이 양이온과 음이온으로 해리되는 반응을 적는다. 양이온은 양전하를 띠기 때문에 H^+와 반응하지 않는다. 음이온은 약산의 짝염기일 경우에만 양성자 받개로 작용한다. 음이온을 제거해 주면 염의 용해도에 어떻게 영향을 미치는가?

풀이

(a) CuS의 용해도 평형은 다음과 같다.

$$CuS(s) \rightleftharpoons Cu^{2+}(aq) + S^{2-}(aq)$$

황화 이온은 약산 HS^-의 짝염기이다. 그러므로 S^{2-} 이온은 다음과 같이 H^+와 반응한다.

$$S^{2-}(aq) + H^+(aq) \longrightarrow HS^-(aq)$$

이 반응에 의해 S^{2-} 이온이 용액으로부터 제거된다. 르샤틀리에 원리에 따라 제거되는 일부의 S^{2-} 이온을 대체하기 위해 평형이 오른쪽으로 이동하고, 따라서 CuS의 용해도가 증가한다.

(b) AgCl의 용해도 평형은 다음과 같다.

$$AgCl(s) \rightleftharpoons Ag^+(aq) + Cl^-(aq)$$

Cl^- 이온이 강산(HCl)의 짝염기이므로 AgCl의 용해도는 산 용액의 영향을 받지 않는다.

(c) $PbSO_4$의 용해도 평형은 다음과 같다.

$$PbSO_4(s) \rightleftharpoons Pb^{2+}(aq) + SO_4^{2-}(aq)$$

황산 이온은 약산 HSO_4^-의 짝염기이므로 약염기이다. 그러므로 SO_4^{2-} 이온은 다음과 같이 H^+와 반응한다.

(계속)

$$SO_4^{2-}(aq) + H^+(aq) \longrightarrow HSO_4^-(aq)$$

이 반응에 의해서 SO_4^{2-} 이온이 용액으로부터 제거된다. 르샤틀리에 원리에 따라 제거되는 일부 SO_4^{2-} 이온을 대체하기 위해 평형이 오른쪽으로 이동하고, 따라서 $PbSO_4$의 용해도는 증가한다.

실전 연습 다음 화합물들의 용해도는 산성 용액에서 증가할 것인가? (a) $Ca(OH)_2$, (b) $Mg_3(PO_4)_2$, (c) $PbBr_2$.

비슷한 문제: 16.72.

예제 16.14

0.0030 *M* $FeCl_2$ 용액으로부터 수산화 철(II)를 침전시키는 데 필요한 수용성 암모니아의 농도를 계산하라.

전략 수산화 철(II)가 용액으로부터 침전되기 위해서는 곱 $[Fe^{2+}][OH^-]^2$이 K_{sp}보다 커야 한다. 먼저, 알고 있는 $[Fe^{2+}]$와 표 16.2에 수록된 K_{sp} 값으로부터 $[OH^-]$를 계산한다. 이것은 $Fe(OH)_2$ 포화 용액의 OH^- 농도이다. 그 다음 이와 같은 OH^- 이온의 농도를 제공하는 NH_3의 농도를 계산한다. 마지막으로, NH_3의 농도가 계산된 값보다 크다면 용액이 과포화 상태로 되기 때문에 $Fe(OH)_2$의 침전을 유발할 것이다

풀이 암모니아는 물과 반응하여 OH^- 이온을 만들며, 이는 Fe^{2+}과 반응하여 $Fe(OH)_2$를 형성한다. 문제의 평형은 다음과 같다.

$$NH_3(aq) + H_2O(l) \rightleftharpoons NH_4^+(aq) + OH^-(aq)$$
$$Fe^{2+}(aq) + 2OH^-(aq) \rightleftharpoons Fe(OH)_2(s)$$

먼저, $FeCl_2$가 침전하기 시작하는 OH^- 농도를 찾는다. $Fe(OH)_2$의 K_{sp}는 다음과 같다.

$$K_{sp} = [Fe^{2+}][OH^-]^2 = 1.6 \times 10^{-14}$$

$FeCl_2$는 강전해질이므로 $[Fe^{2+}] = 0.0030\ M$이고,

$$[OH^-]^2 = \frac{1.6 \times 10^{-14}}{0.0030} = 5.3 \times 10^{-12}$$
$$[OH^-] = 2.3 \times 10^{-6}\ M$$

NH_3의 초기 농도를 mol/L 단위로 x라 하자. 그 다음, $2.3 \times 10^{-6}\ M$ OH^- 이온을 낼 수 있는 NH_3의 농도를 계산한다. NH_3의 이온화로부터 생기는 농도 변화를 요약하면 다음과 같다.

	$NH_3(aq)$	+	$H_2O(l) \rightleftharpoons$	$NH_4^+(aq)$	+	$OH^-(aq)$
초기(*M*):	x			0.00		0.00
변화(*M*):	-2.3×10^{-6}			$+2.3 \times 10^{-6}$		$+2.3 \times 10^{-6}$
평형(*M*):	$(x - 2.3 \times 10^{-6})$			2.3×10^{-6}		2.3×10^{-6}

평형 농도를 K_b 식(표 15.4 참조)에 대입하면

$$K_b = \frac{[NH_4^+][OH^-]}{[NH_3]}$$
$$1.8 \times 10^{-5} = \frac{(2.3 \times 10^{-6})(2.3 \times 10^{-6})}{(x - 2.3 \times 10^{-6})}$$

x에 대해 풀면, 다음과 같다.

$$x = 2.6 \times 10^{-6}\ M$$

따라서 $Fe(OH)_2$가 침전하기 시작하려면 NH_3의 농도는 $2.6 \times 10^{-6}\ M$보다 약간 더 커야 한다.

실전 연습 0.60 *M* NH_3 2.0 mL를 $1.0 \times 10^{-3}\ M$ $ZnSO_4$ 1.0 L에 가할 때, 침전이 생길지 여부를 계산하라.

비슷한 문제: 16.76.

착이온 평형 및 용해도

금속 양이온이 루이스 염기와 결합하는 루이스 산-염기 반응은 착이온을 형성한다. **착이온**(complex ion)이란 *중심 금속 양이온에 하나 이상의 분자나 이온이 결합하여 형성된 이온*이라고 정의할 수 있다. 착이온은 화학적 및 생물학적으로 중요한 역할을 한다. 여기서는 착이온 형성이 용해도에 미치는 영향을 설명한다. 제19장에서 착이온의 화학을 좀 더 상세히 설명할 것이다.

전이 금속은 완전히 채워지지 않은 *d* 부껍질을 가지고 있으므로 착이온을 형성하려는 특별한 경향성을 가지고 있다. 따라서 전이 금속은 전자 주개, 즉 루이스 염기로 작용하는 많은 분자나 이온과 반응할 때 루이스 산으로 작용하게 된다. 예를 들면, 염화 코발트(II) 수용액은 $Co(H_2O)_6^{2+}$ 이온이 존재하기 때문에 분홍빛을 띤다(그림 16.10). HCl을 첨가하였을 때, 용액은 착이온 $CoCl_4^{2-}$을 형성하기 때문에 푸른색으로 변한다.

$$Co^{2+}(aq) + 4Cl^-(aq) \rightleftharpoons CoCl_4^{2-}(aq)$$

황산 구리(II)($CuSO_4$)는 물에 녹아 푸른 용액이 된다. 수화된 구리(II) 이온 때문에 이 색이 나타난다. 많은 다른 황산염(예를 들면, Na_2SO_4)은 무색이다. $CuSO_4$ 용액에 진한 암모니아 용액 *몇 방울*을 첨가하면 밝은 푸른색 침전인 수산화 구리(II)가 형성된다.

$$Cu^{2+}(aq) + 2OH^-(aq) \longrightarrow Cu(OH)_2(s)$$

OH^- 이온은 암모니아 용액에 의해 공급된다. 더 많은 양의 NH_3를 첨가하면 푸른 침전은 다시 용해되어서 아름다운 짙푸른 용액으로 바뀌며, 이때는 착이온 $Cu(NH_3)_4^{2+}$를 형성하기 때문이다(그림 16.11).

$$Cu(OH)_2(s) + 4NH_3(aq) \rightleftharpoons Cu(NH_3)_4^{2+}(aq) + 2OH^-(aq)$$

그러므로 착이온 $Cu(NH_3)_4^{2+}$가 형성되면 $Cu(OH)_2$의 용해도는 커진다.

◀ **그림 16.10** (*왼쪽*) 염화 코발트(II) 수용액. 분홍색 $Co(H_2O)_6^{2+}$ 이온이 존재하기 때문이다. (*오른쪽*) HCl을 넣은 후 $CoCl_4^{2-}$ 착이온이 생성되어 푸른색으로 변한다.
Ken Karp/McGraw-Hill

◀ **그림 16.11** (*왼쪽*) 황산 구리(II) 수용액. (*가운데*) 진한 암모니아 수용액을 몇 방울 가하면 밝은 푸른색의 $Cu(OH)_2$ 침전이 생성된다. (*오른쪽*) 진한 암모니아 수용액을 더 가하면 $Cu(OH)_2$ 침전이 녹아서 짙은 푸른색 착이온 $Cu(NH_3)_4^{2+}$이 형성된다.
Ken Karp/McGraw-Hill

표 16.4 25°C 물에서 몇 가지 착이온들의 형성 상수

착이온	평형식	형성 상수(K_f)
$Ag(NH_3)_2^+$	$Ag^+ + 2NH_3 \rightleftharpoons Ag(NH_3)_2^+$	1.5×10^7
$Ag(CN)_2^-$	$Ag^+ + 2CN^- \rightleftharpoons Ag(CN)_2^-$	1.0×10^{21}
$Cu(CN)_4^{2-}$	$Cu^{2+} + 4CN^- \rightleftharpoons Cu(CN)_4^{2-}$	1.0×10^{25}
$Cu(NH_3)_4^{2+}$	$Cu^{2+} + 4NH_3 \rightleftharpoons Cu(NH_3)_4^{2+}$	5.0×10^{13}
$Cd(CN)_4^{2-}$	$Cd^{2+} + 4CN^- \rightleftharpoons Cd(CN)_4^{2-}$	7.1×10^{16}
CdI_4^{2-}	$Cd^{2+} + 4I^- \rightleftharpoons CdI_4^{2-}$	2.0×10^6
$HgCl_4^{2-}$	$Hg^{2+} + 4Cl^- \rightleftharpoons HgCl_4^{2-}$	1.7×10^{16}
HgI_4^{2-}	$Hg^{2+} + 4I^- \rightleftharpoons HgI_4^{2-}$	2.0×10^{30}
$Hg(CN)_4^{2-}$	$Hg^{2+} + 4CN^- \rightleftharpoons Hg(CN)_4^{2-}$	2.5×10^{41}
$Co(NH_3)_6^{3+}$	$Co^{3+} + 6NH_3 \rightleftharpoons Co(NH_3)_6^{3+}$	5.0×10^{31}
$Zn(NH_3)_4^{2+}$	$Zn^{2+} + 4NH_3 \rightleftharpoons Zn(NH_3)_4^{2+}$	2.9×10^9

금속 이온의 특정 착이온을 형성하는 경향의 척도는 *착이온 형성에 대한 평형 상수*인 **형성 상수**(K_f, formation constant) 또는 *안정도 상수*(stability constant)라고도 한다. K_f가 클수록 착이온은 더 안정하다. 표 16.4에는 몇 가지 착이온의 형성 상수를 나타내었다.

$Cu(NH_3)_4^{2+}$ 이온의 형성은 다음과 같이 나타낼 수 있다.

$$Cu^{2+}(aq) + 4NH_3(aq) \rightleftharpoons Cu(NH_3)_4^{2+}(aq)$$

> **인터넷 핫스팟**
> 학생들의 학습 경험에 대해 축적된 자료에 따르면 착이온 형성이 용해도에 어떤 영향을 주는지를 이해하는 데 어려움을 겪을 수 있다. 이런 경우 eBook에 접속해서 이 주제에 대한 추가 학습 자료를 보면 도움이 될 수 있다.

형성 상수는 다음과 같다.

$$K_f = \frac{[Cu(NH_3)_4^{2+}]}{[Cu^{2+}][NH_3]^4} = 5.0 \times 10^{13}$$

이 경우 K_f가 큰 것은 착이온이 용액에서 꽤 안정하다는 것과 평형에서 구리(II) 이온의 농도가 매우 낮다는 것을 나타낸다.

예제 16.15

$CuSO_4$ 0.20 mol을 1.20 *M* NH_3 용액 1 L에 가하였다. 평형에서 Cu^{2+} 이온의 농도는 얼마인가?

전략 NH_3 용액에 $CuSO_4$를 가하면 착이온이 형성된다.

$$Cu^{2+}(aq) + 4NH_3(aq) \rightleftharpoons Cu(NH_3)_4^{2+}(aq)$$

표 16.4로부터 이 반응의 형성 상수(K_f)가 매우 크다는 것을 알 수 있다. 따라서 반응은 대부분 오른쪽으로 기울어져 있다. 평형에서 Cu^{2+}의 농도는 매우 작을 것이다. 근사적으로 녹아 있는 모든 Cu^{2+} 이온이 $Cu(NH_3)_4^{2+}$ 이온을 형성한다고 가정할 수 있다. Cu^{2+} 0.20 mol과 반응하는 NH_3의 몰수는 얼마일까? 몇 mol의 $Cu(NH_3)_4^{2+}$가 생성될까? 평형 상태에서 아주 소량의 Cu^{2+}만 존재할 것이다. $[Cu^{2+}]$를 풀기 위해 위의 평형을 K_f로 나타내는 식을 세워 보자.

풀이 착이온의 형성에 소비되는 NH_3의 양은 $4 \times 0.20 = 0.80$ mol이다. (Cu^{2+} 0.20 mol은 처음 용액 속에 존재하였고, Cu^{2+} 이온 하나와 착물을 형성하는 데 NH_3 분자 4개가 필요하다는 것에 주의하라.) 따라서 평형에서 NH_3의 농도는 (1.20 − 0.80) mol/L 용액 = 0.40 *M*이며, $Cu(NH_3)_4^{2+}$의 농도는 Cu^{2+}의 처음 농도와 같은 값인 0.20 mol/L 용액 = 0.20 *M*이다. [Cu^{2+}와 $Cu(NH_3)_4^{2+}$의 몰비는 1 : 1이다.] $Cu(NH_3)_4^{2+}$은 아주 조금만 해리하므로 평형에서 Cu^{2+} 이온의 농도를 x라고 두면, 다음과 같이 쓸 수 있다.

(계속)

$$K_f = \frac{[Cu(NH_3)_4^{2+}]}{[Cu^{2+}][NH_3]^4}$$

$$5.0 \times 10^{13} = \frac{0.20}{x(0.40)^4}$$

x에 대해 풀고, 용액의 부피가 1 L라는 것을 고려하면 다음과 같이 된다.

$$x = [Cu^{2+}] = 1.6 \times 10^{-13}\ M$$

검산 평형에서 $[Cu^{2+}]$ 값이 0.20 M에 비해 작은 것은 앞의 근사법을 확실하게 정당화시켜 준다.

실전 연습 $CuSO_4$ 2.50 g을 0.30 M NH_3 9.0×10^2 mL에 녹이면, 평형에서 Cu^{2+}, $Cu(NH_3)_4^{2+}$, NH_3의 농도는 얼마인가?

비슷한 문제: 16.79.

착이온 형성의 효과는 일반적으로 다음 예제 16.16에 나타낸 것처럼 물질의 용해도를 증가시키는 것이다.

예제 16.16

1.0 M NH_3 용액에 대한 AgCl의 몰용해도를 계산하라.

전략 AgCl은 물에 소량만 녹는다.

$$AgCl(s) \rightleftharpoons Ag^+(aq) + Cl^-(aq)$$

Ag^+는 NH_3와 착이온을 형성한다(표 16.4 참조).

$$Ag^+(aq) + 2NH_3(aq) \rightleftharpoons Ag(NH_3)_2^+$$

이들 두 평형을 결합하면 전체적인 평형이 된다

풀이

단계 1: 처음 용액 중에 있는 화학종은 Ag^+, Cl^- 이온과 NH_3이다. Ag^+과 NH_3가 반응하여 착이온 $Ag(NH_3)_2^+$을 생성한다.

단계 2: 평형 반응은 다음과 같다.

$$AgCl(s) \rightleftharpoons Ag^+(aq) + Cl^-(aq)$$
$$K_{sp} = [Ag^+][Cl^-] = 1.6 \times 10^{-10}$$
$$Ag^+(aq) + 2NH_3(aq) \rightleftharpoons Ag(NH_3)_2^+(aq)$$
$$K_f = \frac{[Ag(NH_3)_2^+]}{[Ag^+][NH_3]^2} = 1.5 \times 10^7$$

전체 식: $$AgCl(s) + 2NH_3(aq) \rightleftharpoons Ag(NH_3)_2^+(aq) + Cl^-(aq)$$

전체 반응에 대한 평형 상수 K는 각 반응의 평형 상수의 곱이다(14.2절 참조).

$$K = K_{sp}K_f = \frac{[Ag(NH_3)_2^+][Cl^-]}{[NH_3]^2}$$
$$= (1.6 \times 10^{-10})(1.5 \times 10^7)$$
$$= 2.4 \times 10^{-3}$$

AgCl의 몰용해도(mol/L)를 s라고 하자. 착이온 형성으로부터 기인하는 농도 변화는 다음과 같이 요약할 수 있다.

	$AgCl(s)$	$+\ 2NH_3(aq)$	$\rightleftharpoons\ Ag(NH_3)_2^+(aq)$	$+\ Cl^-(aq)$
초기(M):		1.0	0.0	0.0
변화(M):	$-s$	$-2s$	$+s$	$+s$
평형(M):		$(1.0 - 2s)$	s	s

(계속)

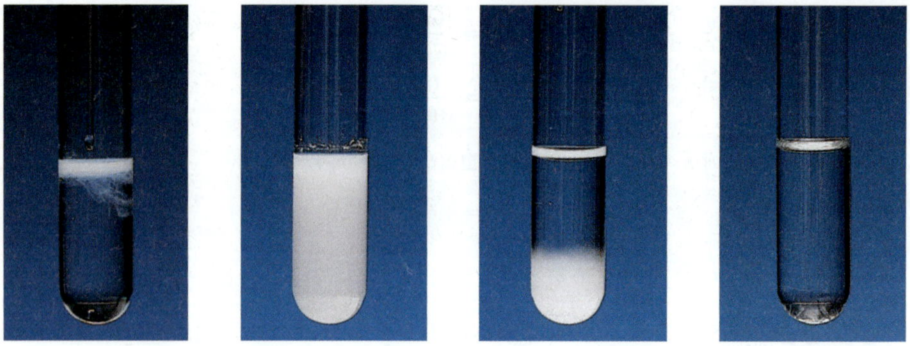

▶ **그림 16.12** 왼쪽에서 오른쪽으로: $AgNO_3$ 용액을 NaCl 용액에 첨가하면 AgCl 침전이 생성된다. NH_3 용액을 첨가함에 따라 AgCl 침전물은 가용성 $Ag(NH_3)_2^+$가 형성되면서 용해된다.
Ken Karp/McGraw-Hill

$Ag(NH_3)_2^+$의 형성 상수는 매우 크므로 대부분의 Ag^+ 이온은 착이온 형태로 존재한다. 암모니아가 없을 때에는 평형에서 $[Ag^+] = [Cl^-]$이다. 그러나 착이온 형성의 결과로 $Ag(NH_3)_2^+ = [Cl^-]$라고 쓸 수 있다.

단계 3:

$$K = \frac{(s)(s)}{(1.0 - 2s)^2}$$

$$2.4 \times 10^{-3} = \frac{s^2}{(1.0 - 2s)^2}$$

양변에 제곱근을 취하면 다음과 같다.

$$0.049 = \frac{s}{1.0 - 2s}$$

$$s = 0.045\ M$$

단계 4: 평형에서 AgCl 0.045 mol이 1.0 *M* NH_3 용액 1 L에 녹는다.

검산 순수한 물에 녹는 AgCl의 몰용해도는 1.3×10^{-5} *M*이다. 따라서 착이온 $Ag(NH_3)_2^+$이 형성되면 AgCl의 용해도가 커진다(그림 16.12).

실전 연습 1.0 *M* NH_3 용액에 대한 AgBr의 몰용해도를 계산하라.

비슷한 문제: 16.82.

마지막으로 산과 염기 모두와 반응할 수 있는 *양쪽성 수산화물*(amphoteric hydroxide)이라는 한 부류의 수산화물이 있음을 주목하라. 예로, $Al(OH)_3$, $Pb(OH)_2$, $Cr(OH)_3$, $Zn(OH)_2$, $Cd(OH)_2$이 있다. 따라서 $Al(OH)_3$는 다음과 같이 산 및 염기와 반응한다.

$$Al(OH)_3(s) + 3H^+(aq) \longrightarrow Al^{3+}(aq) + 3H_2O(l)$$

$$Al(OH)_3(s) + OH^-(aq) \rightleftharpoons Al(OH)_4^-(aq)$$

염기성 매질에서 $Al(OH)_3$의 용해도가 커지는 것은 $Al(OH)_3$가 루이스 산으로 작용하고, OH^-가 루이스 염기로 작용하여 착이온 $Al(OH)_4^-$를 형성하기 때문이다. 다른 양쪽성 수산화물도 마찬가지 방법으로 작용한다.

개념과 사실 요약하기

- 공통 이온의 존재는 물에 녹기 어려운 염의 용해도를 감소시킨다.
- 염기성 음이온을 포함하는 물에 녹기 어려운 염의 용해도는 수소 이온 농도가 증가함에 따라 증가한다. 강산에서 나온 음이온과 염의 용해도는 pH의 영향을 받지 않는다.
- 착이온은 금속 양이온과 루이스 염기의 결합에 의해 용액 내에서 형성된다. 형성 상수 K_f는 특정 착이온이 형성되는 경향성의 척도이다. 착이온 형성은 물에 녹지 않는 물질의 용해도를 증가시킬 수 있다.

개념과 사실 복습하기

16.7.1 다음 각 쌍의 용액에서 $PbI_2(s)$가 더 잘 녹는 용액은 어느 것인가? (a) $NaClO_3(aq)$ 또는 $NaI(aq)$, (b) $Pb(NO_3)_2(aq)$ 또는 $Ba(NO_3)_2(aq)$.

16.7.2 0.0015 *M* NaF에서 CaF_2의 몰용해도를 계산하라.

16.7.3 다음 염 중에서 물보다 산성 용액에서 더 잘 녹는 것은 무엇인가? (a) $BaSO_4$, (b) AgI, (c) FeS.

16.7.4 다음 화합물을 물에 첨가하였을 때, CdS의 용해도를 증가시키는 것은 어느 것인가? (a) $LiNO_3$, (b) Na_2SO_4, (c) KCN, (d) $NaClO_3$.

요약_Chapter Summary

완충 용액 완충 용액은 약산과 그 산으로부터의 염을 포함한다. 비교적 일정한 pH를 유지하기 위해 완충 용액의 산 및 염기 성분은 첨가된 산 또는 염기와 반응한다. 완충 용액은 많은 화학적 및 생물학적 과정에서 중요한 역할을 한다. (16.1, 16.2절 참조)

산-염기 적정 산-염기 적정의 특성은 연관된 산과 염기의 세기에 따라 다르다. 강산 및/또는 약산/약염기가 포함된 적정 단계에서 pH를 계산하는 것이 가능하다. 적정의 종말점을 결정하기 위해 다양한 지시약이 사용된다. (16.3, 16.4절 참조)

용해도 평형 평형 개념의 또 다른 적용은 용해도 곱으로 표현되는 난용성 염의 용해도 평형이다. 이러한 물질의 용해도는 일반적인 양이온 또는 음이온의 존재 또는 pH에 의해 영향을 받을 수 있다. 루이스 산-염기 반응의 한 예인 착이온 형성은 불용성 염의 용해도를 증가시킨다. 용해도 곱 원리는 용액에서 이온을 식별하는 정성 분석에 적용할 수 있다. (16.5, 16.6, 16.7절 참조)

주요 식_Key Equations

$pK_a = -\log K_a$ (16.3)	pK_a의 정의
$pH = pK_a + \log \frac{[\text{짝염기}]}{[\text{산}]}$ (16.4)	헨더슨-하셀발흐 식

주요 용어_Key Words

공통 이온 효과	완충 용액	용해도 곱(K_{sp})	착이온
몰용해도	용해도	종말점	형성 상수(K_f)

연습 문제_Questions and Problems

붉은색 번호의 문제는 학생용 문제풀이집에 풀어 놓았다.

16.1 공통 이온의 효과

복습 질문

16.1 공통 이온 효과가 용액의 pH에 어떤 영향을 미치는지 르샤틀리에 원리를 이용하여 설명하라.

16.2 다음과 같이 첨가하였을 때에 생기는 pH(증가, 감소, 변화 없음)의 영향을 설명하라. (a) 아세트산 용액에 아세트산 포타슘, (b) 암모니아 용액에 질산 암모늄, (c) 폼산(HCOOH) 용액에 폼산 소듐(HCOONa), (d) 염산 용액에 염화 포타슘, (e) 아이오딘화 수소산 용액에 아이오딘화 바륨.

16.3 약산의 pK_a에 대해 정의하라. pK_a 값과 산의 세기가 어떤 상관관계가 있는가? 약염기에 대해서도 같은 설명을 하라.

16.4 두 일양성자산 HA와 HB의 pK_a 값이 각각 5.9와 8.1이다. 어느 산이 더 강한 산인가?

⇛ 문제

16.5 (a) 0.40 M CH_3COOH 용액의 pH,
(b) 0.40 M CH_3COOH와 0.20 M CH_3COONa을 포함하는 용액의 pH를 결정하라.

16.6 (a) 0.20 M NH_3 용액의 pH, (b) 0.20 M NH_3와 0.30 M NH_4Cl의 혼합 용액의 pH를 구하라.

16.2 완충 용액

⇛ 복습 질문

16.7 완충 용액이란 무엇인가? 완충 용액은 무엇으로 이루어져 있는가?

16.8 다음 중 어떤 것이 가장 큰 완충 용량을 가지는가? (a) 0.40 M CH_3COONa/0.20 M CH_3COOH, (b) 0.40 M CH_3COONa/0.60 M CH_3COOH, (c) 0.30 M CH_3COONa/0.60 M CH_3COOH.

⇛ 문제

16.9 다음 용액 중 완충 작용을 하는 것은 어느 것인가? (a) KCl/HCl, (b) $KHSO_4/H_2SO_4$, (c) Na_2HPO_4/NaH_2PO_4, (d) KNO_2/HNO_2.

16.10 다음 용액 중 완충 작용을 하는 것은 어느 것인가? (a) KCN/HCN, (b) $Na_2SO_4/NaHSO_4$, (c) NH_3/NH_4NO_3, (d) NaI/HI.

16.11 0.15 M NH_3/0.35 M NH_4Cl로 이루어진 완충계의 pH를 계산하라.

16.12 다음 두 완충 용액의 pH를 계산하라. (a) 2.0 M CH_3COONa/2.0 M CH_3COOH, (b) 0.20 M CH_3COONa/0.20 M CH_3COOH.어느 것이 더 좋은 완충제인가? 그 이유는 무엇인가?

16.13 중탄산-탄산(bicarbonate-carbonic acid) 완충 용액의 pH는 8.00이다. 중탄산 이온(HCO_3^-)에 대한 탄산(H_2CO_3)의 농도비를 계산하라.

16.14 0.10 M Na_2HPO_4/0.15 M KH_2PO_4로 이루어진 완충 용액의 pH는 얼마인가?

16.15 아세트산 소듐-아세트산 완충 용액의 pH는 4.50이다. $[CH_3COO^-]/[CH_3COOH]$의 비를 계산하라.

16.16 혈장의 pH는 7.40이다. 주요 완충계가 HCO_3^-/H_2CO_3라고 가정하여 $[HCO_3^-]/[H_2CO_3]$ 비를 계산하라. 이 완충계는 첨가한 산에 대해 더 효과적인가? 아니면, 첨가한 염기에 대해 더 효과적인가?

16.17 0.20 M NH_3/0.20 M NH_4Cl 완충 용액의 pH를 계산하라. 이 완충 용액 65.0 mL에 0.10 M HCl 10.0 mL를 가할 경우 완충 용액의 pH는 얼마인가?

16.18 1.00 M CH_3COONa/1.00 M CH_3COOH로 만든 완충 용액 1.00 L에 (a) NaOH 0.080 mol, (b) HCl 0.12 mol을 첨가하기 전후의 pH를 계산하라. (부피의 변화는 없다고 가정한다.)

16.19 이양성자산 H_2A의 이온화 상수는 $K_{a_1} = 1.1 \times 10^{-3}$, $K_{a_2} = 2.5 \times 10^{-6}$이다. pH 5.80인 완충 용액을 만들려고 한다. $NaHA/H_2A$ 또는 $Na_2A/NaHA$ 중 어느 것을 선택해야 되는가?

16.20 다음 약산 중 하나를 써서 pH = 8.60인 완충 용액을 만들려고 한다. HA($K_a = 2.7 \times 10^{-3}$), HB($K_a = 4.4 \times 10^{-6}$), HCl($K_a = 2.6 \times 10^{-9}$) 중 어느 산을 선택해야 할까? 왜 그런가?

16.21 다음 (a)~(d) 도표는 H_2A, NaHA, Na_2A 중 하나 또는 그 이상의 화합물을 포함하고 있다. 여기서 H_2A는 약한 이가산이다. (1) 어떤 용액이 완충 용액으로 작용할 수 있는가? (2) 어떤 용액이 가장 효과적인 완충 용액인가? (물 분자와 Na^+ 이온은 모형을 간단히 하기 위해 생략하였다.)

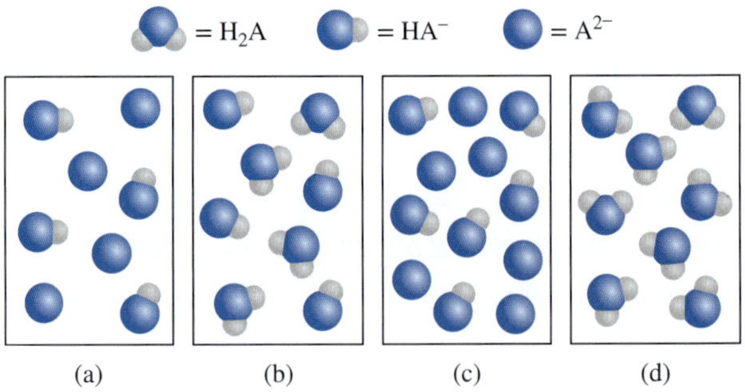

16.22 다음 (a)~(d) 도표는 약산 HA($pK_a = 5.00$)와 그 소듐염인 NaA를 포함하는 용액을 나타낸다. (1) 용액의 pH를 계산하라. (2) H^+ 이온 0.1 mol을 용액 (a)에 가한 후 pH는 얼마가 되는가? (3) OH^- 이온 0.1 mol을 용액 (d)에 가한 후 pH는 얼마가 되는가? 각 구를 0.1 mol로 가정한다.

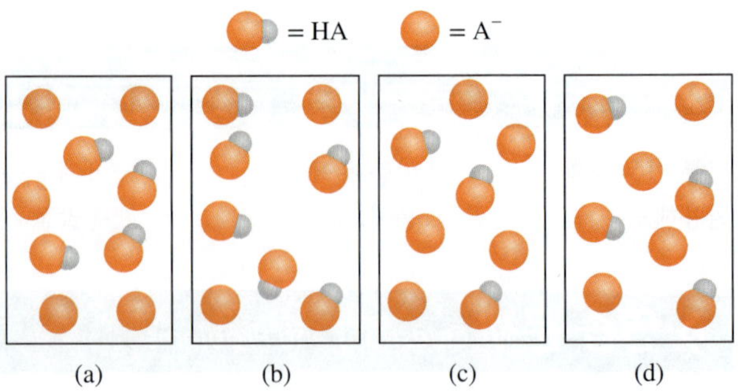

16.23 아세트산 1.8 M과 아세트산 소듐 1.2 M로 된 완충 용액의 pH를 5.22로 하기 위해서는 완충 용액 1 L에 NaOH를 얼마나(mol 단위로) 가해야 하는가? 부피는 일정하게 남아 있다고 가정한다.

16.24 암모니아 0.84 M과 염화 암모늄 0.96 M로 된 완충 용액의 pH를 8.56으로 하기 위해서는 완충 용액 1 L에 HCl을 얼마나(mol 단위로) 가해야 하는가? 부피

는 일정하게 남아 있다고 가정한다.

16.3 산-염기 적정

복습 질문

16.25 산-염기 적정 중에 무엇이 일어나는지 간단히 설명하라.

16.26 다음 산-염기 적정에 대한 적정 곡선을 그려라. (a) HCl 대 NaOH, (b) HCl 대 CH_3NH_2, (c) CH_3COOH 대 NaOH. 각 경우에 삼각 플라스크 안에 있는 산에 염기를 첨가한다. 그림의 y축에는 pH를, x축에는 첨가한 염기의 부피를 나타내어야 한다.

문제

16.27 일양성자산 시료 0.2688 g을 중화시키는 데 0.08133 M KOH 용액 16.4 mL가 필요하였다. 산의 몰질량을 계산하라.

16.28 이양성자산 5.00 g을 물에 녹여 정확하게 250 mL로 만들었다. 1.00 M KOH 11.1 mL를 중화하는 데 이 용액 25.0 mL가 필요하였다면, 산의 몰질량은 얼마인가? 산의 두 양성자가 적정된다고 가정한다.

16.29 적정 실험에서 0.500 M H_2SO_4 12.5 mL로 NaOH 용액 50.0 mL를 중화시켰다면 NaOH의 농도는 얼마인가?

16.30 적정 실험에서 0.883 M HCOOH 20.4 mL로 $Ba(OH)_2$ 용액 19.3 mL를 중화하였다면 $Ba(OH)_2$의 농도는 얼마인가?

16.31 어떤 일가산 시료 0.1276 g을 물 25.0 mL에 녹인 용액을 0.0633 M NaOH 용액으로 적정하였다. 당량점에 도달하도록 가해진 염기의 부피는 18.4 mL였다. (a) 산의 몰질량을 계산하라. (b) 염기 10.0 mL를 가한 후 pH가 5.87이었다면, 이 산의 K_a 값은 얼마인가?

16.32 0.167 M NaOH 5.00×10^2 mL와 0.100 M CH_3COOH 5.00×10^2 mL를 정확하게 혼합한 용액이 있다. H^+, CH_3COOH, CH_3COO^-, OH^-, Na^+의 평형 농도를 계산하라.

16.33 0.20 M HCl과 0.20 M 메틸아민(CH_3NH_2)의 적정에서 당량점의 pH를 계산하라. (표 15.4 참조.)

16.34 0.10 M HCOOH과 0.10 M NaOH의 적정에서 당량점에서의 pH를 계산하라.

16.35 0.100 M CH_3COOH 25.0 mL를 0.200 M KOH 용액으로 적정하였다. 다음과 같이 KOH 용액을 첨가했을 때 pH를 계산하라 (a) 0.0 mL, (b) 5.0 mL, (c) 10.0 mL, (d) 12.5 mL, (e) 15.0 mL.

16.36 0.100 M HCl 용액으로 0.300 M NH_3 용액 10.0 mL를 적정하였다. HCl 용액을 다음과 같이 첨가했을 때의 pH를 계산하라. (a) 0.0 mL, (b) 10.0 mL, (c) 20.0 mL, (d) 30.0 mL, (e) 40.0 mL.

16.37 다음 (a)~(d)의 도표는 NaOH로 약산 HA를 적정할 때 각각 다른 단계에서의 용액을 보여준다. (1) NaOH를 첨가하기 전 초기 단계, (2) 당량점의 반에 도달했을 때, (3) 당량점, (4) 당량점을 넘어섰을 때, 각각에 해당하는 용액을 확인하라. 당량점에서 pH는 7보다 큰가, 작은가, 같은가? (물 분자와 Na^+ 이온은 모형을 간단히 하기 위해 생략되었다.)

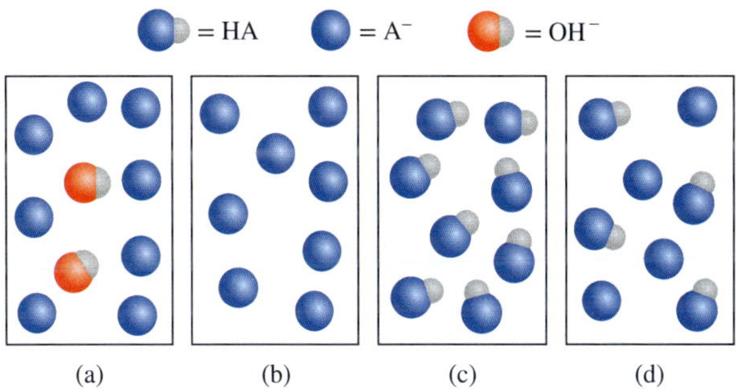

16.38 다음 (a)~(d)의 도표는 HCl로 약염기 B(예를 들어, NH_3와 같은)를 적정하는 여러 단계의 용액 상태를 보여준다. (1) HCl을 첨가하기 전 초기 단계, (2) 당량점의 반에 도달했을 때, (3) 당량점, (4) 당량점을 넘어섰을 때, 각각에 대응하는 용액을 확인하라. 당량점에서 pH는 7보다 큰가, 작은가, 같은가? (물 분자와 Cl^- 이온은 모형의 명료성을 위해 생략하였다.)

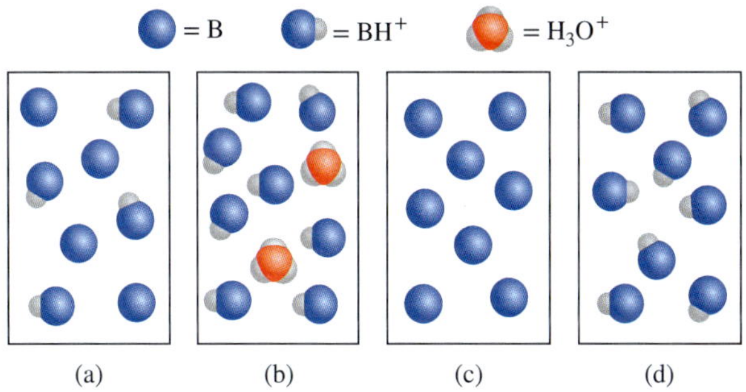

16.39 0.054 M HNO_2 용액을 KOH 용액으로 적정하였다. 당량점의 절반에 도달했을 때의 $[H^+]$는?

16.40 한 학생이 뷰렛을 써서 미지의 일양성자산을 NaOH 용액으로 적정한다. NaOH 12.35 mL를 첨가한 후 용액의 pH는 5.22이다. NaOH 24.70 mL를 가하였을 때 당량점에 다다른다. 이 산의 K_a는 얼마인가?

16.4 산-염기 지시약

복습 질문

16.41 적정 중에 산-염기 지시약이 어떻게 작용하는지 설명하라. 특정한 산-염기 적정 중에서 지시약을 선택하는 기준이 무엇인가?

16.42 산-염기 적정에 쓰는 지시약의 양은 적어야 한다. 왜 그런가?

문제

16.43 표 16.1을 참고하여 다음 적정에서 사용할 수 있는

지시약을 선택하라. (a) HCOOH 대 NaOH, (b) HCl 대 KOH, (c) HNO_3 대 CH_3NH_2.

16.44 페놀프탈레인을 지시약으로 사용하여 HCl 용액을 포함하는 삼각 플라스크에 뷰렛으로부터 NaOH 용액을 떨어뜨려 산-염기 적정을 하였다. 당량점에서 연분홍색을 관찰하였다. 그러나 몇 분 후 용액은 점점 무색으로 바뀌었다. 무슨 일이 일어난 것일까?

16.45 지시약 HIn의 해리 상수 K_a는 1.0×10^{-6}이다. 이온화되지 않은 지시약의 색깔은 붉은색이고, 이온화된 지시약의 색은 노란색이다. pH 4.00인 용액에서 지시약의 색은 무슨 색인가?

16.46 어떤 지시약의 K_a는 2.0×10^{-6}이다. HIn의 색은 초록색이고, In^-의 색은 빨간색이다. 지시약 몇 방울을 HCl 용액에 넣고, NaOH 용액으로 적정하였다. 어떤 pH에서 지시약이 변색할까?

16.5 용해도 평형

복습 질문

16.47 $BaSO_4$를 사용하여 용해도, 몰용해도, 용해도곱을 설명하라.

16.48 가용성 이온 결합 화합물에 대해서는 보통 K_{sp} 값을 쓰지 않는 이유는 무엇인가?

16.49 다음 화합물의 용해도 평형에서 균형 반응식과 용해도곱을 써라. (a) CuBr, (b) ZnC_2O_4, (c) Ag_2CrO_4, (d) Hg_2Cl_2, (e) $AuCl_3$, (f) $Mn_3(PO_4)_2$.

16.50 이온성 화합물 A_xB_y에 대한 용해도곱을 나타내는 식을 써라.

16.51 두 용액을 혼합하였을 때, 침전이 일어나는지 여부를 어떻게 알 수 있는가?

16.52 염화 은(AgCl)은 탄산 은(Ag_2CO_3)보다도 K_{sp}가 크다(표 16.2 참조). 그렇다고 AgCl이 Ag_2CO_3보다 몰용해도가 크다고 할 수 있겠는가?

문제

16.53 다음 포화 용액 중에 존재하는 이온의 농도를 계산하라. (a) $[Ag^+] = 9.1 \times 10^{-9}$ M인 AgI 용액 중 $[I^-]$, (b) $[OH^-] = 2.9 \times 10^{-9}$ M인 $Al(OH)_3$ 용액 중 $[Al^{3+}]$.

16.54 용해도 자료로부터 다음 화합물의 용해도곱을 계산하라. (a) SrF_2, 7.3×10^{-2} g/L, (b) Ag_3PO_4, 6.7×10^{-3} g/L.

16.55 $MnCO_3$의 몰용해도는 4.2×10^{-6} M이다. 이 화합물의 K_{sp}는 얼마인가?

16.56 이온 결합 화합물 MX(몰질량 = 346 g)의 용해도가 4.63×10^{-3} g/L이다. 이 화합물의 K_{sp}는 얼마인가?

16.57 이온 결합 화합물 M_2X_3(몰질량 = 288 g)의 용해도는 3.6×10^{-17} g/L이다. 이 화합물의 K_{sp}는 얼마인가?

16.58 표 16.2의 자료를 사용하여 CaF_2의 몰용해도를 계산하라.

16.59 수산화 아연 포화 용액의 pH는 얼마인가?

16.60 금속 수산화물 MOH의 포화 용액의 pH가 9.68이다. 이 화합물의 K_{sp}를 계산하라.

16.61 0.10 M $Ba(NO_3)_2$ 20.0 mL를 0.10 M Na_2CO_3 50.0 mL에 첨가한다면 $BaCO_3$ 침전이 생기겠는가?

16.62 0.060 M NaF 75 mL를 0.15 M $Sr(NO_3)_2$ 25 mL와 혼합하였다. 최종 용액에 들어 있는 NO_3^-, Na^+, Sr^{2+}, F^-의 농도를 계산하라. (K_{sp}의 $SrF_2 = 2.0 \times 10^{-10}$)

16.6 분별 침전에 의한 이온의 분리

복습 질문

16.63 0.010 M Cu^+과 0.010 M Ag^+ 이온이 존재하는 용액에 고체 NaI를 서서히 가했을 때, (a) 먼저 침전하는 화합물은 어느 것인가 (b) CuI가 침전이 되기 시작할 때의 $[Ag^+]$를 계산하라. (c) 이때, 남아 있는 Ag^+의 %는 얼마인가?

16.64 0.010 M Fe^{3+}와 0.010 M Zn^{2+}가 들어 있는 용액이 있다. $Fe(OH)_3$를 침전시켜서 Fe^{3+}과 Zn^{2+}을 분리하려고 한다. 대략적인 pH 범위는 얼마인가? $Fe(OH)_3$의 99% 침전을 가정한다.

16.7 용해도에 영향을 주는 요인

복습 질문

16.65 공통 이온 효과가 용해도 평형에 어떻게 영향을 미치는가? Na_2CO_3 용액에서 $CaCO_3$의 용해도가 감소하는 이유를 르샤틀리에 원리를 이용하여 설명하라.

16.66 6.5×10^{-3} M $AgNO_3$에서 AgCl의 몰용해도는 2.5×10^{-8} M이다. 이 자료로부터 K_{sp}를 계산하는 데 다음 가정 중 어느 것이 합당한가?

(a) K_{sp}는 용해도와 같다.

(b) AgCl의 K_{sp}는 순수한 물에서와 같이 6.5×10^{-3} M $AgNO_3$에서도 동일하다.

(c) AgCl의 용해도는 $AgNO_3$의 농도와는 무관하다.

(d) 용액 중 $[Ag^+]$는 6.5×10^{-3} M $AgNO_3$에 AgCl을 첨가해도 별로 변하지 않는다.

(e) 6.5×10^{-3} M $AgNO_3$에 AgCl을 첨가한 후 용액 중 $[Ag^+]$은 순수한 물에 있을 때와 같다.

16.67 루이스 산-염기 이론을 근거로 표 16.4의 착물 형성을 설명하라.

16.68 착이온 형성이 용해도에 미치는 일반적인 영향을 나타내는 예를 들어라.

문제

16.69 0.050 M $Ca(NO_3)_2$ 용액 3.0×10^2 mL에 몇 g의 $CaCO_3$가 녹겠는가?

16.70 $PbBr_2$의 용해도곱은 8.9×10^{-6}이다. (a) 순수한 물에서, (b) 0.20 M KBr 용액에서, (c) 0.20 M $Pb(NO_3)_2$ 용액에서 몰용해도를 구하라.

16.71 $CaCl_2$ 10.0 g이 녹아 있는 용액 1.00 L 중에 녹을 수 있는 AgCl의 몰용해도를 계산하라.

16.72 (a) 순수한 물에서, (b) 1.0 M SO_4^{2-} 이온을 포함하는 용액에서 $BaSO_4$의 몰용해도를 계산하라.

16.73 다음 이온성 화합물 중 물보다 산성 용액에 더 잘 녹는 것은 어느 것인가? (a) $BaSO_4$, (b) $PbCl_2$, (c) $Fe(OH)_3$, (d) $CaCO_3$.

16.74 다음 중 어느 것이 순수한 물에서보다도 산성 용액에서 더 잘 녹겠는가? (a) CuI, (b) Ag_2SO_4, (c) $Zn(OH)_2$, (d) BaC_2O_4, (e) $Ca_3(PO_4)_2$.

16.75 pH 9.0인 완충 용액과 물에서 $Mg(OH)_2$에 대한 몰용해도를 비교하라.

16.76 (a) pH 8.00과 (b) pH 10.00의 완충 용액에서 $Fe(OH)_2$의 몰용해도를 계산하라.

16.77 $Mg(OH)_2$의 용해도곱은 1.2×10^{-11}이다. $Mg(NO_3)_2$ 용액 중에서 Mg^{2+} 이온의 농도를 1.0×10^{-10} M 미만으로 감소시키기 위해 필요한 OH^-의 최소 농도(예를 들어, NaOH를 가함)는 얼마인가?

16.78 0.60 M NH_3 2.00 mL를 1.0×10^{-3} M $FeSO_4$ 1.0 L에 첨가하면 침전이 생길 것인가 계산하라.

16.79 $CuSO_4$ 2.50 g을 0.30 M NH_3 9.0×10^2 mL에 녹인다면 평형 상태에서 Cu^{2+}, $Cu(NH_3)_4^{2+}$, NH_3의 농도는 각각 얼마인가?

16.80 $Cd(NO_3)_2$ 0.50 g을 0.50 M NaCN 5.0×10^2 mL에 녹일 때, 평형에서 Cd^{2+}, $Cd(CN)_4^{2-}$, CN^-의 농도를 계산하라.

16.81 0.010 M Al^{3+}에 NaOH를 가하면, 평형 상태에서 우세한 화학종은 $Al(OH)_3$인가 아니면 $Al(OH)_4^-$인가? 용액의 pH는 14.00이다. [$Al(OH)_4^-$의 $K_f = 2.0 \times 10^{33}$.]

16.82 1.0 M NH_3 용액에서 AgI의 몰용해도를 계산하라.

16.83 Ag^+와 Zn^{2+}는 똑같이 NH_3와 착물을 형성한다. 이 반응에 대해 균형 반응식을 써라. 그러나 $Zn(OH)_2$는 6 M NaOH 용액 중에서 녹지만 AgOH는 그렇지 않다. 이를 설명하라.

16.84 균형 이온 반응식을 사용하여 (a) 암모니아 용액에 CuI_2가 녹고, (b) NaCN 용액에 AgBr이 녹으며, (c) KCl 용액에 $HgCl_2$가 녹는 이유를 설명하라.

실전 연습의 답 _Answers to Practice Exercises

16.1 4.01; 2.15. **16.2** (a)와 (c). **16.3** 9.17; 9.20. **16.4** Na_2CO_3와 $NaHCO_3$를 0.60 대 1.0의 몰비로 무게를 단다. 충분한 물에 용해시켜 1 L의 용액이 되도록 한다. **16.5** (a) 2.19, (b) 3.95, (c) 8.02, (d) 11.39. **16.6** 5.92. **16.7** (a) 브로모페놀 블루, 메틸 오렌지, 메틸 레드, 클로로페놀 블루, (b) 티몰 블루를 제외한 전부, 브로모페놀 블루, 메틸 오렌지, (c) 크레졸 레드, 페놀프탈레인. **16.8** 2.0×10^{-14}. **16.9** 1.9×10^{-3} g/L. **16.10** 아니오. **16.11** (a) $> 1.6 \times 10^{-9}$ M, (b) $> 2.6 \times 10^{-6}$ M. **16.12** (a) 1.7×10^{-4} g/L, (b) 1.4×10^{-7} g/L. **16.13** (a) 산 용액에 더 잘 녹음, (b) 산 용액에 더 잘 녹음, (c) 거의 같음. **16.14** $Zn(OH)_2$ 침전이 생성될 것이다. **16.15** $[Cu^{2+}] = 1.2 \times 10^{-13}$ M, $[Cu(NH_3)_4^{2+}] = 0.0017$ M, $[NH_3] = 0.23$ M. **16.16** 3.5×10^{-3} mol/L.

개념과 사실 복습하기의 답 _Answers to Review of Concepts & Facts

16.1.1 (a), (c), (d). **16.1.2** 3.58. **16.2.1** 3.23; 3.17. **16.2.2** (a)와 (c) 완충 용액으로 작용할 수 있다. (c)가 더 큰 완충 용량을 가진다. **16.3.1** (a), (c), (d). **16.3.2** 5.14. **16.3.3** 3.51. **16.4.1** 산-염기 적정의 종말점은 지시약의 pH 영역이 색이 변하는 적정 곡선의 가파른 부분과 일치할 때 당량점을 정확하게 나타낸다. **16.5.1** 1.3×10^{-4} M. **16.5.2** 아니오, ($Q < K_{sp}$). **16.5.3** (b) 과포화되었다. (C) 포화되지 않았다. (d) 포화되었다. **16.6.1** AgBr이 먼저 침전될 것이며, Ag_2SO_4가 가장 나중에 침전될 것이다. **16.7.1** (a)$NaClO_3(aq)$. (b) $Ba(NO_3)_2(aq)$. **16.7.2** 1.8×10^{-5} M. **16.7.3** (a)와 (c). **16.7.4** (c).

레이먼드 창의

기본일반화학 14판 Chemistry

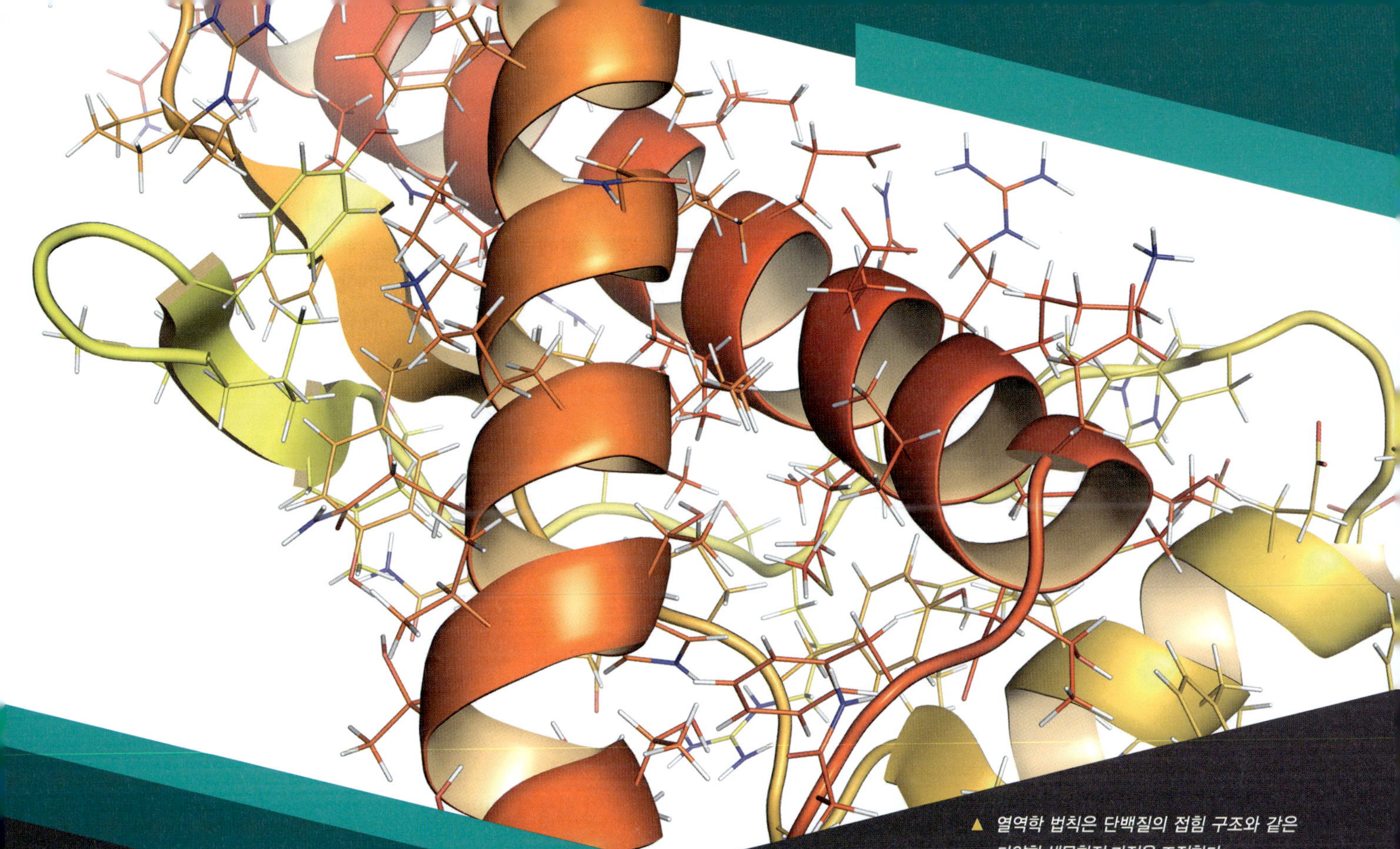

▲ 열역학 법칙은 단백질의 접힘 구조와 같은 다양한 생물학적 과정을 조절한다.

Pieter Van de Vijver/molekuul/123RF

제 17 장

엔트로피, 깁스 에너지 및 평형

Entropy, Gibbs Energy, and Equilibrium

차 례

17.1 자발적 과정

17.2 엔트로피

17.3 열역학의 제2법칙과 제 3법칙

17.4 깁스 에너지

17.5 깁스 에너지와 화학 평형

17.6 생명계에서의 열역학

열역학(Thermodynamics)은 열과 다른 형태의 에너지 간의 상호 변환을 다루는 과학 분야이다. 열역학 지식을 사용하면 어떤 계(system)에 대한 실험에서 얻는 정보를 사용하여 추가 실험 없이 동일한 계의 다른 측면에 대한 결론을 도출해 낼 수 있다. 예를 들어, 제6장에서 반응물과 생성물의 표준 생성 엔탈피로부터 반응 엔탈피를 계산할 수 있음을 배웠다. 이 장에서는 열역학 제2법칙, 열역학 제3법칙, 깁스 에너지 함수를 소개한다. 또한 깁스 에너지와 화학 평형 사이의 관계에 대해서 논의할 것이다.

17.1 자발적 과정

학습 목표

- 자발적인 과정과 비자발적인 과정을 비교하고 각각의 예를 들 수 있다.

화학자의 관점에서 열역학을 연구하는 주된 목표 중 하나는 반응 물질들이 주어진 조건에서(예를 들어 특정 온도, 압력, 농도) 반응이 진행할 것인지 진행하지 않을 것인지를 예측하는 것이다. 이런 지식은 연구 실험실에서 화합물을 합성하거나 공장 규모로 화합물을 생산하는 경우, 또는 세포 안에서 일어나는 복잡한 생물학적 과정을 이해하기 위해 매우 중요하다. 주어진 조건에서 *일어나는 반응을 자발적 반응*(spontaneous reaction)이라고 한다. 단, 자발적인 반응이 반드시 즉각적인 반응을 의미하는 것은 아니라는 점을 주의해야 한다. 주어진 조건에서 반응이 진행하지 않을 경우, 비자발적(nonspontaneous)이라고 한다. 우리는 일상생활에서 다음 예와 같은 자발적 물리 과정이나 화학 과정을 무수히 관찰할 수 있다.

- 폭포수는 아래로 떨어지지만, 자발적으로 거슬러 올라가지 않는다.
- 커피 잔에 있는 설탕 덩어리는 자발적으로 녹지만, 이미 녹은 설탕은 자발적으로 원래 덩어리 모습으로 돌아오지 않는다.
- 1 atm에서 0°C 아래의 물은 자발적으로 얼고, 얼음은 0°C보다 높으면 자발적으로 녹는다.
- 열은 뜨거운 물체에서 차가운 물체를 향해서 흐르지만, 그 역과정은 절대 자발적으로 진행되지 않는다.
- 빈 용기로의 기체의 팽창은 자발적인 과정이다[그림 17.1(a)]. 그러나 역과정으로 모든 분자가 하나의 플라스크로 모이는 것은 비자발적이다[그림 17.1(b)].
- 소듐 금속 조각은 물과 격렬히 반응하여 수산화 소듐과 수소 기체를 생성한다. 그러나 수소 기체는 수산화 소듐과 반응하여 물과 소듐을 생성하지 않는다.
- 물과 산소에 노출이 된 철은 녹이 슬지만, 녹이 자발적으로 원래 형태인 철로 변화하지는 않는다.

위의 예들은 특정 조건에서 한 방향을 향해 자발적으로 일어난 반응은 같은 조건에서 역방향으로 일어나지 않는다는 것을 보여주고 있다.

자발적인 과정이 계의 에너지를 감소시키기 위해서 일어난다고 가정한다면, 공이 아래로 굴러가고 시계 태엽은 풀리는 이유를 설명할 수 있을 것이다. 마찬가지로 많은 발열 반응(exothermic reaction)들은 자발적으로 일어난다. 메테인의 연소 반응이 한 예이다.

$$CH_4(g) + 2O_2(g) \longrightarrow CO_2(g) + 2H_2O(l) \qquad \Delta H° = -890.4\ \text{kJ/mol}$$

또 다른 예로 산-염기 중화 반응을 들 수 있다.

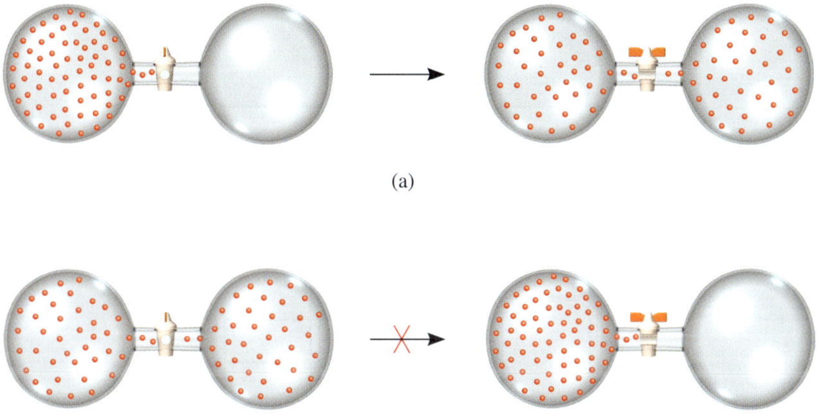

(a)

(b)

◀ **그림 17.1** (a) 자발적 과정. 밸브가 열린 후 두 용기에 기체 분자가 골고루 분포하게 된다. (b) 비자발적 과정. 밸브가 열린 후 기체 분자가 한 용기에만 모이게 된다.

$$H^+(aq) + OH^-(aq) \longrightarrow H_2O(l) \qquad \Delta H^\circ = -56.2 \text{ kJ/mol}$$

그러나 다음과 같은 고체에서 액체로의 상 전이를 생각해 보자.

$$H_2O(s) \longrightarrow H_2O(l) \qquad \Delta H^\circ = 6.01 \text{ kJ/mol}$$

이 경우 자발적인 과정이 항상 계의 에너지를 감소시킨다는 가정은 맞지 않는다. 경험을 통해 볼 때, 이 과정은 흡열 반응임에도 불구하고 0°C보다 높으면 얼음은 녹는다. 앞의 가정과 모순이 되는 또 다른 예로 질산 암모늄의 물에 대한 용해 과정을 들 수 있다.

$$NH_4NO_3(s) \xrightarrow{H_2O} NH_4^+(aq) + NO_3^-(aq) \qquad \Delta H^\circ = 25 \text{ kJ/mol}$$

이 과정은 자발적이지만 역시 흡열 반응이다. 산화 수은(II)의 분해는 흡열 과정인데, 실온에서는 비자발적 과정이지만 온도를 올리면 자발적인 과정으로 바뀐다.

$$2HgO(s) \longrightarrow 2Hg(l) + O_2(g) \qquad \Delta H^\circ = 90.7 \text{ kJ/mol}$$

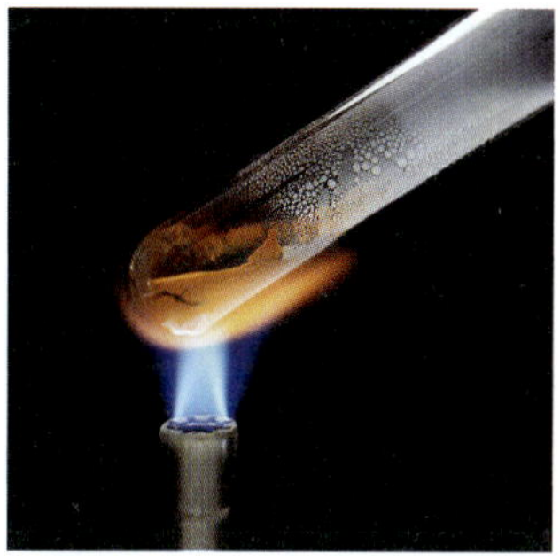

▲ *가열하면, HgO은 분해되어 Hg와 O_2를 만든다.*

Ken Karp/McGraw-Hill

위에서 언급한 예와 다른 많은 경우를 통해서 우리는 다음 결론에 도달할 수 있다. 발열성(exthothermicity)은 반응의 자발성을 유리하게 하지만, 자발성 자체를 보장하지는 않는다. 흡열 반응이 자발적으로 진행되는 것이 가능한 것과 마찬가지로 발열 반응도 비자발적으로 되는 것이 가능하다. 달리 말하자면 에너지 변화만을 가지고는 반응의 자발성 또는 비자발성을 예측하는 데 충분하지 않다. 이처럼 반응에 대한 예측이 가능하게 하려면 또 다른 열역학적 양이 필요한데, 그것이 바로 *엔트로피*(entropy)이다.

개념과 사실 요약하기

- 자발적인 과정은 주어진 조건에서 발생하는 과정이다. 자발적인 반응은 과정이 얼마나 빨리 일어나는지 또는 과정이 얼마나 오래 걸릴 것인지를 의미하지 않는다. 비자발적인 과정은 주어진 조건에서 일어나지 않는 과정이다.

17.2 엔트로피

학습 목표

- 엔트로피를 요약할 수 있다.
- 표준 엔트로피의 조건을 설명할 수 있다.
- 원자와 분자의 표준 엔트로피의 주요 경향을 비교할 수 있다.
- 어떤 반응 과정에 대한 ΔS의 부호를 예측할 수 있다. 부호를 사용하여 계의 엔트로피가 증가 또는 감소를 하는지를 나타낼 수 있다.

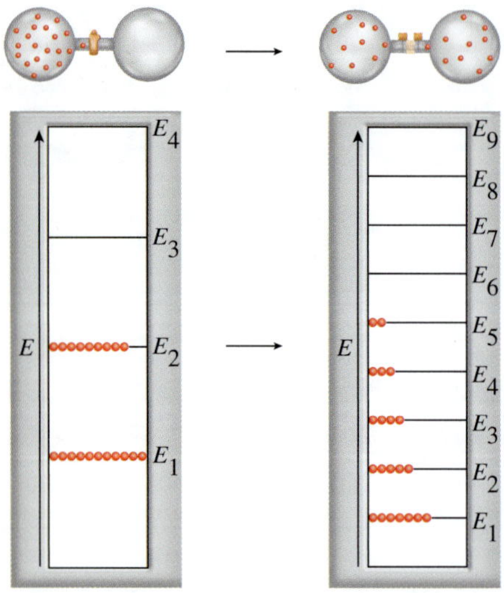

▶ **그림 17.2** 양자 역학 해석에 의하면 병진 에너지 준위(E_1, E_2, E_3 등) 사이의 간격은 용기의 부피에 반비례한다는 것을 보여준다. 부피가 증가하면 더 낮은 에너지에서 더 많은 에너지 준위가 가능해진다. 따라서 총 에너지는 이제 더 많은 에너지 준위로 분산된다. 여기에 묘사된 부피는 크기를 나타내는 것이 아니라 부피가 증가함에 따라 사용 가능한 에너지 준위 수가 증가함을 보여준다.

한 과정의 자발성을 예측하기 위해서는 엔트로피라는 새로운 열역학적인 양이 요구된다. **엔트로피**(entropy, ***S***)는 *흔히 계가 에너지를 가질 수 있는 가능한 방법 중 현재 계의 에너지가 얼마나 분산되어 존재하는지를 나타내는 척도*이다. 계가 가진 에너지 분산 정도가 크면 클수록 엔트로피는 커진다. 대부분 과정은 엔트로피의 변화를 수반한다. 물 분자는 다양한 에너지 상태를 가질 수 있고(예를 들면, 물 분자는 병진, 회전 및 진동 에너지와 관련된 에너지 상태를 가짐), 컵에 담긴 뜨거운 물은 이들 에너지의 다중성에 상응하는 특정한 양의 엔트로피를 갖는다. 물은 테이블에 가만히 놓아 두면 주변으로 열을 잃는다. 결과적으로, 주위 환경으로의 에너지 발산이 공기 분자로 하여금 더욱 다양한 에너지 상태를 가지게 함으로써 전체적인 엔트로피는 증가한다.

또 다른 예로 그림 17.1의 상황을 생각해 보자. 용기의 밸브를 열기 전, 계는 특정한 양의 엔트로피를 가지고 있다. 그러나 밸브를 열면 기체 분자는 연결된 두 용기 전체로 팽창한다. 더욱 확장된 부피로 운동할 수 있게 되어 분자의 병진 에너지 준위 사이의 간격은 좁아지게 된다. 양자역학적 해석에 따르면 병진 에너지 준위 사이의 간격은 용기의 부피 및 분자의 질량에 반비례한다. 결과적으로, 에너지 준위의 간격이 가까우면 에너지 준위 사이에 더 큰 분산이 발생하여 계의 엔트로피는 증가한다. 이 아이디어는 부피가 변하는 상자 속 에너지 준위의 기체 입자로 시각화할 수 있다(그림 17.2). 기체가 오른쪽 용기로 흐르면, 기체의 전체 부피가 더 커지고, 더 많은 에너지 준위가 존재한다(그리고 평균적으로 에너지 준위가 더 가까워서 더 많은 분포가 가능함).

엔트로피의 정량적 설명

엔트로피의 증가를 자발적 과정과 연관지을 수 있는 열역학 제2법칙을 소개하기 전에, 엔트로피에 대한 올바른 정의를 내리는 것이 필요하다. 이를 위해서 그림 17.3에 보이는 바와 같이 두 개의 동일한 칸막이 사이에 분포하는 네 개의 분자를 생각해 보자. 각 특정 배열이 발생할 확률은 같고, 배열된 상태에 따른 에너지는 모두 같다고 가정한다. 네 개 분자 모두를 왼쪽 칸막이에 배열하는 방법은 한 가지뿐이고, 세 개 분자를 왼쪽에 배열하고 한 개 분자를 오른쪽에 배열하는 방법은 네 가지, 그리고 왼쪽 오른쪽에 각각 분자를 두 개씩 배열하는 방법이 여섯 가지가 있다. 분자를 분포시킬 수 있는 총 11가지 방법을 미시적 상태(microscopic state 또는 microstate)라고 부르며, 각각의 비슷한 미시적 상태를 분포(distribution)라고 부른다. 그림에서 보는 바와 같이, 분포 III가 총 6개의 미시적 상태 또는 이 상태를 만드는 방법이 6가지이므로 일어날 확률이 가장 높으며, 분포 I은 오직 한

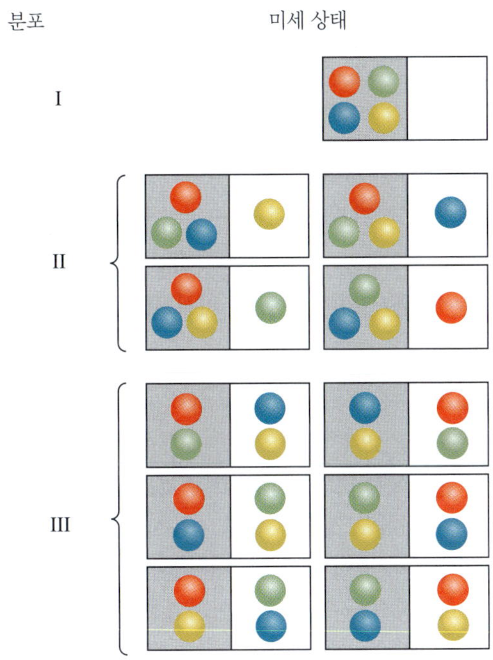

◀ **그림 17.3** 네 개의 분자를 두 개의 동일 칸에 분포시키는 가능한 방법들. 분포 I은 한 가지 방법(네 개의 분자가 모두 왼쪽 칸에 들어감)에 의해서만 가능하다. 분포 II는 네 가지 방법으로 가능하며 네 개의 미시적 상태를 갖는다. 분포 III은 여섯 가지 방법으로 얻어질 수 있고, 여섯 개의 미시적 상태를 갖는다.

개의 미시적 상태 또는 이 상태를 만드는 방법이 한 가지이므로 일어날 확률이 가장 낮다. [물론 네 개의 분자를 배열하는 다른 방법들도 존재한다. 네 개의 분자 모두 오른쪽 칸막이에 넣을 수도 있고(한 가지 방법), 세 개의 분자를 오른쪽에 배열하고 한 개의 분자를 왼쪽에 배열하는 방법(네 가지 방법) 등이 존재한다. 그러나 그림 17.3에 제시된 것만으로도 우리의 설명을 이해하기에는 충분하다.]

이와 같은 분석에 기초하여 어떤 특정한 분포(상태)가 일어날 확률은 그 분포를 얻을 수 있는 경우의 수(미시적 상태)에 의존한다고 결론 내릴 수 있다. 분자의 수가 거시적 척도에 가까워지면, 분자들은 두 칸에 균등하게 분포하리라는 것을 쉽게 예상할 수가 있다. 왜냐하면 다른 어떤 분포보다 그 경우의 미시적 상태가 더 많기 때문이다.

1868년에 볼츠만(Boltzmann)은 계의 엔트로피가 미시적 상태의 수(W)의 자연로그와 연관이 있다는 것을 밝혀냈다.

$$S = k_B \ln W \tag{17.1}$$

여기서 K_B는 볼츠만 상수(1.38×10^{-23} J/K)이다. 따라서 W가 크면 클수록 계의 엔트로피는 커진다. 엔탈피와 마찬가지로 엔트로피는 상태 함수이다(6.3절 참조). 계의 다음과 같은 과정을 생각해 보자. 과정에 따른 엔트로피의 변화량 ΔS는 다음과 같다.

$$\Delta S = S_f - S_i \tag{17.2}$$

여기서 S_i와 S_f는 각각 초기 상태와 최종 상태에서 계의 엔트로피이다. 식 (17.1)을 이용하면 다음과 같이 쓸 수 있다.

$$\begin{aligned} \Delta S &= k_B \ln W_f - k_B \ln W_i \\ &= k_B \ln \frac{W_f}{W_i} \end{aligned} \tag{17.3}$$

여기서 W_i와 W_f는 각각 초기 상태와 최종 상태에 상응하는 미시적 상태의 개수이다. 따라서 만약 $W_f > W_i$이면 $\Delta S > 0$이고, 계의 엔트로피는 증가한다.

▲ *비엔나에 있는 볼츠만의 묘비에는 유명한 그의 수식이 새겨져 있다. 여기서 "log"는 "log_e", 즉 자연 로그 또는 ln을 의미한다.*

Dr. Matthias K. Gobbert/University of Maryland, Baltimore County

엔트로피의 변화

앞에서 계의 에너지 분산도 증가로 인해 엔트로피가 증가한다고 설명하였다. 에너지의 분산 측면에서 엔트로피의 정량적 설명과 식 (17.1)에 의해 주어진 미시적 상태 측면에서 엔트로피의 정량적 정의 사이에는 연관성이 있다. 다음과 같은 결론을 내릴 수 있다.

- 에너지를 분산(작은 분산)하기 위해 더 적은 미시적 상태(더 작은 W)를 갖는 계는 더 낮은 엔트로피를 갖는다.
- 에너지를 분산(큰 분산)하기 위해 더 많은 미시 상태(더 큰 W)를 갖는 계는 더 높은 엔트로피를 갖는다.

다음으로, 계의 미시적 상태 수의 변화를 통해서 계의 엔트로피 변화를 일으킬 수 있는 몇 가지 과정에 관해 공부해 보자.

그림 17.4는 일정한 온도에서 고체가 액체로 변하는 과정을 보여준다. 고체 상태에서는 원자나 분자가 정해진 위치에 고정되어 있고 가능한 배열의 수가 적다. 고체가 녹으면 이들 원자나 분자는 격자점에서 벗어날 수 있어 더 많은 위치를 차지할 수 있다. 결과적으로 입자들을 배열할 수 있는 방법의 수가 더 많아지기 때문에 배열의 수가 증가한다. 따라서 "질서 ⟶ 무질서"의 상 전이는 배열이 가능한 수가 증가하기 때문에 엔트로피가 증가할 것으로 예측된다(그림 17.4).

이와 유사하게 증발 과정 또한 엔트로피를 증가시킬 것으로 예상할 수 있다(그림 17.5). 증발 과정의 엔트로피 변화는 녹는 과정의 엔트로피 변화보다 월등히 크다. 왜냐하면 기체 분자가 점유할 수 있는 공간은 액체 상태에서 분자가 차지할 수 있는 공간보다 훨씬 크고, 가능한 미시적 상태 수도 훨씬 많기 때문이다.

용해 과정에서 엔트로피는 일반적으로 증가한다. 설탕 결정이 물에 녹으면, 잘 정렬된 고체 구조와 정렬된 물 구조의 일부분이 깨진다. 따라서 용액은 순수한 용질과 순수한 용매가 독립적으로 존재할 때보다 배열 가능한 경우의 수가 훨씬 많다(그림 17.6). NaCl과 같은 이온성 고체가 물에 녹을 때, 용해 과정(용질과 용매의 혼합)과 화합물의 이온으로 해리되는 과정의 두 가지 기여에 의해 엔트로피는 증가한다.

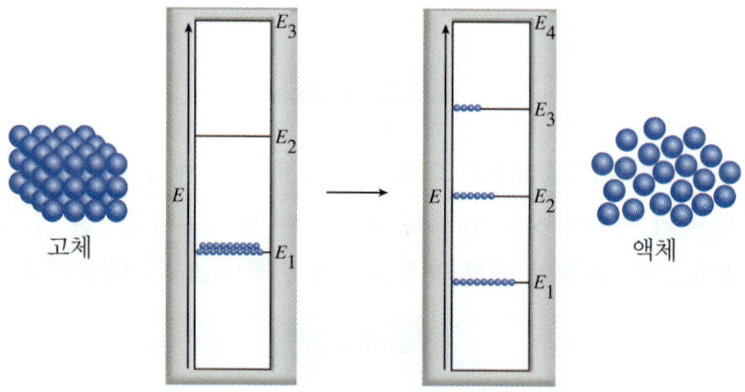

▶ **그림 17.4** 고체 상태보다 액체 상태에서는 더 좋은 이동도를 가지기 때문에 원자나 분자의 배열 가능한 미시적 상태 수(W)가 더 많다. 고체에서 액체로 녹을 때($s \rightarrow l$) 물질의 엔트로피는 증가한다.

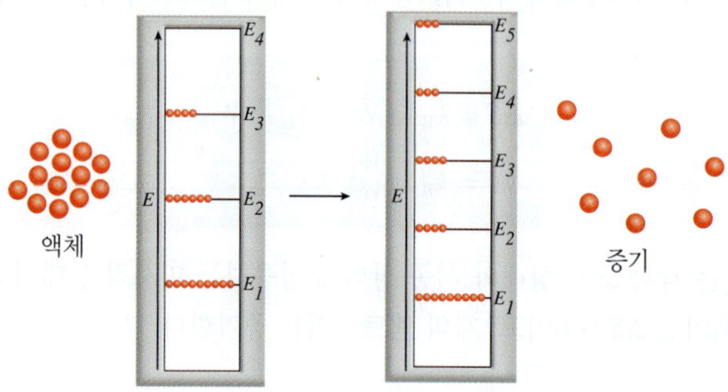

▶ **그림 17.5** 액체 상태보다 기체 상태에서 배열 가능한 경우의 수가 더 많다. 액체에서 기체로 기화될 때($l \rightarrow g$) 물질의 엔트로피는 증가한다.

표 17.1 25°C에서 몇 가지 이온성 고체의 용해에 따른 엔트로피 변화

용해 반응식	$\Delta S^\circ_{용액}$(J/K · mol)
$NH_4NO_3(s) \longrightarrow NH_4^+(aq) + NO_3^-(aq)$	108.1
$AlCl_3(s) \longrightarrow Al^{3+}(aq) + 3Cl^-(aq)$	−253.2
$FeCl_3(s) \longrightarrow Fe^{3+}(aq) + 3Cl^-(aq)$	−266.1

$$NaCl(s) \xrightarrow{H_2O} Na^+(aq) + Cl^-(aq)$$

입자의 수가 늘어나면 배열 가능한 경우의 수는 증가한다. 그러나 이온 주위를 더욱 질서 있게 둘러싸는 물 분자의 수화(hydration)를 고려해야 한다. 이 수화 과정은 용매 분자(물 분자)의 배열 가능한 경우의 수를 감소시키므로 엔트로피를 감소시킨다. Al^{3+}나 Fe^{3+}와 같이 작으면서도 전하가 큰 이온의 경우, 수화 때문에 일어나는 엔트로피의 감소가 혼합과 해리 때문에 일어나는 엔트로피의 증가보다 더 크다. 따라서 전체적인 반응에서의 엔트로피 변화는 음의 값이 될 수 있다. 표 17.1은 여러 이온성 고체의 자발적 용해와 관련된 엔트로피의 변화를 보여준다.

가열 또한 계의 엔트로피를 증가시킨다. 병진 운동 외에도 분자들은 회전 운동과 진동 운동이 가능하다(그림 17.7). 온도가 증가하면 모든 형태의 분자 운동과 관련된 에너지는 증가한다. 이처럼 증가한 에너지는 양자화된 에너지 준위들 위에 분산되어서 분포하게 된다. 결과적으로, 더 높은 온도에서 더 많은 배열 가능한 경우의 수가 존재할 수 있으므로, 계의 엔트로피는 온도가 증가하면 항상 증가한다(그림 17.8).

표준 엔트로피

식 (17.1)은 엔트로피에 대한 분자 단위에서의 유용한 해석을 제공한다. 그러나 많은 분자를 포함하는 거시적 계에서는 가능한 배열의 수를 결정하기가 어렵기 때문에 이 식은 계의 엔트로피를 계산하는 데 일반적으로 사용되지 않는다. 대신 엔트로피는 열량계 방법을 통해 얻을 수 있다. 실제로 곧 보게 되겠지만 에너지나 엔탈피에서는 불가능하지만, 엔트로피는 임의의 물질에 대해 그 절댓값을 결정할 수 있다. *표준 엔트로피*(standard entropy)는 1 atm, 25°C에서 측정되는 물질의 절대 엔트로피(absolute entropy)이다. (표준 상태는 1 atm에서만 적용됨을 기억하라. 25°C를 선택하는 이유는 많은 과정이 상온에서 수

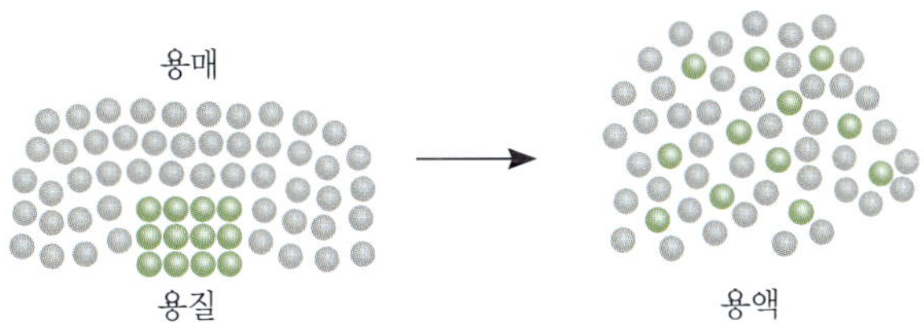

◀ **그림 17.6** $S_{용액} > S_{용질} + S_{용매}$이므로, 용해 과정은 일반적으로 계의 엔트로피가 증가한다.

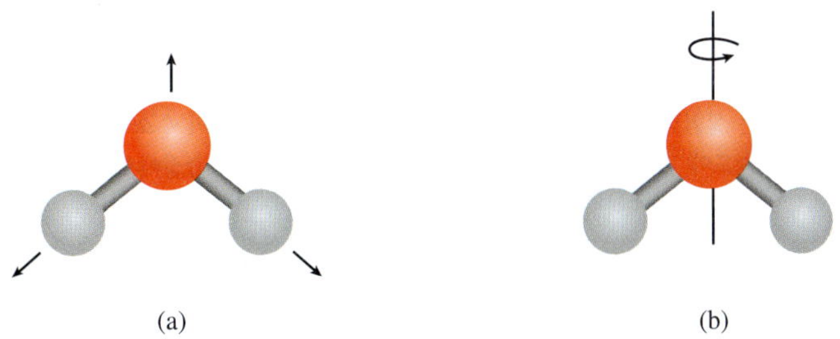

◀ **그림 17.7** (a) 물 분자의 진동 운동. 원자는 화살표로 표시된 방향으로 변위된 후 다시 역방향을 바꾸어 진동 주기를 완료한다. (b) 산소 원자를 통과하는 축을 중심으로 한 물 분자의 회전 운동. 분자는 다른 방향으로도 진동과 회전을 할 수 있다.

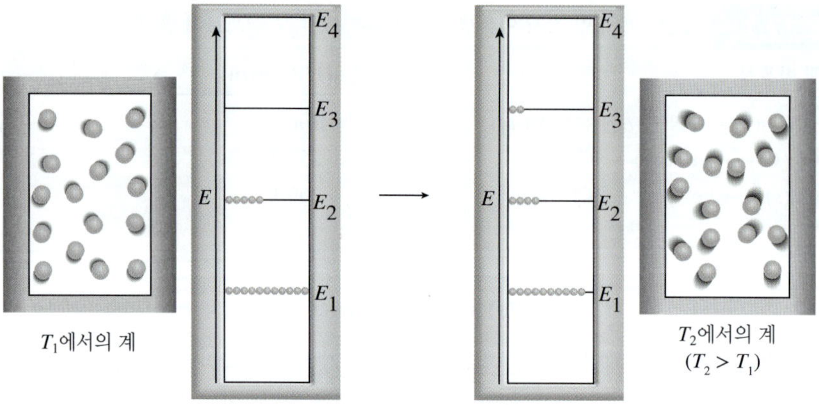

▶ **그림 17.8** 더 높은 온도에서 분자는 더 큰 운동 에너지를 가지므로 더 많은 에너지 준위에 접근할 수 있다. 이를 통해 계의 에너지가 분산될 수 있는 에너지 준위 수를 증가시켜 결과적으로 엔트로피를 증가시킨다.

표 17.2

25°C에서 몇 가지 물질에 대한 표준 엔트로피 값($S°$)

물질	$S°$ (J/K·mol)
$H_2O(l)$	69.9
$H_2O(g)$	188.7
$Br_2(l)$	152.3
$Br_2(g)$	245.3
$I_2(s)$	116.7
$I_2(g)$	260.6
C(다이아몬드)	2.4
C(흑연)	5.69
CH_4(메테인)	186.2
C_2H_6(에테인)	229.5
He(g)	126.1
Ne(g)	146.2

행되기 때문이다.) 표 17.2에 몇 가지 물질들의 표준 엔트로피를 수록하였다. 부록 2에 더 많은 정보가 정리되어 있다.[†] 엔트로피의 단위는 J/K 또는 물질 1 mol에 대해서는 J/K · mol이다. 엔트로피 값은 매우 작기 때문에 kJ보다는 J을 사용한다. 원소와 화합물의 엔트로피는 양의 값을 갖는다(즉, $S° > 0$). 이와는 대조적으로, 안정한 상태의 원소에 대한 표준 생성 엔탈피($\Delta H_f°$)는 임의로 0으로 정하였고, 화합물에 대해서는 양의 값 또는 음의 값이 될 수 있다.

표 17.2를 살펴보면 수증기의 표준 엔트로피가 액체 물의 표준 엔트로피보다 크다는 것을 알 수 있다. 마찬가지로 브로민 증기는 액체 브로민보다 더욱 큰 표준 엔트로피를 가지며, 아이오딘 증기는 고체 아이오딘보다 더욱 큰 표준 엔트로피를 갖는다. 같은 상의 다른 물질들에 대해서는 분자의 복잡성이 어떤 물질이 더 높은 엔트로피 값을 갖는지를 결정한다. 다이아몬드와 흑연은 모두 고체이지만, 다이아몬드가 더 질서 있는 구조를 가지므로 배열의 수가 더 적다(그림 11.29 참조). 따라서 다이아몬드는 흑연보다 더 작은 표준 엔트로피를 갖는다. 천연 가스인 메테인(methane, CH_4)과 에테인(ethane, C_2H_6)을 생각해 보자. 에테인이 더 복잡한 구조로 되어 있으므로 분자 운동을 할 수 있는 방법이 더 많고, 따라서 배열이 가능한 경우의 수를 증가시킨다(그림 17.9). 따라서 에테인이 메테인보

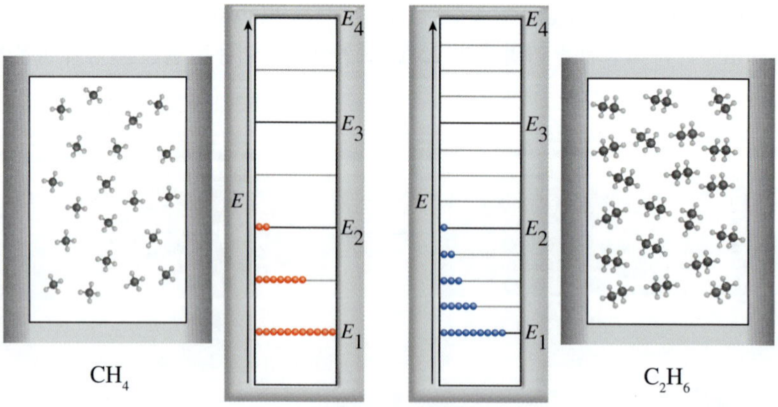

▶ **그림 17.9** 분자의 복잡성이 클수록 분자가 회전 운동과 진동 운동을 할 수 있는 방법의 수가 많아진다. 에테인(C_2H_6)은 메테인(CH_4)보다 구조가 더 복잡하여 더욱 다양한 종류의 진동 운동과 회전 운동을 할 수 있다. 이를 통해 계의 에너지가 분산될 수 있는 더 많은 에너지 준위를 가지게 된다. 추가적인 에너지 준위의 수와 간격은 그림을 명확하게 유지하기 위해 단순화하였다.

[†]개별 이온의 엔트로피는 실험적으로 연구할 수 없으므로, 화학자들은 용액의 수소 이온의 엔트로피 값을 임의로 0으로 정하였다. 이 척도에 기초하여 염소 이온의 엔트로피(HCl에 대한 측정에서)를 결정하고, 이를 이용하여 소듐 이온의 엔트로피(NaCl에 대한 측정에서) 등을 결정할 수 있다. 부록 3에서 일부 이온은 양의 엔트로피 값을 갖고 일부 이온은 음의 값을 갖는다는 것을 알 수 있다. 기호는 수소 이온에 대한 수화 정도에 따라 결정된다. 만약 이온이 수소 이온보다 더 큰 수화 정도를 갖는다면 이온의 엔트로피는 음의 값을 가지고, 양의 엔트로피를 가진 이온의 경우 반대이다.

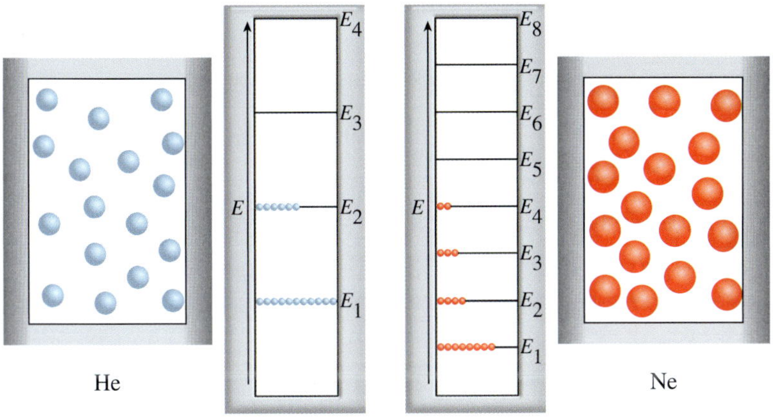

◀ **그림 17.10** 더 큰 몰질량을 가진 물질의 에너지 준위는 더 밀접하게 존재한다. 네온은 헬륨의 약 4배의 몰질량을 가지므로 계의 에너지가 분산될 수 있는 더 많은 에너지 준위를 가진다. 같은 양의 에너지가 각각에 분산되어 있다.

다 표준 엔트로피가 더 크다. 헬륨(He)과 네온(Ne)은 둘 다 단원자 기체이기 때문에 회전 운동이나 진동 운동을 할 수 없다. 그러나 네온은 헬륨보다 몰질량이 크기 때문에 더 큰 표준 엔트로피를 갖는다. 무거운 원자는 에너지 준위 간격이 더 좁으므로 원자의 에너지를 여러 에너지 준위에 분포시킬 수 있다(그림 17.10). 그 결과 무거운 원자에는 더 많은 에너지 배열이 존재한다.

예제 17.1

다음 과정에 대해 엔트로피의 변화가 0보다 큰지, 작은지를 예측하라: (a) 에탄올이 언다. (b) 비커에 담긴 브로민이 상온에서 증발한다. (c) 글루코스(포도당)가 물에 녹는다. (d) 질소 기체를 80°C에서 20°C로 냉각한다.

전략 엔트로피 변화를 결정하기 위해서는 계의 미시적 상태의 수가 증가하는지 감소하는지를 확인해야 한다. 미시적 상태이 수가 증가하면 ΔS는 양의 값을 가지고, 미시적 상태가 감소하면 ΔS는 음의 값을 가진다.

풀이

(a) 에탄올 분자는 얼면서 그 위치가 고정된다. 따라서 이러한 상 전이에서는 미시적 상태의 수를 감소시키므로, 엔트로피는 감소한다. 즉, $\Delta S < 0$.

(b) 브로민이 증발하면 Br_2 분자가 거의 비어 있는 공간에 더 많이 위치할 수 있으므로 미시적 상태의 수는 증가한다. 따라서 $\Delta S > 0$.

(c) 포도당은 비전해질이다. 용해 과정에서 포도당 분자와 물 분자가 섞이기 때문에 물질의 분산이 증가한다. 따라서 $\Delta S > 0$이 예상된다.

(d) 냉각 과정은 분자의 다양한 운동을 감소시키므로 미시적 상태의 수는 감소된다. 따라서 $\Delta S < 0$이다.

실전 연습 다음 각 과정에서 계의 엔트로피는 어떻게 변화되는가? (a) 수증기가 응축되는 과정, (b) 과포화 용액에서 설탕 결정이 만들어지는 과정, (c) 수소 기체를 60°C에서 80°C로 가열하는 과정, (d) 드라이 아이스가 승화하는 과정.

비슷한 문제: 17.5.

▲ *상온에서 브로민은 연기를 내는 액체이다.*

Ken Karp/McGraw-Hill

개념과 사실 요약하기

- 엔트로피는 계의 에너지를 분산시킬 수 있는 다양한 방법들의 척도이다. 반응 과정에서의 엔트로피 변화는 정성적으로 예측할 수 있다.

개념과 사실 복습하기

17.2.1 다음 물리적 변화 중 ΔS가 양의 값을 가지는 과정은?

(a) 에터(ether) 증기의 응축 과정, (b) 철이 녹는 과정, (c) 고체 아이오딘의 승화 과정, (d) 벤젠을 얼리는 과정.

17.2.2 다음 각 과정의 ΔS가 양의 값일지 음의 값일지 결정하라.

(a) $H_2O(s) \longrightarrow H_2O(l)$, (b) $C_3H_8(l) \longrightarrow C_3H_8(g)$, (c) $I_2(g) \longrightarrow I_2(s)$.

17.3 열역학 제2법칙과 제3법칙

학습 목표

- 열역학 제2법칙을 설명할 수 있다.
- 주어진 반응의 표준 몰 엔트로피 변화를 계산할 수 있다.
- $\Delta S_{계}$와 온도가 주어지면 $\Delta S_{주위}$를 결정할 수 있다.
- $\Delta S_{계}$와 $\Delta S_{주위}$가 주어지면 그 과정이 자발적인지를 예측할 수 있다.
- 열학의 제3 법칙을 설명할 수 있다.

엔트로피와 반응의 자발성 사이의 연관성은 *우주의 엔트로피는 자발적인 과정에서는 증가하고, 평형 과정에서는 변하지 않고 일정한 값을 갖는다*는 **열역학 제2법칙**(second law of thermodynamics)으로 나타낸다. 우주는 계와 주위로 구성되어 있으므로 임의의 과정에 대한 우주의 엔트로피 변화($\Delta S_{우주}$)는 계의 엔트로피 변화($\Delta S_{계}$)와 주위의 엔트로피 변화($\Delta S_{주위}$)의 합으로 나타낼 수 있다. 수학적으로 열역학 제2법칙은 다음과 같이 표현된다.

자발적 과정: $$\Delta S_{우주} = \Delta S_{계} + \Delta S_{주위} > 0 \quad (17.4)$$

평형 과정: $$\Delta S_{우주} = \Delta S_{계} + \Delta S_{주위} = 0 \quad (17.5)$$

제2법칙에 따르면 자발적 과정에 대해 $\Delta S_{우주}$는 0보다 크지만, $\Delta S_{계}$나 $\Delta S_{주위}$에 대해서는 두 양의 합이 0보다 크기만 하면 특별한 제한을 두지 않는다. 평형 과정에서 $\Delta S_{우주}$는 0이다. 이 경우에는 $\Delta S_{계}$와 $\Delta S_{주위}$의 크기는 같고 부호가 반대이다. 만약 어떤 과정에서 $\Delta S_{우주}$가 음의 값을 가지면 어떻게 될 것인가? 이 경우, 그 과정의 진행 방향에 대해서는 반응이 자발적이지 않음을 뜻한다. 반대로 그 과정의 *반대* 방향으로는 자발적이게 된다.

계의 엔트로피 변화

$\Delta S_{우주}$를 계산하기 위해서는 $\Delta S_{계}$와 $\Delta S_{주위}$ 값 모두를 알아야 한다. 먼저 $\Delta S_{계}$에 초점을 맞춰 보자. 다음과 같은 반응으로 나타낼 수 있는 계를 생각해 보자:

$$a\text{A} + b\text{B} \longrightarrow c\text{C} + d\text{D}$$

반응 엔탈피의 경우[식 (6.18)]와 마찬가지로, **표준 반응 엔트로피**(standard entropy of reaction, $\Delta S^\circ_{반응}$)는 다음과 같이 *반응물과 생성물의 표준 엔트로피 차이*로 주어진다.

$$\Delta S^\circ_{반응} = [cS^\circ(\text{C}) + dS^\circ(\text{D})] - [aS^\circ(\text{A}) + bS^\circ(\text{B})] \quad (17.6)$$

또는 일반적으로 합을 표현하는 Σ 기호와 반응의 화학량론 계수(stoichiometric coefficient)인 m과 n을 사용하여 나타낸다.

$$\Delta S^\circ_{반응} = \Sigma nS^\circ\,(생성물) - \Sigma mS^\circ\,(반응물) \tag{17.7}$$

많은 화합물의 표준 엔트로피 값은 J/K · mol 단위로 측정된다. $\Delta S^\circ_{반응}(\Delta S_{계})$을 계산하기 위해서는 부록 2에서 해당 값들을 찾아 다음 예제 17.2에 따라 진행하면 된다.

예제 17.2

부록 2에 있는 표준 엔트로피 값을 사용하여 25°C에서 일어나는 다음 반응의 표준 엔트로피 변화를 계산하라.

(a) $CaCO_3(s) \longrightarrow CaO(s) + CO_2(g)$

(b) $N_2(g) + 3H_2(g) \longrightarrow 2NH_3(g)$

(c) $H_2(g) + Cl_2(g) \longrightarrow 2HCl(g)$

전략 반응의 표준 엔트로피를 계산하기 위해, 부록 2의 반응물과 생성물의 표준 엔트로피를 찾고 식 (17.7)에 적용한다. 반응의 엔탈피 계산[식 (6.18) 참조]과 마찬가지로, 화학량론 계수는 단위가 없으므로 $\Delta S^\circ_{반응}$은 J/K · mol 단위로 표시된다.

풀이

(a)
$$\begin{aligned}\Delta S^\circ_{반응} &= [S^\circ(CaO) + S^\circ(CO_2)] - [S^\circ(CaCO_3)]\\ &= [(39.8\ J/K\cdot mol) + (213.6\ J/K\cdot mol)] - (92.9\ J/K\cdot mol)\\ &= 160.5\ J/K\cdot mol\end{aligned}$$

따라서 1 mol의 $CaCO_3$가 분해되어 CaO 1 mol과 CO_2 기체 1 mol이 발생하고, 160.5 J/K · mol의 엔트로피가 증가한다.

(b)
$$\begin{aligned}\Delta S^\circ_{반응} &= [2S^\circ(NH_3)] - [S^\circ(N_2) + 3S^\circ(H_2)]\\ &= (2)(193\ J/K\cdot mol) - [(192\ J/K\cdot mol) + (3)(131\ J/K\cdot mol)]\\ &= -199\ J/K\cdot mol\end{aligned}$$

계산 결과에 따르면, 1 mol의 질소 기체가 3 mol의 수소 기체와 반응하면 2 mol의 암모니아 기체가 발생하며 −199 J/K · mol에 해당하는 엔트로피가 감소한다.

(c)
$$\begin{aligned}S^\circ_{반응} &= [2S^\circ(HCl)] - [S^\circ(H_2) + S^\circ(Cl_2)]\\ &= (2)(187\ J/K\cdot mol) - [(131\ J/K\cdot mol) + (223\ J/K\cdot mol)]\\ &= 20\ J/K\cdot mol\end{aligned}$$

따라서 1 mol의 H_2 기체와 1 mol의 Cl_2 기체가 반응하면 2 mol의 HCl 기체가 형성되며 20 J/K · mol에 해당하는 작은 양의 엔트로피가 증가한다.

해설 $\Delta S^\circ_{반응}$ 값은 모두 계에 적용된다.

실전 연습 25°C에서 일어나는 다음 반응의 표준 엔트로피 변화를 계산하라.

(a) $2CO(g) + O_2(g) \longrightarrow 2CO_2(g)$

(b) $3O_2(g) \longrightarrow 2O_3(g)$

(c) $2NaHCO_3(s) \longrightarrow Na_2CO_3(s) + H_2O(l) + CO_2(g)$

비슷한 문제: 17.11, 17.12.

예제 17.2의 결과는 다른 많은 반응에서 관찰된 결과와 일치한다. 종합해 보면 그 결과들은 다음과 같은 일반적인 규칙으로 요약할 수 있다:

- 반응에서 소비된 것보다 더 많은 기체 분자를 생성한다면 [예제 17.2(a)] ΔS°는 양의 값이다.

- 전체 기체 분자의 수가 감소한다면[예제 17.2(b)] $\Delta S°$는 음의 값이다.
- 전체 기체 분자의 수가 변하지 않는다면[예제 17.2(c)] $\Delta S°$는 음이나 양의 값이 될 수 있지만, 비교적 작은 수치가 될 것이다.

기체가 액체나 고체보다 항상 더 큰 엔트로피를 갖는다는 점을 상기할 때 위의 결론은 타당하다. 액체와 고체만을 포함하는 반응에 대하여 $\Delta S°$의 부호를 예측하는 일은 더욱 어렵지만, 대부분은 분자나 이온 수가 늘어나면 엔트로피도 같이 증가한다.

예제 17.3은 반응물과 생성물의 성질에 대해 알면 어떻게 엔트로피 변화를 예측할 수 있는지를 보여준다.

예제 17.3

다음 각 반응에 대해 계의 엔트로피 변화가 양의 값인지 음의 값인지를 예측하라.

(a) $2H_2(g) + O_2(g) \longrightarrow 2H_2O(l)$

(b) $NH_4Cl(s) \longrightarrow NH_3(g) + HCl(g)$

(c) $H_2(g) + Br_2(g) \longrightarrow 2HBr(g)$

전략 이 문제는 각 반응에 대해 엔트로피의 변화 값을 계산하라는 것이 아니고 부호를 예측하라는 문제이다. 엔트로피를 증가시키는 요소는 (1) 응축 상에서 기체상으로의 상변화, (2) 같은 상인 경우에는 반응물 분자보다 더 많은 분자가 생성되는 반응이다. 또한 반응물과 생성물 분자의 상대적인 복잡성을 비교하는 것도 중요하다. 일반적으로 분자 구조가 복잡할수록 화합물의 엔트로피는 커진다.

풀이

(a) 두 개의 반응물 분자가 반응하여 한 개의 생성물 분자를 만든다. 비록 H_2O가 H_2나 O_2보다 더 복잡한 분자 구조를 가지지만 전체적으로 한 개의 분자가 줄어들고, 기체상이 액체상으로 변환되는 점에서 미시적 상태는 줄어들 것이다. 따라서 $\Delta S°$는 음의 값이다.

(b) 고체 분자가 두 개의 기체 분자를 생성한다. 따라서 $\Delta S°$는 양의 값이다.

(c) 이 경우 생성물과 반응물의 분자 수가 같다. 더욱이 모든 분자가 이원자 분자이므로 복잡성도 유사하다. 따라서 이 경우 $\Delta S°$의 부호를 예측할 수는 없지만, 변화량은 적을 것이다.

실전 연습 다음 각 과정에 대해 엔트로피 변화의 부호를 정성적으로 논하라.

(a) $I_2(s) \longrightarrow 2I(g)$

(b) $2Zn(s) + O_2(g) \longrightarrow 2ZnO(s)$

(c) $N_2(g) + O_2(g) \longrightarrow 2NO(g)$

비슷한 문제: 17.13, 17.14.

주위의 엔트로피 변화

이제 $\Delta S_{주위}$가 어떻게 계산할 수 있는지를 알아보자. 계에서 발열 과정이 일어나면, 열은 주위로 전달되어 주위의 분자 운동을 활발하게 한다. 결과적으로 미시적 상태의 수가 증가하여 주위의 엔트로피는 증가한다. 역으로, 계의 흡열 과정은 주위로부터 열을 흡수하고, 주위의 분자 운동은 축소되므로 주위의 엔트로피는 감소한다(그림 17.11). 등압 과정에서 열 변화는 계의 엔탈피 변화($\Delta H_{계}$)와 같다. 따라서 주위의 엔트로피 변화($\Delta S_{주위}$)는 $\Delta H_{계}$에 비례한다.

$$\Delta S_{주위} \propto -\Delta H_{계}$$

음의 부호가 사용된 것은, 만약 그 과정이 발열 과정이라면 $\Delta H_{계}$는 음이고, $\Delta S_{주위}$는 양의 값으로 엔트로피가 증가함을 나타내기 때문이다. 반대로 흡열 과정에서는 $\Delta H_{계}$는 양이고,

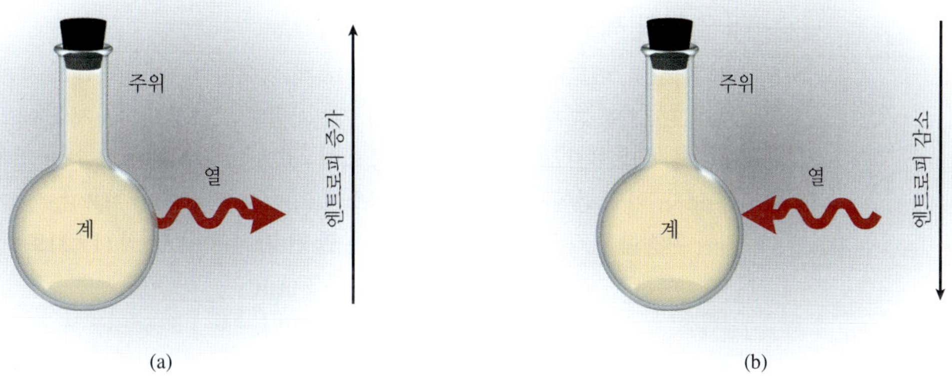

▲ **그림 17.11** (a) 발열 과정은 계에서 주위로 열을 전달하고, 그 결과 주위의 엔트로피가 증가한다. (b) 흡열 과정은 주위에서 열을 흡수하고, 그 결과 주위의 엔트로피는 감소한다.

$\Delta S_{주위}$의 음의 부호는 주위의 엔트로피가 감소됨을 나타낸다.

주어진 열의 양에 대하여 엔트로피의 변화는 온도에도 의존한다. 만약 주위가 높은 온도라면 분자 운동은 이미 매우 활발한 상태이다. 그러므로 계의 발열 과정으로부터 흡수한 열은 분자 운동에 비교적 작은 영향을 미칠 것이며, 결과적으로 나타나는 엔트로피의 증가량은 적을 것이다. 그러나 주위의 온도가 낮다면 같은 양의 열 증가는 분자 운동을 훨씬 더 많이 증가시킬 것이고, 따라서 엔트로피도 많이 증가할 것이다. 비유하자면, 많은 사람으로 붐비는 식당에서 한 사람이 기침하는 것은 많은 사람에게 그다지 큰 방해가 되지 않지만, 도서관에서 한 사람이 기침하는 것은 주위에 크게 방해되는 것과 마찬가지이다. $\Delta S_{주위}$와 절대 온도 T(켈빈 단위, K로 표시) 사이의 반비례 관계, 즉 온도가 높아지면 높아질수록 $\Delta S_{주위}$는 더욱 작아지며, 그 역도 성립한다는 것으로부터 다음 식을 표시할 수 있다.

$$\Delta S_{주위} = \frac{-\Delta H_{계}}{T} \tag{17.8}$$

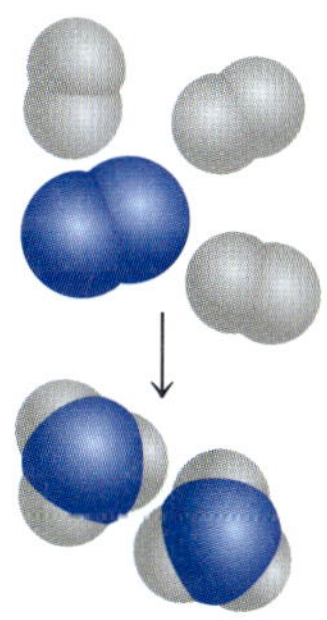

▲ N_2와 H_2로부터 NH_3의 합성

이제 $\Delta S_{계}$와 $\Delta S_{주위}$의 계산을 암모니아 합성에 대하여 적용하여, 25°C에서 이 반응이 자발적인지 살펴보자.

$$N_2(g) + 3H_2(g) \longrightarrow 2NH_3(g) \qquad \Delta H^\circ_{반응} = -92.6\ \text{kJ/mol}$$

예제 17.2(b)로부터 $\Delta S_{계} = -199\ \text{J/K} \cdot \text{mol}$을 구했고, 식 (17.8)의 $\Delta H_{계}$(-92.6 kJ/mol)을 대입함으로써 다음을 얻을 수 있다.

$$\Delta S_{주위} = \frac{-(-92.6 \times 1000)\ \text{J/mol}}{298\ \text{K}} = 311\ \text{J/K} \cdot \text{mol}$$

우주의 엔트로피 변화는 다음과 같다.

$$\begin{aligned}\Delta S_{우주} &= \Delta S_{계} + \Delta S_{주위}\\ &= -1999\ \text{J/K} \cdot \text{mol} + 311\ \text{J/K} \cdot \text{mol}\\ &= 112\ \text{J/K} \cdot \text{mol}\end{aligned}$$

$\Delta S_{우주}$가 양의 값이기 때문에 25°C에서 이 반응이 자발적이라는 것을 예측할 수 있다. 반응이 자발적이라고 반드시 그 반응이 우리가 관찰할 수 있는 속도로 일어남을 의미하는 것은 아니라는 것을 명심하라. 사실 암모니아 합성은 상온에서 매우 느리게 일어난다. 열역학은 반응이 어떤 특정한 조건에 자발적으로 일어날 수 있는가를 제시할 수 있지만, 그 반응이 얼마나 빨리 일어날지를 나타내지는 못한다. 반응 속도는 화학 반응속도론의 주제

인터넷 핫스팟

학생들의 학습 경험에 대해 축적된 자료에 따르면 온도와 엔트로피의 관계를 이해하는 데 어려움을 겪을 수 있다. 이런 경우 eBook에 접속해서 이 주제에 대한 추가 학습 자료를 보면 도움이 될 수 있다.

이다(제13장 참조).

▶ 열역학 제3법칙과 절대 엔트로피

마지막으로, 엔트로피 값의 결정과 관련하여 열역학 제3법칙에 대해 생각해 보자. 지금까지 엔트로피를 분자의 미시적 상태와 관련지었다. 즉, 계의 미시적 상태의 수가 많으면 많을수록 계의 엔트로피는 커진다는 것이다. 절대 영도(0 K)에서 완전 결정성 물질을 가정해 보자. 이 조건에서 분자 운동은 최소이고, 미시적 상태의 수(W)는 한 개이다(원자나 분자를 완전한 결정으로 배치하는 방법은 단 한 가지뿐이다). 식 (17.1)로부터

$$\begin{aligned} S &= k \ln W \\ &= k \ln 1 = 0 \end{aligned}$$

열역학 제3법칙(third law of thermodynamics)에 따르면, *완전 결정성 물질의 엔트로피는 절대온도 0 K에서 0이다.* 온도가 증가함에 따라 운동의 자유도는 증가하고, 미시적 상태의 수도 증가한다. 따라서 0 K 이상의 온도에서 모든 물질의 엔트로피는 0보다 크다. 만약 결정이 순수하지 않거나 결함(defect)이 있는 경우, 엔트로피는 0 K에서도 0보다 크다. 그 이유는 결정은 완전히 질서 있게 배열되지 않아서 미시적 상태의 수가 1보다 크기 때문이다.

열역학 제3법칙이 중요한 것은 물질의 *절대*(absolute) 엔트로피를 결정할 수 있도록 해준다는 것이다. 순수한 결정성 물질의 엔트로피가 절대 온도 0 K에서 0이라는 사실로부터, 가령 298 K로 가열하였을 때, 물질의 엔트로피 증가를 측정할 수 있다. 엔트로피 변화 ΔS는 S_i가 0이기 때문에, 다음과 같이 나타낼 수 있다.

$$\begin{aligned} \Delta S &= S_f - S_i \\ &= S_f \end{aligned}$$

298 K에서 물질의 엔트로피는 ΔS 또는 S_f로 주어지며, 이는 표준 형성 엔탈피의 경우와 같이 임의의 기준을 사용하여 산출한 값이 아니라 *실제* 값이기 때문에 절대 엔트로피라고 한다. 따라서 현재까지 사용한 모든 엔트로피 값과 부록 2에 나와 있는 엔트로피 값은 모두 절대 엔트로피이다. 모든 측정은 1 atm에서 행해지기 때문에 보통 절대 엔트로피를 표준 엔트로피(standard entropy)라고 한다. 이와 대조적으로, 에너지 또는 엔탈피의 0은 정의되지 않기 때문에 물질은 절대 에너지(U) 또는 절대 엔탈피(H) 값을 정할 수 없다. 그림 17.12는 온도에 따른 엔트로피 변화(증가)를 보여준다. 완전한 결정성 물질의 엔트로피는 절대온도 0 K에서 0이다. 열을 가하면 분자의 운동이 커지므로 엔트로피는 점차 증가한다. 녹는점에서 고체는 무질서도가 큰 액체가 되면서 엔트로피가 크게 증가한다. 계속 가열하면 분자 운동이 계속 활발해져 액체의 엔트로피는 증가되며, 끓는점에서는 액체가 기체로 변하여 엔트로피가 다시 크게 증가한다. 끓는점 이상에서도 온도가 증가하면 기체의 엔트로피는 증가한다.

개념과 사실 요약하기

- 모든 자발적인 과정에서 우주의 엔트로피는 증가한다(열역학 제2법칙).
- 화학 반응의 표준 엔트로피는 반응물과 생성물의 절대 엔트로피로부터 계산할 수 있다.
- 열역학 제3법칙은 완전한 결정성 물질의 엔트로피는 0 K에서 0이라는 것이다. 이 법칙을 이용하여 물질의 절대 엔트로피를 측정할 수 있다.

개념과 사실 복습하기

17.3.1 다음 반응이 25°C에서 진행될 때, 표준 엔트로피의 변화를 계산하라.

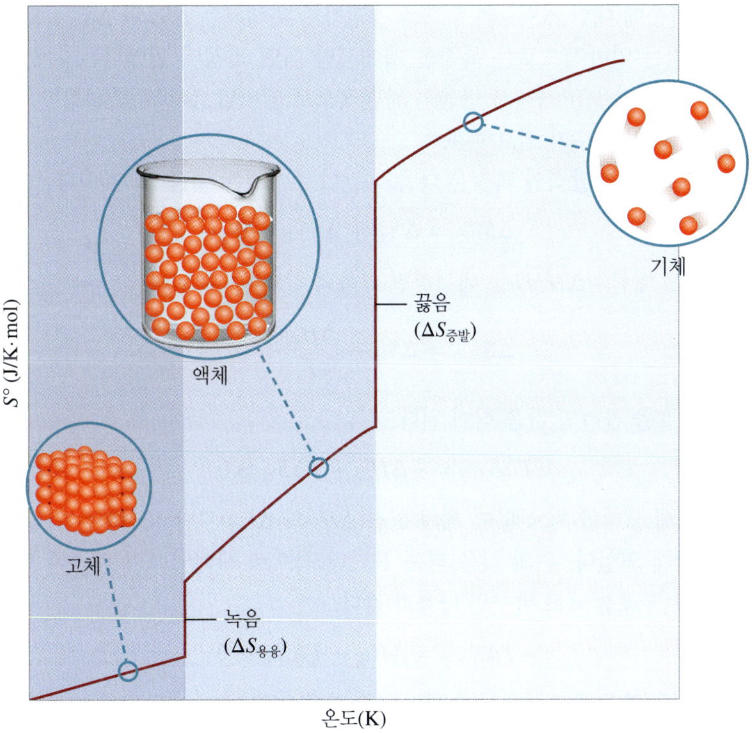

◀ **그림 17.12** 절대 온도 0 K로부터 온도가 증가함에 따라 측정된 물질의 엔트로피 증가.

$$2NO_2(g) \longrightarrow 2NO(g) + O_2(g)$$

17.3.2 A_2(파란색)과 B_2(주황색)이 기체 상에서 반응하여 AB_3를 생성한다고 생각하자.

(a) 이 반응의 균형 반응식을 써라.

(b) 이 반응에서 ΔS의 부호는 무엇인가?

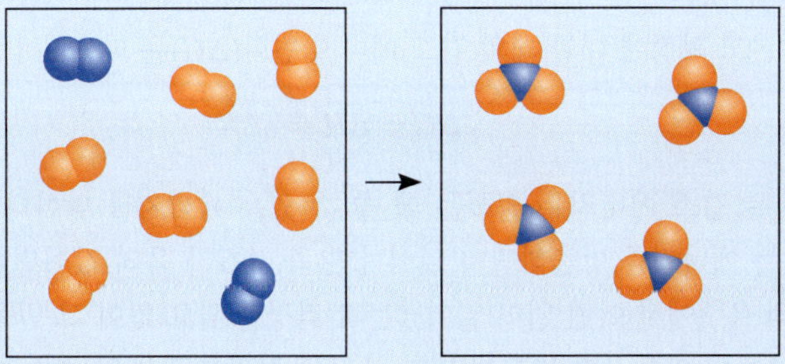

17.4 깁스 에너지

▷ 학습 목표

- 깁스 에너지에 대해 설명할 수 있다.
- ΔH와 ΔS를 이용하여 ΔG 및 반응의 자발성을 결정할 수 있다.
- 주어진 ΔH와 ΔS로 ΔG의 부호를 예측할 수 있다.
- 반응의 표준 깁스 에너지를 정의할 수 있다.
- 반응의 표준 깁스 에너지를 계산할 수 있다.

열역학 제2법칙에 따르면 자발적인 반응은 우주의 엔트로피를 증가시킨다. 즉 $\Delta S_{우주} > 0$

이다. 그러나 반응에 대한 $\Delta S_{우주}$의 부호를 결정하기 위해서는 $\Delta S_{계}$와 $\Delta S_{주위}$ 모두를 계산해야 한다. 우리는 일반적으로는 특정한 계에서만 어떤 과정이 일어나는가에 관심이 있다. 따라서 계 자체만을 고려해서 반응이 자발적으로 일어날 것인지를 결정할 수 있게 하는 또 다른 열역학적 함수가 필요하다.

식 (17.4)로부터 자발적인 과정은 다음과 같이 주어지는 것을 알 수 있다.

$$\Delta S_{우주} = \Delta S_{계} + \Delta S_{주위} > 0$$

이 식에서 $\Delta S_{주위}$ 대신 $-\Delta H_{계}/T$를 대입하면 다음과 같이 쓸 수 있다.

$$\Delta S_{우주} = \Delta S_{계} - \frac{\Delta H_{계}}{T} > 0$$

위 식의 양변에 T를 곱하면 다음 식이 된다.

$$T\Delta S_{우주} = -\Delta H_{계} + T\Delta S_{계} > 0$$

이제 주위에 대해 고려할 필요 없이 계의 성질($\Delta H_{계}$와 $\Delta S_{계}$)로만 표시되는 자발적 반응에 대한 기준을 갖게 되었다. 위의 식을 더욱 간편한 식으로 재배열하기 위하여 전체적으로 −1을 곱하고, > 부호를 <로 바꾸면 다음과 같다.

$$-T\Delta S_{우주} = \Delta H_{계} - T\Delta S_{계} < 0$$

이 식은 일정한 압력과 온도 T에서 수행되는 과정에 대해 계의 엔탈피와 엔트로피의 변화($\Delta H_{계} - T\Delta S_{계}$)가 0보다 작으면 그 과정은 자발적이어야 한다고 말해준다.

반응의 자발성을 좀 더 직접적으로 표시하기 위하여 *자유 에너지*(free energy)로 흔히 알려진 **깁스**[†] **에너지**(Gibbs energy, G)라는 새로운 열역학 함수를 도입한다.

$$G = H - TS \tag{17.9}$$

식 (17.9)에서 모든 양들은 계와 관계되며, T는 계의 온도이다. H와 TS가 모두 에너지 단위를 가지므로 G도 마찬가지로 에너지 단위를 가진다. 또한 H, S와 마찬가지로 G도 상태 함수임을 알 수 있다.

일정한 온도 과정에 대한 계의 깁스 에너지 변화(ΔG)는 다음과 같이 쓸 수 있다.

$$\Delta G = \Delta H - T\Delta S \tag{17.10}$$

여기서 말하는 깁스 에너지는 *일하는 데 쓸 수 있는 에너지*를 말한다. 따라서 어떤 반응이 쓸 수 있는 에너지를 방출하면서 일어나면(즉, ΔG가 음의 값이면), 이 사실 자체만으로 계 이외의 우주에서 어떤 일이 일어났는지 걱정할 필요 없이 그 반응은 자발적이다. 우리는 단지 우주의 엔트로피 변화에 대한 표현을 정리하고 계의 깁스-에너지 변화(ΔG)를 $-T\Delta S_{우주}$와 같다고 놓음으로써 계의 변화에 집중할 수 있다. 이제 ΔG의 관점에서 일정한 온도와 압력에서 자발성과 평형에 대한 조건을 다음과 같이 요약할 수 있다.

$\Delta G < 0$ 정반응은 자발적이다.
$\Delta G > 0$ 정반응은 비자발적이지만 역반응은 자발적이다.
$\Delta G = 0$ 계는 평형 상태에 있으므로 알짜 변화는 없다.

[†]Josiah Willard Gibbs(1839~1903). 미국의 물리학자. 열역학의 창시자 중 한 사람인 깁스는 거의 모든 교수 생활을 예일 대학교에서 보낸 겸손하고 사생활을 즐기는 사람이었다. 그는 논문 대부분을 잘 알려지지 않은 저널에 출판했기 때문에, 그의 동시대 사람이자 자신이 존경했던 과학자인 제임스 맥스웰(James Maxwell)만큼 명성을 얻지는 못했다. 오늘날에도 화학과 물리학을 공부하는 사람들을 제외하고는 깁스에 대해 들어본 사람은 별로 없다.

표준 깁스 에너지 변화

*표준 상태 조건에서 진행되는 반응, 즉 표준 상태의 반응물들이 표준 상태의 생성물들로 변화할 때의 깁스 에너지 변화*를 반응의 **표준 깁스 에너지**(standard free-energy of reaction, $\Delta G^\circ_{반응}$)라고 한다. 순수한 물질들뿐만 아니라 용액의 표준 상태를 정의하기 위하여 화학자들이 사용하는 규칙을 표 17.3에 요약하였다. $\Delta G^\circ_{반응}$의 계산을 다음 반응식으로부터 시작해 보자.

$$a\text{A} + b\text{B} \longrightarrow c\text{C} + d\text{D}$$

위 반응의 표준 깁스 에너지 변화는 다음과 같다.

$$\Delta G^\circ_{반응} = [c\Delta G^\circ_f(\text{C}) + d\Delta G^\circ_f(\text{D})] - [a\Delta G^\circ_f(\text{A}) + b\Delta G^\circ_f(\text{B})] \quad (17.11)$$

또는 일반적으로

$$\Delta G^\circ_{반응} = \Sigma n\Delta G^\circ_f(생성물) - \Sigma m\Delta G^\circ_f(반응물) \quad (17.12)$$

여기서 m과 n은 화학량론적 계수이다. ΔG°_f는 화합물의 **표준 생성 깁스 에너지**(standard Gibbs-energy of formation)이고, *화합물 1 mol이 표준 상태로 존재하는 원소들로부터 합성될 때 발생하는 깁스 에너지 변화*이다. 흑연의 연소를 보자.

$$\text{C}(흑연) + \text{O}_2(g) \longrightarrow \text{CO}_2(g)$$

표준 깁스 에너지 변화는 식 (17.12)로부터 다음과 같이 된다.

$$\Delta G^\circ_{반응} = \Delta G^\circ_f(\text{CO}_2) - [\Delta G^\circ_f(\text{C}, 흑연) + \Delta G^\circ_f(\text{O}_2)]$$

표준 생성 엔탈피의 경우와 같이(6.6절 참조) 1 atm, 25°C에서 원소의 안정한 동소체에 대한 표준 생성 깁스 에너지는 0으로 정의한다. 따라서

$$\Delta G^\circ_f(\text{C}, 흑연) = 0 이고 \quad \Delta G^\circ_f(\text{O}_2) = 0$$

따라서 이 경우 반응의 표준 깁스 에너지 변화는 CO_2의 표준 생성 깁스 에너지와 같다.

$$\Delta G^\circ_{반응} = \Delta G^\circ_f(\text{CO}_2)$$

부록 2에 많은 화합물의 ΔG°_f 값이 수록되어 있다.

표준 깁스 에너지 변화의 계산은 예제 17.4와 같이 할 수 있다.

표 17.3
표준 상태에 대한 규칙

물질의 상태	표준 상태
기체	1 atm 압력
액체	순수한 액체
고체	순수한 고체
원소*	$\Delta G^\circ_f = 0$
용액	1몰 농도

*25°C, 1 atm에서 가장 안정한 동소체.

인터넷 핫스팟
학생들의 학습 경험에 대해 축적된 자료에 따르면 표준 깁스 에너지 변화를 이해하는 데 어려움을 겪을 수 있다. 이런 경우 eBook에 접속해서 이 주제에 대한 추가 학습 자료를 보면 도움이 될 수 있다.

예제 17.4

25°C에서 일어나는 다음 반응의 표준 깁스 에너지 변화를 계산하라.

(a) $\text{CH}_4(g) + 2\text{O}_2(g) \longrightarrow \text{CO}_2(g) + 2\text{H}_2\text{O}(l)$

(b) $2\text{MgO}(s) \longrightarrow 2\text{Mg}(s) + \text{O}_2(g)$

전략 반응의 표준 자유 에너지 변화를 계산하기 위해, 부록 2의 반응물과 생성물의 표준 깁스 에너지를 찾고 식 (17.12)에 적용한다. 모든 화학량론 계수는 단위가 없으므로 $\Delta G^\circ_{반응}$은 kJ/mol 단위로 표시된다. O_2에 대한 ΔG°_f는 1 atm, 25°C에서 안정한 동소체 원소이므로 0이다.

풀이

(a) 식 (17.12)에 따르면

$$\Delta G^\circ_{반응} = [\Delta G^\circ_f(\text{CO}_2) + 2\Delta G^\circ_f(\text{H}_2\text{O})] - [\Delta G^\circ_f(\text{CH}_4) + 2\Delta G^\circ_f(\text{O}_2)]$$

부록 2에서 적절한 값을 찾아 대입하면,

$$\Delta G^\circ_{반응} = [(-394.4\ \text{kJ/mol}) + (2)(-237.2\ \text{kJ/mol})] - [(-50.8\ \text{kJ/mol}) + (2)(0\ \text{kJ/mol})]$$
$$= -818.0\ \text{kJ/mol}$$

(계속)

(b) 사용할 식은

$$\Delta G^\circ_{\text{반응}} = [2\Delta G^\circ_f(\text{Mg}) + \Delta G^\circ_f(\text{O}_2)] - [2\Delta G^\circ_f(\text{MgO})]$$

부록 2에서 적절한 값을 찾아 대입하면,

$$\Delta G^\circ_{\text{반응}} = [(2)(0\ \text{kJ/mol}) + (0\ \text{kJ/mol})] - [(2)(-569.6\ \text{kJ/mol})]$$
$$= 1139\ \text{kJ/mol}$$

실전 연습 25°C에서 일어나는 다음 반응의 표준 깁스 에너지 변화를 계산하라.

(a) $H_2(g) + Br_2(l) \longrightarrow 2HBr(g)$

(b) $2C_2H_6(g) + 7O_2(g) \longrightarrow 4CO_2(g) + 6H_2O(l)$

비슷한 문제: 17.17, 17.18.

ΔG의 온도 의존성

식 (17.10)에 따르면, ΔG의 부호를 예측하기 위하여 ΔH와 ΔS 값을 모두 알아야 한다. 음의 값을 가지는 ΔH(발열 반응)과 양의 값을 가지는 ΔS(계의 미시적 상태 수가 증가하는 반응)은 ΔG가 음이 되게 하는 경향이 있지만, 온도도 자발적 반응의 방향에 영향을 미칠 수 있다. 이런 관계의 네 가지 가능한 경우는 다음과 같다.

- ΔH와 ΔS가 모두 양이면, $T\Delta S$가 ΔH보다 더 클 때만 ΔG는 음이 된다. 이 경우는 T가 큰 경우이다.
- ΔH가 양이고 ΔS가 음이면, 온도와 관계없이 ΔG는 언제나 양이다.
- ΔH가 음이고 ΔS가 양이면, 온도와 관계없이 ΔG는 언제나 음이다.
- ΔH와 ΔS가 모두 음이면, $T\Delta S$가 ΔH보다 더 작을 때만 ΔG는 음이 될 것이다. 이 경우는 T가 작은 경우이다.

처음과 마지막의 경우 ΔG를 음이 되게 하는 온도는 계의 ΔH와 ΔS의 실제 값에 의해 결정된다. 표 17.4에 앞에서 설명한 경우들의 효과를 요약하였다.

반응의 자발성을 예측하기 위해서 깁스 에너지 변화를 사용하기 전에 ΔG와 ΔG°를 구별하는 것이 편리하다. 모든 반응물이 표준 상태에 있는 용액(모든 반응물이 1 M 농도인 경우)에서 반응이 일어난다고 가정해 보자. 반응이 시작되자마자 반응물이나 생성물의 농도는 1 M에서 달라지기 때문에 반응물이나 생성물은 이제는 표준 상태로 존재하지 않는다. 비표준 상태에서 일어나는 반응의 방향을 예측하기 위해서는 ΔG° 대신 ΔG의 부호를 사용해야 한다. 반면에, ΔG° 의 부호는 반응계가 평형에 도달했을 때, 반응물과 생성물 중 어떤 쪽에 더 치우쳐 있는지를 말해 준다. 즉, ΔG°가 음수이면 반응은 생성물 형성을

표 17.4 $\Delta G = \Delta H - T\Delta S$에서 ΔG의 부호에 영향을 미치는 요인

ΔH	ΔS	ΔG	예
+	+	높은 온도에서 반응은 자발적으로 일어난다. 낮은 온도에서는 역반응이 자발적이다.	$2HgO(s) \longrightarrow 2Hg(l) + O_2(g)$
+	−	ΔG는 항상 양의 값이다. 반응은 모든 온도에서 역방향으로 자발적이다.	$3O_2(g) \longrightarrow 2O_3(g)$
−	+	ΔG는 항상 음의 값이다. 반응은 모든 온도에서 자발적이다.	$2H_2O_2(aq) \longrightarrow 2H_2O(l) + O_2(g)$
−	−	낮은 온도에서 반응은 자발적으로 일어난다. 높은 온도에서는 역반응이 자발적이다.	$NH_3(g) + HCl(g) \longrightarrow NH_4Cl(s)$

선호하고, $\Delta G°$가 양수이면 평형에 도달했을 때 반응물이 생성물보다 많다.

이제 식 (17.10)을 두 가지 구체적 상황에 적용해 보기로 한다.

온도와 화학 반응

생석회라고 부르는 산화 칼슘(CaO)은 제강, 칼슘 금속의 생산, 제지 산업, 물 처리, 환경 오염 제어 등에 쓰이는 매우 유용한 무기물이다. CaO는 높은 온도의 가마에서 석회석($CaCO_3$)을 분해시켜 제조한다.

▲ *회전 가마에서의 석회암($CaCO_3$)으로부터 생석회(CaO) 제조.*
Dirk Wiersma/Science Source

$$CaCO_3(s) \rightleftharpoons CaO(s) + CO_2(g)$$

이 반응은 가역 반응으로서, CaO는 CO_2와 쉽게 결합하여 $CaCO_3$을 생성한다. $CaCO_3$, CaO와 평형 관계에 있는 CO_2의 압력은 온도가 상승함에 따라 증가한다. 생석회를 산업적으로 생산할 때는 이 계는 결코 평형으로 유지되지 않는다. 오히려 일정한 속도로 CO_2를 가마에서 제거하여 평형을 왼쪽에서 오른쪽으로 이동시켜 CaO의 생성을 촉진시킨다.

화학자에게 중요한 실질적인 정보는 $CaCO_3$의 분해가 시작되는 온도이다(즉, 어느 온도에서 정반응이 자발적으로 진행되는가 하는 것이다). 그 온도는 다음과 같이 계산하여 신뢰성 있게 추정할 수 있다. 우선 부록 2의 자료를 이용하여 25°C에서 그 반응에 대한 $\Delta H°$와 $\Delta S°$를 계산한다. $\Delta H°$는 식 (6.18)을 사용하여 결정한다.

$$\begin{aligned}\Delta H° &= [\Delta H_f°(CaO) + \Delta H_f°(CO_2)] - [\Delta H_f°(CaCO_3)]\\ &= [(-635.6\ \text{kJ/mol}) + (-393.5\ \text{kJ/mol})] - (-1206.9\ \text{kJ/mol})\\ &= 177.8\ \text{kJ/mol}\end{aligned}$$

다음으로 식 (17.6)를 사용하여 $\Delta S°$를 구한다.

$$\begin{aligned}\Delta S° &= [S°(CaO) + S°(CO_2)] - S°(CaCO_3)\\ &= [(39.8\ \text{J/K}\cdot\text{mol}) + (213.6\ \text{J/K}\cdot\text{mol})] - (92.9\ \text{J/K}\cdot\text{mol})\\ &= 160.5\ \text{J/K}\cdot\text{mol}\end{aligned}$$

식 (17.10)에서

$$\Delta G° = \Delta H° - T\Delta S°$$

이므로 다음이 얻어진다.

$$\begin{aligned}\Delta G° &= 177.8\ \text{kJ/mol} - (298\ \text{K})(160.5\ \text{J/K}\cdot\text{mol})\left(\frac{1\ \text{kJ}}{1000\ \text{J}}\right)\\ &= 130.0\ \text{kJ/mol}\end{aligned}$$

$\Delta G°$가 큰 양의 값을 가지므로 25°C(298 K)에서는 정반응이 유리하지 않다고 판단된다. 실제로 상온에서 CO_2의 압력은 너무 낮아 측정할 수 없다. $\Delta G°$가 음이 되게 하려면 우선 $\Delta G°$가 0이 되는 온도를 구해야 한다. 즉,

$$0 = \Delta H° - T\Delta S°$$

따라서

$$\begin{aligned}T &= \frac{\Delta H°}{\Delta S°}\\ &= \frac{(177.8\ \text{kJ/mol})(1000\ \text{J/1 kJ})}{160.5\ \text{J/K}\cdot\text{mol}}\\ &= 1108\ \text{K 또는 } 835°\text{C}\end{aligned}$$

835°C보다 높은 온도에서 $\Delta G°$는 비로소 음이 되고, 이것은 곧 반응이 CaO와 CO_2를 생성하는 쪽으로 유리해진다는 것을 의미한다. 예를 들면, 840°C(1113 K)에서는

$$\begin{aligned}\Delta G° &= \Delta H° - T\Delta S°\\ &= 177.8\ \text{kJ/mol} - (1113\ \text{K})(160.5\ \text{J/K}\cdot\text{mol})\left(\frac{1\ \text{kJ}}{1000\ \text{J}}\right)\\ &= -0.8\ \text{kJ/mol}\end{aligned}$$

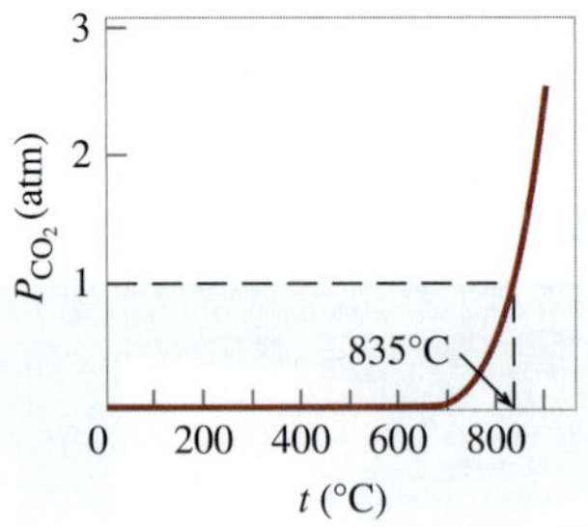

▲ **그림 17.13** 온도의 함수로서 $CaCO_3$의 분해로 인한 CO_2의 평형 압력. 이 곡선은 반응의 $\Delta H°$와 $\Delta S°$가 온도에 따라 변하지 않는다고 가정하여 계산된 것이다.

위의 계산에서 두 가지 점에 주의해야 한다. 첫째는 매우 높은 온도에서 일어나는 변화를 25°C에서의 $\Delta H°$와 $\Delta S°$ 값을 사용하여 계산하였다는 점이다. $\Delta H°$와 $\Delta S°$는 온도에 따라 변하므로 이 방법을 통해서 정확한 $\Delta G°$ 값을 얻지 못하지만, 대략적인 값을 계산하는 것으로는 충분히 유용하다. 둘째로 835°C 이하에서는 아무 반응도 일어나지 않다가 835°C부터 갑자기 $CaCO_3$가 분해되기 시작한다고 오해하면 안 된다. 그런 일은 절대 일어나지 않는다. 835°C 이하의 어떤 온도에서 $\Delta G°$가 양의 값이라는 사실이 CO_2가 전혀 생성하지 않는다는 것을 뜻하지는 않는다. 그 온도에서 생성된 CO_2 기체의 압력이 표준 상태인 1 atm보다 낮을 것임을 나타낼 뿐이다(표준 상태 값, 표 17.3 참조). 그림 17.13에서 보는 것처럼 처음에는 CO_2 압력이 온도에 따라 매우 느리게 증가하다가 700°C 이상에서는 쉽게 측정할 수 있게 된다. 835°C의 의미는 생성되는 CO_2의 평형 압력이 1 atm에 도달하는 온도라는 것이다. 835°C 이상에서는 CO_2의 평형 압력이 1 atm을 초과한다.

인터넷 핫스팟

학생들의 학습 경험에 대해 축적된 자료에 따르면 깁스 에너지 변화에 대한 온도의 영향을 이해하는 데 어려움을 겪을 수 있다. 이런 경우 eBook에 접속해서 이 주제에 대한 추가 학습 자료를 보면 도움이 될 수 있다.

▶ 상전이

상전이가 일어나는 온도(녹는점 또는 끓는점)에서 계는 평형($\Delta G = 0$)을 이루므로 식 (17.10)은 다음과 같이 된다.

$$\Delta G = \Delta H - T\Delta S$$
$$0 = \Delta H - T\Delta S$$

따라서

$$\Delta S = \frac{\Delta H}{T}$$

우선 얼음-물의 평형을 생각해 보자. 얼음 ⟶ 물로의 상전이 경우, ΔH는 몰 융용열(표 11.9 참조)이며, T는 녹는 점 온도이다. 따라서 엔트로피 변화는 다음과 같다.

$$\Delta S_{\text{얼음}\rightarrow\text{물}} = \frac{6010\ \text{J/mol}}{273\ \text{K}} = 22.0\ \text{J/K}\cdot\text{mol}$$

따라서 얼음 1 mol이 0°C에서 녹을 때, 엔트로피는 22.0 J/K · mol 증가한다. 엔트로피의 증가는 고체가 액체로 되면서 미시적 상태가 증가하는 것과 일치하는 결과이다. 반대로, 물 ⟶ 얼음으로의 전이에 대한 엔트로피 감소는 다음과 같이 주어진다.

$$\Delta S_{\text{얼음}\rightarrow\text{물}} = \frac{-6010\ \text{J/mol}}{273\ \text{K}} = -22.0\ \text{J/K}\cdot\text{mol}$$

실험실에서는 보통 한 방향으로의 변화, 즉 얼음에서 물 또는 물에서 얼음으로의 변화만 진행된다. 온도가 0°C로 유지되는 경우에만 각 경우에 대하여 식 $\Delta S = \Delta H/T$를 사용하여 엔트로피 변화를 계산할 수 있다. 같은 방법을 물 ⟶ 수증기로의 상전이에도 적용할 수 있다. 이 경우 ΔH는 증발열이고, T는 물의 끓는점이다. 예제 17.5에서 벤젠의 상전이에 대하여 알아보자.

▲ *5.5°C에서 평형 상태에 있는 벤젠 액체와 벤젠 고체.*
Ken Karp/McGraw-Hill

예제 17.5

벤젠의 몰 융용열과 몰 증발열은 각각 10.9 kJ/mol과 31.0 kJ/mol이다. 벤젠의 고체 ⟶ 액체, 액체 ⟶ 기체로의 상전이에 대한 엔트로피 변화를 계산하라. 1 atm에서 벤젠은 5.5°C에서 녹고, 80.1°C에서 끓는다.

전략 녹는점에서 액체 벤젠과 고체 벤젠은 평형 상태이므로 $\Delta G = 0$이다. 식 (17.10)으로부터 $\Delta G = 0 = \Delta H - T\Delta S$ 또는 $\Delta S = \Delta H/T$이다. 고체 벤젠 ⟶ 액체 벤젠으로의 상전이에 대한 엔트로피 변화를 계산하기 위해 $\Delta S_{\text{융용}} = \Delta H_{\text{융용}}/T_f$를 사용한다. 여기서 $\Delta H_{\text{융용}}$은 흡열 과정에 대해 양의 값이므로 $\Delta S_{\text{융용}}$ 또한 양의 값이고, 이는 고체에서 액체로의 전이에서 기대

(계속)

할 수 있는 결과이다. 마찬가지 방법이 액체 벤젠 ⟶ 고체 벤젠 상전이에 적용된다. 어떤 온도 단위를 사용해야 하는가?

풀이 5.5°C에서 벤젠 1 mol이 녹을 때 엔트로피 변화는

$$\Delta S_{\text{용융}} = \frac{\Delta H_{\text{용융}}}{T_f}$$
$$= \frac{(10.9 \text{ kJ/mol})(1000 \text{ J/1 kJ})}{(5.5 + 273) \text{ K}}$$
$$= 39.1 \text{ J/K} \cdot \text{mol}$$

비슷한 방법으로, 80.1°C에서 벤젠 1 mole이 끓을 때 엔트로피 변화는

$$\Delta S_{\text{증발}} = \frac{\Delta H_{\text{증발}}}{T_b}$$
$$= \frac{(31.0 \text{ kJ/mol})(1000 \text{ J/1 kJ})}{(80.1 + 273) \text{ K}}$$
$$= 87.8 \text{ J/K} \cdot \text{mol}$$

검산 용해 과정보다 증발 과정에서 더 많은 미시적 상태를 만들므로 $\Delta S_{\text{기화}} > \Delta S_{\text{용융}}$이다.

실전 연습 아르곤의 몰 용융열과 몰 증발열은 각각 1.3 kJ/mol과 6.3 kJ/mol이고, 녹는점과 끓는점은 각각 −190°C와 −186°C이다. 아르곤의 용융과 증발에 대한 엔트로피 변화를 계산하라.

개념과 사실 요약하기

- 일정한 온도 및 압력 조건에서 깁스 에너지 변화량 ΔG는 자발적 과정의 경우 0보다 작고 비자발 과정의 경우 0보다 크다. 평형 과정의 경우 $\Delta G = 0$이다.
- 일정 온도와 압력에서의 화학적 또는 물리적 과정의 경우 $\Delta G = \Delta H - T\Delta S$이다. 이 식을 이용하면 반응 과정의 자발성을 예측할 수 있다.
- 반응에 대한 표준 깁스 에너지 변화 $\Delta G°$는 반응물 및 생성물 형성의 표준 깁스 에너지로부터 계산할 수 있다.

개념과 사실 복습하기

17.4.1 어떤 상황에서 흡열 반응이 자발적으로 진행되는가?

17.4.2 반응물과 생성물이 모두 용액 상태인 많은 반응에서 ΔH가 종종 298 K에서 반응의 자발싱을 질 예측하게 헤주는 이유를 설명하라.

17.4.3 25°C에서 $\Delta H = 26.9$ kJ/mol, $\Delta S = -11.3$ J/K · mol일 때, 다음 반응에 대한 ΔG를 계산하라.

$$2\text{ICl}(g) \longrightarrow \text{I}_2(g) + \text{Cl}_2(g)$$

17.4.4 아래 그림과 같이 밀폐 플라스크에서 일어나는 45°C에서의 아이오딘(I_2) 승화를 생각해 보자. 승화 엔탈피가 62.4 kJ/mol인 경우 승화의 ΔS는 얼마인가?

Ken Karp/McGraw-Hill

17.5 깁스 에너지와 화학 평형

학습 목표

- Q 또는 K가 주어졌을 때 특정 온도에서 반응의 ΔG와 $\Delta G°$를 계산할 수 있다.

앞에서 말한 것처럼 반응이 시작되면 모든 반응물과 생성물이 표준 상태에 있지는 않을 것이다. 이 경우에 열역학으로부터 유도되는 ΔG와 $\Delta G°$ 사이의 관계는 다음과 같다.

$$\Delta G = \Delta G° + RT \ln Q \tag{17.13}$$

여기서 R은 기체 상수 (8.314 J/K · mol), T는 반응의 절대 온도, 그리고 Q는 반응 지수 (14.4절 참조)이다. ΔG는 $\Delta G°$와 $RT \ln Q$ 두 양에 의존한다는 것을 알 수 있다. 온도 T에서 주어진 반응에 대해 $\Delta G°$ 값은 정해져 있지만, $RT \ln Q$의 값은 그렇지 않다. 왜냐하면 반응 혼합물의 조성에 따라 Q 값은 변하기 때문이다. 두 가지 특별한 경우를 생각해 보자:

경우 1: $\Delta G°$가 큰 음의 값이면, ΔG도 음이 되는 경향이 있다. 따라서 상당한 양의 생성물이 만들어질 때까지 알짜 반응은 왼쪽에서 오른쪽으로 진행될 것이다. 그러면 $RT \ln Q$ 항은 음의 값인 $\Delta G°$ 항에 견줄 만한 크기의 양의 값이 될 것이다.

경우 2: $\Delta G°$가 큰 양의 값이면, ΔG도 양이 되는 경향이 있다. 따라서 상당한 양의 반응물이 만들어질 때까지 알짜 반응은 오른쪽에서 왼쪽으로 진행될 것이다. 그때, $RT \ln Q$ 항은 양의 값인 $\Delta G°$ 항에 견줄 만한 크기의 음의 값이 될 것이다.

정의에 의해 평형 상태에서 $\Delta G = 0$이고, $Q = K$이다. 여기서 K는 평형 상수이다. 따라서

$$0 = \Delta G° + RT \ln K$$

즉

$$\Delta G° = -RT \ln K \tag{17.14}$$

이 식에서 K_P는 기체일 때 사용하고, K_c는 용액에서 반응이 일어날 때 사용한다. K 값이 크면 클수록 $\Delta G°$는 큰 음수 값을 갖는다. 반응의 표준 깁스 에너지의 변화를 알면 평형 상수를 알 수 있고, 또 그 반대도 가능하므로 식 (17.14)는 화학자들에게 열역학에서 가장 중요한 식 중 하나이다.

식 (17.14)는 *실제* 깁스 에너지 변화 ΔG가 아닌 *표준* 깁스 에너지 $\Delta G°$와 평형 상수와의 관계를 나타낸다는 사실이 중요하다. 계의 실제 깁스 에너지 변화는 반응이 진행됨에 따라 변하고, 평형 상태에서는 0이 된다. 반면에 주어진 온도에서 특정한 반응의 $\Delta G°$는 상수이다. 그림 17.14는 두 가지 형태의 반응에 대하여 반응계의 깁스 에너지와 반응의 진행 정도 사이의 관계를 그린 것이다. 아는 바와 같이 $\Delta G° < 0$이면 평형에서 생성물이 반응물보다 유리하게 된다. 반대로 $\Delta G° > 0$이면 평형에서 반응물이 생성물보다 더 많아질 것이다. 표 17.5에는 식 (17.14)에 의해 예측되는 $\Delta G°$와 K 사이의 가능한 관계 세 가지가 요약되어 있다. 다음의 중요한 사실을 기억하자. 자발적 반응의 방향을 결정하는 것은 $\Delta G°$가 아닌 ΔG의 부호이다. $\Delta G°$의 부호는 알짜 반응의 방향이 아니라 평형에서의 반응물과 생성물의 상대적인 양을 말해 줄 뿐이다.

매우 크거나 작은 평형 상수를 갖는 반응에 대해 모든 반응물의 농도를 측정하여 K 값을 측정하는 것은 불가능하지는 않지만, 일반적으로 매우 어렵다. 예를 들어, 질소 분자와 산소 분자로부터 산화 질소가 생성되는 것을 생각해 보자.

$$N_2(g) + O_2(g) \rightleftharpoons 2NO(g)$$

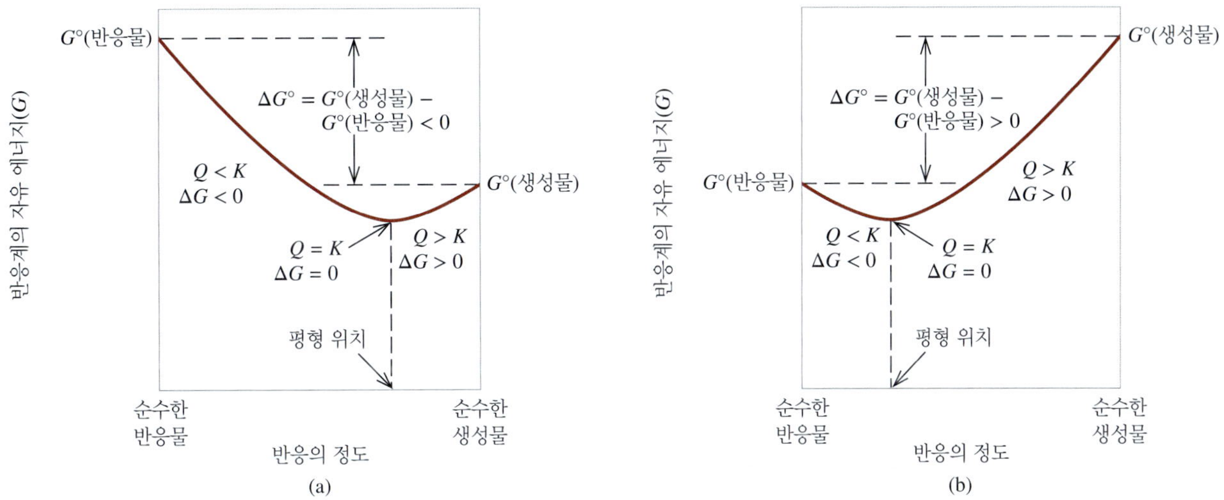

▲ **그림 17.14** (a) $\Delta G° < 0$. 평형이 되면, 반응물이 생성물로 상당히 전환된다. (b) $\Delta G° > 0$. 평형이 되면, 반응물이 생성물보다 더 많다. 평형에 이르는 알짜 반응은 $Q < K$이면 왼쪽에서 오른쪽으로 (반응물에서 생성물로), $Q > K$이면 오른쪽에서 왼쪽(생성물에서 반응물로)으로 이동한다. 평형에서는 $Q = K$이다.

표 17.5 $\Delta G° = -RT \ln K$로부터 예측되는 $\Delta G°$와 K 사이의 관계

K	$\ln K$	$\Delta G°$	설명
> 1	양의 값	음의 값	평형에서 생성물이 반응물보다 우세하다.
= 1	0	0	평형에서 반응물과 생성물이 동일하게 우세하다.
< 1	음의 값	양의 값	평형에서 반응물이 생성물보다 우세하다.

25°C에서 평형 상수 K_P는 다음과 같다.

$$K_P = \frac{P_{NO}^2}{P_{N_2}P_{O_2}} = 4.0 \times 10^{-31}$$

매우 작은 K_P 값은 평형 상태에서의 NO의 농도가 대단히 낮다는 것을 의미한다. 그러한 경우에 평형 상수는 그 반응의 $\Delta G°$로부터 더 쉽게 얻는다. (알고 있듯이 $\Delta G°$는 $\Delta H°$와 $\Delta S°$ 또는 생성 깁스 에너지 자료로부터 계산할 수 있다.) 반면에 수소 분자와 아이오딘 분자로부터 아이오딘화 수소가 생성되는 반응에 대한 평형 상수는 실온에서 거의 1이다.

$$H_2(g) + I_2(g) \rightleftharpoons 2HI(g)$$

이 반응에서는 K_P를 직접 측정한 다음 식 (17.14)를 이용하여 $\Delta G°$를 계산하는 것이 $\Delta H°$와 $\Delta S°$를 측정하고 식 (17.10)을 이용하는 것보다 쉽다.

예제 17.6, 17.7, 17.8은 식 (17.13)과 식 (17.14)의 사용 예를 보여준다.

인터넷 핫스팟
학생들의 학습 경험에 대해 축적된 자료에 따르면 깁스 에너지와 평형 사이의 관계를 이해하는 데 어려움을 겪을 수 있다. 이런 경우 eBook에 접속해서 이 주제에 대한 추가 학습 자료를 보면 도움이 될 수 있다.

예제 17.6

부록2에 수록된 자료를 이용하여 25°C에서 다음 반응의 평형 상수(K_P)를 계산하라.

$$2H_2O(l) \rightleftharpoons 2H_2(g) + O_2(g)$$

전략 식 (17.14)에 따르면 반응의 평형 상수는 표준 깁스 에너지 변화와 관계가 있다; $\Delta G° = -RT \ln K$. 따라서 예제 17.4에서와 마찬가지 방법으로 $\Delta G°$를 먼저 계산할 필요가 있다. 그 다음에 K_P를 계산한다. 어떤 온도의 단위를 사용해야 하겠는가?

풀이 식 (17.12)에 따르면

(계속)

$$\begin{aligned}\Delta G^\circ_{\text{반응}} &= [2\Delta G^\circ_f(H_2) + \Delta G^\circ_f(O_2)] - [2\Delta G^\circ_f(H_2O)]\\ &= [(2)(0\text{ kJ/mol}) + (0\text{ kJ/mol})] - [(2)(-237.2\text{ kJ/mol})]\\ &= 474.4\text{ kJ/mol}\end{aligned}$$

식 (17.14)를 이용하면 다음과 같이 된다.

$$\begin{aligned}\Delta G^\circ_{\text{반응}} &= -RT\ln K_P\\ 474.4\text{ kJ/mol}\times\frac{1000\text{ J}}{1\text{ kJ}} &= -(8.314\text{ J/K}\cdot\text{mol})(298\text{ K})\ln K_P\\ \ln K_P &= -191.5\\ K_P &= e^{-191.5} = 7\times10^{-84}\end{aligned}$$

해설 이처럼 평형 상수가 매우 작은 것은 25°C에서 물이 자발적으로 수소와 산소로 분해되지 않는 사실과 부합된다. 따라서 큰 양의 값의 ΔG°는 평형 상태에서 반응물이 생성물보다 많음을 의미한다.

실전 연습 25°C에서 다음 반응의 평형 상수(K_P)를 계산하라.

$$2O_3(g) \longrightarrow 3O_2(g)$$

비슷한 문제: 17.23, 17.26.

예제 17.7

제16장에서 난용성 염의 용해도곱에 대해 논의하였다. 25°C에서 염화은의 용해도곱(1.6×10^{-10})을 이용하여 다음 과정의 ΔG°를 계산하라.

$$AgCl(s) \rightleftharpoons Ag^+(aq) + Cl^-(aq)$$

전략 식 (17.14)에 따르면 반응의 평형 상수는 표준 깁스 에너지 변화와 관계가 있다. 즉, $\Delta G^\circ = -RT\ln K$. 불균일 평형의 경우이므로 용해도곱($K_{sp}$)이 평형 상수이다. AgCl의 K_{sp} 값으로부터 표준 깁스 에너지 변화를 계산한다. 어떤 온도 단위를 사용해야 하는가?

풀이 AgCl의 용해도 평형식과 용해도 곱 상수는 다음과 같다.

$$AgCl(s) \rightleftharpoons Ag^+(aq) + Cl^-(aq)$$
$$K_{sp} = [Ag^+][Cl^-] = 1.6\times10^{-10}$$

식 (17.14)로부터 다음 결과를 얻는다.

$$\begin{aligned}\Delta G^\circ &= -(8.314\text{ J/K}\cdot\text{mol})(298\text{ K})\ln(1.6\times10^{-10})\\ &= 5.6\times10^4\text{ J/mol}\\ &= 56\text{ kJ/mol}\end{aligned}$$

검산 ΔG° 값이 큰 양의 값을 갖는 것은 AgCl이 잘 녹지 않으며 평형이 왼쪽에 치우쳐 있다는 것을 의미한다.

실전 연습 25°C에서 다음 과정의 ΔG°를 계산하라. BaF_2의 K_{sp}는 1.7×10^{-6}이다.

$$BaF_2(s) \rightleftharpoons Ba^{2+}(aq) + 2F^-(aq)$$

비슷한 문제: 17.25.

예제 17.8

298 K에서 다음 반응의 평형 상수(K_P)는 0.113으로 표준 깁스 에너지 변화 5.40 kJ/mol에 해당한다.

(계속)

$$N_2O_4(g) \rightleftharpoons 2NO_2(g)$$

어떤 실험에서 초기 압력은 $P_{NO_2} = 0.122$ atm, $P_{N_2O_4} = 0.453$ atm이다. 이 압력 조건에서 반응의 ΔG를 계산하고 평형을 향한 알짜 반응의 방향을 예측하라.

전략 주어진 정보로부터 반응물과 생성물 모두 표준 상태인 1 atm이 아님을 알 수 있다. 알짜 반응의 방향을 결정하기 위해 식 (17.13)과 주어진 $\Delta G°$ 값을 이용하여 비표준 상태의 조건에서 깁스 에너지 변화를 계산해야 한다. 반응 지수 Q_P에서 부분 압력은 차원이 없는 양으로 표현된다는 사실에 유의하라(14.2절과 표 17.3 참조).

풀이 식 (17.13)은 다음과 같이 쓸 수 있다.

$$\begin{aligned}\Delta G &= \Delta G° + RT \ln Q_P \\ &= \Delta G° + RT \ln \frac{P_{NO_2}^2}{P_{N_2O_4}} \\ &= 5.40 \times 10^3 \text{ J/mol} + (8.314 \text{ J/K} \cdot \text{mol})(298 \text{ K}) \times \ln \frac{(0.122)^2}{0.453} \\ &= 5.40 \times 10^3 \text{ J/mol} - 8.46 \times 10^3 \text{ J/mol} \\ &= -3.06 \times 10^3 \text{ J/mol} = -3.06 \text{ kJ/mol}\end{aligned}$$

$\Delta G < 0$이므로 알짜 반응은 왼쪽에서 오른쪽으로 진행하여 평형에 도달한다.

검산 비록 $\Delta G° > 0$이지만 초기에 반응물의 농도(압력)에 비해 생성물의 농도(압력)가 작으면 초기에 생성물 형성이 유리하도록 반응이 일어날 수 있다는 점에 유의하라. $Q_P < K_P$임을 보여줌으로써 예측을 확인한다.

실전 연습 375°C에서 다음 반응의 K_P는 4.3×10^{-4}이다.

$$N_2(g) + 3H_2(g) \rightleftharpoons 2NH_3(g)$$

한 실험에서 초기 압력이 $P_{H_2} = 0.40$ atm, $P_{N_2} = 0.86$ atm, $P_{NH_3} = 4.4 \times 10^{-3}$ atm이다. 반응의 ΔG를 계산하고 알짜 반응의 방향을 예측하라.

비슷한 문제: 17.27, 17.28.

개념과 사실 요약하기

- 반응의 평형 상수와 반응의 표준 자유 에너지 변화의 관계를 나타내는 식은 $\Delta G° = -RT \ln K$이다.

개념과 사실 복습하기

17.5.1 $\Delta H°$는 양이고 $\Delta S°$는 음의 값을 갖는 어떤 반응이 있다. 이 반응의 평형 상수는 1보다 큰가, 1인가, 또는 1보다 작은가?

17.5.2 25°C에서 다음 반응의 $\Delta G° = -33.3$ kJ/mol이다.

$$A(g) + B(g) \rightleftharpoons C(g)$$

K_P 값을 구하여라.

17.5.3 25°C에서 다음 반응의 $\Delta G° = 1.95$ kJ/mol이다.

$$C(aq) \rightleftharpoons A(aq) + B(aq)$$

25°C에서 농도가 [A] = [B] = 0.315 *M*, [C] = 0.405 *M*일 때 ΔG 값(kJ/mol)을 구하여라.

17.6 생명계에서의 열역학

학습 목표

- 열역학적으로 불리한 대사반응(metabolic reaction)이 일어날 수 있는 이유를 설명할 수 있다.

▲ *짝지은 반응에 대한 기계적 비유. 가벼운 추를 위쪽으로 움직이는 것(비자발적 과정)은 더 무거운 추를 아래로 떨어뜨리는 것과 짝지어 주면 가능하다.*

많은 생화학 반응은 생명을 유지하는 데 필수적이지만 양의 $\Delta G°$ 값을 갖는다. 따라서 생체 내에서 이 반응들은 에너지적으로 유리한 과정, 즉 음의 $\Delta G°$ 값을 갖는 반응들과 짝지어져 있다. *짝지은 반응*(coupled reaction)의 원리는 간단한 개념에 기초하고 있다. 열역학적으로 불리한 반응을 일으키기 위해 열역학적으로 유리한 반응을 이용하는 것이다. 산업 공정 중 한 가지를 예로 생각해 보자. 섬아연광(ZnS)으로부터 아연을 추출하려고 한다. 다음 반응은 $\Delta G°$ 값이 큰 양수여서 반응이 일어나지 않는다.

$$\text{ZnS}(s) \longrightarrow \text{Zn}(s) + \text{S}(s) \qquad \Delta G° = 198.3 \text{ kJ/mol}$$

반면에 황을 태워 이산화 황을 만드는 과정은 $\Delta G°$ 값이 큰 음의 값이므로 반응이 일어난다.

$$\text{S}(s) + \text{O}_2(g) \longrightarrow \text{SO}_2(g) \qquad \Delta G° = -300.1 \text{ kJ/mol}$$

두 과정을 짝지으면, 황화 아연에서 아연을 분리해 낼 수 있다. 실제로 이 짝지음은 공기 중에서 ZnS를 가열하면, SO_2를 형성하려는 S의 경향성 때문에 ZnS의 분해가 촉진되는 것을 뜻한다.

$$\begin{array}{ll} \text{ZnS}(s) \longrightarrow \text{Zn}(s) + \text{S}(s) & \Delta G° = 198.3 \text{ kJ/mol} \\ \text{S}(s) + \text{O}_2(g) \longrightarrow \text{SO}_2(g) & \Delta G° = -300.1 \text{ kJ/mol} \\ \hline \text{ZnS}(s) + \text{O}_2(g) \longrightarrow \text{Zn}(s) + \text{SO}_2(g) & \Delta G° = -101.8 \text{ kJ/mol} \end{array}$$

짝지은 반응은 우리의 생존에 매우 중요한 역할을 한다. 생체 내에서 효소는 여러 가지 비자발적인 반응을 촉진한다. 예를 들면, 인체 내에서 글루코스(포도당, $C_6H_{12}O_6$)로 표현되는 음식 분자들은 대사 과정 중에 많은 양의 자유 에너지를 내놓으면서 이산화 탄소(CO_2)와 물로 전환된다.

$$\text{C}_6\text{H}_{12}\text{O}_6(s) + 6\text{O}_2(g) \longrightarrow 6\text{CO}_2(g) + 6\text{H}_2\text{O}(l) \qquad \Delta G° = 2880 \text{ kJ/mol}$$

살아있는 세포에서 이 반응은 불꽃 속에서 포도당이 연소하는 것과 같이 단일 단계로 일어나지 않는다. 대신 포도당 분자는 효소의 도움으로 일련의 단계들을 거쳐 분해된다. 그 과정에서 방출되는 깁스 에너지의 대부분은 아데노신 이인산(adenosine diphosphate, ADP)과 인산으로부터 아데노신 삼인산(adenosine triphosphate, ATP)을 만드는 데 사용된다(그림 17.15).

$$\text{ADP} + \text{H}_3\text{PO}_4 \longrightarrow \text{ATP} + \text{H}_2\text{O} \qquad \Delta G° = +31 \text{ kJ/mol}$$

ATP의 역할은 세포가 필요로 할 때까지 깁스 에너지를 저장하는 것이다. 적절한 조건에서 ATP는 가수분해되어 ADP와 인산이 되며, 31 kJ/mol의 깁스 에너지를 방출하게

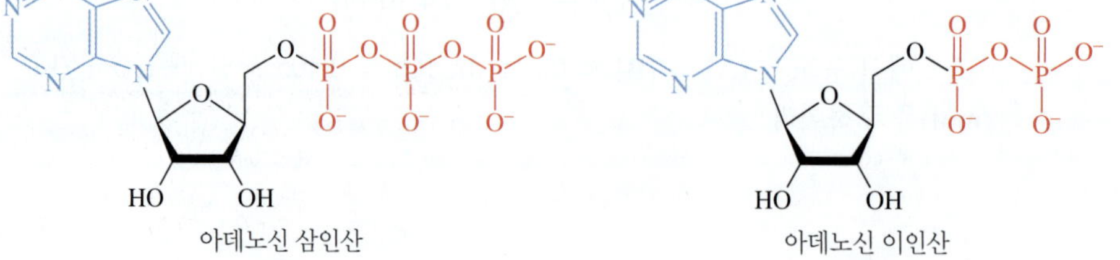

▶ **그림 17.15** 이온화된 형태의 ATP와 ADP 구조. 아데닌 기는 파란색, 라이보스 기는 검은색, 인산기는 빨간색으로 나타내었다. ADP는 ATP보다 인산기가 하나 적다는 데 주목하라.

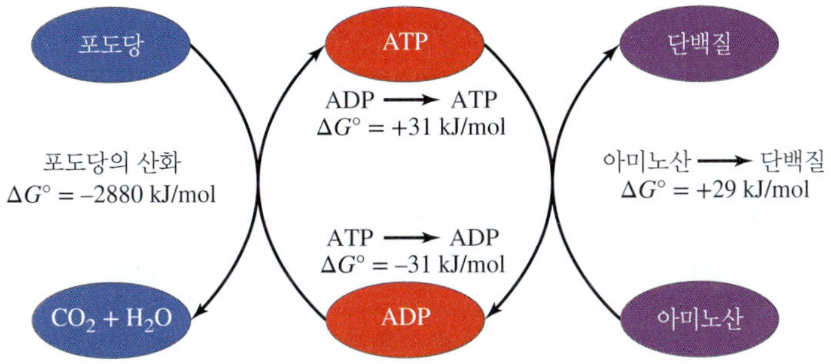

그림 17.16 생체 내에서 ATP 합성과 짝지은 반응에 대한 개요도. 대사과정에서 포도당이 이산화 탄소와 물로 바뀌면서 자유 에너지를 방출한다. 방출된 깁스 에너지는 ADP를 ATP로 바꾸는 데 사용된다. ATP 분자들은 아미노산으로부터 단백질을 합성하는 것과 같은 비자발적 반응을 일으키기 위한 에너지원으로 사용된다.

된다. 이 에너지는 단백질 합성처럼 에너지적으로 불리한 반응을 일어나게 하는 데 사용될 수 있다.

단백질은 아미노산으로 만들어진 중합체이다. 단백질 분자가 단계적으로 합성될 때, 각 아미노산을 결합하는 과정이 포함된다. 알라닌과 글라이신으로부터 다이펩타이드(2개의 아미노산으로 이루어진 중합체)인 알라닐글라이신이 형성되는 과정을 생각해 보자. 이 반응은 단백질 분자 합성의 첫 번째 단계를 나타낸다.

$$\text{알라닌} + \text{글라이신} \longrightarrow \text{알라닐글라이신} \qquad \Delta G° = +29\ \text{kJ/mol}$$

이 반응은 생성물의 생성이 쉽지 않아 평형에 도달해도 매우 소량의 다이펩타이드만이 만들어질 것이다. 그러나 효소의 도움으로 이 반응은 다음과 같이 ATP의 가수분해 반응과 짝지어진다.

$$\text{ATP} + H_2O + \text{알라닌} + \text{글라이신} \longrightarrow \text{ADP} + H_3PO_4 + \text{알라닐글라이신}$$

전체 반응의 깁스 에너지 변화는 $\Delta G° = -31\ \text{kJ/mol} + 29\ \text{kJ/mol} = -2\ \text{kJ/mol}$이 되며, 이는 주어진 조건에서 짝진 반응은 생성물의 형성에 유리한 쪽으로 진행되어 상당한 양의 알라닐글라이신이 만들어질 수 있음을 의미한다. 그림 17.16은 에너지 저장(대사로부터) 및 깁스-에너지 방출(ATP 가수분해로부터)로 작용하여 필수 반응을 유도하는 ATP-ADP 상호전환 과정을 보여준다.

개념과 사실 요약하기

- 대부분의 생물학적인 반응들은 비자발적이다. 이들은 $\Delta G°$ 값이 음인 ATP의 가수 분해 반응에 의해 일어난다.

요약_Chapter Summary

엔트로피 엔트로피는 반응의 자발성을 예측하기 위한 열역학적 함수이다. 분자 수준에서 계의 엔트로피는 원칙적으로 계에서 배열이 가능한 경우의 수로부터 계산될 수 있다. 엔트로피는 열량계 방법에 의해 결정되며 표준 엔트로피 값은 많은 물질들에 대해 알려져 있다. (17.1, 17.2절)

열역학 제2법칙과 제3법칙 열역학 법칙은 화학적 및 물리적 과정을 연구하는 데 성공적으로 적용되어 왔다. 열역학 제1법칙은 에너지 보존 법칙을 기초로 하고 있다. 열역학 제2법칙은 자연적 또는 자발적 과정을 다룬다. 반응의 자발성을 예측하는 함수가 엔트로피이다. 열역학 제2법칙은 자발적인 과정에 대해 우주의 엔트로피 변화는 양수여야 함을 명시하고 있다. 열역학 제3법칙은 절대 엔트로피 값을 결정할 수 있다. (17.3절)

깁스 에너지 깁스 에너지는 계에만 초점을 맞추어 반응의 자발성을 결정하는 데 도움을 준다. 과정에 대한 깁스 에너지의 변화는 엔탈피의 변화와 엔트로피의 변화 곱하기 온도라는 두 가지 항목으로 구성되어 있다. 등온과 등압 조건에서 깁스 에너지의 감소는 자발적인 반응을 나타낸다. 표준 깁스 에너지의 변화는 반응의 평형 상수와 관련될 수 있다. (17.4, 17.5절)

생명계에서의 열역학 생물학적으로 중요한 많은 반응은 자발적 반응이 아니다. 이러한 반응은 효소의 도움으로 음의 깁스 에너지 변화를 하는 반응과 결합함으로써 원하는 생성물을 얻기 위한 알짜 반응으로 진행하게 할 수 있다. (17.6절)

주요 식_Key Equations

$S = k \ln W$ (17.1)	미세 상태의 수와 엔트로피의 관계.
$\Delta S_{우주} = \Delta S_{계} + \Delta S_{주위} > 0$ (17.4)	열역학 제2법칙(자발적 과정).
$\Delta S_{우주} = \Delta S_{계} + \Delta S_{주위} = 0$ (17.5)	열역학 제2법칙(평형 과정).
$\Delta S°_{반응} = \Sigma nS°$ (생성물) $- \Sigma mS°$ (반응물) (17.7)	표준 반응 엔트로피 변화.
$G = H - TS$ (17.9)	깁스 자유 에너지의 정의.
$\Delta G = \Delta H - T\Delta S$ (17.10)	일정 온도에서 자유 에너지의 변화.
$\Delta G°_{반응} = \Sigma n\Delta G°_f$ (생성물) $- \Sigma m\Delta G°_f$ (반응물) (17.12)	표준 반응 자유 에너지 변화.
$\Delta G = \Delta G° + RT \ln Q$ (17.13)	자유 에너지 변화와 표준 자유 에너지 변화와의 관계.
$\Delta G° = -RT \ln K$ (17.14)	표준 자유 에너지 변화와 평형 상수의 관계.

주요 용어_Key Words

엔트로피(S)
자유 에너지(G)
깁스 에너지(G)
열역학 제2법칙
표준 반응 엔트로피 ($\Delta S°_{반응}$)
표준 생성 자유 에너지 ($\Delta G°_f$)
표준 반응 자유 에너지 ($\Delta G°_{반응}$)
열역학 제3법칙

연습 문제_Questions and Problems

붉은색 번호의 문제는 학생용 문제 풀이집에 풀어 놓았다.

17.1 자발적 과정

복습 질문

17.1 자발적인 과정은 무엇을 의미하는가를 설명하라. 자발적 과정과 비자발적 과정에 대한 예를 각각 두 개씩 들어라.

17.2 다음 과정 중 어떤 과정이 자발적이고, 어떤 과정이 비자발적인가를 설명하라. : (a) 뜨거운 수프에 식용 소금(NaCl)을 녹이는 것, (b) 에베레스트 산에 오르는 것, (c) 향수병 마개를 열어 방안에 향기가 퍼지는 것, (d) 기체 혼합물로부터 헬륨과 네온을 분리하는 것.

17.3 주어진 온도에서 다음 중 어떤 것이 자발적이고, 어떤 것이 비자발적인가?

(a) $NaNO_3(s) \xrightarrow{H_2O} NaNO_3(aq)$ 포화 용액
(b) $NaNO_3(s) \xrightarrow{H_2O} NaNO_3(aq)$ 불포화 용액
(c) $NaNO_3(s) \xrightarrow{H_2O} NaNO_3(aq)$ 과포화 용액

17.2 엔트로피

복습 질문

17.4 엔트로피를 정의하라. 엔트로피의 단위는 무엇인가?

문제

17.5 다음 각 과정에 대해 계의 엔트로피 변화가 어떻게 될지 설명하라.
(a) 고체가 녹는다.
(b) 액체가 언다.
(c) 액체가 끓는다.
(d) 기체가 고체로 변한다.
(e) 기체가 고체로 응축한다.
(f) 고체가 승화된다.
(g) 요소가 물에 용해된다.

17.6 그림 17.1의 배열을 생각해 보자. 두 플라스크의 부피가 같으므로 한 분자가 어느 한 플라스크에서 발견될 확률은 1/2로 같다. 분자수가 (a) 2개, (b) 100개, (c) 6×10^{23}개일 때 한 플라스크에서 모든 분자가 발

견될 확률을 계산하라. 본인의 답을 바탕으로 그림 17.1(b)와 같은 상황이 관찰되지 않는 이유를 설명해 보자.

17.3 열역학 제2법칙과 제3법칙

복습 질문

17.7 열역학 제2법칙을 글로 서술하고, 수학적으로 표시하라.

17.8 열역학 제3법칙을 서술하고, 이것이 엔트로피 값을 계산하는 데 유용한 점에 관해 설명하라.

문제

17.9 다음 각 쌍에 대하여 25°C에서 같은 몰수의 양에 대해 표준 엔트로피 값이 더 큰 것을 택하고 그 이유를 설명하라. (a) $Li(s)$과 $Li(l)$, (b) $C_2H_5OH(l)$과 $CH_3OCH_3(l)$ (*힌트*: 어떤 분자가 수소 결합을 하는가?), (c) $Ar(g)$와 $Xe(g)$, (d) $CO(g)$와 $CO_2(g)$, (e) $O_2(g)$와 $O_3(g)$, (f) $NO_2(g)$와 $N_2O_4(g)$.

17.10 25°C에서 엔트로피가 증가하는 순서대로 다음 물질(각각 1 mol)을 배열하고, 그렇게 배열한 이유를 제시하라. (a) $Ne(g)$, (b) $SO_2(g)$, (c) $Na(s)$, (d) $NaCl(s)$, (e) $H_2(g)$.

17.11 부록 2의 자료를 이용하여 25°C에서 다음 반응의 표준 엔트로피 변화를 계산하라.

(a) $S(s) + O_2(g) \longrightarrow SO_2(g)$

(b) $MgCO_3(s) \longrightarrow MgO(s) + CO_2(g)$

17.12 부록 2의 자료를 이용하여 25°C에서 다음 반응의 표준 엔트로피 변화를 계산하라.

(a) $H_2(g) + CuO(s) \longrightarrow Cu(s) + H_2O(g)$

(b) $2Al(s) + 3ZnO(s) \longrightarrow Al_2O_3(s) + 3Zn(s)$

(c) $CH_4(g) + 20_2(g) \longrightarrow CO_2(g) + 2H_2O(l)$

17.13 부록 2의 자료를 참조하지 않고 다음 반응의 엔트로피 변화가 양인지 음인지를 예측하고, 그렇게 예측한 이유를 설명하라.

(a) $2KClO_4(s) \longrightarrow 2KClO_3(s) + O_2(g)$

(b) $H_2O(g) \longrightarrow H_2O(l)$

(c) $2Na(s) + 2H_2O(l) \longrightarrow 2NaOH(aq) + H_2(g)$

(d) $N_2(g) \longrightarrow 2N(g)$

17.14 다음 각 과정에서 예상되는 엔트로피 변화의 부호가 양인지 음인지 말하고, 그렇게 예측한 이유를 설명하라.

(a) $PCl_3(l) + Cl_2(g) \longrightarrow PCl_5(s)$

(b) $2H_gO(s) \longrightarrow 2H_g(l) + O_2(g)$

(c) $H_2(g) \longrightarrow 2H(g)$

(d) $U(s) + 3F_2(g) \longrightarrow UF_6(s)$

17.4 깁스 자유 에너지

복습 질문

17.15 자유 에너지를 정의하라. 단위는 어떻게 되는가?

17.16 반응의 방향을 예상하는 데 $\Delta S_{우주}$ 대신 $\Delta G_{계}$를 사용하는 것이 편리한 이유는 무엇인가? 어떤 조건에서 $\Delta G_{계}$가 반응의 자발성을 예상하는 데 사용되는가?

문제

17.17 25°C에서 다음 반응의 $\Delta G°$를 계산하라.

(a) $N_2(g) + O_2(g) \longrightarrow 2NO(g)$

(b) $H_2O(l) \longrightarrow H_2O(g)$

(c) $2C_2H_2(g) + SO_2(g) \longrightarrow 4CO_2(g) + 2H_2O(l)$

(*힌트*: 부록 2에 실린 반응물과 생성물의 표준 생성 자유 에너지 참조)

17.18 25°C에서 다음 반응의 $\Delta G°$를 구하라.

(a) $2Mg(s) + O_2(g) \longrightarrow 2MgO(s)$

(b) $2SO_2(g) + O_2(g) \longrightarrow 2SO_3(g)$

(c) $2C_2H_6(g) + 7O_2(g) \longrightarrow 4CO_2(g) + 6H_2O(l)$

17.19 ΔH와 ΔS 값으로부터 다음 각 반응이 25°C에서 자발적인가를 예측하라; 반응 A: ΔH = 10.5 kJ/mol, ΔS = 30 J/K · mol, 반응 B: ΔH = 1.8 kJ/mol, ΔS = −113 J/K · mol. 만일 두 반응이 25°C에서 비자발적이라면, 몇 도에서 자발적인 반응이 되는가?

17.20 다음 ΔH와 ΔS를 이용해서 자발적인 반응이 일어나는 온도를 구하라. (a) ΔH = −126 kJ/mol, ΔS = 84 J/K · mol (b) ΔH = −11.7 kJ/mol, ΔS = −105 J/K · mol

17.5 깁스 에너지와 화학 평형

복습 질문

17.21 ΔG와 $\Delta G°$의 차이를 설명하라.

17.22 식 (17.14)가 화학에서 매우 중요한 이유를 설명하라.

문제

17.23 25°C에서 다음 반응의 K_P를 계산하라.

$$H_2(g) + I_2(g) \rightleftharpoons 2HI(g) \qquad \Delta G° = 2.60 \text{ kJ/mol}$$

17.24 25°C에서 물의 자체이온화(autoionization) 과정($K_w = 1.0 \times 10^{-14}$)에서 $\Delta G°$를 구하라.

$$H_2O(l) \rightleftharpoons H^+(aq) + OH^-(aq)$$

17.25 25°C에서 다음 반응을 생각해 보자.

$$Fe(OH)_2(s) \rightleftharpoons Fe^{2+}(aq) + 2OH^-(aq)$$

이 반응에 대한 $\Delta G°$는 얼마인가? $Fe(OH)_2$의 K_{sp}는 1.6×10^{-14}이다.

17.26 25°C에서 다음 반응의 $\Delta G°$와 K_P를 계산하라.

$$2H_2O(g) \rightleftharpoons 2H_2(g) + O_2(g)$$

17.27 (a) 25°C에서 다음 반응의 $\Delta G°$와 K_P를 계산하라. $Cl_2(g)$, $PCl_3(g)$, $PCl_5(g)$의 $\Delta G_f°$는 각각 0, −286 kJ/mol, −325 kJ/mol이다.

$$PCl_5(g) \rightleftharpoons PCl_3(g) + Cl_2(g)$$

(b) 초기 혼합물의 분압이 $P_{PCl_5} = 0.0029$ atm, $P_{PCl_3} = 0.27$ atm, $P_{PCl_2} = 0.40$ atm일 때, 반응의 ΔG를 계산하라.

17.28 다음 반응의 2000 K에서 평형 상수(K_P)는 4.40이다.

$$H_2(g) + CO_2(g) \rightleftharpoons H_2O(g) + CO(g)$$

(a) 위 반응에서 $\Delta G°$를 구하라. (b) 부분 압력이 다음과 같을 때 ΔG를 구하라. $P_{H_2} = 0.25$ atm, $P_{CO_2} = 0.78$ atm, $P_{H_2O} = 0.66$ atm, $P_{CO} = 1.20$ atm.

17.29 탄산 칼슘의 분해 반응을 생각해 보자.

$$CaCO_3(s) \rightleftharpoons CaO(s) + CO_2(g)$$

평형에서 (a) 25°C일 때, (b) 800°C일 때의 CO_2의 부분 압력을 atm 단위로 계산하라. 이 온도 범위에서 $\Delta H° = 177.8$ kJ/mol, $\Delta S° = 160.5$ J/K · mol로 가정한다.

17.30 다음 반응에 대한 평형 상수 K_P는 25°C에서 5.62×10^{35}이다.

$$CO(g) + Cl_2(g) \rightleftharpoons COCl_2(g)$$

25°C에서 $COCl_2$의 $\Delta G_f°$를 구하라.

17.31 25°C에서 다음 반응의 $\Delta G°$는 8.6 kJ/mol이다.

$$H_2O(l) \rightleftharpoons H_2O(g)$$

같은 온도에서 물의 증기압을 계산하라.

17.32 다음 반응 과정의 $\Delta G°$를 구하라.

$$\text{C(다이아몬드)} \longrightarrow \text{C(흑연)}$$

25°C에서 다이아몬드가 흑연으로 바뀌는 반응은 유리한가? 만약 그렇다면 왜 다이아몬드가 흑연으로 바뀌는 반응이 쉽게 일어나지 않을까?

17.6 생명계의 열역학

➡ 복습 질문

17.33 짝지은 반응(coupled reaction)이란 무엇인가? 생물학적 반응에서 이 반응이 중요한 이유는 무엇인가?

17.34 생물학적 반응에서 ATP의 역할을 써라.

➡ 문제

17.35 글루코스의 대사과정을 참조하여(17.6절) 글루코스 1 mol이 분해될 때 최대 몇 mol의 ATP가 ADP로부터 생성될 수 있는가를 계산하라.

17.36 글루코스의 물질대사에서 첫 단계는 글루코스를 글루코스 6-인산으로 바꾸는 것이다.

$$\text{글루코스} + H_3PO_4 \longrightarrow \text{글루코스 6-인산} + H_2O \quad \Delta G° = 13.4 \text{ kJ/mol}$$

$\Delta G°$가 양이기 때문에 위 반응은 자발적으로 일어나지 않는다. ATP의 가수분해와 짝지으면 이 반응이 어떻게 일어날 수 있게 되는지를 설명하라. 또한 짝지은 반응식을 쓰고, 그 평형 상수를 추정하라.

실전 연습의 답_Answers to Practice Exercises

17.1 (a) 엔트로피 감소, (b) 엔트로피 감소, (c) 엔트로피 증가, (d) 엔트로피 증가. **17.2** (a) −173.6 J/K · mol, (b) −139.8 J/K · mol, (c) 215.3 J/K · mol. **17.3** (a) $\Delta S > 0$, (b) $\Delta S < 0$, (c) $\Delta S \approx 0$. **17.4** (a) −106.4 kJ/mol, (b) −2935.0 kJ/mol. **17.5** $\Delta S_{\text{용융}} = 16$ J/K · mol, $\Delta S_{\text{증발}} = 72$ J/K · mol. **17.6** 2×10^{57}. **17.7** 33 kJ/mol. **17.8** $\Delta G = -1.0$ kJ/mol; 방향은 왼쪽에서 오른쪽으로 이동한다.

개념과 사실 복습하기의 답_Answers to Review of Concepts & Facts

17.2.1 (b)와 (c). **17.2.2** (a) 양, (b) 양, (c) 음. **17.3.1** +145.3 J/K · mol. **17.3.2** (a) $A_2 + 3B_2 \longrightarrow 2AB_3$, (b) $\Delta S < 0$. **17.4.1** ΔS는 양의 값이어야 하고, $T\Delta S > \Delta H$이다. **17.4.2** 용액상 과정에서 보통 S 값은 매우 작으므로, $T\Delta S$ 값도 (실온에서) ΔH의 크기에 비교하여 작다. **17.4.3** 30.0 kJ/mol. **17.4.4** 196 J/K · mol. **17.5.1** 1보다 작다. **17.5.2** 7×10^5. **17.5.3** −1.53 kJ/mol.

▲ 연료 전지는 화학 반응을 사용하여 자동차에 사용할 수 있는 전기 에너지를 생성한다.

Gene Chutka/E+/Getty Images

제 18 장

전기화학

electrochemistry

차 례

18.1 산화-환원 반응
18.2 갈바니 전지
18.3 표준 환원 전위
18.4 산화-환원 반응의 열역학
18.5 전지의 Emf에 대한 농도 효과
18.6 배터리와 연료 전지
18.7 부식
18.8 전기분해

전기 에너지는 일상생활에서 매우 중요한 에너지의 한 형태이다. 기술 사회에서 전기가 없는 날은 상상할 수 없다. 전기 에너지와 화학 에너지의 상호 전환을 다루는 화학 분야가 전기화학이다.

전기화학 과정은 자발적 반응에 의해 방출된 에너지를 전기 에너지로 전환하는 산화-환원 반응이거나, 전기 에너지를 사용하여 비자발적인 화학 반응을 일으키는 산화-환원 반응이다. 후자를 전기분해라 한다.

이 장에서는 갈바니 전지의 기본 원리와 응용, 전기화학 반응의 열역학, 부식과 이를 방지하기 위한 전기화학적 접근법에 대해서 살펴볼 것이다. 또한 간단한 전기분해 과정과 그 정량적인 측면도 논의하고자 한다.

18.1 산화-환원 반응

학습 목표

- 반쪽 반응법을 사용하여 산화-환원 반응식의 균형을 맞출 수 있다.

전기화학(electrochemistry)은 *전기 에너지와 화학 에너지의 상호 전환 과정을 설명하는 화학의 한 분야*이다. 전기화학 과정은 산화-환원 반응으로 자발적인 화학 반응에 의해 생성된 에너지가 전기로 변환되거나, 전기 에너지를 사용하여 비자발적인 화학 반응을 일으키는 과정이다. 제4장에서 산화-환원 반응에 대하여 공부한 것을 기본으로 하여 이 장에서 다시 산화-환원 반응의 기초를 요약해 보는 것이 도움이 될 것이다.

산화-환원 반응은 한 물질로부터 다른 물질로 전자들의 이동을 수반한다. 마그네슘 금속과 염산의 산화-환원 반응을 예로 들어 보면,

$$\overset{0}{\mathrm{Mg}}(s) + 2\overset{+1}{\mathrm{H}}\mathrm{Cl}(aq) \longrightarrow \overset{+2}{\mathrm{Mg}}\mathrm{Cl_2}(aq) + \overset{0}{\mathrm{H}}_2(g)$$

원소 위에 쓰인 숫자는 원소의 산화수이다. 산화수를 구하는 규칙은 4.4절에 나와 있다. 산화 과정에서는 전자를 잃어 원소의 산화수가 증가하며, 환원 과정에서는 전자를 얻어 원소의 산화수가 감소한다. 따라서 위 반응에서 금속 마그네슘은 산화되었고, H^+ 이온은 환원되었다. 이때, Cl^- 이온은 구경꾼 이온이다.

산화-환원 반응식의 균형 맞추기

위와 같은 간단한 산화-환원 반응식의 균형을 맞추는 일은 어렵지 않다. 그러나 크로뮴산(CrO_4^{2-}), 이크로뮴산($Cr_2O_7^{2-}$), 과망가니즈산(MnO_4^-), 질산(NO_3^-), 황산(SO_4^{2-}) 이온과 같은 복잡한 산소산 음이온이 포함된 복잡한 산화-환원 반응도 있다. 반응식의 균형을 맞추는 원리는 3.7절에서 설명한 바와 같으나 여기서는 보다 쉽게 산화-환원 반응식의 균형을 맞추는 방법을 설명하려고 한다. 이 방법은 *이온-전자법*(ion-electron method)이라고 하며, 각 화학종의 전자 이동에 초점을 맞춘다. 먼저, 전체 반응을 산화 반쪽 반응과 환원 반쪽 반응으로 나눈다. 그리고 각 반쪽 반응식의 균형을 맞춘 후 두 식을 더하여 전체 균형 반응식을 완성한다.

산성 조건에서 이크로뮴산 이온($Cr_2O_7^{2-}$)을 사용하여 Fe^{2+} 이온을 Fe^{3+} 이온으로 산화시키는 산화-환원 반응식의 균형을 맞추어 보자. 이 반응에서 $Cr_2O_7^{2-}$ 이온은 Cr^{3+} 이온으로 환원된다. 다음에는 단계별로 균형 반응식을 맞추는 것을 보여준다.

단계 1: 이온식으로 불균형 반응을 적는다.

$$Fe^{2+} + Cr_2O_7^{2-} \longrightarrow Fe^{3+} + Cr^{3+}$$

단계 2: 위 반응을 두 개의 반쪽 반응으로 나눈다.

$$\text{산화:}\quad \overset{+2}{Fe^{2+}} \longrightarrow \overset{+3}{Fe^{3+}}$$

$$\text{환원:}\quad \overset{+6}{Cr_2O_7^{2-}} \longrightarrow \overset{+3}{Cr^{3+}}$$

단계 3: 각 반쪽 반응에서 원소의 종류와 수 및 전하수를 같게 한다. 산성 조건에서는 H_2O를 더하여 산소 원자의 균형을 맞추고, H^+ 이온을 더하여 수소 원자의 균형을 맞춘다.

산화 반쪽 반응: 원자수는 이미 균형이 맞았다. 산화 반쪽 반응에서 전자가 생성물로 나온다. 전하의 균형을 맞추기 위하여 화살표의 오른쪽에 전자를 한 개 더한다.

$$Fe^{2+} \longrightarrow Fe^{3+} + e^-$$

환원 반쪽 반응: 반응이 산성 조건에서 일어나므로 산소의 개수를 같게 하기 위하여 화살표의 오른쪽에 H_2O 분자 7개를 더한다.

$$Cr_2O_7^{2-} \longrightarrow 2Cr^{3+} + 7H_2O$$

또한 H 원자의 개수를 같게 하기 위하여 화살표의 왼쪽에 $14H^+$을 더한다.

$$14H^+ + Cr_2O_7^{2-} \longrightarrow 2Cr^{3+} + 7H_2O$$

환원 반쪽 반응에서는 전자가 반응물이 된다. 반쪽 반응의 왼쪽에는 12의 양전하가, 오른쪽에는 6의 양전하가 있으므로 왼쪽에 전자 여섯 개를 더한다.

$$14H^+ + Cr_2O_7^{2-} + 6e^- \longrightarrow 2Cr^{3+} + 7H_2O$$

단계 4: 두 반쪽 반응을 더하고 최종 반응식의 균형을 맞춘다. 양쪽의 전자는 모두 제거되어야 한다. 만약 산화 환원 반응의 전자수가 서로 다르다면 각 반쪽 반응의 전자수가 같아지도록 한쪽 또는 양쪽의 반쪽 반응에 적당한 정수를 곱하여 두 반쪽 반응의 전자수를 같게 한다.

여기서 산화 반쪽 반응에는 한 개의 전자가 환원 반쪽 반응에는 여섯 개의 전자가 있으므로 산화 반쪽 반응에 6을 곱하여 식을 쓰면 다음과 같다.

$$6(Fe^{2+} \longrightarrow Fe^{3+} + e^-)$$
$$14H^+ + Cr_2O_7^{2-} + 6e^- \longrightarrow 2Cr^{3+} + 7H_2O$$
$$\overline{6Fe^{2+} + 14H^+ + Cr_2O_7^{2-} + \cancel{6e^-} \longrightarrow 6Fe^{3+} + 2Cr^{3+} + 7H_2O + \cancel{6e^-}}$$

양쪽에서 여섯 개의 전자가 소거되므로 균형 맞춘 이온 반응식은 다음과 같이 된다.

$$6Fe^{2+} + 14H^+ + Cr_2O_7^{2-} \longrightarrow 6Fe^{3+} + 2Cr^{3+} + 7H_2O$$

단계 5: 반응식의 왼쪽과 오른쪽에서 원자의 종류와 수, 전하의 수가 같은지 확인한다.

최종 반응식은 항상 "원자적인" 측면과 "전기적인" 측면에서 균형이 잡혔는지를 점검해야 한다.

염기성 조건에서 일어나는 반응의 경우 단계 4까지 산성 조건에서 반응이 일어난 것처럼 절차를 진행하고, 다만 H^+를 더한 만큼 식의 *양변에* OH^-를 더한다. 그리고 H^+와 OH^-가 동시에 식에 존재하면, 이를 H_2O로 대치한다. 예제 18.1은 이 과정을 설명해 준다.

인터넷 핫스팟

학생들의 학습 경험에 대해 축적된 자료에 따르면 산성 용액에서 산화-환원 반응의 균형을 맞추는 것에 어려움을 겪을 수 있다. 이런 경우 eBook에 접속해서 이 주제에 대한 추가 학습 자료를 보면 도움이 될 수 있다.

인터넷 핫스팟

학생들의 학습 경험에 대해 축적된 자료에 따르면 염기성 용액에서 산화-환원 반응의 균형을 맞추는 것에 어려움을 겪을 수 있다. 이런 경우 eBook에 접속해서 이 주제에 대한 추가 학습 자료를 보면 도움이 될 수 있다.

예제 18.1

염기성 조건에서 아이오딘화 이온(I^-)이 과망가니즈산 이온(MnO_4^-)에 의해 산화되어 I_2와 이산화 망가니즈(IV)(MnO_2)를 생성하는 것을 나타내는 균형 이온 반응식을 써라.

(계속)

전략 앞에서 한 과정과 같이 균형 잡힌 산화-환원 반응식을 만든다. 반응이 염기성 조건에서 일어나는 것을 유의한다.

풀이

단계 1: 불균형 반응식을 적는다.

$$MnO_4^- + I^- \longrightarrow MnO_2 + I_2$$

단계 2: 두 개의 반쪽 반응으로 나눈다.

$$\text{산화 반쪽 반응:} \quad \overset{-1}{I^-} \longrightarrow \overset{0}{I_2}$$
$$\text{환원 반쪽 반응:} \quad \overset{+7}{Mn}O_4^- \longrightarrow \overset{+4}{Mn}O_2$$

단계 3: 각 반응의 원자와 전하의 형태와 수 그리고 전하의 균형을 맞춘다.

산화 반쪽 반응: 우선 아이오딘 원자의 수를 같게 한다.

$$2I^- \longrightarrow I_2$$

전하의 균형을 맞추기 위하여 반응식의 오른쪽에 전자 두 개를 더한다.

$$2I^- \longrightarrow I_2 + 2e^-$$

환원 반쪽 반응: 산소 원자의 개수를 맞추기 위해 오른쪽에 H_2O 두 개를 더한다.

$$MnO_4^- \longrightarrow MnO_2 + 2H_2O$$

수소 원자의 개수를 같게 하기 위하여 반응식 왼쪽에 4개의 H^+ 이온을 더한다.

$$MnO_4^- + 4H^+ \longrightarrow MnO_2 + 2H_2O$$

반응식의 왼쪽은 총 전하가 +3이므로 전하 균형을 맞추기 위해 왼쪽에 전자 세 개를 더한다.

$$MnO_4^- + 4H^+ + 3e^- \longrightarrow MnO_2 + 2H_2O$$

단계 4: 두 반쪽 반응을 더해 전체 반응식을 얻는다. 이때 전자수를 같게 하기 위하여 산화 반쪽 반응에는 3을, 환원 반쪽 반응에는 2를 각각 곱한다.

$$3(2I^- \longrightarrow I_2 + 2e^-)$$
$$2(MnO_4^- + 4H^+ + 3e^- \longrightarrow MnO_2 + 2H_2O)$$
$$\overline{6I^- + 2MnO_4^- + 8H^+ + \cancel{6e^-} \longrightarrow 3I_2 + 2MnO_2 + 4H_2O + \cancel{6e^-}}$$

반응식의 양쪽에서 전자를 소거하면 균형 맞춘 전체 반응식을 얻게 된다.

$$6I^- + 2MnO_4^- + 8H^+ \longrightarrow 3I_2 + 2MnO_2 + 4H_2O$$

이 반응은 산성 조건에서의 반응이다. 그런데 실제 반응은 염기성 조건에서 일어나기 때문에 H^+ 개수만큼 반응식 양쪽에 OH^-를 더할 필요가 있다.

$$6I^- + 2MnO_4^- + 8H^+ + 8OH^- \longrightarrow 3I_2 + 2MnO_2 + 4H_2O + 8OH^-$$

결국 H^+와 OH^-가 결합하면 H_2O가 되므로 다음과 같은 반응식을 얻는다.

$$6I^- + 2MnO_4^- + 4H_2O \longrightarrow 3I_2 + 2MnO_2 + 8OH^-$$

단계 5: 마지막으로 반응 전후의 원자수와 전하수를 확인한다.

실전 연습 이온-전자법을 이용하여 산성 조건 속에서 다음 반응의 균형을 맞추어라.

$$Fe^{2+} + MnO_4^- \longrightarrow Fe^{3+} + Mn^{2+}$$

비슷한 문제: 18.1, 18.2.

개념과 사실 요약하기

- 산화 환원 반응은 전자의 이동이 관여된다.
- 산화-환원 과정을 나타내는 반응식은 이온-전자 방법을 사용하여 균형을 맞출 수 있다.

• 공통 이온을 포함하는 용액의 평형 농도 또는 pH를 구할 수 있다.

개념과 사실 복습하기

18.1.1 다음 반응에서 이동한 전자의 수를 결정하라.

$$2Al(s) + 6H^+(aq) \longrightarrow 2Al^{3+}(aq) + 3H_2(g)$$

18.1.2 산성 용액에서 일어나는 다음 반응에 대한 균형 맞춘 반응식에서 NO_2의 계수는 무엇인가?

$$Sn + NO_3^- \longrightarrow SnO_2 + NO_2$$

18.2 갈바니 전지

학습 목표

• *갈바니 전지, 산화전극, 환원전극, 염다리*와 같은 주요 전기화학적 용어를 설명할 수 있다.

4.4절에서 설명한 바와 같이 아연 금속을 $CuSO_4$ 수용액에 넣으면, 아연 금속은 Zn^{2+} 이온으로 산화되고, Cu^{2+} 이온은 구리 금속으로 환원됨을 알 수 있다(그림 4.10 참조).

$$Zn(s) + Cu^{2+}(aq) \longrightarrow Zn^{2+}(aq) + Cu(s)$$

전자는 환원제인 Zn으로부터 나와 산화제인 Cu^{2+} 이온으로 이동한다. 그러나 만일 산화제와 환원제가 분리되어 있다면, 전자는 외부 전도체인 금속선을 통하여 이동한다. 반응이 진행함에 따라 일정한 수의 전자가 이동하며, 결과적으로 전류가 흐르게 된다(이 전류는 전기 모터를 작동시킬 수 있는 전기적 일을 한다).

자발적인 산화-환원 반응을 이용하여 전기를 발생시키는 실험 장치를 **갈바니 전지**(Galvanic cell) 또는 *볼타 전지*(voltaic cell)라 부른다. 이 이름은 갈바니(Luigi Galvani)와 볼타(Alessandro Volta)가 처음 조립하여 붙여졌다. 그림 18.1은 갈바니 전지의 구성 요소들을 보여준다. 아연 금속 막대는 $ZnSO_4$ 용액에 담겨 있고, 구리 막대는 $CuSO_4$ 용액에 담겨 있다. 각 용기에서 Zn은 Zn^{2+}으로 산화되고, Cu^{2+}는 Cu로 환원되는 반응이 자발적으로 일어남에 따라 외부 도선을 통해 전자가 이동하는 원리에 의해 전지가 작동한다. 여기에서 아연 막대와 구리 막대를 *전극*(electrode)이라 부른다. 아연과 구리 전극 그리고 $ZnSO_4$와 $CuSO_4$ 용액으로 이루어진 전지를 다니엘(Daniell) 전지라 한다. 정의에 따라 산화가 일어나는 전극을 **산화전극**(anode), 환원이 일어나는 전극을 **환원전극**(cathode)이라 한다. 어떤 전극에서 어떤 과정이 발생하는지 기억하는 편리한 방법은 영어의 알파벳 순으로 *a*node(산화전극)가 *c*athode(환원전극)보다 앞서고 *o*xidation(산화)가 *r*eduction(환원)보다 앞선다는 사실을 기억하는 것이다. 따라서 산화전극은 산화가 일어나는 곳이고 환원전극은 환원이 일어나는 곳이다.

▶▶ 동영상 자료
갈바니 전지

▶▶ 동영상 자료
Cu/Zn 볼타 전지

다니엘 전지에서, *전극에서 일어나는 산화와 환원 반응*인 **반쪽 전지 반응**(half-cell reaction)은 다음과 같다.

$$\text{Zn 전극(산화전극):} \quad Zn(s) \longrightarrow Zn^{2+}(aq) + 2e^-$$
$$\text{Cu 전극(환원전극):} \quad Cu^{2+}(aq) + 2e^- \longrightarrow Cu(s)$$

두 용액을 각각 분리해 놓지 않으면 Cu^{2+} 이온은 아연 막대와 다음과 같이 직접 반응할 것이다.

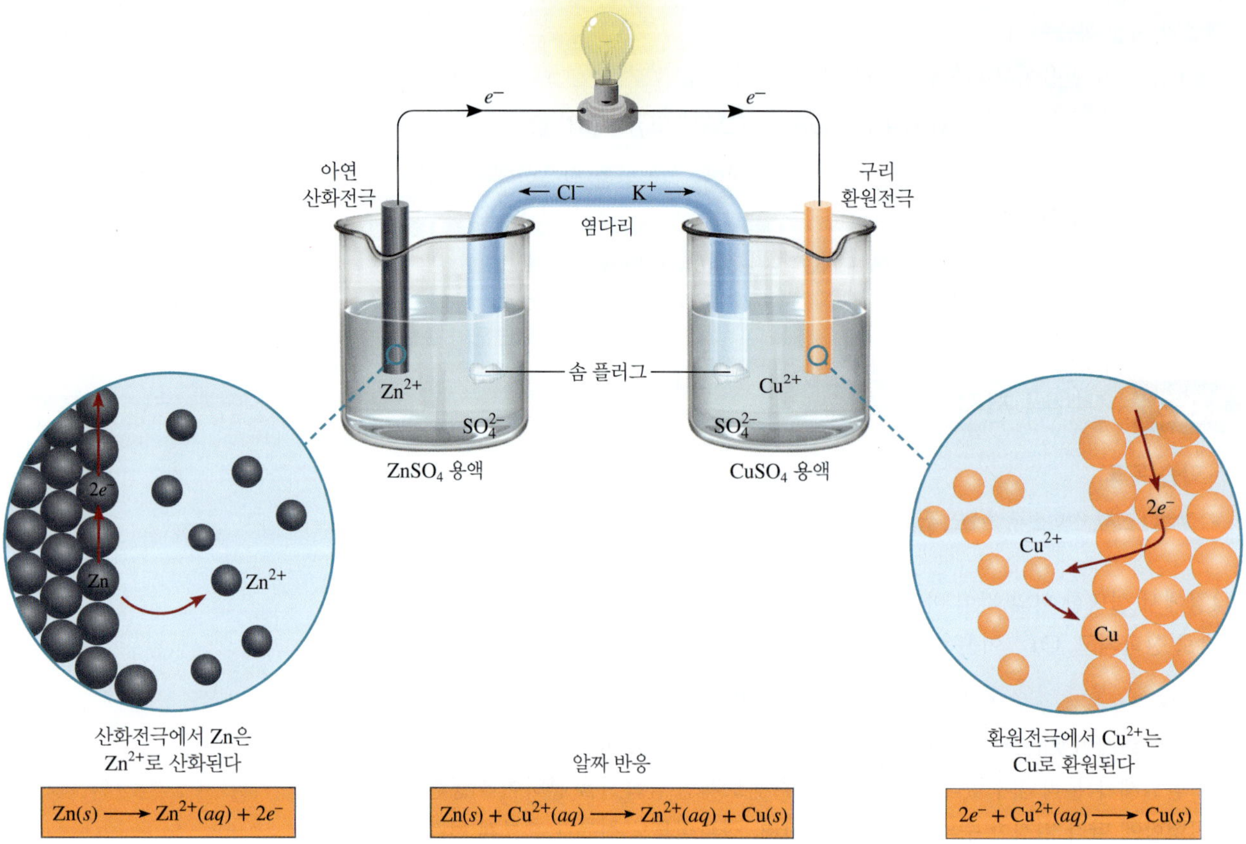

▲ **그림 18.1** 갈바니 전지. KCl 용액이 들어 있는 염다리(거꾸로 U자관)는 두 용액을 전기적으로 연결한다. U자관의 입구는 솜 플러그로 느슨하게 막아 놓는데, 양이온과 음이온은 이동할 수 있지만 KCl 용액이 흘러나오는 것을 막기 위해서이다. 전구의 불은 전자가 외부 도선을 통하여 Zn 전극(산화전극)에서 Cu 전극(환원전극)으로 이동할 때 들어온다.

$$Cu^{2+}(aq) + Zn(s) \longrightarrow Cu(s) + Zn^{2+}(aq)$$

이렇게 되면 유용한 전기적 일은 얻을 수 없다.

▶▶▶ **동영상 자료**
볼타 전지의 작동

전기 회로를 완성하려면 용액은 양이온과 음이온이 한 전극의 칸막이에서 다른 전극의 칸막이로 이동할 수 있는 전도 매질과 연결되어 있어야 한다. 이를 위하여 *염다리*(salt bridge)를 사용한다. 염다리의 간단한 형태는 KCl이나 NH_4NO_3와 같은 비활성 전해질이 채워진 거꾸로 세운 U자관(inverted U tube)으로 만든다. 이때 사용한 비활성 전해질의 이온들은 용액 속에서 다른 이온이나 전극과 반응하지 않는다(그림 18.1 참조). 전체 산화-환원 반응 과정에서 전자들은 외부 도선을 통하여 산화전극(Zn 전극)으로부터 환원전극(Cu 전극)으로 흐른다. 용액 속에서 음이온(SO_4^{2-}, Cl^-)이 산화전극으로 이동하는 동안 양이온(Zn^{2+}, Cu^{2+}, K^+)은 환원전극으로 이동한다. 그러나 두 용액 사이에 염다리를 연결하지 않으면, 산화전극 부근에서는 Zn^{2+} 이온의 생성으로 양전하가 쌓이고 환원전극 부근에서는 Cu^{2+} 이온이 환원되어 Cu로 됨으로써 음전하가 쌓여 전지의 작동이 정지될 것이다.

산화전극에서 환원전극으로 전류가 흐르는 이유는 두 전극 간의 전기 퍼텐셜(electrical potential) 에너지 차이 때문이다. 이러한 전기 흐름의 원리는 퍼텐셜 에너지의 차에 의하여 폭포에서 물이 아래로 흐르는 것이나 고압 상태에 있는 기체가 저압 영역으로 이동하는 것과 유사하다. *산화전극과 환원전극의 전압차*는 전압계(그림 18.2)로 측정한다.

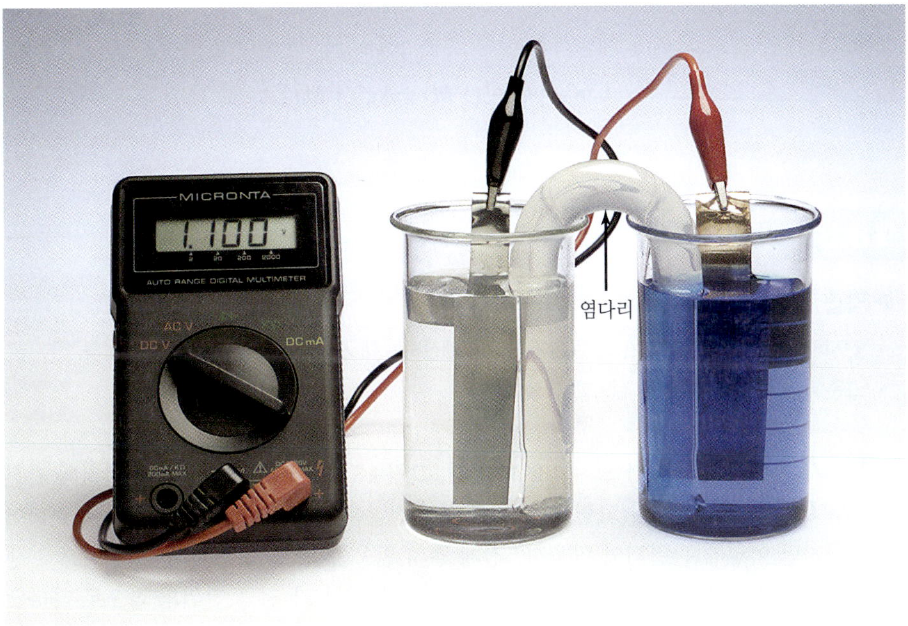

그림 18.2 그림 18.1에서 설명한 갈바니 전지의 설치 모양. U자관(염다리)은 두 비커에 연결되어 있음에 유의하라. 25°C에서 $ZnSO_4$와 $CuSO_4$가 모두 1 *M* 농도일 때 전지 전압은 1.10 V이다. 전압을 측정하는 동안 전극 사이에는 전류가 흐르지 않는다.
Charles D. Winters/Science Source

갈바니 전지의 전극 사이의 전압차를 **전지 전압**(cell voltage) 또는 *전지 전위*(cell potential)라 부른다. 그러나 전지 전압은 흔히 **기전력**[electromotive force, emf (***E***)]이라 부른다. 기전력이라는 용어에 힘(force)이라는 단어가 있지만 이것은 힘이 아니라 전압의 척도이다. 전지의 기전력은 전극과 이온들의 성질뿐만 아니라 전지가 작동하는 온도 및 이온들의 농도에 따라 달라진다는 것을 알게 될 것이다.

갈바니 전지를 나타내는 편리한 관습적 표현법은 *전지 도식*(cell diagram)이다. 그림 18.1에 나타낸 다니엘 전지에서 Cu^{2+}와 Zn^{2+}의 농도가 1 *M*로 되어 있을 때, 전지를 전지 도식으로 표현하면 다음과 같이 된다.

$$Zn(s)\,|\,Zn^{2+}(1\ M)\,||\,Cu^{2+}(1\ M)\,|\,Cu(s)$$

여기서 단일 수직선은 상의 경계를 나타낸다. 예를 들면, 아연 전극은 고체이고, Zn^{2+} 이온($ZnSO_4$에서 나옴)들은 용액 속에 있다. 그러므로 Zn과 Zn^{2+} 사이의 상의 경계를 나타내기 위하여 선을 긋는다. 두 개의 수직선은 염다리를 나타낸다. 규약에 따르면 산화전극은 이중 수직선의 왼쪽 제일 앞쪽에 쓰고, 다른 성분들은 산화전극에서 환원전극으로 이동할 때 마주치는 순서대로 나타낸다.

인터넷 핫스팟

학생들의 학습 경험에 대해 축적된 자료에 따르면 전지의 도식을 이해하는 데 어려움을 겪을 수 있다. 이런 경우 eBook에 접속해서 이 주제에 대한 추가 학습 자료를 보면 도움이 될 수 있다.

개념과 사실 요약하기

- 갈바니 전지에서 자발적인 화학 반응에 의해 전기가 생성된다. 산화와 환원은 각각 산화전극과 환원전극에서 따로 일어나며 전자는 외부 회로를 통해 흐른다.
- 갈바니 전지의 두 부분은 반쪽 전지이고 전극에서의 반응은 반쪽 전지 반응이다. 염다리는 이온이 반쪽 전지 사이에서 흐를 수 있도록 한다.

개념과 사실 복습하기

18.2.1 다음 산화-환원 반응에 대한 전지 도식을 써라. 여기서 Fe^{2+}와 Al^{3+} 이온의 농도는 모두 1 *M*이다.

$$3Fe^{2+}(aq) + 2Al(s) \longrightarrow 3Fe(s) + 2Al^{3+}(aq)$$

18.2.2 다음 전지 도식에 해당하는 균형 맞춘 산화-환원 반응식을 써라.

$$Cu(s) \mid Cu^{2+}(1\ M) \parallel Ag^{+}(1\ M) \mid Ag(s)$$

18.3 표준 환원 전위

학습 목표

- 전지의 산화환원 반응에 대한 표준 환원 전위를 계산하는 데 사용되는 조건을 설명할 수 있다.
- 표준 수소 전극의 중요성을 설명할 수 있다.

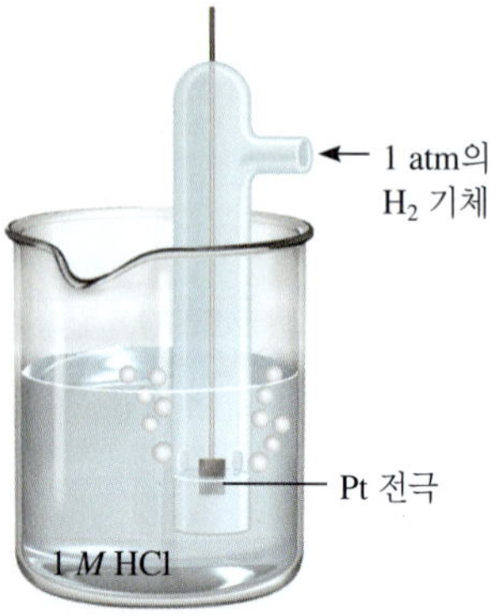

▲ **그림 18.3** 표준 상태하에서 작동 중인 수소 전극. 1 atm의 수소 기체를 1 *M* HCl 용액을 통해 넣어 주고 있다. 백금 전극은 수소 전극의 일부이다.

인터넷 핫스팟
학생들의 학습 경험에 대해 축적된 자료에 따르면 표준 수소 전극을 이해하는 데 어려움을 겪을 수 있다. 이런 경우 eBook에 접속해서 이 주제에 대한 추가 학습 자료를 보면 도움이 될 수 있다.

Cu^{2+}와 Zn^{2+} 이온의 농도가 모두 1.0 *M*일 때, 그림 18.1에서 나타낸 다니엘 전지의 기전력은 25°C에서 1.10 V이다(그림 18.2 참조). 이 전압은 산화-환원 반응에 직접 관련되어 있다. 하지만 어떻게 관련되어 있을까? 전체 전지 반응이 두 반쪽 전지 반응의 합으로 생각했던 것과 같이 전지 전위는 Zn과 Cu 전극에서 측정한 각 전극 전위의 합으로 나타낼 수 있다. 이들 전극 전위 중 하나를 알면, 다른 것은 1.10 V에서 알고 있는 전위를 빼주면 된다. 단일 전극의 전위 측정은 불가능하지만 만일 임의로 특정 전극의 전위 값을 0으로 정하면, 이를 다른 전극의 상대 전위를 결정하는 데 사용할 수 있다. 그림 18.3에서 나타낸 수소 전극을 이 목적을 위한 기준으로 삼는다. 수소 기체를 25°C에서 염산 용액 속으로 불어 넣는다. 백금 전극은 두 가지 기능을 한다. 첫째, 수소 분자의 해리가 일어나는 표면을 제공한다.

$$H_2 \longrightarrow 2H^+ + 2e^-$$

둘째, 외부 회로에 전기 전도체로 작용한다.

표준 상태(H_2의 압력이 1 atm, HCl 농도가 1 *M*, 표 17.3 참조)일 때 25°C에서 H^+ 이온의 환원 전위를 *정확하게* 0으로 놓는다.

$$2H^+(1\ M) + 2e^- \longrightarrow H_2(1\ atm) \qquad E° = 0\ V$$

위첨자 "°"은 표준 상태를 나타내고, $E°$는 *모든 용질의 농도가 1 M이고 모든 기체의 압력이 1 atm일 때, 전극에서 환원 반응에 대한 전압*으로 **표준 환원 전위**(standard reduction potential)라 부른다. 따라서 수소 전극에 대한 표준 환원 전위는 0 V로 정의한다. 이 수소 전극을 *표준 수소 전극*(standard hydrogen electrode, SHE)이라 부른다.

여러 종류의 전극 전위를 측정하기 위하여 표준 수소 전극을 사용한다. 그림 18.4(a)는 아연 전극과 표준 수소 전극으로 된 갈바니 전지를 보여준다. 이 경우에 아연 전극은 산화전극이고 표준 수소 전극은 환원전극이다. 전지가 작동하는 동안 아연 전극의 질량은 감소한다. 이를 통해 산화반응에 의해 아연이 용해되어 아연 이온이 된다는 사실을 추측할 수 있다.

$$Zn(s) \longrightarrow Zn^{2+}(aq) + 2e^-$$

전지 도식은 다음과 같다.

$$Zn(s) \mid Zn^{2+}(1\ M) \parallel H^+(1\ M) \mid H_2(1\ atm) \mid Pt(s)$$

앞에서 언급한 바와 같이 백금 전극 표면은 환원이 일어날 수 있는 표면을 제공한다. 모든 반응 물질이 표준 상태(즉, H_2는 1 atm, H^+과 Zn^{2+} 이온은 1 *M*)에 있을 때 전지의 기전력은 25°C에서 0.76 V이다. 반쪽 전지 반응은 다음과 같이 쓸 수 있다.

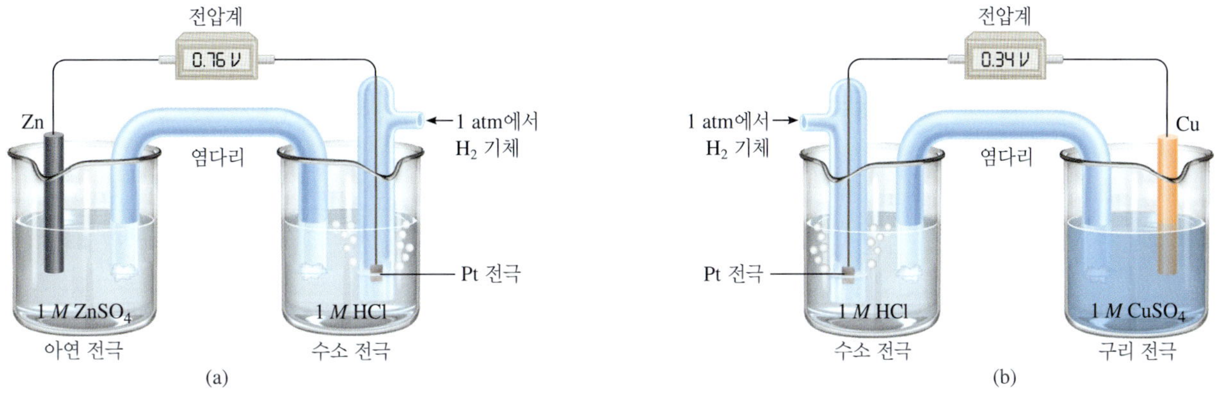

▲ **그림 18.4** (a) 아연 전극과 수소 전극으로 구성된 전지. (b) 구리 전극과 수소 전극으로 구성된 전지. 두 전지 모두 표준 상태 조건에서 작동한다. (a)에서 표준수소 전극(SHE)은 환전 전극으로 작용하지만 (b)에서는 산화전극으로 작동한다. 그림 18.2에서 언급했듯이 전압 측정 중에는 전극 사이에 전류가 흐르지 않는다.

$$\begin{array}{rl}
\text{산화전극(산화 반응):} & \mathrm{Zn}(s) \longrightarrow \mathrm{Zn}^{2+}(1\,M) + 2e^- \\
\text{환원전극(환원 반응):} & 2\mathrm{H}^+(1\,M) + 2e^- \longrightarrow \mathrm{H}_2(1\text{ atm}) \\
\hline
\text{전체:} & \mathrm{Zn}(s) + 2\mathrm{H}^+(1\,M) \longrightarrow \mathrm{Zn}^{2+}(1\,M) + \mathrm{H}_2(1\text{ atm})
\end{array}$$

규약에 의하면 전지의 **표준 기전력**(standard emf), $E^\circ_{전지}$는 환원전극의 표준 전위와 산화전극의 표준 전위의 차이로 정의한다.

$$E^\circ_{전지} = E^\circ_{환원전극} - E^\circ_{산화전극} \tag{18.1}$$

여기에서 $E^\circ_{환원전극}$과 $E^\circ_{산화전극}$은 모두 각 전극의 표준 환원 전위이다. Zn-SHE 전지에 대해서는 다음과 같이 쓸 수 있다.

$$\begin{aligned}
E^\circ_{전지} &= E^\circ_{\mathrm{H^+/H_2}} - E^\circ_{\mathrm{Zn^{2+}/Zn}} \\
0.76\text{ V} &= 0 - E^\circ_{\mathrm{Zn^{2+}/Zn}}
\end{aligned}$$

여기에서 아래첨자로 표시한 H^+/H_2는 $2H^+ + 2e^- \longrightarrow H_2$의 반응을 뜻하고, Zn^{2+}/Zn는 $Zn^{2+} + 2e^- \longrightarrow Zn$ 반응을 뜻한다. 따라서 Zn의 표준 환원 전위 $E^\circ_{\mathrm{Zn^{2+}/Zn}}$는 −0.76 V이다.

구리의 표준 전극 전위는 구리 전극과 표준 수소 전극[그림 18.4(b)]으로 이루어진 갈바니 전지를 사용하여 위와 같은 방법으로 얻어질 수 있다. 이 경우에 전지가 작동하는 동안 구리 전극의 질량은 증가한다. 이 때문에 구리 전극은 환원전극이고, 이는 다음 환원 반응에서 보여주는 바와 같이 잘 일치한다.

$$\mathrm{Cu}^{2+}(aq) + 2e^- \longrightarrow \mathrm{Cu}(s)$$

전지의 도식은 다음과 같다.

$$\mathrm{Pt}(s)\,|\,\mathrm{H_2}(1\text{ atm})\,|\,\mathrm{H^+}(1\,M)\,\|\,\mathrm{Cu^{2+}}(1\,M)\,|\,\mathrm{Cu}(s)$$

두 반쪽 전지 반응은 다음과 같다.

$$\begin{array}{rl}
\text{산화전극(산화 반응):} & \mathrm{H_2}(1\text{ atm}) \longrightarrow 2\mathrm{H}^+(1\,M) + 2e^- \\
\text{환원전극(환원 반응):} & \mathrm{Cu}^{2+}(1\,M) + 2e^- \longrightarrow \mathrm{Cu}(s) \\
\hline
\text{전체:} & \mathrm{H_2}(1\text{ atm}) + \mathrm{Cu}^{2+}(1\,M) \longrightarrow 2\mathrm{H}^+(1\,M) + \mathrm{Cu}(s)
\end{array}$$

표준 상태와 25°C에서 전지의 emf는 0.34 V이다. 이것을 쓰면

$$\begin{aligned}
E^\circ_{전지} &= E^\circ_{환원전극} - E^\circ_{산화전극} \\
0.34\text{ V} &= E^\circ_{\mathrm{Cu^{2+}/Cu}} - E^\circ_{\mathrm{H^+/H_2}} \\
&= E^\circ_{\mathrm{Cu^{2+}/Cu}} - 0
\end{aligned}$$

이 경우에 구리의 표준 환원 전위, $E^\circ_{Cu^{2+}/Cu}$는 0.34 V이다. 그리고 아래첨자로 나타낸 Cu^{2+}/Cu는 $Cu^{2+} + 2e^- \longrightarrow Cu$의 반응을 나타낸다.

그림 18.1에 나타낸 다니엘 전지는 다음과 같이 쓸 수 있다.

$$\begin{aligned} \text{산화전극(산화 반응):} &\quad \mathrm{Zn}(s) \longrightarrow \mathrm{Zn}^{2+}(1\,M) + 2e^- \\ \text{환원전극(환원 반응):} &\quad \mathrm{Cu}^{2+}(1\,M) + 2e^- \longrightarrow \mathrm{Cu}(s) \\ \hline \text{전체:} &\quad \mathrm{Zn}(s) + \mathrm{Cu}^{2+}(1\,M) \longrightarrow \mathrm{Zn}^{2+}(1\,M) + \mathrm{Cu}(s) \end{aligned}$$

전지의 emf은 다음과 같다.

$$\begin{aligned} E^\circ_{\text{전지}} &= E^\circ_{\text{환원전극}} - E^\circ_{\text{산화전극}} \\ &= E^\circ_{Cu^{2+}/Cu} - E^\circ_{Zn^{2+}/Zn} \\ &= 0.34\text{ V} - (-0.76\text{ V}) \\ &= 1.10\text{ V} \end{aligned}$$

ΔG°(표 17.3 참조)의 경우처럼 E°의 부호를 통해 산화-환원 반응의 정도를 예측할 수 있다. 양의 E° 값은 평형에서 생성물을 선호한다는 것을 의미한다. 반대로, 음의 E° 값은 평형에서 반응물을 더 선호한다는 것을 의미한다. 이 장의 뒷부분에서 $E^\circ_{\text{전지}}$, ΔG°, K 사이의 관계를 알게 될 것이다.

표 18.1에는 많은 반쪽 전지 반응의 표준 환원 전위를 나타내었다. 그림 4.16의 활동도 계열은 표 18.1에 주어진 자료에 근거한 것이다. 정의에 따라 표준 수소 전극의 표준 환원 전위는 0.00 V이다. 표 18.1에서 SHE 아래쪽으로는 표준 환원 전위가 음의 값으로 증가하고, SHE 위로는 표준 환원 전위가 양의 값으로 증가한다. 이 표로부터 다음에 관한 것을 이해하는 것이 중요하다.

1. E° 값은 반응식에서 나타낸 대로 정반응에 대한 반쪽 전지 반응의 전위이다.
2. E°가 큰 양의 값일수록 그 물질은 환원될 경향성이 커진다. 예를 들어, 다음 반쪽 전지 반응은

$$\mathrm{F_2}(1\text{ atm}) + 2e^- \longrightarrow 2\mathrm{F}^-(1\,M) \qquad E^\circ = 2.87\text{ V}$$

모든 반쪽 전지 반응 중에서 가장 높은 양의 표준 환원 전위를 갖는다. 따라서 F^-는 환원하는 경향이 가장 크므로 *가장 강한* 산화제이다. 다음은 다른 극단적인 반응의 예이다.

$$\mathrm{Li}^+(1\,M) + e^- \longrightarrow \mathrm{Li}(s) \qquad E^\circ = -3.05\text{ V}$$

이 반응은 가장 큰 음의 E° 값을 가진다. 따라서 Li^+는 환원되기에 가장 어려운 화학종이기 때문에 *가장 약한* 산화제가 된다. 반대로 F^-는 가장 약한 환원제이고, Li 금속은 가장 강한 환원제가 된다. 표준 상태에서 표 18.1에서 반쪽 반응 왼쪽에 있는 화학종은 아래에서 위쪽으로 갈수록 강한 산화제가 되고, 반쪽 반응 오른쪽의 화학종은 위에서 아래쪽으로 갈수록 강한 환원제가 된다.

3. 반쪽 전지 반응들은 가역적이다. 조건에 따라 전극은 산화전극으로 또는 환원전극으로 작용할 수 있다. 표준 수소 전극은 아연 전지와 짝지으면 환원전극(H^+가 H_2로 환원)으로 작용하고, 구리 전지와 짝지으면 산화전극(H_2가 H^+로 산화)으로 작용한다.
4. 표준 상태에서 주어진 반쪽 전지 반응의 왼쪽에 있는 화학종은 표 18.1에서 자기보다 *아래에* 있는 어떤 반쪽 전지 반응의 오른쪽에 나타낸 화학종과 자발적으로 반응할 것이다. 이것을 *대각선 규칙*(diagonal rule)이라 한다. 다니엘 전지에 이 규칙을 적용해 보면,

표 18.1 25°C에서 표준 환원 전위*

반쪽 반응	$E°$(V)
$F_2(g) + 2e^- \longrightarrow 2F^-(aq)$	+2.87
$O_3(g) + 2H^+(aq) + 2e^- \longrightarrow O_2(g) + H_2O$	+2.07
$Co^{3+}(aq) + e^- \longrightarrow Co^{2+}(aq)$	+1.82
$H_2O_2(aq) + 2H^+(aq) + 2e^- \longrightarrow 2H_2O$	+1.77
$PbO_2(s) + 4H^+(aq) + SO_4^{2-}(aq) + 2e^- \longrightarrow PbSO_4(s) + 2H_2O$	+1.70
$Ce^{4+}(aq) + e^- \longrightarrow Ce^{3+}(aq)$	+1.61
$MnO_4^-(aq) + 8H^+(aq) + 5e^- \longrightarrow Mn^{2+}(aq) + 4H_2O$	+1.51
$Au^{3+}(aq) + 3e^- \longrightarrow Au(s)$	+1.50
$Cl_2(g) + 2e^- \longrightarrow 2Cl^-(aq)$	+1.36
$Cr_2O_7^{2-}(aq) + 14H^+(aq) + 6e^- \longrightarrow 2Cr^{3+}(aq) + 7H_2O$	+1.33
$MnO_2(s) + 4H^+(aq) + 2e^- \longrightarrow Mn^{2+}(aq) + 2H_2O$	+1.23
$O_2(g) + 4H^+(aq) + 4e^- \longrightarrow 2H_2O$	+1.23
$Br_2(l) + 2e^- \longrightarrow 2Br^-(aq)$	+1.07
$NO_3^-(aq) + 4H^+(aq) + 3e^- \longrightarrow NO(g) + 2H_2O$	+0.96
$2Hg^{2+}(aq) + 2e^- \longrightarrow Hg_2^{2+}(aq)$	+0.92
$Hg_2^{2+}(aq) + 2e^- \longrightarrow 2Hg(l)$	+0.85
$Ag^+(aq) + e^- \longrightarrow Ag(s)$	+0.80
$Fe^{3+}(aq) + e^- \longrightarrow Fe^{2+}(aq)$	+0.77
$O_2(g) + 2H^+(aq) + 2e^- \longrightarrow H_2O_2(aq)$	+0.68
$MnO_4^-(aq) + 2H_2O + 3e^- \longrightarrow MnO_2(s) + 4OH^-(aq)$	+0.59
$I_2(s) + 2e^- \longrightarrow 2I^-(aq)$	+0.53
$O_2(g) + 2H_2O + 4e^- \longrightarrow 4OH^-(aq)$	+0.40
$Cu^{2+}(aq) + 2e^- \longrightarrow Cu(s)$	+0.34
$AgCl(s) + e^- \longrightarrow Ag(s) + Cl^-(aq)$	+0.22
$SO_4^{2-}(aq) + 4H^+(aq) + 2e^- \longrightarrow SO_2(g) + 2H_2O$	+0.20
$Cu^{2+}(aq) + e^- \longrightarrow Cu^+(aq)$	+0.15
$Sn^{4+}(aq) + 2e^- \longrightarrow Sn^{2+}(aq)$	+0.13
$2H^+(aq) + 2e^- \longrightarrow H_2(g)$	0.00
$Pb^{2+}(aq) + 2e^- \longrightarrow Pb(s)$	−0.13
$Sn^{2+}(aq) + 2e^- \longrightarrow Sn(s)$	−0.14
$Ni^{2+}(aq) + 2e^- \longrightarrow Ni(s)$	−0.25
$Co^{2+}(aq) + 2e^- \longrightarrow Co(s)$	−0.28
$PbSO_4(s) + 2e^- \longrightarrow Pb(s) + SO_4^{2-}(aq)$	−0.31
$Cd^{2+}(aq) + 2e^- \longrightarrow Cd(s)$	−0.40
$Fe^{2+}(aq) + 2e^- \longrightarrow Fe(s)$	−0.44
$Cr^{3+}(aq) + 3e^- \longrightarrow Cr(s)$	−0.74
$Zn^{2+}(aq) + 2e^- \longrightarrow Zn(s)$	−0.76
$2H_2O + 2e^- \longrightarrow H_2(g) + 2OH^-(aq)$	−0.83
$Mn^{2+}(aq) + 2e^- \longrightarrow Mn(s)$	−1.18
$Al^{3+}(aq) + 3e^- \longrightarrow Al(s)$	−1.66
$Be^{2+}(aq) + 2e^- \longrightarrow Be(s)$	−1.85
$Mg^{2+}(aq) + 2e^- \longrightarrow Mg(s)$	−2.37
$Na^+(aq) + e^- \longrightarrow Na(s)$	−2.71
$Ca^{2+}(aq) + 2e^- \longrightarrow Ca(s)$	−2.87
$Sr^{2+}(aq) + 2e^- \longrightarrow Sr(s)$	−2.89
$Ba^{2+}(aq) + 2e^- \longrightarrow Ba(s)$	−2.90
$K^+(aq) + e^- \longrightarrow K(s)$	−2.93
$Li^+(aq) + e^- \longrightarrow Li(s)$	−3.05

산화제로서의 세기 증가 (↑)

환원제로서의 세기 증가 (↓)

*모든 반쪽 반응에서 용해된 화학종의 농도는 1 *M*이며, 기체의 압력은 1 atm이다. 이들 값은 표준 상태에서의 값이다.

$$Cu^{2+}(1\ M) + 2e^- \longrightarrow Cu(s) \qquad E° = 0.34\ V$$

$$Zn^{2+}(1\ M) + 2e^- \longrightarrow Zn(s) \qquad E° = -0.76\ V$$

첫 번째 반쪽 전지 반응의 왼쪽 물질은 Cu^{2+}이고 두 번째 반쪽 전지 반응의 오른쪽 물질은 Zn이다. 따라서 Zn은 자발적으로 Cu^{2+}을 환원시켜 Zn^{2+}와 Cu를 생성한다.

5. 전극 전위는 세기 성질이기 때문에 반쪽 전지 반응에서 화학량론적인 계수 변화는 $E°$ 값에 영향을 주지 *않는다*. 이것은 전극의 크기나 용액의 양에 따라 $E°$ 값이 변하지 않는다는 뜻이다. 예를 들면,

$$I_2(s) + 2e^- \longrightarrow 2I^-(1\ M) \qquad E° = 0.53\ V$$

그러나 위 반쪽 반응의 양변에 2를 곱해도 $E°$에는 아무런 변화가 없다.

$$2I_2(s) + 4e^- \longrightarrow 4I^-(1\ M) \qquad E° = 0.53\ V$$

6. ΔH, ΔG, ΔS와 같이 $E°$는 반쪽 전지 반응이 역으로 일어날 때, 그 값은 변하지 않고 부호만 바뀐다.

인터넷 핫스팟

학생들의 학습 경험에 대해 축적된 자료에 따르면 표준 환원 전위를 이해하는 데 어려움을 겪을 수 있다. 이런 경우 eBook에 접속해서 이 주제에 대한 추가 학습 자료를 보면 도움이 될 수 있다.

예제 18.2나 18.3에서 알 수 있듯이 표 18.1을 이용하면 표준 상태에서 산화제와 환원제가 분리되어 있든, 함께 섞여 있든 간에 산화-환원 반응이 어느 쪽으로 일어날지를 예측할 수 있다.

예제 18.2

브로민 분자(Br_2)를 25°C에서 NaCl과 NaI가 들어 있는 용액에 넣으면 무슨 일이 일어날지 예측하라. 단 모든 화학종은 표준 상태에 있다고 가정한다.

전략 어떤 산화-환원 반응이 일어날 것인지 예측하기 위해서 Cl_2, Br_2, I_2의 표준 환원 전위를 비교하여 대각선 규칙을 적용한다.

풀이 표 18.1로부터 다음 반쪽 반응에 대한 표준 환원 전위를 쓸 수 있다.

$$Cl_2(1\ atm) + 2e^- \longrightarrow 2Cl^-(1\ M) \qquad E° = 1.36\ V$$
$$Br_2(l) + 2e^- \longrightarrow 2Br^-(1\ M) \qquad E° = 1.07\ V$$
$$I_2(s) + 2e^- \longrightarrow 2I^-(1\ M) \qquad E° = 0.53\ V$$

대각선 규칙을 적용하면 Br_2는 I^-를 산화시키지만 Cl^-는 산화시키지 못할 것이다. 따라서 표준 상태에서 다음과 같은 산화-환원 반응만이 일어날 것이다.

산화 반응: $2I^-(1\ M) \longrightarrow I_2(s) + 2e^-$

환원 반응: $Br_2(l) + 2e^- \longrightarrow 2Br^-(1\ M)$

전체: $2I^-(1\ M) + Br_2(l) \longrightarrow I_2(s) + 2Br^-(1\ M)$

검산 전지의 표준 전위 $E°_{전지}$을 계산함으로써 결론이 타당함을 알 수 있다. Na^+ 이온은 비활성이므로 산화-환원 반응에 관여하지 않는다.

실전 연습 표준 상태에서 Sn이 $Zn^{2+}(aq)$을 환원시킬 수 있을까?

비슷한 문제: 18.14, 18.18.

예제 18.3

1.0 *M* $Mg(NO_3)_2$ 용액에 있는 마그네슘 전극과 1.0 *M* $AgNO_3$ 용액에 있는 Ag 전극으로 구성된 갈바니 전지가 있다. 25°C에서 이 갈바니 전지의 표준 emf를 계산하라.

(계속)

전략 처음에는 갈바니 전지에서 산화, 환원 전극을 할당하는 것이 분명하지 않을 수도 있다. 표 18.1로부터 Ag와 Mg의 표준 환원 전위를 쓸 수 있고, 대각선 규칙을 적용하여 어느 것이 산화전극이고 어느 것이 환원전극인지 결정할 수 있다.

풀이 두 전극의 표준 환원 전위는 다음과 같다.

$$Ag^{+}(1.0\,M) + e^{-} \longrightarrow Ag(s) \qquad E° = 0.80\text{ V}$$
$$Mg^{2+}(1.0\,M) + 2e^{-} \longrightarrow Mg(s) \qquad E° = -2.37\text{ V}$$

대각선 규칙을 적용하면 Ag^+가 Mg를 산화시킬 것이다.

$$\begin{array}{rl} \text{산화전극(산화 반응):} & Mg(s) \longrightarrow Mg^{2+}(1.0\,M) + 2e^{-} \\ \text{환원전극(환원 반응):} & \underline{2Ag^{+}(1.0\,M) + 2e^{-} \longrightarrow 2Ag(s)} \\ \text{전체:} & Mg(s) + 2Ag^{+}(1.0\,M) \longrightarrow Mg^{2+}(1.0\,M) + 2Ag(s) \end{array}$$

전체 전극 반응의 균형을 맞추기 위해서 Ag^+의 환원 반응식에 2를 곱했다는 것을 주의하라. $E°$는 세기 성질로서 이 과정에 의해 영향을 받지 않는다. 따라서 전지의 emf는 식 (18.1)과 표 18.1을 이용하여 다음과 같이 구할 수 있다.

$$\begin{aligned} E°_{\text{전지}} &= E°_{\text{환원전극}} - E°_{\text{산화전극}} \\ &= E°_{Ag^+/Ag} - E°_{Mg^{2+}/Mg} \\ &= 0.80\text{ V} - (-2.37\text{ V}) \\ &= 3.17\text{ V} \end{aligned}$$

검산 $E°$ 값이 양의 값이므로 정반응이 자발적이다.

실전 연습 25°C, 1.0 M $Cd(NO_3)_2$ 용액에 들어 있는 Cd 전극과 1.0 M $Cr(NO_3)_3$에 있는 Cr 전극으로 만들어진 갈바니 전지의 표준 emf는 얼마인가?

비슷한 문제: 18.11, 18.12.

개념과 사실 요약하기

- 전지의 기전력(emf)은 두 전극 사이의 전압 차이다. 외부 회로에서 전자는 갈바니 전지의 산화전극에서 환원전극으로 흐른다. 용액에서 음이온은 산화전극으로 이동하고 양이온은 환원전극으로 이동한다.
- 표준 환원 전위는 반쪽 전지 환원 반응의 상대적 가능성을 나타내며 다양한 물질 간의 산화-환원 반응의 생성물, 진행 방향 및 자발성을 예측하는 데 사용할 수 있다.

개념과 사실 복습하기

18.3.1 금속 Cu, Zn, Ag 중에서 HCl과 반응하지 않지만 HNO_3와는 반응(산화)하는 것은?

18.3.2 다음 전지에 대한 표준 emf를 계산하라.

$$Mn(s)\,|\,Mn^{2+}(1\,M)\,\|\,Ag^{+}(1\,M)\,|\,Ag(s)$$

18.4 산화-환원 반응의 열역학

학습 목표

- ΔG와 K 값이 주어졌을 때, 반응의 $E°_{\text{전지}}$를 계산할 수 있으며, 이 세 가지 양을 상호 변환할 수 있다.

이제 $E°_{\text{전지}}$가 $\Delta G°$ 또는 K와 같은 열역학적 양과 어떠한 관계가 있는지를 알아보자. 갈바니 전지에서 화학 에너지는 진지 에너지로 전환된다. 이 경우에 선기 에너지는 전지의 emf와 전지를 통해서 지나가는 전체 전하량(쿨롱)의 곱으로 나타낸다.

$$\begin{aligned}\text{전기 에너지} &= \text{쿨롱(coulomb)} \times \text{볼트(volt)}\\ &= \text{줄(joule)}\end{aligned}$$

이것은 다음과 같이 쓸 수 있다.

$$1\text{ J} = 1\text{ C} \times 1\text{ V}$$

총 전하량은 회로를 통해 지나가는 전자의 몰수로 결정되는데, 이것을 정리하면

$$\text{총 전하량} = \text{전자 개수} \times \text{전자 한 개의 전하량}$$

일반적으로 몰 양(molar quantity)으로 전하량을 사용하는 것이 더 편리하다. 전자 1 mol의 전하량은 영국의 화학자이며 물리학자인 패러데이(Michael Faraday)[†]의 이름을 따라 **패러데이 상수**(Faraday constant, F)라고 부른다. 여기서

$$\begin{aligned}1\ F &= 6.022 \times 10^{23}\ e^-/\text{mol } e^- \times 1.602 \times 10^{-19}\ \text{C}/e^-\\ &= 9.647 \times 10^4\ \text{C/mol } e^-\end{aligned}$$

그러므로 총 전하량은 nF로 나타낼 수 있고, 여기서 n은 전자의 몰수인데 이것은 전기화학 과정의 전체 산화-환원 반응식에서 산화제와 환원제 간의 교환되는 몰수를 의미한다.

측정한 emf($E_{\text{전지}}$)는 전지가 얻을 수 있는 *최대*(maximum) 전압이다. 그러므로 전기가 한 일은 $w_{\text{전기}}$이고, 이것이 할 수 있는 최대 일($w_{\text{최대}}$)은 전지의 emf와 총 전하량의 곱으로 표현된다.

$$w_{\text{최대}} = w_{\text{전기}} = -nFE_{\text{전지}}$$

전기적 일의 값이 음인 것은 전기적 일이 계(갈바니 전지)로부터 주위에 가해진다는 의미이다. 제17장에서 일을 할 수 있는 에너지로 자유 에너지를 정의하였다. 따라서 자유 에너지 변화(ΔG)는 전지 반응에 의하여 얻을 수 있는 최대의 일로 나타낼 수 있다. 전기적인 일에서의 부호 규약은 6.3절에서 설명한 P-V 일에 대한 부호 규약과 같다.

$$\Delta G = w_{\text{최대}} = w_{\text{전지}}$$

그러므로 다음과 같이 표현된다.

$$\Delta G = -nFE_{\text{전지}} \tag{18.2}$$

자발적 과정에서 ΔG 값은 음이다. n과 F는 양의 값이고 따라서 $E^\circ_{\text{전지}}$는 양이 된다. 반응물과 생성물이 표준 상태(1 M 또는 1 atm)에 있는 반응에 대해 식 (18.2)는 다음과 같이 나타낸다.

$$\Delta G^\circ = -nFE^\circ_{\text{전지}} \tag{18.3}$$

인터넷 핫스팟

학생들의 학습 경험에 대해 축적된 자료에 따르면 ΔG°와 $E^\circ_{\text{전지}}$ 사이의 관계를 이해하는 데 어려움을 겪을 수 있다. 이런 경우 eBook에 접속해서 이 주제에 대한 추가 학습 자료를 보면 도움이 될 수 있다.

이제 $E^\circ_{\text{전지}}$와 산화-환원 반응의 평형 상수(K)와의 관계를 알아보자. 17.5절에서 반응의 표준 Gibbs 자유 에너지 변화 ΔG°는 다음과 같이 평형 상수와 관련되어 있음을 설명한 바 있다[식 (17.14) 참조].

$$\Delta G^\circ = -RT \ln K$$

[†] 패러데이(Michael Faraday, 1791~1867)는 영국의 화학자이며 물리학자로, 19세기의 위대한 실험 과학자로 잘 알려져 있다. 그는 13세에 제본업자의 수습공으로 출발하였으나 화학책을 읽고 과학에 흥미를 갖게 되었다. 패러데이는 전기 모터를 발명하였고, 최초로 전기 발전기의 원리를 증명하였다. 그 밖에 전기장과 자기장에 대해서도 크게 공헌하였고, 또한 광학적 활성에 관한 연구를 수행하였으며, 벤젠을 명명하기도 하였다.

표 18.2 $\Delta G°$, K, $E°_{전지}$의 상관 관계

$\Delta G°$	K	$E°_{전지}$	표준 상태에서의 반응
음	>1	양	생성물 형성을 선호
0	=1	0	반응물과 생성물 형성을 동등하게 선호
양	<1	음	반응물 형성을 선호

그러므로 식 (17.14)와 식 (18.3)을 결합하면 다음 식을 얻을 수 있다.

$$-nFE°_{전지} = -RT \ln K$$

이 식을 $E°_{전지}$에 대해 풀면

$$E°_{전지} = \frac{RT}{nF}\ln K \tag{18.4}$$

$T = 298$ K일 때, 식 (18.4)에 R과 F을 대입하면 다음과 같이 간단하게 된다.

$$E°_{전지} = \frac{(8.314 \text{ J/K}\cdot\text{mol})(298 \text{ K})}{n(96{,}500 \text{ J/V}\cdot\text{mol})}\ln K$$

또는

$$E°_{전지} = \frac{0.0257 \text{ V}}{n}\ln K \tag{18.5}$$

다른 방법으로 식 (18.5)에서 자연 로그를 상용 로그로 바꾸면

$$E°_{전지} = \frac{0.0592 \text{ V}}{n}\log K \tag{18.6}$$

그러므로 $\Delta G°$, K, 또는 $E°_{전지}$ 중 하나만 알면 다른 두 값은 식 (17.14), (18.3) 또는 (18.4)으로부터 계산할 수 있다(그림 18.5 참조). $\Delta G°$, K, $E°_{전지}$의 관계와 산화-환원 반응의 자발성과의 관계를 표 18.2에 요약해 놓았다.

예제 18.4와 18.5는 식 (18.3)과 식 (18.5)를 적용하는 예를 보여준다.

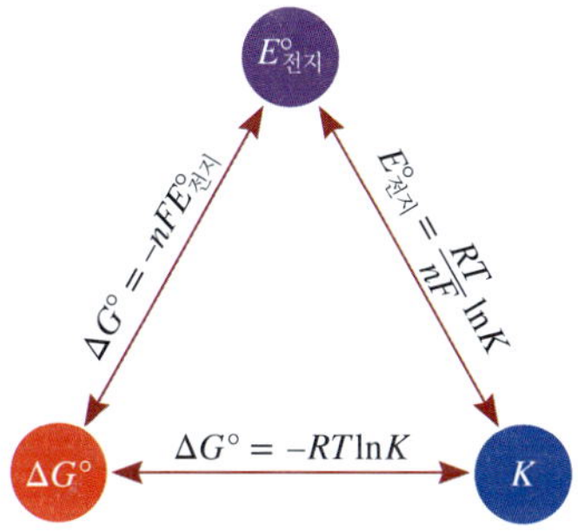

▲ **그림 18.5** $\Delta G°$, K, $E°_{전지}$의 상관 관계.

예제 18.4

25°C에서 다음 반응의 평형 상수를 계산하라.

$$Sn(s) + 2Cu^{2+}(aq) \rightleftharpoons Sn^{2+}(aq) + 2Cu^{+}(aq)$$

전략 평형 상수 K와 표준 emf 사이의 관계는 식 (18.5), 즉 $E°_{전지} = (0.0257 \text{ V}/n)\ln K$로 주어진다. 따라서 평형 상수 K를 계산하기 위해서는 표준 emf를 결정해야 한다. 가상적인 두 개의 전극, Sn^{2+}/Sn과 Cu^{2+}/Cu^{+} 짝으로 된 갈바니 전지의 $E°_{전지}$는 표 18.1의 표준 환원 전위로부터 결정할 수 있다.

풀이 두 반쪽전지 반응은 다음과 같다.

산화전극(산화 반응): $Sn(s) \longrightarrow Sn^{2+}(aq) + 2e^-$
환원전극(환원 반응): $2Cu^{2+}(aq) + 2e^- \longrightarrow 2Cu^{+}(aq)$

$$\begin{aligned} E°_{전지} &= E°_{환원전극} - E°_{산화전극} \\ &= E°_{Cu^{2+}/Cu^{+}} - E°_{Sn^{2+}/Sn} \\ &= 0.15 \text{ V} - (-0.14 \text{ V}) \\ &= 0.29 \text{ V} \end{aligned}$$

(계속)

식 (18.5)는 아래처럼 다시 쓸 수 있으며

$$\ln K = \frac{nE^\circ}{0.0257\text{ V}}$$

전체 반응에 대해 $n = 2$이므로

$$\ln K = \frac{(2)(0.29\text{ V})}{0.0257\text{ V}} = 22.6$$

$$K = e^{22.6} = 7 \times 10^9$$

실전 연습 25°C에서 다음 반응에 대한 평형 상수를 계산하라.

$$Fe^{2+}(aq) + 2Ag(s) \rightleftharpoons Fe(s) + 2Ag^+(aq)$$

비슷한 문제: 18.23, 18.24.

예제 18.5

25°C에서 다음 반응의 표준 Gibbs 자유 에너지 변화를 계산하라.

$$2Au(s) + 3Ca^{2+}(1.0\ M) \longrightarrow 2Au^{3+}(1.0\ M) + 3Ca(s)$$

전략 전지의 표준 Gibbs 자유 에너지 변화와 표준 emf와의 관계는 식 (18.3), 즉 $\Delta G^\circ = -nFE^\circ_{전지}$로 주어진다. 따라서 $E^\circ_{전지}$를 결정할 수 있다면 ΔG°를 계산할 수 있다. 두 개의 전극 (Au^{3+}/Au와 Ca^{2+}/Ca) 짝으로 된 가상적인 갈바니 전지의 $E^\circ_{전지}$는 표 18.1의 표준 환원 전위로부터 결정할 수 있다.

풀이 두 반쪽 전지 반응은 다음과 같다.

산화전극(산화 반응): $2Au(s) \longrightarrow 2Au^{3+}(1.0\ M) + 6e^-$
환원전극(환원 반응): $3Ca^{2+}(1.0\ M) + 6e^- \longrightarrow 3Ca(s)$

$$\begin{aligned} E^\circ_{전지} &= E^\circ_{환원전극} - E^\circ_{산화전극} \\ &= E^\circ_{Ca^{2+}/Ca} - E^\circ_{Au^{3+}/Au} \\ &= -2.87\text{ V} - 1.50\text{ V} \\ &= -4.37\text{ V} \end{aligned}$$

이제 식 (18.3)을 이용하면

$$\Delta G^\circ = -nFE^\circ$$

전체 반응에서 $n = 6$이므로

$$\begin{aligned} \Delta G^\circ &= -(6)(96{,}500\text{ J/V}\cdot\text{mol})(-4.37\text{ V}) \\ &= 2.53 \times 10^6\text{ J/mol} \\ &= 2.53 \times 10^3\text{ kJ/mol} \end{aligned}$$

검산 ΔG° 값이 상당히 큰 양의 값을 갖는 것은 반응이 평형 상태에서 반응물을 선호한다는 것을 의미한다. 이것은 갈바니 전지의 E° 값이 음이라는 사실과 일치한다.

실전 연습 25°C에서 다음 반응에 대한 ΔG°를 계산하라.

$$2Al^{3+}(aq) + 3Mg(s) \rightleftharpoons 2Al(s) + 3Mg^{2+}(aq)$$

비슷한 문제: 18.26.

개념과 사실 요약하기

- 자발적인 산화환원 반응에서 계의 Gibbs 자유 에너지 감소는 계가 주변에서 수행한 전기적 일, 즉

$\Delta G = -nFE$와 같다.

- 산화-환원 반응의 평형 상수는 전지의 표준 기전력으로부터 구할 수 있다.

개념과 사실 복습하기

18.4.1 25°C에서 다음 반응에 대한 평형 상수를 계산하라.

$$Pb^{2+}(aq) + Fe(s) \longrightarrow Pb(s) + Fe^{2+}(aq)$$

18.4.2 25°C에서 다음 반응에 대한 $\Delta G°$를 계산하라.

$$Cl_2(g) + 2F^-(aq) \longrightarrow 2Cl^-(aq) + F_2(g)$$

18.4.3 일반적인 화학적 방법으로 평형 상수를 측정하는 것과 전기화학적 방법으로 평형 상수를 측정하는 것 중 어느 것이 더 쉬운지 비교해 보라[식 (17.14) 참조].

18.5 전지의 Emf에 대한 농도 효과

학습 목표

- 네른스트 식을 사용하여 비표준 조건에서 전지의 $E_{전지}$을 계산할 수 있다.
- 농도차 전지를 정의할 수 있다.

지금까지는 반응물과 생성물이 표준 상태에 있는 산화-환원 반응에 대하여 논의하였다. 그러나 실제 표준 상태를 유지하기가 매우 힘들고, 때로는 불가능하다. 따라서 비표준 상태에서 산화-환원 반응에 관여하는 반응물과 생성물의 농도와 갈바니 전지의 emf와의 관계를 나타내는 수학적인 식을 유도할 필요가 있다. 이 식을 유도해 보자.

네른스트 식

다음과 같은 형태의 일반적인 산화-환원 반응을 생각해 보자.

$$a\text{A} + b\text{B} \longrightarrow c\text{C} + d\text{D}$$

식 (17.13)으로부터

$$\Delta G = \Delta G° + RT \ln Q$$

그런데 $\Delta G = -nFE$이고, $\Delta G° = -nFE°$이므로, 위 식은 다음과 같이 쓸 수 있다.

$$-nFE = -nFE° + RT \ln Q$$

식의 양변을 $-nF$로 나누면,

$$E = E° - \frac{RT}{nF}\ln Q \qquad (18.7)$$

여기서 Q는 반응 지수이다(14.4절 참조). 식 (18.7)을 **네른스트[†] 식**(Nernst equation)이라 한다. 298 K에서 식 (18.7)을 다음과 같이 다시 쓸 수 있다.

$$E = E° - \frac{0.0257\text{ V}}{n}\ln Q \qquad (18.8)$$

[†] 네른스트(Water Hermann Nernst, 1864~1941)는 독일의 화학자이며 물리학자로, 주로 전해질 용액과 열역학에 관해 연구하였다. 그는 전기 피아노를 발명하기도 하였으며, 열역학에 기여한 공로로 1920년 노벨 화학상을 수상하였다.

또한 식 (18.8)의 자연 로그를 상용 로그로 바꾸면 다음과 같다.

$$E = E° - \frac{0.0592\ \text{V}}{n}\log Q \qquad (18.9)$$

갈바니 전지가 작동하는 동안에 전자는 산화전극에서 환원전극으로 흐르며, 그 결과 생성물의 양은 증가하고, 반응물의 농도는 감소하게 된다. 그러므로 Q는 증가하게 되고 이는 E의 감소를 나타낸다. 결국 전지는 평형에 이르게 된다. 평형 상태에서는 전자의 알짜 이동이 없으므로 $E = 0$이고, $Q = K$이다. 여기서 K는 평형 상수이다.

산화-환원 반응에서 반응물과 생성물의 농도를 알면 네른스트 식을 사용하여 E를 계산할 수 있다. 예로, 그림 18.1의 다니엘 전지에 대하여 이 식을 적용해 보면

$$\text{Zn}(s) + \text{Cu}^{2+}(aq) \longrightarrow \text{Zn}^{2+}(aq) + \text{Cu}(s)$$

25°C에서 이 전지에 대한 네른스트 식은 다음과 같이 쓸 수 있다.

$$E = 1.10\ \text{V} - \frac{0.0257\ \text{V}}{2}\ln\frac{[\text{Zn}^{2+}]}{[\text{Cu}^{2+}]}$$

$[Zn^{2+}]/[Cu^{2+}]$ 비가 1보다 작으면, $\ln [Zn^{2+}]/[Cu^{2+}]$가 음의 값이 되므로 앞의 식에서 오른쪽 두 번째 항은 양일 것이다. 이 조건에서 E는 $E°$보다 더 크다. 만일 그 비가 1보다 크다면 E는 $E°$보다 작다.

예제 18.6은 네른스트 식의 이용법을 설명해 준다.

인터넷 핫스팟

학생들의 학습 경험에 대해 축적된 자료에 따르면 비표준 조건에서의 전지 전위를 이해하는 데 어려움을 겪을 수 있다. 이런 경우 eBook에 접속해서 이 주제에 대한 추가 학습 자료를 보면 도움이 될 수 있다.

예제 18.6

다음 반응이 298 K에서 자발적으로 진행할 것인지 예상해 보라.

$$\text{Co}(s) + \text{Fe}^{2+}(aq) \longrightarrow \text{Co}^{2+}(aq) + \text{Fe}(s)$$

$[Co^{2+}] = 0.15\ M$이고, $[Fe^{2+}] = 0.68\ M$이다.

전략 반응은 표준 상태 하에서 일어나는 것이 아니기 때문에(농도가 1 M이 아님) 가상적인 갈바니 전지의 emf와 반응의 자발성 여부를 알기 위해서는 네른스트 식[식 (18.8)]을 이용해야 한다. 표준 emf($E°$)는 표 18.1의 표준 환원 전위를 이용하여 구할 수 있다. 네른스트 식의 사용에서 고체는 반응 지수(Q) 항에 나타내지 않는다는 것을 기억하라. 반응 1몰당 전자 2 mol이 이동하였으므로 $n = 2$이다.

풀이 반쪽 반응을 나타내면, 다음과 같다.

$$\begin{aligned}
&\text{산화전극(산화 반응):} && \text{Co}(s) \longrightarrow \text{Co}^{2+}(aq) + 2e^- \\
&\text{환원전극(환원 반응):} && \text{Fe}^{2+}(aq) + 2e^- \longrightarrow \text{Fe}(s)
\end{aligned}$$

$$\begin{aligned}
E°_{\text{전지}} &= E°_{\text{환원전극}} - E°_{\text{산화전극}} \\
&= E°_{\text{Fe}^{2+}/\text{Fe}} - E°_{\text{Co}^{2+}/\text{Co}} \\
&= -0.44\ \text{V} - (-0.28\ \text{V}) \\
&= -0.16\ \text{V}
\end{aligned}$$

식 (18.8)로부터 E는 아래와 같이 쓸 수 있다.

$$\begin{aligned}
E &= E° - \frac{0.0257\ \text{V}}{n}\ln Q \\
&= E° - \frac{0.0257\ \text{V}}{n}\ln\frac{[\text{Co}^{2+}]}{[\text{Fe}^{2+}]} \\
&= -0.16\ \text{V} - \frac{0.0257\ \text{V}}{2}\ln\frac{0.15}{0.68} \\
&= -0.16\ \text{V} + 0.019\ \text{V} \\
&= -0.14\ \text{V}
\end{aligned}$$

(계속)

E가 음의 값이기 때문에 반응은 쓰여진 방향으로 자발적으로 일어나지 않는다.

실전 연습 25°C에서 $[Fe^{2+}] = 0.60\ M$이고, $[Cd^{2+}] = 0.010\ M$로 주어졌을 때 다음 반응이 자발적으로 일어나는가?

$$Cd(s) + Fe^{2+}(aq) \longrightarrow Cd^{2+}(aq) + Fe(s)$$

비슷한 문제: 18.31, 18.32.

이제 예제 18.6의 반응이 자발적으로 일어나게 하기 위해서 $[Co^{2+}]$와 $[Fe^{2+}]$의 비가 어떻게 되어야 하는지 알아보자. 식 (18.8)을 다음과 같이 쓸 수 있다.

$$E = E^\circ - \frac{0.0257\ V}{n}\ln Q$$

평형 상태에서 E는 0이므로 $Q = K$에 해당한다.

$$0 = -0.16\ V - \frac{0.0257\ V}{2}\ln\frac{[Co^{2+}]}{[Fe^{2+}]}$$

$$\ln\frac{[Co^{2+}]}{[Fe^{2+}]} = -12.5$$

$$\frac{[Co^{2+}]}{[Fe^{2+}]} = e^{-12.5} = K$$

또는

$$K = 4 \times 10^{-6}$$

따라서 자발적인 반응이 일어나려면, $[Co^{2+}]/[Fe^{2+}]$ 비는 4×10^{-6}보다 작아야 하며, E 값은 양의 값이 된다.

예제 18.7에서 보여주는 것처럼 전지 반응에 기체가 포함된다면, 기체의 농도는 압력으로 나타내야 한다.

예제 18.7

그림 18.4(a)에서 나타낸 갈바니 전지를 생각해 보자. 어떤 실험에서 전지의 기전력 emf(E)는 25°C에서 0.54 V였다. $[Zn^{2+}] = 1.0\ M$, $P_{H_2} = 1.0$ atm이라 가정하고, H^+ 이온의 몰농도를 구하라.

전략 전지의 표준 emf와 비표준 emf와의 관계는 네른스트 식으로 주어진다. 전체 전지 반응은 다음과 같다.

$$Zn(s) + 2H^+(?\ M) \longrightarrow Zn^{2+}(1.0\ M) + H_2(1.0\ atm)$$

전지의 emf(E)는 주어져 있다. $[H^+]$에 대해서 네른스트 식을 풀면 된다. 반응물 1 mol당 전자가 2 mol 이동하였으므로 $n = 2$이다.

풀이 18.3절에서 본 것처럼 전지의 표준 emf (E°)는 0.76 V이다. 식 (18.8)로부터

$$E = E^\circ - \frac{0.0257\ V}{n}\ln Q$$

$$= E^\circ - \frac{0.0257\ V}{n}\ln\frac{[Zn^{2+}]P_{H_2}}{[H^+]^2}$$

$$0.54\ V = 0.76\ V - \frac{0.0257\ V}{2}\ln\frac{(1.0)(1.0)}{[H^+]^2}$$

$$-0.22\ V = -\frac{0.0257\ V}{2}\ln\frac{1}{[H^+]^2}$$

(계속)

$$17.1 = \ln \frac{1}{[H^+]^2}$$

$$e^{17.1} = \frac{1}{[H^+]^2}$$

$$[H^+] = \sqrt{\frac{1}{3 \times 10^7}} = 2 \times 10^{-4}\ M$$

검산 문제에서 비표준 상태의 emf(E)가 주어졌다는 사실은 모든 반응물이 표준 농도가 아니라는 것을 의미한다. 따라서 Zn^{2+} 이온과 H_2 기체는 모두 표준 상태에 있기 때문에 H^+ 이온의 농도는 1 M이 아니어야 한다.

실전 연습 $[Cd^{2+}] = 0.20\ M$, $[H^+] = 0.16\ M$이고 $P_{H_2} = 0.80$ atm이라면, Cd^{2+}/Cd 반쪽 전지와 $Pt/H^+/H_2$ 반쪽 전지로 구성된 전지의 기전력은 얼마인가?

비슷한 문제: 18.34.

▲ **그림 18.6** pH 미터에서 기준 전극과 짝지어 사용하는 유리 전극.

예제 18.7에서는 전지 반응이 H^+ 이온을 포함하는 갈바니 전지를 이용하면 $[H^+]$나 pH를 측정할 수 있음을 보여준다. 15.3절에서 설명한 pH 미터는 이 원리에 기초한 것이다. 그러나 수소 전극(그림 18.3)은 실제 사용하기가 불편하기 때문에 실험실에서는 사용하지 않는다. 대신에 그림 18.6과 같은 *유리 전극*(glass electrode)을 사용한다. 전극은 H^+ 이온이 투과할 수 있는 매우 얇은 유리막으로 구성되어 있다. 염화 은으로 코팅한 은 선이 묽은 염산 용액에 잠겨 있다. 전극이 내부와는 다른 pH의 용액에 놓이게 되면, 두 막의 양편에 발생하는 전위차를 기준 전극(reference electrode)을 이용하여 측정할 수 있다. 유리 전극과 기준 전극으로 구성된 전지의 emf는 pH 단위로 보정된 전압계로 측정한다.

농도차 전지

전극 전위는 이온 농도에 의존하므로, *동일한* 물질이지만 이온의 농도를 다르게 하여 구성한 두 반쪽 전지로 갈바니 전지를 만들 수 있다. 이런 전지를 *농도차 전지*(concentration cell)라고 부른다.

두 아연 전극을 각각 0.10 M과 1.0 M 황산 아연 수용액에 놓았을 경우를 생각해보자. 두 용액을 염다리로 연결하고, 그림 18.1에 나타낸 것과 같이 전극을 도선으로 연결한다. 르샤틀리에 원리에 따라 환원 반응은 Zn^{2+} 이온의 농도가 증가할수록 잘 일어날 것이다.

$$Zn^{2+}(aq) + 2e^- \longrightarrow Zn(s)$$

그러므로 환원은 농도가 더 진한 영역에서 일어나고, 한편 산화는 농도가 더 묽은 영역에서 일어난다. 전지 도식은 다음과 같다.

$$Zn(s)\ |\ Zn^{2+}(0.10\ M)\ \|\ Zn^{2+}(1.0\ M)\ |\ Zn(s)$$

그리고 반쪽 반응은

$$\begin{aligned} \text{산화 반응:} &\quad Zn(s) \longrightarrow Zn^{2+}(0.10\ M) + 2e^- \\ \text{환원 반응:} &\quad \underline{Zn^{2+}(1.0\ M) + 2e^- \longrightarrow Zn(s)} \\ \text{전체:} &\quad Zn^{2+}(1.0\ M) \longrightarrow Zn^{2+}(0.10\ M) \end{aligned}$$

전지의 emf는 다음과 같이 된다.

$$E = E° - \frac{0.0257\ V}{2} \ln \frac{[Zn^{2+}]_{묽은}}{[Zn^{2+}]_{진한}}$$

여기서 아래첨자 "묽은"과 "진한"은 각각 0.10 M과 1.0 M 농도이다. 이 전지의 표준 기전력 $E°$는 0이다(동일 전극과 동일 형태의 이온이 포함되었으므로). 따라서 전지의 기전력은 다음과 같다.

$$E = 0 - \frac{0.0257\ \text{V}}{2}\ln\frac{0.10}{1.0}$$
$$= 0.0296\ \text{V}$$

일반적으로 농도차 전지의 emf는 작은 값이며, 전지가 작동함에 따라 두 반쪽 전지의 이온 농도는 점점 비슷한 값으로 접근하게 되고, 기전력의 값은 점차로 줄어든다. 마침내 농도가 같아지게 되면, 기전력은 0이 되고 더 이상 전류는 흐르지 않는다.

농도차 전지와 유사한 방법으로 생물학적 전지의 *막 전위*(membrane potential)를 계산할 수 있다. 막 전위는 근육세포나 신경세포와 같은 여러 가지 종류의 세포막에 존재하는 전기적인 전위이다. 이런 전기적인 전위에 의하여 심장이 움직이고 뇌파를 전달한다. 막 전위는 전지의 안과 밖에 있는 같은 이온의 농도 차에 의하여 생긴다. 예를 들어, 뇌세포의 안과 밖에 있는 K^+ 이온의 농도를 각각 400 mM과 15 mM이라고 하자. 이 농도차 전지의 기전력은 네른스트 식을 사용하여 다음과 같이 구할 수 있다.

$$E = E° - \frac{0.0257\ \text{V}}{1}\ln\frac{[\text{K}^+]_{\text{바깥}}}{[\text{K}^+]_{\text{안쪽}}}$$
$$= -(0.0257\ \text{V})\ln\frac{15}{400}$$
$$= 0.084\ \text{V 또는 } 84\ \text{mV}$$

여기서 아래첨자로 나타낸 "바깥"과 "안쪽"은 세포의 바깥과 안쪽을 나타낸 것이다. $E° = 0$인 것은 막 양쪽에 동일한 이온이 있기 때문이다. 위의 계산 결과에서 알 수 있듯이 막 전위 84 mV는 막 양쪽에 있는 K^+ 이온들의 농도차 때문에 생긴 전기적 전위이다.

개념과 사실 요약하기

- 네른스트 식은 비표준 상태 조건에서 전지의 emf와 반응물 및 생성물의 농도 사이의 관계를 나타낸다.

개념과 사실 복습하기

18.5.1 다음 전지 도식을 생각해 보자.

$$\text{Mg}(s)\ |\ \text{MgSO}_4(0.40\ M)\ ||\ \text{NiSO}_4(0.60\ M)\ |\ \text{Ni}(s)$$

25°C에서 (a) $[\text{Mg}^{2+}]$를 4배 감소시킬 때 (b) $[\text{Ni}^{2+}]$를 3배 감소시킬 때 전지의 전압은 어떻게 변하는가?

18.5.2 25°C에서 0.15 M $AgNO_3$의 Ag 전극과 1.0 M $AgNO_3$의 Ag 전극으로 구성된 농도차 전지의 전압을 계산하라.

18.6 배터리와 연료 전지

학습 목표

- 건전지, 알칼라인, 납 축전지, 리튬 및 연료 전지를 포함한 다양한 유형의 일반 전지들을 이해할 수 있다.

배터리(battery)는 *일정한 전압의 직류 전류원으로 사용할 수 있는 한 개의 갈바니 전지나*

*몇 개의 갈바니 전지들을 직렬로 연결한 것*이다. 배터리의 작동은 원리상 18.2절에서 기술한 갈바니 전지와 유사하지만, 전지는 염다리와 같은 보조 구성이 필요치 않으며, 독립적으로 작동한다는 장점이 있다. 이 절에서는 널리 사용되는 여러 전지에 대하여 공부할 것이다.

건전지

▲ **그림 18.7** 손전등이나 트랜지스터 라디오에 사용되는 건전지의 단면. 실제로 전지는 완전히 건조하지 않고 축축한 전해질 반죽으로 되어 있다.

일반적으로 널리 사용하고 있는 건전지는 유동 성분이 없는 전지로서 손전등이나 트랜지스터 라디오에 사용되는 *건전지*(Leclanché cell)이다. 전지의 산화전극은 이산화 망가니즈(MnO_2) 및 전해질과 접촉하고 있는 아연으로 된 용기로 이루어졌다. 전해질은 물에 용해한 염화 암모늄이나 염화 아연으로 구성되어 있고, 유동성이 없는 수용액 전해질로 만들어 새어 나오지 않도록 한다(그림 18.7). 탄소 막대는 전해질 중앙에 놓여 있으며 환원전극으로 작용한다. 전지 반응은 다음과 같다.

산화전극: $Zn(s) \longrightarrow Zn^{2+}(aq) + 2e^-$

환원전극: $2NH_4^+(aq) + 2MnO_2(s) + 2e^- \longrightarrow Mn_2O_3(s) + 2NH_3(aq) + H_2O(l)$

전체: $Zn(s) + 2NH_4^+(aq) + 2MnO_2(s) \longrightarrow Zn^{2+}(aq) + 2NH_3(aq) + H_2O(l) + Mn_2O_3(s)$

실제로 건전지에서 일어나는 반응들은 아주 복잡하다. 여기서는 반응식을 간단하게 나타냈다. 건전지에 의해 생성된 전압은 약 1.5 V이다.

수은 전지

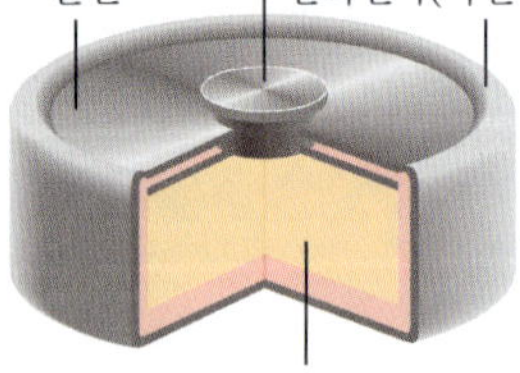

▲ **그림 18.8** 수은 전지의 내부 단면.

수은 전지는 의학과 전자 산업에서 광범위하게 사용되며 상용 건전지보다 가격이 훨씬 비싸다. 녹슬지 않는 스테인리스로 만든 통 안에 들어 있는 수은 전지는 산화 아연과 산화 수은(II), 강한 알칼리성 전해질과 아연 산화전극(아연 아말감)으로 이루어졌다(그림 18.8). 수은 전지의 반응은 다음과 같다.

산화전극: $Zn(Hg) + 2OH^-(aq) \longrightarrow ZnO(s) + H_2O(l) + 2e^-$

환원전극: $HgO(s) + H_2O(l) + 2e^- \longrightarrow Hg(l) + 2OH^-(aq)$

전체: $Zn(Hg) + HgO(s) \longrightarrow ZnO(s) + Hg(l)$

전지가 작동하는 동안 전해질의 조성이 변하지 않기 때문에(즉, 전체 전지 반응은 고체 물질만 포함하고 있으므로) 수은 전지는 일반 건전지보다 훨씬 더 일정한 전압(1.35 V)을 제공한다. 또한 수은 전지는 상당히 큰 용량과 긴 수명을 가지고 있다. 이런 성질들이 있기 때문에 수은 전지는 심박 조율기, 보청기, 전자시계, 광도계 등에 널리 사용된다.

납 축전지

일반적으로 자동차에 사용하는 납 축전지(lead storage battery)는 여섯 개의 동일한 전지들을 직렬로 연결한 것이다. 각 전지는 납 산화전극과 금속판 위에 이산화 납(PbO_2)을 입힌 환원전극으로 구성되어 있다(그림 18.9). 환원전극과 산화전극은 전해질로 작용하는 황산 수용액에 들어 있다. 전지 반응은 다음과 같다.

산화전극: $Pb(s) + SO_4^{2-}(aq) \longrightarrow PbSO_4(s) + 2e^-$

환원전극: $PbO_2(s) + 4H^+(aq) + SO_4^{2-}(aq) + 2e^- \longrightarrow PbSO_4(s) + 2H_2O(l)$

전체: $Pb(s) + PbO_2(s) + 4H^+(aq) + 2SO_4^{2-}(aq) \longrightarrow 2PbSO_4(s) + 2H_2O(l)$

정상적인 작동 조건에서 각 전지는 2 V의 전기를 생성하고, 여섯 개의 전지를 직렬로 연결하면 12 V의 전지가 된다. 이 납 축전지는 자동차나 다른 전기적 시스템의 점화 회로에 동력을 공급하는 데 사용된다. 납 축전지는 짧은 시간에 많은 전류를 운반하여 엔진의 시

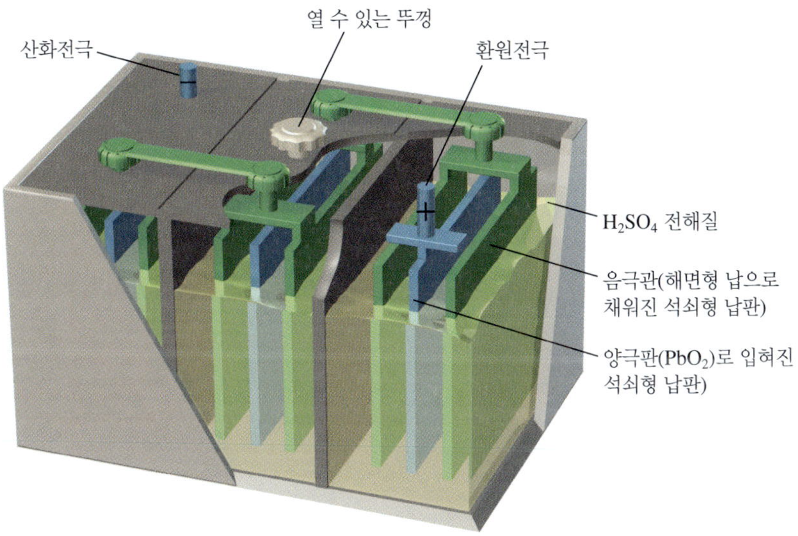

그림 18.9 납 축전지의 내부 단면. 정상적인 작동 조건에서 황산 용액의 농도는 질량으로 대략 38%이다.

동을 건다.

건전지나 수은 전지와는 달리 납 축전지는 재충전할 수 있다. 재충전하는 전지의 환원전극과 산화전극에 외부 전압을 걸어주면 전기화학 반응은 방전할 때의 반응과 반대 방향으로 일어난다(이 과정을 *전기분해*라고 함, 18.8절 참조). 이 반응은 다음과 같다.

$$PbSO_4(s) + 2e^- \longrightarrow Pb(s) + SO_4^{2-}(aq)$$
$$PbSO_4(s) + 2H_2O(l) \longrightarrow PbO_2(s) + 4H^+(aq) + SO_4^{2-}(aq) + 2e^-$$
$$\text{전체:}\quad 2PbSO_4(s) + 2H_2O(l) \longrightarrow Pb(s) + PbO_2(s) + 4H^+(aq) + 2SO_4^{2-}(aq)$$

전체 반응은 정상적인 전지 반응과는 정반대로 일어난다.

납 축전지 사용에 있어서 다음 두 가지를 기억할 필요가 있다. 첫째, 전기화학 반응에 의하여 황산이 소모되기 때문에 전지가 방전되는 정도는 주유소에서 흔히 사용하는 것처럼 액체 비중계로 전해질의 밀도를 측정함으로 알 수 있다. 충분히 충전된 전지에서 액체의 밀도는 1.2 g/mL 정도가 된다. 둘째, 추운 지방에 살고 있는 사람들이 흔히 경험하는 것으로서 겨울철에 자동차의 시동이 잘 걸리지 않는 일이 생긴다. 이는 전지가 "죽은 상태"에 있기 때문이다. 열역학적인 계산에 의하면 갈바니 전지의 기전력은 온도가 떨어지면 감소한다. 납 축전지에 대한 온도 계수는 약 1.5×10^{-4} V/°C이다. 따라서 온도가 내려가면 전압은 1.5×10^{-4} V 감소한다. 그러므로 온도가 40°C 내려가면, 온도 감소에 따른 전압의 손실이 6×10^{-3} V로서 이 값은 작동 전압의 0.05%에 불과하다.

$$\frac{6 \times 10^{-3}\ \text{V}}{12\ \text{V}} \times 100\% = 0.05\%$$

따라서 전지가 고장이 나는 실질적인 이유는 온도가 내려감에 따라 전해질의 점도가 증가하기 때문이다. 정상적인 기능을 할 때 전지에서 전해질은 확실히 도체로 작동한다. 그러나 점성이 있는 전해질에서는 이온들이 더욱 천천히 이동하므로 액체의 저항이 증가하게 되고, 결국 전지의 출력은 감소한다. 그러나 낮은 온도 때문에 완전히 "죽은" 전지라 할지라도 실내 온도에 가깝게 날씨가 따뜻해지면 정상적인 출력을 내는 능력을 회복한다.

리튬 이온 전지

그림 18.10은 리튬 이온 전지(lithium-ion battery)를 도식으로 나타낸 것이다. 산화전극은 전도성 탄소 물질인 흑연이 일반적으로 사용되고, 이것은 Li 원자와 Li^+ 이온을 잡을 수 있는 작은 공간 구조로 되어 있다. 환원전극은 CoO_2와 같은 전이 금속 산화물로 구성

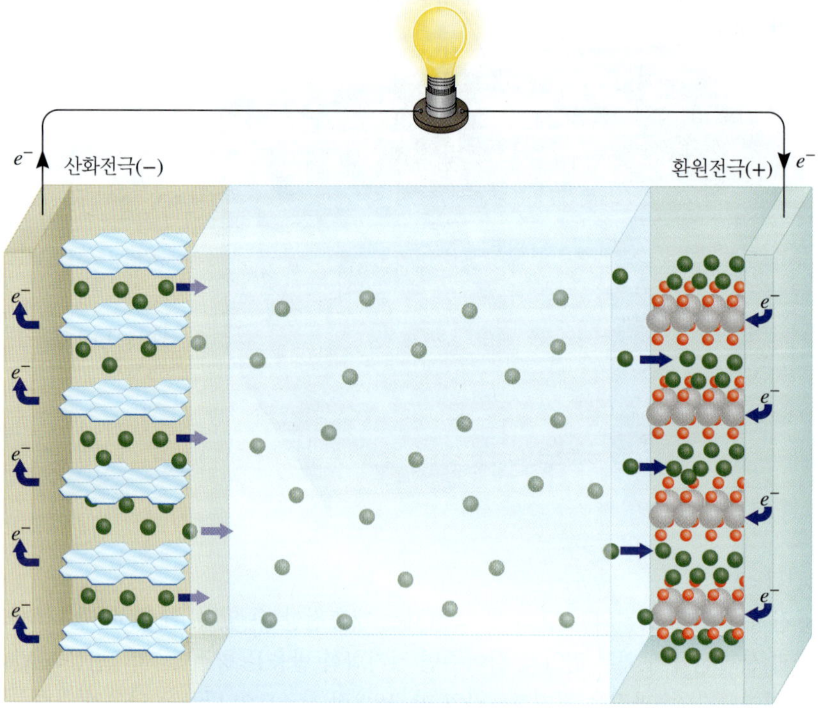

▶ **그림 18.10** 리튬 이온 전지. 흑연으로 싸여 있는 리튬 원자(녹색 구로 표시)는 산화전극으로 작용하는 그래핀(흑연의 한 층) 판 사이에 들어 있다. 금속 산화물(회색 및 빨간색 구로 표시)은 환원전극으로 작용한다. 배터리가 작동하는 동안 Li^+ 이온은 비수용성 전해질을 통해 산화전극에서 환원전극으로 이동하는 반면 전자는 외부 도선을 통해 산화전극에서 환원전극으로 흘러 회로가 완성된다.

되고, 이것은 Li^+ 이온을 잡을 수 있다. 금속의 높은 반응성 때문에 비수용성 전해질(유기 용매에 용해된 염이 포함됨)이 사용되어야 한다. 전지가 방전하는 동안에 반쪽 전지 반응은 다음과 같다.

$$\begin{array}{rl} \text{산화전극(산화 반응):} & Li(s) \longrightarrow Li^+ + e^- \\ \text{환원전극(환원 반응):} & Li^+ + CoO_2 + e^- \longrightarrow LiCoO_2(s) \\ \hline \text{전체:} & Li(s) + CoO_2 \longrightarrow LiCoO_2(s) \qquad E_{\text{전지}} = 3.4\ V \end{array}$$

이 전지의 장점은 리튬이 가장 큰 음의 표준 환원전위 값을 가지며(표 18.1 참조), 따라서 환원력이 가장 크다는 것이다. 더욱이 리튬은 가장 가벼운 금속이므로 Li 6.941 g(몰질량)만 있으면 전자 1 mol을 낼 수가 있다. 리튬 이온 전지는 수백 번 재충전해도 노후화되지 않는다. 이러한 특징으로 인해 휴대폰, 디지털 카메라, 노트북 컴퓨터 등에 사용하기에 적합하다.

최근 전기 자동차와 하이브리드 자동차 제조 과정과 이들 차량의 수요가 증가하여 리튬 이온 전지의 수요가 급증하게 되었다. 이 배터리는 대부분 고속주행 전기 자동차에 쓰이며, 일부 동력원은 인산 철 리튬(lithium iron phosphate, LFP) 전지이다. LFP 전지의 설계는 기능적으로 그림 18.10에 나타낸 것과 같으나 음극이 $FePO_4$이며, 전지가 방전되면서 양극에서 $LiFePO_4$가 형성된다는 것만 다르다. 이들 전지들은 다른 리튬 이온 전지와 마찬가지로 여러 장점(가볍고 양극에서 산화되는 금속이 더 좋음)이 있지만 화학적으로 및 열적으로 매우 안정하다는 추가적인 장점이 있다. 이와 같이 LFP 전지는 여러 번 재충전할 수 있고 높은 온도에서도 커다란 분해 없이 견딜 수 있으며, 초기 전기 자동차 모델에 사용된 리튬 이온 전지에 의한 화재 문제를 피할 수 있다. LFP 전지의 또 다른 장점은 환경오염 부담이 적고 다른 전지와 비교했을 때 전하를 유지하는 능력이 크다는 것이다. LFP 전지는 전통적인 리튬 이온 전지에 비해 에너지 밀도가 다소 낮지만 더 강력한 전지를 필요로 하는 응용적인 면에서는 받아들일 만하다. 초기 LFP 전지는 전도성이 낮아 문제가 되었으나 전도성을 증가시키는 화합물을 첨가(doping)하여 이 문제에 대응하고 있다.

배터리 시장의 급증에 따라 리튬 전지에 대한 수요 증가가 또한 이 중요한 알칼리 금속의 공급 문제를 일으키고 있다. 앞으로 몇 년 안에 리튬의 수요가 칠레, 아르헨티나, 중국에서 대부분 공급하는 리튬의 공급을 앞지를 것으로 예상된다. 2010년에 아프가니스탄에서 대량의 리튬이 매장되어 있는 것을 발견하여 증가하는 수요에 해결법이 될 것이다.

연료 전지

화석 연료는 에너지의 주요 자원이지만 전기 에너지로의 전환 효율은 크지 않다. 메테인의 연소 반응은 다음과 같다.

$$CH_4(g) + 2O_2(g) \longrightarrow CO_2(g) + 2H_2O(l) + \text{에너지}$$

전기를 발생시키기 위하여 반응에서 생성된 열은 우선 물을 증기로 바꾸는 데 사용되며 이때 증기가 발전기의 터빈을 돌린다. 열의 형태로 방출한 에너지의 상당 부분은 각 단계에서 주위로 잃게 된다. 오늘날 가장 효율적인 발전기의 경우에도 화학 에너지의 약 40%만이 전기 에너지로 전환된다. 연소 반응은 산화-환원 반응이므로, 이 반응을 직접적으로 전기화학적 수단으로 활용한다면 전력의 생산 효율을 크게 증가시킬 수 있을 것이다. 이러한 목적으로 만들어진 전지가 바로 *반응 물질을 계속 공급해서 멈추지 않고 작동하는 갈바니 전지*인 **연료 전지**(fuel cell)이다.

▲ *제너럴 모터스에서 만든 수소 연료 전지 자동차.*
©Michael Klinec/Alamy Stock Photo

가장 간단한 형태인 수소-산소 연료 전지는 KOH 용액과 같은 전해질 용액과 두 개의 비활성 전극으로 구성되어 있다. 수소와 산소 기체는 산화전극과 환원전극을 통해서 공급되며(그림 18.11), 그 반응식은 다음과 같다.

$$\begin{array}{rl} \text{산화전극:} & 2H_2(g) + 4OH^-(aq) \longrightarrow 4H_2O(l) + 4e^- \\ \text{환원전극:} & O_2(g) + 2H_2O(l) + 4e^- \longrightarrow 4OH^-(aq) \\ \hline \text{전체:} & 2H_2(g) + O_2(g) \longrightarrow 2H_2O(l) \end{array}$$

표 18.1을 이용하여 전지의 표준 emf를 다음과 같이 계산할 수 있다.

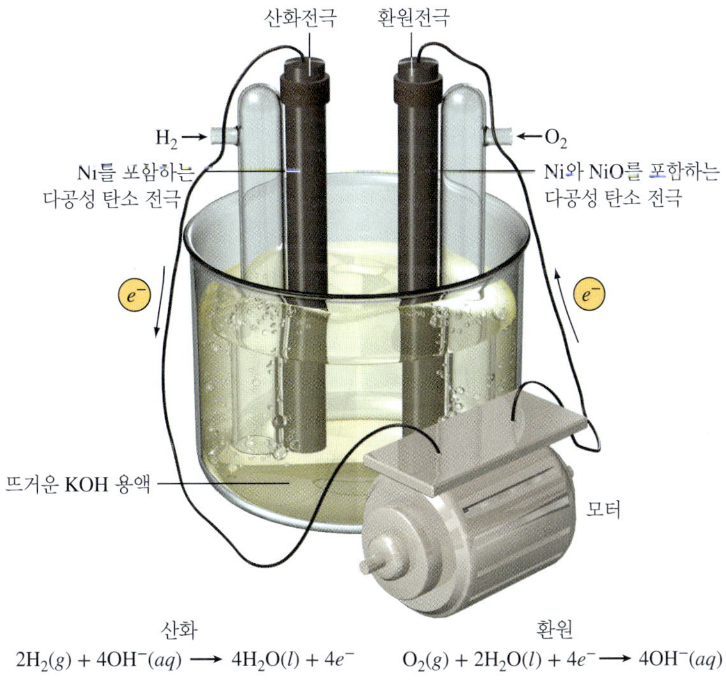

◀ **그림 18.11** 수소-산소 연료 전지. 다공성 탄소 전극에 묻힌 Ni와 NiO는 전극 촉매이다.

$$
\begin{aligned}
E^\circ_{\text{전지}} &= E^\circ_{\text{환원전극}} - E^\circ_{\text{산화전극}} \\
&= 0.40 \text{ V} - (-0.83 \text{ V}) \\
&= 1.23 \text{ V}
\end{aligned}
$$

따라서 이 전지 반응은 표준 상태에서 자발적이다. 전지 반응은 수소의 연소 반응과 같지만, 산화-환원은 양극과 음극에서 분리하여 일어난다는 것을 명심해야 한다. 백금 전극과 같이 표준 수소 전극은 두 가지 기능을 한다. 전극은 전기 도체로 작용하고, 또 전자를 주고받기 전에 분자들이 원자로 해리하는 데 필요한 표면을 제공한다. 즉, *전극 촉매*(electrocatalyst)로 작용한다. 백금, 니켈, 로듐과 같은 금속들은 좋은 전극 촉매이다.

H_2-O_2 계 이외의 다른 연료 전지들이 개발되었다. 이들 중에 프로페인-산소 연료 전지가 있으며, 이 전지의 반쪽 전지 반응은 다음과 같다.

$$
\begin{aligned}
&\text{산화전극:} && C_3H_8(g) + 6H_2O(l) \longrightarrow 3CO_2(g) + 20H^+(aq) + 20e^- \\
&\text{환원전극:} && 5O_2(g) + 20H^+(aq) + 20e^- \longrightarrow 10H_2O(l) \\
&\text{전체:} && C_3H_8(g) + 5O_2(g) \longrightarrow 3CO_2(g) + 4H_2O(l)
\end{aligned}
$$

전체 반응은 프로페인이 산소와 연소하는 과정과 동일하다.

배터리와는 달리 연료 전지는 화학 에너지를 저장하지 못한다. 즉, 반응 물질은 일정하게 공급되고, 생성물들은 연료 전지로부터 일정하게 제거되어야 한다. 이런 관점에서 연료 전지는 전지라기보다는 엔진과 비슷하다. 그러나 연료 전지는 열기관처럼 작동하지 않으므로 에너지 전환에서 열역학적 제한을 받지 않는다.

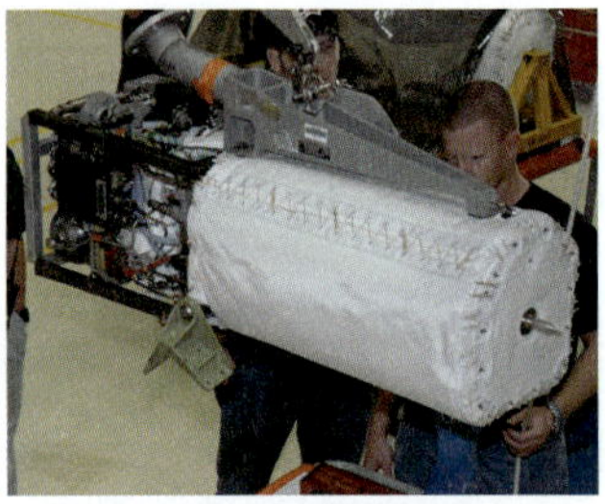

▲ **그림 18.12** 우주 계획에 사용되는 수소-산소 연료 전지. 전지에 의해 만들어진 순수한 물은 우주 비행사가 사용한다.
Kim Shiflett/NASA

잘 만들어진 좋은 성능을 갖는 연료 전지는 70%의 에너지 전환 효율을 갖는다. 따라서 내연기관에 비하여 약 두 배 정도의 효율을 갖고 있다. 연료 전지 발전기는 소음, 진동, 열전이, 열 공해가 없으며, 그 외에 전통적인 발전소에서 일어날 수 있는 많은 문제점들이 없다. 그러나 현재 연료 전지들이 광범위하게 사용되지는 못하고 있는데, 중요한 원인은 오염 없이 오랜 시간 동안 기능을 효과적으로 발휘할 수 있는 경제적인 전극 촉매를 개발하지 못하는 데 있다. 오늘날 연료 전지의 가장 성공적인 응용은 우주선 안에서 볼 수 있다(그림 18.12).

개념과 사실 요약하기

- 하나 이상의 갈바니 전지로 구성된 배터리는 자급식 전원으로 널리 사용된다. 건전지, 수은 전지, 자동차에 사용되는 납 축전지 등의 전지가 잘 알려져 있다. 연료 전지는 반응물의 지속적인 공급으로 전기 에너지를 생산한다.

개념과 사실 복습하기

18.6.1 9 V 배터리에는 몇 개의 건전지가 들어 있는가?

18.7 부식

학습 목표

- 부식 및 아연 도금의 기본 이론에 대해 토론할 수 있다.

부식(corrosion)은 *전기화학 과정에 의해서 금속이 변질*되는 것을 의미한다. 부식의 예는 우리 주변에서 많이 볼 수 있다. 철이 녹스는 것, 은의 변색, 구리와 놋쇠 위에 형성되는 푸른 녹 등이 있다(그림 18.13). 이런 부식으로 인하여 빌딩, 다리, 배, 자동차 등에 막대한

그림 18.13 부식의 예. (a) 녹슨 다리, (b) 반쪽만 녹슨 은 접시, (c) 1986년 재건되기 전의 녹청으로 덮인 자유의 여신상.

(a): Fernando Arias/Getty Images;
(b): Ken Karp/McGraw-Hill;
(c): Wesley Bocxe/Science Source

손해를 입히고 있다. 통계에 의하면 미국은 금속 부식으로 인하여 약 2,750억 달러에 상당하는 경제적인 손실을 입는다고 한다. 이 절에서는 부식이 일어나는 기본 과정과 금속의 부식을 방지하는 방법들을 설명한다.

가장 잘 알려진 부식의 예는 철이 녹스는 것이다. 산소 기체와 물이 철을 녹슬게 한다. 반응이 복잡하여 완전히 이해하기는 어렵지만, 중요한 단계는 다음과 같다. 금속 표면의 일부가 산화가 일어나는 산화전극으로 작용한다. 산화 과정은 다음과 같이 일어난다.

$$Fe(s) \longrightarrow Fe^{2+}(aq) + 2e^-$$

철이 내놓은 전자들은 같은 금속 표면의 다른 영역인 환원전극에서 대기 중의 산소를 물로 환원시킨다.

$$O_2(g) + 4H^+(aq) + 4e^- \longrightarrow 2H_2O(l)$$

전체 산화-환원 반응은 다음과 같다.

$$2Fe(s) + O_2(g) + 4H^+(aq) \longrightarrow 2Fe^{2+}(aq) + 2H_2O(s)$$

표 18.1의 자료로부터 이 과정에 대한 표준 emf를 계산해 보면,

$$\begin{aligned} E^\circ_{전지} &= E^\circ_{환원전극} - E^\circ_{산화전극} \\ &= 1.23\ V - (-0.44\ V) \\ &= 1.67\ V \end{aligned}$$

이 반응은 산성 조건에서 일어난다는 것을 기억해야 한다. 즉, H^+ 이온은 대기 중 이산화탄소와 물이 반응하여 생성한 H_2CO_3로부터 제공된다. 양의 표준 emf는 이 과정이 녹 형성을 선호한다는 것을 의미한다.

산화전극에서 생성된 Fe^{2+} 이온은 다음과 같이 산소에 의하여 더 산화한다.

$$4Fe^{2+}(aq) + O_2(g) + (4 + 2x)H_2O(l) \longrightarrow 2Fe_2O_3 \cdot xH_2O(s) + 8H^+(aq)$$

수화된 산화 철(III)을 녹이라 한다. 산화 철과 결합한 물의 양은 변하므로 $Fe_2O_3 \cdot xH_2O$.의 형태로 표시한다.

그림 18.14는 철이 녹스는 과정을 나타낸 것이다. 전기 회로는 전자들과 이온들의 이동으로 이루어진다. 이것으로 소금물에서 철이 빠르게 녹스는 이유를 설명할 수 있다. 추운 날씨에 얼음과 눈을 녹이기 위하여 뿌린 염(NaCl이나 $CaCl_2$)은 자동차를 빠르게 녹슬게 하는 주요 원인이 된다.

금속의 부식은 철에만 국한되는 것은 아니다. 알루미늄은 철보다 산화 경향이 훨씬 더 크다. 알루미늄은 철보다 더 큰 음의 표준 환원 전위를 가진다. 표 18.1에서 Al은 Fe보다 표준 환원 전위가 더 음수임을 알 수 있다. 이런 사실만을 기초로 추측해 보면 폭우 속에서 비행기가 서서히 부식되고, 탄산음료 깡통은 쉽게 부식하여 알루미늄은 부식된 알루미늄으로 변하게 되는 것으로 예상할 수 있다. 그러나 이런 현상은 일어나지 않는다. 왜냐하면 알루미늄 금속이 공기 중에 노출될 때 부식하기 어려운 불용성의 산화 알루미늄 층이 생겨서 산화층 아래의 알루미늄이 더 이상 부식되는 것을 방지하기 때문이다. 알루미늄 산화층과는 달리 철 표면에 형성된 녹은 다공성이어서 철을 보호할 수 없다.

구리나 은으로 만든 금속 화폐도 매우 느리게 녹이 슨다.

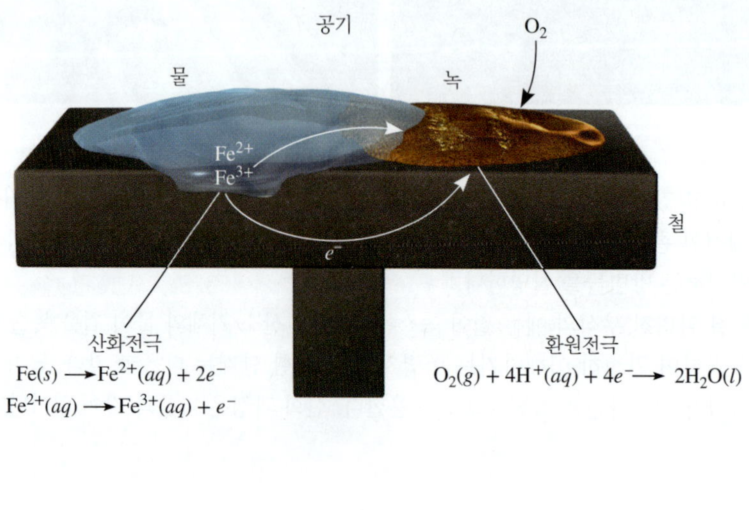

▶ **그림 18.14** 녹이 만들어지는 전기화학적인 과정. H^+ 이온은 CO_2가 물에 녹아 만들어진 H_2CO_3로부터 나온다.

$$\mathrm{Cu}(s) \longrightarrow \mathrm{Cu}^{2+}(aq) + 2e^-$$
$$\mathrm{Ag}(s) \longrightarrow \mathrm{Ag}^{+}(aq) + e^-$$

대기 중에 노출된 구리는 녹청이라고 하는 녹색 물질인 탄산 구리($CuCO_3$) 층을 형성하는데, 이것은 금속이 더 이상 부식하지 않도록 보호하는 역할을 한다. 이와 유사한 예로 식품을 담아둔 은 그릇의 경우도 황화 은(Ag_2S) 층을 만들어 그릇을 보호한다.

부식으로부터 금속을 보호하는 많은 방법들이 있다. 가장 간단한 방법은 금속 표면에 페인트를 칠하는 것이다. 그러나 페인트가 칠해진 금속의 일부분이 긁히거나 패이면, 손상된 부분에 녹이 생기게 된다. 철의 표면은 *부동화*(passivation)라는 과정을 통하여 비활성(inactive)이 될 수도 있다. 금속을 진한 질산 같은 센 산화제로 처리하면 얇은 산화물 층이 표면에 형성된다. 녹 방지를 위해 크로뮴산 소듐 용액을 냉각기와 라디에이터에 첨가하는 것도 같은 이유이다.

철이 다른 금속과 합금을 만들 때 산화하는 경향이 감소한다. 예를 들어, 철과 크로뮴의 합금인 스테인리스에서는 표면에 산화 크로뮴 층이 형성됨으로써 부식으로부터 철을 보호할 수 있다.

철 용기는 주석이나 아연 같은 다른 금속의 층으로 덮을 수 있다. "주석" 통은 철 위에 얇은 주석 층을 입혀 만든다. 주석 층이 그대로 남아 있는 한 녹의 생성을 막을 수 있다. 그러나 표면이 긁히면 빠르게 녹슬게 된다. 만일 표준 환원 전위를 참고한다면, 부식 과정에서 철은 환원되고 주석은 산화됨을 알 수 있다.

$$\mathrm{Sn}^{2+}(aq) + 2e^- \longrightarrow \mathrm{Sn}(s) \qquad E° = -0.14\ \mathrm{V}$$
$$\mathrm{Fe}^{2+}(aq) + 2e^- \longrightarrow \mathrm{Fe}(s) \qquad E° = -0.44\ \mathrm{V}$$

아연 판을 입힌 철의 경우는 위에서 설명한 주석 판의 보호 과정과는 매우 다르다. 아연은 철보다 더 쉽게 산화된다(표 18.1 참조).

$$\mathrm{Zn}^{2+}(aq) + 2e^- \longrightarrow \mathrm{Zn}(s) \qquad E° = -0.76\ \mathrm{V}$$

따라서 긁혀서 철이 노출되더라도 아연이 먼저 산화된다. 이 경우 아연 금속은 산화전극으로 철은 환원전극으로 작용한다.

음극화 보호(cathodic protection)는 금속이 갈바니 전지의 환원전극으로 작용함으로써 부식으로부터 보호받는 과정이다. 그림 18.15는 쇠못을 아연 조각에 연결함으로써 녹스는 것을 방지할 수 있다는 것을 보여준다. 이러한 보호가 없다면 쇠못은 물에서 빨리 녹슬 것이다. 땅 속에 있는 철 파이프나 철 저장탱크가 녹스는 것을 방지하기 위해서 철보다 더 쉽게 산화되는 아연이나 마그네슘 같은 금속을 연결해 준다(그림 18.16).

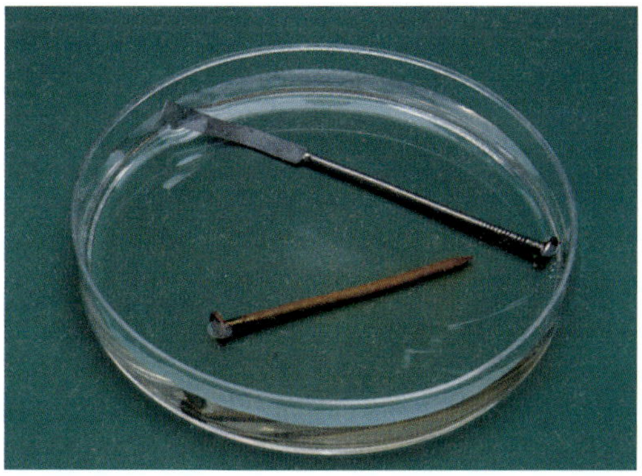

◀ **그림 18.15** 작은 아연 조각에 의해 음극 보호된 쇠못은 물에서 녹슬지 않는다. 이러한 보호가 없으면 쇠못은 쉽게 녹슨다.
Ken Karp/McGraw-Hill

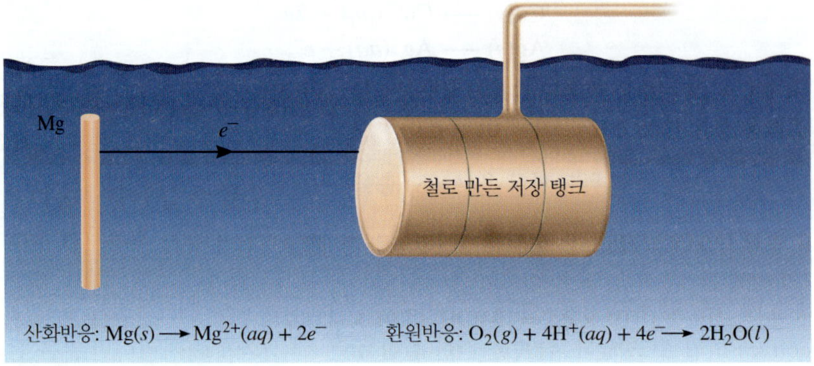

▶ **그림 18.16** 마그네슘에 의한 철 저장 탱크(환원전극)의 보호. 이때 마그네슘은 더 전기 양성이기 때문에 산화전극이다. 전기화학 과정에서 오직 마그네슘 금속만 소모되기 때문에 가끔 마그네슘 전극을 희생 산화전극이라 부른다.

개념과 사실 요약하기

- 철의 부식과 같은 금속의 부식은 전기화학적 현상이다.

개념과 사실 복습하기

18.7.1 Sr, Ni, Pb, Co 금속 중에서 어느 금속이 철을 보호하기 위한 희생 산화전극으로 사용될 수 있겠는가?

18.8 전기분해

학습 목표

- 전해 전지의 구성과 작동을 요약할 수 있다.
- 주어진 전해 전지의 $E°$ 값을 구할 수 있다.
- 전기분해 과정의 과전압을 이해할 수 있다.

자발적인 산화-환원 반응은 화학 에너지를 전기 에너지로 변환시킨다. 이와는 달리 **전기분해**(electrolysis)는 *전기 에너지를 사용하여 비자발적인 화학 반응이 일어날 수 있도록 하는 과정*이다. **전해 전지**(electrolytic cell)는 *전기분해를 하는 장치*이다. 갈바니 전지에서 일어나는 과정과 전기분해는 같은 원리로 설명할 수 있다. 이런 원리를 기초로 세 종류의 전기분해의 예를 설명할 것이다. 그런 다음 전기분해의 정량적인 면을 고찰하고자 한다.

용융 염화 소듐의 전기분해

용융된 상태에서 이온 결합 화합물인 염화 소듐을 전기분해하여 소듐 금속과 염소 기체를 제조할 수 있다. 그림 18.17(a)는 *다운스 전지*(Downs cell)의 그림으로 대규모의 NaCl을 전기분해하는 데 사용한다. 용융 NaCl에서 양이온과 음이온은 각각 Na^+ 이온과 Cl^- 이온이다. 그림 18.17(b)는 전극에서 일어나는 반응을 간단한 도식으로 나타내었다. 전해 전지는 배터리와 연결되어 있는 한 쌍의 전극으로 구성되어 있다. 배터리는 산화가 일어나는 산화전극으로부터 전자가 나와서 환원이 일어나는 환원전극으로 전자가 이동되는 "전자 펌프"로 작동한다. 전극 반응은 다음과 같다.

$$\text{산화전극(산화 반응):} \quad 2Cl^-(l) \longrightarrow Cl_2(g) + 2e^-$$
$$\text{환원전극(환원 반응):} \quad 2Na^+(l) + 2e^- \longrightarrow 2Na(l)$$
$$\text{전체:} \quad 2Na^+(l) + 2Cl^-(l) \longrightarrow 2Na(l) + Cl_2(g)$$

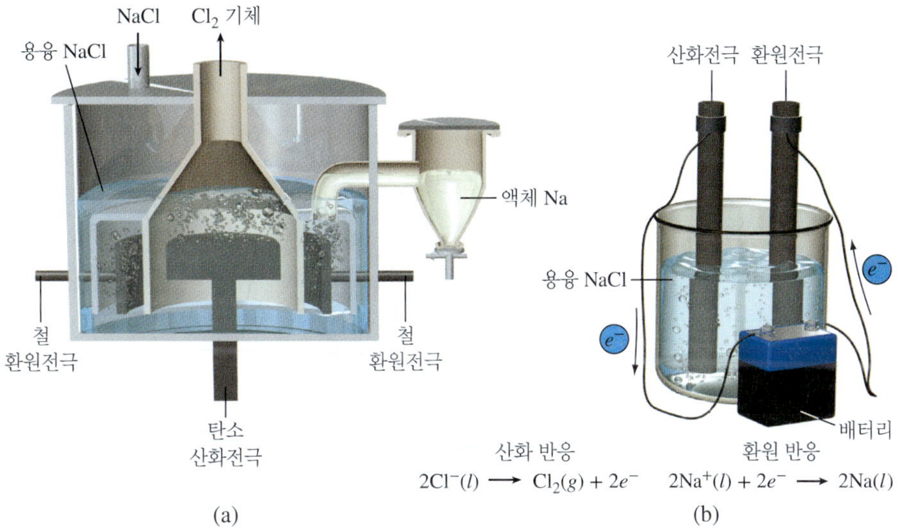

◀ **그림 18.17** (a) 용융 NaCl(녹는점 = 801°C)의 전기분해에 대한 다운스 전지의 실제 배치도. 환원전극에서 만들어진 소듐 금속은 액체 상태이다. 액체 소듐 금속은 용융 NaCl보다 가볍기 때문에 소듐은 그림에 보인 것처럼 표면으로 떠오르며, 이를 수집하면 된다. 염소 기체는 산화전극에서 만들어지며, 위쪽에서 수집하면 된다. (b) 용융 NaCl의 전기분해 동안 전극반응을 보여주는 개략도. 배터리는 비자발적인 반응을 일으키는 데 필요하다.

주로 이 과정을 이용하여 순수한 소듐 금속과 염소 기체를 제조한다.

전체 과정의 이론적 $E°$ 값은 약 −4 V이다. 이 값은 위 전지 반응이 비자발적임을 의미한다. 따라서 *최소한* 4 V의 전압을 걸어주어야 위 반응을 진행시킬 수 있다. 그러나 실제로는 이보다 더 큰 전압을 걸어야 된다. 그 이유는 실제 전기분해 과정이 효율적으로 일어나기 힘들며, 또한 과전압이 존재하기 때문에 실제로 전해가 일어나기 위하여 이론적인 전압보다 더 높은 전압을 걸어주어야 한다. 과전압은 다음에 간단하게 논의할 것이다.

물의 전기분해

1 atm, 25°C에서 다음 반응의 표준 Gibbs 자유 에너지 변화는 큰 양의 값을 갖기 때문에 비커에 들어 있는 물이 자발적으로 산소와 수소 기체로 분해되지는 않을 것이다.

$$2H_2O(l) \longrightarrow 2H_2(g) + O_2(g) \qquad \Delta G° = 474.4\ \text{kJ/mol}$$

그러나 이 반응은 그림 18.18에서 보여준 전지에서는 일어날 수 있다. 전해 전지는 물에 담근 백금 같은 비활성 금속으로 만들어진 한 쌍의 전극으로 이루어져 있다. 순수한 물에서는 전극들을 배터리에 연결하더라도 전류를 운반할 충분한 이온들이 없기 때문에 아무 반응도 일어나지 않는다. (25°C의 순수한 물은 $1 \times 10^{-7}\ M\ OH^-$ 이온과 $1 \times 10^{-7}\ M\ H^+$ 이온만을 가지고 있다는 것을 기억하라.) 반면 이 반응은 0.1 $M\ H_2SO_4$ 용액에서는 잘 일어나는데, 이는 전기를 전도할 충분한 양의 이온들이 존재하기 때문이다. 곧, 두 전극에서는 기체 방울이 발생하기 시작할 것이다.

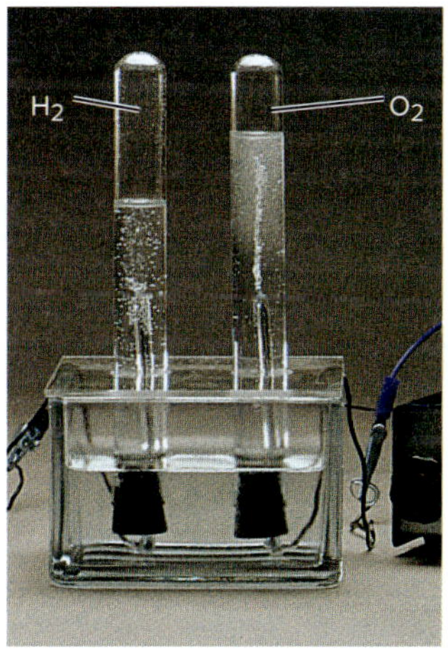

▲ **그림 18.18** 물을 전기분해하는 소형 장치. 환원전극에서 발생한 수소 기체의 부피는 산화전극에서 발생한 산소 기체 부피의 두 배이다.
Stephen Frisch/McGraw-Hill

그림 18.19는 전극 반응을 보여준다. 산화전극에서의 과정은 아래와 같다.

$$2H_2O(l) \longrightarrow O_2(g) + 4H^+(aq) + 4e^-$$

반면 환원전극에서의 과정은 아래와 같다.

$$2H^+(aq) + 2e^- \longrightarrow H_2(g)$$

따라서 전체 반응은 다음과 같다.

$$\begin{array}{rl} \text{산화전극(산화 반응):} & 2H_2O(l) \longrightarrow O_2(g) + 4H^+(aq) + 4e^- \\ \text{환원전극(환원 반응):} & \underline{2[2H^+(aq) + 2e^- \longrightarrow H_2(g)]} \\ \text{전체:} & 2H_2O(l) \longrightarrow 2H_2(g) + O_2(g) \end{array}$$

전지 반응에서 H_2SO_4의 알짜 소모가 없다는 것을 주목하라.

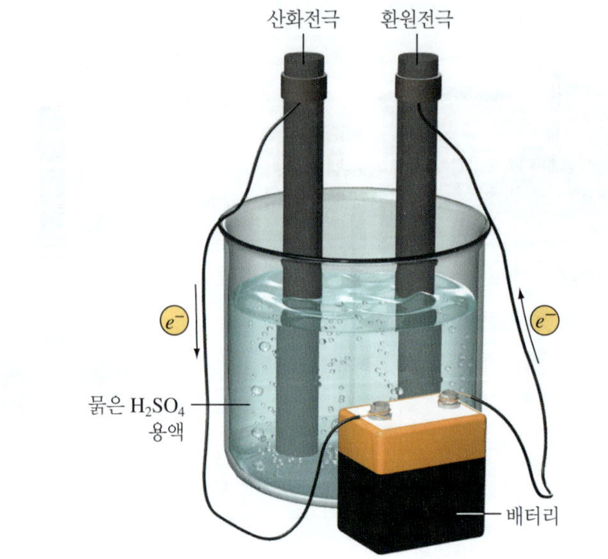

▶ **그림 18.19** 물의 전기분해 시 전극 반응을 보여주는 개략도. 전극의 부호가 갈바니 전지와 반대인 것에 유의하라. 갈바니 전지에서 산화전극은 외부회로로 전자를 제공하기 때문에 −극이 된다. 전해 전지에서 산화전극은 배터리에 의해 전자가 공급되므로 +극이 된다.

염화 소듐 수용액의 전기분해

염화 소듐 수용액의 전기분해는 여기서 설명하는 전기분해의 세 가지 예 중 가장 복잡하다. 그 이유는 염화 소듐 수용액에 산화나 환원될 수 있는 여러 개의 화학종들이 포함되어 있기 때문이다. 산화전극에서 일어나는 산화 반응은 다음과 같이 두 가지가 있다.

$$(1)\quad 2Cl^-(aq) \longrightarrow Cl_2(g) + 2e^-$$
$$(2)\quad 2H_2O(l) \longrightarrow O_2(g) + 4H^+(aq) + 4e^-$$

표 18.1을 참조하면

$$Cl_2(g) + 2e^- \longrightarrow 2Cl^-(aq) \qquad E° = 1.36\ V$$
$$O_2(g) + 4H^+(aq) + 4e^- \longrightarrow 2H_2O(l) \qquad E° = 1.23\ V$$

(1)과 (2)의 표준 환원 전위는 크게 다르지 않지만, 그 값들을 비교해 보면 산화전극에서 물이 먼저 산화되는 것을 알 수 있다. 그러나 실험에 의하면 산화전극에서 발생하는 기체는 O_2가 아니고 Cl_2이다. 전기분해 과정의 연구에서 때로 전기분해 반응에 필요한 전압이 이론적인 전위값보다 상당히 더 높다는 것을 알 수 있다. 이와 같이 *전기분해를 일으키는 데 필요한 이론적인 전위값과 실제 더 걸어주어야 하는 전압의 차이*를 **과전압**(overvoltage)이라 부른다. 특히 O_2 생성에 대한 과전압은 매우 높다. 따라서 보통의 전기분해 조건에서는 예상과는 달리 O_2 대신에 Cl_2 기체가 산화전극에서 생성된다.

한편 환원전극에서 일어날 수 있는 환원 반응은 다음과 같다.

$$(3)\quad 2H^+(aq) + 2e^- \longrightarrow H_2(g) \qquad E° = 0.00\ V$$
$$(4)\quad 2H_2O(l) + 2e^- \longrightarrow H_2(g) + 2OH^-(aq) \qquad E° = -0.83\ V$$
$$(5)\quad Na^+(aq) + e^- \longrightarrow Na(s) \qquad E° = -2.71\ V$$

이 중에서 반응 (5)는 매우 큰 음의 표준 환원 전위를 갖기 때문에 불가능할 것이다. 표준 환원 전위의 값만으로 보면, 표준 상태에서 반응 (3)은 반응 (4)보다 훨씬 잘 일어날 것이다. 그러나 pH 7(약 1×10^{-7} *M*)에서는 두 반응이 일어날 확률이 거의 비슷하다. 실제로 환원전극에서의 반응은 H^+ 이온의 농도가 매우 낮으므로 반응 (3)이 일어나지 않고 반응 (4)에 의하여 H_2가 생성된다.

그러므로 NaCl 수용액의 전기분해 반응식은 다음과 같다.

$$
\begin{aligned}
&\text{산화전극(산화 반응):} & 2Cl^-(aq) &\longrightarrow Cl_2(g) + 2e^- \\
&\text{환원전극(환원 반응):} & 2H_2O(l) + 2e^- &\longrightarrow H_2(g) + 2OH^-(aq) \\
&\text{전체:} & 2H_2O(l) + 2Cl^-(aq) &\longrightarrow H_2(g) + Cl_2(g) + 2OH^-(aq)
\end{aligned}
$$

전체 반응에서 보인 것처럼 Cl^- 이온 농도는 전기분해하는 동안 감소하고, OH^- 이온 농도는 증가한다. 그러므로 생성물인 H_2와 Cl_2 이외에도 유용한 부산물인 NaOH를 전기분해한 후 수용액을 증발시켜 얻을 수 있다.

전기분해의 분석에서 다음 사실을 기억하자. 양이온은 환원전극에서 환원이 쉽게 일어나고, 음이온은 산화전극에서 산화하기 쉽다. 그리고 수용액에서는 용매인 물이 산화하거나 환원할 수도 있다. 어떤 반응이 유리할 것인지는 용액 중에 들어 있는 화학종에 의하여 결정된다.

예제 18.8은 황산 소듐(Na_2SO_4) 수용액의 전기분해를 취급한 예이다.

인터넷 핫스팟

학생들의 학습 경험에 대해 축적된 자료에 따르면 전기분해의 생성물을 예측하는 데 어려움을 겪을 수 있다. 이런 경우 eBook에 접속해서 이 주제에 대한 추가 학습 자료를 보면 도움이 될 수 있다.

예제 18.8

Na_2SO_4 수용액을 그림 18.18의 장치를 사용하여 전기분해를 하였다. 산화전극과 환원전극에서 생성한 생성물이 각각 산소 기체와 수소 기체일 때 전극에서 일어나는 전기분해 반응을 나타내라.

전략 전극 반응을 찾기 전에 먼저 다음 사실을 알아야 한다. (1) Na_2SO_4가 물속에서 가수분해 되지 않기 때문에 용매의 pH는 7에 가깝다. (2) Na^+ 이온이 환원전극에서 환원되지 않고 SO_4^{2-} 이온은 산화전극에서 산화되지 않는다. 이러한 결론은 앞에서 설명한 황산 수용액과 염화 소듐 수용액의 전기분해의 결과로부터 추측할 수 있다. 그러므로 산화와 환원 두 반응 모두 물 분자만 관여한다.

풀이 전극 반응은 다음과 같이 쓸 수 있다.

$$
\begin{aligned}
&\text{산화전극:} & 2H_2O(l) &\longrightarrow O_2(g) + 4H^+(aq) + 4e^- \\
&\text{환원전극:} & 2H_2O(l) + 2e^- &\longrightarrow H_2(g) + 2OH^-(aq)
\end{aligned}
$$

전체 반응은 환원전극 반응 계수를 두 배로 하고, 여기에 산화전극 반응의 결과를 더해서 얻는다.

$$6H_2O(l) \longrightarrow 2H_2(g) + O_2(g) + 4H^+(aq) + 4OH^-(aq)$$

H^+ 이온과 OH^- 이온들이 혼합되었으므로

$$4H^+(aq) + 4OH^-(aq) \longrightarrow 4H_2O(l)$$

전체 반응은 다음과 같다.

$$2H_2O(l) \longrightarrow 2H_2(g) + O_2(g)$$

실전 연습 $Mg(NO_3)_2$ 수용액을 전기분해하였다. 산화전극과 환원전극에서 발생하는 기체는 무엇인가?

비슷한 문제: 18.46.

전기분해는 산업에서 주로 금속의 추출 및 정제에 많이 응용하고 있다. 이러한 응용은 제21장에서 설명할 것이다.

▶ 전기분해의 정량적 측면

전기분해에 대한 정량적 논의는 패러데이(Faraday)에 의해 발전되었다. 패러데이는 전극에서 생성된 생성물(또는 소모된 반응물)의 질량은 통해 준 전기량에 비례한다는 사실을 발견하였다. 예를 들면, 용융 염화 소듐을 전기분해할 경우 환원전극 반응에서는 하나의

Na^+ 이온이 전극으로부터 한 개의 전자를 받아 Na가 된다. Na^+ 이온 1 mol을 환원시키려면 환원전극에 아보가드로 수(6.02×10^{23})만큼의 전자를 제공해야 한다. 반면에, 산화전극 반응에서는 두 개의 Cl^- 이온이 산화되어 하나의 Cl_2 분자가 얻어진다. 그러므로 Cl_2 1 mol이 생성되려면 Cl^- 이온으로부터 2 mol의 전자가 산화전극으로 이동해야 함을 알 수 있다. 이와 비슷하게 Mg^{2+} 이온 1 mol을 환원하는 데는 전자 2 mol, Al^{3+} 이온 1 mol을 환원하는 데는 전자 3 mol이 필요하다.

$$Mg^{2+} + 2e^- \longrightarrow Mg$$
$$Al^{3+} + 3e^- \longrightarrow Al$$

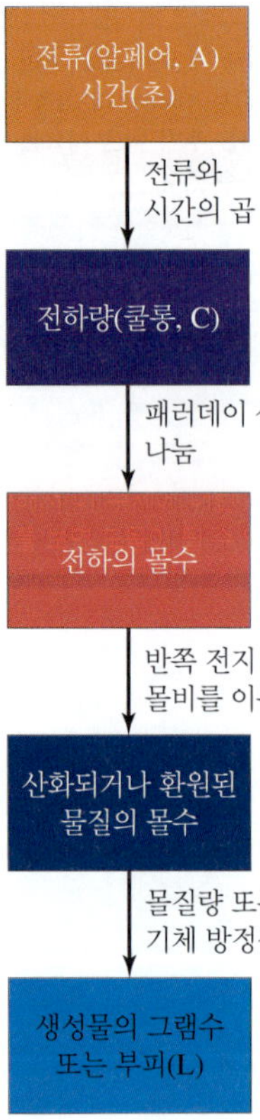

▲ **그림 18.20** 전기분해 과정에서 산화되거나 환원되는 물질의 양을 계산하는 단계.

일반적으로 전기분해 실험에서는 주어진 시간 동안에 전해 전지를 통해 흐르는 전류(암페어, A)를 측정한다. 전하량[쿨롱(C)으로]와 전류 사이의 관계는 다음과 같다.

$$1\ C = 1\ A \times 1\ s$$

여기서 1쿨롱은 1암페어의 전류가 1초 동안에 회로의 어떤 점을 통과할 때의 전하량이다.

그림 18.20은 전기분해 과정에서 생성된 물질의 양을 계산하는 단계를 보여준다. 이 그림을 참고로 하여 용융 $CaCl_2$가 포함된 전해 전지에서의 정량적인 관계를 설명해 보자. 용융 $CaCl_2$가 포함된 전해 전지에 0.452 A의 전류를 1.50시간 동안 통과시켰다고 가정하고, 산화전극과 환원전극에서 생성된 생성물의 양을 구해 보자. 이 문제를 풀기 위한 첫 번째 단계로서 산화전극에서 어떤 물질이 산화되고, 환원전극에서는 어떤 물질이 환원되는지를 알아야 한다. 용융 $CaCl_2$ 속에 존재하는 이온들은 Ca^{2+} 이온과 Cl^- 이온이기 때문에 반쪽 전지 반응과 전체 전지 반응은 다음과 같다.

$$\begin{aligned} \text{산화전극:} &\quad 2Cl^-(l) \longrightarrow Cl_2(g) + 2e^- \\ \text{환원전극:} &\quad Ca^{2+}(l) + 2e^- \longrightarrow Ca(l) \\ \hline \text{전체:} &\quad Ca^{2+}(l) + 2Cl^-(l) \longrightarrow Ca(l) + Cl_2(g) \end{aligned}$$

생성된 칼슘 금속과 염소 기체의 양은 전해 전지를 통과한 전자 수에 의존한다. 즉, 전류와 시간을 곱한 전기량에 의존한다.

$$?C = 0.452\ \cancel{A} \times 1.50\ \cancel{h} \times \frac{3600\ \cancel{s}}{1\ \cancel{h}} \times \frac{1\ C}{1\ \cancel{A} \cdot \cancel{s}} = 2.44 \times 10^3\ C$$

1 mol의 전하량은 96,500 C이고, 1 mol의 Ca^{2+} 이온을 환원시키는 데 2 mol의 전자가 필요하므로 환원전극에서 생성되는 Ca 금속의 질량은 다음과 같이 계산한다.

$$?g\ Ca = 2.44 \times 10^3\ \cancel{C} \times \frac{1\ \cancel{mol\ e^-}}{96{,}500\ \cancel{C}} \times \frac{1\ \cancel{mol\ Ca}}{2\ \cancel{mol\ e^-}} \times \frac{40.08\ g\ Ca}{1\ \cancel{mol\ Ca}} = 0.507\ g\ Ca$$

산화전극 반응은 염소 기체 1 mol이 생성되는 데 2 mol의 전자가 필요함을 나타낸다. 그러므로 생성된 염소 기체의 질량은 다음과 같이 계산한다.

$$?g\ Cl_2 = 2.44 \times 10^3\ \cancel{C} \times \frac{1\ \cancel{mol\ e^-}}{96{,}500\ \cancel{C}} \times \frac{1\ \cancel{mol\ Cl_2}}{2\ \cancel{mol\ e^-}} \times \frac{70.90\ g\ Cl_2}{1\ \cancel{mol\ Cl_2}} = 0.896\ g\ Cl_2$$

예제 18.9는 수용액 중에서 전기분해에 대한 응용을 보여주고 있다.

인터넷 핫스팟
학생들의 학습 경험에 대해 축적된 자료에 따르면 전기분해의 정량적인 면을 이해하는 데 어려움을 겪을 수 있다. 이런 경우 eBook에 접속해서 이 주제에 대한 추가 학습 자료를 보면 도움이 될 수 있다.

예제 18.9

묽은 황산 수용액이 들어 있는 전해 전지에 1.26 A의 전류를 7.44시간 동안 통과시켰다. 반쪽 전지 반응을 쓰고, STP에서 발생된 기체의 부피를 계산하라.

전략 이 반응에 대한 반쪽 전지 반응은 다음과 같다(18.8절 물의 전기분해 참조).

(계속)

$$
\begin{array}{rl}
\text{산화전극(산화 반응):} & 2H_2O(l) \longrightarrow O_2(g) + 4H^+(aq) + 4e^- \\
\text{환원전극(환원 반응):} & 2[2H^+(aq) + 2e^- \longrightarrow H_2(g)] \\
\hline
\text{전체:} & 2H_2O(l) \longrightarrow 2H_2(g) + O_2(g)
\end{array}
$$

그림 18.20에 따라 산소의 양을 몰의 단위로 계산하는 변환 단계는 다음과 같다.

$$\text{전류} \times \text{시간} \longrightarrow \text{쿨롱} \longrightarrow \text{전자의 몰수} \longrightarrow O_2\text{의 몰수}$$

그 다음, 이상 기체 방정식을 사용하여 STP 상태에서 산소 기체의 부피(L 단위)를 계산할 수 있다. H_2에 대해서도 같은 방법을 적용한다.

풀이 먼저 전해 전지에 통해진 전하량(C)을 계산하면 다음과 같다.

$$?C = 1.26\ \cancel{A} \times 7.44\ \cancel{h} \times \frac{3600\ \cancel{s}}{1\ \cancel{h}} \times \frac{1\ C}{1\ \cancel{A} \cdot \cancel{s}} = 3.37 \times 10^4\ C$$

그 다음으로 전하량을 전자의 몰수로 변환시킨다.

$$3.37 \times 10^4\ \cancel{C} \times \frac{1\ mol\ e^-}{96{,}500\ \cancel{C}} = 0.349\ mol\ e^-$$

산화 반쪽 반응식에서 1 mol O_2 ≏ 4 mol e^-임을 알고 있다. 그러므로 발생된 산소의 몰수는 다음과 같다.

$$0.349\ \cancel{mol\ e^-} \times \frac{1\ mol\ O_2}{4\ \cancel{mol\ e^-}} = 0.0873\ mol\ O_2$$

STP에서 O_2 0.0873 mol의 부피는 다음과 같다.

$$
\begin{aligned}
V &= \frac{nRT}{P} \\
&= \frac{(0.0873\ mol)(0.0821\ L \cdot atm/K \cdot mol)(273\ K)}{1\ atm} = 1.96\ L
\end{aligned}
$$

같은 방법으로 수소 기체에 대해서도 풀 수 있다. 간단히 하기 위해 첫 번째 두 단계를 묶어서 발생된 H_2의 몰수를 계산하면 다음과 같다.

$$3.37 \times 10^4\ \cancel{C} \times \frac{1\ \cancel{mol\ e^-}}{96{,}500\ \cancel{C}} \times \frac{1\ mol\ H_2}{2\ mol\ e^-} = 0.175\ mol\ H_2$$

STP에서 H_2 0.175 mol의 부피는 다음과 같다.

$$
\begin{aligned}
V &= \frac{nRT}{P} \\
&= \frac{(0.175\ mol)(0.0821\ L \cdot atm/K \cdot mol)(273\ K)}{1\ atm} \\
&= 3.92\ L
\end{aligned}
$$

검산 발생한 H_2의 부피는 O_2 부피의 두 배(그림 18.18 참조)임을 주목하라. 이러한 결과는 아보가드로 법칙(같은 온도와 압력 하에서 기체의 부피는 몰수에 비례함)에서 예상할 수 있다.

실전 연습 용융 $MgCl_2$가 들어 있는 전해 전지에 일정한 전류를 18시간 통하여 Cl_2 4.8×10^5 g을 얻으려 한다. 걸어 주어야 할 전류(A)는 얼마인가?

비슷한 문제: 18.51.

개념과 사실 요약하기

- 외부 전원에서 오는 전류는 전해 전지에서 비자발적인 화학 반응이 일어나게 하는 데 사용된다. 형성되는 생성물의 양 또는 소비되는 반응물의 양은 전극에서 전달되는 전기의 양에 따라 달라진다.
- 전자 1몰이 운반하는 전기량은 96,500 C이다.

개념과 사실 복습하기

18.8.1 그림 18.19에 표시된 전기분해 과정에 필요한 최소 전압은 얼마인가?

18.8.2 다음 전해 전지의 산화전극과 환원전극에 대한 반쪽 전지 반응을 써라.

18.8.3 용융 $CaCl_2$의 전기분해에서 1.24 A의 전류가 2.0시간 동안 전지에 흘렀을 때 환원전극에서 생성된 Ca의 질량은 얼마인가?

요약_Chapter Summary

산화환원 반응 및 전기화학 전지 산화-환원 반응을 나타내는 반응식은 반쪽 반응 방법을 사용하여 균형을 맞출 수 있다. 이러한 반응은 환원제에서 산화제로 전자의 이동을 포함한다. 분리된 격실을 사용하여 이러한 반응은 갈바니 전지에서 전자를 생성하는 데 사용할 수 있다. (18.1, 18.2절)

갈바니 전지의 열역학 갈바니 전지에서 측정된 전압은 산화전극(산화가 일어나는 곳)과 환원전극(환원이 일어나는 곳)의 전극 전위로 나눌 수 있다. 이 전압은 Gibbs 자유 에너지 변화와 산화-환원 과정의 평형 상수와 관련되어 있다. 네른스트 식은 표준과 비표준 상태에서의 전지 전압을 연관시킨다. (18.3, 18.4, 18.5절)

배터리 및 연료 전지 배터리는 일정한 전압에서 직류를 공급할 수 있는 전기화학 전지다. 자동차, 손전등 및 심장 박동기에 사용되는 배터리 유형은 다양하다. 연료 전지는 수소 또는 탄화수소를 산화시켜 전기를 생성하는 특별한 유형의 전기화학 전지다. (18.6절)

부식 부식은 철에서 녹, 은에서 황화 은, 구리에서 녹청(탄산 구리)을 형성하는 자발적 산화-환원 반응이다. 부식은 건물, 구조물, 선박 및 자동차에 막대한 피해를 준다. 부식의 영향을 방지하거나 최소화하기 위해 많은 방법이 고안되었다. (18.7절)

전기분해 전기 분해는 전기 에너지를 사용하여 비자발적인 산화-환원 반응을 일으키는 과정이다. 공급된 전류와 형성된 제품 사이의 양적 관계는 패러데이가 규명하였다. 전기분해는 활성 금속 및 비금속 및 많은 필수 산업 화학 물질의 주요 제조법이다. (18.8절)

주요 식_Key Equations

$E^\circ_{전지} = E^\circ_{환원전극} - E^\circ_{산화전극}$ (18.1)	갈바니 전지의 표준 emf를 계산하는 식.
$\Delta G = -nFE_{전지}$ (18.2)	Gibbs 자유 에너지 변화와 전지의 emf와의 관계식.
$\Delta G^\circ = -nFE^\circ_{전지}$ (18.3)	표준 Gibbs 자유 에너지 변화와 전지의 표준 emf와의 관계식.
$E^\circ_{전지} = \frac{0.0257\ \text{V}}{n} \ln K$ (18.5)	전지의 표준 emf와 평형 상수와의 관계식.
$E^\circ_{전지} = \frac{0.0592\ \text{V}}{n} \log K$ (18.6)	전지의 표준 emf와 평형 상수와의 관계식.
$E = E^\circ - \frac{0.0257\ \text{V}}{n} \ln Q$ (18.8)	비표준 상태 조건에서 전지의 emf와 농도와의 관계식.
$E = E^\circ - \frac{0.0592\ \text{V}}{n} \log Q$ (18.9)	비표준 상태 조건에서 전지의 emf와 농도와의 관계식.

주요 용어_Key Words

갈바니 전지	반쪽 전지 반응	연료 전지	전해 전지	환원전극
과전압	배터리	전기분해	패러데이 상수(F)	
기전력(emf, E)	부식	전기화학	표준 emf ($E^\circ_{전지}$)	
네른스트 식	산화전극	전지 전압	표준 환원 전위	

연습 문제_Questions and Problems

붉은색 번호의 문제는 학생용 문제 풀이집에 풀어 놓았다.

18.1 산화-환원 반응식

문제

18.1 이온-전자법으로 다음 산화-환원 반응의 균형을 맞춰라.

(a) $H_2O_2 + Fe^{2+} \longrightarrow Fe^{3+} + H_2O$ (산성 용액)
(b) $Cu + HNO_3 \longrightarrow Cu^{2+} + NO + H_2O$ (산성 용액)
(c) $CN^- + MnO_4^- \longrightarrow CNO^- + MnO_2$ (염기성 용액)
(d) $Br_2 \longrightarrow BrO_3^- + Br^-$ (염기성 용액)
(e) $S_2O_3^{2-} + I_2 \longrightarrow I^- + S_4O_6^{2-}$ (산성 용액)

18.2 이온-전자법으로 다음 산화-환원 반응의 균형을 맞춰라.

(a) $Mn^{2+} + H_2O_2 \longrightarrow MnO_2 + H_2O$ (염기성 용액)
(b) $Bi(OH)_3 + SnO_2^{2-} \longrightarrow SnO_3^{2-} + Bi$ (염기성 용액)
(c) $Cr_2O_7^{2-} + C_2O_4^{2-} \longrightarrow Cr^{3+} + CO_2$ (산성 용액)
(d) $ClO^{3-} + Cl^- \longrightarrow Cl_2 + ClO_2$ (산성 용액)

18.2 갈바니 전지

복습 질문

18.3 다음 용어를 정의하라. *산화전극, 환원전극, 전지 전압, 기전력, 표준 환원 전위.*

18.4 갈바니 전지의 기본적 특성을 설명하라. 갈바니 전지를 구성하는 두 부분은 왜 서로 분리되어 있는가?

18.5 염다리의 기능은 무엇인가? 염다리에는 어떤 종류의 전해질을 사용해야 하는가?

18.6 전지 도식(cell diagram)이란 무엇인가? 1 M $Al(NO_3)_3$ 용액에 Al 금속이 들어 있는 전극과 1 M $AgNO_3$ 용액에 Ag 금속이 들어 있는 전지의 도식을 나타내라.

18.7 제4장에서 논의한 산화-환원 과정에서의 반쪽 반응과 18.2절에서 설명한 반쪽 전지 반응의 차이점을 설명하라.

18.3 표준 환원 전위

복습 질문

18.8 다음 용어를 정의하라: *기전력* 및 *표준 환원 전위.*

18.9 표 2.1의 정보를 사용하여 패러데이 상수를 계산하라.

18.10 전기화학 반응의 자발성 여부를 표준 기전력($E^\circ_{전지}$)의 값으로 설명하라.

문제

18.11 Mg/Mg^{2+}와 Cu/Cu^{2+}의 반쪽 전지 반응을 이용하여 25°C에서 전지의 표준 기전력을 계산하고, 표준 상태에서 일어나는 전지 반응을 써라.

18.12 Ag/Ag^+과 Al/Al^{3+}의 반쪽 전지 반응을 사용하는 전지의 표준 기전력을 계산하라. 표준 상태에서 일어나는 전지 반응을 써라.

18.13 표준 상태에서 Fe^{3+}가 I^-를 I_2로 산화시킬 수 있을지 예측하라.

18.14 표준 상태에서 H_2O를 $O_2(g)$로 산화시킬 수 있는 것은 다음 시약 중 어느 것인가? $H^+(aq)$, $Cl^-(aq)$, $Cl_2(g)$, $Cu^{2+}(aq)$, $Pb^{2+}(aq)$, $MnO_4^-(aq)$ (산성에서).

18.15 다음 반쪽 반응을 고려하여 표준 상태에서 NO_3^-는 Mn^{2+}를 MnO_4^-로 산화시킬 수 있을지 예측하라.

$$MnO_4^-(aq) + 8H^+(aq) + 5e^- \longrightarrow Mn^{2+}(aq) + 4H_2O(l)$$

$$NO_3^-(aq) + 4H^+(aq) + 3e^- \longrightarrow NO(g) + 2H_2O(l)$$

18.16 25°C의 수용액에서 다음 반응이 자발적으로 일어날 수 있는가? 용해한 화학종들의 처음 농도는 모두 1.0 M이다.

(a) $Ca(s) + Cd^{2+}(aq) \longrightarrow Ca^{2+}(aq) + Cd(s)$
(b) $2Br^-(aq) + Sn^{2+}(aq) \longrightarrow Br_2(l) + Sn(s)$
(c) $2Ag(s) + Ni^{2+}(aq) \longrightarrow 2Ag^+(aq) + Ni(s)$
(d) $Cu^+(aq) + Fe^{3+}(aq) \longrightarrow Cu^{2+}(aq) + Fe^{2+}(aq)$

18.17 다음 화학종 중 어느 것이 표준 상태에서 더 좋은 산화제인가? (a) Br_2 또는 Au^{3+}, (b) H_2 또는 Ag^+, (c) Cd^{2+} 또는 Cr^{3+}, (d) O_2(산성 조건) 또는 O_2(염기성 조건).

18.18 다음 화학종 중 어떤 것이 표준 상태에서 더 좋은 환원제인가? (a) Na와 Li, (b) H_2와 I_2, (c) Fe^{2+}와 Ag, (d) Br^-와 Co^{2+}.

18.19 전기화학 반응 $Sn^{2+} + X \longrightarrow Sn + X^{2+}$을 생각해보자. $E^\circ_{전지} = 0.14$ V로 주어졌을 때, X^{2+}/X 반쪽 반응에 대한 E°는 얼마인가?

18.20 다음 전지에서 $E^\circ_{전지}$는 25°C에서 1.54 V이다.

$$U(s) \mid U^{3+}(aq) \parallel Ni^{2+}(aq) \mid Ni(s)$$

U^{3+}/U 반쪽 전지에 대한 표준 환원 전위를 계산하라.

18.4 산화-환원 반응의 열역학

복습 질문

18.21 전지의 표준 기전력과 ΔG° 및 K와의 관계식을 쓰고, 모든 항을 정의하라.

18.22 한 전지 반응의 E° 값은 양의 값이고, 다른 전지 반응의 E° 값은 음의 값이다. 어떤 전지 반응이 평형에서 더 많은 생성물을 만드는 반응을 진행하겠는가?

문제

18.23 25°C에서 다음 반응에 대한 평형 상수는 얼마인가?

$$Mg(s) + Zn^{2+}(aq) \rightleftharpoons Mg^{2+}(aq) + Zn(s)$$

18.24 다음 반응의 평형 상수는 25°C에서 2.69×10^{12}이다.

$$Sr(s) + Mg^{2+}(aq) \rightleftharpoons Sr^{2+}(aq) + Mg(s)$$

Sr/Sr^{2+}와 Mg/Mg^{2+}의 반쪽 전지로 만들어진 전지의 E°를 계산하라.

18.25 25°C에서 다음 각 반응에 대해 표준 환원 전위를 사용하여 평형 상수를 계산하라.

(a) $Br_2(l) + 2I^-(aq) \rightleftharpoons 2Br^-(aq) + I_2(s)$

(b) $2Ce^{4+}(aq) + 2Cl^-(aq) \rightleftharpoons Cl_2(g) + 2Ce^{3+}(aq)$

(c) $5Fe^{2+}(aq) + MnO_4^-(aq) + 8H^+(aq) \rightleftharpoons Mn^{2+}(aq) + 4H_2O(l) + 4H_2O(l) + 5Fe^{3+}(aq)$

18.26 25°C에서 다음 반응에 대해 G°와 K_c를 계산하라.

(a) $Mg(s) + Pb^{2+}(aq) \rightleftharpoons Mg^{2+}(aq) + Pb(s)$

(b) $Br_2(l) + 2I^-(aq) \rightleftharpoons 2Br^-(aq) + I_2(s)$

(c) $O_2(g) + 4H^+(aq) + 4Fe^{2+}(aq) \rightleftharpoons 2H_2O(l) + 4Fe^{3+}(aq)$

(d) $2Al(s) + 3I_2(s) \rightleftharpoons 2Al^{3+}(aq) + 6I^-(aq)$

18.27 표준 상태에서 Ce^{4+}, Ce^{3+}, Fe^{3+}, Fe^{2+}가 존재하는 수용액에서 어떤 자발적인 반응이 일어날까? 그 반응에 대한 G° 및 K_c를 계산하라.

18.28 환원 반응 $Cu^+(aq) + e^- \longrightarrow Cu(s)$의 $E^\circ = 0.52$ V이다. 25°C에서 다음 반응에 대한 E°, G°, K를 계산하라.

$$2Cu^+(aq) \longrightarrow Cu^{2+}(aq) + Cu(s)$$

18.5 전지 기전력에 대한 농도 효과

복습 질문

18.29 네른스트 식을 쓰고, 모든 항을 설명하라.

18.30 어떤 온도 T에서 다음 반응에 대한 네른스트 식을 써라.

(a) $Mg(s) + Sn^{2+}(aq) \longrightarrow Mg^{2+}(aq) + Sn(s)$

(b) $2Cr(s) + 3Pb^{2+}(aq) \longrightarrow 2Cr^{3+}(aq) + 3Pb(s)$

문제

18.31 $[Zn^{2+}] = 0.25\ M$이고, $[Cu^{2+}] = 0.15\ M$이라면 25°C에서 Zn/Zn^{2+} 반쪽 전지와 Cu/Cu^{2+} 반쪽 전지로 이루어진 전지의 전위는 얼마인가

18.32 다음 전지 반응의 E°, E, ΔG를 계산하라.

(a) $Mg(s) + Sn^{2+}(aq) \longrightarrow Mg^{2+}(aq) + Sn(s)$
$[Mg^{2+}] = 0.045\ M$, $[Sn^{2+}] = 0.035\ M$

(b) $3Zn(s) + 2Cr^{3+}(aq) \longrightarrow 3Zn^{2+}(aq) + 2Cr(s)$
$[Cr^{3+}] = 0.010\ M$, $[Zn^{2+}] = 0.0085\ M$

18.33 Zn/Zn^{2+}와 SHE의 반쪽 전지로 구성된 전지의 표준 전위를 계산하라. $[Zn^{2+}] = 0.45\ M$, $P_{H_2} = 2.0$ atm, $[H^+] = 1.8\ M$이라면 전지의 기전력은 얼마가 될까?

18.34 만일 $[Pb^{2+}] = 0.10\ M$, $[H^+] = 0.050\ M$이고, $P_{H_2} = 2.0$ atm이라면 Pb^{2+}/Pb 반쪽 전지와 $Pt/H^+/H_2$ 반쪽 전지로 구성된 전지의 기전력은 얼마인가?

18.35 그림 18.1을 참조하여 25°C에서 다음 반응이 자발적으로 일어날 수 있는 $[Cu^{2+}]/[Zn^{2+}]$의 비를 구하라.

$$Cu(s) + Zn^{2+}(aq) \longrightarrow Cu^{2+}(aq) + Zn(s)$$

18.36 다음 농도차 전지의 기전력을 계산하라.

$$Mg(s) \mid Mg^{2+}(0.24\ M) \parallel Mg^{2+}(0.53\ M) \mid Mg(s)$$

18.6 배터리와 연료 전지

복습 질문

18.37 일차 갈바니 전지(재충전할 수 없는)와 충전이 가능한 축전지(예, 납 축전지)의 차이점을 설명하라.

18.36 재래형 발전과 비교하여 전기를 생산할 때 연료 전지가 가지는 장점과 단점을 기술하라.

문제

18.39 수소-산소 연료 전지에 대해 18.6절에서 설명하였다. (a) 8.5 A의 전류를 생산하는 전기 모터를 3.0시간 동안 작동하기 위하여 필요한 $H_2(g)$의 부피는 25°C, 155 atm에서 얼마나 되어야 하는가? (b) 같은 모터를 작동하는 데 필요한 25°C, 1.00 atm 공기의 부피(L)는 얼마인가? 단, 공기 부피의 20%가 O_2이며, 공기의 다른 성분은 연료 전지 반응에 영향을 미치지 않는다. 그리고 이상 기체로 간주한다.

18.40 프로페인의 ΔG°_f가 −23.5 kJ/mol이다. 프로페인 연료 전지의 25°C에서의 표준 기전력을 계산하라(18.6절 중 연료 전지).

18.7 부식

복습 질문

18.41 못이나 볼트와 같은 강철로 만들어진 공구는 가끔 얇은 Cd 판으로 코팅시킨다. 여기서 Cd 층의 역할은

무엇인가?

18.42 아연 도금 철판은 아연으로 코팅한 강철 조각이다. 주석 깡통은 주석으로 코팅된 강철 조각으로 만든다. 코팅의 기능과 그리고 만일 전해질이 아연으로 도금한 철판이나 주석으로 도금한 철판의 긁힌 표면에 접촉되어 부식 반응이 일어난다고 할 때의 전기화학적 과정을 검토하라.

18.43 녹슨 은은 Ag_2S를 포함한다. NaCl과 같은 비활성 전해질 용액을 포함하는 알루미늄 팬에 녹슨 은 제품을 놓아 두면 이 녹은 사라진다. 이 과정에 대한 전기화학적 원리를 설명하라. [$Ag_2S(s) + 2e^- \longrightarrow 2Ag(s) + S^{2-}(aq)$]. 반쪽 전지 반응에 대한 표준 환원 전위는 −0.71 V].

18.44 철이 녹스는 것이 용액의 pH에 어떻게 의존하는가?

18.8 전기분해

복습 질문

18.45 (다니엘 전지와 같은) 갈바니 전지와 전해 전지의 차이점은 무엇인가?

18.46 KNO_3 수용액의 전기분해 과정을 설명하라.

문제

18.47 어떤 전극에서의 반쪽 반응은 다음과 같다.

$$Mg^{2+}(\text{용융}) + 2e^- \longrightarrow Mg(s)$$

전극에 1.00 F의 전기량을 공급할 때 얻어지는 Mg의 g수는 얼마인가?

18.48 용융 $BaCl_2$의 전기분해에 대하여 다음 물음에 답하라. (a) 반쪽 반응을 써라. (b) 30분 동안 0.50 A의 전기를 통하면 Ba 금속을 얼마나 얻을 수 있는가?

18.49 전기 비용만을 고려할 때 소듐 1 t과 알루미늄 1 t을 생산하는 것 중 어느 것이 더 경제적일까?

18.50 용융 염화 마그네슘을 전기분해하여 마그네슘 금속 1 t을 생산하는 데 155달러가 소비된다면, 다음 금속들을 전기분해로 얻는 데 필요한 돈(달러)은 얼마인가? (a) 알루미늄 10.0 t, (b) 소듐 30.0 t, (c) 칼슘 50.0 t.

18.51 물의 전기분해에 대한 반쪽 반응 중 하나는 다음과 같다.

$$2H_2O(l) \longrightarrow O_2(g) + 4H^+(aq) + 4e^-$$

25°C에서 755 mmHg의 O_2를 0.076 L 수집하고 싶다면 용액에 몇 패러데이의 전기량을 통과시켜야 하는가?

18.52 다음에 나타낸 물질을 얻는 데 필요한 전자는 몇 mol인가? (a) H_2SO_4 수용액으로부터 O_2 0.84 L(25°C, 1 atm에서), (b) 용융 NaCl로부터 Cl_2 1.50 L(20°C, 750 mmHg에서) (c) 용융 $SnCl_2$로부터 Sn 6.0 g.

18.53 $CuBr_2$ 수용액에서 4.50 A의 전류에 의해 1.0시간 동안 비활성 전극에서 만들어지는 Cu와 Br_2의 양을 계산하라.

18.54 $AgNO_3$ 수용액을 전기분해해서 Ag 0.67 g이 일정 시간 후에 석출하였다. (a) Ag^+의 환원에 대한 반쪽 반응을 써라. (b) 적절한 산화 반쪽 반응은 무엇인가? (c) 사용한 전기량을 쿨롱 단위로 계산하라.

18.55 용융된 $CoSO_4$에 정상 전류를 흘려주었더니 금속 코발트 2.35 g이 석출되었다. 사용한 전기량을 쿨롱 단위로 계산하라.

18.56 두 개의 전해 전지를 직렬로 연결하여 3.75시간 동안 일정한 전류를 흘렸다. 하나는 $AgNO_3$ 용액을 포함하고, 두 번째는 $CuCl_2$ 용액을 포함한다. 처음 전지에서 Ag 2.00 g이 침전된다. (a) 두 번째 전지에서 몇 g의 Cu가 침전할까? (b) 몇 암페어의 전류가 흘렀겠는가?

18.57 NaCl 전해질과 1.500×10^3 A의 전류를 사용한 전해 전지에서 시간당 얻을 수 있는 염소 기체의 양(kg으로)은 얼마인가? Cl^-의 산화에 대한 산화전극의 효율은 93.0%이다.

18.58 크로뮴 도금은 크롬 도금은 다음(균형 맞추지 않음) 반쪽 반응에 따라 다이크로뮴산염 용액에 도금할 물체를 넣고 전기분해시킨다.

$$Cr_2O_7^{2-}(aq) + e^- + H^+(aq) \longrightarrow Cr(s) + H_2O(l)$$

표면적이 0.25 m^2인 자동차 범퍼에 1.0×10^{-2} mm 두께의 크로뮴 도금을 하는 데 25.0 A의 전류를 몇 시간 통해야 하는가? (크로뮴의 밀도는 7.19 g/cm^3)

18.59 $CuSO_4$ 수용액에 25.0분 동안 0.750 A의 전류를 흘려주었을 때 0.369 g의 구리가 석출되었다. 이 자료로부터 구리의 몰질량을 계산하라.

18.60 $CuSO_4$ 수용액에 3.00 A의 전기를 304초 동안 통했을 때 0.300 g의 구리가 석출되었다. 이 실험 결과로부터 패러데이 상수 값을 계산하라.

18.61 어떤 전기분해 실험에서 $AgNO_3$ 용액을 포함하는 한 전지에서 Ag가 1.44 g 석출되었다. 반면 $AgNO_3$ 전지와 직렬로 연결한 다른 전지(XCl_3 수용액을 포함하는 용액)에서는 미지 금속 X가 0.120 g 석출되었다. 미지의 금속 X의 몰질량을 계산하라.

18.62 물의 전기분해에서 반쪽 반응 중 하나는 다음과 같다.

$$2H^+(aq) + 2e^- \longrightarrow H_2(g)$$

25°C, 782 mmHg에서 H_2 0.845 L가 모았다면 용액을 통과한 전자의 몰수는 얼마인가?

18.63 10.0 A의 일정한 전류를 10.0분간 3개의 전해 전지에 통과시켰다. 용액이 0.10 M $AgNO_3$, 0.10 M $Cu(NO_3)_2$, 0.10 M $Au(NO_3)_3$이라면 형성된 금속의 질량을 계산하라.

18.64 공업적으로 구리 금속은 다음 배열에 따라 전기분해적으로 정제할 수 있다. 산화전극은 불순한 Cu 전극으로 만들어졌고, 환원전극은 순수한 Cu 전극이다. 전극은 $CuSO_4$ 용액에 잠겨 있다. (a) 전극에서 반쪽 전지 반응을 써라. (b) 10시간 동안 20 A의 전류를 통과시킨 후에 정제된 Cu의 질량(g 단위)을 계산하라. (c) Zn, Fe, Au, Ag와 같은 불순물들은 전극에서 침전이 왜 일어나지 않는지 설명하라.

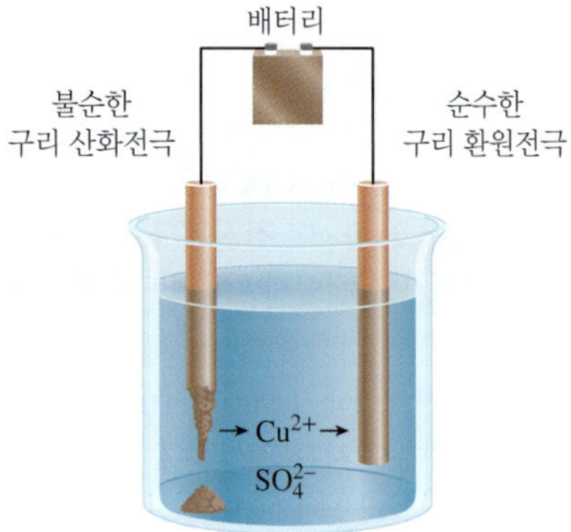

실전 연습의 답_Answers to Practice Exercises

18.1 $5Fe^{2+} + MnO_4^- + 8H^+ \longrightarrow 5Fe^{3+} + Mn^{2+} + 4H_2O$. **18.2** 아니다. **18.3** 0.34 V. **18.4** 1×10^{-42}. **18.5** $\Delta G° = -4.1 \times 10^2$ kJ/mol. **18.6** 그렇다, $E = +0.01$ V. **18.7** 0.38 V. **18.8** 산화전극, O_2; 환원전극, H_2. **18.9** 2.0×10^4 A.

개념과 사실 복습하기의 답_Answers to Review of Concepts & Facts

18.1.1 6. **18.1.2** 균형 반응식은 다음과 같다. $Sn + 4NO_3^- + 4H^+ \longrightarrow SnO_2 + 4NO_2 + 2H_2O$; 계수는 4이다. **18.2.1** $Al(s) \mid Al^{3+}(1\ M) \parallel Fe^{2+}(1\ M) \mid Fe(s)$. **18.2.2** $2Ag^+(aq) + Cu(s) \longrightarrow 2Ag(s) + Cu^{2+}(aq)$. **18.3.1** Cu, Ag. **18.3.2** 1.98 V. **18.4.1** 4.4×10^{-10}. **18.4.2** 0.049 V. **18.4.3** 평형 상수를 전기화학적으로 결정하는 것이 훨씬 쉽다. 전지의 emf를 측정한 다음 방정식 (18.3) 및 (17.14)를 사용하여 K를 계산하기만 하면 된다. 반면에, 방정식 (17.14)만 사용하는 경우 먼저 $\Delta G°$를 결정한 다음 K를 결정하기 위해 $\Delta H°$ 및 $\Delta S°$를 모두 측정해야 한다. 대부분의 반응은 전기화학적 측정에 적합하지 않다. **18.5.1** 2.13 V. (a) 2.14 V; (b) 2.11 V. **18.5.2** 0.049 V. **18.6.1** 9 V/(1.5 V/전지) = 6개의 전지. **18.7.1** Sr. **18.8.1** 1.23 V. **18.8.2** 산화전극: $2Cl^- \longrightarrow Cl_2 + 2e^-$. 환원전극: $Mg^{2+} + 2e^- \longrightarrow Mg$. 갈바니 전지에서 산화전극은 외부 회로에 전자를 공급하기 때문에 (−)로 표시된다. 전해 전지에서 배터리에 의해 산화전극에서 전자가 빠져나가기 때문에 산화전극은 (+)로 표시된다. 전해조에 있는 각 전극의 부호는 그것이 부착된 전지 전극의 부호와 동일하다. **18.8.3** 1.9 g.

부록 1

Appendix 1

기체 상수의 단위

본 부록에서는 기체 상수 R를 J/K·mol 단위로 어떻게 나타낼 수 있는가를 알게 될 것이다. 첫 단계는 atm(기압)과 Pa(파스칼) 사이의 관계를 아는 것이다. 다음 식에서 출발한다.

$$\begin{aligned}
\text{압력} &= \frac{\text{힘}}{\text{면적}} \\
&= \frac{\text{질량} \times \text{가속도}}{\text{면적}} \\
&= \frac{\text{부피} \times \text{밀도} \times \text{가속도}}{\text{면적}} \\
&= \text{길이} \times \text{밀도} \times \text{가속도}
\end{aligned}$$

정의에 의하면 표준 기압은 중력 가속도가 980.665 cm/s^2인 곳에서 밀도 13.5951 g/cm^3인 수은기둥은 정확히 76 cm가 미치는 압력이다. 그러나 압력을 N/m^2으로 표현하기 위해서는 다음과 같이 써야 한다.

$$\begin{aligned}
\text{수은의 밀도} &= 1.35951 \times 104 \text{ kg/m}^3 \\
\text{중력 가속도} &= 9.80665 \text{ m/s}^2
\end{aligned}$$

표준 기압은 다음과 같이 주어진다.

$$\begin{aligned}
1 \text{ atm} &= (0.76 \text{ m Hg})(1.35951 \times 10^4 \text{ kg/m}^3)(9.80665 \text{ m/s}^2) \\
&= 101{,}325 \text{ kg m/m}^2 \cdot \text{s}^2 \\
&= 101{,}325 \text{ N/m}^2 \\
&= 101{,}325 \text{ Pa}
\end{aligned}$$

5.4절로부터 기체 상수 R이 0.082057 L·atm/K·mol이라는 것을 안다. 다음 환산 인자

$$\begin{aligned}
1 \text{ L} &= 1 \times 10^{-3} \text{ m}^3 \\
1 \text{ atm} &= 101{,}325 \text{ N/m}^2
\end{aligned}$$

를 이용하면 다음과 같이 쓸 수 있다.

$$\begin{aligned}
R &= \left(0.082057 \frac{\text{L} \cdot \text{atm}}{\text{K} \cdot \text{mol}}\right)\left(\frac{1 \times 10^{-3} \text{ m}^3}{1 \text{ L}}\right)\left(\frac{101{,}325 \text{ N/m}^2}{1 \text{ atm}}\right) \\
&= 8.314 \frac{\text{N} \cdot \text{m}}{\text{K} \cdot \text{mol}} \\
&= 8.314 \frac{\text{J}}{\text{K} \cdot \text{mol}}
\end{aligned}$$

그리고

$$\begin{aligned}
1 \text{ L} \cdot \text{atm} &= (1 \times 10^{-3} \text{ m}^3)(101{,}325 \text{ N/m}^2) \\
&= 101.3 \text{ N} \cdot \text{m} \\
&= 101.3 \text{ J}
\end{aligned}$$

마찬가지로

$$1\ \text{J} = 9.872 \times 10^{-3}\ \text{L} \cdot \text{atm}$$

R은 bar 단위로도 나타낼 수 있다. 환산 인자 1 atm = 1.01325 bar를 사용하여, 다음과 같이 쓸 수 있다.

$$R = \left(0.082057\,\frac{\text{L}\cdot\text{atm}}{\text{K}\cdot\text{mol}}\right)\left(1.01325\,\frac{\text{bar}}{\text{atm}}\right)$$
$$= 0.08315\,\frac{\text{L}\cdot\text{bar}}{\text{K}\cdot\text{mol}}$$

R의 다른 값은 여기에서 유도된 값과 함께 표 A1.1에 요약되어 있다. 적절한 단위 변환을 사용하면 이들 값을 유도할 수 있다.

표 A1.1 기체 상수, *R*의 다른 값들

R	단위
8.314	$\frac{\text{J}}{\text{K}\cdot\text{mol}}$
0.08206	$\frac{\text{L}\cdot\text{atm}}{\text{K}\cdot\text{mol}}$
0.08315	$\frac{\text{L}\cdot\text{bar}}{\text{K}\cdot\text{mol}}$
8.314	$\frac{\text{L}\cdot\text{kPa}}{\text{K}\cdot\text{mol}}$
62.364	$\frac{\text{L}\cdot\text{torr}}{\text{K}\cdot\text{mol}}$
1.987	$\frac{\text{cal}}{\text{K}\cdot\text{mol}}$

부록 2

Appendix 2

1기압, 25°C에서 몇 가지 열역학적 자료*

표 A2.1 무기 물질*

물질	ΔH_f° (kJ/mol)	ΔG_f° (kJ/mol)	S° (J/K · mol)
$Ag(s)$	0	0	42.7
$Ag^{+}(aq)$	105.9	77.1	73.9
$AgCl(s)$	−127.0	−109.7	96.1
$AgBr(s)$	−99.5	−95.9	107.1
$AgI(s)$	−62.4	−66.3	114.2
$AgNO_3(s)$	−123.1	−32.2	140.9
$Al(s)$	0	0	28.3
$Al^{3+}(aq)$	−524.7	−481.2	−313.38
$AlCl_3(s)$	−705.6	−630.0	109.3
$Al_2O_3(s)$	−1669.8	−1576.4	50.99
$As(s)$	0	0	35.15
$AsO_4^{3-}(aq)$	−870.3	−635.97	−144.77
$AsH_3(g)$	171.5	68.9	222.8
$H_3AsO_4(s)$	−900.4	−7.6	184
$Au(s)$	0	0	47.7
$Au_2O_3(s)$	80.8	163.2	125.5
$AuCl(s)$	−35.2		92.9
$AuCl_3(s)$	−118.4	−55.2	147.3
$B(s)$	0	0	6.5
$B_2O_3(s)$	−1263.6	−1184.1	54.0
$H_3BO_3(s)$	−1087.9	−963.16	89.58
$H_3BO_3(aq)$	−1067.8	−963.3	159.8
$Ba(s)$	0	0	66.9
$Ba^{2+}(aq)$	−538.4	−560.66	12.55
$BaO(s)$	−558.2	−528.4	70.3
$BaCl_2(s)$	−860.1	−810.66	125.5
$BaSO_4(s)$	−1464.4	−1353.1	132.2
$BaCO_3(s)$	−1218.8	−1138.9	112.1
$Be(s)$	0	0	9.5
$BeO(s)$	−610.9	−581.58	14.1
$Br_2(l)$	0	0	152.3
$Br_2(g)$	30.91	3.11	245.3
$Br^{-}(aq)$	−120.9	−102.8	80.7
$HBr(g)$	−36.2	−53.2	198.48
C(흑연)	0	0	5.69
C(다이아몬드)	1.90	2.87	2.4
$CO(g)$	−110.5	−137.3	197.9
$CO_2(g)$	−393.5	−394.4	213.6
$CO_2(aq)$	−412.9	−386.2	121.3
$CO_3^{2-}(aq)$	−676.3	−528.1	−53.1
$HCO_3^{-}(aq)$	−691.1	−587.1	94.98
$H_2CO_3(aq)$	−699.7	−623.2	187.4
$CS_2(g)$	115.3	65.1	237.8
$CS_2(l)$	87.3	63.6	151.0
$HCN(aq)$	105.4	112.1	128.9

*이온의 열역학적 양은 다음 식의 상태를 기준으로 한다. $\Delta H^\circ_f\,[H^+(aq)] = 0$, $\Delta G^\circ_f\,[H^+(aq)] = 0$, $S^\circ[H^+(aq)] = 0$ (17.3절 참조).

물질	ΔH_f° (kJ/mol)	ΔG_f° (kJ/mol)	S° (J/K · mol)
$CN^-(aq)$	151.0	165.69	117.99
$(NH_2)_2CO(s)$	−333.19	−197.15	104.6
$(NH_2)_2CO(aq)$	−319.2	−203.84	173.85
$Ca(s)$	0	0	41.6
$Ca^{2+}(aq)$	−542.96	−553.0	−55.2
$CaO(s)$	−635.6	−604.2	39.8
$Ca(OH)_2(s)$	−986.6	−896.8	83.4
$CaF_2(s)$	−1214.6	−1161.9	68.87
$CaCl_2(s)$	−794.96	−750.19	113.8
$CaSO_4(s)$	−1432.69	−1320.3	106.69
$CaCO_3(s)$	−1206.9	−1128.8	92.9
$Cd(s)$	0	0	51.46
$Cd^{2+}(aq)$	−72.38	−77.7	−61.09
$CdO(s)$	−254.6	−225.06	54.8
$CdCl_2(s)$	−389.1	−342.59	118.4
$CdSO_4(s)$	−926.17	−820.2	137.2
$Cl_2(g)$	0	0	223.0
$Cl^-(aq)$	−167.2	−131.2	56.5
$HCl(g)$	−92.3	−95.27	187.0
$Co(s)$	0	0	28.45
$Co^{2+}(aq)$	−67.36	−51.46	155.2
$CoO(s)$	−239.3	−213.38	43.9
$Cr(s)$	0	0	23.77
$Cr^{2+}(aq)$	−138.9	−165	−100
$Cr_2O_3(s)$	−1128.4	−1046.8	81.17
$CrO_4^{2-}(aq)$	−863.16	−706.26	38.49
$CrO_7^{2-}(aq)$	−1460.6	−1257.29	213.8
$Cs(s)$	0	0	82.8
$Cs^+(aq)$	−247.69	−282.0	133.05
$Cu(s)$	0	0	33.3
$Cu^+(aq)$	51.88	50.2	−26.4
$Cu^{2+}(aq)$	64.39	64.98	−99.6
$CuO(s)$	−155.2	−127.2	43.5
$Cu_2O(s)$	−166.69	−146.36	100.8
$CuCl(s)$	−134.7	−118.8	91.6
$CuCl_2(s)$	−205.85	−175.7	108.1
$CuS(s)$	−48.5	−49.0	66.5
$CuSO_4(s)$	−769.86	−661.9	113.39
$F_2(g)$	0	0	203.34
$F^-(aq)$	−329.1	−276.48	−9.6
$HF(g)$	−271.6	−270.7	173.5
$Fe(s)$	0	0	27.2
$Fe^{2+}(aq)$	−87.86	−84.9	−113.39
$Fe^{3+}(aq)$	−47.7	−10.5	−293.3
$FeCl_3(s)$	−400	−334	142.3
$FeO(s)$	−272.0	−255.2	60.8
$Fe_2O_3(s)$	−822.2	−741.0	90.0
$Fe(OH)_2(s)$	−568.19	−483.55	79.5
$Fe(OH)_3(s)$	−824.25	−696.5	106.7
$H(g)$	218.2	203.2	114.6
$H_2(g)$	0	0	131.0
$H^+(aq)$	0	0	0
$OH^-(aq)$	−229.94	−157.30	−10.5
$H_2O(l)$	−285.8	−237.2	69.9

(계속)

물질	ΔH_f° (kJ/mol)	ΔG_f° (kJ/mol)	S° (J/K · mol)
$H_2O(g)$	−241.8	−228.6	188.7
$H_2O_2(l)$	−187.6	−118.1	108.6
$Hg(l)$	0	0	77.4
$Hg^{2+}(aq)$	171.1	−164.38	−32.2
$HgO(s)$	−90.7	−58.5	72.0
$HgCl_2(s)$	−230.1	−178.6	146.0
$Hg_2Cl_2(s)$	−264.9	−210.66	196.2
$HgS(s)$	−58.16	−48.8	77.8
$HgSO_4(s)$	−704.17	−595	140
$Hg_2SO_4(s)$	−741.99	−623.92	200.75
$I_2(s)$	0	0	116.7
$I_2(g)$	62.25	19.37	260.6
$I(g)$	106.6	70.16	180.7
$I^-(aq)$	−55.9	−51.67	109.37
$HI(g)$	25.9	1.30	206.3
$K(s)$	0	0	63.6
$K^+(aq)$	−251.2	−282.28	102.5
$KOH(s)$	−425.85	−379.4	81.2
$KCl(s)$	−435.87	−408.3	82.68
$KClO_3(s)$	−391.20	−289.9	142.97
$KClO_4(s)$	−433.46	−304.18	151.0
$KBr(s)$	−392.17	−379.2	96.4
$KI(s)$	−327.65	−322.29	104.35
$KNO_3(s)$	−492.7	−393.1	132.9
$Li(s)$	0	0	28.0
$Li^+(aq)$	−278.46	−293.8	14.2
$Li_2O(s)$	−595.8	−561.2	37.6
$LiOH(s)$	−487.2	−443.9	50.2
$Mg(s)$	0	0	32.5
$Mg^{2+}(aq)$	−461.96	−456.0	−117.99
$MgO(s)$	−601.8	−569.6	26.78
$Mg(OH)_2(s)$	−924.66	−833.75	63.1
$MgCl_2(s)$	−641.8	−592.3	89.5
$MgSO_4(s)$	−1278.2	−1173.6	91.6
$MgCO_3(s)$	−1112.9	−1029.3	65.69
$Mn(s)$	0	0	31.76
$Mn^{2+}(aq)$	−218.8	−223.4	−83.68
$MnO_2(s)$	−520.9	−466.1	53.1
$N_2(g)$	0	0	191.5
$N_3^-(aq)$	245.18	348	108
$NH_3(g)$	−46.3	−16.6	193.0
$NH_4^+(aq)$	−132.80	−79.5	112.8
$NH_4Cl(s)$	−315.39	−203.89	94.56
$NH_4NO_3(s)$	−365.6	−184.0	151
$NH_3(aq)$	−80.3	−26.5	111.3
$N_2H_4(l)$	50.4	149.3	121.2
$NO(g)$	90.4	86.7	210.6
$NO_2(g)$	33.85	51.8	240.46
$N_2O_4(g)$	9.66	98.29	304.3
$N_2O(g)$	81.56	103.6	219.99
$HNO_2(aq)$	−118.8	−53.6	254.1
$HNO_3(l)$	−173.2	−79.9	155.6
$NO_3^-(aq)$	−206.57	−110.5	146.4
$Na(s)$	0	0	51.05
$Na^+(aq)$	−239.66	−261.87	60.25
$Na_2O(s)$	−415.9	−376.56	72.8

물질	ΔH_f° (kJ/mol)	ΔG_f° (kJ/mol)	S° (J/K · mol)
$NaCl(s)$	−411.0	−384.0	72.38
$NaI(s)$	−288.0	−286.1	98.5
$Na_2SO_4(s)$	−1384.49	−1266.8	149.49
$NaNO_3(s)$	−466.68	−365.89	116.3
$Na_2CO_3(s)$	−1130.9	−1047.67	135.98
$NaHCO_3(s)$	−947.68	−851.86	102.09
$Ni(s)$	0	0	30.1
$Ni^{2+}(aq)$	−64.0	−46.4	−159.4
$NiO(s)$	−244.35	−216.3	38.58
$Ni(OH)_2(s)$	−538.06	−453.1	79.5
$O(g)$	249.4	230.1	160.95
$O_2(g)$	0	0	205.0
$O_3(aq)$	−12.09	16.3	110.88
$O_3(g)$	142.2	163.4	237.6
P(white)	0	0	44.0
P(red)	−18.4	13.8	29.3
$PO_4^{3-}(aq)$	−1284.07	−1025.59	−217.57
$P_4O_{10}(s)$	−3012.48	−2700	229
$PH_3(g)$	9.25	18.2	210.0
$HPO_4^{2-}(aq)$	−1298.7	−1094.1	−35.98
$H_2PO_4^-(aq)$	−1302.48	−1135.1	89.1
$Pb(s)$	0	0	64.89
$Pb^{2+}(aq)$	1.6	−24.3	21.3
$PbO(s)$	−217.86	−188.49	69.45
$PbO_2(s)$	−276.65	−218.99	76.57
$PbCl_2(s)$	−359.2	−313.97	136.4
$PbS(s)$	−94.3	−92.68	91.2
$PbSO_4(s)$	−918.4	−811.2	147.28
$Pt(s)$	0	0	41.84
$PtCl_4^{2-}(aq)$	−516.3	−384.5	175.7
$Rb(s)$	0	0	69.45
$Rb^+(aq)$	−246.4	−282.2	124.27
S(rhombic)	0	0	31.88
S(monoclinic)	0.30	0.10	32.55
$SO_2(g)$	−296.4	−300.4	248.5
$SO_3(g)$	−395.2	−370.4	256.2
$SO_3^{2-}(aq)$	−624.25	−497.06	43.5
$SO_4^{2-}(aq)$	−907.5	−741.99	17.15
$H_2S(g)$	−20.15	−33.0	205.64
$HSO_3^-(aq)$	−627.98	−527.3	132.38
$HSO_4^-(aq)$	−885.75	−752.87	126.86
$H_2SO_4(l)$	−811.3	−690.0	156.9
$SF_6(g)$	−1096.2	−1116.5	291.5
$Si(s)$	0	0	18.70
$SiO_2(s)$	−859.3	−805.0	41.84
$Sr(s)$	0	0	54.39
$Sr^{2+}(aq)$	−545.5	−557.3	−39.33
$SrCl_2(s)$	−828.4	−781.15	117.15
$SrSO_4(s)$	−1444.74	−1334.28	121.75
$SrCO_3(s)$	−1218.38	−1137.6	97.07
$Zn(s)$	0	0	41.6
$Zn^{2+}(aq)$	−152.4	−147.2	−106.48
$ZnO(s)$	−348.0	−318.2	43.9
$ZnCl_2(s)$	−415.89	−369.26	108.37
$ZnS(s)$	−202.9	−198.3	57.7
$ZnSO_4(s)$	−978.6	−871.6	124.7

표 A2.2 유기 물질

물질	화학식	ΔH_f° (kJ/mol)	ΔG_f° (kJ/mol)	S° (J/K · mol)
아세트산(*l*)	CH_3COOH	−484.2	−389.45	159.8
아세트알데하이드(*g*)	CH_3CHO	−166.35	−139.08	264.2
아세톤(*l*)	CH_3COCH_3	−246.8	−153.55	198.7
아세틸렌(*g*)	C_2H_2	226.6	209.2	200.8
벤젠(*l*)	C_6H_6	49.04	124.5	172.8
뷰테인(*g*)	C_4H_{10}	−124.7	−15.7	310.0
에탄올(*l*)	C_2H_5OH	−276.98	−174.18	161.0
에탄올(*g*)	C_2H_5OH	−235.1	−168.5	282.7
에테인(*g*)	C_2H_6	−84.7	−32.89	229.5
에틸렌(*g*)	C_2H_4	52.3	68.1	219.5
폼산(*l*)	$HCOOH$	−409.2	−346.0	129.0
글루코스(*s*)	$C_6H_{12}O_6$	−1274.5	−910.56	212.1
메테인(*g*)	CH_4	−74.85	−50.8	186.2
메탄올(*l*)	CH_3OH	−238.7	−166.3	126.8
프로페인(*g*)	C_3H_8	−103.9	−23.5	269.9
수크로스(*s*)	$C_{12}H_{22}O_{11}$	−2221.7	−1544.3	360.2

부록 3
Appendix 3

25°C에서 약산과 약염기의 해리 상수

표 A3.1 25°C에서 약산의 해리 상수

이름	화학식	K_{a_1}	K_{a_2}	K_{a_3}
아세트산	$HC_2H_3O_2(CH_3COOH)$	1.8×10^{-5}		
아세틸살리실산	$HC_9H_7O_4$	3.0×10^{-4}		X
아스코브르빈산	$H_2C_6H_6O_6$	8.0×10^{-5}	1.6×10^{-12}	X
벤조산	$HC_7H_5O_2(C_6H_5COOH)$	6.5×10^{-5}		
탄산	H_2CO_3	4.2×10^{-7}	4.8×10^{-11}	
클로로아세트산	$HC_2H_2O_2Cl(CH_2ClCOOH)$	1.4×10^{-3}		
아염소산	$HClO_2$	1.1×10^{-2}		
시트르산	$H_3C_6H_5O_7$	7.4×10^{-4}	1.7×10^{-5}	4.0×10^{-7}
다이클로로아세트산	$HC_2HO_2Cl_2(CHCl_2COOH)$	5.5×10^{-2}		
폼산	$HCHO_2(HCOOH)$	1.7×10^{-4}		
사이안화수소산	HCN	4.9×10^{-10}		
플루오린화수소산	HF	7.1×10^{-4}		
황화 수소	H_2S	9.5×10^{-8}	$\sim 1 \times 10^{-19}$	
하이포브로민산	$HOBr$	2.3×10^{-9}		
하이포염소산	$HOCl$	2.9×10^{-8}		
하이포아이오딘산	HOI	2.3×10^{-11}		
아질산	HNO_2	4.5×10^{-4}		
옥살산	$H_2C_2O_4$	6.5×10^{-2}	6.1×10^{-5}	
페놀	C_6H_5OH	1.3×10^{-10}		
인산	H_3PO_4	7.5×10^{-3}	6.2×10^{-8}	4.8×10^{-13}
아인산	H_3PO_3	5×10^{-2}	2×10^{-7}	
황산	H_2SO_4	very large	1.3×10^{-2}	
아황산	H_2SO_3	1.3×10^{-2}	6.3×10^{-8}	
트라이클로로아세트산	$HC_2O_2Cl_3(CCl_3COOH)$	2.2×10^{-1}		
트라이플루오로아세트산	$HC_2O_2F_3(CF_3COOH)$	3.0×10^{-1}		

표 A3.2 25°C에서 약염기의 해리 상수

이름	화학식	K_b
암모니아	NH_3	1.8×10^{-5}
아닐린	$C_6H_5NH_2$	3.8×10^{-10}
에틸아민	$C_2H_5NH_2$	5.6×10^{-4}
하이드라진	N_2H_4	3.0×10^{-6}
메틸아민	CH_3NH_2	4.4×10^{-4}
피리딘	C_5H_5N	1.7×10^{-9}
트라이에틸아민	$C_6H_{15}N$	4.0×10^{-4}
요소	H_2NCONH_2	1.5×10^{-14}

부록 4
Appendix 4

25°C에서 용해도곱 상수

표 A4.1 25°C에서 약염기의 해리 상수

화합물	해리 평형	K_{sp}
브로민화물		
브로민화 구리(I)	$CuBr(s) \rightleftharpoons Cu^+(aq) + Br^-(aq)$	4.2×10^{-8}
브로민화 납(I)	$PbBr_2(s) \rightleftharpoons Pb^{2+}(aq) + 2Br^-(aq)$	6.6×10^{-6}
브로민화 수은(I)	$Hg_2Br_2(s) \rightleftharpoons Hg_2^{2+}(aq) + 2Br^-(aq)$	6.4×10^{-23}
브로민화 은	$AgBr(s) \rightleftharpoons Ag^+(aq) + Br^-(aq)$	7.7×10^{-13}
탄산염		
탄산 바륨	$BaCO_3(s) \rightleftharpoons Ba^{2+}(aq) + CO_3^{2-}(aq)$	8.1×10^{-9}
탄산 칼슘	$CaCO_3(s) \rightleftharpoons Ca^{2+}(aq) + CO_3^{2-}(aq)$	8.7×10^{-9}
탄산 카드뮴	$CdCO_3(s) \rightleftharpoons Cd^{2+}(aq) + CO_3^{2-}(aq)$	5.2×10^{-12}
탄산 철(II)	$FeCO_3(s) \rightleftharpoons Fe^{2+}(aq) + CO_3^{2-}(aq)$	2.1×10^{-11}
탄산 납(II)	$PbCO_3(s) \rightleftharpoons Pb^{2+}(aq) + CO_3^{2-}(aq)$	3.3×10^{-14}
탄산 마그네슘	$MgCO_3(s) \rightleftharpoons Mg^{2+}(aq) + CO_3^{2-}(aq)$	4.0×10^{-5}
탄산 니켈(II)	$NiCO_3(s) \rightleftharpoons Ni^{2+}(aq) + CO_3^{2-}(aq)$	1.4×10^{-7}
탄산 은	$Ag_2CO_3(s) \rightleftharpoons 2Ag^+(aq) + CO_3^{2-}(aq)$	8.1×10^{-12}
탄산 스트론튬	$SrCO_3(s) \rightleftharpoons Sr^{2+}(aq) + CO_3^{2-}(aq)$	1.6×10^{-9}
탄산 아연	$ZnCO_3(s) \rightleftharpoons Zn^{2+}(aq) + CO_3^{2-}(aq)$	2×10^{-10}
염화물		
염화 납(II)	$PbCl_2(s) \rightleftharpoons Pb^{2+}(aq) + 2Cl^-(aq)$	2.4×10^{-4}
염화 수은(I)	$Hg_2Cl_2(s) \rightleftharpoons Hg_2^{2+}(aq) + 2Cl^-(aq)$	3.5×10^{-18}
염화 은	$AgCl(s) \rightleftharpoons Ag^+(aq) + Cl^-(aq)$	1.6×10^{-10}
크로뮴산 염		
크로뮴산 바륨	$BaCrO_4(s) \rightleftharpoons Ba^{2+}(aq) + CrO_4^{2-}(aq)$	8.5×10^{-11}
크로뮴산 납	$PbCrO_4(s) \rightleftharpoons Pb^{2+}(aq) + CrO_4^{2-}(aq)$	2.0×10^{-14}
플루오린화 칼슘	$Hg_2CrO_4(s) \rightleftharpoons Hg_2^{2+}(aq) + 2Cl^-(aq)$	2×10^{-9}
크로뮴산 은	$Ag_2CrO_4(s) \rightleftharpoons 2Ag^+(aq) + CrO_4^{2-}(aq)$	1.2×10^{-12}
플루오린화물		
플루오린화 바륨	$BaF_2(s) \rightleftharpoons Ba^{2+}(aq) + 2F^-(aq)$	1.7×10^{-6}
플루오린화 칼슘	$CaF_2(s) \rightleftharpoons Ca^{2+}(aq) + 2F^-(aq)$	4.0×10^{-11}
플루오린화 납(II)	$PbF_2(s) \rightleftharpoons Pb^{2+}(aq) + 2F^-(aq)$	4.0×10^{-8}
수산화물		
수산화 알루미늄	$Al(OH)_3(s) \rightleftharpoons Al^{3+}(aq) + 3OH^-(aq)$	1.8×10^{-33}
수산화 칼슘	$Ca(OH)_2(s) \rightleftharpoons Ca^{2+}(aq) + 2OH^-(aq)$	8.0×10^{-6}
수산화 크로뮴(III)	$Cr(OH)_3(s) \rightleftharpoons Cr^{3+}(aq) + 3OH^-(aq)$	3.0×10^{-29}
수산화 코발트(II)	$Co(OH)_2(s) \rightleftharpoons Co^{2+}(aq) + 2OH^-(aq)$	2.5×10^{-16}
수산화 코발트(III)	$Co(OH)_3(s) \rightleftharpoons Co^{3+}(aq) + 3OH^-(aq)$	2.5×10^{-43}
수산화 구리(II)	$Cu(OH)_2(s) \rightleftharpoons Cu^{2+}(aq) + 2OH^-(aq)$	2.2×10^{-20}
수산화 철(II)	$Fe(OH)_2(s) \rightleftharpoons Fe^{2+}(aq) + 2OH^-(aq)$	1.6×10^{-14}
수산화 철(III)	$Fe(OH)_3(s) \rightleftharpoons Fe^{3+}(aq) + 3OH^-(aq)$	1.1×10^{-36}
수산화 마그네슘	$Mg(OH)_2(s) \rightleftharpoons Mg^{2+}(aq) + 2OH^-(aq)$	1.2×10^{-11}
수산화 스트론튬	$Sr(OH)_2(s) \rightleftharpoons Sr^{2+}(aq) + 2OH^-(aq)$	3.2×10^{-4}
수산화 아연	$Zn(OH)_2(s) \rightleftharpoons Zn^{2+}(aq) + 2OH^-(aq)$	1.8×10^{-14}

화합물	해리 평형	K_{sp}
아이오딘화물		
아이오딘화 구리(I)	$CuI(s) \rightleftharpoons Cu^+(aq) + I^-(aq)$	5.1×10^{-12}
아이오딘화 납(I)	$PbI_2(s) \rightleftharpoons Pb^{2+}(aq) + 2I^-(aq)$	1.4×10^{-8}
아이오딘화 은	$AgI(s) \rightleftharpoons Ag^+(aq) + I^-(aq)$	8.3×10^{-17}
인산염		
인산 바륨	$Ba_3PO_4(s) \rightleftharpoons 3Ba^{2+}(aq) + 2PO_4^{3-}(aq)$	6×10^{-39}
인산 칼슘	$Ca_3(PO_4)_2(s) \rightleftharpoons 3Ca^{2+}(aq) + 2PO_4^{3-}(aq)$	1.2×10^{-26}
인산 철(III)	$FePO_4(s) \rightleftharpoons Fe^{3+}(aq) + PO_4^{3-}(aq)$	1.3×10^{-22}
인산 납	$Pb_3(PO_4)_2(s) \rightleftharpoons 3Pb^{2+}(aq) + 2PO_4^{3-}(aq)$	1×10^{-54}
인산 은	$Ag_3PO_4(s) \rightleftharpoons 3Ag^+(aq) + PO_4^{3-}(aq)$	1.8×10^{-18}
황산염		
황산 바륨	$BaSO_4(s) \rightleftharpoons Ba^{2+}(aq) + SO_4^{2-}(aq)$	1.1×10^{-10}
황산 칼슘	$CaSO_4(s) \rightleftharpoons Ca^{2+}(aq) + SO_4^{2-}(aq)$	2.4×10^{-5}
황산 납(II)	$PbSO_4(s) \rightleftharpoons Pb^{2+}(aq) + SO_4^{2-}(aq)$	1.8×10^{-8}
황산 수은(I)	$Hg_2SO_4(s) \rightleftharpoons Hg_2^{2+}(aq) + SO_4^{2-}(aq)$	6.5×10^{-7}
황산 은	$Ag_2SO_4(s) \rightleftharpoons 2Ag^+(aq) + SO_4^{2-}(aq)$	1.5×10^{-5}
황산 스트론튬	$SrSO_4(s) \rightleftharpoons Sr^{2+}(aq) + SO_4^{2-}(aq)$	3.8×10^{-7}
황화물		
황화 비스무트	$Bi_2S_3(s) \rightleftharpoons 2Bi^{3+}(aq) + 3S^{2-}(aq)$	1.6×10^{-72}
황화 카드뮴	$CdS(s) \rightleftharpoons Cd^{2+}(aq) + S^{2-}(aq)$	8.0×10^{-28}
황화 코발트(II)	$CoS(s) \rightleftharpoons Co^{2+}(aq) + S^{2-}(aq)$	4.0×10^{-21}
황화 구리(II)	$CuS(s) \rightleftharpoons Cu^{2+}(aq) + S^{2-}(aq)$	6.0×10^{-37}
황화 철(II)	$FeS(s) \rightleftharpoons Fe^{2+}(aq) + S^{2-}(aq)$	6.0×10^{-19}
황화 납(II)	$PbS(s) \rightleftharpoons Pb^{2+}(aq) + S^{2-}(aq)$	3.4×10^{-28}
황화 망가니즈(II)	$MnS(s) \rightleftharpoons Mn^{2+}(aq) + S^{2-}(aq)$	3.0×10^{-14}
황화 수은(II)	$HgS(s) \rightleftharpoons Hg^{2+}(aq) + S^{2-}(aq)$	4.0×10^{-54}
황화 니켈(II)	$NiS(s) \rightleftharpoons Ni^{2+}(aq) + S^{2-}(aq)$	1.4×10^{-24}
황화 은	$Ag_2S(s) \rightleftharpoons 2Ag^+(aq) + S^{2-}(aq)$	6.0×10^{-51}
황화 주석(II)	$SnF_2(s) \rightleftharpoons Sn^{2+}(aq) + S^{2-}(aq)$	1.0×10^{-26}
황화 아연	$ZnF_2(s) \rightleftharpoons Zn^{2+}(aq) + S^{2-}(aq)$	3.0×10^{-23}

부록 5
Appendix 5

수학적 연산

로그

상용 로그

로그의 개념은 1장에서 논의한 지수 개념을 확장한 것이다. 어떤 수의 상용 로그, 즉 밑이 10인 로그는 10을 같은 수로 제곱해 원래 수와 같아진 것이다. 다음 예는 이 관계를 나타내고 있다.

로그	지수
$\log 1 = 0$	$10^0 = 1$
$\log 10 = 1$	$10^1 = 10$
$\log 100 = 2$	$10^2 = 100$
$\log 10^{-1} = -1$	$10^{-1} = 0.1$
$\log 10^{-2} = -2$	$10^{-2} = 0.01$

각 경우에 그 수의 로그값은 검사를 통해 얻을 수 있다.

어떤 수의 로그값은 멱지수이므로 지수와 같은 성질을 지닌다. 따라서 다음과 같이 쓸 수 있다.

로그	지수
$\log AB = \log A + \log B$	$10^A \times 10^B = 10^{A+B}$
$\log \frac{A}{B} = \log A - \log B$	$\frac{10^A}{10^B} = 10^{A-B}$

또한 $\log A^n = n \log A$이다.

이제 6.7×10^{-4}의 상용 로그값을 구해 보자. 대부분의 전자 계산기에는 숫자를 먼저 쓰고 log 키를 누르게 되어 있다. 이렇게 하면 다음과 같은 결과를 얻을 수 있다.

$$\log 6.7 \times 10^{-4} = -3.17$$

원래 숫자에 있는 유효 숫자와 같은 수의 자릿수가 소수점 다음에 있어야 함을 유의하라. 원래 숫자에 두 개의 유효 숫자가 있으므로 −3.17의 "17"은 이 로그값이 두 개의 유효 숫자를 가짐을 보여주고 있다. −3.17에서 "3"은 숫자 6.7×10^{-4}에서 소수점의 자리만을 나타낸다. 다른 예를 보기로 하자.

숫자	상용로그
62	1.79
0.872	−0.0595
1.0×10^{-7}	−7.00

때로(pH 계산의 경우에서처럼) 로그값이 알려진 숫자를 가지고 있는 것이 필요하다. 이 과정은 역대수(逆對數)라는 것으로 단순히 한 숫자의 로그값을 취하는 역과정을 말한다. 어떤 계산에서 pH = 1.46일 때 $[H^+]$를 묻는다고 하자. pH의 정의(pH = $-\log [H^+]$)로부터 다음과 같이 쓸 수 있다.

$$[H^+] = 10^{-1.46}$$

많은 계산기에는 역대수를 계산할 수 있는 $\log^{-1}$이나 INV log라는 키가 있다. 다른 계산기에는 10^x이나 y^x 키가 있다(예에서 x는 −1.46에 해당하고 y는 밑이 10인 로그이므로 10에 해당함). 따라서 $[H^+] = 0.035\ M$을 얻을 수 있다.

▶ 자연 로그

밑을 10 대신 e로 취한 로그값을 자연 로그(ln 또는 $\log_e$로 나타냄)라 한다. e는 2.7183과 같다. 상용 로그와 자연 로그와의 관계는 다음과 같다.

$$\log 10 = 1 \qquad 10^1 = 10$$
$$\ln 10 = 2.303 \qquad e^{2.303} = 10$$

따라서 $\ln x = 2.303 \log x$이다.

예를 들어 2.27의 자연 로그를 계산하기 위해 먼저 전자 계산기의 숫자를 누르고 나서 ln 키를 누르면 다음과 같은 값을 얻는다.

$$\ln 2.27 = 0.820$$

ln 키가 없는 경우에는 다음과 같이 할 수 있다.

$$\begin{aligned} 2.303 \log 2.27 &= 2.303 \times 0.356 \\ &= 0.820 \end{aligned}$$

때로 자연 로그값을 주고 그것이 나타내는 수를 계산하라는 문제를 받을 때도 있다.

예를 들어 $\ln x = 59.7$을 보자. 계산기에서 단순히 숫자를 누르고 e키를 누르면 된다.

$$x = e^{59.7} = 8 \times 10^{25}$$

이차 방정식

이차 방정식은 다음 형태를 하고 있다.

$$ax^2 + bx + c = 0$$

계수 a, b, c를 알면 다음과 같이 x를 구할 수 있다.

$$x = \frac{-b \pm \sqrt{b^2 - 4ac}}{2a}$$

다음 이차 방정식을 보자.

$$2x^2 + 5x - 12 = 0$$

x에 대해서 풀면 다음과 같이 쓸 수 있다.

$$\begin{aligned} x &= \frac{-5 \pm \sqrt{(5)^2 - 4(2)(-12)}}{2(2)} \\ &= \frac{-5 \pm \sqrt{25 + 96}}{4} \end{aligned}$$

따라서

$$x = \frac{-5 + 11}{4} = \frac{3}{2}$$

그리고

$$x = \frac{-5 - 11}{4} = -4$$

부록 6

Appendix 6

기본 상수, 유용한 환산 인자 및 SI 접두사

표 A6.1	기본 상수
원자 질량 단위(amu)	$1.66052886 \times 10^{-24}$ g
아보가드로 수(N_A)	6.0221415×10^{23}
보어 반지름(a_0)	$5.29177249 \times 10^{-11}$ m
볼츠만 상수(k_B)	$1.38064852 \times 10^{-23}$ J/K
전자의 전하(e)	$1.60217653 \times 10^{-19}$ C
전자 질량	$9.1093826 \times 10^{-28}$ g
패러데이 상수(F)	96,485.3383 C/mol e^-
중성자 질량	$1.67492728 \times 10^{-24}$ g
진공의 유전율(ε_0)	$8.854187817 \times 10^{-12}$ C^2 J^{-1} m^{-2}
프랑크 상수(h)	$6.6260693 \times 10^{-34}$ J · s
양성자 질량	1.672621×10^{-24} g
리드베리 상수(R_H)	2.179872×10^{-18} J
진공에서 빛의 속도(c)	2.99792458×10^{8} m/s

표 A6.2	유용한 환산 인자 및 관계
질량	1 lb = 16 oz = 0.4539237 kg (정확히) = 453.9 g
길이	1 in = 2.54 cm (정확히)
	1 ft = 12 in = 0.3048 (정확히)
	1 mi = 1.609 km
	1 km = 0.6215 mi
	1 pm = 1×10^{-12} m = 1×10^{-10} cm
	1 Å = 10^{-8} cm = 10^{-10} m = 0.1 nm
	1 갤런 = 4 쿼트 = 3.785412 L (정확히)
부피	1 atm = 760 mmHg = 760 torr = 101,325 N/m^2 = 101,325 Pa = 1.01325 bar
압력	1 cal = 4.184 J (정확히)
에너지	1 L · atm = 101.325 J
	1 J = 1 C × 1 V
	1 eV = 1.602×10^{-19} J = 96.4853 kJ/mol
온도	$?°C = (°F - 32°F) \times \frac{5°C}{9°F}$
	$?°F = \frac{9°F}{5°C} \times (°C) + 32°F$
	$?K = (°C + 273.15°C)\left(\frac{1\ K}{1°C}\right)$

표 A6.3 SI 단위와 함께 사용되는 몇 가지 접두사

엑사(exa) (E)	10^{18}	센티(centi) (c)	10^{-2}
페타(peta) (P)	10^{15}	밀리(milli) (m)	10^{-3}
테라(tera) (T)	10^{12}	마이크로(micro) (μ)	10^{-6}
기가(giga) (G)	10^{9}	나노(nano) (n)	10^{-9}
메가(mega) (M)	10^{6}	피코(pico) (p)	10^{-12}
킬로(kilo) (k)	10^{3}	펨토(femto) (f)	10^{-15}
데시(deci) (d)	10^{-1}	아토(atto) (a)	10^{-18}

부록 7
Appendix 7

분자 모형에서 사용되는 원자의 색상

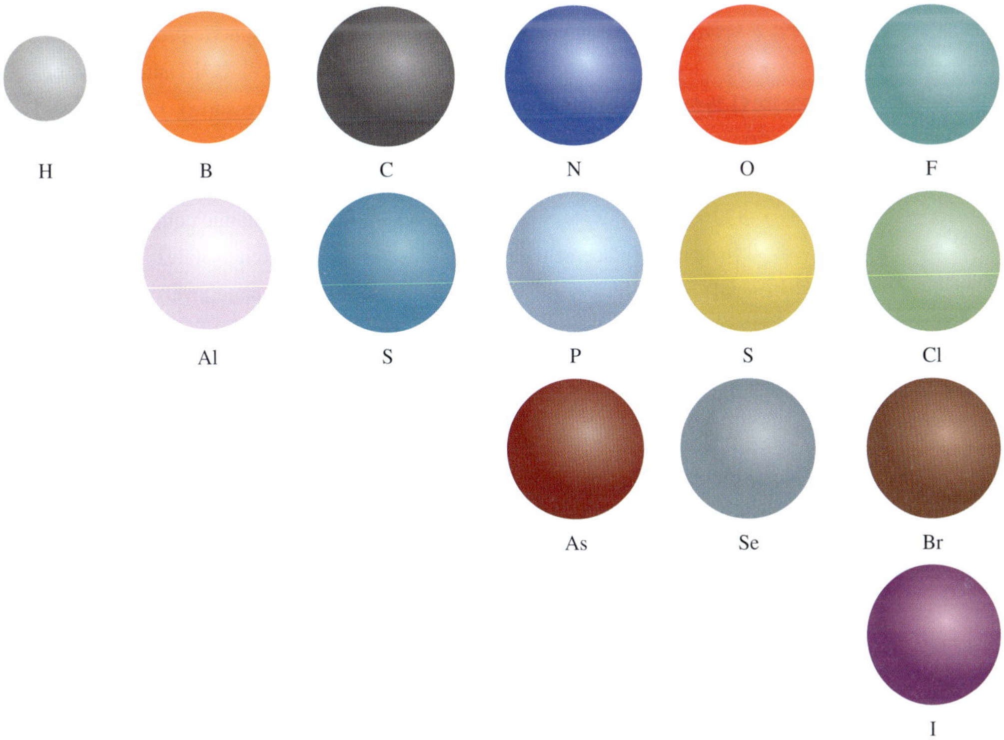

찾아보기

Index

ㄱ

가설(hypothesis) • *18*
가역 반응(reversible reaction) • *124*
갈바니 전지(Galvanic cell) • *679*
감마 방출(gamma emission) • *773*
감마(γ)선(gamma ray) • *55*
감속재(moderator) • *786*
강산(strong acid) • *565*
강염기(strong base) • *566*
강한 핵력(strong nuclear force) • *771*
거시적 성질(macroscopic property) • *20*
거울상이성질체(enantiomer) • *727*
격자(lattice) • *66*
결정질 고체(crystalline solid) • *408*
결정화(crystallization) • *442*
결합 길이(bond length) • *330*
결합 반응(combination reaction) • *139*
결합성 분자 오비탈(bonding molecular orbital) • *388*
결합 엔탈피(bond enthalpy) • *349*
경계면 도식(boundary surface diagram) • *262*
계의 상태(state of a system) • *210*
계통 오차(systematic error) • *31*
계(system) • *207*
고립계(isolated system) • *208*
고립 전자쌍(lone pair) • *328*
공명 구조(resonance structure) • *342*
공명(resonance) • *342*
공유 결합 화합물(covalent compound) • *328*
공유 결합(covalent bond) • *328*
공통 이온 효과(common ion effect) • *604*
과전압(overvoltage) • *706*
과포화 용액(supersaturated solution) • *442*
과학적 방법(scientific method) • *17*
광전 효과(photoelectric effect) • *244*
광학 이성질체(optical isomer) • *726*
구경꾼 이온(spectator ion) • *127*
구조식(structural formula) • *64*
구조 이성질체(structural isomer) • *743*
국제 단위계(International System of Unit) • *21*
균일 혼합물(homogeneous mixture) • *38*
그레이엄 확산 법칙(Graham's law of diffusion) • *192*
극성 공유 결합(polar covalent bond) • *332*
금속 치환(metal displacement) • *142*
금속(metal) • *60*
기압계(barometer) • *163*
기전력[electromotive force, emf (E)] • *681*
기체 분자 운동론(kinetic molecular theory of gas) • *188*
기체 상수(gas constant) • *172*
기하 이성질체(geometric isomer) • *725*
기화(vaporization) • *423*
깁스 에너지(Gibbs energy, G) • *660*
끓는점 오름(boiling-point elevation, ΔT_b) • *458*
끓는점(boiling point) • *427*

ㄴ

네른스트 식(Nernst equation) • *691*
녹는점(melting point) • *429*
뉴턴(newton, N) • *162*

ㄷ

다원자 분자(polyatomic molecule) • *62*
다원자 이온(polyatomic ion) • *63*
다전자 원자(many-electron atom) • *258*
다중 결합(multiple bond) • *329*
단원자 이온(monatomic ion) • *63*
단위 세포(unit cell) • *408*
단일 결합(single bond) • *329*
단일 단계(elementary step) • *502*
닫힌계(closed system) • *208*
대각선 관계(diagonal relationship) • *304*
대기압(atmospheric pressure) • *163*
돌턴 부분 압력 법칙(Dalton's law of partial pressures) • *183*
동소체(allotrope) • *64*
동위원소(isotope) • *59*
동적 평형(dynamic equilibrium) • *424*
들뜬 상태(excited state) • *249*
들뜬 준위(excited level) • *249*

ㄹ

라셈 혼합물(racemic mixture) • *728*
라울의 법칙(Raoult's law) • *454*
란타넘족(lanthanoids) • *276*
루이스 구조(Lewis structure) • *329*
루이스 산(Lewis acid) • *595*
루이스 염기(Lewis base) • *595*
루이스 점 기호(valence electron) • *320*
르샤틀리에 원리(Le Châtelier's principle) • *545*
리간드(ligand) • *720*
리터(liter) • *22*

ㅁ

마디(node) • *239, 252*
몰농도(molarity, M) • *146*
몰랄농도(molality) • *447*
몰 방법(mole method) • *105*
몰분율(mole fraction) • *184*
몰승화열(molar heat of sublimation, $\Delta H_{승화}$) • *431*
몰용융열(molar heat of fusion, $\Delta H_{용융}$) • *430*
몰용해도(molar solubility) • *624*
몰증발열(molar heat of vaporization, $\Delta H_{증발}$) • *425*
몰질량(molar mass, $\mathscr{M}$) • *89*
몰(mole) • *88*

무게 분석(gravimetric analysis) • *150*
무게(weight) • *22*
무기 화합물(inorganic compound) • *68*
물리적 성질(physical property) • *42*
물리적 평형(physical equilibrium) • *524*
물질(matter) • *37*
묽힘(dilution) • *148*
미시적 성질(microscopic property) • *20*
밀도(density) • *43*

ㅂ

바닥 상태(ground state) • *249*
바닥 준위(ground level) • *249*
반결합성 분자 오비탈(antibonding molecular orbital) • *388*
반 데르 발스 식(van der Waals equation) • *196*
반 데르 발스 힘(van der Waals forces) • *398*
반응 메커니즘(reaction mechanism) • *502*
반응물(reactant) • *101*
반응 속도(reaction rate) • *472*
반응 엔탈피(enthalpy of reaction, $\Delta H_{반응}$) • *216*
반응의 분자도(molecularity of a eaction) • *503*
반응 지수(reaction quotient, Q_c) • *540*
반자기성(diamagnetic) • *269*
반쪽 반응(half-reaction) • *135*
반쪽 전지 반응(half-cell reaction) • *679*
반투막(semipermeable membrane) • *460*
발열 과정(exothermic process) • *209*
방사능(radioactivity) • *55*
방사선(radiation) • *52*
방사성 붕괴 계열(radioactive decay series) • *777*
방출 스펙트럼(emission spectrum) • *247*
방향족 탄화수소(aromatic hydrocarbons) • *742*
배수 비례 법칙(law of multiple roportions) • *51*
배위 공유 결합(coordinate covalent bond) • *345*
배위수(coordination number) • *410*
배위 화합물(coordination compound) • *719*
법칙(law) • *18*
베타(β)선(beta ray) • *55*
복사 에너지(radiant energy) • *206*
본-하버 순환(Born-Haber cycle) • *325*
부분 압력(partial pressure) • *183*
부피(volume) • *43*
분별 증류(fractional distillation) • *457*
분산력(dispersion force) • *400*
분자간 힘(intermolecular force) • *397*
분자 내 힘(intramolecular force) • *397*
분자 반응식(molecular equation) • *126*
분자식(molecular formula) • *64*
분자 오비탈(molecular orbital, MO) • *388*
분자 질량(molecular mass, 또는 분자량) • *91*
분자(molecule) • *62*
분출(effusion) • *193*
분해 반응(decomposition reaction) • *141*
불균등화 반응(disproportionation reaction) • *144*
불균일 평형(heterogeneous equilibrium) • *532*
불균일 혼합물(heterogeneous mixture) • *38*
불포화 용액(unsaturated solution) • *442*
불포화 탄화수소(unsaturated hydrocarbon) • *751*
브뢴스테느 산 • *130*
브뢴스테드 염기 • *130*
비결정질 고체(amorphous solid) • *422*
비극성 분자(nonpolar molecule) • *370*
비금속(nonmetal) • *60*
비누화(saponification) • *761*
비전해질(nonelectrolyte) • *122*
비활성 기체 핵(noble gas core) • *274*
비활성 전자쌍 효과(inert pair effect) • *290*
비활성 착물(inert complex) • *735*
비휘발성(nonvolatile) • *454*

ㅅ

사이클로알케인(cycloalkane) • *749*
산소산 음이온(oxoanion) • *75*
산소산(oxoacid) • *74*
산 이온화 상수(acid ionization constant) • *570*
산화 반응(oxidation reaction) • *136*
산화 상태(oxidation state) • *138*
산화수(oxidation number) • *138*
산화전극(anode) • *679*
산화제(oxidizing agent) • *136*
산화-환원 반응(oxidation-reduction reaction 또는 redox reaction) • *135*
삼분자 반응(termolecular reaction) • *503*
삼성분 화합물(ternary compound) • *69*
삼양성자산(triprotic acid) • *131*
삼중 결합(triple bond) • *329*
삼중점(triple point) • *433*
삼투압(osmotic pressure, π) • *460*
삼투현상(osmosis) • *460*
상 경계(phase boundary) • *433*
상 변화(phase change) • *423*
상자기성(paramagnetic) • *268*
상태 함수(state function) • *210*
상 평형 그림(phase diagram) • *433*
상호 교환 반응(metathesis reaction) • *125*
생성물(product) • *101*
샤를-게이뤼삭 법칙(Charles's and Gay-Lussac's law) • *170*
샤를 법칙(Charles's law) • *170*
석출(deposition) • *431*
선 스펙트럼(line spectrum) • *247*
세기 성질(intensive property) • *43*
속도 결정 단계(rate-determining step) • *503*
속도 상수(rate constant) • *475*
수득 백분율(percent yield) • *113*
수소 결합(hydrogen bond) • *401*
수소 치환(hydrogen displacement) • *141*
수용액(aqueous solution) • *122*
수화물(hydrate) • *77*
수화(hydration) • *123*
순물질(substance) • *38*
승화(sublimation) • *431*
시그마 결합(σ bond) • *384*

시그마 분자 오비탈(sigma molecular orbital) • 388
실제 수득량(actual yield) • 113
실험식(empirical formula) • 65
쌍극자 모멘트(dipole moment, μ) • 370

ㅇ

아민(amine) • 761
아보가드로 법칙(Avogadro's law) • 171
아보가드로 수(N_A) • 88
악티늄족계(actinoid series) • 276
알데하이드(aldehyde) • 759
알칼리 금속(alkali metal) • 60
알케인(alkane) • 743
알켄(alkene) • 750
알코올(alcohol) • 757
알파 붕괴(alpha decay) • 773
알파(α)선(alpha ray) • 55
압력계(manometer) • 164
압력(pressure) • 162
약염기(weak base) • 566
양성자(proton) • 56
양이온(cation) • 62
양자수(quantum number) • 259
양자(quantum) • 243
양전자 방출(positron emission) • 773
양전자(positron) • 769
양쪽성(amphoteric) • 312
어는점 내림(freezing-point depression, ΔT_f) • 459
어는점(freezing point) • 429
에너지 보존 법칙(law of conservation of energy) • 207
에너지(energy) • 206
엔탈피(enthalpy, H) • 216
엔트로피(entropy, S) • 648
연료 전지(fuel cell) • 699
연소 반응(combustion reaction) • 141
열계량법(calorimetry) • 221
열린계(open system) • 208
열 에너지(thermal energy) • 206
열역학 제1법칙(the first law of thermodynamics) • 210
열역학 제2법칙(second law of thermodynamics) • 654
열역학 제3법칙(third law of thermodynamics) • 658
열역학(thermodynamics) • 210
열용량(heat capacity, C) • 221
열핵 반응(thermonuclear reaction) • 790
열화학 반응식(thermochemical equation) • 218
열화학(thermochemistry) • 207
열(heat) • 207
염기 이온화 상수(base ionization constant, K_b) • 576
염기(base) • 76
염의 가수분해(salt hydrolysis) • 587
염(salt) • 132
영족 기체(noble gas) • 61
완충 용액(buffer solution) • 607
용매화(solvation) • 444
용매(solvent) • 122
용액의 농도(concentration of solution) • 146
용액(solution) • 122
용질(solute) • 122
용해도곱(solubility product) • 622
용해도(solubility) • 125, 624
우연 오차(random error) • 32
운동 에너지(kinetic energy, E_k) • 188
원소(element) • 38
원자가 껍질 전자쌍 반발(valence-shell electron-pair repulsion, VSEPR) 모형 • 360
원자가 껍질(valence shell) • 360
원자가 전자(valence electron) • 287
원자 반지름(atomic radius) • 292
원자 번호(atomic number Z) • 58
원자 오비탈(atomic orbital) • 258
원자 질량 단위(atomic mass unit, amu) • 86
원자 질량(atomic mass) • 86
원자(atom) • 52
유기 화학(organic chemistry) • 742
유기 화합물(organic compound) • 68
유도 쌍극자(induced dipole) • 399
유효 숫자(significant figure) • 27
유효 핵전하(effective nuclear charge, $Z_{유효}$) • 291
음이온(anion) • 62
응집(cohesion) • 405
응축(condensation) • 424
이론적 수득량(theoretical yield) • 113
이론(theory) • 18
이분자 반응(bimolecular reaction) • 503
이상 기체 방정식(ideal gas equation) • 172
이상 기체(ideal gas) • 172
이상 용액(ideal solution) • 456
이성분 화합물(binary compound) • 69
이온 결합 화합물(ionic compound) • 62
이온 결합(ionic bond) • 321
이온곱 상수(ion-product constant) • 560
이온 반응식(ionic equation) • 127
이온 반지름(ionic radius) • 293
이온-쌍극자 힘(ion-dipole force) • 398
이온화 에너지(ionization energy, IE) • 297
이원자 분자(diatomic molecule) • 62
이중 결합(double bond) • 329
일분자 반응(unimolecular reaction) • 503
일양성자산(monoprotic acid) • 130
일정 성분비 법칙(law of definite proportions) • 51
임계 압력(critical pressure, P_c) • 428
임계 온도(critical temperature, T_c) • 428
임계점(critical point) • 433
임계 질량(critical mass) • 785
입체이성질체(stereoisomer) • 725

ㅈ

작용기(functional group) • 742
적정의 종말점(end point) • 619
전기분해(electrolysis) • 704
전기음성도(electronegativity) • 332
전이 금속(transition metal) • 274
전이 상태(transition state) • 496
전자기 복사(electromagnetic radiation) • 239
전자기파(electromagnetic wave) • 239
전자 밀도(electron density) • 258
전자 배치(electron configuration) • 267

전자 친화도(electron affinity, EA) • *301*
전자 포획(electron capture) • *773*
전자(electron) • *53*
전지 전압(cell voltage) • *681*
전해 전지(electrolytic cell) • *704*
전해질(electrolyte) • *122*
전형 원소(representative element) • *286*
절대 영도(absolute zero) • *169*
절대 온도 척도(absolute temperature scale) • *169*
점성(viscosity) • *405*
접착(adhesion) • *405*
정량 분석(quantitative analysis) • *149*
정량적(quantitative) • *18*
정밀도(precision) • *31*
정성적(qualitative) • *17*
정전기적 에너지(electrostatic energy) • *207*
정확도(accuracy) • *31*
제곱 평균근 속력(root-mean-square speed, rms, urms) • *191*
족(group 또는 family) • *60*
주개 원자(donor atom) • *720*
주기율표(periodic table) • *60*
주기(period) • *60*
주위(surroundings) • *208*
주족 원소(main group element) • *286*
준금속(metalloid) • *60*
줄(Joule, J) • *187*
중간체(intermediate) • *503*
중성자(neutron) • *57*
중화 반응(neutralization reaction) • *132*
증발(evaporation) • *423*
증식형 원자로(breeder reactor) • *788*
지방족 탄화수소(aliphatic hydrocarbon) • *742*
진동수(frequency) • *238*
진폭(amplitude) • *238*
질량 결손(mass defect) • *774*
질량 보존 법칙(law of conservation of mass) • *51*
질량수(mass number A) • *58*
질량 작용 법칙(law of mass action) • *526*
질량 조성 백분율(percent composition by mass) • *95*
질량(mass) • *43*
짝산-짝염기 쌍(conjugate acid-base pair) • *558*

ㅊ

착이온(complex ion) • *635*
첨가 반응(addition reaction) • *751*
초우라늄 원소(transuranium element) • *782*
촉매(catalyst) • *509*
총괄성(colligative property) • *454*
최조밀 쌓임(closest packing) • *411*
추적자(tracer) • *793*
축조 원리(Aufbau principle) • *273*
축퇴 오비탈(degenerate orbital) • *260*
축합 반응(condensation reaction) • *758*
치환 반응(displacement reaction) • *141*
치환 반응(substitution reaction) • *756*
치환성 착물(labile complex) • *735*
침전 반응(precipitation reaction) • *124*
침전(precipitate) • *124*

ㅋ

카복실산(carboxyic acid) • *759*
카이랄(chiral) • *726*
케톤(ketone) • *759*
켈빈 온도 척도(Kelvin temperature scale) • *169*
켈빈(kelvin) • *24*
쿨롱 법칙(Coulomb's law) • *324*
크기 성질(extensive property) • *43*
킬레이트 시약(chelating agent) • *721*

ㅌ

탄화수소(hydrocarbon) • *742*
토르(torr) • *163*

ㅍ

파동(wave) • *238*
파스칼(pascal, Pa) • *162*
파울리 배타원리(Pauli exclusion principle) • *268*
파이 결합(π bond) • *384*
파이 분자 오비탈(pi molecular orbital) • *389*
파장(wavelength) • *238*
팔전자 규칙(octet rule) • *329*
패러데이 상수(Faraday constant, F) • *688*
퍼텐셜 에너지(potential energy) • *206*
편광계(polarimeter) • *727*
평형 상수(equilibrium constant) • *526*
평형 증기압(equilibrium vapor pressure) • *424*
포화 용액(saturated solution) • *442*
포화 탄화수소(saturated hydrocarbon) • *743*
표면 장력(surface tension) • *404*
표준 기전력(standard emf) • *683*
표준 깁스 에너지(standard free-energy of reaction, $\Delta G^\circ_{반응}$) • *661*
표준 대기압(standard atmospheric pressure, 1 atm) • *163*
표준 반응 엔탈피(standard enthalpy of reaction, $\Delta H^\circ_{반응}$) • *227*
표준 반응 엔트로피(standard entropy of reaction, $\Delta S^\circ_{반응}$) • *654*
표준 상태(standard state) • *226*
표준 생성 깁스 에너지(standard Gibbs-energy of formation) • *661*
표준 생성 엔탈피(ΔH°_f, standard enthalpy of formation) • *226*
표준 온도와 압력(standard temperature and pressure) • *172*
표준 환원 전위(standard reduction potential) • *682*
플라스마(plasma) • *790*

ㅎ

하이드로늄 이온(hydronium ion) • *130*
하이젠베르크의 불확정성 원리(Heisenberg uncertainty principle) • *256*
한계 시약(limiting reagent) • *109*
할로젠 치환(halogen displacement) • *143*
할로젠(halogen) • *61*
핵 결합 에너지(nuclear binding energy) • *773*
핵 변환(nuclear transmutation) • *768*

핵 분열(nuclear fission) • *784*
핵심부 전자(core electron) • *288*
핵 연쇄 반응(nuclear chain reaction) • *785*
핵 융합(nuclear fusion) • *790*
핵자(nucleon) • *773*
핵(nucleus) • *56*
헤스 법칙(Hess's law) • *228*
헨리 법칙(Henry's law) • *452*
형성 상수(K_f, formation constant) • *636*
형식 전하(formal charge) • *339*
혼성 오비탈(hybrid orbital) • *376*
혼성화(hybridization) • *376*
혼합물(mixture) • *38*
화학량론적 양(stoichiometric amount) • *109*
화학량론(stoichiometry) • *105*
화학 반응속도론(chemical kinetics) • *472*
화학 반응식(chemical equation) • *101*
화학 반응(chemical reaction) • *100*
화학식(chemical formula) • *64*
화학 에너지(chemical energy) • *206*
화학적 성질(chemical property) • *42*
화학 평형(chemical equilibrium) • *524*
화학(Chemistry) • *16*
확산(diffusion) • *192*
환원 반응(reduction reaction) • *136*
환원전극(cathode) • *679*
환원제(reducing agent) • *136*
활동도 계열(activity series) • *143*
활성화물(activated complex) • *496*
활성화 에너지(activation energy, E_a) • *496*
효소(enzyme) • *513*
훈트 규칙(Hund's rule) • *270*
휘발성(volatile) • *456*
흡열 과정(endothermic process) • *209*
희토류계(rare earth series) • *276*

기타

X-선 회절(X-ray diffraction) • *415*
기호
α 입자(α particle) • *55*
β 입자(β particle) • *55*

옮긴이 소개

건양대학교 • 김인회, 심원보, 안양규, 이재영, 정규성
경기대학교 • 김현준
경상국립대학교 • 공호열, 권기영, 권승룡, 김병선, 김성국, 김윤희, 김주영, 김주현, 박종근, 서무룡, 이영욱, 이경훈, 이준화, 정성호, 정종화, 최명룡, 최재원
경성대학교 • 안 택
경희대학교 • 강은주, 이영식
계명대학교 • 박영태, 박현호, 배재영, 이진호, 정진갑, Hong Victor Sukbong
공주대학교 • 이석우, 이규철
대구대학교 • 심준호
대진대학교 • 박성호, 채원석, 한만소
동아대학교 • 김종식, 김효준, 송현민, 손종우, 이승훈, 이재욱, 장원준, 조종현
삼육대학교 • 고원배, 김남정, 박명환, 최종완
상지대학교 • 임홍철
세종대학교 • 채영기
순천대학교 • 곽지훈, 김 진, 송재희, 신웅희, 신은주, 심상덕, 안삼영, 장효원, 최대옥, 최원호, 하동수, 하형호
아주대학교 • 강 혁, 윤호섭
영남대학교 • 강미숙, 김영수, 김영일, 윤석준, 윤영상, 임희남, 조대원
울산대학교 • 김범진, 류광선, 우상국, 이민형, 이승구, 이영일, 이형일, 정재훈, 하지원, 홍종욱
원광대학교 • 김보미, 김태희, 곽소정, 배서윤, 심재오, 이동훈, 전인엽, 주용완
인제대학교 • 윤 일, 허도성
전북대학교 • 이동헌
조선대학교 • 고문주, 김호중, 이범규, 이종대, 이중헌, 이재욱, 임종국, 신현재, 조훈
한라대학교 • 신성환
한양대학교 • 강영종, 김두리, 윤홍석, 이경림, 장진호, 정회일, 한진욱
호서대학교 • 임수아
홍익대학교 • 이승희, 장기석, 황광진

(가나다순)

레이먼드 창의 제14판

기본일반화학 *Chemistry* 14th Edition

| 발 행 일 2023년 3월 1일 14판 1쇄
2026년 2월 25일 14판 4쇄
| 지 은 이 Jason Overby · Raymond Chang
| 옮 긴 이 화학교재연구회
| 발 행 인 박 종 성
| 발 행 처 사이플러스 Science plus
| 주 소 (우) 07202 서울특별시 영등포구 양평로 30길 14 세종앤까뮤스퀘어 1106호
| 전 화 02-332-6171
| 팩 스 02-332-6185
| 등 록 2005.10.20. 제2022-000100호

| I S B N 979-11-88731-35-0 93430 **값 49,000원**

연습 문제의 해답은 본사의 홈페이지 www.sciplus.co.kr을 참조하기 바랍니다

레이먼드 창의

기본일반화학 제14판 Chemistry

레이먼드 창의

기본일반화학 제14판

Chemistry

레이먼드 창의

기본일반화학 제14판 Chemistry